Astronomischer Jahresbericht

1899 gegründet von Walter Wislicenus

54. Band Die Literatur des Jahres 1954

Herausgegeben vom

Astronomischen Rechen-Institut

in Heidelberg

Bearbeitet von

K. Heinemann

F. Henn W. Lohmann

Walter de Gruyter & Co.

vormals G. J. Göschen'sche Verlagshandlung — J. Guttentag, Verlagsbuchhandlung — Georg Reimer — Karl J. Trübner — Veit & Comp.

Berlin 1956

Gedruckt mit Unterstützung der Deutschen Forschungsgemeinschaft

Druck bei G. Braun (vorm. G. Braunsche Hofbuchdruckerei und Verlag) G. m. b. H., Karlsruhe in Baden · Auflage 600 · Aug. 1956

Mit alleinigem Vertrieb beauftragt W. de Gruyter & Co., Berlin
Archiv-Nr. 180157 · Preis 40.— DM

Printed in Germany

Durch Vertrag zwischen dem Verlag Walter de Gruyter & Co., Berlin, und dem Astronomischen Rechen-Institut, Heidelberg, vom 30. April 1956 tritt das Astronomische Rechen-Institut in die Rechte und Pflichten als Herr des Unternehmens «Astronomischer Jahresbericht» ab Band 54 (Literatur des Jahres 1954) ein und wird damit Eigentümer aller von ihm hergestellten und herausgegebenen Jahrgänge ab Band 54. Mit gleichem Vertrag ist der Verlag Walter de Gruyter & Co. mit dem alleinigen Vertrieb des Werkes beauftragt worden.

Astronomisches Rechen-Institut

W. Fricke

Bearbeitung

Schriftleiter: K. Heinemann

Mitarbeiter: F. Henn, W. Lohmann (Loh.)

Referenten

U. Baehr Heidelberg, K. Bahner Heidelberg, U. Becker (U. Be.) Freiburg, A. Behr Göttingen, K.-H. Böhm Kiel, E. Böhm-Vitense Kiel, S. Böhme (Böh.) Heidelberg, A. Bohrmann (Bo.) Heidelberg, J. Bouška (J.B.) Prag, A. Bruzek (Bru.) Freiburg, B. Cester Trieste, W. Dieckvoss (Dv.) Hamburg, H. C. Freiesleben (Fr.) Hamburg, W. Fricke Heidelberg, W. Gliese (Gli.) Heidelberg, O. Günther (O. G.) Potsdam, A. Güttler (Gü.) München, J. Hoppe Jena, K. Hunger Kiel, H. Klauder (Kdr.) Heidelberg, A. König (Kö.) Heidelberg, D. Labs Heidelberg, T. Lederle (T. L.) Heidelberg, C. Luplau Janssen (C. L. J.) Kopenhagen, G. R. Miczaika (Micz.) Cambridge Mass., H. Müller (H. M.) Zürich, H. Neckel Heidelberg, L. Oster Kiel, W. Petri München, W. Priester Bonn, A. Schlüter Göttingen, K.-W. Schrick Bonn, G. Traving Kiel, H. H. Voigt Göttingen, V. Weidemann Braunschweig

Vorwort

Mit dem 54. Band des Astronomischen Jahresberichts wird den Fachgenossen die Übersicht der astronomischen Literatur und ihrer Grenzgebiete aus dem Jahre 1954 vorgelegt.

An der stofflichen Gliederung des Astronomischen Jahresberichts hat sich gegenüber dem vorhergehenden Band nichts geändert. Lediglich sind innerhalb einiger Paragraphen dem Inhalt nach zusammengehörige Arbeiten unter einem neuen Untertitel nachgewiesen.

Wie bereits im vorausgegangenen Jahrgang sind auch im vorliegenden Band 54 die Namen der Autoren außer im Namen-Verzeichnis noch in den auf den Seiten 296, 314 und 405 gegebenen Verzeichnissen der Beobachter aufzusuchen.

Die Schriftleitung wurde unterstützt durch Diplomdolmetscher E. Herkens, sowie G. Köberich, I. Krisch. Den Nachweis der Beobachtungen und Berechnungen Kleiner Planeten lieferte Dr. W. Strobel, C. König.

Den Autoren, Sternwarten, Instituten, Gesellschaften und Akademien sei an dieser Stelle für die Zusendung ihrer Veröffentlichungen herzlichst gedankt. Ferner sei hier allen Förderern des Astronomischen Jahresberichts sowie allen Referenten, deren Namen in dem Verzeichnis auf Seite IV zusammengestellt sind, der verbindlichste Dank ausgesprochen. Insbesondere hat wiederum die Deutsche Forschungsgemeinschaft den Druck dieses Bandes durch einen Zuschuß ermöglicht.

Heidelberg, den 29. März 1956

Die Schriftleitung

Inhaltsverzeichnis

Erster Teil: Allgemeines

Zweiter Teil: Tätigkeit. Geschichte

Dritter Teil: Instrumente. Beobachtungstechnik

Vierter Teil: Sphärische Astronomie. Chronologie

Fünfter Teil: Theoretische Astronomie

Sechster Teil: Theoretische Astrophysik

Siebenter Teil: Sonne

Achter Teil: Planeten und Monde

Neunter Teil: Kometen. Meteore. Meteorite. Zodiakallicht

Zehnter Teil: Sterne

Elfter Teil: Doppelsterne

Zwölfter Teil: Veränderliche Sterne. Novae

Dreizehnter Teil: Sternsysteme. Nebel. Interstellarer Raum

Vierzehnter Teil: Geodäsie. Nautik

Abkürzungen

Im Astronomischen Jahresbericht sind die unter I—V angeführten Abkürzungen zur Anwendung gekommen.

I. Allgemeine Abkürzungen

Abh.	Abhandlungen
Abstr.	Abstrakt, abstract
Acad.	Académie, Academy
Accad.	Accadémia
Akad.	Akademie
Ann.	Annalen, Annales, Annals
Astr.	Astronomie etc.
Astrophys.	Astrophysik etc.
Beob.	Beobachtungen
Ber.	Berichte
Bol.	Boletin
Bull.	Bulletin
bzw.	beziehungsweise
Circ.	Circular, Zirkular
Cl.	Classe
Commun.	Communications
Comun.	Comunicazioni
Contr.	Contributions etc.
CR.	Comptes Rendus
Desgl.	Desgleichen
Diss.	Dissertation
Geod.	Geodäsie etc.
Ges.	Gesellschaft
Inst.	Institut etc.
J.	Journal
Kl.	Klasse
Mag.	Magazine
Math.	Mathematik etc.
Medd.	Meddelanden, Meddelelser
Mém.	Mémoires
Mem.	Memoirs, Memorie
Mitt.	Mitteilungen
Nachr.	Nachrichten
(NF)	Neue Folge
(NR)	Neue Reihe
(NS)	Neue Serie
Obs.	Observatorium
Oss.	Osservatorio, Osservazioni
Phil.	Philosophical
Phys.	Physik etc.
Proc.	Proceedings
Pubbl.	Pubblicazioni
Publ.	Publikationen, Publications
Rech.	Recherches
Ref.	Referat
Rend.	Rendiconti
Rep.	Report
Repr.	Reprint
Res.	Research
Rev.	Review, Revue
Ric.	Ricerche
Sci.	Science, scientific
Ser.	Serie, Series
Sér.	Série
Sitzber.	Sitzungsberichte
Soc.	Società, Société, Society
Sternw.	Sternwarte
Suppl.	Supplement
T.	Tidskrift, Tidsskrift, Tijdschrift
Trans.	Transactions
Univ.	Universität etc.
Veröff.	Veröffentlichungen
Vgl.	Vergleiche
VJS	Vierteljahrsschrift
Wetensch.	Wetenschappen
Wiss.	Wissenschaften
Z.	Zeitschrift

II. Spezielle Abkürzungen

Die nachstehenden Abkürzungen sind insbesondere in § 75 Nachweis der Beobachtungen und Berechnungen Kleiner Planeten, ferner in § 81 Einzelne Kometen, § 112 Veränderliche Sterne und in § 113 Novae, Supernovae verwendet.

aD	absolute Dimensionen	Id	Identität
Am	Amplitude	Ka	Karte
An	Anzeige	Lk	Lichtkurve
Au	Aufnahme	Mon	Monographie
B	Beobachtung	Na	Benennung
C	Farbe	Not	Allgemeine Mitteilung
CI	Farbenindex	O	Ort
E	Lichtwechselelemente	P	Periode
Eb	Photometrische Bahnelemente	Par	Parallaxe
EB	Eigenbewegung	RG	Radialgeschwindigkeit
El	Bahnelemente	Sp	Spektrum
Eph	Ephemeride	Tem	Temperatur
Es	Spektroskopische Elemente	Typ	Typus
Esb	Spektroskopische Bahnelemente	VS	Vergleichssterne
H	Helligkeit bzw. physische Beobachtung	*	genäherter Ort

AAVSO	vgl. Ref. 1102	Ref. ASP	vgl. Ref. 1107
Ref. AAS	vgl. Ref. 1104	Ref. RAS	vgl. Ref. 1122
Ref. AG	vgl. Ref. 1110	Ref. Soc. Astr. Italiana	vgl. Ref. 1127

III. Abkürzungen von Ortsnamen (Sternwarten)

Die Tabelle für die Abkürzungen der Ortsnamen ist auf Seite 242 im Nachweis der Beobachtungen und Berechnungen Kleiner Planeten gegeben.

IV. Abkürzungen der Sternbild-Namen

Für die Namen der Sternbilder sind die in Harvard Bulletin 771 veröffentlichten Abkürzungen benutzt.

V. Abkürzungen von Zeitschriften

Die Nummern beziehen sich auf den ausführlichen Titel der Zeitschriften und Veröffentlichungen S. XIII und S. XX.

	Nr.
AA(a), AA(b), AA(c)	3
AJ	47
AJ UdSSR	48
AJB	Ref. 701
AN	75
Ann d'Astrophys	8
ApJ	49
ApJ Suppl	50
Ark Astr	13
Astr Circ UdSSR	144
BA	24
BAA Circ	32
BAAH	Ref. 418
BAB	341
BAC	22
BAF	21
BAN	23
BAV-Rundbrief	*)
BIA	246
BSAF	15
BSVI	35 Appendice
Bull hor	26
CR	36
DAN	17
DOB	37
DOC	31
Gaz astr	43
Harv Ann	178
Harv Bull	—
Harv Card	182
Harv Circ	—
Harv Repr	179
JBAA	54
JO	59
J RAS Canada	62
Kop Akt Medd	238
LOB	271
McDC	198
Mem BAA	—
Mem SA It	68
MN ASSA	85
MN	87
MN Geophys Suppl	88
MPC	188
MVS	311
NAT	126
NAZ	77
NAZvM	78
Obs	89
PAT	125
Publ ASP	103
RH	114
RJ Astr. Geod. UdSSR	104
TAB	328
TACL	34
UAI Circ	237
UC	232
Union Circ	232
VS Bull	134
ZfA	139
ZfMG	143

*) Mitteilungsblatt der Berliner Arbeitsgemeinschaft für Veränderliche Sterne.

Zeitschriften

Unter Zeitschriften sind nicht nur alle periodisch erscheinenden Schriften verstanden, sondern im weiteren Sinne auch alle zwanglos erscheinenden Veröffentlichungen von Sternwarten, Instituten, Gesellschaften und Akademien.

Die vollständig durchgesehenen Zeitschriften sind in den beiden folgenden Verzeichnissen VI und VII zusammengestellt.

Einzelne Zeitschriften, die nicht direkt eingesehen werden konnten, sind dadurch kenntlich gemacht, daß in den beiden Verzeichnissen ihre laufende Nummer eingeklammert ist.

Nicht aufgeführt sind in den Verzeichnissen VI und VII diejenigen Zeitschriften, in denen gelegentlich astronomische Arbeiten enthalten sind. Diese sind der Schriftleitung entweder nur in Form eines Sonderdruckes, als einzelne Abhandlung einer Akademie oder als sonstige bibliographische Mitteilung bekannt geworden.

VI. Verzeichnis der Zeitschriften und Veröffentlichungen von Gesellschaften und Akademien

1. Abhandlungen der Franko-Staatsuniversität Lwow. — Tom **32** Astronomische Mitteilung Nr. 2.
2. Physics Abstracts. Section A of Science Abstracts (Physics). Edited and issued monthly by the Institution of Electrical Engineers, London. — Vol. **57** Gesamtnummer 673—684.
3. Acta Astronomica. Krakau. — AA(a) Vol. **5** S. 115—158.
4. Acta Astronomica Sinica. Herausgegeben vom Purple Mountain Observatory, Nanking. — Vol. **2** Nr. 1, 2 (Nachweis der Beobachtungen Kleiner Planeten siehe AJB **55**).
5. Geochimica et Cosmochimica Acta. Pergamon Press Ltd., London. — Vol. **5** Nr. 1—6, Vol. **6** Nr. 1—6.
6. Actas de la Academia Nacional de Ciencias Exactas, Físicas y Naturales de Lima. — Vol. **17** Nr. 1—4.
7. Annalen der Physik. Johann Ambrosius Barth, Leipzig. — 6. Folge Band **14** Heft 1—8, Band **15** Heft 1—2 = Band 449 und 450 der ganzen Reihe.
8. Annales d'Astrophysique. Paris. — Tome **17** Nr. 1—6.
9. Annales Françaises de Chronométrie. Besançon. — Année 24 Tome 8 Trimestre 1—4.
10. Annales de Géophysique. Paris. — Tome **10** Nr. 1—4.
11. Annales de Physique. Masson et Cie., Editeurs. Paris. — Sér. 12 Tome **9** Nr. 1—12.
12. Anzeiger. Österreichische Akademie der Wissenschaften. Mathematisch-naturwissenschaftliche Klasse. Wien. — **91**. Jahrgang Nr. 1—15.
13. Arkiv för Astronomi. Utgivet av K. Svenska Vetenskapsakademien Stockholm. — Band **1** Häfte 4—5.
14. Astronautics. Journal of the American Astronautical Society, Inc. New York. — Vol. **1** Nr. 1.
15. L'Astronomie. Revue Mensuelle d'Astronomie, de Météorologie et de Physique du Globe. Bulletin de la Société Astronomique de France. Paris. — 68ᵉ année, Jan.—Déc. 1954.
16. Atti della Accademia Nazionale dei Lincei. Anno CCCLI, 1954. Serie Ottava. Rendiconti. Classe di Scienze fisiche, matematiche e naturali. Roma. — Vol. **16** und **17**.
17. Berichte (Doklady) der Akademie der Wissenschaften der UdSSR. Moskau-Leningrad. — Tom **94**—**99**, jeweils Heft 1—6.
18. Physikalische Berichte. Herausgegeben vom Verband Deutscher Physikalischer Gesellschaften e. V. Friedrich Vieweg & Sohn, Braunschweig. — Band **33** Heft 1—12.
19. Physikalische Blätter. Physik Verlag, Mosbach (Baden). — **10**. Jahrgang Heft 1—12.
20. Boletin del Centro de Documentación Científica y Técnica de México. México, D. F. — Tomo **3** Nr. 1—12.

21. Bulletin de l'Association Française d'Observateurs d'Etoiles Variables. Lyon. — Tome 13.

22. Bulletin of the Astronomical Institutes of Czechoslovakia (früher Bulletin of the Central Astronomical Institute of Czechoslovakia). Verlag Akad. Wiss., Prag. — Vol. **5** Nr. 1—6.

23. Bulletin of the Astronomical Institutes of the Netherlands. Haarlem. — Vol. **12** Nr. 450—458.

24. Bulletin Astronomique. Publié par l'Observatoire de Paris. — Tome **17** Fasc. 4, Tome **18** Fasc. 1—3.

25. Bulletin de la Classe des Sciences. Académie royale de Belgique. 5e Série. Bruxelles. — Tome **40**.

26. Bulletin horaire du Bureau International de l'Heure. Observatoire de Paris. — 3me Série Nr. 10—12b; Série E Nr. 8, 10a—12b.

(27). Bulletin der Kommission für Sonnenforschung. Verlag der Akademie der Wissenschaften der UdSSR, Moskau-Leningrad. — Nr. **10**.

28. Časopis Československých ústavů astronomických (früher Časopis Ústředního ústavu astronomického). Akademie-Verlag, Prag. — Band **4** Nr. 1—6.

29. Ciel et Terre. Bulletin mensuel de la Société Belge d'Astronomie, de Météorologie et de Physique du Globe. Uccle-Brüssel. — Année **70** Nr. 1—12.

30. Circulaire d'Information de la Commission des Etoiles Doubles de l'Union Astronomique Internationale. Observatoire de Strasbourg. — Nr. 1—4.

31. Documentation des Observateurs. Circulaire. Institut d'Astrophysique de Paris. — Nr. 1—2.

32. British Astronomical Association Circular. London. — Nr. 348—358.

33. The Japan Astronomical Study Association Circular (japanisch — nur teilweise referiert). — Nr. 111—129.

34. Tanakami Astronomical Circular-Letter. Nr. 1251—1288 (Nachweis der Beobachtungen Kleiner Planeten siehe AJB **55**).

35. Coelum. Periodico Bimestrale per la Divulgazione dell'Astronomia. Bologna. — Vol. **22** Nr. 1—12.
Appendice alla Revista Coelum: Bollettino della Società dei Variabilisti Italiani. — Vol. **1** S. 34.

36. Comptes Rendus hebdomadaires des Séances de l'Académie des Sciences. Paris. — Tome **238** Nr. 1—26, Tome **239** Nr. 1—25.

37. Documentation des Observateurs. Institut d'Astrophysique de Paris. — 7e année Bulletin Nr. 1—12.

38. Endeavour. Eine Vierteljahres-Übersicht von Fortschritten der Wissenschaften im Dienste der Menschheit, London. — Band **13** Gesamtnummer 49—52.

39. Experientia. Monatsschrift für das gesamte Gebiet der Naturwissenschaft. Verlag Birkhäuser, Basel. — Vol. **10**.

40. Extraits d'Astronomie et de Géophysique du Centre National de la Recherche Scientifique. (Continuation de la Bibliographie Mensuelle de l'Astronomie). Paris. — Vol. **15** Nr. 1—12. Nicht eingegangen.

41. Forschungen und Fortschritte. Nachrichtenblatt der Deutschen Wissenschaft und Technik. Akademie-Verlag, Berlin. — Jahrgang **28** Heft 1—12.

42. Fortschritte (Uspechi) der Astronomischen Wissenschaften. Akademie der Wissenschaften der UdSSR. Moskau-Leningrad. — Tom **6**.

43. Gazette astronomique. Bulletin de la Société d'Astronomie d'Anvers. — Année **35** Nr. 9—12, Année **36** Nr. 1—12 (Gesamtnummer 406—420).

44. Glasnik. Societas Scientiarum Naturalium Croatica. Periodicum Mathematico-Physicum et Astronomicum. Zagreb. — Ser. (2) T. **9** Nr. 1—4.

45. Hemel en Dampkring. J. B. Wolters, Groningen. — **52**. Jaargang Afl. 1—12.

46. American Journal of Physics. Published for the American Association of Physics Teachers by the American Institute of Physics, Inc. New York. — Vol. **22** Nr. 1—9.

47. The Astronomical Journal. Yale Univ. Office, New Haven. — Vol. **59** Nr. 1—11 (Gesamtnummer 1213—1223).

48. Astronomisches Journal. Akademie der Wissenschaften der UdSSR. Moskau-Leningrad. — Tom **31** Nr. 1—6.

49. The Astrophysical Journal. Chicago. — Vol. **119** Nr. 1—3, Vol. **120** Nr. 1—3.

50. The Astrophysical Journal. Supplement Series. Chicago. — Vol. **1** Nr. 1—8.

51. The Irish Astronomical Journal. Armagh. — Vol. **3** Nr. 1—4.

52. The Journal of the Astronomical Society of Victoria. Melbourne. — Vol. **7** Nr. 1—6.

53. Journal of Atmospheric and Terrestrial Physics. Pergamon Press Ltd., London & New York. — Vol. **4** Nr. 6, Vol. **5** Nr. 1—6.

54. Journal of the British Astronomical Association. Oxford. — Vol. **64** Nr. 2—8, Vol. **65** Nr. 1.

55. Journal of the British Interplanetary Society. London. — Vol. **13** Nr. 1—6.

56. Journal of Calendar Reform. Published by the World Calendar Association, Inc. New York. — Vol. **24** Quarter 1—4.

57. Journal of Geophysical Research. The continuation of Terrestrial Magnetism and Atmospheric Electricity. The William Byrd Press, Richmond. — Vol. **59** Nr. 1—4.

58. The Journal of the Institute of Navigation. London. — Vol. **7** Nr. 1—4.

59. Journal des Observateurs. Publié avec le concours du Centre National de la Recherche Scientifique. Marseille. — Vol. **37** Nr. 1—12.

60. Journal of the Optical Society of America. Published for the Optical Society of America by American Institute of Physics. Lancaster, Pennsylvania. — Vol. **44** Nr. 1—12.

61. Le Journal de Physique et Le Radium. Publication de la Société Française de Physique. Paris. — Tome **15** Nr. 1—12.

62. The Journal of the Royal Astronomical Society of Canada. Toronto. — Vol. **48** Nr. 1—6 (Gesamtnummer 406—411).

63. Leaflet. Astronomical Society of the Pacific. San Francisco. — Nr. 300—307.

64. Astronomical News Letter. Laboratoire d'Astronomie de Lille. — Nr. **72—75**.

65. The Philosophical Magazine. A Journal of Theoretical Experimental and Applied Physics. Taylor & Francis Ltd., London. — Seventh Series. Vol. **45** Nr. 360—371.

66. Mededeling. Werkgroep Meteoren van de Nederlandse Vereniging voor Weer- en Sterrenkunde. — Nr. **32—35**.

67. Memoirs of the Japan Astronomical Study Association (japanisch — nur teilweise referiert). — Vol. **1** Nr. 1.

68. Memorie della Società Astronomica Italiana. Nuova Serie. Pavia. — Vol. **25** Nr. 1—5.

69. De Meteoor. Organ van de Werkgroep Meteoren van de Nederlandse Vereniging voor Weer- en Sterrenkunde. Utrecht. — **10**^{e} Jaargang Nr. 1—6.

70. Meteoritics. The Journal of the Meteoritical Society and the Institute of Meteoritics of the University of New Mexico. Albuquerque. — Vol. **1** Nr. 2 (Gesamtnummer 2).

(71). Meteoritika. Verlag der Akademie der Wissenschaften der UdSSR, Moskau-Leningrad. — Nr. **11**.

72. Naučna Misao. Društvo za Unapredivanje i Širenje Nauke. Zagreb. — Jahrgang 1954 Heft 2.

73. Mitteilungen der Astronomischen Gesellschaft. — **1953**.

74. Mitteilungen für Planetenbeobachter. Planetensektion der Sternfreunde. Berlin. — **7**. Jahrgang Nr. 1—2.

75. Astronomische Nachrichten. Im Auftrage der Deutschen Akademie der Wissenschaften zu Berlin. — Band **281** Heft 5/6.

76. Nachrichten der Akademie der Wissenschaften in Göttingen. Mathematisch-Physikalische Klasse. IIa. Mathematisch-Physikalisch-Chemische Abteilung. — Jahrgang **1954** Nr. 1—6.

77. Nachrichtenblatt der Astronomischen Zentralstelle. Astronomisches Rechen-Institut, Heidelberg. — Jahrgang 8 Nr. 1—10.

78. Nachrichtenblatt der Astronomischen Zentralstelle. Vorläufige Mitteilung. Astronomisches Rechen-Institut, Heidelberg. — Nr. 206—241.

79. Astronomischer Nachrichtendienst der Archenhold-Sternwarte zu Berlin-Treptow. — **6**. Jahrgang Nr. 1—20. (Wird nur auszugsweise referiert).

80. Nature. A Weekly Journal of Science. Macmillan and Co., London; St. Martin's Press, Inc. New York. — Vol. **173** Nr. 4392—4417, Vol. **174** Nr. 4418—4443.

81. La Nature. Revue des Sciences et de leurs Applications. Dunod, Editeurs, Paris. — Vol. **82** Nr. 3225—3236.

82. Die Naturwissenschaften. Springer-Verlag, Berlin-Göttingen-Heidelberg. — **41**. Jahrgang Heft 1—24.

(83). Navigation. Los Angeles, Cal. — Vol. **4** Nr. 1—4.

(84). Navigation. Paris. — Vol. **2** Nr. 5—8.

85. Monthly Notes of the Astronomical Society of South Africa. Cape Town. — Vol. **13** Nr. 1—11.

86. Occasional Notes. Royal Astronomical Society. London. — Vol. **3** Nr. 16—17.

87. Monthly Notices of the Royal Astronomical Society. London. — Vol. **114** Nr. 1—6.

88. Monthly Notices of the Royal Astronomical Society. Geophysical Supplement. London. — Vol. **6** Nr. 9, Vol. **7** Nr. 1.

89. The Observatory. Oxford. — Vol. **74** Nr. 878—883.

90. Optik. Zeitschrift für das gesamte Gebiet der Licht- und Elektronenoptik. Stuttgart. — Band **11** Heft 1—12.

91. Orion. Zeitschrift der Schweizerischen Astronomischen Gesellschaft. Bulletin de la Société Astronomique de Suisse. Genève bzw. Schaffhausen. — Band **4** Nr. 42—45.

92. Photographie und Forschung. Die Contax-Photographie in der Wissenschaft. Hausmitteilungen der Zeiss Ikon AG., Stuttgart. — Band **6** Heft 1—4.

93. Photographie und Wissenschaft. Agfa-Mitteilungen für wissenschaftliche Institute und Forschungsstätten. Agfa-Leverkusen, Bayerwerk. — Jahrgang **3** Heft 1—3.

94. Physica. Herausgegeben von der Stiftung Physica in Amsterdam. — Deel **20** Nr. 1—12.

95. Postępy Astronomii. Czasopismo poświęcone upowszechnianiu wiedzy astronomicznej. Kraków. — Tom **2** Nr. 1—3.

96. Priroda (Natur). Populäres naturwissenschaftliches Journal der Akademie der Wissenschaften der UdSSR. Moskau-Leningrad. — Tom **43** Nr. 1—10.

97. Proceedings of the National Academy of Sciences of the United States of America. Washington. — Vol. **40** Nr. 1—12.

98. The Proceedings of the Physical Society. Section A, Section B. London. — Vol. **67** Part 1—12.

99. Proceedings of the Royal Society. Series A. Mathematical and Physical Sciences. London. — Vol. **221—226** Nr. 1144—1167.

100. Proceedings of the Section of Sciences. Koninklijke Nederlandse Akademie van Wetenschappen. Series B. Physical Sciences. Amsterdam. — Vol. **57**.

101. Publications of the Astronomical Society of Edinburgh. Herausgegeben vom Observatory Edinburgh. — Nr. **2**.

102. Publications of the Astronomical Society of Japan. Tokyo. — Vol. **5** Nr. 3—4, Vol. **6** Nr. 1—4.

103. Publications of the Astronomical Society of the Pacific. San Francisco. — Vol. **66** Nr. 388—393.

Rendiconti siehe Atti.

104. Referatjournal. Astronomie, Geodäsie. Akademie der Wissenschaften der UdSSR. Institut für wissenschaftliche Information. Verlag Akad. Wiss. UdSSR. Moskau. — **1954** Nr. 1—12.

105. Annual Report of the Board of Regents of The Smithsonian Institution showing the operations, expenditures, and condition of the Institution for the year ended June 30, 1953 = Publication 4149.

106. The Science Reports of the Tôhoku University. First Series (Physics, Chemistry, Astronomy). Sendai, Japan. — Vol. **38** Nr. 1—4.

107. Reports on Progress in Physics. Published by the Physical Society, London.— Vol. **17**.

(108). Hydrographic Review. (Erscheint auch als Revue Hydrographique). Monte Carlo, Monaco. — Vol. **31** Nr. 1—2.

109. The Physical Review. Series 2. Published for the American Physical Society by the American Institute of Physics. Lancaster, Pa., and New York, N. Y. — Vol. **93—96**, je 6 Hefte.

110. The Review of Scientific Instruments, New Series. Published monthly by the American Institute of Physics. Lancaster, Pa., and New York, N. Y. — Vol. **25** Nr. 1—12.

111. Mathematical Reviews. Published by the American Mathematical Society, Lancaster, Penn. — Vol. **15** Nr. 1—11.

112. Reviews of Modern Physics. Published for the American Physical Society by the American Institute of Physics. Lancaster Pa., and New York, N. Y. — Vol. **26** Nr. 1—4.

113. Revista Astronomica. Organ de la Asociacion Argentina «Amigos de la Astronomia». Buenos Aires. — Nr. 127, 129, 131, 136.

114. Říše hvězd. Herausgegeben von der Tschechoslowakischen Astronomischen Gesellschaft, Prag. — Band **35** Nr. 1—12 (tschechisch, Inhalt auch in russischer und englischer Sprache).

115. Rozhledy matematicko-přírodovědecké. Akademie-Verlag, Prag. — Band **33** Nr. 1—6.

116. Naturwissenschaftliche Rundschau. Wissenschaftliche Verlagsgesellschaft m. b. H., Stuttgart. — Jahrgang **7** Heft 1—12.

117. Scientia. Internationale Zeitschrift für wissenschaftliche Synthese. Bologna. — Vol. **89** Nr. 1—12.

118. Service de Prévision Ionosphérique Militaire. Station de Fribourg. — Janvier—Décembre 1953. SPIM — O—79 F — 90 F.

119. Sitzungsberichte der mathematisch-naturwissenschaftlichen Klasse der Bayerischen Akademie der Wissenschaften zu München. — Jahrgang **1953, 1954.**

120. Sitzungsberichte. Österreichische Akademie der Wissenschaften. Mathematisch-naturwissenschaftliche Klasse, Abteilung IIa. Wien. — Band **163** Heft 1—10.

121. Sky and Telescope. Harvard College Observatory, Cambridge, Mass. — Vol. **13** Nr. 3—12, Vol. **14** Nr. 1—2.

122. Southern Stars. The Journal of the Royal Astronomical Society of New Zealand. — Vol. **16** Nr. 1—4 (Gesamtnummer 114—117).

123. Die Sterne. Monatsschrift über alle Gebiete der Himmelskunde. Verlag Johann Ambrosius Barth, Leipzig. — **30.** Jahrgang Heft 1—12.

124. The Strolling Astronomer. Association of Lunar and Planetary Observers. Las Cruces, New Mexico. — Vol. 8 Nr. 1—12.

125. Populär Astronomisk Tidskrift. Stockholm. — Årgång **35** Häfte 1—4.

126. Nordisk Astronomisk Tidsskrift. Kopenhagen. — **1954** Nr. 1—4.

127. Transactions of the International Astronomical Union. — Vol. 8.

(128). Universitas. Zeitschrift für Wissenschaft, Kunst und Literatur. Stuttgart. — Jahrgang 8.

129. El Universo. Organo de la Sociedad Astronómica de México. México, D. F. — Nr. **27—29.**

130. Urania. Revista de Astronomia y Ciencias Afines. Organo Oficial de la Sociedad Astronómica de España y América y de la Unión Nacional de Astronomía y Ciencias Afines. Barcelona. — Año **39** Nr. 236—239.

131. Urania. Populært astronomisk Tidsskrift. Kopenhagen. — Aargang **11** Nr. 1—12.

132. Urania. Czasopismo astronomiczne popularno-naukowe. Organ Polskiego Towarzystwa Miłośników Astronomii. Kraków. — Rok **25** Nr. 1—12.

133. Vega. An International Monthly Review of Astronomical Research. Boughton, Chester. — Vol. **1** Nr. 12—24.

134. Veränderliche Sterne. Bulletin, herausgegeben vom Astronomischen Rat der Akademie der Wissenschaften der UdSSR. Moskau-Leningrad. — Tom **9** Nr. 6 (84), Tom **10** Nr. 1 (85).

135. Physikalische Verhandlungen. Physik Verlag, Mosbach (Baden). — **5.** Jahrgang Heft 1—10.

136. Vesmír. Verlag der Akademie der Wissenschaften, Prag. — Band **33** Nr. 1 — 10.

137. Weltraumfahrt. Beiträge zur Weltraumforschung und Astronautik. Umschau-Verlag, Frankfurt am Main. — Jahrgang **1954** Heft 1—4.

138. Deutsche Hydrographische Zeitschrift. Deutsches Hydrographisches Institut Hamburg. — Band **7** Heft 1—6.

139. Zeitschrift für Astrophysik. Springer-Verlag, Berlin-Göttingen-Heidelberg. — Band **33** Heft 4, Band **34** Heft 1—4, Band **35** Heft 1—3.

140. Zeitschrift für Naturforschung. Verlag der Zeitschrift für Naturforschung, Tübingen. — Band **9a** Heft 1—12.

141. Zeitschrift für Physik. Springer-Verlag, Berlin-Göttingen-Heidelberg. — Band **136** Heft 1—5, Band **137** Heft 1—5, Band **138** Heft 1—5, Band **139** Heft 1—5.

142. Zeitschrift für angewandte Physik. Springer-Verlag, Berlin-Göttingen-Heidelberg. — Band **6** Heft 1—12.

143. Zentralblatt für Mathematik und ihre Grenzgebiete. Springer-Verlag, Berlin-Göttingen-Heidelberg. — Band **49** Heft 1—3, Band **50** Heft 1—10, Band **51** Heft 1—10.

144. Astronomisches Zirkular. Herausgegeben vom Büro der Astronomischen Mitteilungen der Akademie der Wissenschaften der UdSSR. Kasan. — Nr. 145—155.

VII. Verzeichnis der Veröffentlichungen von Sternwarten und Instituten

Die in der folgenden Tabelle genannten Sternwarten sind in dem Verzeichnis der Veröffentlichungen von Sternwarten und Instituten unter dem Ort (rechte Spalte der Tabelle) aufgeführt.

Name der Sternwarte	Ort
Agassiz Station	Oak Ridge
Allegheny Observatory	Pittsburgh
University of California	Los Angeles
Carter Observatory	Wellington, N. Z.
Observatorio de Cartuja	Granada
Commonwealth Observatory	Canberra
Commonwealth Scientific and Industrial Research Organization, Australia	Sydney
Dearborn Observatory of Northwestern University	Evanston, Ill.
Dominion Observatory	Ottawa
Dominion Astrophysical Observatory	Victoria, Canada
David Dunlap Observatory, University of Toronto	Richmond Hill
Dunsink Observatory	Dublin
Observatorio del Ebro	Tortosa
Engelhardt-Observatorium	Kasan
Observatorio Fabra	Barcelona
Flower Astronomical Observatory	Upper Darby, Penn.
Fraunhofer-Institut	Freiburg i. Br.
Harvard College Observatory	Cambridge, Mass.
Kapteyn Astronomical Laboratory	Groningen
Kwasan Observatory	Kyoto
Lick Observatory	Mount Hamilton
Goethe Link Observatory of Indiana University	Bloomington
Lowell Observatory	Flagstaff, Ariz.
Leander McCormick Observatory of the University of Virginia	Charlottesville
McDonald Observatory	Fort Davis, Tex.
McMath-Hulbert Observatory	Lake Angelus, Pontiac, Mich.
Observatory of the University of Michigan	Ann Arbor
Astronomical Observatory, University of Minnesota	Minneapolis
Nizamia Observatory	Hyderabad
University of Pennsylvania	Philadelphia
Perkins Observatory	Delaware, Ohio
Radcliffe Observatory	Pretoria
Remeis-Sternwarte	Bamberg
Rutherfurd Observatory	New York
Smithsonian Institution	Washington
Specola Astronomica Vaticana	Castel Gandolfo
Sproul Observatory	Swarthmore, Penn.
Staatliches Astronomisches Sternberg-Institut	Moskau

Name der Sternwarte	Ort
Astronomisches Hauptobservatorium der Akademie der Wissenschaften der Ukrainischen Sowjetrepublik	Golossejewo
Union Observatory	Johannesburg
United States Naval Observatory	Washington
Vassar College Observatory	Poughkeepsie, N. Y.
Warner and Swasey Observatory	Cleveland, Ohio
Washburn Observatory of the University of Wisconsin	Madison
Astronomical Observatory of Yale University	New Haven, Conn.
Yerkes Observatory	Williams Bay, Wis.

Abastumani

145. Bulletin des Astrophysikalischen Observatoriums Abastumani auf dem Kanobili.

Nr. **16**: O. D. Dsimistarischwili, A. L. Oscherowitsch, N. A. Rasmadse, S. F. Rodionow, Ein Sternelektrophotometer mit Vervielfacher. Ref. **2211**.
M. S. Selzer, Radiometrie der Sonnenkorona (Beobachtung der totalen Sonnenfinsternis am 25. Februar 1952). Ref. **6212**.
T. S. Rasmadse, Das Erscheinen der Sonnenaktivität in den Eruptionen. Ref. **6340**.
S. M. Tschchaidse, Spektrohelioskopische Beobachtungen auf dem Berg Kanobili in den Jahren 1945—1947. Ref. **6644**.

17: M. A. Waschakidse, Untersuchung der Polarisation der Strahlung der Sonnenkorona auf Grund der Beobachtung der totalen Sonnenfinsternis vom 25. Februar 1952. Ref. **6212**.
W. P. Dshapiaschwili, Die Helligkeitsverteilung im Erdschatten und Erdhalbschatten nach elektrophotometrischen Beobachtungen der totalen Mondfinsternis vom 8. Dezember 1946. Ref. **7330**.
B. A. Woronzow-Weljaminow, Die photometrische Struktur eines typischen Kometen (Komet 1942 g). Ref. **8029**.
T. A. Kotschlaschwili, A. F. Torondshadse, Photographische Beobachtungen Kleiner Planeten und Kometen. Ref. **7540**, § 81.
T. A. Kotschlaschwili, Beobachtungen von Sternbedeckungen. Ref. **7340**.
T. S. Rasmadse, Spektrohelioskopische Beobachtungen der Sonne 1948—1950. Ref. **6644**.
Chronik. Ref. **1101**.

Ankara

146. Communication of the Department of Astronomy of Ankara University.

Nr. **1**: E. A. Kreiken, The brightness of scattered star light in different galactic latitudes and longitudes. Ref. **12517**.

Arcetri

147. Osservazioni e Memorie dell'Osservatorio Astrofisico di Arcetri.

Nr. **69**: G. Righini, Premessa. Ref. **1101**.
M. Hack, Osservazioni di protuberanze e della cromosfera solare eseguite nel 1952. Vgl. AJB **53** Ref. **6651**.
M. C. Ballario, Brillamenti cromosferici osservati alla torre solare di Arcetri nel 1952. Vgl. AJB **53** Ref. **6651**.
G. Righini, M. Rigutti, L'oscuramento al bordo nel caso di un'atmosfera grigia. Vgl. AJB **53** Ref. **5135**.
M. C. Ballario, Caratteristiche fisiche e spaziali di stelle con $v \geqq 40$ km/sec. Effetto di longitudine per un gruppo di stelle veloci. Vgl. AJB **53** Ref. **12324**.
M. Hack, Resultati ottenuti da analisi quantitative di stelle B, col metodo di Unsöld. Ref. **9534**.
M. Hack, Lo spettro di ζ Tauri. Nota II. Ref. **9535**.
M. Hack, Osservazioni di protuberanze e della cromosfera solare eseguite nel 1953. Ref. **6644**.
G. Righini, M. Rigutti, La banda infrarossa (2,0) del CN nello spettro solare. Ref. **6438**.
G. Righini, Attilio Colacevich (1906—1953). Ref. **1001**.
G. Righini, XI Convegno Volta (14—19 settembre 1952). Vgl. AJB **53** Ref. **11108**.

Århus

148. Meddelelser fra Ole Rømer-Observatoriet i Århus.

Nr. **24**: A. V. Nielsen, Determinations of the periods of four variable stars of the Cepheid type (VZ Cygni, U Sagittarii, U Vulpeculae, and W Virginis). Ref. **11234**.

Armagh

149. Contributions from the Armagh Observatory.

Nr. **11**: E. J. Öpik, Interplanetary gas. Ref. **7014**.
12: E. J. Öpik, Disturbances in dwarf stars caused by nuclear reactions and gas diffusion. Ref. **5229**.
13: E. J. Öpik, The chemical composition of white dwarfs. Ref. **5228**.

150. Armagh Observatory Leaflet.

Nr. **23**: E. M. Lindsay, Armagh Observatory in 1953. Ref. **1101**.
24: E. M. Lindsay, A nebulous arc in the Small Magellanic Cloud. Ref. **12423**.
E. M. Lindsay, Planetary nebulae in the Small Magellanic Cloud. Ref. **12424**.
E. M. Lindsay, A new O-type star. Ref. **9548**.
E. M. Lindsay, On three Wolf-Rayet stars. Ref. **9549**.
E. M. Lindsay, The colours of Wolf-Rayet stars. Ref. **9415**.
E. M. Lindsay, A new variable star in Perseus: a text-book variable. Ref. **11218**.
E. M. Lindsay, Occultations of stars by the moon in 1953. Ref. **7340**.
25: E. Öpik, Comet Abell (1953 g). Ref. **8162**.
26: E. J. Öpik, The time-scale of our universe. Ref. **4168**.
27: E. J. Öpik, The age of the universe. Ref. **4167**.

Asiago

151. Contributi dell'Osservatorio Astrofisico dell'Università di Padova in Asiago.

Nr. **43**: G. Mannino, Un tentativo di determinazione di velocità radiali su registrazioni microfotometriche. Ref. **9215**.
44: G. Mannino, S. Taffara, Studio spettrofotometrico delle stelle Eta Orionis (B1) e Kappa Orionis (B0). Ref. **9550**.
45: G. Godoli, Ricerche spettrofotometriche sulle stelle Be. IX. Studio della stelle 9 (α) Camelopardalis. Ref. **9523**.
46: S. Taffara, Ricerche spettrofotometriche sulle stelle Be. X. Lo spettro della stella HD 175863. Ref. **9578**.
47: G. Godoli, Ricerche spettrofotometriche sulle stelle Be. XI. Studio della stella $\varkappa$ Draconis. Ref. **9524**.
48: S. Taffara, Su di un nuovo parametro legato alla densità elettronica di una atmosfera stellare. Ref. **5136**.
49: G. Godoli, Ricerche spettrofotometriche sulle stelle Be. XII. Studio della stella λ Cygni. Ref. **9525**.
50: G. de Strobel, Profondità centrali di righe della stella ζ Aurigae (fra λ 3710 e λ 5040) in occasione dell'eclisse del 1953. Ref. **11141**.
51: G. Righini, G. de Strobel, G. Godoli, G. Mannino, S. Taffara, Studio spettrofotometrico di quindici stelle Be e di tre stelle B. Ref. **9566**.
52: L. Rosino, Ricerche sugli ammassi globulari. XI. Su alcuni ammassi stellari di dubbia classificazione. Ref. **12141**.
53: G. Mannino, Velocità radiali di TU Camelopardalis e nuovi elementi dell'orbita. Ref. **11129**.
54: G. Godoli, Ricerche spettrofotometriche sulle stelle Be. XIII e XIV. Studio delle stelle υ Cygni ed HD 208682. Ref. **9526**.

Athen

152. National Observatory of Athens-Greece. Bulletin of the Astronomical Institute. Year: 1952.

(2): J. E. Focas, D. P. Elias, Sunspot report. Ref. **6348**.
Annual summary of sunspot observations in 1952. Ref. **6348**.
D. P. Elias, Solar activity in 1952. Ref. **6348**.
J. E. Focas, Polarimetric study of the light of the planets. Ref. **7413**.
G. Adamopoulos, Visual observations of minor planets. Ref. **7540**.
D. P. Elias, Variable star observations in 1952. Ref. **11205**, **11311**, **11313**.

Bamberg

153. Kleine Veröffentlichungen der Remeis-Sternwarte.

Nr. 8: R. Kippenhahn, Zur Dynamik eines von Strahlung durchsetzten Mediums. Ref. **5316**.

Beograd

154. Académie Serbe des Sciences. Section d'Astronomie Théorique et Appliquée de l'Institut Mathématique. Publications Astronomiques.

6: Annuaire de notre ciel pour l'an 1955. Ref. **431**.

155. Bulletin de l'Observatoire Astronomique de Beograd.

19 1: M. Protitch, Observations photographiques de la comète Abell (1953 g) faites à l'astrographe de 160 mm. Ref. **8162**.

Z. Brkić, L. Mitić, B. Ševarlić, Déterminations de l'heure faites à la lunette méridienne (de 100 mm) en 1951. Ref. **2304.**
Z. Petović, D. Šaletić, B. Ševarlić, R. Vojčić, Observations à la lunette zénithale (de 110 mm) du Service de latitude de l'Observatoire, faites au cours des deux derniers trimestres de 1953. Ref. **13233.**
P. M. Djurković, Mesures micrométriques d'étoiles doubles faites au réfracteur de 0.65 m d'ouverture. Ref. **10135.**
M. Protitch, Č. Čepinac, Observations photographiques de petites planètes faites à l'astrographe de 160 mm. Ref. **7540.**
Z. Brkić, L. Mitić, Déterminations de l'heure faites à la lunette méridienne en 1952. Ref. **2304.**
Z. Brkić, Etude des différences systématiques de l'inclinaison de l'axe de la lunette méridienne en fonction de sa position. Ref. **2503.**
B. M. Ševarlić, R. Vojčić, Détermination de la latitude de l'Observatoire à l'aide d'un astrolabe à prisme. Ref. **13238.**
M. Simić, Climat de l'Observatoire Astronomique de Beograd. Nicht referiert.

2: P. M. Djurković, Mesures micrométriques d'étoiles doubles faites au réfracteur de 0.65 m d'ouverture. Ref. **10135.**
Z. Petović, D. Šaletić, B. Ševarlić, R. Vojčić, Observations à la lunette zénithale (de 110 mm) du Service de latitude de l'Observatoire, faites au cours des deux premiers trimestres de 1954. Ref. **13234.**
Z. Brkić, L. Mitić, Déterminations de l'heure faites à la lunette méridienne en 1953. Ref. **2305.**
Z. Brkić, L. Mitić, Déterminations de l'heure faites à la lunette méridienne en 1954. Ref. **2305.**
M. Protitch, O. Kovačević, Activité des taches solaires au cours de l'année 1954. Ref. **6348.**

156. Recueil des Travaux de l'Institut d'Astronomie Théorique et Appliquée de l'Académie Serbe des Sciences.

42 Nr. 1: V. V. Michkovitch, Annuaire Nautique 1934—1954. Ref. **432.**
R. Kašanin, Approximation du mouvement arbitraire d'un point matériel par le mouvement sur une section conique. Ref. **4210.**
B. de Jekhowsky, Exposé d'une méthode nouvelle pour la détermination des orbites paraboliques. Ref. **4504.**
S. M. Kotlarić, New methods of ship's position finding from celestial observations. Ref. **13318.**
V. V. Michkovitch, Les astéroïdes troyens inconnus. Ref. **7511.**
I. Popovitch, Determination of orbital plane elements of insufficiently observed asteroids of the Trojan group. Ref. **4506.**
R. Mitrinović, Orbites et identifications d'astéroïdes. Ref. **7512.**
J. L. Simovljević, Détermination des temps des contacts de l'éclipse partielle de soleil du 30 juin 1954. Ref. **6216.**
R. Georgevich, Evaluation of the accuracy of Andoyer's precessional formulae. Ref. **3107.**

Berkeley

157. Berkeley Reprint.

Nr. **58**: O. Struve, D. H. McNamara, S. M. Kung, A. van Hoof, R. Deurinck, The velocity-curve of Beta Canis Majoris. Ref. **10206.**

59: J. G. Phillips, The laboratory determination of relative transition probabilities of diatomic molecules. I. The α-system of TiO. Ref. **254**.
60: A. D. Williams, Light-variability of Gamma Pegasi. Ref. **111120**.
61: O. Struve, N. Gould, The problem of the subgiants. Ref. **9718**.
62: O. Struve, E. Ratcliffe, The spectrum of Zeta Herculis B. Ref. **10136**.
63: S.-S. Huang, Application of the virial theorem to some astronomical problems. Ref. **5307**.
64: A. van Hoof, M. de Ridder, O. Struve, Note on the spectrum of 16 Lacertae. Ref. **11190**.
65: M. F. Walker, A second photoelectric study of 16 Lacertae. Ref. **111118**.
66: R. P. Kraft, Changes in the spectrum of X Cygni. Ref. **11196**.
67: S.-S. Huang, A note on globular clusters. Ref. **12138**.
68: A. D. Williams, Photometric observations of XI_1 Canis Majoris. Ref. **11234**.
69: S. N. Stone, O. Struve, The spectrum and luminosity of Alpha Scorpii B. Ref. **9574**.
70: E. Böhm-Vitense, The spectrum of Beta Lyrae. Ref. **11103**.
71: R. I. Mitchell, Rotation of the primary of Beta Lyrae. Ref. **11131**.
72: H. Weaver, The distance to the galactic center and the zero point of the Cepheid period-luminosity relation. Ref. **12360**.
73: R. P. Kraft, The atmosphere of the I component of Epsilon Aurigae. Ref. **11127**.

Berlin

158. Berliner Astronomisches Jahrbuch für 1956. 181. Jahrgang. Herausgeber: Astronomisches Recheninstitut der Deutschen Akademie der Wissenschaften zu Berlin und Astronomisches Recheninstitut zu Heidelberg. Ref. **401**.

159. Mitteilungen der Sternwarte Berlin-Babelsberg.
Nr. **1**: Vgl. AJB **49** Ref. **11191**.
2: F. Hinderer, Die neue lichtelektrische Meßeinrichtung der Sternwarte Babelsberg. Ref. **1205**.

160. Wilhelm-Förster-Sternwarte. Veröffentlichung.
Nr. **6**: E. Mädlow, Eine Vorschau auf die Sonnenfinsternis vom 30. Juni 1954. Ref. **6216**.

161. Mitteilungen der Archenhold-Sternwarte Berlin-Treptow.
Nr. **36**: D. Wattenberg, Jahresbericht der Archenhold-Sternwarte 1953. Ref. **1101**.
37: G. Schirdewahn, Bericht über die Auswertung von Sonnenbeobachtungen 1953. Ref. **6348**.
38: O. von Gellhorn, Erlebnisse während der Treptower Sonnenfinsternis-Expedition im Jahre 1905. Ref. **6208**.
39: D. Wattenberg, Die kinematographische Beobachtung von Sonnenfinsternissen. Ref. **2424**.
40: G. Libuda, H. Mielke, D. Wattenberg, Beobachtungen der Sonnenfinsternis 1954 Juni 30. Ref. **6216**.

162. Astronomischer Nachrichtendienst der Archenhold-Sternwarte zu Berlin-Treptow. **6**. Jahrgang Nr. 1—20.

Bjurakan

163. Mitteilungen (Soobschtschenija) des Observatoriums Bjurakan.

Nr. **12**: B. E. Markarjan, Über die Entwicklung der offenen Sternhaufen. Ref. **5418**.

13: W. A. Ambarzumjan, Das Auftreten kontinuierlicher Emission und die Quellen der Sternenergie. Ref. **11179**.

14: W. A. Sanamjan, Das Radioteleskop des Observatoriums Bjurakan. Ref. **1206**.
G. A. Gursadjan, Das Universalmikrophotometer des Observatoriums Bjurakan. Ref. **1206**.
N. L. Iwanowa, Spektralphotometrische Untersuchung des kontinuierlichen Spektrums von 59 Cygni. Ref. **9546**.

15: W. A. Ambarzumjan, Mehrfachsysteme vom Trapez-Typ. Ref. **10002**.

Bloomington

164. Publications of the Goethe Link Observatory, Indiana University.

Nr. **12**: A. N. Cox, A study of the galactic cluster NGC 2287. Ref. **12103**.

13: M. H. Wrubel, Exact curves of growth. III. The Schuster-Schwarzschild model. Ref. **5141**.

Bologna

165. Pubblicazioni dell'Osservatorio Astronomico Universitario di Bologna.

6 Nr. 4: L. Rosino, Le popolazioni stellari. Ref. **12004**.
L. Rosino, Esplorazione del cielo. Ref. **621**.

5: L. Rosino, S. Pietra, Periodi e curve di luce di 24 stelle variabili nell'ammasso globulare NGC 4590 = M 68. Ref. **12140**.

6—9: Vgl. AJB **55**.

10: G. Tabarroni, Lavori agli impianti della Stazione astronomica di Lojano. Ref. **1229**.

166. Bollettino della Società dei Variabilisti Italiani. Vol. **1** S. 34. Ref. **11234**.

Bonn

167. Veröffentlichungen der Universitäts-Sternwarte zu Bonn.

Nr. **41**: J. Meurers, W. Richels, Die Bewegungsverhältnisse des offenen Sternhaufens M 11 und seiner Umgebung. Ref. **12115**.

168. Mitteilungen der Universitäts-Sternwarte Bonn.

J. Meurers, Schichtverzerrungen auf photographischen Platten. Ref. **2286**.

Bordeaux

169. Publications de l'Observatoire de l'Université de Bordeaux. Nouvelle Série.

Nr. 12: M. Mendes, Sur une équation aux dérivées partielles du troisième ordre. Ref. 111.

13: Vgl. AJB **53** Ref. 111.

170. Observatoire de l'Université de Bordeaux (Floirac). Série A.

Nr. **6**: P. Parcelier, Description d'un transformateur électronique permettant d'utiliser la puissance fournie par les réseaux de distribution avec stabilisation de leurs fréquences par un étalon de fréquence. Ref. **2234**.

7: M. Mendes, Nouvelle démonstration des équations de Lagrange. Ref. **4217**.

J. Dubois, F. Poumeyrol, L'éclipse totale de Lune du 18—19 janvier 1954. Observations photométriques. Ref. **7334**.
J. Dubois, P. Mianes, L'éclipse partielle de lune des 15—16 juillet 1954. Ref. **7335**.

171. Rapport présenté au Conseil de l'Université. Année scolaire 1953—1954. Ref. 1101.

Breslau. Siehe Wrocław.

Brno

172. Contributions from the Astronomical Institute of the Masaryk University Brno, Czechoslovakia.
1 12: L. Perek, A note on the galactic orbits of globular clusters. Ref. **12349**.
13: L. Perek, The potential and attractive force of the nonhomogeneous spheroid with Gaussian distribution of mass and its applicability to the galaxy. Ref. **12318**.

Bruxelles

173. Université de Bruxelles. Institut d'Astronomie.
(2) Nr. **91**: J. Magis, Courbes d'échelle constante de la représentation conforme de la sphère dans un triangle équilatéral. Ref. **13008**.
92: E. Schatzman, Sur une nouvelle théorie de la granulation solaire. II. Propagation dans une atmosphère isotherme. Ref. **6118**.
93: J. Lemmens, Sur un oculaire spécialement destiné à l'observation à l'aide d'un réfracteur zénithal. Vgl. AJB **53** Ref. **2227**.
94: J. Brouet, P. Janssens, Sur la mesure du déplacement par rapport à la verticale d'une masse en mouvement contrôlé, uniformément ralenti. Ref. **210**.
95: J. Loodts, Détermination de latitude, de longitude et d'un azimut astronomique, effectuée à l'Université de Bruxelles, en 1952. Ref. **13224**.
96: P. J. Melchior, Sur une observation faite par Copernic et Dominique Maria. Ref. **1321**.
97: J. Lemmens, Déterminations de latitude à l'aide d'un réfracteur zénithal visuel. Ref. **13223**.
J. Lemmens, Sur un oculaire spécialement destiné à l'observation à l'aide d'un réfracteur zénithal. Ref. **2230**.
98: F. H. van den Dungen, J. F. Cox, J. van Mieghem, Sur les fluctuations saisonnières de la rotation de la terre. Ref. **13102**.
99: J. F. Cox, F. H. van den Dungen, Comparaison des déplacements sur la sphère céleste et sur la sphère terrestre de l'axe instantané de rotation de la terre. Ref. **13101**.
100: Vgl. AJB **55**.
101: Vgl. AJB **55**.
102: Quadricentenaire de la mort de Copernic (1543). Ref. **1061**.

Budapest-Szabadsághegy

174. Mitteilungen der Sternwarte der Ungarischen Akademie der Wissenschaften.
Nr. **32**: I. K. Csada, On the theory of rotating magnetic stars. I. Ref. **9804**.
33: J. Balázs, L. Detre, Untersuchungen über die Perioden- und Lichtkurvenänderungen von kurzperiodischen δ Cephei-Sternen. VIII. SW Andromedae. Ref. **11152**.

Cambridge, Engl.

175. Contributions from the Cambridge Observatories.

Nr. **14**: M. J. Smyth, Photoelectric investigations of solar corpuscular radiation. I. Ref. **6510**.

15: G. G. Yates, Magnitudes and colours of 123 stars in the neighbourhood of the sun. Ref. **9426**.

16: H. von Klüber, Further measurements to detect a general magnetic field of the sun. Ref. **6125**.

17: R. O. Redman, Z. Suemoto, Temperature and turbulence in the chromosphere. Ref. **6632**.

18: M. W. Ovenden, Two-colour photoelectric photometry of GO Cygni. Ref. **11137**.

176. Cambridge Observatories Reprints.

Nr. **6**: D. W. Dewhirst, G. G. Yates, The adjustment of a Schmidt camera by an auto-collimation method. Ref. **2007**.

7: A. N. Argue, On improving the sensitivity of photographic emulsions to low intensity of illumination. Ref. **2272**.

177. University of Cambridge. Report of the Observatories Syndicate for the year ending 1954 September 30. Ref. **1101**.

Cambridge, Mass.

178. Annals of Harvard College Observatory.

113 3: C. Payne-Gaposchkin, The Cepheid variables and RR Lyrae stars. Ref. **11169**.

4: C. Payne-Gaposchkin, The red variable stars. Ref. **111102**.

179. Harvard Reprint.

Nr. **382**: H. Shapley, V. McKibben Nail, Magellanic Clouds. X. An evaluation of the zero point correction. Ref. **12442**.

383: B. J. Bok, Astronomical problems connected with the 21-cm line. Ref. **12627**.

384: H. J. Smith, The physical theory of meteors. V. The masses of meteor-flare fragments. Ref. **8255**.

385: H. Zirin, Radiative opacity of stellar matter. Ref. **5252**.

386: M. K. V. Bappu, D. H. Menzel, Emission-line profiles from expanding envelopes. Ref. **5103**.

387: K. G. Henize, D. Hoffleit, V. McKibben Nail, Magellanic Clouds. XI. Survey of the novae. Ref. **12416**.

388: H. J. Smith, Magellanic Clouds. XII. Observations of a nova in the Small Cloud. Ref. **11333**.

389: H. N. Russell, Magellanic Clouds. XIII. Comparison of Magellanic and galactic eclipsing variables. Ref. **12434**.

390: Vgl. AJB **53** Ref. **11204**.

391: B. J. Bok, Radio studies of interstellar hydrogen. Ref. **12662**.

392: F. L. Whipple, Evidence for winds in the outer atmosphere. Ref. **7251**.

393: H. Bondi, T. Gold, D. W. Sciama, A note on the reported color-index effect of distant galaxies. Ref. **12404**.

394: A. F. Cook, The physical theory of meteors. VI. The light curve. Ref. **8212**.

395: R. N. Thomas, Commentaire sur la granulation solaire. Ref. **6445**.

396: D. S. Heeschen, A. E. Lilley, Interstellar hydrogen and the local system. Ref. **12515**.

397: D. H. Menzel, Solar activity and terrestrial disturbances. Ref. **6835**.

398: F. L. Whipple, F. W. Wright, Meteor stream-widths and radiant deviations. Ref. 8284.

180. Harvard Reprint.

(2) Nr. 53: D. Layzer, Theory of linear flame propagation. I. Existence, uniqueness, and stability of the steady state. Nicht referiert.

54: D. Layzer, Theory of linear flame propagation. II. Structure of the steady state. Nicht referiert.

55: H. Shapley, Note on the light variations of Proxima Centauri. Ref. 111108.

56: P. L. Bhatnagar, F. L. Whipple, Accretion of matter by a satellite. Ref. 7001.
F. J. Kerr, F. L. Whipple, On the secular accelerations of Phobos and Jupiter V. Ref. 7619.

57: P. L. Bhatnagar, E. P. Gross, M. Krook, A model for collision processes in gases. I. Small amplitude processes in charged and neutral one-component systems. Ref. 205.

58: H. J. Smith, R. E. McCrosky, Night cloud coverage in the Southwest with reference to astronomical observing conditions. Ref. 7248.

59: D. Layzer, Is the origin of the solar system connected with the overall structure of the universe? Ref. 5512.

60: S. Gaposchkin, The eclipsing system ZZ Bootis. Ref. 11234.

61: S. Gaposchkin, Nova Monocerotis 1942. Ref. 11317.

62: W. Liller, F. L. Whipple, High-altitude winds by meteor-train photography. Ref. 8233.

63: Commission des éclipses du soleil. Ref. 6207.

64: D. Layzer, On the significance of Newtonian cosmology. Ref. 4159.

65: F. L. Whipple, Photographic meteor orbits and their distribution in space. Ref. 8262.

66: B. J. Bok, J. K. Connolly, Star counts for the section between galactic longitudes 160° and 173°. Ref. 12303.

67: F. W. Wright, L. G. Jacchia, F. L. Whipple, Photographic δ-Aquarid meteors. Ref. 8288.

181. Harvard Astronomical Observatory. Annual report 1953. Ref. 1101.

182. Harvard College Observatory. Announcement Card 1237—1281.

Canberra

183. Commonwealth Observatory Canberra. Report of the Commonwealth Astronomer for the year 1953. Ref. 1101.

Capodimonte. Siehe Napoli.

Cape

184. Annals of the Cape Observatory.

17: J. Jackson, R. H. Stoy, Cape Photographic Catalogue for 1950.0. Zone –30° to –35°. Ref. 9113.

18: J. Jackson, R. H. Stoy, Cape Photographic Catalogue for 1950.0. Zone –35° to –40°. Ref. 9114.

184a. Report of Her Majesty's Astronomer at the Cape of Good Hope to the Secretary of the Admiralty for the year 1953. Ref. 1101.

Castel Gandolfo

185. Specola Astronomica Vaticana. Ricerche Astronomiche.

3 2: D. J. K. O'Connell, Photographic light curve and orbit of the eclipsing binary V 495 Centauri. Ref. 11134.

3: D. J. K. O'Connell, Photographic light curve and orbit of the eclipsing binary S Velorum. Ref. **11135**.
4: D. J. K. O'Connell, The eclipsing binary AL Velorum. Ref. **11136**.
5: J. de Kort, Upper and lower limits for the eccentricity and longitude of periastron of an eclipsing binary. Ref. **11125**.
6: J. de Kort, The orbit and the motion of periastron of GN Normae. Ref. **11126**.
7: W. J. Miller, VV 16—20, Variables in the Cygnus cloud. Ref. **11220**.
8: U. Steinlin, Der Farbeffekt des Zeiss-Vierlinsers der Vatikanischen Sternwarte. Ref. **2512**.
9: U. Steinlin, Absorption und Sterndichte im Gebiet Cepheus-Lacerta. Ref. **12326**.

186. Laboratorio Astrofisico della Specola Vaticana. Ricerche Spettroscopiche.
2 2: E. W. Salpeter, W. Bitterlich, Zur photoelektrischen Belichtungsmessung bei Spektralaufnahmen. Ref. **2287**.
3: J. Junkes, E. W. Salpeter, Über eine ungewöhnliche Verdopplung von Spektrallinien bei synchroner Schwingung der Prismen mit den Lichtimpulsen. Ref. **233**.

187. Specola Vaticana. Comunicazione.
(1) Nr. **16**: G. Junkes, L'effetto della rotazione di un prisma disperdente sullo spettro. Ref. **232**.
17: J. Junkes, E. W. Salpeter, Unusual doubling of spectral lines. Ref. **234**.

Cincinnati

188. Minor Planet Circulars Nr. 1003—1166. Ref. **7540**.

Coimbra

189. Efemérides Astronómicas para o ano de 1955. Ref. **402**.

Córdoba

190. Resultados del Observatorio Nacional Argentino.
38: L. C. Guérin, J. Bobone, Catálogo «Córdoba D». Ref. **9110**.

Delaware

191. Contributions from the Perkins Observatory.
(1) Nr. **37**: A. Slettebak, The spectra and rotational velocities of the bright stars of Draper types B8—A2. Ref. **9572**.
38: A. Slettebak, Recent changes in the spectra of four Be stars. Ref. **9573**.
39: P. C. Keenan, Classification of the S-type stars. Ref. **9547**.

192. Contributions from the Perkins Observatory.
(2) Nr. **2**: G. Keller, R. H. Hardie, Experimental verification of a recently proposed theory of astronomical seeing. Ref. **72179**.
3: R. Hosfeld, Comparisons of stellar scintillation with image motion. Ref. **72177**.

Edinburgh

193. Communications from the Royal Observatory, Edinburgh.
Nr. 8: M. J. Smyth, Photoelectric investigations of solar corpuscular radiation. II. Ref. **6511**.

Evanston, Ill.

194. Annals of the Dearborn Observatory of Northwestern University.
7 1: K. A. Strand, Photographic measures of double stars. Ref. **10135**.

195. Contributions from the Dearborn Observatory.
Nr. **5**: C. Gasteyer, The quadruple system ζ Cancri. Ref. **10137**.
6: K. A. Strand, R. G. Hall, Visual binaries for the mass-luminosity relation. Ref. **10127**.

Eva Peron

196. Publicaciones del Observatorio Astronómico de la Ciudad Eva Peron. Serie Circular.
Nr. **13**: M. Itzigsohn, P. Sconzo, J. Gordon, Observaciones y calculos de planetitas. Ref. **7540**.
14: C. O. R. Jaschek, Distribución espacial de las cefeidas clásicas. Ref. **11161**.
M. I. Corvalan, Nota sobre la supuesta variable T Carinae. Ref. **11234**.
H. Wilkens, Sobre algunas fórmulas de la absorción interestelar general. Ref. **12535**.

197. Publicaciones del Observatorio Astronómico de la Universidad Nacional de Eva Peron. Serie Especial.
Nr. 18, **19**: Nicht eingegangen.
20: S. J. Slaucitajs, Catálogos estelares de posición y base del systema esférico fundamental de astronometría. Ref. **9122**.

Fort Davis

198. Contributions from the McDonald Observatory, University of Texas.
Nr. **230**: H. L. Johnson, Magnitudes and colors in M 34. Ref. **12107**.
231: S. Sharpless, A study of the Orion aggregate of early-type stars. II. Ref. **12375**.
232: E. M. Burbidge, G. R. Burbidge, Spectrographic observations of emission-line stars. Ref. **9511**.
233: W. A. Hiltner, Early-type stars in the direction of the galactic center. Ref. **12308**.
234: E. M. Burbidge, G. R. Burbidge, A group of peculiar shell stars. Ref. **9512**.
235: D. L. Harris, W. W. Morgan, N. G. Roman, Photometric and spectroscopic observations of stars in IC 348. Ref. **12104**.
236: E. M. Burbidge, G. R. Burbidge, The composite spectrum of HD 50820. Ref. **9513**.
237: G. R. Burbidge, E. M. Burbidge, The abnormal atmosphere of AG Pegasi. Ref. **11182**.
238: W. A. Hiltner, Polarization of a heavily obscured clustering of OB stars in Cygnus. Ref. **12545**.
239: I. Groeneveld, G. P. Kuiper, Photometric studies of asteroids. I. Ref. **7505**.
240: W. A. Hiltner, Polarization of the cluster M 29. Ref. **12106**.
241: W. A. Hiltner, Interstellar polarization of 405 stars. Ref. **12546**.
242: I. Groeneveld, G. P. Kuiper, Photometric studies of asteroids. II. Ref. **7506**.
243: A. V. Shatzel, Photometric studies of asteroids. III. The light-curve of 44 Nysa. Ref. **7518**.
244: I. I. Ahmad, Photometric studies of asteroids. IV. The light-curves of Ceres, Hebe, Flora, and Kalliope. Ref. **7503**.

245: W. A. Hiltner, Spectrum of Nova Ophiuchus 1952. Ref. **11318**.
246: G. P. Kuiper, Determination of the pole of rotation of Venus. Ref. 7127.
247: C. J. van Houten, J. H. Oort, W. A. Hiltner, Photoelectric measurements of extragalactic nebulae. Ref. **12418**.

Freiburg i. Br.

199. Veröffentlichungen des Fraunhofer-Instituts Freiburg i. Br.
Sonnen-Zirkular für die Monate Oktober 1953—September 1954. § **63, 65, 66, 67, 68, 72, 127**.

200. Mitteilungen aus dem Fraunhofer-Institut Freiburg i. Br.
Nr. **13**: A. Bruzek, Die hypothetische Neigung der Sonnenflecken-achsen. Ref. **6309**.
14—17: Vgl. AJB **53**.
18: H. Hubenet, Fraunhofer-Linien im inhomogenen Magnetfeld. Ref. **6321**.
19: U. Becker, Die Eigenbewegung der Sonnenflecken in Breite. Ref. **6304**.
20: U. Becker, Eine zeitliche Variation des Rotationsgesetzes der Sonne. Ref. **6102**.
21: U. Becker, Die Struktur der Fleckenzone. Ref. **6305**.

201. Service de Prévision Ionosphérique Militaire. Observations ionosphériques. SPIM—O—79 F bis 90 F. Ref. **72101**.

Genf

202. Publications de l'Observatoire de Genève. Série A.
(A) **5** 15 (49): M. Golay, Etude des conditions d'application des cellules à multiplicateur d'électrons en photométrie astronomique. Ref. **2214**.
6 1 (50): G. Tiercy, Un problème de mécanique astronomique plus actuel que jamais: «la forme du globe terrestre». Ref. **13118**.

Georgetown

203. Georgetown Observatory Reprint.
Nr. **18**: V. C. Rubin, Fluctuations in the space distribution of the galaxies. Ref. **12433**.

Glasgow

204. Glasgow University Observatory Reprint.
Nr. **34**: A. E. Roy, A composite electron-scattering opacity stellar model. Ref. **5236**.
35: M. W. Ovenden, The story of solar flares. Ref. **6630**.
36: Vgl. AJB **53** Ref. **12330**.
37: P. A. Sweet, A. E. Roy, The structure of rotating stars. I. Vgl. AJB **53** Ref. **4309**.
38: A. E. Roy, M. W. Ovenden, On the occurrence of commensurable mean motions in the solar system. Ref. **4229**.
39: T. R. Tannahill, Star-streaming from the stars of spectral type B. Ref. **12357**.
40: D. G. Ewart, The constants of the star-streams and of the velocity ellipsoid from the Cape photographic proper motions of 19839 stars. Ref. **12340**.
41: T. R. Tannahill, Star-streaming from the proper motion of the A-type stars of the Boss General Catalogue. Ref. **12358**.

Göttingen

205. Veröffentlichungen der Universitäts-Sternwarte Göttingen.
Nr. **108**: R. Lüst-Kulka, Temperatur und Elektronendruck in den Atmosphären von S Sagittae und T Vulpeculae. Ref. **11164**.
109: F. W. Jäger, Polarisationsmessungen an Fraunhoferlinien im Sonnenspektrum. Ref. **6413**.

Granada

206. Boletín Mensual del Observatorio de Cartuja, Granada. Observaciones astronómicas y sísmicas. Enero a Diciembre de 1953. Ref. **6348**.

Greenwich

207. The Nautical Almanac and Astronomical Ephemeris for the Year 1955. Ref. **405**.
208. Apparent Places of Fundamental Stars 1955. Ref. **415**.
209. Improved Lunar Ephemeris 1952—1959. Ref. **416**.
210. The Abridged Nautical Almanac for the Year 1955. Ref. **422**.
211. The Air Almanac 1955. Ref. **428**.
212. The Star Almanac for Land Surveyors for the Year 1955. Ref. **430**.
213. Greenwich Photo-heliographic Results 1944. Ref. **6348**, **6644**.
214. Greenwich Astronomical Results 1940. Ref. **2330**, **6001**, **7120**, **7301**, **7401**, **7539**, **7601**, **7701**, **7801**, **7807**, **13242**.
215. Greenwich Astronomical Results 1941. Ref. **2331**.
216. Report of the Astronomer Royal to the Board of Visitors of the Royal Greenwich Observatory. Ref. **1101**.

Hamburg

217. Mitteilungen der Hamburger Sternwarte in Bergedorf.
9 88: V. V. Osvalds, Neue Untersuchungen über Eigenbewegungen im Gebiet der Hyaden. Ref. **9205**.
89: O. Heckmann, W. Dieckvoss, H. Kox, New plate constants in the system of the FK3 for the declination zones +21°, +22°, +23°, +24° of the Astrographic Catalogue Paris. Ref. **9112**.
218. Mitteilungen der Hamburger Sternwarte in Bergedorf.
22 239: W. Becker, J. Stock, Drei-Farben-Photometrie von 11 offenen Sternhaufen, insbesondere solchen mit O- und frühen B-Sternen. Ref. **12102**.
240: P. Wellmann, Der Bedeckungsveränderliche UV Leonis. Ref. **11146**.
241: W. Fricke, Die Intensitäts- und Farbverteilung im Andromeda-Nebel. Ref. **12413**.
242: A. A. Wachmann, Das bisherige Verhalten von FU Orionis. Ref. **111116**.
243: P. Wellmann, Über die thermische Deformation eines Spiegels. Ref. **2134**.
219. Zweiter Katalog der Astronomischen Gesellschaft. Band **10**. Ref. **9135**.
220. Jahresbericht der Hamburger Sternwarte in Bergedorf für das Jahr 1953. Ref. **1101**.
221. Deutsches Hydrographisches Institut. Jahresbericht Nr. 8, 1953. Ref. **1101**.

Haute Provence

222. Publications de l'Observatoire de Haute Provence.

2 44: F. Lenouvel, Observation de AE Aquarii. Vgl. AJB **52** Ref. **11244**.
45: J. Dufay, J.-H. Bigay, P. Berthier, J. Texereau, Étude et résolution du grand nuage stellaire situé dans la direction du centre de la voie lactée. Vgl. AJB **52** Ref. **12305**.
46: Y. Andrillat, H. Andrillat, Étude spectrophotométrique de BD 30° 3639 de 8750 Å à 3670 Å. Vgl. AJB **53** Ref. **9501**.
47: Y. Andrillat, Sur la présence de [NH] dans la nébuleuse NGC 6905. Ref. **12247**.
48: P. Berthier, Variations d'intensité des raies 6300 et 6364 Å de l'oxygène au cours des créspuscules du matin et du soir. Vgl. AJB **53** Ref. **72168**.
49: M. P. Muller, Mesures photométriques d'étoiles doubles au télescope de 0.80 m de l'Observatoire de Haute-Provence. Vgl. AJB **52** Ref. **10122**.
50: R. Bouigue, J.-L. Chapuis, Vitesse radiale de B 6166. Ref. **9212**.
51: R. Peyturaux, Sur l'assombrissement centre-bord du soleil entre 6000 Å et 23000 Å. Vgl. AJB **53** Ref. **6423**.
52: M. Duflot, Orbite de l'étoile double spectroscopique HD 35588. Vgl. AJB **53** Ref. **10208**.
M. Chopinet, Orbite de l'étoile double spectroscopique HD 35715 = ψ Ori. Vgl. AJB **53** Ref. **10208**.
53: A. Couder, Les conditions micrométéorologiques de l'observation télescopique; tentative pour les améliorer. Vgl. AJB **53** Ref. **72158**.
54: M. Bloch, M.-L. Tcheng, Spectrophotométrie de T Coronae Borealis de 1946 à 1952. Vgl. AJB **53** Ref. **11320**.
55: J. H. Bigay, R. Dumont, F. Lenouvel, M. Lunel, Photométrie photoélectrique de nébuleuses extragalactiques. Vgl. AJB **53** Ref. **12402**.
56: D. Barbier, Étude photométrique de la région ultraviolette de la lumière du ciel nocturne. Vgl. AJB **53** Ref. **7299**.
57: P. Berthier, Sur l'émission crépusculaire et nocturne des bandes de OH et O_2 dans le proche infrarouge. Vgl. AJB **53** Ref. **72169**.
58: M. Dufay, Intensité de la raie ^4S—^2D de l'atome d'azote au crépuscule. Vgl. AJB **53** Ref. **72173**.
59: P. Berthier, B. Morignat, Sur l'hypersensibilisation des plaques Eastman Kodak IN. Vgl. AJB **53** Ref. **2239**.
60: L. Divan, Loi de variation avec la longueur d'onde du coefficient d'absorption continue de la matière interstellaire. Vgl. AJB **53** Ref. **12507**.
61: J. Berger, L. Divan, A.-M. Fringant, Essai de détermination en valeur absolue du coefficient d'absorption continue de la matière interstellaire. Vgl. AJB **53** Ref. **12503**.
62: G. Courtès, La turbulence dans l'espace interstellaire en émission. Vgl. AJB **53** Ref. **12206**.
63: Y. Andrillat, Étude spectrophotométrique d'étoiles de Wolf-Rayet dans le proche infrarouge. Vgl. AJB **53** Ref. **9502**.
64: M. M. Bloch, M.-L. Tcheng, Mesures des discontinuités de Paschen. Vgl. AJB **53** Ref. **9506**.
65: M.-T. Martel, Polarisation des nébuleuses diffusantes IC 4601 a, IC 4601 b et BD −19° 4357. Vgl. AJB **53** Ref. **12223**.

66: J. Dufay, P. Berthier, B. Morignat, Nouvelle évaluation de l'altitude de la couche atmosphérique émettant la raie verte de l'oxygène dans la lumière du ciel nocturne. Vgl. AJB **53** Ref. **72106**.
67: P. Berthier, Altitude de l'émission des bandes du proche infrarouge des molécules OH et O_2 de la haute atmosphère durant la nuit. Vgl. AJB **53** Ref. **72102**.
68: A. Baillet, D. Barbier, F. Bosson, A. Lallemand, J. Maguery, Description d'un photomètre automatique pour l'étude de la lumière du ciel nocturne. Vgl. AJB **53** Ref. **2205**.
69: J. Dufay, M.-L. Tcheng, Sur l'altitude d'émission de la raie verte du ciel nocturne. Ref. **72121**.
70: F. Lenouvel, M. Golay, Observation de AE Aquarii. Vgl. AJB **53** Ref. **11216**.
71: J.-É. Blamont, Nouvelle méthode d'observation de l'émission atmosphérique des raies D du sodium. Vgl. AJB **53** Ref. **2402**.

Heidelberg

Astronomisches Rechen-Institut

223. Astronomisch-Geodätisches Jahrbuch für 1955. Ref. **404**.
224. Astronomischer Jahresbericht. 51. Band. Die Literatur des Jahres 1951. Ref. **701**.
225. Astronomische Grundlagen für den Kalender 1956. Ref. **417**.
226. Nachrichtenblatt der Astronomischen Zentralstelle. 8. Jahrgang Nr. 1—10. Vorläufige Mitteilung Nr. 206—241.
227. Mitteilungen des Astronomischen Rechen-Instituts in Heidelberg. Serie A.
Nr. 1: A. Kopff, Remarks on the revision of FK3 and its relation to N 30. Ref. **9116**.

Landessternwarte

228. Mitteilungen der Landessternwarte Heidelberg-Königstuhl.
Nr. **96**: Vgl. AJB **55**.
97: D. Labs, Untersuchungen zur inkohärenten Streuung in Fraunhoferlinien. II. Ref. **5117**.

Helsinki

229. Sonderdrucke des Astronomischen Observatoriums Helsinki.
P. Kustaanheimo, B. Qvist, Om ändliga geometrier och deras tillämpning. Ref. **110**.

Istanbul

230. Publications of the Istanbul University Observatory.
Nr. **48**: E. Balli, Observations des taches solaires en 1953. Ref. **6348**.
49: M. Dizer, Les observations des protubérances faites à l'Observatoire de Kandilli (Istanbul). Ref. **6644**.
50: T. Gökmen, Group-sequence criterion for series of observations. Ref. **107**.
51: W. Gleissberg, Die Asymmetrie der Sonnenfleckenkurve. Ref. **6317**.
52: M. Dizer, Observations des protubérances faites à l'Observatoire de Kandilli de novembre 1952 à décembre 1953. Ref. **6644**.
53: W. Gleissberg, Zur Klassifikation der Sonnenfleckengruppen. Ref. **6318**.

Jena

231. Mitteilungen der Universitäts-Sternwarte zu Jena.

Nr. **13**: H. Lambrecht, H. Zimmermann, Neuberechnung des interstellaren Strahlungsfeldes. I. Ref. **12518**.

14: Nicht eingegangen.

15: J. Hoppe, Untersuchungen zur physikalischen Theorie der Sternschnuppen. Ref. **8224**.

16: A. Weigert, Der Ionisationszustand des interstellaren Gases. Ref. **12534**.

17: K. Güssow, Die Einwirkung der Absorption bzw. Selbstabsorption auf das Balmer-Dekrement planetarischer Nebel. Ref. **12250**.

Johannesburg

232. Circular of the Union Observatory.

6 4 (114): J. A. Bruwer, Photographic observations of minor planets. Ref. **7540**.

J. Churms, Photographic observations of minor planets. Ref. **7540**.

E. L. Johnson, Photographic observations of special minor planets, 1953. Ref. **7540**.

W. S. Finsen, J. A. Bruwer, J. Churms, P. C. Seligmann, Transit of Mercury, 1953, November 14. Ref. **7110**.

J. A. Bruwer, Photographic observations of comet Harrington (1952 e). Ref. **8158**.

J. A. Bruwer, Photographic observations of comet Mrkos (1952 f). Ref. **8159**.

J. Churms, Photographic observations of periodic comet Finlay (1926 V). Ref. **8118**.

J. Churms, Photographic observations of comet Pajdusakova (1953 h). Ref. **8163**.

J. Churms, Preliminary orbits of new minor planets. 1953 NH. Ref. **7540**.

J. Churms, Preliminary orbits of new minor planets. 1953 NJ. Ref. **7540**.

W. S. Finsen, The orbit of φ 19. Ref. **10137**.

W. S. Finsen, The orbit of φ 309. Ref. **10137**.

J. Churms, The orbit of β 612, ADS 8987. Ref. **10137**.

W. H. van den Bos, The orbit of λ 179. Ref. **10137**.

W. H. van den Bos, The orbit of A 2983, ADS 9397. Ref. **10137**.

W. H. van den Bos, The orbit of I 253. Ref. **10137**.

W. H. van den Bos, Linear formulae for seven double stars. Ref. **10105**.

W. S. Finsen, Interferometer measures of double stars. Ref. **10135**.

233. Union Observatory, Johannesburg, South Africa. Annual report for 1952. Ref. **1101**.

Kiel

234. Sonderdruck der Sternwarte Kiel.

K.-H. Böhm, Die Temperaturschichtung der Sonnenatmosphäre im nichtgrauen Strahlungsgleichgewicht. Ref. **6112**.

E. Böhm-Vitense, Über die Temperatur- und Druckschichtung der Sonnenatmosphäre. Ref. **6114**.

W. Priester, Zur Deutung der extragalaktischen Radiofrequenz-Strahlung. Ref. **12432**.
K.-H. Böhm, Zur Deutung der Mitte-Rand-Variation der Fraunhofer-Linien. Ref. **6113**.

Kiew

235. Publikationen (Publikazii) des Astronomischen Observatoriums Kiew.
Nr. **6**: A. F. Bogorodskij, N. A. Chinkulowa, Über die Konturen der von bewegten Sternatmosphären gebildeten Spektrallinien. Ref. **9508**.
N. A. Jakowkin, Über die Theorie der Sonnenkorona. Ref. **6712**.
A. F. Bogorodskij, Über die Bestimmung der Temperaturen der Zentralsterne der planetarischen Nebel. Ref. **5301**.
D. W. Pjaskowskij, Ein neues Verfahren zur Bestimmung der Biegung astronomischer Instrumente. Ref. **2417**.
I. I. Iljinskij, Über die Bahnbestimmung aus drei Beobachtungen. Ref. **4503**.
P. G. Duchnowskij, Über die Bahnelemente in der Eruptionshypothese. Ref. **5507**.
P. W. Konoplewa, P. G. Duchnowskij, P. N. Polupan, E. W. Sandakowa, N. A. Chinkulowa, Beobachtung von Kleinen Planeten und Kometen am Astronomischen Observatorium der Staatsuniversität Kiew im Jahre 1951. § **81**. Den Nachweis der Beobachtungen und Berechnungen Kleiner Planeten vgl. AJB **55**.
M. J. Seldina, E. N. Semanek, A. N. Sergejewa, E. W. Turtschaninowa, Die Sonnenaktivität 1951. Ref. **6348**.
E. N. Semanek, Die photosphärische Aktivität der Sonne 1948. Ref. **6348**.
E. N. Semanek, Die photosphärische Aktivität der Sonne 1949. Ref. **6348**.

København

236. Publikationer og mindre Meddelelser fra Københavns Observatorium.
Nr. **163**: H. Q. Rasmusen, O. K. Hesselberg, An appropriate method for integration of the motion of periodic comets. Ref. **4507**.
164: P. Naur, The energy production in convective cores in stars. Ref. **5227**.

237. Union Astronomique Internationale. Circulaire Nr. 1435—1485.

238. Aktuelle Meddelelser fra Astronomisk Selskab Nr. 363—370.

Kodaikanal

239. Kodaikanal Observatory Bulletin.
Nr. **136**: A. K. Das, Summary of prominence observations for the second half of 1951. Ref. **6644**.
A. K. Das, Summary of magnetic observations for the second half of 1951. Nicht referiert.
137: R. Ananthakrishnan, P. M. Nayar, Discussion of the results of observations of solar prominences made at Kodaikanal from 1904 to 1950. Ref. **6602**.
138: Vgl. AJB **53** Ref. **6651**.

139: A. K. Das, Summary of prominence observations for the second half of 1952. Ref. **6644**.
A. K. Das, Summary of magnetic observations for the second half of 1952. Nicht referiert.

240. Kodaikanal Observatory. Sonderdrucke.
A. S. Ramanathan, Study of the continuous solar spectrum in the visible range. Ref. **6437**.
A. S. Ramanathan, Radiation flux in sunspot umbrae. II. Ref. **6339**.
B. N. Bhargava, A. M. Naqvi, Very long sequences of geomagnetic activity and its annual variation. Ref. **6809**.
S. Rangarajan, The sporadic E layer at Kodaikanal. Ref. **7293**.

241. Annual report of the Kodaikanal Observatory for the year 1953. Ref. **1101**.

Krim

242. Mitteilungen (Iswestija) des Astrophysikalischen Observatoriums auf der Krim.
11: G. A. Schajn, Die diffusen Emissionsnebel in M 33. Ref. **12436**.
S. B. Pikelner, Spektralphotometrische Untersuchung des diffusen Nebels NGC 7000. Ref. **12222**.
G. A. Schajn, W. F. Hase, Über das Vorkommen diffuser Materie in den planetarischen Nebeln außerhalb der H II-Zone. Ref. **12257**.
S. B. Pikelner, G. A. Schajn, Helligkeitsfluktuationen im Orionnebel als mögliche Folge von Turbulenz. Ref. **12223**.
S. B. Pikelner, Methode zur Untersuchung der Turbulenz aus den Helligkeitsfluktuationen in den Nebeln. Ref. **5324**.
W. F. Hase, G. A. Schajn, Viertes Verzeichnis diffuser Emissionsnebel. Ref. **12214**.
W. F. Hase, Photographien von fünf Nebeln mit interessanter Struktur. Ref. **12215**.
I. M. Kopylow, Der 1200 Millimeter-Reflektor des Astrophysikalischen Observatoriums auf der Krim. Ref. **1225**.
E. R. Mustel, L. S. Galkin, I. M. Kopylow, Spektralphotometrie von γ Cassiopeiae. Ref. **111100**.
E. K. Nikonowa, Lichtelektrische Helligkeiten von hellen Anhaltssternen zur Photometrie der Planeten. Ref. **9421**.
I. M. Kopylow, Über die Assoziation im Skorpion. Ref. **12371**.
S. W. Nekrassowa, Lichtelektrische Beobachtungen von δ Scuti. Ref. **10209**.
E. R. Mustel, Über den Leuchtmechanismus der Wasserstoff-Flocculi. Ref. **6625**.
A. B. Sewerny, Über magnethydrodynamische Erscheinungen an der Sonnenoberfläche. Ref. **6119**.
O. N. Mitropolskaja, Untersuchung der physikalischen Bedingungen in den Sonnenfackeln. Ref. **6336**.
E. R. Mustel, Über den Leuchtmechanismus der Flocculi in den H_2- und K_2-Linien. Ref. **6626**.
W. L. Chochlowa, I. I. Nasarowa, Spektralphotometrische Untersuchung einiger Protuberanzen und Filamente. Ref. **6605**.
S. B. Pikelner, K. K. Tschuwajew, Über den Leuchtmechanismus des Nachthimmels im kontinuierlichen Spektrum. Ref. **72132**.
S. B. Pikelner, Der Elektronenstoß als einer der möglichen Anregungsmechanismen des Leuchtens der roten Linie des Nachthimmels. Ref. **72133**.

P. F. Schajn, Beobachtungen Kleiner Planeten in Simeïs. Ref. 7540.

12: A. B. Sewerny, E. F. Schaposchnikowa, Untersuchung der Entwicklung chromosphärischer Eruptionen auf der Sonne. Ref. 6639.
A. B. Sewerny, Untersuchung der physikalischen Bedingungen in den Sonnenprotuberanzen aus den Emissionslinien mit Selbstabsorption. Ref. 6640.
E. E. Dubow, Über die Turbulenz in den ruhenden Protuberanzen. Ref. 6610.
E. K. Nikonowa, Lichtelektrische Bestimmung der Farbe der Sonne. Ref. 6009.
G. A. Schajn, W. F. Hase, S. B. Pikelner, Über das Vorkommen von Staub und Gas in den diffusen Nebeln. Ref. 12236.
W. F. Hase, Untersuchung des Aufbaues der Galaxis aus den Emissionsnebeln. Ref. 12307.
S. B. Pikelner, Spektralphotometrische Untersuchung des Anregungsmechanismus der Fasernebel. Ref. 12224.
E. B. Kostjakowa, Spektralphotometrie von sechs hellen Milchstraßenwolken. Ref. 12310.
W. B. Nikonow, Über die Anwendung der Vielfarben-Elektrokolorimetrie zur Untersuchung der selektiven Absorption des interstellaren Mediums. Ref. 12523.
E. R. Mustel, L. S. Galkin, Untersuchung der A- und F-Sterne mit anomalen Intensitäten der Metallinien. Ref. 9558.
I. M. Kopylow, Das Spektrum von γ Cassiopeiae im Oktober 1953. Ref. 11195.
N. A. Kosyrew, Über das Leuchten des Nachthimmels der Venus. Ref. 7125.
N. A. Kosyrew, Die molekulare Absorption im violetten Teil des Venusspektrums. Ref. 7126.
P. F. Schajn, Beobachtungen Kleiner Planeten in Simeïs 1953. Ref. 7540.

Kyoto

243. Contributions from the Institute of Astrophysics, University of Kyoto.

Nr. 37: B. Yada, The effect of two-photon emission on the radiation field of planetary nebulae. I. Ref. 5329.
38: I. Kawaguchi, On the contour of the emission lines of hydrogen in the solar chromosphere. Ref. 6617.
39: S. Miyamoto, Non-coherent scattering and the contour of absorption lines. Ref. 6419.
40: S. Miyamoto, Non-coherent scattering and the blended lines. Ref. 6420.
41: S. Miyamoto, Non-coherent scattering and the center limb variation of blended lines. Ref. 6421.
42: S. Ueno, The opacity table of the model stellar atmosphere. Ref. 5137.
43: S. Ueno, S. Saito, J. Jugaku, Continuous absorption coefficients of the model stellar atmosphere. Ref. 5138.
44: B. Yada, The effect of two-photon emission on the radiation field of planetary nebulae. II. Ref. 12261.
45: O. Namba, On the excitation of neutral oxygen in the solar chromosphere. Ref. 6627.
46: S. Miyamoto, On the calculation of non-coherent contours. Ref. 6422.

47: K. Araki, Numerical table of the integral expressing the amount of absorption or emission of the spectral lines. Ref. **5102**.
48: S. Saito, On the model atmospheres of the early-type stars. I. Ref. **5129**.
49: S. Miyamoto, Contours of strong Fraunhofer lines. Ref. **6423**.
50: S. Miyamoto, Doppler core and inner wing of strong Fraunhofer lines. Ref. **6424**.
51: Vgl. AJB **55**.
52: S. Koyama, On the stability of the atmospheres of helium stars. Ref. **5116**.
53: S. Miyamoto, On the interpretation of the contours of strong Fraunhofer lines. Ref. **6427**.

Leiden

244. Annalen van de Sterrewacht te Leiden.
20 13: P. T. Oosterhoff, J. A. Horikx, Discussion of 25 variable stars in a region around CPD — 31°5547. Ref. **11221**.
14: F. Bertiau, Ephemerides of seventeen variable stars in the constellation Monoceros. Ref. **11204**, **11316**.
15: J. Ponsen, Discussion of twenty-six short-period variable stars in Scorpius and Corona Australis. Ref. **11222**.

Leipzig

245. Veröffentlichungen der Universitäts-Sternwarte Leipzig.
Nr. **9**: G. Jackisch, Die Intensitätsverteilung im Spektrum einer radioaktiven Leuchtscheibe. Ref. **2222**.

Lemberg. Siehe Lwów.

Leningrad

246. Bulletin des Instituts für Theoretische Astronomie der Akademie der Wissenschaften der UdSSR.
5 9 (72): N. S. Samojlowa-Jachontowa, Übersicht der Arbeiten über die Kleinen Planeten in den Jahren 1947—1952. Ref. **7517**.
G. A. Tschebotarjow, A. I. Boshkowa, Die Entwicklung der Bahnen der Kleinen Planeten der Hilda-Gruppe. Ref. **7522**.
G. A. Merman, Über die Untersuchungen von Chazy zum Dreikörperproblem. Ref. **4218**.
G. A. Merman, Das eingeschränkte parabolische Dreikörperproblem. Ref. **4219**.
N. G. Kotschina, Beispiel der Bewegung im eingeschränkten parabolischen Dreikörperproblem. Ref. **4213**.
10 (73): M. B. Shelesnjak, E. A. Mitrofanowa, Tafeln zur Reduktion der Mondkoordinaten auf Ephemeridenzeit. Ref. **7313**.
D. W. Sagrebin, K. G. Schumichina, Tabellen der Präzessionsgrößen für die Jahre 1950—2000. Ref. **3002**.

246a. Ephemeriden Kleiner Planeten für das Jahr 1955. Ref. **7501**.

Liège

247. Université de Liège. Institut d'Astrophysique. Collection in 4° de Spectroscopie et Astrophysique.
Nr. **51**: J. Duchesne, Le spectre d'absorption électronique et les vibrations moléculaires du thiophosgène. Nicht referiert.

52: W. Benesch, M. Migeotte, L. Neven, Sur l'abondance du monoxyde de carbone tellurique au Jungfraujoch (Suisse). Ref. **7229**.
53: J. Grandjean, P. Ledoux, La répartition d'énergie dans le spectre de η Aquilae et son rayon. Ref. **11159**.
54: J. Duchesne, A. Monfils, Résonance quadripolaire nucléaire et structure des molécules à l'état solide. Nicht referiert.
55: D. Bosman-Crespin, Modèles d'étoiles chaudes. Ref. **5203**.

248. Institut d'Astrophysique. Collection de Mémoires in 8°.

Nr. **357**: Les Processus Nucléaires dans les Astres. Communications présentées au cinquième Colloque International d'Astrophysique, tenu à Liège les 10, 11 et 12 septembre 1953. Ref. **1191**.
358: P. Swings, Réflexions sur une théorie corpusculaire de l'émission du ciel nocturne. Ref. **72138**.
359: I. Ottelet, P. Ledoux, Développements en séries de fonctions sphériques de la pression atmosphérique. Ref. **7243**.
360: D. Jehoulet, Les raies d'émission dans RU Camelopardalis. Ref. **11162**.
361: Vgl. AJB **53** Ref. **7259**.
362: Vgl. AJB **53** Ref. **7260**.
363: J. Humblet, Potentiels critiques et niveaux virtuels des noyaux atomiques. Ref. **230**.
364: Vgl. AJB **53** Ref. **9567**.
365: D. Bosman-Crespin, W. A. Fowler, J. Humblet, Sur le taux de génération d'énergie thermonucléaire dans les étoiles. Ref. **5204**.

Lille

249. Contributions du Laboratoire d'Astronomie de Lille.

Nr. 1: P. P. Parenago, Echelles et catalogues de magnitudes stellaires. Aus dem Russischen übersetzt von V. Kourganoff. Ref. **9422**.
2: V. Kourganoff, Travaux de V. G. Fessenkoff et D. A. Rojkovsky sur la formation des étoiles à partir des filaments de nébuleuses diffuses. Ref. **5414**.

London

250. Communications from the University of London Observatory.

Nr. **13**: C. W. Allen, The physical condition of the solar corona. Ref. **6701**.
14: V. C. Reddish, Stellar evolution. Ref. **5422**.
15: Nicht eingegangen.
16: R. H. Garstang, Intermediate coupling line strengths. Ref. **225**.
17: C. W. Allen, Whole-sky statistics of celestial objects. Ref. **101**.
18: P. A. Sweet, Field reversal in magnetic variable stars. Ref. **5249**.
19: Vgl. AJB **55**.
20: V. C. Reddish, Colour-magnitude arrays in the clusters Tombaugh 5, NGC 7789, NGC 1528 and NGC 2682. Ref. **12119**.

Los Angeles

251. University of California. Astronomical Papers.

1 15: D. M. Popper, Red shift in the spectrum of 40 Eridani B. Ref. **9564**.
2 1—2: Vgl. AJB **52** und **53**.
3: D. M. Popper, Spectral types of some of the brighter stars in the cluster M 67. Ref. **12118**.

Lund

252. Annals of the Observatory of Lund.

Nr. **13**: S. Cederblad, Meridian observations of miscellaneous stars. Observations of stars contained in Boss' General Catalogue, stars connected with galactic nebulae, and variable stars made with the Repsold meridian circle of the Lund Observatory during the years 1939—44, and reduced to the equinox of 1950. Ref. **9105**.

253. Meddelande från Lunds Astronomiska Observatorium.

(1) Nr. **181**: N. Hansson, On the Eberhard effect at different developers. With special regard to the influence of potassium bromide and sodium sulphite. Ref. **2279**.

182: N. Hansson, On the resolving power of the photographic image with special regard to the developer. Ref. **2280**.

183: Vgl. AJB **53** Ref. **8254**.

184: A. Reiz, Formulae and tables for the numerical computation of mean intensities and fluxes in a stellar atmosphere. Ref. **5128**.

185: H. Kristenson, The lunar contours at the total solar eclipse of 1954 June 30. Ref. **6216**.

186: E. Holmberg, On the masses of double galaxies. Ref. **12417**.

187: K. Lundmark, Metagalactic distance indicators and spatial distribution of galaxies. Ref. **12426**.

188: A. Reiz, The structure of stars with negligible content of heavy elements. Ref. **5233**.

254. Meddelande från Lunds Astronomiska Observatorium.

(2) Nr. **131**: K. Lundmark, Sur le problème de l'origine et de l'évolution de l'idée du Messie et de l'eschatologie du Nouveau Testament. Ref. **612**.

Lwow (Lemberg)

255. Zirkular des Astronomischen Observatoriums der Universität Lwow.

Nr. **25**: S. A. Kaplan, Über die Spektralfunktion der isotropen Turbulenz in einem komprimierbaren Gas. Ref. **237**.

S. A. Kaplan, S. I. Gopassjuk, Die Anregung des Leuchtens des interstellaren Wasserstoffs durch Elektronenstöße. Ref. **5313**.

W. E. Stepanow, L. I. Jazun, Untersuchung der Gittergeister des Beugungsgitters des Spektrographen des Astronomischen Observatoriums Lwow. Ref. **1230**.

T. L. Mandrykina, R. B. Teplizkaja, Die Sonnenaktivität 1952, Juli—September. Ref. **6348**, **6644**.

T. L. Mandrykina, R. B. Teplizkaja, Die Sonnenaktivität 1952, Oktober—Dezember. Ref. **6348**, **6644**.

26: M. S. Eigenson, Rotverschiebung und Gravitation in der Metagalaxis. Ref. **4120**.

M. S. Eigenson, Kriterien der Aberrationszeit. Ref. **4121**.

M. S. Eigenson, Über die Realität photometrischer Abschätzungen der Entfernungen der Galaxien. Ref. **12410**.

M. S. Eigenson, Über die beobachtete und wirkliche Form des Gesetzes der Rotverschiebung. Ref. **4122**.

M. S. Eigenson, Einige Bemerkungen über die Galaxien. Ref. **12411**.

M. S. Eigenson, Über das Gravitationsparadoxon. Ref. **4123**.

M. S. Eigenson, Über die natürlichen Einheiten der kosmischen Entfernungen. Ref. **12412**.

27: S. A. Kaplan, Zur Theorie der Beschleunigung geladener Teilchen durch turbulente Magnetfelder. Ref. 5011.
S. A. Kaplan, I. A. Klimischin, Die Streuung des Lichts in den sphärischen Nebeln. Ref. 5314.
S. A. Kaplan, I. A. Klimischin, Über die Grenzdichte der weißen Zwerge. Ref. 5216.
28: M. S. Eigenson, Die solare Natur der Ungleichmäßigkeit der Erdrotation. Ref. 6819.
S. P. Chromow, M. S. Eigenson, Die zonalen Besonderheiten der allgemeinen Zirkulation der Erdatmosphäre, die kritischen Parallele des Geoids und die Sonnenaktivität. Ref. 6812.
M. S. Eigenson, Die Sonnenaktivität als geotektonischer Faktor. Ref. 6820.
M. W. Stowass, M. S. Eigenson, Die kritischen Parallele und die Breitenzonalität der Sonnenaktivität. Ref. 6845.
T. L. Mandrykina, M. S. Eigenson, Solare Fronten. Ref. 6833.
M. S. Eigenson, Über die sonnenbedingten Schwankungen der Rotationsperiode Jupiters. Ref. 7604.

Lyon

256. Publications de l'Observatoire de Lyon. Série I. — Astronomie.
(1) 5 24: M. Dufay, Les émissions radioélectriques d'origine galactique ou extragalactique. Ref. 12604.
257. Publications de l'Observatoire de Lyon.
3 22: Nicht eingegangen.
23: M. Dufay, La nébuleuse M 8, ses globules et son spectre. Ref. 12205.
258. Publications de l'Observatoire de Lyon. Série II. — Météorologie et Physique du Globe.
(2) 1 9: J. Riblet, Bilan calorifique de l'énergie effectivement versée par le rayonnement solaire direct en un lieu donné. Ref. 6509.

Madrid

259. Universidad de Madrid — Facultad de Ciencias. Seminario de Astronomía y Geodesia. Publicación.
Nr. 23: J. M. Torroja, V. Bongera, Determinación de los instantes de los contactos en el eclipse total de sol de 25 febrero de 1952 en Cogo (Guinea Española). Ref. 6212.
24: J. Pensado, Orbita de la estrella doble Σ 2 (ADS 102. Coord. 1950: $0^h 6^m\!.3$, + 79°26′). Ref. 10137.
25: J. M. Torroja, Nueva órbita del asteroide 1420 Radcliffe. Ref. 7540.
26: J. M. Torroja, Nueva órbita del asteroide 1557 (1942 AD). Ref. 7540.
27: R. Carrasco, M. L. Siegrist, Rectificación de la órbita del asteroide 1290 Albertine. Ref. 7540.
260. Boletín Astronómico del Observatorio de Madrid.
4 7: Observaciones del paso de Mercurio del 14 de Noviembre de 1953. Ref. 7105.
E. Gullón, Protuberancias solares. Resumen de las observaciones realizadas durante el año 1953. Ref. 6644.
E. Gullón, Observaciones de manchas solares. Números relativos de Wolf. Ref. 6348.

E. Gullón, Observaciones de manchas solares. Estadística de manchas y superficie de las mismas. Ref. 6348.
J. M. Torroja, Observaciones fotográficas de pequeños planetas (posiciones exactas). Ref. 7540.
J. M. Torroja, Observaciones fotograficas de cometas. § 81.
J. Pensado, Orbita de la estrella doble OΣ 43. (ADS 2034. Pos. 1950: $2^h37^m.8$; +26°25′). Ref. 10137.

261. Comisión Nacional de Astronomía.
Nr. **1**: J. M. Torroja, Resultado de las observaciones del paso de Mercurio por delante del disco solar del 14 de noviembre de 1953 efectuadas en los Observatorios Españoles. Ref. 7117.

Manchester

262. Astronomical Contributions from the University of Manchester. Jodrell Bank Annals.
(1) **1** 3: Z. Kopal, A study of the Roche model. Ref. **4306**.
J. G. Davies, A table for the calculation of meteor velocities. Ref. 8213.
K. Bullough, Radio echo observations of the day- and night-time meteor streams 1951 October to 1953 December. Ref. 8271.

263. Astronomical Contributions from the University of Manchester. Jodrell Bank Reprint.
(2) Nr. **87**: T. R. Kaiser, Theory of the meteor height distribution obtained from radio-echo observations. I. Shower meteors. Ref. 8273a.
88: T. R. Kaiser, Theory of the meteor height distribution obtained from radio-echo observations. II. Sporadic meteors. Ref. 8228.
89: S. Evans, Scale heights and pressures in the upper atmosphere from radio-echo observations of meteors. Ref. 8217.
90—93: Vgl. AJB **53** Ref. **12608**, **12609**, **1154**, **12620**.
94: T. R. Kaiser, A new technique in upper atmosphere research. Ref. 7237.
95: J. S. Greenhow, Systematic wind measurements at altitudes of 80—100 km using radio echoes from meteor trails. Ref. 8221.
96: A. Maxwell, M. Dagg, A radio astronomical investigation of drift movements in the upper atmosphere. Ref. **7241**.
97: A. C. B. Lovell, Jodrell Bank Experimental Station, University of Manchester. Ref. 1101.
98: R. Hanbury Brown, R. Q. Twiss, A new type of interferometer for use in radio astronomy. Ref. **2148**.
99: W. A. S. Murray, J. K. Hargreaves, Lunar radio echoes and the Faraday effect in the ionosphere. Ref. **7311**.
100: Radio astronomy. Reprinted from the Occasional Notes of the Royal Astronomical Society **3** Nr. 16. — Die einzelnen Beiträge sind nach Autoren eingeordnet.
101: A. C. B. Lovell, The new radio telescope at Jodrell Bank. Ref. 1231.
102: R. Hanbury Brown, H. P. Palmer, A. R. Thompson, Galactic radio sources of large angular diameter. Ref. **12635**.
103: K. Bullough, T. R. Kaiser, Radio reflections from aurorae. Ref. **72146**.
104: D. R. W. Williams, R. D. Davies, A method for the measurement of the distance of radio stars. Ref. **12656**.
105: A. Maxwell, Turbulence in the upper ionosphere. Ref. **7289**.

106: R. Hanbury Brown, The remnants of supernovae as radio sources in the galaxy. Ref. 11334.
107: Vgl. AJB 55.
108: T. R. Kaiser, A symposium on meteor physics at Jodrell Bank. Ref. 1167.
109: G. S. Hawkins, Observations of the aurora borealis by radio methods. Ref. 72156.
110—115: Vgl. AJB 55.
116: A. C. B. Lovell, Britain's giant radio telescope. Ref. 1231.

264. Astronomical Contributions from the University of Manchester.
(3) Nr. 9—12: Nicht eingegangen.
13: Vgl. AJB 53 Ref. 5240.
14: Z. Kopal, Report of Commission 42 of the International Astronomical Union (1948—1952). Photometric binary stars. Ref. 11001.
15: Vgl. AJB 55.
16: Z. Kopal, The nature of the eclipses of Epsilon Aurigae. Ref. 11123.
17: Z. Kopal, The propagation of shock waves in self-gravitating gas spheres. Ref. 5219.
18: W. H. Ramsey, Transitions to metallic phases. Ref. 7016.
19: Vgl. AJB 53 Ref. 10004.
20: Z. Kopal, Photometric effects of reflection in close binary systems. Ref. 11122.
21: A. Nisbet, E. Wolf, On linearly polarized electromagnetic waves of arbitrary form. Ref. 253.

Milano-Merate

265. Contributi dell'Osservatorio Astronomico di Milano-Merate. Nuova Serie.
Nr. 46: F. Zagar, Sulla stabilità degli ammassi globulari di stelle. Ref. 12150.
47: A. Masani, P. Broglia, Risultati delle osservazioni fotometriche e problemi relativi alla variabile BP Pegasi. Ref. 11166.
48: A. Masani, Contributo allo studio delle atmosfere stellari. II. Il coefficiente d'assorbimento. Ref. 5119.
49: A. Masotti, Sui moti ellittici armonici. Ref. 248.
50: F. Zagar, Gli ammassi globulari di stelle con Catalogo Generale. Ref. 12149.
51: M. Cavedon, L'Osservatorio di Brera e il problema delle longitudini. Ref. 1232.
52: M. Cavedon, V. Alessio, Ricerche teoriche e numeriche per un caso particolare del problema dei 3 corpi. Ref. 4202.
53: A. Masani, P. Broglia, Risultati delle osservazioni fotometriche e problemi relativi alla variabile DY Pegasi. Ref. 11167.
54: Vgl. AJB 55.
55: M. Cavedon, La propagazione dei radio-segnali e il problema delle longitudini. Ref. 2307.

Moskau

266. Astronomisches Jahrbuch der UdSSR für das Jahr 1957. Ref. 406.

267. Akademie der Wissenschaften der UdSSR und Staatliches Astronomisches Sternberg-Institut.
B. W. Kukarkin, P. P. Parenago, J. I. Jefremow, P. N. Cholopow, Sechster Nachtrag zur ersten Ausgabe des Generalkatalogs Veränderlicher Sterne. Ref. 11002.

268. Publikationen (Trudy) des Staatlichen Astronomischen Sternberg-Instituts.

24: N. D. Moissejew, Über die interpoliert-gemittelten Varianten des kanonischen Problems der Himmelsmechanik. Ref. **4222**.
N. D. Moissejew, Über die vollständige Mittelung des kanonischen Problems der Himmelsmechanik mit einigen intermediären Elementen. Ref. **4223**.
M. S. Jarow-Jarowoj, Über die Interpolationsanomalien für die ersten zehn Kleinen Planeten. Ref. **4207**.
M. S. Jarow-Jarowoj, Über die Abhängigkeit der Konstanten der interpolierten Linienintegrale von der Zeit für die ersten zehn Kleinen Planeten. Ref. **4208**.
B. M. Schtschigolew, Intermediäre Bahnen im Dreikörperproblem. Ref. **4231**.
B. M. Schtschigolew, Über die Differentialgleichungen erster Ordnung mit beliebigen Gliedern. Ref. **116**.
G. N. Duboschin, Über die Integration eines Systems linearer Differentialgleichungen zweiter Ordnung nach der Methode von A. M. Ljapunow. Ref. **106**.
G. N. Duboschin, Über die Integrale des Problems der Bewegung eines Punktes unter der Wirkung einer Zentralkraft in beweglichen Achsen. Ref. **4204**.
A. A. Orlow, Über die Entwicklung der Kraftfunktion eines abgeplatteten Rotationsellipsoids in eine Reihe nach Legendreschen Polynomen. Ref. **114**.
A. A. Orlow, Über die fast periodischen Bewegungen eines materiellen Punktes im Schwerefeld eines Sphäroids. Ref. **4226**.
W. T. Kondurar, Das Problem der Bewegung zweier Ellipsoide unter der Wirkung der gegenseitigen Anziehung. V. Ref. **4212**.
M. P. Kossatschewskij, Über die Bewegung der Marsmonde. Ref. **7416**.

25: P. P. Parenago, Untersuchung der Sterne im Gebiet des Orion-Nebels. Ref. **12221**.

269. Mitteilungen (Soobschtschenija) des Staatlichen Astronomischen Sternberg-Instituts.

Nr. **96**: N. N. Parijskij, Bestimmung der Richtung des Spaltes des horizontalen Spektrographen bei Sonnenbeobachtungen. Ref. **2416**.
W. S. Berditschewskaja, Über den Aufbau der Sonnenphotosphäre. Ref. **6110**.
J. N. Lipskij, Die Umowsche Methode und ihre Anwendung auf die Untersuchung der Planetenoberflächen. Ref. **2410**.
E. J. Bugoslawskaja, Die Sonnenkorona am 25. Februar 1952. Ref. **6212**.
M. W. Slonimskaja, Spektralphotometrische Untersuchung des Orion-Nebels. Ref. **12239**.
E. W. Kononowitsch, Der Einfluß verschiedener Expositionszeiten der Haupt- und Kalibrierungsaufnahmen auf die Genauigkeit spektralphotometrischer Arbeiten. Ref. **2282**.

97—98: M. S. Swerew, A. G. Obornewa, L. M. Chommik, Aus Beobachtungen am Moskauer Meridiankreis 1940—1941 zusammengestellter Katalog von Sternen des Fundamentalkatalogs schwacher Sterne im System des FK3. Ref. **9124**.
M. S. Swerew, A. G. Obornewa, Katalog der Deklinationen von 180 zenitnahen Sternen des Observatoriums Poltawa. Ref. **9125**.
M. S. Swerew, Tafeln von sec δ und tg δ mit den jährlichen

Änderungen für **645** Sterne des Fundamentalkatalogs schwacher Sterne nördlich von −30° Deklination (für die Epoche 1950.0). Ref. **9126**.

Mount Hamilton

270. Contributions from the Lick Observatory.

(2) Nr. **47**: E. L. Scott, C. D. Shane, M. D. Swanson, Comparison of the synthetic and actual distribution of galaxies on a photographic plate. Ref. **12440**.

48—50: Vgl. AJB **53**.

51: G. F. Paddock, O. Struve, The radial velocity of Delta Scuti. Ref. **10210**.

52: G. H. Herbig, Emission-line stars associated with the nebulous cluster NGC 2264. Ref. **9539**.

53: J. Stebbins, G. E. Kron, Six-color photometry of stars. VIII. The pulsating star β Cephei. Ref. **111109**.

54: M. F. Walker, G. H. Herbig, Photoelectric and spectroscopic observations of UX Ursae Majoris. Ref. **11145**.

55: J. Neyman, E. L. Scott, C. D. Shane, The index of clumpiness of the distribution of images of galaxies. Ref. **12429**.

271. Lick Observatory Bulletin.

Nr. **527**: G. R. Miczaika, The color-luminosity diagram of the Ursa Major group. Ref. **12346**.

528: C. D. Shane, C. A. Wirtanen, The distribution of extragalactic nebulae. Ref. **12441**.

529: H. M. Jeffers, S. Vasilevskis, E. Roemer, Observations of comets and asteroids. § **81**, Ref. **7540**, **7624**.

530: P. Muller, Double star observations at Lick Observatory. Ref. **10135**.

München

272. Mitteilungen der Sternwarte München.

1 8: W. Petri, Katalog der galaktozentrischen Bahnelemente von 353 Sternen der Sonnenumgebung. Ref. **12351**.

Münster

273. Mitteilungen der Universitäts-Sternwarte Münster.

Nr. **4**: O. Günther, DL Cassiopeiae. Vgl. Ref. **11234**.

Napoli

274. Osservatorio Astronomico di Capodimonte-Napoli. Contributi Astronomici. Serie II.

4 13: A. Fresa, Curva di luce ed orbita fotoelettrica della variabile ad eclisse V 805 Aquilae. Ref. **11113**.

14: A. Fresa, Curva di luce ed orbita fotoelettrica della variabile ad eclisse V 566 Ophiuchi. Ref. **11114**.

275. Osservatorio Astronomico di Capodimonte-Napoli. Collezione Miscellanea.

1 9: P. Bourgeois, Mario Castellano (1914—1953). Ref. **1001**.
T. Nicolini, Notizia biografica. Ref. **1001**.

10: T. Nicolini, Gli inizi della cosmogonia moderna. Le ipotesi di Bickerton e Gifford. Ref. **5420**.

11: T. Nicolini, Alcune figure di medici astronomi. Ref. **1023**.

276. Osservatorio Astronomico di Capodimonte-Napoli. Osservazioni.
1 2: R. Barbatelli, Determinazioni di ascensione retta del pianetino Vesta e dei pianeti Urano e Giove. Ref. **7539**, **7601**, **7801**.
3: Vgl. AJB **53**.

277. Osservatorio Astronomico di Capodimonte-Napoli. Contributi Geofisici. Serie II.
Nr. **13**: T. Nicolini, Rotazione terrestre, sismicità e polodia. Ref. **13111**.

278. Osservatorio Astronomico di Capodimonte-Napoli. Contributi Fuori Serie.
Nr. **8**: A. Fresa, Astrologia e Medicina. La Luna, il ciclo catameniale e l'epilessia. Nicht referiert.
9: G. Righini, Attilio Colacevich (1906—1953). Ref. **1001**.

New Haven

279. Transactions of the Astronomical Observatory of Yale University.
25 : I. Barney, Revised catalogue of the positions and proper motions of 8703 stars. Contained in the Astronomische Gesellschaft Zone between declinations +20° and +25°, on the system of the FK 3, and reduced without applying proper motions to the equinox 1950.0. Ref. **9101**.
26 1: I. Barney, A. J. J. van Woerkom, Catalogue of the positions and proper motions of 1031 stars between declinations +85° and +90°, reduced without applying proper motions to the equinox 1950.0. Ref. **9102**.

Odessa

280. Mitteilungen (Iswestija) des Astronomischen Observatoriums der Metschnikow-Staatsuniversität Odessa.
4 1: W. P. Zessewitsch, Untersuchung von Bedeckungsveränderlichen. Teil 1: Andromeda—Cygnus. Ref. **11228**.
2: W. P. Zessewitsch, Untersuchung von Bedeckungsveränderlichen. Teil 2: Delphin—Scutum. Ref. **11228**.
3: W. P. Zessewitsch, Untersuchung von Bedeckungsveränderlichen. Teil 3: Serpens—Vulpecula. Ref. **11228**.

Oslo

281. The Institute of Theoretical Astrophysics Blindern-Oslo. Publication.
Nr. **3**: A. Eliassen, E. Palm, Energy flux for combined gravitational -sound waves. Nicht referiert.
4: E. Hesstvedt, Thunderstorm frequency in Norway 1936—50. Nicht referiert.

282. The Institute of Theoretical Astrophysics Blindern-Oslo. Reprint.
Nr. **6**: G. Gjellestad, On equilibrium configurations of oblate fluid spheroids with a magnetic field. Ref. **4304**.
7: F. E. Roach, H. B. Pettit, E. Tandberg-Hanssen, D. N. Davis, Observations of the zodiacal light. Ref. **8404**.
8: J. L. Greenstein, E. Tandberg-Hanssen, The abundance of beryllium in the sun. Ref. **6404**.
9: G. Gjellestad, On the elongation of a fluid sphere in a uniform external magnetic field. Ref. **5009**.

Ottawa

283. Publications of the Dominion Observatory Ottawa.
15 3: W. S. McClenahan, E. G. Woolsey, R. W. Tanner, Results of observations made with the reversible meridian circle 1935—

1950. Catalogue of 1525 stars. Corrections to G. C. and FK3. Ref. **9120**.

284. Contributions from the Dominion Observatory Ottawa.
   2 16: Vgl. AJB **55**.
   17: P. M. Millman, Radio observations of meteors. Ref. **8242**.
   18: D. L. G. Miller, R. W. Tanner, The variation of latitude at Ottawa 1952—53. Ref. **13229**.

Oxford

285. Communications from the University Observatory, Oxford.
   Nr. **42**: I. W. Busbridge, D. W. N. Stibbs, On the intensities of interlocked multiplet lines in the Milne-Eddington model. Ref. **5106**.
   43: A. B. Hart, Motions in the sun at the photospheric level. IV. The equatorial rotation and possible velocity fields in the photosphere. Ref. **6405**.
   44: H. H. Plaskett, Motions in the sun at the photospheric level. V. Velocities of granules and of other localized regions. Ref. **6435**.

286. Astrographic Catalogue 1900.0. Potsdam-Oxford Section. Dec. +31° to +34°. Vol. **2**. Ref. **9131**.

Paris

287. Contributions de l'Institut d'Astrophysique de Paris. Serie A.
   (A) Nr. **141**: D. Barbier, Les spectres continus stellaires. Ref. **9504**.
   142—154: Vgl. AJB **53**.
   155: E. Schatzman, Remarques sur les problèmes de stabilité vibrationelle. Ref. **5241**.
   156: C. Pecker, Composition chimique et structure de l'atmosphère. Ref. **5124**.
   157: J. C. Pecker, Le rôle du gradient de température dans la détermination des abondances. Ref. **5125**.
   158: Vgl. AJB **55**.
   159: Vgl. AJB **55**.
   160: E. Schatzman, Valeurs propres et énergie d'interaction. Ref. **259**.
   161: E. Schatzman, On the effect of electron screening on thermonuclear energy generation. Ref. **5240**.
   162: P. Guérin, Réalisation et étude d'une lampe luminescente étalon secondaire de répartition spectrale. Ref. **228**.
   163: D. Barbier, Résultats d'observations photométriques de la lumière du ciel nocturne. Ref. **72115**.
   164: P. Guérin, M. Laffineur, Sur un nouveau modèle de spectrophotomètre stellaire photoélectrique à enregistrement direct de l'intensité. Ref. **2216**.
   165: H. van Regemorter, Détermination d'un modèle solaire à partir de l'étude des raies d'absorption du vanadium. Ref. **6117**.
   166: A.-M. Rozis, Classification de quelques étoiles B dans Monoceros. Ref. **9568**.
   167: D. Chalonge, L. Divan, G. de Strobel, Loi d'assombrissement entre le centre et le bord d'un disque stellaire et application à Algol. Classification d'Algol. Ref. **11104**.
   168: R. Peyturaux, Sur l'assombrissement centre-bord du Soleil entre 3190 et 8638 Å. Ref. **6429**.
   169: M. Laffineur, Contribution à l'étude du rayonnement électromagnétique du soleil sur ondes décimétriques. Ref. **6526**.

170: E. Schatzman, J.-L. Rigal, Contribution à l'étude des propriétés spatiales des étoiles du type W Ursae majoris. Ref. 12323.
171: P. Guérin, Enregistrement de spectres d'étoiles au moyen d'un spectrophotomètre photoélectrique à enregistrement direct de l'intensité. Ref. 2406.
172: R. Canavaggia, J.-C. Pecker, Sur le rayonnement des Céphéides. Interdépendance des paramètres. Ref. 11154.
173: E. Vigroux, Photométrie de l'éclipse de lune de janvier 1953. Ref. 7332.
174: E. Vigroux, Photométrie d'une éclipse de Lune. Répartition de l'ozone. Ref. 7332.
175: R. Cayrel, Structure d'une atmosphère stellaire non grise en équilibre radiatif. Ref. 5107.
176: R. Peyturaux, Sur la variation de la discontinuité de Balmer entre le centre et le bord du disque solaire. Ref. 6430.
177: R. Cayrel, Influence du spectre de raies Lyman sur la structure de certaines atmosphères stellaires. Ref. 5108.
178—183: Vgl. AJB 55.
184: M. Laffineur, B. Vauquois, P. Coupiac, W. N. Christiansen, Observation de l'éclipse totale de Soleil du 30 juin 1954 à Hagaby (Suède) et de l'éclipse partielle au radiotélescope de l'Observatoire de Meudon. Ref. 6216.
185: M. J. Seaton, Les densités électroniques dans les nébuleuses planétaires. Ref. 5325.
186: R. Cayrel, Théorie de l'effet Stark dans un champ non uniforme. Cas des atomes autres que l'hydrogène. Ref. 214.
187: E. Schatzman, Nature et évolution de la matière interstellaire. (Le colloque de Liège, juillet 1954.) Ref. 12527.
188: Vgl. AJB 55.
189: R. Michard, Radial velocities of spicules and the width of chromospheric lines. Ref. 6622.
190: Vgl. AJB 55.
191: E. Schatzman, Les théories cosmogoniques et les bases d'une cosmogonie scientifique. Ref. 5428.

288. Contributions de l'Institut d'Astrophysique de Paris. Série B.

(B) Nr. **106:** R. Klein, Etude de la stabilité de certaines nébuleuses. Ref. 5317.
107: E. Schatzman, Remarques sur le phénomène de Nova. VI. Ref. 11305.
108: Nicht eingegangen.
109: Nicht eingegangen.
110: D. Barbier, Henri Mineur. Ref. 1001.
111: P. Dumézil-Curien, Recherche d'un modèle stellaire pour une géante rouge. Ref. 5209.
112: M.-C. Zuckermann, Remarques sur le phénomène de Nova. VII. Ref. 11309.
113: M. J. Seaton, Deactivation by collisions of the 2s metastable state of hydrogen in planetary nebulae. Ref. 12258.
114: E. Schatzman, Remarques sur l'évolution des étoiles. III. Interprétation des rotations axiales. Ref. 5424.
115: E. Schatzman, Remarques sur l'évolution des étoiles. IV. Sur le trajet évolutif des étoiles d'amas. Ref. 5425.
E. Schatzman, Remarques sur l'évolution des étoiles. V. Sur la formation des systèmes d'étoiles. Ref. 5426.
E. Schatzman, Remarques sur l'évolution des étoiles. VI. Notes sur les Pleiades. Ref. 5427.

116: M. Laffineur, R. Michard, J. C. Pecker, A. Dollfus, B. Vauquois, M. d'Azambuja, Observations optiques et radioélectriques de l'éclipse totale de soleil du 25 février 1952. Introduction générale. Ref. **6212**.
R. Michard, A. Dollfus, J. C. Pecker, M. Laffineur, M. d'Azambuja, Observations optiques et radioélectriques de l'éclipse totale de soleil du 25 février 1952. I. Observations photométriques de la couronne externe. Ref. **6212**.
R. Michard, A. Dollfus, J. C. Pecker, M. Laffineur, M. d'Azambuja, Observations optiques et radioélectriques de l'éclipse totale de soleil du 25 février 1952. II. Photographies monochromatiques de la couronne. Ref. **6212**.
M. Laffineur, R. Michard, J. C. Pecker, B. Vauquois, Observations optiques et radioélectriques de l'éclipse totale de soleil du 25 février 1952. III. Observations radioélectriques de la couronne. Ref. **6212**.
117: E. Vigroux, Spectrophotométrie de l'éclipse de lune du 29—30 janvier 1953. Ref. **7332**.
118: Vgl. AJB **55**.
119: R. Michard, Densités électroniques dans la couronne externe du 25 février 1952. Ref. **6212**.
120: L. Divan, Recherches sur la loi d'absorption de la poussière interstellaire et sur le spectre continu des étoiles O et B. Ref. **12510**.
121: M. J. Seaton, Collisions between protons and metastable atoms or ions having outer p^q shells. Ref. **260**.
122: R. Cayrel, E. Schatzman, Sur la polarisation interstellaire par des particules de graphite. Ref. **12544**.

Le Bureau des Longitudes

289. Connaissance des Temps ou des mouvements célestes, à l'usage des astronomes et des navigateurs, pour l'an 1956. Ref. **407**.
290. Ephémérides Nautiques ou extrait de la Connaissance des Temps pour l'an 1955. Ref. **424**.
291. Bureau International de l'Heure. Bulletin horaire Série E Nr. 8—12b; Série 3 Nr. 10—12b.

Potsdam

292. Publikationen des Astrophysikalischen Observatoriums zu Potsdam.
29 5: W. Hassenstein, Photometrische Beobachtungen von veränderlichen Sternen in den Jahren 1921—1940. Ref. **11211**.
293. Mitteilungen des Astrophysikalischen Observatoriums Potsdam.
Nr. **39**: J. Schubart, Refraktion und mittlerer täglicher Temperaturgang. Ref. **3126**.

Pretoria

294. Communications from the Radcliffe Observatory, Pretoria.
Nr. **27**: A. D. Thackeray, The helium star HD 168476. Ref. **9579**.
28: M. W. Feast, The spectroscopic double-lined binary HD 77464. Ref. **10210**.
295. Radcliffe Observatory Reprint.
Nr. **2**: M. W. Feast, A new lithium star. Ref. **9521**.

Pulkowo

296. Publikationen (Trudy) des Astronomischen Hauptobservatoriums Pulkowo.
(2) **70**: S. W. Romanskaja, Ergebnisse der Beobachtungen am großen Pulkowoer Zenitteleskop von 1929 Januar 5 bis 1941 Juli 9. Ref. **13237**.

297. Mitteilungen (Iswestija) des Astronomischen Hauptobservatoriums Pulkowo.
19 5 (152): W. A. Krat, Untersuchung der Granulation der Sonnenphotosphäre. I. Ref. **6416**.
W. A. Krat, I. A. Prokofjewa, Über die Struktur der Sonnenchromosphäre. Ref. **6619**.
T. W. Krat, Bestimmung der Intensitätsgradienten von Linien der Sonnenchromosphäre. Ref. **6620**.
A. N. Dadajew, Untersuchung der heißen Überriesen in Systemen von Bedeckungsveränderlichen. Ref. **11109**.
L. A. Panaiotow, Bestimmung der Radialgeschwindigkeit von Sternen mit einem Objektiv-Geradsichtprisma. Ref. **2414**.
L. A. Mitrofanowa, Bestimmung relativer gf-Werte des Chroms. Ref. **251**.

298. R. S. Gnewyschewa, Katalog der Sonnentätigkeit 1949—1951. Ref. **6348**, **6644**.

Richmond Hill

299. Communications from the David Dunlap Observatory, University of Toronto.
Nr. **35**: W. R. Hossack, The application of an oscilloscopic microphotometer to the spectral classification of late-type stars. Ref. **9542**.
36: W. R. Hossack, Spectral peculiarities in close, late-type spectroscopic binaries. Ref. **10204**.

Riga

300. Publikationen (Trudy) des Astronomischen Sektors des Instituts für Physik der Akademie der Wissenschaften der Lettischen Sowjetrepublik.
5: Tafeln zur Bestimmung der Störungen in den Elementen der Kleinen Planeten. Ref. **7502**.

Rio de Janeiro

301. Almanaque Náutico para 1955. Ref. **409**.

Riverview

302. Riverview College Observatory. Reprint.
Nr. **6**: D. J. K. O'Connell, The period of the eclipsing binary RR Centauri. Ref. **11132**.
7: D. J. K. O'Connell, The eclipsing variable SW Normae. Ref. **11133**.
8: D. J. K. O'Connell, Photographic observation of novae: (I) CP Puppis; (II) V 787 Sagittarii; (III) Nova Scorpii 1950 (2). Ref. **11321**, **11322**, **11328**.
9: D. J. K. O'Connell, Religion and science. Ref. **618**.

Roma

303. Osservatorio Astronomico di Roma su Monte Mario (con succursale sul Gran Sasso d'Italia-Aquila). Contributi Scientifici. Nuova Serie.

Nr. **201**: M. Cimino, Sulla distribuzione de equilibro della materia gassosa negli ammassi globulari. Ref. **12133**.
202: G. Armellini Conti, Posizioni di pianeti e pianetini ed occultazioni lunari osservate nel 1953. Ref. **7340**, **7539**, **7701**, **7801**, **7807**.
203: M. Cimino, T. Fortini, R. Flamini, Area, posizione eliografica e classifica delle macchie solari durante l'anno 1953, secondo i rilievi fotografici giornalieri dell'Osservatorio Astronomico di Roma (Monte Mario). Ref. **6348**.
204: M. A. Giannuzzi, Sul satellite oscuro nel sistema di ζ Aquarî. I. II. Ref. **10137**.
205: M. Cimino, Osservazioni fotometriche e polarimetriche della corona solare durante l'eclisse totale di sole del 25 febbraio 1952. I und II. Ref. **6212**.
206: Lucio Gialanella (1905—1954). Ref. **1001**.
207: G. Armellini, La temperatura del gas nella galassia primitiva. Ref. **5402**.
208: T. Fortini, Fotometria fotografica dell'eclisse totale di luna del 18—19 gennaio 1954 in relazione al problema della luminescenza del suolo lunare. Ref. **7334**.
209: M. A. Giannuzzi, Determinazione dell'oscuramento al bordo del Sole, eseguita a Monte Mario durante l'eclisse del 30 giugno 1954. Ref. **6216**.

San Fernando

304. Instituto y Observatorio de Marina de San Fernando. Sección de Astronomía. Serie A.
Nr. **1**: Movimientos proprios estelares. Ref. **9208**.
2: Movimientos proprios estelares. Ref. **9209**.

305. Instituto y Observatorio de Marina de San Fernando. Sección de Astronomía. Serie B.
Nr. **2**: Observaciones fotográficas de pequeños planetas efectuadas con la ecuatorial de la Carta del Cielo. Ref. **7540**.

306. Almanaque Náutico año 1955. Ref. **410**.

307. Almanaque Náutico para uso de los navegantes año 1955. Ref. **426**.

Sendai

308. Sendai Astronomiaj Raportoj.
Nr. 37: H. Inaba, La courbe de croissance et la température d'excitation pour les raies de Fraunhofer dans l'atmosphère solaire. Ref. **6409**.
38: S. Kikuchi, Space-mean-frequency of stellar velocities. Ref. **4402**.
39: Z. Hitotuyanagi, H. Inaba, Model solar atmospheres and center-limb variations of the sodium D lines. Ref. **6116**.

Sonneberg

309. Veröffentlichungen der Sternwarte in Sonneberg.
2 2: C. Hoffmeister, E. Ahnert-Rohlfs, P. Ahnert, H. Huth, W. Götz, Die veränderlichen Sterne der nördlichen Milchstraße. Teil VII. Ref. **11212**.
3: P. Ahnert, Der Lichtwechsel von 46 hellen Mirasternen. Ref. **11201**.

310. Mitteilungen der Sternwarte zu Sonneberg.

Nr. **44**: C. Hoffmeister, Die Afrika-Expedition der Sternwarte Sonneberg 1952—1953. Vgl. Ref. 1257.

45: N. Richter, Radioaktiv angeregte Kristallphosphore als photometrische Standardlichtquellen. Vgl. AJB **53** Ref. 238.
J. Hoppe, H. Zimmermann, Zur Trennung interplanetarer Partikel von Industriestaub. Ref. 7009.
E. Ahnert, Vorläufige Mitteilung über Versuche zum Nachweis von meteoritischem Staub. Ref. 8301.
H. Oleak, Bahn und Lichtkurve eines Meteors vom 13. Oktober 1953. Ref. 82101.

46: C. Hoffmeister, Bericht über einen Besuch bei wissenschaftlichen Instituten in der Südafrikanischen Union. Ref. 1256.

311. Mitteilungen über veränderliche Sterne. Nr. 167—173. § **112**.

Stalinabad

312. Publikationen (Trudy) des Astronomischen Observatoriums Stalinabad.

4: A. D. Dubjago, Über die Bewegung der Kometen. Ref. 8009.
W. G. Rijwes, Über die photometrischen Beobachtungen von Kometen am Astronomischen Observatorium Tartu. Ref. 8026.
S. M. Poloskow, Über die Möglichkeit der Entdeckung kontinuierlicher und monochromatischer Radiostrahlung der Kometen. Ref. 8022.
S. K. Wsechswatskij, Natur und Herkunft der Kometen. Ref. 8030.
W. P. Konoplewa, Über die Änderung der absoluten Helligkeit der Kometen. Ref. 8015.
L. A. Katassjow, A. K. Sosnowa, Ergebnisse der photographischen Untersuchung von Meteoren am Stalinabader Observatorium. Ref. 8230.
A. P. Sawruchin, Untersuchung von Meteoren aus photographischen Daten. (Vorläufige Mitteilung). Ref. 8250.
K. C. Saidow, Über den gekrümmten Weg eines photographischen Meteors. Ref. 8248.
A. M. Bacharew, Die Höhen teleskopischer Meteore nach Beobachtungen am Stalinabader Astronomischen Observatorium der Akademie der Wissenschaften der Tadshikischen Sowjetrepublik. Ref. 8207.
I. S. Astapowitsch, Über die Höhen der Telemeteore nach Aschchabader Beobachtungen. Ref. 8203.
I .S. Astapowitsch, Über einige Gesetzmäßigkeiten in den Kleinkörpersystemen. Ref. 8204.
N. N. Sytinskaja, Der Einfluß der Meteore auf die Natur der Planeten und der Monde des Sonnensystems. Ref. 8258.
E. N. Kramer, Über die Rolle des Bildungsprozesses der Planeten in der Bildung der Kleinkörper des Sonnensystems. Ref. 5510.
E. L. Krinow, Die Haupterrungenschaften der sowjetischen Meteoritik. Ref. 1357.
N. I. Grischin, Die meteorologischen Bedingungen beim Auftreten leuchtender Nachtwolken. Ref. 72105.
O. W. Deminew, Einige Ergebnisse der Untersuchung leuchtender Nachtwolken. Ref. 72103.
K. A. Ljubarskij, Die Meteorforschung an der Simferopoler Satejschtschikow-Meteorstation und die Perspektiven ihrer weiteren Entwicklung. Ref. 8237.

Die Beiträge der 5. Tagung der Kommission für Kometen und Meteore des Astronomischen Rates der Akademie der Wissenschaften der UdSSR. Ref. 1182.

313. Bulletin des Astronomischen Observatoriums Stalinabad.

Nr. **9**: O. W. Dobrowolskij, Über die Photometrie der Kometen. Ref. **8004**.
G. E. Jerlexowa, Über die Verbesserungen der photographischen Größen der Sterne verschiedener Farbe in Abhängigkeit von der Plattensorte. Ref. **2281**.
O. P. Wassiljanowskaja, Beobachtungsergebnisse der totalen Sonnenfinsternis vom 25. Februar 1952. Ref. **6212**.
A. K. Sosnowa, Photographische Bestimmung der Integralhelligkeit der Korona während der totalen Sonnenfinsternis vom 25. Februar 1952 in Artschman. Ref. **6212**.

10: O. W. Dobrowolskij, Über die Natur der Beschleunigung in den Schweifen der Kometen ersten Typs. Ref. **8005**.
A. J. Filin, Über den Nullpunkt der Periode-Helligkeits-Beziehung der langperiodischen Cepheiden. Ref. **11157**.
O. W. Dobrowolskij, Über den Zusammenhang zwischen dem Leuchten der Kometen und den Polarlichtern. Ref. **8006**.

11: O. W. Dobrowolskij, Zur Statistik der Kometen. Ref. **8007**.
A. K. Sosnowa, L. A. Katassjow, Ergebnisse der photographischen Meteorbeobachtungen im Jahre 1952 am Observatorium Stalinabad. Ref. **8256**.
A. M. Bacharew, Der jährliche Gang der stündlichen Zahl der Telemeteore. Ref. **8206**.
G. E. Jerlexowa, Über die Periode von S Bootis. Ref. **11234**.
A. W. Solowjow, Der Bedeckungsveränderliche KR Cassiopeiae. Ref. **11234**.
O. P. Wassiljanowskaja, ER Scuti. Ref. **11234**.

314. Systematisches Inhaltsverzeichnis der Zirkulare des Astronomischen Observatoriums Stalinabad Nr. 1—88 (1934—1950). Ref. **722**.

St. Andrews

315. Contribution from the Observatory, University of St. Andrews.

Nr. **5**: E. Finlay Freundlich, Red shifts in the spectra of celestial bodies. Ref. **4126**.

316. Reprints from the Observatory, University of St. Andrews.

Nr. **13**: Nicht eingegangen.

14: E. Finlay Freundlich, Red shifts in the spectra of celestial bodies. Ref. **4128**.

Stockholm

317. Stockholms Observatoriums Annaler.

18 1: P.-O. Lindblad, On the proper motion of the cluster Messier 37. Ref. **12110**.

2: B. Lindblad, F. Nahon, On the theory of star-streaming. Ref. **12345**.

3: G. Larsson-Leander, The light curve of Nova DK Lacertae (1950) as determined from photoelectric standards. Ref. **11315**.

4: G. Larsson-Leander, The spectrum of Nova DK Lacertae (1950) in the later stages. Ref. **11315**.

318. Stockholms Observatorium. Meddelande.
Nr. **79**: G. Larsson-Leander, A new variable star of spectral type N. Ref. **11241**.
80: Y. Öhman, On some actual trends in solar observation. Ref. **6010**.
81: Y. Öhman, A tentative explanation of the dark markings in the solar corona. Ref. **6715**.
82: U. Sinnerstad, Preliminary report on an investigation of luminosity criteria for early type stars. Ref. **9571**.
83: G. Larsson-Leander, A study of Nova DK Lacertae (1950). Ref. **11315**.

319. Stockholms Observatorium 200 år. Akademiens högtidssammankomst den 20 september 1953 i anledning av 200-årsminnet av observatoriets invigning. Ref. **1244**.

320. Stockholms Observatoriums Årsberättelse för 1953. Ref. **1101**.

Sydney

321. Sydney Observatory Papers.
Nr. **20**: W. H. Robertson, Measures of double stars on Sydney astrographic plates, declinations −52° to −58°. Ref. **10135**.
21: K. P. Sims, Occultations observed at Sydney Observatory during 1953. Ref. **7340**.

322. Sydney Observatory. Astrographic Catalogue 1900.0.
35: Sydney Section R.A. 12^h to 18^h, Dec. −59° to −61°. Ref. **9132**.

323. Commonwealth Scientific and Industrial Research Organization, Australia, Division of Radiophysics.
J. G. Bolton, K. C. Westfold, G. J. Stanley, O. B. Slee, Galactic radiation at radio frequencies. VII. Discrete sources with large angular widths. Ref. **12633**.
J. G. Bolton, G. J. Stanley, O. B. Slee, Galactic radiation at radio frequencies. VIII. Discrete sources at 100 Mc/s between declinations +50° and −50°. Ref. **12634**.
C. A. Shain, C. S. Higgins, Observations of the general background and discrete sources of 18.3 Mc/s cosmic noise. Ref. **12651**.
C. A. Shain, A comparison of the intensities of cosmic noise observed at 18.3 Mc/s and at 100 Mc/s. Ref. **12614**.
J. H. Piddington, F. Hoyle, Generation of radio noise by cosmic sources. Ref. **12612**.
J. P. Wild, J. A. Roberts, J. D. Murray, Radio evidence of the ejection of very fast particles from the sun. Ref. **6534**.
F. J. Kerr, J. V. Hindman, B. J. Robinson, Observations of the 21 cm line from the Magellanic Clouds. Ref. **12421**.
R. X. McGee, J. G. Bolton, Probable observation of the galactic nucleus at 400 Mc./s. Ref. **12611**.
J. H. Piddington, R. D. Davies, Thermal radio emission from the sun and the source of coronal heating. Vgl. AJB **53** Ref. **6720**.
J. H. Piddington, Model solar chromospheres. Ref. **6631**.
J. P. Wild, J. D. Murray, W. C. Rowe, Harmonics in the spectra of solar radio disturbances. Ref. **6533**.
C. S. Higgins, C. A. Shain, Observations of cosmic noise at 9.15 Mc/s. Ref. **12605**.
R. N. Bracewell, Using cosmic radio waves to study solar flares. Ref. **12602**.

J. A. Roberts, Radio astronomy. Ref. **12613.**
F. F. Gardner, Ionospheric thermal radiation at radio frequencies. II. Further observations. Ref. **7284.**
C. A. Shain, A. P. Mitra, Effects of solar flares on the absorption of 18.3 Mc/s cosmic noise. Ref. **6641.**
R. N. Bracewell, J. A. Roberts, Aerial smoothing in radio astronomy. Ref. **2147.**
R. D. Davies, An analysis of bursts of solar radio emission and their association with solar and terrestrial phenomena. Ref. **6814.**
B. Y. Mills, Abnormal galaxies as radio sources. Ref. **12427.**
J. H. Piddington, The motion of ionized gas in combined magnetic, electric and mechanical fields of force. Ref. **5016.**

Tartu (Dorpat)

324. Publikationen (Publikazii) des Astronomischen Observatoriums Tartu.
32 6: J. E. Ejnasto, Über die kinematische Struktur der Hauptreihe. Ref. **9702.**
C. P. Keres, Über die geometrische Methode der Bestimmung der Oberfläche des Geoids. Ref. **13108.**

Tacubaya. Siehe Tonantzintla.

Taschkent

325. Publikationen (Trudy) des Astronomischen Observatoriums Taschkent.
(2) **4**: P. A. Sawizkij, Untersuchung der Eigenbewegungen von Sternen im Gebiet des offenen galaktischen Sternhaufens NGC 7654 (M 52). Ref. **12120.**
M. F. Bykow, Bestimmung der systematischen Fehler bei der Beobachtung von Sternen des absoluten Rektaszensionskatalogs. Ref. **2504.**
G. A. Lange, D. I. Krawzow, Die Breitenänderungen von Kitab in den Jahren 1948—1949. Ref. **13221.**
W. T. Beda, Untersuchung der Zapfen der Passageninstrumente des Astronomischen Observatoriums Taschkent. Ref. **2502.**
W. T. Beda, Die Temperaturverhältnisse im Uhrenkeller des Astronomischen Observatoriums Taschkent. Ref. **1245.**
326. Zirkular des Astronomischen Observatoriums Taschkent Nr. 268—273. Ref. **2335, 6348, 6644.**

Tokyo

327. Annals of the Tokyo Astronomical Observatory, University of Tokyo.
(2) **4** 1: S.-Y. Obi, T. Ishidzu, H. Horie, S. Yanagawa, Y. Tanabe, M. Sato, Tables of the Racah coefficients W ($\bar{a}\bar{b}\bar{c}d$; $\bar{e}f$). II. Coefficients having three half-integral variables $\bar{a}$, $\bar{c}$ and $\bar{e}$ (f = 0, 1, 2, 3, 4). Ref. 113.
328. Tokyo Astronomical Bulletin. Second Series.
(2) Nr. **64**: K. Tuzi, Meridian observation of right ascension of equatorial stars made with Repsold transit instrument. Preliminary result Nr. 5. Ref. **9127.**
65: M. Notuki, Coronal observation at Mt. Norikura. Ref. **6729.**
66: Y. Otoguro, H. Kurai, Occultation observations in Japan during 1952. Ref. **7340.**
67: S. Nakano, R. Fukaya, Meridian observations of the right ascension of minor planets during the year 1953. Ref. **7539.**

68: S. Nakano, R. Fukaya, Meridian observations of the right ascensions of the moon and planets during the year 1953. Ref. 7120, 7301, 7601, 7701, 7801, 7807.
69: H. Hirose, H. Kosai, Positions of minor planets and Pluto. Ref. 7540, 7811.
K. Tomita, Observations of comet Honda Mrkos-Pajdusakova 1948 XII = 1954a made with the Brashear astrograph. Ref. 8121.
70: K. Tuzi, Meridian observation of right ascension of equatorial stars made with Repsold transit instrument. Preliminary result Nr. 6. Ref. 9127.
71: K. Tuzi, Meridian observation of right ascension of equatorial stars made with Repsold transit instrument. Preliminary results Nr. 7. Ref. 9127.

329. Tokyo Astronomical Observatory. Bulletin of Solar Phenomena.
5 4: October—December, 1953. Ref. 6348, 6536, 6644, 6729.
6 1—3: January—September, 1954. Ref. 6348, 6536, 6644, 6729.

330. Tokyo Astronomical Observatory Reprints.
Nr. 109: N. Sekiguchi, On a character about the secular motion of the mean pole of the earth. Ref. 13239.
110: M. Kitamura, The effect of reflection upon the reduction of mass from the observed velocity-curves of close binary systems. I. Ref. 11120.
111: Y. Kozai, On the secular perturbation of asteroids. Ref. 4214.
112: T. Takenouchi, Note on the special perturbation by means of the variation of parameters. Ref. 4234.
113: Vgl. AJB 55.
114: Vgl. AJB 55.
115: Vgl. AJB 55.
116: M. Kitamura, The effect of reflection upon the reduction of mass from the observed velocity-curves of close binary systems. II. Ref. 11121.

331. Japanese Ephemeris 1955. Ref. 412.

332. Nautical Almanac 1955. Ref. 413.

333. Abridged Nautical Almanac 1955. Ref. 427.

Tonantzintla

334. Boletin de los Observatorios Tonantzintla y Tacubaya.
Nr. 9: G. González, G. González, Estrellas Be—Ae en Casiopea y Perseo. Ref. 9527.
G. González, G. González, Gigantes azules en Casiopea y Perseo. Ref. 9528.
L. Münch, Dos concentraciones de estrellas OB. Ref. 12312.
B. Iriarte, E. Chavira, Lista de estrellas de alta luminosidad. Ref. 9544.
10: G. Haro, L. R. Terrazas, Variables rapidas en la nebulosa de Orion. Ref. 11210.
P. Pişmiş, Estudio del cumulo de la nebulosa de Orion y de su vecindad. Ref. 12225.
L. Münch, Estrellas de alta luminosidad en Casiopea. Ref. 9715.
11: P. Pişmiş, El efecto del material absorbente sobre el numero observado de las estrellas que envuelve. I. Ref. 12524.
G. Haro, Las estrellas «Rafaga» y las nubes de material interestelar. Ref. 11188.

L. Münch, Estrellas de alta luminosidad entre Vela y Cruz. II. Ref. **9557**.
G. Gonzáles, G. Gonzáles, Gigantes azules en las longitudes galacticas 270° a 330°. Ref. **9529**.
B. Iriarte, E. Chavira, Nuevas gigantes azules entre longitudes galacticas l = 345° a l = 35°. Ref. **9545**.
L. Münch, Nota sobre estrellas «dB» en III Cep. Ref. **12313**.

Torino

335. Contributi dell'Osservatorio Astronomico di Torino (Pino Torinese). Nuova Serie.
Nr. **21**: Osservazioni eseguite all'Osservatorio Astronomico di Torino dal 1949 al 1952. Ref. **7340, 7401, 7601, 7701, 7801**.
22/23: Vgl. AJB **53**.

Tortosa

336. Boletín del Observatorio del Ebro.
39: Heliofísica 1951. Ref. **6348, 6644**.
40: Heliofísica 1952. Ref. **6348, 6644**.

Toulouse

337. Annales de l'Observatoire Astronomique et Météorologique de Toulouse.
22: R. Bouigue, J.-L. Chapuis, Vitesse radiale de B 6166. Ref. **9212**.
L. Roy, Expansion de l'univers et champ cosmologique. Ref. **4174**.
E. Paloque, Une méthode nouvelle pour la mesure des clichés photographiques de grandes dimensions. Ref. **2413**.
H. Berthomieu, Etude des résaux. Ref. **2203**.
E. Paloque, Quatrième Catalogue de Toulouse. Positions et mouvements propres des étoiles de repère de la zone +4°, +12° pour l'époque et l'équinoxe 1900.0. Ref. **9121**.
R. Bouigue, Binaires spectroscopiques. Ref. **10201**.
R. Bouigue, Nouvelle méthode de calcul des probabilités de transition vibrationelle pour les molécules diatomiques symétriques. Ref. **207**.
P. Prêtre, Eléments de la planète: 1415 Malautra. Ref. **7540**.

Trieste

338. Osservatorio Astronomico di Trieste.
Nr. **255**: Annuario Astronomico per l'anno 1955 con le carte del cielo. Ref. **448**.
256: B. Cester, Elementi orbitali e fisici del sistema ADS 684 = β 232. Ref. **10137**.
257: B. Cester, Orbita della doppia visuale ADS 9185 AB = A 1101. Ref. **10137**.
258: A. Abrami, Studio del sistema binario I 365 AB = CPD —61° 3841. Ref. **10137**.
259: B. Cester, Sul calcolo degli elementi dinamici orbitali di una stella doppia visuale. Ref. **10106**.
260: A. Abrami, La doppia visuale ADS 8239 = β 456 (1950.0 $\alpha = 11^{h}.5$ $\delta = -12°$ $d_{min} = 0''.29$ $m_1 \sim m_2 = 6.5$). (Elementi orbitali e fisici). Ref. **10137**.
261: B. Cester, Osservazioni di stelle doppie. II. Ref. **10135**.
262: B. Cester, Occultazioni lunari osservate nel 1953 e loro riduzioni. Ref. **7340**.

Tübingen

339. Mitteilungen des Astronomischen Instituts der Universität Tübingen.
Nr. **9**: G. Elwert, Die weiche Röntgenstrahlung der ungestörten Sonnenkorona. Ref. **6708**.
10: Vgl. AJB **53** Ref. **12641**.
11: H. Elsässer, Die räumliche Verteilung der Zodiakallichtmaterie. Ref. **8403**.
12: H. Elsässer, Lichtstreuung an einem Gemisch von dielektrischen Kugeln. Ref. **221**.
13: Vgl. AJB **53** Ref. **8411**.
14: H. Siedentopf, H. Elsässer, Szintillationsuntersuchungen am Jungfraujoch. Ref. **72181**.
15: H. Elsässer, Extinktionsmessungen am Jungfraujoch. Ref. **7263**.
16a: H. Siedentopf, Methoden und Ergebnisse der Radioastronomie. I. Ref. **12617**.
16b: H. Siedentopf, Methoden und Ergebnisse der Radioastronomie. II. Ref. **12618**.

Uccle

340. Annales de l'Observatoire Royal de Belgique. Troisième Série.
6 4: J. Hunaerts, Interprétation du spectre d'émission de CH dans les comètes. Ref. **8011**.
5: R. Coutrez, L. Bossy, Observations astronomiques et géophysiques sur les hauts sommets du Kivu. Ref. **7232**.

341. Bulletin Astronomique de l'Observatoire Royal de Belgique à Uccle.
4 8: S. Arend, F. Rigaux, E. Scheuer, Observations de petites planètes faites en 1953 (2e semestre) à l'astrographe double de 40 cm. Ref. **7540**.
S. Arend, Observations de petites planètes faites en 1954 (Ier semestre) à l'astrographe double de 40 cm. Ref. **7540**.
F. Rigaux, Observations photographiques de petites planètes faites en 1954 (Ier semestre) à l'astrographe double de 40 cm. Ref. **7540**.
L. Neven, J. Dommanget, Occultations d'étoiles observées à l'équatorial de 45 cm en 1953. Ref. **7340**.
E. Vandekerkhove, Observations spectrophotométriques. Ref. **9584**.
J. Dommanget, Orbite de l'étoile double visuelle: ADS 2416 = BDS 1623 = Σ 367. Ref. **10137**.
J. Dommanget, Quelques remarques concernant l'apparente immobilité relative des composantes du couple stellaire visuel: ADS 4123 = BDS 2783 = Σ 729. Ref. **10136**.
J. Dommanget, Méthode de détermination rapide de la trajectoire apparente d'un couple stellaire visuel, à mouvement relatif rectiligne. Application à l'étoile double visuelle: ADS 5812 = BDS 3844 = OΣ 165. Ref. **10107**.
R. S. Mitrinovitch, Identification de petites planètes. Ref. **7540**.

342. Communications de l'Observatoire Royal de Belgique.
Nr. **64**: A. Velghe, Détermination microphotométrique de longueurs d'onde effectives d'étoiles dans le voisinage du pôle et dans les aires de Kapteyn 40 et 41. Ref. **9424**.
65: Vgl. AJB **53** Ref. **7233**.

66: P. Sanders, Horloges à quartz et horloge atomique. Ref. **2318**.
67: J. Verbaandert, Examen comparatif des résultats obtenus au moyen du chronomètre électronique Cintel et du chronographe Belin dans les services horaires de l'Observatoire Royal de Belgique. Ref. **2328**.
68: L. Neven, La détermination de l'abondance relative de l'helium dans les étoiles chaudes. Ref. **5121**.
69: L. Neven, C. de Jager, Observational models and helium abundances of the atmospheres of four B-type stars. Ref. **5122**.
70: E. Vandekerkhove, Remarques sur les séquences d'évolution. Ref. **5431**.
71: P. Bourgeois, Premières réalisations de l'I.R.S.A.C. en géophysique. Nicht referiert.
72: P. Bourgeois, Rapport sur les travaux scientifiques effectués pendant l'année 1953. Ref. **1101**.
73: W. Benesch, M. Migeotte, L. Neven, Sur l'abondance du monoxyde de carbone tellurique au Jungfraujoch (Suisse). Ref. **7229**.
74: P. J. Melchior, Application de la méthode de Corkan à la discussion des observations des marées terrestres à Freiberg (Sachsen). Nicht referiert.
75: G. Coutrez, R. Coutrez, A. Koeckelenbergh, Observations des taches solaires en 1953. Ref. **6348**, **6644**.
76: E. Vandekerkhove, Une détermination de rayons de δ Cephei. Ref. **11175**.

343. Observatoire Royal de Belgique. Monographie.
Nr. **3**: P. J. Melchior, Contribution à l'étude des mouvements de l'axe instantané de rotation par rapport au globe terrestre. Ref. **13109**.
4: P. J. Melchior, Les marées terrestres. Ref. **4308**.

344. Observations des taches solaires. Observations chromosphériques et photosphériques. Supplément au Bulletin Ciel et Terre. Ref. **6348**, **6644**.

Upper Darby

345. Publications of the University of Pennsylvania. The Flower Astronomical Observatory. Reprint.
Nr. **81**: W. Blitzstein, The eclipsing variable XZ Andromedae. Ref. **11234**.
82: Vgl. AJB **50** Ref. **2238**.
83: Nicht eingegangen.
84: Vgl. AJB **50** Ref. **8235**.
85—91: Nicht eingegangen.
92: F. B. Wood, E. M. Lewis, A note on 32 Cygni. Ref. **11234**.
93: R. H. Wilson jr., Observations of double stars in 1952. Ref. **10135**.
94: Nicht eingegangen.
95: C. P. Olivier, Reports of the American Meteor Society. Vgl. AJB **53** Ref. **1104**.
96: R. H. Wilson jr., Ambiguous solutions for the orbit of the double star ADS 4971 (A 2667). Ref. **10137**.
97: Nicht eingegangen.
98: R. H. Wilson jr., Double star observations in 1953. Ref. **10135**.
R. H. Wilson jr., The orbit of ADS 11791 = Aitken 93. Ref. **10137**.

99: C. P. Olivier, Reports of the American Meteor Society. Ref. **1105**.
100: The American Meteor Society. Ref. **1105**.

Uppsala

346. Uppsala Astronomiska Observatoriums Annaler.
4 1: K. G. Malmquist, C. Schalén, B. Westerlund, A spectrophotometric survey of stars along the milky way. I. Galactic longitudes 60°—80°. Ref. **9418**.
2: Å. Wallenquist, A general catalogue of differences in magnitudes of double stars. With a survey of double star photometry. Ref. **10131**.
3: Å. Wallenquist, The photoelectric instrument at the Kvistaberg Observatory. Ref. **1226**.

347. Uppsala Astronomiska Observatorium. Meddelande.
Nr. **106**: O. Eklöf, Blue and red magnitudes in the Auriga region. II. The observations and the catalogue. Ref. **9409**.
107: T. Adolfsson, A spectrophotometric investigation into bright and dark regions in Taurus. II. The catalogue. Ref. **9401**.
108: C. Schalén, On the distribution of the stars in two regions of galactic latitudes +20° and +40°. Ref. **12322**.
109: T. Adolfsson, A spectrophotometric investigation into bright and dark regions in Taurus. III. The distribution of obscuring material. Ref. **12501**.
110: E. Lyttkens, On the radial pulsations of an infinite cylinder with a magnetic field parallel to its axis. Ref. **5014**.
111: Å. Wallenquist, Note on the zero point correction of the period-luminosity relation. Ref. **11176**.
112: C. Schalén, An attempt to determine objective prism radial velocities. Ref. **2420**.

Utrecht

348. Sterrewacht «Sonnenborgh» Utrecht. Overdruk.
Nr. **10**: C. de Jager, A new determination of the abundance of deuterium in the solar atmosphere. Ref. **6411**.
11: H. Hubenet, C. de Jager, C. Zwaan, Note on the occurence of technetium in the solar atmosphere. Ref. **6408**.
12: T. van Dijk, C. de Jager, J. de Metter, The uranium content of a stone meteorite. Ref. **8305**.
13: C. de Jager, High-energy microturbulence in the solar photosphere. Ref. **6410**.
14: J. Houtgast, De expeditie van de Nederlandse eclips-commissie naar Gotland. Ref. **6216**.
15: M. Minnaert, De Sterrewacht te Poelkowo weder opgebouwd, 1839—1954. Ref. **1239**.
16: A. C. S. van Heel, J. Houtgast, M. G. J. Minnaert, Preliminary report concerning the eclipse of June 30, 1954 and the Dutch expedition to Gotland. Ref. **6216**.

Victoria

349. Publications of the Dominion Astrophysical Observatory Victoria, B. C.
9 11: L. H. Aller, Spectrographic studies of the combination variables Z Andromedae, BF Cygni, and CI Cygni. Ref. **11178**.

12: A. B. Underhill, The spectrum of the shell star 48 Librae. Ref. **9582**.
13: A. McKellar, H. Reeves, Spectrographic orbital elements for the binary H. D. 110533. Ref. **10210**.
14: K. O. Wright, R. E. Pugh, The orbits of two F-type spectroscopic binary stars. Ref. **10210**.
10 1: K. O. Wright, The spectrum of Capella. Ref. **10208**.
2: R. M. Petrie, A spectrographic study of the β Cephei stars H. D. 199140 (BW Vulpeculae). Ref. **111105**.

350. Contributions from the Dominion Astrophysical Observatory Victoria, B. C.
Nr. **34**: Nicht eingegangen.
35: A. B. Underhill, On the strength of the helium lines in the O-type stars. Ref. **9583**.
36: K. O. Wright, The secondary component in the spectrum of Capella. Ref. **10207**.
37: A. B. Underhill, On the development of the Fe I chromospheric lines during the 1951 eclipse of 31 Cygni. Ref. **11143**.
38: R. M. Petrie, A period-luminosity relation for the β Cephei variables. Ref. **111104**.
40: J. Romanko, T. Feldman, E. J. Stansbury, A. McKellar, The rotational Raman spectrum of ethylene. Nicht referiert.
41: A. McKellar, Spectra of the cool carbon stars in the λ 9000 —λ 11000 wave-length region. Ref. **9551**.

Washington

351. Astronomical Papers prepared for the use of the American Ephemeris and Nautical Almanac.
13 5: G. M. Clemence, Perturbations of the five outer planets by the four inner ones. Ref. **4203**.

352. The American Ephemeris and Nautical Almanac for the Year 1956. Ref. **414**.

353. United States Naval Observatory Circular.
Nr. **47**: W. S. Cameron, Positions, areas, and counts of sunspots November—December 1953. Ref. **6348**.
48: Solar summary for 1953. Ref. **6348**.
49: The Naval Observatory time service. Ref. **2334**.
50: W. S. Cameron, Positions, areas, and counts of sunspots January—February, 1954. Ref. **6348**.
51: W. S. Cameron, Positions, areas, and counts of sunspots March —April, 1954. Ref. **6348**.
52: W. S. Cameron, Positions, areas, and counts of sunspots May —June, 1954. Ref. **6348**.
53: S. D. Gossner, Annular eclipses in 1958, 1959. Ref. **6203**.
54: W. S. Cameron, Positions, areas, and counts of sunspots July —August, 1954. Ref. **6348**.

354. Annals of the Astrophysical Observatory of the Smithsonian Institution.
7: L. B. Aldrich, W. H. Hoover, Observations and results to the end of 1952. Ref. **6502**.

355. Smithsonian Miscellaneous Collections.
123 3: O. R. Wulf, J. E. Zimmermann, A method for the measurement of atmospheric ozone using the absorption of ozone in the visible spectrum. Ref. **2425**.
5: C. G. Abbot, L. B. Aldrich, A. G. Froiland, Concerning Smithsonian pyrheliometry. Ref. **6501**.

356. Smithsonian Institution. Publication.
4138 = Ann. Astrophys. Obs. Smithsonian Inst. **7**.
4151 C. E. K. Mees, Recent progress in astronomical photography. Ref. **2284**.
4177 = Smithsonian Miscellaneous Collections **123** Nr. 3.
4179 = Smithsonian Miscellaneous Collections **123** Nr. 5.

356a. Annual Report for 1953. Ref. **1101**.

Wellington

357. Carter Observatory. Astronomical Bulletin.
Nr. **41**: I. L. Thomsen, Report of the Carter Observatory Board for the year ended 1954, March 31. Ref. **1101**.
42: Public sessions programme for 1955. Ref. **1249**.

358. Carter Observatory. Reprint.
Nr. **20**: I. L. Thomsen, Differences between time signals transmitted from ZLW and 2YA. Ref. **2327**.
I. L. Thomsen, Transit of Mercury 1953 November 14d (G.M.T.). Ref. **7116**.
21: C. N. Watson-Munro, Nuclear physics beyond the earth. Ref. **5021**.
22: I. L. Thomsen, New Zealand comet observations. § **81**.

Wendelstein

359. Forschungsberichte der Kommission Observatorium Wendelstein.
Nr. **10**: W. Petri, Rotation, Persistenz und interdiurne Variationen der inneren monochromatischen Sonnenkorona in verschiedenen Breiten. Ref. **6719**.
11: E. Schoenberg, Über die Typen der Dunkelwolken. Ref. **12529**.
12: R. Müller, Über die Rotation der Sonne in Polnähe. Ref. **6105**.
13: R. Müller, Katalog monochromatischer Koronastrahlen 1953. Ref. **6729**.

Wien

360. Mitteilungen der Universitäts-Sternwarte Wien.
6 10: J. Hopmann, Beobachtungen der totalen Mondfinsternis vom 30. Jänner 1953 auf der Universitäts-Sternwarte Wien. Vgl. AJB **53** Ref. **7351**.
11: T. Widorn, Die atmosphärischen Verhältnisse bei astronomischen Beobachtungen in Wien. Vgl. AJB **53** Ref. **1252**.
12: J. Hopmann, Photometrisch-kolorimetrische Beobachtungen von visuellen Doppelsternen. I. Grundlagen und Vorversuche. Vgl. AJB **53** Ref. **10110**.
13: K. Ferrari d'Occhieppo, Eine unabhängige Bestätigung der Häufigkeitsfunktion der Sternmassen. Vgl. AJB **53** Ref. **9702**.
14: K. Ferrari d'Occhieppo, Die verbesserte Perioden-Leuchtkraft-Beziehung und die Pulsationstheorie der δ Cephei-Sterne. Vgl. AJB **53** Ref. **11143**.
15: H. Haupt, Die Gesamthelligkeit des Mondes während der totalen Finsternis am 19. Jänner 1954. Ref. **7334**.
7 1: G. Schrutka-Rechtenstamm, Definitive Bahnbestimmung des Kometen 1932 V (Peltier-Whipple). Vgl. AJB **53** Ref. **8140**.
2: H. Eichhorn, Ein verkürztes Verfahren zur exakten Bestimmung von Schrauben- oder Skalenfehlern und Untersuchung des Töpferschen Meßapparates der Wiener Universitäts-Sternwarte. Vgl. AJB **53** Ref. **2503**.

3: J. Hopmann, Der Doppelstern ADS 11632. Ref. **10137**.
4: T. Widorn, Lichtelektrische Beobachtungen am 33 cm-Astrographen der Universitäts-Sternwarte Wien. Ref. **1250**.
5: J. Hopmann, O. Franz, Photometrische Beobachtungen von Kometen. § **81**.
6: J. Hopmann, Die Systemkonstanten von ADS 7251. Dynamische Bestimmung der Parabelbahn eines visuellen Doppelsternes. Ref. **10137**.
7: H. Krumpholz, Beobachtungen von Kometen. § **81**.
8: T. Widorn, Vorläufige Bahnbestimmung von ADS 16836. Ref. **10137**.
9: H. Socher, Zum Lichtwechsel von CY Aquarii. Ref. **11172**.

Williams Bay

361. Publications of the Yerkes Observatory.
8 6: G. van Biesbroeck, Measurements of double stars. Ref. **10135**.

Wrocław (Breslau)

362. Communications from the Wrocław Astronomical Observatory.
Nr. **4**: J. Mergentaler, On the small sunspots and solar activity. Ref. **6334**.

Zô-Sè

363. Academie Sinica. Annales de l'Observatoire Astronomique de Zô-Sè.
23: Etudes photographiques de cinq amas galactiques (NGC 1750, 1817, 2286, 2548 et 7380) avec catalogues contenant 13736 étoiles. Ref. **12123**.

Zürich

364. Publikationen der Eidgenössischen Sternwarte Zürich.
10 3: M. Waldmeier, Heliographische Karten der Photosphäre für das Jahr 1953. Ref. **6348**.
365. Astronomische Mitteilungen der Eidgenössischen Sternwarte Zürich.
Nr. **185**: M. Waldmeier, Die Form der Sonnenkorona bei der Finsternis vom 25. Februar 1952. Ref. **6212**.
186: M. Waldmeier, Die Sonnenaktivität im Jahre 1953. Ref. **6348**.
187: M. Waldmeier, Die Variation der monochromatischen Gesamtemission der Sonnenkorona im 11jährigen Zyklus. II. Die Linie 6374 Å. Ref. **6724**.
188: M. Waldmeier, Simultane Bestimmung von Elektronendichte und Temperatur in der Sonnenkorona. Ref. **6725**.
189: M. Waldmeier, Die Zürcher Sonnenfinsternisexpedition 1954. Ref. **6216**.
366. Quarterly Bulletin on Solar Activity. Nr. 101—106. Ref. **6348**, **6536**, **6644**, **6729**.
367. Tätigkeitsbericht der Eidgenössischen Sternwarte für das Jahr 1953. Ref. **1101**.

Erster Teil

Allgemeines

§ 1

Mathematisches

101. **C. W. Allen,** Whole-sky statistics of celestial objects. MN **114** 387—405, mit 4 Fig. = Commun. Univ. London Obs. Nr. **17**. — In der Absicht, statistische Untersuchungen auf eine kleine Zahl von Objekten mit größter scheinbarer Helligkeit, also die am besten bekannten Objekte, zu gründen, wird ein Rechenverfahren entwickelt, das beobachtbare und zur Beschreibung der Objektklasse geeignete Parameter zueinander in Beziehung setzt. Für eine Reihe von Objektklassen sind die Rechnungen durchgeführt worden. O. G.

102. **C. W. Allen,** Whole-sky statistics of celestial objects. Obs **71** 105—106. — Ref. RAS.

103. **L. Arbey,** Les erreurs expérimentales en chaînes Gaussiennes de trois. BA **17** 339—362, mit 2 Fig. — Zur Abschätzung der Parameter in den dreigliedrigen «Gaußschen Ketten» gibt die Methode der Momente dieselben Resultate wie die des Wahrscheinlichkeitsmaximums, wenn die Zahl der Beobachtungen groß ist. Verf.

104. **T. Banachiewicz,** Some points relative to the solving of a system of normal equations. AA(a) **5** 136—138. — 1. An einem Beispiel mit zwei Unbekannten macht Verf. den Sinn der von ihm und Arend bei der Lösung eines Systems von Normalgleichungen eingeführten zusätzlichen Gleichung klar. 2. Genaue Abgrenzung der mit dem Namen Cholesky zu verbindenden Arbeiten. Böh.

105. **T. Banachiewicz,** The relation of the Gaussian to the Cracovian algorithm for solving normal equations. AA(a) **5** 151—158. — Das Beispiel für die Auflösung eines Systems von Normalgleichungen mit sechs Unbekannten nach dem Gaußschen Algorithmus aus der Monographie von H. Mineur «Technique de la méthode des moindres carrés» wird vollständig abgedruckt und der Lösung nach der Krakovianenmethode gegenübergestellt, die sich der ersteren weit überlegen erweist. Böh.

106. **G. N. Duboschin,** Über die Integration eines Systems linearer Differentialgleichungen zweiter Ordnung nach der Methode von A. M. Ljapunow. Publ. Astr. Sternberg-Inst. **24** 109—121 (russisch).

107. **T. Gökmen,** Group-sequence criterion for series of observations. Publ. Istanbul Univ. Obs. Nr. **50**, 22 S. (mit türkischer Zusammenfassung).

108. **B. Guinot,** Simplification de la méthode des moindres carrés pour la réduction des observations de hauteurs égales. BA **18** 73—82, mit 2 Fig. — Zur Reduktion der Beobachtungen gleicher Höhen mit Hilfe der «Methode der Kleinsten Quadrate» wird eine Methode der sukzessiven Näherungen angewandt, welche sehr schnell konvergieren. Ein numerisches Beispiel wird gegeben. Verf.

* * **A. Hruška,** Nomograms for reduction of statistical observations of meteors. Vgl. Ref. 8273.

109. **K. Kozieł,** The inversion of a system of two power series in two variables and its application to higher geodesy. AA(a) **5** 139—151. — Für die Bestimmung der Koeffizienten A_{mn} und B_{mn} des Systems von Potenzreihen $x = \Sigma A_{mn} u^n v^m$, $y = \Sigma B_{mn} u^n v^m$, das die Umkehrung des vorgegebenen Systems $u = \Sigma a_{mn} x^n y^m$, $v = \Sigma b_{mn} x^n y^m$ bildet, werden zwei Verfahren entwickelt, die auf den Begriffen und Rechenregeln der Algebra der «Kerne» beruhen. Als Anwendung für ein Transformationsproblem der höheren Geodäsie werden die Koeffizienten der umgekehrten Reihen bis zu Gliedern einschließlich 5. Ordnung explizit hingeschrieben und speziell für die normierte Gaußsche konforme Abbildung des Hayfordschen Ellipsoids numerisch ausgewertet. Böh.

* * **L. Kresák,** A nomogram for computing the zenithal hourly rates of meteor showers. Vgl. Ref. 8275.

110. **P. Kustaanheimo, B. Qvist,** Om ändliga geometrier och deras tillämpning. Nordisk Mat. T. **2** 137—155 = Sonderdruck Astr. Obs. Helsinki.

111. **M. Mendes,** Sur une équation aux dérivées partielles du troisième ordre. Ann. Faculté Sci. Univ. Toulouse **17** 97—137 = Publ. Obs. Univ. Bordeaux (NS) Nr. **12**.

112. **S. Miyahara,** On the non-contact canonical transformation. Publ. Astr. Soc. Japan **6** 9—20. — Für kanonische Transformationen eines dynamischen Systems, die nicht zugleich Berührungstransformationen sind, werden die Existenz der Inversen der gleichen Art und die Gruppeneigenschaft sowie zwei Sätze über die Integrale des Systems bewiesen und für spezielle derartige Transformationen, die durch die Werte der Poissonschen Klammerausdrücke unterschieden sind, die zugehörige Hamiltonsche Funktion bestimmt. Böh.

113. **S.-Y. Obi, T. Ishidzu, H. Horie, S. Yanagawa, Y. Tanabe, M. Sato,** Tables of the Racah coefficients W ($\bar{a}\bar{b}\bar{c}d$; $\bar{e}f$). II. Coefficients having three half-integral variables $\bar{a}$, $\bar{c}$ and $\bar{e}$ (f = 0, 1, 2, 3, 4). Ann. Tokyo Astr. Obs. (2) **4** 1—74. — Vgl. AJB **53** Ref. 113.

114. **A. A. Orlow,** Über die Entwicklung der Kraftfunktion eines abgeplatteten Rotationsellipsoids in eine Reihe nach Legendreschen Polynomen. Publ. Astr. Sternberg-Inst. **24** 131—137 (russisch).

115. **A. Ramakrishnan, P. M. Mathews,** On the solution of an integral equation of Chandrasekhar and Münch. ApJ **119** 81—90. — Die von einem der Verf. bereits früher (vgl. AJB **52** Ref. 4419) behandelte Integralgleichung wird in eine Differenzengleichung transformiert und dafür eine formale Lösung angegeben. Kdr.

116. **B. M. Schtschigolew,** Über die Differentialgleichungen erster Ordnung mit beliebigen Gliedern. Publ. Astr. Sternberg-Inst. **24** 93—108 (russisch).

117. **P. Sconzo,** Formule di estrapolazione per l'integrazione numerica delle equazioni differenziali ordinarie. Boll. Unione Mat. Ital. (3) **9** 391—399.

118. **H. Strassl,** Neuere nomographische Untersuchungen. Mitt. AG **1953** S. 25—26. — Ref. AG.

119. **M. V. Wilkes,** A table of Chapman's grazing incidence integral Ch $(x, \varkappa)$. Proc. Phys. Soc. (B) **67** 304—308. — Ref. in ZfMG **55** 454. — Die Funktion Ch $(x, \varkappa)$ spielt eine Rolle in der Chapmanschen Theorie der Absorption der solaren Strahlung.

§ 2

Physikalisches

201. **A. A. Abrikossow,** Die Zustandsgleichung des Wasserstoffs bei hohen Drucken. AJ UdSSR **31** 112—123, mit 5 Abb. (russisch). — Die Zustandsgleichung des festen Wasserstoffs wird bei Drucken über 2×10^5 atm betrachtet. Es zeigt sich, daß bei einem Druck von 2.4×10^6 atm die molekulare in die atomare Phase übergeht und dabei ein Dichtesprung von 0.62 auf 1.12 gr/cm^3 eintritt. Die Grenzen der Anwendbarkeit der durchgeführten Rechnungen werden betrachtet. Verf. (übersetzt)

202. **C. Agostinelli,** Soluzioni stazionarie delle equazioni della magneto idrodinamica interessanti la cosmogonia. Rend. Accad. Nazionale Lincei, Cl. Sci. fis., mat., nat. (8) **17** 216—221. — Da die Anwendung der magnetohydrodynamischen Theorie von Alfvén auf den Fall der Ebene begrenzt war, beweist Verf. die Existenz von stationären Lösungen der Gleichungen für eine homogene Flüssigkeit, die der eigenen Gravitation unterworfen ist. Cester

203. **M. J. M. Bernal, H. S. W. Massey,** Metallic ammonium. MN **114** 172—179, mit 1 Fig. — In der Arbeit wird für metallisches Ammonium, das nach Ramsey für den Aufbau von Uranus und Neptun wesentlich ist, die Druck-Dichte-Beziehung berechnet bei Drucken, wie sie im Innern der beiden Planeten herrschen. Auch wird der Übergangsdruck diskutiert, bei dem Mischkristalle aus NH_3 und $^1/_2\,H_2$ in metallisches NH_4 übergehen. Ein genauer Wert für diesen Druck läßt sich nicht angeben, doch dürfte er mit großer Sicherheit unter 250000 atm liegen und daher metallisches Ammonium im Innern der beiden Planeten bestehen können. Kdr.

204. **G. Beskow,** Remarks on the statistical account for ion forces in an equilibrium mixture of nuclei in a degenerate electron gas. Vgl. Ref. 1191, daselbst S. 55—67. — Eine frühere Arbeit von Beskow und Treffenberg (vgl. AJB **47** Ref. 3901) über die Entstehung der Häufigkeitsverteilung der Elemente im thermischen Gleichgewicht ($T \approx 10^{10}$ °K) wird durch die zusätzliche Berücksichtigung der Ionenkräfte vervollständigt. Es wird gezeigt, daß die eigentliche Gleichgewichtsverteilung gegenüber den Ergebnissen der früheren Arbeit nur wenig verändert wird. Der Ablauf des «Einfrierprozesses» wird jedoch durch die Ionenkräfte vermutlich beträchtlich beeinflußt. Böhm

205. **P. L. Bhatnagar, E. P. Gross, M. Krook,** A model for collision processes in gases. I. Small amplitude processes in charged and neutral one-component systems. Phys. Rev. (2) **94** 511—525, mit 5 Fig. = Harv Repr (2) Nr. **57**. — Zur Untersuchung des dynamischen Verhaltens von Gasen kann man in zweifacher Weise vorgehen. Man kann entweder von den makroskopischen aerodynamischen Gleichungen ausgehen, oder man kann die allgemeinere mikroskopische Betrachtungsweise unter Verwendung der Boltzmanngleichung wählen. Diese Methode ist auch in solchen Fällen noch anwendbar, in denen die makroskopische Beschreibung versagt. Die Lösung der Boltzmanngleichung ist im allgemeinen recht schwierig. Für Grenzfälle (sehr große bzw. sehr geringe Dichte) sind schon früher Methoden zur Berechnung des Stoßgliedes in der Boltzmanngleichung angegeben worden. Verf. stellt sich die Aufgabe, die Lösung für den gesamten Dichtebereich für neutrale und ionisierte Gase zu gewinnen. Er erstrebt dabei nicht die exakte Lösung der Boltzmanngleichung, sondern er führt eine Vereinfachung durch Abänderung des Stoßtermes durch. Dieses Stoßglied wird aus einer Modellvorstellung gewonnen, daß bei Stoßvorgängen Teilchenzahl, Impuls und Energie erhalten bleiben sollen. Mit der vereinfachten Boltzmanngleichung werden Schwingungen kleiner Amplituden in neutralen und ionisierten Gasen behandelt. Für neutrale Gase ergeben sich dabei die Gesetze

der Schallausbreitung bei hohen Drucken. Darüber hinaus erhält man eine Theorie der Absorption und Dispersion von Schallwellen bei beliebigen Drucken. Für ionisierte Gase ergeben sich bei niedrigen Drucken die Gesetze der Plasmaschwingungen. Die Arbeit wird fortgesetzt. Henn

206. **R. Bouigue,** Contribution à l'étude des étoiles rouges carbonées. I. Nouvelle méthode de calcul des probabilités de transition vibrationelle des molécules diatomiques. Application aux molécules C^2 et CN. Ann d'Astrophys **17** 35—73, mit 3 Fig. — Als Vorarbeit für eine Untersuchung der N- und R-Sterne werden die Schwingungs-Übergangswahrscheinlichkeiten zweiatomiger symmetrischer Moleküle neu berechnet. Die neuen Werte sind etwas genauer als ältere Daten, wie durch Vergleich mit experimentellen Messungen gezeigt wird, und zwar für C_2 mit denen von King (vgl. AJB **48** Ref. **218**), für CN mit eigenen Laboratoriumsmessungen des Verf., über die im Kapitel II berichtet wird. Kdr.

207. **R. Bouigue,** Nouvelle méthode de calcul des probabilités de transition vibrationelle pour les molécules diatomiques symétriques. Ann. Obs. Astr. Mét. Toulouse **22** 55—66, mit 3 Fig.

208. **R. N. Bracewell,** The maximum of the Planck energy spectrum. Nature **174** 563—564. — Ref. in Phys. Abstracts (A) **58** 21.

209. **H. P. Broida, A. G. Gaydon,** Emission des bandes interdites ($^3\Sigma_n^+ \rightarrow {}^3\Sigma_g^-$) de O_2. J. Phys. Radium **15** 385—387. — Ref. in Phys. Ber. **34** 704—705.

210. **J. Brouet, P. Janssens,** Sur la mesure du déplacement par rapport à la verticale d'une masse en mouvement contrôlé, uniformément ralenti. Bull. Cl. Sci. Acad. roy. Belgique (5) **40** 266—268 = Inst. Astr. Bruxelles (2) Nr. **94.**

* * **F. Cabannes, A. Le Phat Vinh,** Calcul de la répartition de l'énergie solaire réfléchie par un miroir parabolique. Vgl. Ref. **6505.**

211. **G. Carini,** Osservazioni riguardanti le onde magneto-idrodinamiche di Alfvén. Rend. Ist. Lombardo Sci. Lettere Cl. Sci. mat. nat. **87** 150—156. — Verf. leitet für die Fortpflanzungsgeschwindigkeit der magnetohydrodynamischen Wellen eine verallgemeinerte Formel ab, die auch die dielektrische Konstante berücksichtigt. Cester

212. **G. Carini,** Condizioni di compatibilità dinamica nella teoria delle onde magneto-idrodinamiche. Rend. Ist. Lombardo Sci. Lettere Cl. Sci. mat. nat. **87** 433—438. — Es werden die Bedingungen gegeben, von denen die Unstetigkeiten durch die Wellenfronten in leitenden flüssigen Körpern unter Magnetfeldern abhängen müssen. Cester

213. **G. Carini,** Propagazione di onde piane magneto-idrodinamiche in un liquido conduttore mobile in un campo magnetico omogeneo. Rend. Ist. Lombardo Sci. Lettere Cl. Sci. mat. nat. **87** 439—444. — Studium der Fortpflanzung der magneto-hydrodynamischen Wellen in einem leitenden flüssigen Körper, der in einem homogenen Magnetfeld beweglich ist. Cester

214. **R. Cayrel,** Théorie de l'effet Stark dans un champ non uniforme. Cas des atomes autres que l'hydrogène. CR **239** 1601—1603 = Contr. Inst. d'Astrophys. Paris (A) Nr. **186.** — Verf. berechnet die Störungen des Energieniveaus eines Atoms, die durch ein ungleichförmiges elektrisches Störfeld verursacht werden, und schätzt ab, daß bereits die Glieder 2. Ordnung bei Entwicklung des Störfeldes nach Potenzen der Koordinaten für die Verbreiterung der Linien in den Spektren heißer Sterne von Bedeutung zu sein scheinen. Kdr.

215. **S. Chandrasekhar,** The instability of a layer of fluid heated below and subject to the simultaneous action of a magnetic field and rotation. Proc. Roy. Soc. (A) **225** 173—184, mit 2 Fig. — Ref. in Phys. Abstracts (A) **57** 1262—1263, ZfMG **55** 453.

216. **S. Chapman,** The viscosity and thermal conductivity of a completely ionized gas. ApJ **120** 151—155. — Die vom Verf. entwickelten allgemeinen Formeln für die erste Näherung der Viskosität und Wärmeleitfähigkeit in einem Gasgemisch werden für den Fall eines vollständig ionisierten Gases spezialisiert. Für zwei Sonderfälle — ionisierter atomarer Wasserstoff und Gas aus vollständig ionisierten Atomen der Atomzahl 20 — werden die Formeln zur Erläuterung numerisch ausgewertet. Kdr.

217. **P. Chen,** On line absorption coefficients in the interval $0.5 \leq a \leq 1$. Acta Astr. Sinica **2** 163—167 (chinesisch mit englischer Zusammenfassung). — Für 11 Werte in dem in der Überschrift angegebenen Bereich wurden die Formeln für den Linienabsorptionskoeffizienten ausgewertet und die Ergebnisse tabuliert. Kdr.

218. **K. Clusius, A. E. Douglas,** The λ 4050 bands of the C_3^{13} molecule. Canad. J. Phys. **32** 319—326. — Ref. in Phys. Abstracts (A) **57** 827.

219. **A. E. Douglas, P. M. Routly,** The spectrum of the CN^+ molecule. ApJ **119** 303—311, mit 2 Tafeln = Contr. Nr. 3218 National Res. Council Canada. — Verf. berichten über zwei neue Bandensysteme, die sie $^1\Sigma - {}^1\Sigma$-Übergängen des CN^+-Moleküls zuschreiben. Sie wurden in einer Gasentladung mit Hohlkathode und Heliumfüllung, der eine geringe Menge C_2N_2 beigegeben war, erzeugt. Das Gas strömte während der Entladung rasch durch das Rohr. Die Molekülkonstanten werden für beide Systeme abgeleitet. Vier weitere Banden, die in der Entladung auftraten, deren Ursprung jedoch unbekannt ist, werden beschrieben. Micz.

220. **J. W. Dungey, R. E. Loughhead,** Twisted magnetic fields in conducting fluids. Australian J. Phys. **7** 5—13. — Die Stabilität eines zur Helix-Form verdrillten Magnetfeldes in einem Medium unendlich hoher Leitfähigkeit wird nach der Methode der kleinen Schwingungen untersucht. Ist der Anstieg der Helix kleiner als π R, wobei R der Radius des Zylinders ist, innerhalb dessen das Magnetfeld lokalisiert ist, so wird die Helix instabil, und es bilden sich Schleifen. Ferner zeigt sich, daß die Geschwindigkeit einer hydromagnetischen Welle in einer verdrillten Kraftröhre kleiner ist als die der normalen Alfvénschen Welle. Hunger

221. **H. Elsässer,** Lichtstreuung an einem Gemisch von dielektrischen Kugeln. ZfA **34** 50—67 = Mitt. Astr. Inst. Univ. Tübingen Nr. **12**. — Die an einem Gemisch dielektrischer Kugeln von einheitlichem Brechungsindex gestreute Intensität im Abstand r wird nach der Mieschen Theorie berechnet. Dabei wird vorausgesetzt, daß die Kugelradien groß sind gegenüber der Wellenlänge der einfallenden Strahlung und der Abstand r groß ist gegenüber den Abmessungen und dem gegenseitigen Abstand der Teilchen. Die gestreute Intensität wird, sofern die Kugelradien über einen genügend großen Bereich verteilt sind, vom Brechungsindex unabhängig. Ein Gemisch dielektrischer Kugeln streut bei den gemachten Voraussetzungen in guter Näherung wie ein Gemisch totalreflektierender Teilchen. Verf.

222. **D. S. Evans,** Low-dispersion wavelength standards for radial velocity determinations. MN ASSA **13** 25—28. — Die mit dem Cassegrain-Spektrographen des Radcliffe-Reflektors gemessenen Radialgeschwindigkeiten von Sternen zeigen, daß keine verbürgbare Abweichung des Radcliffe-Systems von dem des Mt. Wilson-Kataloges existiert. Für Sterne verschiedener Spektral-

typen werden tabellarisch Differenzen der Radialgeschwindigkeiten mitgeteilt, die sich aus den einzelnen Standardlinien und den Plattenmitteln ergeben. Fricke

223. **E. Fick,** Die Polarisation des Lichtes durch asphärische, ferromagnetische Teilchen in einem homogenen Magnetfeld. I. Experimentelle Untersuchungen an γ-Fe_2O_3-Rauch. Z. Physik **138** 183—191, mit 5 Fig. — Natürlich polarisiertes Licht erfährt beim Durchgang durch ferromagnetischen Rauch aus γ-Fe_2O_3 eine partielle lineare Polarisation, wenn transversal zur Lichtrichtung ein Magnetfeld angelegt wird. Die länglichen Teilchen des Rauches stellen sich dabei in Richtung des Feldes ein. Der Polarisationsgrad wird als Funktion des Magnetfeldes und der Extinktion gemessen. Die Extinktion genügt einem λ^{-1}-Gesetz. Diese Untersuchungen können als Modellversuche zur Polarisation des Sternlichtes durch interstellare Materie angesehen werden. Verf.

224. **P. A. Fraser, W. R. Jarmain, R. W. Nicholls,** Vibrational transition probabilities of diatomic molecules; collected results II, N_2^+, CN, C_2, TiO. ApJ **119** 286—290. — Fortsetzung der Arbeit in ApJ **118** 228 (vgl. AJB **53** Ref. 218). Es werden die entsprechenden Daten für weitere sieben Übergänge der obigen Moleküle tabuliert. Kdr.

225. **R. H. Garstang,** Intermediate coupling line strengths. MN **114** 118—133, mit 4 Fig. = Commun. Univ. London Obs. Nr. **16**. — Für die 3s-3p- und 3p-3d-Übergänge des O II und Ne II, sowie für die 4s-4p-Übergänge des S II und A II werden quantenmechanisch unter Berücksichtigung der Spin-Bahn-Wechselwirkung relative Linienstärken berechnet. Die dafür benötigten Parameter werden aus spektroskopischen Beobachtungsdaten bestimmt und absolute Linienstärken mit Hilfe der Coulomb-Näherung erhalten. Als Anwendung wird die Wachstumskurve von γ Peg diskutiert, die bei Verwendung der neuen Werte für die Linienstärken eine merklich geringere Streuung aufweist. Kdr.

226. **R. H. Garstang,** Intermediate coupling line strengths. Obs **74** 102—103. — Ref. RAS.

227. **G. Grandsire,** Etude expérimentale et théorique du spectre continu de l'hydrogène moléculaire. Ann d'Astrophys **17** 287—295, mit 7 Fig. — Das unter verschiedenen Bedingungen erzeugte kontinuierliche Spektrum des H_2-Moleküls zwischen 4000 Å und 6000 Å, das von dem Übergang $^3\Sigma_g \rightarrow {}^3\Sigma_u$ herrührt, wird vermessen und seine theoretische Deutung versucht. Die hierbei erzielten Ergebnisse sind aber noch unbefriedigend. Kdr.

228. **P. Guérin,** Réalisation et étude d'une lampe luminescente étalon secondaire de répartition spectrale. Rev. d'Optique théorique instr. **33** 137—145 = Contr. Inst. d'Astrophys. Paris (A) Nr. **162**. — Beschreibung einer Vergleichslichtquelle als Eichnormal für spektralphotometrische Untersuchungen. Ein Gemisch von fluoreszierenden Salzen wird durch eine Quecksilberdampflampe zum Leuchten angeregt und liefert ein kontinuierliches Spektrum bis zu λ 2900 Å. Direkt von der Quecksilberlampe emittiertes Licht in diesem Bereich wird durch geeignete Filter unterdrückt, so daß praktisch nur die Linie λ 2537 Å als anregende Strahlung wirkt. Behr

229. **H. T. Hsieh Tsao,** Opacity of a highly compressed hydrogen gas. ApJ **119** 70—80, mit 7 Fig. — Zur Bestimmung der Opazität von hochkomprimiertem Wasserstoff werden zunächst nach einer vereinfachten Form der Hartree-Fock-Methode Wellenfunktionen der Elektronen für zwei Fälle berechnet. Erstens wird die Dichte so hoch angenommen, daß vollständige Ionisation durch Druck vorliegt. Das Medium besteht dann aus Protonen, die in ein stark entartetes Elektronengas eingebettet sind. Die Bewegung der Elektronen erfolgt in einem sphärisch-symmetrischen mittleren Potentialfeld. Zweitens mögen,

bei etwas geringerer Dichte, auch noch gebundene Elektronen in der innersten Schale vorhanden sein. In diesem Fall werden die diskreten Energieniveaus durch den Einfluß benachbarter Atome in Energiebänder verbreitert, die ähnlich wie in der Theorie fester Körper zu berechnen sind. Mit Hilfe der Wellenfunktionen werden die Absorptionskoeffizienten und durch Bildung des Rosseland-Mittels die Opazität als Funktion der Temperatur für vier Dichtewerte ermittelt. Kdr.

* * **H. Hubenet,** Fraunhofer-Linien im inhomogenen Magnetfeld. Vgl. Ref. **6321**.

230. **J. Humblet,** Potentiels critiques et niveaux virtuels des noyaux atomiques. Bull. Cl. Sci. Acad. roy. Belgique (5) **40** 149—163, mit 2 Fig. = Inst. d'Astrophys. Univ. Liège Mem. 8° Nr. **363**.

231. **J. van Isacker,** La notion d'échelle en mécanique des fluides turbulents. Ciel et Terre **70** 425—431, mit 1 Fig. — Verf. befaßt sich mit der Formulierung von Mittelwerten in der statistischen Theorie der Turbulenz und der allgemeinen mathematischen Beschreibung der Energieverteilung im Spektrum. Fricke

232. **G. Junkes,** L'effetto della rotazione di un prisma disperdente sullo spettro. Atti Fondazione G. Ronchi **9** 230—244, mit 5 Fig. = Specola Vaticana Comun. (1) Nr. **16**. — Eine kleine Rotation eines Prismas verursacht eine Linienverschiebung, die auch vom Brechungswinkel, dem Einfallswinkel und dem Brechungsindex abhängt. Prismen als «Pellin-Broca» oder «Littrow» verhalten sich anders als die gewöhnlichen Prismen, weil bei jenen die Verschiebung das Doppelte des Rotationswinkels beträgt. Cester

233. **J. Junkes, E. W. Salpeter,** Über eine ungewöhnliche Verdopplung von Spektrallinien bei synchroner Schwingung der Prismen mit den Lichtimpulsen. Labor. Astrofis. Specola Vaticana Ric. Spettroscop. **2** 93—167, mit 21 Abb. — Bei den Arbeiten mit dem Zeiss-Dreiprismenspektrographen zeigte sich eine ungewöhnliche Verdopplung der Spektrallinien, wenn die Spektren mit einem hochfrequenzgesteuerten Wechselstrom-Abreißbogen angeregt wurden: die Prismen gerieten in synchrone Schwingung mit den Perioden des Netzes. Theoretische Überlegungen ergeben die Formel für die Verlagerung des Spektrums für verschiedene Prismensätze, und ein Vergleich der theoretischen Ergebnisse mit den Beobachtungen zeigt, daß die Erscheinung ziemlich gut erklärt werden kann. Cester

234. **J. Junkes, E. W. Salpeter,** Unusual doubling of spectral lines. Nature **174** 138 = Specola Vaticana Comun. (1) Nr. **17**. — Vorläufige Mitteilung.

235. **J. Junkes, E. W. Salpeter,** Über eine ungewöhnliche Verdopplung von Spektrallinien. Naturwissenschaften **41** 160. — Vorläufige Mitteilung.

236. **S. A. Kaplan,** Über die Erhaltung der Zirkulation der Geschwindigkeit in der Magnet-Gasdynamik. AJ UdSSR **31** 360—361 (russisch). — Kurzer Hinweis (mit Formeln) darauf, daß eine ursprüngliche Potentialströmung in den allermeisten Fällen schnell in Turbulenz übergeht. Dies gilt erst recht bei Anwesenheit von Magnetfeldern. Petri

237. **S. A. Kaplan,** Über die Spektralfunktion der isotropen Turbulenz in einem komprimierbaren Gas. Circ. Astr. Obs. Lwow Nr. 25 S. 1—4, 1953 (russisch). — Es wird gezeigt, daß im Bereich des Kolmogorow-Spektrums der Exponent der Spektralfunktion der Turbulenz eines komprimierbaren Gases etwas größer ist (wahrscheinlich um 0.15—0.30) als der entsprechende Exponent im Fall einer inkompressiblen Flüssigkeit. Dieses Ergebnis stimmt mit den aus Beobachtungen über die Verhältnisse im interstellaren Raum gefundenen (großen Mach-Zahlen) nicht schlecht überein. Loh.

238. **S. A. Kaplan,** Das System der Spektralgleichungen der magnetogasdynamischen isotropen Turbulenz. DAN **94** 33—36 (russisch). — Die Dissipation der kinetischen und magnetischen Energie infolge Zähigkeit und elektrischer Leitfähigkeit, der Übergang der Energie von größeren Wirbeln zu kleineren, die Dissipation der Energie bei Bildung von Unstetigkeiten und Stoßwellen, und die Umwandlung von kinetischer in magnetische Energie und umgekehrt werden durch die Spektralfunktionen F(k)dk und M(k)dk der kinetischen und magnetischen Energie (k = Wellenzahl) ausgedrückt. Für die in die Gleichungen eingehenden unbekannten dimensionslosen Größen und Funktionen werden Grenzwerte abgeschätzt. Das System der die gesamte Dissipation beschreibenden Spektralgleichungen kann mit den in der Spektraltheorie üblichen Methoden gelöst werden. Loh.

239. **J. Kern,** Eigenschaften einer Wasserstofflampe für Meßzwecke. Z. angew. Phys. **6** 536—538, mit 8 Abb. — Die Eigenschaften einer handlichen Wasserstofflampe für Meßzwecke, die an 220 V Netzspannung betrieben werden kann, keiner künstlichen Kühlung bedarf und eine lange Lebensdauer hat, werden beschrieben. Die relative spektrale Energieverteilung, der Strahlungsfluß und die Strahldichte im ultravioletten Spektralbereich werden angegeben. Die beschriebene Wasserstofflampe ist eine ideale Strahlungsquelle, wenn für Meßzwecke ein kontinuierliches Spektrum, vor allem im kurzwelligen Ultraviolett, benötigt wird. Verf.

240. **R. C. Khare,** The expansion of a gas-cloud into a vacuum. ZfA **33** 251—266. — Verf. untersucht das vorliegende Problem, das von Copson bereits für eine Wolke aus einatomigem Gas gelöst wurde (AJB **50** Ref. **5304**), unter den gleichen Bedingungen für ein beliebiges reales Gas. Die Lösung ergibt sich aus den Riemannschen Gleichungen in Form einer hypergeometrischen Reihe und geht für $\gamma = 5/3$ in die Lösung von Copson über. Kdr.

241. **R. C. Khare,** The expansion of a semi-infinite gas-cloud into a vacuum. ZfA **35** 115—124. — Das schon mehrfach behandelte Problem (AJB **50** Ref. **5304**, **5307**; AJB **53** Ref. **5317**) wird hier nochmals von Anfang an durchgerechnet. Die Dichte der Wolke wird als konstant angenommen, an der Grenze zum Vakuum befinde sich eine inhomogene Übergangsschicht. Für Gase, in denen $\gamma > 1$ ist, findet Verf. eine Lösung, nach der sich das Gas in das Vakuum ausbreitet mit einer Geschwindigkeit, die das $2/(\gamma-1)$fache der Schallgeschwindigkeit im ruhenden Gas beträgt, während sich die Grenze zwischen dem bewegten und dem ruhenden Teil der Wolke mit der Schallgeschwindigkeit im ruhenden Gas nach innen verschiebt. Anfängliche Diskontinuitäten in Dichte und Geschwindigkeit an der Wolkengrenze treten in der vorliegenden Lösung nicht auf. Kdr.

242. **N. H. Kiess, A. M. Bass,** The λ 4050 group of cometary spectra in the acetylene-oxygen flame. J. chem. Phys. **22** 569—570. — Ref. in Phys. Abstracts (A) **57** 827.

243. **M. Kruskal, M. Schwarzschild,** Some instabilities of a completely ionized plasma. Proc. Roy. Soc. (A) **223** 348—360, mit 2 Fig. — Es wird gezeigt, daß das Gleichgewicht in einem vollständig ionisierten Plasma in zwei Spezialfällen instabil ist. Bei dem ersten Modell handelt es sich um ein Plasma über einer horizontalen Ebene in einem Gravitationsfeld, in dem die Gravitation durch einen Druckgradienten und den Druck eines horizontalen Magnetfeldes kompensiert wird. Im zweiten Fall befindet sich das Plasma in einem unendlich langen Zylinder und wird durch den Druck eines toroidförmigen Magnetfeldes zusammengehalten, das durch einen achsenparallelen Flächenstrom in der Zylinderoberfläche hervorgerufen wird. Kdr.

244. **D. Layzer,** Energy levels in Ca XV. MN **114** 692—699. — Innerhalb einer isoelektronischen Folge werden die Mehrelektronenterme in Komplexen zusam-

mengefaßt, die durch jeweils gleiche Hauptquantenzahlen und gleiche Parität gekennzeichnet sind. Verf. zeigt, daß für große Kernladungszahlen Z die Differenzen zwischen Termen desselben Komplexes $\sim Z$, die zwischen solchen verschiedener Komplexe $\sim Z^2$ zunehmen. Zugleich wird bei der Termmischung der Kopplungskoeffizient im ersten Fall asymptotisch konstant, im zweiten verschwindet er wie Z^{-1}. Daher genügt es, beim Ca XV allein die Konfigurationen $1s^2\,2s^2\,2p^2$ und $1s^2\,2p^4$ zu berücksichtigen. Eine Extrapolation der Matrixelemente längs einer isoelektronischen Folge führt dann zusammen mit weiteren theoretischen Betrachtungen auf die Wellenlängen 5456 und 5650 Å für die Übergänge $2p^2\,{}^3P_{2-1}$ und ${}^3P_{1-0}$, wodurch die von Edlén und von Waldmeier vorgeschlagenen Identifikationen der Koronalinien λ 5445 und 5694 entgegen Garstangs Bedenken befriedigend bestätigt werden. Gü.

245. **I. Z. Ljast,** Der Absorptionskoeffizient einer Wasserstoff-Helium-Atmosphäre. Abh. Univ. Gorkij **27** 46—74 (russisch). — Ref. in RJ Astr. Geod. UdSSR Nr. 8, 1955; Ref. Nr. 3281.

246. **R. Lüst, A. Schlüter,** Kraftfreie Magnetfelder. ZfA **34** 263—282, mit 4 Abb. — Die Bedeutung kraftfreier Magnetfelder — das sind Magnetfelder mit verschwindender Lorentzkraft ($[\vec{H}\ \mathrm{rot}\ \vec{H}] = 0$) — für den Kosmos wird erörtert. Ein allgemeiner Ansatz für zylindersymmetrische Probleme in der Form, daß das Magnetfeld überall zum Strom parallel sei, führt zu einer partiellen Differentialgleichung sowie zu zwei Bedingungsgleichungen. Zur Lösung und Vereinfachung des Problems werden verallgemeinerte Multipolfelder eingeführt. Unter der speziellen Annahme, daß das Verhältnis von Magnetfeld zu Strom überall konstant sei, kommt man zu einer gewöhnlichen Differentialgleichung, deren Lösungen angegeben werden. Als Feld war speziell ein Dipolfeld angenommen worden. Felder höherer Polarität sind ebenfalls möglich. Die Differentialgleichungen der Feldlinien werden abgeleitet und numerisch gelöst. Die Lösung ergibt, daß das Feld in einzelne Kugelschalen zerfällt, innerhalb deren die Feldlinien geschlossen sind. Auf diesen Kugelschalen kann an ein inneres Magnetfeld ein anderes äußeres Magnetfeld angeschlossen werden, z.B. ein solches, das im Unendlichen homogen ist. Die Übergangsbedingungen hierfür werden diskutiert. Die Energie des Feldes wird berechnet. Stationäre Bewegungen in den kraftfreien Magnetfeldern werden untersucht, besonders starre Rotation. Hierbei kann die Winkelgeschwindigkeit beim Übergang von einem inneren zu einem äußeren Magnetfeld einen Sprung erleiden. Die gefundenen Lösungen erfüllen auch die hydrodynamischen Bewegungsgleichungen, wenn die Strömungsgeschwindigkeit $\vec{v}$ proportional zum Magnetfeld $\vec{H}$ ist. Schließlich wird noch gezeigt, daß für die gefundenen Felder auch nichtstationäre Lösungen möglich sind. Verf.

247. **W. V. R. Malkus,** The heat transport and spectrum of thermal turbulence. Proc. Roy. Soc. (A) **225** 196—212. — Ref. in RJ Astr. Geod. UdSSR Nr. 5, 1955; Ref. Nr. 1900.

248. **A. Masotti,** Sui moti ellittici armonici. Mem SA It (NS) **25** 45—58, mit 5 Fig. = Contr. Oss. Astr. Milano-Merate (NS) Nr. **49**. — Für die elliptische harmonische Bewegung werden Beziehungen zwischen dem Mittelwert einer Größe über einen Umlauf nach der exzentrischen Anomalie (identisch mit der mittleren) und dem nach der wahren aufgestellt und Beziehungen zwischen diesen Mittelwerten untereinander und zu anderen dynamischen und geometrischen Größen abgeleitet. Böh.

249. **A. Masotti,** Sui moti centrali relativi. Rend. Accad. Nazionale Lincei, Cl. Sci. fis., mat., nat. (8) **16** 48—53. — Verf. schlägt eine Definition für die relative Zentralbewegung eines Punktes gegenüber einem anderen vor. Ist die Bewegung eines Punktes festgelegt, so kann Verf. die Bewegung des anderen ableiten. Die Lösungen werden diskutiert und das Beispiel für den Fall, daß

die vorgegebene Bewegung auf einer zylindrischen Schraubenlinie gleichförmig erfolgt, näher betrachtet. Cester

250. **W. E. K. Middleton,** Note on the computation of the alteration of colour temperature by blue filters. J. Optical Soc. America **44** 499. — Bemerkungen über einige Methoden, die Änderung der Farbtemperatur einer Lichtquelle durch Farbfilter zu bestimmen. Behr

251. **L. A. Mitrofanowa,** Bestimmung relativer gf-Werte des Chroms. Mitt. Astr. Hauptobs. Pulkowo **19** Nr. 5 (152) S. 100—102, mit 1 Abb. (russisch).

252. **H. L. Morrison, W. M. Whyburn,** Small-caliber projectile penetration into brittle porous media. Meteoritics **1** 133—141, mit 2 Fig.

253. **A. Nisbet, E. Wolf,** On linearly polarized electromagnetic waves of arbitrary form. Proc. Cambridge Phil. Soc. **50** 614—622, mit 1 Fig. = Astr. Contr. Univ. Manchester (3) Nr. **21**. — Ref. in Phys. Ber. **33** 3354.

254. **J. G. Phillips,** The laboratory determination of relative transition probabilities of diatomic molecules. I. The α-system of TiO. ApJ **119** 274—285, mit 7 Fig. und 1 Tafel = Berkeley Repr. Nr. **59**. — Mit einer photoelektrischen Einrichtung wurde das α-System des TiO zwischen λ 4500 und λ 6200 registriert. Als Strahlungsquelle diente ein elektrischer Ofen nach King. Die relativen Intensitäten der einzelnen Banden wurden durch Vergleich der beobachteten Profile mit theoretisch berechneten ermittelt und daraus die relativen Übergangswahrscheinlichkeiten abgeleitet. Micz.

255. **J. G. Phillips,** The laboratory determination of relative transition probabilities of diatomic molecules. Vgl. Ref. **1191**, daselbst S. 452—459. — Im Rahmen eines umfangreichen Programms wurden in den Laboratorien der Universität von Kalifornien (Berkeley) relative Übergangswahrscheinlichkeiten für Banden des C_2 und TiO bestimmt. Die Messungen wurden im elektrischen Ofen durchgeführt, die Registrierung erfolgte photoelektrisch. Ferner werden vorläufige Ergebnisse für VO, CaH und MgO mitgeteilt. Weidemann

256. **D. H. Rank, J. N. Shearer, T. A. Wiggins,** Precision determination of the velocity of light derived from a band spectrum method. II. Phys. Rev. (2) **94** 575—578, mit 3 Fig. — Unter Verwendung der von Rank, Ruth und Vander Sluis beschriebenen Methode (vgl. AJB **52** Ref. 251) wird eine neue Bestimmung der Lichtgeschwindigkeit durchgeführt. Es ergibt sich $c = 299789.8 \pm 3.0$ km/sec. Henn

257. **G. A. W. Rutgers, J. C. de Vos,** Relation between brightness, temperature, true temperature and colour temperature of tungsten. Luminance of tungsten. Physica **20** 715—720, mit 3 Fig. — Auf Grund der Messungen des Emissionsvermögens eines Wolframbandes von de Vos (Physica **20** 690, vgl. Ref. 263) werden Helligkeit, wahre und Farbtemperatur für eine Wolframbandlampe berechnet und in Form eines Nomogramms angegeben. Ferner wird die Leuchtkraft für eine Wolframbandlampe und einen schwarzen Körper berechnet. Voigt

258. **C. L. Sanders, B. A. Stevens, W. E. K. Middleton,** Primary standard of luminous intensity at the National Research Council of Canada. J. Optical Soc. America **44** 88—89. — Bericht über Eichungen einiger Standardlichtquellen (Bandlampen) im Anschluß an die schwarze Strahlung beim Platinschmelzpunkt. Die Lampen waren in sechs verschiedenen Staaten in den entsprechenden Nationallaboratorien geeicht worden. Es wird daraus auf geringfügige Unterschiede der nationalen Eichnormalen in den Grenzen von $\pm$ 0.5% geschlossen. Behr

259. **E. Schatzman,** Valeurs propres et énergie d'interaction. Cahiers Physique **8** 61—64, mit 1 Fig. = Contr. Inst. Astrophys. Paris (A) Nr. **160.**

260. **M. J. Seaton,** Collisions between protons and metastable atoms or ions having outer p^q shells. Ann d'Astrophys **17** 550—554 = Contr. Inst. d'Astrophys. Paris (B) Nr. **121.**

* * **H. K. Sen,** Space charge wave amplification in a shock front and the fine structure of solar radio noise. Vgl. Ref. **6531.**

* * **N. N. Sytinskaja,** Ergebnisse eines gleichzeitigen Vergleichs von Mondobjekten und Felsengesteinen nach Helligkeit und Farbe. Vgl. Ref. **7357.**

261. **W. M. Venable,** The sources of the primary lines of hydrogen. Pittsburgh, Pa., Markowitz & Haas, 1954. 48 S.

262. **J. C. de Vos,** Evaluation of the quality of a black body. Physica **20** 669—689, mit 11 Fig. — Es wird eine Methode zur Berechnung der Qualität eines «schwarzen Körpers» beschrieben, bei der erstmalig die tatsächlichen Reflexionsverhältnisse an den inneren Wänden berücksichtigt und nicht als völlig diffus angesehen werden. Die Methode wird auf verschiedene Typen von «schwarzen Strahlern» angewandt; die Übereinstimmung mit der theoretischen schwarzen Strahlung ist im allgemeinen recht gut. Voigt

263. **J. C. de Vos,** A new determination of the emissivity of tungsten ribbon. Physica **20** 690—714, mit 6 Fig. — Mit verbesserter Apparatur und erhöhter Genauigkeit wird das Emissionsvermögen eines Wolframbandes für den Wellenlängenbereich 0.23 bis 2.7 μ und den Temperaturbereich 1600° bis 2800° K bestimmt. Voigt

264. **C. Weniger, R. Herman,** Emission des bandes du système de Schumann-Runge ($B^3\Sigma_u - X^3\Sigma_g$) de la molécule d'oxygène et des raies interdites OI ($^3P - {}^1D_2$) de l'atome d'oxygène. J. Phys. Radium **15** 428—432, mit 1 Fig. — Ref. in Phys. Ber. **34** 705—706.

* * **E. Whittaker,** A History of the Theories of Aether and Electricity. Vol. II. The Modern Theories, 1900—1926. Vgl. Ref. **1342.**

265. Velocity of light redetermined by National Bureau of Standards. J. Optical Soc. America **44** 507—508. — Ref. Am. Phys. Soc.

266. Velocidad de la luz. Rev. Astr. Nr. **131** S. 94—95.

* * Solar physics and flame temperatures. Vgl. Ref. **6450.**

§ 3

Rechentafeln, Funktionstafeln, Rechenmaschinen

301. **W. Flügge,** Four-place tables of transcendental functions. London, Pergamon Press., 1954. 136 S. Preis £ 1.5.0. — Besprechung in ZfMG **55** 119 (S. Schottlaender).

302. **F. Lösch,** Siebenstellige Tafeln der elementaren transzendenten Funktionen. Berlin-Göttingen-Heidelberg, Springer-Verlag, 1954. 8 + 335 S. Preis DM 49.80. — Besprechung in Math. Rev. **16** 402 (J. A. Todd), Mitt. AG **1954** 131 (T. Lederle), Proc. Phys. Soc. (A) **68** 1204—1205, (B) **68** 1159 (J. C. E. Jennings), ZfA **35** 276 (A. Unsöld).

303. **O. Seeliger,** A. L. Crelle's Rechentafeln. Neudruck. Berlin, W. de Gruyter, 1954. 7 + 508 S. Preis DM 36. — Besprechung in ZfMG **56** 355—356 (J. Meixner).

304. **B. Sticker,** Fünfstellige Tafel der Trigonometrischen Funktionen. Ausgabe A für Altgradteilung. Bonn-Hannover-Stuttgart, Ferd. Dümmlers Verlag, 1954. 52 S. Preis DM 7.60. — Besprechung in Deutsche Hydrographische Z. **7** 69 (H. C. Freiesleben), Mitt. AG **1953** 101 (S. Böhme), NAT **1954** 39, Österreichische Z. Vermessungswesen **42** 61, Sterne **30** 252, ZfMG **55** 119 (H. Unger). — Fünfstellige Werte der sechs trigonometrischen Funktionen im Intervall von einer Bogenminute mit zwei Umwandlungstäfelchen und einer herausnehmbaren Interpolationstafel. Für den Bereich 0° 0′ bis 2° 0′ sind die Größen σ und τ gegeben und für alle gedruckten Differenzen Tafeln der Proportionalteile. Böh.

305. **A. J. Thompson,** Logarithmetica Britannica, beeing a standard table of logarithms to twenty decimal places of the numbers 10,000 to 100,000. I. Numbers 10,000 to 50,000, together with General Introduction. II. Numbers 50,000 to 100,000. Cambridge, University Press, 1954. I: 98 + 424 S. mit 2 Tafeln; II: 16 + 518 S. mit 1 Tafel. Preis (I + II) 8 £ 8 s. bzw. $ 28.50. — Besprechung in Math. Rev. **16** 286 (R. C. Archibald).

306. **G. Vega,** Siebenstellige Logarithmen. Moskau, Verlag für geodätische und kartographische Literatur, 1954. 6 + 565 S. Preis 31 R. (russisch). — Besprechung in Math. Rev. **16** 749.

307. Tafeln des Integralsinus und Integralcosinus. Moskau, Verlag Akad. Wiss. UdSSR, 1954. 473 S. Preis 43 R. 75 Kop. (russisch). — Besprechung in Math. Rev. **16** 523 (D. H. Lehmer).

308. Tables of Functions and of Zeros of Functions. Washington, Government Printing Office, 1954. National Bureau of Standards Applied Mathematics Series Nr. **37.** 9 + 211 S. Preis $ 3.00. — Besprechung in J RAS Canada **49** 164, Phys. Abstracts (A) **58** 437.

309. Table of secants and cosecants to nine significant figures at hundredths of a degree. Washington, Government Printing Office, 1954. National Bureau of Standards Appl. Math. Ser. Nr. **40.** 6 + 46 S. — Besprechung in ZfMG **55** 119 (H. Unger).

310. Tables of the error function and its derivative. Washington, U. S. Government Printing Office, 1954. National Bureau of Standards Appl. Math. Ser. Nr. **41.** 11 + 302 S. Preis $ 3.25. — Besprechung in Math. Rev. **16** 287, Phys. Abstracts (A) **58** 437.

Rechenmaschinen

311. **L. Biermann, H. Billing,** Der Stand der Entwicklung und Ausnutzung der elektronischen Rechenanlagen in Göttingen. Mitt. Max-Planck-Ges. 1954 S. 35—38.

312. **L. Biermann, H. Billing,** Elektronische Rechenmaschinen in Göttingen. Phys. Blätter **10** 174—176. — Zunächst wird über die mit der G1 durchgeführten Arbeiten berichtet; es wurden insbesondere Teilchenbahnen der Kosmischen Strahlung im Erdmagnetfeld sowie einige atomphysikalische Probleme durchgerechnet. Die G2, die zur Gruppe der mittelgroßen elektronischen Maschinen gehört, wurde in Betrieb genommen; sie unterscheidet sich von der G1 nicht nur in Kapazität und Rechengeschwindigkeit, sondern auch dadurch, daß der Ablauf des Programms vom Speicher aus gesteuert wird. Der Bau einer sehr schnellen Maschine G3 wurde vorbereitet. T. L.

313. **B. N. Delone,** A short course in mathematical machines. I. Small computing machines and mathematical instruments. Moskau-Leningrad, Technisch-theoretischer Staatsverlag, 1952. 135 S. Preis 3 R. 60 Kop. (russisch). — Besprechung in Math. Rev. **16** 963 (R. Church).

* * **O. Eggert, F. Koll, G. Klietsch,** Geodätische Rechnungen mittels der Rechenmaschine. Vgl. Ref. **13002.**

314. **G. A. Korn, T. M. Korn,** Electronic analog computers (d-c analog computers). Vgl. AJB **52** Ref. 312. — Weitere Besprechung in Math. Rev. **16** 964 (H. Bückner).

315. **F. W. Majorow,** Elektronische Rechenmaschinen. Priroda **43** Nr. 11 S. 13—23, mit 9 Abb. (russisch). — Allgemeinverständliche Beschreibung des Aufbaues und der Arbeitsweise elektronischer Rechenmaschinen. Loh.

316. **J. K. McDonald,** Ferut, Canada's electronic computing machine. J RAS Canada **48** 176—184, mit 1 Fig. — Die von Ferranti hergestellte Maschine ist seit 1951 an der Universität von Toronto in Betrieb. Ferut arbeitet im Binärsystem (40ziffrige Zahlen). Daten: Eingabe mittels photoelektrisch abgetastetem Lochstreifen, Ausgabe Lochstreifen oder Fernschreiber; elektronischer Schnellspeicher mit 8×1280 Binärziffern, Magnettrommelspeicher mit 655360 Binärziffern; Rechengeschwindigkeit 1—2 msec je Operation. Vom Dominion Observatory, Victoria, werden auf der Maschine die Beobachtungen des Zeitdienstes reduziert und Modelle von Sternatmosphären durchgerechnet. T. L.

317. **K. Munkelt,** Differenzenbildung mit Lochkartenmaschinen. Deutsche Hydrographische Z. **7** 42—55, mit 11 Abb. — Die beschriebene Methode wird im Deutschen Hydrographischen Institut zur Untertafelung von astronomischen Ephemeriden benutzt.

318. **K. Ramsayer,** Vollautomatische Funktionsrechenmaschine mit zweistufiger Interpolation. Deutsche Geod. Kommission Bayer. Akad. Wiss. (B) Veröff. Nr. **14,** 26 S. mit 15 Abb. — Eine vollautomatische Rechenmaschine wurde mit einem Funktionsspeicherwerk und einer Programmsteuerung versehen, um verschiedene trigonometrische Funktionen und die Quadratwurzel nach dem Prinzip der zweistufigen Interpolation mit etwa achtstelliger Genauigkeit vollautomatisch berechnen zu können. Der Aufbau und die Wirkungsweise der Versuchsmaschine und die mathematischen Grundlagen der mechanischen Funktionstafeln werden beschrieben. Verf.

319. **F. H. Raymond,** Le calcul analogique. Principes et contribution à une théorie générale. Consiglio Naz. Ricerche. Pubbl. Ist. Appl. Calcolo Nr. 391. Torino, Casa Editrice Libreria Rosenberg & Sellier, 1954. 134 S. Preis 2000 Lire. — Besprechung in Math. Rev. **16** 526 (H. Bückner).

320. **A. Rohrberg,** Theorie und Praxis der Rechenmaschinen. (Mathematisch-Physikalische Bibliothek, Reihe 1.) Stuttgart, B. G. Teubner Verlagsgesellschaft, 1954. 72 S. mit 12 Bildern. Preis DM 3.90. — Besprechung in Math. Rev. **15** 652, ZfMG **55** 117 (F.-A. Willers).

321. **W. W. Soroka,** Analog methods in computation and simulation. New York-Toronto-London, McGraw-Hill Book Company, Inc., 1954. 12 + 390 S. Preis $ 7.50. — Besprechung in Math. Rev. **16** 526 (H. Bückner).

322. Neue deutsche Rechenmaschine. Naturwiss. Rundschau **7** 206—207. — Elektronische Rechenanlage G3.

323. Neue Spezialrechenmaschinen in Amerika. Phys. Blätter **10** 126—127.

§ 4

Astronomische Jahrbücher, Ephemeriden, Kalender

401. Berliner Astronomisches Jahrbuch für 1956. 181. Jahrgang. Herausgeber: Astronomisches Recheninstitut der Deutschen Akademie der Wissenschaften zu Berlin und Astronomisches Recheninstitut zu Heidelberg. Berlin, Akademie-Verlag, 1954. 8 + 128 + 458* S. Preis 12.— DM.

402. Efemérides Astronómicas para o ano de 1955. Observatório Astronómico da Universidade de Coimbra. 13 + 285 S.

403. **A. Kopff, F. Gondolatsch,** Der Jahrgang 1954 des Astronomisch-Geodätischen Jahrbuchs. Mitt. AG **1953** S. 20—21. — Ref. AG.

404. Astronomisch-Geodätisches Jahrbuch für 1955. Herausgegeben vom Astronomischen Rechen-Institut in Heidelberg. Karlsruhe, Verlag G. Braun GmbH, 1954. 8 + 449 S.

405. The Nautical Almanac and Astronomical Ephemeris for the Year 1955 for the meridian of the Royal Observatory at Greenwich. Published by Order of the Lords Commissioners of the Admiralty. London, Her Majesty's Stationery Office, 1954. 6 + 568 S. Preis £1 5s. 0d. net.

406. Astronomisches Jahrbuch der UdSSR für das Jahr 1957. Herausgegeben vom Institut für Theoretische Astronomie der Akademie der Wissenschaften der UdSSR. Moskau-Leningrad, Verlag Akad. Wiss. UdSSR, 1954. 584 S. mit 3 Karten und 1 Beilage über die in Orten der UdSSR beobachtbaren Sternbedeckungen im Jahr 1955. Preis 67 R. 80 Kop. (russisch).

407. Connaissance des Temps ou des mouvements célestes, à l'usage des astronomes et des navigateurs, pour l'an 1956, publiée par Le Bureau des Longitudes. Paris, Gauthier-Villars, 1954. 32 + 652 S.

408. **J. Bouška, V. Guth, F. Link,** Hvězdářská ročenka 1955. Prag, Akademie-Verlag, 1954. **31.** Jahrgang. 120 S. mit 23 Fig. Preis Kčs. 12. — Tschechisches astronomisches Jahrbuch.

409. Almanaque Náutico para 1955. Rio de Janeiro, Marinha do Brasil, Hidrografia e Navegação. 301 S. mit 1 Sternkarte.

410. Almanaque Náutico año 1955, publicado de orden de la superioridad por el Instituto y Observatorio de Marina de San Fernando (Cádiz) para el meridiano de Greenwich. Imprenta del Observatorio de Marina, 1954. Vol. **164.** 16 + 540 S. Preis 55 Pesetas, para el extranjero 70 Pesetas.

411. Nautički Godišnjak za 1955. Split, Hidrografski Institut Jugoslovenske Ratne Mornarice, 1954. 220 S. mit 3 Karten und einem Anhang.

412. Japanese Ephemeris 1955. Tokyo, Maritime Safety Board, 1954. Pub. No. 684. 4 + 539 S.

413. Nautical Almanac 1955. Tokyo, Maritime Safety Agency, 1955. Pub. Nr. 681. 2 + 461 S. mit 3 Karten.

414. The American Ephemeris and Nautical Almanac for the Year 1956. Washington, United States Government Printing Office, 1954. 17 + 644 S. Preis geb. $ 4.

415. Apparent Places of Fundamental Stars 1955. Containing the 1535 stars in the Third Fundamental Catalogue (FK3) of the Berliner Jahrbuch. Pro-

duced by international co-operation under the auspices of the International Astronomical Union. Published by Order of the Lords Commissioners of the Admiralty. London, Her Majesty's Stationery Office, 1954. 39 + 538 S.

416. Improved Lunar Ephemeris 1952—1959. A joint supplement to The American Ephemeris and The (British) Nautical Almanac. Prepared jointly by the Nautical Almanac Offices of the United States of America and the United Kingdom. Issued by the Nautical Almanac Office, United States Naval Observatory. Washington, United States Government Printing Office, 1954. 13 + 422 S. Preis $ 2.25. — Von 1960 Jan. 0 an wird die Mondephemeride in den Jahrbüchern direkt aus den Ausdrücken, die den Brownschen Mondtafeln zugrunde liegen, berechnet und das empirische Glied durch eine Korrektion der mittleren Länge ersetzt werden; außerdem soll die Genauigkeit auf 0ˢ001 bzw. 0"01 gesteigert werden. Um die auf diesen Grundlagen basierende Ephemeride zur einheitlichen Reduktion vor diesem Zeitpunkt angelaufener Programme zur Verfügung zu haben, werden hier die so berechneten ekliptikalen und äquatorialen Koordinaten für die Jahre 1952—1959 gegeben. Für den gleichen Zeitraum sind auch die Werte der Nutation in Länge und Schiefe sowie die Reduktionsgrößen C und D (auf 1950.0 und das Äquinoktium des Jahresanfangs bezogen) tabuliert; sie beruhen ebenfalls auf den erst ab 1960 in den Jahrbüchern verwendeten neuen Grundlagen (vgl. AJB **53** Ref. **3114** und AJB **50** Ref. **3118**) und sollen bis dahin nur zur Reduktion von PZT-Sternen benutzt werden. T. L.

417. Astronomische Grundlagen für den Kalender 1956. Herausgegeben vom Astronomischen Rechen-Institut in Heidelberg. Karlsruhe, Verlag G. Braun GmbH, 1954. 100 S. mit einer zweiseitigen Beilage: Gesetzliche Feiertage in der Bundesrepublik Deutschland. Nicht im Handel. Preis 10.— DM.

418. The Handbook of the British Astronomical Association 1955. Thirty-fourth year of publication 1954 November. 60 S. Preis 5 s.

419. The Observer's Handbook for 1955. Published by The Royal Astronomical Society of Canada. C. A. Chant, Editor, R. J. Northcott, Assistant Editor, David Dunlap Observatory. Toronto, University of Toronto Press, 1954. 47. year of publication. 78 S. Preis 50 cents. — Besprechung in Sky and Telescope **14** 196.

420. Rocznik Astronomiczny Obserwatorium Krakowskiego 1954. Supplemento Internationale Nr. **25**. Herausgegeben von T. Banachiewicz. Kraków 1954. 9 + 96 S. — Julianisches Datum, Ephemeriden von Bedeckungsveränderlichen, Präzessionsgrößen, Sternbedeckungen für Poznania, Wrocławia, Torunia, Krakowa und Warszawy.

421. Nautisches Jahrbuch oder Ephemeriden und Tafeln für das Jahr 1955 zur Bestimmung der Zeit, Länge und Breite zur See nach astronomischen Beobachtungen. Herausgegeben vom Deutschen Hydrographischen Institut. Hamburg, 1954. **104**. Jahrgang. 39 S. Ephemeriden für 1955. Immerwährende Schalttafel für das Nautische Jahrbuch.

422. The Abridged Nautical Almanac for the Year 1955. Published by Order of the Lords Commissioners of the Admiralty. London, Her Majesty's Stationery Office, 1954. 412 + 32 S. Zusatztafeln. Preis 13 s. 0 d. net.

423. The Navigator's Pocket Almanac — 1955. For Air and Sea Navigation and Astronomical Surveying. Herausgegeben vom Institut of Navigation unter Redaktion von P. E. Wylie. Los Angeles, University of California, 1954. 24 S. Preis $ 1. — Besprechung in Deutsche Hydrographische Z. **7** 146 (H. C. Freiesleben), Sky and Telescope **14** 26, 110 (F. W. Wright). — Kurzform eines naut.-astronom. Jahrbuchs von 24 S., unter Angabe des Greenw. Stundenwinkels, wird möglich durch Verzicht auf den Mond. Fr.

424. Ephémérides Nautiques ou extrait de la Connaissance des Temps pour l'an 1955, ouvrage publié par Le Bureau des Longitudes spécialement à l'usage des marins. Paris, Gauthier-Villars, 1954. 134 S. mit 2 Sternkarten und Supplément aux Ephémérides Nautiques pour l'an 1955: Projet de Nouvelles Ephémérides Nautiques pour l'an 1956. 40 S.

425. Supplemento 1953—54 all'Almanacco marittimo italiano. Rom, Fedepiloti, 1953. 8 + 363 S. Preis L. 1200. — Besprechung in Coelum **22** 59.

426. Almanaque Náutico para uso de los navegantes año 1955, publicado de orden de la superioridad por el Instituto y Observatorio de Marina de San Fernando (Cádiz) para el meridiano de Greenwich. Imprenta del Observatorio de Marina, 1954. 415 + 20* S. Preis 55 Pesetas.

427. Abridged Nautical Almanac 1955. Tokyo, Maritime Safety Agency, 1954. Pub. Nr. 683. 1 + 231 S. mit 3 Karten.

428. The Air Almanac 1955. London, Her Majesty's Stationery Office; Washington, Nautical Almanac Office, United States Naval Observatory, 1954. January—April, 240 S. + A 60; May—August, 246 S. + A 60; September—December, 246 S. + A 60. Preis je Band 10s. 6d.

429. **D. H. Sadler,** The precision of the Air Almanac and the Sight Reduction Tables, A. P. 3270. J. Inst. Navigation **7** 49—58, mit 1 Fig. — Aus der sich bei Tafeln durch Abrundung der Zahlenwerte ergebenden rechtwinkligen Fehlerverteilung werden die Verteilungen, die bei der Addition und Interpolation mit diesen Größen entstehen können, entwickelt. Speziell auf den Air Almanac und die Sight Reduction Tables angewendet, lassen sich damit die bei deren Benutzung auftretenden Fehler abschätzen; der mittlere Fehler liegt für Sterne, Sonne, Mond und Planeten zwischen 0!5 und 1!0. Empirisch festgestellte Fehlerverteilungen stimmen mit diesen theoretischen gut überein. Die Beobachtungsgenauigkeit auf See ist von derselben Größenordnung, die in der Luft wesentlich geringer. T. L.

430. The Star Almanac for Land Surveyors for the Year 1955. Prepared by H. M. Nautical Almanac Office, published by order of the Lords Commissioners of the Admiralty. London, Her Majesty's Stationery Office, 1954. 14 + 70 S. Preis 3s. 6d. net.

431. Annuaire de notre ciel pour l'an 1955. Herausgegeben von V. V. Michkovitch. Beograd, Académie Serbe des Sciences, Section d'Astronomie Théorique et Appliquée de l'Institut Mathématique, Publications Astronomiques Tome **6**, 1954. 128 S. mit 5 Fig.

432. **V. V. Michkovitch,** Annuaire Nautique 1934—1954. Recueil Travaux **42** Inst. Astr. Théor. Appl. Acad. Serbe Sci. Nr. **1** S. 1—12 (serbisch mit französischer Zusammenfassung S. 150—154). — Bericht über die Arbeiten des Instituts am Annuaire Nautique von 1934 bis 1954.

433. Almanacco Astronomico della Rivista Coelum per l'anno comune 1955, compilato all'Osservatorio Astronomico Universitario di Bologna da G. B. Lacchini. Bologna, Tipografia Compositori, 1954. 64 S.

434. Annuaire de l'Observatoire Royal de Belgique 1955. Jaarboek van de Koninklijke Sterrenwacht van België. Bruxelles, Imprimerie M. Hayez, 1954. 122. Jahrgang. 199 S.

435. Almanaque Astronomico y «Manual del Aficionado» para el año 1952. Rev. Astr. Nr. 130. 52 S.

436. Anuarul observatorului din Bucureşti. Ed. Acad. Republ. Populare Române, 1954. 214 S. Preis 3.15 lei.

437. Kurzer astronomischer Kalender für 1955. Zusammengestellt von S. W. Drosdow und S. I. Seleschnikow. Kiew, Verlag Akad. Wiss. Ukrain. Sowjetrepublik, 1954. 85 S. Preis 2 R. 30 Kop. (russisch).

438. Anuario del Observatorio Astronómico de Madrid para 1955. Madrid, Talleres del Instituto Geografico, 1954. 423 S.

439. Osservatorio Astronomico di Brera in Milano. Anno 1955. Articoli generali del Calendario, ed effemeridi del Sole e della Luna per l'orizonte di Milano. 22 S. — Kalenderdaten, Mondphasen, Finsternisse, Auf- und Untergangszeiten der Sonne und des Mondes, Planetenephemeriden. Cester

440. Astronomischer Schulkalender für 1955. Zusammengestellt von W. A. Schischakow. Moskau, Lehr-pädagogischer Staatsverlag, 1954. 80 S. mit Abb. und Karten. Preis 1 R. 15 Kop. (russisch).

441. Osservatorio Astronomico di Padova. Elementi astronomici per l'anno 1955. Herausgegeben von G. Pinto. — Kalenderdaten, Auf- und Untergangszeiten des Mondes, Phasen, Finsternisse.

442. Annuaire pour l'an 1955 publié par Le Bureau des Longitudes avec un supplément pour l'an 1956. Paris, Gauthier-Villars, 1954. 8 + 550 + A 15 + B 8 + C 6 + D 11 + E 61.

443. Anuario del Observatorio Astronomico Nacional de la Universidad de Chile para el año 1955. Santiago, 1954. 134 S.

444. Kalender des Astronomischen Observatoriums Sofia für das Jahr 1954. Unter Redaktion von N. Boneff. Sofia, Bulg. Akad. Wiss., 1954. 79 S. mit Karte. Preis 12 Lw. (bulgarisch). — Ref. in RJ Astr. Geod. UdSSR Nr. 5, 1955; Ref. Nr. 1800.
Desgl. für 1955. 60 S. mit Abb. (bulgarisch).

445. Das Himmelsjahr. Sonne, Mond und Sterne im Jahre 1955. Herausgegeben für den Kosmos, Gesellschaft der Naturfreunde, von M. Gerstenberger. Stuttgart, Franckh'sche Verlagshandlung, 1954. 96 S. mit 114 Abb. Preis DM 3.90.

446. Tartu Tähetorni kalender 1954. Tallinn, Eesti Riiklik Kirjastus, 1953. Preis 4 R. 15 Kop.

447. Annuario 1955. Osservatorio Astronomico «Vincenzo Cerulli», Collurania-Teramo. Teramo, Cooperativa Tipografica «Ars et Labor», 1954. 36 S. — Auf- und Untergangszeiten der Sonne und des Mondes, Finsternisse, Tätigkeitsbericht. Cester

448. Osservatorio Astronomico di Trieste. Annuario Astronomico per l'anno 1955 con le carte del cielo. Zusammengestellt von A. Abrami. Oss. Astr. Trieste Nr. 255, 68 S. mit Abb. und 2 Tafeln. — Kalenderdaten, Auf- und Untergangszeiten von Sonne, Mond und Planeten, Finsternisse und Sternbedeckungen, Planetenephemeriden, Daten für Veränderliche Sterne. Cester

449. **P. Ahnert,** Kalender für Sternfreunde 1954. Leipzig, Verlag Johann Ambrosius Barth, 1954. 175 S. mit 55 Abb. Preis 4.— DM.

450. **I. Capasso,** Le nuove effemeridi nautiche dell'Istituto Idrografico della Marina per l'anno 1954. Milano, Hoepli, 1954. 27 + 12 S. Preis Lire 200. — Besprechung in Coelum 22 123.

451. **R. A. Naef,** Der Sternenhimmel 1955. Kleines Astronomisches Jahrbuch für Sternfreunde für alle Tage des Jahres zum Beobachten von bloßem Auge, mittels Feldstecher und Fernrohr, herausgegeben unter dem Patronat der Schweizerischen Astronomischen Gesellschaft. Aarau, Verlag H. R. Sauerländer & Co., 1954. 15. Jahrgang. 106 S. Preis Schw. Fr. 6.95.

452. **J. J. Raimond jr.,** Sterrengids 1955. Uitgegeven in opdracht van de Nederlandse Vereniging voor Weer- en Sterrenkunde. Groningen-Djakarta, J. B. Wolters, 1954. 68 S. mit 37 Fig. und 13 Tafeln. Preis fl. 3.25.

453. **N. K. Semakin,** Die sowjetischen astronomischen Kalender. Priroda **43** Nr. 11 S. 123—124 (russisch). — Aufzählung und Beschreibung des Inhalts der in der UdSSR erscheinenden Kalender.

454. Standard-Daten für Ephemeriden 1955. NAZ 8 40, UAI Circ 1477.

§ 5

Wissenschaftliche und populäre Bücher zur gesamten Astronomie

501. **T. A. Agekjan,** Das Sternenall. Leningrad, Verlag der Staatsuniv., 1952. 176 S. (russisch). — Besprechung in AJ UdSSR **31** 299—301 (J. Ikaunieks, russisch).

502. **W. A. Ambarzumjan,** Das Weltall. Heft 3 der Großen Sowjet-Enzyklopädie, Reihe Mathematik, Physik, Astronomie. Ins Deutsche übertragen von F. Bartels. Wernigerode, 1954. 32 S. mit 8 Abb. Preis DM 0.90.

503. **H. Arnold,** Der gestirnte Himmel. Vgl. AJB **53** Ref. 502. — Weitere Besprechung in Deutsche Hydrographische Z. **7** 145 (O. Steppes).

504. **R. H. Baker,** When the Stars Come Out. Viking, 1954. 182 S. Preis $ 3.50. — Besprechung in Sky and Telescope **14** 425.

505. **E. A. Beet,** The Stellar Universe. London, Common Ground Ltd., 1954. Preis 16 s. 6 d. — Besprechung in JBAA **65** 51.

506. **R. Brandt,** Himmelswunder im Feldstecher. Leipzig, Verlag Johann Ambrosius Barth, 1954. 4., verbesserte Auflage. 119 S. mit 78 Abb. Preis DM 3.75. — Besprechung in Astr. Nachr. Berlin-Treptow **6** 78 (H. Mielke), Hemel en Dampkring **53** 227 (J. J. Raimond jr.), Nachrichtenblatt Vereinigung Sternfreunde **3** 26—27 (H. Mühle), Orion Schaffhausen **4** 497, Sky and Telescope **14** 196. — Die neue Auflage dieses Buches ist vermehrt um die Darstellung der optischen Wirksamkeit (Strahlengänge) der verschiedenen Fernrohrtypen und um Hinweise auf die Benutzung auch anderer Handfernrohre (Galilei-Glas, Auszug- oder Erdfernrohr) zu Himmelsbeobachtungen. Ferner wird die Möglichkeit des Aufsuchens von Gestirnen, insbesondere Planeten, am Tage und in der Dämmerung behandelt. Auch an einigen anderen Stellen wurden Ergänzungen vorgenommen.

507. **W. Büdeler,** To Other Worlds. London, Burke Publishing Co., Ltd. Aus dem Deutschen übersetzt von A. L. Helm. 224 S. mit 50 Fig. und 24 Tafeln. Preis 18 s. — Besprechung in J. British Interplanetary Soc. **14** 115—116 (D. S. Carton).

508. **P. Couderc, J.-C. Pecker, E. Schatzman,** L'astronomie au jour le jour. Paris, Gauthier-Villars, 1954. 6 + 152 S. mit 2 Fig. und 15 Tafeln. Preis 700 frs. — Besprechung in Ann d'Astrophys **17** 237 (R. Cayrel), Ciel et Terre **70** 227 (S. Arend), Gaz astr **36** 27—28, La Nature **82** 360.

509. **M. Davidson,** Astronomy for Everybody. Vgl. AJB **53** Ref. 512. — Weitere Besprechung in Hemel en Dampkring **53** 209 (A. J. M. Wanders).

510. **J. Delhaye,** Astronomie stellaire. Vgl. AJB **53** Ref. 513. — Weitere Besprechung in La Nature 82 437.

511. **K. Ferrari d'Occhieppo,** Kunde vom Weltall. Vgl. AJB **53** Ref. 515. — Weitere Besprechung in Orion Schaffhausen **4** 450.

512. **A. Ferretti-Torricelli,** Guardare il firmamento dalla Specola cidnea. Brescia, Geroldi, 1954. 32 S. — Besprechung in Coelum **22** 124.

513. **V. A. Firsoff,** Our Neighbour Worlds. Vgl. AJB **52** Ref. 520. — Weitere Besprechung in Astronautics **2** 85, JBAA **65** 85, Rev. Sci. Instruments **25** 386—387 (G. Gamow).

514. **V. Guth, F. Link, J. M. Mohr, B. Šternberk,** Astronomie. Dil. I—II. Prag, Akademie-Verlag, 1954. 2. Auflage. I. Band: 664 S. mit 265 Fig. und 13 Tafeln. Preis 60 Kr. II. Band: 454 S. mit 118 Fig. und 18 Tafeln. Preis 96 Kčs. — Lehrbuch der Astronomie.

515. **G. W. Hill,** The Radiant Universe. New York, Philosophical Library, Inc., 1952. 15 + 489 S. Preis $ 4.75. — Ref. in ZfMG **49** 288.

516. **J. A. Hynek,** Astrophysics, a topical symposium, commemorating the 50th anniversary of the Yerkes Observatory and a half century of progress in astrophysics. Vgl. AJB **51** Ref. 517. — Weitere Besprechung in Hemel en Dampkring **53** 227 (A. J. M. Wanders).

517. **M. Iwanowskij,** Die Sonne und ihre Familie. Leningrad, Verlag für Jugendliteratur, 1954. 420 S. mit Abb. Preis 7 R. 15 Kop. (russisch). — Besprechung in AJ UdSSR **32** 195—197 (J. G. Perel).

518. **F. Kahn,** Design of the Universe. Crown Publishers, Inc., 1954. 373 S. Preis $ 5.00. — Besprechung in Astronautics **2** 36, Sky and Telescope **14** 155.

519. **M. L. Kobus, J. J. Raimond jr.,** Cosmografie. Groningen-Djakarta, J. B. Wolters, 1954. 217 S. mit 133 Fig. und 14 Tafeln. Preis f. 4.10. — Besprechung in Hemel en Dampkring **53** 102 (P. W. Steenbergen).

520. **N. J. Kondratjew,** Astronomie pro letce. Prag, Techn. Verlag, 1954. 124 S. mit 58 Fig. und 10 Beilagen. Preis Kčs. 6.80. Tschechische Übersetzung aus dem Russischen. — Lehrbuch der Astronomie für Flieger.

521. **C. Kramer, J. J. Post, M. Scharringa,** Helder Heelal. Zwolle, Tjeenk Willink, 1954. 99 S. mit 31 Fig. Preis hfl. 3.25. — Besprechung in Hemel en Dampkring **53** 146 (G. van den Bergh).

522. **W. Kruse,** Die Wissenschaft von den Sternen. Ein Überblick über Forschungsmethoden und -ergebnisse der Fixsternastronomie. Berlin, Springer-Verlag, 1954. 2. verbesserte Auflage, bearbeitet von W. Dieckvoss. 179 S. Preis DM 7.80. — Besprechung in Universitas **10** 86 (R. Kippenhahn).

523. **R. Kurth, M. Schürer,** Zum Weltbild der Astronomie. Bern, Verlag Stämpfli & Co., 1954. 100 S. mit 2 Tafeln. Preis 9.35 Schw. Fr. — Besprechung in Orion Schaffhausen **4** 339, Sterne **31** 75—77 (J. Dick).

524. **P. Moore,** Suns, Myths and Men. London, Frederick Muller Ltd., 1954. 192 S. mit 8 Fig. Preis 12s.6d. Übersetzt von E. Larsen, mit Ergänzungen von G. D. Roth erschienen unter dem Titel: Wir im Weltall, Ebenhausen, Verlag Langewiesche-Brand. 192 S. Preis DM 6.80. — Besprechung in JBAA **65** 171—172, 311 (H. C. King), 310—311 (P. Moore), J. British Interplanetary Soc. **14** 111 (M. F. Allward), Mitt. Planetenbeobachter **8** 56 (W. Carnuth), Sky and Telescope **14** 381, 423 (P. V. Rizzo).

525. **P. Naur, B. Strömgren,** Strejftog i universet. København, Reitzels forlag, 1954. 3 + 91 S. mit 4 Fig. und 8 Tafeln. Preis kr. 17.50. — Besprechung in NAT **1954** 76—78.

526. **C. Payne-Gaposchkin,** Stars in the Making. Vgl. AJB **53** Ref. 531. — Weitere Besprechung in Nature **174** 852 (W. H. McCrea).

527. **C. Payne-Gaposchkin,** Introduction to Astronomy. New York, Prentice-Hall, Inc., 1954. 508 S. Preis $ 8.00. — Besprechung in Sky and Telescope **14** 68, 470 (M. W. Schiffmann).

528. **J. I. Perelman,** Zajímavá astronomie. Prag, Verlag Naše vojsko, 1954. 228 S. mit 104 Fig. Preis Kčs. 9.50. Tschechische Übersetzung aus dem Russischen.

529. **P. F. Ravigneaux,** Le Ciel sans télescope. Paris, Dunod, 1954. 8 + 32 S. mit 3 Fig. und 3 Tafeln. Preis 290 frs. — Besprechung in BSAF **68** 482, La Nature **82** 360.

530. **H. A. Rey,** The Stars — a new way to see them. Vgl. AJB **52** Ref. 547. — Weitere Besprechung in Obs **75** 225.

* * **R. S. Richardson,** Exploring Mars. Vgl. Ref. **7427**.

531. **E. Rybka,** Astronomia ogólna. Państwowe Wydawnictwo Naukowe, 1952. 480 S. mit 181 Fig. Preis zł 36.75.

532. **J. B. Sidgwick,** Introducing Astronomy. Vgl. AJB **51** Ref. 550. — Weitere Besprechung in Orion Schaffhausen **4** 451.

533. **W. T. Skilling, R. S. Richardson,** A Brief Text in Astronomy. New York, Henry Holt & Co. (in Canada: Clarke, Irwin & Co., in Great Britain: Chapman & Hall Ltd.), 1954. 8 + 327 S. mit Fig. Preis US $ 4.00. — Besprechung in J. British Interplanetary Soc. **14** 347—348 (A. E. Roy), J RAS Canada **49** 42—43, Sky and Telescope **13** 386, **14** 65—67 (D. V. Guthrie).

534. **E. F. Skworzow,** Astronomie. Moskau, Lehr-pädagogischer Staatsverlag des Kultusministeriums der Russ. Sowjetrepublik, 1952. 302 S. — Besprechung in AJ UdSSR **32** 469—471 (D. W. Pjaskowskij, russisch).

535. **S. Stein,** L'Astronomie en Raccourci. Lausanne, Librairie Payot, 1954. 116 S. Preis Schw. Fr. 4.45. — Besprechung in Orion Schaffhausen **4** 340.

536. **P. Stuker,** Himmelskunde. Zürich, Max Niehans Verlag A. G. 260 S. mit 12 Sternkarten, 123 Tafeln und Abb. — Besprechung in Orion Schaffhausen **4** 261.

537. **P. Stuker,** Der Himmel im Bild. Zürich, Verlag der Büchergilde Gutenberg, 1954. 244 S. — Besprechung in Orion Schaffhausen **4** 369, Sterne **31** 149—150 (C. Hoffmeister).

538. **D. Wattenberg,** Die Sonne im Fernrohr. Berlin, Kinderbuch-Verlag, 1954. 36 S. Preis DM 1.— Besprechung in Astr. Nachr. Berlin-Treptow **6** 81.

539. **A. T. White,** All about the Stars. New York, Random House, 1954. 144 S. Preis $ 1.95. — Besprechung in Sky and Telescope **14** 156, 291 (M. D. Ashbrook).

540. **W. Widmann, K. Schütte,** Welcher Stern ist das ? Vgl. AJB **52** Ref. 567. — Weitere Besprechung in Orion Schaffhausen **4** 497, Weltraumfahrt **1954** 32.

541. **H. P. Wilkins,** The True Book About the Stars. London, Frederick Muller Ltd., 1954. 135 S. mit Fig. Preis 6 s. — Besprechung in Strolling Astronomer **9** 45 (W. H. Haas).

542. **R. Wistar,** Man and His Physical Universe. An Integrated Course in Physical Science. Vgl. AJB **53** Ref. 551. — Weitere Besprechung in J RAS Canada **49** 134, Rev. Sci. Instruments **25** 90—91 (G. J. Holton).

543. **B. A. Woronzow-Weljaminow,** Astronomie. Prag. Pädagogischer Verlag, 1954. 170 S. mit 102 Fig. und 16 Beilagen. Preis Kčs. 7.20. Tschechische Übersetzung aus dem Russischen von F. Link und I. Zacharov. — Lehrbuch der Astronomie für Mittelschulen.

544. **H. S. Zim, R. H. Baker,** Stelle. Guida all'osservazione delle costellazioni, del Sole, della Luna, dei Pianeti. Milano, Martello, 1954. 157 S. mit 148 Farbtafeln. Preis Lire 800. — Besprechung in Coelum **22** 156.

545. Olcott's Field Book of the Skies. Neubearbeitet von R. N. Mayall und N. W. Mayall. New York, G. P. Putnam's Sons; Toronto, Thomas Allen Ltd., 1954. 4. Auflage. 12 + 482 S. Preis $ 5.00. — Besprechung in J RAS Canada **49** 135—136, Publ ASP **67** 190 (T. Cragg), Sky and Telescope **14** 288—289 (P. V. Rizzo), Strolling Astronomer **9** 17—18 (J. C. Bartlett jr.).

546. Sky Set No. 1 and 2. Cambridge, Mass., Sky Publishing Corporation, Harvard College Observatory, 1954. Preis 4 $ per set. — Besprechung in JBAA **65** 51, J. British Interplanetary Soc. **14** 288 (L. J. Carter).

§ 6

Schriften allgemeiner Art

601. **G. Abetti,** Astronomia ed Astrologia. Quaderni A. C. I. Torino, 64 S.

602. **A. S. Arsenjew,** Über den Subjektivismus in der heutigen Kosmogonie. Priroda **43** Nr. 6 S. 47—56 (russisch).

603. **E. A. Beet,** Film strips on astronomy. JBAA **64** 325—326.

604. **H. Dingle,** The Sources of Eddington's Philosophy. Cambridge, University Press, 1954. 6 + 64 S. Preis 3 s. 6 d. — Besprechung in Obs **75** 36 (G. J. Whitrow).

605. **J. Gadomski,** Ekspertyza astronomiczna we Fromborku. Urania Kraków **25** 1—7, mit 3 Abb.

606. **M. Graubard,** Astrology and Alchemy. Vgl. AJB **53** Ref. **611**. — Weitere Besprechung in Nature **173** 701.

607. **E. Hubble,** The Nature of Science and Other Lectures. San Marino, California, The Huntington Library, 1954. 8 + 83 S. Preis $ 2.00. — Besprechung in J RAS Canada **48** 195—196, Obs **74** 221.

608. **H. Kienle,** Naturwissenschaft und Philosophie. Ruperto-Carola, Mitt. der Vereinigung der Freunde der Studentenschaft der Univ. Heidelberg **6** 126—128.

609. **D. D. Kotsakis,** Gibt es Leben auf anderen Welten? Eine Forschung zwischen Planeten, Fixsternen und Milchstraßen. Athen, 1954. 74 S. mit zahlreichen Abb. und Tafeln (griechisch).

610. **V. Kourganoff,** Astrobotanique. BSAF **68** 433—436.

611. **L. Landová-Štychová,** Popularisation of Astronomy. RH **35** 27—29 (tschechisch).

612. **K. Lundmark,** Sur le problème de l'origine et de l'évolution de l'idée du Messie et de l'eschatologie du Nouveau Testament. K. Fysiograf. Sällsk. Handl. (NF) **64** Nr. 11, 25 S. mit 1 Fig. und 2 Tafeln = Lund Medd. (2) Nr. **131**.

613. **W. Lynn,** The meaning of astronomy to ordinary people. Irish AJ **3** 56—57.

614. **M. Minnaert,** The Nature of Light and Colour in the Open Air. New York, Dover Publications Inc., 1954. 16 + 362 S. Preis $ 3.95. — Besprechung in J. Optical Soc. America **44** 820 (W. E. K. Middleton). — Vgl. zur englischen Ausgabe dieses Buches AJB **42** Ref. 835.

615. **J. M. Mohr,** Is there a beginning and an end of the universe? RH **35** 29—34 (tschechisch).

616. **P. Moore,** Exhibition of historic books. JBAA **64** 414.

617. **P. I. Nissen Jøker,** H. C. Andersen og astronomien. Urania København **11** 3—10, 14—18. — In zahlreichen Beispielen zeigt Verf., wie der Märchendichter Hans Christian Andersen ein lebhaftes Interesse für die Himmelsphänomene gezeigt hat. C. L. J.

618. **D. J. K. O'Connell,** Religion and science. Irish AJ **3** 70—73 = Riverview Coll. Obs. Repr. Nr. **9**.

619. **H. Poincaré,** Grandeur de l'astronomie. BSAF **68** 231—236. — Vor der Astronomischen Gesellschaft von Frankreich am 6. Mai 1903 gehaltene Ansprache.

620. **F. Rapf,** Jeszcze o programie astronomii w szkole średniej. Urania Kraków **25** 126—128.

621. **L. Rosino,** Esplorazione del cielo. Coelum **22** 65—71 = Pubbl. Oss. Astr. Univ. Bologna **6** Nr. 4. — Vortrag.

622. **B. Russell,** Do science and religion conflict? JBAA **64** 94—96.

623. **M. Santaló Sors,** El hombre y el Universo. El Universo Nr. **27** S. 3—7.

624. **H. Scheffler,** Charlas científicas. El Universo Nr. 28 S. 47—50.

625. **C. Schimmel-Frantz,** Kleine Sternkunde, ein astronomisches Sternbilderlotto. Dresden, VEB Druck und Verpackung, 1954. — Preis DM 2.80. — Besprechung in Sterne **31** 78 (A. Teucher).

626. **H. Shapley,** Cosmography: an approach to orientation. Amer. Scientist **42** 471—486. — Ref. in RJ Astr. Geod. UdSSR Nr. **7**, 1955; Ref. Nr. 2581.

627. **I. L. Thomsen,** The amateur in astronomy. Southern Stars **16** 78—82. — Vortrag vor der Astronomischen Gesellschaft in New Plymouth.

628. **R. H. Wilson jr.,** Astronomy in the development of psychology. ASP Leaflet Nr. 307, 7 S.

629. **E. Zinner,** Sternglaube und Sternforschung. Vgl. AJB **53** Ref. **638**. — Weitere Besprechung in Orion Schaffhausen **4** 497.

630. Vom Atom zum Weltsystem. Eine Vortragsreihe über die Ergebnisse der Atomkernforschung. Stuttgart, Alfred Kröner Verlag, 1954. 192 S. Preis 6.— DM. — Besprechung in Phys. Blätter **11** 424—425.

631. Religion in the age of science. Irish AJ **3** 118.

632. Life in other worlds. Med. J. Australia **1** 183—184. — Ref. in RJ Astr. Geod. UdSSR Nr. **2**, 1955; Ref. Nr. **446**.

633. Commemorative stamp. Publ ASP **66** 40. — Anläßlich des 75jährigen Bestehens der Sternwarte in Tokyo wurde eine blaue 10 Yen-Marke herausgegeben.

634. Sky and Teacher. Sponsored by the Teacher's Committee of the American Astronomical Society. Sky and Telescope **13** 91, 160, 232, 306, 379, **14** 9, 23.

635. Astronomical murders and misadventures. Sky and Telescope **13** 414.

§ 7

Bibliographie, Neuausgaben, Gesamtausgaben, Lexika, Sammelwerke, Festschriften

701. Astronomischer Jahresbericht. Mit Unterstützung der Astronomischen Gesellschaft herausgegeben vom Astronomischen Rechen-Institut in Heidelberg. Berlin, in Kommission bei W. de Gruyter & Co., 1954. 58 + 468 S. Die Literatur des Jahres 1951. Preis 50.— DM. Schriftleitung K. Heinemann unter Mitwirkung von W. Lohmann.

702. Astronomical News Letter. Issued and distributed by the Harvard College Observatory, Cambridge, Mass. for the Committee for the Distribution of Astronomical Literature of the American Astronomical Society and for Commission 5 of the International Astronomical Union. — Nr. **72**—**75**.

703. Extraits d'Astronomie du Bulletin Analytique du Centre National de la Recherche Scientifique. Section II A. Paris. — Vol. **15**.

704. French Bibliographical Digest. Science. Astronomy. Edited and published by The Cultural Division of the French Embassy, New York. Series II Nr. 12, December 1954. 6 + 114 S. mit 8 Tafeln. — Enthält: J. C. Pecker, Astronomy in France today, S. 1—22. Appendix A: List of the principal astronomical institutes and observatories in France, S. 23—32. Bibliography 1949—1954, S. 33—111. — Besprechung in Obs **75** 181 (D. W. Dewhirst), Sky and Telescope **14** 292.

705. Referatjournal. Astronomie, Geodäsie. Akademie der Wissenschaften der UdSSR. Institut für wissenschaftliche Information. Verlag Akad. Wiss. UdSSR., Moskau. — 1954 Nr. 1—12.

706. Boletin del Centro de Documentación Científica y Técnica de México. México, D. F. — Tomo **3** Nr. 1—12.

707. Mathematical Reviews. Published by the American Mathematical Society, Lancaster, Penn. — Vol. **15** Nr. 1—11.

708. Physics Abstracts. Section A of Science Abstracts (Physics). Edited and issued monthly by the Institution of Electrical Engineers, London. — Vol. **57** Nr. 673—684.

709. Physikalische Berichte. Herausgegeben vom Verband Deutscher Physikalischer Gesellschaften e. V. unter der Redaktion von H. Ebert und M. Schön. Verlag Friedrich Vieweg & Sohn, Braunschweig, — Band **33** Heft 1—12.

710. Zentralblatt für Mathematik und ihre Grenzgebiete. Springer-Verlag, Berlin-Göttingen-Heidelberg. Geleitet von H. L. Schmid. — Band **49** Heft 1—3. Band **50** Heft 1—10. Band **51** Heft 1—10.

711. **W. E. Scott,** List of recent publications. J. Geophys. Res. **59** 143—148, 316—321, 439—443, 559—563. — Enthält die Titel von Arbeiten aus den Gebieten des Erdmagnetismus, der Erdelektrizität, kosmischen Strahlung, Hochatmosphäre, Erdkruste und des Erdinnern.

712 **J. Yasuda,** Bibliographical catalogue of history of astronomy and calendariography of Japan. Mem. Japan Astr. Study Ass. 1 57—62 (japanisch).

713. A Bibliography on Meteorites. Herausgegeben von H. Brown. Vgl. AJB **53** Ref. 713. — Weitere Besprechung in Amer. J. Sci. **252** 313—314 (K. Servos), Meteoritics 1 232—233 (G. Reaves).

714. Bulletin trimestriel signalétique de documentation de chronométrie générale. Herausgegeben von R. Baillaud. Ann. Françaises Chronométrie **24 b** 1—45, 49—152, 153—209. — Umfangreiches, zumeist mit Referaten versehenes Literaturverzeichnis von Arbeiten, die mit Zeitmessung und Zeitdienst in Verbindung stehen.

715. Abstracts. Compiled by N. V. Petersen. Astronautics 1 27—28. — Literaturübersicht zur Astronautik und damit zusammenhängenden Themen.

716. Literaturverzeichnis der Astronautik. Herausgegeben von H. H. Koelle und H. J. Kaeppeler. Tittmoning, Verlag Walter Pustet, 1954. 100 S. Preis $ 1.50. — Besprechung in Astronautics 2 87, Weltraumfahrt **1954** 123 (H. K. Kaiser).

717. Abstracts. Edited by J. Humphries. J. British Interplanetary Soc. **13** 55—57, 113—119, 179—184, 239—241, 352—359. — Enthält zahlreiche Literaturangaben zur Astronautik und zur Raketentechnik.

718. **H. E. Ross,** An interplanetary encyclopaedia. J. British Interplanetary Soc. **13** 44—54, mit 7 Fig. — Besprechung der Encyclopaedia of the World's Aircraft and Astronautics.

* * **G. V. E. Thompson,** A famous russian encyclopaedia of astronautics. I. II. Vgl. Ref. **13439**.

719. Viaggi interplanetari. Bibliografia delle ricerche sulla propulsione a reazione e sul volo extraplanetare. Herausgegeben von G. Nebbia. Coelum **22** 29—32, 61—62, 93—96, 125—128, 157—160, 187—190.

720. **P. Muller,** Circulaires d'information de la commission 26 (Etoiles doubles). UAI Circ 1445.

721. Fortschritte der Astronomischen Wissenschaften. Band 6. Unter Redaktion von W. G. Fessenkow von der Akademie der Wissenschaften der UdSSR herausgegeben. Moskau-Leningrad, Verlag Akad. Wiss. UdSSR, 1954. 324 S. mit Abb. Preis 20 R. 70 Kop. (russisch). — Die einzelnen Berichte sind in den entsprechenden Paragraphen aufgeführt.

722. Systematisches Inhaltsverzeichnis der Zirkulare des Astronomischen Observatoriums Stalinabad Nr. 1—88 (1934—1950). Herausgegeben vom Astronomischen Observatorium Stalinabad. 8 S. (russisch).

723. Astronautics. Sky and Telescope **14** 101. — Neue, von der Amerikanischen Astronautischen Gesellschaft herausgegebene Zeitschrift.

724. **I. A. Skory,** †**W. D. Kopytow,** Lomonossow-Vorlesungen 1954 an der Mechanisch-mathematischen Fakultät. Bote Univ. Moskau Nr. **6** S. 143—145 (russisch). — Ref. in RJ Astr. Geod. UdSSR Nr. **4,** 1955; Ref. Nr. 1296.

725. G. A. Tichow, Hauptwerke (In 5 Bänden). I. Astrophysik (1897—1919). Alma-Ata, Verlag Akad. Wiss. Kasach. Sowjetrepublik, 1954. 336 S. mit Abb. Preis 16 R. 75 Kop. (russisch). — Besprechung in RJ Astr. Geod. UdSSR Nr. 3, 1955; Ref. Nr. 901 (N. K. Semakin, russisch).

726. Galileo Galilei, Dialogue Concerning the Two Chief World Systems, Ptolemaic and Copernican. Vgl. AJB 53 Ref. 729. — Weitere Besprechung in Nature 174 420—421 (E. N. da C. Andrade).

727. Il libro raro. Coelum 22 76—78, mit 1 Fig. und 1 Tafel. — Betrifft die Erwerbung eines 1506 gedruckten Werkes mit einem astronomischen Beitrag durch die Sternwarte Bologna.

Zweiter Teil

Tätigkeit. Geschichte

§ 10

Personalien, Biographie, Briefwechsel

1001. Nekrologe und Todesanzeigen

1951

W. S. Eichelberger, 1865 Sept. 18 — 1951 Febr. 3. MN 114 289—291 (H. R. Morgan).

J. Lenzi, 1894 Okt. 27 — 1951 Juni 6. Rev. Astr. Nr. 129 S. 66—68, mit Bild.

N. Tapia, 1895 Jan. 6 — 1951 Juni 2. Rev. Astr. Nr. 129 S. 69.

1952

J. Galli, 1887 Jan. 12 — 1952 Nov. 3. Rev. Astr. Nr. 131 S. 87—90, mit Bild (O. S. Buccino).

B. Lyot, 1897 Febr. 27 — 1952 April 2. Rev. Astr. Nr. 131 S. 96.

F. K. Zweck, 1883 Nov. 28 — 1952 Nov. 18. AN 281 284 (A. Kopff).

1953

S. I. Beljawskij, † 1953 Okt. 13. Astr Circ UdSSR Nr. 148 S. 16—17 (A. N. Dadajew, russisch).

M. Castellano, 1914 Nov. 2 — 1953 Sept. 18. Ciel et Terre 70 71, mit Bild (P. J. Melchior), Oss. Astr. Capodimonte-Napoli Collezione Miscellanea 1 Nr. 9 S. 83—84, mit Bild (P. Bourgeois), 85—86 (T. Nicolini) = Coelum 22 26—27, mit Bild.

C. Charlier, 1897 März 15 — 1953 Nov. 21. Ciel et Terre 70 132—133, mit Bild (J. M. van Gils), Commun. Obs. Roy. Belgique Nr. 72 S. 2.

H. Cobb, † 1953 Aug. 13. JBAA 64 100 (G. C. Wooldridge).

A. Colacevich, 1906 Juli 25 — 1953 Aug. 24. Atti Fondazione G. Ronchi 8 323—326 (M. G. Fracastoro), Mem SA It (NS) 25 87—93, mit Bild = Oss. e Mem. Oss. Astrofis. Arcetri Nr. 69 = Oss. Astr. Capodimonte-Napoli Contr. Fuori Serie Nr. 9 (G. Righini), Rend. Accad. Nazionale Lincei, Cl. Sci. fis., mat., nat. (8) 16 409—415 (G. Abetti).

A. Gatterer, 1886 Jan. 28 — 1953 Febr. 17. AN 281 283 (D. Wattenberg).

H. H. Hammond, 1869 Febr. 6 — 1953 Nov. 19. JBAA 64 135—136, mit Bild, MN 114 289 (J. L. White).

E. P. Hubble, 1889 Nov. 20 — 1953 Sept. 28. BSAF 68 346—347, mit Bild (E. Esclangon), El Universo Nr. 28 S. 30—33, mit Bild (F. Escalante), MN 114 291—295 (M. L. Humason), Obs 74 32—35 (W. S. Adams), Orion Schaffhausen 4 195—197, mit Bild (W. Becker), PAT 35 80 (B. Lindblad), Publ ASP 66 120—125, mit Bild (H. P. Robertson), Science 119 204 (I. S. Bowen), Sky and Telescope 13 79, mit Bild, 78—81, 85, mit 5 Fig. (N. U. Mayall).

P. Humbert, † 1953 Nov. 17. BSAF 68 85.

A. O. Leuschner, 1868 Jan. 16 — 1953 April 22. MN 114 295—298 (S. Herrick).

S. Pieńkowski, 1883 Juli 28—1953 Nov. 20. Postępy Astr. 2 42—43 (W. Iwanowska).

1954

E. Ahnert-Rohlfs, 1912 Aug. 11 — 1954 März 9. AN 281 284, Sterne 30 103—105, mit Bild (C. Hoffmeister).

B. Asplind, 1890 — 1954 Sept. 30. PAT 35 168.

T. Banachiewicz, 1882 Febr. 13 — 1954 Nov. 17. Obs 74 264.

D. A. Beekhuis, † 1954 April 5/6. Hemel en Dampkring 52 103 (J. Outhuis).

E. de Caro, 1899 Juli 9 — 1954 März 2. Coelum 22 91—92, mit Bild, Mem SA It (NS) 25 191.

R. L. T. Clarkson, 1889 — 1954 April 10. JBAA 64 405—406, Vega Nr. 16/17 S. 69.

F. R. Cripps, 1869—1954 Jan. 29. BAA Circ 349, JBAA 64 245—246 (J. G. Porter).

E. Esclangon, 1876 März 17 — 1954 Jan. 28. Ann. Françaises Chronométrie 24 143—144, mit Bild (J. Chazy), Ann. Univ. Paris 24 249—251 (J. Pérès), Annuaire pour l'an 1955 publié par le Bureau des Longitudes C 1—C 6 (J. Chazy), Bull hor (3) Nr. 11 S. 369, BSAF 68 201—204, mit Bild (A. Pérard), Ci. Exact. Fis. Nat. Lima 17 66, CR 238 629—632 (J. Chazy), 239 1725—1726, Nature 173 567 (J. Jackson), Obs 74 92, Publ ASP 66 160, Sky and Telescope 13 220.

E. Fermi, 1901 Sept. 29 — 1954 Nov. Obs 74 264.

L. Gialanella, 1905 Jan. 16 — 1954 Jan. 10. Coelum 22 89—91, mit Bild = Oss. Astr. Roma Monte Mario Contr. Sci. (NS) Nr. 206, Mem SA It (NS) 25 94.

W. Grotrian, 1890 April 21 — 1954 März 3. AN 281 284, Astr. Nachr. Berlin-Treptow 6, Beilage (D. Wattenberg), Forschungen und Fortschritte 28 126 (H. Kienle), Irish AJ 3 63, Naturwissenschaften 41 365—366 (H. von Klüber), Obs 74 92, Orion Schaffhausen 4 245—246 (H. Müller), Phys. Blätter 10 271—272 (H. Kienle), Publ ASP 66 160, Sky and Telescope 13 264, Sterne 30 101—103, mit Bild (H. Schneller), ZfA 34 83, mit Bild.

K. Haase, † 1954 Aug. 7. Astr. Nachr. Berlin-Treptow 6 55 (D. Wattenberg).

N. K. Johnson, 1892 März 11 — 1954 März 23. Nature 173 754—755 (E. Gold).

M. S. Kovalenko, 1888—1954 April 2. J RAS Canada 48 161—162 (P. van de Kamp), Publ ASP 66 160.

H. Mineur, 1899—1954 Mai 7. Ann d'Astrophys 17 239—242, mit Bild = Contr. Inst. d'Astrophys. Paris (B) Nr. 110 (D. Barbier), Gaz astr 36 10, Nature 174 338 (A. Hunter), Orion Schaffhausen 4 331 (M. du Martheray), Sky and Telescope 14 4.

N. A. Møller Nicolaisen, 1874—1954 Juli 27. NAT 1954 110, mit Bild, Urania København 11 110.

T. Moreux, 1867—1954 Juli 13. Orion Schaffhausen 4 331—333 (M. du Martheray), Urania København 11 103—109 (A. Luplau Janssen).

A. J. Orlow, 1880—1954 Jan. 28. Astr Circ UdSSR Nr. 146 S. 1 (S. N. Axentjewa, E. P. Fjodorow, russisch).

F. Pavel, † 1954 Sept. 20. AN 281 284.

L. G. Potwin, † 1954 Jan. 26. Publ ASP 66 98.

E. Przybyllok, † 1954 Sept. 11. AN 281 284.

I. I. Putilin, 1893 Nov. 3/15 — 1954 März 9. Astr Circ UdSSR Nr. 148 S. 17 (M. F. Subbotin, russisch).

C. Robertson, † 1954. Southern Stars 16 84.

K. Satori, † 1954 März 8. Sterne 30 105—106 (K. Novák).

L. W. Sorokin, 1886—1954 Sept. 24. Astr Circ UdSSR Nr. 153 S. 25—26 (russisch).

J. A. Strojewa, 1899—1954 Aug. 9. Astr Circ UdSSR Nr. 152 S. 20 (russisch).

G. M. Townsend, † 1954. Southern Stars 16 84.

A. Völsch, †. Rev. Astr. Nr. 127 S. 70—71, mit Bild.

1002. **Personalien**

W. Baade erhielt die Goldmedaille der Royal Astronomical Society. BAA Circ 348, Hemel en Dampkring 52 101, Nature 173 112, Publ ASP 66 97, 216, Sky and Telescope 13 264.

W. Baade erhielt die Catherine Wolfe Bruce Goldmedaille der Astronomical Society of the Pacific. Publ ASP 66 341.

T. Banachiewicz, 50 Jahre wissenschaftliche Tätigkeit. Urania Kraków 25 140—143.

S. Chandrasekhar erhielt die Catherine Wolfe Bruce Goldmedaille der Astronomical Society of the Pacific. Rev. Astr. Nr. 131 S. 96.

A. Danjon, Direktor des Institut d'Astrophysique in Paris. BSAF 68 355.

A. D. Dubjago, Direktor des Astronomischen Engelhardt-Observatoriums der Staatsuniversität Kasan. Astr Circ UdSSR Nr. 154 S. 18 (russisch).

W. Fricke, Direktor des Astronomischen Rechen-Instituts als Nachfolger von A. Kopff. NAZ 8 46.

J. Jackson erhielt die Goldmedaille der Royal Astronomical Society. Rev. Astr. Nr. 131 S. 96.

B. Lindblad erhielt die Catherine Wolfe Bruce Goldmedaille der Astronomical Society of the Pacific. Publ ASP 66 109—111, mit Bild.

W. Löbering erhielt die Leibnitz-Medaille der Deutschen Akademie der Wissenschaften zu Berlin. Astr. Nachr. Berlin-Treptow 6 43.

A. C. B. Lovell erhielt die Duddell-Medaille der Physical Society. Obs 74 92.

B. Lyot erhielt posthum die Henry Draper Medaille. Rev. Astr. Nr. 131 S. 96.

D. H. Menzel, Direktor des Harvard Observatory als Nachfolger von H. Shapley. J RAS Canada 48 121, Obs 74 184, Publ ASP 66 97, Sky and Telescope 13 143, 149 (H. Shapley).

A. A. Nefedjewa, Stellvertretender Direktor des Astronomischen Engelhardt-Observatoriums Kasan. Astr Circ UdSSR Nr. 152 S. 20 (russisch).

H. Oberth, 60. Geburtstag. Weltraumfahrt 1954 53—56, mit Bild (H. K. Kaiser).

G. Righini, Direktor des Astrophysikalischen Observatoriums von Arcetri als Nachfolger von G. Abetti. Obs 74 92.

M. Saha, 60. Geburtstag. Nature 174 528 (F. J. M. Stratton).

O. Seyld, sedmdesátníkem. Meteorol. zprávy 7 57—58. — Ref. in RJ Astr. Geod. UdSSR Nr. 6, 1955; Ref. Nr. 2157.

W. M. Sinton erhielt die Adolph Lomb Medaille der Optical Society of America. J. Optical Soc. America 44 577.

O. Struve erhielt die Goldmedaille der Royal Astronomical Society. Nature 173 978.

F. B. Wood, Leiter des Department of Astronomy of the University of Pennsylvania als Nachfolger von C. P. Olivier. Sky and Telescope 13 427.

1003. **E. N. da C. Andrade,** Sir Isaac Newton. London, Collins; New York, The Macmillan Co., 1954. 140 S. mit 1 Tafel. Preis $ 1.75. — Besprechung in Sky and Telescope **13** 385, **14** 194—196 (E. R. Paterson).

1004. **E. N. da C. Andrade,** Newton. Considerations sur l'homme et son œuvre. Rev. Hist. Sci. Appl. **6** 289—307. — Ref. in Math. Rev. **15** 592.

1005. **A. Armitage,** Chappe d'Auteroche: a pathfinder for astronomy. Ann. Sci. **10** 278—293. — Ref. in RJ Astr. Geod. UdSSR Nr. **11**, 1955; Ref. Nr. 4627.

1006. **C. Baumgardt,** Johannes Kepler: Life and Letters. Vgl. AJB **52** Ref. **1008**. — Weitere Besprechung in Endeavour **13** 50 (D. McKie).

1007. **W. Blaschke,** Kepler e Galileo. Giorn. Mat. Battaglini (5) **2** (82) 309—334.

1008. **M. Bobinger,** Christoph Schissler, der Ältere und der Jüngere. Schwäbische Geschichtsquellen und Forschungen Band **5**. Augsburg, Basel, Verlag Die Brigg, 1954. 8 + 140 S. mit **44** Abb. Preis DM 14.40. — Leben und Werk des bedeutendsten Augsburger Instrumentenmachers des **16**. Jahrhunderts Christoph Schissler und seines Sohnes. Eingehende Beschreibung der erhaltenen und der nur in Quellen und Literatur erwähnten mathematischen, astronomischen, geodätischen und waffentechnischen Instrumente (Maßstäbe, Zirkel, Quadratum geometricum, Bleiwaage, Automaten und Wegweiser, Geschützaufsätze, Armillarsphären, Astronomische Bestecke: Kompaß, Sonnen- und Monduhren, Astrolabien, Kalenderwerke usw.). Sticker

1009. **C. M. Botley,** The life of Kepler. JBAA **64** 98.

1010. **L. de Broglie,** Henri Poincaré et les théories de la physique. BSAF **68** 217—229, mit Bild.

1011. **J. G. Crowther,** British scientists of the twentieth century. London, Routledge et Kegan, 1952. 320 S. und 9 Tafeln. Preis 21 s. — Besprechung in La Nature **82** 118. — Das Buch enthält Biographien von J. H. Jeans und A. S. Eddington.

1012. **A. Einstein,** Eine biographische Skizze. Naturwiss. Rundschau **7** 89—91.

1013. **J. Gadomski,** Jan Heweliusz. Urania Kraków **25** 133—135, mit 2 Tafeln.

1014. **J. Georgi,** François Arago. Phys. Blätter **10** 408—412, mit Bild.

1014a. **W. Gotter,** Alfonso the Wise. Navigation Los Angeles **4** 165—167. — Historischer Aufsatz über die Bedeutung des Mäzens der spanischen Astronomie 1252—1284. Fr.

1015. **J. Hadamard,** Le centenaire de Henri Poincaré. Rev. Hist. Sci. Appl. **7** 101—108.

1016. **G. Hettner,** Zu Einsteins 75. Geburtstag. Naturwiss. Rundschau **7** 91—93, mit Bild.

1017. **S. Hondl,** Bemerkungen zu einigen Urteilen des Frh. v. Zach über Boscovich. Bošković Almanah 1955 S. 124—132 (kroatisch mit deutscher Zusammenfassung).

1018. **K. Lego,** Georg Freiherr von Vega — zur Erinnerung an seinen 200. Geburtstag. Österreichische Z. f. Vermessungswesen **42** 24—28, mit Bild.

1019. **H. Macpherson,** Thomas David Anderson, «Watcher of the Skies». Publ. Astr. Soc. Edinburgh Nr. **2**, 20 S. mit 1 Bild.

1020. **K. P. Massalskaja,** E. F. Chladny — der Begründer der wissenschaftlichen Meteoritik. Meteoritika Nr. 11 S. 33—46 (russisch). → Ref. in RJ Astr. Geod. UdSSR Nr. 5, 1955; Ref. Nr. 1728.

1021. **E. A. Milne,** Sir James Jeans. Mit einem Gedenkwort von S. C. Roberts. Vgl. AJB 52 Ref. 1032. — Weitere Besprechung in La Nature 82 118.

1022. **G. Nádor,** Kepler vilagnézete és szerepe a természettörvényfogalom kialakításában. Magyar tud. akad. mat. és. fiz. oszl. közl. 4 219—227. — Ref. in RJ Astr. Geod. UdSSR Nr. 8, 1955; Ref. Nr. 3081.

1023. **T. Nicolini,** Alcune figure di medici astronomi. Ann. Medicina Navale e Tropicale 59 107—114 = Oss. Astr. Capodimonte-Napoli Collezione Miscellanea 1 Nr. 11. — Verf. beschreibt kurz das Leben und die Tätigkeit der Ärzte Olbers, Oppolzer und Lescarbault auf astronomischen Gebiet und stellt einige Betrachtungen an über die Korrelation zwischen einigen Krankheiten und astronomischen Erscheinungen. Cester

1024. **W. Norlind,** A hitherto unpublished letter from Tycho Brahe to Christopher Clavius. Obs 74 20—23.

1025. **A. Paluzíe Borrell,** Españoles en la Luna. El Universo Nr. 29 S. 81—84.

1026. **J. G. Perel,** I. D. Ertow in der Wertschätzung seiner Zeitgenossen. AJ UdSSR 31 99—101 (russisch).

1027. **L. I. Poljanskaja,** F. A. Bredichin an der Moskauer Universität. Bote Univ. Moskau Nr. 10 S. 137—140 (russisch). — Ref. in RJ Astr. Geod. UdSSR Nr. 8, 1955; Ref. Nr. 3084.

1028. **W. Potter,** Alfonso the Wise. Navigation 4 165—167. — Ref. in RJ Astr. Geod. UdSSR Nr. 10, 1955; Ref. Nr. 4098.

1029. **P. V. Rizzo,** Early daughters of Urania. Sky and Telescope 14 7—9, mit 7 Fig.

1030. **E. Schoenberg,** Unbekannte Briefe von C. F. Gauss und F. W. Bessel. Phys. Verhandlungen 5 127 (Ref. AG), Sitzber. Bayer. Akad. Wiss. Math.-naturw. Kl. 1954 20*.

1031. **P. Sconzo,** Amerigo Vespucci (1454—1512). Rivendicazione di una priorità scientifica. Coelum 22 177—180.

1032. **J. B. Sidgwick,** William Herschel. Vgl. AJB 53 Ref. 1038. — Weitere Besprechung in Nature 174 329—330 (C. A. Ronan).

1033. **E. B. Smith,** Jean-Sylvain Bailly, Astronomer, Mystic, Revolutionary, 1736—1793. Philadelphia, The American Philosophical Society, 1954. Sonderdruck aus Trans. Amer. Phil. Soc. (NS) 44 427—538. Preis $ 2.00. — Ref. in J RAS Canada 49 133—134.

1034. **O. Struve,** Lomonosov. Sky and Telescope 13 118—120, mit 7 Fig.

1035. **P. Swings, L. Godeaux,** Rapport sur les traveaux de M. P. Ledoux. Bull. Cl. Sci. Acad. roy. Belgique (5) 40 752—753.

1036. **R. Taton,** Le centenaire d'Henri Poincaré. La Nature 82 237—238.

1036a. **E. G. R. Taylor,** The mathematical practitioners of Tudor and Stuart England. Cambridge University Press, 1954. 11 + 432 S. mit 10 Tafeln und 1 Karte. — Quellenwerk über die Tätigkeit zahlreicher, meist weniger bekannter englischer Instrumentenmacher und Gelehrter, die vor allem für die Navigation etwas geleistet haben. Fr.

1037. Swings Polidore F. F. Astrophysicist, university professor. Current Biography **15** Nr. 11 S. 36—39. — Ref. in RJ Astr. Geod. UdSSR Nr. 7, 1955; Ref. Nr. 2595.

1038. Thomas D. Anderson centenary. JBAA **64** 322—323.

1039. Ehrung eines deutschen Astronomen. Ruperto-Carola, Mitt. der Vereinigung der Freunde der Studentenschaft der Univ. Heidelberg **6** 264. — Benennung des Kleinen Planeten 1553 zu Ehren von W. Bauersfeld.

1040. William Herschel, 1738—1822. Obs **74** 243—245, mit 1 Fig.

1041. 50-lecie działalności naukowej prof. dr. T. Banachiewicza. Postępy Astr. **2** 158—162.

1042. An opera on Kepler. Sky and Telescope **13** 264.

1043. The father of astrophysics. Southern Stars **16** 61—63. — Kurze Darstellung des Lebens und Werks J. von Fraunhofers.

Kopernikus

1044. **C. de Bièvre, M. Daisomont,** A propos de Copernic. Ciel et Terre **70** 431—433.

1045. **E. Brüche,** Kopernikus-Jahr in Polen. Phys. Blätter **10** 32—33.

1046. **J. Gadomski,** Grób Kopernika. Urania Kraków **25** 61—84, mit 2 Abb.

1047. **J. Gadomski,** Jedyny uczeń Kopernika. Urania Kraków **25** 101—105. — Bericht über das Leben und Werk des «einzigen Schülers des Kopernikus», Georg Joachim von Lauchen (Rheticus). Loh.

1048. **K. Georg,** Bemerkungen über das Verhältnis von Kopernikus und Rheticus. Urania Jena **17** 161—165. — Ref. in RJ Astr. Geod. UdSSR Nr. **11**, 1954; Ref. Nr. 5420.

1049. **P. M. Gorschkow,** Zum 400. Todestag Nikolaus Kopernikus und dem Erscheinen seines Werkes «De revolutionibus orbium coelestium». Bote Univ. Leningrad Nr. **5** S. 203—205 (russisch). — Ref. in RJ Astr. Geod. UdSSR Nr. **4**, 1955; Ref. Nr. 1267.

1050. **G. Horn-d'Arturo,** Nicolò Copernico. Coelum **22** 33—38. — Anläßlich einer Kopernikus-Ausstellung in Ferrara gehaltene Rede über das Leben und Studium des Kopernikus in Italien. Besonders hervorgehoben wird der Einfluß dieser Epoche auf die geistige Entwicklung des Kopernikus und seines Weltsystems. Abschließend wird auf das Schicksal des Manuskripts und die hauptsächlichen Freunde und Gegner von Kopernikus eingegangen. Cester

1051. **W. Krajewski,** Mikołaj Kopernik twórca nowoczesnej astronomii. Wiedza Powszechna, 1953. 55 S. — Besprechung in Urania Kraków **27** 25—26 (J. Gadomski).

1052. **W. Norlind,** Copernicus och Luther. En källkritisk studie. NAT **1954** 53—58. — Bei dieser quellenkritischen Studie handelt es sich um die Übersetzung eines Artikels in «Isis» vom Sept. 1954. Verf. ist in Anlehnung an Lauterbach der Ansicht, daß sich Luther nicht des Ausdrucks bedient habe, Kopernikus sei ein Narr. C. L. J.

1053. **T. Przypkowski,** Geschichte des Kopernikus'schen Gedankens. Warszawa, Wydawnictwo Ministerstwa Obrony Narodowej, 1954. 114 S. (polnisch). — Ref. in ZfMG **56** 244.

1054. **T. Przypkowski,** W sprawie nagrobka Mikołaja Kopernika. Urania Kraków **25** 222—224, mit 1 Fig.

1055. **T. Przypkowski,** W sprawie przyrządu niwelacyjnego Mikołaja Kopernika. Urania Kraków **25** 224—225.

1056. **J. Śniadecki,** O Koperniku. Państwowe Wydawnictwo Naukowe, 1953. 108 S. — Besprechung in Urania Kraków **27** 25 (J. Gadomski).

1057. **S. Szczeniowski,** Wpływ idei Kopernika na rozwój fizyki. Postępy Fiz. **5** 239—266. — Ref. in RJ Astr. Geod. UdSSR Nr. **3**, 1955; Ref. Nr. 813.

1058. **J. Szyc,** Chronologia dzieła i zycia Kopernika. Urania Kraków **25** 239—244. — Enthält in chronologischer Reihenfolge nicht nur Daten aus dem Leben des Nikolaus Kopernikus selbst, sondern auch einige aus dem Leben seiner Eltern und zahlreiche über die Zeit nach seinem Tod, die mit ihm in Verbindung gebracht werden können. Loh.

1059. **O. Zich,** On the 410th anniversary of the death of Nicholas Copernicus. Časopis Pěst. Mat. **78** 297—304, 1953 (tschechisch).

1060. **V. Zonn,** Coppernicus-Jahr 1953. Časop. Českosl. ústavů astr. **4** 45—48 (tschechisch). — Ref. in RJ Astr. Geod. UdSSR Nr. **5**, 1955; Ref. Nr. 1720.

1061. Quadricentenaire de la mort de Copernic (1543). Ciel et Terre **70** 313—323 = Inst. Astr. Bruxelles (2) Nr. **102**. — Enthält folgende Arbeiten: F. van den Dungen, Copernic et son temps, S. 313—315; J.-F. Cox, L'œuvre de Copernic, S. 316—317; P. Baudoux, Copernic et l'église, S. 318—320; E. Schatzman, Copernic et la science moderne, S. 321—323.

1062. Copernican manuscript returns to Poland. Sky and Telescope **13** 112.

1063. Tablica pamiątkowa ku czci Kopernica we Włocławku. Urania Kraków **25** 84.

1064. Jeszcze o fromborskim nagrobku Kopernika. Urania Kraków **25** 320—321.

§ 11

Tätigkeitsberichte von Instituten und Gesellschaften, Tagungen

1101. **Tätigkeitsberichte von Instituten**

Abastumani. Chronik. Bull. Astrophys. Obs. Abastumani Nr. **17** S. 254—255 (russisch und georgisch).

Ann Arbor, Mich. The Observatories of the University of Michigan. AJ **59** 346—353. R. R. McMath.

Arcetri. Oss. e Mem. Oss. Astrofis. Arcetri Nr. **69** S. V—XV. G. Righini.

Armagh. Observatory. Irish AJ **3** 1—3 = Armagh Obs. Leaflet Nr. **23**. E. M. Lindsay. MN **114** 309—310. E. M. Lindsay.

Babelsberg. Mitt. AG 1953 S. 49—51. F. Hinderer.

Bamberg. Mitt. AG 1953 S. 51—53. E. Zinner.

Barcelona. Observatorio Fabra. Urania Barcelona **39** 195—196.

Barcelona. Observatorio de la Universidad. Urania Barcelona **39** 196.

Berlin. Astronomisches Recheninstitut. Mitt. AG 1953 S. 53—55. A. Kahrstedt.

Berlin-Treptow. Jahresbericht der Archenhold-Sternwarte 1953. Mitt. Archenhold-Sternw. Nr. **36**, 10 S. mit 6 Abb. D. Wattenberg.

Bloemfontein, South Africa. Lamont-Hussey Observatory. Vgl. Ann Arbor.

Bloomington, Ind. Goethe Link Observatory. AJ **59** 338—339. F. K. Edmondson.

Bonn. Mitt. AG 1953 S. 55—57. F. Becker.

Bordeaux. Observatoire. Rapport présenté au Conseil de l'Université. Année scolaire 1953—1954. 6 S. P. Sémirot.

Breslau. Vgl. Wrocław.

Cambridge, Engl. University of Cambridge. Report for 1953. Nature **174** 26—27. — Auszug aus dem in AJB **53** Ref. **1101** zitierten Bericht. Ferner: Report of the Observatories Syndicate for the year ending 1954 September 30. 4 S. MN **114** 310—312. R. O. Redman.

Cambridge, Engl. Cavendish Laboratory. MN **114** 313—315. N. F. Mott.

Cambridge, Mass. Harvard Astronomical Observatory. Annual report 1953. Cambridge, Mass. Published by the University. 23 S. D. H. Menzel.

Canberra. Commonwealth Observatory. Report of the Commonwealth Astronomer for the year 1952. Nature **173** 160. — Auszug aus dem in AJB **53** Ref. **1101** zitierten Bericht. Ferner: Report of the Commonwealth Astronomer for the year 1953. 6 S. R. v. d. R. Woolley. — Maschinenschriftvervielfältigung.

Cape of Good Hope. Royal Observatory. Report for 1952. Nature **173** 437—438. — Auszug aus dem in AJB **53** Ref. **1101** zitierten Bericht. Ferner: Report of Her Majesty's Astronomer at the Cape of Good Hope to the Secretary of the Admiralty for the year 1953. 15 Schreibmaschinenseiten. MN **114** 305—309. R. H. Stoy.

Charlottesville, Va. Leander McCormick Observatory. AJ **59** 339—340. H. L. Alden.

Christchurch, N. Z. Geophysical Observatory. MN **114** 344. J. W. Beagley.

Cleveland, Ohio. Warner and Swasey Observatory. AJ **59** 365—367. J. J. Nassau.

Delaware, Ohio. Perkins Observatory. AJ **59** 356—358. G. Keller.

Dublin. Dunsink Observatory. Irish AJ **3** 3—5. H. A. Brück. MN **114** 325—326. H. A. Brück.

Edinburgh. Royal Observatory. MN **114** 303—305. W. M. H. Greaves.

Evanston, Ill. Dearborn Observatory. AJ **59** 336—337. K. A. Strand.

Exeter. Norman Lockyer Observatory of the University College of the South West. MN **114** 325. D. L. Edwards.

Flagstaff, Ariz. Lowell Observatory. AJ **59** 344—346. V. M. Slipher.

Frankfurt a. M. Mitt. AG 1953 S. 57—58. K. Schiller.

Freiburg i. Br. Fraunhofer-Institut. Mitt. AG 1953 S. 58—62. K. O. Kiepenheuer.

Glasgow. University Observatory. MN **114** 315—316. W. M. Smart.

Göttingen. Universitäts-Sternwarte. Mitt. AG 1953 S. 62—64. P. ten Bruggencate.

Göttingen. Max-Planck-Institut für Physik (Abteilungen für Astrophysik und für theoretische Physik). Mitt. AG 1953 S. 65—67. L. Biermann, C. F. v. Weizsäcker.

Granada. Observatorio Geofísico de Cartuja (Granada). Urania Barcelona **39** 190—191.

Greenwich. Royal Greenwich Observatory. Report of the Astronomer Royal to the Board of Visitors of the Royal Greenwich Observatory. 29 S. H. Spencer Jones. — 1953 Mai 1—1954 April 30. Ferner: MN **114** 299—303. H. Spencer Jones. Nature **174** 494—495.

Hamburg-Bergedorf. Mitt. AG 1953 S. 67—71. O. Heckmann.

Hamburg. Deutsches Hydrographisches Institut. Jahresbericht Nr. 8, 1953. 64 S. G. Böhnecke.

Hannover. Mitt. AG 1953 S. 71—73. K. Pilowski.

Heidelberg. Astronomisches Rechen-Institut. Mitt. AG 1953 S. 77—80. A. Kopff.

Heidelberg, Königstuhl. Mitt. AG 1953 S. 74—77. H. Kienle.
Hyderabad. Nizamiah Observatory. MN **114** 337—338. A. Ali.
Ithaca, N. Y. Fuertes Observatory. AJ **59** 338. R. W. Shaw.
Jena. Mitt. AG 1953 S. 80—82. H. Lambrecht.
Johannesburg. Union Observatory. Annual report for 1952. 2 S. Ferner: MN **114** 334. W. H. van den Bos.
Kiel. Mitt. AG 1953 S. 82. A. Unsöld.
Kodaikanal. Kodaikanal Observatory. Annual reports for 1951 and 1952. Nature **173** 625. — Auszug aus den in AJB **52** und AJB **53** Ref. 1101 zitierten Berichten. Ferner: Annual report of the Kodaikanal Observatory for the year 1953. 10 S. A. K. Das. MN **114** 338—340. A. K. Das.
Lake Angelus, Pontiac, Mich. McMath-Hulbert Observatory. Vgl. Ann Arbor.
Leipzig. Mitt. AG 1953 S. 82—83. G. Reinhold.
Liverpool. Observatory and Tidal Institute. Annual Report 1953. 15 S. mit 3 Fig. und 1 Tafel. A. T. Doodson.
London. Institute of Navigation. Seventh annual general meeting. J. Inst. Navigation **7** 92—96.
London. University of London Observatory. MN **114** 316—317. C. W. Allen.
Madrid. Seminario de Astronomía y Geodesia de la Universidad. Urania Barcelona **39** 194—195.
Madrid. Observatorio Astronómico Nacional. Urania Barcelona **39** 196—197.
Manchester. Jodrell Bank Experimental Station, University of Manchester. MN **114** 318—322 = Astr. Contr. Univ. Manchester (2) Jodrell Bank Repr. Nr. **97**. A. C. B. Lovell.
Middletown, Conn. Van Vleck Observatory. AJ **59** 365. C. L. Stearns.
Mount Hamilton, Calif. Lick Observatory. AJ **59** 340—344. C. D. Shane.
Mount Stromlo. Commonwealth Observatory. MN **114** 340—341. R. v. d. R. Woolley.
Mount Wilson, Mount Palomar. Carnegie Institution of Washington and the California Institute of Technology. Annual report 1952—1953. Nature **173** 673—674. — Auszug aus dem in AJB **53** Ref. 1101 zitierten Bericht. Ferner: Annual report 1953—1954. AJ **59** 353—356. I. S. Bowen.
München. Mitt. AG 1953 S. 83—86. E. Schoenberg.
Münster. Mitt. AG 1953 S. 86. J. Hellerich.
Neuchâtel. Rapport du directeur de l'Observatoire Cantonal de Neuchâtel à la Commission de l'Observatoire sur l'exercice 1953, suivi du rapport spécial sur les concours des chronomètres et des pendules observés en 1953. 28 S. mit 4 Tafeln, 1954. E. Guyot.
New Haven, Conn. Yale University Observatory. AJ **59** 367—368. D. Brouwer.
Ottawa. Dominion Observatory. J RAS Canada **48** 68—69. MN **114** 326—329. C. S. Beals.
Oxford. University Observatory. MN **114** 323. H. H. Plaskett.
Paris. Rapport annuel sur les travaux du Bureau International de l'Heure en 1954. Bull hor (3) Nr. **12b** S. 415—424. A. Danjon.
Perth. Observatory. MN **114** 344. H. S. Spigl.
Philadelphia, Pa. Flower and Cook Observatories. AJ **59** 337—338. C. P. Olivier.
Pittsburgh, Pa. Allegheny Observatory. AJ **59** 335. N. E. Wagman.
Potsdam. Astrophysikalisches Observatorium. Mitt. AG 1953 S. 87—92. J. Wempe.
Pretoria. Radcliffe Observatory. MN **114** 334—337. A. D. Thackeray.
Princeton, N. J. Princeton University Observatory. AJ **59** 358—360. L. Spitzer jr.
Richmond Hill. David Dunlap Observatory. AJ **59** 335—336. J. F. Heard. MN **114** 329—330. J. F. Heard.

Riverview, N. S. W. Riverview College Observatory. MN **114** 341. T. N. Burke-Gaffney.

San Fernando. Instituto y Observatorio de Marina. Urania Barcelona **39** 197.

Santiago. Observatorio Astronómico de la Universidad de Santiago de Compostela. Urania Barcelona **39** 194.

Sonneberg. Mitt. AG 1953 S. 92—96. N. Richter, C. Hoffmeister.

St. Andrews. University Observatory. MN **114** 324—325. E. Finlay-Freundlich.

Stockholm. Stockholms Observatorium Årsberättelse för 1953. K. Svenska Vet. Årsbok för år 1954 S. 133—143. B. Lindblad.

Swarthmore, Pa. Sproul Observatory. AJ **59** 361—362. P. van de Kamp.

Sydney. Observatory. MN **114** 341. H. Wood.

Sydney. Radiophysics Laboratory. MN **114** 341—343. E. G. Bowen.

Tortosa. Observatorio de Física Cósmica del Ebro. Urania Barcelona **39** 191—193.

Troy, N. Y. Observatory of Rensselaer Polytechnic Institute. AJ **59** 360—361. R. Fleischer.

Tübingen. Mitt. AG 1953 S. 96—98. H. Siedentopf.

Uccle. Rapport sur les travaux scientifiques effectués pendant l'année 1953. Commun. Obs. Roy. Belgique Nr. **72**, 16 S. P. Bourgeois.

Valencia. Observatorio Astronómico de la Universidad. Urania Barcelona **39** 197.

Victoria, B. C. Dominion Astrophysical Observatory, Victoria, B. C. J RAS Canada **48** 163—164. MN **114** 330—334. R. M. Petrie.

Washington, D. C. United States Naval Observatory. AJ **59** 362—365. F. A. Graf.

Washington, D. C. The Smithsonian Institution. Report on the Astrophysical Observatory. Report for the year 1952—1953. Nature **173** 1220—1221. — Auszug aus dem in AJB **53** Ref. **1101** zitierten Bericht. Annual Report Smithsonian Inst. for 1953. S. 121—125. L. B. Aldrich.

Washington. Carnegie Institution of Washington. Annual report for 1952—53. Nature **173** 673—674.

Washington, D. C. United States Coast and Geodetic Survey. AJ **59** 362. R. F. A. Studds.

Wellington, N. Z. Carter Observatory. Report of the Carter Observatory Board for the year ended 1954, March 31. Carter Obs. Astr. Bull. Nr. **41**, 16 S. I. L. Thomsen. MN **114** 345. I. L. Thomsen.

Wrocław. Działalność obserwatoriów astronomicznych Uniwersytetu Wrocławskiego w latach 1950—1953. Postępy Astr. **2** 108—116. E. Rybka.

Zürich. Eidgenössische Sternwarte. Tätigkeitsbericht für das Jahr 1953. 6 S. M. Waldmeier.

* * Tätigkeitsberichte von Privat- und Volkssternwarten siehe unter § **12**.

1102. **American Association of Variable Star Observers**

Sky and Telescope **13** 55, mit Bild. The annual meeting of the AAVSO.

Sky and Telescope **14** 62—63, mit 2 Fig. Variable Star Observers meet in Rhode Island.

1103. **American Astronautical Society**

Astronautics **1** 20—22. This new Society.

Sky and Telescope **13** 217. — Betrifft die Gründung der Gesellschaft in New York.

1104. **American Astronomical Society**

Sky and Telescope **13** 153, Photographie: The 90th meeting of the American Astronomical Society, Vanderbilt University, December 27—30, 1953.

Sky and Telescope **13** 424—425, zwei Photographien: American Astronomical Society, University of Michigan, June 20—23, 1954.

Die kurzen Berichte über die auf den Versammlungen gehaltenen Vorträge sind durch «Ref. AAS» gekennzeichnet.

1105. American Meteor Society

American Meteor Soc. Bull. Nr. **17**, 4 S. = Flower Obs. Repr. Nr. **100**. The American Meteor Society.

Meteoritics **1** 247—279 = Flower Obs. Repr. Nr. **99**. Reports of the American Meteor Society. C. P. Olivier. — Die einzelnen Berichte sind in den betreffenden Paragraphen aufgeführt.

1106. Asociacion Argentina «Amigos de la Astronomia»

Rev. Astr. Nr. **127** S. 65—69. Segunda Exposición Astronómica de la Asociación Argentina «Amigos de la Astronomía».

Rev. Astr. Nr. **127** S. 81—92, Nr. **129** S. 80—90. Noticias de la Asociación. J. R. Naveira, C. L. Segers.

Rev. Astr. Nr. **131** S. 101—103. Acta de la asamblea ordinaria anual de socios del 26 de enero de 1952. C. L. Segers, J. R. Naveira.

Rev. Astr. Nr. **131** S. 104—106. Memoria del ejercicio del año 1951. C. L. Segers, J. R. Naveira.

1107. Astronomical Society of the Pacific

Publ ASP **66** 41. Minutes of the special meeting of the directors, November 28, 1953.

Publ ASP **66** 41—42. Minutes of the adjourned meeting of the directors, December 2, 1953. S. Einarsson.

Publ ASP **66** 99—102. Minutes of the sixty-fifth annual meeting of the Astronomical Society of the Pacific, January 13, 1954. S. Einarsson.

Publ ASP **66** 103—104. Minutes of the meeting of the newly elected board of directors, January 13, 1954. S. Einarsson.

Publ ASP **66** 105—108. Annual report of the secretary-treasurer for the year ending December 31, 1953. S. Einarsson, V. Graves.

Publ ASP **66** 342—343. Minutes of the meeting of the board of directors, September 8, 1954. S. Einarsson.

Die kurzen Berichte über die auf den Versammlungen gehaltenen Vorträge sind durch «Ref. ASP» gekennzeichnet.

1108. Astronomical Society of South Africa

MN ASSA **13** 1, 9, 17, 29—30, 41, 49—50, 55, 64—65, 73—74. Society notices.

MN ASSA **13** 1, 9, 17, 30, 41, 55, 66—67, 74—77. Centre news.

MN ASSA **13** 10—16. The Astronomical Society of South Africa and its constitution.

MN ASSA **13** 65—68. Annual report. Report of the Council for the session 1953—54.

1109. Astronomical Society of Victoria

J. Astr. Soc. Victoria **7** 2—7. Annual report, 1953. R. W. Smiley, J. C. Hewitson.

J. Astr. Soc. Victoria **7** 15—16. Annual general meeting — February 18.

J. Astr. Soc. Victoria **7** 45—46. Exhibition meeting — 1954.

J. Astr. Soc. Victoria **7** 76. Office-bearers and council for 1955.

J. Astr. Soc. Victoria **7** 85—86. The co-ordinates of the Society's telescopes.

1110. Astronomische Gesellschaft

Mitt. AG 1953 S. 37—40. Satzungen der Astronomischen Gesellschaft. Nach den Beschlüssen der Gesellschaft vom 10. Oktober 1953.

Naturwiss. Rundschau **7** 35—36. — Bericht über die Tagung in Bremen vom 7. bis 10. Okt. 1953.

Naturwiss. Rundschau **6** 509. Neue internationale Projekte auf dem Gebiete der Erforschung des Weltenraumes. — Behandelt die großen Projekte internationaler Zusammenarbeit aus dem Bericht des Vorsitzenden der AG auf der Tagung in Bremen (vgl. AG Mitt. **1953** 6—7).

Naturwiss. Rundschau **7** 514—515. Tagung der Astronomischen Gesellschaft in Tübingen. H. Siedentopf.

Phys. Blätter **10** 36—38. Versammlung der Astronomischen Gesellschaft in Bremen. F. Gondolatsch.

Phys. Blätter **11** 517—518. Versammlung der Astronomischen Gesellschaft in Tübingen. F. Gondolatsch.

Phys. Verhandlungen **5** 121—122. Astronomentagung in Tübingen. Astronomische Gesellschaft. F. Gondolatsch.

Sterne **30** 228—233. Die 41. Versammlung der Astronomischen Gesellschaft in Tübingen vom 7. bis 11. September 1954. C. Hoffmeister.

Vega Nr. **18/20** S. 78. Annual convention of the Astronomische Gesellschaft 1954. G. D. Roth.

Die kurzen Berichte über die auf den Versammlungen gehaltenen Vorträge sind durch «Ref. AG» gekennzeichnet.

1111. Astronomisch-Geodätische Gesellschaft der UdSSR

Urania Kraków **25** 50—51. Działalność WAGO.

1112. Astronomisk Selskab

NAT **1954** 80—82. Den ordinaere generalforsamling.

1113. British Astronomical Association

JBAA **64** 265—268. Report of the annual exhibition meeting of the Association.

JBAA **64** 335—355. Report of the council on the work of the session 1953 July 1 to 1954 June 30, to be presented to members of the Association at the annual general meeting, 1954 October 27. — Enthält unter anderem die Berichte folgender Sektionen: Solar Section (D. W. Dewhirst), Lunar Section (H. P. Wilkins), Mercury and Venus Section (H. McEwen), Mars Section (P. M. Ryves), Jupiter Section (A. F. O'D. Alexander), Saturn Section (M.B.B. Heath), Comet Section (G. Merton), Meteor Section (J. P. M. Prentice), Aurora and Zodiacal Light Section (J. Paton, D. A. Maclean), Variable Star Section (W. M. Lindley), Instruments and Observing Methods Section (W. H. Steavenson), Computing Section (G. Porter), Historical Section (C. A. Ronan).

JBAA **65** 1—17, mit 3 Fig. und 5 Tafeln. Report of the annual general meeting of the Association.

JBAA **65** 21. Officers and Council for the session 1954 to 1955.

1114. British Interplanetary Society

J. British Interplanetary Soc. **13** 102. Eighth annual general meeting.

J. British Interplanetary Soc. **13** 365—379. Annual report of the British Interplanetary Society. Ninth annual general meeting. L. R. Shepherd.

Vega Nr. **21/24** S. 87. Twenty-first anniversary of the British Interplanetary Society.

1115. **Deutsche Gesellschaft für Chronometrie**
Ann. Françaises Chronométrie (2) **24** 70. Deutsche Gesellschaft für Chronometrie, congrès de Stuttgart 26—27 juin 1953.

1116. **Gesellschaft für Weltraumforschung**
Phys. Blätter **10** 422—423. 7. Jahreshauptversammlung der Gesellschaft für Weltraumforschung. H. Gartmann.

1117. **International Astronomical Union**
Rev. Astr. Nr. **131** S. 74—86. El Congreso Astronómico de la I. A. U. realizado en Roma. P. Sconzo.
Science **120** 412. International Astronomical Union. O. Struve.
Transactions of the International Astronomical Union. Vol. 8. Eighth General Assembly held at Rome 4 September to 13 September 1952. Edited by P. T. Oosterhoff, General Secretary. Printed with financial assistance from U.N.E.S.C.O. Cambridge, At the University Press, 1954. 9 + 887 S. Preis 63 s. net.

1118. **Internationale Astronautische Föderation**
Flight **66** 261. Fifth international astronautical congress. E. Burgess.
J. British Interplanetary Soc. **13** 337—345, mit 4 Fig. The fifth international astronautical congress, Innsbruck, 1954.
Naturwiss. Rundschau **7** 35. Astronautischer Kongreß in Zürich.
Naturwiss. Rundschau **7** 438. Internationaler Astronauten-Kongreß.
Orion Schaffhausen **4** 210—213. Zum Kongreß der «Internationalen Astronautischen Föderation» in Zürich 1953. W. Büdeler.
Phys. Blätter **10** 129—132. Der 4. Internationale Astronautische Kongreß in Zürich. H. Hartmann.
Urania Kraków **25** 17. IV. Międzynarodowy Kongres Astronautyki.
Weltraumfahrt **1954** 97—102, mit 8 Abb. Eindrücke vom 5. Internationalen Astronautischen Kongreß. H. K. Kaiser.

1119. **Meteoritical Society**
Meteoritics **1** 237—246. The constitution and the bylaws of the Meteoritical Society.
Meteoritics **1** 257—259. The annual report for 1952. C. P. Olivier.

1120. **Nederlandse Vereniging voor Weer- en Sterrenkunde**
Hemel en Dampkring **52** 61—66, mit 1 Bild. — Geschäftsbericht für 1953.
Hemel en Dampkring **52** 129 = Werkgroep Meteoren Med. Nr. **35**. Verslag van de Werkgroep Meteoren over het jaar 1953. S. G. Fonk.
Meteoor **10** 16. Jaarverslag over 1953 van de Secties Meteorfotografie en Meteorietenonderzoek. T. van Dijk.
Meteoor **10** 16. Jaarverslag van de Rekensectie over 1953. J. van Diggelen.

1121. **Polnische Astronomische Gesellschaft**
Postępy Astr. **2** 43—45. Sprawozdanie z działalności Polskiego Towarzystwa Astronomicznego za rok 1953. M. Karpowicz.
Urania Kraków **25** 211—215. Zjazd referatowy P. T. A. w Krakowie.

1122. **Royal Astronomical Society**
MN **114** 274—288. Annual general meeting of 1954 February 12.
MN **114** 370—383. The president's address on the award of the gold medal to Dr Walter Baade. J. Jackson.
Obs **74** 55—61. Anniversary meeting and annual general meeting of the Royal Astronomical Society.

1123. **Royal Astronomical Society of Canada**

J RAS Canada **48** 49—67. Minutes of annual meeting of the Royal Astronomical Society of Canada.

1124. **Royal Astronomical Society of New Zealand**

Southern Stars **16** 69—77. Report of the Council for the year ended 1954, September 30. I. L. Thomsen, N. I. Jones. Reports of Sections. F. M. Bateson, R. B. Orton, G. T. Railton.

1125. **Schweizerische Astronomische Gesellschaft**

Orion Schaffhausen **4** 265. Zum 80. Geburtstag des Gründers der Schweizerischen Astronomischen Gesellschaft. M. Schürer.

Orion Schaffhausen **4** 288—291. Bericht über die 12. Generalversammlung der Schweizerischen Astronomischen Gesellschaft in Biel am 22. und 23. Mai 1954. E. Maier.

1126. **Sociedad Astronómica de México**

El Universo Nr. **27** S. 18, Nr. **28** S. 27—29, 39—40, Nr. **29** S. 85. Actividades de la Sociedad.

1127. **Società Astronomica Italiana**

Atti Convegno Soc. Astr. Italiana, Firenze-Pisa, settembre 1953, S. 3—11, mit 1 Tafel. La riunione di Firenze e Pisa e l'assemblea generale dei soci per l'anno 1953 (26—27 settembre 1953).

Mem SA It (NS) **25** 301—303. Atti della Società. Votazione per il Vice-Presidente.

Die kurzen Berichte über die auf der Versammlung gehaltenen Vorträge sind durch «Ref. Soc. Astr. Italiana» gekennzeichnet.

1128. **Société Astronomique de France**

BSAF **68** 33—34, mit 1 Fig. Activité de la cinémathèque S. A. F. en 1953. J. Leclerc.

BSAF **68** 69. La première réunion des étudiants de la Société. A. Plussiber.

BSAF **68** 279—284. Assemblée générale annuelle de la Société Astronomique de France du 9 juin 1954. A. Hamon.

BSAF **68** 285—288. La vie de la Société Astronomique de France (1953—1954). G. C. Flammarion.

1129. **Société Belge d'Astronomie, de Météorologie et de Physique du Globe**

Ciel et Terre **70** 139—145. Assemblée générale statutaire du 13 mars 1954. E. Hoge, H. Michel.

1130. **Société Chronométrique de France**

Ann. Françaises Chronométrie (2) **24** 65—69, mit Bild. Assemblée générale de la Société Chronométrique de France, Besançon 13, 14 et 15 juin 1953.

Ann. Françaises Chronométrie (2) **24** 138—141. Société Chronométrique de France. Assemblée générale du 28 novembre 1953.

1131. **Svenska Astronomiska Sällskapet**

PAT **35** 69—70. Svenska Astronomiska Sällskapet.

1132. **Unión Nacional de Astronomía y Ciencias Afines**

Urania Barcelona **39** 190. Actividad de los observatorios españoles durante el año 1953.

1133. **M. L. R. de Clercq,** Vereniging voor Sterrenkunde, Meteorologie, Geofysica en aanverwante Wetenschappen. De viering van het tweede lustrum. Hemel en Dampkring **52** 214—216, mit 3 Fig.

1134. **J. Doherty, W. A. Malone,** The Armagh Centre in 1952. Irish AJ **3** 55.

1135. **J. C. Greene,** Some aspects of American astronomy 1750—1815. Isis **45** 339—358. — Ref. in ZfMG **56** 244.

1136. **J. L. Greenstein,** More about the NSF and astronomy. Sky and Telescope **13** 291, 299. — Bericht über die Verteilung von Forschungsmitteln der National Science Foundation für astronomische Institutionen.

1137. **W. Lynn, E. Strain,** The Armagh Centre in 1953. Irish AJ **3** 55—56.

1138. **G. C. Marlowe,** Symposium of northern astronomical societies, October 30th, 1954. Vega Nr. **21/24** S. 87.

1139. **W. Martinetz,** Astronomische Gemeinschaft Linz a. d. Donau. Sterne **30** 73.

1140. **L. Michiels,** Société d'Astronomie d'Anvers. Trente-troisième et trente-quatrième rapports 1952 et 1953. Anvers, 1954. 15 S.

1141. **E. D. Onstott,** New Colorado Society. Sky and Telescope **14** 17.

1142. **K. M. Papworth, J. H. McElderry,** The Belfast Centre in 1953. Irish AJ **3** 53—54.

1143. Fifty-second annual report for the year ending January 31, 1954. Memorial House, Nantucket Mass. 46 S. mit einem Bild von Maria Mitchell. — Bericht der Nantucket Maria Mitchell Association.

1144. Rhodesian Astronomical Society. MN ASSA **13** 77. — Neugründung in Salisbury.

1145. Bulawayo Astronomical Society. MN ASSA **13** 69. — Neugründung.

1146. Nueva sociedad astronómica en nuestro país. Rev. Astr. Nr. **131** S. 95. — «Centro Astronómico de Bahía Blanca».

1147. Whittier astrophysics society. Sky and Telescope **13** 414.

1148. Sprawozdanie z działalności P. T. M. A. w roku 1953. Urania Kraków **25** 144—152. — Bericht über die Tagung der Polnischen Gesellschaft für Liebhaber der Astronomie.

1149. Astronomical societies. Vega Nr. **16/17** S. 69—70. — Enthält einige Mitteilungen über die Astronomical Society of Victoria, Australien, die Australian and New Zealand Association for Advancement of Science, die Astronomical Society of the Pacific, die American Association for the Advancement of Science, die American Astronomical Society und die American Association of Variable Star Observers.

Tagungen

1150. **J. A. Anderer,** Madison convention. Sky and Telescope **13** 381—383, mit 3 Fig.

1151. **J. Baltá,** XI Asamblea general de la Unión Radio-Científica Internacional (U. R. S. I.). La Haya 1954. Urania Barcelona **39** 232—238, mit 3 Fig.

1152. **W. Buscombe,** Meeting of the Australian and New Zealand Association for the Advancement of Science. Publ ASP **66** 89. — Tagung vom 26. I. — 2. II. 1954 in Canberra.

1153. **R. W. Cable,** The P. I. O. S. A. congress at Perth. Symposium on cosmic rays. J. Astr. Soc. Victoria **7** 74.

1154. **P. Couderc,** Trois conférences de F. Zwicky à l'Institut d'Astrophysique de Paris (juin 1954). BSAF **68** 405—415, mit 5 Fig. — Inhalt: 1. Matière intergalactique. 2. Galaxies et amas de galaxies. 3. L'Univers est-il en expansion, ou non?

1155. **F. Daniels, R. Morgen,** Symposium of the utilization of solar energy. Science **119** 82—83. — Ref. in RJ Astr. Geod. UdSSR Nr. **3**, 1955; Ref. Nr. 1093.

1156. **J. Dick,** Die Vorträge der astrometrischen Konferenz in Pulkowo. Sterne **30** 224—227.

1157. Publikationen der zehnten astrometrischen Konferenz der UdSSR in Pulkowo vom 8. bis 11. Dezember 1952. Leningrad, Verlag des Astronomischen Hauptobservatoriums, 1954. 270 S. (russisch). — Inhalt: Vorwort, S. 3—4; einleitende Worte des Vorsitzenden der Astrometrischen Kommission des Astronomischen Rates der Akademie der Wissenschaften der UdSSR, M. S. Swerew, S. 5—6; M. S. Swerew, Über die Arbeit der Astrometrischen Kommission des Astronomischen Rates der Akademie der Wissenschaften der UdSSR, S. 9—13; M. S. Swerew, Bericht über die Vorschläge der Unterkommission für den Katalog Schwacher Sterne, S. 14—21; K. A. Kulikow, Bericht der Breiten-Unterkommission, S. 22—24; A. J. Orlow, Ergänzung zum Bericht der Breiten-Unterkommission, S. 25—26; A. A. Jakowkin, Bericht der Unterkommission zur Untersuchung der Bewegung und der Figur des Mondes, S. 27; M. S. Swerew, Über die astrometrischen Arbeiten des Astronomischen Hauptobservatoriums der Akad. Wiss. UdSSR in Pulkowo, S. 28—30; M. F. Subbotin, Über die Tätigkeit des Instituts für Theoretische Astronomie der Akad. Wiss. UdSSR auf dem Gebiet der Astrometrie, S. 31—32; E. J. Bugoslawskaja, Die in den Jahren 1951 und 1952 am Staatlichen Astronomischen Sternberg-Institut ausgeführten Arbeiten über Astrometrie, S. 33—34; A. A. Nefedjew, Über die astrometrischen Arbeiten am Astronomischen Engelhardt-Observatorium, S. 35—37; W. P. Schtscheglow, Über die am Taschkenter Astronomischen Observatorium der Akad. Wiss. der Usbekischen Sowjetrepublik in den Jahren 1951 und 1952 durchgeführten astrometrischen Arbeiten, S. 38—41; A. A. Jakowkin, Über die Arbeiten des Astronomischen Hauptobservatoriums der Akad. Wiss. der Ukrainischen Sowjetrepublik, S. 42; S. N. Aksentjewa, Über die Arbeiten des Poltawaer Gravimetrischen Observatoriums der Akad. Wiss. der Ukrainischen Sowjetrepublik in den Jahren 1951 und 1952, S. 43—45; D. W. Pjaskowskij, Über die Arbeit der Astrometrischen Abteilung des Astronomischen Observatoriums der Schewtschenko-Staatsuniversität Kiew in den Jahren 1951 und 1952, S. 46; N. P. Barabaschew, Über die astrometrischen Arbeiten des Astronomischen Observatoriums der Gorkij-Staatsuniversität Charkow, S. 47; B. W. Nowopaschenny, Über die astrometrischen Arbeiten des Astronomischen Observatoriums der Metschnikow-Staatsuniversität Odessa, S. 48—49; K. A. Steins, Über die Arbeit des Zeitdienstes der Litauischen Staatsuniversität, S. 50; I. N. Jasew, Über die astrometrischen Arbeiten des Observatoriums der Shdanow-Staatsuniversität Irkutsk, S. 51; A. N. Kusnezow, Über die Arbeit des Zeitdienstes des Zentralen Forschungsinstituts für Geodäsie, Luftbildaufnahmen und Kartographie, S. 52—53; D. J. Belozerkowskij, Über die Tätigkeit des Zentralen Forschungsbüros des Einheitszeitdienstes des Komitees

für Maße und Meßgeräte in den Jahren 1951 und 1952, S. 54—56; S. I. Alexejew, Über die Arbeiten des Zeitlaboratoriums des Mendelejew-Forschungsinstituts der UdSSR für Metrologie, S. 57; P. P. Parenago, Stellarastronomische Probleme der Astrometrie, S. 61—65; W. A. Ambarzumjan, Fragen der astrometrischen Untersuchung der Sternassoziationen, S. 66—67; N. S. Samojlowa-Jachontowa, Über den Stand der Arbeit über die Kleinen Planeten in der UdSSR, S. 68—69; N. W. Fatschichin, Über die Genauigkeit der Bestimmung der absoluten Eigenbewegungen von Sternen aus außergalaktischen Nebeln, S. 70—79; W. W. Lawdowskij, Bestimmung der Helligkeitsgleichung aus den Eigenbewegungen des Sternhaufens NGC 6885, S. 80—86, mit 2 Abb.; E. D. Pawlowskaja, Über die Möglichkeit der Benutzung der astrographischen Kataloge der «Carte du Ciel» zur Ableitung von Eigenbewegungen, S. 87—88; N. W. Fatschichin, Die Reichweite des Normalastrographen Pulkowo für verschiedene Plattensorten, S. 89—91; I. G. Koltschinskij, Über die schnellen Änderungen der Refraktion und ihren Einfluß in der Astrometrie, S. 92—94; A. A. Nemiro, Astrometrische Probleme auf der 8. Tagung der Internationalen Astronomischen Union, S. 95—121; B. A. Orlow, Über die Pulkowoer Refraktionstabellen, S. 122—124; I. G. Koltschinskij, Über die an den Refraktionstafeln wegen Sternfarbe anzubringenden Korrektionen, S. 125—128; E. P. Fjodorow, Über die Untersuchung der augenblicklichen Rotationsachse der Erde, S. 129—132; A. A. Jakowkin, Die Realität der freien Libration des Mondes, S. 133—137; E. P. Fjodorow, Zur bevorstehenden internationalen Tagung über die Methoden der Erforschung der Breitenänderungen und der Polbewegung, S. 138—139; W. I. Sacharow, I. F. Korbut, Über die Durchprüfung des Pulkowoer Programms der Breitenbeobachtungen, S. 140—150; A. I. Konstantinow, Der elektromagnetische Antrieb zum Okularmikrometer zur Beobachtung von Sterndurchgängen, S. 151—160, mit 8 Abb.; N. N. Pawlow, Der heutige Stand der photoelektrischen Registrierung von Sterndurchgängen, S. 161—163; W. E. Brandt, Die photoelektrischen Einrichtungen des Zentralen Forschungsinstituts für Geodäsie, Luftaufnahmen und Kartographie zur Registrierung von Sterndurchgängen und die ersten Ergebnisse ihrer Anwendung, S. 164—182, mit 12 Abb.; W. M. Wassiljew, Der Einfluß der Temperaturveränderung eines Instruments auf die Genauigkeit von astronomischen Beobachtungen und Geräte zur Untersuchung von Temperaturunterschieden im Inneren astronomischer Instrumente, S. 183—190, mit 3 Abb.; N. N. Pawlow, Über thermische Effekte in den Passageninstrumenten des Zeitdienstes, S. 191—225, mit 3 Abb.; A. A. Jakowkin, Über die Untersuchung der Zapfen eines Passageninstruments, S. 226—228; W. P. Linnik, G. W. Rodkewitsch, Das Interferenzheliometer, S. 229—234, mit 4 Abb.; A. N. Deutsch, Über einen neuen Typ des Blinkkomparators, S. 235—236; I. A. Djukow, P. S. Konew, A. A. Antonow, Projekt eines Instruments zur Bestimmung der absoluten Deklinationen der Sterne, S. 237—238, mit 1 Abb. — Die Seiten 241—267 enthalten ein Verzeichnis der Teilnehmer an der 10. astrometrischen Konferenz der UdSSR, die Tagesordnung, Resolutionen und Hinweise für die Durchführung verschiedener astrometrischer Arbeiten.
Loh.

1158. **W. W. Fedynskij,** Die Konferenz über Meteorphysik in Manchester (England) vom 20. bis 22. Juli 1954. AJ UdSSR **31** 567—574 (russisch).

1159. **E. E. Friton,** The Mid-States convention of the Astronomical League. Sky and Telescope **14** 16.

1160. **D. S. Gorschenin,** Internationale Zusammenarbeit der Akademie der Wissenschaften der Kasachischen Sowjetrepublik. Bote Akad. Wiss. Kasach. Sowjetrepublik Nr. **12** S. 5—20 (russisch). — Ref. in RJ Astr. Geod. UdSSR Nr. 7, 1955; Ref. Nr. 2603.

1161. **V. Guth, M. Plavec,** Zpráva o zájezdu delegace ČSAV na astronomické konference v Belgii a v Anglii. Věst. Českosl. akad. věd. **63** 441—444. — Ref. in RJ Astr. Geod. UdSSR Nr. **11**, 1955; Ref. Nr. 4641.

1162. **J. P. Hagen,** Radio astronomy conference. Science **119** 588—591. — Ref. in Phys. Abstracts (A) **57** 1359, Phys. Ber. **34** 211, RJ Astr. Geod. UdSSR Nr. **2**, 1955; Ref. Nr. 640.

1163. **G. A. W. C. van Hemert tot Dingshof,** Werkende amateurs voor de tiende maal bijeen. Hemel en Dampkring **52** 217—218.

1164. **J. Humphries,** Conference on rocket exploration of the upper atmosphere. J. British Interplanetary Soc. **13** 32—34. — Oxford, 24.—26. August 1953.

1165. **C. de Jager,** Flitsen van het meteorencolloquium te Jodrell Bank. Meteoor **10** 46—47.

1166. **J. I. Jefremow,** Die elfte Konferenz der Erforscher der veränderlichen Sterne. AJ UdSSR **31** 405—406 (russisch).

1167. **T. R. Kaiser,** A symposium on meteor physics at Jodrell Bank. Obs **74** 195—208, mit 1 Tafel = Astr. Contr. Univ. Manchester (2) Jodrell Bank Repr. Nr. **108**.

1168. **H. Kaminski,** Amateur-Astronomen tagten in der Volkssternwarte Bochum. Sterne **30** 110—111.

1169. **M. Karpowicz,** Sympozjon radioastronomiczny w Jodrell Bank. Postępy Astr. **2** 144—147.

1170. **P. G. Kulikowskij,** Die internationale astronomische Konferenz in Lüttich (Juli 1954). Bote Akad. Wiss. UdSSR Nr. **11** S. 81—83 (russisch).

1171. **A. S. Leonard,** Sixth annual convention of Western Amateur Astronomers. Sky and Telescope **14** 63, mit 2 Fig.

1172. **R. J. Northcott,** Swarthmore conference on astronomical research in colleges. J RAS Canada **48** 134—135.

1173. **J. G. Perel,** Sitzung der Kommission über Geschichte der Astronomie. AJ UdSSR **31** 575—576 (russisch). — 27. Mai 1954 in Leningrad.

1174. **C. I. Pommer,** Die elfte astrometrische Konferenz. AJ UdSSR **31** 407—408 (russisch).

1175. **N. Richter,** Kleinkörper im interstellaren und interplanetaren Raum. Sterne **30** 227—228. — Bericht über das 6. internationale astrophysikalische Kolloquium in Lüttich.

1176. **W. S. Safronow,** Sitzung des Astronomischen Rates der Akademie der Wissenschaften der UdSSR und Beratung über die Koordinierung der Forschungsarbeiten auf astronomischem Gebiet im Jahre 1954. AJ UdSSR **31** 213—215 (russisch).

1177. **W. S. Safronow,** Ergebnisse und Perspektiven der astronomischen Forschungen (Im Astronomischen Rat der Akademie der Wissenschaften der UdSSR). Bote Akad. Wiss. UdSSR Nr. **2** S. 102—104 (russisch). — Ref. in RJ Astr. Geod. UdSSR Nr. **1**, 1955; Ref. Nr. **16**.

1178. **C. Schalén,** Ett symposium sommaren 1953. PAT **35** 79—80, mit 2 Bildern.

* * **E. Schatzman,** Nature et évolution de la matière interstellaire. (Le colloque de Liège, juillet 1954). Vgl. Ref. **12527**.

1179. **W. Stein,** Olbers-Ausstellung. Sterne **30** 26—27, mit 1 Abb.

1180. **H. A. Wallace,** Sixth annual convention of Western Amateur Astronomers. Publ ASP **66** 259—260.

1181. Problems in astrometry. A conference sponsored by the National Science Foundation and Northwestern University, Evanston, Illinois, September 3—5, 1953. AJ **59** 29—104, mit 6 Fig. — Die dort gehaltenen Referate sind in den entsprechenden Paragraphen aufgeführt.

1182. Die Beiträge der 5. Tagung der Kommission für Kometen und Meteore des Astronomischen Rates der Akademie der Wissenschaften der UdSSR. Akad. Wiss. Tadshik. Sowjetrepublik Publ. **20**, 156 S. = Publ. Astr. Obs. Stalinabad **4** (russisch). — Die Tagung fand vom 21. bis 24. Oktober 1952 in Stalinabad statt. Die einzelnen Beiträge sind in den entsprechenden Paragraphen aufgeführt. Loh.

1183. Riunione di Astrofili Veneti a Verona. Coelum **22** 26.

1184. Le 7e congrès annuel des amateurs, Anvers, 3 octobre 1953. Gaz astr **35** 68—70.

1185. Symposium on the utilisation of solar energy. Madison, Wisc. (U. S. A.) 12—14 September 1953. Geofis. pura appl. **26** 211—213, 1953. — Kurzer Bericht über die Versammlung.

1186. La «Sección de Astronomia» del Congreso de Oviedo para el Progreso de las Ciencias. Ibérica **18** 361—362, 1953. — Ref. in RJ Astr. Geod. UdSSR Nr. **5**, 1955; Ref. Nr. 1752.

1187. Theories on the origin of the solar system. Symposium presented by members of the B. A. A. and the A. S. V. on 16/9/54. J. Astr. Soc. Victoria **7** 66—67.

1188. The Junior Astronomical Society. Patron: Dr J. G. Porter. JBAA **64** 411.

1189. The Hull and East Riding Astronomical Society. JBAA **65** 53—54.

* * Washington conference on radio astronomy — 1954. Vgl. Ref. **12627.**

1190. Die wissenschaftliche Tätigkeit 1953—1954. Die Thesen der Berichte in der Sektion der mathematischen Wissenschaften (Mathematik, Mechanik, Astronomie). Leningrad, Staatsuniv., 1954. 40 S. (russisch).

1191. Les Processus Nucléaires dans les Astres. Communications présentées au cinquième Colloque International d'Astrophysique, tenu à Liège les 10, 11 et 12 septembre 1953. Extrait des Mémoires in 8° de la Société Royale des Sciences de Liège. Quatrième Série, Tome XIV, 546 S. mit Abb. Louvain, Imprimerie Ceuterick, 1954 = Inst. d'Astrophys. Univ. Liège Mém. 8° Nr. **357.** — Besprechung in Ann d'Astrophys **17** 159—160 (D. Barbier), Bull. Cl. Sci. Acad. roy. Belgique (5) **40** 353—354 (P. Swings). — Die einzelnen Beiträge sind in den entsprechenden Paragraphen aufgeführt.

1192. Faster than Thought. A Symposium on Digital Computing. Herausgegeben von B. V. Bowden. London, Pitman. Preis 35 s. — Besprechung in JBAA **64** 141—143 (D. A. Campbell).

1193. Symposium on astrophysics. Math. Student **22** Nr. 1 S. 43—44. — Ref. in RJ Astr. Geod. UdSSR Nr. **6**, 1955; Ref. Nr. 2196.

1194. Protokoll der vierten vom Meteoritenkomitee der Akademie der Wissenschaften der UdSSR organisierten Meteoritenkonferenz. Meteoritika Nr. **11** S. 5—23 (russisch). — Ref. in RJ Astr. Geod. UdSSR Nr. **5**, 1955; Ref. Nr. 2032 (russisch).

1195. Die Vorträge der Sitzungen der Kommission zur Bestimmung des absoluten Alters geologischer Formationen vom 12. bis 15. April 1952. Moskau, Verlag Akad. Wiss. UdSSR, 1954 (russisch). — Ref. in RJ Astr. Geod. UdSSR Nr. **11**, 1955; Ref. Nr. 4981.

1196. Proceedings of the Eastern Joint Computer Conference, Washington, D. C., 1953. New York, Institute of Radio Engineers, 1954. Preis $ 3.00. — Besprechung in Math. Rev. **16** 527—528.

1197. Proceedings of the Western Computer Conference, Los Angeles, 1953. New York, Institute of Radio Engineers, 1953. Preis $ 3.50. — Besprechung in Math. Rev. **16** 528.

1198. The upper atmosphere. Nature **174** 334—337. — Bericht über ein in der Universität Edinburgh abgehaltenes Symposium der Royal Meteorological Society.

1199. The physics of the ionosphere. Nature **174** 866—868. — Bericht über eine Konferenz der Physical Society in Cambridge vom 6.—9. September.

11100. 6. Internationales Astrophysikalisches Colloquium in Lüttich. Naturwiss. Rundschau **7** 301. — Anzeige.

11101. Problems in astrometry. Obs **74** 177. — Bericht über die Tagung in Evanston, USA, 1953 Sept.

11102. Les machines à calculer et la pensée humaine. Colloques internationaux du Centre National de la Recherche Scientifique. Paris, Centre National de la Recherche Scientifique, 1953. Preis fr. 2000. — Besprechung in Math. Rev. **16** 528—529.

11103. Report of the Conference on the Physics of the Ionosphere. Herausgegeben von der Physical Society, London, 1954. Etwa 400 S. Preis £ 2. — Tagung vom 6. bis 9. Sept. 1954 im Cavendish Laboratory Cambridge.

11104. Arbeitstagung Radioastronomie in Berlin. Phys. Blätter **10** 38—39.

11105. Among the amateurs. Publ ASP **66** 215.

11106. Primer congreso interobservatorios nacionales. Rev. Astr. Nr. **127** S. 72—73.

11107. Anniversaries in New York and Argentina. Sky and Telescope **13** 161.

11108. Report of the Southeast Region Convention. Sky and Telescope **13** 304.

11109. Amateur Astronomers. Convention at Worcester, Pittsburgh, and Fresno. Sky and Telescope **13** 332.

11110. Northwest Region meets at Portland. Sky and Telescope **13** 380, mit 1 Fig.

11111. Cleveland star parties' 25th anniversary. Sky and Telescope **13** 413.

11112. Stellafane convention — 1954. Sky and Telescope **14** 18—19, mit 7 Fig.

11113. X asamblea general de la Unión Internacional de Radio Cientifica. Sydney 1952. Urania Barcelona **39** 54—68.

11114. X asamblea general de la Unión Internacional de Geodésia y Geofísica. Urania Barcelona **39** 239—245, mit 1 Fig.

11115. Discurso de S. S. el Papa a los miembros de la X asamblea general de la Unión Geodésica y Geofísica Internacional. Urania Barcelona **39** 246—249.

11116. Wystawa kopernikowska w Politechnice Warszawskiej. Urania Kraków **25** 49—50.

11117. Sympozjon radio-astronomiczny. Urania Kraków **25** 245—247.

11118. 11. konferencja badaczów gwiazd zmiennych. Urania Kraków **25** 373—374. — Tagung in Leningrad — Pulkowo vom 24. bis 26. Mai 1954.

11119. Pracovní konference o kmitočtech. Věst. Českosl. akad. věd. **62** 122—123, 1953. — Ref. in RJ Astr. Geod. UdSSR Nr. **9**, 1955; Ref. Nr. 3618.

11120. Astronomy in Jamaica. Vega Nr. **12/13** S. 49.

11121. Space travel symposium. Vega Nr. **16/17** S. 70.

§ 12

Sternwarten, Planetarien

1201. **Agassiz Station**

Rev. Astr. Nr. **131** S. 94. Agassiz Station.

1202. **Alma-Ata**

W. S. Matjagin, L. N. Tulenkowa, Vorläufige Bestimmung der astronomischen Koordinaten des Bergobservatoriums des Astrophysikalischen Instituts der Akademie der Wissenschaften der Kasachischen Sowjetrepublik (Alma-Ata). Vgl. Ref. **13226**.

1203. **Bamberg**

E. Zinner, Die Remeis-Sternwarte von 1889—1953. Naturforschende Gesellschaft Bamberg. Sonderdruck aus dem **34**. Bericht 1954, 8 S. — Besprechung in Gaz astr **37** 31—32.

1204. **Besançon**

L. Genoux, Sur la constance de la température des caves à pendules de l'Observatoire National de Besançon. Ann. Françaises Chronométrie (2) **24** 35—36, mit 1 Fig. — Die Pendeluhren der Sternwarte Besançon stehen in einem tiefen Keller unter dem Raum der Bibliothek, 7 m unter der Erde. Der Autor hat von 1950 bis 1953 täglich die Temperatur dieses Kellers mit einem von weitem ablesbaren Thermometer gemessen. Der Unterschied zwischen Tag und Nacht ist null, der jährliche Unterschied ungefähr ein Grad C. Ein Abstand von mehreren Monaten besteht zwischen den Höchsttemperaturen im Keller und denjenigen draußen. Verf.

M. Joannis, Les installations horaires à l'Institut de Chronométrie de Besançon. Ann. Françaises Chronométrie (2) **24** 45—52, mit 8 Fig. — Beschreibung der Anlagen zur Zeitmessung im Institut de Chronométrie, aber ausschließlich die der Hochfrequenzuhren und nicht die der Normaluhren. Verf. (gekürzt)

1205. **Berlin-Babelsberg**

F. Hinderer, Das neue lichtelektrische Photometer der Sternwarte Babelsberg. Mitt. AG **1953** S. 24. — Ref. AG.

F. Hinderer, Die neue lichtelektrische Meßeinrichtung der Sternwarte Babelsberg. Wiss. Ann. **3** 31—47, mit 11 Abb. = Mitt. Sternw. Berlin-Babelsberg Nr. **2**. — Ausführliche Beschreibung eines lichtelektrischen Photometers mit allen technischen Hilfseinrichtungen. Der Photostrom wird im allgemeinen mit einem hochempfindlichen Galvanometer gemessen und photographisch registriert, kann aber auch über einen Gleichstromverstärker einem Kathodenstrahloszillographen, besonders zur Messung raschester Vorgänge, zugeführt werden. An technischem Detail interessiert vor allem ein automatisches Sterneinstellgerät, das bei der Messung veränderlicher Sterne den sonst zeitraubenden Übergang vom Veränderlichen zum Vergleichsstern automatisch bewirkt. Behr

J. Astr. Soc. Victoria **7** 73. The Berlin-Babelsberg Zeiss reflector.

1206. **Bjurakan**

G. A. Gursadjan, Das Universalmikrophotometer des Observatoriums Bjurakan. Mitt. Obs. Bjurakan Nr. **14** S. 11—25, mit 7 Abb. (russisch mit armenischer Zusammenfassung). — Beschreibung eines nach Bedarf entweder selbstregistrierend oder visuell zu verwendenden Universalgerätes, das die Vorteile der Mikrophotometer von Zeiss und Moll vereinigen soll und im wesentlichen aus Teilen des Zeiss-Gerätes aufgebaut wurde. Dabei wurden folgende Änderungen gegenüber Zeiss vorgenommen: Spiegelgalvanometer, Selenzelle (UF 101), Trommel für lichtempfindliches Papier 40 × 12 cm und Möglichkeit visueller Messungen. Petri

W. A. Sanamjan, Das Radioteleskop des Observatoriums Bjurakan. Mitt. Obs. Bjurakan Nr. **14** S. 3—10, mit 4 Abb. (russisch mit armenischer Zusammenfassung). — Kurze Beschreibung des Instruments und vorläufige Ergebnisse. Die beiden interferierenden Antennensysteme enthalten je 18 (seit 1954: 30) Vibratoren auf $\lambda = 4.2$ m und sind in etwa 55 Wellenlängen Entfernung ostwestlich aufgestellt. Die Durchlaßbreite des Superheterodyn-Empfängers beträgt 0.5 MHz. Die Beobachtungen erfolgen meist in oberer Kulmination und bei feststehenden Antennen. Vorläufige Intensitätsmessungen der Radioquellen in Cas, Cyg, Tau und Vir werden mitgeteilt und mit den Ergebnissen von Ryle, Mills und Brown verglichen. Petri

1207. **Bloemfontein**

A. P. FitzGerald, An amateur visits the Boyden Station. Irish AJ **3** 113—114, mit 3 Tafeln.

R. A. Rossiter, Observing conditions at Bloemfontein. MN ASSA **13** 85—90.

1208. **Bonn**

F. Becker, H. Schmidt, Das neue Schmidt-Teleskop der Universitäts-Sternwarte Bonn. Askania-Warte **12** Nr. 45 S. 3—7, mit 7 Abb. (mit englischer und spanischer Zusammenfassung).

F. Becker, Das neue Eifel-Observatorium der Bonner Sternwarte. Phys. Verhandlungen **5** 132—133. — Ref. AG.

1209. **Brüssel**

J. Loodts, Détermination de latitude, de longitude et d'un azimut astronomique, effectuée à l'Université de Bruxelles, en 1952. Vgl. Ref. **13224**.

1210. **Bukarest**

C. Drímbă, Observatorul astronomic din Bucureşti. Stiinţă şi technică Nr. **6** S. 17—19. — Ref. in RJ Astr. Geod. UdSSR Nr. **7**, 1955; Ref. Nr. 2672.

1211. **Cambridge, Mass.**

Sky and Telescope **13** 264. Harvard Observatory's new office building.
Sky and Telescope **14** 51. New sites for Harvard meteors cameras.

1211a. **Canberra**

Publ ASP **66** 263. From the Commonwealth Observatory.

1212. **Capri**

Y. Öhman, Några resultat och erfarenheter från verksamheten vid den astronomiska stationen på Capri unter år 1953. PAT **35** 25—42, mit 13 Fig. — Bericht über die Tätigkeit der Capri-Sternwarte im Jahre 1953, besonders der Zeit von März bis September. Ein neuer Koronograph mit 8 cm Öffnung wurde aufgestellt. Die Beobachtungen erstreckten sich hauptsächlich auf Protuberanzen und Messungen der Intensität der grünen Koronalinie. Auch Flares sind im Licht von Hα beobachtet worden. C. L. J.

1213. **Charkow**

K. N. Kusmenko, W. A. Michajlow, Untersuchungen der Mikrometerschrauben des Okularmikrometers des Charkower Meridiankreises. Abh. Univ. Charkow **55** 43—55 (russisch). — Ref. in RJ Astr. Geod. UdSSR Nr. **7**, 1955; Ref. Nr. 2735.

1214. **Dwingelo**

Hemel en Dampkring **52** 39. Radioteleskoop, raadsvergadering en bromfiets.

1215. **Flagstaff**

R. Hardie, Photometry with the Lowell 20-inch telescope. AJ **59** 323—324. — Ref. AAS.

1216. **Gorkij**

K. Dubrowskij, Die Breitenstation Gorkij. Astr Circ UdSSR Nr. 145 S. 22—23 (russisch).

1217. **Greenwich**

BSAF **68** 480—481. La fondation de l'Observatoire de Greenwich.
Engineering **178** Nr. 4621 S. 233—235. The Royal Observatory. Transfer of instruments to Herstmonceux. — Ref. in RJ Astr. Geod. UdSSR Nr. **6**, 1955; Ref. Nr. 2188.
Sky and Telescope **13** 184, mit 1 Fig. Moving the Greenwich Observatory.

1218. **Hamburg**

H. Haffner, Die neue Hochvakuum-Anlage der Hamburger Sternwarte. Phys. Verhandlungen **5** 136. — Ref. AG.
O. Heckmann, Der neue Schmidt-Spiegel der Hamburger Sternwarte. Phys. Verhandlungen **5** 135—136. — Ref. AG.
Umschau in Wiss. und Technik **54** 530, mit 2 Abb. Ein neues Spiegelfernrohr in Hamburg.

1219. **Haute Provence**

P. Tempesti, I grandi centri astronomici. L'Osservatorio dell' Alta Provenza. Coelum **22** 1—8.

1220. **Heidelberg**

F. Gondolatsch, The Rechen-Institut. Obs **74** 94. — Ref. RAS.

1221. **Herstmonceux Castle.** Siehe Greenwich.

1222. **Innsbruck**

V. Oberguggenberger, 50 Jahre Sternwarte Innsbruck. Innsbruck, Tiroler Graphik. 15 S. mit 3 Abb.

1223. **Johannesburg**

H. C. Lagerweij, The Union Observatory time service. Vgl. Ref. **2314**.

1224. **Kasan**

S. N. Korytnikow, Die Entstehung des russischen Astronomischen Engelhardt-Observatoriums in Dresden. AJ UdSSR **31** 558—566, mit einem Bild Engelhardts (russisch). — Es werden Gründe gesellschaftlich-politischen Charakters angeführt, die zur Entstehung der ersten russischen Privatsternwarten im Ausland geführt haben, und die ersten Beobachtungsergebnisse in den drei von W. P. Engelhardt gegründeten Observatorien in Pillnitz (1875—1876) und in Dresden (1877—1879 und 1879—1897) vermittelt. Die allgemeine Charakteristik W. P. Engelhardts als Astronom-Patriot und als Repräsentant der Schule der visuellen mikrometrischen Astrometrie in der zweiten Hälfte des 19. Jahrhunderts wird herausgestrichen. Der Arbeit liegt Archivmaterial des Astronomischen Observatoriums der Universität Kasan zugrunde. Verf. (übersetzt)

1225. **Krim**

I. M. Kopylow, Der 1200 Millimeter-Reflektor des Astrophysikalischen Observatoriums auf der Krim. Mitt. Astrophys. Obs. Krim **11** 44—58, mit 7 Abb. (russisch). — Der Artikel enthält eine Beschreibung des 120 cm-Reflektors des Astrophys. Obs. Krim, eine Schilderung seiner Aufstellung und zweier Spektrographen und der Hilfsapparate. Die Ergebnisse der Untersuchung des Reflektorspiegels werden mitgeteilt. Verf. (übersetzt)

1226. **Kvistaberg**

Å. Wallenquist, The photoelectric instrument at the Kvistaberg Observatory. Kungl. Svenska Vetenskapsakad. Handlingar (4) **5** Nr. 5, 20 S. mit 13 Fig. = Uppsala Astr. Obs. Ann. **4** Nr. 3. — Eingehende Beschreibung der mechanischen, optischen und elektrischen Teile des neuen photoelektrischen Instruments an der Außenstelle des Observatoriums Uppsala. Das Teleskop ist ein 41 cm-Cassegrain mit 3.8 m effektiver Brennweite.

1227. **Lemberg.** Siehe Lwow.

1228. **Leningrad**

Naturwiss. Rundschau **7** 206. Sonnenteleskop an der Leningrader Universität.

1229. **Lojano**

G. Tabarroni, Lavori agli impianti della Stazione astronomica di Lojano. Coelum **22** 40—43, mit 1 Fig. = Pubbl. Oss. Astr. Univ. Bologna **6** Nr. 10.

1230. **Lwow**

W. E. Stepanow, A. A. Kopystjanskij, Das vertikale Sonnenteleskop des Astronomischen Observatoriums Lwow. Abh. Staatsuniv. Lwow **32** Astr. Mitt. Nr. **2** S. 45—52, mit 4 Abb. (russisch). — Beschreibung des Sonnenteleskops mit einer ausnutzbaren Öffnung von 26 cm.

W. E. Stepanow, L. I. Jazun, Untersuchung der Gittergeister des Beugungsgitters des Spektrographen des Astronomischen Observatoriums Lwow. Circ. Astr. Obs. Lwow Nr. **25** S. 15—19, 1953 (russisch).

1231. Manchester

C. A. Cross, Visit to Jodrell Bank. J. British Interplanetary Soc. **13** 41—44, mit 3 Fig.

A. C. B. Lovell, The new radio telescope at Jodrell Bank. Astr. Contr. Univ. Manchester (2) Jodrell Bank Repr. Nr. **101**, 7 S. mit 14 Fig. — Allgemeine Beschreibung des großen im Bau befindlichen Radioteleskops von 80 m Öffnung in Jodrell Bank (Manchester). Überblick über die erwarteten Leistungsgrenzen und die möglichen Aufgaben. Behr

A. C. B. Lovell, Britain's giant radio telescope. Proc. Royal Inst. **35** Nr. 161, 14 S. mit 3 Tafeln = Astr. Contr. Univ. Manchester (2) Jodrell Bank Repr. Nr. **116**.

Nature **174** 68. Radio telescope at Jodrell Bank Experimental Station, University of Manchester.

1232. Milano

M. Cavedon, L'Osservatorio di Brera e il problema delle longitudini. Rend. Ist. Lombardo Sci. Lettere Cl. Sci. mat. nat. **87** 86—95 = Contr. Oss. Astr. Milano-Merate (NS) Nr. **51**. — Überblick über die Längenbestimmungen, die unter Beteiligung der Sternwarte Brera, Mailand, zwischen 1870 und 1933 ausgeführt wurden. Ableitung der Länge von Brera auf Grund der oben erwähnten Bestimmungen. Cester

F. Zagar, L'Osservatorio Astronomico di Merate. Herausgegeben vom Oss. Astr. Milano-Merate, 1954. 13 S. mit 18 Fig.

F. Zagar, L'Osservatorio Astronomico di Merate. Estratto dal «Numero Unico per la Mostra. Quinquennale di Lecco 1953», 15 S. mit 18 Fig.

1233. Mizusawa

S. Takagi, The longitude of the Mizusawa Latitude Observatory. Publ. Astr. Soc. Japan **6** 115—123.

1234. Morro

Obs **74** 260. New observatory in Peru. — Am 9. Februar 1954 wurde der Grundstein einer Sternwarte der Peruanischen Gesellschaft für Astronomie auf dem Morro Solar de Chorillos gelegt.

1235. Mt. Hamilton

G. R. Miczaika, Transmission of the objective of the Lick 12-inch refractor. Publ ASP **66** 87—88, mit 1 Fig.

P. Muller, Quatre mois à l'Observatoire Lick. BSAF **68** 317—327, mit 4 Fig.

1236. Mt. Palomar

I. S. Bowen, El Observatorio de Mount Palomar. Sci. Monthly **78** Nr. 3 S. 141 = Rev. Astr. Nr. **131** S. 59—73, mit 1 Fig. — Der Originalbericht wurde von F. P. Huberman ins Spanische übersetzt.

E. P. Hubble, Fünf historische Himmelsphotographien vom Mt. Palomar. Naturwiss. Rundschau **7** 137—140, mit 5 Abb.

A. R. Sandage, The first four years of extragalactic research with the Hale 200-inch telescope. AJ **59** 180—182. — Ref. AAS. — Ref. in Irish AJ **3** 120, Urania Kraków **26** 49—50.

H. Wright, The Great Palomar Telescope. London, Faber and Faber, Ltd., 1953. 176 S. mit 15 Tafeln. Preis 12s. 6d. — Vgl. AJB **52** Ref. **1224**. — Besprechung in Nature **173** 934 (G. R. Noakes).

Catalogue of photographs and slides from the Mount Wilson and Palomar Observatories. 15 S. mit zahlreichen Fig.

Hemel en Dampkring **52** 39. De grensmagnitude van de Hale Telescope.

1237. Mt. Stromlo

J. Astr. Soc. Victoria **7** 52—54. The Commonwealth Observatory.
J. Astr. Soc. Victoria **7** 61—63. The new telescopes at Mt. Stromlo.

1238. Mt. Wilson

W. S. Adams, The founding of the Mount Wilson Observatory. Publ ASP **66** 267—303, mit 5 Tafeln.
H. C. Arp, Forest fire near Mount Wilson Observatory. Publ ASP **66** 52—54, mit 1 Fig.
Sky and Telescope **14** 47, 61. Fifty years at Mount Wilson.

1239. Pulkowo

N. Boneff, Feierliche Eröffnung des Astronomischen Observatoriums Pulkowo. Priroda (Sofia) **3** Nr. 5 S. 93—95 (bulgarisch). — Ref. in RJ Astr. Geod. UdSSR Nr. **7**, 1955; Ref. Nr. 2604.
D. Brouwer, J. J. Nassau, The dedication of the new Poulkovo Observatory. Sky and Telescope **14** 4—6, mit 7 Fig.
T. G. Cowling, D. H. Sadler, The re-opening of the Pulkovo Observatory. Obs **74** 151—155.
A. N. Dadajew, Das neue Pulkowo. (Zur Eröffnung des wiederaufgebauten Astronomischen Hauptobservatoriums der Akademie der Wissenschaften der UdSSR). Bote Akad. Wiss. UdSSR Nr. 8 S. 48—55 (russisch). — Ref. in RJ Astr. Geod. UdSSR Nr. **3**, 1955; Ref. Nr. 836.
A. Danjon, L'inauguration de l'Observatoire de Pulkowo reconstruit. CR **238** 2133—2134.
A. N. Dejč, The central observatory of the Academy of Sciences of USSR in Poulkowo. RH **35** 7—12, 34—38, mit 7 Abb. (tschechisch).
J. Dick, Wiedereinweihung des Astronomischen Hauptobservatoriums der UdSSR in Pulkowo. Wiss. Ann. **3** 506—508.
C. Hoffmeister, Wiedereröffnung der Sternwarte Pulkowo und internationaler Kongreß in Leningrad. Sterne **30** 221—224.
M. Minnaert, De Sterrewacht te Poelkowo weder opgebouwd, 1839—1954. Hemel en Dampkring **52** 186—189, mit 3 Fig. = Sterrewacht «Sonnenborgh» Utrecht Overdruk Nr. **15**.
J. G. Perel, Die Eröffnung des wiedererrichteten Astronomischen Hauptobservatoriums der Akademie der Wissenschaften der UdSSR in Pulkowo (Leningrad-Pulkowo, 20.—22. Mai 1954). AJ UdSSR **31** 400—405 (russisch).
J. G. Perel, Die Eröffnung des wiedererstandenen Pulkowos. Priroda **43** Nr. 11 S. 67—72, mit 7 Abb. (russisch).
D. H. Sadler, The reopening of Pulkowo Observatory. Nature **174** 153—155, mit 3 Fig. — Ref. in RJ Astr. Geod. UdSSR Nr. **7**, 1955; Ref. Nr. 2606.
B. Šternberk, Poulkowo Observatory rebuilt. RH **35** 147—153, mit 6 Abb. (tschechisch).
B. Šternberk, Slavnosti znovuotevření Pulkovské hvězdárny. Věst. Českosl. akad. věd. **63** 352—355. — Ref. in RJ Astr. Geod. UdSSR Nr. **9**, 1955; Ref. Nr. 3614.
P. Tempesti, L'inaugurazione del nuovo Osservatorio Astronomico di Pulcovo. Coelum **22** 129—142, mit 2 Fig. und 2 Tafeln.
Astr Circ UdSSR Nr. 150 S. 18—19 (russisch). Die Wiedererrichtung des Astronomischen Hauptobservatoriums in Pulkowo.
Hemel en Dampkring **52** 101. Heropening van de Sterrenwacht te Pulkowo.
NAT **1954** 117. Poulkova Observatoriet.
Sky and Telescope **13** 298. Poulkovo Observatory rebuilt.

1240. **Richmond Hill**

C. A. Chant, Astronomy in the University of Toronto: The David Dunlap Observatory. Toronto, University of Toronto Press, 1954. 66 S. mit 4 Tafeln. Preis $ 2.00. — Besprechung in J RAS Canada **49** 132—133, Obs **75** 128, Sky and Telescope **14** 196.

1241. **San Francisco,** Calif.

G. F. W. Mulders, The Office of Naval Research program in astronomy AJ **59** 271—272.

1242. **Santiago**

R. M. Aller, Observatorio Astronomico de la Universidad de Santiago. Actividades — programa — proyectos. Urania Barcelona **39** 69—86, mit 4 Fig.

1243. **Sydney**

J. Astr. Soc. Victoria **7** 54. Large radio telescope for Sydney.

1244. **Stockholm**

K. Svenska Vet. Årsbok för år 1954 S. 307—341, mit 16 Fig. Stockholms Observatorium 200 år. Akademiens högtidssammankomst den 20 september 1953 i anledning av 200-årsminnet av observatoriets invigning.

1245. **Taschkent**

W. T. Beda, Die Temperaturverhältnisse im Uhrenkeller des Astronomischen Observatoriums Taschkent. Publ. Astr. Obs. Taschkent (2) **4** 129—131 (russisch). — Der Uhrenkeller in Taschkent besteht aus einem Raum von 1 m Durchmesser und 2.20 m Höhe mit 30 cm starken Betonwänden und ist durch einen 10 m langen senkrechten Schacht von 1 m Weite mit 15 cm starken Betonwänden mit der Erdoberfläche verbunden. Als oberer Abschluß dient eine Holzluke, die den Fußboden eines ebenerdigen Raumes bildet. Während die Temperatur in diesem Raum im Laufe des Jahres zwischen 13 und 31° C schwankte, blieb sie im Uhrenkeller auf 0.4° C konstant. Petri

W. P. Schtscheglow, Das Astronomische Observatorium Taschkent. Priroda **43** Nr. 4 S. 59—63, mit 8 Abb. (russisch).

1246. **Uppsala**

K. G. Malmquist, Hur Uppsala fick sitt nuvarande observatorium ett hundraårsminne. PAT **35** 131—143, mit 9 Fig.

1247. **Utrecht**

J. Houtgast, Work in progress at Utrecht. Obs **74** 93—94. — Ref. Meeting RAS.

1248. **Washington**

J RAS Canada **48** 229. Office of Naval Research astronomy programme.
Publ ASP **66** 340. U. S. Naval Observatory.

1249. **Wellington**

Carter Obs. Astr. Bull. Nr. **42**, 12 S. mit 1 Fig. Public sessions programme for 1955.

1250. Wien

T. Widorn, Lichtelektrische Beobachtungen am 33 cm-Astrographen der Universitäts-Sternwarte Wien. Anzeiger Österreich. Akad. Wiss. Math.-naturw. Kl. **91** 45—46, Sitzber. Österreich. Akad. Wiss. Math.-naturw. Kl. Abteilung II **163** 97—108, mit 2 Abb. = Mitt. Univ.-Sternw. Wien **7** Nr. 4. — Es wird das an der Wiener Sternwarte neu eingerichtete lichtelektrische Photometer mit Vervielfacher EMI 5659 beschrieben, das in Verbindung mit dem 33 cm-Astrographen zu photometrischen, kolorimetrischen und polarimetrischen Beobachtungen benutzt werden soll. Die Anlage der kolorimetrischen Beobachtungen und die Meßergebnisse für drei kleine Sternfolgen in der Coma, in den Hyaden und im Sagitta-Gebiet werden mitgeteilt und diskutiert. H. M.

1251. **K. D. Adams,** Astronomy in New Zealand. J. Astr. Soc. Victoria **7** 68—69.

* * **N. P. Barabaschew,** Die Entwicklung der Astronomie in der Ukraine. Vgl. Ref. **1303**.

1252. **S. L. Chapin,** An early Bureau of Longitude: Peireso in Provence. Navigation Los Angeles **4** 59—66.

1252a. **P. P. Dobronrawin,** Die Astrophysik in der UdSSR. Acta Astr. Sinica **2** 207—221 (chinesisch).

1253. **J. Gadomski,** Obserwatorium Kopernika we Fromborku. Urania Kraków **25** 45—47.

1254. **G. Haro,** Die Entwicklung der Astronomie in Mexiko. Priroda **43** Nr. 3 S. 64—69 (russisch).

1255. **C. Hoffmeister,** Bericht über die Sternwarten in Südafrika. Mitt. AG 1953 S. 19. — Ref. AG.

1256. **C. Hoffmeister,** Bericht über einen Besuch bei wissenschaftlichen Instituten in der Südafrikanischen Union. Sterne **30** 81—98, mit 29 Abb. = Mitt. Sternw. Sonneberg Nr. **46**.

1257. **C. Hoffmeister,** Die Afrika-Expedition der Sternwarte Sonneberg 1952—1953. Wiss. Ann. **3** 112—123, mit 8 Abb. = Mitt. Sternwarte Sonneberg Nr. **44**.

1258. **J. E. Kennedy,** The first astronomical observatory in Canada. J RAS Canada **48** 220. — Neu-Braunschweig.

1259. **J. Klepešta,** Astronomy in Poland. RH **35** 6—7 (tschechisch).

1260. **B. Lindblad,** Om planerna angående ett kooperativt internationellt observatorium i södra hemisfären. PAT **35** 1—4. — Bericht über die 1953 und 1954 in Leiden geführten Verhandlungen über die Einrichtung einer europäischen Sternwarte in Südafrika. Es nahmen Vertreter von Belgien, Deutschland, England, Frankreich, den Niederlanden und Schweden teil. Man beschloß zunächst die Aussendung einer kleinen Expedition zur Ausfindigmachung einer günstigen Ortschaft und ferner die Ausarbeitung von Bauplänen einschließlich der Unkosten. Im besonderen wurden schwedische Gesichtspunkte diskutiert. Die Sternwarte soll mit einen 3 m-Spiegel und einem Meridiankreis ausgestattet werden. Über die Hauptaufgaben wurden allgemeine Richtlinien gegeben. C. L. J.

1261. **W. Lohmann,** Die Astronomie in der UdSSR. Mitt. AG 1953 S. 27—36. — Auf der Tagung der Astronomischen Gesellschaft in Bremen gehaltener Vortrag.

1262. **V. Vanýsek,** Astronomie in Polen. Časop. Českosl. ústavů astr. **4** 65—69, mit 3 Abb. (tschechisch). — Ref. in RJ Astr. Geod. UdSSR Nr. **6**, 1955; Ref. Nr. 2178.

* * **W. Zonn,** O stosunku do astronomii w Polsce. Vgl. Ref. **1347**.

* * **W. Zonn,** Über die Wege der Entwicklung der Astronomie in Polen. Vgl. Ref. **1348**.

1263. Un musée astronomique. Gaz astr **36** 9—10. — Betrifft ein von L. Andrenko in New York eröffnetes Museum.

1264. Un centre international de calcul mécanique. Gaz astr **36** 22—23.

1265. National Observatory planned in United States. J RAS Canada **48** 27.

1266. Red, white and blue suntrackers. Sky and Telescope **14** 14. — Einweihung einer neuen Station des Central Radio Propagation Laboratory of the National Bureau of Standards in Gun Barrel Hill, Colo.

1267. Nowa górska stacja astronomiczna. Urania Kraków **25** 84—85. — Aus Priroda **42** Nr. 9, 1953.

1268. Astronomia w Meksyku. Urania Kraków **25** 274. — Aus AJ UdSSR **31** 102—103.

1269. American National Observatory. Vega Nr. **16/17** S. 70. — Notiz über den Plan der Errichtung einer nationalen Sternwarte in den USA.

1270. **Privat- und Volkssternwarten**

Astr. Nachr. Berlin-Treptow **6** 79. Neue Volkssternwarte. — Bautzen.
Astr. Nachr. Berlin-Treptow **6** 81. Die Station Locarno.
Coelum **22** 58. Il nuovo rifrattore dell'Osservatorio di Imperia.
JBAA **64** 176—177. Kingston High School Observatory.
JBAA **64** 220—225, mit 2 Tafeln. Kingston High School Observatory. W. C. Walker.
JBAA **64** 243—244, mit 1 Tafel. The dome shutter mechanism of the Kingston High School Observatory. W. C. Walker.
MN **114** 346. Godlee Observatory, Manchester.
MN **114** 346. Observatory of the Hampstead Scientific Society. H. Wildey.
MN **114** 346. Mr R. Barker's Observatory, Cheshunt, Hertfordshire.
MN **114** 346. Dr J. L. Haughton's Observatory, Charmouth, Dorset.
MN **114** 347. Mr M. B. B. Heath's Observatory, Kingsteignton, S. Devon.
MN **114** 347. Mr F. M. Holborn's Observatory, Peaslake, Surrey.
MN **114** 347. Mr Patrick A. Moore's Observatory, East Grinstead, Sussex.
MN **114** 347. Mr F. J. Sellers' Observatory, Muswell Hill, London.
MN **114** 347. Dr W. H. Steavenson's Observatory, Cambridge.
MN **114** 347. Mr H. Wildey's Observatory, Hampstead, London.
MN **114** 348. Dr H. P. Wilkins' Observatory, Bexleyheath, Kent.
Publ ASP **66** 263. Yakimà astronomers.
Rev. Astr. Nr. **131** S. 95. Inauguración de un Observatorio de Aficionados.
Sky and Telescope **13** 72—74, mit 5 Fig. The new Arthur J. Dyer Observatory. C. K. Seyfert.
Sky and Telescope **13** 77. Butler University Observatory and Planetarium.
Sky and Telescope **13** 304. Montreal Centre Observatory.
Sky and Telescope **14** 17, mit 1 Fig. A new observatory at Reno. B. O. Moore jr.
Sky and Telescope **14** 61. Holcomb Observatory and Planetarium dedication.
Sterne **30** 27—29, mit 1 Abb. Volkssternwarte Weimar. H. Gerstner.
Sterne **30** 29, mit 1 Abb. Sternwarte am Felixturm bei Radeberg/Sa. E. Bär.

Sterne **30** 29—30. Die Volkssternwarte Leipzig. G. Reinhold.

Sterne **30** 72—73, mit 1 Abb. Geschichte der Jugendsternwarte Gera. H. Artus.

Sterne **30** 111—112, mit 1 Abb. Einstein-Sternwarte Görlitz. H. Winkler.

Sterne **30** 112, mit 2 Abb. Eine neue Volkssternwarte in Schneeberg im Erzgebirge. N. Richter.

Sterne **30** 186—188, mit 1 Abb. Urania-Volkssternwarte Jena. H. Wolf.

Sterne **30** 188—189, mit 4 Abb. Beschreibung der Privatsternwarte des Johann Kern in Steinmark bei Marktheidenfeld a. Main.

Sterne **30** 245—247, mit 4 Abb. Astronomische Arbeitsgemeinschaft Ferndorf. W. Schaub.

Sterne **30** 247—248. Schulsternwarte Fürstenwalde-Süd. W. Sutor.

Urania København **11** 111—114. Johan Ludvig Heiberg's observatorier på Bonderup og pa Sølyst. A. Cederqvist.

Urania Kraków **25** 319—320, mit 1 Tafel. Nowy amatorski teleskop w Poznaniu. Z. Kandziora.

Planetarien

1271. **R. R. Coles,** A major planetarium for Uruguay. Sky and Telescope **13** 292—294, mit 4 Fig. — Kurze Beschreibung eines in den USA für das Centro Municipal de Divulgacion Cientifica in Montevideo konstruierten Planetariums.

1272. **R. C. Maag,** A new planetarium in the Ozarks. Sky and Telescope **13** 413, mit 1 Fig.

1273. **H. Werner,** Die Sterne dürfet ihr verschwenden. Vgl. AJB **53** Ref. **1294**. — Weitere Besprechung in Deutsche Hydrographische Z. **7** 69—70 (E. Lange).

1274. **H. Werner,** Neue Zusatzeinrichtung zum Zeiss-Planetarium für die Darstellung der säkularen Eigenbewegungen von Fixsternen. Mitt. AG 1953 S. 26. — Ref. AG.

1275. Het Zeiss-Planetarium Haagsche Courant beleefde zijn vierde lustrum: 20 Februari 1954. Hemel en Dampkring **52** 38.

1276. Planetario para Uruguay. Rev. Astr. Nr. **131** S. 94.

1277. Hayden Planetarium. Sky and Telescope **13** 77.

1278. Butler University Observatory and Planetarium. Sky and Telescope **13** 77.

1279. A new console for the Hayden Planetarium. Sky and Telescope **14** 57, mit 1 Fig.

§ 13

Geschichte und Fortschritte der Astronomie

1301. **G. Abetti,** The History of Astronomy. Vgl. AJB **52** Ref. **1302**. — Weitere Besprechung in Obs **74** 256 (C. A. Ronan), Orion Schaffhausen **4** 339—340 (M. Golay), ZfMG **49** 145 (E. Zinner).

1302. **G. Abetti,** Histoire et problèmes de la physique solaire. Ciel et Terre **70** 161—174, mit 6 Fig.

* * **N. P. Barabaschew,** Die Entwicklung der Anschauungen auf dem Gebiet der Kosmogonie des Sonnensystems. Vgl. Ref. **5503**.

1303. **N.P. Barabaschew,** Die Entwicklung der Astronomie in der Ukraine. Priroda **43** Nr. 8 S. 75—81, mit 6 Abb. (russisch).

1304. **R. S. Bates,** Some eclipses of history and legend. Sky and Telescope **13** 260—261, mit 3 Fig.

1305. **F. S. Benjamin jr.,** John of Gmunden and Campanus Novara. Osiris 11 211—246. — Ref. in ZfMG **56** 244. — Die Arbeit behandelt ein Gerät zur Darstellung der wahren Planetenbewegungen nach Ptolemaios mit genauen Herstellungs- und Gebrauchsanweisungen.

1306. **G. Boas,** A fourteenth-century cosmology. Proc. Amer. Phil. Soc. **98** 50—59. — Ref. in RJ Astr. Geod. UdSSR Nr. **11**, 1954; Ref. Nr. 5433.

1307. **R. Böker,** Babylonische Beobachtung des Perseidenradianten. Sterne **30** 178—181.

1308. **D. Burger,** Galilei's theorie van eb en vloed. Hemel en Dampkring **52** 27—36, mit 5 Fig.

1309. **P. Caligaris,** Astronomia Dantesca. Coelum **22** 161—167, mit 2 Fig.

1310. **J. Chodakowski,** The origin of astronomy in ancient Egypt. Obs **74** 76.

* * **P. Collinder,** A History of Marine Navigation. Vgl. Ref. **13306**.

1311. **G. R. Crone,** Maps and their Makers. London, Hutchinson, 1953. 181 S. mit 7 Karten. Preis 8 s. 6 d. — Besprechung in J. Inst. Navigation **7** 214—215 (R. A. Skelton).

1312. **M. Czernik,** Jak odkryto ruch postępowy słońca. Urania Kraków **25** 301—306, mit 2 Fig. — Geschichtliche Skizze über die Entdeckung der ersten Eigenbewegungen und die daran anschließenden Untersuchungen über die Apexbewegung der Sonne. Loh.

1313. **G. A. Davis jr.,** Hadari w-al-Wazn. Sky and Telescope **13** 328—329, mit 2 Fig. — Verf. kommt auf Grund seiner Überlegungen zu dem Schluß, daß von den Arabern β Centauri mit «Hadari» bezeichnet wurde, α Centauri dagegen mit «al-Wazn». Bisher ist es umstritten, welcher Name zu welchem Stern gehört. Neckel

1313a. **R. C. Duval,** Histoire du sextant. Navigation Paris **2** 159—169.

1314. **W. G. Fessenkow,** Die Entwicklung der sowjetischen Meteoritik. Bote Akad. Wiss. UdSSR Nr. 8 S. 92—95 (russisch). — Ref. in RJ Astr. Geod. UdSSR Nr. 5, 1955; Ref. Nr. 2045.

1315. **J. Gadomski,** «Theatrum cometicum» Stanisława Rola Lubienieckiego. Urania Kraków **25** 165—167, mit 1 Tafel. — Lubieniecki (1623—75) emigrierte als Arianer auf Grund des Sejm-Ediktes (1658) aus Czarkowa (Polen) und schrieb darnach in Hamburg sein dreibändiges Werk «Theatrum Cometicum . . .» nieder. Im zweiten, dem wichtigsten Band beschrieb er das Erscheinen von 415 Kometen seit der Sintflut bis 1665 n. Chr. Loh.

* * **S. B. Gaythorpe,** Horrocks's observations of the transit of Venus 1639 November 24 (O. S.). Vgl. Ref. **7122**.

* * **I. Imai,** The Ta-Ming calendar adopted in Leao- and Chin-dynasties. Vgl. Ref. **3304**.

1316. **D. Kotsakis,** L'astronomie et l'astrologie dans les temps byzantins. Sonderdruck aus dem 14. Band des Jahrbuchs des Vereins für Byzantinische Studien. Athen, 1954 (griechisch mit französischer Zusammenfassung).

1317. **S. A. Kowalewskij,** Der Phaeton-Meteorit. Priroda **43** Nr. 12 S. 90—92, mit 1 Abb. (russisch). — Verf. untersucht die Legende Ovids aus der griechischen Mythologie über Phaeton, den Sohn des Sonnengottes Helios, der im entliehenen Feuerwagen seines Vaters über die Erde fliegt, die Bahn verfehlt und schließlich an der baltischen Küste ins Meer stürzt, Brände und Zerstörung hinterlassend. Diese Sage verdankt einem Meteoritenfall ihren Ursprung. Die Meteoritenfälle in Arizona und in der tungusischen Taiga wurden von den Einwohnern dieser Gebiete ebenfalls als göttliche Erscheinungen interpretiert. Es wird auf die großen Verdienste von I. A. Reinwald hingewiesen, der das „Grab» Phaetons 1927 in Gestalt von sieben Kratern mit Durchmessern von 16—110 m auf der Insel Saarema (Ösel) im Rigaer Meerbusen entdeckte. Auf Grund geschichtlicher Daten schließt Verf. auf den Fall des Meteoriten in der Mitte des 2. Jahrtausends v. Chr. Herkens

1318. **B. G. Kusnezow,** Das Problem der wahren Erdbewegung im «Dialog» von Galilei. Publ. Inst. Geschichte Naturwiss. Technik Akad. Wiss. UdSSR **1** 249—266 (russisch). — Ref. in RJ Astr. Geod. UdSSR Nr. **3**, 1955; Ref. Nr. 820.

1319. **D. Macnaughton,** Astronomy in ancient Egypt. Obs **74** 219.

1320. **J. H. McElderry,** Historical notes on Irish astronomy: Glimpses of popular astronomy in Belfast. Irish AJ **3** 74—76.

1321. **P. J. Melchior,** Sur une observation faite par Copernic et Dominique Maria. Bull. Cl. Sci. Acad. roy. Belgique (5) **40** 416—417 = Inst. Astr. Bruxelles (2) Nr. **96**. — Kopernikus hat gleichzeitig mit dem italienischen Astronomen Dominique Maria de Ferrara im Jahre 1497 ein sternartiges Objekt vor dem unbeleuchteten Teil der Mondscheibe beobachtet. In Anbetracht der Tatsache, daß ein Planetoid sehr nahe an der Erde vorübergehen kann, ist die Erscheinung nicht ohne weiteres von der Hand zu weisen, zumal sie von zwei hochqualifizierten Beobachtern wahrgenommen wurde. U. Baehr

1322. **P. W. Merrill,** Great epochs in astronomy. ASP Leaflet Nr. 306, 8 S.

1323. **M. E. Nabokow,** Über die Sternkarte «Powerstanie Krugow Nebesnych». AJ UdSSR **31** 197 (russisch).

1324. **O. Neugebauer,** Babylonian planetary theory. Proc. Amer. Philos. Soc. **98** 60—89. — Ref. in RJ Astr. Geod. UdSSR Nr. **1**, 1955; Ref. Nr. 3.

1325. **A. V. Nielsen,** Middelalder-Solskiven paa Vestervig Klosterkirke. NAT **1954** 12—15, mit 1 Fig. — An der Südwand der Klosterkirche Vestervig (Jütland, Dänemark) befindet sich eine vertikale Sonnenuhr. Der Schattenwerfer ist jetzt gegen den Himmelspol gerichtet, während er früher — so zeigt Verf. — horizontal angebracht war. Die Uhr ist mindestens 750 Jahre alt. Abschließend werden einige allgemeinere Bemerkungen über mittelalterliche Sonnenuhren und deren Aufstellung gemacht. C. L. J.

1326. **V. Nobile,** Sull'argomento galileiano della quarta giornata dei «Dialoghi» e sue attinenze col problema fondamentale della Geodesia. Rend. Accad. Nazionale Lincei, Cl. Sci. fis., mat., nat. (8) **16** 426—433. — Verf. erläutert Galileis Gedanken über das Gezeitenphänomen, indem er auf das voreilige Urteil einiger Autoren über Fehler in den Betrachtungen Galileis hinweist. Cester

1327. **K. Nowgorodez,** Instruction on how one may learn to reckon the years. Historisch-math. Untersuchungen **6** 173—191, 1953 (russisch). — Ref. in Math. Rev. **16** 660.

1328. **A. Paluzíe Borrell,** Los nombres de las constelaciones. Urania Barcelona **39** 220—226. — Verf. gibt einen kurzen Überblick über die Geschichte der Sternbilder. Zahlreiche Sternkataloge des 17. und 18. Jahrhunderts werden dabei angeführt. T. L.

1329. **J. G. Perel,** Über die vaterländische astronomische Geschichtsschreibung. AJ UdSSR **31** 198—209 (russisch).

1330. **T. Przypkowski,** Zabytkowe zegary słoneczne w Polsce, wykonane techniką sgraffito. Urania Kraków **25** 235—239, mit 2 Tafeln. — Bemerkungen über alte Sonnenuhren.

1331. **W. Renkawitz,** Von Kopernikus bis Kepler. Sterne **30** 98—101.

* * **H. E. Ruddy,** The transit of Venus, 1874. Vgl. Ref. 7132.

1332. **G. Sarton,** Ancient Science and Modern Civilization. University of Nebraska Press, 1954. 111 S. Preis $ 2.50. — Besprechung in Sky and Telescope **14** 156.

1333. **D. J. Schove,** The earliest British eclipse record (A. D. 400—600). JBAA **65** 37—43.

1334. **J. Schwabe,** Archetyp und Tierkreis. Grundlinien einer kosmischen Symbolik und Mythologie. Basel, Verlag Benno Schwabe, 1951. 663 S. mit 154 Abb. und 2 Tafeln. Preis geb. Schw. Fr. 32. — Besprechung in Universitas **10** 194 (O. Huth).

1335. **D. Scott,** The acceptance of the Copernican system in England. ASP Leaflet Nr. 304, 8 S.

1336. **W. P. Subow,** Notes to «Instruction on how one may learn to reckon the years» by K. Nowgorodez. Historisch-math. Untersuchungen **6** 192—195, 1953 (russisch). — Ref. in Math. Rev. **16** 660.

1337. **W. P. Subow,** K. Nowgorodez and the old Russian divisions of the hour. Historisch-math. Untersuchungen **6** 196—212, 1953 (russisch).

1338. **A. Thom,** The solar observatories of megalithic man. JBAA **64** 396—404, mit 3 Fig.

1339. **W. L. Tschenakal,** Die russischen Instrumentenbauer der ersten Hälfte des XVIII. Jahrhunderts. Leningrad, 1953. 254 S. mit 58 Abb. Preis 7 R. 95 Kop. (russisch). — Besprechung in AJ UdSSR **31** 298—299 (J. G. Perel, russisch).

1340. **B. L. van der Waerden,** Bemerkungen zu den Handlichen Tafeln des Ptolemaios. Sitzber. Bayer. Akad. Wiss. Math.-naturwiss. Kl. **1953** 261—272, mit 4 Abb. — Von den Tafeln sind nur Bearbeitungen überliefert, die aber inhaltlich mit der erhalten gebliebenen Gebrauchsanweisung des Ptolemaios übereinstimmen. Bei den Tafeln handelt es sich um ein für den Rechner vereinfachtes Verfahren, Längen und Breiten von Planeten zu ermitteln. Während die Berechnung der Längen nur unwesentlich von der im Almagest gebrauchten Methode abweicht, liegt der Berechnung der Breiten eine verbesserte Theorie über die räumliche Lage von Exzenter- und Epizykelebene zu Grunde. Während nämlich im Almagest die Exzenterebene für Venus und Merkur eine Zitterbewegung ausführt, ist der Neigungswinkel dieser Ebene gegen die Ekliptik in den handlichen Tafeln bei allen Planeten fest. Ebenso ist der Epizykelebene eine feste Richtung im Raum zugeteilt. Weiter zeigt ein Vergleich der heliakischen Auf- und Untergänge der Planeten eine Verbesserung der Sehungsbogen gegenüber den Werten im Almagest. U. Baehr

1341. **B. L. van der Waerden,** Eine byzantinische Sonnentafel. Sitzber. Bayer. Akad. Wiss. Math.-naturw. Kl. **1954** 159—168. — Ein Heliosbild aus der Handschrift Vaticanus Gr. 1291 der Handlichen Tafeln des Ptolemaios enthält die Eintrittszeiten der Sonne in die zwölf Zeichen des Tierkreises in Stunden und in Bruchteilen von Stunden. Es wird gezeigt, daß diese Eintrittszeiten nach der Exzenterhypothese des Hipparchos berechnet sind. In der Annahme, daß auch das Herbstäquinoktium nach Hipparchos oder Ptolemaios berechnet ist, kann die Tafel datiert werden. Verf. (gekürzt)

* * **B. L. van der Waerden,** Die Sichtbarkeit der Sterne in der Nähe des Horizontes. Vgl. Ref. 2031.

1342. **E. Whittaker,** A History of the Theories of Aether and Electricity. Vol. II. The Modern Theories, 1900—1926. London, Thomas Nelson & Sons Ltd.; New York, Philosophical Library, 1954. 11 + 319 S. Preis 32 s. 6 d. bzw. $ 8.75. — Besprechung in Math. Rev. **15** 769—770 (L. Infeld), Obs **74** 81—82 (V. C. A. Ferraro), Publ ASP **66** 214 (A. J. Deutsch), Sky and Telescope **13** 277, **14** 67—68 (O. Gingerich).

1343. **W. Wiśniewski,** Chińska astronomia w dawnych wiekach. Urania Kraków **25** 299—301, mit 1 Tafel.

* * **J. Yasuda,** Bibliographical catalogue of history of astronomy and calendariograph of Japan. Vgl. Ref. 712.

1344. **E. Zinner,** Astronomie, Geschichte ihrer Probleme. Vgl. AJB **51** Ref. 1327. — Weitere Besprechung in Naturwissenschaften **41** 239 (S. Günther).

1345. **E. Zinner,** Aus der Frühzeit der Räderuhr. Von der Gewichtsuhr zur Federzugsuhr. Deutsches Museum Abh. Ber. **22** Heft 3, 48 S. mit 3 Abb. und 26 Tafeln. München, Verlag R. Oldenbourg; Düsseldorf, Deutscher Ingenieur-Verlag, 1954. Preis DM 2.— Besprechung in Gaz astr **37** 30—31, Sterne **31** 111—112 (C. Hoffmeister).

1346. **E. Zinner,** Peter Henlein und die Erfindung der Taschenuhr. Jahrbuch der Deutschen Gesellschaft für Chronometrie **4** 8—12.

1347. **W. Zonn,** O stosunku do astronomii w Polsce. Postępy Astr. **2** 3—8.

1348. **W. Zonn,** Über die Wege der Entwicklung der Astronomie in Polen. Priroda **43** Nr. 9 S. 63—66 (russisch).

1349. Il cielo cristiano. Coelum **22** 119—120, mit 2 Tafeln. — Wiedergabe der von Julius Schiller im 16. Jahrhundert eingeführten Sternbildernamen mit Bezeichnungen aus dem Alten und Neuen Testament. Cester

1350. Holberg om fysiske og metafysiske spørgsmål. NAT **1954** 25—27. — Die vorliegende Notiz ist im wesentlichen ein Abdruck der 81. Epistel des dänischen Schriftstellers Ludwig Holberg (18. Jahrhundert) über die Weltanschauung der Milben, eine Satire über die Menschen. C. L. J.

1351. Stulecie zliczania obrotów Słońca. Urania Kraków **25** 87.

Fortschritte der Astronomie

1352. **J. Bouška,** Fortschritte der Astronomie in den Jahren 1952—1953. Vesmír **33** 205 (tschechisch). — Ref. in RJ Astr. Geod. UdSSR Nr. 5, 1955; Ref. Nr. 1741.

1353. **P. Chevenard,** Les progrès récents de l'astronomie. BSAF **68** 293—297.

1354. **W. G. Fessenkow,** Erfolge der Meteoritenforschung in den Jahren 1951—1952. Meteoritika Nr. 11 S. 24—32 (russisch). — Ref. in RJ Astr. Geod. UdSSR Nr. 7, 1955; Ref. Nr. 2601.

1355. **I. Halliday,** Palomar explores the universe. J RAS Canada **48** 96—106, mit 2 Fig. — Verf. umreißt die Bedeutung der Palomar-Sternwarte für die astronomische Forschung und weist im einzelnen auf die Ergebnisse folgender Forschungszweige hin: Galaxien, Entfernungsskala, Farben-Helligkeitsdiagramm, Rotverschiebung, Nebelverteilung, Materiedichte und Alter des Universums. Loh.

1356. **J. I. Jefremow, W. W. Podobed,** Wichtige Ergebnisse von Forschungen auf dem Gebiet der Astronomie. Bote Akad. Wiss. UdSSR Nr. 8 S. 88—92 (russisch). — Ref. in RJ Astr. Geod. UdSSR Nr. 4, 1955; Ref. Nr. 1294.

1357. **E. L. Krinow,** Die Haupterrungenschaften der sowjetischen Meteoritik. Publ Astr. Obs. Stalinabad **4** 125—133 (russisch).

1358. **J.-C. Pecker,** Astronomy in France today. Vgl. Ref. 704.

1359. **S. Ramos Uvalle,** Novedades de la ciencia. El Universo Nr. **29** S. 59—61, mit 2 Fig.

* * **A. R. Sandage,** The first four years of extragalactic research with the Hale 200-inch telescope. Vgl. Ref. **1236.**

1360. **M. Sauer,** Die lichtelektrische Photometrie. Ihre Entwicklung und ihr gegenwärtiger Stand. Sterne **30** 205—213, mit 3 Abb.

1361. **P. Vocca,** L'evoluzione del pensiero umano nella conoscenza dell'Universo. Ann. Ist. univ. navale Napoli **20—23** 275—292. — Kurzer Überblick über die Fortschritte der Astronomie mit einem Hinweis auf die modernen Erkenntnisse über die Galaxien. Cester

1362. Los sucesos más importantes en astronomía ocurridos durante el año de 1953, segun el Dr. Harlow Shapley. El Universo Nr. **27** S. 16—17.

1363. Highlights of 1952—1953. Vega **14/15** S. 62.

Dritter Teil

Instrumente. Beobachtungstechnik

§ 20

Allgemeines, Optik, Beobachtungsanleitungen, Alte Instrumente

2001. **I. Adachi,** Studies on superachromatising of a catadioptric system. Publ. Astr. Soc. Japan **6** 173—184, mit 9 Fig.

* * **A. Behr,** Probleme der photographischen und lichtelektrischen Astrophotometrie. Vgl. Ref. **2202**.

2002. **D. Brown,** A shearing interferometer with fixed shear and its application to some problems in the testing of astro-optics. Proc. Phys. Soc. (B) **67** 232—237, mit 4 Fig. und 1 Tafel.

2003. **D. A. Campbell,** The evaporation of metallic films and the deposition of anti-reflecting films on glass. JBAA **64** 197—201, mit 1 Fig.

* * **C. Capen jr.,** The use of filters for observing fine Martian surface detail and atmospheric phenomena. Vgl. Ref. **7407**.

2004. **L. Cichowicz,** Jeszcze raz w sprawie «warszawskich poprawek» do rekonstrukcji instrumentów kopernikowskich. Urania Kraków **25** 190—191.

2005. **P. H. van Cittert,** Astrolabes. A critical description of the astrolabes, noctilabes and quadrants in the care of the Utrecht University Museum. Leiden, E. J. Brill, 1954. 50 S. mit 27 Tafeln. — Besprechung in Hemel en Dampkring **53** 39.

2006. **M. Daisomont,** Le «faux disque» des étoiles. Orion Schaffhausen **4** 279—283, mit 4 Fig.

2007. **D. W. Dewhirst, G. G. Yates,** The adjustment of a Schmidt camera by an auto-collimation method. Obs **74** 71—72, mit 1 Fig. = Cambridge Obs. Repr. Nr. **6**. — Verf. beschreiben eine neue Methode, die Kassettenhalterung in einem Schmidt-Spiegel zu justieren. Unter Ausnützung der Reflexion an der Fokalfläche wird das Bild eines Fadenkreuzes an einer exzentrisch gelegenen Stelle der Korrektionsplatte in Autokollimation beobachtet. Anstelle der Platte wird eine spiegelnde Fläche mit der richtigen Krümmung eingesetzt. Behr

2008. **D. S. Evans,** An operational approach to astronomical observation. MN ASSA **13** 56—63.

2009. **O. Gingerich,** Observing the Messier Catalogue. Sky and Telescope **13** 157—159, mit 1 Fig.

2010. **M. Golay,** Application de la photoélectricité à la photométrie astronomique. Orion Schaffhausen **4** 189—194, mit 4 Fig., 238—244, mit 4 Fig.

2011. **K. Hermann-Otavský,** The importance of coated optics. RH **35** 39—42 (tschechisch).

2012. **K. Hermann-Otavský,** Photography with binoculars. RH **35** 54—56, mit 2 Abb. (tschechisch).

2013. **A. H. Jarrett,** Multilayer coatings of high efficiency and their applications for astrophysical research work. ZfA **34** 91—98, mit 4 Abb. — Durch Aufdampfen einer dielektrischen Mehrfachschicht läßt sich bei einem Perot-Fabry-Interferometer ein Absorptionsvermögen von nur 1% bei einem Reflexionsvermögen von 94% erreichen. Bei einer Silberschicht hätte man 1.5% Absorption bei 97% Reflexion. Im Hinblick auf die große Beständigkeit des Dielektrikum-Films sind diese den Silberschichten für hochauflösende Interferometer vorzuziehen. Labs

2014. **H. Köhler,** Chromatisch nicht korrigierte Astrographen-Objektive. Phys. Verhandlungen **5** 137—138. — Ref. AG.

2015. **S. Matoušek,** On the construction of the astronomical mirror. RH **35** 64—66, 91—94, 114—116, 130—131, 165—170, 203—213, 246—247, mit 13 Fig. (tschechisch).

2016. **D. D. Maxutow,** Technologie der astronomischen Optik. Berlin, Verlag Technik, 1954. Übersetzung aus dem Russischen. 252 S. mit 122 Abb. und 30 Tafeln. Preis DM 29.

2017. **A. Muller,** A comparison between Schmidt systems and Bouwers concentric systems. MN ASSA **13** 23—24, mit 3 Fig. — In einer Vorlesung, die sich an das Werk von A. Bouwers, «Achievements in Optics», Elsevier Publishing Comp., 1946, anlehnt, werden die optischen Prinzipien für Schmidtspiegel und verschiedene Varianten dargelegt. Die Schrift ist der 1. Teil einer Zusammenfassung dieser Vorlesung. Fricke

2018. **A. Muller,** A comparison between Schmidt systems and Bouwers concentric systems. MN ASSA **13** 47—48, mit 3 Fig.

2019. **J. M. Naish, P. G. Jones,** Direct measurement of intensity distributions in star images. Nature **173** 1241—1242, mit 2 Fig. — Zur Prüfung optischer Systeme wird eine lichtelektrische Methode beschrieben, die die Intensitätsverteilung im Beugungsbild künstlicher Sterne untersucht. Das Bild wird durch ein Mikroskopobjektiv stark vergrößert und lichtelektrisch abgetastet. Messungen bei kleinen Fokusdifferenzen lassen Rückschlüsse auf Art und Größe der Linsenfehler zu. Behr

2020. **L. Neuroth,** Spiegelfernrohr. Anleitung zum Selbstbau. Ravensburg, Otto Maier Verlag. «Spiel und Arbeit», Band 167. 87 S. — Besprechung in NAT **1954** 78—79.

2021. **W. H. Newman,** A new silvering process. JBAA **64** 137—138.

2022. **J. Rösch,** Procédé d'étude systématique de l'agitation des images télescopiques. J. Phys. Radium **15** 39 S—42 S. — An einem Objektiv von 60 cm Öffnung werden nach der Hartmannschen Lochblendenmethode die Ursachen von Luftunruhe und Deformation der fokalen Sternbilder systematisch untersucht. Vergleiche zwischen Beobachtungen mit natürlichem und künstlichem Stern zeigen, daß ein wesentlicher Anteil dieser Störungen im Fernrohr oder in seiner unmittelbaren Umgebung entsteht. Das wird durch Abkühlungseffekte in der Beobachtungskuppel erklärt. Behr

2023. **A. Rybarski, K. Serkowski,** Amatorski teleskop zwierciadlany. Urania Kraków **25** 58—65, 89—94, 121—126, 152—158, 182—187, mit 29 Fig. — Verf. beschreibt Liebhabern die Selbstherstellung eines Newtonschen Spiegelteleskops von 15 cm Öffnung. Die einzelnen Abschnitte sind: 1. Glasplatten und Schleifmaterial, 2. Grobschliff, 3. Feinschliff, 4. Polieren, 5. Prüfung nach der

Foucaultschen Methode, 6. Quantitative Prüfung der Form des Spiegels, 7. Parabolisierung, 8. Fangspiegel, 9. Rohr und Fassung der Spiegel, 10. Okular und Sucher, 11. Montierung, 12. Justierung des Teleskops. Loh.

2024. **H. Schober,** Das Sehen. 2. Band. Leipzig, Fachbuchverlag G. m. b. H., 1954. 614 S. Preis DM 38. — Besprechung in Deutsche Hydrographische Z. **7** 144—145 (H. Gabler).

2025. **P. Simon,** The plano-orrery. J. Astr. Soc. Victoria **7** 47—49, mit 1 Fig.

2026. **J. Sitar,** About the physiology of seeing in astronomy. RH **35** 229—239, mit 6 Fig. (tschechisch).

2027. **W. H. Steel,** On the choice of glasses for cemented achromatic aplanatic doublets. Australian J. Phys. **7** 244—253. — Ref. in RJ Astr. Geod. UdSSR Nr. **9**, 1955; Ref. Nr. 3989.

2028. **J.-L. Steinberg,** Astronomie optique et radio-astronomie. BSAF **68** 1—12, mit 12 Fig. — Es wird ein Vergleich zwischen optischer Astronomie und Radioastronomie gegeben, wobei die charakteristischen Unterschiede in beiden Beobachtungsarten hervorgehoben werden, besonders in der Photometrie, Interferometrie und Filteranwendung. Einige Bemerkungen über interferometrische Messungen bei $\lambda = 3.2$ cm und die Pläne für ein französisches radioastronomisches Observatorium beschließen den Artikel. U. Be.

* * **U. Steinlin,** Der Farbeffekt des Zeiss-Vierlinsers der Vatikanischen Sternwarte. Vgl. Ref. **2512**.

2029. **R. E. Stephens,** Computation of achromatic objectives. Circ. National Bureau Standards Nr. **549**, 7 S. — Ref. in Phys. Abstracts (A) **58** 103.

2030. **J. Texereau,** Commission des instruments. BSAF **68** 35—38, 81—83, 298—301, 387—395, mit 5 Fig.

2031. **B. L. van der Waerden,** Die Sichtbarkeit der Sterne in der Nähe des Horizontes. VJS naturforsch. Ges. Zürich **99** 20—39. — Ref. in RJ Astr. Geod. UdSSR Nr. **6**, 1955; Ref. Nr. 2344.

* * **P. Wellmann,** Probleme der Astrospektroskopie. Vgl. Ref. **2244**.

2032. **L. T. Whitney,** Mirror making for beginners. J. Astr. Soc. Victoria **7** 70—71, 82—85.

2033. Amateur Telescope Making. Book Three. Vgl. AJB **53** Ref. **2033**. — Weitere Besprechung in NAT **1955** 147—148.

2034. Come si prova un obbiettivo astronomico. Coelum **22** 148—149.

2035. Reflective permanency. J. Astr. Soc. Victoria **7** 25—26.

2036. Telescope making for beginners. A few hints from actual experience. J. Astr. Soc. Victoria **7** 38—40, 57—58.

2037. A tip for mirror makers. JBAA **64** 176.

2038. Gleanings for ATM's. Edited by E. B. Brown. Sky and Telescope **13** 95—97, 130—133, 166—169, 201—204, 237—239, 278—280, 311—315, 347—351, 389—393, 433—437, **14** 29—32, 71—75, mit zahlreichen Fig.

2039. The faintest stars visible. Sky and Telescope **14** 58, mit 2 Fig. — Ref. in Sterne **31** 137—138. — Verf. berichtet, daß unter speziellen Verhältnissen und Vorsichtsmaßnahmen bis zu zwei Größenklassen schwächere Sterne gesehen werden können, als normalerweise angegeben wird. (Visuell bis zu $8^{m}.5$). Beschreibung der Dunkeladaption. Voigt

2040. The limits of telescopic resolution: a symposium. Strolling Astronomer **8** 68—71.

Beobachtungsanleitungen

2041. **D. P. Avigliano,** For the observer: Mars in 1954. Strolling Astronomer 8 17—20.

2042. **D. P. Avigliano,** Notes on observing Mars in 1954. Strolling Astronomer 8 25—29.

2043. **F. M. Bateson,** Planetary observing. Southern Stars **16** 50—56.

2044. **E. H. Collinson,** Astronomical photography-equipment and methods for the amateur. JBAA **65** 4—15, mit 3 Fig. und 4 Tafeln.

2045. **T. A. Cragg, W. H. Haas,** For the beginner: An appeal for observations of Saturn. Strolling Astronomer 8 20—21.

2046. **P. Darnell,** Anvendelse af småbilledkameraer til himmelfotografering. NAT **1954** 99—103, mit 1 Tafel. — Ratschläge und Beobachtungsanleitungen für Amateure, die unter Verwendung von Kleinbildkameras Astrophotographie treiben wollen. C. L. J.

2047. **T. van Dijk,** Meteoorspectroscopie. Meteoor **10** 34—37, mit 4 Fig. — Anleitung zum Bau einer Objektivprismenkamera für Meteoraufnahmen und zur Anfertigung eines Flüssigkeitsprismas. Gü.

2048. **Z. Kordylewski,** Jak fotografować zaćmienie Słońca? Urania Kraków **25** 118—120.

2049. **P. G. Kulikowskij,** Handbuch des Liebhaber-Astronomen. Moskau, Staatsverlag für technisch-theoretische Literatur, 1954. 2. Auflage. 432 S. mit Abb. und 21 Tafeln. Preis 11 R. 25 Kop. (russisch). — Besprechung in RJ. Astr. Geod. UdSSR Nr. **4**, 1955; Ref. Nr. 1360.

2050. **P. A. Leavens,** Filming the total eclipse. Sky and Telescope **13** 194—196, mit 5 Fig. — Es werden ausführliche praktische Ratschläge und Anregungen für Filmaufnahmen während einer totalen Sonnenfinsternis, speziell der Finsternis vom 30. 6. 54, gegeben. Bo.

2051. **C. Luplau Janssen,** Om Dobbeltstjerner. II. Urania København **11** 18—20, 29—33, mit 1 Fig. — Allgemeinverständliche Darstellung des Meßverfahrens zur Beobachtung von Doppelsternen. C. L. J.

2052. **C. Luplau Janssen,** Amatøren under Solformørkelsen. Urania København **11** 33—39. — Behandelt Beobachtungen, die der Amateur gelegentlich einer Sonnenfinsternis ausführen kann: Messung der Kontaktzeiten, Photographische Aufnahmen, Zeichnungen von Umrissen der Korona, fliegende Schatten, Aufnahmen mit Farbfilmen. C. L. J.

2053. **D. A. Maclean,** Zodiacal light. Notes for observers. JBAA **65** 34.

2054. **L. Peeters,** Geen vrees voor meteorenfotografie! Meteoor **10** 30.

2055. **E. Roemer,** Observing the comets. ASP Leaflet Nr. 305, 8 S.

2056. **G. D. Roth,** Saturn, Ergebnisse und Aufgaben seiner Beobachtung. Orion Schaffhausen **4** 235—237.

2057. **Z. Šaroch,** Astronomical photometry for amateurs. RH **35** 126—128, mit 2 Fig. (tschechisch).

2058. **W. G. Teufel,** An die Beobachter leuchtender Nachtwolken. Astr Circ UdSSR Nr. 149 S. 25 (russisch).

2059. **J. Texereau,** Pour les observateurs débutants. BSAF **68** 13—18, mit 2 Fig.

2060. **Å. Wallenquist,** Några solförmörkelseobservationer med mindre instrument. PAT **35** 60—68, mit 5 Fig. — Verf. gibt Amateuren, die die totale Sonnenfinsternis am 30. Juni 1954 beobachten wollen, Anleitungen und Ratschläge (Koronaaufnahmen, Randverdunklung, fliegende Schatten, geodätische Beobachtungen). C. L. J.

2061. La pagina del variabilista. Coelum **22** 149—150, mit 1 Fig.

2062. Advice to observers. J. Astr. Soc. Victoria **7** 21—24, mit 2 Fig.

Alte Instrumente

2063. **D. R. Dicks,** Ancient astronomical instruments. JBAA **64** 77—85, mit 4 Fig.

2064. **C. E. Gondell,** Un antiguo instrumento astronómica: la ballestilla. Rev. Astr. **22** 57—64, mit 2 Fig., 1950. — Gibt Theorie und Beschreibung eines Jakobsstabes. Zur Erweiterung des Meßbereichs bezw. zur Homogenisierung der Genauigkeit trägt der Querstab mehrere Diopterpaare von verschiedenem Abstand. König

2065. **P. A. Kirchvogel,** Das Astronomisch-Physikalische Kabinett des Hessischen Landesmuseums in Kassel. Naturwiss. Rundschau **7** 292—293, mit 2 Abb.

2066. **H. Michel,** Les tubes optiques avant le télescope. Ciel et Terre **70** 175—184, mit 7 Fig.

2067. **D. J. Price,** A collection of armillary spheres and other antique scientific instruments. Ann. Sci. **10** 172—187. — Ref. in RJ Astr. Geod. UdSSR Nr. **6**, 1955; Ref. Nr. 2151.

2068. **T. Przypkowski,** W sprawie warszawskich «poprawek» do krakowskiej rekonstrukcji instrumentów Mikołaja Kopernika. Urania Kraków **25** 128—129.

2069. **T. Przypkowski,** Jeszcze o konstrukcji sfery armillarnej Kopernika. Urania Kraków **25** 256—257.

2070. **G. Tabarroni,** Una sfera armillare di Domenico Lusverg nella Specola di Bologna. Coelum **22** 43—46, mit 1 Fig. — In der wertvollen Sammlung der Sternwarte Bologna befindet sich eine Ringkugel aus Messing von Domenico Lusverg (1744). Nach einer Beschreibung derselben folgt eine Würdigung der Werke der ganzen Familie Lusverg. Cester

2071. **E. Zinner,** Die Suche nach alten Sonnenuhren und wissenschaftlichen Instrumenten in Skandinavien. Naturforschende Gesellschaft Bamberg. Sonderdruck aus dem **34.** Bericht 1954, 4 S. — Besprechung in Gaz astr **37** 31—32.

2072. Tycho Brahes instrumenter. NAT **1954** 28—31. — Übersetzung einiger Abschnitte des Buches von Tycho Brahe: Astronomiae Instauratae Mechanica. C. L. J.

§ 21

Beobachtungsinstrumente

2101. **L. Adamski,** Teleskop Schmidta. Urania Kraków **25** 267—273, mit 6 Fig

2102. **J. G. Baker,** The catadioptric refractor. AJ **59** 74—83, mit 4 Fig. — Anknüpfend an das bekannte Schupmannsche Medial werden verschiedene. Varianten dieser Konstruktion beschrieben und deren astrometrische Verwendbarkeit diskutiert. Bemerkenswert ist das Projekt eines Refraktors, der bei 9 m Baulänge eine Brennweite von 30 m hat und sich dadurch auszeichnet, daß er apochromatische Korrektion und ein komafreies ebenes Bildfeld von über 0°5 Durchmesser besitzt. Der Tubus soll mit Helium gefüllt werden. König

2103. **W. A. Baum,** Application of television techniques to astronomy AJ **59** 314—315. — Ref. AAS.

2104. **H. Beck,** Über Reflexbilder im Schmidt-Teleskop. Phys. Verhandlungen **5** 133. — Ref. AG.

2105. **W. E. Behring, J. M. Jackson, S. C. Miller jr., W. A. Rense,** Monochromatic camera for photography in the far ultraviolet. J. Optical Soc. America **44** 229—231, mit 4 Fig. — Beschreibung einer Kamera für das ferne UV (λ 1216 Å) ohne Filter und ohne Quarz- und Lithiumfluoridoptik, nach dem Prinzip eines Doppelmonochromators, unter Benutzung von zwei (meist Konkav-) Gittern in Wodworth-Aufstellung, so daß sich ihre Dispersion gerade aufhebt. Drei Ausführungen werden vorgeschlagen, die sich in der Art, wie der Fokus des endgültigen Bildes erreicht wird, unterscheiden. Geplant ist die Kamera für Aufnahmen der Sonne im Licht von Lyman-α von Raketen aus. Das Studium der Mitte-Rand-Variation in Lyman-α wird kurz diskutiert. Voigt

2106. **E. H. Collinson,** Astronomical photography — equipment and methods for the amateur. Vgl. Ref. **2044.**

2107. **A. Danjon,** Sur les perfectionnements à apporter aux instruments méridiens et aux observations de position. AJ **59** 67—69. — Kurze Beschreibung der vom Verf. entwickelten Instrumente zur getrennten visuellen Bestimmung von Rektaszensionen und Deklinationen höherer Genauigkeit als bisher. Böh.

2108. **Dulian,** Les changements dans la position de l'axe de rotation de la lunette dans les théodolites astronomiques. Geodezja i Kartografia **3** Nr. 2.

2109. **O. M. Erpenstein,** Light grasp of reflecting telescopes. Sky and Telescope **14** 36.

2110. **M. Gadsden,** Some properties of a reflecting eyepiece system. JBAA **64** 296—300, mit 2 Fig. und 8 Tafeln. — Das Okular ähnelt im Aufbau einem Cassegrainsystem; der Einblick erfolgt durch die Bohrung des Hauptspiegels. Diskutiert wird die sphärische Aberration in Abhängigkeit von den Radien, dem Abstand und der Abschattung. Die nahe dem Fangspiegel, also sehr ungünstig gelegene Austrittspupille kann durch eine zusätzliche Feldlinse in die Bohrung verlegt werden. König

2111. **L. M. Granderye,** Círculos graduados de aficionado. Urania Barcelona **40** 230—232, mit 1 Fig.

2112. **H. Grenat, G. Laborde,** Héliographe monochromatique de Lyot. Ann d'Astrophys **17** 541—549, mit 5 Fig. und 2 Tafeln. — Beschreibung eines Hα-Heliographen mit automatischer Filmeinrichtung und lichtelektrischer Nachführung zur fortlaufenden Überwachung der Chromosphäre in Hα. U. Be.

2113. **H. Haffner,** Adjustment of Schmidt cameras. Obs **74** 210—211.

2114. **G. Hartwig,** Der optische Aufbau des Schmidt-Spiegels. Askania-Warte **12** Nr. 45 S. 8—12, mit 7 Abb. (mit englischer und spanischer Zusammenfassung). — Es wird die Entwicklung des Spiegelteleskops vom einfachen Kugelspiegel bis zum Schmidt-Spiegel skizziert, um die überragende Bedeutung des Schmidt-Spiegels für die Astronomie und Astrophysik zu kennzeichnen. Verf. (gekürzt)

2115. **J. von der Heide,** Die Zapfen des Meridiankreises (MK) der Hamburger Sternwarte. Phys. Verhandlungen **5** 134. — Ref. AG.

2116. **K. Hermann-Otavský,** Clock drive and slow motion. RH **35** 241—244, 266—271 (tschechisch).

2117. **K. Hermann-Otavský,** Ein koronographischer Refraktor. Sterne **30** 113—122, mit 5 Abb. — Es wird im einzelnen beschrieben, wie auch ein gewöhnlicher mehrlinsiger Refraktor bei geeigneter Vergütung nach dem Prinzip des Lyotschen Koronographen zur Beobachtung von Protuberanzen und Eruptionen verwendet werden kann. Direkte Beobachtungen mit geeigneten Filtern oder — bei weniger guten Sichtverhältnissen — mit einem Okularspektroskop an einem 2- und einem 6-Zöller zeigen gute Erfolge. Voigt

2118. **C. de Jager,** Over de «lichtsterkte» van een meteorenkamera. Meteoor **10** 39—41. — Unter Berücksichtigung der Korngröße der photographischen Emulsion und der Breite des Bildes der Meteorbahn wird ein Maß für die Brauchbarkeit einer Meteorkamera angegeben. Für mehrere in Belgien und Holland gebräuchliche Kameratypen und zwei Emulsionen wird diese «Rentabilität» berechnet. Gü.

2119. **R. T. Jones,** Coma of modified Gregorian and Cassegrainian mirror systems. J. Optical Soc. America **44** 630—633, mit 5 Fig. — Ref. in Phys. Abstracts (A) **57** 1146.

2120. **A. Kutter,** Der Schiefspiegler. Ein Spiegelteleskop für hohe Bilddefinition. Vgl. AJB **53** Ref. **2124**. — Weitere Besprechung in NAT **1955** 148—149.

2121. **H. Oberndorfer,** Neubau eines 8-Zoll-Cassegrain-Teleskops. Sterne **30** 248, mit 1 Abb.

2122. **J. A. O'Keefe, D. D. Mears,** The 800-inch telescope. J RAS Canada **48** 3—15, mit 5 Fig. — Eine Lochkamera mit einer Fokallänge f, die größer als $2\,r^2/\lambda$ ist (r = Radius der Öffnung, λ Lichtwellenlänge), sollte nach Rayleigh ein Teleskop mit praktisch unbegrenzter Auflösung ergeben. Der Mondrand bildet die Kante einer fiktiven „Lochkamera" bei Sternbedeckungen. Wird f gleich der Entfernung Erde-Mond gesetzt, so folgt aus der Rayleighschen Formel als Öffnung 2 r = 800 Zoll. Das Auflösungsvermögen dieses «fiktiven» Teleskops beträgt 0ʺ005. Lichtelektrische Registrierungen von Sternbedeckungen zeigen, daß dieses Auflösungsvermögen erreicht wird. Ferner wird ein transportables kleines Spiegelteleskop mit Cassegrainoptik und lichtelektrischem Photometer beschrieben, das speziell zur Registrierung von Sternbedeckungen verwendet worden ist. Fricke

2123. **K. Pátek,** Spiegelfernrohr nach D. D. Maksutow. Rozhledy **33** 29—31, mit 3 Fig. (tschechisch).

2124. **N. A. Popow,** Über den Einfluß der Temperatur auf die Fokussierung des Rohres und den Schraubenwert des Okularmikrometers. AJ UdSSR **31** 178—190, mit 1 Abb. (russisch).

2125. **C. I. Potter,** Untersuchung der Stabilität von Astrographen bei der photographischen Aufnahme des Polgebiets mit feststehendem Rohr. Leningrad, 1954. — Dissertationsreferat.

2126. **C. Recla,** Il Brachyt: Istrumento ideale per l'astrofilo progredito. Coelum **22** 13—17, mit 1 Fig.

2127. **D. W. Rosebrugh,** About reflectors and refractors. Strolling Astronomer 8 71—72.

2128. **K. Serkowski,** Luneta ze szkieł od okularów. Urania Kraków **25** 19—24, mit 7 Abb.

2129. **W. M. Sinton,** An achromatic stellar interferometer. AJ **59** 369—375, mit 5 Fig. — Beschreibung eines Sterninterferometers mit achromatischen Interferenzstreifen. Die Konstruktion geht aus vom Lloydschen Spiegelinterferometer. Die Achromatisierung der Interferenzstreifen erfolgt durch einen Kunstgriff, indem das Bild der Lichtquelle durch ein Prisma zu einem kleinen Spektrum auseinandergezogen wird. Da die volle Objektivöffnung ausgenutzt werden kann (im Gegensatz zum Michelson-Interferometer), ist das Gerät besonders lichtstark. Ein Versuchsmodell zeigte bei der Erprobung sehr gute Ergebnisse. Behr

2130. **G. M. Sisson,** Some design considerations for large reflectors. Substance of a talk delivered to the Royal Astronomical Society Colloquium at Newcastle upon Tyne on Tuesday, 1953 July 21. Occasional Notes **3** 96—102, mit 4 Fig. und 1 Tafel.

2131. **S. C. Stern, F. Schwartzmann,** An infrared detector for measurement of the back radiation from the sky. J. Meteorol. **11** 121—129. — Ref in Phys. Abstracts (A) **57** 1384, RJ Astr. Geod. UdSSR Nr. **6**, 1955; Ref. Nr. 2310

2132. **L. A. Sucharew,** Über Meridianinstrumente. Fortschritte Astr. Wiss. **6** 163—180, mit 5 Abb. (russisch). — Vgl. Ref. 721. — Inhalt dieses zusammenfassenden Berichts: 1. die instrumentelle Grundlage der klassischen Astrometrie, 2. die Fehlerquellen in den heutigen Meridianinstrumenten (optisches Rohr, Kreis, wechselseitige Beziehung der Instrumententeile), 3. die mögliche Vervollständigung der existierenden Instrumente (selbstzentrierende Einfassung, optisches Verfahren zur Fokussierung), 4. die heutige Tendenz der Arbeiten auf dem Gebiet der Konstruktion astrometrischer Instrumente (horizontale Meridianinstrumente, horizontales Zenitteleskop, Interferenzpassageninstrument), Folgerungen. Loh.

2133. **P. Vittozzi,** Sul solarigrafo di Gorczynski N. 327. Rend. Accad. Sci. fis. mat. Napoli (4) **21** 197—207, mit 2 Fig. — Eichung eines Aktinometers mittels eines Pyrheliometers. Cester

2134. **P. Wellmann,** Über die thermische Deformation eines Spiegels. ZfA **35** 104—114, mit 4 Fig. = Mitt. Sternw. Hamburg-Bergedorf **22** Nr. 243. — Der «Randeffekt», d. h. die Bildverschlechterung eines abbildenden Spiegels durch Verformungen, die auf eine inhomogene Temperaturverteilung während Temperaturveränderungen zurückgehen, wird quantitativ untersucht. Unter der Voraussetzung eines Temperatursprunges werden die Formeln für die Temperaturverteilung im Spiegel und für eine angenäherte Berechnung der Deformation abgeleitet und auf zwei Beispiele angewendet. Verf.

2135. **H. Werner,** Neuentwicklungen von astronomischen Geräten. Phys. Verhandlungen **5** 137. — Ref. AG.

2136. **R. H. Wilson jr., W. L. Moore,** An eyepiece interferometer for double star measurement. AJ **59** 195—196. — Ref. AAS.

2137. Nuovo strumento per gli astrofili. Coelum **22** 182—183, mit 1 Fig.

2138. Een «electronische telescoop». Hemel en Dampkring **52** 14.

2139. An unorthodox telescope mounting. J. Astr. Soc. Victoria **7** 12—13. — Ref. der in AJB **52** Ref. **2134** referierten Arbeit von Sellers.

2140. The Schmidt Cassegrain. J. Astr. Soc. Victoria **7** 33—34, mit 1 Fig.

2141. Kamera för bestämning av månens position. PAT **35** 73—74.

2142. Vibrating camera for meteor observations. Sky and Telescope **13** 112.

2143. New ultraviolet camera. Sky and Telescope **13** 257.

2144. New solar spectrograph. Sky and Telescope **13** 372—373, mit 1 Fig. — Ref. AAS.

2145. Television astronomy. Sky and Telescope **13** 427.

2146. Nowy aparat do fotografowania Księżyca. Urania Kraków **25** 85—86, mit 1 Abb.

Radioastronomische Instrumente

2147. **R. N. Bracewell, J. A. Roberts,** Aerial smoothing in radio astronomy. Australian J. Phys. **7** 615—640, mit 14 Fig. = Commonwealth Sci. Industrial Res. Organization, Australia, Division Radiophys. — Es wird gezeigt, daß die folgende bekannte Entzerrungsaufgabe — auch prinzipiell — nicht eindeutig lösbar ist: Gegeben sind die mit einer bestimmten Antenne gemessene Richtungsverteilung der einfallenden Intensität und die Richtcharakteristik dieser Antenne; man bestimme die wahre Richtungsverteilung der einfallenden Intensität. Der Grund dafür ist, daß die Fouriertransformierte jeder Antennencharakteristik nur in einem beschränkten Bereich von Null verschieden ist. Fourierkomponenten der Intensitätsverteilung, die außerhalb dieses Bereichs liegen, können nach dem bekannten «Faltungssatz» aus der Theorie der Fouriertransformationen mit der betreffenden Antenne nicht beobachtet werden. Numerische Beispiele für in diesem Sinne nicht unterscheidbare Intensitätsverteilungen werden angegeben. Böhm

2148. **R. Hanbury Brown, R. Q. Twiss,** A new type of interferometer for use in radio astronomy. Phil. Mag. (7) **45** 663—682, mit 6 Fig. = Astr. Contr. Univ. Manchester (2) Jodrell Bank Repr. Nr. **98.** — Beschreibung und eingehende theoretische Diskussion eines neuen Interferometers für radioastronomische Beobachtungen. Im Gegensatz zum Michelson-Interferometer, wo zwei Antennensysteme gekoppelt werden, sind bei dem neuen Interferometer zwei vollständige Empfangsanlagen notwendig. Die gleichgerichteten Ausgangssignale werden durch Funk an die Korrelationsstation übertragen. Praktische Erfahrungen liegen bis zu einer Basislänge von 15 km vor. Behr

2149. **I. C. Browne, J. S. Greenhow,** The techniques of radio astronomy. Occasional Notes **3** 40—45, mit 3 Fig. und 4 Tafeln = Astr. Contr. Univ. Manchester (2) Jodrell Bank Repr. Nr. **100.** — Zusammenfassender Bericht.

2150. **H. Daene,** Strahlungsnormale im Wellenlängengebiet der kosmischen Hochfrequenzstrahlung. Mitt. AG 1953 S. 16. — Ref. AG.

2151. **D. B. Harris,** Microwave radiometers. Radio-Electronics **25** 104, 107—108, 110, 112—115. — Ref. in RJ Astr. Geod. UdSSR Nr. **2,** 1955; Ref. Nr. 646.

2152. **A. C. B. Lovell,** Radio telescopes. Occasional Notes **3** 35—40, mit 8 Fig. und 1 Tafel = Astr. Contr. Univ. Manchester (2) Jodrell Bank Repr. Nr. **100.** — Zusammenfassender Bericht.

2153. **H. Tanaka, T. Kakinuma,** Multiple element interferometer for locating sources of solar noise at 4000 Mc. J. Phys. Soc. Japan **9** 364—368. — Ein aus fünf Paraboloiden von je 1.5 m Durchmesser bestehendes Interferometer für eine Frequenz von 4000 MHz wird beschrieben. Die Antennen sind in Ost-Westrichtung mit je 6 m Abstand angeordnet. Messungen der Mitte-Rand-Variation der Sonne werden beschrieben und gedeutet. Böhm

* * **M. E. van Valkenburg,** The two-helix method for polarization measurement of meteoric radio echoes. Vgl. Ref. 8261.

2154. **G. de Vaucouleurs,** Radio-télescopes géants. La Nature **82** 405—409, mit 10 Fig. — Verf. gibt eine Beschreibung der großen Radioteleskope in Jodrell Bank und Sydney und erläutert deren Arbeitsweise und Anwendungsmöglichkeiten. Henn

2155. The giant radio telescope. Irish AJ **3** 87—88. — Kurzer Bericht über die Errichtung und den Fortgang der Arbeiten am großen Radioteleskop in Jodrell Bank.

2156. New radio telescope for Australia. J. Geophys. Res. **59** 556.

2157. Large radio telescope at Seneca, Maryland. J. Geophys. Res. **59** 556.

2158. A new radio telescope for Australia. J RAS Canada **48** 229.

2159. Radio sextant. Sky and Telescope **13** 427. — Ref. in Orion Schaffhausen **4** 443.

2160. Radioteleskop o bardzo dużiej zdolności rozdzielczej. Urania Kraków **25** 308—309, mit 1 Tafel. — Aus Australian J. Phys. **6** 190, 1953.

2161. Pierwsze w Polsce obserwacje radioastronomiczne. Urania Kraków **25** 341, mit 1 Tafel.

2162. Australian radio telescope. Vega Nr. **18/20** S. 79.

* * Weitere Instrumente siehe auch § **12.**

§ 22

Zusatz- und Auswertgeräte, Photographie

2201. **L. H. Aller,** The luminous shock tube. A tool for experimental astrophysics. Sky and Telescope **14** 59—61, mit 8 Fig. — Beschreibung einer Stoßwellenapparatur, mit der speziell die Verbreiterung von Spektrallinien untersucht werden kann. Die experimentellen Ergebnisse — etwa daß die Holtsmarksche Theorie die Verbreiterung der Wasserstofflinien nicht erklären kann — sind wichtig für die Analyse von Sternspektren. Voigt

* * **W. A. Baum,** Application of television techniques to astronomy. Vgl. Ref. **2103.**

2202. **A. Behr,** Probleme der photographischen und lichtelektrischen Astrophotometrie. Phys. Verhandlungen **5** 138. — Ref. AG.

2203. **H. Berthomieu,** Etude des réseaux. Ann. Obs. Astr. Mét. Toulouse **22** 25—38.

2204. **F. Bosson, M. Lunel, J. Pilon,** Nouveau système d'amplification pour l'utilisation d'une cellule au sulfure de plomb. Ann d'Astrophys **17** 231—233, mit 3 Fig. — Es wird ein Vorverstärker und ein Verstärker beschrieben, der in Verbindung mit einer PbS-Zelle für lichtelektrische Sternphotometrie im Roten und Infraroten vorgeschlagen wird. Micz.

2205. **J. Boulon,** Etude de deux réseaux Bausch et Lomb destinés à l'équipement de spectrographes pour l'Observatoire de Haute Provence. JO **37** 49—59, mit 6 Fig. und 2 Tafeln.

2206. **R. J. Bray,** The apparatus function of the Oxford solar spectroscope. MN **114** 540—548, mit 2 Fig. und 1 Tafel. — Die Apparatefunktion wurde für die Wellenlängen λ 5461 bis λ 5945 bestimmt. Der Kern des Profils zeigt deutliche Abweichungen von Plasketts Bestimmung für λ 4320, die sich durch Inhomogenitäten der Prismen erklären lassen (Unterschiede des Brechungsindex von etwa 3×10^{-6}). Eine Reihe von Maxima und Minima in den Flügeln werden aus der Wirkung von Schlieren erklärt. Die Durchführung der Messungen wird beschrieben. O. G.

2207. **R. J. Bray,** The apparatus function of the Oxford solar spectroscope. Obs **74** 238—239. — Ref. RAS.

2208. **D. M. Chapin, C. S. Fuller, G. L. Pearson,** A new silicon p—n junction photocell for converting solar radiation into electrical power. J. Appl. Phys. **25** 676—677, mit 1 Fig. — Ref. in RJ Astr. Geod. UdSSR Nr. **3**, 1955; Ref. Nr. 1095.

2209. **A. Corman, J. F. Bedinger,** Rocket-borne photometer measures sky light. Electronics **27** Nr. 9 S. 151—153, mit 6 Abb. — Ref. in RJ Astr. Geod. UdSSR Nr. **7**, 1955; Ref. Nr. 2748.

2210. **J. Cuffey,** An iris photographic photometer. AJ **59** 319. — Ref. AAS.

* * **P. Darnell,** Anvendelse af småbilledkameraer til himmelfotografering. Vgl. Ref. **2046**.

2211. **O. D. Dsimistarischwili, A. L. Oscherowitsch, N. A. Rasmadse, S. F. Rodionow,** Ein Sternelektrophotometer mit Vervielfacher. Bull. Astrophys. Obs. Abastumani Nr. **16** S. 3—7, mit 1 Abb. (russisch mit georgischer Zusammenfassung). — Kurzer Bericht über die Eigenschaften eines sowjetischen Vervielfachers mit Antimon-Zäsiumphotokathode und über seine Brauchbarkeit anstelle der früheren lichtelektrischen Zelle des Photometers am 33 cm-Reflektor in Abastumani. Es können jetzt Sterne bis etwas über 9^m photometriert werden. Loh.

2212. **O. D. Dsimistarischwili, A. L. Oscherowitsch, N. A. Rasmadse, S. F. Rodionow,** Ein mit Elektronenvervielfacher ausgestattetes Sternelektrophotometer. DAN **95** 955—956, mit 1 Abb. (russisch). — Beschreibung der photometrischen Eigenschaften eines Antimon-Zäsium-Elektronenvervielfachers der Sternwarte Abastumani. Loh.

2213. **J. W. Evans,** Observations with a narrow-band color filter. ASP Leaflet Nr. 303, 8 S. mit 2 Fig.

2214. **M. Golay,** Etude des conditions d'application des cellules à multiplicateur d'électrons en photométrie astronomique. Publ. Obs. Genève (A) **5** 247—310, mit 10 Fig. — Ref. in Phys. Abstracts (A) **58** 193. — Theoretische Diskussion der Leistungsgrenzen der lichtelektrischen Sternphotometrie. Die Beeinflussung der Meßgenauigkeit durch physikalische Eigenschaften des elektrischen Stromes und der Photomultiplier, durch Meßeinrichtungen, atmosphärische Szintillation und Extinktion wird eingehend behandelt. Behr

2215. **Å. Grudemo,** An automatically recording densitometer. Appl. sci. Res. (B) **4** Nr. 1—2 S. 3—9. — Ref. in Phys. Abstracts (A) **57** 1269.

2216. **P. Guérin, M. Laffineur,** Sur un nouveau modèle de spectrophotomètre stellaire photoélectrique à enregistrement direct de l'intensité. CR **238** 1692—1694, mit 1 Fig. = Contr. Inst. d'Astrophys. Paris (A) Nr. **164**. — Enthält die Beschreibung eines photoelektrischen Photometers mit photographischer Registrierung, das unempfindlich gegenüber Schwankungen der Gesamthelligkeit der Lichtquelle ist, deren spektrale Energieverteilung man mißt. Verf. (übersetzt)

2217. **W. H. Haas,** A filar micrometer for the amateur. Strolling Astronomer **8** 9—11.

2218. **J. Heidmann,** Orientation des sondes stratosphériques. J. Phys. Radium **15** 344—351, mit 13 Fig. — Verf. beschreibt eine Apparatur, die zur Untersuchung der kosmischen Strahlung bei Stratosphärenflügen benutzt werden kann. Das Prinzip besteht darin, die photographischen Emulsionen mit Hilfe eines Magneten in vorgegebener Richtung zu halten. Henn

2219. **H. J. Höfert,** Monochromatoren im Zeiss-Geräte-Programm. Phys. Verhandlungen **5** 138—139. — Ref. AG.

2220. **S. Hondl,** Das Kreismikrometer von Boscovich. Bošković Almanah 1955 S. 98—123, mit 7 Fig. (kroatisch mit deutscher Zusammenfassung).

2221. **G. Isaak,** A new (?) scanning instrument for photographic plates. J. Astr. Soc. Victoria **7** 63—65, mit 1 Fig. — Das Instrument soll die gleichen Aufgaben erfüllen wie ein Blinkkomparator. Die zu vergleichenden Platten werden derart justiert und bewegt, daß sich vor zwei Photozellen jeweils korrespondierende Plattenstellen befinden; die Differenz der Photoströme wird angezeigt oder registriert. Weitgehende Automatisierung ist möglich. König

2222. **G. Jackisch,** Die Intensitätsverteilung im Spektrum einer radioaktiven Leuchtscheibe. Wiss. Z. Karl-Marx-Univ. Leipzig **3** 409—418, mit 15 Abb. (Math.-Naturwiss. Reihe, Heft 4) = Veröff. Univ.-Sternw. Leipzig Nr. **9**. — Die spektrale Intensitätsverteilung einer radioaktiven Leuchtscheibe wurde mit Monochromator und Sekundärelektronenvervielfacher und zur Kontrolle noch durch photometrische Auswertung von Spektralaufnahmen gemessen. Die Intensitätsverteilung zeigt die für Kristallphosphore typische Glockenform und zusätzlich die blaue Eigenbande des ZnS. O. G.

2223. **F. W. Jäger,** Die neuen Gitter des Göttinger Turmteleskops. Phys. Verhandlungen **5** 133. — Ref. AG.

2224. **H. L. Johnson,** An integrator-type D. C. amplifier. AJ **59** 325—326. — Ref. AAS.

2225. **A. V. Jones, H. Gush,** Auroral and night sky exposure register. Rev. Sci. Instruments **25** 928, mit 1 Fig. — Ref. in RJ Astr. Geod. UdSSR Nr. **7**, 1955; Ref. Nr. 2906.

2226. **W. N. Karpinskij,** Untersuchung der instrumentellen Kontur des großen Gitterspektrographen der astronomischen Bergstation des Astronomischen Hauptobservatoriums der Akademie der Wissenschaften der UdSSR. Bull. Kommission Sonnenforschung Nr. **10** S. 14—17 (russisch). — Ref. in RJ Astr. Geod. UdSSR Nr. **9**, 1955; Ref. Nr. 3773.

2227. **M. J. Koomen, C. Lock, D. M. Packer, R. Scolnik, R. Tousey,** A photometer for measuring the 5577 Å line in the airglow. J. Optical Soc. America **44** 827. — Ref. Optical Soc. America.

2228. **N. F. Kuprewitsch,** Ein schnelles photoelektrisches Spektralphotometer für die Sonne mit «durchspringendem» Spektrum. AJ UdSSR **31** 85—89, mit 8 Abb. (russisch). — Beschreibung eines schnellarbeitenden Spektralphotometers, das mit Vervielfacher, Oszillographen und Beugungsgitter ausgerüstet ist. Loh.

2229. **M. Kutscher,** Reflexionsprisma und Sonnenfinsternis. Sterne **30** 185.

2230. **J. Lemmens,** Sur un oculaire spécialement destiné à l'observation à l'aide d'un réfracteur zénithal. Bull. Cl. Sci. Acad. roy. Belgique (5) **40** 557 = Inst. Astr. Bruxelles (2) Nr. **97.** — Berichtigung und Ergänzung zu der in AJB **53** Ref. **2227** zitierten Arbeit.

2231. **F. Lenouvel, J. Daguillon,** Fatigue d'une cellule à multiplicateurs d'électrons. J. Phys. Radium **15** 287—289, mit 6 Fig. — Verf. haben an dem 19-stufigen Photomultiplier von Lallemand den Ohmschen Widerstand der Halbleiterschicht, welche die letzte Stufe des Multipliers bedeckt, gemessen. Der Widerstand ist die Ursache für die bei Photomultipliern festgestellte Ermüdungserscheinung. Henn

2232. **R. R. McMath, O. C. Mohler, A. K. Pierce,** The 50-foot focal length vacuum spectrograph for solar research. AJ **59** 328—329. — Ref. AAS.

2233. **M. A. Mogilewskij, A. E. Weller, W. M. Wald-Perlow,** Bestimmung lokaler magnetischer Felder auf der Sonne mit einem modulierenden lichtelektrischen Spektralphotometer. DAN **95** 957—959, mit 2 Abb. (russisch).

2234. **P. Parcelier,** Description d'un transformateur électronique permettant d'utiliser la puissance fournie par les réseaux de distribution avec stabilisation de leurs fréquences par un étalon de fréquence. Ann. Françaises Chronométrie (2) **24** 125—127, mit 1 Fig. = Obs. Univ. Bordeaux (A) Nr. **6.**

2235. **H. Plesse,** Über ein registrierendes Spektralphotometer und einen Extinktionsschreiber. Phys. Verhandlungen **5** 139. — Ref. AG.

2236. **M. Sauer,** Eine einfache und genaue Spannungsstabilisierungsmethode für Gleichstrom-Kompensationsphotometer. Optik **11** 18—21, mit 1 Fig. — Es wird ein sehr einfaches und genaues lichtelektrisches Kompensationsphotometer beschrieben. Die geringe Empfindlichkeit gegen Spannungsänderungen wird durch die Ausdehnung der Kompensation auf die noch mit hinreichender Genauigkeit als lineare Glieder der Spannungsschwankungen darstellbaren Änderungen der Verstärkung der Zelle erreicht. Von besonderer Bedeutung ist die Schaltung für gasgefüllte Zellen. Bei diesen wurde eine Genauigkeitssteigerung um den Faktor zehn gemessen. Verf.

2237. **W. Selove,** A DC comparison radiometer. Rev. Sci. Instruments **25** 120—122, mit 6 Fig. — Verf. beschreibt eine zur thermischen Strahlungsmessung im Radiowellenbereich geeignete Radiometer-Anordnung. Ein Vergleich mit dem von Dicke (vgl. Rev. Sci. Instruments **17** 268, 1946) verwendeten Radiometer zeigt, daß das vorliegende eine wesentlich größere Empfindlichkeit besitzt. Henn

2238. **H. Siedentopf,** Multiplier-Photometrie. Phys. Verhandlungen **5** 128. — Ref. AG.

2239. **N. W. Spencer, H. F. Schulte, H. S. Sicinski,** Rocket instrumentation for reliable upper-atmosphere temperature determination. Proc. Inst. Radio Engineers **42** 1104—1108. — Ref. in Phys. Abstracts (A) **57** 1351.

* * **D. S. Stacey, G. A. Stith, R. A. Nidey, W. B. Pietenpol,** Rocket-borne servo tracks the sun. Vgl. Ref. **13434.**

2240. **A. Strzałkowski,** Zastosowania elektroniki w astronomii. Postępy Astr. **2** 70—98, 131—136, mit 31 Fig. — Ref. dieses Berichtes über die Anwendung der Elektronik in der Astronomie in RJ Astr. Geod. UdSSR Nr. **7**, 1955; Ref. Nr. 2747.

2241. **J. Terrien,** Récepteurs de lumière et de rayonnement. 3. Récepteurs quantiques I: Cellules photorésistantes et photopiles. La Nature **82** 25—27, mit 7 Fig. — Bei den lichtelektrischen Photometern unterscheidet Verf. die photoelektrischen und die photoelektronischen Zellen je nachdem, ob innerer oder äußerer lichtelektrischer Effekt zur Messung des Lichtes benutzt wird. In diesem ersten Teil beschreibt Verf. die photoelektrischen Zellen und erläutert ihre Wirkungsweise. Für die Anwendung dieser Zellen wird auf eine frühere Veröffentlichung (vgl. AJB **49** Ref. **2245**) verwiesen. Henn

2242. **J. Terrien,** Récepteurs de lumière et de rayonnement. 4. Récepteurs quantiques II: Cellules photoémissives (tubes photoélectroniques). La Nature **82** 52—56, mit 10 Fig. — In Fortsetzung seiner früheren Arbeit befaßt sich Verf. in vorliegender Veröffentlichung mit den photoelektronischen Röhren mit und ohne Gasfüllung. Weiterhin wird über Photomultiplier berichtet und insbesondere auf den von Lallemand konstruierten eingegangen. Henn

2243. **K. Wegener,** Die Registrierung der Energie-Verteilung im Sonnen-Spektrum. Geofis. pura appl. **26** 191—197, mit 3 Fig., 1953. — Die Möglichkeiten einer mechanischen Registrierung der Verteilung der Energie im Spektrum der Sonne werden gezeigt. Cester

2244. **P. Wellmann,** Probleme der Astrospektroskopie. Phys. Verhandlungen **5** 138. — Ref. AG.

* * **H. Werner,** Neuentwicklungen von astronomischen Geräten. Vgl. Ref. **2135**.

* * **R. H. Wilson jr.,** Observations of double stars in 1952. Vgl. Ref. **10135**.

2245. **H. Wood,** An apparatus for guiding on minor planets. Obs **74** 250. — Verf. beschreibt eine am Observatorium Sydney erprobte Einrichtung, mit der das Fernrohr beim Nachführen mit einem Fixstern durch automatische Verschiebung des Pointierungskopfes der nach den Ephemeriden zu erwartenden Bewegung eines Kleinen Planeten folgt. Der Gewinn an Reichweite beträgt etwa $1^{m}_{\cdot}8$. O. G.

2246. **K. Wurm,** Über neue Absorptionsfilter für Nebelaufnahmen. Phys. Verhandlungen **5** 133—134. — Ref. AG.

2247. Una nuova cellula fotoelettrica. Coelum **22** 51. — Verf. beschreibt den Vervielfacher 6291 DuMont. Die Verbesserungen dieses Vervielfachers gegenüber dem 1 P 21-Vervielfacher sind: kein Gitter vor der Kathode, die rund, flach und größer ist; verbesserte Konzentration der Elektronen mittels einer linearen Dynodeneinrichtung; halber Dunkelstrom. Nachteile sind höherer Preis und größere notwendige Spannung. Cester

2248. Astronomical photometer. Instruments and Automation **27** 438. — Ref. in RJ Astr. Geod. UdSSR Nr. **2**, 1955; Ref. Nr. 561 (russisch).

2249. Star factory. Sky and Telescope **13** 77.

2250. Precision gyroscope. Sky and Telescope **13** 259.

2251. Bildwandler in der Astronomie. Sterne **30** 61. — Besprechung des Artikels von E. B. Armstrong in Irish AJ **2** Nr. 5 (Vgl. AJB **53** Ref. **2202**).

Sonnenöfen

2252. **V. M. Centeno,** Aprovechamiento de la energia solar. An. Univ. Centr. Venezuela **34** Junio S. 97—116. — Ref. in RJ Astr. Geod. UdSSR Nr. 7, 1955; Ref. Nr. 2886.

2253. **D. M. Chapin, D. E. Thomas,** Solar battery powers transmitter. Radio-Electronics **25** Nr. 8 S. 76—78. — Ref. in RJ Astr. Geod. UdSSR Nr. 3, 1955; Ref. Nr. 1096.

2254. **W. M. Conn, G. Braught,** Separation of incident and emitted radiation in a solar furnace by means of rotating sectors. J. Optical Soc. America **44** 45—47, mit 4 Fig. — Ref. in Phys. Abstracts (A) **57** 417.

2255. **W. M. Conn,** Gesichtspunkte für den Entwurf von Sonnen-Spiegelöfen für Hochtemperaturforschung und -Entwicklung. Z. angew. Phys. **6** 284—291, mit 8 Abb. — Ref. in Phys. Abstracts (A) **57** 1045.

2256. **C. A. Cross,** The solar battery. J. British Interplanetary Soc. **13** 361—362. — Beschreibung einer Sonnenbatterie, die 8.5×10^{-3} Watt pro cm^2 erzeugt (= 6% der auffallenden Totalenergie). Verbesserungen könnten den Wirkungsgrad auf 10% steigern. Hinweise auf mögliche Anwendungen bei Bell Telephonen und auf künstlichen Satelliten. Gli.

2257. **R. Gardon,** A segmented-mirror solar furnace for high-intensity thermal radiation studies. Rev. Sci. Instruments **25** 459—463, mit 6 Fig. — Bei den bisher entwickelten Sonnenöfen wird eine maximale Energiekonzentration auf einer relativ kleinen Fläche erreicht. In vorliegender Arbeit beschreibt Verf. eine Apparatur, bei der eine Anordnung von vielen schmalen, ebenen Spiegeln benutzt wird, um eine gleichmäßige Bestrahlungsintensität (5.5 cal/cm^2 sec) über einer Fläche von 25 cm^2 zu erzeugen. Über die Verwendung dieses Sonnenofens während 15 Monaten wird berichtet. Henn

2258. **M. L. Ghai, M. L. Khanna, J. S. Ahluwalia, S. P. Suri,** Performance of reflectortype direct solar cooker. J. Sci. Industr. Res. **12** 540—551, 1953. — Ref. in RJ Astr. Geod. UdSSR Nr. 8, 1955; Ref. Nr. 3386.

2259. **M. W. Kirpitschew, W. A. Baum,** Die Ausnutzung der Sonnenenergie. Priroda **43** Nr. 1 S. 45—53, mit 11 Abb. (russisch). — Allgemeinverständliche Beschreibung des Aufbaues und der Wirkungsweise von Sonnenöfen in der UdSSR mit der Schlußfolgerung, daß heute die Gewinnung elektrischer Energie aus der Sonnenstrahlung wirtschaftlich unrentabel ist. Loh.

2260. **G. Nebbia,** I distillatori solari. Coelum **22** 142—146, mit 1 Fig. — Nach einem Überblick über die Instrumente, die zur Ausnutzung der Sonnenenergie verwandt werden, erläutert Verf. die Prinzipien und die Entwicklung von Apparaten zur Destillierung des Seewassers. Cester

2261. **G. Nebbia,** Sull'utilizzazione dell'energia solare. Geofis. Meteorologia **2** 50—54, mit Fig. und Tafeln.

2262. **M. Telkes,** Solar thermoelectric generators. J. Appl. Phys. **25** 765—777, mit 7 Fig. — Ref. in Phys. Abstracts (A) **57** 949, RJ Astr. Geod. UdSSR Nr. **6**, 1955; Ref. Nr. 2426.

2263. The Bell solar battery. Bell Lab. Rec. **32** 232—234. — Ref. in RJ Astr. Geod. UdSSR Nr. **3**, 1955; Ref. Nr. 1097.

2264. Solar furnaces for high-temperature research. Nature **174** 490.

2265. Solar battery produces no-cost electricity. Sci. and Mechanics **25** 79—80.

2266. Power from the sun. Sky and Telescope **13** 339.

2267. Practical solar furnace. Sky and Telescope **13** 371.

2268. Indian solar cooker. Sky and Telescope **14** 14.

2269. Cellule photoélectrique merveilleuse, la batterie solaire permet la conversion directe de l'énergie du soleil en électricité avec un rendement intéressant. Toute radio Nr. **186** S. 196—197. — Ref. in RJ Astr. Geod. UdSSR Nr. 3, 1955; Ref. Nr. 1098.

2270. Bezpośrednie wykorzystanie energii otrzymywanej w postaci promieniowania ze Słońca. Urania Kraków **25** 313. — Kurze Notiz über die in den Pyrenäen aufgestellte Vorrichtung zur Ausnutzung der Energie der Sonnenstrahlung. Im Brennpunkt dieses Sonnenofens wurden Temperaturen bis zu 2500° C erreicht. Loh.

Photographie

2271. **P. Ahnert,** Bemerkungen über die Photographie von Sternen, Nebeln und Meteoren. Sterne **30** 46—53. — Nach zusammenfassenden Bemerkungen über die Beziehungen zwischen Reichweite, Öffnung und Brennweite bei der Photographie von punktförmigen Objekten (Sternen) und flächenhaften Objekten werden eingehend die Verhältnisse bei der Photographie von Meteoren betrachtet. Gli.

2272. **A. N. Argue,** On improving the sensitivity of photographic emulsions to low intensity of illumination. Obs **74** 213—215 = Cambridge Obs. Repr. Nr. 7. — Versuche mit der Ilford HP3-Emulsion ergaben, daß kurzzeitige Vorbelichtung ($^1/_{750}$ sec) entsprechend höherer Intensität erheblich stärkere Empfindlichkeitssteigerung bewirkt als lange (1 sec, 60 sec). Nachbelichtung erwies sich als wirkungslos auch bei jenen Platten, welche während der Aufnahme auf −78° C gekühlt waren. Die Kühlung selbst brachte gegenüber Zimmertemperatur eine Empfindlichkeitssteigerung um das 15fache. Bru.

2273. **M. Daisomont,** Les révélateurs à grain fin et la photographie astronomique. Gaz astr **35** 61—66.

2274. **G. C. Farnell,** Scattering of light in photographic emulsion layers. Proc. Phys. Soc. (B) **67** 164—165. — Ref. in Phys. Abstracts (A) **57** 786.

2275. **R. Fleischer, T. J. Lauroesch,** Reciprocity-law failure for in-focus images. AJ **59** 320—321. — Ref. AAS.

2276. **M. G. Fracastoro,** Criteri di valutazione della rapidità dei prodotti fotografici. Atti Fondazione G. Ronchi 8 3—12, mit 2 Fig. — Kritik der verschiedenen historischen Systeme zur Bezeichnung der Empfindlichkeit einer photographischen Emulsion und besonders des A.S.A-Systems. Eine neue Methode unter Verwendung eines Mikrophotometers wird vorgeschlagen. Cester

2277. **K. Güssow,** Die spektrale Empfindlichkeit photographischer Platten. Phys. Verhandlungen **5** 134. — Ref. AG.

2278. **M. Hack,** Effetto fotografico d'intermittenza in un caso di particolare interesse astrofisico. Atti Fondazione G. Ronchi 8 353—358. — Ein besonderer Fall von photographischem Intermittenzeffekt während der Aufnahme von Sternspektrogrammen wird besprochen. Eine Vorrichtung zur Kalibrierung der Platte wird vorgeschlagen, um am Fernrohr und im Laboratorium denselben Effekt zu erzielen. Cester

2279. **N. Hansson,** On the Eberhard effect at different developers. With special regard to the influence of potassium bromide and sodium sulphite. Ark Astr **1** 393—410, mit 10 Fig. = Lund Medd. (1) Nr. **181.** — Für rund 20 Entwicklersorten wird der Eberhard-Effekt an Ilford-Platten bei verschiedenen Schwärzungen studiert. Die zahlreichen Messungen zeigen, daß der Effekt gering ist, wenn der Entwickler und in ihm das Kaliumbromid hochkonzentriert sind. Die Konzentration des Natriumsulfits dagegen ist von geringerer Bedeutung als bisher angenommen wurde. Die kräftigen Entwickler ergeben einen schwächeren Effekt als die übrigen Arten. Für gute Durchmischung des Entwicklers während der Entwicklung sollte Sorge getragen werden. Eine Sonderstellung des Ferro-Oxalat-Entwicklers bezüglich des Eberhard-Effekts konnte nicht bestätigt werden. Kdr.

2280. **N. Hansson,** On the resolving power of the photographic image with special regard to the developer. Ark Astr **1** 531—542, mit 1 Fig. = Lund Medd. (1) Nr. **182.** — Experimentelle Untersuchungen mit 17 verschiedenen Entwicklern zeigen, daß abgesehen von speziellen Oberflächenentwicklern praktisch keine Korrelation mit dem Auflösungsvermögen besteht. Ebenso ergibt sich kein Zusammenhang zwischen Auflösungsvermögen, Eberhard- und Kostinsky-Effekt. Das Auflösungsvermögen variiert dagegen bei Verwendung verschiedenfarbigen Lichts zur Beleuchtung des Testobjekts. Es ist am geringsten im Grünen. — Die Arbeit enthält ferner eine ausführliche Literaturzusammenstellung und kurze Besprechungen von 43 Arbeiten aus diesem Problemkreis. Voigt

2281. **G. E. Jerlexowa,** Über die Verbesserungen der photographischen Größen der Sterne verschiedener Farbe in Abhängigkeit von der Plattensorte. Bull. Astr. Obs. Stalinabad Nr. **9** S. 13—18, mit 3 Abb. (russisch). — Mit einem Industar-Objektiv wurde bei halbstündiger Belichtung in Moskau und Stalinabad ein Feld in Cygnus auf verschiedenen Plattensorten aufgenommen. Die mikrophotometrische Auswertung von 45, nach ihren Farben in vier Gruppen eingeteilten Sternen ergab: Bei Kodak-Spektral, NIKFI-Orthochrom und Agfa-Astro-Ortho lag der Schwärzungsunterschied für verschiedenfarbige Sterne gleicher photographischer Helligkeit innerhalb der Meßgenauigkeit. Bei NIKFI-Panchrom, Ilford-Panchrom und Iso-Ortho dagegen zeigten sich merkliche Unterschiede. Korrekturwerte hierfür werden in Tabellen und Kurvendarstellungen bereitgestellt. Petri

2282. **E. W. Kononowitsch,** Der Einfluß verschiedener Expositionszeiten der Haupt- und Kalibrierungsaufnahmen auf die Genauigkeit spektralphotometrischer Arbeiten. Mitt. Astr. Sternberg-Inst. Nr. **96** S. 62—65 (russisch). — Es wird erneut durch Versuche belegt, daß immer möglichst gleiche Belichtungszeiten anzustreben sind. Loh.

2283. **R. Mauge,** Study of the resolving power of photographic emulsions. Onde élect. **34** 1013—1019 (französisch). — Ref. in Phys. Abstracts (A) **58** 547.

2284. **C. E. K. Mees,** Recent progress in astronomical photography. Annual Report Smithsonian Inst. for 1953 S. 205—218, mit 2 Fig. und 6 Tafeln = Publ. Nr. 4151. — In diesem im Mai 1953 gehaltenen Vortrag gibt Verf. einen Überblick über die Entwicklung der Photographie in der Astronomie. Eingehend wird die Chemie der Infrarot-Sensibilisierung beschrieben und Beispiele astronomischer photographischer Aufnahmen gebracht. Voigt

2285. **G. Merton,** Photography and the Amateur Astronomer. Vgl. AJB **53** Ref. **2247.** — Weitere Besprechung in NAT **1955** 34—35.

2286. **J. Meurers,** Schichtverzerrungen auf photographischen Platten. AN **281** 233—240, mit 8 Abb. = Mitt. Univ.-Sternw. Bonn. — Im Rahmen astrometrischer Arbeiten an der Bonner Sternwarte wurde die Frage der Schichtverzerrungen auf photographischen Platten nach neuen Gesichtspunkten untersucht. Durch möglichst getreue und genaue Wiederholung von Platten-Ausmessungen, die vor etwa 50 Jahren in Bonn vorgenommen worden waren, sollte die Frage geklärt werden, ob ordnungsgemäß gelagerte Platten in einem solchen Zeitraum noch Veränderungen unterliegen. Es wurde ein Verfahren entwickelt, das mit einem verhältnismäßig geringen Arbeitsaufwand die auf Platten vorkommenden Verzerrungen überhaupt und bis in kleine Bezirke hinein zu bestimmen erlaubt. Dadurch konnte der Einfluß der Schichtverzerrungen auf die verschiedenen Auswertverfahren umfassender als bisher geklärt, eine weitgehende Abhängigkeit der Verzerrungen vom Plattenformat gefunden und die Veränderungen in langen Zeiträumen untersucht werden. Verf.

* * **R. B. Orton,** Some experiments in lunar photography. Vgl. Ref. 2412.

2287. **E. W. Salpeter, W. Bitterlich,** Zur photoelektrischen Belichtungsmessung bei Spektralaufnahmen. Labor. Astrofis. Specola Vaticana Ric. Spettroscop. **2** 65—89, mit 7 Abb. — Eine genaue Belichtungsmessung bei Spektralaufnahmen läßt sich nur durch die Messung der Lichtmenge erreichen, die auf die Platte gelangt. Daher muß die der Photozelle zugeführte und im Anzeigegerät über die Zeit integrierte Lichtmenge zu jener in einem konstanten Verhältnis stehen. Es werden verschiedene Möglichkeiten für die Aufstellung der Photozelle und für die Konstruktion des Anzeigegerätes erörtert, die diesen Bedingungen entsprechen. Es lassen sich sehr einfache Integriergeräte herstellen. Der Wert der Belichtungsmessung liegt vor allem in der Reproduzierbarkeit der Belichtung von gleichen Spektren. Verf. (gekürzt)

2288. **A. B. Sewerny,** Die Filmaufnahme bei astronomischen Beobachtungen. Bote Akad. Wiss. UdSSR Nr. 8 S. 78—80 (russisch). — Ref. in RJ Astr. Geod. UdSSR Nr. **5,** 1955; Ref. Nr. 1773.

2289. **N. N. Sytinskaja,** Über die Wahl der Exposition zur Photographierung der äußeren Korona und des Kometen Encke. Astr Circ UdSSR Nr. 149 S. 16—17 (russisch). — Notiz zur Finsternisphotographie, um den Kontrast zwischen Himmelsuntergrund und Korona bzw. Kometen Encke möglichst groß werden zu lassen. Loh.

2290. **J. Texereau, G. de Vaucouleurs,** Astrophotographie d'amateur. Paris, Editions de la Revue d'Optique Théorique et Instrumentale, 1954. 8 + 93 S. mit 60 Fig. und 35 Tafeln. Preis frs. 800. — Besprechung in BSAF **68** 84—85 (P. Couderc), Ciel et Terre **70** 153—154 (C. Biemans), Coelum **22** 59, Irish AJ **3** 63, J. Astr. Soc. Victoria **7** 28, JBAA **64** 251, La Nature **82** 278, NAT **1955** 149, Orion Schaffhausen **4** 369—370, Sky and Telescope **13** 200.

2291. **M. T. Vigón, M. Solís,** Über die Wirkung zweier aufeinanderfolgender Belichtungen auf photographische Schichten. Optik **11** 541—556, mit 8 Fig. — Ref. in Phys. Abstracts (A) **58** 435—436.

2292. **F. Volz,** Die Farbenphotographie in der atmosphärischen Optik. Photographie und Wissenschaft **3** Heft 1 S. 3—12, mit 9 Abb.

* * Weitere Zusatz- und Auswertgeräte siehe § 12.

§ 23

Uhren, Chronographen, Zeitdienst, Sonnenuhren

2301. **H. J. M. Abraham,** Annual fluctuations in quartz clock error and frequency drift. Nature **173** 73—74, mit 4 Fig. — Ref. in Phys. Abstracts (A) **57** 390, Phys. Ber. **34** 1574—1575.

2302. **P. Bacchus,** Principes de progrès dans l'entretien des pendules astronomiques. J. Phys. Radium **15** 49 S—50 S. — Ref. in RJ Astr. Geod. UdSSR Nr. **7**, 1955; Ref. Nr. 2739.

2303. **D. J. Belozerkowskij,** Die Berücksichtigung der Verbesserung wegen Polschwankung in der Arbeit des staatlichen Zeitdienstes. Astr Circ UdSSR Nr. 149 S. 13—14 (russisch).

2304. **Z. Brkić, L. Mitić, B. Ševarlić,** Déterminations de l'heure faites à la lunette méridienne en 1951, 1952. Bull. Obs. Astr. Beograd **19** Nr. 1 S. 2—3, 18—50.

2305. **Z. Brkić, L. Mitić,** Déterminations de l'heure faites à la lunette méridienne en 1953, 1954. Bull. Obs. Astr. Beograd **19** Nr. 2 S. 9—44, 44—51.

2306. **L. D. Brysshew, W. N. Titow,** Simple clock with a quartz tuning fork. J. techn. Phys. **24** 879—883 (russisch). — Ref. in Phys. Abstracts (A) **58** 10.

2307. **M. Cavedon,** La propagazione dei radio-segnali e il problema delle longitudini. Rend. Ist. Lombardo Sci. Lettere Cl. Sci. mat. nat. **87** 665—673 = Contr. Oss. Astr. Milano-Merate (NS) Nr. **55**. — Die von verschiedenen Forschern erhaltenen Resultate über die Fortpflanzung langer und kurzer Radiowellen werden diskutiert. Die Mitarbeit von Sternwarten und Institutionen, die für den Empfang eingerichtet sind, ist notwendig. Cester

2308. **B. Decaux,** Emissions de fréquences étalon et de signaux horaires. Récentes décisions du Comité Consultatif International des Radiocommunications (Londres 1953). Ann. Françaises Chronométrie (2) **24** 99—103. — Es gibt jetzt sieben Stationen, die die Standardfrequenzen und Zeitsignale senden. Unter ihnen sendet Rugby M.S.F. dauernd auf drei Frequenzen. Verschiedene Verbesserungen der Zeitsignale sind vorgeschlagen worden; diese Signale werden mehr und mehr benutzt. Verf. (übersetzt)

2309. **H. Degen,** Die Atomuhr. Naturwiss. Rundschau **7** 255. — Ref. der Arbeit von H. Gaertner in der Zeitschrift VDI **96** 77.

2310. **J. Grémillard,** Les jours intermédiaires dans les épreuves de chronomètres. Ann. Françaises Chronométrie (2) **24** 37—44, mit 8 Fig.

2311. **E. Guyot,** Das Problem der Zeitmessung an der Internationalen Astronomischen Union. J. suisse horlog. bijouterie Nr. 9—10 S. 327—329. — Ref. in RJ Astr. Geod. UdSSR Nr. **11**, 1955; Ref. Nr. 4760.

2312. **M. Kiessig,** Uhrkontrolle durch Kurzwellensender. Sterne **30** 242—243.

2313. **B. S. Kusmin,** Grundlagen der astronomischen Methode der Zeitmessung. Moskau, Staatsverlag für technisch-theoretische Literatur, 1954. 60 S. mit Abb. Preis 95 Kop. (russisch). — Besprechung in RJ Astr. Geod. UdSSR Nr. **3**, 1955; Ref. Nr. 900.

2314. **H. C. Lagerweij,** The Union Observatory time service. MN ASSA **13** 2—3.

* * **W. Markowitz,** Photographic determination of the moon's position, and applications to the measure of time, rotation of the earth, and geodesy. Vgl. Ref. 7308.

2315. **B. P. Perzew,** Theorie des Poschechonow-Pendels. AJ UdSSR **31** 90—96, mit 3 Abb. (russisch). — Ref. in Astr. News Letter Nr. **73** S. 17—18, Urania Kraków **25** 275.

2316. **J. A. Pierce, H. T. Mitchell, L. Essen,** World-wide frequency and time comparisons by means of radio transmissions. Nature **174** 922, mit 1 Fig. — Ref. in Phys. Abstracts (A) **58** 440.

2317. **G. R. Possoschkow,** Der Registrierchronograph des Charkower Astronomischen Observatoriums. Abh. Univ. Charkow **55** 91—96 (russisch). — Ref. in RJ Astr. Geod. UdSSR Nr. 8, 1955; Ref. Nr. 3232.

2318. **P. Sanders,** Horloges à quartz et horloge atomique. Ciel et Terre **70** 48—67, mit 17 Fig. = Commun. Obs. Roy. Belgique Nr. **66.** — Zusammenfassender Bericht über die Schwankungen des Zeitmaßes, genaue Beschreibung (mit Schaltbildern) des Aufbaues und der Wirkungsweise der Quarzuhren und der am National Bureau of Standards in Washington konstruierten Atomuhr. Böh.

2319. **I. K. Shimoda,** Atomic clocks and frequency standards on an ammonia line. J. Phys. Soc. Japan **9** 378—386. — Nach einer experimentellen und theoretischen Untersuchung einer Atomuhr unter Benutzung des 3-3-Übergangs des Ammoniaks wird eine Atomuhr mit Starkeffektmodulation kurz beschrieben. Die Gangfehler werden diskutiert und es wird unter anderem auf die Wichtigkeit der guten Anpassung der Absorptionszelle an Generator und Empfänger hingewiesen. Traving

2320. **K. Shimoda,** Atomic clocks and frequency standards on an ammonia line. II. J. Phys. Soc. Japan **9** 558—567. — Die Verwendung des Zeeman- und des Faraday-Effektes zur Elimination der Ursachen von Gangfehlern der Atomuhren wird diskutiert. Atome bzw. Molekeln in einem Magnetfeld entsprechen in ihrem Verhalten nicht mehr dem Reziprozitätstheorem. Der Transmissionskoeffizient der Absorptionszelle wird dadurch verändert, die Benutzung ihrer nicht reziproken Komponente wird erörtert, insbesondere für den Fall einer Absorptionszelle in Form eines kreisförmigen Wellenleiters in einem axialen Magnetfeld. Traving

2321. **K. Shimoda,** Atomic clocks and frequency standards on an ammonia line. III. J. Phys. Soc. Japan **9** 567—575. — Eine Atomuhr hoher Genauigkeit wird beschrieben. Die Absorptionszelle ist reflexionsfrei. Resultate mit einer Zellenlänge von 1 m und einem noch nicht befriedigenden Starkeffektmodulator zeigen, daß relative Ganggenauigkeiten von 10^{-9} erreichbar sein dürften. Traving

2322. **A. Stoyko, N. Stoyko,** L'heure définitive des signaux horaires en 1954 et l'influence du déplacement du pôle. Bull hor (E) Nr. **10a** S. 441—446.

2323. **A. Stoyko,** La réduction des heures définitives dans un système uniforme. Bull hor (E) Nr. **10b** S. 475—477. — Es werden zwei kleine Tabellen angegeben, durch welche die im Bulletin Horaire veröffentlichten definitiven Zeitzeichenkorrektionen in ein uniformes System (1940) übergeführt werden können. v. d. Heide

2324. **A. Stoyko,** L'influence du déplacement du pôle sur la détermination de l'heure en 1954. Bull hor (E) Nr. **12a** S. 569—571.

2325. **N. Stoyko,** Temps universel et temps uniforme dans les services horaires. Ann. Françaises Chronométrie (2) **24** 93—98. — Nur Weltzeit darf in den Veröffentlichungen der Zeitdienste zur Anwendung gelangen. Die Verbesserung, welche an die Weltzeit anzubringen ist, um uniforme (oder vielmehr quasi-uniforme) Zeit zu erhalten, sollte in Form einer Zusatzverbesserung veröffentlicht werden. Verf.

2326. **J. Stránský,** Atom-Uhren. Časop. Českosl. ústavů astr. **4** 29—33, mit 3 Fig. (tschechisch). — Ref. in RJ Astr. Geod. UdSSR Nr. 8, 1955; Ref. Nr. 3231.

2327. **I. L. Thomsen,** Differences between time signals transmitted from ZLW and 2YA. Southern Stars **16** 31—33 = Carter Obs. Repr. Nr. **20** S. 3—5. — Bei der Aufnahme der Zeitsignale ZLW und 2YA (Neu-Seeland) wurde ein mittlerer Unterschied von 0.054 sec zwischen beiden festgestellt. Böh.

2328. **J. Verbaandert,** Examen comparatif des résultats obtenus au moyen du chronomètre électronique Cintel et du chronographe Belin dans les services horaires de l'Observatoire Royal de Belgique. Commun. Obs. Roy. Belgique Nr. **67**, 10 S. mit 6 Fig.

2329. L'heure définitive des signaux horaires en 1953. Bull hor (E) Nr. 8 S. 331—379.

2330. Time Service. Observations with reversible transit and wireless time signals 1940. Greenwich Astronomical Results 1940, A 21—A 60.

2331. Time Service. Observations with reversible transit and wireless time signals 1941. Observations made at The Royal Observatory, Greenwich, in the year 1941. Greenwich Astronomical Results 1941, A1—A15. London, Her Majesty's Stationery Office, 1954. Preis 8s. 6d. net.

2332. An elegant chronograph. JBAA **64** 173.

2333. Pregled Stanica i Šeme Emisija Bežičnih Časovnih Signala 1955. Split, Hidrografski Institut Jugoslovenske Ratne Mornarice, 1954. 15 S.

2334. The Naval Observatory time service. US Naval Obs. Circ. Nr. **49**, 11 S. — Beschreibung des am US Naval Observatory Washington eingerichteten Zeitdienstes (Zonenzeiten, Zeitbestimmung, Uhren, Zeitzeichen und deren Fehler) mit einem Zusatz über Welt- und Ephemeridenzeit. Böh.

2335. **Zeitsignale**

Regelmäßige Mitteilungen:

AN, Astr Circ UdSSR, Bull hor, Bull. Obs. Astr. Beograd, Circ. Astr. Obs. Taschkent.

Sendezeiten:

Ann. Françaises Chronométrie (2) **24** 335. Signaux horaires. Emissions standard de IBF.

NAZ 8 29, 46.

UAI Circ 1454, 1458, 1478, 1482.

§ 24

Beobachtungs- und Reduktionsmethoden

2401. **I. S. Astapowitsch,** Über die Kinematographie von Meteoren. Astr Circ UdSSR Nr. 145 S. 18—20 (russisch).

* * **W. A. Baum,** Application of television techniques to astronomy. Vgl. Ref. **2103**.

2402. **Z. Ceplecha,** Meteor photographs. III. A reduction method of meteor negatives. BAC **5** 9—13, mit 3 Fig. (mit russischer Zusammenfassung). — In der vorliegenden Arbeit wird eine Methode zur Berechnung des Radianten, der Geschwindigkeit und der Höhe der Meteore, die man von zwei verschiedenen Stellen photographiert hatte, gebracht. Der erste Teil der Berechnung wurde in einer vorhergehenden Arbeit durchgeführt. Die Methode wurde erfolgreich bei den Berechnungen in den früheren Arbeiten angewandt. Verf. (übersetzt)

2403. **Z. Ceplecha,** Meteor photographs. IV. The centre of a plate. BAC **5** 21—23, mit 1 Fig. (mit russischer Zusammenfassung). — Die rechtwinkligen Koordinaten des Zentrums einer Platte können aus den sphärischen und den auf der Platte in linearem Maß gemessenen gegenseitigen Distanzen dreier Anhaltssterne berechnet werden. Das hierfür erforderliche Formelsystem wird entwickelt und besonders die Lösung der dabei auftretenden Gleichung vierten Grades diskutiert. Bo.

2404. **Z. Ceplecha,** Střed desky, 2. Časop. Českosl. ústavů astr. **4** 38. — Ref. in RJ Astr. Geod. UdSSR Nr. **9**, 1955; Ref. Nr. 3750.

* * **W. J. Eckert, R. B. Jones,** Automatic measurement of photographic star positions. Vgl. Ref. **3106**.

2405. **M. Flückiger, R. Bettems,** La mesure des magnitudes au moyen d'une grille. Mem SA It (NS) **25** 335—346, mit 1 Fig. — Nach einem kurzen Überblick über die hauptsächlichen Eigenschaften der Hertzsprungschen Gittermethode wird auf zwei Schwierigkeiten hingewiesen: die verschiedene Schwärzung der Spektren erster Ordnung und die Regulierung der Mikrophotometerregistrierung. Nach der Beschreibung der Umgehung dieser Schwierigkeiten — Homogenität der photographischen Platte und Konstanz der Gitterabschwächung für jede Platte vorausgesetzt — wird die Methode auf die Plejaden angewandt. Es ergibt sich ein mittlerer Fehler von $0\overset{m}{.}03$. Cester

2406. **P. Guérin,** Enregistrement de spectres d'étoiles au moyen d'un spectrophotomètre photoélectrique à enregistrement direct de l'intensité. CR **239** 956—959, mit 1 Fig. = Contr. Inst. d'Astrophys. Paris (A) Nr. 171. — Über die Brauchbarkeit eines kürzlich (vgl. Ref. **2216**) beschriebenen photoelektrischen Spektralphotometers zur Registrierung von Sternspektren, das gegen Schwankungen des einfallenden Strahlungsstroms unempfindlich ist, wird am Beispiel einiger Algolspektren berichtet. Kdr.

2407. **E. Hock,** Das Prinzip des Lyot-Koronographen in Anwendung bei nächtlichen Himmelsbeobachtungen und -aufnahmen. NAZ **8** 21—22, 38, mit einem Zusatz von J. Wempe S. 22.

* * **W. R. Hossack,** The application of an oscilloscopic microphotometer to the spectral classification of late-type stars. Vgl. Ref. **9542**.

2408. **D. K. Karimowa,** Über die Verwendung mikrometrischer Anschlüsse zur Bestimmung der Eigenbewegungen von Sternen in Bezug auf außergalaktische Nebel. Moskau, Staatsuniv., 1954 (russisch). — Dissertationsreferat.

* * **J. Lentz, R. Bennett,** Automatic measurement of star positions. Vgl. Ref. **9119**.

2409. **J. N. Lipskij,** Der Einfluß der polarisierenden Eigenschaften eines dispergierenden Systems auf die Ergebnisse spektralphotometrischer Untersuchungen. Astr Circ UdSSR Nr. 155 S. 9—12, mit 1 Fig. (russisch). — Bei spektralphotometrischen Untersuchungen natürlichen und teilweise polarisierten Lichts ist es sehr wichtig, die Polarisationseigenschaften der Apparatur zu kennen. Weil sich diese im Laufe der Zeit ändern können, ist ihre Überwachung notwendig. Loh.

2410. **J. N. Lipskij,** Die Umowsche Methode und ihre Anwendung auf die Untersuchung der Planetenoberflächen. Mitt. Astr. Sternberg-Inst. Nr. **96** S. 25—35, mit 2 Abb. (russisch). — In den Jahren 1905, 1909 und 1912 hat Umow in der Physikalischen Zeitschrift Vorschläge zur Untersuchung der Oberfläche des Mondes und der Planeten aus der Analyse des polarisierten Lichts gemacht, die den heute verwandten Methoden an Empfindlichkeit nicht nachstehen und eine vielseitige Charakterisierung der Beschaffenheit der Himmelskörper ermöglichen, die eine diffuse Streuung des Lichts bewirken. Loh.

* * **G. Mannino,** Un tentativo di determinazione di velocità radiali su registrazioni microfotometriche. Vgl. Ref. **9215**.

* * **D. W. R. McKinley,** Détermination à l'aide de radar des hauteurs et des radiants des météores d'essaim. Vgl. Ref. **8276**.

2411. **R. Müller,** The observation of the solar corona at times other than at total eclipses. Vega Nr. **18/20** S. 74—75, mit 2 Fig.

* * **A. Nielsen,** Koronafotografering. Vgl. Ref. **6713**.

2412. **R. B. Orton,** Some experiments in lunar photography. Southern Stars **16** 9—12. — Erfahrungsbericht.

2413. **E. Paloque,** Une méthode nouvelle pour la mesure des clichés photographiques de grandes dimensions. Ann. Obs. Astr. Mét. Toulouse **22** 17—23, mit 2 Fig. — Zur genauen Vermessung photographischer Platten von der Größe 24×24 cm² wird das Sternbild mit dem Meßmikroskop an die benachbarten Striche eines Gitters angeschlossen. Das Gitter ist in eine 4 mm dicke Spiegelglasplatte eingeritzt, welche auf die zu vermessende Platte unverrückbar aufgelegt wird, wobei die Gitterebene der photographischen Schicht zugekehrt ist. Untersuchung der dabei auftretenden Fehler, Bestimmung der Meßgenauigkeit. Böh.

2414. **L. A. Panaiotow,** Bestimmung der Radialgeschwindigkeit von Sternen mit einem Objektiv-Geradsichtprisma. Mitt. Astr. Hauptobs. Pulkowo **19** Nr. 5 (152) S. 87—99, mit 5 Abb. (russisch). — In Anlehnung an die von Treanor vorgeschlagene Methode (vgl. AJB **48** Ref. **9221**) zur Bestimmung der Radialgeschwindigkeiten der Sterne eines Feldes verwendet Verf. als Objektivprisma ein Geradsichtprisma, dem zentral ein (viel) kleineres, um 180° verdrehtes, aber ähnliches vorgelagert wird. Von jedem Stern entsteht dann in der Bildebene ein von den Randzonen des großen Objektivprismas erzeugtes Spektrum, dem sich bei einer bestimmten Wellenlänge ein Sternbildchen als Bezugspunkt überlagert, das aus dem durch beide Prismen gehenden Licht hervorgeht, deren Dispersionen sich gegenseitig aufheben. Die sich ergebenden relativen Radialgeschwindigkeiten können mit Hilfe bekannter Radialgeschwindigkeiten in absolute umgewandelt werden. Die ersten Meßversuche verliefen erfolgversprechend. Loh.

2415. **P. P. Parenago,** Über die Bestimmung infraroter und anderer Helligkeiten einer Reihe von Sternen, deren photographische und photovisuelle Helligkeiten bekannt sind. Astr Circ UdSSR Nr. 151 S. 23—25, mit 1 Abb. (russisch). — Das vom Verf. kurz geschilderte und von W. A. Tolskaja zur Ableitung der Infrarotgrößen zahlreicher Sterne im Orion-Nebel verwandte Verfahren besteht in der Aufstellung eines Diagramms mit der Abszisse photographische Größe, der Ordinate infrarote Mikrometerablesung und den ins Diagramm eingezeichneten Linien konstanter Farbenindizes ($m_{pg} - m_{pv}$). Loh.

2416. **N. N. Parijskij**, Bestimmung der Richtung des Spaltes des horizontalen Spektrographen bei Sonnenbeobachtungen. Mitt. Astr. Sternberg-Inst. Nr. **96** S. 3—7, mit 1 Abb. (russisch).

2417. **D. W. Pjaskowskij**, Ein neues Verfahren zur Bestimmung der Biegung astronomischer Instrumente. Publ. Astr. Obs. Kiew Nr. **6** S. 39—44, mit 3 Abb. (russisch).

2418. **L. Plaut, J. Borgman**, Search for variable stars. Obs **74** 181—182.

2419. **Polák**, Deux auxiliaires au théodolite pour la détermination astronomique approximative sans mesure du temps. Zeměměřictví **4** Nr. 6.

2420. **C. Schalén**, An attempt to determine objective prism radial velocities. Ark Astr **1** 545—560, mit 7 Fig. und 1 Tafel = Uppsala Astr. Obs. Medd. Nr. **112**. — Ref. in Sterne **31** 139. — Aus Objektivprismenaufnahmen mit Hilfe eines Fehrenbachschen Normalfeldprismas (ein aus drei Prismen zusammengesetztes Geradsichtprisma) werden nach dem Umkehrverfahren Radialgeschwindigkeiten von B- und F-Sternen bestimmt. Benutzt wird Hγ und Hδ, Dispersion 113 Å/mm. Mittlerer Fehler aus drei bis vier Platten 6 km/sec. Verf. vermutet, daß sich der Fehler bei acht guten Platten auf 3—4 km/sec verkleinert. Voigt

2421. **W. W. Scharonow**, Ein neues Verfahren zur Verbesserung der visuellen Beobachtungen der Planetenscheiben. Astr Circ UdSSR Nr. 152 S. 13—14 (russisch). — Auf Grund einer Diskussion des Sichtbarkeitsfaktors zeigt Verf., daß Merkur und Venus am günstigsten bei Tag, die anderen Planeten bei Nacht zu beobachten sind. Beim Studium von Details auf der Mondscheibe empfiehlt es sich, die Kuppel innen so zu beleuchten, daß ihre Flächenhelligkeit der der Mondscheibe etwa gleicht. Loh.

* * **H. Siedentopf**, Methoden und Ergebnisse der Radioastronomie. I, II. Vgl. Ref. **12617, 12618**.

2422. **G. J. Thornton-Smith**, An azimuth observation in the almucantar. Empire Survey Rev. **12** 362—372, mit 3 Fig. — Das Azimut wird aus der Beobachtung eines Sterns in einer etwa der geogr. Breite entsprechenden Höhe bestimmt; es wird beschrieben, wie bei Benutzung der Seitenfäden zwei Beobachtungen möglich sind. Zwei Methoden zur Identifizierung des beobachteten Sterns werden angegeben. T. L.

2423. **J. Voûte**, Sur l'utilisation du prisme à réversion pour la mesure de l'angle de position des étoiles doubles. JO **37** 113—118, mit 10 Fig. — Mehrere große Reihen von Doppelsternmessungen verschiedener Beobachter werden in bezug auf systematische Fehler in den Positionswinkeln untersucht. Getrennt für Beobachtungen mit und ohne Reversionsprisma werden für zwei verschiedene Augenstellungen zur Verbindungslinie des Sternpaares und zum Teil auch in Abhängigkeit von der Distanz die Häufigkeiten der Restfehler der einzelnen Reihen aufgezeichnet und diskutiert. Es zeigt sich, daß der systematische Fehler bei den einzelnen untersuchten Fällen durchweg verschieden ist. Böh.

2424. **D. Wattenberg**, Die kinematographische Beobachtung von Sonnenfinsternissen. Mitt. Archenhold-Sternw. Berlin Nr. **39**, 5 S. mit 10 Abb.

* * **D. R. W. Williams, R. D. Davies**, A method for the measurement of the distance of radio stars. Vgl. Ref. **12656**.

2425. **O. R. Wulf, J. E. Zimmerman**, A method for the measurement of atmospheric ozone using the absorption of ozone in the visible spectrum. Smithsonian Miscellaneous Collections **123** Nr. 3, 14 S. = Publ. Nr. 4177. — Es wird eine Methode entwickelt, aus dem Transmissionskoeffizienten der Atmosphäre und den Absorptionen des Ozons im sichtbaren Spektralbereich — anstatt wie sonst üblich im Ultravioletten — die Ozonmenge längs eines Weges senkrecht durch die Atmosphäre zu bestimmen. Mit den hier zur Verfügung gestellten Hilfsmitteln ist es leicht, aus jedem Beobachtungssatz die Ozonmenge zu bestimmen. Die Methode gibt gleichzeitig Auskunft über die atmosphärische Streuung zur Zeit der Beobachtung. Voigt

2426. Electronic methods of observing stars. J. Franklin Inst. **258** 276. — Ref. in RJ Astr. Geod. UdSSR Nr. **9**, 1955; Ref. Nr. 3775.

2427. A proposed instrumental aid for the planetary observer. Strolling Astronomer **8** 34—35, mit 1 Fig. — Verf. schlägt die Verwendung eines vor dem Objektiv angebrachten ring- und stufenförmigen Randgitters zur Erhöhung der Abbildungsschärfe vor. Loh.

* * Nowa metoda wyznaczanie prędkości radialnych gwiazd. Vgl. Ref. **9216**.

2428. Metoda kompensacji scyntylacji w fotometrii gwiazdowej. Urania Kraków **25** 53—54.

2429. Earth micro-satellite search techniques. Vega Nr. **18/20** S. 81.

§ 25

Systematische, Instrumentelle, Methodische Fehler

2501. **L. Arbey,** Application de la théorie des erreurs expérimentales aux observations méridiennes de passages. JO **37** 7—11. — Hat man ein System von Beobachtungsgleichungen $x + b_i y = l_i$ $(i = 1, \ldots N)$ zur Bestimmung der Unbekannten x und y, so geht jeder Ausgleichungsprozeß darauf aus, ein System von Multiplikatoren λ_i und p_i zu finden, so daß nach Summierung der so abgeänderten Bedingungsgleichungen jeweils eine Unbekannte eliminiert ist. Diese Abhandlung gibt für das am Bureau International de l'Heure benutzte Verfahren zur Reduktion von Durchgangsbeobachtungen im Meridian die Werte für die Multiplikatoren und die Unbekannten; den Schluß bilden Formeln für die mittleren Fehler. Böh.

2502. **W. T. Beda,** Untersuchung der Zapfen der Passageninstrumente des Astronomischen Observatoriums Taschkent. Publ. Astr. Obs. Taschkent (2) **4** 123—128 (russisch). — Nach einem von Kowalskij 1896 entwickelten Verfahren wurden die Zapfenfehler der beiden in Taschkent für den Zeitdienst eingesetzten Passageninstrumente von Askania, deren wirksame Achsenlänge 760 mm beträgt, bestimmt. Die Messungen erfolgten in rechtwinkligen Koordinaten mit dem Mikroskopmikrometer eines Meßapparates von Repsold in Intervallen von 15 zu 15°. Die Fehler sind in einer Tabelle zusammengestellt. Ihr Einfluß auf die Zeitbestimmungen beträgt bei Zenitdistanzen $< 25°$ in jedem Fall weniger als 0^s010. Die Untersuchung soll nach anderen Methoden fortgesetzt werden. Petri

2503. **Z. Brkić,** Étude des différences systématiques de l'inclinaison de l'axe de la lunette méridienne en fonction de sa position. Bull. Obs. Astr. Beograd **19** Nr. 1 S. 50—56, mit 4 Fig. — Die systematische Differenz der durch Hängeniveaus bestimmten Neigungen zwischen den beiden Lagen eines im Meridian benutzten gebrochenen Passageninstruments von 0^s005 wird untersucht. Der Fehler rührt zur Hauptsache von der Erwärmung der Niveauträgerarme durch den Beobachter her. Deren Ausschaltung und gute Durchlüftung der Beobachtungshütte vor der Beobachtung können den Fehler zum Verschwinden bringen. Dv.

2504. **M. F. Bykow,** Bestimmung der systematischen Fehler bei der Beobachtung von Sternen des absoluten Rektaszensionskatalogs. Publ. Astr. Obs. Taschkent (2) **4** 53—101, mit 3 Abb. (russisch). — Zunächst werden strenge und genäherte Formeln abgeleitet, die Azimut und Stundenwinkel des Sterns mit den Instrumentenfehlern und der geographischen Breite des Beobachtungsortes verbinden. Nach einer vergleichenden Betrachtung der in der UdSSR gebräuchlichen Miren folgt die Ableitung der Instrumentenfehler für den Fall nicht-horizontaler Miren. Die Theorie wird auf das Passageninstrument in Pulkowo und den Meridiankreis in Taschkent angewandt. Sodann werden Kollimationsfehler und Winkel zwischen den Projektionen der Mirenstrahlen auf eine horizontale Ebene an Hand der Protokolle dieser Instrumente eingehend behandelt. Im letzten Teil der Arbeit werden verschiedene Varianten zur Pulkowoer Methode der Bestimmung der Instrumentenfehler aus Beobachtungen in beiden Kulminationen diskutiert. An einem Beispiel werden die Möglichkeiten zur Ableitung des Kollimationsfehlers und zusätzlicher Korrekturen dargestellt. Petri

2505. **Z. Ceplecha,** Errors of positions derived from a meteor plate. BAC **5** 85—87, mit 3 Fig. (mit russischer Zusammenfassung). — Verf. hat die Positionen von 46 Sternen auf einem Negativ gemessen und die Abweichungen gegenüber der idealen Abbildung festgestellt. Diese Abweichungen sind von der Entfernung von der Mitte des Negativs und von der Entfernung von den Fundamentalsternen abhängig. Diese Ergebnisse erleichtern die Auswahl der Fundamentalsterne auf dem Negativ und ermöglichen die Abschätzung der Ungenauigkeit der berechneten Position des Meteores. J. B.

2506. **A. J. Deutsch,** On an error in measurements of equivalent widths. J. Optical Soc. America **44** 492—493, mit 1 Fig. — Es wird gezeigt und im Einzelnen diskutiert, wie die gemessene Äquivalentbreite schmaler Absorptionslinien mit der Breite des Registrierspaltes des benutzten Photometers anwächst. Hierdurch wird der «Dispersionseffekt» (= systematische Zunahme der Äquivalentbreiten bei Aufnahmen mit geringer Dispersion) teilweise erklärt. Voigt

* * **D. Duke,** Photographic blending of close binaries. Vgl. Ref. **10108.**

2507. **P. J. D. Gething,** The collimation error of the Airy transit circle. MN **114** 415—432, mit 1 Fig. — Das Vorhandensein systematischer Fehler in den angenommenen Kollimationskorrektionen des Airy-Durchgangsinstruments in Greenwich wurde seit vielen Jahren vermutet, da Uhrkorrektionen, die mit diesem Instrument und dem kleinen Durchgangsinstrument «B» bestimmt wurden, systematische Unterschiede zeigten. In der vorliegenden Arbeit wird nachgewiesen, daß der Fehler tatsächlich durch unzureichende Kollimationskorrektionen eingeführt wird. Die dazu angestellten Messungen bestehen in der Beobachtung von Sterndurchgängen ober- und unterhalb des Pols. Die Größe des Fehlers wird nach vier verschiedenen Methoden übereinstimmend abgeschätzt. Micz.

* * **J. von der Heide,** Die Zapfen des Meridiankreises (MK) der Hamburger Sternwarte. Vgl. Ref. **2115.**

2508. **G. van Herk,** Vibrations observed with the Leiden meridian circle. BAN **12** 101—102. — Mit Hilfe eines Erschütterungsmessers wurden die durch Fußgänger, Fahrzeuge der verschiedensten Art und durch böigen Wind verursachten Schwingungen der Meridiankreispfeiler beobachtet. Es kommen Amplituden bis zu 0ʺ5 vor. Bo.

2509. **S.-H. Yeh** Untersuchung der zufälligen Fehler bei den astronomischen Zeitbestimmungen des Observatoriums Zi-Ka-Wei. Acta Astr. Sinica **2** 185—195 (chinesisch mit russischer Zusammenfassung). —

Verf. untersucht die zufälligen Fehler in der Bestimmung der Neigung des Passageninstruments (ε_i), den mittleren Fehler eines Kontaktes (ε_t) und den mittleren Fehler der Registrierung des Kulminationsmomentes (ε_T). Die Abhängigkeit von der Deklination wurde nach der Albrechtschen Formel bestimmt, für deren Koeffizienten sich a = +0ˢ050 und b = +0ˢ056 ergaben. ε_t zeigt für zwei Beobachter einen jahreszeitlichen Effekt. Loh.

2510. **D. Krawzow,** Über die persönliche Gleichung von drei Beobachtern der Ulugbek Breitenstation Kitab. Astr Circ UdSSR Nr. 145 S. 10—12 (russisch).

2511. **E. S. Sotejew,** Methoden zur Untersuchung der Teilungsfehler genauer Teilkreise. Odessa, Staatsuniv., 1954 (russisch). — Dissertationsreferat.

2512. **U. Steinlin,** Der Farbeffekt des Zeiss-Vierlinsers der Vatikanischen Sternwarte. Specola Astr. Vaticana Ric. Astr. **3** 198—227, mit 7 Abb. — Eine Helligkeitsmessung der Sterne, die auf der Messung der Bilddurchmesser auf photographischen Aufnahmen beruht, wird ziemlich stark durch den sogenannten Farbeffekt gestört. Dieser äußert sich darin, daß die Zunahme der Bilddurchmesser bei Sternaufnahmen bei zunehmender Belichtungszeit oder zunehmender Helligkeit der Sterne für verschiedene Spektralklassen verschieden ist. Diese Verschiedenheit beruht auf der Tatsache, daß die Brennweite eines Linsenfernrohres mit der Wellenlänge des einfallenden Lichtes variiert. Eine eindeutige Durchmesser-Helligkeitsbeziehung zur Eichung von Sternaufnahmen kann deshalb jeweils nur für eine einzelne Spektralklasse gegeben werden. Für alle anderen Klassen müssen Korrekturen an den zunächst gemessenen Helligkeiten angebracht werden. Diese Korrekturen werden im folgenden für den Astrographen der Vatikan-Sternwarte auf theoretischem und experimentellem Wege hergeleitet. Verf.

2513. **K. N. Tawastscherna,** Untersuchung der thermischen Einflüsse auf Beobachtungen mit dem photoelektrischen Passageninstrument. Bote Univ. Leningrad Nr. **5** S. 67—83 (russisch). — Ref. in RJ Astr. Geod. UdSSR Nr. **7**, 1955; Ref. Nr. 2702.

2514. **W. M. Wassiljew,** Über den systematischen Fehler in der Bestimmung der Achsenneigung des Passageninstruments. AJ UdSSR **31** 467—482, mit 10 Abb. (russisch). — Die Differenz der Neigungen $i_{WE} - i_{EW}$ beim Passageninstrument wird auf Temperaturschwankungen innerhalb des Rohrkörpers zurückgeführt, wobei eine tägliche und jahreszeitliche Periodizität in der Auswirkung auf die Neigungsdifferenz festgestellt wird. Schrick

2515. **G. K. Zimmerman,** Über die Ursachen der Differenzen zwischen den Pulkowoer Vertikalkreisen Repsold und Ertel. AJ UdSSR **31** 457—460, mit 1 Abb. (russisch). — Es werden Unstimmigkeiten bei den Berechnungen von Pawlow über die Refraktion innerhalb des Rohres des Pulkowoer Vertikalkreises Repsold nachgewiesen. Schrick

Vierter Teil

Sphärische Astronomie. Chronologie

§ 30

Allgemeines, Tafeln

3001. **K. Hermann-Otavský,** Parallactical table. RH **35** 128—129, mit 1 Abb. (tschechisch).

3002. **D. W. Sagrebin, K. G. Schumichina,** Tabellen der Präzessionsgrößen für die Jahre 1950—2000. BIA **5** 682—693 (russisch).

3003. **J. Witkowski,** Astronomia Sferyczna. Warschau, Państwowe Wydawnictwo Naukowe, 1953. 175 S. mit 83 Fig. Preis zł 12.

* * Publikationen der zehnten astrometrischen Konferenz der UdSSR in Pulkowo vom 8. bis 11. Dezember 1952. Vgl. Ref. 1157.

§ 31

Astronomische Koordinaten und Konstanten, Ortsbestimmung

3101. **A. E. Carter,** Subtabulation of the Moon's right ascension and declination. Vgl. Ref. 416, daselbst S. 418—419. — Es wird die Methode beschrieben, nach der mit dem IBM Rechenlocher 602 A aus der täglichen Ephemeride der ekliptikalen Mondkoordinaten die stündlichen äquatorialen Koordinaten berechnet wurden. Das Prinzip der Interpolation besteht im Aufbau der Funktion aus den höheren Differenzen unter Benutzung von «Überbrükkungsdifferenzen». T. L.

3102. **S. D. Černyĭ,** Free nutation of the earth. Acad. Serbe Sci. Publ. Inst. Math. **6** 57—62 (russisch). — Ref. in Math. Rev. **16** 530.

3103. **E. H. Charles,** Star positioning. J. Astr. Soc. Victoria **7** 49—52.

3104. **A. W. J. Cousins,** Ephemeris time. MN ASSA **13** 97—98.

3105. **W. Dieckvoss,** Differentielle Aberration aus Polaufnahmen. Phys. Verhandlungen **5** 141. — Ref. AG.

3106. **W. J. Eckert, R. B. Jones,** Automatic measurement of photographic star positions. AJ **59** 83—86. — Der beschriebene Apparat, dessen Messorgan eine Schraube ist, führt folgende Operationen automatisch aus: 1. Genäherte Einstellung des Sterns auf Grund der in eine Lochkarte eingestanzten genäherten Koordinaten, dann nötigenfalls Nachstellung von Hand; 2. Genaue Einstellung mittels Photozelle; 3. Einstanzen der genauen Koordinaten in die Lochkarte. Die Gesamtdauer der Messung beträgt ca. 40^s pro Stern, wobei ein w. F. von $\pm$ 0ʺ56 erreicht wird. Der Gewinn liegt nicht nur in der Zeitersparnis an sich, sondern auch in der Entlastung des Beobachters, so daß viel länger ohne Pause gearbeitet werden kann. König

3107. **R. Georgevich,** Evaluation of the accuracy of Andoyer's precessional formulae. Recueil Travaux **42** Inst. Astr. Théor. Appl. Acad. Serbe Sci. Nr. **1** S. 135—146, mit 2 Fig. (serbisch mit englischer Zusammenfassung S. 195—200, mit 2 Fig.). — Verf. leitet mit Hilfe von Reihenentwicklungen Ausdrücke für die Fehler der von Andoyer und Michkovitch gegebenen Formeln für die Präzession in α und δ ab, wobei $\delta < 80°$ und $\Delta t < 200$ a. Böh.

3108. **A. Gougenheim,** Determination of latitude and azimuth from observations of an unknown star. Empire Survey Rev. **12** 342—349, mit 6 Fig. — Bei der vorgeschlagenen Methode wird die geogr. Breite und das Azimut der Nullmarke des Horizontalkreises aus drei oder mehr Beobachtungen der Höhe und der dazugehörenden Kreisablesungen eines Sterns mit unbekannten Koordinaten graphisch bestimmt. Ein Beispiel ist beigefügt. T. L.

3109. **A. Gougenheim,** Latitude and azimuth determination by the observation of a single unknown star. Hydr. Rev. **31** 95—104.

* * **O. Heckmann,** The value of a third AG Catalogue. Vgl. Ref. **9111**.

3110. **P. Hugon,** La droite d'hauteur Marcq par une table maniable et de lecture directe. Navigation Paris **2** 229—257. — Obwohl das Gebiet der Auflösung nautisch-astronomischer Grunddreiecke viel bearbeitet worden ist, wird hier eine neue, erfolgversprechende Möglichkeit der Vertafelung durch Dreieckzerlegung vorgeschlagen und erläutert. Fr.

3111. **H. Spencer Jones,** Greenwich meridian observations. AJ **59** 49—51. — Kurze Übersicht über die an der Greenwicher Sternwarte angestellten Meridianbeobachtungen und die dabei benutzten Instrumente. Böh.

3112. **A. H. Kerrick,** Precise astronomic positions from projected star positions analytically processed. I. Hydr. Rev. **31** 105—113. — Auswertung von Prismenastrolabbeobachtungen ohne sphärisch-trigonometrische Formeln. Fr.

3113. **K. A. Kulikow,** Über die Werte der Sonnenparallaxe und der Aberrationskonstanten. AJ UdSSR **31** 550—555 (russisch). — Aus den neuesten Messungen der Sonnenparallaxe und der Aberrationskonstanten wird versucht, ihre wahrscheinlichsten Werte zu ermitteln. Verf. (übersetzt)

3114. **L. P. Lee,** Conventions and generalized formulae for the astronomical triangle. Empire Survey Rev. **12** 372—376, mit 1 Fig. — Die hier abgeleiteten Ausdrücke gelten unverändert für die Nord- und Südhalbkugel und für östlich und westlich vom Meridian stehende Gestirne. Lediglich die Definition des parallaktischen Winkels weicht dabei von der üblichen ab. T. L.

3115. **W. S. McClenahan,** Position astronomy at Dominion Observatory, Ottawa, Canada. AJ **59** 51—52. — Kurzer Bericht über die am Dominion Observatory ausgeführten Meridiankreisbeobachtungen.

* * **W. W. Morgan,** Some astrometric problems of galactic structure. Vgl. Ref. **12372**.

3116. **D. H. Sadler,** Ephemeris time. Occasional Notes **3** 103—113, mit 1 Fig. — Eine französische Übersetzung befindet sich in Ann. Françaises Chronométrie (2) **25** 141—153, mit 1 Fig., 1955. — Die Ephemeridenzeit ist als ein von den Schwankungen der Erdrotation unabhängiges gleichförmiges Zeitmaß definiert. Es werden hier die Beziehungen zu der Weltzeit und der Sternzeit aufgestellt; das Verständnis kann durch die Einführung eines «Ephemeridenmeridians» erleichtert werden. In den Jahrbüchern sollen ab 1960 die Ephemeriden von Sonne, Mond und Planeten für das Argument Ephemeridenzeit gegeben werden, die auch in der Himmelsmechanik durchweg die unabhängige Veränderliche der Zeit ist. Die Scheinbaren Sternörter bleiben von dem Unterschied unberührt, während die der Erleichterung der Beobachtungen dienenden Angaben, wie physische Ephemeriden, Finsternisse und Sternbedeckungen, weiterhin in Weltzeit gemacht werden sollen. T. L.

3117. **F. P. Scott,** The U.S. Naval Observatory transit circle programs. AJ **59** 44—48. — Ausführliche Darlegung der am U. S. Naval Observatory ausgeführten Meridiankreisbeobachtungen mit kurzer Beschreibung der Instrumente und des Lochkartenverfahrens bei der Reduktion, sowie einem statistischen Vergleich von vier Sternverzeichnissen. Böh.

3118. **W. M. Shepherd, D. Radenković,** The bending of a square plate on a spherical former with applications to the photographic plate of a Schmidt camera. MN **114** 210—217, mit 3 Fig. — Verf. hat in MN **113** 450 (vgl. AJB **53** Ref. **3111**) Formeln abgeleitet, die Korrektionen für Positionsbestimmungen auf kreisförmigen photographischen Platten zu bestimmen gestatten, die während der Aufnahme mit einer Schmidtkamera sphärisch deformiert worden sind. Ähnliche Korrektionsformeln werden jetzt für den Fall rechteckiger Platten abgeleitet. Micz.

3119. **R. H. Stoy,** Astrometric work at the Cape Observatory and the KSZ. AJ **59** 35—40. — Nach einem zusammenfassenden Bericht über die am Cape Observatory angestellten Meridiankreisbeobachtungen, photographischen Ortsbestimmungen von Fixsternen und die Parallaxenmessungen werden Vorschläge gemacht, wie der von Swerew geplante Fundamentalkatalog schwacher Sterne für den Südhimmel geschaffen werden kann; da es dafür weit weniger Meridiankreise und Mitarbeiter als auf der Nordhalbkugel gibt, wird die Verwendung photographischer Weitwinkelobjektive geprüft. Böh.

3120. **G. A. Wilkins,** Calculation of the nutation from the new series. Vgl. Ref. **416**, daselbst S. 420—422. — Die Nutation in Länge und Schiefe für die Zeit von 1899—2009 nach den neuen Ausdrücken wurde auf dem IBM Rechenlocher 602 A nach der Methode der zyklischen Kartenfolge berechnet. T. L.

Refraktion

3121. **N. A. Beljajew,** Die synoptischen Refraktionsanomalien im Antizyklongebiet im mittleren Teil des europäischen Territoriums der UdSSR. AJ UdSSR **31** 267—280, mit 1 Abb. (russisch). — Die Grundzüge der Analyse von Refraktionsanomalien, die mit synoptischen Prozessen in der Atmosphäre verbunden sind, werden dargelegt. Methode und Ergebnisse der Berechnung der Integralneigungen der Luftschichten gleicher Dichte werden aus aerologischen Daten gegeben. Die Resultate der Berechnung synoptischer Refraktionsanomalien, die bei der Bestimmung von Breite, Zeit und Azimut eintreten können, werden abgeleitet. Verf. (übersetzt)

3122. **P. Capuano,** La curva della rifrazione atmosferica. Ricerca, Riv. Mat. pure appl. **4** 50—59, 1953.

3123. **G. M. Clemence, D. H. Sadler,** Dome refraction in the Air Almanac. Navigation Los Angeles **4** 35—36, mit einer Bemerkung von R. C. Halper.

3124. **I. Greenbaum,** Observed and theoretical values of astronomical refraction at low altitudes. AJ **59** 17—19, mit 1 Fig. — Ein Vergleich von 74 Beobachtungen von 12 Sternen in scheinbaren Höhen zwischen 6° und 0°5, welche zu diesem Zweck am Golf von Mexiko angestellt wurden, mit den berechneten Werten der Refraktion nach der Theorie von Garfinkel mit der

Modifikation von Clemence ergab gute Übereinstimmung. Die so berechneten Refraktionswerte weichen bei einer Temperatur von 84° F von den aus den Tafeln des Astronomisch-Geodätischen Jahrbuchs entnommenen ab, doch nehmen die Unterschiede bei Annäherung an 32° F ab. T. L.

3125. **G. Land,** Anomalies in atmospheric refraction. AJ **59** 19—26, mit 2 Fig. — An ähnliche Arbeiten von Schlesinger anknüpfend, werden 21 Sternspuren auf Platten vom Sproul Observatory und von Johannesburg auf Oszillationen, die von Refraktionsanomalien herrühren, untersucht. Es zeigt sich, daß die durchschnittliche Schwankungsbreite derselben von der Zenitdistanz abhängt und die mittlere Periodenlänge 1^m beträgt. Die auf den Zenit reduzierten Werte auf den einzelnen Platten streuen nicht wesentlich. Die Oszillationen der Spurbreite haben die gleiche Periodenlänge, aber oft entgegengesetzten Verlauf. T. L.

3126. **J. Schubart,** Refraktion und mittlerer täglicher Temperaturgang. AN **281** 255—256 = Mitt. Astrophys. Obs. Potsdam Nr. **39.** — Es wird die zusätzliche Refraktion durch Schichtenneigungen in der Erdatmosphäre infolge systematischer Temperaturgradienten abgeschätzt. Der Einfluß des täglichen Temperaturganges auf Zeitbestimmungen in der Abenddämmerung ergibt sich als vernachlässigbar klein. Verf.

3127. **C. Sugawa,** Note on the study of the room refraction. Publ. Astr. Soc. Japan **6** 124—139, mit 3 Fig. — Die in Mizusawa im und in unmittelbarer Umgebung des Beobachtungsraumes des internationalen Breitendienstes vorgenommenen Temperaturmessungen lassen eine enge Korrelation des bei Nacht in Meridianrichtung sich ausbildenden Temperaturgradienten mit der Amplitude der Temperaturschwankung während des Tages erkennen. Letztere kann daher als Maß für die bei Nacht zu erwartende Saalrefraktion und die durch sie verursachte Verfälschung der Polhöhen benutzt werden. In der Tat zeigen die Polhöhenwerte in Mizusawa eine Abhängigkeit von der täglichen Temperaturamplitude, und auch Untersuchungen der ganz- bzw. halbjährigen Periode im z-Glied lassen bei drei Stationen des internationalen Breitendienstes Zusammenhänge mit den gleichen Perioden der täglichen Temperaturschwankung erkennen. Bo.

3128. **A. Thom,** Some refraction measurements at low altitudes. J. Inst. Navigation **7** 301—304, mit 1 Fig.

§ 32

Finsternisse, Bedeckungen

3201. **G. van den Bergh,** Regelmaat en wisseling bij zonsverduisteringen met een aanhangsel over maansverduisteringen. Vgl. AJB **51** Ref. 3202. — Weitere Besprechung in Sterne **31** 110—111 (J. Schubart).

3202. **G. van den Bergh,** Eclipses in the Second Millennium B. C. (—1600 to —1207) and how to compute them in a few minutes. Haarlem, H. D. Tjeenk Willink & Zoon N. V., 1954. 101 S. Preis hfl. 15. — Besprechung in Hemel en Dampkring **52** 237 (H. C. van de Hulst), J RAS Canada **49** 208, Obs **74** 256, Sky and Telescope **14** 26. — Zur Ermittlung von Finsternissen vor —1200, der Anfangsepoche des Oppolzerschen Canons, kann man sich in erster Näherung gewisser Finsternisperioden bedienen. Aus Inex (i) und Saros (s), den Grundperioden von 358 bzw. 223 synodischen Mondumläufen, lassen sich aus Kombinationen von der Form ni + ms Großperioden ableiten, die geeignet sind, um einerseits Zeit und Art einer Finsternis und andererseits Länge und Breite der Zentralkurve auf der Erde für chronologische Zwecke hinreichend genau zu bestimmen. Berücksichtigt man die säkularen Änderungen der Periodenlängen und wendet außerdem die in einem weiteren Kapitel dargestellte Differenzmethode an, so werden die Ergebnisse noch genauer. Die so berechnete Finsternistafel im Tafelteil des Buches enthält Mondfinsternisse und zentrale Sonnenfinsternisse für die Zeit von —1600 bis —1207. Die sich anschließenden Finsterniskarten gewähren einen Einblick in den irdischen Verlauf der zentralen Sonnenfinsternisse. U. Baehr

3203. **G. van den Bergh,** Merkwaardige opeenvolging van zonsverduisteringen. Hemel en Dampkring **52** 232—234.

3204. **A. Kawerin,** Die Halbschatten — Mondfinsternisse von 1955 bis 2000. Astr Circ UdSSR Nr. 149 S. 21—22 (russisch). — Verzeichnis.

3205. **T. J. Kukkamäki,** Geodetic significance of the solar eclipse. Bull. géod. Nr. **31** S. 75—76. — Ref. in RJ Astr. Geod. UdSSR Nr. 1, 1955; Ref. Nr. 378.

3206. **F. Mumolo,** Sulle triangolazioni astronomiche. Ann. Ist. univ. navale Napoli **20—23** 253—262. — Die verschiedenen Methoden zur Bestimmung der Kontaktzeiten bei Finsternissen und Mondbedeckungen ermöglichen die Anwendung zur Längenbestimmung, zur Verbesserung des äquatorialen Erdhalbmessers und zur Berechnung der Koordinaten der Stationen. Die photographische und kinematographische, spektrographische und photoelektrische Methode werden zusammen mit den unbekannten Größen und bezüglichen Fehlerbeiträgen in der genauen Bestimmung der Zeitmessungen besprochen. Cester

3207. **C. A. Murray,** Topocentric librations for an eclipse station. MN **114** 676—679, mit 2 Fig. — Statt wie Atkinson die selenographischen Koordinaten eines Beobachters im Zentrum des Kernschattens einer totalen Sonnenfinsternis aus den im Nautical Almanac tabulierten selenographischen Koordinaten der Erde zu berechnen, geht der Verf. von den gleichfalls dort leicht zu entnehmenden selenographischen Sonnenkoordinaten aus. Die zur Berücksichtigung der Mondlibration anzubringenden differentiellen Korrektionen lassen sich dann nach einem einfachen Verfahren berechnen, das im Gegensatz zu Atkinsons Methode mit den für jede Finsternis-Ephemeride erforderlichen Hilfsgrößen auskommt. Gü.

* * **J. A. O'Keefe, D. D. Mears,** The 800-inch telescope. Vgl. Ref. 2122.

3208. **G. Schindler,** Planetendurchgänge vor der Sonnenscheibe. Sterne **30** 122—125, mit 2 Abb.

3209. **D. Schmidt,** De nauwkeurigheid van de in Nederland waargenomen sterbedekkingen. Hemel en Dampkring **52** 7—13, mit 3 Fig.

3210. **W. T. Ter-Oganesow,** Sonnenfinsternisse. Moskau, Technischer Staatsverlag, 1954. 40 S. mit Abb. (russisch). — Besprechung in RJ Astr. Geod. UdSSR Nr. **7**, 1955; Ref. Nr. 2675.

3211. **W. Ter-Oganesow,** Sonnen- und Mondfinsternisse. Moskau, Staatsverlag für kulturell-aufklärende Literatur, 1954. 126 S. mit Abb. Preis 2 R. 80 Kop. (russisch). — Besprechung in RJ Astr. Geod. UdSSR Nr. **9**, 1955; Ref. Nr. 3690 (N. K. Semakin).

3212. **J. Witkowski,** Znaczenie naukowe całkowitych zaćmień słońca. Urania Kraków **25** 364—367.

§ 33

Chronologie, Kalenderwesen

3301. **A. Gaj,** Astronomia i kalendarz Mayów. Urania Kraków **25** 332—340, mit 2 Fig.

3302. **W. C. D. Haarman,** Een resterende kalender-vere-envoudiging. T. econ. en. sociale geogr. **45** 167—176 (mit englischer Zusammenfassung). — Ref. in RJ Astr. Geod. UdSSR Nr. **7**, 1955; Ref. Nr. 2583.

3303. **H. H. Howe,** How to find the date of Easter. Sky and Telescope **13** 196.

3304. **I. Imai,** The Ta-Ming calendar adopted in Leao- and Chin-dynasties. Mem. Japan Astr. Study Ass. **1** 51—56, mit 1 Fig. (japanisch).

3305. **H. Spencer Jones,** Faut-il reviser le calendrier? Ann. Françaises Chronométrie (2) **24** 235—244.

* * **I. M. Levitt,** Mars clock and calendar. Vgl. Ref. **7417**.

3306. **F. Moreau,** Notre calendrier va-t-il être réformé? Gaz astr **36** 85—93. — Nachdem vor etwa 30 Jahren der Völkerbund eine Sichtung der 185 bei ihm eingegangenen Kalenderreformvorschläge vorgenommen hatte und andererseits die I. A. U. 1922 die Annahme des jetzt als Weltkalender bekannten Vorschlags propagiert hatte, wurde in jüngster Zeit dem ökonomischen und sozialen Rat der I. A. U. die Prüfung der Reformfrage von Seiten verschiedener Institutionen empfohlen. Die Vorzüge des Weltkalenders gegenüber dem Gregorianischen Kalender beruhen auf folgenden Eigenschaften: Durch die im Rhythmus von 31 und zweimal 30 Tagen innerhalb eines Vierteljahres aufeinanderfolgenden Monate sind Vierteljahre und Halbjahre von konstanter Länge und enthalten eine ganze Anzahl von Wochen. Infolge dieser Festlegung fängt jedes Jahr mit dem gleichen Tage an und der Kalender ist immerwährend. U. Baehr

3307. **E. J. Nijenhuis,** De paasdatum in 1954. Hemel en Dampkring **52** 95—98.

3308. **M. J. O'Brien,** Calendar reform. Irish AJ **3** 80—84.

3309. **H. Slouka,** The necessity of the world calendar. RH **35** 190—192 (tschechisch).

3310. **G. E. B. Stephenson,** The Julian date. JBAA **64** 175. — Aus einer Schraube und zwei Fadenrollen verfertigter Kalender zum Einstellen des Julianischen Datums. T. L.

3311. **P. Suter,** Weiteres zur Berechnung des Osterfestes. Sterne **30** 126—134.

3312. **H. Watkins,** Time Counts. New York, Philosophical Library, 1954. 274 S. Preis $ 4.75. — Besprechung in Nature **174** 945, Sky and Telescope **13** 345, **14** 241—242 (M. S. Davis), Strolling Astronomer **9** 44—45 (W. H. Haas).

* * **J. Yasuda,** Bibliographical catalogue of history of astronomy and calendariography of Japan. Vgl. Ref. **712**.

3313. Réforme du calendrier mondial. (Rapport sur le Statut Consultatif entre l'ISO et les Nations Unies, Octobre 1953). Ann. Françaises Chronométrie (2) **24** 135—137.

3314. Calendar reform and the seven-day week. Nature **174** 488—489.

3315. Reforma calendarului international. Standardizarea **6** Nr. 6 S. 27—28. — Ref. in RJ Astr. Geod. UdSSR Nr. **7**, 1955; Ref. Nr. 2582.

* * Journal of Calendar Reform 1954. — Enthält zahlreiche Beiträge allgemeinen, besonders wirtschaftlichen Charakters über die Bestrebungen einer Kalenderreform und über den Weltkalender.

Fünfter Teil

Theoretische Astronomie

§ 40

Allgemeines, Tafeln

4001. **M. I. Schachparonow,** Gegen die idealistischen Hypothesen über die Zukunft des Weltalls und gegen die Verdrehungen des Gedankens des zweiten Hauptsatzes der Thermodynamik. Bote Univ. Moskau Nr. **6** S. 15—31, 1953 (russisch). — Ref. in RJ Astr. Geod. UdSSR Nr. **9**, 1955; Ref. Nr. 3981.

4002. **M. I. Schachparonow,** The problem of the applicability of the second law of thermodynamics to large objects in the universe. J. Experim. Theoret. Phys. **27** 646—647 (russisch). — Ref. in Phys. Abstracts (A) **58** 862.

4003. **W. Schaub,** Der Begriff des Unendlichen im astrophysikalischen Weltbild der Gegenwart. Göttinger Verlagsanstalt, 1953. 36 S. mit 9 Abb. — Besprechung in Weltraumfahrt **1954** 63 (B. Thüring).

§ 41

Raum, Zeit, Licht, Gravitation, Relativitätstheorie, Kosmologie

4101. **B. Abramenko,** The age of the universe. British J. Phil. Sci. **5** 237—252. — Die übliche Auffassung vom Alter des Universums ist mit dem Prinzip der Relativitätstheorie logisch unvereinbar. Verschiedene Varianten der Theorie des expandierenden Universums werden geprüft und einander gegenübergestellt. Keine genügt allen theoretischen und beobachtungsmäßigen Ansprüchen. Ein maximales Alter ergibt sich aus der Hypothese einer nichtnewtonschen Zeitstruktur. Die logische und philosophische Bestätigung der Endlichkeit der Zeit wird erbracht, und es werden astrophysikalische Folgerungen gezogen. Verf.

4102. **R. A. Alpher, J. W. Follin jr., R. C. Herman,** Physical conditions in the initial stages of the expanding universe. Vgl. Ref. **1191**, daselbst S. 52—54. — Die Zeitabhängigkeit des Konzentrationsverhältnisses Neutronen zu Protonen wird für die frühen Entwicklungsstadien des expandierenden Kosmos berechnet. Dabei wird das nicht-statische, homogene, isotrope Weltmodell der allgemeinen Relativitätstheorie zu Grunde gelegt und die Umwandlung von Strahlung in Materie im einzelnen berücksichtigt. Böhm

4103. **R. d'E. Atkinson, H. S. Shelton,** The red shift in the spectra of distant galaxies. Obs **74** 170—171. — Weitere Auseinandersetzung über eine Deutung der Rotverschiebung durch Shelton. Bru.

4104. **S. Bhattacharya,** The general theory of relativity and the expanding universe. Progr. theor. Phys. **11** 613. — Ref. in Math. Rev. **16** 409, ZfMG **56** 216.

4105. **H. Bondi, T. Gold, G. J. Whitrow,** The steady-state theory of the homogeneous expanding universe. Obs **74** 36—38.

4106. **W. B. Bonnor,** Stability of the expanding universe. Proc. Internat. Congr. Math. **2** 325—326. — Ref. in RJ Astr. Geod. UdSSR Nr. **10**, 1955; Ref. Nr. 4487.

4107. **W. B. Bonnor,** The stability of cosmological models. ZfA **35** 10—20. — Zur Klärung widersprechender Ergebnisse bei früheren Untersuchungen der Stabilität kosmologischer Modelle wird diese Frage neu behandelt. Für das Friedmannsche nichtstatische Weltmodell resultiert Stabilität gegen sphärisch-symmetrische Störungen, wenn vor und nach der Störung die Materie derselben Zustandsgleichung gehorcht. Wenn diese Gleichung vor- und nachher verschieden ist, bedingt die Störung den Übergang in ein anderes Friedmannsches Modell. Und wenn keine Zustandsgleichung existiert, so hängt die Stabilität von der genauen Natur der Störung ab. Kdr.

4108. **M. Born,** On the interpretation of Freundlich's red-shift formula. Proc. Phys. Soc. (A) **67** 193—194. — Die Vermutung Freundlichs, daß die von ihm aufgestellte empirische Formel für die Rotverschiebung in den Spektren von Himmelskörpern durch Photon-Photon-Zusammenstöße zu erklären sei, wird diskutiert, und es wird darauf hingewiesen, daß, wenn ein solcher Effekt vorliegt, sekundäre Partikel mit entgegengesetztem Moment entstehen müssen. Wenn es sich dabei um Photonen handelt, sollten deren Frequenzen von der Größenordnung derjenigen der solaren Radiostrahlung sein. Kdr.

4109. **R. L. Brahmachary,** On the derivation of Friedmann's solution for a new cosmological model. I. Naturwissenschaften **41** 82—83.

4110. **R. L. Brahmachary,** On the derivation of Friedmann's equation for a new cosmological model. II. Naturwissenschaften **41** 136. — Ref. in Phys. Ber. **33** 2495.

4111. **Z. Britvić,** O raspravi Dr. F. I. Havličeka «O problemu promjenljive konstante gravitacije». Naučna Misao Nr. **2** S. 91—95.

4112. **E. M. Burbidge, G. R. Burbidge,** On the observational data relating to Freundlich's proposed red-shift law. Phil. Mag. (7) **45** 1019—1022. — Das von Freundlich zur Begründung seines Rotverschiebungsgesetzes benutzte Beobachtungsmaterial wird kritisch betrachtet. Es ergibt sich, daß alle von ihm herangezogenen Linienverschiebungen bis auf den Anteil, der der Gravitationsrotverschiebung zuzuschreiben ist, sich durch Relativbewegungen von Sternen oder durch Bewegungen in den Sternatmosphären erklären lassen. Kdr.

4113. **A. Carrelli,** Sulla costante cosmologica. Mem SA It (NS) **25** 305—309. — Verf. beweist zunächst, daß man bis jetzt keinen genauen Wert der kosmologischen Konstanten bestimmen kann. Es wird dann ein Universum diskutiert, das von den zwei Parametern Druck und Dichte eines homogenen, die Materie darstellenden Fluidums bestimmt wird. Auf diese Weise kann der kosmologischen Konstanten eine physikalische Bedeutung zugeschrieben werden. Cester

4114. **A. de Castro,** Relativistic cosmologies. Gaceta Mat. (1) **6** 152—159 (spanisch).

4115. **G. L. Clark,** The problem of two bodies in Whitehead's theory. Proc. Roy. Soc. Edinburgh (A) **64** 49—56. — Bei einem Vergleich der Theorien von Einstein und Whitehead findet Synge (vgl. Proc. Roy. Soc. (A) **211** 303—319), daß die Ablenkung der Lichtstrahlen im Gravitationsfeld der Sonne, die Rotverschiebung im Sonnenspektrum und die Bewegung des Perihels sich nach beiden Theorien in gleicher Weise ergeben. Verf. untersucht in vorliegender Arbeit die Bewegung des Schwerpunktes eines Doppelsternsystems und findet auf Grund der Theorie von Whitehead eine säkulare Akzeleration. Schon 1937 hat Levi-Civita (vgl. AJB **39** Ref. **3161**) eine solche Möglichkeit betrachtet, während Eddington und Clark (vgl. AJB **40** Ref. **3163**) zeigten, daß sich nach der Theorie von Einstein keine säkulare Akzeleration ergibt. Henn

4116. **E. Clauser,** Sui fronti d'onda nella Teoria Unitaria Einsteiniana. Rend. Ist. Lombardo Sci. Lettere Cl. Sci. mat. nat. (3) **87** 473—492. — Die Charakteristiken der Gleichungen des unitären Feldes für eine besondere, von Hlavaty erfundene Klasse von Welten werden bestimmt. Die abgeleitete Gleichung ist dieselbe der allgemeinen Relativitätstheorie. Cester

4117. **J. A. Coleman,** Relativity for the Layman. New York, The William-Frederick Press, 1954. 12 + 131 S. mit 24 Fig. Preis $ 2.75. — Besprechung in Irish AJ **3** 227—228, J RAS Canada **49** 135, Sky and Telescope **14** 291—292 (H. Shapley).

4118. **P. Couderc,** L'univers est-il en expansion? Scientia **89** 145—151.

4119. **L. Courvoisier,** Die beobachtete Gangschwankung der Quarzuhren und die «Lorentz-Kontraktion» der Erde. AN **281** 259—261, mit 2 Abb. — Es wird gezeigt, daß die zuerst mittels der Quarzuhren der Physikalisch-Technischen Reichsanstalt in Berlin beobachtete scheinbare Jahresschwankung in der Rotationsdauer der Erde in der Hauptsache durch eine von der «Lorentz-Kontraktion» der Erde verursachte sterntägliche Gangschwankung aller untersuchten Quarzuhren dargestellt werden kann. Damit werden die bisherigen Annahmen des Verf. über die «absolute» Erdbewegung und die ihr entsprechende «Lorentz-Kontraktion» der molekularen Körper erneut bestätigt. Verf.

4120. **M. S. Eigenson,** Rotverschiebung und Gravitation in der Metagalaxis. Circ. Astr. Obs. Lwow Nr. **26** S. 1—4 (russisch). — Ref. in RJ Astr. Geod. UdSSR Nr. 8, 1955; Ref. Nr. 3449.

4121. **M. S. Eigenson,** Kriterien der Aberrationszeit. Circ. Astr. Obs. Lwow Nr. **26** S. 5—11 (russisch). — Ref. in RJ Astr. Geod. UdSSR Nr. 8, 1955; Ref. Nr. 3450.

4122. **M. S. Eigenson,** Über die beobachtete und wirkliche Form des Gesetzes der Rotverschiebung. Circ. Astr. Obs. Lwow Nr. **26** S. 19—23 (russisch). — Ref. in RJ Astr. Geod. UdSSR Nr. 8, 1955; Ref. Nr. 3452.

4123. **M. S. Eigenson,** Über das Gravitationsparadoxon. Circ. Astr. Obs. Lwow Nr. **26** S. 29—34 (russisch). — Ref. in RJ Astr. Geod. UdSSR Nr. 8, 1955; Ref. Nr. 3453.

4124. **L. Essen,** Proposal for a new aether-drift experiment. Nature **173** 734. — Bezüglich eines Vorschlages von H. L. Furth (Wiederholung des Michelson-Versuchs durch Messen der Resonanzfrequenz in einem Resonanzrohr) werden Einzelheiten der Mikrowellentechnik diskutiert und ein Hohlraumresonator vorgeschlagen, um die Frequenz eines Oszillators von ≈ 9000 MHz zu kontrollieren. Die erwartete Genauigkeit (Stabilität der Frequenz $\pm 1 \times 10^{-9}$ während einer Stunde) ist wesentlich höher als beim Michelson-Versuch mit Lichtwellen. Ein Problem dürfte die Vermeidung mechanischer Schwingungen bei Drehung der Apparatur darstellen. Voigt

4125. **E. Finlay Freundlich,** Über Rotverschiebungen der Spektrallinien kosmischer Lichtquellen. Forschungen und Fortschritte **28** 353—357, mit 1 Abb. — Verf. kommt in vorliegendem Bericht über nicht als Doppler-Effekt zu erklärende Rotverschiebungen in den Spektren von Himmelsobjekten zu dem Ergebnis, daß die Existenz der von der Relativitätstheorie geforderten Rotverschiebung nicht sichergestellt werden kann. Dagegen dürfte ein neuer theoretisch noch ungeklärter Effekt bestehen, und zwar zeigen eine Reihe von Beobachtungen das Vorhandensein einer Rotverschiebung, deren Betrag der Länge des Lichtweges und der vierten Potenz der Temperatur der Lichtquelle proportional zu sein scheint. Kdr.

4126. **E. Finlay Freundlich,** Red shifts in the spectra of celestial bodies. Phil. Mag. (7) **45** 303—319, mit 3 Fig. = Contr. Obs. Univ. St. Andrews Nr. **5**. — Bei den B-Sternen im Orionnebel wurde eine Rotverschiebung der Spektrallinien festgestellt, die die auf Grund der Relativitätstheorie zu erwartende Verschiebung um das Zehnfache übersteigt. Ähnliches ergab sich bei den O-Sternen. Es wird vermutet, daß der neue Effekt durch Energieverlust der Quanten im Strahlungsfeld der Sterne, vielleicht infolge Photon-Photon-Wechselwirkung, zu deuten sei. Eine damit begründete Formel stellt auch die Beobachtungen an der Sonne, den A-Sternen, M-Überriesen und WR-Sternen dar und läßt außerdem eine neue Interpretation der Rotverschiebung bei den extragalaktischen Nebeln zu. Kdr.

4127. **E. Finlay Freundlich,** Red-shifts in the spectra of celestial bodies. Phys. Rev. (2) **95** 654. — Ref. Am. Phys. Soc.

4128. **E. Finlay Freundlich,** Red-shifts in the spectra of celestial bodies. Proc. Phys. Soc. (A) **67** 192—193 = Repr. Obs. Univ. St. Andrews Nr. **14**. — Die bei Himmelskörpern verschiedener Oberflächentemperatur beobachteten Rotverschiebungen von Spektrallinien stellt Verf. durch die empirische Formel $\Delta\,\lambda/\lambda \sim T^4\,l$ dar, worin $\Delta\,\lambda/\lambda$ die Rotverschiebung und l die Weglänge des Lichtes im Strahlungsfeld von der Temperatur T bedeutet. Zur Begründung wird an Energieverluste durch Photon-Photon-Zusammenstöße gedacht. Kdr.

4129. **H. L. Furth,** Proposal for a new aether drift experiment. Nature **173** 80—81. — Ref. in Phys. Abstracts (A) **57** 390.

4130. **H. L. Furth,** Proposal for a new aether drift experiment. Nature **174** 505—506. — Verf. betont, daß sein vorgeschlagenes Experiment (vgl. Ref. **4129**) keine Wiederholung des Michelson-Versuchs darstellt, da es sich nicht um Interferenz fortschreitender Wellen, sondern um die Resonanz stehender Wellen in Abhängigkeit von der Orientierung des Resonators handelt. — Frequenzänderungen eines feststehenden Resonators im Laufe eines Tages würden Aussagen über den «Ätherwind» zulassen, jedoch wird auf die Schwierigkeit hingewiesen, die Apparatur während eines genügend langen Zeitraumes frei von äußeren Störungen zu halten. Voigt

4131. **M. Galli,** Osservazioni critiche circa nuove soluzioni del paradosso degli orologi. Rend. Accad. Nazionale Lincei, Cl. Sci. fis., mat., nat. (8) **16** 356—363. — Das relativistische Paradoxon der Uhren erfuhr durch Einstein und Tolman eine allgemein angenommene Lösung. Verf. übt Kritik an einigen Autoren, die durch falsche Auffassung des ursprünglichen Sinns des Problems die Richtigkeit dieser Lösung bestreiten. Cester

4132. **G. Gamow,** The Creation of the Universe. Vgl. AJB **53** Ref. **4124**. — Weitere Besprechung in Nature **173** 181—182 (H. S. W. Massey).

4133. **G. Gamow,** La création de l'univers. Paris, Dunod, 1954. 176 S. mit 40 Fig. und 11 Tafeln. Preis 540 frs. — Besprechung in La Nature **82** 477.

4134. **G. Gamow,** On the steady-state theory of the universe. AJ **59** 200. — Bemerkungen zu Arbeiten von Bondi, Gold, Stebbins und Whitford sowie Beobachtungen von Baade.

* * **G. Gamow,** On the formation of protogalaxies in the turbulent primordial gas. Vgl. Ref. **5410.**

4135. **C. Gilbert,** The stability of a spherically symmetric cluster of stars describing circular orbits. MN **114** 628—634. — In Fortsetzung einer Untersuchung von Einstein wird als Modell eines Kugelsternhaufens eine kugelsymmetrische kontinuierliche Massenverteilung untersucht, deren Dichte im Inneren einer Kugel nicht verschwindet, wobei alle Partikel, außer die im Zentrum ruhenden, Kreisbahnen um dieses beschreiben mit einer Bahngeschwindigkeit $\ll c$. Verschwindet die Dichte an der Oberfläche, so läßt sich das Feld im Innenraum glatt an das Schwarzschildsche Feld im Außenraum anschließen. Für die Stabilität der Bahnen werden hinreichende Bedingungen abgeleitet. Sind diese erfüllt, so liegt die Gravitationsmasse des Haufens um weniger als 6% unter der Ruhmasse. Nach dem Verhalten des Schwarzschildschen λ werden zwei stabile Klassen unterschieden: A) mit nach außen monoton wachsendem λ wie bei Einstein und bei Sen und Roy und B) mit steilem Maximum von e^{λ} nahe dem Zentrum. Die Bahngeschwindigkeiten nehmen bei A nach außen, bei B nach innen zu. Die Dichte verschwindet nur bei B gegen die Oberfläche, womit diese Klasse den Beobachtungen besser gerecht wird als A. Gü.

4136. **T. Gold, D. W. Sciama,** The formation of galaxies in a steady-state universe. Obs **74** 234—236. — Ref. RAS.

4137. **T. Gold,** Relation between modern cosmologies and nuclear astrophysical processes. Vgl. Ref. 1191, daselbst S. 68—69. — Die chemischen Elemente sind nach unserer heutigen Vorstellung entweder im Ablauf einer weit zurückliegenden Urexplosion entstanden, oder sie werden in Sternen sehr hoher Zentraltemperatur noch heute laufend gebildet. Es ist prinzipiell möglich, von der Beobachtung her eine Entscheidung zwischen beiden Möglichkeiten zu treffen. Böhm

4138. **G. Gracía,** Neue Untersuchungen und Resultate «Über das Universum in Expansion und die Entstehung der Nebel». Actas Acad. nac. Ci. exact., fis., natur., Lima **16** 3—44, 1953 (spanisch). — Ref. in ZfMG **52** 443.

4139. **D. Gudzent,** Das Element Technetium und seine kosmologische Bedeutung. Sterne **30** 234—235.

4140. **D. ter Haar,** On Freundlich's red-shift. Phil. Mag. (7) **45** 320—324. — Mit Hilfe der Daten, aus denen Freundlich bei verschiedenen Klassen von Sternen einen neuen Rotverschiebungseffekt ableitete, wird der Wirkungsquerschnitt für den Prozeß abgeschätzt, der zur Erklärung des Effekts in Frage kommen könnte. Die Ergebnisse sprechen eher für das Vorliegen einer Photon-Elektron-Wechselwirkung als für eine Photon-Photon-Wechselwirkung, wie zunächst vermutet wurde. Kdr.

4141. **D. ter Haar,** Some more remarks on Freundlich's red-shift. Phil. Mag. (7) **45** 1023—1024. — Trotz der an den Freundlichschen Arbeiten geübten Kritik wird die Existenz von Linienverschiebungen in Sternspektren, die durch die derzeitige astrophysikalische Theorie nicht erklärt werden können, für gesichert angesehen, wenn auch der erste Versuch zu einer formelmäßigen Fassung des Beobachtungsbefundes und zu seiner theoretischen Deutung Einwänden ausgesetzt sei. Kdr.

4142. **M. Hegedušić,** Put k rješenju problema gravitacije. Naučna Misao Nr. **2** S. 43—53 (mit englischer Zusammenfassung). — Der Weg zur Lösung des Problems der Gravitation ist für Verf. die Annahme, daß auch die Gravitation Quantenstruktur besitzt. Die Rotverschiebung wird durch eine Wechselwirkung zwischen Gravitonen und Protonen erklärt. Loh.

4143. **H. L. Helfer,** Finlay-Freundlich red-shift hypothesis. Phys. Rev. (2) **96** 224—225, mit 1 Fig. — Die Finlay-Freundlichsche Erklärung für die Rotverschiebung wird einer Prüfung an Hand von Doppelsternen unterzogen und gezeigt, daß die nach Freundlich theoretisch zu erwartende Rotverschiebung um Größenordnungen von der beobachteten abweicht. Fricke

4144. **W. L. Hinsburg,** Über die Rotverschiebung im Spektrum der Sonne und Sterne. DAN **97** 617—620 (russisch).

4145. **V. Hlavaty,** Report on the recent Einstein unified field theory. Sem. Mat. Univ. Padova Rend. **23** 316—332. — Bericht über die wichtigsten Resultate, die Verf. zur physikalischen Deutung der neuen Unitärfeldtheorie von Einstein erhielt. Die Beweise sind in verschiedenen vom Verf. erwähnten Veröffentlichungen gegeben. Cester

4146. **J. Hopmann, K. Ferrari d'Occhieppo,** A possible test for Freundlich's red-shift. Obs **74** 169—170. — Hopmann weist auf ζ Aur als Testobjekt hin. Wenn das Massenverhältnis und die Bahnelemente genügend genau bekannt sind, kann die Rotverschiebung aus dem Vergleich der beobachteten und berechneten Radialgeschwindigkeit der B-Komponente kurz vor und nach der Bedeckung erhalten werden. — Ferrari erhält bei Berücksichtigung der Photon-Photon-Reaktion in der Umgebung eines Sterns $A = 5 \times 10^{-33}$ gegenüber $A = 2 \times 10^{-29}$ bei Freundlich. Zur Erklärung des Hubble-Effekts müßte dann die Temperatur des intergalaktischen Strahlungsfelds zu 20° K angenommen werden. O. G.

4147. **F. Hoyle, G. J. Whitrow,** The steady-state theory of the homogeneous expanding universe. Obs **74** 253—254. — Hoyle erklärt, daß er zwischen einem Beobachter mit üblichen Instrumenten und einem Beobachter mit einem idealen Fernrohr unterschieden hat. — Whitrow entgegnet, daß das Mißverständnis über den Radius des ideal beobachtbaren Gebiets weit verbreitet und auf umfangreichere Diskussionen gegründet war. O. G.

4148. **G. M. Idliss,** Über die Aberration des Lichts. AJ UdSSR **31** 81—84 (russisch). — Der Versuch von S. B. Lukjanow (vgl. AJB **53** Ref. **4142**), eine «absolute Geschwindigkeit der Erde» einzuführen, und seine damit verbundene Kritik der Relativitätstheorie werden scharf zurückgewiesen. Dabei wird der gelegentlich anzutreffende Irrtum berichtigt, daß die in die Aberrationsformel eingehende Lichtgeschwindigkeit von der Wahl des Koordinatensystems und der Geschwindigkeit der Lichtquelle abhängig sei. Petri

4149. **P. Jordan,** Schwerkraft und Weltall. Grundlagen der theoretischen Kosmologie. Vgl. AJB **52** Ref. **4116**. — Weitere Besprechung in Naturwissenschaften **41** 265 (P. G. Bergmann).

4150. **P. Jordan,** Ergebnisse und Probleme der erweiterten Gravitationstheorie. Phys. Blätter **10** 557—564, mit 1 Abb. und Bild des Verf.

4151. **K. Just,** Zur Wahl von Feldgleichungen der projektiven Relativitätstheorie. Z. Physik **139** 498—503. — Für die von Jordan, Ludwig und anderen entwickelte Theorie mit veränderlicher Gravitationszahl werden Gleichungen vorgeschlagen, die aus einem besonders einfachen Variationsprinzip folgen. Verf.

4152. **O. Klein,** On a class of spherically symmetric solutions of Einsteins gravitational equations. Ark. Fys. **7** 487—496. — Ref. in Phys. Ber. **34** 421, Math. Rev. **15** 995, ZfMG **56** 439.

4153. **O. Klein,** Some cosmological considerations in connection with the problem of the origin of the elements. Vgl. Ref. **1191**, daselbst S. 42—51. — Es wird versucht, die Entstehung des uns bekannten Teils des Universums unter möglichst weitgehender Verwendung empirisch gesicherter physikalischer Gesetze zu verstehen. Verf. nimmt an, daß die Welt sehr viel größer als das uns bekannte supergalaktische System ist. Sie möge ursprünglich mit sehr verdünntem, kaltem Wasserstoff erfüllt gewesen sein. Dieser soll in einem gewissen Bereich unter dem Einfluß der eigenen Gravitation zu einer Wolke kondensieren. Radius und Dichte dieser Wolke werden dadurch bestimmt, daß einerseits Strahlungsdruck und Gravitation im Gleichgewicht stehen und andererseits die Schwarzschildsche Lösung der allgemeinen Relativitätstheorie überall im Innern der Wolke regulär sein muß. Es gelingt so, die bekannten «Eddington-Relationen» zwischen «Welt»- und Elektronenradius sowie der «Zahl der Elementarteilchen in der Welt» zu verifizieren. Einige Konsequenzen dieser Theorie werden untersucht. Böhm

4154. **W. S. Krogdahl,** A least-action principle in kinematic relativity. AJ **59** 327. — Ref. AAS.

4155. **L. LaPaz,** Advances of the perigees of earth-satellites predicted by general relativity. Publ ASP **66** 13—18. — Ref. in Vega Nr. **18/20** S. 81. — Da die relativistische Periheldrehung umgekehrt proportional zur 2.5ten Potenz des Bahnradius ist, müßte sie bei einem Satelliten der Erde, der wesentlich näher als der Mond ist, leicht nachweisbar sein. Falls ein solcher Satellit nicht doch noch entdeckt wird, könnten auch künstliche Satelliten in günstigen Bahnen zum Nachweis des Effektes benutzt werden. Dabei wäre es vielleicht möglich, die Richtung zum Perigäum einfach durch Radarbeobachtungen festzulegen. Bo.

4156. **M. v. Laue,** Die Relativitätstheorie. 1. Band. Die spezielle Relativitätstheorie. Vgl. AJB **52** Ref. **4122**. — Weitere Besprechung in Naturwissenschaften **41** 311 (G. Leibfried).

4157. **M. v. Laue,** Die Relativitätstheorie. 2. Band. Die allgemeine Relativitätstheorie. Vgl. AJB **53** Ref. **4141**. — Weitere Besprechung in Naturwissenschaften **41** 289 (G. Leibfried).

4158. **M. v. Laue,** Relativitätstheorie, Doppler- und andere Verschiebungseffekte. Naturwissenschaften **41** 25—29. — In vorliegender Arbeit werden die Ergebnisse der speziellen und der allgemeinen Relativitätstheorie über spektrale Veränderungen zusammengestellt, welche im Grundsatz für die Astronomie in Betracht kommen, gleichgültig, ob sie im Bereich der heutigen Meßgenauigkeit liegen. Es geht um die begriffliche Klärung der Vorstellungen darüber. Verf.

* * **D. Layzer,** Is the origin of the solar system connected with the overall structure of the universe? Vgl. Ref. **5512**.

4159. **D. Layzer,** On the significance of Newtonian cosmology. AJ **59** 268—270 = Harv Repr (2) Nr. **64**. — Es wird gezeigt, daß die Benutzung der Newtonschen Mechanik für kosmologische Probleme, wie etwa in den Kosmologien von Milne und McCrea, nicht korrekt ist. Daß sie trotzdem in vielen Fällen angewandt werden darf und dabei zu richtigen Ausdrücken führt, ist eigentlich ein Zufall. Dies wird verständlich bei Beachtung zweier, von H. Bondi aufgestellter relativistischer Theoreme. Bo.

4160. **E. Loedel,** Deduccion directa de los tres efectos cruciales de la teoria de la gravitacion de Einstein a partir del principio de la velocidad parabolica. Actas Acad. Nacional Ci. Exact. Fis. Nat. Lima **17** 3—38, mit 4 Fig.

4161. **Q. Majorana,** Su di un' ipotesi cosmogonia. Rend. Accad. Nazionale Lincei, Cl. Sci. fis., mat., nat. (8) **17** 150—157. — Verf. stellt Betrachtungen über seine 1920 entwickelte Gravitationstheorie (vgl. AJB **22** Ref. **24117**) an, die auf der fortgesetzten Emission eines Kontinuums und einer mit Absorption verbundenen Gravitation beruht. Die Absorption verursacht eine Wärmeentwicklung, die dem Quadrat der Masse ungefähr proportional ist. Eine Anwendung der Theorie auf Sonne und Planeten wird besprochen. Cester

4162. **W. H. McCrea,** Cosmology. Vgl. AJB **53** Ref. **4146.** — Weitere Besprechung in Rev. Sci. Instruments **25** 73 (C. Kittel).

4163. **W. H. McCrea,** Astrophysical considerations regarding Freundlich's red-shift. Phil. Mag. (7) **45** 1010—1018. — Aus der von Freundlich zur Darstellung seines Rotverschiebungseffekts vorgeschlagenen Formel bzw. aus der von ihm vermuteten Erklärung durch Photon-Photon-Wechselwirkung ergeben sich bei Bedeckungsveränderlichen und der galaktischen Radiostrahlung Konsequenzen, die mit den Beobachtungen nicht in Einklang stehen. Bei der Variation des Effekts über die Sonnenscheibe und bei den Wolf-Rayet-Sternen ergeben sich Unsicherheiten. Auch hält es Verf. aus theoretischen Gründen nicht für notwendig, neben der Gravitationsrotverschiebung und der Fluchtbewegung der Spiralnebel noch eine weitere allgemeine Rotverschiebung zu postulieren. Kdr.

4164. **G. C. McVittie,** Relativistic and Newtonian cosmology. AJ **59** 173—180. — Ref. AAS.

4165. **C. Møller,** The Theory of Relativity. Vgl. AJB **52** Ref. **4127.** — Weitere Besprechung in Naturwissenschaften **41** 582 (F. Sauter).

4166. **T. Neugebauer,** Lichtzerstreuung und Hubbleeffekt. Acta phys. Hungar. **4** 31—48. — Das Problem, ob es sich bei der Rotverschiebung der Spektrallinien der außergalaktischen Nebel nicht doch um eine Art Lichtzerstreuungseffekt handelt, wird theoretisch untersucht. Die erste Bedingung einer solchen Deutung ist, daß ein Lichtquant sehr oft unter sehr kleinen Winkeln abgelenkt wird, und diese Ablenkungen sich selbst herausmitteln. Es wird gezeigt, daß im intergalaktischen Raum tatsächlich solch ein bis jetzt in der Theorie der Lichtzerstreuung unberücksichtigter Effekt auftreten muß. Die Abschätzung der Größenordnung zeigt jedoch, daß, wenn man annimt, daß die Beugung der Elektronen die Hauptrolle spielt, der zu erwartende Effekt immerhin zu klein wird, bzw., daß man viel zu große Elektronendichten annehmen müßte. Diese Ergebnisse beziehen sich auf noch schwerere Teilchen (Mesonen, Atome usw.). Interessante Ergebnisse erhält man jedoch für Neutrinos. Erstens ist es leicht denkbar, daß Neutrinos tatsächlich in den intergalaktischen Raum hinauskommen können, und zweitens wäre der Hubbleeffekt tatsächlich nach dem erwähnten Gedankengang deutbar, wenn man für die bis jetzt unbekannten Konstanten der Neutrinos Werte annehmen würde, die physikalisch plausibel sind. Solange wir also über die Neutrinos nichts Näheres erfahren, kann die Möglichkeit der Deutung des Hubbleeffektes auf diesem Wege nicht grundsätzlich ausgeschlossen werden. Zuletzt folgen noch einige Bemerkungen über die Streuung von Licht an Licht im Zusammenhang mit dieser Frage. Verf.

4167. **E. J. Öpik,** The age of the universe. British J. Phil. Sci. **5** 203—214 = Armagh Obs. Leaflet Nr. **27.**

4168. **E. J. Öpik,** The time-scale of our universe. Irish AJ **3** 89—108, mit 3 Tafeln = Armagh Obs. Leaflet Nr. **26.** — Ausführliche Erörterung der Gedankengänge, auf denen die heute angenommene kosmische Zeitskala basiert. Kdr.

4169. **A. Papapetrou,** Eine Theorie des Gravitationsfeldes mit einer Feldfunktion. Z. Physik **139** 518—532. — Es wird eine neue Theorie des Gravitationsfeldes entwickelt, welche nur eine Feldfunktion besitzt. Die aus ihr folgenden Hauptergebnisse werden abgeleitet und ihre physikalische Bedeutung diskutiert. Verf.

4170. **F. A. E. Pirani, G. J. Whitrow,** The steady-state theory of the homogeneous expanding universe. Obs **74** 172—174. — Pirani zeigt, daß das Paradoxon von Whitrow nicht besteht, wenn in einem relativistischen Weltmodell das «beobachtbare Gebiet» der Raum-Zeit-Mannigfaltigkeit und der dieses Gebiet begrenzende «Horizont» streng und eindeutig definiert werden. — Whitrow erklärt, daß seine Annahme eines Welthorizonts von (räumlich) endlichem Radius auf irreführenden Darstellungen über das «beobachtbare Gebiet» beruht hat. O. G.

4171. **F. A. E. Pirani,** On the influence of the expansion of space on the gravitational field surrounding an isolated body. Proc. Cambridge Phil. Soc. **50** 637—638. — Ref. in Phys. Abstracts (A) **58** 4, ZfMG **56** 441.

* * **D. M. Popper,** Red shift in the spectrum of 40 Eridani B. Vgl. Ref. **9564.**

4172. **C. B. Rayner,** The application of the Whitehead theory of relativity to non-static, spherically symmetrical systems. Proc. Roy. Soc. (A) **222** 509—526. — Ref. in ZfMG **56** 216.

4173. **O. L. Reiser,** The field theory of matter in a pantheistic cosmology. I. II. Scientia **89** 210—218, 251—259.

4174. **L. Roy,** Expansion de l'univers et champ cosmologique. Ann. Obs. Astr. Mét. Toulouse **22** 11—15. — Kritik an den Hypothesen, die der üblichen Vorstellung von der Expansion des Universums zu Grunde liegen, mit dem Ergebnis, daß diese Expansion ebenfalls eine unbewiesene und unhaltbare Hypothese sei. Böh.

4175. **W. Scherrer,** Zur linearen Feldtheorie. I. (Ein Wirkungsprinzip und seine Anwendung in der Kosmologie.) Z. Physik **139** 44—55. — Die in den «Grundlagen zu einer linearen Feldtheorie» angegebene Wirkungsfunktion wird erweitert und auf das einfachste kosmologische Modell angewendet. In demjenigen Falle, welcher der Einsteinschen Lösung ohne kosmologische Konstante am nächsten steht, ergibt sich ein Weltalter von $t = 4.1 \times 10^9$ Jahren, wenn man für die Materiedichte $\mu = 6.6 \times 10^{-28}$ g cm^{-3} und für die Hubble-Konstante $k = 3.15 \times 10^{-28}$ cm^{-1} setzt. Verf.

4176. **E. Schücking,** Das Schwarzschildsche Linienelement und die Expansion des Weltalls. Z. Physik **137** 595—603. — Eine Arbeit von A. Einstein und E. Straus wird weitergeführt. Es wird gezeigt, wie die Schwarzschildsche Lösung für ein kugelsymmetrisches Vakuumfeld durch die stetige Einfügung in eine expandierende Welt abzuändern ist. Wenn man das Vakuumfeld statisch macht, würden die kosmische Zeitskala und die des statischen Schwarzschild-Feldes nicht mehr übereinstimmen. Verf.

4177. **H. S. Shelton,** The unexplained red shift. Obs **74** 252—253. — Verf. weist darauf hin, daß seine früher gegebene Erklärung für die kosmische Rotverschiebung der von Freundlich neben der Photon-Photon-Reaktion als Möglichkeit erwähnten Wechselwirkung zwischen Materie und Strahlung im intergalaktischen Raum entspricht. O. G.

4178. **N. B. Slater,** Recession of the galaxies in Eddington's theory. Nature **174** 321—322. — Verf. macht auf einen Fehler in Eddingtons «Fundamental Theory» (Cambridge 1946 p. 6) aufmerksam, demzufolge es in der Gleichung $R_0/\sqrt{N} = 2\,\sigma$ statt $2\,\sigma$ heißen muß $3\,\sigma$. Das bedingt eine Multiplikation des Grenzwertes des Expansionsfaktors (Hubble-Konstante) mit 4/9. (Bisheriger Wert 572 km/sec Megapc, beobachteter Wert nach Eddington etwa 560). Übereinstimmung mit Beobachtung bleibt trotzdem erhalten, da Baades Verdopplung der extragalaktischen Entfernungen eine Halbierung der Hubble-Konstanten bedingt. Die in späteren Kapiteln berechneten mikroskopischen Konstanten werden nicht beeinflußt. Voigt

4179. **O. Struve**, Red shifts of spectral lines. Sky and Telescope **13** 225—227, mit 3 Fig. — Nach einer kurzen Erläuterung des Doppler-Effekts und der relativistischen Rotverschiebung wird die Theorie von Freundlich geschildert, nach der die Photonen durch gegenseitige Beeinflussung «altern» sollen. Die entstehende Rotverschiebung, die proportional der vierten Potenz der Temperatur und der Weglänge in der Sternatmosphäre sein soll, wird auf die Sonne und einige weitere Beispiele angewandt. Zum Schluß werden Einwände gegen die Theorie vorgetragen. Neckel

4180. **J. L. Synge**, Note on the Whitehead-Rayner expanding universe. Proc. Roy. Soc. (A) **226** 336—338, mit 2 Fig. — Die Gleichungen für ein expandierendes Weltmodell werden nach Whiteheads Theorie in einfacher Weise hergeleitet. Fricke

4181. **B. Thüring**, Methodologische Untersuchungen zur Kosmologie. Methodos **6** 95—113. — Durch die direkte astronomische Parallaxenmethode wird die Euklidische Geometrie in den vermessenen Raumgebieten realisiert. Im kosmologischen Bereich kann nur die indirekte (photometrische) Methode Anwendung finden. Diese beruht notwendig auf mindestens zwei Hypothesen. — Eine metrische Kosmologie ist ohne logischen Widerspruch nur auf solche Objekte anwendbar, deren Parallaxen unterhalb der direkten trigonometrisch-geometrischen Winkelmeßgenauigkeit liegen. — Schon das einfachst denkbare Modell einer sich in gegenseitiger Bewegung befindenden Gesamtheit von endlich vielen materiellen Körpern führt logisch zwingend zu dem an den Galaxien bemerkten Rotverschiebungsgesetz in seiner hypothetischen Deutung als Dopplereffekt bei hypothetisch frequenzkonstanter Lichtemission. — Das Rotverschiebungsgesetz (ohne Doppler-Effekt) ergibt sich aus der einzigen Hypothese einer säkularen Zunahme der Emissionsfrequenzen, die ihrerseits aus recht allgemeinen physikalisch-methodischen Gesichtspunkten folgt. Thüring

4182. **G. J. Whitrow**, On the interpretation of the extragalactic redshifts. MN **114** 180—190. — Es wird gezeigt, daß bei Gültigkeit einiger allgemeiner Postulate die Beziehung zwischen der Rotverschiebung und Entfernung extragalaktischer Nebel dieselbe Form besitzt für alle Hypothesen, die die Rotverschiebung nicht als Doppler-Effekt infolge Fluchtbewegung der Nebel auffassen, sofern überhaupt eine bestimmte zeitunabhängige Korrelation zwischen Rotverschiebung und Entfernung existiert. Mit den Hypothesen, die die Rotverschiebung als Doppler-Effekt deuten, sind dagegen zahlreiche Gesetze verschiedener Form verträglich. Kdr.

4183. **G. J. Whitrow**, On the interpretation of the extragalactic redshifts. Obs **74** 100—102. — Ref. RAS.

4184. **G. J. Whitrow**, The orthodox theory of the expanding universe. Occasional Notes **3** 81—86. — Leicht abgewandelter Rundfunkvortrag.

4185. **A. Zanella**, Successive linearizzazioni di una recente teoria relativistica unitaria. Rend. Ist. Lombardo Sci. Lettere Cl. Sci. mat. nat. **87** 575—592. — Die von Finzi vorgeschlagenen Gleichungen des unitären Feldes werden untersucht; die allgemeine Annäherung n-ter Ordnung wird hergeleitet. Die Lösung erster Ordnung, der besondere physikalische Bedeutung zukommt, wird angegeben. Cester

* * **F. Zwicky,** Rotverschiebung und Linienbreiten in den Spektren extragalaktischer Nebel. Vgl. Ref. **12461**.

4186. De relativiteitstheorie nogmaals bevestigd. Hemel en Dampkring **52** 190.

4187. The Einstein shift. JBAA **64** 97—98.

4188. The relativity red shift. JBAA **65** 56—57.

4189. Science and modern cosmology. Nature **173** 574—576. — Ref. der in AJB **53** Ref. **4117** zitierten Arbeit von H. Dingle.

4190. Zur Rotverschiebung der Sternspektren. Phys. Blätter **10** 376. — Kurzer Bericht über die von Freundlich erörterten Streuprozesse in Sternatmosphären und die von ter Haar daran geübte Kritik.

4191. Relativity red shift verified. Sky and Telescope **13** 339. — Ref. in Sterne **30** 243—244.

4192. Age of the universe. Sky and Telescope **13** 371.

4193. Jeszcze jedna hipoteza tłumacząca «rozbieganie się» galaktyk. Urania Kraków **25** 307.

§ 42

Himmelsmechanik, Störungstheorie

4201. **C. Agostinelli,** Sull'esistenza di soluzioni periodiche nel problema ristretto dei 3 corpi. Accad. Sci. Torino Atti Cl. Sci. fis. mat. nat. **88** 265—291. — Die Existenz einer zweidimensionalen Mannigfaltigkeit periodischer, von einem Parameter μ abhängiger Lösungen im restringierten Dreikörperproblem für kleine Werte von μ wird bewiesen. Der Parameter verschwindet mit der Sonnenstörung. Cester

4202. **M. Cavedon, V. Alessio,** Ricerche teoriche e numeriche per un caso particolare del problema dei 3 corpi. Mem SA It (NS) **25** 421—430, mit 1 Fig. = Contr. Oss. Astr. Milano-Merate (NS) Nr. **52**. — Für zwei Körper, die sich nach dem Newtonschen Gesetz anziehen und die durch die der Entfernung proportionale Anziehung eines dritten Körpers gestört werden, werden die Bedingungen für eine kreisförmige relative Bahn abgeleitet. Die numerische Integration einiger Bahnen und deren graphische Darstellungen werden hinzugefügt. Cester

4203. **G. M. Clemence,** Perturbations of the five outer planets by the four inner ones. Washington, Astr. Papers prepared for the use of the American Ephemeris and Nautical Almanac **13** 365—406. — Ref. in NAT **1955** 71—72. — Berechnung der allgemeinen Störungen der fünf äußeren Planeten durch die vier inneren für eine Genauigkeit von 0ʺ01 im geozentrischen Ort und Tabulierung in rechtwinkligen heliozentrischen Koordinaten (Einheit 10^{-7} a. E.). Diese Störungen zu den Koordinaten der fünf äußeren Planeten in Astr. Pap. Vol. **12** (vgl. AJB **51** Ref. **7604**) hinzugefügt, ergeben dann streng heliozentrische Örter unter Berücksichtigung der Störungen durch alle Planeten. Böh.

4204. **G. N. Duboschin,** Über die Integrale des Problems der Bewegung eines Punktes unter der Wirkung einer Zentralkraft in beweglichen Achsen. Publ. Astr. Sternberg-Inst. **24** 123—130 (russisch).

4205. **J. Grémillard,** Sur les racines d'une équation de la théorie des solutions périodiques de la troisième sorte. CR **239** 153—155. — Verf. verschärft und vervollständigt den Beweis zu einem Satz von Zeipels über die Bedingungen, denen die Anfangswerte der mittleren Längen genügen müssen, um die Existenz periodischer Lösungen der 3. Sorte zu sichern. Böh.

4206. **I. Hasegawa,** On the accuracy of the orbital elements of comets derived from observation of comparatively short intervals. Mem. Japan Astr. Study Ass. **1** 3—8, mit 1 Fig. (japanisch mit englischer Zusammenfassung).

4207. **M. S. Jarow-Jarowoj,** Über die Interpolationsanomalien für die ersten zehn Kleinen Planeten. Publ. Astr. Sternberg-Inst. **24** 17—39, mit 8 Abb. (russisch).

4208. **M. S. Jarow-Jarowoj,** Über die Abhängigkeit der Konstanten der interpolierten Linienintegrale von der Zeit für die ersten zehn Kleinen Planeten. Publ. Astr. Sternberg-Inst. **24** 41—57 (russisch).

4209. **N. B. Jelenewskaja,** Reihenentwicklung der Koordinaten der Kepler-Bewegung für den Fall, daß die Exzentrizität nahezu gleich 1 ist. Mitt. Univ. Lwow Nr. **4** Teil 2 S. 65—67, 1953 (ukrainisch). — Ref. in RJ Astr. Geod. UdSSR Nr. **7**, 1955; Ref. Nr. 2693.

4210. **R. Kašanin,** Approximation du mouvement arbitraire d'un point matériel par le mouvement sur une section conique. Recueil Travaux **42** Inst. Astr. Théor. Appl. Acad. Serbe Sci. Nr. **1** S. 13—51, mit 4 Fig. (serbisch mit französischer Zusammenfassung S. 155—159). — Verf. bestimmt den die Bahnkurve einer einem beliebigen Kraftgesetz unterworfenen Punktmasse in einem Bahnpunkt approximierenden Kegelschnitt und untersucht dessen Eigenschaften im Verlauf der Bewegung. Böh.

4211. **E. Klier,** Vector solution of Lagrange's special cases of three bodies problem. BAC **5** 25—32, mit 2 Fig. (mit russ. Zusammenfassung). — Mit Hilfe der Vektorrechnung werden Existenz und Lage der Lagrangeschen Punkte im Dreikörperproblem neu hergeleitet und deren Stabilität untersucht. Dabei ergibt sich manche Vereinfachung und Neufassung einiger Sätze. Böh.

4212. **W. T. Kondurar,** Das Problem der Bewegung zweier Ellipsoide unter der Wirkung der gegenseitigen Anziehung. V. Publ. Astr. Sternberg-Inst. **24** 155—198, mit 4 Abb. (russisch).

4213. **N. G. Kotschina,** Beispiel der Bewegung im eingeschränkten parabolischen Dreikörperproblem. BIA **5** 617—622, mit 2 Abb. (russisch).

4214. **Y. Kozai,** On the secular perturbation of asteroids. Publ. Astr. Soc. Japan **6** 41—66, mit 7 Fig. = Tokyo Astr. Obs. Repr. Nr. **111**. — Verf. gibt eine Theorie der Säkularstörungen der Kleinen Planeten bis zur 2. Ordnung unter Mitnahme der Glieder im wesentlichen 4. Grades in der Entwicklung der Störungsfunktion. Der Integration der Bewegungsgleichungen in modifizierten Delaunayschen Elementen wird die Laplacesche säkulare Lösung plus der periodischen Störungen niedersten Grades als intermediäre Bahn zugrunde gelegt. Die Integration der hieraus folgenden Variationsgleichungen ergeben die Säkularstörungen. Die Stabilitätsverhältnisse für kritische und nichtkritische Planeten werden durch Diskussion der charakteristischen Exponenten hergeleitet und die Stabilitätszonen für einzelne vorgegebene Werte der großen Halbachse als Funktion der Eigenexzentrizität und Eigenneigung aufgezeichnet und mit der wirklichen Verteilung der Kleinen Planeten verglichen. Böh.

4215. **G. Lemaître,** Régularisation dans le problème des trois corps. Bull. Cl. Sci. Acad. roy. Belgique (5) **40** 759—762. — Zwei in früheren Arbeiten (vgl. AJB **52** Ref. **4224** und **4225**) durchgeführte Koordinatentransformationen ersetzt Verf. durch eine Transformation. Die Herleitung der Hamiltonschen Funktion für das Dreikörperproblem mit Hilfe von Koordinaten, die das Problem bei zweifachen Zusammenstößen regularisieren, wird damit wesentlich vereinfacht. Henn

4216. **A. Masotti,** Su alcune questioni di media nei moti centrali. Rend. Accad. Nazionale Lincei, Cl. Sci. fis., mat., nat. (8) **15** 381—386. — Ref. in ZfMG **55** 240: Die bei der Keplerbewegung üblichen Begriffe der mittleren und wahren Anomalie werden auf geschlossene Zentralbewegungen übertragen. Mittelbildungen nach diesen beiden Anomalien für beliebige ortsabhängige Größen stehen in einfacher Beziehung zueinander und werden speziell angegeben für die Zentralbeschleunigung, die kinetische Energie, das Virial nebst formalen Verallgemeinerungen. Bucerius

4217. **M. Mendes,** Nouvelle démonstration des équations de Lagrange. BA 18 69—72 = Obs. Univ. Bordeaux (A) Nr. **7.** — Verf. leitet die Lagrangeschen Gleichungen für die Variationen der elliptischen Elemente neu ab, wobei er von einem Satz von Chazy ausgeht. Führt man in dem System von Differentialgleichungen $\frac{dp_i}{dt} = Y_i$, $\frac{dq_i}{dt} = -X_i$ $(i = 1,2, \ldots n)$, wo die X und Y Funktionen der p, q und t sind, neue Veränderliche P und Q, die von t abhängen können, ein, wobei $\Sigma\,(QdP - qdp) = d\Phi + \Psi\,dt$, so daß bei $\delta t = 0$ für virtuelle Verrückungen $\Sigma\,(QdP - qdp) = \delta\Phi$, und drückt $H = \Sigma\,(X\,\delta p + Y\,\delta q) + \delta\Psi = \Sigma\,(X'\,\delta P - Y'\,\delta Q)$ in den neuen Veränderlichen aus, so gilt $\frac{dP_i}{dt} = Y'_i$, $\frac{dQ_i}{dt} = -X'_i$. Böh.

4218. **G. A. Merman,** Über die Untersuchungen von Chazy zum Dreikörperproblem. BIA **5** 594—605 (russisch). — Inhalt: Einleitung, S. 594; Eigenschaften der hyperbolisch-elliptischen Bewegungen im Gebiet $h < 0$, S. 595; Über die Einfangwahrscheinlichkeit im Gebiet $h < 0$, S. 599; Hyperbolisch-elliptische Bewegungen der verschiedenen Klassen bei $h < 0$, S. 602; Schluß, S. 604. Loh.

4219. **G. A. Merman,** Das eingeschränkte parabolische Dreikörperproblem. BIA **5** 606—616 (russisch). — Inhalt: Einleitung, S. 606; Die Differentialgleichungen und Ungleichungen, S. 607; Die hinreichenden Bedingungen der parabolisch-elliptischen Bewegung im eingeschränkten parabolischen Dreikörperproblem bei $t > 0$, S. 610; Die hinreichenden Bedingungen der parabolisch-hyperbolischen Bewegung im eingeschränkten parabolischen Dreikörperproblem bei $t > 0$, S. 611; Fehlerabschätzung des Näherungsverfahrens bei enger Annäherung endlicher Massen, S. 612; Die Einfangbedingungen, S. 612. Loh.

4220. **G. A. Merman,** Über die hinreichenden Bedingungen für den Einfang im Dreikörperproblem. DAN **99** 925—927 (russisch). — Verf. formuliert die hinreichenden Bedingungen für den Einfang im Dreikörperproblem. Loh.

4221. **S. Miyahara,** On the problem of three bodies. Publ. Astr. Soc. Japan **6** 21—40. — Die Bewegungsgleichungen für das ebene Dreikörperproblem werden in Polarkoordinaten (bezogen auf den Mittelpunkt des Umkreises durch die drei Körper) aufgestellt. Die Existenz der Lagrangeschen äquilateralen Lösungen wird bewiesen und die Bestimmung der Polarkoordinaten auf ein Zweikörperproblem zurückgeführt. Für einen speziellen Fall einer nicht rotierenden gleichschenkligen Lösung werden die Bedingungen für Zusammenstöße untersucht. Böh.

4222. **N. D. Moissejew,** Über die interpoliert-gemittelten Varianten des kanonischen Problems der Himmelsmechanik. Publ. Astr. Sternberg-Inst. **24** 3—9 (russisch).

4223. **N. D. Moissejew,** Über die vollständige Mittelung des kanonischen Problems der Himmelsmechanik mit einigen intermediären Elementen. Publ. Astr. Sternberg-Inst. **24** 10—16 (russisch).

4224. **P. Musen,** Special perturbations of the vectorial elements. AJ **59** 262—267. — Mit den Methoden der Vektorrechnung werden die Gleichungen für die speziellen Störungen der klassischen elliptischen Elemente, der Elemente von Strömgren, der Parameter von Herrick und der neuen vom Verf. eingeführten $\mathfrak{c} = \sqrt{p}\,\mathfrak{R}$ und $\mathfrak{g} = \frac{e}{\sqrt{p}}\,\mathfrak{Q}$ hergeleitet. Ein Vergleich der Methoden von Strömgren, Herrick und dem Verf. zeigt, daß die erste die geeignetste für Störungen 1. Ordnung ist, für Störungen höherer Ordnung jedoch die dritte. Den Schluß bildet ein Vergleich der Jupiterstörungen 1. Ordnung des Planeten 1593 nach der Methode des Verf. mit den Störungen nach Enckes Methode. Böh.

4225. **A. Nadile,** Sopra un caso particolare del problema ristretto dei tre corpi. Atti Sem. Mat. Fis. Univ. Modena **6** 98—118, 1953. — Verf. untersucht die Bewegung eines Planetoiden P, der von zwei anderen um ihren Schwerpunkt O umlaufenden Körpern $P_1\,P_2$ angezogen wird, unter den Annahmen: die Masse von P ist genügend klein gegenüber denjenigen von P_1 und P_2 und die Entfernung $\dot{O}P$ so groß gegenüber $P_1\,P_2$, daß bei der Reihenentwicklung von $P_1\,P_2/OP$ die Glieder höherer als zweiter Ordnung vernachlässigt werden können. Cester

4226. **A. A. Orlow,** Über die fast periodischen Bewegungen eines materiellen Punktes im Schwerefeld eines Sphäroids. Publ. Astr. Sternberg-Inst. **24** 139—153 (russisch).

4227. **M. Plavec,** A method of computing the perturbations by a planet in its sphere of activity. BAC **5** 32—37 (mit russ. Zusammenfassung). — Verf. leitet im Prinzip nach der Methode Schulhofs neue Formeln ab für den Übergang von heliozentrischen Elementen eines Kometen auf Elemente relativ zu einem Planeten, in dessen Wirkungssphäre der Komet eintritt, und zeigt einige Vorzeichenfehler in den Formeln von Schulhof auf. Böh.

4228. **W. W. Radsijewskij,** Die allgemeine Lösung des nichteingeschränkten Dreikörperproblems bei Newton-Hookescher Wechselwirkung. AJ UdSSR **31** 436—441 (russisch). — Ref. in Postępy Astr. **3** 141. — Es wird eine allgemeine Lösung des nichteingeschränkten Dreikörperproblems gegeben, wobei sich zwei der Körper nach dem Newtonschen Gesetz anziehen, beide aber mit einer der Entfernung proportionalen Kraft vom dritten angezogen werden. Die Ergebnisse werden für den Beweis verwendet, daß ein Zerfall von Sternsystemen im Innern der Galaxis unmöglich oder sehr erschwert ist. Verf. (übersetzt)

4229. **A. E. Roy, M. W. Ovenden,** On the occurrence of commensurable mean motions in the solar system. MN **114** 232—241 = Glasgow Univ. Obs. Repr. Nr. 38. — Es wird gezeigt, daß im Sonnensystem zwischen den mittleren Bewegungen von je zwei Planeten oder Planetenmonden weit häufiger Kommensurabilität besteht, als bei zufälliger Verteilung zu erwarten ist. Die Ursache dafür wird darin vermutet, daß entweder der Mechanismus der Planetenbildung Bahnen mit kommensurabler mittlerer Bewegung begünstigte, oder daß solchen Bahnen eine relativ große Stabilität zukommt. Kdr.

4230. **A. E. Roy, M. W. Ovenden,** The occurence of commensurable mean motions in the solar system. Obs **74** 113—114. — Ref. RAS.

4231. **B. M. Schtschigolew,** Intermediäre Bahnen im Dreikörperproblem. Publ. Astr. Sternberg-Inst. **24** 59—92 (russisch).

4232. **W. M. Smart,** Celestial Mechanics. Vgl. AJB **53** Ref. **4241.** — Weitere Besprechung in Urania København **11** 41—42 (C. Luplau Janssen).

4233. **E. Stiefel,** Ermittlung von allgemeinen Störungen einer Planetenbewegung mit Hilfe der Ergebnisse einer speziellen Störungsrechnung. Arch. Math. **5** 347—354, mit 3 Fig. — Da die Programmierung für die Berechnung allgemeiner Planetenstörungen mit Rechenautomaten wegen der unterschiedlichen Größe der Störungsglieder (besonders bei Vorhandensein kleiner Divisoren) sehr schwierig ist, und deshalb eine vorherige ungefähre Kenntnis über sie wünschenswert erscheint, zeigt Verf., wie unter der Annahme, daß die Störungen als trigonometrische Funktion der mittleren Anomalien h und h' der beiden Planeten gesucht sind, aus einer Berechnung der speziellen Störungen eine Wertetafel des betreffenden Elements als periodische Funktion von h und h' hergeleitet werden kann. Er beschränkt sich dabei auf die Störungen der großen Halbachse zur Darlegung des Verfahrens. Es ist mathematisch fundiert auf der aus der Bewegungsgleichung für das Element leicht ableitbaren partiellen Differentialgleichung und der längs einer ihrer Charakteristiken (hier Geraden) zugehörigen gewöhnlichen Differentialgleichung, die von dem Argument abgesehen, der Form nach mit der für die speziellen Störungen übereinstimmt. Böh.

4234. **T. Takenouchi,** Note on the special perturbation by means of the variation of parameters. Publ. Astr. Soc. Japan **6** 113—114 = Tokyo Astr. Obs. Repr. Nr. **112.** — In Abwandlung von Herricks Methode zur Berechnung spezieller Störungen bestimmter Parameter (Publ ASP **60** 321, AJB **48** Ref. **4213**; AJ **58** 156, AJB **53** Ref. **7506**) werden die Störungen der mittleren Anomalie der täglichen Bewegung von $\mathfrak{A} = a\mathfrak{P}$ und $\mathfrak{B} = b\mathfrak{Q}$ bestimmt, wobei als unabhängige Veränderliche die von 10° zu 10° fortschreitende mittlere Anomalie (zugehörige Tafeln für die auftretenden Koeffizienten sollen in den Ann. Tokyo Astr. Obs. erscheinen) benutzt wird. Die vorliegende Arbeit gibt die Zusammenstellung der hierzu anzuwendenden Formeln. Böh.

4235. **B. Thüring,** Eine einfache Methode der Berechnung von Gravitationskomponenten. Anwendung auf ein astronautisches Dreikörperproblem. Weltraumfahrt **1954** 69—72. — Bei der numerischen Integration von Bewegungsgleichungen der Himmelsmechanik steht der Rechner oft vor der Aufgabe, die Komponenten der Gravitation der beteiligten Körper in Richtung der Koordinatenachsen für eine große Anzahl von Örtern ermitteln zu müssen. Es werden Tafeln angegeben, mit deren Hilfe die Anzahl der auszuführenden Rechenoperationen auf 50% herabgesetzt wird. Ein Integrationsschritt der «ebenen» Jacobischen Gleichungen des problème restreint kann unter Verwendung solcher Tafeln in etwa 10 Minuten durchgeführt werden. Thüring

4236. **R. Vernić,** Die Stoßbedingungen im Dreikörperproblem. Glasnik Mat.-Fiz. Astr. (2) **9** 3—13. — Enthält 8 Sätze und Folgerungen über die Bedingungen von Zusammenstößen im Dreikörperproblem. Böh.

4237. **R. Vernić,** Numeričko rješavanje općeg problema triju tijela. Glasnik Mat.-Fiz. Astr. (2) **9** 151—152. — Ref. Hrvatsko Prirodoslovno Društvo.

4238. **R. Vernić,** Bahnen des restringierten Dreikörperproblems, dargestellt im Inertialsystem. Jugoslaw. Akad. Wiss. Abt. Math. Phys. Techn. Wiss. **1** 81—123, 1952 (serbo-kroatisch mit deutscher Zusammenfassung). — Ref. in Math. Rev. **16** 529—530.

4239. **R. Vernić,** Diskussion der Sundmanschen Lösung des Dreikörperproblems. Zagreb, Südslawische Akad. Wiss. und Künste, 1954. 146 S. mit 15 Fig. — Monographie zur Regularisierungstheorie des allgemeinen

Dreikörperproblems. Darstellung der geschichtlichen Entwicklung und der Untersuchungen des Verf. mit Hilfe der algebromorphen Funktionen. Ausführliches Literaturverzeichnis (das darin fehlende Buch von A. Wintner: The analytical foundations of celestial mechanics, findet sich als Korrekturzusatz auf. S. 46). Böh.

4240. **A. Wilkens,** Der Hodograph der Gravitation zweier Massenpunkte. Sitzber. Bayer. Akad. Wiss. Math.-naturw. Kl. **1953** 149—161, mit 2 Fig. — Ref. in Math. Rev. **15** 996: Der Hodograph der Geschwindigkeit bei der Planetenbewegung ist bekanntlich ein Kreis. Verf. untersucht den Hodographen der Beschleunigung; es zeigt sich, daß damit $\ddot{r}$ gemeint ist, wenn r den Radius darstellt. Die Kurve wird zeichnerisch und numerisch ausführlich diskutiert. (Es scheint Ref., daß es sich um eine rationale, bizirkuläre Kurve 8. Ordnung handelt mit sechsfachem Punkt im Ursprung). O. Bottema (übersetzt)

4241. **J. Witkowski,** Problem czasu w mechanice nieba. Urania Kraków **25** 71—75. — Nach einleitenden Bemerkungen über die Entwicklung des Zeitbegriffs ab Newton berichtet Verf. zum «Zeitproblem in der Himmelsmechanik» über die mit Hilfe von Quarzuhren festgestellten Schwankungen der Erdrotation und die damit notwendig gewordene Einführung einer Ephemeridenzeit. Abschließend wird kurz auf den Zeitbegriff in der Relativitätstheorie eingegangen. Loh.

* * Himmelsmechanische Probleme des Raketenflugs siehe § **134.**

§ 43

Figur der Himmelskörper, Rotation, Gezeiten

4301. **L. Evrard,** Sur la figure piriforme. Bull. Cl. Sci. Acad. roy. Belgique (5) **40** 130—138, mit 2 Fig. — In einer früheren Arbeit (vgl. AJB **51** Ref. **4304**) hat Verf. die Gleichgewichtsfiguren inhomogener Doppelsternkomponenten untersucht. Er setzt diese Arbeit durch Hinzunahme des Gliedes $1/l^4$ fort, wobei l den Abstand der beiden Komponenten bedeutet. Als Gleichgewichtsfigur ergibt sich die von Poincaré abgeleitete klassische birnenförmige. Henn

4302. **B. S. Fadnis,** Boundary layer on rotating spheroids. Z. Angew. Math. Physik **5** 156—163. — Ref. in Math. Rev. **15** 755.

4303. **W. Fricke,** On the gravitational stability in a rotating isothermal medium. ApJ **120** 356—359. — Verf. untersucht für ein rotierendes isothermes Medium, das symmetrisch zu einer Ebene mit maximaler Dichte planparallel geschichtet ist, die Ausbreitung von Störungen und leitet für diesen Fall die Bedingungen für Gravitationsinstabilität ab. Kdr.

4304. **G. Gjellestad,** On equilibrium configurations of oblate fluid spheroids with a magnetic field. ApJ **119** 14—33, mit 1 Fig. = Inst. Theoret. Astrophys. Blindern-Oslo Rep. Nr. **6**. — Das von Chandrasekhar und Fermi gefundene Ergebnis (vgl. AJB **53** Ref. **5002**), daß für eine homogene, inkompressible Flüssigkeitsmasse, in derem Innern ein gleichförmiges Magnetfeld herrscht und deren äußeres Feld Dipolcharakter hat, die Kugel keine Gleichgewichtsfigur ist, wird bestätigt. Die Gleichgewichtskonfigurationen besitzen in diesem Fall die Form abgeplatteter Sphäroide, deren Stabilität kurz erörtert wird. Anwendung auf eine abgeplattete Wolke in einem interstellaren Magnetfeld ergibt Stabilität, wenn die Dichte 14mal so groß ist wie die mittlere Dichte der umgebenden interstellaren Materie, und bei geringerer Dichte Instabilität. In diesem Fall geht die Wolke in eine flache Scheibe über oder löst sich auf. Kdr.

4305. **P. Groen,** Nog iets over theorie en werkelijkheid van eb en vloed. Hemel en Dampkring **52** 80—81, mit 2 Fig.

4306. **Z. Kopal,** A study of the Roche model. Astr. Contr. Univ. Manchester (1) Jodrell Bank Ann. **1** 37—57, mit 1 Fig. — Aus der Theorie enger Doppelsterne wird das Roche-Modell ausführlich und zusammenfassend behandelt. Behr

4307. **R. A. Lyttleton,** The Stability of Rotating Liquid Masses. Vgl. AJB **53** Ref. **4304**. — Weitere Besprechung in J. Atmosph. Terr. Phys. **5** 112—113 (L. Rosenhead).

4308. **P. J. Melchior,** Les marées terrestres. Ciel et Terre **70** 1—22, 103—131, 191—217, 266—288, 435—454, mit 33 Fig. = Obs. Roy. Belgique Monographie Nr. **4**.

4309. **L. Mestel,** Rotation and stellar evolution. Vgl. Ref. **1191**, daselbst S. 213—220. — Es wird untersucht, ob Eddingtons meridionale Zirkulationsströme eine Materiemischung zwischen Kern und Hülle bewirken können. Während bei der Sonne eine Durchmischung auf diese Weise unmöglich ist, schien es zunächst bei rasch rotierenden Sternen der Fall zu sein. In der vorliegenden Arbeit wird nun betont, daß bei rasch rotierenden Sternen wegen der Abweichungen von der sphärischen Symmetrie bei anfänglichem Materialaustausch zwischen Kern und Hülle auch Unsymmetrien in der Verteilung des mittleren Molekulargewichts auftreten, die einer weiteren Durchmischung entgegenwirken. Es wird diskutiert, in welchen Fällen man eventuell noch eine Durchmischung erwarten kann. Böhm-Vitense

4310. **S. D. Nigam,** Note on the boundary layer on a rotating sphere. Z. Angew. Math. Physik **5** 151—155. — Ref. in Math. Rev. **15** 755.

4311. **R. Tomaschek,** The tides of the solid earth and their geophysical and geological significance. Nature **173** 143—145, mit 3 Fig. — Ref. in Phys. Abstracts (A) **57** 389—390.

§ 44

Sternsysteme

4401. **R. Fleischer,** Spiral arms — a suggestion. Publ ASP **66** 304—307. — Verf. vermutet, daß Spiralarme aus ursprünglichen Knotenlinien von angenommenen stehenden Wellen im interstellaren Medium von Galaxien entstehen können. Aus Überlegungen über die Entwicklung der Spiralarme erwartet er auf der inneren Seite der Arme eine stärkere Konzentration von Gas- und Staubmassen, auf der äußeren Seite ältere Sterne als in den Armen selbst. O. G.

4402. **S. Kikuchi,** Space-mean-frequency of stellar velocities. Sci. Reports Tôhoku Univ. (1) **38** 50—66, mit 6 Fig., Berichtigung S. 224 = Sendai Astr. Rap. Nr. **38**. — Die aus den beobachteten Geschwindigkeiten der Sterne abgeleitete Häufigkeitsverteilung wird von der tatsächlichen verschieden sein, weil das Volumenelement, das man der Betrachtung zugrunde legt, zu groß gewählt ist, was andererseits dadurch bedingt ist, daß man eine hinreichend große Zahl von Sternen haben muß. Infolgedessen sind aber die Koeffizienten der Geschwindigkeitsverteilungsfunktion in dem Volumenelement nicht konstant. Der Einfluß dieses Effektes wird ausführlich studiert; es ergibt sich daraus auch eine zwanglose Erklärung des Phänomens der Schnelläufer. H. M.

4403. **B. W. Kukarkin,** Erforschung der Struktur und Entwicklung der Sternsysteme auf der Grundlage des Studiums veränderlicher Sterne. Berlin, Akademie-Verlag, 1954. 8 + 133 S. mit 28 Abb. Preis DM 18. — Aus dem Russischen übersetzt von F. Bartels. — Besprechung in Sky and Telescope **14** 110, 289 (S. Gaposchkin). — Inhalt: Kapitel I: Die Untersuchung der veränderlichen Sterne als Mittel zum Studium der Galaxis. Kapitel II: Morphologische Eigentümlichkeiten der veränderlichen Sterne der verschiedenen Typen in Zusammenhang mit ihrer Lage im Raum. III: Die räumliche Verteilung und die kinematischen Merkmale der Untersysteme der veränderlichen Sterne. IV: Der Aufbau der Galaxis und die möglichen Entwicklungswege der Sternsysteme und ihrer Bestandselemente.

4404. **F. Nahon,** Le calcul de l'accélération des étoiles perpendiculairement au plan galactique. CR **239** 951—954. — Es wird eine Methode zur Berechnung der Beschleunigungen der Sterne senkrecht zur galaktischen Ebene skizziert. Sie beruht auf einer Beziehung zwischen der Dichteverteilung und den Momenten der Geschwindigkeitsverteilung, die sich aus einem bei stationärer Verteilung geltenden Satz von Jeans ergibt. Kdr.

4404a. **J. Neyman, E. L. Scott,** Spatial distribution of galaxies — analysis of the theory of fluctuations. Proc. National Acad. Sci. USA **40** 873—881. — Verf. geben eine kritische Betrachtung des Verfahrens von Limber (ApJ **117** 134, AJB **53** Ref. **4404**; ApJ **119** 655, Ref. **12422**) und Rubin (Proc. National Acad. Sci. USA **40** 541, Ref. **12433**) zur Untersuchung der räumlichen Verteilung der Galaxien auf Grund von Nebelzählungen auf photographischen Platten. Während die grundlegenden empirischen Größen, die aus dem Beobachtungsmaterial abgeleitet werden, von der Größe der Zählfelder abhängen, sind die benutzten Formeln aus der Theorie der Fluktuationen davon unabhängig. Infolge dieses Umstands besagen die Ergebnisse der genannten Autoren nur wenig über die Verteilung der Galaxien im Raume. Kdr.

* * **L. Perek,** The potential and attractive force of the nonhomogeneous spheroid with Gaussian distribution of mass and its applicability to the galaxy. Vgl. Ref. **12318**.

4405. **K. H. Prendergast,** One dimensional self-gravitating star systems. AJ **59** 260—262. — Für ein stationäres, unter Wirkung seiner eigenen Gravitation stehendes Sternsystem, bei dem die Dichte nur Funktion einer Koordinate ist, die Flächen gleicher Dichte also parallele Ebenen sind, werden allgemeine Formeln für die Häufigkeitsfunktion durch Lösung der Boltzmannschen und Poissonschen Gleichung abgeleitet. Bo.

* * **W. W. Radsijewskij,** Die allgemeine Lösung des nichteingeschränkten Dreikörperproblems bei Newton-Hookescher Wechselwirkung. Vgl. Ref. **4228**.

* * **A. Ramakrishnan,** A stochastic model of a fluctuating density field. Vgl. Ref. **12319/20**.

4406. **A. W. Rodgers, D. M. Myers,** Solutions of the negative Emden polytropes. MN **114** 620—627, mit 4 Fig. — Um in Woolleys Theorie der kugelförmigen Sternsysteme die Massenfunktion aus der beobachteten radialen Helligkeitsverteilung zu bestimmen, wird die Differentialgleichung $(x^2 y')' = x^2 y^{-n}$ der das Potential ergebenden «negativen Emden-Polytropen» mittels einer Integrieranlage für 5 Indexwerte n von 2 bis 4 gelöst. Es zeigt sich jedoch, daß die Beobachtungen, wie de Vaucouleurs empirisches Kugelmodell für die elliptischen außergalaktischen Nebel, eine Entscheidung zwischen den für die Massenfunktion maßgeblichen Indexwerten noch nicht ermöglichen. Gü.

4407. **K. Rudnicki,** Podstawowe zagadnienia dynamiki układów gwiazdowych. Postępy Astr. **2** 119—130, mit 3 Fig. — Bericht über den derzeitigen Stand der Stellardynamik.

* * **E. Schatzman,** Remarques sur l'évolution des étoiles. V. Sur la formation des systèmes d'étoiles. Vgl. Ref. **5426**.

* * **T. Schmidt,** Remarques sur la détermination des masses des nébuleuses extragalactiques. I. Sur l'applicabilité du théorème du viriel à la détermination de la masse des amas de nébuleuses extragalactiques. Vgl. Réf. **12438**.

4408. **N. R. Sen, T. C. Roy,** On a steady gravitational field of a star cluster free from singularities. ZfA **34** 84—90. — Für die Feldgleichungen des Gravitationsfeldes eines stationären kugelförmigen Sternhaufens, in dem sich die Sterne in Kreisbahnen um das Zentrum bewegen, wird eine von äußeren und inneren Singularitäten freie Lösung in geschlossener Form abgeleitet. Das Verhalten der Gravitationsmasse im Vergleich zur Ruhmasse wird diskutiert. Für Geschwindigkeiten von stellarer Größenordnung ergeben sich so geringe Unterschiede zwischen beiden Massen, daß die klassische Dynamik als gültig angesehen werden darf. Kdr.

* * **R. v. d. R. Woolley,** A study of the equilibrium of globular clusters. Vgl. Ref. **12148**.

4409. **R. v. d. R. Woolley,** Relaxation of stellar velocities. MN **114** 514—523, mit 3 Fig. — Verf. zeigt, daß eine Maxwellsche Geschwindigkeitsverteilung mit Abschneiden der hohen Geschwindigkeiten, wie sie in Kugelsternhaufen durch das Entweichen von Sternen mit hoher Geschwindigkeit bestehen kann, für lange Zeit stabil ist. O. G.

4410. **F. A. Zizin,** Ein einfacher Beweis des Fessenkowschen Theorems. AJ UdSSR **31** 80 (russisch). — Der Satz, wonach die galaktische Konzentration der Sterne bei rotationsellipsoidischer Dichteverteilung proportional der dritten Potenz des Verhältnisses von großer zu kleiner Halbachse der Milchstraße ist, wird in elementarer Weise durch Einführung des Achsenverhältnisses in den Ausdruck für das Volumenelement senkrecht zur galaktischen Ebene bewiesen. Petri

§ 45

Bahnbestimmung

4501. **H. Bucerius,** Über Bahnbestimmung im Planetensystem. Phys. Verhandlungen **5** 139—140. — Ref. AG.

* * **G. M. Clemence,** Perturbations of the five outer planets by the four inner ones. Vgl. Ref. **4203**.

4502. **W. P. Hirst,** Notes on orbit computing. VII. MN ASSA **13** 51—54. — Betrifft die Berechnung einer Ephemeride aus den Elementen einer elliptischen Bahn.

4503. **I. I. Iljinskij,** Über die Bahnbestimmung aus drei Beobachtungen. Publ. Astr. Obs. Kiew Nr. **6** S. 45—65, mit 3 Abb. (russisch).

4504. **B. de Jekhowsky,** Exposé d'une méthode nouvelle pour la détermination des orbites paraboliques. Recueil Travaux **42** Inst. Astr. Théor. Appl. Acad. Serbe Sci. Nr. **1** S. 53—62 (serbisch mit französischer Zusammenfassung S. 161—170). — Ausführliche Darstellung der in CR **237** 970 (vgl. AJB **53** Ref. **4505**) angezeigten Methode, eine Parabel aus den zum

1. und 2. Zeitpunkt gehörigen sphärischen Örtern und den zum mittleren gehörenden sphärischen Geschwindigkeiten zu bestimmen. Das Verfahren wird auf den Kometen 1925 (Orkisz) angewandt. Böh.

4505. **M. Plavec,** Methoda k určení, změny dráhy malého tělesa při jeho těsném přiblížení k planetě. Časop. Českosl. ústavů astr. **4** 58.

4506. **I. Popovitch,** Determination of orbital plane elements of insufficiently observed asteroids of the Trojan group. Recueil Travaux **42** Inst. Astr. Théor. Appl. Acad. Serbe Sci. Nr. **1** S. 95—100, mit 2 Fig. (serbisch mit englischer Zusammenfassung S. 181—185). — Ausführliches Beispiel zu der von Michkovitch (Vgl. Ref. **7511**) angegebenen Methode. Böh.

4507. **H. Q. Rasmusen, O. K. Hesselberg,** An appropriate method for integration of the motion of periodic comets. K. Danske Vid. Selskab Mat.-fys. Medd. **28** Nr. 10, 40 S. = Publ. Københavns Obs. Nr. **163**. — Zur leichteren numerischen Integration der Bewegung eines periodischen Kometen (oder Planeten mit großer Exzentrizität) nach Cowell wird der Koordinatenursprung in das Massenzentrum von Sonne und den vier inneren Planeten gelegt; der Einfluß Merkurs wird durch Vergrößerung der Sonnen- um die Merkurmasse berücksichtigt. Eine Tafel gibt von 10 zu 10 Tagen des Zeitraums 1920—1960 die rechtwinkligen Koordinaten der Sonne in bezug auf dieses Zentrum. Ein Beispiel zeigt die Anwendung dieser Methode nach den zwei vom Verf. angegebenen Formen der Bewegungsgleichung. Böh.

* * Bahnbestimmung von visuellen Doppelsternen siehe § **101.**

Sechster Teil

Theoretische Astrophysik

§ 50

Allgemeines

5001. **L. H. Aller,** Astrophysics. Nuclear Transformations, Stellar Interiors, and Nebulae. New York, The Ronald Press Comp., 1954. 10 + 291 S. mit 51 Fig. Preis $ 12.00. — Besprechung in Astronautics **2** 129, J RAS Canada **48** 237, Publ ASP **66** 261—262 (O. C. Wilson), Sky and Telescope **13** 385—386, **14** 193—194 (P. C. Keenan).

5002. **G. Busetti,** Sulla frequenza degli elementi chimici. Nuovo Cimento (NS) **12** 769—779. — Ref. in Phys. Abstracts (A) **58** 85, Phys. Ber. **34** 469.

5003. **S. Chandrasekhar,** Problems of stability in hydrodynamics and hydromagnetics. Obs **74** 2—6. — George Darwin Lecture. — Nach einigen Bemerkungen zur Definition der Stabilität werden folgende Beispiele besprochen: 1. Gaskugel in Ruhe, pulsierend, mit Magnetfeld; Anwendung auf magnetische Veränderliche. 2. Unendlicher Zylinder von inkompressibler Flüssigkeit ohne und mit Magnetfeld; Anwendung auf Spiralarme. 3. Horizontale, von unten geheizte Flüssigkeitsschicht in Ruhe, in Rotation und mit Magnetfeld; Anwendung auf zellulare Konvektion. 4. Wellenfortpflanzung in gasförmigem Medium in Ruhe, rotierend und mit Magnetfeld. O. G.

5004. **W. M. Elsasser,** Dimensional relations in magnetohydrodynamics. Phys. Rev. (2) **94** 1440—1441. — Ref. Am. Phys. Soc.

5005. **V. C. A. Ferraro,** On the reflection and refraction of Alfvén waves. ApJ **119** 393—406, mit 4 Fig. — Für ebene harmonische hydromagnetische Wellen, die senkrecht zur Einfallsebene polarisiert sind, werden Reflexion und Brechung an einer ebenen Trennfläche zwischen zwei unendlich gut leitenden Flüssigkeiten verschiedener Dichte diskutiert. Die resultierenden Beziehungen sind von der Orientierung des permanenten gleichförmigen Magnetfeldes zur Trennfläche und Einfallsebene abhängig. Ferner wird die Ausbreitung hydromagnetischer Wellen in einer isothermen Atmosphäre betrachtet, die horizontal über einer unendlich gut leitenden Flüssigkeit geschichtet ist. Kdr.

5006. **P. O. Fröman,** A simple derivation of a general equilibrium equation, with two astrophysical applications. Ark. Fys. **8** 173—175. — Ref. in Phys. Abstracts (A) **58** 95, RJ Astr. Geod. UdSSR Nr. **7**, 1955; Ref. Nr. 2786.

5007. **E. E. Galloni,** La física en la exploración del cielo. Rev. Astr. Nr. **129** S. 56—65.

5008. **G. M. Garibjan, I. I. Goldmann,** Die Polarisation der Strahlung relativistischer Elektronen bei der Bewegung in Magnetfeldern von Nebeln und Sternen. Nachr. Akad. Wiss. Armen. Sowjetrepublik (Phys.-math., naturwiss., techn.) **7** Nr. 2 S. 31—42 (russisch). — Ref. in RJ Astr. Geod. UdSSR Nr. **5**, 1955; Ref. Nr. 1907.

5009. **G. Gjellestad,** On the elongation of a fluid sphere in a uniform external magnetic field. ApJ **120** 172—177 = Inst. Theoret. Astrophys. Blindern-Oslo Reprint Nr. **9**. — Homogene inkompressible Flüssigkeiten von unendlicher elektrischer Leitfähigkeit ohne inneres Magnetfeld nehmen, wie gezeigt wird, in einem gleichförmigen äußeren Magnetfeld die Gestalt von in Feldrichtung verlängerten Sphäroiden an. Für Gaswolken in einem Spiralarm, in dem ein Magnetfeld von etwa 7×10^{-6} Gauß existiert, ergibt sich bei den größeren Objekten eine merkliche Verlängerung, während kleinere in dünne, fadenförmige Gebilde auseinandergezogen werden. Kdr.

* * **T. Gold,** Relation between modern cosmologies and nuclear astrophysical processes. Vgl. Ref. **4137**.

5010. **H. L. Helfer,** Waves of finite amplitude in an infinite homogeneous medium. ApJ **119** 34—41, mit 3 Fig. — Verf. untersucht stabile Dichteschwankungen in einem unendlichen, homogenen, nichtviskosen Medium und zeigt, daß als deren Folge die hydrodynamischen Gleichungen die Existenz von Wellen endlicher Amplitude erlauben. Es sind stationäre, fortschreitende und «solitary»-Wellen möglich. Unter letzteren wird die Ausbreitung einer einzigen Verdichtung verstanden. Verlaufen die Dichteschwankungen adiabatisch, so liefert die Jeanssche Bedingung für die maximale Länge solcher Störungen in guter Annäherung die Wellenlänge. Bei nichtadiabatischen Störungen (Stoßwellen) können die Dimensionen der Schwankungen den Jeansschen Wert erheblich übersteigen. Kdr.

* * **H. T. Hsieh Tsao,** Opacity of a highly compressed hydrogen gas. Vgl. Ref. 229.

5011. **S. A. Kaplan,** Zur Theorie der Beschleunigung geladener Teilchen durch turbulente Magnetfelder. Circ. Astr. Obs. Lwow Nr. **27** S. 1—10, 1953 (russisch). — Ref. in RJ Astr. Geod. UdSSR Nr. **9**, 1955; Ref. Nr. 3824.

5012. **R. M. Kulsrud,** The Gaunt factor for free-free transitions in pure hydrogen. ApJ **119** 386—392. — Der Gaunt-Faktor für die Absorption durch frei-frei Übergänge in Wasserstoff ist nach Rechnungen von Sommerfeld und Maue für den Fall einzelner isolierter Kerne bekannt. Bei hohen Temperaturen und Dichten reicht diese Näherung aber nicht aus. Es werden daher die notwendigen Änderungen untersucht, um der Überlagerung der Coulomb-Felder einer größeren Anzahl von Protonen Rechnung zu tragen. Kdr.

5013. **A. A. Logunow, J. P. Terlezkij,** Die Beschleunigung geladener Teilchen durch ein bewegtes magnetisches Medium. J. Eperim. Theor. Phys. **26** 129—138 (russisch). — Ref. in Phys. Abstracts (A) **57** 1305—1306, RJ Astr. Geod. UdSSR Nr. **7**, 1954; Ref. Nr. 4207.

5014. **E. Lyttkens,** On the radial pulsations of an infinite cylinder with a magnetic field parallel to its axis. ApJ **119** 413—424 = Uppsala Astr. Obs. Medd. Nr. **110**. — Fortführung der Untersuchungen von Chandrasekhar und Fermi in ApJ **118** 116 (vgl. AJB **53** Ref. **5002**) über das obige Problem. Ausführlich wird der Fall behandelt, daß es sich bei dem Magnetfeld um ein normales abklingendes Feld handelt. Kdr.

5015. **J. H. Piddington,** Electromagnetic field equations for a moving medium with Hall conductivity. MN **114** 638—650. — Verf. gibt die Differentialgleichungen für die Ausbreitung elektromagnetischer und hydromagnetischer Wellen in einem ionisierten Gas mit Magnetfeld an und diskutiert sie für die Fälle reiner Elektronenleitung unter den Bedingungen des interstellaren Gases, der Sonnenkorona und -chromosphäre und der Ionosphäre, wobei insbesondere auch weiträumige Störungen, wie sie durch die Magnetfelder der Sonnenflecken hervorgerufen werden, untersucht werden. Der Hall-Strom kann eine bedeutende Erhöhung der Zerfallszeit (ein «Einfrieren») magnetischer Felder bewirken, so zum Beispiel für Felder von 10^4 km Durchmesser in der Chromosphäre von 7 sec auf 10^3 a, in der Korona von 0.005 sec auf 2×10^5 a, für interstellare Felder von 10^{-3} pc Durchmesser in H II-Regionen von etwa 1 a auf 10^{15} a. Gü.

5016. **J. H. Piddington,** The motion of ionized gas in combined magnetic, electric and mechanical fields of force. MN **114** 651—663, mit 3 Fig. = Commonwealth Sci. Industrial Res. Organization, Australia, Division Radiophys. — Verf. untersucht die Bewegung eines ionisierten Gases von konstanter Dichte in homogenen magnetischen, elektrischen und mechanischen Kraftfeldern für den Fall eines genügend starken äußeren Magnetfeldes, das eine Vernachlässigung der Beeinflussung durch die entstehenden elektrischen Ströme erlaubt. Nach dem Einsetzen eines elektrischen oder mechanischen Kraftfeldes nähert sich der Hodograph in Form einer logarithmischen Spirale asymptotisch einer stationären Geschwindigkeit. Auch die Komponenten der inneren elektrischen Feldstärke und der elektrischen Stromdichte nähern sich unter gedämpften Oszillationen ihren stationären Endwerten, wobei sich diese aber für beide Bewegungsursachen wesentlich unterscheiden. Nur im Falle des äußeren elektrischen Feldes verschwinden sie. Der im anderen Falle vielfach gebrauchte Begriff des äquivalenten elektrischen Feldes erfordert daher besondere Vorsicht. Die Ergebnisse werden für verschiedene Zusammensetzungen des Gases diskutiert. Gü.

5017. **S. B. Pikelner,** Elektromagnetische Erscheinungen in der Astrophysik. Fortschritte Astr. Wiss. **6** 281—322, mit 8 Abb. und 1 Tafel (russisch). — Vgl. Ref. 721. — Inhalt dieser zusammenfassenden Darstellung: 1. die Sonnenaktivität, 2. das allgemeine Magnetfeld der Sonne und Sterne, 3. Magnetfelder der Flecken, 4. der Einfluß der sich verändernden Flecken auf der Sonnenatmosphäre, 5. Protuberanzen, 6. Chromosphäre und Korona, 7. interstellare Magnetfelder; Literatur. Loh.

5018. **V. de Sabata,** Reazioni termonucleari. Coelum **22** 168—176, mit 1 Fig.

5019. **P. O. Schilling, W. Lochte-Holtgreven,** Magnetfelder in turbulent strömenden Plasmen. Z. Naturforschung **9a** 520—526, mit 6 Abb. — Läßt man auf ein Plasma, bestehend aus Ionen und Elektronen, Kräfte wirken, die eine gegenseitige Diffusion hervorrufen, so kommt es bei konservativen Kräften zu einer Ladungstrennung. Die dabei auftretenden Coulomb-Kräfte verhindern eine merkliche Verschiebung der Elektronen gegen die Ionen. Sind die Kräfte nicht konservativ, was bei turbulenter Bewegung des Plasmas möglich ist, so fließen Diffusionsströme, die Magnetfelder hervorrufen. Es wird gezeigt, daß sich diese Magnetfelder experimentell nachweisen lassen, wenn man die Flammengase eines mit Sauerstoff und Propan betriebenen Brenners mechanisch in Rotation versetzt. Verf.

5020. **H. Siedentopf,** Materie und Energie im Weltall. Universitas **9** 849—859.

5021. **C. N. Watson-Munro,** Nuclear physics beyond the earth. Southern Stars **16** 37—40 = Carter Obs. Repr. Nr. **21.**

5022. **H. Zanstra,** A simple approximate formula for the recombination coefficient of hydrogen. Obs **74** 66—67. — Im Anschluß an einen von G. Cillié (vgl. AJB **34** Ref. **3515**) nach der Theorie von Kramers berechneten Ausdruck für den Rekombinationskoeffizienten Proton-Elektron $C_n (T_\varepsilon)$ in den n-ten Anregungszustand, wird für den totalen Rekombinationskoeffizienten $\sum_1^\infty C_n (T_\varepsilon)$ eine stark vereinfachte Näherungsformel angegeben. Durch Vernachlässigung der mittleren Energie der freien Elektronen gegenüber der Bindungsenergie im Zustand n — nur gerechtfertigt für hinreichend niedrige Elektronentemperaturen — werden die $C_n (T_\varepsilon)$ vergrößert, dafür wird die Summe der $C_n (T_\varepsilon)$ nur bis zu einem maximalen n' ($n'^2 = 158000°/T_\varepsilon$) erstreckt. Mit dieser approximativen Formel gerechnete Werte stimmen — wohl mehr zufällig — auch für hohe Elektronentemperaturen überraschend gut mit Ergebnissen exakter Rechnung (L. Spitzer) überein. Traving

5023. **H. Zimmermann,** Neuberechnung des interstellaren Strahlungsfeldes. Mitt. AG 1953 S. 15. — Ref. AG.

§ 51

Sternatmosphäre, Spektrum

5101. **L. H. Aller,** The determination of the abundances of the light elements in early-type stars and gaseous nebulae. Vgl. Ref. **1191,** daselbst S. 337—357. — Es wird eine Übersicht über die Methoden der Häufigkeitsbestimmungen in Sternatmosphären, Sterninnerem und Gasnebeln gegeben und über den derzeitigen Stand einiger diese Probleme betreffende Arbeiten berichtet. Die Häufigkeiten leichter Elemente, das Ergebnis einer vorläufigen Grobanalyse des He-Sterns HD 160641, werden mitgeteilt. Hunger

5102. **K. Araki,** Numerical table of the integral expressing the amount of absorption or emission of the spectral lines. Publ. Astr. Soc. Japan **6** 109—112 = Contr. Inst. Astrophys. Univ. Kyoto Nr. **47.** — Das Integral $\int_0^\infty \left(1 - e^{-\eta e^{-\xi^2}}\right) d\xi$ wird für den Bereich $\eta = 10^{-2}$ bis $\eta = 10^{10}$ tabuliert. Kdr.

5103. **M. K. V. Bappu, D. H. Menzel,** Emission-linie profiles from expanding envelopes. ApJ **119** 508—518, mit 9 Fig. = Harv Repr Nr. **386.** — Entwicklung eines allgemeinen Verfahrens zur Berechnung der Profile von Emissionslinien in expandierenden Hüllen. Dabei werden die radiale Veränderlichkeit der Expansionsgeschwindigkeit, eine Ungleichförmigkeit in der Verteilung der Emission und die Abschirmung der hinter dem Stern gelegenen Teile der Hülle durch den Stern berücksichtigt. Kdr.

* * **A. F. Bogorodskij, N. A. Chinkulowa,** Über die Konturen der von bewegten Sternatmosphären gebildeten Spektrallinien. Vgl. Ref. **9508.**

5104. **G. R. Burbidge, E. M. Burbidge,** The composition and spectra of white dwarfs. Publ ASP **66** 308—311. — Eine Gruppe der weißen Zwerge ist dadurch charakterisiert, daß ihre Spektren nur wenige breite, bisher nicht identifizierte Linien aufweisen. Diese Sterne können als Öpiksche «Rumpfsterne» identifiziert werden. Sie bestehen nach vorangegangenem Riesenstadium und Novaausbruch nur noch aus den zu He verbrannten Kernen, in denen He durch Einfang von α-Partikeln sukzessive zu C, O, Ne, Mg und Si umgewandelt wird. So läßt sich die Depression im Spektrum von AC +70° 8247 bei λ 4140 als Si II (λ 4130), bei λ 4480 als Mg II (λ 4481) deuten. Hunger

5105. **U. R. Burman,** On the existence of hydrogen atmospheres in red giant stars. Proc. Nat. Inst. Sci. India **20** 620—633. — Ref. in Phys. Abstracts (A) **58** 309, Phys. Ber. **34** 1576.

5106. **I. W. Busbridge, D. W. N. Stibbs,** On the intensities of interlocked multiplet lines in the Milne-Eddington model. MN **114** 2—16, mit 3 Fig. = Commun. Univ. Obs. Oxford Nr. **42.** — Für Multiplett-Linien, bei denen die Bedingungen für Linienverkettung (interlocking) erfüllt sind, werden die Transportgleichungen im Milne-Eddington-Modell gelöst. Für den Fall von Dubletts wird die Lösung ausgewertet mit dem Ergebnis, daß Linienverkettung eine geringe nach dem Rande hin zunehmende Verminderung der Intensitätsdifferenz zwischen den beiden Linien bewirkt. Kdr.

5107. **R. Cayrel,** Structure d'une atmosphère stellaire non grise en équilibre radiatif. CR **239** 1354—1356 = Contr. Inst. d'Astrophys. Paris (A) Nr. **175.** — Für den Fall, daß der Absorptionskoeffizient der Sternmaterie in bestimmten Wellenlängenbereichen sehr groß ist, wird zur Untersuchung des Aufbaues einer nichtgrauen Sternatmosphäre im Strahlungsgleichgewicht die Atmosphäre nach der optischen Tiefe in drei Zonen zerlegt, von denen sich zwei nach den Ansätzen für den grauen Fall behandeln lassen. Für die dritte Zone wird eine einfache Näherungslösung gegeben. Kdr.

5108. **R. Cayrel,** Influence du spectre de raies Lyman sur la structure de certaines atmosphères stellaires. CR **239** 1461—1462 = Contr. Inst. d'Astrophys. Paris (A) Nr. **177.** — Da die beobachteten Zentralintensitäten der Balmer-Linien in A- und B-Sternen eine Erniedrigung der Oberflächentemperatur im Vergleich zum Fall einer grauen Atmosphäre anzeigen, wird kurz die Frage erörtert, ob diese Temperaturerniedrigung durch die Absorption in den Linien der Lyman-Serie bedingt sein kann. Kdr.

5109. **A. F. Cook,** Radiative equilibrium in a hydrogen atmosphere. I. ApJ **120** 578—588. — Als Vorbereitung für ein vom Verf. entwickeltes, später zu veröffentlichendes Verfahren zur Berechnung der Temperaturverteilung in einer Wasserstoffatmosphäre im Strahlungsgleichgewicht werden folgende Größen berechnet und tabuliert: 1.) der Absorptionsquerschnitt eines neutralen H-Atoms im 2. Quantenzustand für Strahlung auf der kurzwelligen Seite der Balmer-Grenze, 2.) das Verhältnis des Absorptionsquerschnitts eines neutralen H-Atoms für einige Wellenlängen zur ersten Größe, 3.) ein in der Gleichung des Strahlungsgleichgewichts auftretendes Integral und 4.) das Verhältnis des Rosselandschen Mittels zum Opazitätskoeffizienten auf der kurzwelligen Seite der Balmer-Grenze. Kdr.

5110. **F. N. Edmonds jr.,** Compton scattering by electron atmospheres. I. The Schuster problem. ApJ **119** 58—69. — Für eine aus freien Elektronen bestehende Atmosphäre wird die Strahlungstransportgleichung unter Zugrundelegung der Randbedingungen des Schuster-Problems der Linienbildung aufgestellt und in erster Näherung gelöst. Dabei wird die Nichtkohärenz der Streustrahlung berücksichtigt, die durch drei Ursachen bewirkt wird: 1. Doppler-Verschiebung infolge der thermischen Geschwindigkeiten, 2. Rotverschiebung infolge des Compton-Effekts und 3. eine von Dirac gefundene Blauverschiebung, deren Ursache ebenfalls die thermische Bewegung ist, die aber keinen Doppler-Charakter trägt. Effekt 2 und 3 rufen Asymmetrie der Linienprofile hervor, die jedoch in Sternspektren kaum nachweisbar sein dürften, da der Einfluß der thermischen Linienverbreiterung weitaus überwiegt. Kdr.

5111. **F. N. Edmonds jr.,** Compton scattering by electron atmospheres. II. Problems with incident normal flux. ApJ **119** 425—437. — In analoger Weise wie in Teil I (ApJ **119** 58; vgl. vorstehendes Ref.) das Schuster-Problem, wird der Fall untersucht, daß die Elektronenatmosphäre so weit von der Quelle der einfallenden Strahlung entfernt ist, daß mit einem auf die innere Begrenzung der Atmosphäre normal auftreffenden Strahlungsstrom zu rechnen ist. Es ergeben sich im wesentlichen dieselben Wirkungen der verschiedenen berücksichtigten Streueffekte auf die Linienprofile. Kdr.

5112. **G. Godoli,** Metodi di analisi quantitativa delle atmosfere delle stelle dei primi tipi spettrali. Ricerca sci. **24** 799—813. — Ref. in Phys. Abstracts (A) **57** 1125.

5113. **H. G. Horak, C. A. Lundquist,** The transfer of radiation by an emitting atmosphere. II. ApJ **119** 42—50, mit 2 Fig. — Ausdehnung der Rechnungen in Teil I der Arbeit (vgl. AJB **52** Ref. **5114**) auf den Fall einer linear von der optischen Tiefe abhängigen Verteilung der Emissionsquellen. Kdr.

5114. **H. G. Horak,** The transfer of radiation by an emitting atmosphere. III. ApJ **119** 640—646. — Das in I (vgl. AJB **52** Ref. **5114**) behandelte Problem wird mit einer Durchrechnung der Fälle: Streuung nach der Rayleighschen Phasenfunktion und Rayleighsche Streuung fortgeführt. Kdr.

* * **K. Hunger,** Die Atmosphäre des A0-Sternes α Lyrae. Vgl. Ref. **9543**.

5115. **M. Johnson,** A possible clue to the Wolf-Rayet atmosphere from flare and auroral mechanisms. Obs **74** 124—127. — Da die Erklärung der breiten Emissionsbanden in Wolf-Rayet-Sternen durch eine rasch expandierende Hülle zu gewissen Widersprüchen führt, wird eine Hypothese entwickelt, nach der die breiten Emissionen auf eruptionsähnliche Leuchtzentren in tieferen Atmosphärenschichten zurückgeführt werden. Die Linienverbreiterung entsteht dann durch Stark-Effekt und Doppler-Verbreiterung durch die explosive Ausdehnung der einzelnen Zentren. Behr

5116. **S. Koyama,** On the stability of the atmospheres of helium stars. Publ. Astr. Soc. Japan **6** 162—172, mit 2 Fig. = Contr. Inst. Astrophys. Univ. Kyoto Nr. **52**. — Unter vereinfachten Annahmen wird die Stabilität der oberen Atmosphärenschichten eines nur aus Helium bestehenden Sterns gegenüber dem Strahlungsdruck untersucht und die Instabilitätsgrenze in einem Diagramm (Oberflächengravitation gegen effektive Temperatur) angegeben. Die meisten Kerne der planetarischen Nebel fallen in das instabile Gebiet und lassen so vermuten, daß die Nebelhüllen durch Strahlungsdruck gebildet und gehalten werden. Voigt

5117. **D. Labs,** Untersuchungen zur inkohärenten Streuung in Fraunhoferlinien. II. ZfA **34** 173—181, mit 2 Abb. = Mitt. Landessternw. Heidelberg Nr. **97.** — Es wird unter stark vereinfachten Annahmen das Verhalten von Fraunhoferlinien, die durch inkohärente Streuung entstehen, qualitativ untersucht. Entgegen der bisherigen Arbeiten ist eine Kirchhoff-Planck-Funktion $B_\nu = B_0 (1 + \beta_0 \tau - Ce^{-\gamma\tau})$ angenommen, deren Parameter β_0 und γ in weiten Grenzen variiert werden. Die Ergebnisse sind in übersichtlicher Form graphisch dargestellt. Verf.

5118. **S. Leone,** L'assorbimento dell'energia sulle superficie stellari. Mem SA It (NS) **25** 269—280. — Mit Hilfe elementarer Überlegungen wird die Energieabsorption in der photosphärischen Schicht einiger Doppelsterne in Abhängigkeit von beobachtbaren Größen, wie Masse, Parallaxe, visuelle Helligkeit und Temperatur dargestellt. Ist das Verhältnis von Gasdruck zu Gesamtdruck an der Oberfläche der Sterne merklich < 1, wird sein Wert im Innern von der Temperatur und dem Sternradius abhängig. Ist das Verhältnis an der Oberfläche dagegen $= 1$, ändert es sich, jedenfalls für die Hauptreihensterne, beim Durchlaufen verschiedener Schichten nicht wesentlich. In dieser Weise teilt Verf. die betrachteten Doppelsterne formal in zwei Klassen ein und stellt fest, daß die weißen Zwerge Absorptionswerte annehmen, die wesentlich von denen auf der Sonne verschieden sind. Oster

* * **I. Z. Ljast,** Der Absorptionskoeffizient einer Wasserstoff-Helium-Atmosphäre. Vgl. Ref. 245.

5119. **A. Masani,** Contributo allo studio delle atmosfere stellari. II. Il coefficiente d'assorbimento. Mem SA It (NS) **25** 117—125 = Contr. Oss. Astr. Milano-Merate (NS) Nr. **48.** — In Fortsetzung einer früheren Arbeit werden in Tabellenform Absorptionskoeffizienten pro Gramm H, He I und He II in Abhängigleit von der Wellenlänge zwischen 183 und 12000 Å und für die Temperaturwerte 25122, 31620 und 50120° sowie die Rosselandschen und Planckschen Mittelwerte und der Streukoeffizient bei $\log P_e = 1.8$ und 3.8 und den gleichen Temperaturen für den Fall einer Atmosphäre aus reinem Wasserstoff und einer Atmosphäre aus gleichen Gewichtsteilen H und He angegeben. Oster

5120. **A. Masani,** Un metodo rapido per valutare lo scostamento dell'irraggiamento di una stella dal corpo nero. Mem SA It (NS) **25** 185—187. — Näherungsmethode zur Abschätzung der Abweichung der Sternstrahlung von der des schwarzen Körpers. Die Methode ist nur für Sterne der frühen Spektralklassen gültig. Cester

* * **L. Mestel,** The influence of stellar radiation on the rate of accretion. Vgl. Ref. **5321.**

5121. **L. Neven,** La détermination de l'abondance relative de l'helium dans les étoiles chaudes. Vgl. Ref. **1191,** daselbst S. 358—373, mit 2 Fig. = Commun. Obs. Roy. Belgique Nr. **68.** — Für die Sterne τ Sco, δ Cet, γ Peg und ι Her wurden empirische Atmosphärenmodelle abgeleitet und der Berechnung von Äquivalentbreiten und zentralen Linientiefen von einigen He-Linien zugrunde gelegt. Übereinstimmung mit der Beobachtung ergibt sich für eine He-Häufigkeit von 6 bis 7 %. Hunger

5122. **L. Neven, C. de Jager,** Observational models and helium abundances of the atmospheres of four B-type stars. BAN **12** 103—115, mit 4 Fig. = Commun. Obs. Roy. Belgique Nr. **69.** — Aus Coudé-Spektren (Mt. Wilson) werden empirische Atmosphärenmodelle für die Sterne τ Sco, δ Cet, γ Peg und ι Her abgeleitet. Aus dem Balmersprung und der Anzahl der auflösbaren Balmerlinien folgen Schwerebeschleunigung und Oberflächentemperatur für ein erstes Näherungsmodell mit $T^4 = T_0^4 (1 + 3/2\,\bar{\tau})$. Unter

Verwendung der Restintensitäten der Balmerlinien H_7—H_{12} lassen sich dann Korrekturen errechnen, die aber nur für die obersten Schichten von Bedeutung sind. Mit Hilfe dieser Atmosphärenmodelle wird die relative Häufigkeit des Heliums nach drei verschiedenen Methoden berechnet. Im Mittel ergeben sich: τ Sco = 6.4 %, δ Cet = 5.3 %, γ Peg = 5.4 %, ι Her = 5.3 %. Labs

5123. **C. Pecker, J.-C. Pecker,** A comment on the formation of emission lines. AJ **59** 188—189. — Ref. AAS.

5124. **C. Pecker,** Composition chimique et structure de l'atmosphère. Vgl. Ref. 1191, daselbst S. 446—448 = Contr. Inst. d'Astrophys. Paris (A) Nr. **156**. — Es wird der Einfluß des He-Gehaltes auf die Möglichkeit des Bestehens von Konvektionszonen qualitativ erörtert. Die Anomalien der Spektren der Metall-Linien-Sterne lassen sich hiernach prinzipiell verstehen, wenn man annimmt, daß diese Sterne nur einen geringen He-Gehalt aufweisen. Weidemann

5125. **J.-C. Pecker,** Le rôle du gradient de température dans la détermination des abondances. Vgl. Ref. **1191**, daselbst S. 449—451 = Contr. Inst. d'Astrophys. Paris (A) Nr. **157**. — Die Bestimmung der Häufigkeiten in Sternatmosphären hängt über die Gewichtsfunktion vom Verlauf des Temperaturgradienten ab. Bei der Interpretation unterschiedlicher Ergebnisse ist daher der Einfluß des verwandten Modells zu berücksichtigen. Weidemann

5126. **W. Pogorzelski,** Problème du mouvement stationnaire dans une couche gazeuse rayonnante. Bull. Acad. Polon. Sci. Cl. (3) **2** 7—8. — Ref. in Phys. Abstracts (A) **58** 3, Math. Rev. **16** 530.

* * **W. Priester,** Gestörte Multipletts in Sternatmosphären. Vgl. Ref. **9565**.

5127. **A. Przybylski,** The maximum effect of convection in stellar atmospheres on the observed properties of stellar spectra. II. MN **114** 406—414, mit 2 Fig. — Im 1. Teil der Arbeit hatten sich für Modelle mit reinem Strahlungsgleichgewicht und für Modelle mit Konvektionszone zu gleichen Grenztemperaturen verschiedene Farbgradienten ergeben. Zum Eliminieren der nicht beobachtbaren Grenztemperaturen sind jetzt Äquivalentbreiten der Ca-Linien K und g berechnet worden. Die Beziehung zwischen den beobachteten Farbgradienten und Äquivalentbreiten stimmt nahe überein mit der gerechneten Beziehung für Modelle mit reinem Strahlungsgleichgewicht. O. G.

5128. **A. Reiz,** Formulae and tables for the numerical computation of mean intensities and fluxes in a stellar atmosphere. Ark Astr **1** 475—482 = Lund Medd (1) Nr. **184**. — Zur Erleichterung der Berechnung von mittleren Intensitäten und Strahlungsflüssen in Sternatmosphären nach einer der Methoden, in denen gewisse Integrale durch eine gewichtete Summe einer Anzahl diskreter Funktionswerte ersetzt werden, werden die Gewichte für $\tau = 0.1$ bis $\tau = 4.9$ berechnet und tabuliert. Kdr.

5129. **S. Saito,** On the model atmospheres of the early-type stars. I. Contr. Inst. Astrophys. Univ. Kyoto Nr. **48**, 23 S. mit 7 Fig. — Für sechs Modellatmosphären für Zwergsterne frühen Typs (A 0, B 5 und B 2 mit T_{eff} = 10700°, 15500° und 20400° und log g = 3.8 und 4.2) werden Temperatur, Druck, Absorptionskoeffizient und andere physikalische Größen für die optischen Tiefen 0.001 bis 10 berechnet und tabuliert. Voigt

5130. **J. D. Schopp,** A determination of lower limits to the abundance ratio of carbon 12 to carbon 13 in the atmospheres of G 8—K 5 giant stars. ApJ **120** 305—315, mit 2 Fig. — Ref. in Sterne **31** 26—27. — Auf Coudé-Spektrogrammen von 28 Riesen mit Spektraltypen G 8—K 5 wurden

Linientiefen in der 0,0-Bande des CN bei λ 3883 gemessen. Mit einer möglichen Ausnahme gehören alle Linien dem $C^{12}N^{14}$-Molekül an. Für das Häufigkeitsverhältnis der Kohlenstoffisotopen C^{12} und C^{13} werden untere Grenzwerte abgeschätzt, die zwischen 0.6 und 23.0 liegen; jedoch sind die unteren Grenzwerte für die 21 Sterne, für die die Messungen am zuverlässigsten sind, größer als 6.5. Es besteht daher ein erheblicher Exzeß an C^{12} gegenüber C^{13}, und das Verhältnis, das für den Kohlenstoffzyklus der stellaren Energieerzeugung zu 4 bis 5 angenommen wird, ist ebenfalls größer. Verf. vermutet, daß, falls der Kohlenstoff-Zyklus in diesen Sternen überhaupt jemals gelaufen ist, eine Durchmischung innerer und äußerer Schichten nicht stattgefunden hat. Micz.

5131. **K. K. Sen,** On the problem of transfer of radiation in a spherically symmetrical stellar atmosphere for the non-conservative case. Proc. Nat. Inst. Sci. India **20** 12—18. — Ref. in Phys. Abstracts (A) **57** 800.

5132. **K. K. Sen,** On the problem of softening of radiation by multiple Compton scattering in stellar atmospheres containing free electrons. Proc. Nat. Inst. Sci. India **20** 530—541. — Ref. in Phys. Abstracts (A) **58** 309, Phys. Ber. **34** 1575.

5133. **S. G. Sljussarew,** Über die Streuung des Lichts an freien Elektronen in den Photosphären der Sterne. DAN **95** 741—744 (russisch). — Nach der Lösung der Transportgleichung unter Voraussetzung planparalleler Schichtung und beim Vorkommen von Streuung des Lichtes an freien Elektronen neben Absorption wird besonders der Fall hoher Temperaturen ($T \gtrsim 50000°$) und einer Elektronendichte von der Größenordnung 10^{13} näher betrachtet. Dann ist im visuellen Teil des Spektrums $\sigma_\nu \gg \alpha_\nu$, und daraus folgt: 1. Die Streuung vergrößert die effektive optische Dicke; 2. Die Streuung fördert den Ausgleich der Absorption über das Spektrum und erniedrigt bei $\alpha_\nu \sim \nu^{-3}$ die Farbtemperatur des Sterns; 3. Die Streuung verkleinert den Balmer-Sprung. Loh.

5134. **W. W. Sobolew,** Die Bildung der Absorptionslinien bei inkohärenter Streuung des Lichts. AJ UdSSR **31** 231—248 (russisch). — Für den Fall der Fluoreszenz wird die Wahrscheinlichkeit des Austritts von Lichtquanten aus einem inkohärent streuenden Medium abgeschätzt und zur Berechnung von Linienprofilen, Restintensitäten und Mitte-Rand-Variationen benutzt. Die Beobachtungen werden hierdurch besser wiedergegeben als durch die Annahme kohärenter Streuung. Für verschiedene optische Tiefen ist eine Tafel von Hilfsfunktionen beigegeben, bei der das Verhältnis von natürlicher zu Dopplerbreite $a = 0.01$ und von Streukoeffizient zu Absorptionskoeffizient im Kontinuum $\mu_{0\nu} = 10^4$ zugrunde gelegt wurde. Petri

5135. **Z. Švestka,** Hvězdné atmosféry. Prag, Akademie-Verlag. 260 S. mit 48 Fig. und 8 Beilagen. Preis Kčs. 22.20. — Tschechische Monographie über die Sternatmosphären.

5136. **S. Taffara,** Su di un nuovo parametro legato alla densità elettronica di una atmosfera stellare. Mem SA It (NS) **25** 393—399, mit 4 Fig. = Contr. Oss. Astrofis. Asiago Nr. **48**. — Bestimmt man aus den verschiedenen Balmerlinien die Besetzungszahlen des zweiten Quantenzustandes des Wasserstoffs in einer Sternatmosphäre, dann erreicht dieser Wert bei einem bestimmten mittleren Glied, entsprechend der Hauptquantenzahl n_M, ein Maximum. Verf. findet nun eine lineare Korrelation zwischen n_M und der Elektronendichte, abgeleitet entweder nach der Formel von Inglis und Teller oder nach der Theorie von Holtsmark. Die Untersuchung soll an Hand eigener Aufnahmen fortgesetzt werden, um den Einfluß der Inhomogenität des benutzten Materials (verschiedene Dispersion etc.) auszuschalten. Oster

5137. **S. Ueno,** The opacity table of the model stellar atmosphere. Contr. Inst. Astrophys. Univ. Kyoto Nr. **42,** 72 S. mit 11 Fig. — Für eine Modell-Sternatmosphäre mit einem angenommenen Häufigkeitsverhältnis von Wasserstoff zu Helium von 85 : 15 in Atomzahlen und Spuren weniger Metalle werden die folgenden Größen der Atmosphäre berechnet: Ionisationsgrad, effektives Atomgewicht, Gasdruck, Elektronendruck ($0 \leq \log P_e \leq 6$), monochromatischer kontinuierlicher Absorptionskoeffizient, Thomsonscher Streukoeffizient, und der Rosselandsche mittlere Absorptionskoeffizient für verschiedene Temperaturen ($0.04 \leq 5040/T \leq 0.6$). Die Ergebnisse sind in Tafeln zusammengestellt, die genügend genau sind, um zur Konstruktion von Modellatmosphären jeder Art als Grundlage dienen zu können. Verf. (übersetzt)

5138. **S. Ueno, S. Saito, J. Jugaku,** Continuous absorption coefficients of the model stellar atmosphere. Contr. Inst. Astrophys. Univ. Kyoto Nr. **43,** 28 S. — Die Arbeit enthält numerische Tafeln für den Gaunt-Faktor g ($0.2 \leq \Theta \leq 0.6$), die kontinuierlichen Absorptionskoeffizienten für atomaren Wasserstoff k_ν (H) ($0.1 \leq \Theta \leq 0.6$), für neutrales Helium k_ν (H_e) ($0.1 \leq \Theta \leq 0.5$) und für ionisiertes Helium k_ν (H_e^+) ($0.1 \leq \Theta \leq 0.2$) nach Wellenlängen. Verf. (übersetzt)

5139. **H. H. Voigt,** Das Häufigkeitsverhältnis von Wasserstoff zu Helium. Sterne **30** 138—140.

5140. **R. v. d. R. Woolley, D. W. N. Stibbs,** The Outer Layers of a Star. Vgl. AJB **53** Ref. **5140.** — Weitere Besprechung in Phil. Mag. (7) **45** 109, RJ Astr. Geod. UdSSR Nr. **7,** 1955; Ref. Nr. 2787 (W. I. Moros).

5141. **M. H. Wrubel,** Exact curves of growth. III. The Schuster-Schwarzschild model. ApJ **119** 51—57, mit 2 Fig. = Publ. Goethe Link Obs. Indiana Univ. Nr. **13.** — Für sechs Werte der Dämpfung und vier verschiedene Randverdunklungsgesetze werden analog zu entsprechenden Rechnungen für das Milne-Eddington-Modell (vgl. AJB **49** Ref. **5148**) Wachstumskurven berechnet und tabuliert unter Verwendung der Chandrasekharschen Lösung der Transportgleichung für das Schuster-Schwarzschild-Modell einer Sternatmosphäre. Kdr.

§ 52

Sterninneres

* * **L. H. Aller,** The determination of the abundances of the light elements in early-type stars and gaseous nebulae. Vgl. Ref. **5101.**

5201. **G. Bandyopadhyay,** Note on the possibility of polytropic stars with power law for opacity and subatomic energy generation. Bull. Calcutta Math. Soc. **46** 135—138. — Ref. in RJ Astr. Geod. UdSSR Nr. **7,** 1955; Ref. Nr. 2790.

5202. **H. Bondi,** Inferences concerning thermonuclear reactions drawn from the theory of internal constitution. Vgl. Ref. **1191,** daselbst S. 112—115, mit 1 Fig. — Es wird versucht, aus dem Aufbau des Hertzsprung-Russell-Diagramms Aufschluß über die Kernreaktionen im Sterninnern zu gewinnen. Es wird gezeigt, daß eine Änderung der Opazität entlang der Hauptreihe einen geringeren Einfluß auf die Neigung des H-R-Diagramms hat als eine Änderung der Energieerzeugung. Da in nächster Sonnennachbarschaft kein Knick im H-R-Diagramm verhanden ist, wird geschlossen, daß der Übergang von der pp-Reaktion zum C-N-Zyklus nicht in Sonnennachbarschaft stattfinden kann. Er findet möglicherweise bei Sternen statt, deren Helligkeit um etwa zwei Größenklassen geringer ist als die der Sonne. Böhm-Vitense

5203. **D. Bosman-Crespin,** Modèles d'étoiles chaudes. Ann d'Astrophys **17** 263—274, mit 1 Fig. = Inst. d'Astrophys. Univ. Liège Coll. 4° Nr. **55.** — Die Beobachtungsdaten heißer O- und B-Sterne werden am Beispiel von Y Cyg zunächst mit Hilfe chemisch homogener Modelle interpretiert. Es resultiert in diesem Fall ein relativ hoher Gehalt an schweren Elementen und He (3 % bzw. 60 %). Diese Werte, insbesondere der für He, lassen sich verkleinern in Richtung einer normalen chemischen Zusammensetzung, wenn man an der Grenze zwischen dem konvektiven Kern und der äußeren Hülle im Strahlungsgleichgewicht einen Sprung im Molekulargewicht annimmt. Kdr.

5204. **D. Bosman-Crespin, W. A. Fowler, J. Humblet,** Sur le taux de génération d'énergie thermonucléaire dans les étoiles. Bull. Soc. Roy. Sci. Liège Nr. **9—10** S. 327—339, mit 2 Fig. = Inst. d'Astrophys. Univ. Liège Mem. 8° Nr. **365.**

* * **G. R. Burbidge, E. M. Burbidge,** The composition and spectra of white dwarfs. Vgl. Ref. **5104.**

5205. **A. G. W. Cameron,** Origin of anomalous abundances of the elements in giant stars. Phys Rev. (2) **93** 932. — Ref. Am. Phys. Soc.

5206. **S. Chandrasekhar, D. N. Limber,** On the pulsation of a star in which there is a prevalent magnetic field. ApJ **119** 10—13. — An Hand des Virialsatzes bei Berücksichtigung der magnetischen Glieder wird der Einfluß eines Magnetfeldes auf die radialen Pulsationen eines gasförmigen Sterns diskutiert und eine Integralformel für die Frequenz der Pulsationen abgeleitet, deren genäherte Auswertung zeigt, daß die Pulsationsperiode beliebig groß werden kann, wenn die magnetische Energie von der Ordnung der potentiellen Gravitationsenergie wird. Kdr.

5207. **P. Couderc,** L'intérieur des étoiles. BSAF **68** 289—292, mit 1 Fig.

5208. **T. G. Cowling,** Nuclear processes and stellar structure: general survey. Vgl. Ref. **1191,** daselbst S. 75—87. — Der Vortrag gibt einen Überblick über die Entwicklung der Theorie des Sterninnern im Zusammenhang mit der Energieerzeugung der Sterne. Er beginnt bei Jeans Idee, daß die stellare Energie möglicherweise durch Kernprozesse erzeugt würde, und geht dann weiter über die Entdeckung des Tunneleffektes zur Auffindung des Bethe-Weizsäcker-Zyklus und der Proton-Proton-Reaktion mit der Abgrenzung ihrer Wirksamkeitsbereiche. Er kommt dann auf die Ableitung der Masse-Leuchtkraft-Beziehung und die Bestimmung der Heliumhäufigkeit zu sprechen und geht schließlich auf die Theorie der Sternentwicklung von Sandage und Schwarzschild ein. Außerdem wird auf die Theorie der roten Riesen, weißen Zwerge und Novae hingewiesen. Böhm-Vitense

5209. **P. Dumézil-Curien,** Recherche d'un modèle stellaire pour une géante rouge. Ann d'Astrophys **17** 197—230, mit 2 Fig. = Contr. Inst. d'Astrophys. Paris (B) Nr. **111.** — Das hier behandelte Modell, das im Hinblick auf etwaige Anwendungen auf Cepheiden mit den Daten von η Aql für T_e und L gerechnet wurde, nimmt wie die meisten Riesenmodelle der letzten Zeit im Innern einen Sprung des Molekulargewichts an, setzt aber nicht durchweg Strahlungsgleichgewicht voraus, sondern sucht durch Integration von außen nach innen die Struktur der Atmosphäre genauer zu erfassen. Es resultiert unter einer dünnen Oberflächenzone im Strahlungsgleichgewicht eine bis etwa zwei Drittel des Sternradius nach innen reichende Konvektionszone. Für T_c, ϱ_c und die Dichtekonzentration ergeben sich merklich kleinere Werte als für Modelle, die sich gänzlich im Strahlungsgleichgewicht befinden. Kdr.

5210. **T. A. Emin-Sade,** Ein Sternmodell mit dem Absorptionsgesetz $K = \frac{K_0}{T^2}$ und isothermem Kern. AJ UdSSR **31** 154—160, mit 2 Abb.

(russisch). — Es wird ein Modell für einen Zwergstern, Krüger 60 A, mit isothermem, teilweise entartetem Kern und dem Absorptionsgesetz $K = K_0\, T^{-2}$ entworfen. Die Energieerzeugung findet in einer relativ dünnen Schicht an der Grenze des Kerns statt. Energiequelle ist der C-N-Zyklus. Der isotherme Kern enthält mehr als 90 % der gesamten Sternmasse. Sein Radius ist etwa 5 % des Sternradius. Die Dicke der energieliefernden Schicht beträgt ebenfalls 5 % des Sternradius. Verf. (übersetzt)

5211. **W. A. Fowler,** Experimental and theoretical results on nuclear reactions in stars. Vgl. Ref. **1191**, daselbst S. 88—111. — Die Wirkungsquerschnitte für die Protonenreaktionen mit den vier stabilen Isotopen von C und N werden experimentell neu bestimmt und tabuliert. Die Messungen wurden für Bombardierungsenergien von 100 keV bis 2 MeV durchgeführt. Ein genaues Studium der Kernanregungszustände erlaubt eine Extrapolation der Wirkungsquerschnitte auf stellare Energien von etwa 25 keV. Für die Elementhäufigkeit $x_{CN}/x_H = 0.5\,\%$ wird die Energieerzeugung durch die p-p-Reaktion und durch den C-N-Zyklus als Funktion der Temperatur graphisch dargestellt. Die in Sternen zu erwartenden Häufigkeitsverhältnisse von Isotopen werden diskutiert. Böhm-Vitense

* * **D. A. Frank-Kamenezkij,** Die Wasserstoffabsorption und die Masse-Leuchtkraft-Funktion. Vgl. Ref. **9705**.

5212. **D. A. Frank-Kamenezkij,** Pulsationen in der Nähe der Sternoberflächen. DAN **99** 41—43 (russisch). — In Fortführung zweier früherer Arbeiten (vgl. AJB **51** Ref. **5209** und AJB **52** Ref. **5204**) behandelt Verf. das Problem, einen Näherungsausdruck für nichtadiabatische Schwingungen in Sternhüllen zu finden, während die Schwingungen im Inneren adiabatisch verlaufen sollen. Die Wärmeleitungsgleichung wird dabei unter der Annahme integriert, daß Wärmestromdichte, Temperatur und exp (spezifische Entropie) durch bestimmte Potenzen einer periodischen Funktion dargestellt werden können. Für die Wärmestromdichte ergibt sich $j \sim (1 + A \sin z)^{-17/15}$ mit $A =$ const, $z =$ deformierte Zeit. Damit wird die empirisch gefundene Beziehung zwischen Periode und Amplitude der Wiederkehrnovae und Novaähnlichen auch theoretisch begründet. Loh.

5213. **W. M. Good, W. E. Kunz, C. D. Moak,** The $He^3 + He^3$ reactions. Phys. Rev. (2) **94** 87—91, mit 4 Fig. — Der Einfang von He^3 durch He^3 wurde im Energiebereich bis 800 keV gemessen; der Wirkungsquerschnitt ist bei 200 keV $> 2.5 \times 10^{-30}$ cm², er steigt monoton mit der Energie. Der Einfang kann von zwei verschiedenen Zerfällen gefolgt werden. A. Schlüter

5214. **J. L. Greenstein,** Nuclear reactions affecting the abundance of the elements: general survey. Vgl. Ref. **1191**, daselbst S. 307—336. — Die Häufigkeiten der chemischen Elemente in der Sonne und den Sternen sowie der Zusammenhang mit den energieerzeugenden Kernprozessen wird allgemein diskutiert, wobei vor allem auf die Spektren der «peculiar»-Sterne eingegangen wird. Hunger

5215. **F. Hoyle,** On nuclear reactions occuring in very hot stars. I. The synthesis of elements from carbon to nickel. ApJ Suppl **1** 121—146, mit 2 Fig. — Ref. in ApJ **120** 373. — Verf. weist darauf hin, daß die Häufigkeit der Elemente zwischen Kohlenstoff und Nickel mit der Vorstellung verträglich ist, daß diese Elemente bei sehr hohen Temperaturen, die wahrscheinlich im Innern gewisser Sterntypen herrschen, entstehen. Da die meisten Atomkonstanten dieser Elemente unbekannt sind, handelt es sich mehr um eine qualitative Abschätzung. Behr

5216. **S. A. Kaplan, I. A. Klimischin,** Über die Grenzdichte der weißen Zwerge. Circ. Astr. Obs. Lwow Nr. **27** S. 17—22, 1953 (russisch). — Ref. in RJ Astr. Geod. UdSSR Nr. **9**, 1955; Ref. Nr. 3811.

5217. **R. C. Khare,** Instability of non-radial oscillations of centrally condensed stars. Proc. Nat. Inst. Sci. India **20** 326—335. — Ref. in Phys. Abstracts (A) **57** 1362, Math. Rev. **16** 184, RJ Astr. Geod. UdSSR Nr. 8, 1955; Ref. Nr. 3284.

5218. **R. Kippenhahn,** Ein Modell eines rasch rotierenden Sterns. Phys. Verhandlungen 5 124—125. — Ref. AG.

5219. **Z. Kopal,** The propagation of shock waves in self-gravitating gas spheres. ApJ **120** 159—171 = Astr. Contr. Univ. Manchester (3) Nr. **17**. — Im Anschluß an ältere Arbeiten (vgl. AJB **51** Ref. 5203, 5204) werden Ausbreitung und Eigenschaften sphärischer Stoßwellen, die in einem Stern durch eine zentrale Explosion ausgelöst werden, für den Fall untersucht, daß die bei der Explosion frei werdende Energie klein ist gegen die potentielle und thermische Energie des Sterns im Gleichgewichtszustand. Lösungen des Problems sind im Bereich $1.5 < \alpha < 2.5$ möglich, worin α den Exponenten in der Gleichgewichtsbeziehung $\varrho \sim r^{-\alpha}$ in einem Stern aus einatomigem Gas bedeutet. Jedem α entspricht ein bestimmter Wert der Machschen Zahl M. Für sieben M bzw. α werden detaillierte numerische Integrationen durchgeführt. Kdr.

5220. **V. Kourganoff,** Analyse de quelques travaux publiés en U.R.S.S. relatifs à la structure interne des étoiles et leur stabilité. Vgl. Ref. 1191, daselbst S. 153—162. — Betrifft Arbeiten von Frank-Kamenezkij, Shewakin und Sorokin.

5221. **R. Kurth,** Das mittlere Molekulargewicht der Sternmaterie. Experientia **10** 363—364. — Unter Berücksichtigung der elektrostatischen Kräfte zwischen Ionen und Elektronen im Sterninneren müßte für das mittlere Molekulargewicht μ in der Gasgleichung nicht das mittlere Molekulargewicht eines Partikels, sondern ein größerer Wert angenommen werden. Eine befriedigende theoretische Berechnung für μ liegt nach Ansicht des Verf. bisher nicht vor. Henn

5222. **R. S. Kushwaha,** Stability of higher modes for stellar models under variable Γ. Proc. Nat. Acad. Sci. India (A) **20** 229—238 (1951). — Ref. in Phys. Abstracts (A) **57** 1255, Math. Rev. **16** 183—184.

5223. **R. S. Kushwaha,** The effect of amplitude and higher modes on the period and skewness for anharmonic oscillations of Roche-model. Proc. Nat. Acad. Sci. India (A) **20** 239—242 (1951). — Ref. in Math. Rev. **16** 184.

5224. **P. Ledoux,** Sur les conditions d'équilibre au centre des étoiles et leur évolution. Vgl. Ref. 1191, daselbst S. 200—212. — Während es bei Sternen, in denen der C-N-Zyklus vorherrscht, als sicher gelten kann, daß der Kern konvektiv ist, ist dies für Sterne, in denen die Proton-Proton-Reaktion vorherrscht, durchaus fraglich. Ein sich aufbauender Gradient im Molekulargewicht vergrößert die Stabilität gegenüber Konvektion. In bestimmten Fällen scheint ein Oszillieren zwischen konvektivem und Strahlungs-Gleichgewicht im Kern durch abwechselndes Vorherrschen des einen oder anderen Zyklus möglich zu sein. Böhm-Vitense

5225. **A. G. Massewitsch,** Die heutigen Vorstellungen über den Aufbau der Sterne. Priroda **43** Nr. 9 S. 34—41, mit 8 Abb. (russisch). — Für einen weiten Leserkreis gedachter Bericht über den Aufbau der Sterne und die Frage der Energieerzeugung bis zur Heliumverbrennung. Loh.

5226. **M. E. Nahmias,** Le neutrino et la formation de technécium dans certaines étoiles. CR **239** 1595—1597. — Nachdem Tc im Spektrum der Sonne und in R And nachgewiesen worden ist, sind die beiden Reaktionen denkbar: $^{99}Ru + \nu = {}^{99}Tc + \beta^+$ und $^{99}Tc = {}^{99}Ru + \beta^- + \nu$. Loh.

5227. **P. Naur,** The energy production in convective cores in stars. K. Danske Vid. Selskab Mat.-fys. Medd. **29** Nr. 5 S. 1—14, mit 1 Fig. = Publ. Københavns Obs. Nr. **164**. — Es werden Hilfstafeln zur Berechnung der Energieerzeugung in konvektiven Mittelpunktszonen von Sternen mitgeteilt, welche sich auf Gesetze der Energieerzeugung (und der Opazität) beziehen, die sich als Produkte von Potenzen der Temperatur und der Dichte darstellen lassen. Dabei wird der Strahlungsdruck als klein gegen den Gasdruck vorausgesetzt. Außerdem wird in Diagrammform eine obere Grenze für die Ausdehnung der Mittelpunktskonvektionszone als Funktion der Gesetze der Energieerzeugung und Opazität angegeben. Biermann

5228. **E. J. Öpik,** The chemical composition of white dwarfs. Vgl. Ref. 1191, daselbst S. 131—138 = Contr. Armagh Obs. Nr. **13**. — Es wird angenommen, daß die weißen Zwerge entweder Endprodukte von Sternentwicklungen sind oder aus wasserstoffarmen Sternen geringer Masse entstanden sind. Verf. legt dar, daß die Sterne in beiden Fällen vor ihrer Entartung durch einen Zustand gegangen sein müssen, in dem die Bedingungen für die Überführung von He^4 in schwerere Elemente, insbesondere in C^{12}, O^{16}, Ne^{20} und Mg^{24} günstig waren. Verf. kommt zu dem Schluß, daß alle weißen Zwerge mit einer Masse größer als 0.14 Sonnenmassen aus Mg^{24} bestehen. Böhm-Vitense

5229. **E. J. Öpik,** Disturbances in dwarf stars caused by nuclear reactions and gas diffusion. Vgl. Ref. **1191**, daselbst S. 187—199 = Contr. Armagh Obs. Nr. **12**. — Die Eiszeiten werden durch Veränderungen der solaren Ausstrahlung erklärt. Diese können durch den Aufbau einer superadiabatischen Schicht infolge von Kernreaktionen und Gasdiffusion bei genügend großer Metallhäufigkeit im Sterninnern hervorgerufen werden. Tritt in einer solchen superadiabatischen Schicht an irgendeiner Stelle eine Durchmischung ein, so breitet sich diese weiter aus. Dabei wird dann konvektiv neuer Wasserstoff nach innen gebracht, so daß die Energieerzeugung zunimmt, die Sonne expandiert und die Ausstrahlung geringer wird. Die Zeiten, die zum Aufbau einer superadiabatischen Schicht nötig sind, werden abgeschätzt. Es ergibt sich größenordnungsmäßige Übereinstimmung mit den Abständen der Eiszeitperioden. Böhm-Vitense

5230. **M. W. Ovenden,** Nuclear processes in the stars. Sci. Progr. **42** 456—462, 629—636. — Ref. in RJ Astr. Geod. UdSSR Nr. **7**, 1955; Ref. Nr. 2792.

5231. **C. Plumpton, V. C. A. Ferraro,** The magnetic oscillations of a gravitating liquid star. Obs **74** 97—98. — Ref. RAS.

5232. **V. C. Reddish,** The R and N stars. Obs **74** 216—218, mit 1 Fig. — Betrachtungen über den Helium-Zyklus im Kern eines roten Riesen werden zum Verständnis der R- und N-Sterne angestellt. U. Be.

5233. **A. Reiz,** The structure of stars with negligible content of heavy elements. ApJ **120** 342—352, mit 1 Fig. = Lund Medd. (1) Nr. **188**. — Es wird ein Sternmodell berechnet, dessen wesentlichstes Charakteristikum ein zu vernachlässigender Gehalt an schweren Elementen ist. Dementsprechend wird die Opazität hauptsächlich frei-freien Übergängen des H und He und der Streuung an freien Elektronen, die Energieerzeugung der p-p-Reaktion zugeschrieben. Das Modell erlaubt, die Lage der F-Unterzwerge hoher Geschwindigkeit der Population II im Russell-Diagramm befriedigend zu interpretieren. Kdr.

5234. **A. O. Resnikow,** Sternmodelle mit isothermen Kernen. AJ UdSSR **31** 60—79, mit 5 Abb. (russisch). — Es werden Sternmodelle untersucht, die aus einem isothermen, nicht entarteten Kern und einer Strahlungsgleichgewichtshülle bei allen möglichen Wasserstoffgehalten der Hülle bestehen. Im ersten Teil werden allgemeine Ausdrücke zur Bestimmung verschiedener physikalischer Charakteristika abgeleitet. Im zweiten Teil werden die erhaltenen Ergebnisse auf zwei spezielle Modelle mit rein streuender und rein absorbierender Hülle angewandt. Das Hauptergebnis ist, daß die betrachteten Modelle die roten Riesen wegen der Kleinheit der erhaltenen Durchmesser nicht erklären können. Die Berücksichtigung einer möglichen Entartung des isothermen Kerns ändert das erhaltene Ergebnis nicht wesentlich, weil sich für die Masse des Modells in diesem Fall eine gewisse obere Grenze ergibt, oberhalb der Entartung möglich ist.

Verf. (übersetzt)

5235. **A. O. Resnikow,** Sternmodelle mit isothermen Kernen. Moskau, Staatsuniv., 1954 (russisch). — Dissertationsreferat.

5236. **A. E. Roy,** A composite electron-scattering opacity stellar model. Vgl. Ref. **1191**, daselbst S. 139—152 = Glasgow Univ. Obs. Repr. Nr. **34**. — Es werden zwei Sternmodelle berechnet, in denen die Opazität allein durch Elektronenstreuung bedingt ist. Bei dem ersten Modell wird eine einfache Diskontinuität im Molekulargewicht an der Grenze Kern-Hülle angenommen, bei dem zweiten wird eine schmale Übergangszone zwischen Kern und Strahlungsgleichgewichtszone eingeschoben. Es zeigt sich, daß sich die beiden Modelle in ihren physikalischen Eigenschaften kaum unterscheiden, so daß man für alle weiteren Untersuchungen das einfachere erste Modell benutzen kann.

Böhm-Vitense

5237. **E. E. Salpeter,** Electron screening and thermonuclear reactions. Australian J. Phys. **7** 373—388. — Der Einfluß der Abschirmung der Atomkerne durch «Ladungswolken» von Elektronen und Kernen auf die Häufigkeit von Kernreaktionen in einem vollständig ionisierten Gas wird berechnet. Es werden vorwiegend die beiden Grenzfälle betrachtet, in denen die elektrostatische Wechselwirkungsenergie zwischen benachbarten Kernen entweder sehr klein oder sehr groß gegen die thermische Energie ist. Für den Fall, daß der Stoßparameter für Kernreaktionen klein gegen den Durchmesser der abschirmenden Ladungswolke ist (diese Bedingung ist im Sterninnern gewöhnlich erfüllt), läßt sich eine einfache Beziehung zwischen der Häufigkeitszunahme der Kernreaktionen und dem Potential der Ladungswolke angeben. Diese Zunahme beträgt in Hauptsequenzsternen im allgemeinen weniger als ein Faktor 2. Böhm

5238. **E. E. Salpeter,** Reactions of light nuclei and young contracting stars. Vgl. Ref. **1191**, daselbst S. 116—121, mit 2 Fig. — Es wird versucht, einen Überblick über die Struktur der H-R-Diagramme ganz junger Sternassoziationen zu gewinnen. Während man ohne den Einfluß der Kernreaktionen ein H-R-Diagramm erwarten sollte, das je nach Alter der Assoziation an einer bestimmten Stelle einen Knick aufweist derart, daß der untere Teil der Hauptreihe wesentlich flacher verläuft als der obere, so sollte man bei Berücksichtigung der Kernreaktionen von D, Li, Be und B erwarten, daß der flache Ast in eine Art Treppenkurve übergeht. In jedem Fall sollten bei jungen Sternhaufen die lichtschwachen Hauptreihensterne fehlen. Böhm-Vitense

5239. **J. R. Sánchez Zarazúa,** Desarrollo de la energía nuclear en las estrellas. El Universo Nr. **29** S. 71—76, mit 3 Fig.

5240. **E. Schatzman,** On the effect of electron screening on thermonuclear energy generation. ApJ **119** 464—465 = Contr. Inst. d'Astrophys. Paris (A) Nr. **161**. — Verf. bemerkt zu der Arbeit von G. Keller in ApJ **118** 142 (vgl. AJB **53** Ref. **5211**), daß er das Problem bereits 1947 mit nicht wesentlich verschiedenem Ergebnis behandelt habe. Kdr.

5241. **E. Schatzman,** Remarques sur les problèmes de stabilité vibrationnelle. Vgl. Ref. **1191**, daselbst S. 163—169 = Contr. Inst. d'Astrophys

Paris (A) Nr. **155**. — Verf. untersucht den Einfluß der Kernreaktionen auf die Stabilität der Sterne. Er kommt zu dem Ergebnis, daß die normalen Sterne stabil sind. Wenn aber im Laufe der Sternentwicklung die Dichte größer wird, treten andere Kernreaktionen in den Vordergrund, die vielleicht zu Pulsationen Anlaß geben können. Bei noch größeren Dichten werden wieder andere Reaktionen maßgebend, die entweder zu stationären Schwingungen endlicher Amplitude Anlaß geben oder aber zu einer Sternexplosion führen können. Die Cepheiden werden mit der ersten Möglichkeit in Zusammenhang gebracht, die Novae mit der zweiten. Böhm-Vitense

5242. **L. I. Sedow,** Über die theoretischen Formeln der Masse-Leuchtkraft- und Masse-Radiusbeziehungen. DAN **94** 643—646 (russisch). — In Anlehnung an B. Strömgren leitet Verf. obige Beziehungen unter Vernachlässigung des Strahlungsdrucks bei gewissen Annahmen über die Abhängigkeit des Molekulargewichts, der Opazität und der Energieerzeugung von Dichte und Temperatur ab. Loh.

5243. **A. B. Sewerny,** Aufbau und chemische Zusammensetzung der Sterne der Hauptreihe. AJ UdSSR **31** 362—371, mit 2 Abb. (russisch). — Für die typischen Hauptreihensterne ζ Aur B, Sonne und Krüger 60 A wird ein Modell des inneren Aufbaues unter der Annahme starker Konzentration der Energiequellen bei vorgegebener chemischer Zusammensetzung durchgerechnet. Danach kommt der Kohlenstoffzyklus für Hauptreihensterne nur bei bestimmten Werten von Wasserstoff- und Heliumgehalt in Betracht. Bei dem Übergang von frühen massereichen Sternen hoher Leuchtkraft zu späten Zwergen nehmen Molekulargewicht und Heliumgehalt zu, der Wasserstoffgehalt aber ab. Die Mittelpunktsdichte wächst erheblich; die Mittelpunktstemperatur sinkt etwas. Einer Deutung der Hauptreihe als Entwicklungslinie stehen die großen Massenunterschiede entgegen. Vielleicht können an beliebigen Stellen der Hauptreihe «junge» Sterne mit entsprechend kleiner Masse und geringem Wasserstoffgehalt auftreten. Bei Vorhandensein von Magnetfeldern und differentieller Rotation ist in den Frühstadien der Sternentwicklung wohl auch die Joulesche Wärme in der Energiebilanz zu berücksichtigen. Petri

5244. **S. A. Shewakin,** Zur Theorie der stellaren Veränderlichkeit. II. Über die Phasenverschiebung zwischen den Helligkeitsschwankungen und den Radialgeschwindigkeitsschwankungen bei den Cepheiden und den langperiodischen Veränderlichen. AJ UdSSR **31** 141—153, mit 1 Abb. (russisch). — Es wird die Unzulänglichkeit der gegenwärtig bekannten Versuche zur Erklärung der Phasenverschiebung zwischen den Radialgeschwindigkeits- und den Helligkeitsschwankungen der veränderlichen Sterne gezeigt. Ein vielschichtiges diskretes Modell einer pulsierenden nichtadiabatischen Hülle eines Sterns wird entworfen. Auf Grund dieses Modells wird eine Theorie nichtadiabatischer Pulsationen entwickelt, die für die Untersuchung der Eigenschwingungen der veränderlichen Sterne der «großen Hauptreihe», die durch die in der Zone der kritischen Ionisation des He II bestehende negative Dissipation aufrechterhalten werden, und auch für die Untersuchung der Anregungsbedingungen der für die Cepheiden und langperiodischen Veränderlichen charakteristischen Phasenverschiebung von Interesse ist. Verf. (übersetzt)

5245. **S. A. Shewakin,** Zur Theorie der stellaren Veränderlichkeit. III. (Über den Phasensprung zwischen den Helligkeits- und Radialgeschwindigkeitsschwankungen bei den Cepheiden und den langperiodischen Veränderlichen.) AJ UdSSR **31** 335—357, mit 5 Abb. (russisch). — Für die He II-Ionisationszone und für die darüber liegende Atmosphärenschicht werden Energietransport bei nichtadiabatischen Verhältnissen sowie Schwingungseigenschaften unter Verwendung diskreter Einschichtenmodelle theoretisch untersucht. Verf. kommt zu dem Ergebnis, daß die Energiedissipation zur Anregung von Eigenschwingungen des Sterns ausreichen kann und daß eine Phasendifferenz zwischen Strahlungsstrom und materieller Pulsation von etwa $^1/_4$ Schwingungsperiode auftreten kann. Bei den Cepheiden kann diese Phasenverschiebung durch die äußere Atmosphäre ohne wesentliche Veränderungen weitergeleitet werden. Bei den langperiodischen Veränderlichen tritt hingegen ein Vorzeichenwechsel auf. Die unregelmäßig Veränderlichen werden als intermediäre Fälle der Nichtadiabasie des Schwingungszustandes in der Atmosphärenschicht oberhalb der He II-Ionisationszone gedeutet. Verf. betont, daß nach seiner Theorie unter Benutzung moderner Vorstellungen vom stellaren Opazitätskoeffizienten die beobachteten Amplituden von Leuchtkraft und Radialgeschwindigkeit mit der Rechnung befriedigend übereinstimmen. Petri

5246. **S. A. Shewakin,** Zur Theorie der stellaren Veränderlichkeit. DAN **99** 217—220, mit 1 Abb. (russisch). — In Anlehnung an eine frühere Arbeit (vgl. AJB **53** Ref. **5235**) zeigt Verf., daß die He II-Ionisationszone bei Kompression den aus dem Sterninnern kommenden Zuwachs des Strahlungsstroms absorbieren und bei Expansion dieser Energie wieder abstrahlen wird. Zwischen Leuchtkraftamplitude δL_{C}, Periode P und der von der Ionisationsschicht absorbierten Energie E_1 gilt $\delta L_{\mathrm{C}} \approx 0.63\, E_1/P$. Für δ Cep ergibt sich hieraus $\delta L_{\mathrm{C}} \approx 1.9 \times 10^{36}$ erg/sec, was mit dem beobachteten Wert 2.15×10^{36} erg/sec gut übereinstimmt. Loh.

5247. **O. Struve,** The problem of the subgiants. Vgl. Ref. **1191**, daselbst S. 236—253, mit 5 Fig. — Es wird auf die Existenz der Unterriesen hingewiesen, deren Leuchtkraft und Effektivtemperatur im Vergleich mit Hauptreihensternen für ihre Masse zu groß sind. Diese Sterne kommen meistens in Doppelsternsystemen vom Algoltyp vor. Es wird versucht, die Leuchtkraft und Effektivtemperatur durch einen geringen Wasserstoffgehalt der Unterriesen zu erklären. In engen Doppelsternsystemen könnte dieser bei der Entstehung der Sterne auf ähnliche Weise bewirkt worden sein, wie der Verlust des Wasserstoffs bei den Planeten. Bei Unterriesen, die nicht einem engen Doppelsternsystem angehören, wird der Wasserstoffmangel auf eine bereits erfolgte Überführung von H in He zurückgeführt. Die Sterne müssen dann relativ alt sein. Böhm-Vitense

5248. **E. I. Suschkina,** Der innere Aufbau der roten Riesen und die möglichen Wege ihrer Entwicklung. Moskau, Staatl. Astr. Sternberg-Inst., 1954 (russisch). — Dissertationsreferat.

5249. **P. A. Sweet,** Field reversal in magnetic variable stars. MN **114** 549—557, mit 2 Fig. = Commun. Univ. London Obs. Nr. 18. — Verf. zeigt, daß bei axialsymmetrischen Dipol- und Quadrupolfeldern eine durch geeignete Gasbewegungen erzeugte Feldumkehr nur dann beobachtet werden kann, wenn die Neigung der magnetischen Achsen gegen die Sichtlinie in einem bestimmten engen Bereich liegt. Für komplexere oder nichtaxialsymmetrische Felder gilt diese Beschränkung nicht. O. G.

5250. **P. A. Sweet,** Field reversal in magnetic variable stars. Obs **74** 237—238. — Ref. RAS.

5251. **S. Temesváry,** Some remarks on the influence of electron-positron pairs on the internal constitution of very massive stars. Vgl. Ref. **1191**, daselbst S. 122—128, mit 3 Fig. — Es wird die Möglichkeit diskutiert, daß sehr massereiche Sterne im Laufe ihrer Entwicklung eine Zentraltemperatur von $T \geq 6 \times 10^9$ Grad erreichen. Bei hinreichend großer Dichte muß dann mit der Erzeugung von Elektron-Positron-Paaren gerechnet werden. Das müßte den Sternaufbau beeinflussen, insbesondere werden die Sterne dadurch weniger stabil gegenüber Konvektion. Die «Technetium»-Sterne nach Merrill werden mit solchen Sternen in Zusammenhang gebracht. Böhm-Vitense

5252. **H. Zirin,** Radiative opacity of stellar matter. ApJ **119** 371—385, mit 1 Fig. = Harv Repr Nr. **385.** — Verf. untersucht den bisher noch nicht genauer diskutierten Fall der Absorption von Strahlung in stellarer Materie durch frei-frei Übergänge von Elektronen im Feld von Kernen, das durch einige gebundene Elektronen abgeschirmt wird. Die Berechnung der Wellenfunktionen von freien und gebundenen Elektronen wird mit einem Potentialansatz durchgeführt, bei dem zum Coulomb-Potential des Kerns das Potential einer gleichförmig verteilten Elektronenwolke hinzutritt. Mit den hieraus folgenden Absorptionskoeffizienten wird zusammen mit älteren Bestimmungen der gebunden-freien Absorption und der Streuung unter Vernachlässigung der Linienabsorption der Opazitätskoeffizient für den astrophysikalisch wichtigen Temperatur- und Dichtebereich berechnet. Die Absorption durch frei-frei Übergänge in H und He überwiegt die Absorption durch die schweren Elemente, wenn deren Anteil etwa 20 % oder weniger beträgt. Bei so hohen Dichten, daß die Streuung keine Rolle spielt, besteht zwischen Temperatur und Opazität genähert die Beziehung $\bar{\varkappa} \sim T^{-2.9}$. Kdr.

5253. Nuclear reactions in the heavens. Chemistry **27** Nr. 6 S. 15—16. — Ref. in RJ Astr. Geod. UdSSR Nr. **6,** 1955; Ref. Nr. 2351.

5254. Hydrogen and helium in stars. JBAA **64** 144—145.

5255. Stjärnor med helium som energikälla. PAT **35** 74—76, mit 1 Fig.

§ 53

Nebel, Interstellare Materie

5301. **A. F. Bogorodskij,** Über die Bestimmung der Temperaturen der Zentralsterne der planetarischen Nebel. Publ. Astr. Obs. Kiew Nr. **6** S. 31—38 (russisch). — Verf. gibt einen Überblick über die verschiedenen Methoden und zeigt, daß auch die Kosyrewsche Theorie ausgedehnter Photosphären auf das Problem anwendbar ist. Loh.

5302. **S. Chandrasekhar,** The gravitational instability of an infinite homogeneous medium when Coriolis force is acting and a magnetic field is present. ApJ **119** 7—9. — Es wird gezeigt, daß die bereits früher (vgl. AJB **53** Ref. **5002**) bewiesene Unabhängigkeit der Jeansschen Bedingung für Gravitationsinstabilität eines unendlich ausgedehnten, homogenen Mediums von einem etwa vorhandenen Magnetfeld bestehen bleibt, wenn das Medium außerdem noch rotiert. Kdr.

5303. **R. Ebert,** Temperatur des interstellaren Gases bei großer Dichte und das Problem der Sternentstehung. Phys. Verhandlungen **5** 132. — Ref. AG.

5304. **W. G. Fessenkow,** Über das Leuchten eines Wasserstoffnebels unter der Einwirkung vieler Sterne. AJ UdSSR **31** 312—317, mit 1 Abb. (russisch). — Wenn in der Nähe eines leuchtenden Gasnebels kein anregender Stern zu finden ist, muß man für die Berechnung der Anzahl n_1 der Wasserstoffatome im Grundzustand vom Strahlungsfeld aller Sterne in der weiteren Umgebung ausgehen. Dies wird für die Fasernebel im Cygnus NGC 6960 und 6992-5 nach vorher entwickelten Ionisationsformeln unter Berücksichtigung aller Sterne von O bis B2 in einem Gebiet von etwa 40 × 40° um die Nebel durchgeführt. Es ergibt sich die hohe räumliche Dichte von 1.15 bzw. 0.786×10^{-19} g/cm³. Hierbei sind die beiden Fälle angenommen, daß die Absorption entweder für alle Wellenlängen der Frequenz proportional sei oder aber nur bis zur Lymangrenze und danach konstant bleibe. Petri

5305. **E. A. Frieman,** On «elephant-trunk» structures in the region of O associations. ApJ **120** 18—21, mit 1 Fig. — Verf. zeigt, daß die Annahme, O-Sterne bilden sich in Wolken interstellaren Wasserstoffs, wobei es zur Beschleunigung der in Wolkenform verbleibenden überschüssigen Materie kommt, auch zur Ausbildung von Instabilitäten des Rayleigh-Taylor-Typus führt. Rüsselförmige Strukturelemente der Verteilung der interstellaren Materie in der Umgebung von O-Assoziationen werden damit erklärt. Abschätzungen der linearen Dimensionen sind vereinbar mit den beobachteten Abmessungen im Fall des Haufens NGC 2244. Micz.

5306. **K. Güssow,** Zur Deutung des Balmer-Dekrements in den Spektren planetarischer Nebel. Mitt. AG **1953** S. 15. — Ref. AG.

5307. **S.-S. Huang,** Application of the virial theorem to some astronomical problems. AJ **59** 137—142, mit 1 Fig. = Berkeley Repr. Nr. **63.** — Der Virialsatz wird zur Untersuchung der Gleichgewichtskonfiguration und der Stabilität interstellarer Wolken angewandt. Es zeigt sich, daß für eine gegebene Gesamtmasse und eine gegebene negative Gesamtenergie die Wolke immer eine stabile Gleichgewichtskonfiguration hat, und daß sich die beobachteten interstellaren Wolken entsprechend ihrer Temperatur, Dichte und Größe im oder nahe im Zustand stabilen Gleichgewichts befinden. Eine Gleichung, welche die Änderung der Gleichgewichtskonfiguration durch langsame Energietransportprozesse mit dem Äußeren bestimmt, wird abgeleitet und der Einfluß der Rotation auf die Gleichgewichtskonfiguration untersucht. Außerdem wird die Ledouxsche Methode über die Anwendung des Virialsatzes auf das Problem pulsierender Sterne verallgemeinert und eine allgemeine Formel für die Periode pulsierender Sterne aufgestellt. Verf. (übersetzt)

5308. **F. D. Kahn,** The acceleration of interstellar clouds. BAN **12** 187—200, mit 10 Fig. — Die Theorie von Oort und Spitzer (BAN **12** 177, Ref. **12373**), daß Teile neutraler interstellarer Wolken in der Nähe eines O- oder B-Sternes durch eine Art «Raketenwirkung» eine beträchtliche Geschwindigkeit erlangen können, wird genauer diskutiert. Bei vorgegebener Temperatur des Sternes, Dichte und Temperatur der Wolke breitet sich nur in einem bestimmten, begrenzten Bereich der Photonenintensität eine Stoßwelle in das neutrale Gas aus und gibt diesem eine von der Quelle weg gerichtete Geschwindigkeit. Die möglichen Maximalgeschwindigkeiten, maximale Kompression und Höchstwerte der weggestoßenen Masse werden für einen O5- und für einen B2-Stern berechnet. Doch wird die Strahlung in der ionisierten Region zwischen Stern und Wolke geschwächt. So ergeben sich schließlich Endgeschwindigkeiten von 6—7 km/sec für Wolken von einer Sonnenmasse und 3—4 km/sec für Wolken mit 100 Sonnenmassen. Doch dürfte eine verfeinerte Theorie wohl zu höheren Endgeschwindigkeiten führen. Gli.

5309. **S. A. Kaplan,** Über turbulente Dichtefluktuationen im interstellaren Raum. Abh. Staatsuniv. Lwow **32** Astr. Mitt. Nr. 2 S. 53—57, mit 1 Abb. (russisch). — Verf. zeigt, daß die charakteristischen Besonderheiten im Verhalten der Dichtefluktuationen des interstellaren Gases unter gewissen Annahmen im Rahmen der Theorie der interstellaren Turbulenz unter Berücksichtigung der Wirkung der Strahlung, des Gravitationsfeldes und des Magnetfeldes erklärt werden können. Loh.

5310. **S. A. Kaplan,** Isotherme Gasströmung im interstellaren Raum. Dichte- und Geschwindigkeitssprünge. AJ UdSSR **31** 31—35, mit 2 Abb. (russisch). — Es wird eine Berechnung der Geschwindigkeits- und Dichteverteilung bei isothermer Ausdehnung einer flachen Gasschicht im interstellaren Raum durchgeführt. Eine einfache Methode zur Berechnung isothermer Dichte- und Geschwindigkeitssprünge, die in den Rißstellen bei der Bewegung des Gases im

Strahlungsfeld vorkommen, wird dargelegt. Es wird gezeigt, daß in solchen Rissen die Dichte- und Geschwindigkeitssprünge im Gegensatz zum Fall gewöhnlicher Stoßwellen dem Betrag nach sehr groß sein können.
Verf. (übersetzt)

5311. **S. A. Kaplan,** Die Verteilungsfunktion der Geschwindigkeiten der turbulenten Bewegung des interstellaren Gases. AJ UdSSR **31** 137—140, mit 1 Abb. (russisch). — Auf theoretischem Wege wird die Verteilungsfunktion der Geschwindigkeiten bei turbulenter Bewegung abgeleitet. Die aus den Beobachtungen der Radialgeschwindigkeiten interstellarer Gaswolken aufgestellte Verteilungsfunktion stimmt mit der theoretischen gut überein.
Verf. (übersetzt)

5312. **S. A. Kaplan,** Über eine mögliche Erklärung der Struktur der Fasernebel. AJ UdSSR **31** 358—359 (russisch). — Die Faserstruktur wird als Folge isothermer Dichtesprünge im interstellaren Gas angesehen.
Schrick

* * **S. A. Kaplan,** Über die Spektralfunktion der isotropen Turbulenz in einem komprimierbaren Gas. Vgl. Ref. **237**.

5313. **S. A. Kaplan, S. I. Gopassjuk,** Die Anregung des Leuchtens des interstellaren Wasserstoffs durch Elektronenstöße. Circ. Astr. Obs. Lwow Nr. **25** S. 5—14, 1953 (russisch). — Beim Durchgang einer Stoßwelle durch ein Gas, die beim Zusammenstoß von Wolken entsteht, ist das Leuchten des Wasserstoffs praktisch völlig innerhalb der Stoßwellenfront lokalisiert. Wenn die Dicke dieser Front jedoch klein ist, von der Größenordnung einiger freier Weglängen, dann ist die Intensität des Leuchtens zu klein, und es kann nicht beobachtet werden. Das auf Anregung durch Elektronenstöße zurückgehende Leuchten des interstellaren Wasserstoffs kann nur bei konstanter Erwärmung des Mediums beobachtet werden. Die Temperatur des Gases muß unter diesen Bedingungen verhältnismäßig niedrig sein, offensichtlich von der Größenordnung 20000°. Das Balmer-Dekrement muß mit den Bedingungen des eingetretenen Ionisationsgleichgewichts übereinstimmen. Loh.

5314. **S. A. Kaplan, I. A. Klimischin,** Die Streuung des Lichts in den sphärischen Nebeln. Circ. Astr. Obs. Lwow Nr. **27** S. 11—16, 1953 (russisch). — Ref. in RJ Astr. Geod. UdSSR Nr. **9**, 1955; Ref. Nr. 3820.

* * **R. C. Khare,** The expansion of a semi-infinite gas-cloud into a vacuum. Vgl. Ref. **241**.

5315. **R. C. Khare,** The expansion of an interstellar gas-cloud-viscosity taken into account. ZfA **35** 125—134. — Das Problem der Ausbreitung einer interstellaren Gaswolke in ein Vakuum wurde in der vorhergehenden Arbeit (Ref. **241**) unter Vernachlässigung von Viskosität, Strahlungsdruck und Wärmeleitung betrachtet. In Ergänzung dazu wird gezeigt, daß im Falle eines Gases, für das $\gamma = 3$ ist, die Viskosität keinen Einfluß auf die Bewegung besitzt. Kdr.

5316. **R. Kippenhahn,** Zur Dynamik eines von Strahlung durchsetzten Mediums. ZfA **35** 165—178 = Kleine Veröff. Remeis-Sternw. Bamberg Nr. 8. — Es wird gezeigt, daß der Strahlungsdruck in einem bewegten, von Strahlung erfüllten Medium gegenüber dem Fall des unbewegten Mediums ein Zusatzglied erhalten muß, dessen Ursache in dem Impulsaustausch zwischen Strahlung und bewegter Materie liegt. Dementsprechend erhalten die hydrodynamischen Gleichungen Zusatzglieder, deren Wirkung im Inneren der Sterne nicht ohne weiteres vernachlässigt werden kann. Die Jeanssche Theorie der Strahlungsbremsung bei rotierenden Sternen ist in Folgendem als Spezialfall enthalten. Verf.

5317. **R. Klein,** Etude de la stabilité de certaines nébuleuses. Ann d'Astrophys **17** 1—5 = Contr. Inst. d'Astrophys. Paris (B) Nr. **106**. — Es werden die Stabilitätsverhältnisse an der Grenze von H I- und H II-Gebieten in der Umgebung von O- und B-Sternen untersucht. Die Übergangsschicht wird, da sich die Zustandsgrößen in ihr sehr schnell ändern, als Diskontinuitätsfläche aufgefaßt. Soweit die Stabilität hydrodynamisch bedingt ist, hat die Diskontinuität für jede sinusförmige Störung Instabilität zur Folge. Kdr.

5318. **A. G. Mackie,** One-dimensional unsteady motion of a gas initially at rest and the dam-break problem. Proc. Cambridge Phil. Soc. **50** 131—138, mit 1 Fig. — Ref. in Math. Rev. **15** 365—366.

5319. **A. G. Mackie,** Expansion of a finite one-dimensional gas cloud into a vacuum. Proc. Roy. Soc. Edinburgh (A) **64** 57—70, mit 4 Fig. — Der bisher beschriebene Fall der einseitigen adiabatischen Expansion einer eindimensionalen Gaswolke in ein Vakuum wird in vorliegender Arbeit auf den Fall ausgedehnt, daß eine endliche Gaswolke nach zwei Seiten expandieren kann. Ihre Dichte sei an den Vakuumgrenzen $x = h_1$ und $x = -h_2$ gleich Null und möge stetig ansteigen bis zu einem Maximum an der Stelle $x = 0$ im Innern der Wolke. Das Verhältnis der spezifischen Wärmen wird zu 5/3 angenommen, was dem Verhältnis für einatomigen Wasserstoff entspricht. Zur Lösung dieses eindimensionalen Problems verwendet Verf. eine Methode, die eine Kombination der beiden früher beschriebenen Verfahren von Copson (vgl. AJB **50** Ref. **5304**) und Pack (vgl. AJB **53** Ref. **5317**) darstellt. Zunächst wird die Untersuchung unter der Annahme einer stetigen Gasbewegung durchgeführt. Abschließend wird diese Voraussetzung fallen gelassen und auf den Fall einer unstetigen Bewegung eingegangen. Henn

5320. **G. C. McVittie,** Aerodynamic motions of interstellar gas clouds. ApJ **119** 352—364. — Auf der Basis der Einsteinschen Gleichungen der allgemeinen Relativitätstheorie wird in Newtonscher Näherung eine neue Methode zur Lösung der Gleichungen der Gasdynamik bei eindimensionaler Bewegung entwickelt und auf die Bewegung dünner interstellarer Gaswolken unter verschiedenen Bedingungen angewandt. Kdr.

5321. **L. Mestel,** The influence of stellar radiation on the rate of accretion. MN **114** 437—459, mit 5 Fig. — Der Massenzuwachs, den ein Stern aus einer ihn umgebenden interstellaren Wolke erhält, wird bei heißen Sternen durch die um den Stern gebildete H II-Region herabgesetzt. Verf. untersucht, wie groß der Radius der H II-Region für raschen sphärisch-symmetrischen Zuwachs aus einer Wolke von gegebener Dichte höchstens sein darf. Die hohe Materiedichte in der Nähe des Sterns kann durch verstärkte Absorption die H II-Region genügend klein halten, solange die Masse des Sterns unter einem kritischen Wert bleibt. O. G.

5322. **L. Mestel,** The influence of stellar radiation on the rate of accretion. Obs **74** 107—110. — Ref. RAS.

5323. **S. B. Pikelner,** Untersuchung von Fasernebeln. DAN **95** 1157—1160, mit 2 Abb. (russisch). — Eine Stoßwelle kann im interstellaren Gas ein Leuchten hervorrufen, das seiner spektroskopischen Zusammensetzung nach dem der Fasernebel nahekommt. Zur Erklärung der absoluten Intensität ist entweder ein ungewöhnlich dichtes interstellares Gas oder das Durchkreuzen zweier Stoßwellen nötig. Im letzten Fall wird das leuchtende Gebiet die Form einer Faser haben. Verf. (übersetzt)

5324. **S. B. Pikelner,** Methode zur Untersuchung der Turbulenz aus den Helligkeitsfluktuationen in den Nebeln. Mitt. Astrophys. Obs. Krim **11** 34—38, mit 2 Abb. (russisch). — Es wird der Charakter der Fluktuationen der Oberflächenhelligkeit eines Nebels unter der Voraussetzung betrachtet, daß die Fluktuationen die Folge lokal-isotroper Turbulenz mit Geschwindigkeiten unterhalb der Schallgeschwindigkeit sind. Die entsprechenden theoretischen Funktionen der Helligkeitsfluktuation F(r) werden für den Fall eines durchsichtigen Nebels der Dicke L und eines undurchsichtigen Nebels, in dem die Dicke der Schicht der optischen Dickeneinheit gleich l ist, berechnet. Der Vergleich der aus den Beobachtungen durch Messung der Helligkeit des Nebels erhaltenen Funktion G(r) mit F(r) kann die Werte L oder l und ε liefern, also die hauptsächlichsten Parameter der Turbulenz. Verf. (übersetzt)

* * **M. J. Seaton,** Collisions between protons and metastable atoms or ions having outer p^q shells. Vgl. Ref. 260.

5325. **M. J. Seaton,** Les densités électroniques dans les nébuleuses planétaires. CR **239** 1592—1594 = Contr. Inst. d'Astrophys. Paris (A) Nr. **185.** — Die vom Verf. aus der relativen Intensität der verbotenen Linien abgeleiteten Elektronendichten werden mit den von Liller und Aller aus der Oberflächen-Leuchtdichte bestimmten verglichen. Die bestehenden Diskrepanzen können durch Korrektur in der Entfernungsangabe beseitigt werden. Bru.

5326. **M. J. Seaton,** Electron temperatures and electron densities in planetary nebulae. MN **114** 154—171, mit 2 Fig. — Aus Messungen der relativen Intensitäten verbotener Linien des N II, O II, O III und S II werden für die planetarischen Nebel NGC 7027, 2440, 7662, 6572, IC 418 und für den Orion-Nebel die Elektronentemperatur T_e und die Elektronendichte N_e bestimmt, wobei sich für T_e-Werte zwischen 1.3 und 2.0 $\times$ 10^4 Grad und für N_e zwischen 0.8 und 5 $\times$ 10^4 cm^{-3} ergeben. Bei allen Objekten außer IC 418 sind die so bestimmten Dichten größer als die sich aus den Flächenhelligkeiten ergebenden Werte. Dies dürfte wahrscheinlich durch die ungleichförmige Verteilung der Dichte bedingt sein, über die in den beiden Methoden in verschiedener Weise gemittelt wird. Das Häufigkeitsverhältnis O : N wird für NGC 7027, NGC 2440 und IC 418 zu 1.6, 0.43 und 2.0 geschätzt. Der kleine Wert für NGC 2440 dürfte auf einen reellen Unterschied in der Zusammensetzung dieses Nebels und der der beiden anderen hindeuten. Kdr.

5327. **O. Struve,** The interaction between stars and nebulae. Sky and Telescope **14** 10—13, mit 6 Fig. — Ref. in Sterne **31** 144. — Abschätzungen zwischen der von den verschiedenen Sterntypen an den interstellaren Raum abgegebenen Materie einerseits und dem umgekehrten Prozeß (Sternentstehung und «Verjüngung») andererseits. Ein Gleichgewichtszustand wird für möglich gehalten. Voigt

5328. **H. H. Voigt,** Einfluß der interstellaren Wolken auf die Geschwindigkeit der Sterne. Sterne **30** 183—184.

5329. **B. Yada,** The effect of two-photon emission on the radiation field of planetary nebulae. I. Publ. Astr. Soc. Japan **5** 128—136, mit 1 Fig. = Contr. Inst. Astrophys. Univ. Kyoto Nr. **37.** — Nach Spitzer und Greenstein (AJB **51** Ref. **12222**) spielt in planetarischen Nebeln möglicherweise Zwei-Photonen-Emission durch H-Atome im 2s-Zustand eine Rolle. Verf. schätzt die Wirksamkeit des Effekts für einen Nebel der optischen Dicke 1 durch angenäherte Lösung der Transportgleichung ab und gelangt zu Resultaten, die mit denen von Spitzer und Greenstein nicht unvereinbar erscheinen. Kdr.

§ 54

Kosmogonie der Himmelskörper

5401. **W. A. Ambarzumjan,** On the origin of stars. Vgl. Ref. **1191**, daselbst S. 293—400. — Aus der Häufigkeit von O- und T-Assoziationen und ihrer mittleren Lebenszeit wird geschlossen, daß praktisch alle Sterne der Milchstraße in Assoziationen entstanden sind. Es wird angenommen, daß diese Assoziationen wiederum aus sehr dichten Sterngruppen hervorgegangen sind, die ihrerseits aus sehr dichtem, gasförmigem Material, den sogenannten Protosternen, gebildet wurden. Von diesen Protosternen wird angenommen, daß sie ungewöhnliche, noch unbekannte Eigenschaften hatten. Böhm-Vitense

5402. **G. Armellini,** La temperatura del gas nella galassia primitiva. Rend. Accad. Nazionale Lincei, Cl. Sci. fis., mat., nat. (8) **17** 87—92 = Oss. Astr. Roma Monte Mario Contr. Sci. (NS) Nr. **207**. — Es wird die ursprüngliche Galaxie betrachtet, d. h. eine große Gasmasse von den Dimensionen einer Galaxie, in der sich noch keine Sterne gebildet haben. Unter verhältnismäßig einfachen Annahmen kann man dann auf dem Wege über Differentialgleichungen 2. Ordnung und elliptische Integrale zu einer Beziehung zwischen Dicke der Galaxie, Druck und Dichte kommen und kann damit, da der Druck sich aus Gasdruck und Strahlungsdruck zusammensetzt, auch die zugehörige Temperatur einführen. Die numerische Auswertung ergibt für unser Milchstraßensystem eine Gastemperatur der ursprünglichen Gasmasse von etwa 15° absolut. H. M.

5403. **F. C. Auluck, D. S. Kothari,** Random fragmentation. Nature **174** 565—566, mit 1 Fig. — Ref. in RJ Astr. Geod. UdSSR Nr. **7**, 1955; Ref. Nr. 2958.

5404. **R. Bouigue,** Sur l'évolution et l'âge des galaxies. CR **239** 866—867. — Verf. versucht, die Deutung der von Stebbins und Whitford gefundenen entfernungsproportionalen Rötung der elliptischen Nebel als Entwicklungseffekt durch quantitative Abschätzungen zu belegen. Unter plausiblen Annahmen für das Verhältnis der Anzahlen von Riesen und Zwergen in den Nebeln findet er ein Alter der Nebel von 5 bis 6×10^9 Jahren. Kdr.

5405. **A. Dauvillier,** Sur les bases du problème cosmogonique restreint. CR **239** 1257—1259. — Allgemeine Betrachtungen über die kosmogonische Bedeutung von Zusammenstößen von Sternen in Sternhaufen und im galaktischen System, speziell im Hinblick auf die Entstehung des Sonnensystems. Kdr.

5406. **K. N. Dodd,** A possible mechanism for binary star formation. MN **114** 664—675, mit 1 Fig. — Es wird ein Mechanismus für die Entstehung eines Doppelsterns aus zwei Einzelsternen vorgeschlagen, bei der die zur Bindung des Systems abzugebende Energie von angelagerter interstellarer Materie aufgenommen wird. Geschieht dies im Sinne der ursprünglichen Accretiontheorie, so erfordert der Mechanismus für jene eine Dichte, wie sie jetzt jedenfalls nicht mehr vorliegt. Berücksichtigt man aber eine bereits während der Kondensation der beiden Sterne zwischen ihnen einsetzende zylindersymmetrische Verdichtung der interstellaren Materie, die anschließend von den beiden sich nähernden Komponenten «aufgefegt» wird, so erweist sich der Mechanismus als sehr wirksam. Gü.

5407. **K. N. Dodd,** A possible mechanism for binary star formation. Obs **74** 230—231. — Ref. RAS.

* * **J. Dufay,** La nouvelle échelle de distance des galaxies et l'âge probable de l'univers. Vgl. Ref. **12409**.

5408. **W. G. Fessenkow, D. A. Roshkowskij,** Zum Artikel von V. Kourganoff «Die Untersuchung W. G. Fessenkows und D. A. Roshkowskijs über die Bildung der Sterne aus fasrigen und gas-staubförmigen Nebeln». AJ UdSSR **31** 556—557 (russisch). Bemerkung hierzu in Contr. Labor. Astr. Lille Nr. **3** S. 1. — Bemerkung zu dem Artikel von Kourganoff in Contr. Labor. Astr. Lille Nr. **2**, Ref. **5414**.

5409. **W. G. Fessenkow,** On the origin of meteorites. Meteoritics 1 208—227. — Übersetzt aus Meteoritika **4** 38—49, 1948 und mit einem Anhang versehen von L. La-Paz. — Es wird zunächst die Hypothese der Entstehung von Meteoriten aus den Staubpartikeln der interstellaren Materie diskutiert und abgelehnt. Bereits die Tatsache der planetarischen Geschwindigkeiten spricht dagegen. Auch die Zufuhr meteoritischen Materials und interplanetarischen Staubes durch Kometen wird als nicht genügend wirksam abgelehnt. Es wird vielmehr die Ansicht vertreten, daß Meteorite und Kleine Planeten denselben Ursprung haben und daß sie sich nur dimensionsmäßig unterscheiden. Der interplanetarische Staub, wie er im Zodiakallicht in Erscheinung tritt, soll seine Entstehung den Zusammenstößen Kleiner Planeten und Meteoriten verdanken. Die hemmende Wirkung des Strahlungsdrucks hat ein langsames Sinken der beim Aufprall entstandenen Staubpartikel gegen die Sonne hin zur Folge. Bo.

5410. **G. Gamow,** On the formation of protogalaxies in the turbulent primordial gas. Proc. National Acad. Sci. USA **40** 480—484, mit 1 Fig. — Die Anwendung der Jeansschen Formel für Gravitationsinstabilität auf ein Gas, welches im Universum zu Beginn seiner Expansionsbewegung gleichförmig verteilt war, führt für Größe und Masse der dabei entstehenden Protogalaxien zwar zu plausiblen Werten, doch gilt diese Formel nur für ein stationäres Gas. Bei Berücksichtigung der Expansion ergibt sich damit kein vernünftiges Resultat. Die weitere Erörterung der Frage legt es nahe, in dem Urgas großräumige Turbulenz mit Überschallgeschwindigkeit zu postulieren und die dadurch bedingten Dichteschwankungen als Ursache für die Bildung von Protogalaxien anzunehmen. Kdr.

* * **G. Gracía,** Neue Untersuchungen und Resultate «Über das Universum in Expansion und die Entstehung der Nebel». Vgl. Ref. **4138**.

5411. **F. G. Houtermans,** L'età della terra e dell'Universo. Nuovo Cimento Suppl. (9) **12** 17—25. — Ref. in Phys. Abstracts (A) **58** 79, Phys. Ber. **34** 890.

* * **G. M. Idliss,** Kosmische Kraftfelder und einige Fragen der Struktur und Entwicklung der galaktischen Materie. Vgl. Ref. **12309**.

5412. **W. Iwanowska,** Ewolucja gwiazd. Postępy Astr. **2** 9—24, mit 2 Fig. — Der vorliegende Bericht über die Entwicklung der Sterne wurde auf dem astrophysikalischen Symposium der Polnischen Astronomischen Gesellschaft in Breslau im August 1953 gegeben. Besonders werden die 1952 erschienenen Arbeiten von Strömgren, Schwarzschild und Sandage sowie die Untersuchungen von Sorokin, Massewitsch und Suschkina aus den Jahren 1951 bzw. 1953 behandelt. Loh.

* * **H. L. Johnson,** Galactic clusters and stellar evolution. Vgl. Ref. **12108**.

5413. **S. A. Kaplan,** Über die Entstehung der Sterne. Mitt. Univ. Lwow Nr. **4** Teil 2 S. 74—75, 1953 (russisch). — Ref. in RJ Astr. Geod. UdSSR Nr. **7**, 1955; Ref. Nr. 2955.

5414. **V. Kourganoff,** Travaux de V. G. Fessenkoff et D. A. Rojkovsky sur la formation des étoiles à partir des filaments de nébuleuses diffuses. Contr. Labor. Astr. Lille Nr. **2**, 22 S. — Sondernummer des internationalen Kolloquiums in Lüttich über die festen Körper in astronomischen Objekten.

5415. **B. W. Kukarkin,** Einige Fragen zur Entstehung und Entwicklung der Sterne und ihrer Systeme. AJ UdSSR **31** 489—498 (russisch). — Ref. in Contr. Labor. Astr. Lille Nr. **3** S. 2, Sterne **31** 249—250, Urania Kraków **26** 304—305. — Es wird auf die Haltlosigkeit der Anschauung hingewiesen, daß der Prozeß der Sternbildung nur im flachen Untersystem der Galaxis stattfindet. Die Verteilung der Mira-Sterne im Raum zeugt zweifellos davon, daß ihr Alter auf keinen Fall 10^6 Jahre übersteigen kann. Soweit Mira-Sterne sowohl im sphärischen Untersystem unserer Galaxis als auch in den kugelförmigen Sternhaufen auftauchen, ist nicht zu bezweifeln, daß sich der Prozeß der Sternbildung im sphärischen Untersystem der Galaxien fortsetzt. Es wurde eine Gleichheit der morphologischen Besonderheiten der Mira-Sterne in kugelförmigen Sternhaufen und der «freien» Sterne desselben Typs, die das sphärische Untersystem unserer Galaxis bilden, festgestellt. Die kugelförmigen Sternhaufen haben auch ein unterschiedliches Alter und die Besonderheiten der Aufbauelemente dieser Haufen sind zweifellos mit diesem Alter verbunden. Soweit im sphärischen Untersystem unserer Galaxis und in den kugelförmigen Sternhaufen interstellares Gas, auf jeden Fall aber Staub, fehlen, ist zu vermuten, daß die Natur der prästellaren Materie im sphärischen Untersystem der Galaxien wenig mit dem diffusen interstellaren Medium gemein hat. Verf. (übersetzt)

5416. **B. W. Kukarkin,** Über den Prozeß der Sternbildung in der sphärischen Komponente von Sternsystemen. Astr Circ UdSSR Nr. 152 S. 12—13 (russisch). — Es gibt keinen Grund zur Annahme, daß die Sternbildung im kugelförmigen Untersystem der Galaxis, den Kugelsternhaufen und den elliptischen Nebeln längst abgeschlossen sei. Die Verteilung der Mira-Sterne im Raum und die Tendenz, in Nestern vorzukommen, spricht vielmehr für ihr geringes Alter und damit für ihre Entstehung vor nicht langer Zeit. Auf Fragen, die in diesem Zusammenhang mit dem Vorkommen von Mira-Sternen in Kugelhaufen entstehen, soll später eingegangen werden. Die Natur der prästellaren Materie hat mit der diffusen Materie wohl wenig gemein. Loh.

5417. **P. Laberenne,** L'Origine des Mondes. Paris, Editeurs Français Réunis, 1953. 270 S. — Besprechung in Priroda **44** Nr. 2 S. 121—123 (E. Kolman).

* * **P. Ledoux,** Sur les conditions d'équilibre au centre des étoiles et leur évolution. Vgl. Ref. **5224**.

* * **Q. Majorana,** Su di un'ipotesi cosmogonia. Vgl. Ref. **4161**.

5418. **B. E. Markarjan,** Über die Entwicklung der offenen Sternhaufen. Mitt. Obs. Bjurakan Nr. **12**, 22 S. mit 1 Abb. (russisch mit armenischer Zusammenfassung). — 171 offene Sternhaufen werden nach dem Spektraltyp ihrer hellsten Mitgliedsterne in fünf Klassen unterteilt. Die wahre Besetzung dieser Klassen in Sonnennähe wird abgeschätzt. Mit Hilfe der Masse-Leuchtkraft-Beziehung ($L = \mathfrak{M}^4$) und einer von Fessenkow angegebenen Formel für den kontinuierlichen Massenverlust der Sterne in Abhängigkeit von ihrer Leuchtkraft werden relative Verweilzeiten und Häufigkeiten für die fünf Klassen berechnet. In Wirklichkeit ist jedoch die Zahl der «späten» Haufen sehr viel kleiner. Hierfür wird die kurze Lebensdauer (10^7a) der «frühen» Haufen verantwortlich gemacht. Nimmt man an, daß ein gewisser Teil ($\leqq 10\,\%$) der frühen Haufen negative Gesamtenergie hat und damit beständig ist, so ist aber immerhin mit der Möglichkeit einer kontinuierlichen Entwicklung in «spätere» Klassen zu rechnen. Die unabhängige Entstehung später Haufen ist aber wahrscheinlicher, besonders für Objekte mit hoher Sternzahl. Petri

5419. **A. G. Massewitsch,** Possible tracks of stellar evolution as a result of nuclear reactions. Vgl. Ref. **1191**, daselbst S. 170—186, mit 7 Fig. — Nach Meinung des Verf. erfordert die Erklärung des empirischen H-R-Diagramms eine Abhängigkeit des mittleren Molekulargewichts von der Masse des Sterns, d. h. von seiner Lage im H-R-Diagramm. Diese Massenabhängigkeit des Molekulargewichtes wird auf die Umwandlung von H in He zurückgeführt. Der Verlauf der Hauptsequenz des H-R-Diagramms wird dann als Entwicklungsweg der Sterne dargestellt, den sie unter ständigem Masseverlust durch Korpuskularstrahlung zurücklegen. Die Dispersion im H-R-Diagramm wird durch unterschiedliche Metallhäufigkeit erklärt: $0.05 \leq Z \leq 0.40$. Außerdem werden Entwicklungen von inhomogenen Sternen diskutiert. Böhm-Vitense

* * **L. Mestel,** Rotation and stellar evolution. Vgl. Ref. **4309.**

* * **G. R. Miczaika,** Evolutionary trends in the H-R diagrams of galactic clusters. Vgl. Ref. 12116.

5420. **T. Nicolini,** Gli inizi della cosmogonia moderna. Le ipotesi di Bickerton e Gifford. Ann. Ist. Univ. Navale Napoli **20—23** 91—102, mit 2 Fig. = Oss. Astr. Capodimonte-Napoli Collezione Miscellanea **1** Nr. 10. — Theorie der Zusammenstöße der Himmelskörper mit Anwendung auf die Entstehung des Sonnensystems.

* * **P. Notni,** Neuere Untersuchungen über die Wechselbeziehungen zwischen Cirrusnebeln und Sternen. Vgl. Ref. **12220.**

* * **E. J. Öpik,** The age of the universe. Vgl. Ref. **4167.**

* * **P. P. Parenago,** Untersuchung der Sterne im Gebiet des Orion-Nebels. Vgl. Ref. **12221.**

5421. **J. Podolanski, D. ter Haar,** The origin of the elements. Vgl. Ref. **1191,** daselbst S. 19—41, mit 4 Fig. — Verf. geben einen zusammenfassenden und kritischen Überblick über die bisher vorliegenden Theorien zur Entstehung der Häufigkeitsverteilung der chemischen Elemente. Besonders eingehend werden die modifizierten Gleichgewichtstheorien von Hoyle, van Albada und von Beskow und Treffenberg diskutiert, bei denen es sich bekanntlich um die Entstehung der schweren Elemente in hypothetischen Sternen sehr hoher Zentraltemperatur handelt. Auf die Problematik des sogenannten «Einfrierens» eines Gleichgewichtszustandes wird besonders hingewiesen. Abschließend werden die Erfolge und die Grenzen der α-β-γ-(Neutroneneinfang-)Theorie aufgezeigt. Böhm

5422. **V. C. Reddish,** Stellar evolution. Obs **74** 68—70 = Commun. Univ. London Obs. Nr. **14.** — Kurzer, qualitativer Überblick über die derzeitigen Vorstellungen der Sternentwicklung mit zum Teil neuen Vorschlägen des Verf. zur Weiterentwicklung nach Erreichen des «Rote-Riesen-Zustandes». Dabei wird unter anderem versucht, den Unterschied der Populationen durch verschieden starke Rotation und damit verschieden starke Durchmischung zu erklären. Voigt

5423. **J. Ruprecht,** Über die Entwicklung der galaktischen Sternhaufen. Rozhledy **33** 82—85, mit 1 Fig. (tschechisch).

* * **A. R. Sandage,** A survey of present knowledge of globular clusters and its significance for stellar evolution. Vgl. Ref. **12144.**

5424. **E. Schatzman,** Remarques sur l'évolution des étoiles. III. Interprétation des rotations axiales. Ann d'Astrophys **17** 300—311, mit 1 Fig. = Contr. Inst. d'Astrophys. Paris (B) Nr. **114.** — Unter der Voraussetzung, daß sich die Sterne im oberen Teil der Hauptreihe oberhalb F0 durch Kontraktion aus einem turbulenten Medium in Verbindung mit korpuskularer Ausstrahlung während der Kontraktion entwickelt hätten, wird versucht, die beobachtete Verteilung der Rotationsgeschwindigkeiten in diesem Bereich quantitativ zu erklären. Kdr.

5425. **E. Schatzman,** Remarques sur l'évolution des étoiles. IV. Sur le trajet évolutif des étoiles d'amas. Ann d'Astrophys **17** 377—381 = Contr. Inst. d'Astrophys. Paris (B) Nr. **115.** — Verf. zeigt, daß die Existenz eines stark gegen die Hauptreihe geneigten Astes im Hertzsprung-Russell-Diagramm auf der Seite der späten Spektraltypen auf geringes Alter der Haufen hindeutet. Dieser Ast scheint mit Sternen besetzt zu sein, die sich noch im Kontraktionsstadium befinden. Kdr.

5426. **E. Schatzman,** Remarques sur l'évolution des étoiles. V. Sur la formation des systèmes d'étoiles. Ann d'Astrophys **17** 382—397, mit 1 Fig. = Contr. Inst. d'Astrophys. Paris (B) Nr. **115**. — Erörterung der Frage über die Bildung der Sterne in Sternhaufen. Verf. zeigt, daß bei Berücksichtigung nur der inneren und turbulenten Energie eines Ausgangsmediums durch dessen Zerfall in Teilmassen mit anschließender Kontraktion zu Sternen Systeme mit negativer Energie entstehen, aus denen Sterne wesentlich schneller entweichen können als aus stationären Haufen. Die auf diese Weise gebildeten Systeme lassen also die Entstehung von Sternassoziationen aus offenen Haufen verstehen. Bei Haufen mit positiver Energie und bei stationären Haufen erscheint das nicht möglich. Kdr.

5427. **E. Schatzman,** Remarques sur l'évolution des étoiles. VI. Notes sur les Pleiades. Ann d'Astrophys **17** 398 = Contr. Inst. d'Astrophys. Paris (B) Nr. **115**. — Aus den Eigenbewegungen der 18 hellsten, schnellrotierenden Sterne der Plejaden ergibt sich eine Kontraktion dieses Haufens mit einer Zeitskala von etwa 5×10^6 Jahren. Kdr.

* * **E. Schatzman,** Nature et évolution de la matière interstellaire. (Le colloque de Liège, juillet 1954). Vgl. Ref. **12527**.

5428. **E. Schatzman,** Les théories cosmogoniques et les bases d'une cosmogonie scientifique. Scientia **89** 325—327 = Contr. Inst. d'Astrophys. Paris (A) Nr. **191**. — In dem Aufsatz werden einige Betrachtungen über die Grundlagen der Kosmogonie angestellt. Ziel einer wissenschaftlichen Behandlung des kosmogonischen Problems sei die beobachtungsmäßige Auffindung der verschiedenen Stadien, die die Materie durchläuft, und ihrer Veränderungen, sowie die Deduktion der Gesetzmäßigkeiten, denen die Änderungen der Existenzformen der Materie unterworfen sind. Hierbei komme der Beachtung der Erhaltungssätze besondere Bedeutung zu. Kdr.

5429. **R. J. Tayler,** Evolution of massive stars. ApJ **120** 332—341, mit 3 Fig. — Die Entwicklung von Sternen großer Masse wird an Hand einer Sequenz von 10 Modellen untersucht, bei denen als einzige Opazitätsquelle Elektronenstreuung, $T_c = 2 \times 10^7$ Grad und Durchmischung nur im konvektiven Kern angenommen wird. Der H-Gehalt des Kerns nimmt längs der Reihe von 100% bis 6% ab. Zwischen der Hülle aus reinem Wasserstoff und dem Kern befindet sich eine Übergangszone, deren Zusammensetzung sich kontinuierlich ändert. Die Entwicklungslinien der Sterne im Hertzsprung-Russell-Diagramm zeigen die gleiche allgemeine Tendenz wie die nach Modellrechnungen, die mit einer Molekulargewichtsdiskontinuität zwischen Kern und Hülle arbeiten, wenn auch im einzelnen nicht unwesentliche Unterschiede bestehen. Kdr.

5430. **A. W. P. Tulip,** A new theory of cosmical evolution. Vega Nr. **21/24** S. 84—86.

5431. **E. Vandekerkhove,** Remarques sur les séquences d'évolution. Vgl. Ref. **1191**, daselbst S. 283—292 = Commun. Obs. Roy. Belgique Nr. **70**. — Ref. in Urania Kraków **26** 173—174. — Verf. berechnet die Intensitätsgradienten, die man bei 5000 bzw. 4100 Å für verschiedene Mischungen von Population I und II in außergalaktischen Nebeln erwarten sollte. Die berechneten Werte werden mit den gemessenen Gradienten von nahen und sehr entfernten Nebeln, deren Licht vor etwa 8×10^8 Jahren emittiert wurde, verglichen. Aus diesem Vergleich wird auf die relativen Häufigkeiten von Population I und II in den nahen und entfernten Nebeln geschlossen. An Hand dieser Häufigkeiten wird dann versucht, Rückschlüsse auf die Sternentwicklung zu ziehen. Böhm-Vitense

5432. **W. Zonn,** O pracach kosmogonicznych W. G. Fiesjenkowa i W. A. Ambarcumiana. Postępy Astr. **2** 51—69. — Der vorliegende Bericht über die kosmogonischen Arbeiten von Fessenkow und Ambarzumjan wurde auf dem astrophysikalischen Symposium der Polnischen Astronomischen Gesellschaft in Breslau im August 1953 gegeben. Er wurde durch Einbeziehung der Arbeiten von Safronow (vgl. AJB **51** Ref. **5526**), Cholopow (vgl. AJB **52** Ref. **5433**, **50** Ref. **12307**), Parenago (vgl. AJB **53** Ref. **12226**), Markarjan (vgl. AJB **53** Ref. **12348**) und Kukarkin (vgl. AJB **49** Ref. **12004**) ergänzt. Loh.

* * Globular clusters and stellar evolution. Vgl. Ref. **12151**.

5433. Fragen der Kosmogonie. Band II. Moskau, Verlag Akad. Wiss. UdSSR, 1954. **364** S. mit Abb. Preis 17 R. 35 Kop. (russisch). — Besprechung in RJ Astr. Geod. UdSSR Nr. **7**, 1955; Ref. Nr. 2959 (G. E. Medwedewa). — Inhalt: A. I. Lebedinskij, Die Hypothese über die Entstehung der Sterne, S. 5—149; L. E. Gurewitsch, Die Entwicklung der Sternsysteme, S. 150—260; P. P. Parenago, Über die Teilung der Hauptreihe in zwei Teile, S. 261—268; S. A. Kaplan, Über den Einfluß der Sternpassagen auf die Korrelation «Exentrizität — große Halbachse», S. 269—272; W. F. Safronow, Das interstellare Medium. I. Verteilung im Raum, Bewegung und physikalische Eigenschaften der interstellaren Materie, S. 275—310. — Es folgen Besprechungen, Referate, Eigenreferate und Chronik S. 313—361. Loh.

5434. Fragen der Kosmogonie. Band III. Moskau, Verlag Akad. Wiss. UdSSR, 1954. **364** S. mit Abb. Preis 16 R. 60 Kop. (russisch). — Besprechung in RJ Astr. Geod. UdSSR Nr. **7**, 1955; Ref. Nr. 2960 (W. I. Moros). — Inhalt: Für eine kämpferische sowjetische Kosmogonie, S. 3—8; A. A. Abrikossow, Über den inneren Aufbau der Wasserstoffplaneten, S. 11—19; B. J. Lewin, Die Kosmogonie des Planetensystems und die Entstehung der Sonne, S. 20—32; N. N. Parijskij, Berechnung der Einfangbahnen im ebenen Problem dreier Körper gleicher Masse, S. 33—62; T. A. Agekjan, Über die Komplanarität der Bahnen der Mehrfachsterne, S. 63—84; S. B. Pikelner, Magnetfelder im interstellaren Raum, S. 85—93; L. E. Gurewitsch, Die zweiseitige Wechselwirkung von Sternen mit diffuser Materie und ihre Bedeutung im kosmogonischen Prozeß, S. 94—224; E. Schatzman, Kritischer Überblick über die in Westeuropa und Amerika verbreiteten kosmogonischen Theorien, S. 227—308. — Es folgen Referate, Eigenreferate und Chronik S. 311—361. Loh.

5435. Rate of accretion of matter by stars. Nature **173** 19. — Ref. der in AJB **53** Ref. **5415** zitierten Arbeit von W. H. McCrea.

5436. Star formation theory. Sci. News Letter **64** Nr. 10 S. 149. — Ref. in RJ Astr. Geod. UdSSR Nr. **7**, 1955; Ref. Nr. 2956.

5437. Growth by accretion. Sky and Telescope **13** 156.

5438. Evolution of a star cluster. Sky and Telescope **14** 21—22.

§ 55

Kosmogonie des Planetensystems

5501. **H. Alfvén,** On the Origin of the Solar System. Oxford, Clarendon Press, 1954. 6 + 195 S. mit 45 Fig. und 1 Tafel. Preis 30 s. — Besprechung in Endeavour **14** 49 (H. Spencer Jones), NAT **1954** 151, Phil. Mag. **45** 996, Proc. Phys. Soc. (B) **68** 693-694 (R. A. Lyttleton), ZfA **37** 143-144 (R. Lüst).

5502. **A. S. Arsenjew,** Die theoretische Bedeutung der kosmogonischen Ideen von Kant und Laplace. Moskau, Philos. Inst. Akad. Wiss. UdSSR, 1954 (russisch). — Dissertationsreferat.

5503. **N. P. Barabaschew,** Die Entwicklung der Anschauungen auf dem Gebiet der Kosmogonie des Sonnensystems. Charkow, Verlag der Univ. Charkow, 1953. Preis 3 R. 75 Kop. (russisch). — Besprechung in RJ Astr. Geod. UdSSR Nr. 6, 1955; Ref. Nr. 2487.

5504. **N. P. Barabaschew,** Über die Rolle des Studiums der physikalischen Bedingungen auf dem Mond und den Planeten in der Kosmogonie. Abh. Univ. Charkow 3 Nr. 55 S. 5—11 (russisch). — Ref. in RJ Astr. Geod. UdSSR Nr. 4, 1955; Ref. Nr. 1602.

* * **N. O. Bergquist,** The Moon Puzzle. Vgl. Ref. 7303.

5505. **H. P. Berlage,** Remarks on the origin of satellites in general and on the metamorphosis of the systems of Neptune and the Earth in particular. Proc. Section Sci. K. Nederl. Akad. Wetensch. (B) 57 452—463. — Verf. gibt nach Darlegung seiner kosmogonischen Vorstellungen über die Entstehung der verschiedenen Satellitensysteme eine detaillierte Beschreibung der Entstehung und Weiterentwicklung des Erdmondes und von Triton. Böh.

* * **G. Boato,** The isotopic composition of hydrogen and carbon in the carbonaceous chondrites. Vgl. Ref. 8330.

5506. **A. N. Datta,** On the energy required to form the moon. MN Geophys. Suppl. 6 535—539. — Modellrechnungen und Abschätzungen über die Entstehung des Mondes entsprechend einer Theorie von K. E. Bullen durch Ausstoßen eines instabilen überdichten Kerns hohen Energiegehalts im ursprünglichen Erdkörper scheinen auf die richtige Größenordnung für die Masse des Mondes zu führen. Dv.

* * **A. Dauvillier,** Sur les bases du problème cosmogonique restreint. Vgl. Ref. 5405.

5507. **P. G. Duchnowskij,** Über die Bahnelemente in der Eruptionshypothese. Publ. Astr. Obs. Kiew Nr. 6 S. 67—90, mit 12 Abb. (russisch). — Verf. zeigt, daß sogar unter den allergünstigsten Voraussetzungen für die Auswurfhypothese über die Herkunft der Kometen (Wsechswjatskij) diese Hypothese die in Wirklichkeit vorhandene Verteilung der Bahnen nicht erklären kann. Loh.

5508. **M. Hegedušić,** Tvorba planetarnih sistema u svemiru. Naučna Misao Nr. 2 S. 55—74, mit 10 Fig. (mit englischer Zusammenfassung). — Über die Entstehung von Planetensystemen im Universum schließt Verf. nach Zusammenstellung aller empirischen Daten, daß sich das Planetensystem aus einer flachen Ansammlung kosmischer Materie mit drei Spiralarmen gebildet hat, die Satellitensysteme der einzelnen Planeten hingegen aus zweiarmigen Spiralen. Für das Entfernungsgesetz der Materieknoten in Spiralnebeln ergeben sich dem Titius-Bodeschen Gesetz analoge Formeln. Loh.

5509. **E. Høg,** Om kometers kosmogoniske forhold. NAT 1954 106—109. — Allgemeinverständliche Darstellung verschiedener Hypothesen über die Herkunft der Kometen. Im einzelnen werden die Hypothesen von Strömgren, Oort und Kuiper behandelt. C. L. J.

5510. **E. N. Kramer,** Über die Rolle des Bildungsprozesses der Planeten in der Bildung der Kleinkörper des Sonnensystems. Publ. Astr. Obs. Stalinabad 4 114—124, mit 1 Abb. (russisch). — Verf. beschäftigt sich mit einigen speziellen Fragen der Entwicklung der Kometen, Meteore und Meteorströme. Es wird die Möglichkeit der Herkunft der kurzperiodischen Kometen aus quasiparabolischen bewiesen und skizzenhaft ein qualitatives Bild des Bildungsprozesses der Planeten, Kometen, Meteore und Meteorite entworfen. Loh.

5511. **W. Krat,** Über die Masse der Sonne zur Zeit der Bildung der Planeten. DAN **95** 481—484 (russisch). — Es wird angenommen, daß die Planeten aus einer gas-staubförmigen Wolke hervorgegangen sind. Die Grenze, innerhalb deren eine Verflüchtigung der leichten Elemente durch die Strahlung der schon als Hauptreihenstern ausgebildeten Sonne möglich war, fiel mit der damaligen Jupiterbahn zusammen. Nimmt man ferner an, daß die Sonne die Masse-Leuchtkraft-Funktion in der Form $L \sim m^4$ erfüllte und die Verdampfungstemperatur 1600° beträgt, dann ergibt sich $m = 5.5$. Loh.

* * **G. P. Kuiper,** On the origin of the lunar surface features. Vgl. Ref. **7350**.

5512. **D. Layzer,** Is the origin of the solar system connected with the overall structure of the universe? AJ **59** 170—173 = Harv Repr (2) Nr. **59**. — Ref. AAS.

* * **H. Quiring,** Paläogeothermik und Sonnenentwicklung. Vgl. Ref. **7217**.

* * **H. Quiring,** Die Entstehung des Mare Imbrium und der Mondrillen. Vgl. Ref. **7354**.

5513. **E. P. Rasbitnaja,** Über die Entstehung des Mondes. Leningrad, Staatl. Pädagog. Inst., 1954 (russisch). — Dissertationsreferat.

* * **A. E. Roy, M. W. Ovenden,** On the occurence of commensurable mean motions in the solar system. Vgl. Ref. **4229, 4230**.

5514. **W. S. Safronow,** Über das Wachsen der Planeten in der protoplanetaren Wolke. AJ UdSSR **31** 499—510, mit 1 Abb. (russisch). — Es wird der Wachstumsprozess der präplanetaren Körper auf Grund der von ihnen eingefangenen Teilchen der um die Sonne rotierenden gas-staubförmigen Wolke untersucht. Eine Formel für die Wachstumsgeschwindigkeit eines Planeten auf Kosten der kleinen Teilchen, deren freie Weglänge klein im Vergleich zur Entfernung von der Sonne ist, wird abgeleitet. Die Formel stimmt bis auf einen Faktor zwei mit der Schmidtschen überein. Es zeigt sich, daß die kosmogonisch annehmbaren Wachstumszeiten von Uranus, Neptun und Pluto nur bei sehr kleinen Geschwindigkeiten der chaotischen Bewegung der Teilchen in diesem Gebiet im Anfangsstadium des Wachstums gewährleistet sein können. Die durch Stoßerwärmung entstehende Temperatur der Planeten auf Grund der auf die Oberfläche fallenden Teilchen wird bestimmt. Näherungsweise wird die ursprüngliche Temperaturverteilung im Erdinnern berechnet. In einer Tiefe von etwa 1000 km wurde die maximale Temperatur mit etwa 1000° festgestellt. Verf. (übersetzt)

* * **E. Schatzman,** Les théories cosmogoniques et les bases d'une cosmogonie scientifique. Vgl. Ref. **5428**.

5515. **O. J. Schmidt,** Über die Entstehung der Asteroiden. DAN **96** 449—451 (russisch). — Gegen die von Olbers aufgestellte und neuerdings von Fessenkow gestützte Hypothese der Bildung der Kleinen Planeten führt Verf. zwei Argumente an und spricht sich dafür aus, daß die Nähe Jupiters die Bildung eines Planeten gravitativ nicht zuließ. Loh.

* * **K. P. Stanjukowitsch,** Über den Ursprung der Meteoriten. Referat eines auf der 4. Meteoritenkonferenz im Mai 1952 gehaltenen Vortrags. Vgl. Ref. **8325**.

* * **H. H. Uhlig,** Contribution of metallurgy to the origin of meteorites. I. Structure of metallic meteorites, their composition and the effect of pressure. Vgl. Ref. **8326**.

5516. **H. C. Urey,** On the dissipation of gas and volatilized elements from protoplanets. ApJ Suppl **1** 147—173, mit 1 Fig. — Ref. in ApJ **120** 373—375. — Die Häufigkeit der Elemente auf der Erde zeichnet sich dadurch aus, daß die leichtesten Elemente, zum Beispiel die permanenten Gase, fast vollkommen fehlen. Bei schweren Elementen wird jedoch keine Abweichung von der kosmischen Häufigkeit beobachtet. Leicht flüchtige Elemente, wie etwa Hg, As, Cd und Zn, zeigen keine Verschiebung ihrer relativen Häufigkeit gegenüber den schwerflüchtigen Elementen, wie zum Beispiel Fe. Verf. zieht daraus den Schluß, daß sich die Erde nicht aus einer heißen Gaswolke, sondern nur aus einer kalten Staubwolke kondensiert haben kann. Behr

5517. **R. T. Walker, W. J. Walker,** The Origin and History of the Earth. Colorado Springs, Colo., Walker Corporation, 1954. 244 S. Preis $ 5. — Besprechung in Sky and Telescope **14** 26.

5518. **S. K. Wsechswjatskij,** Bemerkungen zu Arbeiten von J. Oort über Fragen der Entstehung und Entwicklung der Kometen. AJ UdSSR **31** 537—543 (russisch). — Gegen die von Oort und Mitarbeitern entwickelte Theorie einer die Sonne in großem Abstande umgebenden Kometenwolke wird kritisch geltend gemacht: Die zugrunde gelegte Geschwindigkeitsverteilung ist gekünstelt und einseitig gegen hyperbolische Geschwindigkeiten abgegrenzt. Durchgänge von Feldsternen durch die Wolke sind ungenügend berücksichtigt. Da die Störungen den Parameter der Bahn dreimal so stark verändern wie ihre große Halbachse, ist es viel wahrscheinlicher, daß die Kometen dabei aus dem Sonnensystem hinaus- anstatt weiter hereingeführt werden. Im Raum der Oortschen Wolke müsse man daher ausgesprochen hyperbolische «stellare» Kometen vermuten. Die große Anzahl kurzperiodischer Kometen wird nicht befriedigend erklärt. Unter Berücksichtigung der tatsächlichen Störungen müsse die Masse des hypothetischen Mutterplaneten größer als die des Jupiter und die Zahl der daraus ursprünglich vor 3×10^9 a entstandenen Kometen um mehrere Zehnerpotenzen größer gewesen sein, als Oort annimmt. Die Oortsche Unterscheidung zwischen «alten» und «jungen» Kometen wird wegen eines Auswahleffekts und Vernachlässigung einiger astrophysikalischer Erkenntnisse abgelehnt. Verf. hält die Eruptionshypothese aufrecht. Petri

* * Fragen der Kosmogonie. II und III. Vgl. Ref. **5433** und **5434**.

5519. Sur l'origine des comètes. BSAF **68** 39.

5520. The origin of the solar system. JBAA **64** 256.

5521. Planets from a super-prominence? Sky and Telescope **13** 152. — Ref. AAS.

Siebenter Teil

Sonne

§ 60

Astrometrische Beobachtungen, Allgemeines

6001. **Astrometrische Beobachtungen**
Greenwich Astronomical Results 1940, A7—A10. Observed right ascensions, declinations and diameters.

* * **G. Abetti,** Histoire et problèmes de la physique solaire. Vgl. Ref. **1302.**

* * **M. S. Eigenson,** Über die sonnenbedingten Schwankungen der Rotationsperiode Jupiters. Vgl. Ref. **7604.**

6002. **A. Fúster,** Influencia planetaria en la percepción de la radiación. Las Ciencias **19** 834—840, mit 5 Fig.

* * **K. A. Kulikow,** Über die Werte der Sonnenparallaxe und der Aberrationskonstanten. Vgl. Ref. **3111.**

* * **F. Link,** Influences planétaires sur le soleil XI. Vgl. Ref. **7011.**

* * **F. Link,** Influences planétaires sur le soleil XII. Vgl. Ref. **7012.**

6003. **W. Lochte-Holtgreven,** Wie kommt das Sonnenlicht zustande? Ein künstlicher Sonnenstrahl im Laboratorium. Naturwiss. Rundschau **7** 13—16.

6004. **E. A. Makarowa,** Die Sonne als Maß für die Temperaturmessung irdischer Lichtquellen. Priroda **43** Nr. 2 S. 81—82 (russisch).

6005. **M. du Martheray,** Une curieuse distorsion du limbe solaire. Orion Schaffhausen **4** 248—249, mit 1 Fig. — Bericht über eine Beobachtung vom 29. Mai 1951.

6006. **M. G. J. Minnaert,** Über die Ziele der Sonnenphysik. Phys. Blätter **10** 433—435. — Aus der Eröffnungsansprache des Verf. vor dem 11. Volta-Kongreß in Florenz 1953.

6007. **C. E. Moore,** Atoms and ions in the sun. Science **119** 449—456. — Ref. in Phys. Abstracts (A) **57** 799, Phys. Ber. **34** 1395.

6008. **R. Müller,** Über die Photographie der Sonne. Photographie und Forschung **6** 65—71, mit 8 Abb. — Allgemeinverständlicher Bericht über die Beobachtungen und Beobachtungsmöglichkeiten hauptsächlich am Wendelstein-Observatorium.

6009. **E. K. Nikonowa,** Lichtelektrische Bestimmung der Farbe der Sonne. Mitt. Astrophys. Obs. Krim **12** 56—63, mit 3 Abb. (russisch). — Durch unmittelbaren Anschluß an helle Sterne wurde der Farbenindex der Sonne auf photoelektrischem Wege bestimmt. Die Lichtschwächung in der Erdatmosphäre wurde nach der Methode von Bouguer und durch gleichzeitige Mond- und Sonnenbeobachtungen bestimmt. Der erhaltene Farbenindex (CI ⊙ Int. = $+0\overset{m}{.}65 \pm 0\overset{m}{.}05$) ordnet die Sonne in den oberen Rand des Farben-Helligkeitsdiagramms (nach Johnson und Morgan) bzw. noch höher (nach Eggen) ein. Bei der Annahme einer Teilung des Farben-Helligkeitsdiagramms in zwei Äste läge die Sonne auf dem oberen Ast, der in das Gebiet der Unterriesen hineinreicht. Schrick

6010. **Y. Öhman,** On some actual trends in solar observation. Scientia **89** 41—46, mit 1 Fig. = Stockholms Obs. Medd. Nr. **80**. — Verf. gibt eine kurze Beschreibung der internationalen Organisation zur Überwachung der Sonne und der heutigen Richtung der Sonnenbeobachtung. Besondere Aufmerksamkeit wird der Entwicklung neuer Instrumente, wie dem Lyotschen Koronagraphen und engbandigen Filtern gewidmet. Über einige Beobachtungen an der schwedischen Sonnenstation auf Capri wird berichtet. Loh.

6011. **E. Rabe,** Additional note on the solar parallax from Eros. AJ **59** 409—411. — Verf. leitet aus den in AJ **55** 112 diskutierten Erosbeobachtungen 1926—1945 ein Lösungssystem II ab, indem die Verbesserung $\Delta\psi$ der jährlichen Präzession in Länge als 17. Unbekannte eingeführt wird, und gibt ein System III, bei dem für $\Delta\psi$ der von Morgan und Oort in BAN **11** 379 (vgl. AJB **51** Ref. **3121**) bestimmte Wert angesetzt worden ist. Es wird gezeigt, daß die Wahl einer streng zu dem Ausgangswert der Sonnenparallaxe gehörigen Aberrationskonstanten für die Reduktion der Erosbeobachtungen ohne merklichen Einfluß auf das Ergebnis der Bearbeitung bleibt. Böh.

6012. **P. Rousseau,** Notre Soleil. Paris, Hachette, 1953. Coll. «Le Roman de la Science». 254 S. mit 48 Fig. und 8 Tafeln. Preis ffr. 650. — Besprechung in BSAF **68** 309, Ciel et Terre **70** 69—70 (H. Michel), La Nature **82** 360, Scientia **89** 310—311 (G. Abetti).

6013. The Solar System. Vol. I. The Sun. Herausgegeben von G. P. Kuiper. Vgl. AJB **53** Ref. **6015**. — Weitere Besprechung in La Nature **82** 477, Phys. Abstracts (A) **58** 984.

6014. Les ingénieurs soviétiques exploitent le soleil. Gaz astr **36** 72—74.

6015. Bulges on the sun's limb. Sky and Telescope **13** 77. — Ref. in Vega Nr. **16/17** S. 70—71.

§ 61

Theorie, Rotation, Magnetfeld

6101. **U. Becker,** Bemerkungen zur zeitlichen Variation des Rotationsgesetzes der Sonne. Naturwissenschaften **41** 549. — Verf. vergleicht seine Ergebnisse über die Variation des Fleckenrotationsgesetzes im Laufe des Fleckenzyklus (vgl. Ref. **6102**) mit jenen von E. Schodo (vgl. AJB **52** Ref. **6106**) und findet gute Übereinstimmung. Er zeigt ferner, daß sich die Veränderlichkeit des Fleckenrotationsgesetzes auch beim Vergleich mit dem Rotationsgesetz der fleckenerzeugenden Herde bestätigt. Bru.

6102. **U. Becker,** Eine zeitliche Variation des Rotationsgesetzes der Sonne. ZfA **34** 229—236, mit 1 Abb. = Mitt. Fraunhofer-Inst. Freiburg Nr. **20**. — Die Längenbewegungen der Sonnenfleckengruppen zeigen, daß zu Beginn und Ende des elfjährigen Sonnenfleckenzyklus Abweichungen vom Greenwicher Rotationsgesetz auftreten. Zu Beginn des Zyklus (in hohen Breiten) ergibt sich eine schnellere, zum Ende des Zyklus (in niederen Breiten) eine langsamere Rotation als in der Mitte des Zyklus. Das Ergebnis wird auch an älteren Untersuchungen bestätigt. Verf.

* * **A. M. Cormack,** Heat generation in the earth by solar neutrinos. Vgl. Ref. 6813.

6103. **I. Epstein, L. Motz,** Apsidal motion and radius of gyration of solar models. ApJ **120** 353—355, mit 1 Fig. — Es werden die Konstante der Apsidenbewegung und der Gyrationsradius für das von den Verf. berechnete, verbesserte Sonnenmodell (vgl. nachstehendes Ref.) bestimmt. Für den effektiven Polytropenindex resultiert der Wert 3.30. Kdr.

6104. **I. Epstein, L. Motz,** The solar internal opacity and constitution. ApJ **120** 156—158. — Mit verbesserten Opazitätsformeln, die den Einfluß der Metalle, der Elektronen und des Wasserstoffs berücksichtigen, wird ein neues Sonnenmodell gerechnet, für das sich die chemische Zusammensetzung 93.1 % H, 6.7 % He und 0.2 % schwere Elemente, die Zentraltemperatur 12.85×10^6 Grad und die Zentraldichte 98 g cm^{-3} ergeben. Das Modell besitzt einen konvektiven Kern von 4 % der Gesamtmasse bzw. 8 % des Radius. Die Energie wird fast gänzlich nach der p-p-Reaktion erzeugt. Kdr.

6105. **R. Müller,** Über die Rotation der Sonne in Polnähe. ZfA **35** 61—66, mit 3 Abb. = Forschungsber. Obs. Wendelstein Nr. **12**. — Es wird die Beobachtung der in hohen heliographischen Breiten auftretenden kleinen photosphärischen Fackeln beschrieben. Aus einigen Reihenbeobachtungen und einer statistischen Auswertung wird die Winkelgeschwindigkeit (täglicher siderischer Rotationswinkel) in den Breiten $\beta = 61°$ bis 76° zwischen den Grenzen $\xi = 11{,}^\circ 2$ und $10{,}^\circ 0$ bestimmt. Aus statistischen Betrachtungen folgt, daß es eine Konzentration dieser kleinen Fackelgebiete in der 70°-Zone gibt. Rund 70 % von 342 beobachteten Fackeln haben eine Lebensdauer $< 1^d$. Verf.

6106. **P. Naur,** Two models for the interior of the sun. ApJ **119** 365—370. — Auf Grund der zur Zeit besten Daten für die p-p-Reaktion werden zwei Sonnenmodelle berechnet, wobei der Beitrag der frei-freien Übergänge in Wasserstoff zur Opazität berücksichtigt wird. Es ergibt sich eine wesentlich andere chemische Zusammensetzung als bei Vernachlässigung dieser Opazitätskomponente, nämlich 0.75 % schwere Elemente, 24 % He und 75 % H. Kdr.

6107. **F. J. Sellers,** Helium and the solar cycle. JBAA **64** 162—167, mit 1 Fig.

6108. **R. Servajean,** Sur un écart probable entre la position réelle de l'axe de rotation du Soleil et la position donnée par les tables. CR **239** 864—866. — Auf Meudon-Platten aus den Jahren 1921—1940 wurden 60 besonders stabile Sonnenflecken ausgewählt und mit ihrer Hilfe eine wahrscheinliche Korrektion der Richtung der Rotationsachse der Sonne abgeleitet. Danach sind die bisher angenommenen Werte für die Neigung um $-0{,}^\circ 3$, für die Knotenlänge um $-0{,}^\circ 6$ zu ändern. Kdr.

Theorie der Atmosphäre

6109. **W. S. Berditschewskaja,** Der Aufbau der Sonnenphotosphäre auf Grund von Beobachtungen. Acta Astr. Sinica **2** 199—206, mit 2 Abb. (chinesisch).

6110. **W. S. Berditschewskaja,** Über den Aufbau der Sonnenphotosphäre. Mitt. Astr. Sternberg-Inst. Nr. **96** S. 8—24, mit 3 Abb. (russisch). — Die vorliegende Arbeit ist eine kritische Diskussion der heutigen Photosphärenmodelle und ihrer Übereinstimmung mit den Beobachtungen. Nach einer kurzen Erwähnung der Theorie des Strahlungsgleichgewichts nach Chandrasekhar wird der Aufbau der Photosphäre nach Münch unter Berücksichtigung des Heliums dargelegt, dem sich ein Vergleich mit den Beobachtungen und eine Betrachtung über den aus den Beobachtungen folgenden Aufbau der Photosphäre anschließt.

Zur Diskussion der Oberflächentemperatur der Sonne werden Arbeiten von Strömgren, Münch, Barbier, de Jager, ten Bruggencate-Gollnow-Jäger und Pierce-Aller herangezogen. Den Abschluß bildet eine Gegenüberstellung der von Münch, de Jager, ten Bruggencate-Gollnow-Jäger ermittelten Abhängigkeit der Temperatur von der optischen Tiefe bei $\lambda = 5010$ Å. Loh.

6111. **K.-H. Böhm,** Das Strahlungsgleichgewicht in der Sonnenatmosphäre. Mitt. AG 1953 S. 14—15. — Ref. AG.

6112. **K.-H. Böhm,** Die Temperaturschichtung der Sonnenatmosphäre im nichtgrauen Strahlungsgleichgewicht. ZfA **34** 182—208, mit 8 Abb. = Sonderdruck Sternw. Kiel. — I. Bei einer kritischen Prüfung der Methoden zur Lösung nichtgrauer Strahlungsgleichgewichtsprobleme zeigt sich: 1. Das bereits mehrfach zur Berechnung der Temperaturschichtung benutzte Λ-Iterationsverfahren konvergiert bei Anwendung auf die Sonne nur oberhalb $\bar{\tau} \approx 0.001$ einigermaßen rasch. 2. Das von A. Unsöld vorgeschlagene Stromiterationsverfahren liefert in Schichten unterhalb $\bar{\tau} \approx 0.1$ gute Ergebnisse, ist jedoch in höheren Schichten unter Umständen nicht anwendbar. Es wird eine Verbesserung des Stromiterationsverfahrens vorgeschlagen, die in der ganzen Atmosphäre gute Ergebnisse liefert. II. Die Temperaturschichtung der Sonne im nichtgrauen Strahlungsgleichgewicht wird — unter genauer Berücksichtigung der Frequenzabhängigkeit des kontinuierlichen und des Linienabsorptionskoeffizienten — mit Hilfe des erwähnten Verfahrens berechnet. In den Schichten $0.05 < \tau_{5010\,\text{Å}} < 1.5$ stimmt die so gefundene Schichtung mit dem empirischen Modell nach E. Böhm-Vitense bis auf maximale Abweichungen von 50° überein. In den höchsten Photosphärenschichten ($\tau_{5010\,\text{Å}} < 0.05$) kommt man zu Widersprüchen zwischen Strahlungsgleichgewichtsmodell und Erfahrung. Verf. (gekürzt)

6113. **K.-H. Böhm,** Zur Deutung der Mitte-Rand-Variation der Fraunhofer-Linien. ZfA **35** 179—202, mit 8 Abb. = Sonderdruck Sternw. Kiel. — Verf. zeigt die Unmöglichkeit, die Mitte-Rand-Variation aller untersuchten Fraunhofer-Linien mit Hilfe eines einheitlichen, homogenen Sonnenmodells unter Annahme lokalen thermodynamischen Gleichgewichts zu erklären. Die Übereinstimmung mit der Beobachtung wird bei Berücksichtigung folgender zwei Effekte wesentlich verbessert: 1. Die durch die Granulation angezeigten örtlichen Temperaturschwankungen (Drei-Strom-Modell), 2. Abweichungen vom lokalen thermodynamischen Gleichgewicht, die in hohen Schichten ($\tau < 0.05$) im Sinne einer erhöhten Ionisationstemperatur wirksam werden. Voigt

6114. **E. Böhm-Vitense,** Über die Temperatur- und Druckschichtung der Sonnenatmosphäre. ZfA **34** 209—228, mit 6 Abb. = Sonderdruck Sternw. Kiel. — Durch Korrektion der von D. Barbier aus den Messungen der Mitte-Rand-Variation der Intensität im kontinuierlichen Sonnenspektrum abgeleiteten Temperaturschichtung wird ein neues empirisches Sonnenmodell gewonnen. Danach liegen die Temperaturen der Sonnenatmosphäre durchweg um etwa 100° tiefer als 1948 von C. de Jager angegeben. Zur Bestimmung der «Oberflächentemperatur» der Sonne werden die von J. Houtgast, C. de Jager und den Göttinger Astronomen gemessenen Mitte-Rand-Variationen der starken Fraunhoferlinien (H, Fe) herangezogen. Die «Oberflächentemperatur» ergab sich zu 3800°. Eine neue Berechnung der UV- und UR-Korrektionen der Solarkonstanten sowie Berücksichtigung der neuesten Zahlenwerte der Strahlungskonstanten führen auf eine Effektivtemperatur der Sonne von $T_e = 5780°$. Insgesamt ergibt sich so — jedenfalls für $\tau > 0.1$ — gute Übereinstimmung zwischen berechneter und beobachteter Temperaturschichtung der Sonnenatmosphäre.
Verf. (gekürzt)

6115. **P. Chen,** Transfer of energy by solar granules and its influence on line absorption coefficient. Acta Astr. Sinica **1** 17—25, mit 2 Fig., 1953 (chinesisch mit englischer Zusammenfassung in Vol. **2** S. 136).

6116. **Z. Hitotuyanagi, H. Inaba,** Model solar atmospheres and center-limb variations of the sodium D lines. Sci. Reports Tôhoku Univ. (1) **38** 209—223, mit 5 Fig. = Sendai Astr. Rap. Nr. 39. — Auf der Grundlage der Sonnenatmosphärenmodelle von Aller und Pierce (vgl. AJB **52** Ref. **6109**) werden mit Hilfe einer von einem der Verf. angegebenen Formel für die Intensitätsverteilung in Absorptionslinien die Profile der D-Linien im Sonnenspektrum, insbesondere die Linienflügel, als Funktion des Abstandes von der Scheibenmitte berechnet. Aus den noch bestehenden Abweichungen der theoretischen Ergebnisse von den Messungen verschiedener Autoren werden Korrektionen der Temperaturverteilung und der chemischen Zusammensetzung der Ausgangsmodelle abgeleitet. Kdr.

* * **C. de Jager,** High-energy microturbulence in the solar photosphere. Vgl. Ref. **6410**.

6117. **H. van Regemorter,** Détermination d'un modèle solaire à partir de l'étude des raies d'absorption du vanadium. CR **238** 1778—1779 = Contr. Inst. d'Astrophys. Paris (A) Nr. **165**. — Aus den Äquivalentbreiten schwacher und mittelstarker Absorptionslinien des neutralen Vanadiums leitet Verf. eine Temperaturschichtung der Sonne ab, die das Verhalten dieser Linien erklärt. Sie stimmt gut mit der aus der Mitte-Rand-Variation des Kontinuums abgeleiteten Schichtung überein. Verf. setzt eine lineare Näherung der Planckfunktion an und erhält eine Oberflächentemperatur von 5000°. Voigt

6118. **E. Schatzman,** Sur une nouvelle théorie de la granulation solaire. II. Propagation dans une atmosphère isotherme. Bull. Cl. Sci. Acad. roy. Belgique (5) **40** 139—142, mit 2 Fig. = Inst. Astr. Bruxelles (2) Nr. **92**. — Es wird gezeigt, daß Kompressionswellen in einer isothermen Atmosphäre das Phänomen der Granulation beschreiben können. Fricke

6119. **A. B. Sewerny,** Über magnethydrodynamische Erscheinungen an der Sonnenoberfläche. Mitt. Astrophys. Obs. Krim **11** 129—151, mit 4 Abb. (russisch). — Einige Beobachtungsdaten werden zugunsten dessen angeführt, daß sich die Bewegungen speziell der Protuberanzen unter der Einwirkung lokaler elektromagnetischer Felder vollziehen, die das Gleichgewicht der Druckgradienten in der Sonnenoberfläche stören. Von den allgemeinen Gleichungen der Magnethydrodynamik ausgehend, die für kleine Bewegungen in der Nähe des hydrostatischen Gleichgewichts eines kompressiblen Gasplasmas hingeschrieben werden, das sich in einem äußeren magnetischen und Gravitationsfeld befindet, wird gezeigt, daß auf Grund der spezifischen Eigenschaften des Sonnenplasmas Bewegungen durch die von der Gravitation nichtkompensierten Druckgradienten hervorgerufen werden und praktisch entlang der Kraftlinien des äußeren magnetischen Feldes verlaufen. Die so erhaltenen Geschwindigkeiten und Beschleunigungen der Bewegung stimmen nicht schlecht mit den beobachteten von «elektromagnetischen» Protuberanzen überein. Verf. (gekürzt)

* * **J. Tuominen,** Possible connection between meridional movements of sunspots and vertical mixing in the sun. Vgl. Ref. **6345**.

6120. **V. Weidemann,** Neuere Untersuchungen über Struktur und Zusammensetzung der Sonnenatmosphäre. Phys. Verhandlungen **5** 129—130. — Ref. AG.

Magnetfeld

6121. **H. W. Babcock,** The polarity of the sun's magnetic field and the Richardson-Schwarzschild oscillation. ApJ **119** 687—688. — Es werden einige Bemerkungen über die Definition der magnetischen Polarität der Sonne und der Sterne gemacht. Ferner wird darauf hingewiesen, daß die von

Richardson und Schwarzschild geforderte magnetische Polarität der Sonnenflecken mit den magnetographischen Beobachtungen des Verf. in Einklang ist. Micz.

6122. **M. Cutolo,** Sulla possibilità di misura del campo magnetico generale del sole. Nuovo Cimento Suppl. (9) **12** 135. — Ref. in Phys. Ber. **34** 405.

6123. **J. Firor, F. Jory, S. B. Treiman,** Solar magnetic moment and diurnal variation in cosmic-ray intensity. Phys. Rev. (2) **93** 551—553, mit 3 Fig. — Die tageszeitliche Variation der kosmischen Strahlungsintensität wird für $\lambda = 60°$ unter der Annahme eines solaren magnetischen Dipolmoments von 6.5×10^{33} Gauß cm^3 ausgerechnet. Die tageszeitliche Schwankung ergibt sich zu etwa 12 %. Fricke

* * **H. Hubenet,** Fraunhofer-Linien im inhomogenen Magnetfeld. Vgl. Ref. **6321**.

6124. **H. Spencer Jones,** Der Magnetismus von Erde, Sonne und Sternen. Naturwiss. Rundschau **7** 378—381.

6125. **H. v. Klüber,** Further measurements to detect a general magnetic field of the sun. MN **114** 242—245, mit 2 Fig. = Contr. Cambridge Obs. Nr. **16**. — Verf. hat seine interferometrischen Messungen an ausgewählten Spektrallinien der Sonne (vgl. AJB **51** Ref. **6125**) im Sommer 1950 fortgesetzt, um ein vielleicht bestehendes allgemeines Magnetfeld der Sonne aus Zeeman-Effekten nachzuweisen. Die Messungen wurden mit einer Lummerplatte und einem Gitterspektrographen mit einem Auflösungsvermögen von etwa 100000 ausgeführt und zeigen, daß im Juli/August 1950 kein allgemeines Magnetfeld der Sonne von mehr als 2 Gauß bestanden haben kann. Micz.

6126. **B. Lehnert,** Magnetohydrodynamic waves under the action of the Coriolis force. ApJ **119** 647—654, mit 2 Fig. — Magnetohydrodynamische Wellen in der Sonne mit Wellenlängen $> {}^1/_{100}\, R_\odot$ werden, wie durch eine Dimensionsbetrachtung gezeigt wird, stark durch die Coriolis-Kraft beeinflußt, wenn die Polfeldstärke des als Dipolfeld angenommenen Magnetfeldes 25 Gauß nicht übersteigt. Für ebene Wellen kleiner Amplitude werden die Auswirkungen der Rotation genauer erörtert. Aus den Ergebnissen schließt Verf. auf die Notwendigkeit, die Alfvénsche Sonnenfleckentheorie in wesentlichen Punkten, besonders hinsichtlich der Perioden, zu modifizieren. Kdr.

6127. **J. Nishimura,** Solar magnetic moment and the local time dependence of the unusual increase in cosmic-ray intensity. Rep. Ionosphere Res. Japan **8** 89—91. — Ref. in RJ Astr. Geod. UdSSR Nr. **9**, 1955; Ref. Nr. 3874.

* * **S. B. Treiman,** Cosmic radiation in the trapped orbits of a solar magnetic field. Vgl. Ref. **12750**.

6128. **S. B. Treiman,** Solar magnetic moment and cosmic-ray effects associated with solar flares. Phys. Rev. (2) **94** 1029—1030. — Im Zusammenhang mit den Intensitätsanstiegen der kosmischen Strahlung ist auch die Frage eines solaren Magnetfeldes von Bedeutung, da dieses die Bahnen von energieärmeren Teilchen hindern würde, die Erde zu erreichen. Verf. findet aus Beobachtungsergebnissen, die Firor (vgl. Ref. **12715**) in Climax, Colorado, gewonnen hat, daß ein solares Dipolmoment kleiner als 5×10^{32} Gauß cm^3 sein muß. Henn

6129. Recent observation of the general magnetic field of the sun. Acta Astr. Sinica **2** 287 (chinesisch).

6130. Mapa magnetico de la superficie del Sol. El Universo Nr. **27** S. 16. — Forschungsbericht.

6131. Solar magnetic fields. Sky and Telescope **13** 423. — Ref. AAS.

§ 62

Sonnenfinsternisse

* * **R. S. Bates,** Some eclipses of history and legend. Vgl. Ref. 1304.

6201. **M. Blaha,** Totale Sonnenfinsternisse. Rozhledy **33** 116—119 (tschechisch).

6202. **J. Gadomski,** Trzy poprzednie całkowite zaćmienia słońca w Polsce. Urania Kraków **25** 331—332.

6203. **S. D. Gossner,** Annular eclipses in 1958, 1959. US Naval Obs. Circ. Nr. **53,** 4 S.

6204. **A. A. Kawerin,** Über den Charakter der Sonnenfinsternisse des Jahres 1957. Astr Circ UdSSR Nr. 154 S. 13—15 (russisch).

6205. **A. Mulligan,** Total eclipses of the sun, a. D. 1954—2000. JBAA **65** 35—37, mit 1 Fig.

* * **D. J. Schove,** The earliest British eclipse record (A. D. 400—600). Vgl. Ref. 1333.

6206. **V. Vanýsek,** Solar eclipse observation in Poland. RH **35** 153—156 (tschechisch).

* * **D. Wattenberg,** Die kinematographische Beobachtung von Sonnenfinsternissen. Vgl. Ref. 2424.

6207. Commission des éclipses du soleil. Trans. IAU 8 170—187 = Harv Repr (2) Nr. **63.**

6208. Sonnenfinsternis 1905 August 30

O. von Gellhorn, Erlebnisse während der Treptower Sonnenfinsternis-Expedition im Jahre 1905. Mitt. Archenhold-Sternw. Berlin Nr. **38,** 7 S. mit 1 Tafel.

6209. Sonnenfinsternis 1914 August 21

J. M. Ramberg, Ett bidrag till solkoronans fotometri. Resultat från H. von Zeipels solförmörkelseexpedition till Strömsund 1914. PAT **35** 50—59, mit 6 Fig. — Nach einer allgemeineren Übersicht über die Durchführung der Beobachtungen der totalen Sonnenfinsternis am 21. Aug. 1914 berichtet Verf. über die Auswertung dreier damals gemachter Koronographenaufnahmen zusammen mit 1945 gemachten Aufnahmen. Es wurden die Isophoten für 1914 in Helligkeitsstufen von $0^m\!.2$ ermittelt. Die Isophoten von 1914 sind weniger abgeplattet als die von 1945 (Minimumskorona). Die Intensitätsgradienten von 1914 und 1945 stimmen in ungestörten Koronagegenden ziemlich gut überein. Verf. ist der Ansicht, daß die ungestörte Korona (K-Komponente) viel regelmäßiger und stabiler ist, als man vorher angenommen hatte. C. L. J.

6210. Sonnenfinsternis 1947 Mai 20

R. A. Hirvonen, The Finnish solar eclipse expedition to Brazil May 20, 1947. Veröff. des Finnischen Geod. Inst. Nr. **44** S. 67—70, mit 1 Fig. — Die Arbeit von Kukkamäki (vgl. nachstehendes Ref.) wird durch einen kurzen Bericht über die Expedition nach Brasilien ergänzt. T. L.

T. J. Kukkamäki, The Finnish solar eclipse expeditions May 20, 1947, especially the expedition to the Gold Coast. Veröff. des Finnischen Geod. Inst. Nr. **44,** S. 5—66, mit 11 Fig. — Der Zweck der Expeditionen war die Bestimmung der relativen Positionen zweier in der Totalitätszone, aber auf verschiedenen Kontinenten gelegener Orte nach der Bonsdorffschen Methode. Die instrumentelle Ausrüstung wird beschrieben und die Meßergebnisse der auf Filme aufgenommenen Sonnensichel sowie ihre Reduktion mitgeteilt. Als Resultate ergeben sich die Korrektionen dλ und dφ' an die vorläufigen Positionen; ihr mittlerer Fehler wird mit ±141 m angegeben. T. L.

6211. Sonnenfinsternis 1951 September 1

F. Delobeau, Observation d'une éclipse partielle de soleil le 1er septembre 1951. Ann. Géophys. **10** 148—151, mit 7 Fig. — Ref. in Phys. Ber. **33** 2789, RJ Astr. Geod. UdSSR Nr. **5**, 1955; Ref. Nr. 1979.

6212. Sonnenfinsternis 1952 Februar 25

R. G. Athay, J. W. Evans, W. O. Roberts, The active region on the west solar limb during the eclipse of 25 February 1952. AJ **59** 182—183. — Ref. AAS.

R. G. Athay, D. E. Billings, J. W. Evans, W. O. Roberts, Emission in hydrogen Balmer lines and continuum in flash spectrum of 1952 total solar eclipse at Khartoum, Sudan. ApJ **120** 94—111, mit 2 Fig. und 1 Tafel. — Die Analyse von Spektrogrammen des Flash-Spektrums der Sonne, die bei der totalen Finsternis 1952 in Khartum erhalten worden waren, stellte infolge einer Störung der Aufnahmeapparate erhebliche photometrische Probleme. Verf. entwickelten schließlich eine Methode zur Aufstellung der Kalibrierungskurven, die unter anderem darauf beruht, daß das Koronakontinuum eine Reproduzierung des photosphärischen Kontinuums ist. Der durch die Beobachtungen überstrichene Höhenbereich liegt zwischen 100 und 6300 km über dem Sonnenrand, das Auflösungsvermögen in Höhe beträgt im Durchschnitt 108 km. Eine vorläufige Diskussion der Ergebnisse ergibt erhebliche Selbstabsorption der Balmerlinien und starke Abweichungen vom thermodynamischen Gleichgewicht. Micz.

E. J. Bugoslawskaja, Die Sonnenkorona am 25. Februar 1952. Mitt. Astr. Sternberg-Inst. Nr. **96** S. 36—48, mit 2 Abb. und 2 Tafeln (russisch).

M. Cimino, Osservazioni fotometriche e polarimetriche della corona solare durante l'eclisse totale di sole del 25 febbraio 1952. I und II. Rend. Accad. Nazionale Lincei, Cl. Sci. fis., mat., nat. (8) **15** 39—44, 1953; **17** 21—25, mit 3 Fig. = Oss. Astr. Roma Monte Mario Contr. Sci. (NS) Nr. **205**. — Es werden die Daten für die bei der Sonnenfinsternis vom 25. Febr. 1952 von der römischen Expedition in Khartum gewonnenen Aufnahmen mitgeteilt, die zum Zweck der Photometrierung der Korona und der Bestimmung ihrer Polarisation gemacht wurden. Die hierbei benutzten Methoden der Photometrierung werden beschrieben; es wird zum Teil der übliche Weg der Registrierung mit einem Mollschen Registrierphotometer eingeschlagen, zum Teil auch eine neuartige Apparatur angewandt, die unter Benutzung elektronischer Hilfsmittel direkt die Isophoten liefert. Das somit erhaltene Isophotenbild ist wiedergegeben, wie auch eine Darstellung des mittleren Helligkeitsabfalls der Korona. H. M.

W. A. Fedorez, Die relative Intensitätsverteilung im Spektrum der inneren Korona am 25. Februar 1952. Abh. Univ. Charkow **55** 67—69 (russisch). — Ref. in RJ Astr. Geod. UdSSR Nr. **7**, 1955; Ref. Nr. 2863.

J. T. Kapko, Photographische Photometrie der Sonnenkorona 1952. Mitt. Univ. Lwow Nr. **4** Teil 2 S. 76, 1953 (ukrainisch). — Ref. in RJ Astr. Geod. UdSSR Nr. 8, 1955; Ref. Nr. 3352.

I. K. Kowal, Die Integralhelligkeit der Sonnenkorona auf Grund der Beobachtung der totalen Sonnenfinsternis vom 25. Februar 1952. Abh. Univ. Charkow **55** 71—78 (russisch). — Ref. in RJ Astr. Geod. UdSSR Nr. **7**, 1955; Ref. Nr. 2864.

L. I. Krissenko, Photometrie der Sonnenkorona während der Finsternis vom 25. Februar 1952. Abh. Univ. Charkow **55** 57—66 (russisch). — Ref. in RJ Astr. Geod. UdSSR Nr. **7**, 1955; Ref. Nr. 2862.

G. Kunetz, Enregistrements des courants telluriques à l'occasion de l'éclipse de soleil du 25 février 1952. Ann. Géophys. **10** 262—270, mit 7 Fig. — Ref. in Phys. Ber. **34** 411—412.

M. Laffineur, R. Michard, J. C. Pecker, A. Dollfus, B. Vauquois, M. d'Azambuja, Observations optiques et radioélectriques de l'éclipse totale de soleil du 25 février 1952. Introduction générale. Ann d'Astrophys **17** 317—319 = Contr. Inst. d'Astrophys. Paris (B) Nr. **116**. — Überblick über das Programm der französischen Sonnenfinsternisexpedition nach Khartum 1952 und über die Aufteilung der Arbeiten unter den Expeditionsteilnehmern. Kdr.

M. Laffineur, R. Michard, J. C. Pecker, B. Vauquois, Observations optiques et radioélectriques de l'éclipse totale de soleil du 25 février 1952. III. Observations radioélectriques de la couronne. Ann d'Astrophys **17** 358—376, mit 14 Fig. = Contr. Inst. d'Astrophys. Paris (B) Nr. **116**. — Mit Hilfe eines speziell konstruierten Radioteleskops mit einem Spiegel von 6 m Durchmesser wurde während der Finsternis die Gesamtstrahlung der Sonne bei 555 MHz und 255 MHz gemessen. Der Versuch, die resultierende Kurve unter der Voraussetzung einer kreisförmigen Sonne gleichförmiger Helligkeit zu integrieren, erwies sich als unmöglich. Dagegen führte die Annahme, daß die radioelektrischen Isophoten der Korona denselben Verlauf haben wie diejenigen im optischen Gebiet (in Verbindung mit einem Intensitätsabfall nach außen, der mit älteren Ergebnissen von Stanier und O'Brien in Einklang steht), zu einer sehr befriedigenden Darstellung der Messungen. Kdr.

P. Mériau, K. Rawer, Observations ionosphériques durant l'éclipse du 25 février 1952 effectuées à Djibouti (Somalie). Ann. Géophys. **10** 9—18. — Ref. in Phys. Ber. **33** 1916, RJ Astr. Geod. UdSSR Nr. **3**, 1955; Ref. Nr. 1085.

R. Michard, A. Dollfus, J. C. Pecker, M. Laffineur, M. d'Azambuja, Observations optiques et radioélectriques de l'éclipse totale de soleil du 25 février 1952. I. Observations photométriques et polarimétriques de la couronne externe. Ann d'Astrophys **17** 320—344, mit 17 Fig. und 2 Tafeln = Contr. Inst. d'Astrophys. Paris (B) Nr. **116**. — Die Beobachtungsmöglichkeiten der äußeren Korona und des Zodiakallichts während totaler Finsternisse werden diskutiert, und dann werden die für die Expedition nach Khartum konstruierten Spezialkameras beschrieben. Von sechs damit erhaltenen Aufnahmen waren nur zwei brauchbar, die ein 500 Å breites Band in der Umgebung von λ 6400 Å erfaßten. Die erste Aufnahme erlaubte die Photometrie der äußeren Korona bis 7°5 Entfernung vom Zentrum der Sonnenscheibe. Die resultierenden Isophoten der Korona zeigen eine merkliche, nach außen zunehmende Elliptizität. Der Helligkeitsabfall nach außen ist etwas schwächer, als nach früheren Erfahrungen zu erwarten war. Die zweite Aufnahme diente zur Messung des Polarisationsgrades der Korona und des Himmellichts. Polarisation der Korona ließ sich selbst zwischen den Koronastrahlen bis fast 5° Sonnenabstand nachweisen. Ein heller Koronastrahl am Ostrand der Sonne wurde gesondert untersucht; sein Licht erwies sich als fast vollständig polarisiert. Kdr.

R. Michard, A. Dollfus, J. C. Pecker, M. Laffineur, M. d'Azambuja, Observations optiques et radioélectriques de l'éclipse totale de soleil du 25 février 1952. II. Photographies monochromatiques de la couronne. Ann d'Astrophys **17** 345—357, mit 4 Fig. und 1 Tafel = Contr. Inst. d'Astrophys. Paris (B) Nr. **116**. — Während der Finsternis wurden nach einem von Lyot angegebenen Prinzip simultane monochromatische Aufnahmen der Korona im Licht der grünen (λ 5303 Å) und roten (λ 6374 Å) Linie erhalten, die das Studium der Teile der Korona erlauben, die außerhalb einer Finsternis nicht beobachtbar sind, nämlich in Abständen vom Sonnenrand $< 30''$ und $> 3'$ bis $4'$. Es wird die Änderung der Emission als Funktion des radialen Abstands und des Positionswinkels untersucht. Die Messungen in $1'$ Abstand stimmen gut mit gleichzeitigen Koronographenbeobachtungen auf dem Pic-du-Midi überein. Aus dem Intensitätsverhältnis beider Linien kann die mittlere Ionisationstemperatur auf 750000° geschätzt werden. Die Existenz kleiner Temperaturschwankungen erscheint gesichert. Zum Schluß werden die monochromatischen Bilder mit Koronabildern im weißen Licht verglichen und die Unterschiede qualitativ beschrieben. Kdr.

R. Michard, Densités électroniques dans la couronne externe du 25 février 1952. Ann d'Astrophys **17** 429—442, mit 6 Fig. = Contr. Inst. d'Astrophys. Paris (B) Nr. **119**. — Im Abstand von 1.5 bis 10 Sonnenradien werden die Elektronendichten der Korona unter der Annahme bestimmt, daß die gesamte Polarisation durch Streuung an Elektronen bedingt ist. Die Elektronendichten sind größer als die von van de Hulst bestimmten. Ausführlich wird die Dichteverteilung in einem Koronastrahl diskutiert. U. Be.

C. M. Minnis, The ionosphere during the solar eclipse of February 25, 1952. Nature **174** 1137—1138.

G. M. Nikolskij, Photometrie der Sonnenkorona am 25. II. 1952. AJ UdSSR **31** 372—386, mit 12 Abb. (russisch). — Bei ausführlicher Darstellung der Isophoten der Korona wird eine Gesetzmäßigkeit des Helligkeitsabfalls ermittelt. Die Massenabgabe wird zu etwa 10^{10} g/sec berechnet, jedoch als zu niedrig erachtet, da die Elektronendichte nach einem Modell für die «minimale» Korona bestimmt wurde. Der Massenverlust ergibt sich für eine «maximale» Korona zu etwa 10^{12} g/sec. Schrick

M. S. Selzer, Radiometrie der Sonnenkorona (Beobachtung der totalen Sonnenfinsternis am 25. Februar 1952). Bull. Astrophys. Obs. Abastumani Nr. **16** S. 9—58, mit 11 Abb. (russisch mit georgischer Zusammenfassung). — Nach allgemeinen und geschichtlichen Bemerkungen zur Photometrie der Gesamtstrahlung der Sonne und der Korona beschreibt Verf. Thermoelemente mit Mangan-Konstantandrähten, mit denen die Finsternis vom 25. II. 52 beobachtet wurde. Für das Intensitätsverhältnis Korona : Sonne ergab sich 6.1×10^{-6}, also ein recht hoher Wert. Hieraus bestätigt sich die Veränderlichkeit der Koronahelligkeit. Loh.

J. F. Sentschuk, Allgemeine Photometrie der Sonnenkorona während der Finsternis vom 25. Februar 1952. Abh. Univ. Charkow **55** 79—90 (russisch). — Ref. in RJ Astr. Geod. UdSSR Nr. **7**, 1955; Ref. Nr. 2865.

A. K. Sosnowa, Photographische Bestimmung der Integralhelligkeit der Korona während der totalen Sonnenfinsternis vom 25. Februar 1952 in Artschman. Bull. Astr. Obs. Stalinabad Nr. **9** S. 22—24 (russisch). — Im Bereiche 410—590 mμ wurde die Helligkeit der Sonnenkorona zu 0.789 der des Vollmondes gemessen. Messungen im Gelben und ohne Filter waren nicht auswertbar. Die Aufnahmen erfolgten auf Panchrom-3-Platten 9×12 cm mittels eines dreifachen Kastenphotometers bei 20 Sekunden Belichtungszeit. Petri

J. M. Torroja, V. Bongera, Determinación de los instantes de los contactos en el eclipse total de sol de 25 de febrero de 1952 en Cogo (Guinea Española). Urania Barcelona **39** 3—42, mit 19 Fig. = Publ. Sem. Astr. Geod. Univ. Madrid Nr. **23**. — Beschreibung einer photographischen Methode zur Bestimmung der Kontaktzeiten aus der Lichtkurve, wobei mittels einer dem Fabry-Photometer ähnelnden optischen Einrichtung von einem begrenzten, die Sonne einschließenden Himmelsfeld ein hinter vier Schlitzblenden verschiedener Länge parallel zu diesen laufender Film belichtet wird. Der Mitteilung der Beobachtungsergebnisse von 1952 und ihrer Auswertung, welche die Kontaktzeiten bis auf 10^{-2} sec ergibt, folgen Verbesserungsvorschläge, wobei insbesondere ein Ersatz der die Zeit-Schwärzungskurve liefernden Schlitzblenden durch ein vor dem Objektiv angebrachtes neutrales Stufenfilter vorgesehen wird, das die Bestimmung der Intensitäts-Schwärzungskurve erlaubt. Gü.

M. Waldmeier, Die Form der Sonnenkorona bei der Finsternis vom 25. Februar 1952. ZfA **33** 286—290, mit 1 Abb. = Astr. Mitt. Sternw. Zürich Nr. **185**. — Die Elliptizität der Koronaisophoten, welche nach außen bis zu einem Maximum bei R = 1.8 ansteigt, und für größere Distanzen wieder abnimmt, zeigt ab R = 4.5 einen zweiten, allerdings schwachen Anstieg nach außen. Diese Zunahme der Abplattung der äußersten Korona unterstützt die Ansicht, daß diese Komponente den innersten Teil des Zodiakallichtes darstellt. Verf.

M. A. Waschakidse, Untersuchung der Polarisation der Strahlung der Sonnenkorona auf Grund der Beobachtung der totalen Sonnenfinsternis vom 25. Februar 1952. Bull. Astrophys. Obs. Abastumani Nr. **17** S. 3—27, mit 9 Abb. (russisch mit georgischer Zusammenfassung). — Die Aufnahmen wurden mit einer Dreifach-Kamera von 1 m Brennweite gemacht, vor deren Objektiven Polarisationsfilter um 120° versetzt angeordnet waren. Mit 2.5, 6, 15 und 30 sec Dauer wurden jeweils drei Simultanaufnahmen auf Agfa-Astro-Platten 24 × 24 cm gewonnen. Die Aufnahmen wurden von 0.69 bis 30!3 Distanz vom Sonnenrande in je 36 radialen Schnitten photometriert. Der Polarisationsgrad wird für Ost-, West- und Polgebiete in Kurven und Tabellen dargestellt. Die Abweichungen der Polarisationsrichtung von der radialen und eine angedeutete Korrelation zwischen Randdistanz des Polarisationsmaximums und Phase im Sonnenfleckenzyklus werden gesondert betrachtet. Für feinere Messungen werden vier oder sechs Analysatoren empfohlen und die Formeln hierfür angegeben. Auch sind größere Brennweiten ratsam. Petri

O. P. Wassiljanowskaja, Beobachtungsergebnisse der totalen Sonnenfinsternis vom 25. Februar 1952. Bull. Astr. Obs. Stalinabad Nr. **9** S. 19—21, mit 1 Abb. (russisch). — In Artschman (Gebiet Aschchabad) wurde durch eine Wolkenlücke die integrale Helligkeit der Korona im Blauen photographisch zu 0.789 des Vollmondes gemessen. Ferner werden die Ablesungen an einem während der Totalität auf die Korona gerichteten visuellen Keilphotometer und der Verlauf der Himmelshelligkeit im Almukantarat der Sonnenhöhe mitgeteilt. Petri

Urania Kraków **25** 17. Wstępne wyniki obserwacji zaćmienia słońca 25. 2. 1952.

6213. Sonnenfinsternis 1952 August 20

Rev. Astr. Nr. **131** S. 53—58, mit 4 Fig. Eclipse anular de Sol del 20 de Agosto.

6214. Sonnenfinsternis 1953 Februar 14

Y. Nakata, Ionospheric observation during the partial solar eclipse of February 14, 1953. Rep. Ionosphere Res. Japan **7** Nr. 4 S. 157—158. — Ref. in RJ Astr. Geod. UdSSR Nr. **6**, 1955; Ref. Nr. 2413.

Sky and Telescope **13** 190. Partial eclipse observed at 10 centimeters.

6215. Sonnenfinsternis 1954 Januar 5

Southern Stars **16** 17—18. Partial solar eclipse 1954 January 5d G. M. T.

6216. Sonnenfinsternis 1954 Juni 30

G. O. Abell, C. E. Kearns, The effect of the solar eclipse of June 30 upon the morning twilight at Palomar Observatory. Publ ASP **66** 233—237, mit 2 Fig.

L. Asplund, Geodetiska bestämningar vid solförmörkelsen 1954. Tekn. T. **84** 581—582. — Ref. in RJ Astr. Geod. UdSSR Nr. **7**, 1955; Ref. Nr. 3029.

I. Astapowitsch, Kinematographische Beobachtungen der totalen Sonnenfinsternis vom 30. Juni 1954. (Astrophysikalisches Laboratorium Aschchabad). Astr Circ UdSSR Nr. 154 S. 7—10 (russisch). — Mitteilung der beobachteten Kontaktzeiten, kurze Beschreibung der Filmaufnahmen und der durchgeführten visuellen Beobachtungen mit Binokularen. Loh.

S. N. Axentjewa, Vorläufiger Bericht über die Beobachtung der totalen Sonnenfinsternis vom 30. Juni 1954 in Poltawa. Astr Circ UdSSR Nr. 151 S. 20—21 (russisch).

W. Bär, Die Sonnenfinsternis-Expedition der Eidg. Sternwarte Zürich nach Schweden. Bericht der Hauptgruppe auf der Insel Syd-Koster. Orion Schaffhausen **4** 311—315, mit 2 Abb.

M. Bielicki, Wysokościowa wyprawa lotnicza na zaćmienie słońca. Urania Kraków **25** 343—349, 378—382, mit 1 Tafel.

N. Boneff, Die Sonnenfinsternis vom 30. Juni 1954. Priroda (Sofia) **3** Nr. 4 S. 125—126 (bulgarisch). — Ref. in RJ Astr. Geod. UdSSR Nr. **6**, 1955; Ref. Nr. 2410.

J. Bouška, Tschechoslowakische Sonnenfinsternisexpedition nach der Sowjet-Union 1954. Vesmír **33** 258, mit 3 Abb. (tschechisch).

E. J. Bugoslawskaja, Die Expedition des Staatlichen Astronomischen Sternberg-Instituts zur Beobachtung der totalen Sonnenfinsternis vom 30. Juni 1954. Astr Circ UdSSR Nr. 151 S. 16 (russisch).

E. J. Bugoslawskaja, W. A. Bronstein, Beobachtungen der Sonnenfinsternis vom 30. Juni 1954 von den Abteilungen der Astronomisch-Geodätischen Gesellschaft der UdSSR. Astr Circ UdSSR Nr. 151 S. 17—19 (russisch).

E. J. Bugoslawskaja, Der Moment des ersten Kontakts der Sonnenfinsternis vom 30. Juni 1954. Astr Circ UdSSR Nr. 155 S. 8 (russisch).

V. Bumba. Tschechoslowakische Sonnenfinsternisexpedition 30. 6. 1954. Časop. Českosl. ústavů astr. **4** 61—65, mit 3 Abb. (tschechisch). — Ref. in RJ Astr. Geod. UdSSR Nr. **9**, 1955; Ref. Nr. 3885.

A. Cederqvist, Uraniaklubbens Solformørkelsesrejse til Svartø. Urania København **11** 61—66, mit 1 Fig.

Cichowicz, Eclipse de soleil du 30 juin 1954. Przegląd Geodezyjny **10** Nr. 5.

O. Czyżewski, J. de Mezer, A. Strzałkowski, Wstępne wyniki radiowych obserwacji zaćmienia słońca w Krakowie 30 czerwiec 1954. Postępy Astr. **2** 148—150, mit 1 Fig. und 1 Tafel.

H. Daene, Über Messungen der Hochfrequenzstrahlung der Sonne während der Finsternis am 30. Juni 1954. Phys. Verhandlungen **5** 131. — Ref. AG.

M. M. Dagajew, Beobachtungen der totalen Sonnenfinsternis in Tschornobyl. Astr Circ UdSSR Nr. 151 S. 17 (russisch). — Expedition des Zentralrats der Astronomisch-Geodätischen Gesellschaft der UdSSR.

M. M. Dagajew, Vergleich der berechneten und beobachteten Momente des 2. und 3. Kontakts der Sonnenfinsternis vom 30. Juni 1954. Astr Circ UdSSR Nr. 155 S. 9 (russisch). — Ref. in Urania Kraków **26** 335.

P. Darnell, Solformørkelsen den 30. Juni 1954. NAT **1954** 141—142, mit 1 Fig.

R. Dogniaux, Observations de la radiation solaire durant l'éclipse de Soleil du juin 1954. Ciel et Terre **70** 289—297, mit 6 Fig.

A. G. Drachmann, Til Solformørkelse med Uraniaklubben den 30. Juni 1954. Urania København **11** 66—72, mit 1 Fig.

C. Drîmbă, Eclipsa totală de solare dela 30 iunie 1954. Gaz. mat. şi fiz. **B 5** 142—146. — Ref. in RJ Astr. Geod. UdSSR Nr. **5**, 1955; Ref. Nr. 1765.

F. Dröge, W. Priester, Messung der partiellen Sonnenfinsternis vom 30. Juni 1954 in Kiel bei $\lambda = 1.5$ m. Phys. Verhandlungen **5** 131. — Ref. AG.

F. Egger, R. A. Naef, Totale Sonnenfinsternis in Schweden. Orion Schaffhausen **4** 287. — Kurzer vorläufiger Bericht.

M. A. Ellison, J. Paton, The auroral zone eclipse flight 1954 June 30. Obs **74** 246—247.

G. Fatzer, Tierstudien während der totalen Sonnenfinsternis vom 30. Juni 1954, am Geflügelgehege des Stadtparks in Oskarshamn (Schweden). Orion Schaffhausen **4** 327—329.

J. Gadomski, Ekspedycja zaćmieniowa do Sejn. Urania Kraków **25** 276—280, mit 4 Tafeln.

J. Gadomski, Ostatnie zaćmienie słońca a chmury. Urania Kraków **25** 371—372.

A. Gennaro, C. Grubissich, Osservazione dei contatti nell'eclisse di sole del 30 giugno 1954 all' Osservatorio Astronomico di Padova. Mem SA It (NS) **25** 457—458.

M. A. Giannuzzi, Determinazione dell'oscuramento al bordo del Sole, eseguita a Monte Mario durante l'eclisse del 30 giugno 1954. Rend. Accad. Nazionale Lincei, Cl. Sci. fis., mat., nat. (8) **17** 352—357, mit 3 Fig. = Oss. Astr. Roma Monte Mario Contr. Sci. Nr. **209**.

O. Gingerich, Eclipse of the sun, June 30th 1954. Canad. Nature 16 108—109. — Ref. in RJ Astr. Geod. UdSSR Nr. 5, 1955; Ref. Nr. 1763.

G. Gjesager, Til Solformørkelse i Svartø. Urania København 11 72—76.

J. F. Heard, The solar eclipse of June 30, 1954, in northern Canada. J RAS Canada 48 33—48, mit 4 Fig. — Vorschau.

A. C. S. van Heel, J. Houtgast, M. G. J. Minnaert, Preliminary report concerning the eclipse of June 30, 1954 and the Dutch expedition to Gotland. Proc. Section Sci. K. Nederl. Akad. Wetensch. (B) 57 596—606, mit 3 Fig. und 1 Tafel = Sterrewacht «Sonnenborgh» Utrecht Overdruk Nr. 16. — Bericht über äußere Umstände und Programm der voll erfolgreichen holländischen Expedition. Sie erbrachte: 1. kinematographische Aufnahmen des Flash-Spektrums (insgesamt 133 Spektren, welche 10 starke Chromosphärenlinien zeigen); 2. Spektren der inneren Korona (Emissionslinien wurden nicht festgestellt); 3. kinematographische Aufnahmen der fliegenden Schatten. Bru.

G. A. W. C. van Hemert tot Dingshof, De Nederlandse amateur-expeditie naar Zweden. Hemel en Dampkring 52 161—167, mit 6 Fig.

A. Herrmann, E. Antonini, Rapport d'observation de l'éclipse totale de soleil du 30 juin 1954, observée à Oskarshamn. Orion Schaffhausen 4 310.

C. Hoffmeister, Totale Sonnenfinsternis 1954 Juni 30. Sterne 30 144.

J. Houtgast, De expeditie van de Nederlandse eclips-commissie naar Gotland. Hemel en Dampkring 52 134—160, mit 22 Fig. und 2 Tafeln = Sterrewacht «Sonnenborgh» Utrecht Overdruk Nr. 14.

H. Hughes, The eclipse from the air. Sky and Telescope 13 334, 358, mit 2 Fig.

G. W. Hurst, Aerial observation of total solar eclipse June 30, 1954. Meteorol. Mag. 83 335—337, mit 1 Tafel. — Ref. in RJ Astr. Geod. UdSSR Nr. 10, 1955; Ref. Nr. 4385.

A. A. Jakowkin, Bericht des Astronomischen Hauptobservatoriums der Akademie der Wissenschaften der Ukrainischen Sowjetrepublik über die Beobachtungsergebnisse der totalen Sonnenfinsternis vom 30. Juni 1954. Astr Circ UdSSR Nr. 152 S. 8—9 (russisch).

N. A. Jakowkin, Beobachtungen der Sonnenfinsternis vom 30. Juni 1954 vom Observatorium der Universität Kiew. Astr Circ UdSSR Nr. 152 S. 7 (russisch).

A. Luplau Janssen, Under Maaneskyggen. Urania København 11 77—95, mit 2 Abb. — Beschreibung der Expedition der Urania Sternwarte nach Svartö, Schweden, zur Beobachtung der totalen Sonnenfinsternis am 30. Juni 1954. Infolge schlechten Wetters wurden keine Beobachtungen erhalten. C. L. J.

J. T. Kapko, Bericht der Expedition des Astronomischen Observatoriums Lwow über die Beobachtung der totalen Sonnenfinsternis vom 30. Juni 1954. Astr Circ UdSSR Nr. 151 S. 22—23 (russisch).

G. M. Karimow, Die Expedition zur Beobachtung der totalen Sonnenfinsternis vom 30. Juni 1954. Astr Circ UdSSR Nr. 153 S. 8 (russisch). — Vorläufiger Bericht über die Expedition des Astrophys. Inst. Akad. Wiss. Kasach. Sowjetrepublik nach Armawir. Die Beobachtungen (Spektralphotometrie der inneren Korona, Beobachtung atmosphärischer Effekte, Aufnahmen durch Interferenzfilter) waren zum Teil durch Wolken gestört. Loh.

S. A. A. Kazmi, Magnetic observations at Quetta during the total solar eclipse of June 30. Nature 174 706. — Ref. in RJ Astr. Geod. UdSSR Nr. 7, 1955; Ref. Nr. 2882.

A. Keil, Die Schweizer Sonnenfinsternis-Expeditionen. Nachrichtenblatt Vereinigung Sternfreunde 4 4—5.

J. Kordylewski, Niebo w czasie całkowitego zaćmienia słońca w dniu 30 czerwca 1954 roku. Urania Kraków 25 158—160, mit 1 Fig. — Vorschau.

S. Kosik, Die Sonnenfinsternis vom 30. Juni 1954. Astr Circ UdSSR Nr. 151 S. 23 (russisch). — Beobachtung in Taschkent.

H. Kristenson, The lunar contours at the total solar eclipse of 1954 June 30. Ark Astr **1** 411—416, mit 2 Fig. = Lund Medd. (1) Nr. **185**. — Vorschau.

M. Laffineur, B. Vauquois, P. Coupiac, W. N. Christiansen, Observation de l'éclipse totale de Soleil du 30 juin 1954 à Hagaby (Suède) et de l'éclipse partielle au radiotélescope de l'Observatoire de Meudon. CR **239** 1589—1590 = Contr. Inst. d'Astrophys. Paris (A) Nr. **184**. — Vorläufiger Bericht allgemeineren Charakters.

M. M. Lepskij, Całkowite zaćmienie słońca dnia 30 czerwca 1954 r. w północno-wschodniej Polsce. Postępy Astr. **2** 45—47, mit 1 Fig. — Vorschau.

M. M. Lepskij, Zaćmienie słońca dnia 30 czerwca 1954 roku w Polsce. Urania Kraków **25** 24—27, mit 1 Abb. — Vorschau.

E. Leutenegger, Die totale Sonnenfinsternis vom 30. Juni 1954 in Schweden. Bericht über die Gruppenreise der Schweizerischen Astronomischen Gesellschaft nach Oskarshamn. Orion Schaffhausen **4** 306—308, mit 2 Abb.

E. Leutenegger, Beobachtungen der Sonnenfinsternis vom 30. Juni 1954 auf den Sternwarten Frauenfeld und Linthal. Orion Schaffhausen **4** 326, mit 2 Abb.

G. Libuda, H. Mielke, D. Wattenberg, Beobachtungen der Sonnenfinsternis 1954 Juni 30. Mitt. Archenhold-Sternw. Berlin Nr. **40**, 9 S. mit 4 Abb.

S. L. Lippincott, French astronomers' eclipse plans. Sky and Telescope **13** 261—262, mit 3 Fig. — Vorschau.

K. Lundmark, Dagmörkret över Sydsverige den 30. juni 1954. Uppsala, Lindblads förlag, 1954. 80 S. mit 11 Fig. Preis 3.75 Schwed. Kr. — Besprechung in NAT **1954** 36.

E. Mädlow, Eine Vorschau auf die Sonnenfinsternis vom 30. Juni 1954. Vgl. AJB **53** Ref. **6213** = Wilhelm-Förster-Sternw. Berlin Veröff. Nr. **6**.

E. Mädlow, Eine erfolgreiche deutsche Expedition. Nachrichtenblatt Vereinigung Sternfreunde **4** 5—6.

E. Mädlow, Dänische Sonnenfinsternis-Beobachtungen. Nachrichtenblatt Vereinigung Sternfreunde **4** 6.

W. Malsch, Eine Schwedenreise zur totalen Sonnenfinsternis am 30. Juni 1954. Beiträge zur naturkundlichen Forschung in Südwestdeutschland **13** 71—79, mit 4 Fig.

D. J. Martynow, Beobachtungen der totalen Sonnenfinsternis vom 30. Juni 1954 von der Expedition des Astronomischen Engelhardt-Observatoriums und der Uljanow-Lenin-Staatsuniversität Kasan. Astr Circ UdSSR Nr. 151 S. 6—9 (russisch).

R. Michard, Perspectives pour la prochaine éclipse totale de Soleil. BSAF **68** 133—137, mit 1 Fig.

H. Michel, L'éclipse de Soleil du 30 juin 1954 et les observations d'amateurs. Ciel et Terre **70** 297—299, mit 2 Fig.

M. Migeotte, B. Rosen, De expeditie van het Institut d'Astrophysique der Rijksuniversiteit te Luik. Hemel en Dampkring **52** 211—212.

P. Moore, The 1954 eclipse as seen from Sweden. A personal account. Vega Nr. **18/20** S. 72—73, mit 1 Fig.

R. Müller, Coronal observations on the day of the total solar eclipse of 1954 June 30. Obs **74** 222—224, mit 1 Fig.

R. A. Naef, Zur totalen Sonnenfinsternis vom 30. Juni 1954. Allgemeiner Bericht. Orion Schaffhausen **4** 297—305, mit 8 Abb.

G. M. Nikolskij, Beobachtungen der totalen Sonnenfinsternis vom 30. Juni 1954 im Flugzeug. Astr Circ UdSSR Nr. 151 S. 5—6 (russisch).

H. Olsen, Solformørkelsen. Urania København **11** 114—116, mit 1 Fig.

W. C. Plushnikow, Beobachtung der totalen Sonnenfinsternis von der Expedition des Astronomischen Observatoriums der Gorkij-Staatsuniversität Charkow. Astr Circ UdSSR Nr. 151 S. 13—15 (russisch).

N. A. Popow, E. P. Fjodorow, Über die Methodik zur Beobachtung der Lichtablenkung im Schwerefeld der Sonne. Astr Circ UdSSR Nr. 151 S. 21—22 (russisch).

T. Przypkowski, Zaćmienie Słońca: wrażenia historyka astronomii. Urania Kraków 25 280—281.

L. N. Radlowa, Die Form der Sonnenkorona am 30. Juni 1954. Astr Circ UdSSR Nr. 152 S. 6—7 (russisch).

R. O. Redman, Total solar eclipse of June 30. Nature **174** 247—249.

C. P. Richards, The story of a shadow. Strolling Astronomer 8 86—91.

J. Rouch, Observations du champ électrique de l'atmosphère, faites à Monaco pendant l'éclipse partielle du Soleil du 30 juin 1954. CR **239** 465—466.

D. H. Sadler, A fix by total solar eclipse. J. Inst. Navigation 7 402—404. — Bei einer totalen Sonnenfinsternis kann aus der beobachteten Kontaktzeit eine Standlinie bestimmt werden. Kurzer Bericht über die Beobachtung der Sonnenfinsternis 1954 Juni 30 vom Flugzeug aus. T. L.

J. F. Sadykow, Die Sichtbarkeitsverhältnisse der optischen Sonnenfinsternis am 30. Juni 1954 in Höhen von 100, 200, 300, 400 und 500 km. Astr Circ UdSSR Nr. 149 S. 18—19 (russisch). — Vorschau.

H.-U. Sandig, Die Beobachtung der totalen Sonnenfinsternis am 30. Juni 1954 auf der Norwegenexpedition des Instituts für Angewandte Geodäsie. Z. Vermessungswesen **79** 406—412.

M. de Saussure, L'éclipse totale de Soleil du 30 juin 1954 observée sur l'île d'Oeland (Suède). Orion Schaffhausen **4** 322—325, mit 3 Abb.

W. Scharonow, Visuelle Kolorimetrie der Sonnenkorona am 30. Juni 1954. Astr Circ UdSSR Nr. 153 S. 7 (russisch). — Unter Verwendung eines Rosenbergschen Photometers mit Blaukeil wurde an einem in Ejsk aufgestellten kleinen Äquatorial die Farbe der Korona gemessen. Der Farbenindexunterschied zwischen Korona und Sonne beträgt $\Delta = +0\overset{m}{.}144$, die Korona war also gelblich. Loh.

E. Schoenberg berichtet über die Sonnenfinsternis auf dem Wendelstein. Sitzber. Bayer. Akad. Wiss. Math.-naturw. Kl. **1954** 26*—27*.

W. P. Schtscheglow, Beobachtungen der Sonnenfinsternis vom 30. Juni 1954 von der Expedition des Taschkenter Astronomischen Observatoriums der Akademie der Wissenschaften der Usbekischen Sowjetrepublik. Astr Circ UdSSR Nr. 151 S. 10—12 (russisch).

W. P. Schtscheglow, Die Sonnenfinsternis vom 30. Juni 1954. Taschkent, Verlag Akad. Wiss. Usbek. Sowjetrepublik, 1954. Preis 75 Kop. (russisch). — Besprechung in RJ Astr. Geod. UdSSR Nr. 4, 1955; Ref. Nr. 1361.

I. S. Schtscherbina-Samojlowa, Die Sonnenfinsternis am 30. Juni 1954. Priroda **43** Nr. 5 S. 85—87, mit 1 Abb. (russisch). — Vorschau.

M. Schürer, Die Berner Finsternis-Expedition 1954. Orion Schaffhausen **4** 309—310.

J. Šimaljak, A. Milerová, Niektore pozorovania počas zatmenia slnka v Bratislave dňa 30. Júna 1954. Meteorol. zprávy **7** 132—134 (mit russischer und deutscher Zusammenfassung). — Ref. in RJ Astr. Geod. UdSSR Nr. **10**, 1955; Ref. Nr. 4383.

J. L. Simovljević, Détermination des temps des contacts de l'éclipse partielle de soleil du 30 juin 1954. Recueil Travaux **42** Inst. Astr. Théor. Appl. Acad. Serbe Sci. Nr. **1** S. 125—133, mit 4 Fig. (serbisch mit französischer Zusammenfassung S. 189—193).

P. W. Stevens, What maps of the coming eclipse tell us. Sky and Telescope **13** 121—123, mit 3 Fig.

P. W. Stevens, Events along the shadow path. Sky and Telescope **13** 228—231, mit 4 Fig. — Vorschau.

F. J. M. Stratton, A total solar eclipse seen from above a bank of clouds. J RAS Canada **48** 209—210.

N. N. Sytinskaja, Beobachtungen der totalen Sonnenfinsternis am 30. Juni 1954 vom Staatlichen Naturwissenschaftlichen Lesgaft-Institut in Ejsk. Astr Circ UdSSR Nr. 152 S. 6 (russisch).

A. F. Torondshadse, Kurzer Bericht der Expeditionen zur Beobachtung der totalen Sonnenfinsternis am 30. Juni 1954 vom Abastumanischen Astrophysikalischen Observatorium der Akademie der Wissenschaften der Georgischen Sowjetrepublik. Astr Circ UdSSR Nr. 151 S. 12—13 (russisch).

W. M. Tschernow, Die totale Sonnenfinsternis vom 30. Juni 1954. Astr Circ UdSSR Nr. 151 S. 19—20 (russisch). — Beobachtung in Saporoshje.

H. H. Voigt, Partielle Sonnenfinsternis auf dem Waldboden. Sterne **30** 186.

M. Waldmeier, Sonnenfinsternis 1954, Bericht über die Expedition der Eidgenössischen Sternwarte Zürich. Umschau in Wiss. und Technik **54** 527—530, mit 8 Abb.

M. Waldmeier, Die Zürcher Sonnenfinsternisexpedition 1954. VJS Naturf. Ges. Zürich **99** 240—255, mit 11 Abb. = Astr. Mitt. Sternw. Zürich Nr. **189**. — Es wird der Verlauf der Zürcher Expedition nach Syd-Koster im Skagerrak zur Beobachtung der totalen Sonnenfinsternis vom 30. Juni 1954 beschrieben. Über das mitgeführte Instrumentarium und über die Anlage und Ausführung des photometrischen, spektrographischen und polarimetrischen Beobachtungsprogrammes wird ausführlich berichtet, und einige Abbildungen von Instrumenten und von der Korona sind beigefügt. Meteorologische Daten und Messungen von Globalhelligkeiten am Finsternistag werden mitgeteilt. H. M.

M. F. Walker, W. A. Baum, Eclipsiana. Publ ASP **66** 238—240, mit 1 Tafel.

Å. A. E. Wallenquist, De zweedse eclips-expeditie naar Gotland. Hemel en Dampkring **52** 212—213, mit 2 Fig.

G. Widmer, Die Sonnenfinsternis-Expedition der Eidgen. Sternwarte Zürich nach Schweden. Bericht der Nebengruppe auf der Insel Oeland. Orion Schaffhausen **4** 316—321, mit 6 Abb.

P. W. Wjuschkow, Beobachtung der totalen Sonnenfinsternis vom 30. Juni 1954. Astr Circ UdSSR Nr. 151 S. 15—16 (russisch). — Bericht der Expedition der Staatsuniversität Saratow nach Nowo-Roshdestwenskaja.

K. O. Wright, Preparations for observing the 1954 total solar eclipse at Hansen, Ontario. J RAS **48** 231—235, mit 2 Fig.

S. K. Wsechswjatskij, Beobachtungen der Sonnenfinsternis vom 30. Juni 1954 in Koselez von der Expedition des Lehrstuhls für Astronomie der Universität Kiew. Astr Circ UdSSR Nr. 151 S. 3—5 (russisch).

H. Zimmer, Mt. Wilson und Mt. Palomar am 30. 6. 54. Nachrichtenblatt Vereinigung Sternfreunde **4** 6—7.

E. Zinner, Das Verhalten der Tiere während der Sonnenfinsternis am 30. Juni 1954. Naturforschende Gesellschaft Bamberg. Sonderdruck aus dem **34**. Bericht 1954, 4 S. — Besprechung in Gaz astr **37** 31—32.

Astr. Nachr. Berlin-Treptow **6** 24—25. Die totale Sonnenfinsternis am 30. Juni 1954. — Vorschau.

Astr. Nachr. Berlin-Treptow **6** 27—31. Über die Beobachtung der Sonnenfinsternis am 30. Juni 1954. — Vorschau.

Astr. Nachr. Berlin-Treptow **6** 39—40. Die Sonnenfinsternis vom 30. Juni 1954.

Astr. Nachr. Berlin-Treptow **6** 56—65. Beobachtungen der Sonnenfinsternis 1954 Juni 30. — Mitteilungen zahlreicher Volkssternwarten.

BAA Circ 356. The total eclipse of June 30. — Kurzer vorläufiger Bericht.

BSAF **68** 167, mit 1 Fig. L'éclipse partielle de Soleil du juin 1954. — Vorschau.

BSAF **68** 372—380, mit 6 Fig. L'éclipse partielle de soleil du 30 juin 1954.

BSAF **68** 422—426, mit 3 Fig. und 1 Tafel. L'éclipse totale de Soleil du 30 juin 1954.

BSAF **68** 427—428. L'éclipse partielle de Soleil du 30 juin 1954.

Coelum **22** 79—82, mit 2 Fig. L'ecclisse di Sole del 30 giugno 1954. — Vorschau.

Coelum **22** 152—154, mit 2 Fig. Ecclisse solare totale del 30 giugno 1954.

DOB **7** Nr. 6 Fasc. 1, 4 S. mit 2 Fig. Documents sur les observations praticables pendant l'éclipse totale de Soleil du 30 juin 1954.

Hemel en Dampkring **52** 133, mit 1 Fig. De totale zonsverduistering van 30 Juni 1954.

Hemel en Dampkring **52** 167, mit 1 Fig. Een geslaagde amateurfoto van de corona.

Hemel en Dampkring **52** 234, mit 1 Fig. Zonnesikkels.

Irish AJ **3** 88. The solar eclipse of June 30, 1954. — Kurzer Bericht der Dunsink-Expedition.

JBAA **64** 144. Total solar eclipse, 1954 June 30. — Vorschau.

JBAA **65** 22—28, mit 1 Fig. und 2 Tafeln. Eclipse reports. A summary of members' observations. Edited by D. W. Dewhirst.

JBAA **65** 28—31, mit 1 Fig. Eclipse reports. The partial eclipse: Schools report. Edited by E. A. Beet.

J RAS Canada **48** 189—192, mit 4 Fig. David Dunlap Observatory. Solar eclipse expedition to Mattice.

NAT **1954** 8—12, mit 3 Fig. Den totale solformørkelse d. 30. Juni 1954. — Vorschau.

NAT **1954** 72. Total solformørkelse. — Vorschau.

NAT **1954** 83—89, mit 1 Tafel. Solformørkelsen den 30. Juni 1954.

Nature **173** 381. Total solar eclipse of June 30, 1954.

NAZ **8** 28—29. O. Günther, H. Schmidt, K. W. Schrick. — Beobachtungen in Buldern/Münster und Hoher List/Bonn.

NAZ **8** 37. H. Mielke, G. Libuda. — Beobachtung in Berlin-Treptow.

Obs **74** 141—143. Joint eclipse expedition to Sweden.

PAT **35** 81—130, mit 43 Fig. und 1 Tafel. Den totala solförmörkelsen den 30 juni 1954. Meddelanden om de olika expeditionerna. — Enthält folgende Berichte: 1. C. J. Östman, De meteorologiska förhållandena, S. 81—84; 2. L. Asplund, Det geodetiska observationsprogrammet vid 1954 års solförmörkelse, S. 84—89; 3. K. Lundmark, Lunds observatoriums expedition till Sydkoster, S. 89—94; 4. G. Larsson-Leander, Stockholms observatoriums expedition till Sydkoster, S. 94—96; 5. G. Larsson-Leander, De utländska expeditionerna på Sydkoster, S. 97—98; 6. K. G. Malmquist, Uppsala observatoriums expedition och de utländska expeditionerna vid Lyckås, S. 98—102; 7. K. Lundmark, Lunds observatoriums expedition till Lyckås, S. 102—103; 8. K. Lundmark, Lunds observatoriums flygexpedition, S. 103—104; 9. J. M. Ramberg, Stockholms observatoriums expedition till Stenninge vid Persnäs, S. 104—113; 10. J. M. Ramberg, De utländska expeditionerna i Stenninge och Persnäs, S. 113—116; 11. Y. Öhman, Stockholms observatoriums expedition och de utländska expeditionerna i Löttorp, S. 116—124; 12. Å. Wallenquist, Uppsala observatoriums expedition och de utländska expeditionerna på Gotland, S. 124—130.

PAT **35** 159—163, mit 5 Fig. Amatörobservationer av solförmörkelsen den 30 juni 1954.

RH **35** 163—164 (tschechisch). Observations of partial solar eclipse, June 30, 1954. H. Slouka.

RH **35** 198—199, mit 1 Fig. (tschechisch). Geomagnetic activity during the solar eclipse of June 30, 1954. V. Černý.

Science **119** 460. The most comprehensive study of a solar eclipse. — Ref. in RJ Astr. Geod. UdSSR Nr. 7, 1955; Ref. Nr. 3030.

Sky and Telescope **13** 192—193, mit 3 Fig. The sky at totality. P. W. Stevens. — Vorschau mit dem Hinweis, daß die Sonne zur gleichen Zeit Jupiter verfinstert.

Sky and Telescope **13** 215, 224. Air force and other expedition plans. — Vorschau.

Sky and Telescope **13** 263, mit 1 Fig. Eclipse notes. — Vorschau.

Sky and Telescope **13** 327, 358, mit 1 Fig. Total eclipse weather in the United States.

Sky and Telescope **13** 330—331, 354—355, mit 7 Fig. A magnificent eclipse.

Sky and Telescope **13** 364—367, mit 9 Fig. Eclipse photograph competition.
Sky and Telescope **13** 367. Partial eclipse at 21 centimeters.
Sky and Telescope **13** 367, mit 1 Fig. Radio, temperature, and sky brightness observations.
Sky and Telescope **13** 374—376, mit 8 Fig. Eclipse reports at Madison.
Sky and Telescope **13** 377, mit 1 Fig. Notes on the eclipse.
Sky and Telescope **13** 380, mit 1 Fig. Eclipse projects in the Twin Cities.
Sky and Telescope **13** 419—422, mit 7 Fig. — Notes on the eclipse — II.
Sterne **30** 145—178, mit 21 Abb. Die totale Sonnenfinsternis am 30. Juni 1954. — Inhalt: C. Hoffmeister, A. Übersicht der Ergebnisse, S. 145—147; B. Berichte aus dem Bereich der partiellen Verfinsterung: F. W. Jäger, Beobachtungen am Göttinger Sonnenturm, S. 147—150; G. Böttger, Reihenaufnahmen in Leipzig, S. 150—151; G. Zeitz, Messungen von Temperatur und Helligkeit in Hildburghausen, S. 152; W. Götz, Beobachtungen auf der Sternwarte Sonneberg, S. 153; R. Brandt, Die Sonnenfinsternis auf dem Wendelstein (1840 m), S. 153—156; M. Kiessig, Beobachtung in Adelsberg, S. 156; H. F. Szuba, Beobachtung dicht außerhalb der Totalitätszone, S. 157; J. Franz, Beobachtungen der Volks- und Schulsternwarte Bautzen, S. 158; C. Berichte aus der Totalitätszone: W. Petri, Die Sonnenfinsternis auf Syd-Koster an der Westküste Schwedens, S. 159—163; E. Mädlow, Die Deutsche Amateur-Sonnenfinsternisexpedition 1954, S. 164—168; H. von Bronsart, Stuttgarter Amateurastronomen bei der Sonnenfinsternis in Schweden, S. 168—170; W. Malsch, Expedition nach Galtö (Schweden), S. 170—176; C. Hoffmeister, Expedition der Deutschen Demokratischen Republik nach dem Nordkaukasus, S. 176—177; H. Kaminski, Unternehmung der Volkssternwarte Bochum, S. 177—178.
Urania København **11** 13—14. Solformørkelsen d. 30. juni 1954. Uraniaklubbens Rejse.
Urania København **11** 101—102. Solformørkelsen den 30. Juni 1954.
Urania Kraków **25** 349. Obserwacje zaćmienia słońca w dniu 30 czerwca 1954 r. wykonane przez członków Towarzystwa Miłośników Astronomii z Niemieckiej Republiki Demokratycznej.
Vega Nr. **18/20** S. 80. Solar eclipse of June 30th, 1954, observed at München.

6217. Sonnenfinsternis 1955 Juni 25

D. H. Menzel, R. O. Redman, Total solar eclipse 1955 June 25. Obs **74** 138. — Vorschau.
Hemel en Dampkring **52** 190. De totale zonsverduistering van 25 Juni 1955. — Vorschau.

§ 63

Flecke, Fackeln

6301. **G. Alter,** Sunspots, statistics and planets. BAC **5** 69—78, mit 4 Fig. (mit russischer Zusammenfassung). — Die in verschiedenen Arbeiten von F. Link und dessen Mitarbeitern aufgestellte Behauptung, daß sich in den Sonnenfleckenrelativzahlen ein Einfluß der Stellung des Planeten Venus nachweisen lasse, wird auf Grund einer sorgfältigen statistischen Bearbeitung widerlegt. Auch andere Unrichtigkeiten werden in diesen Arbeiten nachgewiesen. Bo.

6302. **C. N. Anderson,** Notes on the sunspot cycle. J. Geophys. Res. **59** 455—461, mit 5 Fig. — Verf. untersucht die sehr lange Sonnenfleckenperiode von 169 Jahren und führt eine Periodenanalyse durch. Er gibt für die 39 Harmonischen zur 169-Jahre-Grundschwingung Periodenlängen, relative Amplituden und Epochen an. Außerdem zeigt er, daß der Planeteneinfluß auf die Fleckenzyklen verschwindend gering ist. U. Be.

* * **N. P. Barabaschew, I. M. Gordon,** Über den Zusammenhang zwischen Sonnenflecken und der gestörten Radiostrahlung der Sonne. Vgl. Ref. **6517**, **6518**.

6303. **U. Becker,** Das Rotationsgesetz der Sonnenfleckenherde. Phys. Verhandlungen **5** 128. — Ref. AG.

6304. **U. Becker,** Die Eigenbewegung der Sonnenflecken in Breite. ZfA **34** 129—136, mit 4 Abb. = Mitt. Fraunhofer-Inst. Freiburg Nr. **19**. — Bezugnehmend auf die Untersuchungen von Tuominen, Richardson und Schwarzschild wird nachgewiesen, daß die Eigenbewegung der Flecken in Breite nicht nur eine Funktion der heliographischen Breite ist, sondern auch stark von der jeweiligen Breite der Fleckenzone abhängt. Die Mitte der Fleckenzone ergibt sich als Grenzlinie zwischen pol- und äquatorwärtiger Bewegung. Es wird gezeigt, daß das Beobachtungsmaterial nicht zur Annahme einer Abhängigkeit vom 22jährigen Zyklus der magnetischen Fleckenpolarität zwingt. Verf.

6305. **U. Becker,** Die Struktur der Fleckenzone. ZfA **35** 137—144, mit 5 Abb. = Mitt. Fraunhofer-Inst. Freiburg Nr. **21**. — Die Fleckenzone wird in Form von Linien gleicher Fleckenhäufigkeit dargestellt und die Verteilungsfunktionen der Fleckenhäufigkeiten durch Streuung und Schiefe charakterisiert. Die Mitte der Fleckenzone ergibt sich als ein Gebiet unternormaler Fleckentätigkeit. Verf.

* * **U. Becker,** Bemerkungen zur zeitlichen Variation des Rotationsgesetzes der Sonne. Vgl. Ref. **6101**.

6306. **W. S. Berditschewskaja,** Der Aufbau der Sonnenflecke nach der Theorie des Strahlungsgleichgewichts. AJ UdSSR **31** 51—59, mit 5 Abb. (russisch). — Unter Annahme einer effektiven Temperatur der Sonnenflecken von 4620° und der üblichen Abhängigkeit der Temperatur von der optischen Tiefe wurden auf numerischem Weg über die Gleichungen des hydrodynamischen Gleichgewichts, des Ionisationsgleichgewichts und der Zustandsgleichung Temperatur, Druck und Elektronendruck als Funktionen der optischen und linearen Tiefe berechnet. Ein Vergleich der Bedingungen des in der Photosphäre und einem Fleck gegebenen Aufbaues zeigt, daß ein Fleck ein Gebiet erhöhten Druckes ist, die niedrige Temperatur sich aber durch die große optische Dicke der fleckenbildenden Gassäule erklären läßt. Der Temperaturgradient $dT/d\tau$ ist im Fleck geringer als in der Photosphäre. Loh.

6307. **D. E. Billings,** Photospheric magnetic fields preceding other solar activity. ApJ **120** 184—185. — An Hand einiger Beispiele wird darauf hingewiesen, daß die von Babcock mitgeteilten Magnetogramme der Sonnenoberfläche Beziehungen zu solaren Erscheinungen nachfolgender Rotationen andeuten und unter Umständen zur Voraussage der solaren Aktivität dienen können. Micz.

6308. **M. Blaha, M. Kopecký,** K fysikálnímu výkladu rovnice Stewarta a Panofského pro 11-letý cyklus. Časop. Českosl. ústavů astr. **4** 24.

* * **A. Bruzek,** Über die Beziehungen der Korona-Emissionsgebiete zu Sonnenflecken und Fackeln. Vgl. Ref. **6706**.

6309. **A. Bruzek,** Die hypothetische Neigung der Sonnenfleckenachsen. ZfA **33** 267—273, mit 4 Abb. = Mitt. Fraunhofer-Inst. Freiburg Nr. **13**. — Die Verteilung der Flächensummen der Sonnenflecken als Funktion des Abstandes vom Zentralmeridian gibt keinen Anlaß zur Annahme einer Fleckenneigung; denn 1. ist die Verteilungsfunktion der Flächen für den Zeitraum 1889—1943 symmetrisch, 2. beruht die Maundersche Asymmetrie der langlebigen Flecken auf einem Auswahleffekt, und 3. zeigt sich in den Flächensummen alter Einzelflecken kein Neigungseffekt. Die statistisch zwar gesichterte Asymmetrie der Gruppenzahlen spricht — in Verbindung mit den Ergebnissen bei den Flächensummen — ebenfalls nicht für die Existenz einer allgemeinen W-Neigung der Fleckenachsen. Verf.

6310. **E. J. Chernosky,** A relationship between the length and activity of sunspot cycles. Publ ASP **66** 241—247, mit 2 Fig. — Verf. untersucht Korrelationen zwischen den Längen einfacher und doppelter Sonnenfleckenzyklen und ihrer Aktivität, die charakterisiert wird durch a) die mittlere Relativzahl, b) die Summe der Relativzahlen : 100, c) das maximale Jahresmittel, alles für einen Zyklus. Die Korrelation zwischen Aktivität und Länge ergibt sich negativ für den vorhergehenden und den gleichen einfachen und auch für den gleichen doppelten Zyklus, positiv für den folgenden doppelten Zyklus. O. G.

6311. **G. Coutrez,** Nombre relatif de Wolf. Ciel et Terre **70** 223—227, mit 1 Fig. — Vergleich der Uccler Fleckenrelativzahlen mit den Zürichern.

* * **O. W. Dobrowolskij,** Einige instationäre Prozesse in Kometen und die Sonnenaktivität. Vgl. Ref. **8008.**

6312. **M. S. Eigenson,** Über die Natur der Sonnenzyklizität. Abh. Staatsuniv. Lwow **32** Astr. Mitt. Nr. 2 S. 66—69, mit 1 Abb. (russisch).

6313. **A. Ewing,** Predict sun's effect on radio. Sci. News Letter **66** 42—43. —Ref. in RJ Astr. Geod. UdSSR Nr. **7,** 1955; Ref. Nr. 2860.

* * **J. Firor,** Cosmic radiation intensity-time variations and their origin. IV. Increases associated with solar flares. Vgl. Ref. **12715.**

6314. **W. Gleissberg,** Die Häufigkeit der Sonnenflecken. Vgl. AJB **52** Ref. **6306.** — Weitere Besprechung in Scientia **89** 310—311 (G. Abetti).

6315. **W. Gleissberg,** Verbesserte Daten für die mittlere Sonnenfleckenkurve. Naturwissenschaften **41** 82.

6316. **W. Gleissberg,** Die Asymmetrie der Sonnenfleckenkurve. Phys. Verhandlungen **5** 128—129. — Ref. AG.

6317. **W. Gleissberg,** Die Asymmetrie der Sonnenfleckenkurve. Publ. Istanbul Univ. Obs. Nr. **51,** 9 S. (mit türkischer und englischer Zusammenfassung). — Die abweichend von früheren Untersuchungen nun durch $A = \frac{U-T}{U+T}$ definierte Asymmetrie der Sonnenfleckenkurve wird für die 30 Fleckenzyklen bis zu Galileis Zeiten berechnet. Auch hier ergibt sich eine Zunahme der Asymmetrie in den drei Gruppen zu je zehn Zyklen. Nach Elimination dieses säkularen Ganges und zweimaliger Vierermittelbildung tritt in der Asymmetrie der 80jährige Fleckenzyklus hervor. Bru.

6318. **W. Gleissberg,** Zur Klassifikation der Sonnenfleckengruppen. Publ. Istanbul Univ. Obs. Nr. **53,** 10 S. (mit türkischer und englischer Zusammenfassung). — Die Klassifikation der Fleckengruppen während der Jahre 1952 und 1953 in Zürich und Istanbul wird verglichen. In 86.3 % der Vergleichsfälle unterscheidet sich die Klassifikation beider Observatorien um höchstens eine Klasse. Würde man die Klassen J und C zusammenziehen, ergäbe sich Übereinstimmung in 94.7 % der Fälle. Bru.

6319. **W. Gleissberg,** Die Bedeutung des kommenden Sonnenfleckenzyklus. ZfA **34** 259—262. — Der bevorstehende elfjährige Fleckenzyklus darf insofern besonderes Interesse beanspruchen, als er unsere Kenntnis des achtzigjährigen Fleckenzyklus in einem wesentlichen Punkte bereichern wird: sein Verlauf wird zeigen, ob die Maxima des achtzigjährigen Zyklus annähernd gleiche Höhe haben oder nicht. Verf.

6320. **R. S. Gnewyschewa,** Über die Eigenschaften der Sonnenfackeln. Bull. Kommission Sonnenforschung Nr. **10** S. 40—42 (russisch). — Ref. in RJ Astr. Geod. UdSSR Nr. 7, 1955; Ref. Nr. 2853.

6321. **H. Hubenet,** Fraunhofer-Linien im inhomogenen Magnetfeld. ZfA **34** 110—128, mit 10 Abb. = Mitt. Fraunhofer-Inst. Freiburg Nr. **18.** — Die Gleichungen zur Berechnung der Profile der Zeeman-Komponenten einer Fraunhofer-Linie in einem inhomogenen Magnetfeld werden abgeleitet. Es zeigt sich, daß beim normalen Zeeman-Effekt, im Falle eines homogenen Longitudinalfeldes, die Äquivalentlinienbreite unabhängig von der magnetischen Feldstärke ist. Für den einfachen Fall eines Sonnenflecks in Sonnenmitte mit rein longitudinalem, nach außen abnehmendem Feld werden unter Zuhilfenahme des Waldmeierschen Fleckmodells für die Fe-Linie λ 6173 die Komponentenprofile berechnet. Es ergeben sich durch den Feldgradienten bedingte Asymmetrien in den Komponenten, deren Nachweis bei Anwendung lichtelektrischer Photometrie auf keine Schwierigkeiten stoßen dürfte. Verf.

6322. **A. A. Ismailow,** Spektralphotometrische Untersuchungen solarer Fackelfelder. Leningrad, 1954 (russisch). — Dissertationsreferat.

* * **K. Kawabata,** The enhanced radiation and the sunspot groups. Vgl. Ref. **6524.**

6323. **J. Kleczek, B. Nábělek,** Sluneční asymetrie. VI. Časop. Českosl. ústavů astr. **4** 26—27.

6324. **M. Kopecký, P. Mayer,** A note on the visibility of sun-spots. BAC **5** 132—133 (mit russischer Zusammenfassung). — Es wird darauf hingewiesen, daß die Sichtbarkeitsgrenze der Sonnenflecken nicht durch ihre Fläche, sondern ihren Durchmesser bestimmt ist. Daraus folgt für die Sichtbarkeitsfunktion $\Phi(\lambda) = \sec^2 \lambda$. Bru.

6325. **M. Kopecký,** Metody určeni počtu vzniklých skupin slunečních skvrn a jejich životní doby. Časop. Českosl. ústavů astr. **4** 9. — Ref. in RJ Astr. Geod. UdSSR Nr. **2**, 1955; Ref. Nr. 656.

6326. **M. Kopecký,** Počet vzniklých a zaniklých skupin slunečních skvrn v různých vzdálenostech od centrálního meridiánu. Časop. Českosl. ústavů astr. **4** 24.

6327. **M. Kopecký,** About the ending 11-year solar cycle. RH **35** 195—197, mit 2 Fig. (tschechisch).

6328. **M. Kopecký,** Long period changes of the sunspots periods. RH **35** 272—274 (tschechisch).

6329. **A. I. Kornilow,** Spektralphotometrische Untersuchung der Sonnenflecken. Moskau, Staatl. Astr. Sternberg-Inst., 1954 (russisch). — Dissertationsreferat.

6330. **G. Laborde,** Relations entre les plages faculaires et les raies de la couronne. CR **239** 1462—1464, mit 3 Fig. — Die Intensitätsverteilung der Koronastrahlen ($\lambda\lambda$ 5303, 6374, 6702, 7892, 10747, 10798) am Sonnenrand ist eng mit der der Fackelgebiete in Randnähe verbunden. Insbesondere fallen die Maxima in Breite zusammen. Die Aufnahmen wurden am Koronographen des Pic du Midi gemacht. Loh.

* * **K. E. Machin, P. A. O'Brien,** The emission polar diagram of the radio-frequency radiation from sunspots. Vgl. Ref. **6528.**

6331. **T. L. Mandrykina,** Über die Natur der Wolfschen Fleckenrelativzahlen. Abh. Staatsuniv. Lwow **32** Astr. Mitt. Nr. 2 S. 58—61, mit 2 Abb. (russisch). — Eine vergleichende Analyse ergibt, daß die jährlichen Wolfschen

Fleckenrelativzahlen fast ganz durch die Summe der Flächen langlebiger Fleckengruppen bestimmt werden. Loh.

6332. **T. L. Mandrykina, M. S. Eigenson,** Das Spörersche Gesetz und der säkulare Zyklus der Sonnenaktivität. Abh. Staatsuniv. Lwow **32** Astr. Mitt. Nr. 2 S. 62—65 (russisch).

6333. **A. G. McNish, J. V. Lincoln,** Prediction of the present sunspot cycle. Trans. American Geophys. Union **35** 709—710. — Ref. in RJ Astr. Geod. UdSSR Nr. **9,** 1955; Ref. Nr. 3908.

6334. **J. Mergentaler,** On the small sunspots and solar activity. Comptes rendus Soc. Sci. Lettres Wrocław **7,** 14 S. mit 4 Fig. = Commun. Wrocław Astr. Obs. Nr. **4.** — Eine Abzählung der einzelnen Fleckengrößen nach Messungen der Fleckenflächen von Greenwich der Jahre 1880 bis 1912 zeigt, daß die Häufigkeit sowohl der größten als auch der kleinsten Flecken der elfjährigen Periode unterliegt. Ausführliche Tabellen werden mitgeteilt. U. Be.

6335. **J. Mergentaler,** Kiedy zaobserwowano pierwszą plamę nowego cyklu. Urania Kraków **25** 48—49.

* * **P. Meyer, J. A. Simpson,** Changes in amplitude of the cosmic-ray 27-day intensity variation with solar activity. Vgl. Ref. **12732.**

6336. **O. N. Mitropolskaja,** Untersuchung der physikalischen Bedingungen in den Sonnenfackeln. Mitt. Astrophys. Obs. Krim **11** 152—164, mit 2 Abb. (russisch). — Verf. leitet aus 34 Eisenlinien die Wachstumskurven für Fackeln und Photosphäre ab. Auf Grund der höheren Ionisation der Eisenatome in den Fackeln unterscheiden sie sich in ihrem Verlauf etwas voneinander. Die Interpolation der Äquivalentbreiten aus dem Material für Sonne und heißere Sterne ergibt für die Fackeln eine um 187° höhere Ionisationstemperatur, während die Anregungstemperatur in den Fackeln niedriger ist als in der Photosphäre. Daher liegen die Konturen der Wasserstofflinien bei den Fackeln etwas höher als bei der Photosphäre. Der Temperaturunterschied, der für verschiedene in verschiedenen Tiefen gebildete Linien verschieden ist, beträgt größenordnungsmäßig 100°. Es ist dadurch auch möglich, den Temperaturverlauf in den Fackeln in Abhängigkeit von der Höhe zu bestimmen. Loh.

6337. **G. G. Mursalimowa,** Die Aktivität der nördlichen und südlichen Halbkugel der Sonne im Verlauf der sieben letzten Zyklen (1874—1952). Moskau und Taschkent, 1954. — Dissertationsreferat.

6338. **L. Pajdušáková-Mrkosová,** Rozdelenie typov škvrn po slečnom kotúči. Časop. Českosl. ústavů astr. **4** 36.

6339. **A. S. Ramanathan,** Radiation flux in sunspot umbrae. II. ZfA **34** 169—172, mit 1 Fig. = Sonderdruck Kodaikanal Obs. — Das Verhältnis der umbralen Intensität zur photosphärischen Intensität wurde als Funktion der Wellenlänge in vier größeren Sonnenflecken zwischen 4000 und 6500 Å untersucht. Für jeden Fleck wurde der relative Gradient bestimmt. Verf. (übersetzt)

6340. **T. S. Rasmadse,** Das Erscheinen der Sonnenaktivität in den Eruptionen. Bull. Astrophys. Obs. Abastumani Nr. **16** S. 59—147, mit 38 Abb. (russisch mit georgischer Zusammenfassung). — Die vorliegende Arbeit stellt eine Statistik und Untersuchung der Eruptionen in der Zeit von 1935 bis 1948 dar. Inhalt: Einleitung, S. 59—61; der elfjährige Aktivitätszyklus der Eruptionen, S. 61—67; das Gesetz der Breitenverteilung der Eruptionen, S. 67—72; die aktiven Gebiete und Impulse der Sonnenaktivität auf Grund der Eruptionen, S. 72—103; die aktiven Längen der Eruptionen, S. 103—113; die Mikrostruktur des elfjährigen Zyklus, S. 114—121; der Zusammenhang der Eruptionen mit den Flecken im Raum und die Veränderung dieses Zusammenhanges in der Funktion der Impulsphase, S. 121—123; der Zusammenhang der Eruptionen mit schnellen Veränderungen in den Flecken, S. 123—126; desgl. mit den Fleckengruppentypen und den maximalen Feldstärken des magnetischen Feldes, S. 126—128; desgl. mit den Flocculi und Filamenten, S. 128; desgl. mit der Radiostrahlung der Sonne, S. 128—131; Schlußfolgerungen, S. 131—136. Loh.

* * **N. Richter,** Die Helligkeitsausbrüche des Kometen 1925 II und ihre Zusammenhänge mit der Sonnentätigkeit. Vgl. Ref. 8129.

6341. **W. E. Stepanow,** Zur Methodik der Temperaturbestimmung von Sonnenflecken. Mitt. Univ. Lwow Nr. 4 Teil 2 S. 73, 1953 (ukrainisch). — Ref. in RJ Astr. Geod. UdSSR Nr. 8, 1955; Ref. Nr. 3337.

6342. **W. Szymański,** Zależność szerokości heliograficznych plam słonecznych od aktywności przebiegu cyklu plamotwórczego Słońca. Urania Kraków **25** 314—316, mit 2 Fig. — Nach einer Darstellung der Abhängigkeit der mittleren Breite der Sonnenfleckengruppen von der durch die Höhe des Sonnenfleckenmaximums in Relativzahlen repräsentierten Intensität des Sonnenzyklus teilt Verf. seine Beobachtungen über die mittlere Breite der Sonnenfleckengruppen in den Jahren 1952 und 1953 mit. Loh.

6343. **D. E. Trotter, C. Pecker,** Phase du cycle solaire actuel. CR **239** 633—635, mit 2 Fig.

6344. **W. F. Tschistjakow,** Über die Ost-West-Asymmetrie der Sonnenflecken. Astr Circ UdSSR Nr. 150 S. 9—13, mit 2 Abb. (russisch). — Ref. in Urania Kraków **26** 147. — Verf. bestätigt aus eigenen und fremden Unterlagen die Gleissbergsche Ansicht, daß die Ost-West-Asymmetrie durch eine Neigung der (oberen Enden der) Fleckenachsen nach Westen zustande kommt. Der Neigungswinkel ist kleiner als 5°. Loh.

6345. **J. Tuominen,** Possible connection between meridional movements of sunspots and vertical mixing in the sun. Vgl. Ref. **1191**, daselbst S. 221—222, mit 1 Fig. — Es werden die mittleren meridionalen Bewegungen der Sonnenflecken mit den folgenden Ergebnissen studiert: Sonnenflecke zwischen den Breiten $\pm$ 16° bewegen sich auf den Äquator zu, Sonnenflecke außerhalb dieser Breiten auf die Pole zu. Dieser Bewegung überlagert sich eine mit der Breite periodische Bewegung mit einer Periode von 10° und einer Amplitude von etwa 0.005 Grad pro Tag. Böhm-Vitense

* * **S. W. Visser,** Halo's, zonnevlekken en de uitbarsting van de Katmai. Vgl. Ref. **6847**.

6346. **M. Waldmeier,** Polare Fackeln. Phys. Verhandlungen **5** 129. — Ref. AG.

6347. **P. Whittle,** A statistical investigation of sunspot observations with special reference to H. Alfvén's sunspot model. ApJ **120** 251—260. — Auf Grund des sogenannten autoregressiven Schemas werden zwei Beobachtungsreihen von Sonnenflecken in den Breitengürteln 16°—21° nördlicher und südlicher heliographischer Breite aus den Jahren 1886—1945 analysiert. Die Ergebnisse lassen sich als Bestätigung des von der Alfvénschen Fleckentheorie geforderten Zusammenhangs zwischen den Intensitäten der Flecken auf der einen Hemisphäre und denen auf der anderen Hemisphäre zu dem eine Fleckenperiode späteren Zeitpunkt deuten. Kdr.

* * Jupiter and sunspots. Vgl. Ref. **7613**.

6348. Beobachtungen von Sonnenflecken

Abh. Staatsuniv. Lwow **32** Astr. Mitt. Nr. 2 S. 7—12, mit 6 Abb. (russisch). Ergebnisse von Sonnenfleckenbeobachtungen 1949—1952. T. L. Mandrykina.

Acta Astr. Sinica **2** 121—132, 265—277, mit 12 Fig. (chinesisch). Observations of sun-spots and solar radiation at the Observatory of Zô-Sè. Y. L. Chang.

AJ **59** 168. Summary of sunspot observations at Mount Holyoke College, 1953. A. H. Farnsworth.

Astr. Mitt. Sternw. Zürich Nr. **186** = VJS Naturforsch. Ges. Zürich **99** 115—129, mit 2 Abb. Die Sonnenaktivität im Jahre 1953. M. Waldmeier.

Astr. Nachr. Berlin-Treptow **6** 76. Sonnenflecken-Minimum und neuer Zyklus.

Astr. Nachr. Berlin-Treptow **6** 80—81. Die Züricher Sonnenflecken-Statistik 1953.

BAA Circ 351. High latitude sunspots.

Bol. Astr. Obs. Madrid **4** Nr. 7 S. 47—81, mit 6 Fig. Observaciones de manchas solares. Números relativos de Wolf. E. Gullón. — Rotationen 1328—1341.

Bol. Astr. Obs. Madrid **4** Nr. 7 S. 83—106, mit 4 Fig. Observaciones de manchas solares. Estadística de manchas y superficie de las mismas. E. Gullón.

Bol. Mensual Obs. Cartuja, Granada. Observaciones astronómicas y sísmicas. Enero a Diciembre de 1953. J. A. Burgos. — Rotationen 1328—1341.

Bol. Obs. Ebro **39**, 51 S. Heliofísica 1951.

Desgl. **40**, 47 S. Heliofísica 1952.

BSAF **68** 20, 66—67, 119—120, 139, 242, 473. Le Soleil. — Beobachtungen.

BSAF **68** 31—32, 70, 128, 152, 200, 230, 297, 328, 366, 437, 481, mit 13 Fig. L'activité solaire. M. d'Azambuja. — Rotationen Nr. 1339—1351.

BSAF **68** 71. Nombres relatifs de Wolf pour l'année 1953. M. Waldmeier.

Bull. Obs. Astr. Beograd **19** Nr. 2 S. 52. Activité des taches solaires au cours de l'année 1954. M. Protitch, O. Kovačević.

Ciel et Terre **70** 72 155, 236—237, 310, 388, 464. Observations des taches solaires. G. Coutrez, R. Coutrez, A. Koeckelenbergh. — Rotationen 1339—1351.

Ciel et Terre **70** 218—221. Les taches solaires en 1953.

Ciel et Terre **70** 221—223, mit 1 Fig. Latitudes héliographiques des taches.

Ciel et Terre Suppl. 1954 Nr. 1—12, mit Fig. = Commun. Obs. Roy. Belgique Nr. **75**. Observations des taches solaires. Observations chromosphériques et photosphériques. G. Coutrez, A. Koeckelenbergh. — Rotationen Nr. 1339—1351.

Circ. Astr. Obs. Lwow Nr. **25** S. 20—44, 1953 (russisch). Die Sonnenaktivität 1952, Juli—Dezember. T. L. Mandrykina, R. B. Teplizkaja.

Circ. Astr. Obs. Taschkent Nr. 268—273 (russisch). Die Sonnentätigkeit 1953 Nov.—1954 Okt. A. Kalmykow, K. Kuleschowa.

Coelum **22** 17—19, 54—55, 78—79, 118—119, 152, 183, mit 5 Fig. Fenomeni solari dei mesi di 1953 Octobre—1954 Settembre.

Coelum **22** 117—118. Il nuovo ciclo di attività solare.

Greenwich Photo-heliographic Results 1944. London, Her Majesty's Stationery Office, 1954. 68 S. Preis £1 0s. 0d. net.

Hemel en Dampkring **52** 24, 44, 88, 108, 132, 174, 176, 200, 220, 240. Zonnevlekkengestallen. — 1953 Dezember—1954 Oktober.

Indian J. Meteorol. Geophys. **5** 195—197. Kodaikanal solar, geomagnetic and ionospheric data October—December 1953. A. K. Das.

J. Geophys. Res. **59** 132, 303, 428, 546. Provisional sunspot-numbers. M. Waldmeier. — 1953 Okt.—1954 Sept.

J. Geophys. Res. **59** 295—297, mit 1 Fig. Final relative sunspot-numbers for 1953. M. Waldmeier.

Mem SA It (NS) **25** 257—267 = Oss. Astr. Roma Monte Mario Contr. Sci. (NS) Nr. **203**. Area, posizione eliografica e classifica delle macchie solari durante l'anno 1953, secondo i rilievi fotografici giornalieri dell'Osservatorio Astronomico di Roma (Monte Mario). M. Cimino, T. Fortini, R. Flamini.

Mitt. Archenhold-Sternw. Nr. **37**, 10 S. Bericht über die Auswertung von Sonnenbeobachtungen 1953. G. Schirdewahn.

MN **114** 134—136. Mean areas and heliographic latitudes of sunspots in the year 1950. Royal Greenwich Observatory.

MN **114** 358—360. Solar activity. H. W. Newton, A. K. Das.

MN **114** 606—609. Mean daily areas and heliographic latitudes of sunspots in the years 1951 and 1952.

National Obs. Athen Bull. Astr. Inst. Year: 1952 (2) S. 20—22. Sunspot report. J. E. Focas, D. P. Elias.

National Obs. Athen Bull. Astr. Inst. Year: 1952 (2) S. 23. Annual summary of sunspot observations in 1952.

National Obs. Athen Bull. Astr. Inst. Year: 1952 (2) S. 24—27, mit 2 Fig. Solar activity in 1952. D. P. Elias.

Nature **174** 679. Solar phenomena recorded at Kodaikanal Observatory.

Obs **74** 225—226. The present sunspot minimum. H. W. Newton.

Orion Schaffhausen **4** 219—220, 255, 293, 336. Soleil. — 1953 Okt.—1954 Sept.

Orion Schaffhausen **4** 213, 254, 334. Provisorische Sonnenfleckenrelativzahlen für 1953 Januar—1954 September.

Orion Schaffhausen **4** 254. Jahresmittel der Sonnenfleckenrelativzahlen 1947—1953.

Orion Schaffhausen **4** 334—335. Beginn des neuen Sonnenfleckenzyklus.

Publ ASP **66** 33—34, 94, 148—149, 212—213, 258, 338—339. Summary of Mount Wilson magnetic observations of sunspots. — 1953 Sept.—1954 Aug.

Publ ASP **66** 55—57, mit 1 Fig. Solar activity in 1953. S. B. Nicholson.

Publ. Astr. Hauptobs. Pulkowo 1953. Katalog der Sonnentätigkeit 1949—1951. R. S. Gnewyschewa.

Publ. Astr. Obs. Kiew Nr. **6** S. 113—119, mit 3 Abb. (russisch). Die Sonnenaktivität 1951. M. J. Seldina, E. N. Semanek, A. N. Sergejewa, E. W. Turtschaninowa.

Publ. Astr. Obs. Kiew Nr. **6** S. 121—129, 131—138 (russisch). Die photosphärische Aktivität der Sonne 1948 und 1949. E. N. Semanek.

Publ. Istanbul Univ. Obs. Nr. **48**, 6 S. Observations des taches solaires en 1953. E. Balli.

Publ. Sternw. Zürich **10** 47—60, mit 13 Abb. Heliographische Karten der Photosphäre für das Jahr 1953. M. Waldmeier. — Rotationen 1329—1341.

Quarterly Bulletin on Solar Activity Nr. **101—106**. Published by the Eidgen. Sternwarte in Zürich. — 1953 Jan.—1954 Juni.

Rev. geofis. **12** 140—148, 217—226, 344—351, 1953. Nota relativa a la actividad solar y geomagnetica (Enero—Septiembre 1953). J. O. Cardus.

Sky and Telescope **13** 100. Zürich sunspot numbers. H. L. Bondy. — 1953 Juli—Sept.

Sky and Telescope **13** 100, 136, 174, 204, 245, 284, 319, 355, 398, 442, **14** 36, 79. Sunspot numbers. — 1953 Juli—1954 September.

Sky and Telescope **13** 319. Sunspot activity in 1952 and 1953.

Sterne **30** 105. Definitive Sonnenflecken-Relativzahlen für 1953. M. Waldmeier.

Tokyo Astr. Obs. Bull. Solar Phenomena **5** 47—58, **6** 1—44, mit Fig. M. Notuki, M. Ono, Y. Nojima, Y. Tanaka, I. Semba. — 1953 Okt. — 1954 Sept.

Urania Barcelona **39** 134. Datos relativos a la actividad solar y geomagnética en 1952.

Urania København **11** 26—27. Solpletaktiviteten. O. Engelstoft.

Urania Kraków **25** 115—118, mit 1 Fig. Aktywność Słońca w 1953 r. J. Mergentaler.

US Naval Obs. Circ. Nr. **47, 50, 51, 52, 54**, 20 S. Positions, areas, and counts of sunspots November 1953—August 1954. W. S. Cameron.

US Naval Obs. Circ. Nr. **48**, 11 S. Solar summary for 1953.

Vega Nr. **16/17** S. 70. High latitude sunspots.

Veröff. Fraunhofer-Inst. Freiburg. Sonnen-Zirkular 1953 Okt.—1954 Sept. 148 S. mit Abb.

§ 64

Photosphäre, Spektrum

* * **K.-H. Böhm,** Zur Deutung der Mitte-Rand-Variation der Fraunhofer-Linien. Vgl. Ref. **6113**.

6401. P. ten Bruggencate, Die Temperatur der Sonnenatmosphäre. Scientia **89** 287—292. — Im folgenden wird die Frage behandelt, inwieweit es möglich ist, für diejenigen Schichten der Sonne, die der Beobachtung direkt zugänglich sind, eine Temperatur abzuleiten. Aus der Schärfe des Sonnenrandes wird auf das hohe Absorptionsvermögen solarer Materie in den äußeren Schichten der Sonne geschlossen. Dadurch liegt es nahe, in diesen Schichten mit lokalem thermodynamischem Gleichgewicht zu rechnen und Aussagen über die Temperaturschichtung in der Photosphäre zu gewinnen. Es wird dann auf die Möglichkeit eingegangen, die Mitte-Rand-Variation ausgewählter Fraunhoferlinien auf der Sonnenscheibe zur Lösung der genannten Frage hinzuzuziehen. Das Ergebnis ist, daß die Temperatur an der Grenze zwischen Photosphäre und Chromosphäre auf etwa 4000° absinken muß. Weiterhin werden die starken Abweichungen vom thermodynamischen Gleichgewicht besprochen, die man in Protuberanzen, Chromosphäre und Korona beobachtet. Während bei Protuberanzen die Besetzungszahlen hoher Quantenzustände des H-Atoms auf eine Anregungstemperatur von 3700° führen, entspricht die mittlere kinetische Energie der schweren Teilchen etwa einer Temperatur von 13000°. Noch sehr viel stärkere Abweichungen vom thermischen Gleichgewicht findet man in der Sonnenkorona. Hier kann man formal den Ionisationsgrad und die Linienbreite der Korona-Emissionslinien durch eine Temperatur von etwa 10^6 Grad kennzeichnen. Verf.

6402. G. Elste, Mitte-Rand-Variation von Linienkonturen schwacher Fraunhofer-Linien. Phys. Verhandlungen **5** 130. — Ref. AG.

6403. J. Gauzit, Abondance de l'azote dans l'atmosphère solaire. Vgl. Ref. **1191**, daselbst S. 468—470. — Die verbotenen Linien ^2D—^2P des NI im Infraroten werden mit Hilfe von Untersuchungen Mohlers von neuem identifiziert. Die Auswertung der beiden sehr schwachen Linien ergibt mit einer Anregungstemperatur von 5000° eine etwas geringere Stickstoffhäufigkeit als die des Sauerstoffs und steht damit theoretischen Erwartungen entgegen. Weidemann

6404. J. L. Greenstein, E. Tandberg-Hanssen, The abundance of beryllium in the sun. ApJ **119** 113—119, mit 1 Tafel = Inst. Theoret. Astrophys. Blindern-Oslo Reprint Nr. 8. — Die Gesamtabsorptionen von vier dem Beryllium bzw. dem ionisierten Beryllium zugehörigen Linien des Sonnenspektrums wurden gemessen und zur Bestimmung des Häufigkeitsverhältnisses von Beryllium zu anderen Elementen benützt, wobei berechnete f-Werte Verwendung finden. Es ergibt sich Be/H = 10^{-10}, Be/Li = 8, Be/Ca = 6×10^{-5}. Die Berylliumhäufigkeit entspricht etwa der in Meteoriten und der Erde gefundenen, während Lithium erheblich seltener zu sein scheint. Verf. weisen darauf hin, daß keine Beryllium erzeugenden Prozesse in der Sonne bekannt sind. Temperaturen über 3.6×10^6 Grad führen rasch zum Zerfall seiner Kerne. Es zerfällt jedoch langsamer als Lithium. Mischung der Sonnenatmosphäre und ihrer äußeren Hülle würde zum Zerfall von Li, nicht jedoch von Be führen, solange es nicht in Schichten heißer als 3.6×10^6 °K dringt. Mischvorgänge in den äußeren Sonnenschichten haben daher entweder eine scharfe Grenze oder ein unbekannter Prozeß erzeugt Li und Be in diesen Schichten. Micz.

6405. A. B. Hart, Motions in the sun at the photospheric level. IV. The equatorial rotation and possible velocity fields in the photosphere. MN **114** 17—38, mit 10 Fig. = Commun. Univ. Obs. Oxford Nr. **43**. —

Mit dem Oxforder Sonnenteleskop und einem Spektrographen von 1.5 Å/mm Dispersion wurden 1950—1952 Spektren der Photosphäre in der Nähe des Sonnenrandes und am Äquator aufgenommen, die die Messung von 480 Radialgeschwindigkeiten erlaubten. Eine äquatoriale Rotationsgeschwindigkeit von 1.91 km/sec wird abgeleitet. Bei der Diskussion wird die Wirkung von atmosphärischem Streulicht auf die Messungen untersucht; sie stellt sich als bedeutungslos heraus. Aus der Streuung der Einzelmessungen wird geschlossen, daß es merkliche seitliche Bewegungsunterschiede in der Photosphäre bis zu 0.3 km/sec gibt. Benachbarte Geschwindigkeitsmaxima und -minima scheinen Abstände von größenordnungsmäßig 75000 km zu besitzen. Es wird vermutet, daß es Streifen konstanter Geschwindigkeit senkrecht zum Äquator gibt. Micz.

6406. **A. B. Hart,** Motions in the sun at the photospheric level. IV. The equatorial rotation and possible velocity fields in the photosphere. Obs **74** 49—51. — 334 spektroskopische Bestimmungen der Rotationsgeschwindigkeit der Sonne geben für 1951.5 eine Äquatorgeschwindigkeit von 1.91 km/sec mit einer großen Streuung um diesen Wert. Es wird gezeigt, daß diese Streuung nicht durch Meßfehler bedingt ist, sondern durch lokale Geschwindigkeitsfelder mit abweichender Geschwindigkeit. U. Be.

6407. **S. W. Henriksen,** The solar photospheric gradient. ApJ **120** 521—528, mit 6 Fig. und 1 Tafel. — Aus einer photometrischen Auswertung von Filmaufnahmen des Flash-Spektrums der Sonne während der totalen Finsternis am 9. Juli 1945 wird ein Dichtegradient von $(-7.6 \pm 0.6) \times 10^{-8}\ cm^{-1}$ für die Photosphäre abgeleitet. Dieser Gradient entspricht einer Grenztemperatur von $4400 \pm 355°$ K. Micz.

* * **Z. Hitotuyanagi, H. Inaba,** Model solar atmospheres and center-limb variations of the sodium D lines. Vgl. Ref. **6116.**

6408. **H. Hubenet, C. de Jager, C. Zwaan,** Note on the occurence of technetium in the solar atmosphere. Vgl. Ref. **1191,** daselbst S. 471—480, mit 3 Fig. = Sterrewacht «Sonnenborgh» Utrecht Overdruk Nr. **11.** — Unter der Annahme, daß die Linie λ 3195.21 zum Spektrum des Tc II gehört, ergibt sich in erster Näherung eine auf Wasserstoff bezogene Häufigkeit des Tc von 2×10^{-11}. Die Übereinstimmung mit der Häufigkeit der Nachbarelemente läßt sich nur schwer verstehen, da das häufigste Tc-Isotop eine Halbwertszeit von nur 2×10^{5} a besitzt. Falls die Identifikation zutrifft, spräche dies für eine rezente Bildung des Tc dicht unter der Sonnenoberfläche. Weidemann

6409. **H. Inaba,** La courbe de croissance et la température d'excitation pour les raies de Fraunhofer dans l'atmosphère solaire. Sci. Reports Tôhoku Univ. (1) **38** 31—49, mit 5 Fig. = Sendai Astr. Rap. Nr. 37. — Die von K. O. Wright aus Äquivalentbreiten von Fraunhofer-Linien gewonnenen *f*-Werte für Ti I und Fe I werden einer Prüfung unterzogen. Es wird gezeigt, daß systematische Fehler dieser empirischen *f*-Werte im wesentlichen daher kommen, daß die Entstehung der Fraunhofer-Linien vom physikalischen Zustand der Sonnenatmosphäre, vor allem von der Temperaturverteilung in derselben abhängt. Bei der Konstruktion von Wachstumskurven sollte man aus Sonnenlinien gewonnene *f*-Werte nur benutzen, wenn man vorher eine diesbezügliche Korrektion angebracht hat, wie hier im einzelnen ausgeführt wird. Schließlich werden noch die aus den Wachstumskurven gefundenen Anregungstemperaturen für metallische Linien diskutiert. H. M.

6410. **C. de Jager,** High-energy microturbulence in the solar photosphere. Nature **173** 680—681, mit 2 Fig. = Sterrewacht «Sonnenborgh» Utrecht Overdruk Nr. **13.** — Die Verbreiterung der Balmer-Linien kann durch Mikroturbulenz in der Photosphäre erklärt werden. Es werden die Profile einer Anzahl von Balmer-, Paschen- und Brackett-Linien für zwei Modelle berechnet. Die Photosphäre soll in beiden Modellen aus dünnen vertikalen Säulen bestehen, von denen die eine Hälfte um $+ \Delta\Theta$, die andere um $- \Delta\Theta$ von der Mitteltemperatur abweichen soll. Im ersten Modell durchsetzt ein Lichtstrahl nur eine Säule, im zweiten viele Säulen beider Temperaturen. Durch Vergleich mit den Beobachtungen werden die $\Delta\Theta$-Werte bestimmt und für beide Modelle übereinstimmend eine Temperaturabweichung $\Delta T = \pm 850°$ für $\tau = 1$ und $\Delta T = \pm 1000°$ für $\tau = 2.5$ gefunden. Bru.

6411. **C. de Jager,** A new determination of the abundance of deuterium in the solar atmosphere. Vgl. Ref. **1191**, daselbst S. 460—467 = Sterrewacht «Sonnenborgh» Utrecht Overdruk Nr. **10**. — Die einzige Linie im Sonnenspektrum, die bisher dem Deuterium zugeschrieben werden könnte, ist die Depression im Flügel von Hα, λ 6561.03. Unter Berücksichtigung von Sättigung und Blendeffekt ergibt sich ein Verhältnis A_D (D : H) von 1.45×10^{-4} in guter Übereinstimmung mit dem terrestrischen Wert. Ist die Depression anderen Ursprungs, so ist jedenfalls $A_D \leq 7 \times 10^{-5}$. Weidemann

6412. **F. W. Jäger,** Versuche zur Messung der Polarisation in Fraunhoferlinien. Mitt. AG 1953 S. 13. — Ref. AG.

6413. **F. W. Jäger,** Polarisationsmessungen an Fraunhoferlinien im Sonnenspektrum. ZfA **34** 237—258, mit 4 Abb. = Veröff. Univ.-Sternw. Göttingen Nr. **109**. — Fraunhoferlinien, die wesentlich durch Streuung entstehen, sollen nach der Theorie der Resonanzfluoreszenz am Sonnenrand infolge der Randverdunklung teilweise polarisiert sein in dem Sinne, daß die Intensitäten des parallel und des senkrecht zum Sonnenrand schwingenden Lichts etwas voneinander verschieden sind. Am Göttinger Turmteleskop wurden für die Linien Ca λ 4227 Å, Na D_1, D_2 und Mg b_1, b_2 photographische Aufnahmen am Nord- und Ostrand der Sonne ($\sin \vartheta = 0.99$) sowie in der Sonnenmitte ($\sin \vartheta = 0$) gewonnen. In der Mitte der besonders günstigen Ca-Resonanzlinie wurde am Nordrand ein Polarisationsgrad (in Prozent) von 5.1 ± 0.9, am Ostrand ein solcher von 1.4 ± 0.8 gemessen. Dies Ergebnis bedeutet einerseits eine Bestätigung der von Thiessen bezüglich der Wirkung magnetischer Felder erweiterten Polarisationstheorie, andererseits gibt es einen Hinweis darauf, daß in der Mitte starker Resonanzlinien die kohärente Streuung eine wesentliche Rolle spielt. Verf.

6414. **F. S. Johnson, J. D. Purcell, R. Tousey,** Solar ultraviolet spectra obtained with a rocket-borne spectrograph of improved design. J. Optical Soc. America **44** 827—828. — Ref. Optical Soc. America.

6415. **F. S. Johnson, J. D. Purcell, R. Tousey,** An extension of the extreme ultraviolet solar spectrum. Phys. Rev. (2) **95** 621. — Ref. Am. Phys. Soc.

6416. **W. A. Krat,** Untersuchung der Granulation der Sonnenphotosphäre. I. Mitt. Astr. Hauptobs. Pulkowo **19** Nr. 5 (152) S. 1—9, mit 4 Tafeln (russisch). — Ref. in Urania Kraków **26** 309. — Der Untersuchung liegen Aufnahmen am Pulkowoer Sonnenteleskop der Jahre 1951 und 1952 zugrunde. Aus Aufnahmen vom 24. 8., 25. 8. und 2. 9. 1952 ergeben sich für die mittleren Durchmesser der Granulen Werte zwischen 0.″3 und 0.″7. Die kleinsten muß man im Hinblick auf den Radius der Beugungsscheibchen als punktförmig betrachten. Die Granulen neigen zur Gruppenbildung mit Durchmessern um 3.″8. Vermutlich nimmt die Fläche der dunkleren Zwischengebiete im Laufe des Sonnenzyklus mit der Abnahme der Fleckenflächen ebenfalls ab. Dem Helligkeitskontrast zwischen Granulen und dunkleren Zwischengebieten von durchschnittlich 13 % entspricht ein Temperaturunterschied von etwa 400°, was auf die Anregung der Metall-Linien nicht ohne Einfluß ist. Die Durchmesser der Fackelgranulen müssen auch bei 100 km liegen. Ihre Helligkeitsverteilung (Randverdunklung) ist durch $B(0, \vartheta) = 0.4\,(2.2 + 0.3 \cos \vartheta)$ gegeben, die der Photosphäre demgegenüber durch $0.4\,(1 + 1.5 \cos \vartheta)$. Die mittlere Lebensdauer der Granulen (und der Fackelgranulen) beträgt etwa 2^m. Es ist daher ziemlich hoffnungslos, ihre seitliche Bewegung zu erfassen. Abschließend werden zu Arbeiten von ten Bruggencate und Grotrian einige Bemerkungen gemacht. Loh.

6417. **S.-M. Kung,** Stark effect in Brackett γ of solar spectrum. Acta Astr. Sinica **2** 1—22, mit 4 Fig. (chinesisch mit englischer Zusammenfassung). — Theoretische Berechnung des Einflusses des Stark-Effekts auf das Profil der Brackett γ-Linie im Sonnenspektrum und Vergleich der theoretischen Resultate mit beobachteten Profilen. Hinsichtlich der Linienbreite wird gute Übereinstimmung festgestellt, während die Rechnung größere Tiefen ergibt als die Beobachtung, was durch Unterschiede zwischen Anregungstemperatur und der auf Grund der Energiedichte angenommenen Temperatur erklärt wird. Kdr.

6418. **W. Lochte-Holtgreven,** Wie kommt das Sonnenlicht zustande? Phys. Blätter **10** 445—451, mit 3 Abb. — Die Bedeutung des H^--Absorptionskoeffizienten für die Entstehung des kontinuierlichen Sonnenspektrums wird anschaulich erörtert. Es werden weiterhin kurz die Versuche beschrieben, mit denen es erstmalig gelang, das H^--Leuchten im Laboratorium nachzuweisen. Hoher Druck und — da auf leicht ionisierbare Metalle als Elektronenlieferant verzichtet werden mußte — Temperaturen, bei denen der Wasserstoff gerade ionisiert, begünstigen die Bildung der H^--Ionen. Der Verlauf des Absorptionskoeffizienten mit der Wellenlänge wird anschließend besprochen. Traving

6419. **S. Miyamoto,** Non-coherent scattering and the contour of absorption lines. Publ. Astr. Soc. Japan **5** 142—153, mit 1 Fig. = Contr. Inst. Astrophys. Univ. Kyoto. Nr. **39.** — Der Einfluß nicht-kohärenter Streuung auf die Kontur von Fraunhofer-Linien im Linienzentrum ergibt sich für schwache Linien als unbedeutend. Für mäßig starke Linien ist die Restintensität größer als bei kohärenter Streuung mit Ausnahme der eigentlichen Linienmitte, wo sie in beiden Fällen gleich ist. Bei starken Linien tritt infolge der thermischen Nicht-Kohärenz eine Welle in der Kontur in etwa drei Doppler-Halbbreiten Entfernung von der Linienmitte auf. Kdr.

6420. **S. Miyamoto,** Non-coherent scattering and the blended lines. Publ. Astr. Soc. Japan **5** 154—161, mit 1 Fig. = Contr. Inst. Astrophys. Univ. Kyoto Nr. **40.** — Es wird gezeigt, daß eine Absorptionslinie mäßiger Stärke im Flügel einer sehr starken Linie durch die druckbedingte nicht-kohärente Streuung beträchtlich geschwächt wird, verglichen mit dem Fall kohärenter Streuung. Zwei benachbarte sehr intensive Linien gleicher Stärke werden hinsichtlich ihrer Stärke nur wenig verändert, doch ist die Intensität in der Mitte zwischen den beiden Linienzentren merklich größer als im kohärenten Fall. Kdr.

6421. **S. Miyamoto,** Non-coherent scattering and the center limb variation of blended lines. Publ. Astr. Soc. Japan **6** 1—8, mit 1 Fig. = Contr. Inst. Astrophys. Univ. Kyoto Nr. **41.** — Für das Milne-Eddington-Modell und inkohärente Streuung werden theoretische Konturen nebst Mitte-Rand-Variation von Blend-Linien in den Flügeln sehr starker Linien berechnet. Die verschiedenartigen und komplexen Unterschiede gegenüber früheren Rechnungen mit kohärenter Streuung werden aufgezeigt und diskutiert. Die Beobachtungen sprechen mehr für inkohärente Prozesse, bzw. in den inneren Flügeln sehr starker Linien für eine Kombination beider Effekte. Voigt

6422. **S. Miyamoto,** On the calculation of non-coherent contours. Publ. Astr. Soc. Japan **6** 103—108 = Contr. Inst. Astrophys. Univ. Kyoto Nr. **46.** — Unter Verwendung der mittleren Intensität $J(0,\tau)$ in der Linienmitte an Stelle des über die Frequenzen gemittelten Wertes $\bar{J}(\tau)$ der mittleren Intensität $J(\xi,\tau)$ (ξ Frequenzdifferenz gegen die Linienmitte) werden theoretische nicht-kohärente Linienkonturen in erster und zweiter Näherung berechnet. Vergleich beider Näherungen für den Fall der H- und K-Linie des Sonnenspektrums ergibt, daß die erste Näherung die Beobachtungen mit hinreichender Genauigkeit darstellt. Kdr.

6423. S. Miyamoto, Contours of strong Fraunhofer lines. Publ. Astr. Soc. Japan **6** 140—149, mit 3 Fig. = Contr. Inst. Astrophys. Univ. Kyoto Nr. **49.** — Es wird gezeigt, daß der Buckel in den inneren Flügeln sehr starker Fraunhofer-Linien auf der Sonne durch inkohärente Streuung erklärt werden kann. Die Kontur der Mg b_1-Linie (5184 Å) in der Sonnenmitte wird besser durch inkohärente Streuung, die Mitte-Rand-Variation dagegen besser durch kohärente Streuung wiedergegeben. Zur Erklärung wird ein Photosphärenmodell mit einer tieferen inkohärent und einer höheren kohärent streuenden Schicht vorgeschlagen. Voigt

6424. S. Miyamoto, Doppler core and inner wing of strong Fraunhofer lines. Publ. Astr. Soc. Japan **6** 150—161, mit 1 Fig. = Contr. Inst. Astrophys. Univ. Kyoto Nr. **50.** — Es wird der Einfluß der für die Restintensität verantwortlichen Fluoreszenz starker, neutraler Linien auf den Dopplerkern und die inneren Flügel untersucht. Wesentliches Ergebnis: Inkohärente Streuung + Fluoreszenz bewirken eine Verkleinerung der Halbwertsbreite auf etwa 1/3 des «kohärent, ohne Fluoreszenz» berechneten Wertes. Die beobachteten Werte in der Sonne deuten dann auf eine Turbulenz in den oberen Schichten von fast 5 km/sec hin. Voigt

6425. S. Miyamoto, Residual intensity and contour of the solar K-line. II. Publ. Astr. Soc. Japan **6** 196—206, mit 2 Fig. — Die in Teil I (vgl. AJB **53** Ref. **6419**) begonnene Untersuchung des Einflusses der Elektronenstöße und der thermischen Redistribution auf Restintensität und Kontur der K-Linie im Sonnenspektrum wird unter Verwendung neuerer Daten für den Stoßquerschnitt und unter Berücksichtigung der Änderung der Elektronendichte mit der Höhe, der Temperaturverteilung in der äußeren Photosphäre und der Turbulenz fortgeführt. Kdr.

6426. S. Miyamoto, On the central intensity and Doppler core width of infrared Ca II lines. Publ. Astr. Soc. Japan **6** 207—216, mit 1 Fig. — Es wird gezeigt, daß sich die relativ großen Restintensitäten der Linien des infraroten Ca II-Multipletts im Sonnenspektrum verstehen lassen, wenn man die Metastabilität des unteren Energieniveaus dieser Linien und die starke Verkettung mit den H- und K-Linien durch das obere Niveau berücksichtigt. Die große Doppler-Breite deutet auf beträchtliche Turbulenz in der oberen Photosphäre hin, die bei den fraglichen Linien, deren Bildung mehr auf Absorption als auf Streuung beruht, besonders stark zur Geltung kommt. Kdr.

6427. S. Miyamoto, On the interpretation of the contours of strong Fraunhofer lines. ZfA **35** 145—158, mit 2 Abb. = Contr. Inst. Astrophys. Univ. Kyoto Nr. **53.** — Die Konturen starker Fraunhofer-Linien und ihre Mitte-Rand-Variation bei kohärenter und inkohärenter Streuung werden für etwas schematische Photosphärenmodelle diskutiert, und die Abhängigkeit der Dopplerbreite, der inneren und der äußeren Flügel vom Streumechanismus und vom Photosphärenmodell untersucht. Ein Vergleich mit der Beobachtung, insbesondere der Mg b_1-Linie, gestattet noch keinen eindeutigen Schluß, da sich beide Effekte zum Teil gegeneinander ausspielen lassen. Voigt

6428. A. A. Nikitin, Über die verbotenen Linien des Ca^+ im Sonnenspektrum. DAN **98** 31—33 (russisch). — Die Intensität der [Ca II]-Linien λ 7291.46 und λ 7323.88 ($3^2D_{5/2} — 4^2S_{1/2}$, $3^2D_{3/2} — 4^2S_{1/2}$) in Absorption läßt sich wohl berechnen, doch schlecht mit den Beobachtungen vergleichen, weil beide Blends mit der Linie λ 7291.48 und mit der atmosphärischen Linie λ 7323.97 bilden. Man kann nur eine obere Grenze für die Häufigkeit des Ca II abschätzen: $N < 10^{20}$. Die genannten [Ca II]-Linien können unter gewissen Bedingungen auch in Emission auftreten. Eine Abschätzung des Intensitätsverhältnisses der Linie λ 8498.018 des roten Ca II-Tripletts zu λ 7291.46 ergibt $I(8498) : I(7291) \approx 300$. Da die Linien des Tripletts im Spektrum der Eruptionen sehr stark sind, sollten die beiden verbotenen Linien im Spektrum hoher chromosphärischer Schichten wohl auch vorkommen. Loh.

6429. **R. Peyturaux,** Sur l'assombrissement centre-bord du Soleil entre 3190 et 8638 Å. CR **238** 1867—1868, mit 1 Fig. = Contr. Inst. d'Astrophys. Paris (A) Nr. **168**. — Graphische Darstellung der Ergebnisse photoelektrischer Messungen der Randverdunklung einiger «Sonnenfenster» im sichtbaren und ultravioletten Spektralbereich. Labs

6430. **R. Peyturaux,** Sur la variation de la discontinuité de Balmer entre le centre et le bord du disque solaire. CR **239** 1459—1461, mit 1 Fig. = Contr. Inst. d'Astrophys. Paris (A) Nr. **176**. — Aus Randverdunklungsmessungen wird durch Extrapolation auf Sonnenmitte der Logarithmus des Balmer-Sprungs bestimmt. Es ergibt sich $D = 0.128 \pm 0.002$. Bru.

6431. **A. K. Pierce,** The profile of H_α in the sun's spectrum. AJ **59** 189—190. — Ref. AAS.

6432. **A. K. Pierce,** Relative solar energy distribution in the spectral region 10,000—25,000 A. ApJ **119** 312—327, mit 8 Fig. — Mit einem Infrarotspektrometer vom Pfund-Typ hat Verf. die Energieverteilung im Spektrum der Mitte der Sonnenscheibe zwischen 10000 und 25000 Å unter Berücksichtigung der atmosphärischen Extinktion gemessen. Als Vergleichslichtquelle diente ein schwarzer Körper oder ein pyrometrischer Bogen bekannter Temperatur und Energieverteilung. Zur Verringerung des Streulichts wurde eine Vorzerlegung des Lichtes vorgenommen. Die Messungen wurden in Verbindung mit dem Snow-Teleskop auf dem Mt. Wilson erhalten. Die Ergebnisse stimmen mit ähnlichen Messungen von Peyturaux gut überein. Eine Planck-Kurve mit $T = 6400°$ K kommt der beobachteten Energieverteilung nahe, jedoch besteht in der Nähe von $\lambda = 16000$ Å ein merklicher Exzeß der Sonnenstrahlung. Micz.

6433. **A. K. Pierce,** Solar limb darkening in the region $\lambda\lambda$ 7793—24388. ApJ **120** 221—232, mit 6 Fig. — Mit einer PbS-Zelle in Verbindung mit dem Snow-Teleskop auf dem Mt. Wilson wurde die Randverdunklung der Sonne für 26 Wellenlängen zwischen λ 7793 und λ 24388 und $\cos\Theta = 1.00$ (Sonnenmitte) bis $\cos\Theta = 0.10$ gemessen. Die Messungen wurden wegen der endlichen Zeitkonstanten der Apparatur, Streulicht und Luftunruhe korrigiert. Micz.

6434. **A. K. Pierce,** Photoelectric observations of the profile of H_α in the sun's spectrum. ApJ **120** 233—236, mit 3 Fig. — Das Profil der Balmer-Linie H_α im Licht der Mitte der Sonnenscheibe wurde lichtelektrisch gemessen. Das Profil wird in Tabellenform mitgeteilt. Der Dopplerkern wurde auch in den $\cos\Theta = 0.42$ und 0.25 entsprechenden Abständen von der Scheibenmitte bestimmt. Micz.

6435. **H. H. Plaskett,** Motions in the sun at the photospheric level. V. Velocities of granules and of other localized regions. MN **114** 251—270, mit 5 Fig. = Commun. Univ. Obs. Oxford Nr. **44**. — Auf 3 Spektren der Sonnenoberfläche, aufgenommen mit 0.68 mmA^{-1} Dispersion, wurden Radialgeschwindigkeiten und Helligkeiten zahlreicher Granulen gemessen. Für zwei Spektren ergab sich eine Korrelation der Helligkeit mit der Geschwindigkeit; die helle Materie bevorzugt Aufwärtsbewegung. Aus der Kleinheit des Korrelationskoeffizienten, bzw. seinem Verschwinden in einem Fall, wird geschlossen, daß die Bewegungen der Granulen durch unbekannte Ursachen gestört werden. Die Störgeschwindigkeit ist maximal etwa 0.5 km/sec. Micz.

6436. **H. H. Plaskett,** Motions in the sun at the photospheric level. V. Velocities of granules and other localized regions. Obs **74** 111—112. — Ref. RAS.

* * **H. Quiring,** Permklima und Sonnentemperatur. Vgl. Ref. **7216**.

6437. **A. S. Ramanathan,** Study of the continuous solar spectrum in the visible range. Ann d'Astrophys **17** 18—**34**, mit 3 Fig. = Sonderdruck Kodaikanal Obs. — Es werden neue Messungen der Randverdunklung der Sonne für 22 Wellenlängen zwischen 3600 und 6800 Å von sin $\Theta = 0$ bis sin $\Theta = 0.98$ mitgeteilt, die bei vollkommen fleckenfreier Sonne unter besten Bedingungen gewonnen wurden. Es ergeben sich etwas höhere Werte als bei älteren Messungen. Die aus ihnen resultierenden Absorptionskoeffizienten stimmen zwischen 4000 und 6000 Å mit den theoretischen Werten von Chandrasekhar und Breen für das H^--Ion überein. Oberhalb 6000 Å bestehen noch Unterschiede zwischen Theorie und Beobachtung. Kdr.

6438. **G. Righini, M. Rigutti,** La banda infrarossa (2,0) del CN nello spettro solare. Mem SA It (NS) **25** 311—328 = Oss. e Mem. Oss. Astrofis. Arcetri Nr. **69**. — Die Wellenlängen von 429 Linien der infraroten (2,0) Bande von CN (Übergänge $^2\Sigma - {}^2\Pi$) zwischen 7850 und 8302 Å wurden aus einer Aufnahme bestimmt, die mit Hilfe der Kohlenflammenmethode hergestellt worden war. Der Vergleich mit den solaren Wellenlängen nach H. D. Babcock und C. E. Moore bestätigte die Identifikation von 70 Linien des Sonnenspektrums und wies weitere 85 Linien der CN-Bande zu. Oster

6439. **Z. Šaroch,** Photography of solar spectrum. RH **35** 260—263, mit 3 Fig. (tschechisch).

6440. **H. Scheffler,** Der Intensitätsabfall am Sonnenrande im Ultraviolett und die Temperaturschichtung in der Sonnenatmosphäre. Mitt. AG 1953 S. 14. — Ref. AG.

6441. **A. B. Sewerny,** Deuterium auf der Sonne. Astr Circ UdSSR Nr. 150 S. 7—8 (russisch). — Ref. in Urania Kraków **26** 52. — Mehr als 100 beste Oszillogramme von H_α und mehr als 50 von H_β von verschiedenen Stellen der Sonnenscheibe wurden zur Ableitung der mittleren Konturen dieser Linien benutzt. Nach Eliminierung instrumenteller Effekte ergab sich für beide Linien im blauen Teil der Flügel eine kleine Depression, die den schwachen Deuteriumlinien 6561.03 und 4860.03 Å zugeschrieben werden kann. Die Äquivalentbreite von D_α beträgt etwa 0.1 Å. Ein ausführlicher Bericht wird angekündigt. Loh.

6442. **R. Stair, R. G. Johnston, T. C. Bagg,** Spectral distribution of energy from the sun. J. Res. National Bureau Standards **53** 113—119, mit 6 Fig. — Verf. berichten über ihre auf dem Sacramento Peak im Juli 1953 angestellten Beobachtungen der Energieverteilung der direkten Sonnenstrahlung im Bereich $\lambda\lambda$ 2990 bis 5350 Å. Die gemessenen Energiebeträge werden in Abhängigkeit von der Wellenlänge und für verschiedene Schichtdicken der Erdatmosphäre gegeben. Vergleiche mit Messungen, die 1951 in Climax gewonnen wurden, zeigen gute Übereinstimmung. Weiterhin werden im Bereich zwischen 5000 und 25000 Å vorläufige Messungen mit der PbS-Photozelle durchgeführt. Die Ergebnisse im Gebiet zwischen 4000 und 5000 Å sind in guter Übereinstimmung mit Werten des Smithsonian Instituts, im UV dagegen fanden die Verf. wesentlich höhere Werte. Unter Verwendung dieser Beobachtungsergebnisse erhalten sie für die Solarkonstante den Wert 2.00 cal/cm²/min. Henn

6443. **F. E. Stuart, J. H. Rush,** Correlation analyses of turbulent velocities and brightness of the photospheric granulation. ApJ **120** 245—250, mit 3 Fig. — Die Granulationsbeobachtungen von Richardson und Schwarzschild (vgl. AJB **50** Ref. **6426**) werden nochmals statistisch bearbeitet. Verf. leiten einen Korrelationskoeffizienten von —0.68 für den Zusammenhang zwischen Helligkeits- und Geschwindigkeitsschwankungen ab. Ferner können sie im Turbulenzspektrum Maxima bei einer Turbulenzwellenlänge von 2300 km und aus Beobachtungen von W. A. Miller (vgl. AJB **53** Ref. **6417**) bei 14000 km nachweisen. Kdr.

6444. G. Thiessen, Zur Sonnengranulation. Phys. Verhandlungen **5** 127. — Ref. AG.

6445. R. N. Thomas, Commentaire sur la granulation solaire. Bull. Cl. Sci. Acad. roy. Belgique (5) **40** 621—624 = Harv Repr Nr. **395**. — Entsprechend Schatzmans akustischem Modell der Granulation identifiziert Verf. den mittleren Granulumdurchmesser mit der mittleren kritischen Wellenlänge für die Ausbreitung einer Schallwelle durch die Sonnenatmosphäre. Dagegen wird das von Frenkiel, Richardson und Schwarzschild im Turbulenzspektrum der Granulation gefundene sekundäre Maximum bei 15000 km auf eine Zellularkonvektion mit diesem charakteristischen Durchmesser zurückgeführt. Gü.

6446. H. H. Voigt, Restintensitäten starker Eisenlinien auf der Sonne. Phys. Verhandlungen **5** 130. — Ref. AG.

6447. H. H. Voigt, Beryllium und Lithium auf der Sonne. Sterne **30** 233—234. — Besprechung der Untersuchungen in ApJ **119** 113 (Ref. **6404**) und ApJ **118** 536 (AJB **51** Ref. **6106**).

6448. N. L. Wilson, R. Tousey, J. D. Purcell, F. S. Johnson, C. E. Moore, A revised analysis of the solar spectrum from 2990 to 2635 Å. ApJ **119** 590—612, mit 3 Fig. und 3 Tafeln. — Neue Spektralaufnahmen der Sonne, die mit Gitterspektrographen bei Raketenaufstiegen erhalten worden waren, werden zwischen λ 2635 Å und λ 2990 Å analysiert. Die Spektren erlauben Trennung von Linien bis zu 0.38 Å Distanz. Wellenlängen von etwa 500 Linien wurden gemessen und auf 1054 Übergänge zurückgeführt. Registrierkurven des untersuchten Bereichs werden reproduziert. Micz.

6449. Het zonnespectrum. Hemel en Dampkring **52** 59—60. — Anzeige für den vorübergehenden Vertrieb einer Kopie des Sonnenspektrums zwischen 3900 und 6900 Å auf 9.45 cm Länge zugunsten der Amateurexpedition zur Sonnenfinsternis 1954. Gü.

6450. Solar physics and flame temperatures. JBAA **64** 254—255.

6451. Rice-grain observations from high-altitude balloons. Sky and Telescope **13** 423, 426, mit 1 Fig. — Ref. AAS.

6452. Kohlenmonoxyd auf der Sonne. Sterne **30** 106—107.

§ 65

Strahlung

6501. C. G. Abbot, L. B. Aldrich, A. G. Froiland, Concerning Smithsonian pyrheliometry. Smithsonian Miscellaneous Collections **123** Nr. 5, 4 S. = Publ. Nr. 4179. — Bezugnehmend auf eine Kritik von K. Wegener wird erläutert, daß das mit Wasser durchströmte Pyrheliometer des Smithsonian Instituts den Forderungen eines Standardpyrheliometers entspricht. Das Smithsonian Silberscheiben-Pyrheliometer gibt praktisch dieselben Resultate wie das wasserdurchströmte Pyrheliometer; im Durchschnitt ist der zufällige Fehler für eine aus mehreren Ablesungen abgeleitete Messung der Solarkonstanten unter 0.1 %. Voigt

6502. L. B. Aldrich, W. H. Hoover, Observations and results to the end of 1952. Ann. Astrophys. Obs. Smithsonian Inst. **7**, 184 S. mit 13 Fig. und 8 Tafeln = Publ. Nr. 4138. — Inhalt: Introduction, S. 1—2; Annals 1941—52, S. 3—16; The solar constant program since 1939, S. 17—24; Summary of solar constants, October 1939 through December 1952, S. 25—98; Pyrheliometry,

S. 99—137; Other instruments, S. 138—143; Special studies of global sun and sky radiation, S. 144—164; Statistical studies of solar-constant record, S. 165—174; Ozone, S. 175; Summary of Volume **7**, S. 176; Appendix, S. 177—182; Index, S. 183—184.

6503. **T. G. Berljand,** Der jährliche Gang der Gesamtstrahlung der Sonne auf Grund von Beobachtungsdaten. Publ. Geophys. Hauptobs. Nr. 48 S. 17—25 (russisch). — Ref. in RJ Astr. Geod. UdSSR Nr. **10**, 1955; Ref. Nr. 4424.

6504. **E. T. Byram, T. A. Chubb, H. Friedman,** Solar X-ray emission. Phys. Rev. (2) **96** 860. — Ref. Am. Phys. Soc.

6505. **F. Cabannes, A. Le Phat Vinh,** Calcul de la répartition de l'énergie solaire réfléchie par un miroir parabolique. J. Phys. Radium **15** 817—820, mit 8 Fig. — Verf. berechnen die Energieverteilung in der Fokalebene eines großen Parabolspiegels, wenn dieser ein axiales Bild der Sonne entwirft. Es wird die vereinfachende Annahme gemacht, daß ein randnahes Flächenelement des Spiegels die Sonne als Ellipse einheitlicher Beleuchtungsstärke auf die Fokalebene abbildet. Über die Gesamtspiegelfläche wird integriert. Behr

6506. **J. Georgi,** Bemerkungen zu T. E. Aurén, studies of solar radiation 1951. Geofis. pura appl. **28** 301—307. — Die von T. E. Aurén entwickelte Methode, aus einer großen Anzahl von Messungen der Totalstrahlung der Sonnenkurven die mittleren Maxima zu gewinnen, wird befürwortet. Diese Kurven repräsentieren die für jeden Meßort charakteristische optimale Durchlässigkeit der Atmosphäre. Sie können daher auch als strahlungsklimatischer Parameter verstanden werden, sei es etwa als Intensität des solaren Strahlungsstromes bei bestimmten Höhenwinkeln oder als Tagessummen usw. Verf.

6507. **E. R. Mustel,** Possible rate of corpuscular radiation of the sun. Vgl. Ref. **1191**, daselbst S. 223—231. — Es werden die Massenverluste der Sonne infolge von thermischem Abfluß aus den äußeren Atmosphärenschichten unter Betonung der hohen Koronatemperatur, durch Korpuskularemission und durch Protuberanzen abgeschätzt. Es ergibt sich, daß die Massenverluste kleiner als 6×10^{17} g/Jahr sind, was etwa $5^0/_{00}$ des jährlichen Massenverlustes der Sonne durch Strahlung entspricht. Böhm-Vitense

6508. **J. Neumann,** On the second harmonic of the annual variation of solar radiation and an application of its zeros. Bull. Res. Council Israel **3** 308—311. — Ref. in Phys. Abstracts (A) **58** 429, RJ Astr. Geod. UdSSR Nr. **6**, 1955; Ref. Nr. 2419.

6509. **J. Riblet,** Bilan calorifique de l'énergie effectivement versée par le rayonnement solaire direct en un lieu donné. Ann. Géophys. **10** 157—158, mit 3 Fig. = Publ. Obs. Lyon (2) **1** Nr. 9. — Ref. in Phys. Ber. **33** 2802.

6510. **M. J. Smyth,** Photoelectric investigations of solar corpuscular radiation. I. MN **114** 137—153, mit 7 Fig. = Contr. Cambridge Obs. Nr. **14**. — Die Mehrzahl der erdmagnetischen Stürme ist mit vorhergehenden Flares auf der Sonnenoberfläche verbunden, während deren Auftreten es zur Emission eines Korpuskelstroms kommt. Diese Korpuskeln könnten eine anomale Absorption im kurzwelligen Flügel der K-Linie bewirken. Verf. hat 1949—1950 lichtelektrische Messungen zum Nachweis des Effekts ausgeführt, die im allgemeinen keine zusätzliche Absorption von mehr als 0.5 % für Profilpartien, die 650 km/sec—1500 km/sec entsprechen, nach Flares ergeben. Einige Fälle bis zu 1 % zusätzlicher Absorption müssen als zweifelhafte Meßergebnisse gelten. Es wird geschlossen, daß der Ca II-Anteil der ausgestoßenen Wolken gering ist. Micz.

6511. **M. J. Smyth,** Photoelectric investigations of solar corpuscular radiation. II. MN **114** 503—513, mit 6 Fig. = Commun. Roy. Obs. Edinburgh Nr. 8. — In einer früheren Arbeit (MN **114** 137, Ref. **6510**) war untersucht worden, ob die nach Eruptionen auf der Sonne zu erwartenden Korpuskularströme durch anomale Absorption im violetten Flügel der K-Linie des Sonnenspektrums nachweisbar sind. Weitere lichtelektrische Messungen mit einer verbesserten Apparatur brachten eine Bestätigung und weitere Präzisierung des früheren Ergebnisses. Verf. stellt jetzt fest, daß nach mäßig starken Eruptionen Partikel mit Geschwindigkeiten von 750—1150 km/sec jedenfalls keine Absorption über $^1/_2$ % verursachen. O. G.

6512. **M. J. Smyth,** Photoelectric investigations of solar corpuscular radiation. Obs **74** 51—53. — Unmittelbar nach großen chromosphärischen Eruptionen wird photoelektrisch nach Absorptionseffekten im Flügel der Ca II-Linie K in einem Bereich gesucht, welcher einer Radialgeschwindigkeit von −650 bis −1500 km/sec entspricht. Bei den größten Eruptionen wurde eine Absorption von weniger als 1 % festgestellt. Bru.

Solare kosmische Strahlung

* * **P. Barrett, G. Cocconi, Y. Eisenberg, K. Greisen,** Diurnal variations of the intensity of cosmic rays far underground. Vgl. Ref. **12703.**

6513. **F. J. M. Farley, J. R. Storey,** Sidereal correlation of high-energy cosmic rays. Nature **173** 445. — Ref. in Phys. Abstracts (A) **57** 856.

6514. **F. J. M. Farley, J. R. Storey,** The sidereal correlation of extensive air showers. Proc. Phys. Soc. (A) **67** 996—1004, mit 5 Fig. — Die Ergebnisse von Schauerregistrierungen in Auckland zeigen eine sonnentägliche Amplitude mit dem Maximum um 2ʰ7 Ortssonnenzeit und eine sterntägliche Amplitude mit dem Maximum um 17ʰ6 Ortssternzeit. Loh.

6515. **J. W. Firor, J. A. Simpson, S. B. Treiman,** Production of cosmic radiation at the sun. Phys. Rev. (2) **95** 1015—1019, mit 2 Fig. — Aus dem Auftreten kleiner Anstiege der Höhenstrahlung, die mit chromosphärischen Eruptionen korreliert sind, wird die solare Produktionsrate der Höhenstrahlung abgeschätzt. Es wird gezeigt, daß die Annahme, daß die gesamte Höhenstrahlung von der Sonne stammt bei dieser Produktionsrate selbst unter Postulierung eines sehr effektiven zirkumsolaren Magnetfeldes auf große Schwierigkeiten stößt, besonders bei den Primären großer Energie. A. Schlüter

6516. **P. Morrison,** Solar-connected variations of the cosmic rays. Phys. Rev. (2) **95** 646. — Ref. Am. Phys. Soc.

* * **J. Nishimura,** Solar magnetic moment and the local time dependence of the unusual increase in cosmic-ray intensity. Vgl. Ref. **6127.**

* * **J. A. Simpson,** Cosmic-radiation intensity-time variations and their origin. III. The origin of 27-day variations. Vgl. Ref. **12739.**

* * **S. B. Treiman,** Solar magnetic moment and cosmic-ray effects associated with solar flares. Vgl. Ref. **6128.**

Solare Radiostrahlung

6517. **N. P. Barabaschew, I. M. Gordon,** Über den Zusammenhang zwischen Sonnenflecken und der gestörten Radiostrahlung der Sonne. Bull. Kommission Sonnenforschung Nr. **10** S. 43—45 (russisch).

6518. **N. P. Barabaschew, I. M. Gordon,** Über den Zusammenhang zwischen den Sonnenflecken und der gestörten Radiostrahlung der Sonne. Dopowidi Akad. Wiss. Ukrain. Sowjetrepublik Nr. **1** S. 6—8 (ukrainisch mit russischer Zusammenfassung). — Ref. in RJ Astr. Geod. UdSSR Nr. **3**, 1955; Ref. Nr. 1057.

6519. **W. A. Baranulko,** Einige Bemerkungen über das Sammelwerk «Probleme der neuzeitlichen Physik — Radiostrahlung der Sonne und der Galaxis», 3. Serie, 15. Heft, 1951. Fortschritte Phys. Wiss. **53** Nr. 1 S. 157—158 (russisch). — Ref. in RJ Astr. Geod. UdSSR Nr. **1**, 1955; Ref. Nr. 219.

6520. **A. E. Covington, N. W. Broten,** Brightness of the solar disk at a wave length of 10.3 cm. ApJ **119** 569—589, mit 8 Fig. und 1 Tafel. — Verf. haben mit einer Antennenanordnung, die das hohe Auflösungsvermögen von 0°130 in einer Koordinate erlaubt, die Intensitätsverteilung der solaren Radiostrahlung bei λ 10.3 cm quer über die Sonnenscheibe bestimmt. Die Diskussion der 1952 erhaltenen Registrierungen ergibt, daß die Sonnenscheibe bei dieser Wellenlänge einen hellen Ring am Rande der photosphärischen Grenze besitzt, der etwa doppelt so stark strahlt wie das Zentralgebiet der Scheibe. Die Äquivalenttemperatur der Zentralregion wird zu 21800° K gefunden. Der Radius der Radioscheibe beträgt das 1.15fache der optischen Sonne. Besonders kräftig bei 10.3 cm emittierende Gebiete der Sonnenscheibe wurden lokalisiert. Über ihre Beziehung zu Strukturelementen der Kalzium-Spektroheliogramme wurde bereits in einer Arbeit von Dodson berichtet (vgl. Ref. **6607**). Micz.

6521. **A. E. Covington, W. J. Medd,** Variations of the daily level of the 10.7-centimetre solar emission. J RAS Canada **48** 136—149, mit 7 Fig. — Die solare Radiostrahlung bei 10.7 cm Wellenlänge besteht aus einer langsam veränderlichen Komponente, die mit den Sonnenflecken zusammenhängt, und aus einem Minimumniveau der ungestörten Sonne. Von 1947 bis 1953 zeigen beide Komponenten eine Abnahme. Fricke

6522. **R. D. Davies,** Radio-waves from the sun. Occasional Notes **3** 53—57, mit 2 Fig. = Astr. Contr. Univ. Manchester (2) Jodrell Bank Repr. Nr. **100.** — Zusammenfassender Bericht.

* * **H. W. Dodson, E. R. Hedeman, A. E. Covington,** Solar flares and associated 2800 Mc/sec (10.7 cm) radiation. Vgl. Ref. **6606**.

6523. **J. S. Hey, V. A. Hughes,** Solar radio asymmetry at 4-metres wavelength. Nature **173** 771. — Solare radiofrequente Bursts bei λ 4.1 m treten häufiger im Zusammenhang mit Eruptionen auf der Ostseite der Sonnenscheibe als mit solchen auf der Westseite auf. Bei λ 1.5 m wird keine Asymmetrie beobachtet. Verf. sehen die Ursache für das unterschiedliche Verhalten in der Absorption durch ionisierte Korpuskularströme, die von der Sonne ausgehen und infolge der Sonnenrotation nach Ost abgelenkt werden. Die Absorption erfolgt proportional λ^2. Bei λ 1.5 m ist der Effekt sehr viel kleiner und entgeht damit der Beobachtung. Behr

6524. **K. Kawabata,** The enhanced radiation and the sunspot groups. Rep. Ionosphere Res. Japan 8 91. — Ref. in RJ Astr. Geod. UdSSR Nr. **9**, 1955; Ref. Nr. 3852.

6525. **K. Kawabata,** A statistical study of the slowly varying component of the solar radio emission. Rep. Ionosphere Res. Japan 8 143—145. — Ref. in RJ Astr. Geod. UdSSR Nr. **9**, 1955; Ref. Nr. 3853.

6526. **M. Laffineur,** Contribution à l'étude du rayonnement électromagnétique du soleil sur ondes décimétriques. BA **18** Fasc. 1, 57 S. mit 29 Fig. und 15 Tafeln = Contr. Inst. d'Astrophys. Paris (A) Nr. **169**. — Von

1948 bis 1950 wurde in der Sternwarte von Meudon eine Reihe von Messungen der Sonnenstrahlung im radioelektrischen Wellenbereich unternommen. Die zu jener Zeit starke Sonnentätigkeit gestattete die Beobachtung zahlreicher Strahlungsausbrüche. Verf. beschreibt seine Experimente bei den Frequenzen 555 und 255 MHz und vergleicht sie mit optischen und photographischen Beobachtungen; sie lassen auf eine Richtwirkung der Fleckenemissionen schließen. Verf.

6527. **R. Lüst,** Zur Entstehung von Kurzwellenstrahlung auf der Sonne. Phys. Verhandlungen **5** 130—131. — Ref. AG.

6528. **K. E. Machin, P. A. O'Brien,** The emission polar diagram of the radio-frequency radiation from sunspots. Phil. Mag. (7) **45** 973—979, mit 5 Fig. — Durch eine statistische Analyse eines umfangreichen Beobachtungsmaterials werden die Winkelbreiten der Fleckenemission für die Frequenzen 81.5, 175 und 500 MHz abgeleitet. Sie ergeben sich zu 15°, 20° und 36° (Gesamtbreite bis zum Abfall auf halbe Intensität). Die Resultate lassen auch vermuten, daß die Lebensdauer der Strahlungsquellen mit der Frequenz abnimmt. T. L.

6529. **P. A. O'Brien, C. J. Bell,** Distribution of radio-frequency brightness across the solar disk and the derivation of a model corona. Nature **173** 219, mit 1 Fig. Berichtigung in Nature **173** 245. — Aus Messungen der Intensitätsverteilung auf der Sonnenscheibe in den Wellenlängen 1.4, 3.7 und 7.9 m wird ein neues Koronamodell mit der Elektronendichte $N = 1.6 \times 10^8 R^{-5}$ cm^{-3} und der Temperatur $T = 2 \times 10^6 R^{-3}$ für $1.2 \leqq R \leqq 3.0$ in Einheiten des Radius der Photosphäre abgeleitet, das mit den Beobachtungen ungefähr in Übereinstimmung steht. Die Beobachtungen streuen noch in einem weiten Bereich. Unberücksichtigt bleiben die Abplattung der Korona, tägliche Variationen und Inhomogenitäten in der Korona. Behr

6530. **L. Owren, J. W. Firor,** Motion of a discrete solar radio source at 207 Mc/sec. AJ **59** 330. — Ref. AAS.

6531. **H. K. Sen,** Space charge wave amplification in a shock front and the fine structure of solar radio noise. Australian J. Phys. **7** 30—35. — Die Geschwindigkeitsverteilung der Partikel in einer Stoßfront kann man in erster Näherung als Überlagerung der Maxwell-Verteilungen vor (kleine Geschwindigkeiten) und hinter (große Geschwindigkeiten) der Front beschreiben. Sie weist bei hinreichend großen Stoßparametern zwei Maxima auf. Setzt man diese Verteilung in die von Vlasov angegebene allgemeinere Dispersionsformel, die Abweichungen von der Maxwellverteilung berücksichtigt, ein, so kann man für jeden Stoßparameter eine obere Grenzfrequenz angeben, bis zu welcher eine Ausbreitung von Raumladungswellen möglich ist. Diese Grenze nähert sich mit abnehmender Stoßstärke sehr rasch dem Wert der Plasmafrequenz. Da die Plasmafrequenz aber eine untere Grenze für die Fortpflanzung von Radiowellen darstellt, muß die Bandbreite der Raumladungswellen bei schwachen Stößen sehr gering sein. Auf diese Weise ließen sich die beobachteten Bandbreiten einiger Radiobursts verstehen. Hunger

* * **H. Siedentopf,** Methoden und Ergebnisse der Radioastronomie. I, II. Vgl. Ref. **12617, 12618.**

6532. **T. Takakura,** Frequency drift of solar radio bursts. Publ. Astr. Soc. Japan **6** 185—195, mit 7 Fig. — In der Arbeit wird die im Verlauf von Ausbrüchen der solaren Radiostrahlung beobachtete Frequenzverschiebung von hohen nach niederen Frequenzen hin theoretisch behandelt. Da eine Erklärung, die auf der Ausbreitung von Störungen in der Sonnenatmosphäre und -korona beruht, nicht befriedigt, versucht Verf., das Phänomen auf die Dichte- und Ladungsänderungen in der Grenzschicht einer expandierenden ionisierten Wolke zurückzuführen, in der möglicherweise auch die Erzeugung der Strahlung stattfinden kann. Kdr.

* * **M. Waldmeier,** Radiowellen aus dem Weltraum. Vgl. Ref. **12620.**

6533. **J. P. Wild, J. D. Murray, W. C. Rowe,** Harmonics in the spectra of solar radio disturbances. Australian J. Phys. **7** 439—459, mit 9 Fig. und 1 Tafel = Commonwealth Sci. Industrial Res. Organization, Australia, Division Radiophys. — Ref. in Sterne **31** 189—190, mit 1 Abb. — Mit einem Radiospektrometer wird im Bereich von 40 bis 240 MHz der zeitliche Verlauf der Spektren von solaren Strahlungsausbrüchen und Einzelstößen untersucht. Charakteristisch ist das Auftreten einer Oberwelle bei der zweifachen Frequenz der Grundwelle. Das genaue Frequenzverhältnis liegt gelegentlich merklich unter 2 : 1, in keinem Falle ist es größer als dieser Wert. Der Befund kann mit der Hypothese gedeutet werden, daß die Grundfrequenz der natürlichen Plasmafrequenz der Korona in der Umgebung der Quelle entspricht. Unter Annahme eines Standardmodells der Korona werden Aussagen über Position, Geschwindigkeit und Größe der Quellen abgeleitet. Bei zwei Strahlungsausbrüchen wurden Geschwindigkeiten von 500 und 4000 km/sec gefunden, mit denen die Quellen in der Korona nach außen wandern. Bei den Einzelstößen erreichen die Geschwindigkeiten Werte von 10^5 km/sec. Die Ergebnisse lassen vermuten, daß die Bursts durch longitudinale Plasmaschwingungen erzeugt werden, die durch schnell bewegte Ströme geladener Partikel angeregt werden. Priester

6534. **J. P. Wild, J. A. Roberts, J. D. Murray,** Radio evidence of the ejection of very fast particles from the sun. Nature **173** 532—534, mit 3 Fig. = Commonwealth Sci. Industrial Res. Organization, Australia, Division Radiophys. — Bei solaren radiofrequenten Bursts wird eine zeitliche Verschiebung der unteren Frequenzgrenze beobachtet. Aus der Frequenzgrenze wird auf die Elektronendichte in der Umgebung der Strahlungsquelle und damit auf die Höhe in der Korona geschlossen. Aus der Frequenzdrift wird die Geschwindigkeit aufsteigender Strahlungsquellen abgeleitet. Während bisher Geschwindigkeiten von etwa 500 km/sec beobachtet wurden, lassen sich so bei kurzlebigen Bursts vom Typus III mit einer verbesserten Apparatur Geschwindigkeiten bis zu 10^5 km/sec bestimmen. Bursts III werden daher mit der Emission von sehr schnellen Partikeln, das heißt von Höhenstrahlung, bei solaren Eruptionen in Verbindung gebracht. Behr

6535. La distribution de la brillance radioélectrique sur le disque solaire. Union Radio Sci. Internationale (Bruxelles), Rapport Spécial Nr. **4**, 48 S. mit 16 Fig. — Es wird eine zusammenfassende Darstellung der bihserigen Untersuchungen über Mitte-Rand-Variation der solaren Radiofrequenzstrahlung gegeben. Nach einer allgemeinen Diskussion über das erforderliche Auflösungsvermögen der Meßanordnungen werden die folgenden Meßverfahren erläutert und gegeneinander abgewogen: 1. Finsternisbeobachtungen, 2. Interferometerbeobachtungen, 3. Beobachtungen mit Antennen hohen Auflösungsvermögens («Pencilbeam»-Antennen), 4. Untersuchungen über die Bedeckung von Radiosternen durch die Sonnenkorona. Die bisherigen Beobachtungsergebnisse werden zusammengestellt und diskutiert. Ein ausführliches Literaturverzeichnis schließt die Arbeit ab. Böhm

6536. Beobachtung der Radiostrahlung

Acta Astr. Sinica **2** 121—132, 265—277, mit 12 Fig. (chinesisch). Observations of sun-spots and solar radiation at the Observatory of Zô-Sè. Y. L. Chang.

Quarterly Bull. Solar Activity Nr. **101—106**. Published by the Eidgen. Sternw. Zürich. — 1953 Jan.—1954 Juni.

Tokyo Astr. Obs. Bull. Solar Phenomena **5** 47—58, **6** 1—44, mit Fig. — 1953 Okt.—1954 Sept.

Veröff. Fraunhofer-Inst. Freiburg. Sonnen-Zirkular 1953 Okt.—1954 Sept. 148 S. mit Abb.

* * Beobachtungen der solaren Radiostrahlung bei Finsternissen siehe § **62**.

§ 66

Chromosphäre, Flares, Protuberanzen

6601. **H. Alfvén,** Magneto-hydrodynamic waves and solar prominences. Indian J. Meteorol. Geophys. 5 Special Nr. S. 133—136. — Ref. in Phys. Abstracts (A) 58 864.

6602. **R. Ananthakrishnan, P. M. Nayar,** Discussion of the results of observations of solar prominences made at Kodaikanal from 1904 to 1950. Kodaikanal Obs. Bull. Nr. **137**, 40 S. mit 9 Fig.

6603. **R. G. Athay, J. C. Pecker, R. N. Thomas, D. H. Menzel,** A model of the chromosphere from 1952 eclipse data. AJ **59** 314. — Ref. AAS.

* * **N. P. Barabaschew, I. M. Gordon,** Chromosphärische Eruptionen eines besonderen Typs und ihre geophysikalischen Folgen. Vgl. Ref. 6805, 6806.

6604. **D. E. Billings, J.-C. Pecker,** L'étude du mouvement spatial dans les protubérances solaires. CR **238** 1690—1692, mit 1 Fig. — Die Einführung plausibler dynamischer Hypothesen gestattet, die räumliche Bewegung eines Knotens aus der beobachteten Projektion dieser Bewegung auf die Himmelsebene zu berechnen; ein simultanes Studium verschiedener Knoten einer Protuberanz gestattet dann, die gemachten Hypothesen zu verifizieren.
Verf. (übersetzt)

* * **R. N. Bracewell,** Using cosmic radio waves to study solar flares. Vgl. Ref. 12602.

6605. **W. L. Chochlowa, I. I. Nasarowa,** Spektralphotometrische Untersuchung einiger Protuberanzen und Filamente. Mitt. Astrophys. Obs. Krim **11** 170—177, mit 3 Abb. (russisch). — Verf. berichten über die Ergebnisse einer Untersuchung der Balmerlinien in den Spektren von 13 Protuberanzen und drei Filamenten, wobei sie in erster Linie die Besetzung des zweiten bis sechsten Zustandes ermitteln und eine Diskussion von Restintensitäten durchführen. Loh.

6606. **H. W. Dodson, E. R. Hedeman, A. E. Covington,** Solar flares and associated 2800 Mc/sec (10.7) radiation. ApJ **119** 541—563, mit 14 Fig. — Registrierungen der solaren Radiostrahlung bei 2800 MHz während der Erscheinung von nahezu 400 Flares verschiedener Intensität ergeben eine Korrelation mit «Ausbrüchen» dieser Strahlung. Verschiedene Formen solcher Störungen werden beschrieben. Verf. vermuten, daß alle Störungen der Strahlung bei 2800 MHz mit Flareerscheinungen in Zusammenhang stehen. Zeitlich gesehen gibt es zwei Phänomene in der Radiostrahlung: die eine Art ist ein plötzlicher Anstieg der Strahlung während der Entwicklung des Flare zu seinem Helligkeitsmaximum, die andere Art beginnt ebenfalls mit dem Ausbruch, verläuft aber langsamer und hält an, solange die Eruption sichtbar ist. Die Frage, inwieweit die Position der Flares eine Rolle für die Strahlungsausbrüche bei 2800 MHz spielt, wird erörtert. Micz.

6607. **H. W. Dodson,** Intensity measures of calcium plages for comparison with 10.3-centimeter solar radiation. ApJ **119** 564—568, mit 2 Fig. — Verf. vergleicht im Ca-Licht (K_{232}) erhaltene Spektroheliogramme mit den von Covington ausgeführten Positionsbestimmungen von Gebieten der Sonnenoberfläche, die bei λ 10.3 cm stark emittieren. Die hellen Ca-Flocculi der Spektroheliogramme scheinen mit diesen Gebieten zusammenzufallen. Micz.

6608. **F. P. Dolder, W. O. Roberts, D. E. Billings,** Solar flares and the yellow coronal line. ApJ **119** 120—123. — Die gelbe Emissionslinie der Sonnenkorona bei λ 5694, die möglicherweise dem Ca XV zugehört, scheint nur in Verbindung mit starker Sonnenaktivität aufzutreten. Auf Spektren, die mit den Koronographen der Climax und Sacramento Peak Stations aufgenommen wurden, konnte das Auftreten der Linie 1946—1950 bei 43 Gelegenheiten nachgewiesen werden. Ihr Auftreten erweist sich als korreliert mit dem Vorhandensein von Flares am gleichen Ort des Sonnenrandes. Micz.

6609. **F. P. Dolder, W. O. Roberts, D. E. Billings,** Active region prominences and the yellow coronal line. ApJ **120** 112—117. — Beobachtungen der Verf. am High Altitude Observatory in Climax und am Upper Air Research Observatory in Sacramento Peak weisen darauf hin, daß die Gegenden der Sonnenoberfläche, die die gelbe Koronalinie λ 5694 emittieren, gewöhnlich mit Protuberanzen verbunden sind, die häufig folgende Kennzeichen besitzen: a) Protuberanzen vom «surge-type»; b) zahlreiche, verstreute Knoten; c) kontinuierliche Stränge; d) abwärts gerichtete Bewegungen von Knoten und Strängen gegen aktive Zentren; e) scharfe Kurven und «Fokussierungseffekte» in den Bahnen. Beim Auftreten ruhender Protuberanzen wurde andererseits die gelbe Koronalinie nicht festgestellt. Micz.

6610. **E. E. Dubow,** Über die Turbulenz in den ruhenden Protuberanzen. Mitt. Astrophys. Obs. Krim **12** 46—55, mit 3 Abb. und 1 Tafel (russisch). — Photometrische Messungen an «Knoten» in langlebigen Protuberanzen bestätigen, daß in ihnen die Turbulenz eine große Rolle spielen kann. Die mit der Turbulenz zusammenhängende Abnahme der Energie und des Magnetfeldes werden abgeschätzt. Schrick

* * **M. N. Gnewyschew, R. S. Gnewyschewa,** Über die Natur der Sonnenkorona und der Protuberanzen. Vgl. Ref. **6709**.

6611. **L. Goldberg, H. W. Dodson, E. A. Müller,** The width of Hα in solar flares. ApJ **120** 83—93, mit 4 Fig. — Es wird gezeigt, daß die starke Verbreiterung der Emissionslinie Hα im Spektrum von Flares zur Zeit ihres Lichtmaximums durch Strahlungsdämpfung und große Häufigkeit von H-Atomen im zweiten Quantenzustand — etwa 10^{15} bis 10^{16} cm^{-2} in der Sehlinie — erklärt werden kann. Unter der Annahme, daß die laterale Ausdehnung der Flares groß relativ zu ihrer Dicke ist, wird die Abhängigkeit der Breite von Hα vom Winkelabstand von der Mitte der Sonnenscheibe vorausgesagt. Eine Untersuchung von 610 beobachteten Flares ergibt eine ähnliche Abhängigkeit. Ein von Ellison gefundener Zusammenhang zwischen Linienbreite und Zentralintensität wird durch Selbstabsorption erklärt. Stark-Effekte spielen als Ursache der Verbreiterung von Hα nach Ansicht der Verf. keine Rolle. Micz.

6612. **L. Goldberg,** The temperature of the low chromosphere. ApJ **120** 185—187. — Verf. weist darauf hin, daß die von Raketen aus ausgeführten Messungen an der Lyman-α-Linie des Sonnenspektrums das Woolley-Allen-Modell der Chromosphäre der Sonne unterstützen. Insbesondere wird gezeigt, daß nach diesen Messungen die Chromosphäre in dem Höhenbereich, in dem Wasserstoff neutral ist, nicht isotherm sein kann, und daß die Temperatur an der oberen Grenze der neutralen Wasserstoff enthaltenden Schicht etwa 6030° sein muß. Micz.

6613. **I. M. Gordon,** Über die physikalische Natur der chromosphärischen Ausbrüche. DAN **94** 813—816 (russisch). — Die Vergrößerung der Intensität der primären kosmischen Strahlung und andere Effekte beim Auftreten einer Eruption machen es wahrscheinlich, daß dann nicht nur Teilchen hoher Energie vorhanden sind, sondern daß auch angenommen werden kann, daß die in gewissen Koronagebieten auftretenden Elektronen und Protonen mit Energien bis 5×10^9 eV die Ursache der Eruptionen sind. Die Beschleunigungen erfolgen durch Induktion. Relativistische, sich in Magnetfeldern bewegende Elektronen werden dann Strahlung eines weiten Spektrums aussenden, unter gewissen Umständen auch visuelle. Die zur Erklärung der Eruptionshelligkeit notwendige Dichte der relativistischen Elektronen für die Erzeugung von Radiostrahlung, Röntgenstrahlen und optischer Strahlung wird abgeschätzt. Loh.

6614. **I. M. Gordon,** Eine neue Theorie der chromosphärischen Eruptionen. Dopowidi Akad. Wiss. Ukrain. Sowjetrepublik Nr. **1** S. 13—17 (ukrainisch mit russischer Zusammenfassung). — Ref. in RJ Astr. Geod. UdSSR Nr. **3**, 1955; Ref. Nr. 1080.

6615. **K. Gyldenkærne,** Solens kromosfære. NAT **1954** 58—66, mit 3 Fig. — Der vorliegende Bericht ist eine allgemeinverständliche Zusammenfassung der heutigen Anschauungen über die Chromosphäre. Verf. stützt sich hauptsächlich auf den Beitrag von van de Hulst in Kuipers Buch «The Sun». C. L. J.

6616. **J. T. Jefferies, R. G. Giovanelli,** The emission of radiation from model hydrogen chromospheres. Australian J. Phys. **7** 574—585. — Das Strahlungsfeld einer isothermen, nicht im thermischen Gleichgewicht befindlichen Wasserstoffatmosphäre in Hα, Lyα, Lyβ und im Lymankontinuum wird berechnet. Außer dem ionisierten Zustand des Wasserstoffs werden dabei die Zustände $n = 1, 2, 3$ explizit berücksichtigt. Unter der Annahme von kinetischen Temperaturen der Atmosphäre zwischen 10^4 und 2.5×10^5 Grad können verbesserte Werte für das Strahlungsfeld in obengenannten Linien angegeben werden. Traving

6617. **I. Kawaguchi,** On the contour of the emission lines of hydrogen in the solar chromosphere. Publ. Astr. Soc. Japan **5** 137—141, mit 3 Fig. = Contr. Inst. Astrophys. Univ. Kyoto Nr. **38**. — Zur Interpretation der Konturen der chromosphärischen Emissionslinien des Wasserstoffs stehen zwei Möglichkeiten zur Diskussion: relativ hohe kinetische Chromosphärentemperatur und relativ niedrige Temperatur in Verbindung mit Selbstabsorption. Es wird versucht, auf Grund von Modellrechnungen die Frage im Sinne der zweiten Auffassung zu beantworten. Kdr.

6618. **W. A. Krat,** Über die Kontur der chromosphärischen Hα-Linie. DAN **97** 45—47 (russisch). — Ref. in RJ Astr. Geod. UdSSR Nr. 8, 1955; Ref. Nr. 3342.

6619. **W. A. Krat, I. A. Prokofjewa,** Über die Struktur der Sonnenchromosphäre. Mitt. Astr. Hauptobs. Pulkowo **19** Nr. 5 (152) S. 10—19, mit 4 Abb. und 1 Tafel (russisch). — Verf. untersuchen die Struktur der Chromosphäre in Hα mittels Aufnahmen am Pulkowoer Sonnenteleskop unter Verwendung eines Interferenz-Polarisationsfilters. Obwohl sich aus verschiedenen Aufnahmen und Schnitten der Helligkeitsabfall gut durch die barometrische Höhenformel darstellen läßt, darf die Chromosphäre nicht als im hydrostatischen Gleichgewicht befindlich angesehen werden, weil dem ihre innere Struktur — ein Gewimmel kleiner Protuberanzen — widerspricht. Loh.

6620. **T. W. Krat,** Bestimmung der Intensitätsgradienten von Linien der Sonnenchromosphäre. Mitt. Astr. Hauptobs. Pulkowo **19** Nr. 5 (152) S. 20—30, mit 3 Abb. (russisch). — Verf. zeigt zunächst, daß die (monochromatischen) Helligkeiten der Chromosphäre bei Schwankungen des Sonnenbildes während der Aufnahme zwar verfälscht werden, der Helligkeitsgradient in genügender Höhe aber nicht. Dann folgt eine Beschreibung des am Pulkower Sonnenteleskop 1951 und 1952 erhaltenen Beobachtungsmaterials. Es wurden die Intensitätsgradienten nur der fünf hellsten Linien (K, Hδ, Hγ, Hβ, D_3) bestimmt, wobei den Rechnungen formal die barometrische Höhenformel zugrunde gelegt wurde. Die für die Höhen zwischen etwa 2000 und 6000 km gefundenen Gradienten schwanken von Linie zu Linie und, wie aus Vergleichen mit früheren Beobachtungen hervorgeht, für jede Linie auch von Jahr zu Jahr. Loh.

6621. **F. Link,** Chromosphärische Eruptionen. Časop. Českosl. ústavů astr. **4** 1—6, mit 4 Fig. (tschechisch). — Ref. in RJ Astr. Geod. UdSSR Nr. **7**, 1955; Ref. Nr. 2877.

6622. **R. Michard,** Radial velocities of spicules and the width of chromospheric lines. Obs **74** 209, mit 1 Tafel = Contr. Inst. d'Astrophys. Paris (A) Nr. **189**. — Messungen an Hα-Linien zeigen für einzelne Spiculen (25 Einzelfälle), daß diese in 50 % eine Radialgeschwindigkeit über 8 km/sec haben. Der quadratische Mittelwert ist 13.7 km/sec. Die Messungen beziehen sich auf Höhen zwischen 3000 und 6000 km. U. Be.

6623. **S. Miyamoto,** Note on the interpretation of the solar Lyman Alpha radiation. Publ. Astr. Soc. Japan **6** 229—231. — Verf. weist darauf hin, daß die beobachteten Breiten der Lα-Emissionslinien im Sonnenspektrum die Annahme nahelegen, daß thermische nichtkohärente Streuung der wesentlichste Prozeß für den Lα-Strahlungstransport ist. Unter dieser Voraussetzung sind die beobachteten Intensitäten einer chromosphärischen Anregungstemperatur von etwa 6000° äquivalent. Ferner wird eine mögliche Ursache für die Überanregung der Balmerlinien im Flash-Spektrum kurz diskutiert. Kdr.

6624. **E. R. Mustel,** Über den Leuchtmechanismus der Heliumflocculi. DAN **97** 625—628 (russisch). — Das Leuchten der Flocculi im Lichte der H- und K-Linie des Ca II geht auf die Anregung der $4^2P_{1/2}$ und $4^2P_{3/2}$-Niveaus durch Elektronenstoß zurück, wobei die erforderliche kinetische Temperatur 7500° nicht überschreitet. Dort jedoch, wo Wasserstoff- und Heliumflocculi beobachtet werden, muß die kinetische Temperatur hoch sein oder sonst ein ionisierender Mechanismus wirken. Nach Meinung des Verf. existiert neben gewöhnlicher chromosphärischer Materie in der Flocculisphäre auch noch hochtemperierte koronale Materie, insbesondere Elektronen. Loh.

6625. **E. R. Mustel,** Über den Leuchtmechanismus der Wasserstoff-flocculi. Mitt. Astrophys. Obs. Krim **11** 102—128, mit 3 Abb. (russisch). — Es werden eine Reihe von Fragen betrachtet, die mit dem Leuchtmechanismus der Wasserstoff-Flocculi zusammenhängen. Weil die Abtrennung der Flocculistrahlung in den zentralen Teilen der Linien der Balmerserie des Fackelspektrums mit großen Schwierigkeiten verbunden ist, wird im zweiten Teil der Arbeit speziell die Frage der Höhenlokalisation (in der Chromosphäre) der genannten Flocculistrahlung behandelt. Es wird bemerkt, daß die gewöhnlichen Methoden, die sich auf die Anwendung der Daten über die differentielle Rotation der verschiedenen Schichten in der Sonnenatmosphäre stützen, hier ungenügend sind. Verf. (gekürzt)

6626. **E. R. Mustel,** Über den Leuchtmechanismus der Flocculi in den H_2- und K_2-Linien. Mitt. Astrophys. Obs. Krim **11** 165—169, mit 1 Tafel (russisch). — Verf. zeigt erneut, daß es sich hierbei um Anregung durch Elektronenstöße handelt, und daß Rekombinationsleuchten nicht in Frage kommt. Loh.

6627. **O. Namba,** On the excitation of neutral oxygen in the solar chromosphere. Publ. Astr. Soc. Japan **6** 87—102, mit 5 Fig. = Contr. Inst. Astrophys. Univ. Kyoto Nr. **45**. — Im Flash-Spektrum werden einige Linien des OI mit verhältnismäßig hoher Intensität beobachtet. Verf. versucht, dieses anomale Verhalten des neutralen Sauerstoffs in der Chromosphäre auf Resonanzfluoreszenz vorwiegend durch die kontinuierliche Lyman-Strahlung des Wasserstoffs zurückzuführen. Kdr.

6628. **G. A. Newkirk jr.,** A statistical study of prominence excitation. AJ **59** 330. — Ref. AAS.

6629. **Y. Öhman,** On some analogous effects of light absorption in prominences and discharges. Ark Astr **1** 309—314, mit 5 Fig. — Liegt ein Filament (in Hα- bzw. K-Spektroheliogrammen beobachtbar) vor einer kräftigen, außerhalb des Sonnenrandes stehenden Protuberanz, so beobachtet man — wie Verf. früher gezeigt hat — gelegentlich dunkle Gebiete innerhalb der Protuberanz. Einen ganz analogen Absorptionseffekt findet Verf., wenn er im Laboratorium das an einem weißen Schirm reflektierte Licht einer elektrischen Entladung eine vorgelagerte unvollständige Entladung durchsetzen läßt. Labs

6630. **M. W. Ovenden,** The story of solar flares. JBAA **64** 106—112, mit 2 Fig. und 1 Tafel = Glasgow Univ. Obs. Repr. Nr. **35.** — Gedrängte Übersicht über Beobachtungsmethoden, Eigenschaften, solare Begleiterscheinungen und terrestrische Wirkungen der chromosphärischen Eruptionen. Auf gewisse Analogien bei Flare-Sternen und Novae wird hingewiesen. Bru.

6631. **J. H. Piddington,** Model solar chromospheres. ApJ **119** 531—540, mit 3 Fig. = Commonwealth Sci. Industrial Res. Organization, Australia, Division Radiophys. — Neun verschiedene Atmosphärenmodelle aus neuerer Zeit werden kritisch besprochen und gegen fast alle ernstliche Einwände teils theoretischer, teils empirischer Natur vorgebracht. Als plausibelstes Modell betrachtet Verf. ein eigenes, 1950 aus einer Kombination von Messungen im optischen und Radio-Gebiet abgeleitetes Modell, das aber auch noch verbesserungsbedürftig ist. Dafür werden einige Möglichkeiten angedeutet. Der Aufbau der Chromosphäre speziell zur Zeit des Fleckenminimums wird abschließend diskutiert. Kdr.

* * **T. S. Rasmadse,** Das Erscheinen der Sonnenaktivität in den Eruptionen. Vgl. Ref. **6340.**

6632. **R. O. Redman, Z. Suemoto,** Temperature and turbulence in the chromosphere. MN **114** 524—539, mit 3 Fig. = Contr. Cambridge Obs. Nr. **17.** — Ref. in Coelum **23** 145. — Während der Sonnenfinsternis 1952 Febr. 25 sind Spaltspektrogramme der Chromosphäre mit einem großen Gitterspektrographen aufgenommen worden. Aus gemessenen Linienprofilen ergibt sich die Temperatur der unteren Chromosphäre zu etwa 10000° K. Die Turbulenz wächst mit zunehmender Höhe. Schwierig waren die Bestimmung der Höhen in der Chromosphäre und die Korrektion der Messungen wegen der Verbreiterung durch Selbstabsorption und Stark-Effekt. O. G.

6633. **R. O. Redman,** Temperature and turbulence in the chromosphere. Obs **74** 240—242. — Ref. RAS.

6634. **J. H. Rush, W. O. Roberts,** Recent studies of chromospheric spicules. Australian. J. Phys. **7** 230—243. — Fünf Spiculen-Filme, aufgenommen in Hα am Climax-Obs., werden ausgewertet. Die Höhenverteilung der Spiculen (maximale Höhe $\approx$ 20000 km über der Chromosphäre) und die Verteilung der Lebensdauern (zwischen 0.3 und 30 Minuten) deuten die Existenz vieler unaufgelöster, kurzlebiger Spiculen an. Die Aufstiegsgeschwindigkeiten, abgeleitet aus Höhenänderungen zwischen aufeinander folgenden Aufnahmen, zeigen eine breite Verteilung mit einem Mittelwert für die größeren Spiculen von $\approx$ 30 km/sec. Die obere Grenze der Gesamtzahl der gleichzeitig auf der Sonne befindlichen Spiculen wird zu 2.2×10^4 abgeschätzt. Traving

6635. **J. H. Rush, W. O. Roberts,** Solar spicules and their role in solar phenomena. Trans. Inst. Radio Engineers Professional Group on Commun. Syst. **CS-2** 24—28. — Ref. in Phys. Abstracts (A) **57** 529.

6636. **S. Schwartz,** Abundances of metals in the solar chromosphere. ApJ **119** 296—297. — Die Bestimmungen relativer Häufigkeiten der Metalle in der Chromosphäre von Wildt (vgl. AJB **47** Ref. **4611**) werden mit verbesserten Daten für die dabei benötigten f-Werte wiederholt. Die Übereinstimmung mit den Ergebnissen anderer Autoren ist für die Chromosphäre befriedigend. Gegen die photosphärischen Häufigkeiten scheinen jedoch systematische Abweichungen zu bestehen. Kdr.

6637. A. B. Sewerny, E. F. Schaposchnikowa, Über die Entwicklung der chromosphärischen Eruptionen auf der Sonne. AJ UdSSR **31** 124—130, mit 5 Abb. und 3 Tafeln (russisch). — Es zeigt sich, daß alle chromosphärischen Eruptionen in zwei Klassen eingeteilt werden können: solche, bei denen Materiebewegungen in Form von Strahlen und Auswürfen erfolgen, und solche, den «statistischen», bei denen derartige Bewegungen nicht beobachtet werden und deren Entwicklung von einer mehr oder weniger gleichmäßigen Ausweitung und Verdichtung begleitet wird. Es wird gefunden, daß sich alle Eruptionen bei der Entzündung ausdehnen und beim Verlöschen komprimieren, wobei die maximale Helligkeit der Eruptionen um so früher eintritt, je größer die Expansionsgeschwindigkeit ist. Es wird auch eine Beziehung zwischen der Lebensdauer und der Eruptionsfläche festgestellt. Auf den zur Erklärung der gefundenen Gesetzmäßigkeiten möglichen physikalischen Mechanismus wird hingewiesen.
Verf. (übersetzt)

6638. A. B. Sewerny, Über die Selbstabsorption der Strahlung und die physikalischen Bedingungen in den Sonnenprotuberanzen. AJ UdSSR **31** 131—136, mit 3 Abb. und 1 Tafel (russisch). — Es wird die Frage über die Ermittlung der physikalischen Bedingungen in den Protuberanzen aus den Emissionslinien mit Selbstabsorption betrachtet. Die Anwendung des vorgeschlagenen Verfahrens gestattet, die Zahl der Ca^+-Ionen im Grundzustand, der H-Atome im zweiten Quantenzustand und der Ortho-He-Atome im 2s-Grundzustand und anderer abzuleiten. Die hohen Elektronentemperaturen der Protuberanzen sind anscheinend mit elektrischen Feldern verbunden, die bei den Bewegungen der Protuberanzen auftreten. Verf. (übersetzt)

6639. A. B. Sewerny, E. F. Schaposchnikowa, Untersuchung der Entwicklung chromosphärischer Eruptionen auf der Sonne. Mitt. Astrophys. Obs. Krim **12** 3—32, mit 16 Abb. und 10 Tafeln (russisch). — Im Jahre 1952 wurden durch schnell aufeinanderfolgende Aufnahmen 55 Eruptionen registriert und 18 davon genauer untersucht. Die Entwicklung einzelner Eruptionen ist von Bewegungserscheinungen in Form von Strömen, Ausbrüchen oder Ausdehnungen begleitet, wie sie auch in «elektromagnetischen» Protuberanzen neben Sonnenflecken zu beobachten sind. Die Mehrzahl der Eruptionen zeigt mehr oder weniger gleichmäßige Expansionen (beim Aufflammen) oder Kontraktionen (beim Erlöschen), wobei die Intensität im Maximum mit der Ausdehnungsgeschwindigkeit wächst. Zwischen der maximalen Intensität und der maximalen Fläche der Eruption wird keine Beziehung gefunden; dagegen wird — wie bei Protuberanzen — eine Abhängigkeit zwischen der Fläche der Eruption und ihrer Lebensdauer festgestellt. Mögliche Auslegungen dieser Erscheinungen werden diskutiert.
Schrick

6640. A. B. Sewerny, Untersuchung der physikalischen Bedingungen in den Sonnenprotuberanzen aus den Emissionslinien mit Selbstabsorption. Mitt. Astrophys. Obs. Krim **12** 33—45, mit 3 Abb. und 1 Tafel (russisch). — Bei der Untersuchung der Emissionslinien von Protuberanzen wurde die Anzahl der Atome des Ca^+ im Grundzustand, des Wasserstoffs im zweiten Quantenzustand, des Orthoheliums im 2s-Grundzustand und die Elektronendichte ermittelt. Dazu wurde eine Aussage über den Ionisationszustand gemacht. Die kinetische Temperatur einer Protuberanz ergab sich nach den Konturen von $H\alpha$, H und K zu etwa 14000°. Die Möglichkeit der Entwicklung hoher Elektronentemperaturen bei Protuberanzenbewegungen wird diskutiert.
Schrick

6641. C. A. Shain, A. P. Mitra, Effects of solar flares on the absorption of 18.3 Mc/s cosmic noise. J. Atmosph. Terr. Phys. **5** 316—328, mit 7 Fig. = Commonwealth Sci. Industrial Res. Organization, Australia, Division Radiophys. — Kosmisches Rauschen auf 18.3 MHz wird während chromosphärischer Eruptionen und SIDs erheblich geschwächt (SCA). Nur bei kurzdauernden Eruptionen der Imp. 1 war kein SCA zu beobachten. Hingegen wurde bei einer Anzahl sehr starker SCAs trotz gleichzeitiger Überwachung der Sonne keine chromosphärische Eruption gesehen. Mit diesem Effekt können solare Eruptionen einfacher und empfindlicher registriert werden als mit den SIDs (Mögel-Dellinger Effekt der Kurzwellen) oder den SPAs (plötzliche Phasenanomalie der Längstwellen). Etwa 30 Std. nach drei Eruptionen der Imp. 3 wurde ebenfalls verstärkte Absorption festgestellt, welche 10—30 Stunden vor dem mit SC einsetzenden erdmagnetischen Sturm ihr Maximum erreichte. Die Ursache dieser Absorptionserscheinung wird diskutiert, kann aber noch nicht geklärt werden. Bru.

SID = sudden ionospheric disturbances, SCA = sudden cosmic-noise absorption, SPA = sudden phase anomalies.

* * **M. J. Smyth,** Photoelectric investigations of solar corpuscular radiation. II. Vgl. Ref. **6511**.

* * **S. B. Treiman,** Solar magnetic moment and cosmic-ray effects associated with solar flares. Vgl. Ref. **6128**.

6642. C. S. Warwick, Some characteristics of solar flares. ApJ **120** 237—244. — Das Auftreten von Flares auf der Sonnenoberfläche wird auf Beziehungen zur solaren Radioemission bei 200 MHz Frequenz und plötzlichen ionosphärischen Störungen untersucht. Aufsteigende Protuberanzen scheinen oft mit erhöhter Strahlung einherzugehen, und die plötzlichen ionosphärischen Störungen stehen mit größeren Flares in Beziehung. Jedoch können auch kleinere Flares ähnliche Wirkungen haben. Verf. diskutiert ferner Eigenschaften von Flares, insbesondere ihren Erscheinungsort auf der Sonnenscheibe und ihren Zusammenhang mit Radioeffekten. Micz.

6643. L. Woltjer, A photometric investigation of the spicules and the structure of the chromosphere. BAN **12** 165—176, mit 5 Fig. — Auf einer von Lyot mit Hα-Filter aufgenommenen Platte werden die chromosphärischen Nadeln (Spiculen) photometrisch untersucht. Der Intensitätskontrast zwischen ihnen und den Zwischengebieten wird bestimmt. Die Gesamtzahl der Spikulen mit Längen über 8ʺ7 auf der ganzen Sonnenoberfläche wird zu 30000 hergeleitet. Auf einem Modell von van de Hulst aufbauend wird ein Modell der Chromosphäre einschließlich ihrer Nadeln untersucht, in dem die unteren Teile der Chromosphäre eine Temperatur von 5000° haben, während diese in den Spiculen viel höher ist. Im Modell käme die gesamte Balmeremission aus den Spiculen, deren Dichte zwölfmal die der Zwischengebiete wäre. Betrachtungen über die Elektronendichte schließen sich an. Gli.

6644. Beobachtungen der Chromosphäre, Flares und Protuberanzen

Abh. Staatsuniv. Lwow **32** Astr. Mitt. Nr. 2 S. 13—32, mit 7 Abb. (russisch). Ergebnisse von Protuberanzenbeobachtungen 1949—1950. G. N. Rodionow.

Abh. Staatsuniv. Lwow **32** Astr. Mitt. Nr. 2 S. 33—44, mit 5 Abb. (russisch). Ergebnisse von Protuberanzenbeobachtungen 1951—1952. R. B. Teplizkaja.

Ann. Geofis. **7** 135—139, mit 3 Tafeln. Numeri caratteristici dei flocculi di idrogeno e di calcio e dei filamenti di idrogeno per l'anno 1953. G. Godoli.

Ann. Geofis. **7** 215—219, mit 1 Fig. und 3 Tafeln. The solar flare effect at Alibag on June 13th 1951. S. L. Malurkar. — Studium des Magnetogramms einer chromosphärischen Eruption. Cester

Bol. Astr. Obs. Madrid **4** Nr. 7 S. 5—46, mit 6 Fig. Protuberancias solares. Resumen de las observaciones realizadas durante el año 1953. E. Gullón.

Bol. Obs. Ebro **39**, 51 S. Heliofísica 1951. Desgl. **40**, 47 S. Heliofísica 1952.

BSAF **68** 31—32, 70, 128, 152, 200, 230, 297, 328, 366, 437, 481, mit 13 Fig. L'activité solaire. M. d'Azambuja. — Rotationen Nr. 1339—1351.

Bull. Astrophys. Obs. Abastumani Nr. **16** S. 149—272 (russisch). Spektroheliöskopische Beobachtungen auf dem Berg Kanobili in den Jahren 1945—1947. S. M. Tschchaidse.

Bull. Astrophys. Obs. Abastumani Nr. **17** S. 93—253 (russisch mit georgischer Zusammenfassung). Spektrohelioskopische Beobachtungen der Sonne 1948—1950. T. S. Rasmadse.

Ciel et Terre **70** 155, 236—237, 310, 388. Activité solaire. A. Koeckelenbergh. — Rotationen Nr. 1342—1349.

Ciel et Terre Suppl. 1954 Nr. 1—12, mit Fig. = Commun. Obs. Roy. Belgique Nr. **75**. Observations des taches solaires. Observations chromosphériques et photosphériques. G. Coutrez, R. Coutrez, A. Koeckelenbergh. — Rotationen Nr. 1339—1351.

Circ. Astr. Obs. Lwow Nr. **25** S. 20—36, 37—44, 1953 (russisch). Die Sonnenaktivität 1952, Juli — Dezember. T. L. Mandrykina, R. B. Teplizkaja.

Circ. Astr. Obs. Taschkent Nr. 268—273 (russisch). Die Sonnentätigkeit 1953 Nov.—1954 Okt. A. Kalmykow, K. Kuleschowa.

Coelum **22** 17—19, 54—55, 78—79, 118—119, 152, 183 mit 5 Fig. Fenomeni solari dei mesi Ottobre 1953—Settembre 1954.

Greenwich Photo-heliographic Results 1944. London, Her Majesty's Stationery Office, 1954, 68 S. Preis £ 1 0s. 0d. net.

Indian J. Meteorol. Geophys. **5** 195—197. Kodaikanal solar, geomagnetic and ionospheric data October—December 1953. A. K. Das.

Kokaikanal Obs. Bull. Nr. **136** S. 1—7, mit 2 Fig. Summary of prominence observations for the second half of 1951. A. K. Das.

Kodaikanal Obs. Bull. Nr. **139** S. 1—7, mit 2 Fig. Summary of prominence observations for the second half of 1952. A. K. Das.

Mem SA It (NS) **25** 329—334, mit 2 Fig. = Oss. e Mem. Oss. Astrofis. Arcetri Nr. **69**. Osservazioni di protuberanze e della cromosfera solare eseguite nel 1953. M. Hack.

MN **114** 358—360. Solar activity. H. W. Newton, A. K. Das.

Nature **174** 679. Solar phenomena recorded at Kodaikanal Observatory.

Obs **74** 77—78. The active region of the west solar limb during the eclipse of 1952, February 25. C. M. Minnis.

Publ. Astr. Hauptobs. Pulkowo 1953. Katalog der Sonnentätigkeit 1949—1951. R. S. Gnewyschewa.

Publ. Istanbul Univ. Obs. Nr. **49**, 14 S. mit 2 Fig. Les observations des protubérances faites à l'Observatoire de Kandilli (Istanbul). M. Dizer.

Publ. Istanbul Univ. Obs. Nr. **52**, 9 S. mit 1 Fig. (mit türkischer Zusammenfassung). Observations des protubérances faites à l'Observatoire de Kandilli de novembre 1952 à décembre 1953. M. Dizer.

Quarterly Bulletin on Solar Activity Nr. **101—106**. Published by the Eidgen. Sternwarte in Zürich. — 1953 Jan. — 1954 Juni.

RH **35** 282 (tschechisch). Observations of protuberances 1954. M. Kárnik.

Rev. geofis. **12** 140—148, 217—226, 344—351, 1953. Nota relativa a la actividad solar y geomagnetica (Enero — Septiembre 1953). J. O. Cardus.

Tokyo Astr. Obs Bull. Solar Phenomena **5** 47—58, **6** 1—44, mit Fig. M. Notuki, M. Ono, Y. Nojima, Y. Tanaka, I. Semba. — 1953 Okt. — 1954 Sept.

Urania Barcelona **39** 135—140, mit 6 Fig. Protuberancias solares. Resumen de las observaciones realizadas en el Observatorio de Madrid durante el año 1953. Altura de la cromosfera en el mismo año. E. Gullón.

Veröff. Fraunhofer-Inst. Freiburg. Sonnen-Zirkular 1953 Okt.—1954 Sept. 148 S. mit Abb.

§ 67

Korona

6701. **C. W. Allen,** The physical condition of the solar corona. Rep. Progr. Phys. **17** 135—153, mit 2 Fig. und 1 Tafel = Commun. Univ. London Obs. Nr. **13.** — Nach einleitenden Bemerkungen gibt Verf. eine kurze Übersicht über folgende Punkte: Beobachtungen und Beschreibungen der Korona, Dichteverteilung, Temperatur, Ionisation, Anregung, chemische Zusammensetzung, Veränderungen mit dem Sonnenfleckenzyklus, Strahlung und Energiegleichgewicht, dynamische Struktur. Loh.

6702. **B. Bell, H. Glazer,** Geomagnetism and the emission-line corona. J. Geophys. Res. **59** 551—553, mit 2 Fig. — Aus Beobachtungen der 5303-Koronalinie in den Jahren 1950 bis 1953 wird geschlossen, daß 8—11 Tage nach der Ostrandpassage von intensiven Koronagebieten die erdmagnetische Unruhe abgesunken ist, nach der Passage von schwachen Gebieten aber stark angestiegen ist. Der Effekt ist am klarsten ausgeprägt, wenn sich Koronagebiet und Erde auf der gleichen Seite des Sonnenäquators befinden. U. Be.

6703. **D. E. Billings, C. Pecker, W. O. Roberts,** Study of profiles of coronal emission lines. AJ **59** 316. — Ref. AAS.

6704. **D. E. Billings, C. Pecker, W. O. Roberts,** Étude de l'élargissement dela raie rouge coronale dans les centres actifs. CR **238** 1194—1198. — Vorläufige Mitteilung über die Dopplerbreite der roten Koronalinie über stark aktiven Gebieten der Sonne. Verf. finden eine Temperaturdifferenz von etwa 2.3×10^6 Grad zwischen ruhigen und aktiven Zonen. Labs

6705. **D. E. Billings,** The formation of the sun's corona. Sky and Telescope **13** 252—255, mit 7 Fig. — Nach einem geschichtlichen Überblick werden die Erscheinungsformen der Korona beschrieben. Es folgen Angaben über die Koronalinien und deren Entstehung. Zum Schluß wird der Versuch gemacht, eine Hypothese zu entwickeln, die die Koronaerscheinungen zum Teil erklären könnte. Neckel

6706. **A. Bruzek,** Über die Beziehungen der Korona-Emissionsgebiete zu Sonnenflecken und Fackeln. Phys.Verhandlungen **5** 129. — Ref. AG.

* * **F. P. Dolder, W. O. Roberts, D. E. Billings,** Solar flares and the yellow coronal line. Vgl. Ref. **6608.**

* * **F. P. Dolder, W. O. Roberts, D. E. Billings,** Active region prominences and the yellow coronal line. Vgl. Ref. **6609.**

6707. **B. Edlén,** On the identification of Ca XV and A XIV in the solar corona. MN **114** 700—703, mit 1 Fig. — Ein Vergleich der Termdifferenzen isoelektronischer Systeme bestärkt die Auffassung der Koronalinien λ 5694 und 5446 als Übergänge $2s^2\,2p^2\,{}^3P_{1-0}$ bzw. ${}^3P_{2-1}$ des Ca XV. Dagegen ist $2s^2\,2p\,{}^2P_{3/2-1/2}$ des A XIV nicht mit λ 4359, sondern mit λ 4412 zu identifizieren. Gü.

6708. **G. Elwert,** Die weiche Röntgenstrahlung der ungestörten Sonnenkorona. Z. Naturforschung **9a** 637—653, mit 9 Abb. = Mitt. Astr. Inst. Univ. Tübingen Nr. **9.** — Mit der in einer früheren Arbeit abgeleiteten Ionisationsformel der Sonnenkorona werden für die Elemente großer kosmischer Häufigkeit Teilchendichten der Ionen in den in Betracht kommenden Ionisationsstufen ermittelt. Die bei den Photorekombinationen und bei frei-frei-Übergängen entstehende Ausstrahlung führt zu einem kontinuierlichen Emissionsspektrum, das in der Wellenlängenskala ein Maximum bei 30 bis 50 Å hat. Größere Intensität liefert die Linienemission, deren Maximum bei etwas längeren

Wellen liegt. Sie wird für die wesentlichen Übergänge diskutiert. Im Vergleich zu den Rekombinationen in höhere Schalen sind Elektronenstöße der wirksamere Anregungsmechanismus. Für die Berechnung der Wirkungsquerschnitte wird die Bornsche Stoßtheorie verwendet. Unter Berücksichtigung der Selbstabsorption werden Spektren der Strahlung der ungestörten Korona für verschiedene Temperaturen angegeben. Mit der berechneten Eigenstrahlung der Korona wird die Gültigkeit der verwendeten Ionisationsformel kontrolliert. Auf die Bedeutung der Röntgenstrahlung für die Bildung der normalen ionosphärischen E-Schicht wird hingewiesen. Verf.

6709. **M. N. Gnewyschew, R. S. Gnewyschewa,** Über die Natur der Sonnenkorona und der Protuberanzen. DAN **94** 639—641, mit 1 Tafel (russisch). — Beobachtungen auf der Bergstation des Astr. Hauptobs. Pulkowo zufolge bewegt sich die Koronamaterie in der unmittelbaren Nachbarschaft einer Protuberanz mit dieser. Zwischen einzelnen, voneinander deutlich getrennten Protuberanzen (Protuberanzenpaaren) findet oft ein Materieaustausch in Form konkreter Gasballen statt, was auf die Existenz eines magnetischen Feldes in diesem Raum hindeutet. Die Protuberanzen erstrecken sich entlang gewisser Linien, in deren Umgebung die Koronaemissionen stark sind. Ursache dieser Erscheinungen ist die Entstehung aktiver Gebiete durch elektromagnetische Felder in und unter der Photosphäre, die ihrerseits wahrscheinlich ihre Entstehung Wirbeln geladener Materie verdanken. Bei kleiner Gesamtdichte wird das Elektronengas durch elektrische Felder stark aufgeheizt. Loh.

6710. **M. N. Gnewyschew, R. S. Gnewyschewa,** Die Kalziumemission in der Sonnenkorona. DAN **94** 811—812 (russisch). — Die Frage nach dem Vorkommen der H- und K-Linie (Ca II) im Koronaspektrum wird durch Beobachtungen auf der Bergstation des Astr. Hauptobs. Pulkowo in einigen Fällen bejaht. Es kann sich nicht um chromosphärische Emissionen handeln. Loh.

6711. **K. Gyldenkærne,** Solens korona. NAT **1954** 89—98, mit 3 Fig. — Populäre Darstellung des heutigen Standes der Erforschung der Sonnenkorona, die hauptsächlich auf dem Artikel von van de Hulst: The chromosphere and the corona in Kuipers Buch «The Sun» beruht. C. L. J.

6712. **N. A. Jakowkin,** Über die Theorie der Sonnenkorona. Publ. Astr. Obs. Kiew Nr. **6** S. 15—29, mit 4 Abb. (russisch). — Es wird gezeigt, daß man bei Annahme der Edlénschen Identifizierung der Koronalinien auf Widersprüche bei der Interpretation der Beobachtungsergebnisse der Sonnenkorona stößt. Verf. entwickelt daher eine neue Theorie über die Herkunft der Koronalinien, nach der sich die inneren Elektronen eines neutralen Atoms im angeregten Zustand befinden können und bei verbotenen Übergängen die Koronalinien ausstrahlen. Entsprechende quantenmechanische Rechnungen der Dublettaufspaltung des Grundzustandes des inneren $3p_1$-Elektrons des Eisenatoms führen zu Ergebnissen, die mit den Beobachtungen übereinstimmen. Sich hierauf stützend, entwirft Verf. das Modell einer «kalten», dynamischen Korona, nach dem diese ein Komplex von Eruptionen ist, als Fortsetzung der Chromosphäre, und eine Temperatur von 12000 bis 20000° hat, die durch die makroskopischen Geschwindigkeiten der Eruptionen bedingt ist. Loh.

* * **G. Laborde,** Relations entre les plages faculaires et les raies de la couronne. Vgl. Ref. **6330**.

* * **D. Layzer,** Energy levels in Ca XV. Vgl. Ref. **244**.

* * **R. Müller,** The observation of the solar corona at times other than at total eclipses. Vgl. Ref. **2411**.

6713. **A. Nielsen,** Koronafotografering. NAT **1954** 67—68.

6714. **G. M. Nikolskij, E. A. Ponomarew,** Bemerkung zu der Arbeit von W. A. Krat «Die Dissipation der Sonnenkorona und die Korpuskularstrahlung». AJ UdSSR **31** 191—196 (russisch). — Betrifft die in Bull. KISO Nr. 8—**9**, 1953 erschienene Arbeit von Krat.

* * **P. A. O'Brien, C. J. Bell,** Distribution of radio-frequency brightness across the solar disk and the derivation of a model corona. Vgl. Ref. **6529**.

6715. **Y. Öhman,** A tentative explanation of the dark markings in the solar corona. Obs **74** 174—175 = Stockholms Obs. Medd. Nr. **81**. — Die beobachteten dunklen Streifen in der Korona sollen nach Verf. durch lokale Absorption entstehen (gebunden-frei Übergänge von H^--Ionen in neutrale Atome und freie Elektronen). Die H^--Ionen sollen durch Stöße von H_2-Molekülen mit Protonen und Elektronen der Korona gebildet werden. U. Be.

6716. **C. Pecker, D. E. Billings, W. O. Roberts,** Identification of the yellow coronal line. ApJ **120** 509—520, mit 8 Fig. — Die im Koronaspektrum beobachtete Emissionslinie bei λ 5694 ist von Edlén dem Ca XV zugeschrieben worden, jedoch ist die Richtigkeit der Identifizierung wiederholt bezweifelt worden. Aus einer Analyse des Linienprofils schließen die Verf., daß das Atomgewicht der die Linie emittierenden Atome bei 40 liegen muß. Falls die Identifizierung korrekt ist, ist eine weitere Linie bei λ 5446 zu erwarten, die bereits von Waldmeier beobachtet und von den Verf. bestätigt wird. Das Intensitätsverhältnis λ 5694/λ 5446 entspricht dem theoretischen Wert für die Emission durch Ca XV-Ionen. Micz.

6717. **C. Pecker, D. E. Billings, W. O. Roberts,** Détermination de l'atome responsable de la raie jaune coronale λ 5694,4. CR **238** 1101—1103. — Die Identifikation der Koronalinien 5694 und 5446 als $^3P_1$—$^3P_0$ bzw. $^3P_2$—$^3P_1$ des Ca XV wird bestätigt. Labs

6718. **W. Petri,** Rotation und Kimmzeit der inneren Sonnenkorona. Mitt. AG 1953 S. 13—14. — Ref. AG.

6719. **W. Petri,** Rotation, Persistenz und interdiurne Variationen der inneren monochromatischen Sonnenkorona in verschiedenen Breiten. ZfA **34** 68—80 = Forschungsber. Obs. Wendelstein Nr. **10**. — Statistische Untersuchungen auf Grund der von R. Müller auf dem Wendelstein gewonnenen Beobachtungen der grünen Koronalinie 5303 Å ergaben: 1. Die innere Korona rotiert in höheren Breiten systematisch langsamer als in Äquatornähe. 2. Die Genauigkeit der Korona-«Isophoten» auf den synoptischen Karten des Fraunhofer-Instituts schwankt nach hel. Breite und Phase im Zyklus erheblich. 3. Die Persistenz der Emissionsgebiete ist mit der Intensität positiv korreliert und darüber hinaus auch in 25° Breite noch bemerkenswert hoch. 4. Für die Interpretation kurzzeitiger Helligkeitsänderungen ist die Beobachtungsdistanz infolge eines «Kimmzeit»-Effektes von wesentlicher Bedeutung. 5. Die besondere Unruhe der Korona in Breiten, die merklich höher liegen als die Hauptaktivitätszone, wird erneut bestätigt. Verf. (gekürzt)

6720. **G. Righini,** Sur la raie 3533 Å de la couronne solaire. CR **239** 1356—1357. — Verf. weist darauf hin, daß er die Linie bereits während der Finsternis vom 19. Juni 1936 und Lewis sie schon am 3. Januar 1908 gesehen hat. Loh.

* * **F. E. Roach, G. van Biesbroeck,** The zodiacal light and the solar corona. Vgl. Ref. **8405**.

6721. **M. Trellis,** La vitesse de rotation de la couronne intérieure solaire. CR **238** 650—652, mit 2 Fig. — Aus der Zeitdifferenz zwischen Verschwinden und Auftauchen (bzw. umgekehrt) einander zuzuordnender Strukturelemente der Korona (gleichartiges Aussehen und Verhalten der Linie 5303) am Ost- und Westrand der Sonne wird die Rotationsperiode der inneren Korona als Funktion der heliographischen Breite bestimmt. Es ergaben sich 25ᵈ3 für b = 0° und 31ᵈ6 für b = 70°. Labs

6722. **M. Trellis,** Dissymétrie des jets coronaux par rapport aux méridiens solaires. CR **238** 875—877, mit 1 Fig. — Aus Koronabeobachtungen vom Pic du Midi wird eine Neigung der Koronastrahlen gegenüber der Sonnennormalen abgeleitet. Eine Deutung der von der heliographischen Breite abhängigen Neigung wird nicht gegeben. U. Be.

6723. **M. Trellis,** Répartition des jets de la couronne en fonction de la latitude au cours du cycle solaire. CR **239** 1119—1121, mit 2 Fig. — Aus Beobachtungen von 1943 bis 1954 auf dem Pic du Midi wurde ein Schmetterlingsdiagramm der Koronastrahlen in den Wellenlängen 5303 und 6374 Å entworfen. Die Ähnlichkeit mit dem Fleckendiagramm kommt in beiden Wellenlängen gut (in λ 5303 besser) zum Ausdruck; dazu treten noch kleine Häufigkeitszonen bei +80 und —80° heliographischer Breite, allerdings in verschiedenen Phasen des Zyklus. Loh.

6724. **M. Waldmeier,** Die Variation der monochromatischen Gesamtemission der Sonnenkorona im 11jährigen Zyklus. II. Die Linie 6374 Å. ZfA **35** 1—9, mit 3 Abb. = Astr. Mitt. Sternw. Zürich Nr. **187**. — Die Gesamtemission der Korona im monochromatischen Licht der Linie 6384 Å zeigt im 11jährigen Zyklus nur verhältnismäßig kleine Variationen im Betrage von etwa 3:2 und eine Doppelwelle, wobei ein Maximum und ein Minimum mit den entsprechenden Extrema der Fleckentätigkeit zusammenfallen. Dazu traten sekundär auf dem absteigenden Ast der Fleckenkurve ein weiteres Minimum und Maximum auf. Das eine Maximum (1947) ist bedingt durch hohe Elektronendichte, das andere (1942/43) durch niedrige Temperatur. Verf.

6725. **M. Waldmeier,** Simultane Bestimmung von Elektronendichte und Temperatur in der Sonnenkorona. ZfA **35** 95—103, mit 4 Abb. = Astr. Mitt. Sternw. Zürich Nr. **188**. — Aus den Intensitäten der Koronalinien 5303 und 6374 Å von Fe XIV und Fe X werden für das Maximumjahr 1947 und das Minimumjahr 1953 Elektronendichte und Temperatur in Abhängigkeit von der heliographischen Breite berechnet. Die Elektronendichte ist in der Fleckenzone am größten und fällt gegen die Pole ab. Sekundäre Maxima erscheinen in der polaren Aktivitätszone. Im Maximum sind die Elektronendichten rund doppelt so hoch wie im Minimum. Auch die Temperatur hat in den beiden Aktivitätszonen maximale Werte und liegt im Maximumjahr rund 50000° höher als im Minimumjahr. Verf.

6726. **A. Werner,** The continuous radiative absorption cross section of Fe XIV and the coronal temperature. Australian J. Phys. **7** 25—29. — Der kontinuierliche Absorptionskoeffizient für Fe XIV wurde durch Berechnung der Matrixelemente für Strahlungsrekombination in den Grundzustand bestimmt. Dabei wurden das von Gold 1949 berechnete Hartree-Feld und die entsprechenden Wellenfunktionen des Grundzustandes benutzt. Die Rekombination in angeregte Zustände wird im Anschluß an Hill 1950 wasserstoffähnlich gerechnet. Die Rekombinationsquerschnitte für Rekombinationen in den Grundzustand kommen gegenüber früheren Bestimmungen wesentlich kleiner heraus; der gesamte Rekombinationsquerschnitt wird aber, da die Rekombination in höhere Terme überwiegt, hierdurch nicht erheblich geändert. Mit den neuen Querschnitten gibt das Gleichgewicht Strahlungsrekombination-Stoßionisation eine Koronatemperatur vom 2×10^6 gegenüber früher 1×10^6 Grad. Traving

6727. De corona — een stukje geschiedenis. Hemel en Dampkring **52** 160.

6728. Yellow coronal line. Sky and Telescope **14** 21.

6729. **Koronabeobachtungen**

Astr Circ UdSSR Nr. 152 S. 10 (russisch). Ein kräftiger Helium-Helligkeitsausbruch in der Korona. R. S. Gnewyschewa. — Am 13., 14. und 15. August 1954 wurden am Koronographen der Bergstation des Astr. Hauptobs. Aufnahmen gemacht, aus denen sich eine große Intensität der D_3-Linie 5875.6 Å ergab.
Loh.

Forschungsber. Obs. Wendelstein Nr. **13**, 9 S. Katalog monochromatischer Koronastrahlen 1953. R. Müller.

Quarterly Bulletin on Solar Activity Nr. **101—106**. Published by the Eidgen. Sternwarte in Zürich. — 1953 Jan.—1954 Juni.

TAB (2) Nr. 65 S. 601—613. Coronal observation at Mt. Norikura. M. Notuki.

Tokyo Astr. Obs. Bull. Solar Phenomena **5** 47—58, **6** 1—44, mit Fig. — 1953 Okt.—1954 Sept.

Veröff. Fraunhofer-Inst. Freiburg. Sonnen-Zirkular 1953 Okt.—1954 Sept. 148 S. mit Abb.

* * Koronabeobachtungen während Sonnenfinsternissen siehe § **62**.

§ 68

Sonnentätigkeit in Beziehung zu terrestrischen Erscheinungen

6801. **C. G. Abbot,** Forecasting weather from solar radiation. Nature **173** 880.

6802. **A. Adel,** The solar-terrestrial parameter «effective radiation temperature of the ozone region» and evidence for solar variability with period of ten weeks. Bull. American Meteorol. Soc. **35** 376—377. — Ref. in RJ Astr. Geod. UdSSR Nr. **7**, 1955; Ref. Nr. 2879.

6803. **H. Alfvén,** Magnetic storm effect on cosmic radiation. Phys. Rev. (2) **94** 1082. — Verf. weist die Kritik von W. F. G. Swann (vgl. Ref. **12743**) an seiner Theorie des Einflusses eines Strahles solarer Korpuskeln auf die gemessene Intensität der Höhenstrahlung zurück, da die von Swann über die Homogenität dieses Strahles gemachten Annahmen nicht zuträfen.
A. Schlüter

6804. **Arakawa,** Der Zusammenhang zwischen Sonnenflecken und Klima in Japan. J. Meteorol. Soc. Japan **31** Nr. 11—12 S. 36—41 (japanisch). — Ref. in RJ Astr. Geod. UdSSR Nr. **7**, 1955; Ref. Nr. 2880.

6805. **N. P. Barabaschew, I. M. Gordon,** Chromosphärische Eruptionen eines besonderen Typs und ihre geophysikalischen Folgen. Bull. Kommission Sonnenforschung Nr. **10** S. 46—48 (russisch).

6806. **N. P. Barabaschew, I. M. Gordon,** Chromosphärische Eruptionen besonderen Typs und ihre geophysikalischen Folgen. Dopowidi Akad. Wiss. Ukrain. Sowjetrepublik Nr. **1** S. 9—12 (ukrainisch mit russischer Zusammenfassung). — Ref. in RJ Astr. Geod. UdSSR Nr. **3**, 1955; Ref. Nr. 1079.

6807. **U. Becker, J. F. Denisse,** Controls of geomagnetic activity by sunspots. J. Atmosph. Terr. Phys. **5** 70—72, mit 1 Fig. — Kombination der Ergebnisse der beiden Autoren (vgl. AJB **52** Ref. **6810**, AJB **53** Ref. **6805**) zeigt, daß aus dem radioastronomischen Verhalten und der Anordnung der Sonnenflecken auf der Scheibe eine Vorhersagemöglichkeit für die Erdmagnetik besteht.
U. Be.

* * **B. Bell, H. Glazer,** Geomagnetism and the emission-line corona. Vgl. Ref. **6702**.

6808. **A. J. Besrukowa,** Der Einfluß der Sonnenaktivität und des Charakters der atmosphärischen Zirkulation auf die Schwankung des Meeresspiegels und auf Dürren. Publ. Labor. Meeresforschung Akad. Wiss. UdSSR **3** 23—46 (russisch). — Ref. in RJ Astr. Geod. UdSSR Nr. **11**, 1954; Ref. Nr. 5744.

6809. **B. N. Bhargava, A. M. Naqvi,** Very long sequences of geomagnetic activity and its annual variation. Nature **173** 498 = Sonderdruck Kodaikanal Obs. — Ref. in Phys. Abstracts (A) **57** 787.

6810. **B. E. Brjunelli,** Über die mögliche Ursache der gestörten sonnentägigen Variation des erdmagnetischen Feldes. DAN **99** 741—743, mit 1 Abb. (russisch). — Die Variation läßt sich durch die Einwirkung solarer elektrischer Korpuskel erklären.

6811. **L. N. Carapiperis,** The solar activity and the summer rainfall in the Mediterranean. Geofis. pura appl. **27** 174—178, mit 5 Fig. und 1 Tafel. — Der Einfluß der Sonnenflecken auf den Regenfall in 30 ausgewählten Stationen am Mittelmeer, wo wenigstens vier Fleckenzyklen registriert wurden, wird untersucht. Das Minimum des Sommerregenfalls tritt nahe dem Maximum eines Fleckenzyklus und das Minimum am Anfang oder am Ende desselben ein. Die Änderung des Sommerregenfalls während eines Sonnenzyklus zeigt einfache, doppelte oder dreifache Oszillationen. Cester

6812. **S. P. Chromow, M. S. Eigenson,** Die zonalen Besonderheiten der allgemeinen Zirkulation der Erdatmosphäre, die kritischen Parallele des Geoids und die Sonnenaktivität. Circ. Astr. Obs. Lwow Nr. **28** S. 9—12 (russisch).

6813. **A. M. Cormack,** Heat generation in the earth by solar neutrinos. Phys. Rev. (2) **95** 580—581, mit 1 Fig. — Neutrinos, die durch den Kohlenstoff-Zyklus in der Sonne produziert werden, können zu einer Aufheizung der Erde beitragen durch unelastische Stöße mit Elektronen, wobei die gewonnene Energie in der Erde dissipiert wird. Die Wärmeerzeugung in der Erde wird unter der Annahme, daß die Erde aus Eisen besteht, als Funktion des magnetischen Momentes der Neutrinos errechnet. Fricke

6814. **R. D. Davies,** An analysis of bursts of solar radio emission and their association with solar and terrestrial phenomena. MN **114** 74—92, mit 14 Fig. = Commonwealth Sci. Industrial Res. Organization, Australia, Division Radiophys. — Die solare Radioemission wurde für 7 feste Frequenzen zwischen 60 und 10000 MHz während 18 Monaten registriert. Die Eigenschaften plötzlicher Strahlungsausbrüche erweisen sich als frequenzabhängig. Dies gilt auch für die Eintrittszeiten der Strahlungsanstiege. Strahlungsausbrüche sind häufiger als Flares auf der Sonnenoberfläche, Fadings und Chrochets begleiten diese aber meist. Strahlungsausbrüche erscheinen gleichzeitig mit dem Auftreten der Flares und Chrochets, gehen aber den Fadings um etwa zwei Minuten voraus. Micz.

6815. **J.-F. Denisse,** Relation entre l'apparition de la raie jaune coronale et l'activité géomagnétique. CR **238** 1775—1778, mit 1 Fig. — Aus Beobachtungen der gelben Koronalinie lassen sich Aktivitätszonen auf der Sonne lokalisieren, bei deren Durchgang durch den Zentralmeridian verstärkte geomagnetische Störungen auftreten. Labs

6816. **W. Dieminger,** Über die Wirkung extraterrestrischer Materie in der Ionosphäre. Phys. Verhandlungen **5** 4. — Ref. Phys. Ges. Berlin.

6817. **A. Ehmert,** Zum Verhalten der kosmischen Ultrastrahlung bei magnetischen Stürmen. Naturwissenschaften **41** 317—318, mit 1 Fig. — Ref. in Phys. Ber. **34** 1496.

6818. **M. S. Eigenson,** Die Niveauschwankungen des Viktoria-Sees und der 5—6-jährige Zyklus der Sonnenaktivität. Abh. Staatsuniv. Lwow 32 Astr. Mitt. Nr. 2 S. 70—72, mit 2 Abb. (russisch).

6819. **M. S. Eigenson,** Die solare Natur der Ungleichmäßigkeit der Erdrotation. Circ. Astr. Obs. Lwow Nr. 28 S. 1—8, mit 4 Abb. (russisch). — Die Fluktuation der Erdrotation von 1740 bis heute zeigt eine gewisse Ähnlichkeit mit der Kurve der Sonnenfleckentätigkeit. Die Intensität der allgemeinen Zirkulation der Atmosphäre ist von der Sonne abhängig. Eine verstärkte Zirkulation vergrößert die effektive mittlere geographische Breite der zirkulierenden Wasser-Luftmasse, die Erdfigur ist dann weniger abgeplattet. Durch andere Ursachen kann der obige Zusammenhang allerdings verwischt werden. Loh.

6820. **M. S. Eigenson,** Die Sonnenaktivität als geotektonischer Faktor. Circ. Astr. Obs. Lwow Nr. 28 S. 13—21 (russisch).

6821. **O. Engelstoft,** Hvordan fremkom det? Urania København 11 41. — Übersicht der magnetischen Störungen am 21. Februar 1954.

6822. **V. C. A. Ferraro,** On the emission of electric currents from the sun. Indian J. Meteorol. Geophys. 5 Special Nr. S. 157—160. — Ref. in Phys. Abstracts (A) 58 973.

6823. **N. C. Gerson,** A note on solar-terrestrial relationships. J. Atmosph. Terr. Phys. 4 341—342. — Um die Entstehung erdmagnetischer Störungen und Nordlichter zu erklären, welche mit keiner Erscheinung auf der sichtbaren Sonnenhemisphäre verknüpft sind, wird die Möglichkeit diskutiert, daß von der unsichtbaren Sonnenhemisphäre Korpuskularstrahlen ausgehen, welche durch das allgemeine Magnetfeld der Sonne entweder a) direkt auf die Erde gerichtet werden oder b) in einen Ringstrom in größerer Entfernung von der Sonne gezwungen werden, aus dem heraus die Erde Partikel einfängt. Bru.

6824. **S. N. Ghosh,** Charge transfer in the upper atmosphere. Phys. Rev. (2) 93 650. — Ref. Am. Phys. Soc.

6825. **G. Gibault,** Sur un décalage entre les micropulsations du magnétisme terrestre et les perturbations ordinaires. Ann. Géophys. 10 65, mit 4 Fig.

6826. **H. P. Gillette,** Evidence of a precipitation and sunspot cycle of one month. Bull. American Meteorol. Soc. 35 374—376. — Ref. in RJ Astr. Geod. UdSSR Nr. 7, 1955; Ref. Nr. 2878.

6827. **Z. Gregor, L. Křivský,** Kolisáni frontální zony v oblasti Atlantiku a Evropu během roku a ve vztahu k sluneční činnosti. Časop. Českosl. ústavů astr. 4 6—8. — Ref. in RJ Astr. Geod. UdSSR Nr. 8, 1955; Ref. Nr. 3365.

6828. **P. K. S. Gupta, S. N. Mitra,** Corpuscular eclipse in the F_2-layer and its association with solar flares and M-regions. Nature 173 814—815, mit 1 Fig.

6829. **T. Huzita,** The correspondence principle of mean air temperature deviations and mean heliographic latitudes of sunspots. Mem. Japan Astr. Study Ass. 1 9—14, mit 1 Fig. (japanisch mit englischer Zusammenfassung).

6830. **L. Křivský,** Über die Beziehungen zwischen Sonne und Erdatmosphäre. Časop. Českosl. ústavů astr. 4 77—80, mit 1 Fig. (tschechisch).

6831. **F. Link,** Les éruptions chromosphériques et le temps. BAC 5 7—9 (mit russischer Zusammenfassung). — Verf. prüft die von Valníček aufgestellte Behauptung, daß Sonneneruptionen eine Wetteränderung zur Folge hätten. Er kommt zu dem Schluß, daß ein Einfluß auf den Barometerstand nicht nachweisbar ist, und ein solcher auf die Temperatur vorgetäuscht sei, da das Material nicht frei von Auswahleffekten ist. Das gilt auch von der Behauptung, daß Eruptionen eine Umgestaltung der ganzen Wetterlage zur Folge hätten. Bo.

6832. **K. Maeda,** Geomagnetic effect upon the cosmic ray soft component. Rep. Ionosphere Res. Japan 8 92. — Ref. in RJ Astr. Geod. UdSSR Nr. **9**, 1955; Ref. Nr. 3907.

6833. **T. L. Mandrykina, M. S. Eigenson,** Solare Fronten. Circ. Astr. Obs. Lwow Nr. **28** S. 26—33, mit 1 Abb. (russisch).

6834. **I. W. Maximow,** Die Sonnenaktivität und die Polbewegungen der Erde. Abh. Arkt. Naut. Hochschule Nr. **5** S. 182—186 (russisch). — Ref. in RJ Astr. Geod. UdSSR Nr. **7**, 1955; Ref. Nr. 2720.

6835. **D. H. Menzel,** Solar activity and terrestrial disturbances. Proc. National Acad. Sci. USA **40** 973—978 = Harv Repr Nr. **397**. — Nach einem Überblick über die Zusammenhänge zwischen der Sonnenaktivität und irdischen Störungen wird die Frage erörtert, welche Gebiete der Sonnenoberfläche als Ausgangsort der zur Erklärung von magnetischen Stürmen und Polarlichtern anzunehmenden wolkenförmigen Korpuskularstrahlung in Frage kommen. Ferner wird der Energiefluß für eine solche Wolke neutraler, aber ionisierter Materie abgeschätzt. Kdr.

6836. **A. P. Mitra, R. E. Jones,** The enhancement of ionospheric ionization during solar flares. J. Atmosph. Terr. Phys. **5** 104—106, mit 1 Fig. — Es wird begründet, daß der einzige Weg für die Zunahme der Elektronenkonzentration der D-Schicht bei einer Eruption in der direkten Ionisation liegt und nicht in einer Änderung des Rekombinationskoeffizienten begründet sein kann. U. Be.

6837. **H. W. Newton, A. S. Milsom,** The distribution of great and small geomagnetic storms in the sunspot cycle. J. Geophys. Res. **59** 203—214, mit 4 Fig. — Für die letzten sieben Fleckenzyklen besteht ein enger Zusammenhang zwischen der Fleckenrelativzahl und der Häufigkeit 1. der großen erdmagnetischen Stürme, 2. der kleinen Stürme mit SC. Die Häufigkeit der kleinen Stürme ohne SC erreicht dagegen ihr Maximum erst etwa zwei Jahre nach dem Fleckenmaximum. Die kleinen Stürme ohne SC zeigen keine direkte Verbindung zu den Flecken und neigen — im Gegensatz zu den SC-Stürmen — zur Wiederkehr nach einer Sonnenrotation. Bru.

6838. **J.-C. Pecker, W. O. Roberts,** Solar corpuscles responsible for geomagnetic disturbances. AJ **59** 330—331. — Ref. AAS.

6839. **J.-C. Pecker, W. O. Roberts,** La prédiction des perturbations géomagnétiques. CR **239** 635—637, mit 3 Fig.

6840. **G. Piccardi,** Geofisica, chimica e biologia nell'indagine dei fenomeni cosmici. Scientia **89** 109—113.

6841. **S. Polli,** Attività solare e frequenza dei temporali. Geofis. pura appl. **25** 130—134, mit 1 Tafel = Pubbl. Talassografico Trieste Nr. **297**, 1953. — Eine Statistik der jährlichen Zahl der Tage mit Gewittern in zwölf europäischen Stationen zwischen Leningrad und Neapel zeigt, daß in nördlichen Gegenden ein Maximum der Sonnentätigkeit einem Maximum der Gewitterzahl entspricht, und in südlichen das Gegenteil der Fall ist. In den Zwischengebieten läßt sich eine Periodizität nicht gut feststellen. Cester

* * **N. Richter,** Die Helligkeitsausbrüche des Kometen 1925 II und ihre Korrelation zu erdmagnetischen Ereignissen. Vgl. Ref. **8025**.

6842. **J. H. Rush, D. E. Trotter,** Evidence of the 23-year solar cycle in recurrent magnetic storms. AJ **59** 191—192. — Ref. AAS.

6843. **R. Shapiro,** A possible solar-weather effect. J. Meteorol. **11** 424—425. — Ref. in RJ Astr. Geod. UdSSR Nr. **10**, 1955; Ref. Nr. 4404.

6844. **C. H. Smiley,** Tidal forces and the formation of hurricanes Nature **173** 397. — Ref. in Phys. Abstracts (A) **57** 674.

6845. **M. W. Stowass, M. S. Eigenson,** Die kritischen Parallele und die Breitenzonalität der Sonnenaktivität. Circ. Astr. Obs. Lwow Nr. **28** S. 22—25 (russisch).

* * **W. F. G. Swann,** On H. Alfvén's theory of the effect of magnetic storms on cosmic-ray intensity. Vgl. Ref. **12742, 12743.**

6846. **B. Valníček,** Chromosférické erupce a počasí. Časop. Českosl. ústavů astr. **4** 9.

6847. **S. W. Visser,** Halo's, zonnevlekken en de uitbarsting van de Katmai. Hemel en Dampkring **52** 177—182. — Nachdem die von van Everdingen aufgestellte Regel einer Gegenläufigkeit der Halohäufigkeit und der Sonnenfleckenrelativzahl bereits durch zwei Sommer- und Herbstdepressionen der ersteren im Anschluß an den Katmai-Ausbruch 1912 Juni 6 gestört wurde, zeigt eine Fortführung der von ihm wie auch von Leyst begonnenen statistischen Untersuchungen durch den Verf., daß diese Regel nicht mehr haltbar ist. Wohl aber scheint mit zunehmender Sonnenaktivität relativ zu den Haloringen die Zahl der Berührungsbögen stärker abzunehmen als die der Nebensonnen, was Verf. auf eine stärkere Bildung der Eisplättchen im Vergleich zu den Eisnadeln infolge verminderter Temperaturen im Cirrusniveau zurückführt. Gü.

6848. **S. Yoshida, I. Kondo,** On the 27-day recurrence of the cosmic-ray diurnal variation. J. Geomagn. Geoelect. **6** 15—21. — Ref. in Phys. Abstracts (A) **58** 45—46.

6849. Huitième rapport de la Commission pour l'étude des relations entre les phénomènes solaires et terrestres. Herausgegeben vom Conseil International des Unions Scientifiques. Paris, 1954. 184 S. mit Fig. — Enthält folgende Beiträge: W. O. Roberts, New methods and instruments of solar observations, S. 11—23; M. A. Ellison, The observation of solar flares 1951—1953, S. 28—34, mit 1 Fig.; F. Link, Asymétrie est-ouest de l'activité solaire, S. 35—45, mit 1 Fig.; R. Tousey, Observations of the solar ultraviolet spectrum from rockets, S. 49—57; H. Friedman, Photoelectric measurements of solar X-rays and ultraviolet, S. 59—70, mit 3 Fig.; F. S. Johnson, The solar constant, S. 71—74, mit 1 Fig.; F. Trombe, Utilisation de l'énergie solaire, S. 75—78; R. Michard, Le contrôle de l'ionosphère par le rayonnement ultraviolet solaire, S. 81—91; J. Aarons, The solar noise geophysical events relationship, S. 93—97; H. W. Newton, W. R. Piggott, Observational aspects of solar corpuscular radiation, S. 101—111, mit 1 Fig.; V. C. A. Ferraro, Theoretical studies relating to solar corpuscular streams and geomagnetic storms, S. 113—119; M. Nicolet, Problèmes de l'émission spectrale de la lumière du ciel nocturne et des aurores, S. 123—156; J. Paton, The observation of aurora, S. 157—167; H. Elliot, Cosmic rays and the sun, S. 171—182, mit 3 Fig.

6850. Solar-terrestrische Beobachtungen

Indian J. Meteorol. Geophys. **5** 195—197. Kodaikanal solar, geomagnetic and ionospheric data October—December 1953. A. K. Das. — Ref. in RJ Astr. Geod. UdSSR Nr. 7, 1955; Ref. Nr. 2885.

J. Geophys. Res. **59** 129—136, 295—305, 423—431, 543—545, mit Fig. Geomagnetic and solar data. — Juli 1953—Sept. 1954.

Obs **74** 44—46. Solar activity and geomagnetic storms, 1953. H. W. Newton, H. F. Finch.

Rev. geofis. **12** 140—148, 217—226, 344—351, 1953. Nota relativa a la actividad solar y geomagnética (Enero—Septiembre 1953). J. O. Cardus.

Urania Barcelona **39** 134. Datos relativos a la actividad solar y geomagnética en 1952.

Urania Barcelona **39** 185—189. Perturbaciones radioeléctricas observadas en la estación receptora de Alcobendas (Madrid) de transradio española S. A. durante el año 1953. A. Fuster.

Veröff. Fraunhofer-Inst. Freiburg. Sonnen-Zirkular 1953 Okt.—1954 Sept. 148 S. mit Abb.

Achter Teil

Planeten und Monde

§ 70

Sonnensystem, Allgemeines

* * **G. Alter,** Sunspots, statistics and planets. Vgl. Ref. **6301**.

7001. **P. L. Bhatnagar, F. L. Whipple,** Accretion of matter by a satellite. AJ **59** 121—124, mit 1 Fig. = Harv Repr (2) Nr. **56**. — Die Änderungen der Bewegung eines Satelliten, die von Zusammenstößen mit interplanetarer Materie herrühren, werden untersucht. Lösungen werden abgeleitet, falls sich die Materie in der Ebene der kreisförmigen Satellitenbahn bewegt, und falls sie sich in großen Entfernungen der Bahn normal nähert. Verf. (übersetzt)

7002. **N. Boneff,** Corrélation entre l'aplatissement d'une planète et le nombre de ses satellites. Annuaire Univ. Sofia Faculté Sci. Phys. Math. (1) **48** 175—187 (mit bulgarischer und russischer Zusammenfassung).

7003. **G. Bruhat, E. Schatzman,** Les Planètes. Vgl. AJB **52** Ref. **7004**. — Weitere Besprechung in Scientia **89** 245 (G. Abetti).

* * **G. M. Clemence,** Perturbations of the five outer planets by the four inner ones. Vgl. Ref. **4203**.

7004. **J. Colleau,** Sur la stabilité d'une planète constituée d'une matière présentant une discontinuité de densité. BA **18** 193—232, mit 3 Fig. — Ein Planet besteht aus flüssiger Materie, deren spezifisches Gewicht bei einem Druck von P_T von d bis zu $(1 + k)$d variiert. Der Planet mit punktförmigem Kern wird untersucht. Die Kurve (Masse, Radius) zeigt, daß er unbeständig ist, wenn $k > 1/2$. Dieses wird durch das Studium einer radialen Zusammenziehung genauer festgelegt. Dann wird gezeigt, daß eine pulsierende Deformation zur Bildung eines Kerns führt, welcher, wenn $k > 1/2$, die Unbeständigkeit veranlaßt. Verf.

7005. **A. Dauvillier,** Sur l'abondance des éléments chimiques dans le système solaire. Vgl. Ref. **1191**, daselbst S. 506—514, mit 1 Fig. — Es wird gezeigt, daß fraktionierte Verdampfung einer Russell-Mischung bei hohen Temperaturen nach langsamer Abkühlung zur Bildung eines Körpers mit der Zusammensetzung der terrestrischen Planeten führt, wenn die ursprüngliche Masse kleiner war als eine kritische. Dies wird als ein Argument gegen die Theorien der Planetenentstehung auf kaltem Wege angesehen. Weidemann

7006. **W. C. DeMarcus,** On the instability of small cores in rotating planets. AJ **59** 116—118. — Das von W. H. Ramsey und M. J. Lighthill aufgestellte Kriterium über die Instabilität kleiner planetarischer Kerne wird verallgemeinert, um es auf rotierende Planeten anwenden zu können. Verf. (übersetzt)

7007. **A. Due Rojo,** Notas sobre habitabilidad planetaria. Urania Barcelona **39** 160—168. — Unter Aufzählung der zahlreichen und sehr engen Vorbedingungen für die Existenz organischen Lebens wendet sich Verf. gegen eine von Hoyle auf Grund seiner Supernova-Kosmogonie des Sonnensystems durchgeführte Abschätzung der Anzahl bewohnbarer Planeten. Im Gegensatz dazu muß die Erde als ganz seltener Ausnahmefall «gegen alle Wahrscheinlichkeit» angesehen werden. Danach werden neuere Untersuchungen referiert, welche die lebensfeindlichen Bedingungen auf Mars und Venus darlegen. Gü.

7008. **D. I. Fivel, G. N. Plass,** Radiation flux in a planetary atmosphere. Phys. Rev. (2) **94** 752. — Ref. Am. Phys. Soc.

7009. **J. Hoppe, H. Zimmermann,** Zur Trennung interplanetarer Partikel von Industriestaub. Sterne **30** 33—36, mit 4 Abb. = Mitt. Sternw. Sonneberg Nr. **45.** — Die Ergebnisse und Schlußfolgerungen in der Untersuchung von W. J. Thomsen über meteoritischen Staub (vgl. AJB **53** Ref. 8330) werden an Hand eigener Untersuchungen in Jena überprüft und kritisch betrachtet. Die Beobachtungen sprechen dafür, daß die aufgefangenen Partikel — im Gegensatz zur Ansicht Thomsens — fast ausnahmslos irdischen Ursprungs sind. Gli.

7010. **K. N. Kusmenko, W. A. Michajlow,** Bestimmung der Örter von Planeten mit dem Meridiankreis des Charkower Astronomischen Observatoriums aus Beobachtungen von Prof. N. N. Jewdokimow. Abh. Univ. Charkow **55** 27—42 (russisch). — Ref. in RJ Astr. Geod. UdSSR Nr. **7**, 1955; Ref. Nr. 2731.

7011. **F. Link,** Influences planétaires sur le soleil XI. BAC **5** 115—120, mit 1 Fig. (mit russischer Zusammenfassung). — Erwiderung auf die Kritik von Alter und Verteidigung der Untersuchungen von Link, Kopecký etc. über den planetaren Einfluß auf die Sonnentätigkeit. U. Be.

7012. **F. Link,** Influences planétaires sur le soleil XII. BAC **5** 133—136, mit 2 Fig. (mit russischer Zusammenfassung). — Im elfjährigen Zyklus steigen die Summen der Relativzahlen während oberer Konjunktionen von Venus schneller an als während der unteren Konjunktionen (1866—1952). Das gleiche Ergebnis wird auch bei den Monatsmitteln der Jahre 1755 bis 1951 erhalten. U. Be.

* * **J. N. Lipskij,** Die Umowsche Methode und ihre Anwendung auf die Untersuchung der Planetenoberflächen. Vgl. Ref. 2410.

7013. **P. Moore,** A Guide to the Planets. New York, W. W. Norton and Co., Inc., 1954. 238 S. mit 33 Fig. und 29 Tafeln. Preis $ 4.95. — Besprechung in Sky and Telescope **14** 156, 377 (T. A. Cragg), Strolling Astronomer **8** 144 (W. H. Haas).

7014. **E. J. Öpik,** Interplanetary gas. ZfA **35** 43—60 = Contr. Armagh Obs. Nr. **11.** — Angeregt durch die von Siedentopf und seinen Mitarbeitern vertretene Ansicht, daß die polarisierte Komponente des Zodiakallichts der Streuung an freien Elektronen zuzuschreiben sei, wird geprüft, ob im interplanetaren Raum Gas vorhanden sein kann, und zu welchen Konsequenzen eine solche Annahme in Verbindung mit den Beobachtungen am Zodiakallicht führt. Kdr.

7015. **W. Proell,** Solar space. Part II. The probability of planets in solar space. J. Space Flight and Rocket News Letter **5** Nr. 9 S. 1—7, 1953. — Ref. in RJ Astr. Geod. UdSSR Nr. **7**, 1955; Ref. Nr. 2682.

7016. **W. H. Ramsey,** Transitions to metallic phases. Occasional Notes **3** 87—95, mit 2 Fig. = Astr. Contr. Univ. Manchester (3) Nr. **18**. — Die Physik der Umwandlung fester Materie aus der nichtmetallischen in die metallische Phase wird anschaulich erörtert. Für die Theorie des inneren Aufbaues der Planeten, besonders von Jupiter und Saturn, ist die Kenntnis der bezüglichen kritischen Drucke, vor allem des Wasserstoffs und Heliums, von Bedeutung. Für Wasserstoff ergaben wellenmechanische Rechnungen mehrerer Autoren (bei $T = 0°$ K) $P_{\text{krit}} = 0.8 \times 10^{12}$ dyn/cm^2 und eine Dichteänderung beim Übergang in die metallische Phase von 0.35 auf 0.77 g/cm^3. Für He sind nach einer vorläufigen Mitteilung über noch unveröffentlichte Untersuchungen von W. Baltensperger die entsprechenden Daten: 1.8×10^{12} dyn/cm^2 und 4.8 bzw. 5.7 g/cm^3. Die Herstellung metallischen Ammoniums ($P_{\text{krit}} < 0.1 \times 10^{12}$ dyn/cm^2) dürfte im Bereich der experimentellen Möglichkeiten liegen. Traving

7017. **R. S. Richardson,** Man and the Planets. London, Frederick Muller Ltd., 1954. 188 S. Preis 15 s. — Besprechung in JBAA **65** 365 (M. B. B. Heath), J. British Interplanetary Soc. **14** 348—349 (E. Burgess), NAT **1955** 72—73.

7018. **M. Rudkjøbing,** W. H. Ramseys teori for planeternes indre. NAT **1954** 48—53, mit 3 Fig. — Populäre Darstellung der Ramseyschen Theorie des Planeteninneren mit zahlreichen Erläuterungen. C. L. J.

7019. **K. Rudnicki,** Planetki. Urania Kraków **25** 204—211, mit 2 Fig.

7020. **W. W. Scharonow,** Allgemeine Theorie der visuellen und photographischen Sichtbarkeit von Einzelheiten einer Planetenscheibe. Bote Univ. Leningrad Nr. **11** S. 33—46 (russisch). — Ref. in RJ Astr. Geod. UdSSR Nr. **7**, 1955; Ref. Nr. 2908.

7021. **W. W. Scharonow,** Die photometrische Erforschung der Natur der Planeten und Satelliten. Fortschritte Astr. Wiss. **6** 181—249 (russisch). — Vgl. Ref. 721. — Inhalt dieser Monographie: Einleitung (das Reflexionsvermögen charakterisierende Größen, Messung des Reflexionsvermögens im Laboratorium und in der Natur, einige Ergebnisse der photometrischen Untersuchung natürlicher Oberflächen; S. 181—200), Integralphotometrie der Planeten und Monde (die Helligkeit der Planeten und ihre Messung, der Albedobegriff für sphärische Himmelskörper, Spektralphotometrie und Kolorimetrie des Planetenlichts, Ergebnisse der Photometrie der Großen und Kleinen Planeten sowie der Monde, Theorie und Praxis der Bestimmung der sphärischen Albedo; S. 200—224), Photometrie der Planetenscheiben (Bemerkungen über die Technik des Vergleiches von Helligkeiten auf der Scheibe eines Gestirns, Technik der absoluten Eichung der Helligkeitsmessungen, Oberflächenphotometrie des Mondes, Untersuchungen der Mondoberfläche auf kolorimetrischem und spektralphotometrischem Weg, Schlußfolgerungen über die Oberflächenphotometrie der Großen Planeten; S. 224—244), Literaturzitierungen (S. 245—249). Loh.

7022. **H. Siedentopf,** Diffuse Materie im Sonnensystem. Mitt. AG 1953 S. 18—19. — Ref. AG.

7023. **W. W. Sobolew,** Theorie der Lichtstreuung in den Planetenatmosphären. Fortschritte Astr. Wiss. **6** 250—280, mit 3 Abb. (russisch). — Vgl. Ref. 721. — Inhalt dieses zusammenfassenden Berichts: 1. Problemstellung, 2. Lösungsmethoden, 3. die Ambarzumjansche Methode, 4. einige Verallgemeinerungen, 5. die Albedo des Mediums, 6. das Leuchten des Mediums bei Existenz eines die Strahlung reflektierenden Bodens, 7. Näherungsformeln für die Helligkeitskoeffizienten, 8. einige Anwendungen der Theorie; Literatur. Loh.

7024. **H. Strughold,** Comparative ecological study of the chemistry of the planetary atmospheres. J. Aviat. Med. **24** 393—399, 464, 1953. — Ref. in RJ Astr. Geod. UdSSR Nr. **9**, 1955; Ref. Nr. 3977.

* * **N. N. Sytinskaja,** Der Einfluß der Meteore auf die Natur der Planeten und der Monde des Sonnensystems. Vgl. Ref. 8258.

7025. **H. C. Urey,** The Planets. Their Origin and Development. Vgl. AJB **52** Ref. 7030. — Weitere Besprechung in Nature **173** 1154—1155 (R. Stoneley).

7026. Observations of planets at Pic du Midi. J RAS Canada **48** 161.

§ 71

Merkur, Venus

7101. **A. Danjon,** Magnitude et albedo visuels de la planète Mercure (rectificatif). CR **238** 1371—1372. — Korrektur zu CR **227** 652, 1948 und BA **14** 315, 1949 (vgl. AJB **49** Ref. 7103).

7102. **J. Gadomski,** Ruch perihelium Merkurego. Urania Kraków **25** 96—97.

7103. **P. Moore,** Conditions on the surface of Mercury. J. British Interplanetary Soc. **13** 318—324, mit 1 Fig.

7104. **K. Rudnicki,** Merkury. Urania Kraków **25** 41—45, mit 4 Abb.

7105. **Merkurdurchgang, 1953 November 14**

Bol. Astr. Obs. Madrid **4** Nr. 7 S. 1—3. Observaciones del paso de Mercurio del 14 de Noviembre de 1953. — Mitteilung von Kontaktzeiten.

BSAF **68** 72—79. Le passage de Mercure devant le Soleil le 14 novembre 1953. — Wiedergabe von 14 Beobachtungsberichten über den Merkurvorübergang, die an die Redaktion von BSAF eingingen. U. Be.

El Universo Nr. **27** S. 8—9. El paso de Mercurio por el disco del Sol.

J RAS Canada **48** 1—2. The transit of Mercury, November 14, 1953.

Orion Schaffhausen **4** 221—222. Mercure. — Beobachtungen des Merkurdurchgangs.

Sky and Telescope **13** 75—76, 84, mit 5 Fig. Mercury transit roundup.

Vega Nr. **12/13** S. 46—47. The transit of the planet Mercury 1953 November 14. Some observations.

7106. **J. Ashbrook,** Mercury transit — the contact times. Sky and Telescope **13** 114—116, mit 1 Fig. — Vorläufige Mitteilung über die an zahlreichen Orten erfolgten Beobachtungen.

7107. **J. M. Codina Vidal,** Observación del paso de Mercurio por el disco del Sol. Determinación de las horas de los contactos. Urania Barcelona **39** 124—128, mit 2 Fig. — Aus einer Folge zeitlich festgelegter Momentaufnahmen des Planeten vor der Sonnenscheibe wird die relative scheinbare Bahn seines Mittelpunktes gewonnen. Durch graphische Extrapolation derselben ergeben sich die Kontaktzeiten, wobei die scheinbaren Durchmesser des Planeten und der Sonne den Ephemeriden entnommen werden. Der erste und der zweite Kontakt beim Merkurdurchgang 1953 konnten so aus acht Aufnahmen mit einem Fehler von ±10 bzw. $\pm 6^s$ bestimmt werden. Gü.

7108. **R. Compte Porta,** Informe sobre el paso de Mercurio. El Universo Nr. **28** S. 41—42. — Mitteilung von Beobachtungen.

7109. **A. Dollfus,** L'observation à la Tour Eiffel du passage de Mercure devant le Soleil pour la mesure de son diamètre. BSAF **68** 337—345, mit 4 Fig. — Ref. in Orion Schaffhausen **4** **444.** — Beschreibung der instrumentellen Ausrüstung und des Verfahrens zur Bestimmung des Merkurdurchmessers auf dem Eiffelturm bei dem Vorübergang 1953 Nov. 14. Böh.

7110. **W. S. Finsen, J. A. Bruwer, J. Churms, P. C. Seligmann,** Transit of Mercury, 1953, November 14. Union Circ **6** 227.

7111. **M. G. Fracastoro, E. G. Godoli,** Il passaggio di Mercurio fotografato ad Arcetri. Coelum **22** 19—21, mit 2 Fig.

7112. **M. Gerstenberger,** Der Merkurdurchgang am 14. November 1953. Sterne **30** 26.

7113. **R. A. Naef,** Beobachtungen des Merkurdurchganges vom 14. Nov. 1953. Orion Schaffhausen **4** 205—209, mit 2 Fig.

7114. **W. Sandner,** Beobachtung des Merkurdurchganges 1953 Nov. 14. Sterne **30** 25.

7115. **W. Sandner,** Merkur-Durchgang 1953 XI. 14^d. Mitt. Planetenbeobachter **7** Nr. 1 S. 2—4.

7116. **I. L. Thomsen,** Transit of Mercury 1953 November 14d (G.M.T.). Southern Stars **16** 26—28 = Carter Obs. Repr. Nr. **20** S. 6—8. — Bericht über Beobachtungen in Neu-Seeland.

7117. **J. M. Torroja,** Resultado de las observaciones del paso de Mercurio por delante del disco solar del 14 de noviembre de 1953 efectuadas en los Observatorios Españoles. Urania Barcelona **39** 1—29, mit 3 Fig. = Comisión Nacional Astr. Madrid Publ. Nr. **1.**

7118. **J. M. Torroja,** Resultado de las observaciones del paso de Mercurio por delante del disco solar del 14 de noviembre de 1953 efectuadas en los Observatorios Españoles. Urania Barcelona **39** 96—123, mit 3 Fig. — Bericht über die Vorbereitung der Beobachtung des Merkurdurchgangs 1953, Protokolle und Zusammenstellung der an 19 Stellen in Spanien und Portugal photographisch oder visuell (zum Teil spektroskopisch oder mit Lyot-Filter) beobachteten ersten und zweiten Kontaktzeiten sowie ihrer Abweichungen O—C (im allgemeinen zwischen -60 und $+60^s$). Gü.

7119. **W. Malsch,** Merkurdurchgang am 14. November 1953. NAZ **8** 4. — Beobachtung in Karlsruhe.

7120. **Venus. Astrometrische Beobachtungen**

Greenwich Astronomical Results 1940, A 18. Observed right ascensions, declinations and diameters.

TAB (2) Nr. **68** S. 625—629. Vgl. Ref. **7301.**

7121. **Venus. Physische Beobachtungen**

Mitt. Planetenbeobachter **7** 11—12. Venus, Abend- und Morgenstern 1952/53. E. Rohde.

Sky and Telescope **13** 439. Notes on observing Venus in the daytime. W. R. Howell, E. W. Moore.

Strolling Astronomer 8 57—61, 66—68, mit 9 Fig. Venus in the morning apparition, 1953 through superior conjunction, 1954. J. C. Bartlett jr.

Urania Barcelona **39** 145—146, mit 3 Fig. De astronomía planetaria (Relación núm. 2).

Vega Nr. **12/13** S. **46.** A note on some studies of the planet Venus. O. C. Ranck.

Vega Nr. **18/20** S. 80—81. Anomalous phenomena on Venus.

* * **J. E. Focas,** Polarimetric study of the light of the planets. Vgl. Ref. 7413.

7122. **S. B. Gaythorpe,** Horrocks's observations of the transit of Venus 1639 November 24 (O. S.). JBAA **64** 309—315, mit 1 Fig.

7123. **I. Hasegawa,** Prédiction de l'occultation de l'étoile B.D. +15°2115 par Vénus. DOB **7** Nr. 7 Fasc. 4, 2 S. mit 2 Fig.

7124. **M. B. B. Heath,** The dark side of Venus. Vega Nr. **14/15** S. 57—60.

7125. **N. A. Kosyrew,** Über das Leuchten des Nachthimmels der Venus. Mitt. Astrophys. Obs. Krim **12** 169—176, mit 1 Tafel (russisch). — Ref. in Irish AJ **3** 257. — Im März 1953 wurden mit einem Quarzspektrographen am 50″-Reflektor des Krim-Observatoriums (Dispersion 150 Å/mm bei Hγ) Aufnahmen erhalten, die das Emissionsspektrum des dunklen Venusrandes zeigen. Für das Polleuchten charakteristische Emissionsbanden λ 3914 und 4278 Å des Moleküls N_2^+ weisen auf eine absolute Helligkeit von 10^{-2} erg/cm^2 sec hin. Auch die zweite positive Gruppe des N_2 scheint vorhanden zu sein, wogegen das System Vegard-Kaplan fehlt. Das Leuchten der Stickstoffmoleküle im Nachthimmel der Venus entspricht dem Nordlicht, nicht dagegen dem Nachthimmellicht der Erde, und ist im Vergleich mit der Nachthimmelhelligkeit der Erde etwa 50mal so stark, was einem Fünftel der Nachthimmelhelligkeit bei Vollmond entspricht. Schrick

7126. **N. A. Kosyrew,** Die molekulare Absorption im violetten Teil des Venusspektrums. Mitt. Astrophys. Obs. Krim **12** 177—181, mit 1 Abb. und 1 Tafel (russisch). — Ref. in Irish AJ **3** 257. — Nach Spektrogrammen der Venus vom 50″-Reflektor des Krim-Observatoriums wurden die Spektren von Venus und Sonne im Bereich λ 3800—6500 Å miteinander verglichen. Im roten Licht der Venusatmosphäre ist kaum Absorption festzustellen. Zu kürzeren Wellenlängen hin wächst die Absorption bis 0ᵐ5 bei λ 4540 Å und steigt dann schnell bis zum weiteren Betrag von 1ᵐ5 bei λ 3800 Å. Durch zwei Banden bei λ 4372 und 4120 Å wird der molekulare Ursprung der violetten Absorption im Venusspektrum erklärt. In der Venusatmosphäre spielt das vielatomige Molekül dieselbe Rolle wie der Wasserdampf auf der Erde. Schrick

7127. **G. P. Kuiper,** Determination of the pole of rotation of Venus. ApJ **120** 603—605 = Contr. McDonald Obs. Nr. **246**. — Ref. in Sterne **31** 132, Urania Kraków **27** 336—337. — Aufnahmen des Planeten Venus im ultravioletten Licht zeigen deutlich Oberflächenstruktur. Aus Reihenaufnahmen des Planeten 1950 und 1954 bestimmt Verf. die ekliptikalen Koordinaten des Rotationspols. Die Schiefe des Venusäquators beträgt demnach 32°. Es wird ferner angenommen, daß die Rotationsperiode von Venus höchstens einige Wochen und keinesfalls 225ᵈ betragen kann. Anschließend werden einige kurze Bemerkungen über die Natur der Oberflächenelemente angeführt. Micz.

7128. **A. P. Lenham, J. H. Ludlow,** An experiment relating to visual observations of Venus. JBAA **64** 300—302, mit 2 Fig. — Durch eine Versuchsanordnung mit einem von zwölf Personen unabhängig voneinander beobachteten künstlichen Venusbild und seiner Abzeichnung wurde festgestellt, daß gewisse beobachtete Merkmale in Wahrheit nicht im Original vorhanden sind. Loh.

7129. **D. H. Menzel, F. L. Whipple,** The case for H_2O clouds on Venus. AJ **59** 329—330. — Ref. AAS. — Ref. in BSAF **68** 437.

7130. **I. A. Parschin,** Über die absolute Reflexionsfähigkeit des Planeten Venus. Astr Circ UdSSR Nr. 145 S. 12—13 (russisch). — Die Auswertung photographischer Aufnahmen der Venus in den drei Wellenlängenbereichen 4300, 6200 und 8000 Å zwischen den Phasenwinkeln 67°6 und 84°4 im Jahre 1948 ergab eine Konstanz der Helligkeitskoeffizienten der Wolkenschicht der Venus. Loh.

7131. **I. A. Parschin,** Eine absolute Photometrie des Planeten Venus. Bote Univ. Leningrad **9** Nr. 5 S. 85—95 (russisch). — Ref. in RJ Astr. Geod. UdSSR Nr. **3**, 1955; Ref. Nr. 1117.

7132. **H. E. Ruddy,** The transit of Venus, 1874. JBAA **64** 304—309.

7133. **K. Rudnicki,** Wenus. Urania Kraków **25** 75—81, mit 1 Abb. und 1 Tafel.

7134. **W. Sandner,** Die Rotation der Venus. Sterne **30** 181—182.

7135. Polar cap of Venus. J RAS Canada **48** 199—200.

7136. The satellite of Venus. Sky and Telescope **13** 333.

7137. H_2O clouds on Venus? Sky and Telescope **14** 20—21.

7138. Concerning the pole of rotation of Venus. Strolling Astronomer 8 126.

§ 72

Erde

Allgemeines

7201. **J. M. Bullen, C. H. Cummack,** The lunar diurnal variations of the earth's magnetic field for all elements at Amberly, N. Z., based on five years' observations. New Zealand J. Sci. Technol. (B) **35** 371—377. — Ref. in Phys. Abstracts (A) **57** 1006.

7202. **K. E. Bullen,** Composition of the earth's outer core. Nature **174** 505. — Ref. in RJ Astr. Geod. UdSSR Nr. **6**, 1955; Ref. Nr. 2447.

7203. **V. Černý,** Earth's magnetism. RH **35** 99—104, mit 5 Fig. (tschechisch).

7204. **O. H. Chilton,** The size and shape of the earth. MN ASSA **13** 18—23.

7205. **A. Dauvillier,** Le magnétisme des corps célestes. II. Variations et origine du géomagnétisme. Paris, Hermann et Cie., 1954. 161 S. mit 48 Fig. und 2 Tafeln. Preis fr. 1500. — Besprechung in BSAF **69** 212, Ciel et Terre **71** 39—40 (M. Nicolet).

7206. **N. C. Gerson,** Sources of atmospheric and planetary energy. J. Atmosph. Terr. Phys. **5** 67—69. — Die von den einzelnen Strahlungsquellen (Sonne, Mond, kosmische Strahlung, Nordlicht, Nachthimmellicht) auf der Erdoberfläche ankommende Strahlung wird gemessen und die Ergebnisse in einer Tabelle zusammengestellt. Henn

* * **J. Hoppe, H. Zimmermann,** Zur Trennung interplanetarer Partikel von Industriestaub. Vgl. Ref. **7009**.

7207. **G. D. Hoyt,** The origin of the magnetic field of the earth. Amer. J. Phys. **22** 422. — Ref. Am. Assoc. Phys. Teacher.

7208. **Z. Ibrahim,** The lunar diurnal variations of terrestrial magnetism. Proc. math. phys. Soc. Egypt. **4** Nr. 4 S. 117—125 (1953). — Ref. in ZfMG **52** 459.

7209. **H. Jeffreys,** The Earth, its Origin, History and Physical Constitution. Vgl. AJB **53** Ref. **7211**. — Weitere Besprechung in Amer. J. Sci. **252** 60—63 (C. R. Longwell).

* * **H. Spencer Jones,** Der Magnetismus von Erde, Sonne und Sternen. Vgl. Ref. **6124**.

7210. **L. Knopoff, R. J. Uffen,** The densities of compounds at high pressures and the state of the earth's interior. J. Geophys. Res. **59** 471—484, mit 8 Fig. — Die Anwendung quantenstatistischer Betrachtungen auf Gemische ergibt folgende Werte: die Dichte des unteren Teils des Erdmantels entspricht der eines Olivins, das 63 % Mg_2SiO_4 enthält, die Dichte des äußeren Teils des Erdkerns entspricht der Dichte eines Gemisches von 90 % Eisen und 10 % Olivin. U. Be.

7211. **K. Kozieł,** Ziemia jako planeta. Urania Kraków **25** 105—114, 135—140, 167—172, mit 6 Fig. und 1 Tafel.

* * **B. J. Lewin,** Die Meteorite und der Aufbau der Erde. Vgl. Ref. 8315.

7212. **I. Lucas,** Zur Dynamotheorie der erdmagnetischen Gezeiten. Archiv elektr. Übertragung **8** 123—131, mit 6 Abb.

7213. **W. A. Magnizkij,** Grundlagen der Erdphysik. Moskau, Geodesieverlag, 1953. 290 S. mit 107 Abb. Preis 10 R. (russisch). — Besprechung in RJ Astr. Geod. UdSSR Nr. **10,** 1955; Ref. Nr. 4522.

7214. **M. Milankovitch,** Über den Anteil der exakten Wissenschaften an der Erforschung der geologischen Vorzeit. Publ. Inst. Math. Acad. Serbe Sci. Nr. **6** S. 1—11. — Ref. in RJ Astr. Geod. UdSSR Nr. **10,** 1955; Ref. Nr. 4190.

7215. **M. Nahas,** La mécanique du globe et sa structure. Paris, Herman & Cie., 1954. — Besprechung in Ciel et Terre **71** 112 (P. Janssens).

7216. **H. Quiring,** Permklima und Sonnentemperatur. Neues Jb. Geol. Paläontol. **1954** 322—328. — Die in den oberpermischen Restmeeren Mittel- und Westdeutschlands ausgeschiedenen Kalium- und Magnesium-Minerale setzen Bildungstemperaturen von 70—110° C voraus. Sie lassen sich nur durch eine damals um rund 430° höhere Effektivtemperatur der Sonne erklären. Nach der damaligen Solarkonstanten betrug die mittlere Oberflächentemperatur der Erde im Oberperm 23.1° C. Diese Temperatur entspricht der aus geologischen Kriterien gewonnenen. Verf.

7217. **H. Quiring,** Paläogeothermik und Sonnenentwicklung. Neues Jb. Geol. Paläontol. **1954** 485—490. — Die hohen Temperaturen der nachalgonkischen Meere lassen sich nicht durch stärkeren Zustrom an Erdwärme, sondern nur durch höhere Sonnenbestrahlung erklären. Wie für das Perm ist versucht, die Sonnentemperatur für andere geologische Zeiten zu bestimmen. Die Sonne hat danach seit dem Ende des Altalgonkiums etwa 1000° ihrer Effektivtemperatur (gegenwärtig 5714° K) verloren. Sie durchlief im Mittelalgonkium die Spektralklassen F 3 bis F 5, im Jungalgonkium F 5 bis F 7, im Paläozoikum F 7 bis F 9, im Mesozoikum F 9 bis G 0, im Känozoikum G 0 bis G 2. Das wechselnde, im Mesozoikum verlangsamte, im Känozoikum beschleunigte Schrittmaß der Abkühlung ist astrophysikalisch erklärbar. Verf.

7218. **S. K. Runcorn,** The earth's core. Trans. Amer. Geophys. Union **35** 49—78. — Ref. in RJ Astr. Geod. UdSSR Nr. **3,** 1955; Ref. Nr. 1153.

7219. **H. Shapley,** Climatic Change. Vgl. AJB **53** Ref. **7223.** — Weitere Besprechung in Amer. J. Phys. **22** 499—500 (J. G. Albright), Sky and Telescope **14** 380—381 (G. D. Hanna).

7220. The Solar System. Vol. II. The Earth as a Planet. Herausgegeben von G. P. Kuiper. Chicago, University of Chicago Press; London, Cambridge University Press; Toronto, The University of Toronto Press, 1954. 17 + 751 S. mit zahlreichen Fig. und Tafeln. Preis $ 12.50. — Besprechung in Ann d'Astrophys **18** 78—79 (M. J. Seaton), Astronautics **2** 85—86, JBAA **65** 85—86, J RAS Canada **49** 256—257, NAT **1955** 70—71, Sky and Telescope **14** 244, **15** 29—31

(W. H. Pinson jr., D. Rostoker). — Inhalt: 1. H. Spencer Jones, Dimensions and rotation, S. 1—41; 2. H. Jeffreys, Dynamics of the earth-moon system, S. 42—56; 3. E. Bullard, The interior of the earth, S. 57—137; 4. J. T. Wilson, The development and structure of the crust, S. 138—214; 5. H. U. Sverdrup, Oceanography, S. 215—257; 6. B. Mason, The geochemistry of the crust, S. 258—298; 7. H. R. Byers, The atmosphere up to 30 kilometers, S. 299—370; 8. G. E. Hutchinson, The biochemistry of the terrestrial atmosphere, S. 371—433; 9. L. Goldberg, The absorption spectrum of the atmosphere, S. 434—490; 10. F. L. Whipple, Density, pressure, and temperature data above 30 kilometers, S. 491—513; 11. J. W. Chamberlain, A. B. Meinel, Emission spectra of twilight, night sky, and aurorae, S. 514—575; 12. D. R. Bates, The physics of the upper atmosphere, S. 576—643; 13. M. Nicolet, Dynamic effects in the high atmosphere, S. 644—712; 14. C. T. Holliday, The earth as seen from outside the atmosphere, S. 713—725; 15. A. Danjon, Albedo, color, and polarization of the earth, S. 726—738. Indexes.

7221. Search for minor terrestrial satellites. JBAA **64** 322. — Ref. in Urania Kraków **26** 365. — Hinweis darauf, daß C. Tombaugh (Lowell Observatory/Flagstaff) photographisch mit einem 8''-Teleskop systematisch nach möglichen kleinen Erdsatelliten sucht. Ein solcher könnte bis 30 m (100 feet) Durchmesser haben und in Entfernungen von mindestens 16000 km (10000 miles) von der Erdoberfläche existieren. Gli.

7222. The earth's shadow. Nature **173** 475. — Ref. der in AJB **53** Ref. **7205** zitierten Arbeit von J. Dubois.

7223. The ice ages and past variations of the earth's climate. Nature **174** 172. — Ref. der in AJB **53** Ref. **7218** zitierten Arbeit von E. J. Öpik.

7224. «Satellite scare» unfounded. Sky and Telescope **14** 51.

7225. Czy Ziemia rośnie? Urania Kraków **25** 309.

7226. Does the earth have tiny moons? Vega Nr. **16/17** S. 71.

7227. «Discovery» of two minor earth moons. Vega Nr. **18/20** S. 81.

Atmosphäre

7228. **E. Bauer, T.-Y. Wu,** The cooling of a gas by radiation. Proc. Phys. Soc. (A) **67** 741—750, mit 2 Fig. — Verf. untersucht den Abkühlungsprozeß eines aus Atomen in zwei Elektronenzuständen bestehenden Gases und wendet die Ergebnisse der theoretischen Betrachtungen auf Abkühlungsvorgänge in hohen erdatmosphärischen Schichten an. Loh.

7229. **W. Benesch, M. Migeotte, L. Neven,** Sur l'abondance du monoxyde de carbone tellurique au Jungfraujoch (Suisse). J. Phys. Radium **15** 213—215, mit 2 Fig. = Inst. d'Astrophys. Univ. Liège Coll. 4° Nr. **52** = Commun. Obs. Roy. Belgique Nr. **73.** — Atmosphärisches CO konnte bisher nur in der Nähe von Industriestädten nachgewiesen werden. Untersuchungen in der Rotationsschwingungsbande des CO bei $\lambda = 4.6\ \mu$ im Sonnenspektrum bei verschiedenen Zenitdistanzen haben ergeben, daß auch über dem Jungfraujoch (3580 m) ständig CO in der Atmosphäre enthalten ist. Die reduzierte Schichtdicke betrug im Mittel 0.05 atm/cm. Große, wahrscheinlich jahreszeitliche Schwankungen der Schichtdicke wurden beobachtet. Behr

* * **R. L. F. Boyd,** Rocket research in the upper atmosphere. Vgl. Ref. **13401.**

7230. **E. T. Byram, T. A. Chubb, H. Friedman,** Dissociation in the upper atmosphere. J. Optical Soc. America **44** 353—354. — Ref. Optical Soc. America.

7231. **P. Capuano,** L'atmosfera come lente convergente. Calcolo della distanza focale. Ricerca, Riv. Mat. pure appl. 4 59—63, 1953.

7232. **R. Coutrez, L. Bossy,** Observations astronomiques et géophysiques sur les hauts sommets du Kivu. Ann. Obs. Roy. Belgique (3) **6** Fasc. 5, 118 S. mit 37 Fig.

7233. **F. Delobeau, R. Gallet,** L'amplitude anormale des effects saisonniers dans l'ionosphère équatoriale et la structure de la haute atmosphère. CR **239** 1067—1069.

* * **S. Evans,** Scale heights and pressures in the upper atmosphere from radio-echo observations of meteors. Vgl. Ref. 8217.

* * **J. Georgi,** Bemerkungen zu T. E. Aurén, studies of solar radiation 1951. Vgl. Ref. 6506.

* * **R. G. Giovanelli,** The attenuation of light by meteoric dust in the upper atmosphere. Vgl. Ref. 8219.

7234. **W. I. Goldanskij, G. B. Shdanow,** Über die Čerenkow-Strahlung der kosmischen Teilchen in der Atmosphäre. J. Exper. Theor. Phys. **26** 405—416 (russisch). — Ref. in ZfMG **56** 211.

7235. **R. M. Goody,** The Physics of the Stratosphere. London, Cambridge University Press, 1953. 187 S. Preis 21 s. — Besprechung in J. Atmosph. Terr. Phys. **5** 187—188 (A. P. Mitra).

7236. **D. H. Johnson,** Solar tides in the lower stratosphere. Nature **174** 363—364, mit 3 Fig. — Ref. in Phys. Ber. **34** 1236.

7237. **T. R. Kaiser,** A new technique in upper atmosphere research. Aus Rocket Exploration of the Upper Atmosphere 1954 = Astr. Contr. Univ. Manchester (2) Jodrell Bank Repr. Nr. **94,** 4 S. mit 2 Fig. — Vgl. Ref. 13446.

7238. **W. Liller, F. L. Whipple,** High-altitude winds by meteor-train photography. Vgl. Ref. 8233.

7239. **F. Link,** Variations temporaires et locales de la densité dans la haute atmosphère. BAC **5** 1—3 (mit russischer Zusammenfassung). — Auf Grund der Beobachtungen von Öpik und Jacchia über die Höhe von Meteoren und aus Messungen der Zenithelligkeiten während der Dämmerung wird übereinstimmend auf tägliche, jahreszeitliche und örtliche Schwankungen der Luftdichte in der Ionosphäre geschlossen. Die täglichen Schwankungen sind durch den Wechsel von Erwärmung und Abkühlung bedingt. Messungen der Zenithelligkeit sind für solche Untersuchungen sehr geeignet und erwünscht. Bo.

7240. **H. S. W. Massey,** Die Natur der höheren Atmosphärenschichten. Endeavour **13** 81—85, mit 4 Abb. — Bis vor kurzem standen für die Erforschung der höheren Atmosphärenschichten nur indirekte Methoden zur Verfügung. Durch die Entwicklung des Raketenantriebs wurde es möglich, Instrumente bis in Höhen von etwa 100 km zu senden, um direkte Messungen durchzuführen. Trotz der mit dieser Methode verbundenen Schwierigkeiten liegen bereits vielversprechende Ergebnisse vor. Die ionisierten Schichten der höheren Atmosphäre sind für die Übermittlung von Radiowellen auf große Entfernungen von technischem Interesse, auch scheinen hier Erscheinungen wie das Nordlicht und das nächtliche Leuchten der Atmosphäre ihren Ursprung zu haben. Verf.

7241. **A. Maxwell, M. Dagg,** A radio astronomical investigation of drift movements in the upper atmosphere. Phil. Mag. (7) **45** 551—569, mit 7 Fig. = Astr. Contr. Univ. Manchester (2) Jodrell Bank Repr. Nr. **96**. — Die Windverhältnisse in der Höhe der F-Schicht werden aus dem Vergleich der Registrierungen der Radiostrahlungen der beiden Strahler Cas A und Cyg A an drei räumlich getrennten Beobachtungsstationen bestimmt. An dem Zeitunterschied im Auftreten charakteristischer Intensitätsschwankungen, deren Identifizierung an allen drei Stationen möglich ist, lassen sich die Strömungsverhältnisse im Niveau der diese Fluktuationen verursachenden Elektronenwolken berechnen. Normalerweise herrschen in der ersten Nachthälfte West-, in der zweiten Ostwinde von 50—300 m/sec. Der Übergang vollzieht sich um 1^h Ortszeit oft sehr rasch. Die Strömungen erfolgen meist senkrecht zu den Kraftlinien des erdmagnetischen Feldes. Bei Beobachtungen der Cygnusquelle in unterer Kulmination durchläuft die Strahlung die F-Schicht in der Zone maximaler Polarlichthäufigkeit. Die Driftgeschwindigkeit ist hier im Mittel 360 m/sec, die Richtungsverteilung anders als in südlicheren Breiten. Die Zahl der Fadings pro Zeiteinheit ist proportional zur Driftgeschwindigkeit, was beweist, daß die räumliche Ausdehnung der Dichteschwankungen stets etwa gleich ist. Bo.

7242. **R. Michard,** L'atmosphère terrestre, source de difficultés pour l'astronome. BSAF **68** 59—64, mit 1 Fig. — Fortsetzung des Artikels in BSAF **67** 465, AJB **53** Ref. **7246**, mit Betrachtung der Absorption in der Erdatmosphäre und der Himmelshelligkeit. U. Be.

* * **H. E. Newell jr.,** Rockets and the upper atmosphere. Vgl. Ref. **13427**.

7243. **I. Ottelet, P. Ledoux,** Développements en séries de fonctions sphériques de la pression atmosphérique. Bull. Soc. Roy. Sci. Liège Nr. **1** S. 13—23, mit 2 Fig. = Inst. d'Astrophys. Univ. Liège Mém. 8° Nr. **359**.

7244. **J. Pressman,** The latitudinal and seasonal variations of the absorption of solar radiation by ozone. J. Geophys. Res. **59** 485—498, mit 23 Fig. — Verf. betrachtet sowohl ein Modell mit konstanter Ozonverteilung über der Erde, als auch ein Modell, bei dem der Ozongehalt mit der Breite variiert. Die Rechenergebnisse an beiden Modellen stimmen nahezu überein, das heißt, die Breitenvariation des Ozons ist von der 2. Ordnung; im wesentlichen wird die Ozonabsorption durch die Tageslänge und die Sonnenhöhe bestimmt. U. Be.

7245. **E. Regener,** Neues vom Ozon in der Erdatmosphäre. Naturwiss. Rundschau **7** 8—13, mit 3 Abb.

7246. **J. Rösch,** Sur l'application de l'étude de l'agitation atmosphérique par la méthode de Hartmann au choix d'un emplacement d'observatoire. CR **239** 222—224, mit 2 Fig. — Verf. berichtet über Erfahrungen mit einer an anderer Stelle beschriebenen Methode zur Prüfung der astronomischen Beobachtungsbedingungen eines Ortes. Die Methode gründet sich auf die Untersuchung der Luftunruhe mit Hilfe einer Hartmann-Blende. Kdr.

7247. **F. Schmid,** Das falsche Zodiakallicht. Orion Schaffhausen **4** 284—286. — In seiner Beurteilung des von Fessenkow, Diwari und Verf. selbst mehrmals wahrgenommenen Phenomens kommt Verf. zu dem Schluß, daß das falsche Zodiakallicht als ein besonderes Glied der Zodiakallichtforschung in die atmosphärische Optik aufzunehmen ist. Loh.

7248. **H. J. Smith, R. E. McCrosky,** Night cloud coverage in the Southwest with reference to astronomical observing conditions. AJ **59** 156—162, mit 12 Fig. = Harv Repr (2) Nr. **58**.

7249. **Z. Švestka,** The problem of a meteoritic dust layer in the earth atmosphere. BAC **5** 91—98 (mit russischer Zusammenfassung). — Verf. befaßt sich mit dem Problem der Absorption des Lichts in der Staubschicht der Erdatmosphäre auf Grund der beobachteten Erscheinungen. Er beweist, daß die Teilchen $> 1\ \mu$, wie aus der Theorie von Link hervorgeht, die Absorption nicht verursachen können. Aus der Arbeit geht weiter hervor, daß der sogenannte meteorische Staub, der von einigen Autoren gefunden wurde, irdischer Herkunft ist. Zum Schluß beweist Verf., daß die Staubteilchen kleiner Dimensionen, die als die Hauptursache der Absorption betrachtet wurden, zur Zeit der Tätigkeit der meteorischen Ströme Veränderungen der Polarisation des Himmelslichtes verursachen können. J. B.

7250. **A. Viaut,** Phénomènes optiques de l'atmosphère. Annuaire pour l'an 1955 publié par Le Bureau des Longitudes B 1—B 8, mit 5 Fig.

7251. **F. L. Whipple,** Evidence for winds in the outer atmosphere. Proc. National Acad. Sci. USA **40** 966—972, mit 2 Fig. = Harv Repr Nr. **392**.

7252. Tides in the atmosphere. J RAS Canada **48** 159—160.

7253. Tides in the atmosphere. Vega Nr. **18/20** S. 79.

* * Rocket Exploration of the Upper Atmosphere. Herausgegeben von R. L. F. Boyd, M. J. Seaton, H. S. W. Massey. Vgl. Ref. **13446**.

Dämmerungserscheinungen

7254. **D. R. Barber,** Note on the seasonal variation of sodium D-line emission in twilight. J. Atmosph. Terr. Phys. **5** 347—348. — Messungen der unpolarisierten Strahlung bei 5893 Å im Dämmerungslicht in einer effektiven Höhe von 30—65 km ergaben Intensitätsminima im Frühling und Herbst, ein starkes Maximum im Dezember und ein schwaches im Juli. Diese jahreszeitliche Variation unterscheidet sich wesentlich von der von Bricard und Kastler gefundenen. Zur Aufklärung der Diskrepanz sind weitere umfangreiche Messungen erforderlich. Bru.

7255. **G. Cario, U. Stille,** Kritische Bemerkungen zur Höhenbestimmung des Natrium-Dämmerungsleuchtens. Z. Physik **138** 372—380. — Ref. in Phys. Abstracts (A) **57** 1352.

7256. **M. Costello, H. Serson, R. Montalbetti, W. Petrie,** The occurrence of ionised nitrogen bands in the twilight spectrum. Canad. J. Phys. **32** 562. — Ref. in Phys. Abstracts (A) **57** 1352, Phys. Ber. **34** 1577, RJ Astr. Geod. UdSSR Nr. **7**, 1955; Ref. Nr. 2898.

7257. **Y. Le Grand, J. Lenoble,** Couleur du ciel crépusculaire au zénith. CR **238** 2435—2437, mit 1 Fig.

7258. **D. M. Hunten,** A study of sodium in twilight. I. Theory. J. Atmosph. Terr. Phys. **5** 44—56, mit 8 Fig. — Freies Natrium wird in Höhen von über 80 km gefunden. Die Ionisation durch die Sonnenstrahlung zeigt einen Tages- und Jahresgang. U. Be.

7259. **D. M. Hunten, G. G. Shepherd,** A study of sodium in twilight. II. Observations on the distribution. J. Atmosph. Terr. Phys. **5** 57—62, mit 3 Fig. — Die Beobachtungen der Natrium D-Linie ergeben für das Maximum des freien Natriums eine Höhe von 85 km; es fällt möglicherweise mit dem Übergangsgebiet des molekularen zum atomaren Sauerstoff zusammen. U. Be.

7260. **P.-N. Mayaud, R. Robley,** L'émission crépusculaire du sodium dans l'hémisphère austral. Ann. Géophys. **10** 258—261, mit 3 Fig. — Verf. teilen die Ergebnisse ihrer Messungen der Natrium D-Linie des Dämmerungsleuchtens auf der südlichen Polarstation Terre Adélie mit. Eine jährliche Variation scheint auch hier angedeutet zu sein. Henn

7261. **R. Robley,** Remarques sur l'altitude de la couche de sodium responsable de l'émission crépusculaire. Ann. Géophys. **10** 41—46, mit 4 Fig. — Ref. in Phys. Abstracts (A) **57** 1248, Phys. Ber. **33** 1639.

Extinktion

7262. **D. P. Avigliano,** Seeing conditions on Mt. Wilson. Vega Nr. **14/15** S. 60.

* * **R. Coutrez, L. Bossy,** Observations astronomiques et géophysiques sur les hauts sommets du Kivu. Vgl. Ref. **7232**.

7263. **H. Elsässer,** Extinktionsmessungen am Jungfraujoch. ZfA **35** 36—42, mit 2 Abb. = Mitt. Astr. Inst. Univ. Tübingen Nr. **15**. — Die Beträge der Zenitextinktion für drei Wellenlängen, abgeleitet aus lichtelektrischen Messungen an der Hochalpinen Forschungsstation Jungfraujoch (3600 m), werden mitgeteilt. Der Vergleich mit einer Rayleigh-Atmosphäre ergibt für die meisten der Beobachtungsnächte eine geringe Dunstabsorption, die bei der Darstellung durch den Ansatz $k_D(\lambda) = \beta \cdot \lambda^{-\alpha}$ für einen Teil der Nächte auf ein mittleres $\alpha = 1.3$, für den Rest auf ein mittleres $\alpha = -1.0$ führt. Die beobachteten Trübungskoeffizienten β liegen zwischen 0.00 und 0.03. Verf.

7264. **C. Friedemann,** Atmosphärische Extinktion und meteorologische Elemente. Sterne **30** 54—59, mit 5 Abb. — Es werden mehrere Leipziger Beobachtungsreihen ausgewertet, in denen die Helligkeit eines horizontnahen Sternes durch Stufenschätzung mit einem Zenitstern verglichen wurde (Spiegelmethode von Hoffmeister). Eine Tabelle zeigt die Abhängigkeit des mittleren Transmissionskoeffizienten von den Luftmassen derart, daß eine aus dem Polargebiet stammende Luftmasse erheblich durchsichtiger ist als feuchte Tropikluft. Demgegenüber bleibt der Einfluß des Staub- und Feuchtigkeitsgehaltes der bodennahen Luftschichten von sekundärer Bedeutung. Gli.

7265. **K. Kantus,** Untersuchungen über den optisch-meteorologischen Reinheitsgrad der Atmosphäre in Südafrika. Phys. Verhandlungen **5** 142. — Ref. AG.

7266. **E. S. Kusnezow,** Über die Absorption der Sonnenstrahlung durch die Erdatmosphäre. Publ. Geophys. Inst. Akad. Wiss. UdSSR Nr. **23** S. 26—64 (russisch). — Ref. in RJ Astr. Geod. UdSSR Nr. **11**, 1955; Ref. Nr. 4934.

7267. **F. Volz,** Wellenlängenabhängigkeit von Extinktion und Streufunktion. Phys. Verhandlungen **5** 141. — Ref. AG.

7268. **O. P. Wassiljanowskaja,** Untersuchung der Methoden zur Berücksichtigung der Durchsichtigkeit der Atmosphäre bei astrophotometrischen Beobachtungen am Tage. Leningrad, Astr. Hauptobs., 1954 (russisch). — Dissertationsreferat.

Himmelshelligkeit

7269. **D. R. Bates, A. Dalgarno,** Theoretical considerations regarding the dayglow. J. Atmosph. Terr. Phys. **5** 329—344. — Ref. in Phys. Ber. **34** 1402—1403.

7270. **S. Chandrasekhar, D. D. Elbert,** The illumination and polarisation of the sunlit sky on Rayleigh scattering. Trans. American Phil. Soc. (NS) **44** 643—728. — Ref. in J RAS Canada **49** 164, Proc. Phys. Soc. (B) **68** 693 (H. H. Hopkins), Math. Rev. **16** 628.

7271. **J. M. Chapman,** Sky polarization as an index of atmospheric haze. J. Optical Soc. America **44** 354. — Ref. Optical Soc. America.

* * **A. Corman, J. F. Bedinger,** Rocket-borne photometer measures sky light. Vgl. Ref. 2209.

7272. **R. G. Hopkinson,** Measurements of sky luminance distribution at Stockholm. J. Optical Soc. America **44** 455—459, mit 11 Fig. — Die Helligkeit des klaren und bewölkten Tageshimmels in Stockholm wurde an einigen Tagen gemessen, und die Ergebnisse mit anderen Orten auf der Nordhalbkugel verglichen. Die Übereinstimmung mit einer einfachen Theorie von Pokrowski ist gut. Behr

7273. **J. Lenoble,** Remarque sur le rôle des diffusions multiples dans la luminance du ciel. CR **239** 409—411.

7274. **J. Lenoble,** Contribution à l'étude du rayonnement ultraviolet solaire, de sa diffusion dans l'atmosphère et de sa pénétration dans la mer. I. Ann. Géophys. **10** 117—147, mit 13 Fig. — Für die Strahlung des Taghimmels, deren Ursache in einer diffusen Streuung des Sonnenlichts an Luftmolekülen und Airosolen liegt, wird ein theoretisch möglicher Ansatz aufgestellt. Die von Hammad, King und Chandrasekhar vorgeschlagenen Lösungsmethoden sowie die von diesen benutzten vereinfachenden Modellannahmen über die Atmosphäre werden eingehend diskutiert. Die ultraviolette Strahlung des Himmels in verschiedenen Richtungen wird mit Hilfe eines Iterationsverfahrens berechnet. Der Einfluß von homogenen Wolkenschichten wird kurz betrachtet. Henn

7275. **J. Lenoble,** Contribution à l'étude du rayonnement ultraviolet solaire, de sa diffusion dans l'atmosphère et de sa pénétration dans la mer. II. III. Ann. Géophys. **10** 187—225, mit 16 Fig. — Nach der in einer früheren Arbeit (vgl. Ann. Géophys. 8 65) beschriebenen Methode wird das ultraviolette Himmelslicht im Zenit von Paris gemessen. Die Ergebnisse für einen klaren Himmel sind in befriedigender Übereinstimmung mit den theoretisch gewonnenen (vgl. vorstehendes Ref.). Die Messungen zeigen auch den recht bedeutenden Einfluß von Wolken und in der Umgebung von Paris den sehr wesentlichen Einfluß von Nebel. Im dritten Teil der Arbeit wird das Eindringen des ultravioletten Lichtes in das Meer näher untersucht. Henn

Ionosphäre

7276. **E. V. Appleton, W. R. Piggott,** Ionospheric absorption measurements during a sunspot cycle. J. Atmosph. Terr. Phys. **5** 141—172, mit 16 Fig. — Ausführliche Bearbeitung der Messungen der ionosphärischen Absorption der Jahre 1935—1952 in Abhängigkeit von der benutzten Wellenlänge, der Zenitdistanz der Sonne und der Sonnenfleckenrelativzahlen. U. Be.

7277. **E.-J. Blum, J.-F. Denisse, J.-L. Steinberg,** Influence de l'ionosphère sur la réception du rayonnement galactique de fréquence 29.5 Mc/s. CR **238** 1695—1697, mit 3 Fig. — Es wird gezeigt, daß die bei 29.5 MHz empfangene galaktische Strahlung durch die Ionosphäre eine Minderung erfährt. Die Minderung muß teils der F 2-, teils der D-Schicht zugeschrieben werden. Verf. (übersetzt)

7278. **B. H. Briggs, M. Spencer,** Horizontal movements in the ionosphere. Rep. Progr. Phys. **17** 245—280, mit 21 Fig. — Ref. in Phys. Abstracts (A) **57** 788.

7279. **S. B. Brown, W. Petrie,** The effect of sunrise on the reflection height of low frequency waves. Canad. J. Phys. **32** 90—98. — Ref. in Phys. Ber. **33** 2214.

7280. **S. Chapman,** A monochromatically ionized layer in a non-uniformly recombinant atmosphere; with applications to the D and E ionospheric regions. Proc. Phys. Soc. (B) **67** 717—727, mit 5 Fig.

7281. **B. Chatterjee,** Regularities in the F-region of the ionosphere. Nature **173** 263—264, mit 2 Fig. — Ref. in Phys. Abstracts (A) **57** 789, Phys. Ber. **33** 2508—2509.

* * **A. Chvojková, F. Link,** Echos lunaires sur 20 MHz et structure de l'ionosphère. Vgl. Ref. **7305**.

7282. **E. Chvojková,** Voraussage der kritischen Frequenz der F-Schicht. BAC **5** 24.

7283. **E. Chvojková,** Über den Weltumlauf der Radiostrahlen. (Refraktion der Kurzwellen in nichtparabolischer Schicht). BAC **5** 104—111, mit 5 Fig. (mit russischer Zusammenfassung).

* * **G. Elwert,** Die weiche Röntgenstrahlung der ungestörten Sonnenkorona. Vgl. Ref. **6708**.

7284. **F. F. Gardner,** Ionospheric thermal radiation at radio frequencies. II. Further observations. J. Atmosph. Terr. Phys. **5** 298—315, mit 11 Fig. = Commonwealth Sci. Industrial Res. Organization, Australia, Division Radiophys. — Ref. in Phys. Ber. **34** 1403.

7285. **N. C. Gerson,** Energy and duration of a sudden ionospheric disturbance. Geofis. pura appl. **27** 156—158. — Durchgeführt wurde eine Untersuchung über den maximalen Energiebetrag, der bei einer sprunghaften ionosphärischen Störung bis auf eine Tiefe von 80 km herab durch die Atmosphäre absorbiert werden dürfte. Wenn man annimmt, daß die Ionisation durch die Lyman α-Strahlung von der Sonne her bewirkt wird, und daß der ganze vorhandene Sauerstoff ionisiert wird, dann ist die von der sonnenbestrahlten Hemisphäre absorbierte Energie 5.65×10^{27} erg. Verf.

7286. **A. Kimpara,** S. I. D. phenomena on November 22, 1952. Rep. Ionosphere Res. Japan **7** 158, 1953. — Ref. in RJ Astr. Geod. UdSSR Nr. 7, 1955; Ref. Nr. 2881.

7287. **I. Lucas, A. Schlüter,** Plasmatheorie der Ionosphäre. Archiv elektr. Übertragung **8** 27—30.

7288. **I. Lucas,** Durchgang einer ebenen aerodynamischen Welle von halbtägiger Schwingungsdauer durch eine ebene Modell-Ionosphäre im homogenen Magnetfeld. Archiv elektr. Übertragung **8** 91—95, mit 3 Abb.

* * **L. A. Manning, A. M. Peterson, O. G. Villard jr.,** Ionospheric wind analysis by meteoric echo techniques. Vgl. Ref. **8239**.

7289. **A. Maxwell,** Turbulence in the upper ionosphere. Phil. Mag. (7) **45** 1247—1254, mit 1 Fig. = Astr. Contr. Univ. Manchester (2) Jodrell Bank Repr. Nr. **105**. — Aus verschiedenen Beobachtungsergebnissen kann mit ziemlicher Gewißheit auf das Vorhandensein von Turbulenz in der oberen F-Schicht geschlossen werden. Das Ausbleiben der Szintillation der Radiosterne während des Tages könnte dann besser als mit dem Ionisationsmechanismus durch den Zuwachs von interstellarer Materie erklärt werden; der Effekt käme dann durch Verhinderung der Turbulenz infolge des höheren Temperaturgradienten, der niedereren Strömungsgeschwindigkeiten oder einer Erhöhung der kinematischen Viskosität zustande. T. L.

7290. **S. N. Mitra, S. C. Mazumdar,** Effect of solar activity on ionosphere and earth's magnetic field. Indian J. Phys. **28** 563—580. — Ref. in Phys. Abstracts (A) **58** 855—856.

* * **W. A. S. Murray, J. K. Hargreaves,** Lunar radio echoes and the Faraday effect in the ionosphere. Vgl. Ref. **7311**.

7291. **R. Naismith,** A subsidiary layer in the E region of the ionosphere. J. Atmosph. Terr. Phys. **5** 73—82, mit 6 Fig. — Verf. glaubt, die bei seinen Untersuchungen mit Hilfe von Echolotungen der Ionosphäre festgestellten Streuechos aus 90—100 km Höhe einer «Meteor» E-Schicht zuschreiben zu können. Die Ionisation in dieser Schicht soll durch die sporadisch einfallenden Meteore bewirkt sein. Henn

7292. **L. Neužil,** Fluctuations de courte durée de la fréquence critique de la couche sporadique Es. BAC **5** 79—82, mit 3 Fig. (mit russischer Zusammenfassung).

7293. **S. Rangarajan,** The sporadic E layer at Kodaikanal. J. Geophys. Res. **59** 239—246, mit 4 Fig. = Sonderdruck Kodaikanal Obs.

7294. **K. Rawer,** Die Ionosphäre. Ihre Bedeutung für Geophysik und Radioverkehr. Vgl. AJB **52** Ref. **7289**. — Weitere Besprechung in Scientia **89** 35 (C. Morelli).

7295. **K. Rawer, E. Argence,** Origin of the ionospheric E layer. Phys. Rev. (2) **94** 253—256, mit 5 Fig. — Verf. führen einen Vergleich der verschiedenen Theorien zur Bildung der ionosphärischen E-Schicht durch. Als Ursache für die Ionisation kommt entweder die ultraviolette Sonnenstrahlung um 1000 Å oder die weiche Röntgenstrahlung (50—200 Å) in Frage. Für das Modell der O_2-Dissoziation von Penndorf ergibt sich für die E-Schicht eine zu geringe Dicke, und für die Höhe findet man auch einen kleineren Wert, als er aus Radio-Messungen folgt. Eine bessere Übereinstimmung mit den Beobachtungen zeigt das von Moses und Wu entwickelte Modell. Benutzt man die von Elwert berechnete Intensität der weichen Röntgenstrahlung der Sonnenkorona (vgl. AJB **52** Ref. **6706**), so ergibt sich eine ionisierte Schicht, die den Beobachtungen gut entspricht. Henn

7296. **O. E. H. Rydbeck, H. Wilhelmsson,** A theoretical investigation of the ionospheric electron density variation during a solar eclipse. Chalmers Tekn. Högsk. Handl. Nr. **149**, 22 S. — Ref. in Phys. Abstracts (A) **58** 427.

7297. **J. C. Seddon,** Electron densities in the ionosphere. J. Geophys. Res. **59** 463—466, mit 4 Fig. — Eine Beobachtung des Verf. (J. Geophys. Res. **58** 323—335), die eine scharfe Abnahme der Elektronendichte in 145 km Höhe ergab, wird neu gedeutet und erbringt nun eine Übereinstimmung mit anderen Beobachtungen. U. Be.

7298. **J. C. Seddon, A. D. Pickar, J. E. Jackson,** Continuous electron density measurements up to 200 km. J. Geophys. Res. **59** 513—524, mit 9 Fig. — Die Auswertung eines Raketenaufstiegs bis 219 km Höhe ergibt für das Maximum der F_2-Schicht (extrapoliert auf 288 km) eine Elektronendichte von 2.9×10^5 Elektronen/cm^3. U. Be.

7299. **T. Shimazaki,** The effect of the solar tides and the temperature change on the daily variation in electron density and height of the F_2-layer. J. Geomagn. Geoelect. **6** 68—82. — Ref. in Phys. Abstracts (A) **58** 540—541.

72100. **A. L. Stewart,** Recombination in the F-layers. Nature **173** 165. — Ref. in Phys. Abstracts (A) **57** 464.

72101. **Beobachtungen der Ionosphäre**
Indian J. Meteorol. Geophys. **5** 195—197. Kodaikanal solar, geomagnetic and ionospheric data October—December 1953. A. K. Das. — Ref. in RJ Astr. Geod. UdSSR Nr. 7, 1955; Ref. Nr. 2885.
Service de Prévision Ionosphérique Militaire. SPIM — O — 79 F bis 90 F. Observations ionosphériques. — Station Freiburg i. Br. Messungen von 1953 Jan.—Dez.
SPIM 1953, 1954. — Beobachtungen in Kerguelen, Dakar, Freiburg, Tananarive, Nha-Trang, Djibouti.
Veröff. Fraunhofer-Inst. Freiburg. Sonnen-Zirkular 1953 Okt.—1954 Sept. 148 S. mit Abb.

Leuchtende Nachtwolken

72102. **W. A. Bronstein,** Über die Bildung der leuchtenden Nachtwolken. Astr Circ UdSSR Nr. 150 S. 16—17 (russisch).

72103. **O. W. Deminew,** Einige Ergebnisse der Untersuchung leuchtender Nachtwolken. Publ. Astr. Obs. Stalinabad **4** 145—150 (russisch).

72104. **N. I. Grischin,** Über die Struktur der leuchtenden Nachtwolken. Astr Circ UdSSR Nr. 147 S. 20—24 (russisch).

72105. **N. I. Grischin,** Die meteorologischen Bedingungen beim Auftreten leuchtender Nachtwolken. Publ. Astr. Obs. Stalinabad **4** 134—144, mit 6 Abb. (russisch).

72106. **A. Pacholczyk,** Świecące obłoki nocne. Urania Kraków **25** 281—284, mit 1 Fig.

72107. **G. Schindler,** Leuchtende Nachtwolken am 30. Juni 1953. Ann. Meteorologie **6** 125—126. — Hinweis auf Beobachtung dieser Nachthimmelwolken durch verschiedene Beobachter. U. Be.

72108. **W. G. Teufel,** Leuchtende Nachtwolken 1954. Astr Circ UdSSR Nr. 154 S. 16—17 (russisch).

72109. **W. F. Tschistjakow, W. G. Teufel,** Über die scheinbare Grenze der leuchtenden Nachtwolken. Astr Circ UdSSR Nr. 145 S. 15—17 (russisch).

72110. Natura świecących obłoków nocnych. Urania Kraków **25** 376—377. — Aus Astr Circ UdSSR Nr. 150 S. 16.

Licht des Nachthimmels

72111. **P. S. Amand, H. B. Pettit,** A comment on a four year study of the [OI] 5577 in the night glow. Ann d'Astrophys **17** 427—428, mit 1 Fig. — Erläuterung einer mißverständlich formulierten Stelle einer in AJB **53** Ref. 72119 angeführten Arbeit. Kdr.

72112. **E. V. Ashburn,** The effect of Rayleigh scattering and ground reflection upon the determination of the height of the night airglow. J. Atmosph. Terr. Phys. **5** 83—91, mit 2 Fig. — Verf. untersucht den Einfluß der atmosphärischen Streuung und der Reflexion am Erdboden auf die Bestimmung der Höhe des Nachthimmellichts. Die numerischen Rechnungen werden für verschiedene Extinktionskoeffizienten (0.01, 0.05, 0.10, 0.15, 0.25, 1.00) durchgeführt. Henn

72113. **E. V. Ashburn,** The effect of atmospheric scattering and ground reflection upon the determination of the height of the night airglow. J. Geophys. Res. **59** 67—70. — Die Chandrasekharsche Theorie des Strahlungstransports wurde zur Berechnung des Einflusses der atmosphärischen

Streuung und der Bodenreflexion auf die Bestimmung der Höhe des Nachthimmellichts bei einem Extinktionskoeffizienten von 0.15 benutzt. Es wurde festgestellt, daß die atmosphärische Streuung ein wichtiger Faktor ist, daß aber die Bodenreflexion nicht von Bedeutung ist, ausgenommen bei hoher Albedo (Schneedecke). Verf. (übersetzt)

72114. **D. Barbier,** Etude photométrique de la région bleue de la lumière du ciel nocturne. Ann d'Astrophys **17** 97—103, mit 5 Fig. — Analog zur entsprechenden Untersuchung im Ultravioletten (vgl. AJB **53** Ref. **7299**) wurde das Nachthimmellicht im Blauen photometriert. Wie die ultraviolette Strahlung wird auch die blaue Strahlung in 200 km Höhe emittiert. Die täglichen und jährlichen Schwankungen der Strahlung in beiden Gebieten sowie die der Herzberg-Banden und der grünen Linie verlaufen weitgehend parallel; und zwar ist die Korrelation zwischen Blau und Ultraviolett während einer Beobachtungsperiode sogar enger als die zwischen den Ultraviolett-Werten verschiedener Perioden. Kdr.

72115. **D. Barbier,** Résultats d'observations photométriques de la lumière du ciel nocturne. CR **238** 770—772 = Contr. Inst. d'Astrophys. Paris (A) Nr. **163.** — Vorläufige Beschreibung der Ergebnisse mit einem neuen Nachthimmelphotometer am Observatoire de Haute-Provence. Beobachtet wurden: Gruppe A: λ 5577 Å, Kontinuum, Herzberg-Banden, blaue Emission; Gruppe B: OH-Banden, Natrium D-Linien, rote Sauerstofflinien. Die Intensität der einzelnen Emissionen ist innerhalb einer Gruppe im Laufe einer Nacht eng korreliert. Variationen in einer noch kurzen Beobachtungszeit werden beschrieben. Behr

72116. **P. Berthier,** Corrélation entre l'intensité du doublet du sodium et l'intensité de la bande (6.1) de OH pendant la nuit. CR **238** 263—264. — Eine Untersuchung von Aufnahmen in sechs Nächten im September und November 1952 zeigt, daß die Intensitätsschwankungen der Na-Emissionen und der OH-Banden bei 6470 Å innerhalb der Meßgenauigkeit quasi identisch sind. Verf. (übersetzt)

72117. **H. P. Broida, A. G. Gaydon,** The Herzberg bands of O_2 in an oxygen afterglow and in the night-sky spectrum. Proc. Roy. Soc. (A) **222** 181—195, mit 1 Fig. und 1 Tafel. — Das Glimmlicht von strömendem Sauerstoff bei 2 mm Druck emittiert das ${}^3\Sigma_u^+ - {}^3\Sigma_g^-$-System des O_2. Ein Vergleich mit dem Nachthimmelspektrum zeigt, daß die Herzberg-Banden in ihm auftreten, jedoch einige dieser Banden nicht zu dem oben erwähnten O_2-System gehören. Die relativen Bandenintensitäten werden diskutiert. Das Glimmlichtspektrum zeigt weiterhin die grüne Nordlichtlinie sowie die «atmosphärische» O_2-Bande bei 7593 Å. Einige schwache Banden im blauen Gebiet gehören wahrscheinlich zum Interkombinationssystem ${}^3\Sigma_u^+ - {}^1\Sigma_g^-$ des O_2. Labs

72118. **J. W. Chamberlain,** On the presence of oxygen bands in the ultraviolet airglow spectrum. AJ **59** 183—184. — Ref. AAS.

72119. **J. W. Chamberlain,** The formation of atmospheric O_2 emission in the airglow. ApJ **119** 328—333, mit 2 Fig. — Die Vermutung von Bates, daß die im Nachthimmelspektrum beobachtete O_2-Emission im Ultraroten durch Absorption der 0-0-Bande und nachfolgender Emission der 0-1-Bande des $b^1\Sigma_g^+ \rightarrow \chi\,{}^3\Sigma_g^-$-Systems zustande kommen mag, wird quantitativ geprüft. Lösung einer angenäherten Gleichung für den Strahlungstransport und ihre Anwendung auf eine Modellatmosphäre zeigt, daß der genannte Fluoreszenzmechanismus etwa 75% der beobachteten Strahlung aus einer ca. 50 km hohen Schicht zu liefern vermag, wenn keine Entleerung des oberen Zustandes durch Stöße stattfindet. Die beobachtete geringe Rotationstemperatur der 0-1-Bande wird auf Entleerung durch Stöße zurückgeführt und stellt daher keine kinetische Temperatur dar. Micz.

72120. **J. W. Chamberlain,** Sur la structure de rotation des bandes ultraviolettes du ciel nocturne. CR **238** 1329—1331, mit 1 Fig. — Nachthimmelspektren hoher Auflösung zeigen, daß die meisten der ultravioletten Rotationsbanden zum Herzbergsystem des O_2 gehören ($\nu' = 0$ ist in diesem Gebiet ziemlich schwach). Labs

72121. **J. Dufay, M.-L. Tcheng,** Sur l'altitude d'émission de la raie verte du ciel nocturne. Ann. Géophys. **10** 1—8, mit 2 Fig. = Publ. Obs. Haute-Provence **2** Nr. 69. — Die bisherigen Resultate der Verf. aus den Untersuchungen über die Höhe des Emissionsgebietes der grünen Nachthimmellinie (103 km) müssen wegen unvollkommener Kalibrierung der Meßanordnung korrigiert werden. Die neuen Werte (200 km) sind in Übereinstimmung mit den Resultaten von Barbier, Dufay und Williams (215 km) und Roach und Pettit (250 km) und neuen Beobachtungen der Verf. (250 km). In Widerspruch dazu stehen noch die Beobachtungen von Roach und Barbier (110 km). Behr

72122. **M. Dufay,** Le spectre du ciel nocturne de 3380 à 4200 Å. CR **239** 533—535. — Beobachtung der Herzberg-Banden des O_2, der in Intensität veränderlichen N_2^+-Banden und einiger noch unbekannter Banden, die vermutlich dem Herzberg-Spektrum $^1\Sigma_u^- \to {}^3\Sigma_g^-$ zugehören. Die Abschwächung der Emissionsbanden in den Monaten März und April läßt die Fraunhofer-Linien stärker hervortreten. Loh.

72123. **Z. Horský, F. Link,** Výpocet jasu sodikové vrstvy. Časop. Českosl. ústavů astr. **4** Nr. 2 S. 24. — Ref. in RJ Astr. Geod. UdSSR Nr. **5**, 1955; Ref. Nr. 2003.

72124. **W. I. Krassowskij,** Infra-red radiation of the night sky. Fortschritte Phys. Wiss. **54** 469—494 (russisch). — Ref. in Phys. Abstracts (A) **58** 857.

72125. **J. Lenoble,** Note on the luminosity of the night sky. Cahiers Physique Nr. **49** S. 67—68 (französisch). — Ref. in Phys. Abstracts (A) **57 1114.**

72126. **E. Manring, P. S. Amand, H. B. Pettit, F. E. Roach, D. R. Williams, R. G. Weldon,** Simultaneous observations of nightglow 5577 at two stations. Ann d'Astrophys **17** 186—196, mit 5 Fig. — Verf. haben zusätzlich zu den in Ann d'Astrophys **17** 172 (vgl. Ref. **72134**) mitgeteilten Messungen weitere Registrierungen der Intensität der [OI]-Linie λ 5577 an zwei, 1160 km voneinander entfernten Orten im Südwesten der USA in vier Nächten des Oktober 1953 erhalten. Die früher vermutete Abhängigkeit der Intensität von der Ortszeit wird bestätigt; das Maximum tritt etwa 2^h vor Mitternacht ein. Die zyklische Variation wird von sporadischen Fluktuationen der Intensität überlagert. Micz.

72127. **M. Ogawa,** On the origin of sodium D-lines in the night-glow and twilight flash. Sci. of Light (Tokyo) **3** 47—61. — Ref. in Phys. Abstracts (A) **58** 183.

72128. **N. J. Oliver,** Recent advances in night airglow and auroral spectroscopy. J. Optical Soc. America **44** 506. — Ref. Optical Soc. America.

72129. **A. L. Oscherowitsch, S. F. Rodionow,** Über das Licht des Nachthimmels im Gebiet von 1—3 Mikron. DAN **96** 1159—1160, mit 2 Abb. (russisch). — Ref. in RJ Astr. Geod. UdSSR Nr. **5**, 1955; Ref. Nr. 2001.

72130. **E. N. Pawlowa, S. F. Rodionow, E. D. Scholochowa,** Die Energieverteilung im Spektrum des Nachthimmellichts. DAN **98** 769—771, mit 1 Abb. (russisch). — Die spektrale Energieverteilung des Nachthimmellichts ist von 3000 bis 9000 Å diskreter, von 9000 bis 11000 Å praktisch kontinuierlicher Natur. Im gesamten Spektralbereich nimmt die Intensität der Strahlung mit der Wellenlänge zu. Loh.

72131. **H. B. Pettit, F. E. Roach, P. S. Amand, D. R. Williams,** A comprehensive study of atomic emissions in the nightglow. Ann. Géophys. **10** 326—347, mit 13 Fig. — Beobachtungen der Emissionslinien des Nachthimmels bei λλ 5577, 5893, 6300 Å im Zeitraum von November 1948 bis März 1954 in Cactus Peak, California, zeigen, daß die täglichen und jahreszeitlichen Veränderungen der Intensitäten in guter Übereinstimmung mit früheren Ergebnissen sind. Ein Vergleich mit Messungen in Haute Provence wird durchgeführt. Die mittleren Intensitäten der einzelnen Linienbeobachtungen und der Sonnenfleckenzyklus während der Beobachtungsperiode lassen keinerlei Zusammenhang erkennen. Henn

72132. **S. B. Pikelner, K. K. Tschuwajew,** Über den Leuchtmechanismus des Nachthimmels im kontinuierlichen Spektrum. Mitt. Astrophys. Obs. Krim **11** 178—184, mit 2 Abb. (russisch). — Es wird gezeigt, daß die Rekombination von Elektronen und neutralen Sauerstoffatomen die beobachtete Strahlung etwa zu erklären vermag, während es durch die Bildung anderer negativer Ionen nicht der Fall ist. Auf noch bestehende Deutungsschwierigkeiten wird hingewiesen. Loh.

72133. **S. B. Pikelner,** Der Elektronenstoß als einer der möglichen Anregungsmechanismen des Leuchtens der roten Linie des Nachthimmels. Mitt. Astrophys. Obs. Krim **11** 185—188 (russisch). — Es wird gezeigt, daß bei einer kinetischen Temperatur der F-Schicht bei Nacht von 1300—1500° die Anregung durch Elektronenstoß das beobachtete Leuchten in der roten Nachthimmellinie erklären kann. Verf. (übersetzt)

72134. **F. E. Roach, D. R. Williams, P. S. Amand, H. B. Pettit, R. G. Weldon,** Simultaneous observations of nightglow 5577 at two stations. Ann d'Astrophys **17** 172—185, mit 10 Fig. — In einer Nacht im August 1953 wurden lichtelektrisch und gleichzeitig Registrierungen der Intensität der [OI]-Linie λ 5577 des Nachthimmels von Sacramento Peak, New Mexiko, und Cactus Peak, Kalifornien, ausgeführt. Die Entfernung beider Stationen beträgt 1160 km. Die Intensitätsänderungen der Emission sind an beiden Orten in ähnlicher Weise von der Ortszeit abhängig. Die Messungen weisen darauf hin, daß die emittierende Schicht nicht überall gleich stark leuchtet und gleiche Höhe besitzt. Micz.

72135. **F. E. Roach,** Diurnal and seasonal variation of the airglow. Proc. National Acad. Sci. USA **40** 950—956, mit 5 Fig. — Es wird über Messungen der Intensität der drei Linien des Nachthimmelspektrums λ 5577 und 5893 des OI sowie λ 6300 des NaI berichtet (Beobachtungsort: Cactus Peak, Cal.). Für die beiden ersten Linien wird ein Maximum in den Mitternachtsstunden gefunden, während die Na-Linie zu Beginn der Nacht am intensivsten ist, dann stark abfällt und in den Morgenstunden zuweilen wieder ein Maximum erreicht. Die Intensität ist eine Funktion der Ortszeit. Hinsichtlich der jährlichen Variation ergibt sich in allen drei Fällen im Winter maximale Intensität, doch ist die Amplitude der Schwankungen verschieden. Am größten ist sie für λ 6300, die im Winter etwa dreimal so hell ist wie im Sommer, am kleinsten für λ 5577. Ferner wird eine jährliche Verlagerung des Punktes größter Intensität festgestellt. Dieser Punkt wandert im Frühling südwärts, im Herbst nordwärts. Kdr.

72136. **S. F. Rodionow, E. N. Pawlowa, E. D. Scholochowa, L. M. Fischkowa,** Der jährliche Gang der Infrarotstrahlung des Nachthimmels. DAN **98** 957—960, mit 4 Abb. (russisch). — Seit 1948 wurde auf dem Elbrus das Licht des Nachthimmels zwischen 9000 und 11000 Å mit einem Vervielfacherphotometer photometriert. Infrarothelligkeit und Fleckenrelativzahl verhalten sich gleichsinnig. Loh.

72137. **A. Strzałkowski,** Świecenie nocnego nieba związane z efektem Czerenkowa. Postępy Astr. **2** 37—39. — Die vorliegende Notiz über das Leuchten des Nachthimmels in Verbindung mit dem Tscherenkow-Effekt ist ein

Referat der in AJB 53 Ref. 72108 zitierten Arbeit von Galbraith und Jelley und einer weiteren derselben Autoren in Phil. Mag. 44 619, 1953. Loh.

72138. **P. Swings,** Réflexions sur une théorie corpusculaire de l'émission du ciel nocturne. Scientia 89 5—12 = Inst. d'Astrophys. Univ. Liège Mém. 8° Nr. 358. — Ref. in Phys. Abstracts (A) 57 666.

Polarlicht

72139. **V. Agy,** The location of the auroral absorption zone. J. Geophys. Res. 59 267—272, mit 7 Fig. — Am 90° W-Meridian befindet sich knapp nördlich der Nordlichtzone ein Gebiet geringer Absorption und extrem hoher E_s-Häufigkeit. Das Zentrum der «Nordlichtabsorptionszone» fällt mit dem Zentrum der visuellen Nordlichtzone zusammen. Für Kurzwellenverbindungen über die Nordlichtzone hinweg werden Relaisstationen unterhalb ihres Zentrums empfohlen. Bru.

72140. **W. H. Bennett, E. O. Hulburt,** Magnetic self-focussed solar ion streams as the cause of aurorae. J. Atmosph. Terr. Phys. 5 211—218. — Es wird angenommen, daß die Sonne elektrisch neutrale Partikelstrahlen emittiert, welche aus schnellen Elektronen und schnellen Protonen bestehen. Die Sonnenatmosphäre und die Materie zwischen Sonne und Erde soll völlig ionisiert und elektrisch neutral sein. Durch Wechselwirkung des Strahls mit seiner Umgebung werden die schnellen Elektronen ausgeschieden, der Strahl wird zum elektrischen Strom, dessen Magnetfeld seine Fokussierung bewirkt. Sein Öffnungswinkel wächst mit der resultierenden Stromstärke und verkleinert sich mit wachsender Protonengeschwindigkeit. Der Mechanismus der Nordlichtanregung durch die eintreffenden Partikel kann nicht geklärt werden. Bru.

72141. **W. H. Bennett,** Mapping particle paths in earth's magnetic field. Phys. Rev. (2) 94 796. — Ref. Am. Phys. Soc.

72142. **W. H. Bennett, E. O. Hulburt,** Theory of the aurora based on magnetic self-focussing of solar ion streams. Phys. Rev. (2) 95 315—319. — Verf. postulieren, daß magnetische Stürme und das Nordlicht von einem solaren Korpuskelstrahl herrühren, der mit etwa $^1/_3$ Lichtgeschwindigkeit von der Sonne kommt. Ein solcher Strahl soll durch Reibung im interplanetaren Medium einen elektrischen Strom längs seiner Achse erzeugen, dessen Magnetfeld den Strahl fokussiert. Verf. diskutieren weder den Einfluß der Instabilität einer solchen Selbstfokussierung noch die Wirkung der Selbstinduktion des Magnetfeldes. A. Schlüter

72143. **W. H. Bennett,** A model of solar proton streams. Phys. Rev. (2) 96 824. — Ref. Am. Phys. Soc.

72144. **K. L. Bowles,** Doppler shifted radio echos from aurora. J. Geophys. Res. 59 553—555, mit 1 Fig. — Auf 25.4 MHz wurden von Nordlichtern dopplerverschobene Echos erhalten, und zwar von homogenen Nordlichtformen solche mit Verschiebungen nach höheren, von strahligen Formen mit Verschiebungen nach niedrigeren Frequenzen. Dieser Effekt ist auf Ab- bzw. Aufwärtsbewegung der reflektierenden Teilchen zurückzuführen. Bru.

72145. **L. M. Branscomb, R. J. Shalek, T. W. Bonner,** Intensity distributions in nitrogen bands excited in auroras and by high-energy protons and hydrogen atoms. Trans. American Geophys. Union 35 107—113. — Ref. in Phys. Abstracts (A) 57 1249, RJ Astr. Geod. UdSSR Nr. 10, 1955; Ref. Nr. 4436.

72146. **K. Bullough, T. R. Kaiser,** Radio reflections from aurorae. J. Atmosph. Terr. Phys. 5 189—200, mit 6 Fig. und 3 Tafeln = Astr. Contr. Univ.

Manchester (2) Jodrell Bank Repr. Nr. **103**. — Ref. in Phys. Abstracts (A) **57** 1485, Phys. Ber. **34** 1231.

72147. **J. W. Chamberlain,** The excitation of hydrogen in aurorae. ApJ **120** 360—366, mit 3 Fig. — Nach der Methode des statistischen Gleichgewichts wird die Anregung des Wasserstoffs in Nordlichtern untersucht, die durch von außen in die Atmosphäre eindringende Protonen hervorgerufen wird. Es wird die Hα-Intensität als Funktion der Höhe und der Energie der einfallenden Protonen berechnet und die Anzahl der letzteren abgeschätzt. Da ein Proton die Ausstrahlung von etwa 50 Hα-Quanten bewirkt, ergibt sich für das Bogenstadium eines mäßig hellen Nordlichts ein Protoneneinfluß von 6×10^7 cm^{-2} sec^{-1}. Schließlich werden noch Balmer-Dekrement und Hα-Profile kurz diskutiert. Kdr.

72148. **J. W. Chamberlain, C. Y. Fan, A. B. Meinel,** A new O_2 band in the infrared auroral spectrum. ApJ **120** 560—562, mit 1 Fig. und 1 Tafel. — Verf. teilen die Auffindung einer kräftigen, aber bisher unbemerkt gebliebenen Emissionsbande im Nordlichtspektrum mit Zentrum bei λ 7688 mit, die sie mit der (1-1)-Bande des verbotenen atmosphärischen Systems des O_2 identifizieren. Der Anregungsgrad der Rotations- und Schwingungsniveaus des oberen Zustandes wird diskutiert und eine Schwingungstemperatur von 550° K abgeschätzt, die jedoch infolge der wahrscheinlich nichtthermischen Anregung nicht die kinetische Gastemperatur darstellt. Micz.

72149. **J. W. Chamberlain,** On the production of auroral arcs by incident protons. ApJ **120** 566—571, mit 3 Fig. — Die Berechnung der Anregung vonWasserstoff in Polarlichtern durch in Richtung der Gesichtslinie einfallende Protonen (ApJ **120** 360, Ref. **72147**) ergab noch keine zufriedenstellende Darstellung der Beobachtungen der Hα-Profile und der Hα-Leuchtkraftverteilung in Höhe. Es wird nunmehr gezeigt, daß sich durch Berücksichtigung einer Streuung der Einfallsrichtungen der Protonen befriedigende Übereinstimmung zwischen Theorie und Beobachtung erzielen läßt. Kdr.

72150. **A. Dauvillier,** Le magnétisme des corps célestes. III. Les aurores polaires et la luminescence nocturne. Paris, Hermann et Cie, 1954. 142 S. mit 53 Fig. und 9 Tafeln. — Besprechung in BSAF **69** 212.

72151. **C. Y. Fan,** The possible role of accelerated secondary electrons in the aurora. ApJ **119** 294—295. — Verf. hat seine Versuche (ApJ **115** 330, AJB **52** Ref. **72133**) über die Wechselwirkung von Ionen hoher Energie mit Luft und das dabei angeregte Spektrum mit Elektronen fortgesetzt. Danach sind Elektronen von 400 keV in der Lage, ein Intensitätsverhältnis des infraroten Meinel-Systems des N_2^+ und des ersten positiven Systems des N_2 zu erzeugen, das dem beobachteten der Nordlichter entspricht. Verf. vermutet, daß es sich in der Atmosphäre um sekundäre Elektronen handelt, die durch einen Potentialgradienten in den Nordlichtzonen beschleunigt werden. Über die Ausbildung des Gradienten werden einige Überlegungen mitgeteilt. Micz.

72152. **C. Y. Fan, D. H. Schulte,** Variations in the auroral spectrum. ApJ **120** 563—565, mit 3 Tafeln. — Eine spektrographische Überwachung von Nordlichtern am Yerkes-Observatorium mit einem lichtstarken Gitterspektrographen zusammen mit fortlaufenden direkten Aufnahmen der Nordlichter ergibt, daß ruhende Bögen eine kräftige Hα-Linie aufweisen, während strahlenähnliche Gebilde diese nicht haben. Das von Meinel früher beschriebene Bandensystem des N_2^+ ändert sich nur wenig gegenüber dem ersten positiven System des N_2. Es wird angenommen, daß die das Meinel-System anregenden Elektronen durch lokale elektrische Felder, die während der Nordlichter in der Ionosphäre gebildet werden, beschleunigt werden. Micz.

72153. **V. C. A. Ferraro,** Théories des orages magnétiques et des aurores. Ciel et Terre **70** 345—356, mit 4 Fig.

72154. **G. W. Griffing, A. L. Stewart,** The effect of the horizontal extent of aurorae on the apparent luminosity-altitude curves. J. Atmosph. Terr. Phys. **4** 339—341, mit 1 Fig. — Ref. in Phys. Abstracts (A) **57** 793.

72155. **L. Harang, B. Landmark,** Radio echoes observed during aurorae and geomagnetic storms using 35 and 74 Mc/s waves simultaneously. J. Atmosph. Terr. Phys. **4** 322—338, mit 8 Fig. und 5 Tafeln. — Ref. in Phys. Abstracts (A) **57** 667.

72156. **G. S. Hawkins,** Observations of the aurora borealis by radio methods. Internat. Union Geod. Geophys., Assoc. Terr. Mag. Elec. Bull. Nr. **14**, Trans. Brussels Meeting, Aug. 21—Sept. 1, 1951, S. 229—234 (1954), mit 5 Fig. = Astr. Contr. Univ. Manchester (2) Jodrell Bank Repr. Nr. **109**.

72157. **J. P. Heppner,** Time sequences and spatial relations in auroral activity during magnetic bays at College, Alaska. J. Geophys. Res. **59** 329—338, mit 4 Fig.

72158. **T. R. Kaiser,** Radio echoes from the aurora and the moon. Occasional Notes **3** 50—53, mit 1 Fig. = Astr. Contr. Univ. Manchester (2) Jodrell Bank Repr. Nr. **100**. — Zusammenfassender Bericht.

72159. **D. B. McLaughlin,** A note on the motion of auroral streamers. ApJ **120** 185. — Hinweis auf vom Verf. beobachtete Driftbewegungen in einem Nordlicht. Micz.

72160. **A. G. McNamara, B. W. Currie,** Radio echoes during aurora. J. Geophys. Res. **59** 279—285, mit 4 Fig. — Es wird nachgewiesen, daß praktisch alle in Saskatoon auf 56 und 106 MHz erhaltenen Nordlichtechos durch direkte Reflexion an Nordlichtstrukturen und nicht durch Rückwärtsstreuung am Erdboden erzeugt wurden. Bru.

72161. **A. G. McNamara, B. W. Currie,** Polarization of radio echoes from aurorae. Nature **174** 1153—1154, mit 3 Fig. — Ref. in Phys. Abstracts (A) **58** 430, Phys. Ber. **34** 1577.

72162. **J. H. Meek,** East-west motion of aurorae. ApJ **120** 602—603, mit 1 Fig. — Ref. in Sterne **31** 138—139. — Verf. hat mit einer ähnlichen Apparatur die von Meinel und Schulte (ApJ **117** 454, AJB **53** Ref. **72149**) bemerkte Ost-West-Bewegung von Nordlichtdraperien und -strahlen in Saskatoon nachzuweisen versucht und findet, daß nur etwa die Hälfte der Erscheinungen den Effekt zeigt, und daß Westbewegungen vorzugsweise in der ersten Nachthälfte auftreten. Micz.

72163. **A. B. Meinel, B. J. Negaard, J. W. Chamberlain,** A statistical analysis of low-latitude aurorae. J. Geophys. Res. **59** 407—413, mit 6 Fig. — In dieser statistischen Untersuchung werden 1267 Polarlichter von 1897 bis 1951 erfaßt. In der Häufigkeit schält sich die Sonnenfleckenperiode heraus, wobei die wenigsten Polarlichter zur Zeit des Fleckenminimums auftreten. Das Maximum der Polarlichthäufigkeit hinkt dem Fleckenmaximum jedoch etwa zwei Jahre nach. Ferner besteht eine Beziehung zur Sonnenrotation mit allerdings kleiner Amplitude der Häufigkeitsfunktion. Loh.

72164. **A. B. Meinel,** The morphology of the aurora. Proc. National Acad. Sci. USA **40** 943—950, mit 7 Fig. — Verf. beschreibt die beiden Hauptstadien eines typischen Polarlichts nach Beobachtungen, die am Yerkes-Observatorium gesammelt wurden. Das erste Stadium des ruhenden homogenen Bogens ist außerterrestrischen Ursprungs, in ihm treten im Polarlichtspektrum die Wasserstofflinien sehr intensiv auf. Im zweiten Stadium, das sich durch starke Veränderlichkeit und Mannigfaltigkeit der Formen auszeichnet, verschwinden die Wasserstofflinien. Es wird die Ansicht vertreten, daß in dieser Phase das Leuchten auf in der Erdatmosphäre erzeugte Sekundärelektronen zurückzuführen sei. Kdr.

72165. **A. Omholt,** Electron density in the E-layer during auroral displays deduced from measurements of absolute brightness of the auroral luminosity. J. Atmosph. Terr. Phys. **5** 243—244. — Ref. in Phys. Abstracts (A) **58** 80, Phys. Ber. **34** 1231.

72166. **J. Paton,** An attempt to observe daytime aurora. JBAA **64** 376—378.

72167. **M. E. Pillow,** Intensity distribution among nitrogen bands in the auroral spectrum. Proc. Phys. Soc. (A) **67** 780—788, mit 4 Fig. — Der in den Übergangswahrscheinlichkeiten zwischen Schwingungsniveaus vorkommende Faktor $p = [\int \psi_{v'} \psi_{v''} dr]^2$ ist für eine Zahl von Übergängen des Stickstoffmoleküls berechnet worden. Die daraus abgeleiteten Intensitäten sind zur Untersuchung der Intensitätsverteilung in Polarlichtern benutzt worden.
Verf. (übersetzt)

72168. **M. E. Pillow,** Intensities in band systems of O_2: ${}^3\Sigma_u^+ - {}^1\Sigma_g^+$ (Broida-Gaydon system) and ${}^1\Sigma_g^+ - {}^3\Sigma_g^-$ (Atmospheric system). Proc. Phys. Soc. (A) **67** 847—849.

72169. **M. J. Seaton,** Excitation processes in the aurora and airglow. I. Absolute intensities, relative ultra-violet intensities and electron densities in high latitude aurorae. J. Atmosph. Terr. Phys. **4** 285—294, mit 2 Fig. — Ref. in Phys. Abstracts (A) **57** 792.

72170. **M. J. Seaton,** Excitation processes in the aurora and airglow. II. Excitation of forbidden atomic lines in high latitude aurorae. J. Atmosph. Terr. Phys. **4** 295—313, mit 1 Fig. — Ref. in Phys. Abstracts (A) **57** 792.

72171. **O. Seydl,** A list of 402 northern lights observed in Bohemia, Moravia and Slovakia from 1013 till 1951. Travaux Inst. Géophys. Acad. Tchécoslov. Sci. Nr. **17,** 36 S. (mit tschechischer und russischer Zusammenfassung).

72172. **D. T. Stewart, P. W. F. Gribbon, K. G. Emeléus,** Excitation conditions for the infra-red auroral bands of ionized nitrogen. Proc. Phys. Soc. (A) **67** 188—189.

72173. **L. Vegard, G. Kvifte,** Theory and observations of the enhancement of auroral hydrogen lines with increasing distance from the magnetic axis point. Geofys. Publ. **19** Nr. 2, 10 S. — Ref. in Phys. Abstracts (A) **58** 746.

72174. Auroral excitation. Sky and Telescope **14** 20.

72175. **Polarlichtbeobachtungen**

JBAA **64** 393—395. Report of the Aurora and Zodiacal Light Section. List of auroral occurences, 1951—53. J. Paton, B. McInnes.

Obs **74** 46—48. Auroral notes. J. Paton, B. McInnes.

Sky and Telescope **13** 283. Aurora in April.

Urania København **11** 39—40. Nordlys den 21. Februar 1954. N. H. Hansen, H. Müller.

Szintillation

72176. **K. D. Adams,** Jumping stars. Southern Stars **16** 63—65. — Bericht über das in der Nähe von Hamilton mit bloßem Auge beobachtete scheinbare «Sternschwanken» (Bezeichnung von Humboldt) des Canopus. Die für dieses Phänomen erforderlichen Bedingungen — tiefe Stellung des Sterns, Temperaturänderungen in der Atmosphäre, psychologische Effekte — werden diskutiert. Gli.

72177. **R. Hosfeld,** Comparisons of stellar scintillation with image motion. J. Optical Soc. America **44** 284—288, mit 9 Fig. = Contr. Perkins Obs. (2) Nr. **3.** — Lichtelektrische Untersuchungen der Szintillation (Intensitätsschwankungen) und photographische Untersuchung der Luftunruhe (Bewegung der fokalen Sternbilder) an einigen hellen Sternen zeigen, daß beide Effekte nahezu unabhängig voneinander sind. Szintillation entsteht nicht in unmittelbarer Nähe des Fernrohrs, wogegen Luftunruhe stark von lokalen Luftstörungen abhängt. Behr

72178. **G. Keller,** The theoretical relation between scintillation and shadow bands. AJ **59** 326—327. — Ref. AAS.

72179. **G. Keller, R. H. Hardie,** Experimental verification of a recently proposed theory of astronomical seeing. AJ **59** 105—113, mit 3 Fig. = Contr. Perkins Obs. (2) Nr. **2.** — Eine von G. Keller entwickelte Theorie, die die Bilddeformation als Funktion der Dichteschwankungen der turbulenten Erdatmosphäre beschreibt, wurde experimentell im Laboratorium untersucht. Die Ergebnisse mit einer Versuchsanordnung, die die wahren Verhältnisse schematisch darstellt, stehen innerhalb der Meßgenauigkeit in Übereinstimmung mit der Theorie. Behr

72180. **W. M. Protheroe,** Determination of shadow-band structure from stellar scintillation measurements. AJ **59** 331—332. — Ref. AAS.

72181. **H. Siedentopf, H. Elsässer,** Szintillationsuntersuchungen am Jungfraujoch. ZfA **35** 21—35, mit 7 Abb. = Mitt. Astr. Inst. Univ. Tübingen Nr. **14.** — Die Modulation der Sternstrahlung durch die Szintillation, die im Sphinx-Observatorium mit einem 51 cm-Cassegrain-Spiegel lichtelektrisch registriert war, wird in ihrer Abhängigkeit von Zenitdistanz, Durchmesser der Eintrittspupille und Zeitkonstante der Registrieranordnung untersucht. Ein Vergleich mit Flachlandstationen ergibt, daß die Szintillation auf dem Jungfraujoch merklich geringer ist. Der Einfluß der Szintillation auf die Photometriergenauigkeit bei verschiedenen Zeitkonstanten wird diskutiert und auf die Bedeutung der kleinen Frequenzen im Szintillationsspektrum bzw. der großen Wellenlängen im Muster der fliegenden Schatten hingewiesen. Verf.

72182. **F. Zwicky,** Atmospheric disturbances and stellar scintillations. Phys. Rev. (2) **93** 946. — Ref. Am. Phys. Soc.

72183. Scintillation versus image motion. Sky and Telescope **13** 339.

* * Metoda kompensacji scyntylacji w fotometrii gwiazdoweij. Vgl. Ref. **2428.**

Sonstige Erscheinungen

72184. **L. W. Antonow,** Der grüne Strahl. Mitt. Geograph. Ges. UdSSR **86** Nr. 1 S. 102—104 (russisch). — Ref. in RJ Astr. Geod. UdSSR Nr. **11,** 1955; Ref. Nr. 4924.

72185. **A. Danjon,** Quelques phénomènes d'optique atmosphérique. Arcs surnuméraires de l'arc-en-ciel. BSAF **68** 367—372, mit 4 Fig.

72186. **S. R. Dawes,** Rings around the moon. J. Astr. Soc. Victoria **7** 78—80.

72187. **S. W. Visser,** De halostatistiek voor, gedurende en na de oorlog. Hemel en Dampkring **52** 55—58.

* * **S. W. Visser,** Halo's, zonnevlekken en de uitbarsting van de Katmai. Hemel en Dampkring **52** 177—182. — Vgl. Ref. **6847.**

72188. Beobachtungen

Astr. Nachr. Berlin-Treptow **6** 69. Beobachtung eines farbigen Sonnenhalos. H. Ohnesorge.

BSAF **68** 482. Curieux et magnifique phénomène d'optique atmosphérique. J. Dautrevaux.

JBAA **64** 405. Parhelic display seen in Hull. W. C. Walker.

Priroda **43** Nr. 10 S. 117, mit 1 Abb. (russisch). Beobachtung von Halo und Nebensonnen. O. K. Parowina. — Beobachtung am 18. März 1954 bei Moskau.

§ 73

Mond

7301. Astrometrische Beobachtungen

Greenwich Astronomical Results 1940, A 11—A 17. Observed right ascensions, declinations and diameters.

TAB (2) Nr. **68** S. 625—629. Meridian observations of the right ascensions of the moon and planets during the year 1953. S. Nakano, R. Fukaya.

Allgemeines

7302. **K. D. Adams,** The moon and moonlight. Southern Stars **16** 13—17.

7303. **N. O. Bergquist,** The Moon Puzzle. Kopenhagen, Grafisk Forlag (in England: Sidgwick & Jackson), 1954. 378 S. mit Fig. Preis 16 s. — Besprechung in Astronautics **2** 133—134 (E. Grekulinski), JBAA **65** 173—174 (P. Moore), Nature **174** 668, La Nature **82** 318.

7304. **S. T. Chabibullin,** Über eine einfache Abwandlung des Verfahrens zur Bearbeitung der Beobachtungen der physischen Libration des Mondes. AJ UdSSR **31** 171—177, mit 1 Abb. (russisch). — Es wird gezeigt, daß es bei den Beobachtungen der physischen Libration des Mondes nach der Besselschen Methode möglich ist, die gesuchten Konstanten des Problems auch bei merklichen Fehlern im Nullpunkt der gemessenen Positionswinkel zu bestimmen. Diese Möglichkeit tritt bei der Bearbeitung der Beobachtungen in Polarkoordinaten auf. In den früheren Methoden wurde die Bearbeitung in rechtwinkligen Koordinaten durchgeführt, die keine unabhängigen Größen sind, weil bei den Beobachtungen eine unabhängige Messung der Polarkoordinaten durchgeführt wird. Verf. (übersetzt)

7305. **A. Chvojková, F. Link,** Echos lunaires sur 20 MHz et structure de l'ionosphère. BAC **5** 99—104, mit 4 Fig. (mit russischer Zusammenfassung). — Die Ergebnisse von Kerr und Shain (vgl. AJB **51** Ref. **7275**) über Mondechos auf 20 MHz werden unter der Annahme, daß die Schwächung in der Ionosphäre durch Refraktion erfolgt, neu diskutiert. Die Übereinstimmung von Rechnung und Beobachtung ist besser als bei Anwendung der Theorie von Bremmer. Bru.

7306. **W. J. Eckert, R. Jones, H. K. K. Clark,** Construction of the Lunar Ephemeris. Vgl. Ref. **416**, daselbst S. 283—363. — Die Grundlagen der Mondephemeride werden im einzelnen angegeben, insbesondere auch die den Brownschen Mondtafeln zugrunde liegenden Ausdrücke. Es folgt die Beschreibung der Berechnung der Ephemeride für 1952—1971 mit der SSEC und den IBM-Maschinen 604 und 701. Schließlich wird die Genauigkeit der Ergebnisse angegeben. T. L.

7307. **S. Fujinami, T. Ina, S. Kawai,** On the profile of the moon's silhouette, as observed in the partial eclipse of February 14th 1953. Publ. Astr. Soc. Japan **6** 67—75, mit 4 Fig. — Während obiger Finsternis wurden sechs Aufnahmen ziemlich großen Maßstabes, entsprechend einer Brennweite von 4.55 m, erhalten und zur Vermessung des Mondprofils benützt. Das Ergebnis stimmt im allgemeinen mit dem Mondprofil von Hayn überein. Doch zeigt es mehr Details, auch werden für die Berge etwas höhere bzw. für die Depressionen etwas tiefere Werte gemessen. Kdr.

* * **T. R. Kaiser,** Radio echoes from the aurora and the moon. Vgl. Ref. **72158.**

7308. **W. Markowitz,** Photographic determination of the moon's position, and applications to the measure of time, rotation of the earth, and geodesy. AJ **59** 69—73, mit 1 Fig. — Verf. beschreibt eine photographische Methode hoher Genauigkeit zur Ortsbestimmung des Mondes. Dabei wird eine Kassette benutzt, die während der Belichtungszeit durch ein Uhrwerk den Mond relativ zu den Fixsternen festhält. Die Methode ist somit der von F. Hayn vor Jahrzehnten entwickelten ganz ähnlich. Die Aufgaben, die mit den genaueren Mondörtern behandelt werden sollen, sind die Bestimmung der Ephemeridenzeit, der Schwankungen der Erdrotation, der Erdfigur und der Mondbahnelemente. Weitere Angaben werden über das Meß- und Reduktionsverfahren sowie über technische Einzelheiten des Aufnahmeverfahrens gemacht. Böh.

7309. **P. Moore,** A Guide to the Moon. Vgl. AJB **53** Ref. **7321.** — Weitere Besprechung in La Nature **82** 238.

7310. **P. Moore,** Has the earth a second moon? J. British Interplanetary Soc. **13** 202—203.

7311. **W. A. S. Murray, J. K. Hargreaves,** Lunar radio echoes and the Faraday effect in the ionosphere. Nature **173** 944—945, mit 1 Fig. = Astr. Contr. Univ. Manchester (2) Jodrell Bank Repr. Nr. **99.** — Beim regelmäßigen Empfang radiofrequenter Mondechos bei einer Frequenz von 120 MHz wurden vor allem in den frühen Morgenstunden starke Dämpfungen beobachtet. Diese Dämpfungen konnten auf eine Drehung der Schwingungsebene (Faraday-Effekt) der linear polarisiert ausgesandten Signale in der Ionosphäre zurückgeführt werden. Behr

7312. **A. A. Nefedjew,** Über den Librationseffekt im Mondradius. Astr Circ UdSSR Nr. 147 S. 13—15 (russisch). — Die von der optischen Libration in Breite β_0 abhängige Radiusschwankung läßt sich auf Grund der Heliometerbeobachtungen in Kasan von 1938 bis 1945 für den Ostrand durch $\Delta R = -0\rlap{.}''37 - 0\rlap{.}''025\,\beta_0$, für den Westrand durch $\Delta R = -0\rlap{.}''47 + 0\rlap{.}''035\,\beta_0$ darstellen. Loh.

* * **R. B. Orton,** Some experiments in lunar photography. Vgl. Ref. **2412.**

7313. **M. B. Shelesnjak, E. A. Mitrofanowa,** Tafeln zur Reduktion der Mondkoordinaten auf Ephemeridenzeit. BIA **5** 625—681 (russisch). — Die Tafeln wurden für den Zeitraum 1951—1960 berechnet.

7314. **R. A. Smith, A. C. Clarke,** Exploration of the Moon. London, Frederick Muller Ltd., 1954. 112 S. mit 45 Tafeln. Preis 18 s. — Besprechung in JBAA **65** 120, J. British Interplanetary Soc. **14** 59—60 (M. F. Allward).

7315. **G. E. B. Stephenson,** Clouds and moonlight. JBAA **64** 98.

7316. **W. S. Troizkij,** Zur Theorie der Radiostrahlung des Mondes. AJ UdSSR **31** 511—528, mit 8 Abb. (russisch). — Die thermische Radiostrahlung des Mondes wird theoretisch untersucht. Verf. unterscheidet eine konstante Komponente, die durch Reflexionskoeffizient und Oberflächenbestrahlung bestimmt wird und nicht frequenzabhängig ist, und eine veränderliche Komponente, die durch Wechselwirkung zwischen Ein- und Ausstrahlung zustandekommt, wobei die Eindringtiefen der Strahlungen zu berücksichtigen sind. Der Monddurchmesser, definiert durch die Isophote für 80 % der Zentralhelligkeit, würde im Radiowellengebiet am Äquator um 1!5 und an den Polen um 6!5 kleiner sein als im Sichtbaren. Die Polarisation der lunaren Radiostrahlung beträgt etwa 4 %. Ihr Grad ist nicht phasenabhängig. Die tatsächliche Oberflächenrauhigkeit des Mondes ist auf die für eine glatte Kugel errechnete mittlere Radiotemperatur ohne Einfluß, setzt aber den Polarisationsgrad etwas herab. Die Untersuchung berücksichtigt auch verschiedene Antennencharakteristiken. Die konstante Komponente der thermischen Radiostrahlung des Mondes soll 170° ± 15° K betragen. Die abweichenden Ergebnisse von Piddington und Minnett (vgl. AJB **50** Ref. **7316**) werden kurz kritisiert. Petri

7317. **T. Weimer,** Recherches sélénographiques: allongement du sélénoïde; libration physique; profils lunaires. BA **17** 271—337, mit 16 Fig. — Die Aufstellung eines Atlasses von 144 Mondprofilen erforderte neue Bestimmungen: 1. von den Konstanten der physischen Libration des Mondes (f = 0.57; I = 1°31′25″); 2. von der Verlängerung des Selenoids (0.00335); 3. von den selenographischen Koordinaten von 24 Kratern. Beschreibung des zur Aufzeichnung der Profile angewandten Verfahrens; Verbesserungen der aus den Sternbedeckungen abgeleiteten Resultate, welche durch Anwendung des Atlasses erzielt werden. Verf.

7318. **H. P. Wilkins,** Our Moon. London, Frederick Muller Ltd., 1954. 180 S. mit 20 Fig., 5 Tafeln und 2 Karten. Preis 12 s. 6 d. — Besprechung in BSAF **68** 254—255, JBAA **65** 121 (E. A. Whitaker), J. British Interplanetary Soc. **13** 241—242 (K. W. Abineri), NAT **1954** 151—152, Sky and Telescope **13** 345, Strolling Astronomer **8** 46 (W. E. Shawcross).

7319. **H. P. Wilkins,** Recent research on the moon. I. Our cracking satellite. J. British Interplanetary Soc. **13** 313—318, mit 3 Fig.

7320. **E. W. Woolard,** Comparison of the tabular coordinates of the Moon with coordinates computed directly from the theoretical expressions, for selected dates in April—May, 1948. Vgl. Ref. **416**, daselbst S. 364—417, mit 5 Fig. — Die aus den Brownschen Mondtafeln entnommenen Werte und diejenigen, welche mit der SSEC direkt aus den Grundlagen berechnet wurden, zeigen systematische Unterschiede in der Länge und Breite des Mondes. Eine eingehende Analyse ergab, daß diese sich außer durch einige Irrtümer in den Mondtafeln als Folge der zu ihrer Vereinfachung gemachten Vernachlässigungen erklären lassen. T. L.

7321. Una curiosa illusione ottica: la Luna parabolica. Coelum **22** 82—83, mit 1 Fig.

7322. Documents pour l'observation des phénomènes météoriques lunaires. DOB **7** Nr. 7 Fasc. 4, 2 S. mit 3 Fig.

7323. Ultra-violet reflectivity of the moon. JBAA **64** 146.

7324. Atmósfera lunar. Rev. Astr. Nr. **131** S. 94.

Mondfinsternisse

7325. **F. Link, Z. Linková,** Agrandissement de l'ombre terrestre pendant les éclipses de Lune. I. Influences météoriques. BAC **5** 82—84, mit 1 Fig. (mit russ. Zusammenfassung). — Ref. in Urania Kraków **26** 208—209. — Aus Beobachtungen an 57 Mondfinsternissen wird geschlossen, daß die Vergrößerung des Erdschattens reellen jahreszeitlichen Schwankungen unterliegt, und zwar fallen die Maxima zeitlich in die Nähe der Aktivität der bekannten Meteorströme. Die verstärkte Absorption durch den Meteorstaub in der Atmosphäre soll Ursache für die Vergrößerung sein. Ein Einfluß der bei Tag wirksamen Ströme läßt sich allerdings nicht finden. Bo.

7326. **F. Link, Z. Linková,** Zvětšení zemského stínu při zatměních Měsíce. I. Meteorické vlivy. Časop. Českosl. ústavů astr. **4** 59—60.

7327. **H. K. Paetzold,** Über die grüne Zone des Erdschattens bei Mondfinsternissen. Sterne **30** 13—19, mit 5 Abb. — Experimentelle Untersuchungen über die grüne Zone sprechen dafür, daß die Verfärbung nicht durch einen Kontrasteffekt des Auges, sondern tatsächlich durch den Ozongehalt der Erdatmosphäre hervorgerufen wird. Die grüne Färbung ist stark von der Menge und vertikalen Verteilung des Ozons abhängig. Neckel

7328. **A. K. Susslow,** Zusammenstellung der Ergebnisse der visuellen Integralphotometrie des Mondes bei Finsternissen. Astr Circ UdSSR Nr. 145 S. 13—14 (russisch). — Zusammenstellung des Helligkeitsverlaufs der Mondfinsternisse von 1924 bis 1952 aus sowjetischen Beobachtungen. Aus den Einzeldaten wird eine mittlere Lichtkurve ermittelt. Loh.

7329. **W. M. Tschernow,** Die Sichtbarkeit des Halbschattens bei Mondfinsternissen. Astr Circ UdSSR Nr. 146 S. 8—10 (russisch).

7330. **Mondfinsternis 1946 Dezember 8**

W. P. Dshapiaschwili, Die Helligkeitsverteilung im Erdschatten und Erdhalbschatten nach elektrophotometrischen Beobachtungen der totalen Mondfinsternis vom 8. Dezember 1946. Bull. Astrophys. Obs. Abastumani Nr. **17** S. 29—47, mit 7 Abb. (russisch mit georgischer Zusammenfassung). — Am 33 cm-Spiegelteleskop der Sternwarte Abastumani wurde mit einer gasgefüllten Photozelle unter Verwendung von Schott BG 3- und GG 11-Filtern während der Finsternis 19 mal die Helligkeit der Mitte des Mare Crisium und zum Vergleich der Himmelshintergrund und ein radioaktives Präparat gemessen. Die Ergebnisse werden in Kurven dargestellt. Zum Vergleich sind frühere Beobachtungen und theoretische Kurven nach Fessenkow für verschiedenen Ozongehalt der Erdatmosphäre beigezogen. Diese theoretischen Kurven liegen durchweg tiefer als die beobachteten. Der tatsächliche Helligkeitsverlauf ist recht ungleichmäßig und im Blauen durchweg steiler als im Gelben. Der westliche Teil des Erdschattens ist heller als der östliche. Vielleicht ist dies auf stärkeren Staub- und Wasserdampfgehalt der Erdatmosphäre am Abend zurückzuführen. Petri

7331. **Mondfinsternis 1950 April 2**

Urania Barcelona **39** 158—159, mit 2 Fig. Eclipse total de Luna del 2 de abril de 1950.

7332. **Mondfinsternis 1953 Januar 29**

E. Vigroux, Spectrophotométrie de l'éclipse de lune du 29—30 janvier 1953. Ann d'Astrophys **17** 399—415, mit 8 Fig. = Contr. Inst. d'Astrophys. Paris (B) Nr. **117**. — Ausführliche Darstellung des Inhalts der beiden vorläufigen Mitteilungen in CR **239** 227 und 339 (vgl. die beiden nachstehenden Ref.).

E. Vigroux, Photométrie de l'éclipse de lune de janvier 1953. CR **239** 227—229, mit 2 Fig. = Contr. Inst. d'Astrophys. Paris (A) Nr. **173**. — Aus Spektralaufnahmen des Mondes während obiger Finsternis wurde die Schattendichte im visuellen Bereich abgeleitet. In den Kurven lassen sich außer einer Anzahl von Banden des O_3 auch zwei Banden des O_2 bei **6300 Å** und **5780 Å** nachweisen, ferner eine Absorption unterhalb **5600 Å**, die bis **4700 Å** **fast konstant** bleibt. Kdr.

E. Vigroux, Photométrie d'une éclipse de Lune. Répartition de l'ozone. CR **239** 339—341, mit 2 Fig. = Contr. Inst. d'Astrophys. Paris (A) Nr. **174**. — Messungen der Schattendichte des Mondes während der Finsternis im Januar 1953 wurden zur Bestimmung der vertikalen Ozonverteilung in der Erdatmosphäre benützt. Für äquatornahe Gebiete findet Verf. eine Verteilung mit zwei Maxima in etwa 8—9 km und 21 km Höhe, während für höhere Breiten sich nur ein Maximum in ungefähr 14 km Höhe ergibt. Kdr.

Mem SA It (NS) **25** 247—255. Vgl. Ref. 7801.

7333. Mondfinsternis 1953 Juli 26

G. de Vaucouleurs, L'éclipse totale de Lune du 26 juillet 1953. DOB **7** Nr. 1 Fasc. 3, 4 S. mit 3 Fig.

DOB Circ Nr. 2. Eclipse totale de Lune du 26 juillet 1953.

7334. Mondfinsternis 1954 Januar 19

A. M. Bacharew, Beobachtungen der Mondfinsternis vom 18.—19. Januar 1954 in Stalinabad. Astr Circ UdSSR Nr. 146 S. 13 (russisch). — Allgemeine Beschreibung.

R. Compte Porta, Resumen de observaciones del eclipse total de Luna del 18—19 enero de 1954. — Estación de Palma de Mallorca (Baleares). El Universo Nr. **28** S. 43—46, mit 3 Fig.

M. Dīrikis, Beobachtungen der Mondfinsternis vom 19. Januar 1954 in Riga. Astr Circ UdSSR Nr. 147 S. 15—16 (russisch). — Kontaktzeiten und Kraterantritte.

J. Dubois, F. Poumeyrol, L'éclipse totale de Lune du 18—19 janvier 1954. BSAF **68** 55—58, mit 1 Fig. = Obs. Univ. Bordeaux (A) Nr. **7**.

T. Fortini, Fotometria fotografica dell'eclisse totale di luna del 18—19 gennaio 1954 in relazione al problema della luminescenza del suolo lunare. Rend. Accad. Nazionale Lincei, Cl. Sci. fis., mat., nat. (8) **17** 209—215, mit 3 Fig. = Oss. Astr. Roma Monte Mario Contr. Sci. (NS) Nr. **208**. — Während der totalen Mondfinsternis vom 18.—19. Januar 1954 wurde eine große Anzahl von photographischen Aufnahmen im Bereich von 6300 Å gewonnen, die alsdann photometrisch ausgewertet worden sind, um Schattendichten im Bereich des Halbschattens und des Kernschattens zu bestimmen. Der Verlauf der Schattendichten mit dem Abstand von der Schattengenze ist dargestellt und wird mit dem nach der Theorie von Link berechneten verglichen; aus den Abweichungen lassen sich Schlüsse ziehen auf den Strahlungsbeitrag der Korona einerseits und auf die Zusammensetzung der hohen Schichten der Erdatmosphäre andererseits. H. M.

E. Geneslay, L'éclipse totale de Lune du 18—19 janvier 1954. BSAF **68** 127—128, mit 1 Fig.

T. S. Hansford, The total lunar eclipse of 1954 January 19. MN ASSA **13** 3—4, mit 1 Fig.

H. Haupt, Die Gesamthelligkeit des Mondes während der totalen Finsternis am 19. Jänner 1954. Anzeiger Österreich. Akad. Wiss. Math.-naturw. Kl. **91** 26—27, mit 1 Fig. = Mitt. Univ.-Sternw. Wien **6** Nr. 15.

J.-P. Joubert, J. Laigle, L'éclipse totale de Lune. BSAF **68** 45—54, mit 13 Fig.

Z. Kandziora, Obserwacje zaćmienia Księżyca 19. 1. 1954. Urania Kraków **25** 160. — Kraterantritte.

W. de Kort, Observations de l'éclipse totale de Lune du 19 janvier 1954. Gaz astr **35** 66—67.

W. Malsch, Beobachtung der totalen Mondfinsternis 19. Januar 1954. Sterne **30** 71—72.

M. du Martheray, Eclipse totale de Lune du 19 janvier 1954. Orion Schaffhausen **4** 222.

H.-J. Nitschmann, Bericht über den Verlauf der totalen Mondfinsternis 1954 Jan. 19 für Bautzen. Astr. Nachr. Berlin-Treptow 6 16.

A. Pacholczyk, O pewnym sposobie pomiaru integralnej jasności tarczy Księżyca w czasie zaćmienia. Urania Kraków 25 285—287, mit 1 Fig.

H. K. Paetzold, Beobachtung der Mondfinsternis vom 18./19. Jan. 1954. Sterne 30 70—71.

M. de Saussure, Klein-Aufnahmen der Mondfinsternis vom 19. Januar 1954. Orion Schaffhausen 4 252—253, mit 3 Abb.

E. P. Strelkowa, L. A. Klepikowa, Beobachtung der Mondfinsternis vom 19. Januar 1954 am Astronomischen Observatorium Odessa. Astr Circ UdSSR Nr. 150 S. 13—14 (russisch).

P. Tempesti, Osservazioni visuali dell'eclisse totale di luna del 19 gennaio 1954. Coelum 22 46—50, mit 1 Fig.

W. M. Tschernow, Die totale Mondfinsternis vom 19. Januar 1954. Astr Circ UdSSR Nr. 146 S. 7—8 (russisch). — Allgemeine Beschreibung der in Saporoshe beobachteten Finsternis.

W. F. Tschistjakow, Die totale Mondfinsternis vom 19. Januar 1954. Astr Circ UdSSR Nr. 146 S. 10—13 (russisch). — Allgemeine Beschreibung des Ablaufs der Finsternis in Kaliningrad (Königsberg) und Schätzungen der Integralhelligkeit.

S. K. Wsechswjatskij, G. M. Nikolskij, Beobachtungen der Mondfinsternis vom 18.—19. Januar 1954. Astr Circ UdSSR Nr. 146 S. 5—7 (russisch). — Integralhelligkeits- und Farbenindexbeobachtungen in Odessa.

Astr. Nachr. Berlin-Treptow 6 6. Totale Mondfinsternis am 19. Januar 1954. — Vorschau.

BSAF 68 160—166, 205—209, 250, 304—308, 347—353, mit 17 Fig. L'éclipse totale de Lune du 18—19 janvier 1954.

Coelum 22 53—54, mit 1 Fig. L'ecclisse totale di luna del 19 gennaio 1954.

El Universo Nr. 27 S. 12, Nr. 28 S. 34. Eclipse total de Luna la noche de 18 de enero de este ano. — Vorschau und Beobachtungen.

Hemel en Dampkring 52 37, mit 1 Fig. De maansverduistering van 19 Januari 1954 in België. H. de Meyer.

7335. Mondfinsternis 1954 Juli 15—16

J. Dubois, P. Mianes, L'éclipse partielle de lune des 15—16 juillet 1954. BSAF 68 381—384, mit 1 Fig. = Obs. Univ. Bordeaux (A) Nr. 7.

H.-J. Nitschmann, A.-R. Kern, Partielle Mondfinsternis 1954 Juli 15/16. Astr. Nachr. Berlin-Treptow 6 54—55.

G. Persson, Den partielle måneformørkelse 16. juli 1954. Urania København 11 111.

W. Scharonow, Beobachtung der Mondfinsternis vom 15.—16. Juli 1954. Astr Circ UdSSR Nr. 153 S. 8—9 (russisch). — Kurze Mitteilung physischer Beobachtungen.

BSAF 68 384—386, mit 2 Fig. Autres observations de l'éclipse partielle de Lune des 15—16 juillet 1954.

BSAF 68 429—431. L'éclipse partielle de Lune des 15—16 juillet 1954.

Sternbedeckungen

7336. T. Gold, Occultations of Antares. Obs 74 38—40. — Eine Kritik an den Evans'schen Untersuchungen. Vgl. AJB 51 Ref. 9704, AJB 53 Ref. 7356.

* * **F. Link, L. Neužil,** Occultations des radiosources par la lune en 1955—1957. Vgl. Ref. 12640.

7337. T. Weimer, Occultations d'étoiles et profils lunaires. Bull. géod. int. (NS) 1954 37—46. — Anwendung des Atlasses der Mondrandprofile von

T. Weimer (AJB 52 Ref. 7324) zur Korrektion der Beobachtungen von Sternbedeckungen.

7338. Photoelectric observations of occultations. Sky and Telescope 14 20, mit 1 Fig.

7339. Vorausberechnungen

Beilage zum Astronomischen Jahrbuch der UdSSR für das Jahr 1957. Die im Jahre 1955 in Abastumani, Irkutsk, Kasan, Kiew, Kitab, Leningrad, Lwow (Lemberg), Moskau, Odessa, Riga, Stalinabad, Taschkent und Charkow sichtbaren Sternbedeckungen. Vgl. Ref. 406.

Coelum 22 120—121, 151, mit 1 Fig. Occultazioni lunari per i mesi di Luglio-Agosto 1954, Settembre e Ottobre.

Gaz astr 36 101—102. — Vorausberechnung für März 1955.

Hemel en Dampkring 52 18, 42, 104, 193—196, 238, mit 4 Fig. Werkgroep Bedekkingen. S. P. Bertram, P. de Bruijn, B. J. M. Walker.

Japan Astr. Study Ass. Circ. Nr. 114, 115, 116, 117, 118.

NAT 1954 104—106. Måneokkultationer 1955, beregnet for København.

Rocznik Astr. Obs. Krakowskiego 1954, Suppl. Internationale Nr. 25 S. 93—95. Occultationes de stellas per Luna. — Vorausberechnungen für Poznania, Wrocławia, Torunia, Krakowa und Warszawy.

Sky and Telescope 13 100, 136, 173, 206, 244, 284, 357, 442, 14 81. Occultation predictions.

7340. Beobachtungen und Reduktionen

Acta Astr. Sinica 2 133—136 (chinesisch). Occultations observed at the Observatory of Zô-Sè. L. Wan, T.-G. Chow.

Acta Astr. Sinica 2 285—286 (chinesisch). Occultations observed at the Observatory of Zô-Sè. T.-G. Chow, L. Wan, S.-S. Chang.

AJ 59 304. Occultations of stars by the moon observed during 1953 with the 8-inch equatorial at South Hadley, Mass. A. H. Farnsworth, J. Clarke.

AJ 59 443—444. Photoelectric observations of occultations. G. W. Preston, C. B. Stephenson, R. E. Smith, N. Thomas.

Astr Circ UdSSR Nr. 145 S. 17 (russisch). Beobachtungen von Sternbedekkungen in Riga. A. K. Alksnis, I. A. Daube, M. A. Dīrikis, A. A. Mitschulis.

Astr Circ UdSSR Nr. 145 S. 17 (russisch). Beobachtungen von Sternbedekkungen am Observatorium der Universität Tomsk im Jahre 1953. A. A. Siwkow.

Astr Circ UdSSR Nr. 146 S. 15 (russisch). — Beobachtungen von Sternbedeckungen am Astronomischen Observatorium der Metschnikow-Staatsuniversität Odessa. L. F. Tscherniew, B. W. Nowopaschenny. — 1953 März—August.

Astr Circ UdSSR Nr. 147 S. 18 (russisch). Beobachtungen von Sternbedekkungen am Astrophysikalischen Observatorium Abastumani 1953. E. K. Charadse.

Astr Circ UdSSR Nr. 147 S. 18 (russisch). Beobachtungen von Sternbedeckungen am Observatorium Tomsk im Januar 1954. A. A. Siwkow.

Astr Circ UdSSR Nr. 147 S. 19 (russisch). Beobachtungen von Sternbedeckungen am Städtischen Astronomischen Observatorium Kasan. I. A. Djukow. — 1952 Sept.—1954 Febr.

Astr Circ UdSSR Nr. 147 S. 19—20, Nr. 149 S. 23, Nr. 154 S. 15—16 (russisch). Beobachtungen von Sternbedeckungen am Astronomischen Observatorium der Schewtschenko-Staatsuniversität Kiew. A. K. Ossipow. — 1953 Dez.—1954 Juli.

Astr Circ UdSSR Nr. 149 S. 22—23 (russisch). Beobachtungen von Sternbedeckungen an der Sternwarte Tomsk im März 1954. A. A. Siwkow.

Astr Circ UdSSR Nr. 150 S. 14—15 (russisch). Beobachtung der Plejaden-Bedeckung vom 14. Januar 1954 am Astronomischen Observatorium der Schewtschenko-Staatsuniversität Kiew. A. K. Ossipow.

Astr Circ UdSSR Nr. 151 S. 28—29 (russisch). Beobachtungen von Sternbedeckungen am Astronomischen Observatorium Charkow. K. N. Kusmenko, W. A. Michajlow, W. C. Plushnikow. — 1954 Jan.—April.

Astr Circ UdSSR Nr. 151 S. 29 (russisch). Sternbedeckungen in Taschkent. S. Kosik. — 1954 April —Mai.

BAB 4 182. Occultations d'étoiles observées à l'équatorial de 45 cm en 1953. L. Neven, J. Dommanget.

BAC 5 42. Observations of occultations in the years 1951 and 1952. K. Novák. — Beobachtungen in Prag.

BAC 5 64. Observations of occultations made at the University Observatory, Prague in the year 1953. J. Bouška.

Bull. Astrophys. Obs. Abastumani Nr. 17 S. 89—92 (russisch). Beobachtungen von Sternbedeckungen. T. A. Kotschlaschwili. — 1939 Okt.—1952 Nov.

Irish AJ 3 13 = Armagh Obs. Leaflet Nr. 24 S. 4. Occultations of stars by the moon in 1953. E. M. Lindsay. — Beobachtungen an der Armagh-Sternwarte.

Japan Astr. Study Ass. The report of occultation observations in 1952. 5 S.

Japan Astr. Study Ass. Circ. Nr. 113, 114. S. Ito, R. Hata.

J. Proc. Roy. Soc. New South Wales 88 22—23 = Sydney Obs. Papers Nr. 21. Occultations observed at Sydney Observatory during 1953. K. P. Sims.

Mem. Japan Astr. Study Ass. 1 15—36, mit 2 Fig. The report of occultation observations in 1953. Y. Komori, S. Itoh.

Mem SA It (NS) 25 193—215, 247—255. Vgl. Ref. 7401, 7801.

NAT 1954 24. Observationer af okkultationer af stjerner ved månen.

NAZ 8 15. W. Malsch. — Beobachtung in Karlsruhe.

Oss. Astr. Trieste Nr. 262, 4 S. Occultazioni lunari osservate nel 1953 e loro riduzioni. B. Cester.

RH 35 176 (tschechisch). Observations of occultations 1954. J. Havelka.

TAB (2) Nr. 66 S. 615—621, mit Berichtigung S. 621. Occultation observations in Japan during 1952. Y. Otoguro, H. Kurai.

7341. Bedeckung eines Planeten

Obs 74 222. Occultation of Jupiter on 1954 August 25. W. D. Heintz.

Mondformationen

7342. **D. W. G. Arthur,** The distribution of lunar craters. JBAA 64 127—132, mit 3 Fig.

7343. **D. W. G. Arthur,** Contributions to Selenography No. 3: Bright Spots in the Oceanus Procellarum. Published by the author, 1953. — Besprechung in JBAA 65 367 (E. A. Whitaker).

7344. **D. P. Avigliano,** Lunar colors. Strolling Astronomer 8 50—55, mit 10 Fig. auf S. 62—65.

7345. **N. P. Barabaschew, A. T. Tschekirda,** Über die Farbkontraste der Mondoberfläche. Abh. Univ. Charkow 55 13—25 (russisch). — Ref. in RJ Astr. Geod. UdSSR Nr. 5, 1955; Ref. Nr. 2017.

7346. **R. L. T. Clarkson,** The origin and history of the formations on the surface of the moon. JBAA 64 202—205, mit 1 Tafel.

7347. **C. A. Cross,** The geometry of crater shadows. JBAA **64** 167—171, mit 3 Fig. — Der Verlauf der Schattengrenze für die folgenden typischen Kraterformen wird geometrisch abgeleitet: Kegelförmige Krater; Krater, die einen keilförmigen Schatten verursachen; Vertiefungen mit flachem Boden. T. L.

7348. **J. van Diggelen,** Maankraters en meteoorkraters. Meteoor **10** 17—19, mit 3 Fig. — Bericht über Baldwins Relation zwischen Durchmesser und Tiefe von Mond- und Meteoritenkratern, Bombentrichtern und vulkanischen Calderen mit Anweisung zur Beobachtung von Mondkratern hierfür. Gü.

7349. **J. Klepešta, L. J. Lukeš,** Mapa Měsíce. Prag, Ústřední správa geodesie a kartografie. 32 S. und 2 Karten 50 × 72 cm. Preis Kčs. 12. — Zwei Mondkarten im Maßstab 1 : 5000000. Erläuterungen tschechisch mit russischer, englischer, französischer und deutscher Zusammenfassung. J. B.

7350. **G. P. Kuiper,** On the origin of the lunar surface features. Proc. National Acad. Sci. USA **40** 1096—1112. — Ref. in JBAA **65** 257—258. — Nach einer Betrachtung über Figur und dynamische Stabilität des Mondes legt Verf. seine Ansichten über die Entstehung der Oberflächenformationen, die er sich auf Grund von Beobachtungen am McDonald-Spiegel gebildet hat, dar. Nachdem Erde und Mond innerhalb der Proto-Erde als Doppelplanet entstanden waren, bewirkte radioaktive Erwärmung ein Schmelzen des Mondes vom Kern bis nahe zur Oberfläche. Die jetzt sichtbaren Oberflächenformationen sind sowohl vor, während, als auch nach der maximalen Phase dieses Aufschmelzprozesses entstanden. Krater, die nachher durch Massenaufsturz entstanden sind, haben ein anderes Aussehen als solche, die sich vorher gebildet haben, da durch den Schmelzprozeß die Struktur des Materials der äußeren Mondschichten verändert wurde. Krater mit Strahlensystemen entstanden deswegen erst hernach. Mare entstanden zur Zeit der stärksten Aufschmelzung, das Mare Imbrium durch Aufsturz. Die aufstürzenden Massen sollen einem «Sediment-Ring» entstammen, der sich innerhalb der Proto-Erde, aber außerhalb der früheren Mondbahn, gebildet hat und vom Mond, infolge Vergrößerung seines Abstands von der Erde, zufällig gerade zur Zeit der Aufschmelzung gekreuzt wurde. Bo.

7351. **v. Mädler,** On changes of the moon's surface. Vega Nr. **14/15** S. 53—56, mit einem Anhang von P. Moore S. 56—57.

7352. **H. Mortensen,** Johannes Mejers Maanekort. Urania København **11** 45—46. — Beschreibung der Mondkarte von Johannes Mejer. Es handelt sich im wesentlichen um eine Wiedergabe der Karte von Johannes Hevelius (1647). C. L. J.

7353. **N. S. Orlowa,** Versuch der Aufstellung eines Katalogs der Reflexionsfähigkeit von Mondformationen bei Vollmond. Bote Univ. Leningrad **9** Nr. 2 S. 77—86 (russisch). — Ref. in RJ Astr. Geod. UdSSR Nr. **4**, 1955; Ref. Nr. 1568.

* * **A. Paluzíe Borrell,** Españoles en la Luna. Vgl. Ref. **1025**.

7354. **H. Quiring,** Die Entstehung des Mare Imbrium und der Mondrillen. Z. Deutsch. Geol. Ges. **105** 203—206, mit 2 Abb.

7355. **W. W. Scharonow,** Versuch einer petrographischen Untersuchung der Mondoberfläche bei gemeinsamer Verwendung photometrischer und kolorimetrischer Beobachtungen. AJ UdSSR **31** 442—452, mit 3 Abb. (russisch). — Ref. in J RAS Canada **49** 127—128, Urania Kraków **26** 308—309. — Aus einem Vergleich der Beschaffenheit der Mondoberfläche mit Gesteinsarten der Erde und mit Meteoriten geht hervor, daß der Kurvenverlauf der Verteilung von Helligkeit bzw. Farbe keinerlei Übereinstimmung aufweist. Es wird nach der Kritik mehrerer Hypothesen die Auffassung vertreten, daß die Mondoberfläche aus poröser, blasiger Schlacke besteht, die aus der Gesteinsrinde durch den Einfall von Meteoriten entstanden ist. Schrick

7356. **G. Schrutka-Rechtenstamm,** Relative Höhenbestimmungen auf dem Monde mittels des Pariser Mondatlasses und visueller Messungen am Fernrohr. Anzeiger Österreich. Akad. Wiss. Math.-naturw. Kl. **91** 134, Sitzber. Österreich. Akad. Wiss. Math.-naturwiss. Kl. Abteilung II **163** 179—213 = Mitt. Univ.-Sternw. Wien **7** Nr. 11. — Nach einer Vermessung von sechs Blättern des Pariser Mondatlasses wurden die Höhen von Mondbergen aus Schattenlängen ermittelt und in einem Katalog zusammengestellt. Visuell am Refraktor gemessene Höhen sind im Mittel $^3/_4$ der auf den Blättern gemessenen Höhen. Fricke

7357. **N. N. Sytinskaja,** Ergebnisse eines gleichzeitigen Vergleichs von Mondobjekten und Felsengesteinen nach Helligkeit und Farbe. Astr Circ UdSSR Nr. 153 S. 17—18 (russisch). — Während die Bildpunkte von Mondoberflächenformationen in einem Farben-Helligkeits-Diagramm nur eine kleine Fläche einnehmen, bedecken die Bildpunkte von Sedimentgesteinen und Magmagesteinen gleichmäßig einen bedeutenden Teil des Diagramms, sparen dabei aber das Gebiet der Mondformationen aus. Meteorite, ihre Schmelzkrusten, basische und ultrabasische Magmagesteine nehmen begrenzte Gebiete im Diagramm ein und ragen nur wenig in das Gebiet der Mondformationen hinein. Die Beschaffenheit der Mondgebilde ist also eine andere als die der genannten terrestrischen Proben. Loh.

7358. **A. J. Wesselink,** Nature and thickness of the lunar surface layer. Obs **74** 215—216. — Zur Bestimmung der Dicke der staubförmigen Oberflächenschicht des Mondes werden Temperaturmessungen mit Thermoelement oder Radioteleskop vorgeschlagen. Bru.

7359. Powstanie kraterów księżycowych. Urania Kraków **25** 14—16, mit 1 Abb.

7360. **Mitteilungen über Mondformationen**

Astr Circ UdSSR Nr. 153 S. 18—19, mit 1 Abb. (russisch). Beobachtung von Einzelheiten der Mondoberfläche am Astronomischen Hauptobservatorium der Akademie der Wissenschaften der Ukrainischen Sowjetrepublik. I. W. Gawrilow. — Ref. in Urania Kraków **26** 336.

BSAF **68** 155—159, mit 2 Fig. Notes sélénographiques. I. La tache de Werner. G. Fournier.

Coelum **22** 102—107, mit 2 Fig. Il «ponte» lunare sulle rive del Mare Crisium. G. Ruggieri.

J. Astr. Soc. Victoria **7** 72—73. The lunar bridge.

JBAA **64** 86—88, mit 1 Fig. Linné. H. P. Wilkins.

JBAA **64** 90—91, mit 1 Tafel. Vendelinus. S. R. B. Cooke.

JBAA **64** 124—126. Lunar ridges and «ghostrings». A. P. Lenham.

JBAA **64** 132—135, mit 2 Fig. und 1 Tafel. The lunar crater Ptolemæus A. A. N. Neate.

JBAA **64** 205—206. The «bridge» on the border of Mare Crisium. H. P. Wilkins.

JBAA **64** 228—233, mit 1 Fig. The floor of Ptolemaeus. D. W. G. Arthur.

JBAA **64** 234—242, mit 1 Fig. und 1 Tafel. The lunar south polar regions. E. A. Whitaker.

JBAA **64** 302—304, mit 1 Fig. The lunar formation Palitzsch. P. Moore.

JBAA **64** 316. The lunar crater Linné. W. H. Steavenson.

Mitt. Planetenbeobachter **7** 13. Die «Brücke» am Rande des Mare Crisium. G. D. Roth.

Orion Schaffhausen **4** 247. Zwei Mondkrater werden zu Ehren von Amateurastronomen benannt. — R. Porter, A. G. Ingalls.

Orion Schaffhausen **4** 250—251, mit 1 Fig. Le Mont Piton. S. Cortesi.

Orion Schaffhausen **4** 292, mit 1 Fig. Beobachtung eines Sonnenaufganges auf dem Mondgebirge Curtius. P. Jakober.

Orion Schaffhausen **4** 329—330, mit 1 Abb. Sur la lune. S. Cortesi.

Orion Schaffhausen **4** 336—337, mit 1 Abb. Lune. Observations physiques.

Publ ASP **66** 145—149, mit 1 Tafel. Lunar crater named for Fred E. Wright. W. S. Adams.

Rev. Astr. Nr. **131** S. 94. Un túnel en la luna?

Sky and Telescope **13** 205, mit 3 Fig. Is there a bridge on the moon? — Die von einem Liebhaberastronomen aufgestellte Behauptung, im Ostwall des Mare Crisium befinde sich eine Brücke, wird bezweifelt. Es handelt sich wohl nur um einen tiefen, nicht überbrückten Einschnitt im Wallrand, durch den das Sonnenlicht bei streifendem Einfall in das Mare-Innere hindurchfällt. Bo.

Sterne **30** 185—186. Mondbeobachtungen: Berge westlich des Mare Smythii. M. Kutscher.

Strolling Astronomer 8 1—6, mit 1 Fig. und 1 Tafel. O'Neill's «bridge» on the border of Mare Crisium. H. P. Wilkins.

Strolling Astronomer 8 38—39, mit 1 Fig. Charting the limb of the moon.

Strolling Astronomer 8 40—44, 73—78, 99—101, 122—125, 146—148, mit 15 Fig. Observations and comments.

Strolling Astronomer 8 91—97, mit 4 Fig. Herodotus. A light that failed. J. C. Bartlett jr.

Strolling Astronomer 8 139—141. Why the «light» was seen in Herodotus. D. W. Rosebrugh.

Urania Barcelona **39** 43—53, mit 10 Fig. Observaciones lunares. H. P. Wilkins.

Urania Kraków **25** 216. Most na Księżycu.

Vega Nr. **14/15** S. 61—62. Selenographical notes.

Vega Nr. **16/17** S. 64—68, mit 1 Fig. Some lunar curiosities. P. Moore.

Vega Nr. **16/17** S. 69. Lunar summit craterlets. C. A. Cross, P. Moore.

Vega Nr. **18/20** S. 76—77, mit 1 Fig. Selenographical notes, 1. Mount Schneckenberg. P. Moore.

Vega Nr. **18/20** S. 81. A bridge or tunnel in the lunar formation Aristotle?

Vega Nr. **18/20** S. 81—82, mit 1 Fig. The lunar mountains Piton and Pico.

§ 74

Mars

7401. Astrometrische Beobachtungen

Astr Circ UdSSR Nr. 154 S. 3—7 (russisch). Meridianbeobachtungen von Rektaszensionen Großer Planeten am Astronomischen Observatorium Taschkent. B. S. Balshinowa.

Greenwich Astronomical Results 1940, A 18. Observed right ascensions, declinations and diameters.

Mem SA It (NS) **25** 193—215 = Contr. Oss. Astr. Torino (NS) Nr. **21**. Osservazioni eseguite all'Osservatorio Astr. di Torino (Pino Torinese) dal 1949 al 1952. A. Fresa, A. M. Vergnano, N. Missana.

7402. Physische Beobachtungen

Astr. Nachr. Berlin-Treptow **6** 42. Mars 1954.

Coelum **22** 72—75, 107—113, mit 4 Fig. Osservazioni di Marte nell'opposizione 1952. G. Ruggieri.

El Universo Nr. **29** S. 87—90, mit 6 Fig. Aerografía Mexicana. E. López López, F. Escalante Plancarte.

J. Astr. Soc. Victoria **7** 8—12, mit 2 Fig. The 1954 opposition of Mars. — Vorschau.

J. Astr. Soc. Victoria **7** 55—56. Reports by observers of Mars.

MN ASSA **13** 77—82. The opposition of Mars 1954. I. R. H. Brickett.

NAZvM Nr. 220. Mars. H. Camichel, J. E. Focas.

Orion Schaffhausen **4** 266—272, mit 10 Fig. La planète Mars en 1952. M. du Martheray.

Orion Schaffhausen **4** 337—338. Mars.

Southern Stars **16** 82—83. Notes on observations of Mars in 1954. A. S. Westland.

Sterne **30** 244—245. Zur Marsopposition 1954. M. Kutscher.

Strolling Astronomer 8 79—86, mit 6 Fig. Mars, 1954-report number 1, part 1. D. P. Avigliano.

Strolling Astronomer 8 105—109, mit 5 Fig. Mars. W. D. Heintz.

Strolling Astronomer 8 109—117, mit 2 Fig. Mars, 1954-report number 1, part 2. D. P. Avigliano.

Strolling Astronomer 8 117. A.L.P.O. map of Mars in 1954.

Strolling Astronomer 8 127. Note on the 1954 A.L.P.O. map of Mars. D. P. Avigliano.

UAI Circ 1456. Mars. H. Camichel, J. E. Focas.

Urania Barcelona **39** 146—156, mit 19 Fig. De astronomía planetaria (Relación núm. 2).

* * **G. Abetti,** Lo studio delle superficie planetarie. Vgl. Ref. **7603**.

7403. **J. H. Botham,** Amateur photography of Mars. MN ASSA **13** 69. — Vorläufiger Bericht über Aufnahmen während der letzten Opposition.

7404. **N. J. Bowman,** Mars, planet of mystery. J. Space Flight and Rocket News Letter **6** Nr. 1 S. 1—7. — Ref. in RJ Astr. Geod. UdSSR Nr. **6**, 1955; Ref. Nr. 2448.

7405. **H. Camichel,** Détermination photographique du pôle de Mars, de son diamètre et des coordonnées aréographiques. BA **18** 83—174, mit 46 Fig. — Bearbeitung der seit 1941 am Pic du Midi aufgenommenen Marsbilder. Die erhaltene Position der Rotationsachse weicht um 1°.8 von der Crommelinschen ab. Für den Durchmesser und die Abplattung werden die üblich angenommenen Werte bestätigt. Die Koordinaten von 260 Flecken wurden berechnet. Die Werte der Längen und der Durchmesser, welche für verschiedene Oppositionen gefunden wurden, weisen systematische Abweichungen auf. Verf.

7406. **H. Camichel,** Détermination photographique du pôle de Mars, de son diamètre et des coordonnées aréographiques. BA **18** 175—191, mit 9 Fig. und 9 Tafeln. — Durchmesser und Abplattung des Mars werden bestimmt 1. durch Positionsmessungen von Flecken, 2. durch mikrophotometrische Registrierung von Marsdurchmessern auf der photographischen Platte; beide Methoden werden ausführlich diskutiert und auf systematische Fehler untersucht; die Ergebnisse werden mit denen von Müller und Trümpler verglichen. Den Schluß bildet eine Beschreibung der Marsoberfläche nach den Photographien und ein Vergleich mit der des Mondes. Böh.

7407. **C. Capen jr.,** The use of filters for observing fine Martian surface detail and atmospheric phenomena. Strolling Astronomer **8** 55—57.

7408. **D. L. Cyr,** Life on Mars — after ten years. Strolling Astronomer 8 35—38.

7409. **A. Dollfus,** Recherche de la vapeur d'eau dans l'atmosphère de la planète Mars, faite en ballon libre, vers 7000 m d'altitude. CR

239 954—956. — Aus photoelektrischen Messungen der Wasserdampfbande bei 8250 Å während eines Ballonaufstiegs im Mai 1954 ergibt sich, daß in der Marsatmosphäre über der Oberfläche des Planeten eine Wasserdampfmenge vorhanden ist, die ungefähr derjenigen in der Erdatmosphäre oberhalb 6500 m entspricht, wofür eine Wasserhöhe von etwa 0.25 mm gefunden wird. Kdr.

7410. **W. G. Fessenkow,** Über die Vegetation auf dem Mars. DAN **94** 197—198 (russisch). — Ref. in Postępy Astr. **2** 151—152. — Um nachzuprüfen, inwieweit Pflanzenwuchs die aus Albedo und Solarkonstante bestimmte Oberflächentemperatur eines Planeten verändert, ergänzt Verf. die Temperaturgleichung um ein Glied, das die von den Pflanzen aufgenommene Energie charakterisiert, die zum Wachstum verbraucht und damit der Erwärmung des Bodens entzogen wird. Während dieses Glied unter terrestrischen Bedingungen von Bedeutung ist, spielt es auf Grund der gemessenen Temperaturen der Marsmare dort kaum eine Rolle. Verf. schließt daraus, daß sich die Mare wie ein Belag aus mineralischen Substanzen verhalten. Loh.

7411. **W. G. Fessenkow,** Über die physikalischen Bedingungen und die Möglichkeit des Lebens auf dem Mars. Fragen der Philosophie Nr. **3** S. 106—124 (russisch). — Ref. in RJ Astr. Geod. UdSSR Nr. **7,** 1955; Ref. Nr. 2913.

7412. **A. P. FitzGerald,** Problems of Mars. Irish AJ **3** 37—52, mit 1 Fig. und 4 Tafeln. — Allgemeinverständliche Darstellung alter und neuer Probleme der Marsforschung. Loh.

7413. **J. E. Focas,** Polarimetric study of the light of the planets. National Obs. Athen Bull. Astr. Inst. Year: 1952 (2) S. 28—29. — Es werden die Ergebnisse von Polarisationsmessungen an Venus und Mars im Jahre 1952, ausgeführt mit einem Lyotschen Polarimeter am 16'-Refraktor der Sternwarte Athen, mitgeteilt. Bo.

7414. **G. Fournier,** La planète Mars pendant l'opposition de 1954. BSAF **68** 124—126.

7415. **W. H. Haas,** Mars and the amateur observer. Sky and Telescope **13** 265—267, mit 5 Fig.

7416. **M. P. Kossatschewskij,** Über die Bewegung der Marsmonde. Publ. Astr. Sternberg-Inst. **24** 199—214 (russisch). — Übersicht.

7417. **I. M. Levitt,** Mars clock and calendar. Sky and Telescope **13** 216—217, mit 1 Fig. — Betrifft eine von der Hamilton Watch Company konstruierte Mars- und Erduhr sowie den Vorschlag für einen Marskalender zu zwölf Monaten mit je 55 bis 56 Tagen.

7418. **E. P. Martz jr.,** Variation in atmospheric transparency of Mars in 1939. Publ ASP **66** 45—51, mit 1 Fig. und 1 Tafel — Verf. gibt eine Zusammenstellung von Erklärungsversuchen für die Natur des blau-violetten Dunstes, der gewöhnlich auf Marsaufnahmen in kurzwelligem Licht keine Details erkennen läßt. Nach Aufnahmen aus der Opposition 1939 werden Änderungen der Durchsichtigkeit der Marsatmosphäre im kurzwelligen Bereich diskutiert. Ein deutliches Aufklaren ist wie in anderen Jahren zur Zeit des Oppositionsdatums eingetreten. O. G.

7419. **D. B. McLaughlin,** Interpretation of some Martian features. AJ **59** 328. — Ref. AAS.

7420. **D. B. McLaughlin,** Volcanism and aeolian deposition on Mars. Bull. Geol. Soc. America **65** 715—717. — Ref. in RJ Astr. Geod. UdSSR Nr. **4,** 1955; Ref. Nr. 1563.

7421. **D. B. McLaughlin,** Interpretation of some Martian features. Irish AJ **3** 109—111. — Auf Grund der Regelmäßigkeit des Richtungsverlaufs der länglichen Mare vermutet Verf., daß es sich bei ihnen um Ablagerungsgebiete des von den regelmäßigen Winden (Monsune) mitgeführten Staubes handelt, der von Ausbrüchen der sich wahrscheinlich an den Spitzen der Baien befindlichen Vulkane herrührt. Auch das Aussehen des Mare-Spektrums spricht mehr für diese Annahme als für die Deutung der Mare als Vegetationsgebiete. Die grünliche Tönung dürfte durch chemische Prozesse zwischen dem vulkanischen Staub und der Atmosphäre (Verwitterung) bedingt sein. Der Farbwechsel entsteht durch Überlagerung des bei Änderung der Windrichtung aus den Ländern hergeführten Wüstenstaubs. Auch Kanäle können als Aschedriften angesehen werden. Loh.

7422. **D. B. McLaughlin,** Wind patterns and volcanoes on Mars. Obs **74** 166—168, mit 1 Fig. — Verf. stellt kurz dar, wie er charakteristische Formen der Marsoberfläche entstanden denkt (vgl. die beiden nachstehenden Ref.). O. G.

7423. **D. B. McLaughlin,** Interpretation of some Martian features. Publ ASP **66** 161—170, mit 2 Fig. und 1 Tafel. — Ref. in Postępy Astr. **3** 148, Urania Kraków **26** 268—269. — Verf. versucht, Form und Orientierung der Mare, ihrer Buchten und der größeren Kanäle zu erklären. Er nimmt an, daß sie durch Ablagerung von dunkler vulkanischer Asche gebildet worden sind (und noch gebildet werden), die durch ein Windsystem ähnlich den irdischen Passatwinden bis in große Entfernungen getragen wird. Die Vulkane werden in den Spitzen der Buchten, ungefähr in einem Großkreis mit 25° Neigung gegen den Marsäquator angenommen. O. G.

7424. **D. B. McLaughlin,** Further notes on Martian features. Publ ASP **66** 221—229. — Ref. in Urania Kraków **26** 268—269. — Zur Ergänzung des Erklärungsversuchs für Form und Lage der Mare (vgl. vorstehendes Ref.) werden einige scheinbare Widersprüche diskutiert und vor allem gezeigt, daß sich die Färbung der Mare mit der Annahme erklären läßt, daß sie durch Ablagerung von vulkanischer Asche gebildet worden sind. O. G.

7425. **H. Paetzold,** Zum Sauerstoffgehalt der Marsatmosphäre. Mitt. AG 1953 S. 19—20. — Ref. AG.

7426. **W. Proell,** Martian juvenation: the effect upon planetary conditions. I. J. Space Flight and Rocket News Letter **6** Nr. 5 S. 1—5. — Ref. in RJ Astr. Geod. UdSSR Nr. 8, 1955; Ref. Nr. 3139.

7427. **R. S. Richardson,** Exploring Mars. New York, McGraw-Hill Book Co., Inc., 1954. 261 S. Preis $ 4.00. — Besprechung in Astronautics **2** 83—84, JBAA **65** 83—84, Publ ASP **67** 124 (S. B. Nicholson), Strolling Astronomer **9** 21 (J. R. Smith), Sky and Telescope **14** 156, 337 (D. P. Avigliano).

7428. **K. Rudnicki,** Mars. Urania Kraków **25** 172—179, mit 1 Fig. und 3 Tafeln.

7429. **J. Sadil,** The new science — astrobotanics. RH **35** 75—79 (tschechisch).

7430. **J. Sadil,** To-days views on the existence of life on Mars. RH **35** 219—225 (tschechisch).

7431. **J. Sadil,** Mars. Rozhledy **33** 123—126, mit 3 Fig. (tschechisch). — Ref. in RJ Astr. Geod. UdSSR Nr. 6, 1955; Ref. Nr. 2201.

7432. **W. W. Scharonow,** Beurteilung der vermuteten Existenz von Salzflächen auf dem Mars vom photometrischen Standpunkt aus. Wiss. Bull. Univ. Leningrad Nr. 32 S. 4—6 (russisch). — Ref. in RJ Astr. Geod. UdSSR Nr. 1, 1955; Ref. Nr. 276.

7433. **J. Široký,** Opposition des Planeten Mars im Jahre 1954. Časop. Českosl. ústavů astr. **4** 33—36, mit 3 Fig. (tschechisch). — Ref. in RJ Astr. Geod. UdSSR Nr. **6,** 1955; Ref. Nr. 2202.

7434. **A. E. Slater,** Some comments on Strughold's ideas on martian vegetation. J. British Interplanetary Soc. **13** 334—336.

7435. **E. C. Slipher, A. G. Wilson,** Mars: 1954. ASP Leaflet Nr. **301,** 8 S.

7436. **H. Strughold,** The Green and Red Planet. Vgl. AJB **53** Ref. 7414. London, Sidgwick & Jackson, 1954. 16 + 96 S. mit 13 Fig. und 4 Tafeln. Preis 7s. 6d. — Weitere Besprechung in J. British Interplanetary Soc. **13** 58—59 (E. R. Nye), Mitt. Planetenbeobachter 8 24—25 (W. Carnuth), Obs **75** 86, Publ ASP **66** 155—157 (F. Salisbury), Weltraumfahrt **1954** 32 (H. Gartmann).

7437. **N. I. Suworow, S. S. Parschina,** Zur Hypothese über die Paläobotanik des Mars. Bote Akad. Wiss. Kasach. Sowjetrepublik Nr. **4** S. 98—102 (russisch). — Ref. in RJ Astr. Geod. UdSSR Nr. **1,** 1955; Ref. Nr. 46.

7438. **G. A. Tichow,** Zum Artikel von W. G. Fessenkow «Über den Pflanzenwuchs auf dem Mars». Bote Akad. Wiss. Kasach. Sowjetrepublik Nr. **5** S. 84—85 (russisch). — Ref. in RJ Astr. Geod. UdSSR Nr. **4,** 1955; Ref. Nr. 1559.

7439. **G. de Vaucouleurs,** Physics of the Planet Mars. London, Faber & Faber, Ltd.; New York, Macmillan, 1954. 365 S. mit 61 Fig. und 9 Tafeln. Preis 50 s. bzw. $ 10. — Besprechung in Irish AJ **3** 229—230, JBAA **65** 366 (P. Moore), J. British Interplanetary Soc. **14** 112 (P. Moore), Publ ASP **67** 265 (E. Pettit), Sky and Telescope **14** 243, 379—380, Urania København **12** 57.

7440. **G. de Vaucouleurs, C. Luplau Janssen,** Mars. Urania København **11** 47—54. — Bericht über den jetzigen Stand der Marsforschung.

7441. **A. G. Worobjow,** Über die Beobachtungen der Marsatmosphäre bei den bevorstehenden Oppositionen. Priroda **43** Nr. 3 S. 78—80, mit 4 Abb. (russisch). — Enthält neben Hinweisen zur Beobachtung zwei Abbildungen über die Zirkulation der Marsatmosphäre und zwei Diagramme zur Sichtbarkeit des Planeten. Loh.

7442. **W. P. Zessewitsch,** Über die Natur der Mare des Mars. Astr Circ UdSSR Nr. 154 S. 17—18 (russisch). — Ref. in Urania Kraków **26** 337. — Eine Abschätzung der Temperaturverhältnisse auf dem Mars durch einen Vergleich mit Mond und Erde läßt keinen Grund zur Annahme zu, Leben sei auf dem Mars unmöglich. Verf. übt in diesem Zusammenhang Kritik an einer Arbeit von Fessenkow (vgl. Ref. 7410). Loh.

7443. Nouvelles de la planète Mars. BSAF **68** 252. — Aus UAI Circ 1456.

7444. The rotation period of Mars. JBAA **64** 96.

7445. A relief map of Mars? JBAA **64** 97.

7446. The rotation of Mars. J RAS Canada **48** 27.

7447. Percival Lowell and Mars. J RAS Canada **48** 197.

7448. Fotografering av Marskanalerna. PAT **35** 74.

7449. Atmosphere of Mars. Sci. News Letter **55** 389. — Ref. in RJ Astr. Geod. UdSSR Nr. **7,** 1955; Ref. Nr. 2915.

7450. Photographs on Mars in 1941. An Antoniadi map of Mars. Sky and Telescope **13** 268—269, mit 9 Fig.

7451. Interpretation of Martian features. Sky and Telescope **13** 372, mit 1 Fig. — Ref. AAS.

§ 75

Kleine Planeten

7501. Ephemeriden Kleiner Planeten für das Jahr 1955. Herausgegeben vom Institut für Theoretische Astronomie der Akademie der Wissenschaften der UdSSR. Moskau-Leningrad, Verlag Akad. Wiss. UdSSR, 1954. 181 S. Preis 14 R. 30 Kop. (russisch). — Enthält die Elemente von 1597 Kleinen Planeten, Oppositionsdaten und Ephemeriden von 1205 Kleinen Planeten, die 1955 in Opposition kommen; außerdem Ephemeriden zur physischen Beobachtung, eine Tabelle über den Stand der Beobachtung und eine Liste von Kleinen Planeten, deren Beobachtung 1955 wünschenswert ist. Redaktion: N. S. Jachontowa. Loh.

7502. Tafeln zur Bestimmung der Störungen in den Elementen der Kleinen Planeten. Publ. Astr. Sektor Inst. Phys. Riga **5**, 245 + 7 S. (russisch). — Entsprechend den für dreistellige Rechnung eingerichteten «Tafeln zur genäherten speziellen Störungsrechnung» von Stracke (Veröff. Astr. Rechen-Inst. Berlin-Dahlem Nr. **48**, vgl. AJB **32** Ref. **3239**a) sind hier Tafeln zur Bestimmung spezieller Elementenstörungen für vierstellige Rechnung geschaffen, bei denen das Integrationsintervall 6° mittlerer Anomalie des gestörten Planeten beträgt (bei Stracke 12°). Im einzelnen enthält der Band: Tafel I und II mit den Koordinaten von Jupiter und Saturn 1930—1960 von 20^d zu 20^d; Tafel III zur Entnahme der Mittelpunktsgleichung und der Koeffizienten der Variationen der Bahnelemente, tabuliert von 6° zu 6° mittlerer Anomalie und für Exzentrizitätswinkel 0°0′—24°0′ im Intervall von 10′; Tafel IV zur Entnahme von $100/\Delta^3$ mit dem Argument Δ^2; Proportionaltäfelchen zur Interpolation. Böh.

7503. **I. I. Ahmad,** Photometric studies of asteroids. IV. The light-curves of Ceres, Hebe, Flora, and Kalliope. ApJ **120** 551—560, mit 9 Fig. = Contr. McDonald Obs. Nr. **244**. — Photoelektrische Beobachtungen von vier Kleinen Planeten werden diskutiert. Mit einer Ausnahme zeigen alle einen periodischen Lichtwechsel von etwa 4^h bis 9^h Dauer. Die Lichtkurven weisen ähnlich wie die der anderen bisher untersuchten Asteroiden zwei Maxima und zwei Minima auf. Micz.

7504. **H. Fischer,** Zum Rotations- und Phasenlichtwechsel von Vesta. AN **281** 262—264, mit 1 Abb. — Die Neureduktion von 76 während der Opposition 1941 erhaltenen photographischen Helligkeiten von Vesta im blauen und roten Spektralbereich ergab, daß während dieser Opposition ein Rotationslichtwechsel mit der Periode von 0.2226 Tagen und einer Amplitude von ungefähr $0^m\!.12$ bestanden hat. Für den Phasenkoeffizienten konnte der verbesserte Mittelwert $0^m\!.025$ aus beiden Spektralbereichen abgeleitet werden. Verf.

7505. **I. Groeneveld, G. P. Kuiper,** Photometric studies of asteroids. I. ApJ **120** 200—220, mit 23 Fig. = Contr. McDonald Obs. Nr. **239**. — Ref. in Sterne **31** 132—133. — Verf. haben von 9 Kleinen Planeten lichtelektrisch Helligkeits- und Farbmessungen erhalten. Alle Planetoiden sind in Zyklen von einigen Stunden Länge veränderlich und zeigen mit einer Ausnahme zwei Maxima und zwei Minima während eines Zyklus. Dies entspricht der Erwartung, daß es sich um unregelmäßig geformte Gebilde handelt, deren Reflexionsvermögen annähernd gleichförmig über die Oberfläche ist. Die Farbänderungen der Kleinen Planeten sind äußerst gering. Die kosmogonische Bedeutung der Helligkeitsbeobachtungen wird kurz gestreift. Micz.

7506. **I. Groeneveld, G. P. Kuiper,** Photometric studies of asteroids. II. ApJ **120** 529—546, mit 18 Fig. = Contr. McDonald Obs. Nr. **242**. — Ref. in Sterne **31** 132—133. — Die vorliegende Arbeit stellt eine Fortsetzung der Veröffentlichung in ApJ **120** 200 (vgl. vorstehendes Ref.) dar. Sie enthält photoelektrisch gemessene Lichtkurven von weiteren 12 Kleinen Planeten. Soweit möglich, wurden Perioden des Lichtwechsels abgeleitet. Die Farbe der Kleinen Planeten ist ungefähr die eines K0-Zwergs mit einem geringen Exzeß im Ultravioletten. Micz.

7507. **P. Herget,** Minor planets. MN **114** 358. — Fortschrittsbericht.

* * **T. A. Kotschlaschwili, A. F. Torondshadse,** Photographische Beobachtungen Kleiner Planeten und Kometen. Vgl. Ref. 8103.

7508. **M. M. Lepskij,** Die charakteristischen Besonderheiten der Bahnen der Trojaner. Astr Circ UdSSR Nr. 146 S. 4—5 (russisch). — Kurze Notiz über die Verteilung der aufsteigenden Knoten, die relativ großen Bahnneigungen zur Jupiterbahn, die kleinen Exzentrizitäten und die Verteilung der Perihele. Loh.

7509. **E. A. Ljubimowa, A. G. Starkowa,** Über die radioaktive Erwärmung der größeren Asteroiden und über die Struktur der Meteorite. AJ UdSSR **31** 429—432, mit 2 Abb. (russisch). — Ref. in Urania Kraków **26** 306—307. — Durch die Annahme einer radioaktiven Erwärmung der großen Asteroiden vor einigen Milliarden Jahren können die Spuren der Erhitzung und des Schmelzens in den Meteoriten, wenn man sie als Splitter dieser Asteroiden betrachtet, erklärt werden. Schrick

7510. **E. López López,** Ocultación de la estrella BD +5°2171 por el asteroide Pallas. El Universo Nr. **28** S. 38.

7511. **V. V. Michkovitch,** Les astéroïdes troyens inconnus. Recueil Travaux **42** Inst. Astr. Théor. Appl. Acad. Serbe Sci. Nr. **1** S. 79—94, mit 1 Fig. (serbisch mit französischer Zusammenfassung S. 177—180). — Beschreibung eines Verfahrens, das die Identifikation von Trojanern ermöglichen soll, von denen in zwei Oppositionen je ein genäherter Ort und die genäherten scheinbaren Bewegungen bekannt sind. Es besteht darin, nachzusehen, ob eine Hypothesenrechnung über die geozentrischen Distanzen für beide Objekte auf die gleichen Werte für Knotenlänge und Neigung führt. Böh.

7512. **R. Mitrinović,** Orbites et identifications d'astéroïdes. Recueil Travaux **42** Inst. Astr. Théor. Appl. Acad. Serbe Sci. Nr. **1** S. 101—123 (russisch mit französischer Zusammenfassung).

7513. **S. Piotrowski,** The collisions of asteroids. AA(a) **5** 115—136. — Unter der Annahme, daß die physikalische Wirkung eines Zusammenstoßes zweier Planetoiden dieselbe ist wie die bei der Sprengung einer Felsmasse, wird die für den Aufbruch der Masseneinheit der Planetenmaterie nötige Energie abgeleitet. Für die Häufigkeitsverteilung der Durchmesser ϱ als Funktion der Zeit t wird ein Ausdruck der Form $C(t)\,\varrho^{-3}\,d\varrho$ abgeleitet, der in seinem beobachtbaren Teil bestätigt ist. Aus der bekannten Verteilung der großen Halbachsen, Exzentrizitäten und Neigungen leitet Verf. die Zahl der Stöße ab, die in einem bestimmten Zeitabschnitt stattfinden, und die relative Geschwindigkeit der stoßenden Planeten. Für den vollständigen Aufbruch eines durchschnittlichen Planeten durch einen Stoß ergibt sich eine Zeit von 10^9 Jahren mit Rücksicht auf den jetzigen Zustand des Planetoidenringes. Böh.

7514. **M. Plavec,** On the relations between minor planets and meteor streams. BAC **5** 38—42 (mit russ. Zusammenfassung). — Die von Hoffmeister entdeckte Tatsache, daß die Bahnen von drei Meteorströmen (Ekliptikströme), abgesehen von einer Drehung der ganzen Bahnen um 20°, mit den Bahnen der drei Kleinen Planeten Hermes, Adonis und Apollo nahe identisch sind, läßt vermuten, daß die Bahnen einst zusammenfielen. Um dies zu untersuchen, wurden die Jupiterstörungen für zwei Paare berechnet und die Bahnelemente für die Vergangenheit abgeleitet. Es zeigt sich aber, daß eine Identität entsprechender Bahnen für einen früheren Zeitpunkt nicht zu gewinnen ist. Diese Rechnungen, denen allerdings große Unsicherheiten anhaften, bestätigen also den vermuteten Zusammenhang nicht. Bo.

* * **M. Plavec,** Vztahy mezi meteorickými roji a planetkami. Vgl. Ref. 8245.

* * **E. Rabe,** Additional note on the solar parallax from Eros. Vgl. Ref. **6011**.

7515. **E. Rabe,** The Trojans as escaped satellites of Jupiter. AJ **59** 433—439. — Ref. in BSAF **69** 341, Sterne **31** 98—99. — Verf. zeigt, vornehmlich durch Diskussion des Jacobischen Integrals eines erweiterten restringierten Dreikörperproblems (mit veränderlicher störender Masse), daß und wie bei langsam abnehmender Masse des Urjupiter ein ehemaliger Jupitersatellit in einen Trojaner übergehen kann. Aus den Untersuchungen Thürings über die Librationsbahnen der Trojaner wird eine Minimalmasse des Urjupiter vom 20-fachen Betrag der heutigen Jupitermasse hergeleitet, die mit dem von Kuiper auf ganz anderem Wege abgeschätzten Wert übereinstimmt. Böh.

7516. **K. Reinmuth,** Der kleine Planet 1553 «Bauersfelda». Zeiss Werkzeitschrift **2** Heft 11 S. 22—23, mit 3 Abb.

7517. **N. S. Samojlowa-Jachontowa,** Übersicht der Arbeiten über die Kleinen Planeten in den Jahren 1947—1952. BIA **5** 561—570 (russisch).

7518. **A. V. Shatzel,** Photometric studies of asteroids. III. The light-curve of 44 Nysa. ApJ **120** 547—550, mit 4 Fig. = Contr. McDonald Obs. Nr. **243**. — Es werden lichtelektrische Beobachtungen des Kleinen Planeten 44 Nysa mitgeteilt, die zur Auffindung einer Lichtwechselperiode von $6^h\,25^m$ führten. Die Amplitude des Lichtwechsels erreicht fast $0\overset{m}{.}5$. Micz.

7519. **G. E. B. Stephenson,** Minor planet notes. Vega Nr. **16/17** S. 68, Nr. **18/20** S. 77, Nr. **21/24** S. 86—87, mit 1 Fig.

7520. **L. Tartois,** La petite planète Cérès. BSAF **68** 188.

7521. **G. E. Taylor,** An occultation of a star by Pallas. Sky and Telescope **13** 170—172, mit 2 Fig. — Vorschau auf die Bedeckung von BD +5° 2171 am 6.—7. April 1954.

7522. **G. A. Tschebotarjow, A. I. Boshkowa,** Die Entwicklung der Bahnen der Kleinen Planeten der Hilda-Gruppe. BIA **5** 571—593, mit 17 Abb. (russisch). — Die Arbeit ist eine Fortführung der in AJB **53** Ref. **7520** zitierten. Für neun dort noch nicht behandelte Kleine Planeten der Hilda-Gruppe werden unter Berücksichtigung der Jupiterstörungen die oskulierenden Bahnelemente für von Fall zu Fall unterschiedliche Zeiträume — Jahrhunderte/Jahrtausende — zurück und voraus berechnet. Loh.

7523. Kleine Planeten. Astr. Nachr. Berlin-Treptow **6** 8—10. — Bericht über das Anwachsen der Zahl der Kleinen Planeten im Laufe der Zeit und über die Benennungen nach 1945.

7524. Oppositions-Ephemeriden Kleiner Planeten heller als $10\overset{m}{.}0$. Astr. Nachr. Berlin-Treptow **6** 10—12.

7525. Documents pour l'étude physique des petites planètes. DOB **7** Nr. 1 Fasc. 2, 8 S., Nr. 2—3 Fasc. 2, 8 S., Nr. 4 Fasc. 2, 8 S., Nr. 5 Fasc. 2, 4 S., Nr. 6 Fasc. 2, 8 S., Nr. 7—8 Fasc. 2, 4 S., Nr. 11 Fasc. 2, 4 S., Nr. 12 Fasc. 2, 8 S. mit 23 Fig.

7526. La petite planète 1221 Amor (1932 EA_1). Gaz astr **35** 72—73.

7527. Icarus opnieuw waargenomen. Hemel en Dampkring **52** 14.

7528. More work for the asteroids. J RAS Canada **48** 78—79. — Ref. in Vega Nr. **18/20** S. 82.

7529. Reports on the occultation by Pallas. Sky and Telescope **13** 283. — Mitteilungen von Liebhabern über den Vorübergang an BD +5° 2171 am 7. April 1954.

7530. Five years of minor planet observations. Sky and Telescope **13** 373, mit 1 Fig. — Ref. AAS.

7531. After 50 years. Sky and Telescope **14** 51. — Notiz zur Wiederentdeckung des verloren gegangenen Kleinen Planeten 515 Athalia.

7532. Die Bedeutung von 1566 Icarus für die Himmelsmechanik. Sterne **30** 19—20.

7533. Observations and comments. Strolling Astronomer **8** 45.

7534. An occultation of a star by Vesta. Strolling Astronomer **8** 124. — Bericht über die Bedeckung von BD +19°945 am 22. Dez. 1954.

7535. Masa planetoid. Urania Kraków **25** 13—14.

7536. Ruch perihelu planetki Icarus. Urania Kraków **25** 52.

7537. Minor planet names. Vega Nr. **16/17** S. 71. — Betrifft die Benennung einiger neuer Kleiner Planeten.

7538. Asteroid Icarus. Vega Nr. **18/20** S. 82.

7539. **Meridiankreisbeobachtungen Kleiner Planeten**

1 Ceres	Greenwich Astronomical Results 1940, A 20.
	TAB (2) Nr. **67** S. 623—624. S. Nakano, R. Fukaya.
2 Pallas	Greenwich Astronomical Results 1940, A 20.
	TAB (2) Nr. **67** S. 623—624. S. Nakano, R. Fukaya.
4 Vesta	Greenwich Astronomical Results 1940, A 20.
	Mem SA It (NS) **25** 247—255 = Oss. Astr. Roma Monte Mario Contr. Sci. Nr. **202**. G. Armellini Conti.
	Rend. Accad. Sci. Fis. Mat. Soc. Nazionale Sci. Lettere Arti, Napoli (4) **21** 79—82 = Oss. Astr. Capodimonte-Napoli Oss. **1** Nr. 2. R. Barbatelli.
	TAB (2) Nr. **67** S. 623—624. S. Nakano, R. Fukaya.

7540. Nachweis der Beobachtungen und Berechnungen Kleiner Planeten

Zeichenerklärung:
* = genäherter Ort, Id = identisch, Eph = Ephemeride, El = Elemente

Abkürzung des Beobachtungsortes

Abastumani	Aba	Kasan	Kas	Pulkowo	Pul
Algier	Alg	Kiel	Kil	Richmond Hill	RiH
Alma Ata	AlA	Kiew	Kiw	Rom	Rom
Arcetri	Arc	Kitab	Kit	Rostow	Ros
Athen	Ath	Kobe	Kob	Rutherford	Rut
Babelsberg	Bab	Kodaikanal	Kod	San Fernando (Cadiz)	SFe
Barcelona	Bar	Königsberg	Kön	Santiago	San
Belgrad	Bel	Kopenhagen	Kop	Saragossa	Sar
Bergedorf	Bgf	Krakau	Kra	Saratow	Saw
Berkeley	Bky	Kutschino	Kut	Sarreguemines	Sag
Besançon	Bes	Kyoto	Kyo	Schwäbisch-Hall	SHa
Blaye	Bla	Lagny	Lag	Seto-Mura	SMu
Bloemfontein	Blf	La Plata	LaP	Simada	Sia
Bloomington	Blo	Leiden	Lei	Simeïs	Sim
Bordeaux	Bor	Leipzig	Lzg	Sizuoka	Siz
Bosque Alegre	BoA	Lemberg (Lwow)	Lem	Skalnaté Pleso	SPl
Budapest	Bud	Lissabon	Lis	Sonneberg	Son
Buenos Aires	BAi	London	Lon	Spetsai	Spe
Bukarest	Buk	Madrid	Mad	Stalinabad	Sta
Cambridge, Engl.	CaE	Mailand	Mai	Stuttgart	Stu
Cambridge, Mass.	CaM	Moskau	Mos	Suma	Sum
Cape of Good Hope	Cap	Mt. Hamilton	HtM	Sydney	Syd
Castel Gandolfo	CaG	Mt. Palomar	MtP	Tacubaya	Tac
Charkow	Chw	Mt. Stromlo	MtS	Tartu	Tar
Charlottesville	Cha	Mt. Wilson	MtW	Taschkent	Tkt
Cordoba	Cor	München	Mün	Teramo	Ter
Düsseldorf	Düs	Nanking	Nan	Tokyo	Tok
Eva Peron	EVA	Neapel	Nap	Tomsk	Tom
Flagstaff	Fla	New Haven	NHv	Toulouse	Tou
Fort Davis	FtD	Nizza	Niz	Triest	Tri
Frauenfeld	Fra	Northfield	Nor	Turin	Tor
Golossejewo	Gol	Oak Ridge	Oak	Tucson	Tuc
Greenwich	Gre	Odessa	Oda	Turku	Tuk
Hamburg	Ham	Ohte	Oht	Uccle	Ucc
Headley	Hea	Okayama	Oka	Utrecht	Utr
Heidelberg	Hei	Ottawa	Ott	Warschau	War
Hyderabad	Hyd	Oxford	Oxf	Washington	Was
Innsbruck	Inn	Padua	Pad	Wien	Wie
Istanbul	Ist	Palermo	Pal	Wiesbaden	Wis
Johannesburg	Joh	Paris	Par	Williams Bay	WiB
Jo. Hartebeespoort	JoH	Pittsburgh	Pit	Wilna	Wil
Joh. Yale-Columbia	JoY	Poznań	Poz	Würzburg	Wür
Juvisy	Juv	Prag	Pra	Zô-Sè	ZoS
Karlsruhe	Kar	Pretoria	Pre		

1 Ceres
40: Greenwich Astr. Results **1940** A 20 Gre. — 43: Abastumani Bull. Nr. **17** S. 80 Aba*. — 47: TAB (2) Nr. 69 S. 631 Tok. — 49: TAB (2) Nr. 69 S. 631 Tok. — 50: Abastumani Bull. Nr. **17** S. 82 Aba. TAB (2) Nr. 69 S. 631 Tok. Mem SA It (NS) **25** 207 Tui. — 51: Abastumani Bull. Nr. **17** S. 84 Aba*. Abastumani Bull. Nr. **17** S. 84 Aba. AJ UdSSR **31** 295 Nan. SFe Astr. (B) Nr. **2** SFe. — 52: SFe Astr. (B) Nr. **2** SFe. Mem SA It (NS) **25** 211 Tui. — 53: JO **37** 12 Bes. Mem SA It (NS) **25** 251 = Roma Monte Mario Contr. Nr. **202** Rom. TAB (2) Nr. 67 S. 623 Tok (nur α). — 54: MPC 1040, 1097 Alg*. Belgrade Bull. **19** Nr. 1 Bel. MPC 1091, 1106 Blo*. MPC 1101 Rom. MPC 1139 SFe. MPC 1158 Tuk*. BAB **4** 177, MPC 1103 Ucc*. BAB **4** 176, 179, MPC 1071, 1120 Ucc
Eph (1953/54) Urania Kraków **25** 36
Eph (1954) Astr. Nachr. Berlin-Treptow **6** 11, Sky and Telescope **13** 174, Urania Kraków **25** 68, 100, 132, 164, 196, 228

2 Pallas
40: Greenwich Astr. Results **1940** A 20 Gre. — 47: TAB (2) Nr. 69 S. 631 Tok. — 48: TAB (2) Nr. 69 S. 631 Tok. — 50: TAB (2) Nr. 69 S. 631 Tok. Mem SA It (NS) **25** 206 Tui. — 51: AJ UdSSR **31** 295 Nan. SFe Astr. (B) Nr. **2** SFe. Mem SA It (NS) **25** 208 Tui. — 52: MPC 1114 Ott. — 53: MPC 1010, 1040 Alg*. TAB (2) Nr. 67 S. 623 Tok (nur α). — 54: MPC 1040, 1077 Alg*. Belgrade Bull. **19** Nr. 1 Bel. MPC 1162 Joh. MPC 1101 Rom. MPC 1139 SFe. MPC 1085 WiB
Eph (1953/54) Urania Kraków **25** 36
Eph (1954) Astr. Nachr. Berlin-Treptow **6** 11, Sky and Telescope **13** 136, Urania Kraków **25** 68, 100, 132, 162, 196

3 Juno
45: TAB (2) Nr. 69 S. 632 Tok. — 47: TAB (2) Nr. 69 S. 632 Tok. — 48: TAB (2) Nr. 69 S. 632 Tok. — 50: Rev. Astr. **23** 55 Cor*. TAB (2) Nr. 69 S. 632 Tok. — 51: Abastumani Bull. Nr. **17** S. 83 Aba*. AJ UdSSR **31** 294 Nan. SFe Astr. (B) Nr. **2** SFe. — 52: Astr Circ UdSSR Nr. 153 Pul. SFe Astr. (B) Nr. **2** SFe. — 53: MPC 1010, 1040 Alg*. — 54: MPC 1040, 1077, 1078 Alg*. Belgrade Bull. **19** Nr. 1 Bel. MPC 1101 Rom. MPC 1139 SFe
Eph (1953/54) Urania Kraków **25** 36
Eph (1954) Astr. Nachr. Berlin-Treptow **6** 11, Sky and Telescope **13** 136, Urania Kraków **25** 68, 100, 132

4 Vesta
40: Greenwich Astr. Results **1940** A 20 Gre. — 48: TAB (2) Nr. 69 S. 632 Tok. — 49: TAB (2) Nr. 69 S. 632 Tok. — 50: Rev. Astr. **23** 55 Cor*. TAB (2) Nr. 69 S. 632 Tok. — 52: SFe Astr. (B) Nr. **2** SFe. — 53: MPC 1059 Bel. UC **6** 222 Joh. MPC 1035 Niz*. Mem SA It (NS) **25** 248 (nur α), 251 = Roma Monte Mario Contr. Nr. **202**, MPC 1053 Rom. MPC 1065, SFe. Krim Mitt. **4** 186 Sim*. TAB (2) Nr. 67 S. 624 Tok (nur α). — 54: Publ ASP **67** 121 MtW
Eph (1954) Urania Kraków **25** 156, 292, 324
Eph (1954/55) Astr. Nachr. Berlin-Treptow **6** 72, Sky and Telescope **14** 35, Urania Kraków **25** 388

5 Astraea
48: TAB (2) Nr. 69 S. 632 Tok. — 50: Rev. Astr. **23** 55 Cor*. TAB (2) Nr. 69 S. 632 Tok. — 51: AJ UdSSR **31** 295 Nan. SFe Astr. (B) Nr. **2** SFe. — 52: Krim Mitt. **11** 190 Sim*. — 54: Belgrade Bull. **19** Nr. 1 Bel. MPC 1091 Blo*. MPC 1101 Rom. MPC 1139 SFe. BAB **4** 176, MPC 1070 Ucc
Eph (1954) Astr. Nachr. Berlin-Treptow **6** 11, Sky and Telescope **13** 136, Urania Kraków **25** 68, 100

6 Hebe
44: TAB (2) Nr. 69 S. 632 Tok. — 48: TAB (2) Nr. 69 S. 632 Tok. — 50: Abastumani Bull. Nr. **17** S. 82 Aba*. TAB (2) Nr. 69 S. 632 Tok. — 51: SFe Astr. (B) Nr. **2** SFe. — 52: SFe Astr. (B) Nr. **2** SFe. — 53: MPC 1065 Bar. MPC 1059 Bel. MPC 1027 Blo*. MPC 1056 Kar. Madrid Bol. **4** Nr. 7 Mad. Mem SA It (NS) **25** 251 = Roma Monte Mario Contr. Nr. **202**, MPC 1053 Rom. MPC 1065 SFe[1])
Eph (1954/55) Urania Kraków **25** 388

7 Iris
47: TAB (2) Nr. 69 S. 632 Tok. — 49: TAB (2) Nr. 69 S. 632 Tok. — 50: TAB (2) Nr. 69 S. 632 Tok. Mem SA It (NS) **25** 207 Tui. — 53: UC **6** 222 Joh. Madrid Bol. **4** Nr. 7 Mad
Eph (1954) Astr. Nachr. Berlin-Treptow **6** 37, BAA Circ 352, Sky and Telescope **13** 320, Urania Kraków **25** 196, 228, 260, 292

[1]) Berichtigung in MPC 1114.

8 Flora
47: TAB (2) Nr. 69 S. 632 Tok. — 48: TAB (2) Nr. 69 S. 632 Tok. — 50: Rev. Astr. **23** 55 Cor*. TAB (2) Nr. 69 S. 632 Tok. — 51: Abastumani Bull. Nr. **17** S. 84 Aba*. AJ UdSSR **31** 295 Nan. SFe Astr. (B) Nr. **2** SFe. — 53: MPC 1059 Bel. Madrid Bol. **4** Nr. 7 Mad. Krim Mitt. **12** 182, 183 Sim*. — 54: MPC 1162 Joh. MPC 1139 SFe
Eph (1954) Astr. Nachr. Berlin-Treptow **6** 11, Sky and Telescope **13** 244

9 Metis
51: AJ UdSSR **31** 294 Nan. Mem SA It (NS) **25** 207 Tui. — 54: Belgrade Bull. **19** Nr. 1 Bel. MPC 1101 Rom
Eph (1953/54) Urania Kraków **25** 36

10 Hygiea
41: Abastumani Bull. Nr. **17** S. 78 Aba*. — 44: TAB (2) Nr. 69 S. 632 Tok. — 49: TAB (2) Nr. 69 S. 632 Tok. — 50: TAB (2) Nr. 69 S. 632 Tok. — 51: AJ UdSSR **31** 295 Nan. SFe Astr. (B) Nr. **2** SFe. — 52: SFe Astr. (B) Nr. **2** SFe

11 Parthenope
41: Abastumani Bull. Nr. **17** S. 76 Aba*. — 47: TAB (2) Nr. 69 S. 632 Tok. — 49: TAB (2) Nr. 69 S. 632 Tok. — 50: TAB (2) Nr. 69 S. 632 Tok. Mem SA It (NS) **25** 206 Tui. — 51: SFe Astr. (B) Nr. **2** SFe. — 53: MPC 1059 Bel. Madrid Bol. **4** Nr. 7 Mad. Krim Mitt. **12** 182, 183 Sim*. — 54: MPC 1162 Joh. MPC 1139 SFe
Eph (1954) Astr. Nachr. Berlin-Treptow **6** 11, Sky and Telescope **13** 284, Urania Kraków **25** 196, 228

12 Victoria
41: Abastumani Bull. Nr. **17** S. 76 Aba*. — 50: TAB (2) Nr. 69 S. 633 Tok. — 52: SFe Astr. (B) Nr. **2** SFe. — 53: UC **6** 222 Joh

13 Egeria
51: Abastumani Bull. Nr. **17** S. 83 Aba*. AJ UdSSR **31** 294 Nan. SFe Astr. (B) Nr. **2** SFe. — 53: MPC 1009, UC **6** 222 Joh. MPC 1068 Syd

14 Irene
47: TAB (2) Nr. 69 S. 633 Tok. — 50: TAB (2) Nr. 69 S. 633 Tok. — 51: Rev. Astr. **23** 55 Cor*. AJ UdSSR **31** 294 Nan. SFe Astr. (B) Nr. **2** SFe. Mem SA It (NS) **25** 207 Tui. — 52: EVA Circ. Nr. **13**, MPC 1003 EVA. — 53: MPC 1065 Bar. MPC 1059 Bel. MPC 1075, 1076, 1101 Kyo*. Madrid Bol. **4** Nr. 7, MPC 1019 Mad[2]). Astr Circ UdSSR Nr. 146 Saw*. MPC 1066 SFe. Astr Circ UdSSR Nr. 147 Sim*

15 Eunomia
44: TAB (2) Nr. 69 S. 633 Tok. — 48: TAB (2) Nr. 69 S. 633 Tok. — 51: Mem SA It (NS) **25** 209 Tui. — 52: SFe Astr. (B) Nr. **2** SFe. — 53: UC **6** 222 Joh. — 54: MPC 1162 Joh
Eph (1954) Astr. Nachr. Berlin-Treptow **6** 11, Sky and Telescope **13** 244

16 Psyche
49: TAB (2) Nr. 69 S. 633 Tok. — 50: TAB (2) Nr. 69 S. 633 Tok[3]). — 52: SFe Astr. (B) Nr. **2** SFe. — 53: MPC 1059 Bel. Madrid Bol. **4** Nr. 7 Mad. — 54: MPC 1142 Blo*. MPC 1162 Joh. MPC 1157 Kyo*. MPC 1152 Niz*
Eph (1954) Astr. Nachr. Berlin-Treptow **6** 37, Sky and Telescope **13** 320

17 Thetis
47: TAB (2) Nr. 69 S. 633 Tok. — 50: TAB (2) Nr. 69 S. 633 Tok. — 53: MPC 1059 Bel. Madrid Bol. **4** Nr. 7 Mad. Krim Mitt. **12** 183 Sim*. BAC **5** 54 SPl*. MPC 1028, 1029 Tuk*. — 54: MPC 1138 Alg*
Eph (1954) Astr. Nachr. Berlin-Treptow **6** 37, Sky and Telescope **13** 320

18 Melpomene
50: Abastumani Bull. Nr. **17** S. 82 Aba*. TAB (2) Nr. 69 S. 633 Tok[3]). — 52: Abastumani Bull. Nr. **17** S. 84 Aba*. SFe Astr. (B) Nr. **2** SFe. — 53: MPC 1065 Bar. MPC 1059 Bel. Madrid Bol. **4** Nr. 7 Mad. Mem SA It (NS) **25** 251 = Roma Monte Mario Contr. Nr. **202**, MPC 1053 Rom[4]). MPC 1065 SFe*. MPC 1068 Syd

19 Fortuna
47: TAB (2) Nr. 69 S. 633 Tok. — 48: Mem SA It (NS) **25** 206 Tui*. — 50: TAB (2) Nr. 69 S. 633 Tok. — 51: AJ UdSSR **31** 295 Nan. SFe Astr. (B) Nr. **2** SFe. Mem SA It (NS) **25** 208 Tui. — 53: Madrid Bol. **4** Nr. 7 Mad. Mem SA It (NS) **25** 251 = Roma Monte Mario Contr. Nr. **202** Rom. BAC **5** 54 SPl*. — 54: MPC 1097 Alg*. MPC 1162 Joh. MPC 1156 Kyo*. MPC 1145 Mad. MPC 1139 SFe

---
[2]) Berichtigung in MPC 1062.
[3]) In TAB (2) Nr. 51 S. 398 lies bis einschließlich 1057 Wanda November statt Oktober.
[4]) Für Juli 2.9288 lies 3.9288.

20 Massalia
41: Abastumani Bull. Nr. **17** S. 77 Aba*. — 48: TAB (2) Nr. 69 S. 633 Tok. — 51: Abastumani Bull. Nr. **17** S. 77 Aba*. AJ UdSSR **31** 294 Nan. SFe Astr. (B) Nr. **2** SFe. TAB (2) Nr. 69 S. 633 Tok. — 52: SFe Astr. (B) Nr. **2** SFe. — 53: MPC 1065 Bar. MPC 1059 Bel. MPC 1043 Blo*. MPC 1051, NAZ **8** 11 Hei*. Madrid Bol. **4** Nr. 7 Mad. Mem SA It (NS) **25** 251 = Roma Monte Mario Contr. Nr. **202**, MPC 1053 Rom. Krim Mitt. **12** 186, 187 Sim*. Astr Circ UdSSR Nr. 146 Tar*. Astr Circ UdSSR Nr. 146 Wil*

21 Lutetia
47: TAB (2) Nr. 69 S. 633 Tok. — 50: Abastumani Bull. Nr. **17** S. 82 Aba. TAB (2) Nr. 69 S. 633 Tok. — 51: AJ UdSSR **31** 295 Nan. Mem SA It (NS) **25** 209 Tui. — 53: MPC 1059 Bel. Madrid Bol. **4** Nr. 7 Mad. MPC 1114 Ott. BAC **5** 54 SPl*. — 54: MPC 1162 Joh
Eph (1954) Astr. Nachr. Berlin-Treptow **6** 37, Sky and Telescope **13** 284

22 Kalliope
48: TAB (2) Nr. 69 S. 633 Tok. — 49: TAB (2) Nr. 69 S. 633 Tok. — 51: AJ UdSSR **31** 296 Nan. SFe Astr. (B) Nr. **2** SFe. — 53: MPC 1059 Bel. — 54: MPC 1139 SFe

23 Thalia
50: TAB (2) Nr. 69 S. 633 Tok[3]). — 52: SFe Astr. (B) Nr. **2** SFe. — 53: UC **6** 225 Joh

24 Themis
50: TAB (2) Nr. 69 S. 633 Tok. — 51: SFe Astr. (B) Nr. **2** SFe. — 53: Madrid Bol. **4** Nr. 7 Mad. — 54: MPC 1138 Alg*. MPC 1107, 1122 Blo*. MPC 1162 Joh

25 Phocaea
47: TAB (2) Nr. 69 S. 633 Tok. — 49: TAB (2) Nr. 69 S. 633 Tok. Mem SA It (NS) **25** 206 Tui. — 50: TAB (2) Nr. 69 S. 633 Tok. Mem SA It (NS) **25** 201 Tui. — 53: UC **6** 222 Joh. — 54: MPC 1138 Alg*
Eph (1954) Astr. Nachr. Berlin-Treptow **6** 37, Sky and Telescope **13** 398

26 Proserpina
49: Abastumani Bull. Nr. **17** S. 82 Aba*. — 50: TAB (2) Nr. 51 S. 398 Tok*[3]). — 53: MPC 1054, UC **6** 223, 225 Joh. Madrid Bol. **4** Nr. 7 Mad. MPC 1068 Syd

27 Euterpe
43: Abastumani Bull. Nr. **17** S. 80 Aba*. — 50: TAB (2) Nr. 69 S. 633 Tok[3]). — 52: SFe Astr. (B) Nr. **2** SFe. — 53: MPC 1065 Bar. MPC 1065 SFe. Krim Mitt. **12** 184, 185 Sim*
Eph (1954/55) Urania Kraków **25** 388

28 Bellona
42: Abastumani Bull. Nr. **17** S. 79 Aba*. — 51: Abastumani Bull. Nr. **17** S. 83 Aba*. AJ UdSSR **31** 294 Nan. SFe Astr. (B) Nr. **2** SFe. TAB (2) Nr. 69 S. 633, 634 Tok. — 53: MPC 1065 Bar. MPC 1059 Bel. MPC 1050, NAZ **8** 10 Hei*. Madrid Bol. **4** Nr. 7 Mad. Krim Mitt. **12** 184, 185, 186 Sim*. MPC 1055, 1068 Syd. Astr Circ UdSSR Nr. 146 Wil*
Eph (1954) Astr. Nachr. Berlin-Treptow **6** 72, Sky and Telescope **13** 439

29 Amphitrite
44: TAB (2) Nr. 69 S. 634 Tok. — 50: TAB (2) Nr. 69 S. 634 Tok. — 51: SFe Astr. (B) Nr. **2** SFe. — 52: SFe Astr. (B) Nr. **2** SFe. — 53: MPC 1009, UC **6** 222 Joh. Mem SA It (NS) **25** 251 = Roma Monte Mario Contr. Nr. **202**, MPC 1053 Rom. MPC 1055 Syd
Eph (1954) Astr. Nachr. Berlin-Treptow **6** 72, Sky and Telescope **14** 35, Urania Kraków **25** 356
Eph (1954/55) BAA Circ Nr. 358, Urania Kraków **25** 388

30 Urania
42: Abastumani Bull. Nr. **17** S. 79 Aba*. — 49: TAB (2) Nr. 69 S. 634 Tok. — 51: SFe Astr. (B) Nr. **2** SFe. — 53: MPC 1065 Bar. MPC 1059 Bel. MPC 1101 Kyo*. MPC 1150 Niz*. Astr Circ UdSSR Nr. 147 Sim*. — 54: MPC 1095, NAZ **8** 24 Hei*. MPC 1144 Mad. MPC 1101 Rom. MPC 1139 SFe

31 Euphrosyne
51: TAB (2) Nr. 69 S. 634 Tok. — 52: SFe Astr. (B) Nr. **2** SFe. — 53: UC **6** 222 Joh
El MPC 1011

32 Pomona
49: Abastumani Bull. Nr. **17** S. 82 Aba*. — 50: TAB (2) Nr. 69 S. 633 Tok[3]). — 51: AJ UdSSR **31** 294 Nan. — 52: SFe Astr. (B) Nr. **2** SFe. — 53: MPC 1065 Bar. MPC 1059 Bel. MPC 1050, NAZ **8** 10 Hei*[5]). MPC 1035 Niz*. Krim Mitt. **12** 185 Sim*. MPC 1068 Syd. BAB **4** 171, MPC 1031, 1032 Ucc. Astr Circ UdSSR Nr. 146 Wil*

[5]) Berichtigung in MPC 1096.

33 Polyhymnia
51: AJ UdSSR **31** 295 Nan. SFe Astr. (B) Nr. **2** SFe. — 54: MPC 1102 Kyo*. MPC 1150 Niz*

34 Circe
51: SFe Astr. (B) Nr. **2** SFe. — 52: SFe Astr. (B) Nr. **2** SFe. — 53: MPC 1065 Bar. MPC 1059 Bel. MPC 1050, NAZ **8** 10 Hei*[5]). MPC 1035 Niz*. Krim Mitt. **12** 185 Sim*. BAB **4** 171, MPC 1031 Ucc

35 Leukothea
48: TAB (2) Nr. 69 S. 634 Tok. — 54: MPC 1162 Joh

36 Atalante
51: AJ UdSSR **31** 296 Nan. Mem SA It (NS) **25** 209 Tui[6]). — 54: MPC 1162 Joh

37 Fides
51: SFe Astr. (B) Nr. **2** SFe. — 53: MPC 1027, 1028 Blo*. UC **6** 222 Joh. Madrid Bol. **4** Nr. 7 Mad
Eph (1954) Astr. Nachr. Berlin-Treptow **6** 37, Sky and Telescope **13** 439

38 Leda
41: Abastumani Bull. Nr. **17** S. 78 Aba*. — 53: MPC 1027, 1028 Blo*. UC **6** 222 Joh. Madrid Bol. **4** Nr. 7 Mad. MPC 1055 Syd. — 54: MPC 1138 Alg*

39 Laetitia
48: TAB (2) Nr. 69 S. 634 Tok. — 50: Abastumani Bull. Nr. **17** S. 82 Aba*. TAB (2) Nr. 69 S. 634 Tok. Mem SA It (NS) **25** 202 Tui. — 52: Abastumani Bull. Nr. **17** S. 84 Aba*. — 53: Madrid Bol. **4** Nr. 7 Mad. Krim Mitt. **12** 184 Sim*. BAC **5** 54 SPl*. — 54: MPC 1138 Alg*. MPC 1145 Mad. MPC 1139 SFe
Eph (1954) Astr. Nachr. Berlin-Treptow **6** 11, Sky and Telescope **13** 244

40 Harmonia
41: Abastumani Bull. Nr. **17** S. 77 Aba*. — 43: Abastumani Bull. Nr. **17** S. 81 Aba*. — 48: TAB (2) Nr. 69 S. 634 Tok. — 49: Abastumani Bull. Nr. **17** S. 82 Aba*. — 50: TAB (2) Nr. 69 S. 634 Tok. — 51: Abastumani Bull. Nr. **17** S. 82, 83 Aba*. TAB (2) Nr. 69 S. 634 Tok. — 52: EVA Circ. Nr. **13**, MPC 1003 EVA. SFe Astr. (B) Nr. **2** SFe*. — 53: MPC 1065 Bar. MPC 1059 Bel. MPC 1047, 1048, 1049 Blo*. MPC 1052, NAZ **8** 12 Hei*. MPC 1056 Kar. Astr Circ UdSSR Nr. 145 Lem*[7]). Madrid Bol. **4** Nr. 7, MPC 1019 Mad[2]). Mem SA It (NS) **25** 251 = Roma Monte Mario Contr. Nr. **202**, MPC 1053, 1054 Rom. Astr Circ UdSSR Nr. 146 Saw*. Astr Circ UdSSR Nr. 147, Krim Mitt. **12** 187 Sim*. Astr Circ UdSSR Nr. 146 Tar*. MPC 1031 Tuk*

41 Daphne
52: SFe Astr. (B) Nr. **2** SFe. — 53: MPC 1059 Bel. Mem SA It (NS) **25** 251 = Roma Monte Mario Contr. Nr. **202** Rom. BAC **5** 54 SPl. — 54: MPC 1138 Alg*. MPC 1142, 1143 Blo*. MPC 1159 Tuk*

42 Isis
41: Abastumani Bull. Nr. **17** S. 78 Aba*. — 51: SFe Astr. (B) Nr. **2** SFe. — 52: SFe Astr. (B) Nr. **2** SFe. — 54: MPC 1158 Tuk*. BAB **4** 176, 179, MPC 1071, 1120 Ucc

43 Ariadne
48: TAB (2) Nr. 69 S. 634 Tok. — 49: Abastumani Bull. Nr. **17** S. 81 (?) Aba*. — 51: SFe Astr. (B) Nr. **2** SFe. — 53: MPC 1047, 1048 Blo*. MPC 1075 Kyo*. Madrid Bol. **4** Nr. 7, MPC 1019 Mad[2]). Astr Circ UdSSR Nr. 147 Sim*

44 Nysa
49: TAB (2) Nr. 69 S. 634 Tok. — 51: TAB (2) Nr. 69 S. 634 Tok. Mem SA It (NS) **25** 207 Tui. — 52: SFe Astr. (B) Nr. **2** SFe*. — 53: MPC 1065 Bar*. MPC 1065 Bar. MPC 1059 Bel. MPC 1049 Blo*. MPC 1052, 1053, NAZ **8** 12 Hei*. Astr Circ UdSSR Nr. 145 Lem*[7]). Madrid Bol. **4** Nr. 7, MPC 1019 Mad[2]). Mem SA It (NS) **25** 251 = Roma Monte Mario Contr. Nr. **202**, MPC 1054 Rom. Astr Circ UdSSR Nr. 146 Saw*. Astr Circ UdSSR Nr. 146 Tar*. MPC 1031 Tuk*. Astr Circ UdSSR Nr. 146 Wil*

45 Eugenia
41: Abastumani Bull. Nr. **17** S. 76 Aba*. — 49: TAB (2) Nr. 69 S. 634 Tok. — 51: AJ UdSSR **31** 294 Nan. SFe Astr. (B) Nr. **2** SFe. Mem SA It (NS) **25** 207 Tui. — 52: SFe Astr. (B) Nr. **2** SFe. — 53: MPC 1059 Bel. Astr Circ UdSSR Nr. 146 Saw*. Astr Circ UdSSR Nr. 147, Krim Mitt. **12** 188 Sim*

46 Hestia
50: TAB (2) Nr. 69 S. 634 Tok[3]). — 51: AJ UdSSR **31** 294 Nan. — 53: UC **6** 222 Joh
Eph (1954) Astr. Nachr. Berlin-Treptow **6** 72

[6]) Berichtigung in MPC 904.

[7]) Für $17^{d}.738$ lies $27^{d}.738$.

47 Aglaja
49: TAB (2) Nr. 69 S. 634 Tok. — 50: TAB (2) Nr. 69 S. 634 Tok. — 53: MPC 1029 Tuk*. — 54: MPC 1162 Joh

48 Doris
49: TAB (2) Nr. 69 S. 634 Tok. — 50: TAB (2) Nr. 69 S. 634 Tok. — 51: AJ UdSSR **31** 295 Nan. SFe Astr. (B) Nr. **2** SFe. Mem SA It (NS) **25** 208 Tui. — 53: Krim Mitt. **12** 182 Sim*. — 54: MPC 1156 Kyo*. MPC 1144, 1145 Mad. BAB **4** 179, MPC 1120 Ucc

49 Pales
51: SFe Astr. (B) Nr. **2** SFe. — 53: UC **6** 222 Joh. Madrid Bol. **4** Nr. 7 Mad. BAC **5** 54 SPl*. — 54: MPC 1162 Joh. MPC 1152 Niz*

50 Virginia
52: SFe Astr. (B) Nr. **2** SFe

51 Nemausa
47: TAB (2) Nr. 69 S. 634 Tok. — 49: Mem SA It (NS) **25** 201, 204 Tui. — 50: Abastumani Bull. Nr. **17** S. 82 Aba. TAB (2) Nr. 69 S. 634 Tok. — 51: Mem SA It (NS) **25** 202 Tui. — 52: SFe Astr. (B) Nr. **2** SFe. — 53: MPC 1059 Bel. Madrid Bol. **4** Nr. 7 Mad. Mem SA It (NS) **25** 251 = Roma Monte Mario Contr. Nr. **202** Rom. BAC **5** 54 SPl*. MPC 1068 Syd. — 54: MPC 1138 Alg. MPC 1142, 1143 Blo*. MPC 1159 Tuk*
Eph (1954) MPC 1104, NAZ **8** 24, UAI Circ 1451
Eph (1954/55) MPC 1126, NAZ **8** 35, UAI Circ 1467

52 Europa
49: Mem SA It (NS) **25** 206 Tui. — 50: TAB (2) Nr. 69 S. 634 Tok. — 51: AJ UdSSR **31** 294 Nan. SFe Astr. (B) Nr. **2** SFe. Mem SA It (NS) **25** 207 Tui. — 52: SFe Astr. (B) Nr. **2** SFe. — 53: MPC 1065 Bar. MPC 1051, NAZ **8** 10 Hei*. MPC 1035 Niz*. MPC 1065 SFe. Krim Mitt. **12** 184, 185, 186 Sim*. MPC 1055, 1068 Syd. Astr Circ UdSSR Nr. 146 Wil*
Eph (1954) Astr. Nachr. Berlin-Treptow **6** 72

53 Kalypso
51: Abastumani Bull. Nr. **17** S. 83 Aba*. SFe Astr. (B) Nr. **2** SFe. TAB (2) Nr. 69 S. 634 Tok. — 53: MPC 1039 Blo*. MPC 1051, NAZ **8** 10, 11 Hei*. Krim Mitt. **12** 186 Sim*

54 Alexandra
41: Abastumani Bull. Nr. **17** S. 76 Aba*. — 51: SFe Astr. (B) Nr. **2** SFe

55 Pandora
41: Abastumani Bull. Nr. **17** S. 78 Aba*. — 50: TAB (2) Nr. 69 S. 634 Tok[3]). — 52: SFe Astr. (B) Nr. **2** SFe. — 53: UC **6** 222 Joh. Madrid Bol. **4** Nr. 7 Mad. — 54: MPC 1162 Joh. MPC 1157 Kyo*

56 Melete
49: Abastumani Bull. Nr. **17** S. 82 Aba*. — 53: MPC 1065 Bar. Madrid Bol. **4** Nr. 7 Mad. MPC 1065 SFe

57 Mnemosyne
51: SFe Astr. (B) Nr. **2** SFe. TAB (2) Nr. 69 S. 634 Tok. — 52: SFe Astr. (B) Nr. **2** SFe. — 53: MPC 1059 Bel. — 54: MPC 1138 Alg*

58 Concordia
41: Abastumani Bull. Nr. **17** S. 77 Aba*. — 50: TAB (2) Nr. 69 S. 634 Tok. — 53: Krim Mitt. **12** 182, 183 Sim*. — 54: MPC 1162 Joh

59 Elpis
49: Abastumani Bull. Nr. **17** S. 81 Aba*. — 50: TAB (2) Nr. 69 S. 634 Tok. — 51: SFe Astr. (B) Nr. **2** SFe. — 53: MPC 1059 Bel

60 Echo
51: SFe Astr. (B) Nr. **2** SFe. — 53: MPC 1047, 1049 Blo*. Madrid Bol. **4** Nr. 7, MPC 1019 Mad[2]). Astr Circ UdSSR Nr. 146 Saw*. Astr Circ UdSSR Nr. 147, Krim Mitt. **12** 187, 188 Sim*. MPC 1031 Tuk*

61 Danaë
50: Mem SA It (NS) **25** 206 Tui. — 53: MPC 1038, 1042 Blo*. MPC 1052, NAZ **8** 11 Hei*. Astr Circ UdSSR Nr. 146 Tar*. MPC 1029 Tuk*. BAB **4** 171, MPC 1033 (?) Ucc[8])

62 Erato
49: TAB (2) Nr. 69 S. 634 Tok. — 53: UC **6** 222 Joh. MPC 1055 Syd

63 Ausonia
50: TAB (2) Nr. 69 S. 634 Tok. — 51: AJ UdSSR **31** 295 Nan. SFe Astr. (B) Nr. **2** SFe. — 53: Madrid Bol. **4** Nr. 7 Mad. — 54: MPC 1162 Joh. DOB **1954** Nr. 6 Lag*. MPC 1139 SFe*. MPC 1133 Syd
Eph (1954) Astr. Nachr. Berlin-Treptow **6** 11, Sky and Telescope **13** 174

64 Angelina
49: TAB (2) Nr. 69 S. 635 Tok. — 51: AJ UdSSR **31** 295 Nan. SFe Astr. (B) Nr. **2** SFe. — 53: Mem SA It (NS) **25** 251 = Roma Monte Mario Contr. Nr. **202** Rom. BAC **5** 54 SPl*. — 54: MPC 1107, 1122 Blo*. MPC 1162 Joh. MPC 1139 SFe

[8]) Berichtigung in MPC 1071.

65 Cybele
47: Abastumani Bull. Nr. **17** S. 81 Aba. TAB (2) Nr. 69 S. 635 Tok. — 50: TAB (2) Nr. 69 S. 635 Tok. — 51: AJ UdSSR **31** 295 Nan. SFe Astr. (B) Nr. **2** SFe. Mem SA It (NS) **25** 208 Tui. — 53: MPC 1052, 1053, NAZ **8** 12, 13 Hei*. Madrid Bol. **4** Nr. 7, MPC 1018, 1019 Mad[2]). Astr Circ UdSSR Nr. 146 Tar*. MPC 1031 Tuk*

66 Maja
41: Abastumani Bull. Nr. **17** S. 78 Aba*. — 51: TAB (2) Nr. 69 S. 635 Tok. — 53: MPC 1065 Bar. MPC 1038 Blo*. MPC 1009, UC **6** 222 Joh. Krim Mitt. **12** 184, 185 Sim*

67 Asia
41: Abastumani Bull. Nr. **17** S. 78 Aba*. — 48: TAB (2) Nr. 69 S. 635 Tok. — 49: TAB (2) Nr. 69 S. 635 Tok. — 51: AJ UdSSR **31** 294 Nan. — 52: Krim Mitt. **11** 189, 190 Sim*. — 54: MPC 1144 Mad

68 Leto
50: TAB (2) Nr. 69 S. 635 Tok. — 51: Mem SA It (NS) **25** 209 Tui[9]). — 53: Krim Mitt. **12** 182, 183 Sim*. — 54: MPC 1162 Joh. MPC 1139 SFe

69 Hesperia
48: TAB (2) Nr. 69 S. 635 Tok. — 50: TAB (2) Nr. 69 S. 635 Tok. — 51: SFe Astr. (B) Nr. **2** SFe. — 54: MPC 1095, NAZ **8** 24 Hei*. MPC 1102, 1156 Kyo*. MPC 1139 SFe. MPC 1133 Syd. BAB **4** 177, MPC 1103 Ucc*

70 Panopaea
47: Abastumani Bull. Nr. **17** S. 81 Aba. TAB (2) Nr. 69 S. 635 Tok. — 50: TAB (2) Nr. 69 S. 635 Tok. — 51: SFe Astr. (B) Nr. **2** SFe. — 54: MPC 1156 Kyo*. MPC 1139 SFe. MPC 1133 Syd

71 Niobe
51: Abastumani Bull. Nr. **17** S. 83 Aba*. SFe Astr. (B) Nr. **2** SFe

72 Feronia
51: SFe Astr. (B) Nr. **2** SFe. — 53: UC **6** 225 Joh. Madrid Bol. **4** Nr. 7 Mad. — 54: MPC 1138 Alg*. MPC 1158 Tuk*

73 Klytia
54: MPC 1162 Joh

74 Galatea
41: Abastumani Bull. Nr. **17** S. 77 Aba*. — 50: TAB (2) Nr. 69 S. 635 Tok. — 53: MPC 1059 Bel. Krim Mitt. **12** 183 Sim*. — 54: MPC 1138 Alg*. MPC 1162 Joh. MPC 1145 Mad

75 Eurydike
41: Abastumani Bull. Nr. **17** S. 78 Aba*. — 53: MPC 1059 Bel. UC **6** 222 Joh. Madrid Bol. **4** Nr. 7 Mad

76 Freia
50: TAB (2) Nr. 69 S. 635 Tok. — 52: Abastumani Bull. Nr. **17** S. 84 Aba*. SFe Astr. (B) Nr. **2** SFe. — 53: UC **6** 222 Joh. — 54: MPC 1162 Joh

77 Frigga
51: SFe Astr. (B) Nr. **2** SFe. TAB (2) Nr. 69 S. 635 Tok. — 53: MPC 1038 Blo*. UC **6** 225 Joh

78 Diana
48: TAB (2) Nr. 69 S. 635 Tok. — 50: TAB (2) Nr. 69 S. 635 Tok. — 52: SFe Astr. (B) Nr. **2** SFe. — 53: UC **6** 222, 225 Joh. MPC 1055 Syd. — 54: MPC 1138 Alg*

79 Eurynome
50: TAB (2) Nr. 69 S. 635 Tok. Mem SA It (NS) **25** 206 Tui. — 51: AJ UdSSR **31** 295 Nan. — 53: Madrid Bol. **4** Nr. 7 Mad. Krim Mitt. **12** 183 Sim*. — 54: MPC 1138 Alg*. MPC 1162 Joh. MPC 1151, 1152 Niz*
Eph (1954) Astr Circ UdSSR Nr. 145
El Astr Circ UdSSR Nr. 145

80 Sappho
51: SFe Astr. (B) Nr. **2** SFe. — 53: Madrid Bol. **4** Nr. 7 Mad. — 54: MPC 1102, 1156 Kyo*

81 Terpsichore
51: SFe Astr. (B) Nr. **2** SFe. — 53: Madrid Bol. **4** Nr. 7 Mad. — 54: MPC 1162 Joh

82 Alkmene
51: SFe Astr. (B) Nr. **2** SFe. — 53: MPC 1059 Bel. Madrid Bol. **4** Nr. 7 Mad. Krim Mitt. **12** 183 Sim*. — 54: MPC 1162 Joh

83 Beatrix
48: TAB (2) Nr. 69 S. 635 Tok. — 50: TAB (2) Nr. 69 S. 635 Tok[3]). — 52: SFe Astr. (B) Nr. **2** SFe. — 53: MPC 1009, UC **6** 222 Joh. Krim Mitt. **12** 184 Sim*

84 Klio
49: TAB (2) Nr. 69 S. 635 Tok. — 54: MPC 1144 Mad

85 Io
42: Abastumani Bull. Nr. **17** S. 79 Aba*. — 50: TAB (2) Nr. 69 S. 635 Tok. — 51: AJ UdSSR **31** 295 Nan. SFe Astr. (B) Nr. **2** SFe. Mem SA It (NS) **25** 208 Tui. — 52: SFe Astr. (B) Nr. **2** SFe. — 54: MPC 1133 Syd

[9]) Für Dez 21.9393 lies 29.8787.

86 Semele
53: MPC 1048, 1049 Blo*. MPC 1052, 1053, NAZ **8** 12, 13 Hei*. Madrid Bol. **4** Nr. 7, MPC 1018, 1019 Mad²). Astr Circ UdSSR Nr. 146 Saw*. Astr Circ UdSSR Nr. 146 Tar*. MPC 1031 Tuk*

87 Sylvia
52: Krim Mitt. **11** 189, 190 Sim*. — 53: MPC 1047 Blo*

88 Thisbe
41: Abastumani Bull. Nr. **17** S. 78 Aba*. — 49: Abastumani Bull. Nr. **17** S. 81 Aba*. TAB (2) Nr. 69 S. 635 Tok. — 50: TAB (2) Nr. 69 S. 635 Tok. — 51: AJ UdSSR **31** 294 Nan. SFe Astr. (B) Nr. **2** SFe. — 53: MPC 1060 Bel. UC **6** 222 Joh. Madrid Bol. **4** Nr. 7 Mad

89 Julia
50: TAB (2) Nr. 69 S. 635 Tok. Mem SA It (NS) **25** 206 Tui. — 52: SFe Astr. (B) Nr. **2** SFe*. — 54: MPC 1139 SFe

90 Antiope
41: Abastumani Bull. Nr. **17** S. 76 Aba*. — 54: MPC 1156 Kyo*. MPC 1144, 1145 Mad

91 Aegina
51: Abastumani Bull. Nr. **17** S. 82 (?) Aba*. SFe Astr. (B) Nr. **2** SFe. TAB (2) Nr. 69 S. 635 Tok. — 53: MPC 1065 Bar. MPC 1060 Bel. Madrid Bol. **4** Nr. 7 Mad. Krim Mitt. **12** 184, 185, 186 Sim*. MPC 1068 Syd

92 Undina
51: SFe Astr. (B) Nr. **2** SFe. — 53: MPC 1009, UC **6** 222 Joh. Astr Circ UdSSR Nr. 145 Lem*. MPC 1068 Syd

93 Minerva
41: Abastumani Bull. Nr. **17** S. 78 Aba*. — 50: TAB (2) Nr. 69 S. 635 Tok. — 53: UC **6** 222 Joh. — 54: MPC 1138 Alg*. MPC 1159 Tuk*

94 Aurora
51: SFe Astr. (B) Nr. **2** SFe. — 54: MPC 1102 Kyo*. MPC 1150, 1151 Niz*

95 Arethusa
50: TAB (2) Nr. 69 S. 635 Tok. — 53: MPC 1052, NAZ **8** 11 Hei*. MPC 1075 Kyo*. Madrid Bol. **4** Nr. 7, MPC 1018 Mad²). Astr Circ UdSSR Nr. 147, Krim Mitt. **12** 188 Sim*

96 Aegle
53: Krim Mitt. **12** 182 Sim*. BAC **5** 54 SPl*. — 54: MPC 1162 Joh

97 Klotho
49: TAB (2) Nr. 69 S. 635 Tok. — 51: SFe Astr. (B) Nr. **2** SFe. TAB (2) Nr. 69 S. 635 Tok. — 53: MPC 1060 Bel. Madrid Bol. **4** Nr. 7 Mad. MPC 1066 SFe. Krim Mitt. **12** 185 Sim*. MPC 1055, 1068 Syd. Astr Circ UdSSR Nr. 146 Wil*

98 Ianthe
50: TAB (2) Nr. 69 S. 635 Tok. — 53: MPC 1009, UC **6** 222 (?) Joh

100 Hekate
49: TAB (2) Nr. 69 S. 635 Tok. — 50: TAB (2) Nr. 69 S. 635 Tok. — 54: Belgrade Bull. **19** Nr. 1 Bel. MPC 1095, NAZ **8** 24 Hei*. MPC 1102, 1156 Kyo*. BAB **4** 176, MPC 1103 Ucc

101 Helena
41: Abastumani Bull. Nr. **17** S. 77 Aba*. — 43: Abastumani Bull. Nr. **17** S. 80 Aba*. — 50: TAB (2) Nr. 69 S. 635 Tok. — 51: SFe Astr. (B) Nr. **2** SFe. — 53: Madrid Bol. **4** Nr. 7 Mad. Krim Mitt. **12** 182 Sim*. — 54: Belgrade Bull. **19** Nr. 1 Bel. MPC 1102, 1156 Kyo*

102 Miriam
50: TAB (2) Nr. 69 S. 635 Tok. — 53: UC **6** 225 Joh. — 54: MPC 1108 Blo*. MPC 1162 Joh

103 Hera
41: Abastumani Bull. Nr. **17** S. 76 Aba*. — 47: TAB (2) Nr. 69 S. 636 Tok. — 49: TAB (2) Nr. 69 S. 636 Tok. — 50: TAB (2) Nr. 69 S. 636 Tok. — 51: AJ UdSSR **31** 294 Nan. SFe Astr. (B) Nr. **2** SFe. TAB (2) Nr. 69 S. 636 Tok. — 53: MPC 1065 Bar. MPC 1060 Bel. Madrid Bol. **4** Nr. 7, MPC 1019 Mad²). Astr Circ UdSSR Nr. 146 Saw*

104 Klymene
47: Abastumani Bull. Nr. **17** S. 81 Aba. — 52: SFe Astr. (B) Nr. **2** SFe. — 54: BAB **4** 176, MPC 1071 Ucc

105 Artemis
48: SFe Astr. (B) Nr. **2** SFe. TAB (2) Nr. 69 S. 636 Tok. — 51: AJ UdSSR **31** 294 Nan. SFe Astr. (B) Nr. **2** SFe. — 52: Krim Mitt. **11** 189 Sim*

106 Dione
47: TAB (2) Nr. 69 S. 636 Tok. — 53: MPC 1065 Bar. MPC 1045, 1046, 1047 Blo*. Astr Circ UdSSR Nr. 145 Lem*. Madrid Bol. **4** Nr. 7, MPC 1018 Mad²). MPC 1066 SFe. Astr Circ UdSSR Nr. 146 Tar*. Astr Circ UdSSR Nr. 146 Wil*

107 Camilla
48: TAB (2) Nr. 69 S. 636 Tok. — 52: Krim Mitt. **11**

190 Sim*. Mem SA It (NS) **25** 211 Tui. — 53: MPC 1036 Niz*. Astr Circ UdSSR Nr. 147, Krim Mitt. **12** 188 Sim*

108 Hecuba
41: Abastumani Bull. Nr. **17** S. 77 Aba*. — 49: TAB (2) Nr. 69 S. 636 Tok. — 50: TAB (2) Nr. 69 S. 636 Tok. — 52: Krim Mitt. **11** 190, 191 Sim*. Mem SA It (NS) **25** 210 Tui. — 53: Astr Circ UdSSR Nr. 153 AlA*. Astr Circ UdSSR Nr. 147 Sim*

109 Felicitas
52: EVA Circ. Nr. **13**, MPC 1003 EVA. — 53: MPC 1074 Kyo*. Madrid Bol. **4** Nr. 7 Mad. MPC 1035 (?) Niz*. Krim Mitt. **12** 186 Sim*. MPC 1068 Syd

110 Lydia
49: TAB (2) Nr. 69 S. 636 Tok. — 51: AJ UdSSR **31** 294 Nan. SFe Astr. (B) Nr. **2** SFe. TAB (2) Nr. 69 S. 636 Tok. — 53: MPC 1065 Bar. Madrid Bol. **4** Nr. 7, MPC 1018 Mad[2]). MPC 1035, 1036 Niz*. MPC 1066 SFe. Krim Mitt. **12** 187 Sim*. MPC 1068 Syd

111 Ate
52: SFe Astr. (B) Nr. **2** SFe. — 53: UC **6** 222 Joh. — 54: MPC 1138 Alg*

112 Iphigenia
44: TAB (2) Nr. 69 S. 636 Tok. — 49: TAB (2) Nr. 69 S. 636 Tok. — 50: Abastumani Bull. **17** S. 82 Aba*. TAB (2) Nr. 69 S. 636 Tok. — 53: MPC 1054, UC **6** 225 Joh

113 Amalthea
50: TAB (2) Nr. 69 S. 636 Tok. — 51: SFe Astr. (B) Nr. **2** SFe. — 52: Abastumani Bull. Nr. **17** S. 84 Aba*. SFe Astr. (B) Nr. **2** SFe. — 53: MPC 1044, 1046 Blo*. MPC 1074, 1075 Kyo*. Astr Circ UdSSR Nr. 145 Lem*. MPC 1066 SFe

114 Kassandra
48: TAB (2) Nr. 69 S. 636 Tok. — 49: TAB (2) Nr. 69 S. 636 Tok. — 53: Astr Circ UdSSR Nr. 148 AlA*. Madrid Bol. **4** Nr. 7 Mad. Krim Mitt. **12** 184 Sim*. — 54: MPC 1156, 1157 Kyo*

115 Thyra
50: TAB (2) Nr. 69 S. 636 Tok. — 52: SFe Astr. (B) Nr. **2** SFe*. SFe Astr. (B) Nr. **2** SFe. Krim Mitt. **11** 190 Sim*. Mem SA It (NS) **25** 211 Tui

116 Sirona
53: MPC 1009, UC **6** 222 Joh. Madrid Bol. **4** Nr. 7 Mad

117 Lomia
51: SFe Astr. (B) Nr. **2** SFe. TAB (2) Nr. 69 S. 636 Tok. — 53: MPC 1009, UC **6** 222 Joh

118 Peitho
50: TAB (2) Nr. 69 S. 636 Tok. — 53: UC **6** 225 Joh
Eph (1954) Astr Circ UdSSR Nr. 145, Astr. Nachr. Berlin-Treptow **6** 72
El Astr Circ UdSSR Nr. 145

119 Althaea
50: TAB (2) Nr. 69 S. 636 Tok. — 51: SFe Astr. (B) Nr. **2** SFe. — 52: SFe Astr. (B) Nr. **2** SFe. Mem SA It (NS) **25** 210 Tui. — 54: MPC 1144 Mad. MPC 1150 Niz*. BAB **4** 179, MPC 1120 Ucc

120 Lachesis
54: MPC 1102 Kyo*. MPC 1158 Tuk*. BAB **4** 176, 179, MPC 1070, 1120 Ucc

121 Hermione
50: TAB (2) Nr. 69 S. 636 Tok. — 51: SFe Astr. (B) Nr. **2** SFe. Mem SA It (NS) **25** 209 Tui

122 Gerda
41: Abastumani Bull. Nr. **17** S. 77 Aba*. — 51: SFe Astr. (B) Nr. **2** SFe. — 53: MPC 1028, 1039 Blo*. MPC 1050, 1051, NAZ **8** 10, 11 Hei*. MPC 1074 Kyo*. MPC 1035 Niz*. Krim Mitt. **12** 185 Sim*

123 Brunhild
41: Abastumani Bull. Nr. **17** S. 77 Aba*. — 43: Abastumani Bull. Nr. **17** S. 80 Aba*. — 52: Krim Mitt. **11** 190 Sim*. — 54: MPC 1102 Kyo*. BAB **4** 179, MPC 1120 Ucc

124 Alkeste
50: TAB (2) Nr. 69 S. 636 Tok. — 52: SFe Astr. (B) Nr. **2** SFe. — 53: MPC 1060 Bel. MPC 1047 Blo*. MPC 1050, NAZ **8** 10 Hei*. Madrid Bol. **4** Nr. 7 Mad. MPC 1065 SFe. Krim Mitt. **12** 185 Sim*. MPC 1068 Syd. BAB **4** 173, MPC 1033 Ucc*. BAB **4** 171, MPC 1032 Ucc

125 Liberatrix
49: Abastumani Bull. Nr. **17** S. 82 Aba*. — 50: TAB (2) Nr. 51 S. 398 Tok*[3]). — 53: UC **6** 222 Joh

126 Velleda
41: Abastumani Bull. Nr. **17** S. 78 Aba*. — 52: SFe Astr. (B) Nr. **2** SFe. Krim Mitt. **11** 191 Sim*. — 54: Belgrade Bull. **19** Nr. 1 Bel. MPC 1086, 1090, 1091 Blo*

127 Johanna
41: Abastumani Bull. Nr. **17** S. 78 Aba*. — 50: TAB (2) Nr. 69 S. 636 Tok. — 53: UC **6** 222 Joh

128 Nemesis
49: TAB (2) Nr. 69 S. 636 Tok. — 51: Abastumani Bull. Nr. 17 S. 83 Aba*. SFe Astr. (B) Nr. 2 SFe. TAB (2) Nr. 69 S. 636 Tok. — 53: MPC 1027, 1028 Blo*. UC 6 222 Joh. Madrid Bol. 4 Nr. 7 Mad. MPC 1055 Syd
Id mit 1952 HW_1, MPC 1188, NAZ 8 42
Eph (1954) Astr. Nachr. Berlin-Treptow 6 72

129 Antigone
42: Abastumani Bull. Nr. 17 S. 79 Aba*. — 51: SFe Astr. (B) Nr. 2 SFe. TAB (2) Nr. 69 S. 636 Tok. — 52: Mem SA It (NS) 25 209 Tui. — 53: Astr Circ UdSSR Nr. 145 Lem*. MPC 1066 SFe

130 Elektra
50: TAB (2) Nr. 69 S. 636 Tok. — 53: MPC 1065 Bar. Madrid Bol. 4 Nr. 7 Mad. MPC 1066 SFe*. Krim Mitt. 12 185 Sim*. MPC 1068 Syd

131 Vala
43: Abastumani Bull. Nr. 17 S. 81 Aba*

132 Aethra
53: UC 6 222 Joh. MPC 1153 Niz
Id mit 1953 LF, MPC 1154

133 Cyrene
51: TAB (2) Nr. 69 S. 636 Tok. — 53: UC 6 225 Joh. MPC 1055 Syd

134 Sophrosyne
43: Abastumani Bull. Nr. 17 S. 80 Aba*. — 51: AJ UdSSR 31 295 Nan. SFe Astr. (B) Nr. 2 SFe. — 53: MPC 1060 Bel. Madrid Bol. 4 Nr. 7 Mad. Krim Mitt. 12 182, 183 Sim*. — 54: MPC 1149 (?) Joh

135 Hertha
51: AJ UdSSR 31 295 Nan. SFe Astr. (B) Nr. 2 SFe. — 54: MPC 1162 Joh. MPC 1156 Kyo*. MPC 1144, 1145 Mad. MPC 1139 SFe

136 Austria
50: TAB (2) Nr. 69 S. 636 Tok. — 51: AJ UdSSR 31 295 Nan. Mem SA It (NS) 25 208 Tui. — 54: MPC 1156 Kyo*

137 Meliboea
53: Madrid Bol. 4 Nr. 7, MPC 1019 Mad[2]). Astr Circ UdSSR Nr. 147, Krim Mitt. 12 187 Sim*. MPC 1030 Tuk*

138 Tolosa
50: TAB (2) Nr. 69 S. 636 Tok. — 51: AJ UdSSR 31 295 Nan. SFe Astr. (B) Nr. 2 SFe. — 54: MPC 1151 Niz*. BAB 4 176, MPC 1071 Ucc

139 Juewa
49: TAB (2) Nr. 69 S. 636 Tok. — 51: SFe Astr. (B) Nr. 2 SFe. — 52: EVA Circ. Nr. 13, MPC 1003 EVA. — 53: MPC 1074 Kyo*. Madrid Bol. 4 Nr. 7 Mad. MPC 1066 SFe. Astr Circ UdSSR Nr. 147, Krim Mitt. 12 187 Sim*. MPC 1030, 1031 Tuk*

140 Siwa
50: TAB (2) Nr. 69 S. 636 Tok. — 51: SFe Astr. (B) Nr. 2 SFe. — 54: MPC 1102, 1156 Kyo*. MPC 1139 SFe. BAB 4 176, MPC 1071 Ucc

141 Lumen
51: SFe Astr. (B) Nr. 2 SFe. Mem SA It (NS) 25 208 Tui. — 54: MPC 1162 Joh. MPC 1133 Syd. BAB 4 177, MPC 1103 Ucc*

142 Polana
41: Abastumani Bull. Nr. 17 S. 77 Aba*. — 51: SFe Astr. (B) Nr. 2 SFe. — 54: Astr Circ UdSSR Nr. 153 AlA*. MPC 1077 Alg*. Astr Circ UdSSR Nr. 155 Tar

143 Adria
50: TAB (2) Nr. 69 S. 636 Tok. — 54: MPC 1162 Joh

144 Vibilia
41: Abastumani Bull. Nr. 17 S. 78 Aba*. — 49: Abastumani Bull. Nr. 17 S. 82 Aba*. — 51: SFe Astr. (B) Nr. 2 SFe. TAB (2) Nr. 69 S. 636 Tok. — 53: UC 6 222 Joh. MPC 1055 Syd

145 Adeona
49: TAB (2) Nr. 69 S. 636 Tok. — 53: Madrid Bol. 4 Nr. 7 Mad. BAC 5 54 SPl*. — 54: MPC 1162 Joh

146 Lucina
42: Abastumani Bull. Nr. 17 S. 79 Aba*. — 50: Mem SA It (NS) 25 206 Tui. — 51: SFe Astr. (B) Nr. 2 SFe. — 53: MPC 1075, 1076, 1101 Kyo*. Madrid Bol. 4 Nr. 7, MPC 1019 Mad[2]). Astr Circ UdSSR Nr. 147 Sim*

147 Protogeneia
49: TAB (2) Nr. 69 S. 636 Tok. — 52: EVA Circ. Nr. 13, MPC 1004 EVA. — 53: MPC 1039 Blo*. MPC 1051, NAZ 8 10, 11 Hei*
Eph (1954) EVA Circ. Nr. 13
El EVA Circ. Nr. 13

148 Gallia
51: Abastumani Bull. Nr. 17 S. 83 Aba*. SFe Astr. (B) Nr. 2 SFe. TAB (2) Nr. 69 S. 636, 637 Tok

149 Medusa
52: Krim Mitt. 11 189 Sim*

150 Nuwa
47: TAB (2) Nr. 69 S. 637 Tok. — 52: Krim Mitt. **11** 189 Sim*. — 53: MPC 1065 Bar. MPC 1060 Bel. MPC 1101 Kyo*. — 54: MPC 1144 Mad

151 Abundantia
42: Abastumani Bull. Nr. **17** S. 79 Aba*. — 53: UC **6** 222 Joh

152 Atala
52: EVA Circ. Nr. **13**, MPC 1004 EVA. — 53: MPC 1053, NAZ **8** 12 Hei*. MPC 1075 Kyo*[5]). Astr Circ UdSSR Nr. 145 Lem*. Madrid Bol. **4** Nr. 7, MPC 1019 Mad[2]). Astr Circ UdSSR Nr. 147, Krim Mitt. **12** 188 Sim*. Astr Circ UdSSR Nr. 146 Tar*

153 Hilda
41: Abastumani Bull. Nr. **17** S. 76 Aba*. — 49: TAB (2) Nr. 69 S. 637 Tok. — 53: MPC 1043 Blo*. MPC 1051, 1052, NAZ **8** 11 Hei*. Krim Mitt. **12** 186 Sim*. MPC 1030 Tuk*. BAB **4** 171, MPC 1032, 1033 Ucc

154 Bertha
52: Abastumani Bull. Nr. **17** S. 84 Aba*. — 53: MPC 1054, UC **6** 225 Joh. MPC 1068 Syd

156 Xanthippe
43: Abastumani Bull. Nr. **17** S. 80 Aba*. — 50: TAB (2) Nr. 69 S. 637 Tok. — 54: Belgrade Bull. **19** Nr. 1 Bel. MPC 1139 SFe. MPC 1133 Syd

157 Dejanira
52: EVA Circ. Nr. **13** (?), MPC 1004 (?) EVA

158 Koronis
54: BAB **4** 176, MPC 1071 Ucc

159 Aemilia
49: TAB (2) Nr. 69 S. 637 Tok. — 54: MPC 1102, 1156 Kyo*

160 Una
50: TAB (2) Nr. 69 S. 637 Tok. — 53: MPC 1060 Bel. Krim Mitt. **12** 183 Sim*. — 54: MPC 1122 Blo*. MPC 1162 Joh

161 Athor
50: TAB (2) Nr. 69 S. 637 Tok

162 Laurentia
54: BAB **4** 176, MPC 1070 Ucc

163 Erigone
42: Abastumani Bull. Nr. **17** S. 79 Aba*. — 52: SFe Astr. (B) Nr. **2** SFe. — 53: UC **6** 222 Joh. — 54: MPC 1142, 1143 Blo*

164 Eva
51: Abastumani Bull. Nr. **17** S. 83 Aba*. — 53: UC **6** 222 Joh

165 Loreley
51: Abastumani Bull. Nr. **17** S. 83 Aba*. SFe Astr. (B) Nr. **2** SFe. — 52: EVA Circ. Nr. **13**, MPC 1004 EVA. — 53: UC **6** 222 Joh. — 54: MPC 1138 Alg*. MPC 1142 Blo*

166 Rhodope
54: MPC 1158 Tuk*. BAB **4** 176 (?), MPC 1103 Ucc

167 Urda
53: Krim Mitt. **12** 185 Sim*. BAB **4** 171, MPC 1032 Ucc

168 Sibylla
53: BAC **5** 54 SPl*. — 54: MPC 1090, 1091 Blo*. MPC 1102, 1103 Kyo*. MPC 1150 Niz*

169 Zelia
52: Krim Mitt. **11** 190 Sim*. Mem SA It (NS) **25** 211 Tui. — 54: BAB **4** 180, MPC 1121 Ucc*. BAB **4** 176, 179, MPC 1071, 1120 Ucc

171 Ophelia
50: TAB (2) Nr. 69 S. 637 Tok. — 52: EVA Circ. Nr. **13**, MPC 1004 EVA. — 53: MPC 1047, 1048, 1049 Blo*. Madrid Bol. **4** Nr. 7, MPC 1019 Mad[2]). Astr Circ UdSSR Nr. 147, Krim Mitt. **12** 187, 188, 189 Sim*. MPC 1031 Tuk*

172 Baucis
49: TAB (2) Nr. 69 S. 637 Tok. — 50: TAB (2) Nr. 69 S. 637 Tok. — 52: SFe Astr. (B) Nr. **2** SFe. Mem SA It (NS) **25** 211 Tui. — 54: MPC 1090 Blo*. MPC 1102 Kyo*. MPC 1139 SFe. MPC 1158 Tuk*. BAB **4** 179, MPC 1120 Ucc

173 Ino
41: Abastumani Bull. Nr. **17** S. 77 Aba*. — 50: TAB (2) Nr. 69 S. 637 Tok. — 53: MPC 1060 Bel. — 54: MPC 1097, 1138 Alg*. MPC 1151 Niz*

174 Phaedra
54: MPC 1142 Blo*. MPC 1162 Joh. MPC 1157 Kyo*

175 Andromache
53: MPC 1052, NAZ **8** 11 Hei*. MPC 1075 Kyo*. Astr Circ UdSSR Nr. 145 Lem*. Madrid Bol. **4** Nr. 7, MPC 1019 Mad[2]). Astr Circ UdSSR Nr. 147, Krim Mitt. **12** 188 Sim*. Astr Circ UdSSR Nr. 146 Tar*. MPC 1158 Tuk*

176 Iduna
53: UC **6** 222 Joh. — 54: MPC 1156 Kyo*. MPC 1144, 1145 Mad. BAB **4** 179, MPC 1120 Ucc

177 Irma
41: Abastumani Bull. Nr. **17** S. 77 Aba*. — 53: Krim Mitt. **12** 184 Sim*. MPC 1028, 1029 Tuk*

178 Belisana
43: Abastumani Bull. Nr. **17** S. 80 Aba*. — 53: UC **6** 222 Joh

179 Klytaemnestra
42: Abastumani Bull. Nr. **17** S. 79 Aba*. — 49: TAB (2) Nr. 69 S. 637 Tok. — 53: MPC 1065 SFe. Krim Mitt. **12** 185 Sim*. BAB **4** 171, MPC 1032 Ucc

180 Garumna
53: MPC 1047 Blo*. MPC 1075, 1076, 1101 Kyo*. Madrid Bol. **4** Nr. 7, MPC 1019 Mad²). Astr Circ UdSSR Nr. 147 Sim*

181 Eucharis
50: TAB (2) Nr. 69 S. 637 Tok. — 53: MPC 1038 Blo*. Madrid Bol. **4** Nr. 7 Mad. Krim Mitt. **12** 185 Sim*

182 Elsa
54: MPC 1106 Blo*. MPC 1162 Joh

183 Istria
Eph (1955) Astr Circ UdSSR Nr. 155
El Astr Circ UdSSR Nr. 155

184 Dejopeja
53: UC **6** 222 Joh. — 54: MPC 1157 Kyo*

185 Eunike
50: TAB (2) Nr. 69 S. 637 Tok. — 51: SFe Astr. (B) Nr. **2** SFe. — 52: SFe Astr. (B) Nr. **2** SFe. Mem SA It (NS) **25** 209 Tui. — 53: MPC 1009, UC **6** 222 Joh

187 Lamberta
54: Astr Circ UdSSR Nr. 155 Tar

188 Menippe
43: Abastumani Bull. Nr. **17** S. 80 Aba*. — 53: MPC 1049 Blo*. MPC 1076 Kyo*. — 54: MPC 1150 Niz*

189 Phthia
41: Abastumani Bull. Nr. **17** S. 76 Aba*. — 43: Abastumani Bull. Nr. **17** S. 80 Aba*. — 47: TAB (2) Nr. 69 S. 637 Tok. — 51: SFe Astr. (B) Nr. **2** SFe. — 54: MPC 1162 Joh

190 Ismene
41: Abastumani Bull. Nr. **17** S. 78 Aba*. — 49: TAB (2) Nr. 69 S. 637 Tok. — 51: SFe Astr. (B) Nr. **2** SFe. TAB (2) Nr. 69 S. 637 Tok. — 52: Krim Mitt. **12** 184 Sim*. — 54: MPC 1162 Joh

191 Kolga
47: TAB (2) Nr. 69 S. 637 Tok. — 54: MPC 1095, NAZ **8** 24 Hei*

192 Nausikaa
50: TAB (2) Nr. 69 S. 637 Tok. — 52: AJ UdSSR **31** 295 Nan. — 53: BAC **5** 54 SPl*. — 54: MPC 1162 Joh. MPC 1102, 1156 Kyo*. MPC 1133 Syd

193 Ambrosia
52: EVA Circ. Nr. **13**, MPC 1004 EVA. — 53: Astr Circ UdSSR Nr. 145 Lem*. MPC 1149 Niz*. Astr Circ UdSSR Nr. 146 Tar*

194 Prokne
51: SFe Astr. (B) Nr. **2** SFe. — 52: Mem SA It (NS) **25** 210 Tui. — 54: MPC 1144 Mad

195 Eurykleia
50: TAB (2) Nr. 69 S. 637 Tok. — 53: UC **6** 222 Joh

196 Philomela
47: TAB (2) Nr. 69 S. 637 Tok. — 48: Mem SA It (NS) **25** 206 Tui*. — 50: TAB (2) Nr. 69 S. 637 Tok. — 51: AJ UdSSR **31** 295 Nan. SFe Astr. (B) Nr. **2** SFe. Mem SA It (NS) **25** 207 Tui. — 52: EVA Circ. Nr. **13**, MPC 1004 EVA. — 53: MPC 1065 Bar. Astr Circ UdSSR Nr. 145 Lem*. Madrid Bol. **4** Nr. 7, MPC 1018 Mad²). MPC 1066 SFe. Astr Circ UdSSR Nr. 147, Krim Mitt. **12** 188 Sim*. Astr Circ UdSSR Nr. 146 Tar*

197 Arete
41: Abastumani Bull. Nr. **17** S. 77 Aba*. — 53: MPC 1040 Alg*. MPC 1060 Bel. MPC 1047, 1048 Blo*. MPC 1075, 1076, 1101 Kyo*. Astr Circ UdSSR Nr. 147 Sim*

198 Ampella
49: TAB (2) Nr. 69 S. 637 Tok. — 53: Astr Circ UdSSR Nr. 149 AlA*. Astr Circ UdSSR Nr. 145 Lem*. Madrid Bol. **4** Nr. 7, MPC 1019 Mad²). MPC 1149 Niz*. Astr Circ UdSSR Nr. 146 Saw*. Astr Circ UdSSR Nr. 147 Sim*. Astr Circ UdSSR Nr. 146 Tar*

199 Byblis
53: MPC 1009, UC **6** 222 Joh

200 Dynamene
43: Abastumani Bull. Nr. **17** S. 80 Aba*. — 51: AJ UdSSR **31** 295 Nan. — 52: SFe Astr. (B) Nr. **2** SFe. Mem SA It (NS) **25** 211 Tui. — 54: MPC 1139 SFe

202 Chryseis
41: Abastumani Bull. Nr. **17** S. 77 Aba*. — 42: Abastumani Bull. Nr. **17** S. 79 Aba*. — 47: TAB (2) Nr. 69 S. 637 Tok. — 53: Ma-

drid Bol. **4** Nr. 7 Mad. — 54: MPC 1157 Kyo*. MPC 1152 Niz*

203 Pompeja
49: TAB (2) Nr. 69 S. 637 Tok. — 52: SFe Astr. (B) Nr. **2** SFe. — 54: MPC 1090 Blo*. MPC 1102, 1103 Kyo*

204 Kallisto
52: SFe Astr. (B) Nr. **2** SFe. — 53: MPC 1043 Blo*. Krim Mitt. **12** 187 Sim*

205 Martha
42: Abastumani Bull. Nr. **17** S. 79 Aba*. — 49: TAB (2) Nr. 69 S. 637 Tok. — 53: MPC 1043, 1045, 1046, 1047 Blo*. MPC 1074 Kyo*. Madrid Bol. **4** Nr. 7, MPC 1018 Mad[2]). Astr Circ UdSSR Nr. 146 Tar*

206 Hersilia
54: Belgrade Bull. **19** Nr. 1 Bel. MPC 1102 Kyo*. MPC 1150, 1151 Niz*

207 Hedda
50: TAB (2) Nr. 69 S. 637 Tok. — 53: Madrid Bol. **4** Nr. 7 Mad. — 54: MPC 1122 Blo*. MPC 1162 Joh

208 Lacrimosa
43: Abastumani Bull. Nr. **17** S. 80 Aba*. — 52: Mem SA It (NS) **25** 210 Tui. — 53: MPC 1052, NAZ **8** 11 Hei*. MPC 1075 Kyo*. Astr Circ UdSSR Nr. 147, Krim Mitt. **12** 188 Sim*. MPC 1158 Tuk*

209 Dido
54: Astr Circ UdSSR Nr. 153 AlA*. MPC 1090 Blo*. MPC 1095, NAZ **8** 24 Hei*. MPC 1158 Tuk*

210 Isabella
51: AJ UdSSR **31** 296 Nan. — 53: Astr Circ UdSSR Nr. 148 AlA*. Krim Mitt. **12** 182, 183, 184 Sim*

211 Isolda
48: Mem SA It (NS) **25** 206 Tui*. — 50: TAB (2) Nr. 69 S. 637 Tok. — 51: AJ UdSSR **31** 294 Nan. — 52: EVA Circ. Nr. **13**, MPC 1004 EVA. — 53: MPC 1065 Bar. MPC 1044, 1045 Blo*. MPC 1074 Kyo*. Astr Circ UdSSR Nr. 145 Lem*. MPC 1066 SFe. Astr Circ UdSSR Nr. 147, Krim Mitt. **12** 187 Sim*. Astr Circ UdSSR Nr. 146 Tar*. MPC 1030, 1031 Tuk*

212 Medea
51: Abastumani Bull. Nr. **17** S. 83 Aba*. TAB (2) Nr. 69 S. 637 Tok. — 53: MPC 1077 Alg. UC **6** 222 Joh. — 54: MPC 1157 Kyo*. MPC 1152 Niz*

213 Lilaea
54: MPC 1162 Joh. MPC 1145 Mad. MPC 1151 Niz*

214 Aschera
53: MPC 1038 Blo*. UC **6** 225 Joh. MPC 1055 Syd Eph (1954) EVA Circ. Nr. **13**
El EVA Circ. Nr. **13**

215 Oenone
42: Abastumani Bull. Nr. **17** S. 79 Aba*. — 53: UC **6** 225 Joh. — 54: MPC 1106 Blo*. MPC 1162 Joh

216 Kleopatra
47: TAB (2) Nr. 69 S. 637 Tok. — 50: TAB (2) Nr. 69 S. 637 Tok. — 51: SFe Astr. (B) Nr. **2** SFe. — 52: Krim Mitt. **11** 190 Sim*. Mem SA It (NS) **25** 210 Tui

217 Eudora
53: Astr Circ UdSSR Nr. 149 AlA*. MPC 1038 Blo*. Astr Circ UdSSR Nr. 145 Lem*. Krim Mitt. **12** 187 Sim*. BAB **4** 171, MPC 1032 Ucc

218 Bianca
53: Madrid Bol. **4** Nr. 7 Mad

219 Thusnelda
52: SFe Astr. (B) Nr. **2** SFe

220 Stephania
53: UC **6** 222 Joh

221 Eos
50: TAB (2) Nr. 69 S. 637 Tok. — 51: Abastumani Bull. Nr. **17** S. 83 Aba*. AJ UdSSR **31** 294 Nan. SFe Astr. (B) Nr. **2** SFe. — 52: SFe Astr. (B) Nr. **2** SFe. — 53: MPC 1060 Bel. Madrid Bol. **4** Nr. 7, MPC 1019 Mad[2]). Astr Circ UdSSR Nr. 147, Krim Mitt. **12** 189 Sim*

222 Lucia
41: Abastumani Bull. Nr. **17** S. 78 Aba*. — 54: MPC 1102 Kyo*. MPC 1158 Tuk*. BAB **4** 176, MPC 1070 Ucc

223 Rosa
53: BAC **5** 54 SPl*

224 Oceana
49: TAB (2) Nr. 69 S. 637 Tok. — 50: TAB (2) Nr. 69 S. 637 Tok. — 53: MPC 1060 Bel. MPC 1149 Niz*. Astr Circ UdSSR Nr. 147 Sim*. Astr Circ UdSSR Nr. 146 Tar*

225 Henrietta
51: Abastumani Bull. Nr. **17** S. 83 Aba*. AJ UdSSR **31** 294 Nan. SFe Astr. (B) Nr. **2** SFe. — 52: Krim Mitt. **11** 191 Sim*

227 Philosophia
54: MPC 1162 Joh

229 Adelinda
53: MPC 1150 (?) Niz*. — 54: MPC 1095, NAZ **8** 24 Hei*

230 Athamantis
50: TAB (2) Nr. 69 S. 637 Tok. — 51: AJ UdSSR 31 294 Nan. SFe Astr. (B) Nr. 2 SFe. — 54: MPC 1139 SFe. Astr Circ UdSSR Nr. 155 Tar

231 Vindobona
47: TAB (2) Nr. 69 S. 637 Tok[10]). — 52: Krim Mitt. 11 190, 191 Sim*. Mem SA It (NS) 25 210 Tui

232 Russia
41: Abastumani Bull. Nr. 17 S. 77 Aba*. — 54: MPC 1142 Blo*

233 Asterope
49: Abastumani Bull. Nr. 17 S. 82 Aba*. — 51: SFe Astr. (B) Nr. 2 SFe. — 52: EVA Circ. Nr. 13, MPC 1004 EVA. — 53: MPC 1065 Bar*. Madrid Bol. 4 Nr. 7 Mad. MPC 1065 SFe

234 Barbara
50: Abastumani Bull. Nr. 17 S. 82 Aba*. TAB (2) Nr. 69 S. 637 Tok. — 53: MPC 1060 Bel. MPC 1027, 1028, 1037, 1038 Blo*. MPC 1050, NAZ 8 10 Hei[5]). Krim Mitt. 12 185 Sim*. BAB 4 173, MPC 1033 Ucc*. BAB 4 171, MPC 1031 Ucc. Astr Circ UdSSR Nr. 146 Wil*

235 Carolina
42: Abastumani Bull. Nr. 17 S. 79 Aba*. — 53: Madrid Bol. 4 Nr. 7 Mad. — 54: Belgrade Bull. 19 Nr. 1 Bel. MPC 1158 Tuk*

236 Honoria
50: TAB (2) Nr. 69 S. 637 Tok. — 51: SFe Astr. (B) Nr. 2 SFe. — 54: Belgrade Bull. 19 Nr. 1 Bel. MPC 1090, 1091 Blo*. MPC 1102, 1103 Kyo*. MPC 1150 Niz*

237 Coelestina
41: Abastumani Bull. Nr. 17 S. 78 Aba*

238 Hypatia
53: MPC 1060 Bel. Krim Mitt. 12 184 Sim*. BAB 4 171, MPC 1031 Ucc

240 Vanadis
51: TAB (2) Nr. 69 S. 637 Tok. — 53: MPC 1027 Blo*. UC 6 225 Joh

241 Germania
53: MPC 1028, 1038 Blo*. MPC 1066 SFe. Krim Mitt. 12 185, 186 Sim*. MPC 1068 Syd. BAB 4 173, MPC 1033 Ucc*. BAB 4 171, MPC 1032 Ucc

242 Kriemhild
54: MPC 1133 Syd

243 Ida
54: MPC 1087 Blo*

245 Vera
53: UC 6 222 Joh

246 Asporina
53: MPC 1074, 1075 Kyo*

247 Eukrate
53: Madrid Bol. 4 Nr. 7 Mad. Krim Mitt. 12 182, 183 Sim*. MPC 1028, 1029 Tuk*. — 54: MPC 1162 Joh

248 Lameia
41: Abastumani Bull. Nr. 17 S. 78 Aba*. — 52: Krim Mitt. 11 191 Sim*

249 Ilse
53: UC 6 225 Joh

250 Bettina
52: Krim Mitt. 11 189, 190 Sim*. — 53: MPC 1066 SFe. Astr Circ UdSSR Nr. 146 Tar*. — 54: MPC 1150 Niz*

252 Clementina
52: Mem SA It (NS) 25 210 Tui. — 53: MPC 1149 (?) Niz*. Astr Circ UdSSR Nr. 147 Sim*

253 Mathilde
53: Krim Mitt. 12 184 Sim*

254 Augusta
54: MPC 1090, 1091 Blo*

255 Oppavia
54: Belgrade Bull. 19 Nr. 1 Bel

256 Walpurga
54: MPC 1156 Kyo*

257 Silesia
51: TAB (2) Nr. 69 S. 637 Tok

258 Tyche
50: TAB (2) Nr. 69 S. 637 Tok. — 54: MPC 1156 Kyo*

259 Aletheia
41: Abastumani Bull. Nr. 17 S. 77 Aba*. — 53: UC 6 222 Joh. MPC 1055 Syd

260 Huberta
48: Krim Mitt. 12 189 Sim. — 49: Krim Mitt. 12 189 Sim. — 51: Krim Mitt. 12 189 Sim. — 54: MPC 1102 Kyo*

261 Prymno
48: Abastumani Bull. Nr. 17 S. 81 Aba*. — 52: SFe Astr. (B) Nr. 2 SFe. — 53: MPC 1065 Bar. MPC 1038 Blo*. MPC 1009, UC 6 222 Joh. Krim Mitt. 12 184, 185 Sim*

263 Dresda
53: UC 6 222 Joh. — 54: MPC 1142 Blo*

[10]) Statt 1949 lies 1947.

264 Libussa
47: TAB (2) Nr. 69 S. 638 Tok. — 54: Belgrade Bull. **19** Nr. 1 Bel

266 Aline
51: TAB (2) Nr. 69 S. 638 Tok. — 53: UC **6** 222 Joh

267 Tirza
53: MPC 1045, 1046, 1049 Blo*

268 Adorea
51: TAB (2) Nr. 69 S. 638 Tok. — 53: UC **6** 225 Joh. — 54: MPC 1142 Blo*

269 Justitia
50: TAB (2) Nr. 69 S. 638 Tok. — 54: MPC 1097 Alg*. MPC 1106 Blo*

270 Anahita
49: TAB (2) Nr. 69 S. 638 Tok. — 52: SFe Astr. (B) Nr. **2** SFe. — 54: MPC 1102 Kyo*. BAB **4** 179, MPC 1120 Ucc

271 Penthesilea
53: UC **6** 222 Joh. — 54: MPC 1142 Blo*. MPC 1162 Joh. MPC 1141 SFe*

272 Antonia
53: Krim Mitt. **12** 182, 183 Sim*. — 54: MPC 1122 Blo*. MPC 1162 Joh

273 Atropos
52: EVA Circ. Nr. **13**, MPC 1004 EVA

274 Philagoria
51: Abastumani Bull. Nr. **17** S. 83 Aba*. — 53: MPC 1051, NAZ **8** 10 Hei*

275 Sapientia
54: MPC 1157 Kyo*

276 Adelheid
54: MPC 1162 Joh. MPC 1144 (?), 1145 (?) Mad

277 Elvira
53: MPC 1050, NAZ **8** 10 Hei*. Krim Mitt. **12** 184 Sim*

278 Paulina
53: MPC 1010, UC **6** 222 Joh

279 Thule
54: MPC 1090 Blo*

281 Lucretia
42: Abastumani Bull. Nr. **17** S. 79 Aba*

282 Clorinde
54: BAB **4** 176, MPC 1103 Ucc

283 Emma
50: TAB (2) Nr. 69 S. 638 Tok. — 54: MPC 1162 Joh. MPC 1133 Syd

284 Amalia
54: Belgrade Bull. **19** Nr. 1 Bel. MPC 1162 Joh. MPC 1102, 1156 Kyo*. MPC 1133 Syd. BAB **4** 176, MPC 1071 Ucc

285 Regina
54: MPC 1141 Blo*. MPC 1162 Joh

287 Nephthys
53: MPC 1060 Bel. Madrid Bol. **4** Nr. 7 Mad. Krim Mitt. **12** 184 Sim*. — 54: MPC 1141 Blo*

288 Glauke
50: TAB (2) Nr. 69 S. 638 Tok. — 54: BAB **4** 176, MPC 1071 (?) Ucc

291 Alice
53: Astr Circ UdSSR Nr. 148 AlA*. UC **6** 222 Joh. — 54: MPC 1142 Blo*

292 Ludovica
50: TAB (2) Nr. 69 S. 638 Tok

293 Brasilia
53: UC **6** 222 Joh

296 Phaëtusa
50: TAB (2) Nr. 69 S. 638 Tok. — 53: MPC 1028 Blo*. UC **6** 222 Joh

297 Caecilia
53: MPC 1149 Niz*. Astr Circ UdSSR Nr. 147 Sim*

298 Baptistina
54: MPC 1162 Joh

299 Thora
42: Abastumani Bull. Nr. **17** S. 79 Aba*. — 54: MPC 1152 Niz*

300 Geraldina
43: Abastumani Bull. Nr. **17** S. 81 Aba*. — 53: MPC 1038 Blo*. MPC 1074 Kyo*. MPC 1035 Niz*. Krim Mitt. **12** 185 Sim*

301 Bavaria
53: MPC 1030 Tuk*

302 Clarissa
50: TAB (2) Nr. 69 S. 638 Tok. — 53: MPC 1038 Blo*. UC **6** 225 Joh

303 Josephina
53: UC **6** 222 Joh. — 54: MPC 1141 Blo*

304 Olga
52: SFe Astr. (B) Nr. **2** SFe

305 Gordonia
43: Abastumani Bull. Nr. **17** S. 80 Aba*. — 51: SFe Astr. (B) Nr. **2** SFe. TAB (2) Nr. 69 S. 638 Tok. — 53: MPC 1009, UC **6** 222 Joh. — 54: MPC 1138 Alg*. MPC 1142 Blo*. MPC 1144, NAZ **8** 44 Hei*. MPC 1158 Tuk*

306 Unitas
50: TAB (2) Nr. 69 S. 638 Tok. — 53: MPC 1060 Bel. Krim Mitt. **12** 184 Sim*. BAC **5** 54 SPl*

308 Polyxo
41: Abastumani Bull. Nr. **17** S. 77 Aba*. — 50: TAB (2) Nr. 69 S. 638 Tok. — 51: AJ UdSSR **31** 295 Nan. SFe Astr. (B) Nr. **2** SFe. — 52: SFe Astr. (B) Nr. **2** SFe. — 54: MPC 1144 Mad. MPC 1150 Niz*. BAB **4** 179, MPC 1120 Ucc

309 Fraternitas
51: Abastumani Bull. Nr. **17** S. 83 Aba*. — 53: MPC 1037 Blo*. MPC 1035 Niz*. Krim Mitt. **12** 185 Sim*

310 Margarita
50: Mem SA It (NS) **25** 206 Tui. — 54: MPC 1095, NAZ 8 24 Hei*

311 Claudia
54: Belgrade Bull. **19** Nr. 1 Bel. MPC 1086, 1090, 1091 Blo*
Eph (1954) EVA Circ. Nr. **13**
El EVA Circ. Nr. **13**

312 Pierretta
50: TAB (2) Nr. 69 S. 638 Tok. — 54: MPC 1158 Tuk*. BAB **4** 176, 179, MPC 1071, 1120 Ucc

313 Chaldaea
42: Abastumani Bull. Nr. **17** S. 79 Aba*. — 50: TAB (2) Nr. 69 S. 638 Tok. — 53: Krim Mitt. **12** 185 Sim*. BAB **4** 171, MPC 1032 Ucc
Eph (1954/55) Astr. Nachr. Berlin-Treptow **6** 72, Sky and Telescope **14** 35

316 Goberta
53: MPC 1009, UC **6** 222 Joh

317 Roxane
53: MPC 1027, 1028 Blo*. UC **6** 222 Joh

318 Magdalena
54: MPC 1157 Kyo*. MPC 1152 Niz*

319 Leona
53: UC **6** 225 Joh

321 Florentina
53: UC **6** 222 Joh. — 54: MPC 1162 Joh. MPC 1157 Kyo*

322 Phaeo
50: TAB (2) Nr. 69 S. 638 Tok. — 51: AJ UdSSR **31** 295 Nan. SFe Astr. (B) Nr. **2** SFe. — 53: Krim Mitt. **12** 182 Sim*. — 54: MPC 1162 Joh. MPC 1102, 1156 Kyo*

323 Brucia
51: TAB (2) Nr. 69 S. 638 Tok. — 53: MPC 1054, UC **6** 225 Joh

324 Bamberga
51: AJ UdSSR **31** 295 Nan. — 53: Mem SA It (NS) **25** 251 = Roma Monte Mario Contr. Nr. **202** Rom. BAC **5** 54 SPl*. — 54: MPC 1090 Blo*. MPC 1133 Syd

325 Heidelberga
53: MPC 1149 Niz*. MPC 1066 SFe. Astr Circ UdSSR Nr. 146 Tar*. — 54: MPC 1150 Niz*

326 Tamara
50: TAB (2) Nr. 69 S. 638 Tok. — 52: SFe Astr. (B) Nr. **2** SFe. — 53: Madrid Bol. **4** Nr. 7, MPC 1018 Mad[2]). Astr Circ UdSSR Nr. 147, Krim Mitt. **12** 187, 188 Sim*. MPC 1030, 1031 Tuk*

327 Columbia
53: UC **6** 222 Joh

328 Gudrun
53: UC **6** 222 Joh. — 54: MPC 1182 Joh

329 Svea
51: AJ UdSSR **31** 295 Nan

331 Etheridgea
47: Abastumani Bull. Nr. **17** S. 81 Aba. — 54: MPC 1086 Blo*. MPC 1102 Kyo*. MPC 1158 Tuk*. BAB **4** 176, 179, MPC 1070, 1120 Ucc

332 Siri
53: UC **6** 222 Joh

334 Chicago
50: TAB (2) Nr. 69 S. 638 Tok. — 51: TAB (2) Nr. 69 S. 638 Tok. — 53: MPC 1009, UC **6** 222 Joh. — 54: MPC 1142 Blo*

335 Roberta
50: TAB (2) Nr. 69 S. 638 Tok. — 53: Krim Mitt. **12** 182, 183 Sim*. — 54: MPC 1157 Kyo*. MPC 1152 Niz*
Eph (1954) JO **37** 136

336 Lacadiera
52: SFe Astr. (B) Nr. **2** SFe. — 53: Astr Circ UdSSR Nr. 149 AlA*. Madrid Bol. **4** Nr. 7 Mad[11]). MPC 1035, 1036 Niz*. Astr Circ UdSSR Nr. 147, Krim Mitt. **12** 187, 188 Sim*. MPC 1030, 1031 Tuk*

337 Devosa
51: Mem SA It (NS) **25** 208 Tui. — 53: UC **6** 222 Joh. Krim Mitt. **12** 184 Sim*. — 54: MPC 1163 Joh. MPC 1157 Kyo*

338 Budrosa
41: Abastumani Bull. Nr. **17** S. 77 Aba*. — 52: Mem SA It (NS) **25** 211 Tui. — 54: MPC 1102 Kyo*. BAB **4** 179, MPC 1120 Ucc

339 Dorothea
53: Krim Mitt. **12** 184 Sim*. — 54: MPC 1152 Niz*

[11]) Berichtigung in Madrid Bol. **4** Nr. 8.

340 Eduarda
54: MPC 1156 Kyo*

341 California
53: Krim Mitt. **12** 182, 183 Sim*. MPC 1028, 1029 Tuk*

342 Endymion
50: TAB (2) Nr. 69 S. 638 Tok. — 53: MPC 1050, NAZ 8 10 Hei*[5]). Krim Mitt. **12** 185 Sim*. BAB **4** 172, MPC 1031, 1032 Ucc

344 Desiderata
Eph (1954) Astr Circ UdSSR Nr. 145, Astr. Nachr. Berlin-Treptow **6** 11, Sky and Telescope **13** 244

345 Tercidina
49: TAB (2) Nr. 69 S. 638 Tok. — 51: SFe Astr. (B) Nr. **2** SFe. — 52: Krim Mitt. **11** 190 Sim*. — 54: Belgrade Bull. **19** Nr. 1 Bel. MPC 1139 SFe

346 Hermentaria
42: Abastumani Bull. Nr. **17** S. 79 Aba*. — 53: MPC 1060 Bel. MPC 1076, 1101 Kyo*. MPC 1066 SFe

347 Pariana
43: Abastumani Bull. Nr. **17** S. 81 Aba*. — 47: Abastumani Bull. Nr. **17** S. 81 Aba. — 53: MPC 1060 Bel. BAC **5** 54 SPl*. — 54: MPC 1163 Joh. MPC 1157 Kyo*

348 May
50: TAB (2) Nr. 69 S. 638 Tok. — 53: MPC 1010 Alg*. MPC 1077 Alg. MPC 1074 Kyo*. MPC 1036 Niz*

349 Dembowska
47: Abastumani Bull. Nr. **17** S. 81 Aba. TAB (2) Nr. 69 S. 638 Tok. — 50: TAB (2) Nr. 69 S. 638 Tok. — 51: SFe Astr. (B) Nr. **2** SFe. — 52: SFe Astr. (B) Nr. **2** SFe. — 54: Astr Circ UdSSR Nr. 153 AlA*. Belgrade Bull. **19** Nr. 1 Bel. MPC 1139 SFe

350 Ornamenta
52: EVA Circ. Nr. **13**, MPC 1004 EVA. — 54: MPC 1087 Blo*. BAB **4** 176, MPC 1071 Ucc
Id mit 1954 ED, MPC 1188, NAZ 8 42

351 Yrsa
54: MPC 1106 Blo*. MPC 1143, NAZ 8 43 Hei*. MPC 1156 Kyo*

352 Gisela
50: TAB (2) Nr. 69 S. 638 Tok. — 53: MPC 1065 Bar. MPC 1038 Blo*. MPC 1050, NAZ 8 10 Hei*[5]). MPC 1035 Niz*. Krim Mitt. **12** 185 Sim*. MPC 1055 Syd. BAB **4** 172, MPC 1032 Ucc

354 Eleonora
50: Abastumani Bull. Nr. **17** S. 82 Aba. TAB (2) Nr. 69 S. 638 Tok. — 51: SFe Astr. (B) Nr. **2** SFe. Mem SA It (NS) **25** 208 Tui. — 52: SFe Astr. (B) Nr. **2** SFe. — 54: MPC 1102 Kyo*. MPC 1139 SFe. Astr Circ UdSSR Nr. 155 Tar. MPC 1158 Tuk*. BAB **4** 179, MPC 1120 Ucc
Eph (1954) Astr. Nachr. Berlin-Treptow **6** 11, BAA Circ Nr. 350, Sky and Telescope **13** 136

355 Gabriella
52: Krim Mitt. **11** 191 Sim*. — 54: MPC 1102 Kyo*. MPC 1150, 1151 Niz*

356 Liguria
51: SFe Astr. (B) Nr. **2** SFe. — 53: Madrid Bol. **4** Nr. 7 Mad. Krim Mitt. **12** 183 Sim*. — 54: MPC 1163 Joh

357 Ninina
41: Abastumani Bull. Nr. **17** S. 77 Aba*. — 50: Krim Mitt. **12** 189 Sim

358 Apollonia
49: Abastumani Bull. Nr. **17** S. 82 Aba*. — 53: UC **6** 222 Joh

359 Georgia
53: MPC 1027, 1037, 1038 Blo*. MPC 1009, UC **6** 222 Joh. Krim Mitt. **12** 184 Sim*. MPC 1055, 1068 Syd

360 Carlova
50: TAB (2) Nr. 69 S. 638 Tok. — 51: Abastumani Bull. Nr. **17** S. 83 Aba*. — 53: MPC 1042 Blo*. MPC 1074 Kyo*. MPC 1066 SFe

361 Bononia
53: Madrid Bol. **4** Nr. 7, MPC 1018 Mad[2]). MPC 1035, 1036 Niz*. MPC 1030, 1031 Tuk*

362 Havnia
49: TAB (2) Nr. 69 S. 638 Tok. — 51: SFe Astr. (B) Nr. **2** SFe. TAB (2) Nr. 69 S. 638 Tok. — 53: MPC 1075 Kyo*. Madrid Bol. **4** Nr. 7, MPC 1018 Mad[2]). MPC 1066 SFe. Astr Circ UdSSR Nr. 147, Krim Mitt. **12** 187, 188 Sim*. MPC 1030 Tuk*

363 Padua
50: TAB (2) Nr. 69 S. 638 Tok[3]). — 53: UC **6** 222 Joh. BAC **5** 54 SPl*. — 54: MPC 1141 Blo*

364 Isara
49: TAB (2) Nr. 69 S. 638 Tok. — 53: MPC 1060 Bel

365 Corduba
54: Belgrade Bull. **19** Nr. 1 Bel. MPC 1090, 1091 Blo*. MPC 1102, 1103 Kyo*. MPC 1150 Niz*

366 Vincentina
53: Krim Mitt. **12** 182 Sim*. — 54: Belgrade Bull. **19** Nr. 1 Bel. MPC 1102 Kyo*

367 Amicitia
53: MPC 1038 Blo*. UC **6** 225 Joh. MPC 1055 Syd

368 Haidea
42: Abastumani Bull. Nr. **17** S. 79 Aba*. — 53: Krim Mitt. **12** 186 Sim*. BAB **4** 172, MPC 1033 Ucc

370 Modestia
41: Abastumani Bull. Nr. **17** S. 76 Aba*. — 53: UC **6** 222 Joh

371 Bohemia
43: Abastumani Bull. Nr. **17** S. 80 Aba*. — 50: TAB (2) Nr. 69 S. 638 Tok. — 51: SFe Astr. (B) Nr. **2** SFe. — 52: Krim Mitt. **11** 189 Sim*. — 53: MPC 1060 Bel. Astr Circ UdSSR Nr. 147 Sim*

372 Palma
51: SFe Astr. (B) Nr. **2** SFe. TAB (2) Nr. 69 S. 638 Tok. — 52: EVA Circ. Nr. **13**, MPC 1004 EVA. — 53: UC **6** 222 Joh. — 54: MPC 1163 Joh

374 Burgundia
51: TAB (2) Nr. 69 S. 638 Tok. — 53: Krim Mitt. **12** 185, 186 Sim*. MPC 1029 Tuk*

375 Ursula
51: TAB (2) Nr. 69 S. 638 Tok. — 53: MPC 1009, UC **6** 222 Joh. MPC 1055 Syd

376 Geometria
51: SFe Astr. (B) Nr. **2** SFe. — 54: Astr Circ UdSSR Nr. 153 AlA*. MPC 1077 Alg*. MPC 1144 Mad. MPC 1150 Niz*. Astr Circ UdSSR Nr. 155 Tar

377 Campania
50: TAB (2) Nr. 69 S. 638 Tok. — 54: MPC 1151 Niz*

378 Holmia
53: Astr Circ UdSSR Nr. 153 AlA*. MPC 1010 Alg*. MPC 1077 Alg. MPC 1060 Bel. MPC 1052, NAZ **8** 12 Hei*. MPC 1075 Kyo*. Madrid Bol. **4** Nr. 7, MPC 1018 Mad[2]). MPC 1036 Niz*. Astr Circ UdSSR Nr. 147, Krim Mitt. **12** 187, 188 Sim*. Astr Circ UdSSR Nr. 146 Tar*. MPC 1030 Tuk*

379 Huenna
52: EVA Circ. Nr. **13**, MPC 1004 EVA. — 53: MPC 1043 Blo*. MPC 1035 Niz*. Krim Mitt. **12** 186 Sim*. MPC 1029 Tuk*. BAB **4** 172, MPC 1032 Ucc

380 Fiducia
41: Abastumani Bull. Nr. **17** S. 78 Aba*. — 45: MPC 86 Tuk*[12]). — 53: UC **6** 225 Joh
Id mit 1945 VH, MPC 1021

381 Myrrha
53: MPC 1055 Syd

382 Dodona
52: Krim Mitt. **11** 190 Sim*. Mem SA It (NS) **25** 211 Tui. — 53: Astr Circ UdSSR Nr. 147 Sim*

383 Janina
53: MPC 1043, 1044 Blo*. BAB 4 172, MPC 1032 Ucc

384 Burdigala
53: MPC 1047, 1048 Blo*. Astr Circ UdSSR Nr. 147 Sim*

385 Ilmatar
51: SFe Astr. (B) Nr. **2** SFe. — 53: MPC 1009, UC **6** 223 Joh. Krim Mitt. **12** 184 Sim*. MPC 1055, 1068 Syd

386 Siegena
53: Madrid Bol. **4** Nr. 7 Mad. — 54: Astr Circ UdSSR Nr. 155 Tar. BAB **4** 176, MPC 1103 Ucc

387 Aquitania
53: BAC **5** 54 SPl*. — 54: MPC 1139 SFe*. MPC 1139 SFe
Eph (1954) Astr. Nachr. Berlin-Treptow **6** 11, Sky and Telescope **13** 287

388 Charybdis
51: TAB (2) Nr. 69 S. 638 Tok. — 53: MPC 1038 Blo*. UC **6** 225 Joh

389 Industria
43: Abastumani Bull. Nr. **17** S. 80 Aba*. — 51: SFe Astr. (B) Nr. **2** SFe. — 53: BAC **5** 54 SPl*. — 54: MPC 1163 Joh. MPC 1145 Mad. MPC 1152 Niz*

391 Ingeborg
52: EVA Circ. Nr. **13**, MPC 1004 EVA. — 54: MPC 1138 Alg*

392 Wilhelmina
53: Astr Circ UdSSR Nr. 147 Sim*

393 Lampetia
50: TAB (2) Nr. 69 S. 638 Tok. — 53: UC **6** 223 Joh

394 Arduina
53: UC **6** 223 Joh. MPC 1055 Syd

395 Delia
53: MPC 1027 Blo*. UC **6** 225 Joh

396 Aeolia
41: Abastumani Bull. Nr. **17** S. 76 Aba*. — 42: Abastumani Bull. Nr. **17** S. 79 Aba*. — 43: Abastumani Bull. Nr. **17** S. 80 Aba*. — 52: Krim Mitt. **11** 189 Sim*. — 53: MPC 1047 Blo*. MPC 1101 Kyo*. Astr Circ UdSSR Nr. 147 Sim*

[12]) Berichtigung in MPC 1021.

399 Persephone
54: Belgrade Bull. **19** Nr. 1 Bel. MPC 1090 Blo*. MPC 1102, 1156 Kyo*. MPC 1133 Syd

400 Ducrosa
52: EVA Circ. Nr. **13**, MPC 1004 EVA

401 Ottilia
41: Abastumani Bull. Nr. **17** S. 78 Aba*. — 53: MPC 1075 Kyo*. Astr Circ UdSSR Nr. 147, Krim Mitt. **12** 188 Sim*. MPC 1158 Tuk*

402 Chloë
41: Abastumani Bull. Nr. **17** S. 77 Aba*. — 52: SFe Astr. (B) Nr. **2** SFe

403 Cyane
41: Abastumani Bull. Nr. **17** S. 76 Aba*. — 53: MPC 1038 Blo*. MPC 1052, NAZ **8** 11 Hei*. MPC 1029 Tuk*. BAB **4** 172, MPC 1033 Ucc

404 Arsinoë
43: Abastumani Bull. Nr. **17** S. 80 Aba*

405 Thia
52: Abastumani Bull. Nr. **17** S. 84 Aba*. — 54: MPC 1142 Blo*

406 Erna
50: TAB (2) Nr. 69 S. 639 Tok. — 54: MPC 1122 Blo*. MPC 1163 Joh

407 Arachne
41: Abastumani Bull. Nr. **17** S. 77 Aba*. — 53: UC **6** 223 Joh. — 54: MPC 1157 Kyo*

408 Fama
54: BAB **4** 176 (?), MPC 1071 (?) Ucc

409 Aspasia
49: TAB (2) Nr. 69 S. 639 Tok. — 50: TAB (2) Nr. 69 S. 639 Tok. — 51: AJ UdSSR **31** 294 Nan. — 52: SFe Astr. (B) Nr. **2** SFe. — 53: MPC 1076, 1101 Kyo*. Astr Circ UdSSR Nr. 147 Sim*. — 54: MPC 1150 Niz*. MPC 1139 SFe

410 Chloris
51: SFe Astr. (B) Nr. **2** SFe. — 53: MPC 1075, 1101 Kyo*. Astr Circ UdSSR Nr. 147 Sim*

411 Xanthe
53: Krim Mitt. **12** 184 Sim*

412 Elisabetha
53: MPC 1038 Blo*. UC **6** 225 Joh. MPC 1055 Syd

413 Edburga
49: TAB (2) Nr. 69 S. 639 Tok. — 53: BAB **4** 172, MPC 1033 Ucc

415 Palatia
50: TAB (2) Nr. 69 S. 639 Tok. — 54: MPC 1145 Mad

416 Vaticana
52: SFe Astr. (B) Nr. **2** SFe*. — 53: MPC 1074, 1075 Kyo*. Madrid Bol. **4** Nr. 7, MPC 1018 Mad[2])

417 Suevia
53: MPC 1077 Alg. MPC 1027, 1028, 1037 Blo*. MPC 1123 Blo. MPC 1008, UC **6** 225 Joh. — 54: MPC 1138 Alg*

418 Alemannia
54: MPC 1163 Joh. MPC 1145 Mad. MPC 1151, 1152 Niz*

419 Aurelia
43: Abastumani Bull. Nr. **17** S. 80 Aba*. — 50: TAB (2) Nr. 69 S. 639 Tok. — 54: MPC 1106 Blo*. MPC 1163 Joh. MPC 1145 Mad
Eph (1954) Astr. Nachr. Berlin-Treptow **6** 11, Sky and Telescope **13** 174

420 Bertholda
41: Abastumani Bull. Nr. **17** S. 77 Aba*. — 53: Madrid Bol. **4** Nr. 7 Mad. Krim Mitt. **12** 186 Sim*. MPC 1029 Tuk*. BAB **4** 172, MPC 1033 Ucc

422 Berolina
49: Abastumani Bull. Nr. **17** S. 82 Aba*. — 54: MPC 1086 Blo*. MPC 1095, NAZ **8** 24 Hei*

423 Diotima
52: Abastumani Bull. Nr. **17** S. 84 Aba*. SFe Astr. (B) Nr. **2** SFe. — 54: MPC 1163 Joh

424 Gratia
42: Abastumani Bull. Nr. **17** S. 79 Aba*. — 53: MPC 1060 Bel. Krim Mitt. **12** 183, 184 Sim*. BAC **5** 54 SPl*. — 54: MPC 1107, 1122 Blo*. MPC 1163 Joh

425 Cornelia
53: MPC 1027, 1028, 1037, 1038 Blo*. UC **6** 225 Joh

426 Hippo
54: Belgrade Bull. **19** Nr. 1 Bel

427 Galene
53: UC **6** 223 Joh. — 54: MPC 1027 Blo*

429 Lotis
51: Abastumani Bull. Nr. **17** S. 84 Aba*. — 54: MPC 1102, 1156 Kyo*

430 Hybris
51: Abastumani Bull. Nr. **17** S. 82 Aba

431 Nephele
41: Abastumani Bull. Nr. **17** S. 77 Aba*. — 51: AJ UdSSR **31** 295 Nan. — 54: MPC 1086 Blo*. BAB **4** 176, MPC 1070 Ucc

432 Pythia
50: TAB (2) Nr. 69 S. 639 Tok. — 53: Madrid Bol. **4** Nr. 7 Mad. Krim Mitt. **12** 182 Sim*. — 54: MPC 1143, NAZ **8** 43 Hei*. MPC 1156 Kyo*. MPC 1139 SFe

433 Eros
44: TAB (2) Nr. 69 S. 639 Tok. — 45: TAB (2) Nr. 69 S. 639 Tok. — 47: TAB (2) Nr. 69 S. 639 Tok. — 49: TAB (2) Nr. 69 S. 639 Tok. — 51: AJ UdSSR **31** 295 Nan. SFe Astr. (B) Nr. **2** SFe. — 53: MPC 1010, 1040 Alg*. — 54: MPC 1040 Alg*. MPC 1116 FtD[13]) Eph (1953/54) MPC 1022 Eph (1954) MPC 1063, 1117

435 Ella
54: Belgrade Bull. **19** Nr. 1 Bel. MPC 1102 Kyo*. MPC 1150 Niz*

436 Patricia
53: UC **6** 223 Joh. — 54: MPC 1163 Joh

437 Rhodia
43: Abastumani Bull. Nr. **17** S. 81 Aba*. — 53: UC **6** 223 Joh

438 Zeuxo
54: MPC 1163 Joh

441 Bathilde
53: MPC 1027 Blo*

442 Eichsfeldia
50: TAB (2) Nr. 69 S. 639 Tok. — 53: MPC 1060 Bel. Madrid Bol. **4** Nr. 7 Mad. — 54: MPC 1157 Kyo*. MPC 1152 Niz*

443 Photographica
47: Abastumani Bull. Nr. **17** S. 81 Aba. — 49: TAB (2) Nr. 69 S. 639 Tok. — 50: TAB (2) Nr. 69 S. 639 Tok[3]). — 53: MPC 1074 Kyo*. Madrid Bol. **4** Nr. 7 Mad. Krim Mitt. **12** 186 Sim*

444 Gyptis
50: TAB (2) Nr. 69 S. 639 Tok. — 51: AJ UdSSR **31** 295 Nan. — 53: Madrid Bol. **4** Nr. 7 Mad

445 Edna
50: TAB (2) Nr. 69 S. 639 Tok. — 53: UC **6** 223 Joh

446 Aeternitas
41: Abastumani Bull. Nr. **17** S. 77 Aba*. — 50: TAB (2) Nr. 69 S. 639 Tok. — 53: MPC 1060 Bel. Krim Mitt. **12** 183 Sim*. BAC **5** 54 SPl*. MPC 1028, 1029 Tuk*. — 54: MPC 1163 Joh

447 Valentine
41: Abastumani Bull. Nr. **17** S. 78 Aba*. — 54: MPC 1133 Syd

448 Natalie
54: MPC 1163 Joh

449 Hamburga
54: Belgrade Bull. **19** Nr. 1 Bel

451 Patientia
50: TAB (2) Nr. 69 S. 639 Tok. — 52: SFe Astr. (B) Nr. **2** SFe. Krim Mitt. **11** 190 Sim*. — 54: Astr Circ UdSSR Nr. 153 AlA*. MPC 1086 Blo. MPC 1144 Mad. Astr Circ UdSSR Nr. 155 Tar. BAB **4** 176, MPC 1070 Ucc

453 Tea
53: MPC 1036 Niz*. Astr Circ UdSSR Nr. 147, Krim Mitt. **12** 187 Sim*. MPC 1030, 1031 Tuk*

454 Mathesis
51: SFe Astr. (B) Nr. **2** SFe. — 53: MPC 1044, 1045 Blo*. MPC 1036 Niz*. MPC 1030, 1031 Tuk*

455 Bruchsalia
49: TAB (2) Nr. 69 S. 639 Tok. — 50: TAB (2) Nr. 69 S. 639 Tok. — 53: MPC 1040 Alg*. MPC 1060 Bel. MPC 1047 Blo*. MPC 1076, 1101 Kyo*. Madrid Bol. **4** Nr. 7, MPC 1019 Mad[2]). MPC 1066 SFe. Astr Circ UdSSR Nr. 147 Sim*

456 Abnoba
52: Krim Mitt. **11** 190 Sim*

458 Hercynia
52: SFe Astr. (B) Nr. **2** SFe. — 54: BAB **4** 176, MPC 1071 Ucc

460 Scania
53: UC **6** 223 Joh

462 Eriphyla
51: TAB (2) Nr. 69 S. 639 Tok. — 53: MPC 1051, NAZ **8** 10, 11 Hei*. MPC 1009, UC **6** 223 Joh. MPC 1035 Niz*. Krim Mitt. **12** 186 Sim*

464 Megaira
50: TAB (2) Nr. 69 S. 639 Tok. — 54: MPC 1091 Blo*. BAB **4** 176, MPC 1103 Ucc

465 Alekto
52: Krim Mitt. **11** 189 Sim*

466 Tisiphone
51: TAB (2) Nr. 69 S. 639 Tok. — 53: MPC 1077 Alg. UC **6** 225 Joh. MPC 1050, NAZ **8** 10 Hei*[5]). Krim Mitt. **12** 185 Sim*. BAB **4** 172, MPC 1031, 1032 Ucc

467 Laura
50: TAB (2) Nr. 69 S. 639 Tok. — 54: MPC 1142 Blo*

468 Lina
53: UC **6** 223 Joh

469 Argentina
53: UC **6** 223 Joh

[13]) Berichtigung in MPC 1118, 1154.

470 Kilia
53: Madrid Bol. **4** Nr. 7 Mad. Krim Mitt. **12** 184 Sim*. — 54: MPC 1157 Kyo*

471 Papagena
50: TAB (2) Nr. 69 S. 639 Tok. Mem SA It (NS) **25** 206 Tui. — 51: AJ UdSSR **31** 295 Nan. SFe Astr. (B) Nr. **2** SFe. — 53: MPC 1060 Bel. BAC **5** 54 SPl*. — 54: MPC 1091 Blo*. MPC 1139 SFe. MPC 1158 Tuk*. BAB **4** 176, MPC 1103 Ucc

472 Roma
52: Abastumani Bull. Nr. **17** S. 84 Aba*. SFe Astr. (B) Nr. **2** SFe. — 53: BAC **5** 54 SPl*. — 54: MPC 1163 Joh. MPC 1157 Kyo*

475 Ocllo
43: Abastumani Bull. Nr. **17** S. 80 Aba*. — 54: MPC 1090 Blo*

476 Hedwig
51: TAB (2) Nr. 69 S. 639 Tok. — 53: MPC 1066 SFe. Krim Mitt. **12** 186 Sim*. MPC 1030 Tuk*

477 Italia
53: UC **6** 223, 225 Joh

478 Tergeste
51: SFe Astr. (B) Nr. **2** SFe. — 53: Astr Circ UdSSR Nr. 146 Tar*

479 Caprera
54: MPC 1163 Joh

480 Hansa
50: TAB (2) Nr. 69 S. 639 Tok. — 51: SFe Astr. (B) Nr. **2** SFe. — 53: MPC 1060 Bel

481 Emita
52: SFe Astr. (B) Nr. **2** SFe. — 53: MPC 1060 Bel. — 54: MPC 1163 Joh

482 Petrina
50: TAB (2) Nr. 69 S. 639 Tok. — 54: MPC 1102, 1103 Kyo*

483 Seppina
53: UC **6** 225 Joh. Krim Mitt. **12** 183, 184 Sim*

484 Pittsburghia
41: Abastumani Bull. Nr. **17** S. 77 Aba*. — 54: MPC 1158 Tuk*. BAB **4** 176, 179, MPC 1071, 1121 Ucc

485 Genua
50: TAB (2) Nr. 69 S. 639 Tok. — 53: BAB **4** 172, MPC 1031 Ucc. — 54: MPC 1138 Alg*. MPC 1142 Blo*[14])[15]). MPC 1144, NAZ **8** 44 Hei*

486 Cremona
53: UC **6** 223 Joh

487 Venetia
53: MPC 1060 Bel. Krim Mitt. **12** 183, 184 Sim*. — 54: MPC 1143, NAZ **8** 43 Hei*. MPC 1163 Joh. MPC 1145 Mad. MPC 1151, 1152 Niz*

488 Kreusa
50: TAB (2) Nr. 69 S. 639 Tok[3]). — 51: AJ UdSSR **31** 294 Nan. — 52: SFe Astr. (B) Nr. **2** SFe. — 53: UC **6** 222 Joh. MPC 1055 Syd. — 54: MPC 1157 Kyo*

489 Comacina
50: Mem SA It (NS) **25** 206 Tui. — 51: Abastumani Bull. Nr. **17** S. 83 Aba*

490 Veritas
53: Astr Circ UdSSR Nr. 149 AlA*. MPC 1052, NAZ **8** 11 Hei*. Astr Circ UdSSR Nr. 145 Lem*. Madrid Bol. **4** Nr. 7 Mad. MPC 1035 Niz*. Krim Mitt. **12** 186 Sim*. Astr Circ UdSSR Nr. 146 Tar*

491 Carina
53: Krim Mitt. **12** 185 Sim*

492 Gismonda
41: Abastumani Bull. Nr. **17** S. 77 Aba*. — 54: MPC 1150 Niz*

493 Griseldis
52: Krim Mitt. **11** 190, 191 Sim*

494 Virtus
53: MPC 1037, 1038, 1039 Blo*. UC **6** 223 Joh

495 Eulalia
53: MPC 1050 Blo*. Madrid Bol. **4** Nr. 7, MPC 1019 Mad[2]). Astr Circ UdSSR Nr. 147, Krim Mitt. **12** 187, 188 Sim*. MPC 1158 Tuk*

496 Gryphia
53: UC **6** 223 Joh

497 Iva
54: MPC 1163 Joh

498 Tokio
48: TAB (2) Nr. 69 S. 639 Tok. — 51: TAB (2) Nr. 69 S. 639 Tok. — 53: MPC 1065 Bar. UC **6** 223 Joh

500 Selinur
41: Abastumani Bull. Nr. **17** S. 76 Aba*

502 Sigune
51: TAB (2) Nr. 69 S. 639 Tok. — 53: MPC 1008, UC **6** 225 Joh

503 Evelyn
48: TAB (2) Nr. 69 S. 639 Tok. — 53: Madrid Bol. **4** Nr. 7 Mad. Krim Mitt. **12** 184 Sim*. — 54: MPC 1163 Joh

504 Cora
42: Abastumani Bull. Nr. **17** S. 79 Aba*. — 54: MPC 1102 Kyo*. MPC 1150 Niz*

---

[14]) Berichtigung in MPC 1180.

[15]) Berichtigung in MPC 1182.

505 Cava
51: AJ UdSSR **31** 295 Nan. SFe Astr. (B) Nr. **2** SFe. — 54: MPC 1106 Blo*. MPC 1143, NAZ 8 43 Hei*. MPC 1163 Joh. MPC 1156 Kyo*

506 Marion
43: Abastumani Bull. Nr. **17** S. 80 Aba*. — 51: TAB (2) Nr. 69 S. 640 Tok. — 53: MPC 1009, UC **6** 223 Joh. Krim Mitt. **12** 185 Sim*. BAB **4** 172, MPC 1032 Ucc

507 Laodica
53: BAC **5** 54 SPl*. — 54: MPC 1078 Alg*. MPC 1106 Blo*. MPC 1133 Syd

508 Princetonia
42: Abastumani Bull. Nr. **17** S. 79 Aba*. — 54: MPC 1163 Joh

510 Mabella
54: MPC 1143, NAZ 8 43 Hei*

511 Davida
50: TAB (2) Nr. 69 S. 640 Tok. — 52: SFe Astr. (B) Nr. **2** SFe. — 53: MPC 1060 Bel. — 54: MPC 1138 Alg*. MPC 1156 Kyo*. MPC 1145 Mad. MPC 1139 SFe

512 Taurinensis
54: Astr Circ UdSSR Nr. 153 AlA*

514 Armida
41: Abastumani Bull. Nr. **17** S. 77 Aba*

515 Athalia
Id mit 1953 TD, MPC 1127 Eph (1954/55) MPC 1155

516 Amherstia
50: TAB (2) Nr. 69 S. 640 Tok. — 54: BAB **4** 177, MPC 1071 Ucc*. BAB **4** 179, 180, MPC 1121 Ucc

517 Edith
53: MPC 1061 Bel. MPC 1050, NAZ 8 10 Hei*. BAB **4** 172, MPC 1032 Ucc

519 Sylvania
53: UC **6** 223 Joh

520 Franziska
53: UC **6** 225 Joh

521 Brixia
50: TAB (2) Nr. 69 S. 640 Tok. — 53: MPC 1065 Bar. MPC 1061 Bel. MPC 1101 Kyo*. MPC 1066 SFe. — 54: MPC 1095, NAZ 8 24 Hei*. MPC 1144 Mad

522 Helga
49: TAB (2) Nr. 69 S. 640 Tok. — 54: MPC 1095, NAZ 8 24 Hei*. MPC 1102, 1156 Kyo*. BAB **4** 176, MPC 1121 Ucc

523 Ada
50: TAB (2) Nr. 69 S. 640 Tok. — 53: MPC 1035 Niz*. Krim Mitt. **12** 186 Sim*. MPC 1029, 1030 Tuk*

524 Fidelio
53: MPC 1037, 1039 Blo*. Krim Mitt. **12** 185, 186 Sim*. BAB **4** 172, MPC 1032 Ucc

526 Jena
54: MPC 1156 Kyo*

527 Euryanthe
53: Krim Mitt. **12** 182, 183 Sim*. — 54: MPC 1143, NAZ 8 43 Hei*. MPC 1145 Mad. MPC 1151, 1152 Niz*

528 Rezia
54: MPC 1091 Blo*. BAB **4** 176, MPC 1103 Ucc

529 Preziosa
53: UC **6** 223 Joh

530 Turandot
53: MPC 1061 Bel

532 Herculina
48: TAB (2) Nr. 69 S. 640 Tok. — 50: TAB (2) Nr. 69 S. 640 Tok. — 51: AJ UdSSR **31** 295 Nan. — 52: SFe Astr. (B) Nr. **2** SFe. — 53: MPC 1065 Bar. MPC 1061 Bel. BAB **4** 172, MPC 1033 Ucc. — 54: MPC 1144 Mad. MPC 1139 SFe

534 Nassovia
50: TAB (2) Nr. 69 S. 640 Tok. — 53: Astr Circ UdSSR Nr. 148 AlA*. — 54: MPC 1122 Blo*. MPC 1163 Joh

535 Montague
43: Abastumani Bull. Nr. **17** S. 80 Aba*. — 47: Abastumani Bull. Nr. **17** S. 81 Aba*. — 53: MPC 1061 Bel. Madrid Bol. **4** Nr. 7 Mad. Krim Mitt. **12** 183 Sim*. MPC 1028, 1029 Tuk*. — 54: MPC 1163 Joh

536 Merapi
49: Krim Mitt. **12** 189 Sim

538 Friederike
53: Krim Mitt. **12** 184 Sim*. — 54: MPC 1143, NAZ 8 43 Hei*. MPC 1163 Joh

539 Pamina
53: UC **6** 223 Joh

540 Rosamunde
50: TAB (2) Nr. 69 S. 640 Tok. — 53: MPC 1061 Bel. UC **6** 223 Joh. Madrid Bol. **4** Nr. 7 Mad. BAC **5** 54 SPl*

541 Deborah
43: Abastumani Bull. Nr. **17** S. 80 Aba*. — 52: Krim Mitt. **11** 191 Sim*

542 Susanna
51: Abastumani Bull. Nr. **17** S. 83 Aba*. — 53: MPC 1027 Blo*

543 Charlotte
42: Abastumani Bull. Nr. **17** S. 79 Aba*. — 54: MPC 1086 Blo*. BAB **4** 176, MPC 1070 Ucc

544 Jetta
53: UC 6 223 Joh. — 54: MPC 1142 Blo*

545 Messalina
53: Madrid Bol. 4 Nr. 7 Mad. — 54: MPC 1163 Joh

546 Herodias
53: UC 6 223 Joh

547 Praxedis
50: TAB (2) Nr. 69 S. 640 Tok

548 Kressida
49: TAB (2) Nr. 69 S. 640 Tok. — 52: EVA Circ. Nr. 13, MPC 1004 EVA

549 Jessonda
52: Krim Mitt. 11 190 Sim*

550 Senta
49: TAB (2) Nr. 69 S. 640 Tok. — 53: MPC 1027 Blo*. UC 6 223 Joh. MPC 1055 Syd

551 Ortrud
41: Abastumani Bull. Nr. 17 S. 76 Aba*. — 50: TAB (2) Nr. 69 S. 640 Tok. — 53: UC 6 223 Joh. — 54: MPC 1157 Kyo*

552 Sigelinde
43: Abastumani Bull. Nr. 17 S. 80 Aba*. — 52: EVA Circ. Nr. 13, MPC 1004 EVA. — 53: Krim Mitt. 12 185, 186 Sim*. MPC 1029 Tuk*
Eph (1954) EVA Circ. Nr. 13

554 Peraga
50: TAB (2) Nr. 69 S. 640 Tok. — 51: AJ UdSSR 31 295 Nan. SFe Astr. (B) Nr. 2 SFe. — 53: MPC 1061 Bel. Madrid Bol. 4 Nr. 7 Mad. — 54: MPC 1163 Joh. MPC 1145 Mad. MPC 1152 Niz*

555 Norma
53: MPC 1039 Blo*. UC 6 225 Joh

556 Phyllis
53: MPC 1009, UC 6 223 Joh. MPC 1055 Syd

557 Violetta
53: Astr Circ UdSSR Nr. 149 AlA*. MPC 1044, 1048 Blo*. MPC 1035, 1036 Niz*. MPC 1030 Tuk*

558 Carmen
50: TAB (2) Nr. 69 S. 640 Tok

559 Nanon
54: Astr Circ UdSSR Nr. 153 AlA*

561 Ingwelde
53: MPC 1043 (?) Blo*. MPC 1123 (?) Blo. MPC 1035 (?) Niz*

563 Suleika
43: Abastumani Bull. Nr. 17 S. 80 Aba*. — 50: TAB (2) Nr. 69 S. 640 Tok. — 53: Madrid Bol. 4 Nr. 7 Mad. Krim Mitt. 12 182 Sim*. — 54: MPC 1091 Blo*. BAB 4 176, MPC 1103 Ucc

566 Stereoskopia
42: Abastumani Bull. Nr. 17 S. 79 Aba*. — 50: TAB (2) Nr. 69 S. 640 Tok. — 54: MPC 1144, 1145 Mad. MPC 1156 Kyo*. BAB 4 180, MPC 1121 Ucc

568 Cheruskia
52: EVA Circ. Nr. 13, MPC 1004 EVA. — 53: UC 6 223 Joh

569 Misa
49: TAB (2) Nr. 69 S. 640 Tok. — 53: MPC 1046 (?) Blo*. Madrid Bol. 4 Nr. 7, MPC 1018 Mad[2]). Astr Circ UdSSR Nr. 146 Tar*

570 Kythera
42: Abastumani Bull. Nr. 17 S. 79 Aba*. — 54: MPC 1156 Kyo*

573 Recha
52: Krim Mitt. 11 189 Sim*

577 Rhea
53: UC 6 223 Joh. — 54: MPC 1142 Blo*. MPC 1157 Kyo*

578 Happelia
54: MPC 1138 Alg*. MPC 1149 (?) Joh
Eph (1954) Astr Circ UdSSR Nr. 145
El Astr Circ UdSSR Nr. 145

579 Sidonia
47: Abastumani Bull. Nr. 17 S. 81 Aba. TAB (2) Nr. 69 S. 640 Tok. — 51: AJ UdSSR 31 295 Nan. — 54: BAB 4 176, 180, MPC 1071, 1121 Ucc

580 Selene
53: Astr Circ UdSSR Nr. 148 AlA*

582 Olympia
53: MPC 1061 Bel

583 Klotilde
41: Abastumani Bull. Nr. 17 S. 76 Aba*. — 54: MPC 1163 Joh

584 Semiramis
52: SFe Astr. (B) Nr. 2 SFe. — 54: Belgrade Bull. 19 Nr. 1 Bel. MPC 1133 Syd

585 Bilkis
49: Abastumani Bull. Nr. 17 S. 82 Aba*. — 53: MPC 1042 Blo*

589 Croatia
53: Krim Mitt. 12 187 Sim*

590 Tomyris
54: MPC 1122 Blo*

591 Irmgard
54: MPC 1095, NAZ 8 24 Hei*. MPC 1158 Tuk*. BAB 4 176 (?), 180, MPC 1071, 1121 Ucc[5])

592 Bathseba
54: MPC 1106 Blo*. BAB 4 177, MPC 1103 Ucc*
El Astr Circ UdSSR Nr. 149[16])

593 Titania
42: Abastumani Bull. Nr. 17 S. 79 Aba*. — 53: Madrid Bol. 4 Nr. 7, MPC 1018, 1019 Mad[2])

595 Polyxena
53: UC 6 223 Joh. MPC 1055, 1068 Syd

596 Scheila
49: TAB (2) Nr. 69 S. 640 Tok. — 53: MPC 1074 Kyo*

597 Bandusia
54 MPC 1156 Kyo*

598 Octavia
51: Abastumani Bull. Nr. 17 S. 83 Aba*. — 53: UC 6 223 Joh

599 Luisa
53: MPC 1042 Blo*. MPC 1010, UC 6 223 Joh. MPC 1139 SFe. MPC 1068 Syd

600 Musa
53: MPC 1061 Bel. Krim Mitt. 12 183 Sim*. MPC 1028, 1029 Tuk*. — 54: MPC 1157 Kyo*. MPC 1152 Niz*

602 Marianna
52: EVA Circ. Nr. 13, MPC 1004 EVA. — 54: MPC 1085 CaG*

607 Jenny
53: UC 6 223 Joh

608 Adolfine
43: Abastumani Bull. Nr. 17 S. 80 Aba*. — 53: Krim Mitt. 12 186 Sim*. BAB 4 172, MPC 1032 Ucc

609 Fulvia
41: Abastumani Bull. Nr. 17 S. 76 Aba*. — 54: MPC 1157 (?) Kyo*. MPC 1152 Niz*

611 Valeria
52: Krim Mitt. 11 189 Sim*[17]). — 54: MPC 1144 Mad

613 Ginevra
54: MPC 1163 Joh

614 Pia
50: TAB (2) Nr. 69 S. 640 Tok. — 53: UC 6 225 Joh. — 54: MPC 1152 Niz*

615 Roswitha
51: TAB (2) Nr. 69 S. 640 Tok. — 53: MPC 1044, 1045, 1048 Blo*. MPC 1035 Niz*. MPC 1030, 1031 Tuk*

617 Patroclus
52: EVA Circ. Nr. 13, MPC 1004 EVA. — 53: Astr Circ UdSSR Nr. 149 AlA*

618 Elfriede
54: MPC 1158 Tuk*. BAB 4 176, 180, MPC 1071, 1121 Ucc

622 Esther
41: Abastumani Bull. Nr. 17 S. 76 Aba*. — 51: AJ UdSSR 31 295 Nan. — 53: Krim Mitt. 12 184 Sim*. — 54: MPC 1143, NAZ 8 43 Hei*. MPC 1151 Niz*

624 Hektor
54: MPC 1078 Alg*[18]). MPC 1150 Niz*

625 Xenia
51: Abastumani Bull. Nr. 17 S. 84 Aba*. — 54: Astr Circ UdSSR Nr. 153 AlA*

626 Notburga
53: UC 6 223 Joh. — 54: MPC 1163 Joh

628 Christine
54: MPC 1122, 1141 Blo*. MPC 1163 Joh

631 Philippina
53: UC 6 223 Joh. — 54: MPC 1106 Blo*. MPC 1156 Kyo*. MPC 1145 Mad. MPC 1151 Niz*

633 Zelima
54: BAB 4 176, MPC 1103 Ucc

634 Ute
54: MPC 1091, 1106 Blo*. BAB 4 176, MPC 1071 Ucc

635 Vundtia
39: Krim Mitt. 12 189 Sim. — 41: Krim Mitt. 12 189 Sim. — 50: Krim Mitt. 12 189 Sim. — 53: Krim Mitt. 12 187 Sim*

636 Erika
53: UC 6 223 Joh

638 Moira
53: UC 6 223 Joh

639 Latona
41: Abastumani Bull. Nr. 17 S. 76 Aba*. — 49: Abastumani Bull. Nr. 17 S. 81 Aba*. — 53: UC 6 223 Joh. — 54: MPC 1163 Joh

640 Brambilla
53: MPC 1048, 1049 Blo*. MPC 1052, NAZ 8 11 Hei*. Astr Circ UdSSR Nr. 147, Krim Mitt. 12 188 Sim*

641 Agnes
53: UC 6 225 Joh

642 Clara
53: Astr Circ UdSSR Nr. 147, Krim Mitt. 12 188 Sim*. — 54: MPC 1149 Niz*

[16]) Statt $\omega = 72^\circ$ lies $\omega = 252^\circ$.
[17]) Statt 617 Valeria lies 611 Valeria.
[18]) Berichtigung in MPC 1113.

643 Scheherezade
49: Krim Mitt. **12** 189 Sim. — 50: Krim Mitt. **12** 189 Sim. — 51: Krim Mitt. **12** 189 Sim[19a]). — 54: MPC 1121 Blo*

644 Cosima
53: MPC 1043, 1045, 1046, 1047 Blo*

645 Agrippina
52: EVA Circ. Nr. **13**, MPC 1004 EVA. — 53: MPC 1044, 1045 Blo*. MPC 1074 Kyo*. Astr Circ UdSSR Nr. 147, Krim Mitt. **12** 187 Sim*. MPC 1030, 1031 Tuk*

646 Kastalia
53: MPC 1028, 1038 Blo*. UC **6** 225 Joh. Krim Mitt. **12** 185, 186 Sim*. BAB **4** 173, MPC 1033 Ucc*. BAB **4** 172, MPC 1032 Ucc

648 Pippa
53: Astr Circ UdSSR Nr. 147 Sim*

649 Josefa
52: MPC 1039 Blo

650 Amalasuntha
53: MPC 1038, 1043 Blo*. MPC 1051, NAZ **8** 11 Hei*. MPC 1035 (?) Niz*[19b]). Krim Mitt. **12** 186 Sim*. BAB **4** 172, MPC 1032 Ucc

651 Antikleia
53: UC **6** 225 Joh

652 Jubilatrix
42: Abastumani Bull. Nr. **17** S. 78 Aba*

653 Berenike
53: MPC 1038 Blo*

654 Zelinda
50: TAB (2) Nr. 69 S. 640 Tok. — 52: SFe Astr. (B) Nr. **2** SFe. — 54: MPC 1163 Joh

655 Briseïs
53: MPC 1074 Kyo*. Krim Mitt. **12** 186 Sim*

656 Beagle
54: MPC 1163 Joh. MPC 1156 Kyo*. MPC 1133 Syd

658 Asteria
53: UC **6** 223 Joh

660 Crescentia
41: Abastumani Bull. Nr. **17** S. 77 Aba*. — 50: TAB (2) Nr. 69 S. 640 Tok. — 54: MPC 1157 Kyo*

661 Cloelia
53: Astr Circ UdSSR Nr. 149 AlA*. MPC 1040 Alg*. MPC 1077 Alg. Astr Circ UdSSR Nr. 147 Sim*

663 Gerlinde
52: Krim Mitt. **11** 190 Sim*. — 53: MPC 1047, 1048, 1049 Blo*. Astr Circ UdSSR Nr. 147, Krim Mitt. **12** 188 Sim*

664 Judith
53: MPC 1077 Alg. Madrid Bol. **4** Nr. 7 Mad

665 Sabine
53: MPC 1061 Bel. MPC 1035 Niz*. Krim Mitt. **12** 185, 186 Sim*. MPC 1029 Tuk*

667 Denise
51: TAB (2) Nr. 69 S. 640 Tok. — 54: MPC 1142 Blo*

668 Dora
Eph (1954) Astr Circ UdSSR Nr. 145
El Astr Circ UdSSR Nr 145

669 Kypria
54: MPC 1156 Kyo*

670 Ottegebe
53: MPC 1029 Tuk*

671 Carnegia
54: MPC 1086 Blo*. MPC 1102 Kyo*. MPC 1158 Tuk*. BAB **4** 180, MPC 1121 Ucc
Eph (1954) EVA Circ. Nr. **13**

672 Astarte
52: EVA Circ. Nr. **13**, MPC 1004 EVA

673 Edda
42: Abastumani Bull. Nr. **17** S. 79 Aba*. — 53: BAC **5** 54 SPl. — 54: MPC 1106 Blo*. MPC 1163 Joh
Eph (1954) EVA Circ. Nr. **13**
El EVA Circ. Nr. **13**

674 Rachele
51: AJ UdSSR **31** 294 Nan. SFe Astr. (B) Nr. **2** SFe. — 53: MPC 1048, 1049 Blo*. Astr Circ UdSSR Nr. 145 Lem*. Madrid Bol. **4** Nr. 7, MPC 1018 Mad[2]). MPC 1066 SFe*. Astr Circ UdSSR Nr. 146 Wil*

675 Ludmilla
50: TAB (2) Nr. 69 S. 640 Tok. — 51: SFe Astr. (B) Nr. **2** SFe. — 53: UC **6** 223 Joh

678 Fredegundis
49: TAB (2) Nr. 69 S. 640 Tok. — 53: Astr Circ UdSSR Nr. 145 Lem*. Madrid Bol. **4** Nr. 7, MPC 1019 Mad[2]). MPC 1149 Niz*. Astr Circ UdSSR Nr. 146 Saw*. Astr Circ UdSSR Nr. 147 Sim*[20]). Astr Circ UdSSR Nr. 146 Tar*

679 Pax
49: TAB (2) Nr. 69 S. 640 Tok. — 53: MPC 1010, UC **6** 223 Joh

---

19a) Irrtümlich zugeordnet, 721 Tabora zugehörig.
19b) Irrtümlich zugeordnet. Vorläufige Bezeichnung 1953 TG_3, MPC 1324.
20) Berichtigung in Register Astr Circ UdSSR Nr. 80—150.

680 Genoveva
54: MPC 1163 Joh. MPC 1156 Kyo*
Id mit 1954 HC, MPC 1188, NAZ 8 42

683 Lanzia
49: TAB (2) Nr. 69 S. 640 Tok

684 Hildburg
54: MPC 1163 Joh

686 Gersuind
42: Abastumani Bull. Nr. 17 S. 79 Aba*

687 Tinette
54: MPC 1142 Blo*. MPC 1144, NAZ 8 44 Hei*

688 Melanie
53: Krim Mitt. 12 184 Sim*. BAB 4 172, MPC 1031 Ucc

690 Wratislavia
43: Abastumani Bull. Nr. 17 S. 80 Aba*. — 49: TAB (2) Nr. 69 S. 640 Tok[21]). — 51: TAB (2) Nr. 69 S. 640 Tok. — 53: MPC 1061 Bel. Krim Mitt. 12 184 Sim*. BAB 4 172, MPC 1031 Ucc

691 Lehigh
53: MPC 1061 Bel. — 54: MPC 1163 Joh

692 Hippodamia
54: MPC 1163 Joh

693 Zerbinetta
53: UC 6 223 Joh

695 Bella
51: TAB (2) Nr. 69 S. 640 Tok. — 53: MPC 1061 Bel. BAB 4 172, MPC 1032 Ucc. Astr Circ UdSSR Nr. 146 Wil*

696 Leonora
53: UC 6 225 Joh

698 Ernestina
54: MPC 1095, NAZ 8 24 Hei*. BAB 4 177 Ucc*. MPC 1121 Ucc

699 Hela
52: EVA Circ. Nr. 13, MPC 1004 EVA

700 Auravictrix
53: Madrid Bol. 4 Nr. 7 Mad. Krim Mitt. 12 184 Sim*

701 Oriola
53: MPC 1010 Alg*. MPC 1077 Alg. MPC 1045, 1047 Blo*. MPC 1074 Kyo*. Astr Circ UdSSR Nr. 147, Krim Mitt. 12 187 Sim*. MPC 1030, 1031 Tuk*

702 Alauda
53: Madrid Bol. 4 Nr. 7 Mad. BAC 5 54 SPl*. — 54: MPC 1163 Joh. MPC 1133 Syd

704 Interamnia
52: SFe Astr. (B) Nr. 2 SFe. — 53: MPC 1065 Bar. MPC 1061 Bel. Astr Circ UdSSR Nr. 145 Lem*. Madrid Bol. 4 Nr. 7, MPC 1018 Mad[2]). Mem SA It (NS) 25 251 = Roma Monte Mario Contr. Nr. 202, MPC 1053 Rom. MPC 1066 SFe

705 Erminia
53: UC 6 223 Joh[15]). — 54: MPC 1163 Joh

708 Raphaela
52: EVA Circ. Nr. 13 EVA

709 Fringilla
51: Abastumani Bull. Nr. 17 S. 83 Aba*. TAB (2) Nr. 69 S. 640 Tok. — 52: EVA Circ. Nr. 13, MPC 1004 EVA. — 53: MPC 1051, NAZ 8 10, 11 Hei*. MPC 1009, UC 6 223 (?) Joh. MPC 1035 Niz*

710 Gertrud
53: MPC 1047, 1048 Blo*

711 Marmulla
52: EVA Circ. Nr. 13, MPC 1004 EVA. Krim Mitt. 11 189 Sim*

712 Boliviana
51: AJ UdSSR 31 295 Nan. SFe Astr. (B) Nr. 2 SFe. — 53: UC 6 223 Joh. — 54: MPC 1106 Blo*[22]). MPC 1163 Joh. MPC 1151 Niz*

713 Luscinia
38: Krim Mitt. 12 190 Sim

714 Ulula
41: Abastumani Bull. Nr. 17 S. 78 Aba*. — 51: SFe Astr. (B) Nr. 2 SFe. TAB (2) Nr. 69 S. 640 Tok*. — 53: Astr Circ UdSSR Nr. 147, Krim Mitt. 12 187 Sim*. Astr Circ UdSSR Nr. 146 Tar*

715 Transvaalia
53: UC 6 225 Joh

717 Wisibada
50: TAB (2) Nr. 69 S. 640 Tok

718 Erida
53: UC 6 223 Joh. Krim Mitt. 12 184 Sim*

720 Bohlinia
41: Abastumani Bull. Nr. 17 S. 78 Aba*. — 53: Astr Circ UdSSR Nr. 148 AlA*. Krim Mitt. 12 184 Sim*. MPC 1028, 1029 Tuk*. — 54: MPC 1122 Blo*. MPC 1163 Joh
Eph (1954) EVA Circ. Nr. 13
El EVA Circ. Nr. 13

721 Tabora
51: Krim Mitt. 12 189 Sim[23]). — 54: MPC 1158 Tuk*

---

[21]) Statt Dez 98 lies Dez 28.
[22]) Berichtigung in MPC 1151.
[23]) Irrtümlich als 643 Scheherezade bezeichnet.

723 Hammonia
52: Krim Mitt. **11** 190 Sim*

725 Amanda
54: BAB **4** 176, MPC 1070 Ucc
El MPC 1088

726 Joëlla
52: Krim Mitt. **11** 190, 191 Sim*

727 Nipponia
42: Abastumani Bull. Nr. 17 S. 79 Aba*

728 Leonisis
54: MPC 1122 (?) Blo*

730 Athanasia
53: MPC 1038 (?), 1039 (?) Blo*. MPC 1160 Blo

731 Sorga
54: MPC 1163 Joh

733 Mocia
54: MPC 1163 Joh

735 Marghanna
54: MPC 1124 Blo. MPC 1118 WiB

736 Harvard
54: MPC 1163 Joh. MPC 1156, 1157 Kyo*. MPC 1152 Niz*

737 Arequipa
51: TAB (2) Nr. 69 S. 640 Tok

738 Alagasta
53: MPC 1035 Niz*. BAB **4** 172, MPC 1032 Ucc

739 Mandeville
52: EVA Circ. Nr. **13**, MPC 1004 EVA

740 Cantabia
51: Abastumani Bul. Nr. 17 S. 84 Aba*

741 Botolphia
54: MPC 1156 Kyo*. BAB **4** 176, MPC 1103 Ucc

742 Edisona
53: MPC 1010 Alg*. MPC 1077 Alg. MPC 1047 Blo*. MPC 1076 Kyo*. Astr Circ UdSSR Nr. 147 Sim*

743 Eugenisis
53: Astr Circ UdSSR Nr. 153 AlA*. MPC 1010 Alg*. MPC 1061 Bel. MPC 1049 Blo*. MPC 1053, NAZ **8** 12 Hei*. MPC 1075 Kyo*. MPC 1036 Niz*[5]). Astr Circ UdSSR Nr. 147, Krim Mitt. **12** 187, 188 Sim*

744 Aguntina
53: Astr Circ UdSSR Nr. 148 AlA*. Krim Mitt. **12** 183 Sim*. BAC **5** 54 SPl*. MPC 1028, 1029 Tuk*. — 54: MPC 1143 (?), NAZ **8** 43 (?) Hei*. MPC 1152 (?) Niz*

745 Mauritia
54: Astr Circ UdSSR Nr. 153 AlA*

746 Marlu
53: MPC 1009, UC **6** 223 Joh

747 Winchester
49: TAB (2) Nr. 69 S. 640 Tok. — 51: AJ UdSSR **31** 295 Nan. — 52: EVA Circ. Nr. **13**, MPC 1005 EVA. — 54: MPC 1144 Mad. Astr Circ UdSSR Nr. 155 Tar
Eph (1953/54) Astr. Nachr. Berlin-Treptow **6** 11

748 Simeïsa
54: MPC 1122 Blo*

750 Oskar
53: Astr Circ UdSSR Nr. 153 (?) AlA*

751 Faïna
42: Abastumani Bull. Nr. 17 S. 79 Aba*. — 50: TAB (2) Nr. 69 S. 640 Tok. — 51: AJ UdSSR **31** 295 Nan. — 54: MPC 1156 Kyo*. MPC 1145 Mad

752 Sulamitis
53: Krim Mitt. **12** 187 Sim*

753 Tiflis
53: MPC 1045, 1047, 1049 Blo*

755 Quintilla
53: MPC 1028 Tuk*. — 54: MPC 1163 Joh. MPC 1151 Niz*

757 Portlandia
52: Krim Mitt. **11** 191 Sim*. — 54: MPC 1102, 1156 Kyo*

758 Mancunia
49: TAB (2) Nr. 69 S. 640 Tok. — 53: MPC 1009, UC **6** 223 Joh. MPC 1055 Syd

760 Massinga
50: TAB (2) Nr. 69 S. 640, 641 Tok. — 52: Krim Mitt. **11** 189 Sim*. — 53: MPC 1036 Niz*

762 Pulcova
52: Mem SA It (NS) **25** 210 Tui. — 53: Astr Circ UdSSR Nr. 146 Tar*

764 Gedania
53: Astr Circ UdSSR Nr. 149 AlA*. MPC 1036 Niz*. Astr Circ UdSSR Nr. 147, Krim Mitt. **12** 187 Sim*

766 Moguntia
53: UC **6** 223 Joh. — 54: MPC 1163 Joh

769 Tatjana
47: Krim Mitt. **12** 189 Sim. — 53: MPC 1044, 1045, 1048 Blo*. Astr Circ UdSSR Nr. 147, Krim Mitt. **12** 188 Sim*

770 Bali
43: Abastumani Bull. Nr. 17 S. 81 Aba*. — 54: BAB **4** 176, MPC 1070 Ucc

772 Tanete
53: MPC 1010, UC **6** 223 Joh

773 Irmintraud
53: Krim Mitt. **12** 182 Sim*. — 54: MPC 1133 Syd

774 Armor
53: Madrid Bol. **4** Nr. 7 Mad. — 54: MPC 1163 Joh. MPC 1145 Mad. MPC 1151 Niz*

776 Berbericia
51: AJ UdSSR **31** 294 Nan. SFe Astr. (B) Nr. **2** SFe. — 54: BAB **4** 176, MPC 1070 Ucc

777 Gutemberga
53: Astr Circ UdSSR Nr. 147 Sim*. — 54: MPC 1095, NAZ 8 24 Hei*

778 Theobalda
54: MPC 1091, 1106 Blo*

779 Nina
43: Abastumani Bull. Nr. **17** S. 81 Aba*. — 51: Abastumani Bull. Nr. **17** S. 84 Aba*. Abastumani Bull. Nr. **17** S. 84 Aba. AJ UdSSR **31** 295 Nan. SFe Astr. (B) Nr. **2** SFe*. — 53: BAC **5** 54 SPl*. — 54: MPC 1163 Joh. MPC 1133 Syd

780 Armenia
53: Krim Mitt. **12** 182, 183 Sim*

782 Montefiore
53: UC **6** 223 Joh

784 Pickeringia
53: UC **6** 223 Joh

785 Zwetana
45: MPC 86 Tuk*[12]). — 52: EVA Circ. Nr. **13**, MPC 1005 EVA. — 53: Astr Circ UdSSR Nr. 149 AlA*. MPC 1048 Blo*
Id mit 1945 VG, MPC 1021

786 Bredichina
54: MPC 1156 Kyo*. Astr Circ UdSSR Nr. 155 Tar

788 Hohensteina
42: Abastumani Bull. Nr. **17** S. 79 Aba*. — 43: Abastumani Bull. Nr. **17** S. 80 Aba*. — 53: BAC **5** 54 SPl*. — 54: MPC 1142 Blo*. MPC 1158 Tuk*

790 Pretoria
53: Astr Circ UdSSR Nr. 147 (?), Krim Mitt. **10** 188 Sim*

791 Ani
53: UC **6** 223 Joh. MPC 1035 Niz*. Krim Mitt. **12** 184, 186 Sim*

792 Metcalfia
54: MPC 1163 Joh

794 Irenaea
53: Astr Circ UdSSR Nr. 149 AlA*
Id mit 1953 TT_2, MPC 1128

795 Fini
54: MPC 1164 Joh

796 Sarita
42: Abastumani Bull. Nr. **17** S. 79 Aba*

797 Montana
53: UC **6** 223 Joh. — 54: MPC 1143, NAZ 8 43 Hei*. MPC 1158 Tuk*

799 Gudula
53: MPC 1042 Blo*. MPC 1074 Kyo*

801 Helwerthia
53: Krim Mitt. **12** 183 Sim*

802 Epyaxa
54: MPC 1150, 1151 Niz*

803 Picka
53: MPC 1076, 1101 Kyo*. Astr Circ UdSSR Nr. 147 Sim*

804 Hispania
50: TAB (2) Nr. 69 S. 641 Tok. — 53: Madrid Bol. **4** Nr. 7 Mad. Krim Mitt. **12** 182, 183 Sim*. — 54: MPC 1164 Joh

806 Gyldenia
52: Krim Mitt. **11** 190 Sim*

807 Ceraskia
53: MPC 1027 Blo*

809 Lundia
53: MPC 1028 Blo*. MPC 1050, NAZ 8 10 Hei*. MPC 1074 Kyo*. MPC 1035 Niz*. Krim Mitt. **12** 185 Sim*

813 Baumeia
54: MPC 1122 Blo*

814 Tauris
49: TAB (2) Nr. 69 S. 641 Tok

815 Coppelia
52: EVA Circ. Nr. **13**, MPC 1005 EVA

816 Juliana
54: MPC 1151, 1152 Niz*

817 Annika
41: Abastumani Bull. Nr. **17** S. 76 Aba*. — 52: EVA Circ. Nr. **13**, MPC 1005 EVA. — 54: Astr Circ UdSSR Nr. 153 AlA*. MPC 1090 Blo*

818 Kapteynia
53: MPC 1010, UC **6** 223 Joh

820 Adriana
54: BAB **4** 176, MPC 1070 Ucc

821 Fanny
53: MPC 1153 Niz[24])

824 Anastasia
54: MPC 1106, 1121 Blo*[25]). MPC 1156 Kyo*. MPC 1151 Niz*

[24]) Berichtigung in MPC 1245.

[25]) Berichtigung in MPC 1146, 1153, 1180.

825 Tanina
53: MPC 1027 Blo*

829 Academia
53: UC **6** 225 Joh

830 Petropolitana
54: MPC 1102 Kyo*

833 Monica
53: Astr Circ UdSSR Nr. 149 AlA*. Astr Circ UdSSR Nr. 147 Sim*

834 Burnhamia
45: MPC 86 Tuk*[12]). — 54: MPC 1102, 1103 Kyo*
Id mit 1945 VE, MPC 1021

838 Seraphina
41: Abastumani Bull. Nr. **17** S. 77 Aba*. — 53: UC **6** 225 Joh

839 Valborg
53: UC **6** 223 Joh

840 Zenobia
54: MPC 1152 (?) Niz*

844 Leontina
53: MPC 1153 Niz. Krim Mitt. **12** 182 Sim*[26]). — 54: MPC 1164 Joh

846 Lipperta
53: UC **6** 223 Joh. — 54: MPC 1142 Blo*. MPC 1157 Kyo*. MPC 1152 Niz*

847 Agnia
43: Abastumani Bull. Nr. **17** S. 80 Aba*. — 53: MPC 1076, 1101 Kyo*. Astr Circ UdSSR Nr. 147 Sim*. — 54: Astr Circ UdSSR Nr. 153 AlA*

848 Inna
53: Krim Mitt. **12** 185 Sim*. BAB **4** 172 (?), MPC 1032 (?) Ucc

849 Ara
52: EVA Circ. Nr. **13**, MPC 1005 EVA. — 53: MPC 1027 Blo*. Madrid Bol. **4** Nr. 7 Mad

850 Altona
41: Abastumani Bull. Nr. **17** S. 76 Aba*. — 53: Krim Mitt. **12** 184 Sim*

851 Zeissia
41: Abastumani Bull. Nr. **17** S. 78 Aba*. — 53: MPC 1027 Blo*. UC **6** 223 Joh

852 Wladilena
53: MPC 1061 Bel. MPC 1035 Niz*

853 Nansenia
52: Krim Mitt. **11** 189 Sim*

854 Frostia
53: BAB **4** 172, MPC 1031 Ucc

855 Newcombia
53: MPC 1010, UC **6** 223 Joh

857 Glasenappia
49: Abastumani Bull. Nr. **17** S. 82 Aba*. — 54: MPC 1095, NAZ **8** 24 Hei*

858 El Djezaïr
53: Krim Mitt. **12** 183 Sim*. — 54: MPC 1164 Joh

860 Ursina
52: Mem SA It (NS) **25** 210 Tui

861 Aïda
53: MPC 1065 Bar. MPC 1038 Blo*. UC **6** 223 Joh

862 Franzia
52: EVA Circ. Nr. **13**, MPC 1005 EVA

865 Zubaida
51: TAB (2) Nr. 69 S. 641 Tok

866 Fatme
43: Abastumani Bull. Nr. **17** S. 80 Aba*. — 53: MPC 1074 Kyo*. Madrid Bol. **4** Nr. 7 Mad. Krim Mitt. **12** 189 Sim*[27])

867 Kovacia
53: Astr Circ UdSSR Nr. 153 AlA*

868 Lova
53: Krim Mitt. **12** 184 Sim*. — 54: MPC 1164 Joh. MPC 1157 Kyo*

869 Mellena
53: MPC 1037, 1039 Blo*. MPC 1123 Blo. MPC 1008, UC **6** 225 Joh

870 Manto
53: MPC 1048 Blo*

874 Rotraut
52: Krim Mitt. **11** 189 Sim*. — 53: MPC 1036 Niz*

877 Walküre
43: Abastumani Bull. Nr. **17** S. 80 Aba*. — 54: MPC 1141 Blo*. MPC 1164 Joh

878 Mildred
54: BAB **4** 176 (?) Ucc [28])

880 Herba
53: UC **6** 225 Joh

883 Matterania
26: BZ **8** 31 Hei*[29]). AN **247** 259, Heidelberg Sternw. Veröff. **16** Hei[29])

885 Ulrike
54: MPC 1164 Joh

888 Parysatis
52: EVA Circ. Nr. **13**, MPC 1005 EVA. — 54: MPC 1158 Tuk*

[26]) Irrtümlich zugeordnet. Vorläufige Bezeichnung 1953 FN_1, MPC 1176.
[27]) Statt 865 Fatme lies 866 Fatme.
[28]) In MPC 1071 1954 BB zugeordnet.
[29]) Irrtümlich zugeordnet. Vorläufige Bezeichnung 1926 GA_1, MPC 679 (Berichtigung in MPC 1146).

889 Erynia
54: MPC 1164 Joh. MPC 1152 Niz*

891 Gunhild
53: MPC 1010, UC **6** 223 Joh

892 Seeligeria
43: Abastumani Bull. Nr. **17** S. 80 Aba*

893 Leopoldina
41: Abastumani Bull. Nr. **17** S. 77 Aba*. — 54: MPC 1087, 1090 Blo*

894 Erda
52: Astr Circ UdSSR Nr. 147, Krim Mitt. **11** 189 Sim*

895 Helio
43: Abastumani Bull. Nr. **17** S. 80 Aba*

897 Lysistrata
54: MPC 1164 Joh

899 Jokaste
52: EVA Circ. Nr. **13**, MPC 1005 EVA. — 53: MPC 1042 Blo*. MPC 1030 Tuk*. BAB **4** 172, MPC 1033 Ucc

900 Rosalinde
53: BAB **4** 172, MPC 1032 Ucc

905 Universitas
54: MPC 1164 Joh. MPC 1157 Kyo*

907 Rhoda
54: MPC 1164 Joh

908 Buda
53: MPC 1036 Niz*. Astr Circ UdSSR Nr. 147, Krim Mitt. **12** 188 Sim*. MPC 1030 Tuk*

909 Ulla
49: Krim Mitt. **12** 189 Sim. — 53: MPC 1061 Bel. Krim Mitt. **12** 183 Sim*. — 54: BAB **4** 177, MPC 1103 Ucc*

910 Anneliese
54: BAB **4** 176 (?), MPC 1071 (?) Ucc

912 Maritima
51: AJ UdSSR **31** 294 Nan

913 Otila
52: Krim Mitt. **11** 190 Sim*

914 Palisana
50: TAB (2) Nr. 69 S. 641 Tok. — 53: UC **6** 223 Joh

915 Cosette
54: MPC 1164 Joh

917 Lyka
54: MPC 1087 Blo*

918 Itha
53: MPC 1029 Tuk*. BAB **4** 172, MPC 1033 Ucc

919 Ilsebill
53: UC **6** 225 Joh. — 54: MPC 1151, 1152 Niz*
Id mit 1950 RP, MPC 1155, NAZ **8** 33

920 Rogeria
53: MPC 1043 Blo*. MPC 1051, NAZ **8** 11 Hei*. Krim Mitt. **12** 186 Sim*. BAB **4** 172, MPC 1032, 1033 Ucc

921 Jovita
53: MPC 1030 Tuk*

922 Schlutia
54: MPC 1122 Blo*

923 Herluga
53: MPC 1045 Blo*

924 Toni
53: Krim Mitt. **12** 184 Sim*. — 54: MPC 1142 Blo*

925 Alphonsina
51: SFe Astr. (B) Nr. **2** SFe. TAB (2) Nr. 69 S. 641 Tok. — 53: MPC 1077 Alg. MPC 1065 Bar. MPC 1061 Bel. Krim Mitt. **12** 185 Sim*. BAB **4** 172, MPC 1032 Ucc

926 Imhilde
52: EVA Circ. Nr. **13**, MPC 1005 EVA. — 53: MPC 1008, UC **6** 225 Joh

929 Algunde
54: MPC 1164 Joh

931 Whittemora
53: Madrid Bol. **4** Nr. 7 Mad. — 54: BAB **4** 176, 180 (?), MPC 1071, 1121 Ucc

932 Hooveria
48: TAB (2) Nr. 69 S. 641 Tok. — 50: TAB (2) Nr. 69 S. 641 Tok. — 54: MPC 1102, 1156 Kyo*. MPC 1133 Syd. BAB **4** 176, MPC 1103 Ucc

934 Thuringia
43: Abastumani Bull. Nr. **17** S. 80 Aba*. — 54: MPC 1158 Tuk*. BAB **4** 177, 180, MPC 1071, 1121 Ucc

935 Clivia
53: MPC 1037, 1039 Blo*. MPC 1123 Blo. UC **6** 226 Joh

936 Kunigunde
53: UC **6** 223 Joh. Krim Mitt. **12** 184, 186 Sim*

937 Bethgea
53: UC **6** 223 Joh

938 Chlosinde
53: MPC 1027 Blo*

940 Kordula
41: Abastumani Bull. Nr. **17** S. 77 Aba*. — 54: MPC 1102 Kyo*. MPC 1158 Tuk*

943 Begonia
53: Astr Circ UdSSR Nr. 149 AlA*

944 Hidalgo
48: TAB (2) Nr. 69 S. 641 Tok

945 Barcelona
51: Abastumani Bull. Nr. 17 S. 83 Aba*. TAB (2) Nr. 69 S. 641 Tok. — 52: EVA Circ. Nr. 13, MPC 1005 EVA. — 53: BAB 4 172, MPC 1032 Ucc

946 Poësia
52: Krim Mitt. 11 191 Sim*. — 54: BAB 4 177, MPC 1070 Ucc

948 Jucunda
53: MPC 1061 Bel

949 Hel
52: Abastumani Bull. Nr. 17 S. 84 Aba*. — 53: UC 6 223 Joh. — 54: MPC 1142 Blo*

950 Ahrensa
54: BAB 4 177, MPC 1103 Ucc

952 Caia
52: EVA Circ. Nr. 13, MPC 1005 EVA

953 Painleva
54: MPC 1164 Joh

954 Li
54: MPC 1164 Joh. MPC 1152 Niz*

955 Alstede
54: MPC 1091 Blo*. MPC 1164 Joh. MPC 1133 Syd

957 Camelia
54: MPC 1164 Joh. MPC 1156 Kyo*

958 Asplinda
53: MPC 1061 (?) Bel. Astr Circ UdSSR Nr. 147 Sim*

961 Gunnie
52: Krim Mitt. 11 191 Sim*. — 54: BAB 4 177, MPC 1071 Ucc

962 Aslög
53: MPC 1153 Niz

964 Subamara
53: Astr Circ UdSSR Nr. 147, Krim Mitt. 12 188 Sim*

966 Muschi
54: BAB 4 177, MPC 1070 Ucc

967 Helionape
53: Krim Mitt. 12 184 Sim*

968 Petunia
54: MPC 1143, NAZ 8 43 Hei*

971 Alsatia
54: MPC 1122 Blo*

972 Cohnia
53: MPC 1101 Kyo*

973 Aralia
53: UC 6 223 Joh. — 54: MPC 1142 Blo*

974 Lioba
52: Krim Mitt. 11 190 Sim*. — 54: MPC 1158 Tuk*. BAB 4 177, 180, MPC 1071, 1121 Ucc

975 Perseverantia
53: MPC 1044, 1047 Blo*. MPC 1052, NAZ 8 12 Hei*. MPC 1075 Kyo*. MPC 1036 Niz*. Astr Circ UdSSR Nr. 147, Krim Mitt. 12 187, 188 Sim*. MPC 1030, 1031 Tuk*

976 Benjamina
45: MPC 83 (?) Tuk*[12]). — 50: TAB (2) Nr. 69 S. 641 Tok. — 53: MPC 1030 Tuk*

977 Philippa
54: BAB 4 177, MPC 1070 Ucc

978 Aidamina
52: Krim Mitt. 11 191 Sim*

980 Anacostia
41: Abastumani Bull. Nr. 17 S. 76 Aba*. — 51: TAB (2) Nr. 69 S. 641 Tok. — 53: Astr Circ UdSSR Nr. 146 Tar*

981 Martina
54: MPC 1106 Blo*

982 Franklina
53: MPC 1153 Niz[24]). — 54: MPC 1164 Joh

984 Gretia
53: Astr Circ UdSSR Nr. 148 AlA*. — 54: MPC 1164 Joh. MPC 1133 Syd

986 Amelia
42: Abastumani Bull. Nr. 17 S. 78 Aba*. — 54: MPC 1156 Kyo*. MPC 1151 Niz*

987 Wallia
53: UC 6 226 Joh. — 54: MPC 1164 Joh

988 Appella
54: MPC 1121 Blo*

990 Yerkes
52: EVA Circ. Nr. 13, MPC 1005 EVA. — 54: MPC 1095, NAZ 8 24 Hei*

991 McDonalda
54: MPC 1121, 1122 Blo*

993 Moultona
54: MPC 1152 Niz*

994 Otthild
53: MPC 1149 Niz*

995 Sternberga
45: MPC 86 Tuk*[12]). — 52: EVA Circ. Nr. 13, MPC 1005 EVA. — 53: BAB 4 172, MPC 1032 Ucc
Id mit 1945 VF, MPC 1021

996 Hilaritas
43: Abastumani Bull. Nr. 17 S. 81 Aba*

999 Zachia
52: EVA Circ. Nr. 13, MPC 1005 EVA. — 53: Astr Circ UdSSR Nr. 147, Krim Mitt. 12 187, 188 Sim*[20])

1001 Gaussia
52: Krim Mitt. **11** 190 Sim*. Mem SA It (NS) **25** 211 Tui

1003 Lilofee
54: BAB **4** 180, MPC 1121 Ucc

1004 Belopolskya
53: UC **6** 223 Joh. — 54: MPC 1157 Kyo*. MPC 1118 WiB

1007 Pawlowia
41: Abastumani Bull. Nr. 17 S. 77 Aba*. — 54: MPC 1144, NAZ 8 44 Hei*

1009 Sirene
Eph (1954) MPC 1016
El MPC 1016

1010 Marlene
53: MPC 1045, 1046, 1047 Blo*

1011 Laodamia
54: MPC 1106 Blo*. MPC 1161 Blo

1013 Tombecka
53: MPC 1035 Niz*

1015 Christa
53: Krim Mitt. **12** 183 Sim*. MPC 1028, 1029 Tuk*

1016 Anitra
52: EVA Circ. Nr. **13**, MPC 1005 EVA. — 54: MPC 1090, 1091 Blo*

1018 Arnolda
50: TAB (2) Nr. 69 S. 641 Tok

1021 Flammario
51: TAB (2) Nr. 69 S. 641 Tok. — 53: UC **6** 225 Joh
Eph (1954/55) Astr. Nachr. Berlin-Treptow **6** 72

1022 1924 RT
53: MPC 1010, UC **6** 223 Joh

1023 Thomana
53: MPC 1043 Blo*. MPC 1051, NAZ 8 11 Hei*. Krim Mitt. **12** 186 Sim*. MPC 1029 Tuk*. BAB **4** 173 (?), MPC 1033 Ucc*

1024 Hale
52: Krim Mitt. **11** 190 Sim*[30])

1026 Ingrid
53: MPC 1027 (?) Blo*

1027 Aesculapia
54: MPC 1133 Syd

1028 1923 PG
53: UC **6** 225 Joh

1029 La Plata
53: MPC 1028, 1029 Tuk*

1030 1924 RQ
53: MPC 1051, NAZ 8 11 Hei*

1032 Pafuri
53: MPC 1036 Niz*

1033 Simona
53: Astr Circ UdSSR Nr. 148 AlA*

1034 Mozartia
54: MPC 1090 Blo*

1035 Amata
52: Krim Mitt. **11** 191 Sim*

1036 Ganymed
50: Abastumani Bull. Nr. 17 S. 82 Aba. TAB (2) Nr. 69 S. 641 Tok. — 52: EVA Circ. Nr. **13**, MPC 1005 EVA. — 54: MPC 1097 Alg*. MPC 1164 Joh. MPC 1156 Kyo*
Eph (1954) Astr Circ UdSSR Nr. 147

1037 Davidweilla
53: MPC 1045 (?), 1046 (?), 1047 (?), 1049 (?) Blo*[31]). MPC 1073 (?) Blo[31])

1042 Amazone
42: Abastumani Bull. Nr. 17 S. 78 Aba*. — 53: Astr Circ UdSSR Nr. 148 AlA*

1043 Beate
54: MPC 1142 Blo*

1045 Michela
51: MPC 1130 FtD
Id mit 1953 VB_2, MPC 1112, NAZ 8 20

1048 Feodosia
49: TAB (2) Nr. 69 S. 641 Tok. — 54: MPC 1164 Joh

1049 Gotho
52: EVA Circ. Nr. **13**, MPC 1005 EVA

1051 Merope
53: MPC 1077 Alg

1052 Belgica
54: MPC 1106 Blo*

1054 Forsytia
54: MPC 1164 Joh

1057 Wanda
50: TAB (2) Nr. 69 S. 641 Tok[3])

1061 Paeonia
53: MPC 1048, 1049 Blo*. MPC 1056 Blo. MPC 1052, 1053, NAZ 8 12, 13 Hei*

1062 Ljuba
41: Abastumani Bull. Nr. 17 S. 78 Aba*. — 54: MPC 1164 Joh. MPC 1156 Kyo*

1064 Aethusa
54: MPC 1164 Joh

1066 Lobelia
52: EVA Circ. Nr. **13**, MPC 1005 EVA

1068 Nofretete
54: MPC 1090 Blo*. MPC 1133 Syd

[30]) Statt 1024 Thomana lies 1024 Hale.
[31]) Beob. Nov 2 — Dez 1 irrtümlich zugeordnet, NAZ **8** 33. Vorläufige Bezeichnung 1953 VB_2, MPC 1131, 1135, NAZ **8** 45 (Berichtigung in NAZ **9** 6).

1069 Planckia
53: Astr Circ UdSSR Nr. 147, Krim Mitt. 12 189 Sim*

1071 Brita
54: MPC 1164 Joh. MPC 1157 Kyo*

1076 Viola
52: EVA Circ. Nr. 13, MPC 1005 EVA

1078 Mentha
53: MPC 1035 (?) Niz*

1079 Mimosa
53: UC 6 226 Joh

1081 Reseda
54: MPC 1141, 1142 Blo*

1082 Pirola
53: Astr Circ UdSSR Nr. 148 AlA*. — 54: MPC 1157 Kyo*. MPC 1152 Niz*

1083 Salvia
41: Abastumani Bull. Nr. 17 S. 78 Aba*. — 53: Krim Mitt. 12 182, 183 Sim*. — 54: MPC 1122 Blo*

1084 Tamariwa
54: MPC 1157 Kyo*

1085 Amaryllis
54: MPC 1106 Blo*. MPC 1151 Niz*

1086 Nata
53: UC 6 224 Joh. — 54: MPC 1122 Blo*

1087 Arabis
52: EVA Circ. Nr. 13, MPC 1005 EVA. — 53: UC 6 224 Joh

1088 Mitaka
53: MPC 1046 (?) Blo*. MPC 1074, 1075 Kyo*. Madrid Bol. 4 Nr. 7 (?) Mad

1089 Tama
50: TAB (2) Nr. 69 S. 641 Tok. — 53: MPC 1038 Blo*

1091 Spiraea
53: MPC 1153 Niz

1092 Lilium
54: MPC 1090 Blo*

1093 Freda
53: UC 6 224 Joh

1094 Siberia
El MPC 1088

1095 Tulipa
54: MPC 1151 Niz*

1096 Reunerta
53: UC 6 224 Joh

1098 Hakone
54: MPC 1164 Joh

1100 Arnica
53: MPC 1053, NAZ 8 12 Hei*. MPC 1075 Kyo*. Astr Circ UdSSR Nr. 147, Krim Mitt. 12 188 Sim*

1102 Pepita
53: Krim Mitt. 12 184 Sim*

1105 Fragaria
53: UC 6 224 Joh. MPC 1035 Niz*

1106 Cydonia
54: MPC 1090 (?) Blo*

1107 Lictoria
51: Abastumani Bull. Nr. 17 S. 83 Aba*. TAB (2) Nr. 69 S. 641 Tok. — 53: UC 6 224 Joh

1108 Demeter
33: NAZ 8 44 Hei

1110 Jaroslawa
54: MPC 1156 Kyo*

1111 Reinmuthia
54: MPC 1164 Joh

1112 Polonia
54: MPC 1122 Blo*. MPC 1164 Joh

1113 Katja
54: MPC 1164 Joh

1114 Lorraine
53: Krim Mitt. 12 184 Sim*. — 54: MPC 1152 Niz*

1115 Sabauda
53: UC 6 224, 226 Joh

1117 Reginita
54: MPC 1121 Blo*

1118 Hanskya
41: Abastumani Bull. Nr. 17 S. 76 Aba*

1120 Cannonia
54: MPC 1151 (?), 1152 Niz*

1122 Neith
45: MPC 86 (?) Tuk*[12]). — 53: Krim Mitt. 12 184 Sim*

1123 Shapleya
54: MPC 1164 Joh

1126 Otero
53: Krim Mitt. 12 182 Sim*

1127 Mimi
54: Astr Circ UdSSR Nr. 155 Tar

1128 Astrid
41: Abastumani Bull. Nr. 17 S. 78 Aba*. — 53: UC 6 224 Joh. — 54: MPC 1142 Blo*
Eph (1954) EVA Circ. Nr. 13
El EVA Circ. Nr. 13

1132 Hollandia
54: MPC 1150 Niz*. MPC 1158 Tuk*

1135 Colchis
53: UC 6 226 Joh. — 54: MPC 1097 Alg*[32]). MPC 1164 Joh

[32]) Irrtümlich 1415 Malautra zugeordnet, MPC 1275.

1137 Raïssa
54: MPC 1102, 1156 Kyo*

1139 Atami
48: TAB (2) Nr. 69 S. 641 Tok. — 52: EVA Circ. Nr. 13, MPC 1005 EVA

1140 Crimea
54: BAB 4 177, MPC 1071 Ucc*

1142 Aetolia
53: MPC 1028, 1029 Tuk*. — 54: MPC 1122 Blo*

1145 Robelmonte
53: MPC 1038, 1043 Blo*. MPC 1051, NAZ 8 11 Hei*. MPC 1035 Niz*. Krim Mitt. 12 185 Sim*. MPC 1029 Tuk*. BAB 4 172, MPC 1032 Ucc

1147 Stavropolis
53: MPC 1027, 1028 Blo*. UC 6 224 Joh

1149 1929 PF
53: UC 6 224 Joh

1152 Pawona
54: MPC 1122, 1141 Blo*

1153 Wallenbergia
53: UC 6 225 Joh

1154 Astronomia
53: Astr Circ UdSSR Nr. 148 AlA*. Krim Mitt. 12 184 Sim*

1155 Aënna
52: EVA Circ. Nr. 13, MPC 1005 EVA. — 53: MPC 1052, NAZ 8 12 Hei*

1157 Arabia
52: Krim Mitt. 11 190, 191 Sim*

1159 Granada
53: MPC 1070 Ucc

1160 Illyria
53: UC 6 226 Joh

1162 Larissa
54: MPC 1090 Blo*
El BIA 5 571

1165 Imprinetta
53: Krim Mitt. 12 185, 186 Sim*. MPC 1029 Tuk*

1166 Sakuntala
54: BAB 4 177, MPC 1103 Ucc

1167 1930 PB
43: Abastumani Bull. Nr. 17 S. 80 Aba*

1169 Alwine
41: Abastumani Bull. Nr. 17 S. 77 Aba*

1171 Rusthawelia
53: MPC 1061 Bel. MPC 1101 Kyo*. — 54: MPC 1095, NAZ 8 24 Hei*

1173 Anchises
52: MPC 1100 MtW

1177 Gonnessia
52: EVA Circ. Nr. 13, MPC 1005 EVA[2]). MPC 1064 Joh. — 53: MPC 1077 Alg
Eph (1954) EVA Circ. Nr. 13
El EVA Circ. Nr. 13

1180 Rita
El BIA 5 571

1181 Lilith
43: Abastumani Bull. Nr. 17 S. 80 Aba*

1185 Nikko
47: TAB (2) Nr. 69 S. 641 Tok

1189 Terentia
50: TAB (2) Nr. 69 S. 641 Tok. — 54: MPC 1122 Blo*. MPC 1164 Joh

1190 Pelagia
53: MPC 1075 Kyo*

1194 Aletta
53: Astr Circ UdSSR Nr. 147, Krim Mitt. 12 188 Sim*

1196 Sheba
53: MPC 1027, 1028 Blo*. MPC 1054, UC 6 225 Joh

1197 Rhodesia
50: TAB (2) Nr. 69 S. 641 Tok

1199 Geldonia
53: MPC 1047, 1048 Blo*. MPC 1076, 1101 Kyo*. MPC 1150 Niz*. Astr Circ UdSSR Nr. 147 Sim*

1200 Imperatrix
53: Astr Circ UdSSR Nr. 153 (?) AlA*. MPC 1047 Blo*. MPC 1053, NAZ 8 12 Hei*

1202 Marina
54: MPC 1141, 1142 Blo*
El BIA 5 571

1208 Troilus
52: EVA Circ. Nr. 13, MPC 1005 EVA[33])

1210 Morosovia
53: MPC 1042 Blo*. BAB 4 172, MPC 1032 Ucc

1211 Bressole
53: MPC 1153 Niz. — 54: MPC 1106 Blo*

1212 Francette
41: Abastumani Bull. Nr. 17 S. 77 Aba*. — 52: EVA Circ. Nr. 13, MPC 1005 EVA
El BIA 5 571

1213 Algeria
53: Astr Circ UdSSR Nr. 147, Krim Mitt. 12 188 Sim*

1214 Richilde
53: Astr Circ UdSSR Nr. 153 AlA*. Astr Circ UdSSR Nr. 147 (?) Sim*

1215 1932 BA
53: MPC 1077 Alg

[33]) Berichtigung in MPC 1036.

1217 Maximiliana
54: MPC 1106 Blo*. MPC 1156 Kyo*

1220 Crocus
Eph (1954) EVA Circ. Nr. **13**
El EVA Circ. Nr. 13

1223 Neckar
53: MPC 1153 Niz. — 54: MPC 1106 Blo*

1225 Ariane
53: MPC 1153 Niz. — 54: MPC 1122 Blo*

1227 Geranium
53: UC **6** 224 Joh

1228 Scabiosa
41: Abastumani Bull. Nr. **17** S. 78 Aba*. — 54: MPC 1142 Blo*

1231 Auricula
53: MPC 1045 Blo*. MPC 1036 Niz*

1233 Kobresia
43: Abastumani Bull. Nr. **17** S. 80 Aba*. — 54: MPC 1106 Blo*

1234 Elyna
52: Krim Mitt. **11** 190, 191 Sim*

1235 Schorria
52: EVA Circ. Nr. **13**, MPC 1005 EVA

1240 Centenaria
53: UC **6** 224 Joh

1241 Dysona
54: MPC 1102 Kyo*[34]). MPC 1158 Tuk*. BAB **4** 180 (?), MPC 1121 Ucc

1242 Zambesia
54: MPC 1090 Blo*

1244 Deira
54: MPC 1141 Blo*

1245 Calvinia
48: TAB (2) Nr. 69 S. 641 Tok. — 53: MPC 1043, 1048 Blo*. Astr Circ UdSSR Nr. 147, Krim Mitt. **12** 188 Sim*. MPC 1030 Tuk*

1247 Memoria
53: Astr Circ UdSSR Nr. 148 AlA*. — 54: MPC 1157 Kyo*. MPC 1152 Niz*

1248 Jugurtha
54: MPC 1164 Joh

1249 Rutherfordia
54: MPC 1104, 1112 Blo*

1250 Galanthus
52: MPC 1039 Blo

1251 Hedera
53: UC **6** 225 Joh

1253 Frisia
52: EVA Circ. Nr. **13** (?), MPC 1006 (?) EVA

1254 Erfordia
54: MPC 1164 Joh. MPC 1133 Syd. BAB **4** 177 (?), MPC 1103 Ucc

1256 Normannia
41: Abastumani Bull. Nr. **17** S. 77 Aba*. — 54: MPC 1122 Blo*

1258 Sicilia
Eph (1954) EVA Circ. Nr. **13**
El EVA Circ. Nr. 13

1259 Ógyalla
53: MPC 1047, 1048 Blo*. Astr Circ UdSSR Nr. 147 Sim*

1261 Legia
53: MPC 1048 Blo*

1262 Sniadeckia
54: MPC 1158 Tuk*. BAB **4** 177, 180, MPC 1071, 1121 Ucc

1263 Varsavia
53: MPC 1010, UC **6** 224 Joh

1264 Letaba
52: EVA Circ. Nr. **13**, MPC 1006 EVA

1266 Tone
36: Krim Mitt. **12** 189 Sim. — 49: Krim Mitt. **12** 189 Sim. — 53: UC **6** 224 Joh. — 54: MPC 1149 (?) Joh

1267 Geertruida
53: Astr Circ UdSSR Nr. 148 AlA*[35]). MPC 1142 Blo*

1268 Libya
53: UC **6** 224 Joh. — 54: MPC 1164 Joh
El BIA **5** 571

1270 Datura
53: MPC 1048 Blo*. MPC 1093 Blo. MPC 1008, UC **6** 226 Joh

1271 Isergina
53: Astr Circ UdSSR Nr. 149 AlA*. Krim Mitt. **12** 187 Sim*

1274 Delportia
54: MPC 1164 Joh

1275 Cimbria
51: Abastumani Bull. Nr. **17** S. 82 Aba*

1278 Kenya
52: EVA Circ. Nr. **13**, MPC 1006 EVA. Krim Mitt. **11** 190 Sim*. — 54: BAB **4** 180, MPC 1121 Ucc

1279 Uganda
54: MPC 1095, NAZ **8** 24 Hei*

1280 Baillauda
52: Krim Mitt. **11** 189 Sim*

[34]) Berichtigung in MPC 1121.

[35]) Statt 1268 Geertruida lies 1267 Geertruida

1284 Latvia
54: MPC 1122 Blo*. MPC 1164 Joh
Eph (1954) Astr Circ UdSSR Nr. 145

1285 Julietta
53: MPC 1027 Blo*. UC **6** 224 Joh

1286 Banachiewicza
54: MPC 1143, NAZ 8 43 Hei*. MPC 1158 Tuk*

1288 Santa
53: MPC 1036 Niz*

1289 Kutaïssi
52: EVA Circ. Nr. **13**, MPC 1006 EVA. — 53: MPC 1010 Alg*. MPC 1077 Alg. MPC 1044, 1049 Blo*. MPC 1052, NAZ 8 12 Hei*. MPC 1031 Tuk*

1290 Albertine
33: MPC 1230, Urania Barcelona **39** 204 = Madrid Publ. Nr. 27 WiB. — 35: BZ **17** 14, RI 1106 Ucc*[36]). BAB **2** 43, RI 1106 Ucc[36]). — 44: MPC 159, RI 2569, Turku Informo Nr. **5** Tuk*[37]). MPC 1230 Tuk[37]). — 48: BAB **4** Nr. 4, MPC 388 Ucc[38]). — 53: MPC 1072 (?) Blo. BAB **4** 142 Ucc[39]). — 54: MPC 1230 EVA
Eph (1954) MPC 1064
El MPC 1230, Urania Barcelona **39** 204 = Madrid Publ. Nr. 27

1291 Phryne
42: Abastumani Bull. Nr. 17 S. 79 Aba*. — 54: MPC 1143, 1144, NAZ 8 43, 44 Hei*

1292 Luce
53: MPC 1039 Blo*

1293 Sonja
53: MPC 1044, 1045, 1047, 1049 Blo*. MPC 1160, 1161 Blo

1294 Antwerpia
54: MPC 1107 Blo*

1296 Andrée
53: MPC 1077 Alg. MPC 1153 Niz

1297 Quadea
53: Astr Circ UdSSR Nr. 149 AlA*. MPC 1010 Alg*. MPC 1077 Alg. MPC 1030 Tuk*

1298 Nocturna
52: EVA Circ. Nr. **13**, MPC 1006 EVA

1299 Mertona
53: MPC 1153 Niz

1303 Luthera
53: UC **6** 224 Joh. MPC 1068 Syd

1304 Arosa
52: EVA Circ. Nr. **13**, MPC 1006 EVA

1305 Pongola
53: Krim Mitt. **12** 184 Sim*. MPC 1029 Tuk*. — 54: MPC 1164 Joh. MPC 1152 (?) Niz*

1306 Scythia
53: Astr Circ UdSSR Nr. 149 AlA*. Krim Mitt. **12** 186 Sim*. BAB **4** 172 (?), MPC 1032 (?) Ucc

1307 Cimmeria
47: TAB (2) Nr. 69 S. 641 Tok

1308 Halleria
53: MPC 1043, 1044, 1045, 1046 Blo*[40]). Krim Mitt. **10** 187 Sim*

1310 Villigera
53: MPC 1047, 1049, 1050 Blo*. MPC 1056 Blo

1313 Berna
54: MPC 1122 Blo*

1315 Bronislawa
53: MPC 1153 Niz

1317 Silvretta
54: MPC 1087, 1090 Blo*. MPC 1124 Blo

1321 Majuba
53: MPC 1153 Niz. — 54: MPC 1164 Joh

1322 Coppernicus
53: BAB **4** 172 (?), MPC 1031 (?) Ucc

1323 Tugela
52: EVA Circ. Nr. **13**, MPC 1006 EVA

1326 Losaka
54: MPC 1090 Blo*

1327 Namaqua
52: EVA Circ. Nr. **13**, MPC 1006 EVA. — 53: MPC 1043, 1048, 1049 (?) Blo*. MPC 1073 Blo. Astr Circ UdSSR Nr. 147, Krim Mitt. **12** 188 Sim*

1330 1925 DB
Id mit 1950 OP, MPC 1083, NAZ 8 7

1332 Marconia
53: Astr Circ UdSSR Nr. 149 AlA*. MPC 1052, NAZ 8 11 Hei*. Krim Mitt. **12** 186 Sim*

1333 Cevenola
52: EVA Circ. Nr. **13**, MPC 1006 EVA

---

[36]) Irrtümlich zugeordnet, MPC 1230, Urania Barcelona **39** 204 = Madrid Publ. Nr. 27. Vorläufige Bezeichnung 1935 CZ, MPC 1275.

[37]) Irrtümlich zugeordnet, MPC 1230, Urania Barcelona **39** 204 = Madrid Publ. Nr. 27. Vorläufige Bezeichnung 1944 SD, MPC 1275.

[38]) Irrtümlich zugeordnet, MPC 1230, Urania Barcelona **39** 204 = Madrid Publ. Nr. 27. Vorläufige Bezeichnung 1948 WP, MPC 1275.

[39]) Irrtümlich zugeordnet, MPC 1230, Urania Barcelona **39** 204 = Madrid Publ. Nr. 27. Vorläufige Bezeichnung 1953 CN, MPC 1275.

[40]) Berichtigung in MPC 1083.

1334 Lundmarka
54: MPC 1141 Blo*

1335 Demoulina
54: MPC 1152 Niz*

1336 Zeelandia
53: UC **6** 224 Joh. Krim Mitt. **12** 186 Sim*

1340 Yvette
53: Astr Circ UdSSR Nr. 148 AlA*. Astr Circ UdSSR Nr. 148 AlA

1342 Brabantia
53: UC **6** 226 Joh

1343 Nicole
53: MPC 1044, 1045, 1048 Blo*

1344 Caubeta
53: MPC 1044, 1046 Blo*. MPC 1123 Blo

1345 Potomac
El BIA **5** 571

1350 Rosselia
52: EVA Circ. Nr. **13**, MPC 1006 EVA. — 53: Astr Circ UdSSR Nr. 149 AlA*. MPC 1044 Blo*. MPC 1052, NAZ **8** 11 Hei*

1352 Wawel
54: MPC 1090, 1091 Blo*

1353 Maartje
42: Abastumani Bull. Nr. 17 S. 79 Aba*. — 53: MPC 1042, 1046 Blo*. Krim Mitt. **12** 187 Sim*

1354 Botha
53: Astr Circ UdSSR Nr. 149 AlA*

1355 Magoeba
53: BAB **4** 172, MPC 1031 Ucc

1356 Nyanza
53: MPC 1045, 1047, 1049 Blo*

1357 Khama
53: Astr Circ UdSSR Nr. 149 AlA*

1358 Gaika
53: MPC 1153 Niz. — 54: MPC 1133 Syd

1359 Prieska
52: EVA Circ. Nr. **13**, MPC 1006 EVA. — 53: Astr Circ UdSSR Nr. 147 Sim*

1360 Tarka
52: EVA Circ. Nr. **13**, MPC 1006 EVA

1363 Herberta
54: MPC 1107, 1122 Blo*

1366 Piccolo
53: Krim Mitt. **12** 182 Sim*. — 54: BAB **4** 177, MPC 1071 Ucc*

1368 Numidia
53: Astr Circ UdSSR Nr. 153 AlA*. — 54: MPC 1086 Blo*

1372 Haremari
52: EVA Circ. Nr. **13**, MPC 1006 EVA. — 53: MPC 1027, 1038 Blo*. MPC 1093 Blo

1377 Roberbauxa
53: MPC 1077 Alg

1378 Leonce
54: MPC 1086 Blo*. BAB **4** 180, MPC 1121 Ucc

1379 1936 FC
53: BAB **4** 172, MPC 1032 Ucc

1382 Gerti
42: Abastumani Bull. Nr. 17 S. 79 Aba*. — 53: MPC 1044, 1048 Blo*

1385 Gelria
53: Krim Mitt. **12** 184 Sim*

1390 Abastumani
53: MPC 1009, UC **6** 224 Joh

1395 Aribeda
52: EVA Circ. Nr. **13**, MPC 1006 EVA

1396 Outeniqua
53: MPC 1037 Blo*. MPC 1074 Kyo*. — 54: Astr Circ UdSSR Nr. 153 AlA*

1398 Donnera
53: MPC 1042, 1043 Blo*. MPC 1029, 1030 Tuk*

1399 Teneriffa
Id mit 1953 XA, MPC 1188, NAZ **8** 42

1405 1936 RE
51: BAB **4** 101 (?), MPC 545 (?) Ucc[41])
Id mit 1951 CO, MPC 1188, NAZ **8** 42
Nicht id. mit 1951 CP, MPC 1188, NAZ **8** 42

1407 Lindelöf
53: UC **6** 226 Joh. — 54: MPC 1158 Tuk*

1411 Brauna
Eph (1954) EVA Circ. Nr. **13**
El EVA Circ. Nr. **13**

1412 Lagrula
52: MPC 1077 Alg

1413 Roucarie
53: MPC 1077 Alg

1415 Malautra
54: MPC 1097 Alg*[42]). MPC 1164 Joh
El Toulouse Ann. **22** 67

1416 Renauxa (= σ 209)
53: MPC 1153 Niz. Krim Mitt. **12** 182, 183 Sim*

[41]) Berichtigung in MPC 640. Irrtümlich zugeordnet, 1951 CP zugehörig, BAB **4** 181, MPC 1188, NAZ **8** 42.

[42]) Irrtümlich zugeordnet, 1135 Colchis zugehörig, MPC 1275.

1417 Walinskia
37: Krim Mitt. **12** 190 Sim. — 53: MPC 1027 (?) Blo*

1418 Fayeta
50: TAB (2) Nr. 69 S. 641 Tok. — 53: UC **6** 224 Joh

1419 Danzig
53: MPC 1028 Blo*. Krim Mitt. **12** 185 Sim*. BAB **4** 172, MPC 1032 Ucc

1420 Radcliffe
33: AN **248** 211 (?), BZ **15** 10, RI 723 (?) Hei*[43]). Heidelberg Sternw. Veröff. **16** (?) Hei[43]). — 40: Krim Mitt. **12** 190 Sim. — 51: MPC 553 (?), 637 Blo*[44]). MPC 718 (?) Blo[44])
Eph (1954) MPC 1069
El MPC 1069, Urania Barcelona **39** 141 = Madrid Publ. Nr. 25

1421 1936 FQ
53: UC **6** 226 Joh

1422 Strömgrenia
53: Astr Circ UdSSR Nr. 149 AlA*. MPC 1042, 1043, 1044, 1045 Blo*[40]). MPC 1072 Blo. MPC 1008, UC **6** 226 Joh. Krim Mitt. **12** 187 Sim*

1423 Jose
54: MPC 1106 Blo*

1425 1937 GB
54: MPC 1106 Blo*. MPC 1161 Blo. MPC 1158 Tuk*. BAB 4 177, MPC 1103 Ucc

1426 1937 GF
54: MPC 1164 Joh

1429 Pemba
53: UC **6** 226 Joh

1430 1937 NK
53: UC **6** 226 Joh

1433 Geramtina
53: UC **6** 226 Joh

1434 Margot
53: MPC 1027, 1028, 1037 Blo*. Krim Mitt. **12** 185 Sim*

1435 Garlena
36: Krim Mitt. **12** 190 Sim

1436 1936 YA
52: Krim Mitt. **11** 191 Sim*[45]). — 54: MPC 1150 Niz*
Eph (1953/54) EVA Circ. Nr. **13**
El EVA Circ. Nr. **13**

1438 Wendeline
53: MPC 1027 (?) Blo*. UC **6** 226 Joh

1439 Vogtia
Eph (1954) EVA Circ. Nr. **13**
El BIA **5** 571, EVA Circ. Nr. **13**

1440 Rostia
53: UC **6** 226 Joh

1443 Ruppina
54: MPC 1091 Blo*

1451 1938 DT
54: MPC 1150 (?) Niz*

1452 1938 DZ_1
53: Astr Circ UdSSR Nr. 153 AlA*. — 54: MPC 1086 (?) Blo*. MPC 1124 (?) Blo
Eph (1953/54) MPC 1015

1455 Mitchella
48: BAB **4** Nr. 3, MPC 385 Ucc[46])
Id mit 1947 LB, MPC 1083, NAZ 8 7
El MPC 1080, NAZ 8 3

1457 Ankara
43: Abastumani Bull. Nr. **17** S. 81 Aba*. — 54: MPC 1164 Joh

1458 Mineura
53: Krim Mitt. **12** 183 Sim*. — 54: MPC 1143, NAZ 8 43 Hei*

1460 1937 WC
53: MPC 1043, 1048, 1049 (?) Blo*. MPC 1073 Blo

1461 1937 YL
53: MPC 1149, 1150 Niz*. — 54: MPC 1150 Niz*

1463 1938 CB
53: MPC 1149 Niz*. — 54: MPC 1150 Niz*

1465 Autonoma
54: BAB 4 177 (?), MPC 1103 (?) Ucc
Id mit 1938 EQ, MPC 1094, NAZ 8 14

1466 Mündleria
53: MPC 1009, UC **6** 226 Joh

1467 Mashona
54: BAB 4 177, MPC 1070 Ucc

1469 Linzia
49: Abastumani Bull. Nr. **17** S. 82 Aba*. — 54: MPC 1143, NAZ 8 43 Hei*. MPC 1151, 1152 Niz*

1470 Carla
54: MPC 1122 Blo*
Benennung MPC 1129

1471 1938 SL_1
El MPC 1137

1472 1938 UQ
54: MPC 1107, 1122 Blo*

[43]) Irrtümlich zugeordnet, MPC 1070, Urania Barcelona **39** 141 = Madrid Publ. Nr. 25. Vorläufige Bezeichnung 1933 BY, MPC 1226.
[44]) Irrtümlich zugeordnet, Urania Barcelona **39** 141 = Madrid Publ. Nr. 25. Vorläufige Bezeichnung 1951 AY, MPC 1089.
[45]) Für 1436 YA lies 1436 1936 YA.
[46]) Irrtümlich zugeordnet, MPC 1080, NAZ **8** 3. Vorläufige Bezeichnung 1948 TG_1, MPC 1089.

1473 1938 UT
54: MPC 1122 (?) Blo*

1475 Yalta
53: Krim Mitt. **12** 187 Sim*
Id mit 1953 TE_1, MPC 1128, NAZ 8 27

1476 1936 RA
53: UC **6** 226 Joh

1477 Bonsdorffia
53: MPC 1042, 1043 Blo*. MPC 1160 Blo. MPC 1029 Tuk*

1481 Tübingia
54: MPC 1090 Blo*
Eph (1954) EVA Circ. Nr. **13**
El EVA Circ. Nr. **13**

1482 Sebastiana
41: Abastumani Bull. Nr. **17** S. 78 Aba*. — 53: Astr Circ UdSSR Nr. 148 AlA*. Astr Circ UdSSR Nr. 148 AlA. — 54: MPC 1122 Blo*
Eph (1954) EVA Circ. Nr. **13**
El EVA Circ. Nr. **13**

1483 1938 DJ_1
41: Abastumani Bull. Nr. **17** S. 78 Aba*

1484 1938 HC
52: EVA Circ. Nr. **13**, MPC 1006 EVA. — 53: Astr Circ UdSSR Nr. 149 AlA*

1485 Isa
54: MPC 1143, NAZ 8 43 Hei*

1488 1938 XE
53: MPC 1030, 1031 Tuk*

1490 Limpopo
54: MPC 1107, 1112 Blo*. MPC 1164 Joh

1491 1938 EJ
52: MPC 1008 EVA[47]). — 53: MPC 1036 (?) Niz*

1492 1938 FL
54: MPC 1106 Blo*. MPC 1161 Blo

1493 Sigrid
53: Krim Mitt. **12** 185 Sim*

1497 1938 SB_1
52: EVA Circ. Nr. **13**, MPC 1006 EVA. — 53: MPC 1044, 1048 Blo*. MPC 1160, 1161 Blo

1498 1938 SK_1
54: MPC 1151 (?) Niz*

1499 1938 UF
El MPC 1137

1502 Arenda
54: MPC 1106 Blo*. MPC 1143, NAZ 8 43 Hei*. MPC 1153 Niz

1503 1938 XD
54: MPC 1143, NAZ 8 43 Hei*

1504 1939 FM
54: MPC 1158 Tuk*

1509 Esclangona
52: EVA Circ. Nr. **13**, MPC 1006 EVA

1510 1939 DC
53: UC **6** 226 Joh

1511 Daléra
54: MPC 1107, 1122 Blo*

1512 1939 FE
El BIA **5** 571

1513 1940 EB
53: UC **6** 226 Joh

1514 Ricouxa
53: MPC 1074 Kyo*. MPC 1035 Niz*

1516 1938 BG
52: EVA Circ. Nr. **13**, MPC 1006 EVA

1517 1938 FD
53: Astr Circ UdSSR Nr. 149 AlA*. Krim Mitt. **12** 187 Sim*

1520 1938 UY
53: MPC 1077 Alg

1522 1938 WO
54: MPC 1095 (?), NAZ 8 24 Hei*[48]). BAB **4** 177 (?), MPC 1071 (?) Ucc

1526 1939 TF
53: MPC 1009, UC **6** 226 Joh[49])
Id mit 1953 TK_2, MPC 1112, NAZ 8 20

1527 1939 UG
52: EVA Circ. Nr. **13**, MPC 1006 EVA. — 54: Astr Circ UdSSR Nr. 153 AlA*

1529 1938 BC
54: MPC 1086 (?) Blo*. MPC 1161 (?) Blo[50])
El BIA **5** 571

1538 1940 RF
53: MPC 1153 (?) Niz

1539 1940 UB
53: MPC 1072 Blo. MPC 1153 Niz

1540 1938 WK
54: BAB **4** 177, MPC 1070 Ucc

1541 1939 CK
53: Astr Circ UdSSR Nr. 148 AlA*

1542 1941 QE
52: Krim Mitt. **11** 190, 191 Sim*

1546 1941 SG_1
38: Heidelberg Sternw. Veröff. **16** Hei[51])
Id mit 1935 QC, 1938 FH[2]), MPC 148, RI 2558

[47]) Irrtümlich zugeordnet. Vorläufige Bezeichnung 1952 SQ_1, MPC 1036 (Berichtigung in MPC 1096).
[48]) Berichtigung in MPC 1146.
[49]) Irrtümlich zugeordnet, 1935 TF zugehörig, MPC 1083.
[50]) Berichtigung in MPC 1260.
[51]) Irrtümlich zugeordnet, 1938 FM zugehörig, siehe MPC 1062.

1547 1929 CZ
32: Krim Mitt. **12** 190 Sim. — 49: Krim Mitt. **12** 190 Sim. — 53: UC **6** 226 Joh

1550 1937 WD
45: MPC 86 Tuk*[12]). — 53: MPC 1061 Bel. MPC 1042, 1047 Blo*. MPC 1093 Blo. BAB **4** 172, MPC 1032 Ucc
Id mit 1945 VD, MPC 1021

1553 Bauersfelda
53: MPC 1045, 1046, 1049 Blo*. MPC 1160, 1161 Blo
Benennung Astr. Nachr. Berlin-Treptow **6** 11, NAZ 8 3

1554 1940 RE
53: MPC 1061 Bel. MPC 1047, 1049 Blo*. MPC 1093 Blo. Astr Circ UdSSR Nr. 147, Krim Mitt. **12** 187 Sim*. MPC 1031 Tuk*

1555 Dejan
54: MPC 1141, 1142 Blo*

1556 1942 AA
52: EVA Circ. Nr. **13**, MPC 1006 EVA. Krim Mitt. **11** 190 Sim*. — 53: MPC 1049 Blo*. MPC 1093 Blo

1557 1942 AD
50: BAB **4** 90, MPC 483 Ucc[52])
Eph (1954) MPC 1033
El MPC 1018, Urania Barcelona **39** 201 = Madrid Publ. Nr. 26

1562 1943 EE
53: MPC 1028, 1029 Tuk*

1563 Noël
53: UC **6** 226 Joh

1564 Srbija
53: MPC 1061, 1062 Bel. Astr Circ UdSSR Nr. 147, Krim Mitt. **12** 189 Sim*

1566 Icarus
53: MPC 1041 Cap. MPC 1041 Pre. — 54: MN ASSA **13** 100 Pre
Eph (1954) Harv Card 1247[53]), MPC 1099, UAI Circ 1452
El Rev. Astr. **22** 77, **23** 75

1567 1941 HN
53: UC **6** 226 Joh

1568 Aisleen
53: MPC 1027 Blo*. UC **6** 226 Joh. BAB **4** 172, MPC 1031 Ucc

1569 Evita
52: EVA Circ. Nr. **13**, MPC 1006 EVA. — 53: MPC 1027 Blo*. UC **6** 226 Joh
Eph (1954) EVA Circ. Nr. **13**
El EVA Circ. Nr. **13**

1570 Brunonia
52: EVA Circ. Nr. **13** (?) EVA. — 53: MPC 1044, 1047, 1049 Blo*. MPC 1094, 1160, 1161 Blo. MPC 1052, NAZ 8 12 Hei*
Benennung MPC 1040
Id mit 1933 QC, MPC 1083, NAZ 8 7
Nicht id. mit 1933 QC, MPC 1135, NAZ 8 33

1571 1950 FJ
53: MPC 1039, 1044 Blo*. MPC 1160 Blo

1572 Posnania
53: UC **6** 226 Joh[54]). — 54: MPC 1164 Joh
Id mit 1949 QE_2, MPC 1034

1573 1949 UA
54: MPC 1086 (?) Blo*

1574 Meyer
52: MPC 1077 Alg. — 53: MPC 1040 Alg*. MPC 1077 Alg. MPC 1047, 1048 Blo*. MPC 1124 Blo

1575 Winifred
50: MPC 456 Blo[48]). — 51: AJ **59** 306 = LOB Nr. **529** MtH. — 54: MPC 1107, 1122 Blo*

1576 1948 SA
53: MPC 1009, UC **6** 226 Joh
Id mit 1939 CS, MPC 1076, NAZ 8 7

1577 1949 BA
54: MPC 1141, 1142 Blo*

1578 Kirkwood
54: MPC 1121 (?) Blo*
Id mit 1934 XH, 1949 TF, Beograd Recueil **42** Nr. 1

1580 Betulia
52: AJ **59** 306 = LOB Nr. **529** MtH. — 53: AJ **59** 306 = LOB Nr. **529** MtH
Eph (1954) MPC 1130

1581 Abanderada
Eph (1953/54) EVA Circ. Nr. **13**, MPC 1003
El EVA Circ. Nr. **13**

1582 Martir
Eph (1953/54) EVA Circ. Nr. **13**, MPC 1003
El EVA Circ. Nr. **13**

1583 Antilochus
53: AJ **59** 306 = LOB Nr. **529** MtH

1584 1927 CR
54: MPC 1141 Blo*. MPC 1152 Niz*

1585 Union
54: MPC 1087, 1090, 1091 Blo*. MPC 1124 Blo
Id mit 1952 QA_1, Astr Circ UdSSR Nr. 151, MPC 1180

1587 1933 FS_1
53: MPC 1077 Alg. MPC 1123 Blo

---

[52]) Irrtümlich zugeordnet, MPC 1018, Urania Barcelona **39** 201 = Madrid Publ. Nr. 26. Vorläufige Bezeichnung 1950 SR, MPC 1021.

[53]) Berichtigung in Harv Card 1251.

[54]) Irrtümlich als 1572 Idelsonia bezeichnet.

1588 Descamisada
52: EVA Circ. Nr. **13**, MPC 1006 EVA
Benennung MPC 1069
El EVA Circ. Nr. **13**

1589 Fanatica
Benennung MPC 1069
Eph (1954) EVA Circ. Nr. **13**, MPC 1114
El EVA Circ. Nr. **13**

1591 Baize
54: MPC 1087, 1090 Blo*. MPC 1160 Blo. BAB **4** 177, MPC 1071 Ucc
Id mit 1943 DE, Beograd Recueil **42** Nr. 1

1593 1951 LB
53: AJ **59** 306 = LOB Nr. **529** MtH

1594 1949 WA
54: Astr Circ UdSSR Nr. 153 AlA*
Eph (1953/54) MPC 1015

1595 1930 ME
Numerierung MPC 1021
Id mit 1942 FB, MPC 1012
Eph (1953/54) MPC 1015

1596 1951 EV
52: EVA Circ. Nr. **13**, MPC 1007, 1024 EVA. — 53: MPC 1038 Blo*. MPC 1123 Blo
Numerierung MPC 1025
Eph (1954/55) EVA Circ. Nr. **13**, MPC 1017, 1025[2])
El EVA Circ. Nr. **13**

1597 1949 EB
50: MPC 1025 Alg. — 51: MPC 1025 LaP. — 54: MPC 1078 Alg*
Numerierung MPC 1025
Eph (1954) MPC 1026
El MPC 1026

1598 1950 CA
52: MPC 1057 Alg. — 54: MPC 1078 Alg*. MPC 1091, 1106 Blo*
Numerierung MPC 1057
Eph (1954) MPC 1058
El MPC 1057

1599 1950 WA
52: MPC 1077 Alg. — 53: MPC 1077 Alg. Astr Circ UdSSR Nr. 148 AlA*. Astr Circ UdSSR Nr. 148 AlA[20]). NAZ 8 40 Hei
Numerierung MPC 1078
Eph (1954) MPC 1082
El MPC 1078

1600 1947 UC
49: MPC 1092 BoA
Numerierung MPC 1092
El MPC 1092

1601 1942 KA
42: MPC 1099 Alg [48]). — 53: MPC 1047, 1049, 1050 Blo*. MPC 1073, 1074 Blo
Numerierung MPC 1093
El MPC 1093

1602 1950 GF
53: MPC 1077 Alg
Numerierung MPC 1097
Eph (1954) MPC 1096
El MPC 1097

1603 1926 VH
Numerierung MPC 1111
El MPC 1108, NAZ 8 19

1604 1931 FH
54: MPC 1138 Alg*
Numerierung MPC 1111
Eph (1954) MPC 1085, 1115
El MPC 1108, NAZ 8 19

1605 1936 GA
Numerierung MPC 1116[55])
Eph (1954) MPC 1119
El MPC 1119, NAZ 8 41

1902 HY
02: AN **163** 229 Wie[56])
El MPC 1080, NAZ 8 3

1906 UO
Id mit 1937 TG, NAZ 8 45

1906 VV
El NAZ 8 44

1907 ZU
53: MPC 1038, 1039 Blo*. MPC 1072, 1160 Blo

1907 ZV, AW
El NAZ 8 44

1909 HP
El MPC 1134, NAZ 8 32

1910 JL
El MPC 1108, NAZ 8 19

1911 a
Id mit 1928 SF, BAB **4** 202, Beograd Recueil **42** Nr. 1

1912 PX
Id mit 1933 UE, 1954 HC, MPC 1188, NAZ 8 42

1913 TH
Wahrscheinlich id. mit 1928 UE, MPC 1118, NAZ 8 33

1914 UW
El MPC 1012

1915 n
Id mit 1928 DD_1, 1930 SK, BAB **4** 202, Beograd Recueil **42** Nr. 1

1915 o = 1934 CH (?)

1916 ZE
El MPC 1134, NAZ 8 32

1916 ZV
16: AN **217** 287 (?), 290 (?) Bgf[57])
El MPC 1012

1916 s
16: AN **217** 287 (?), 290 (?) Bgf[58])

[55]) Berichtigung in MPC 1119.
[56]) Berichtigung in MPC 1080, NAZ 8 3.
[57]) Beob. Sep 23 irrtümlich zugeordnet, MPC 1013. Vorläufige Bezeichnung 1916 s, MPC 1040.
[58]) Beob. Sep 23 irrtümlich 1916 ZV zugeordnet, MPC 1013. Vorläufige Bezeichnung MPC 1040.

1916 Σ 35
Nicht id. mit 1936 FR, MPC 1095, NAZ 8 14

1917 Σ 90, Σ 91
El MPC 1011

1917 Σ 115
Id mit 1951 DE, 1931 KG, 1930 DJ, BAB 4 204, Beograd Recueil **42** Nr. 1

1918 EH
El MPC 1134, NAZ 8 32

1919 FY
El MPC 1080, NAZ 8 3

1920 HP
El MPC 1080, NAZ 8 3

1921 KE
21: BZ 3 62 Hei*[59]). AN **247** 267 Hei[59])
El MPC 1011

1923 OD
Eph (1954) MPC 1082
El MPC 1080, NAZ 8 6

1924 QW
Eph (1954) MPC 1076
El MPC 1076, NAZ 8 3

1924 SH
Nicht id. mit 1948 NE, MPC 1136, NAZ 8 33

1925 DC
Id mit 1935 EQ, BAB 4 204, Beograd Recueil **42** Nr. 1

1925 QA
Eph (1954) MPC 1082
El MPC 1080, NAZ 8 6

1925 VF
Id mit 1939 FC, 1933 UT, MPC 1134, NAZ 8 33
Eph (1955) MPC 1165
El MPC 1134, NAZ 8 32

1925 WB
Id mit 1933 SJ, Beograd Recueil **42** Nr. 1

1926 GA_1
26: BZ 8 31 Hei*[60]). AN **247** 259, Heidelberg Sternw. Veröff. **16** Hei[60])

1926 PE
El MPC 1080, NAZ 8 6

1926 TM
Id mit 1931 EO, MPC 1089, 1094[61]), NAZ 8 14[61])

1927 UH
Id mit 1950 DL, BAB 4 204, Beograd Recueil **42** Nr. 1

1928 DS
Nicht id. mit 1931 TT_1, NAZ 8 4

1928 DD_1 = 1915 n

1928 RT
54: MPC 1133 Syd
Eph (1954) MPC 1098
El MPC 1098, NAZ 8 32

1928 SF = 1911 a

1928 UE = 1913 TH (?)
Eph (1954) MPC 1118
El MPC 1118, NAZ 8 32

1929 BB
Id mit 1950 EA, BAB 4 203, Beograd Recueil **42** Nr. 1

1929 CA
Id mit 1953 RB, MPC 1112, NAZ 8 20

1929 CD
Id mit 1947 FC, 1949 WC, MPC 1083, NAZ 8 7

1929 CL
Id mit 1941 SR, MPC 1159

1929 WG
54: MPC 1091, 1106 Blo*. MPC 1161 Blo

Eph (1954) MPC 1056
El MPC 1108, NAZ 8 13

1929 XA
Id mit 1934 XF, 1946 HB, BAB 4 203, Beograd Recueil **42** Nr. 1

1930 DJ = 1917 Σ 115

1930 HB
30: NAZ 8 44 Hei
El MPC 1134, NAZ 8 32

1930 QB
Id mit 1948 OC, Beograd Recueil **42** Nr. 1

1930 SK = 1915 n
Eph (1954) MPC 1165
El NAZ 8 44

1930 XM
Id mit 1952 EA, 1953 TM_1, 1933 UR_1, 1942 EB_1, 1949 KF, 1936 RK (?), MPC 1113

1931 CE
El MPC 1011

1931 DE
31: AN **241** 383, **242** 215, RI 417, 427 Hei*[62]). AN **247** 273, Heidelberg Sternw. Veröff. **16** Hei[62])

1931 DQ
Id mit 1952 DA, 1942 GH, BAB 4 203

1931 EA
Id mit 1952 HA, MPC 1134

1931 EO = 1926 TM
31: AN **241** 383, **242** 215, RI 417, 427 Hei*[63]). AN **247** 273, Heidelberg Sternw. Veröff. **16** Hei[63])
El MPC 1080, NAZ 8 3

[59]) Berichtigung in MPC 1013.
[60]) Irrtümlich 883 Matterania zugeordnet. Vorläufige Bezeichnung MPC 679 (Berichtigung in MPC 1146).
[61]) Berichtigung in MPC 1113, NAZ **8** 20.
[62]) Irrtümlich zugeordnet. Vorläufige Bezeichnung 1931 EO, MPC 1082, NAZ **8** 4.
[63]) Irrtümlich 1931 DE zugeordnet. Vorläufige Bezeichnung MPC 1082, NAZ **8** 4. (Berichtigung in NAZ **8** 4).

1931 JA
Id mit 1937 AB (?), 1938 KC (?), MPC 1014
El MPC 1012

1931 KG = 1917 Σ 115

1931 KL
Id mit 1953 GA, MPC 1083, NAZ 8 7

1931 RN
Id mit 1953 GJ (?), MPC 1130, NAZ 8 42

1931 TL
52: MPC 1123 Blo
Id mit 1936 SH (?), MPC 1081, 1110, NAZ 8 7, 14
Eph (1953/54) MPC 1022
El MPC 1080, NAZ 8 6

1931 TR, TS, TE_1, TJ_1
El MPC 1108, NAZ 8 25

1931 TL_1
Nicht id. mit 1936 QX, 1939 CS, MPC 1082, NAZ 8 7
El MPC 1080, 1082, NAZ 8 6

1931 TN_1
El MPC 1108, NAZ 8 25

1931 TT_1 Vgl. 1928 DS
Id mit 1939 BN (?), NAZ 8 4
Eph (1954) MPC 1085
El MPC 1080, 1086, NAZ 8 3

1931 TU_2
Id mit 1953 NJ, BAB 4 204, MPC 1136, NAZ 8 33

1932 BH
Nicht id. mit 1938 DS, 1938 EP, MPC 1128, NAZ 8 27

1932 CK
Id mit 1949 FJ, MPC 1083, NAZ 8 7

1932 CB_1
Nicht id. mit 1938 QM, MPC 1128, NAZ 8 27

1932 DC
Id mit 1952 UV_1, Beograd Recueil **42** Nr. 1

1933 BY
33: AN **248** 211, BZ **15** 10, RI 723 Hei*[64]). Heidelberg Sternw. Veröff. **16** Hei[64])

1933 GA
33: BAB **1** 227, RI 784 Ucc[65])
El MPC 1012

1933 JA
33: BAB **1** 227, RI 784 Ucc[66])

1933 OB
El MPC 1108, NAZ 8 25

1933 OJ
El NAZ 8 41

1933 OK
El MPC 1108, NAZ 8 25

1933 QC Vgl. 1570 Brunonia
Id mit 1950 BA, MPC 1135, NAZ 8 33
El MPC 1012

1933 QD
Id mit 1948 TB_1, Beograd Recueil **42** Nr. 1

1933 SJ = 1925 WB

1933 UE = 1912 PX

1933 UT = 1925 VF

1933 UR_1 = 1930 XM

1934 CB, CC, CD
El MPC 1108, NAZ 8 26

1934 CH
Id mit 1937 RD, 1936 LD, 1915 o (?), 1951 EK, BAB 4 203, Beograd Recueil **42** Nr. 1

1934 CB_1
El MPC 1108, NAZ 8 26

1934 JB
Id mit 1951 NL, MPC 1034
El MPC 1011

1934 LB
34: MPC 1166 Joh

1934 RO
Id mit 1937 FB, 1951 AC, BAB 4 203, Beograd Recueil **42** Nr. 1

1934 RZ
Id mit 1941 BE, 1952 KH, BAB **4** 202, Beograd Recueil **42** Nr. 1

1934 TD
El MPC 1012

1934 XF = 1929 XA

1934 XH = 1578 Kirkwood

1935 BD
Eph (1954) MPC 1062
El MPC 1108, NAZ 8 13

1935 CZ
35: BZ **17** 14, RI 1106 Ucc*[67]). BAB **2** 43, RI 1106 Ucc[67])

1935 EQ = 1925 DC

1935 FJ, GL
El MPC 1011

1935 JF
54: MPC 1142 Blo*
Eph (1954) MPC 1115
El MPC 1115, NAZ 8 32

---

[64]) Irrtümlich 1420 Radcliffe zugeordnet, MPC 1070, Urania Barcelona **39** 141 = Madrid Publ. Nr. 25. Vorläufige Bezeichnung MPC 1226.

[65]) Berichtigung in BAB **4** 135. Beob. Mai 15 irrtümlich zugeordnet, MPC 1014. Vorläufige Bezeichnung 1933 JA, MPC 1040.

[66]) Berichtigung in BAB **4** 135. Beob. Mai 15 irrtümlich 1933 GA zugeordnet, MPC 1014. Vorläufige Bezeichnung MPC 1040.

[67]) Irrtümlich 1290 Albertine zugeordnet, MPC 1230, Urania Barcelona **39** 204 = Madrid Publ. Nr. 27. Vorläufige Bezeichnung MPC 1275.

1935 KB
Id mit 1936 QN, BAB 4 203, Beograd Recueil 42 Nr. 1

1935 OJ
48: MPC 68 (?) Niz*[68])
El MPC 1134, NAZ 8 32

1935 QC = 1546 1941 SG_1

1935 QP
El MPC 1108, NAZ 8 19

1935 SC
El MPC 1011

1935 TF
53: MPC 1009, UC 6 226 Joh[69])

1935 UN
Id mit 1950 GE, BAB 4 203, Beograd Recueil 42 Nr. 1
El MPC 1012

1935 US
El MPC 1108, NAZ 8 26

1936 BD
54: Astr Circ UdSSR Nr. 153 AlA*
Eph (1954) MPC 1016
El MPC 1011

1936 FR Vgl. 1916 Σ 35

1936 LD = 1934 CH

1936 QN = 1935 KB

1936 QO
El MPC 1080, NAZ 8 6

1936 QX Vgl. 1931 TL_1

1936 RK = 1930 XM (?)

1936 SC
Id mit 1939 EA, 1951 QE, Beograd Recueil 42 Nr. 1

1936 SH = 1931 TL (?)
36: MPC 1107, 1166, NAZ 8 13 Joh
El MPC 1108, NAZ 8 13

1937 AB = 1931 JA (?)

1937 FB = 1934 RO

1937 QH
Id mit 1939 BG, MPC 1128, NAZ 8 27

1937 RD = 1934 CH
El MPC 1011

1937 TG = 1906 UO
El NAZ 8 44

1937 TH
El MPC 1034

1938 CH
54: MPC 1149 (?) Joh

1938 DS Vgl. 1932 BH

1938 EA
38: BAB 2 235, RI 1748, 1800 Ucc[70])
El MPC 1186, NAZ 8 41

1938 EG
El MPC 1012

1938 EP Vgl. 1932 BH

1938 EQ = 1465 Autonoma

1938 EW
Id mit 1948 EU, Beograd Recueil 42 Nr. 1

1938 FB
Id mit 1943 VJ, MPC 1086

1938 FC
Id mit 1943 EY, 1938 GB, BAB 4 202, Beograd Recueil 42 Nr. 1

1938 FH = 1546 1941 SG_1

1938 FM
38: Heidelberg Sternw. Veröff. 16 Hei[71])

1938 FO
38: BAB 2 235, RI 1748, 1800 Ucc[72])

1938 GB = 1938 FC

1938 KC = 1931 JA (?)

1938 QM Vgl. 1932 CB_1

1939 BG = 1937 QH
38: MPC 1107, NAZ 8 19 Tuk. — 39: MPC 1107, NAZ 8 19 Tuk
El MPC 1108, NAZ 8 19

1939 BN = 1931 TT_1 (?)

1939 CC
Nicht id. mit 1950 BW, MPC 1125, NAZ 8 41

1939 CD
53: MPC 1042, 1044, 1045, 1048 Blo*[73])

1939 CF
Id mit 1952 OZ, BAB 4 204, Beograd Recueil 42 Nr. 1

1939 CS = 1576 1948 SA, Vgl. 1931 TL_1
39: MPC 1079, NAZ 8 6 Niz
El MPC 1080[5]), NAZ 8 6

1939 EA = 1936 SC

1939 FC = 1925 VF

1939 GE
El MPC 680[1])

1939 LC
Id mit 1939 MA, MPC 1134

[68]) Berichtigung in MPC 1135, NAZ 8 33.
[69]) Irrtümlich 1526 1939 TF zugeordnet, MPC 1083.
[70]) Beob. Mrz 19 irrtümlich zugeordnet, MPC 1187, NAZ 8 41. Vorläufige Bezeichnung 1938 FO, MPC 1246.
[71]) Irrtümlich 1546 1941 SG_1 zugeordnet, siehe MPC 1062.
[72]) Irrtümlich 1938 EA zugeordnet, MPC 1187, NAZ 8 41. Vorläufige Bezeichnung MPC 1246.
[73]) Irrtümlich zugeordnet, MPC 1135, 1147, NAZ 8 33. Vorläufige Bezeichnung 1953 TD_2, MPC 1147.

1939 MA = 1939 LC

1939 PF, PM
El MPC 1108, NAZ 8 19

1940 YL
Id mit 1953 NH, MPC 1128, NAZ 8 27

1941 BE = 1934 RZ

1941 BP
Id mit 1949 SB, 1948 PB, BAB 4 204, Beograd Recueil **42** Nr. 1

1941 HH
Id mit 1952 FB, BAB 4 204

1941 SR = 1929 CL
41: MPC 1159 Tuk
El MPC 1159

1941 SW
El MPC 1108, NAZ 8 26

1941 YD, YE
41: Abastumani Bull. Nr. **17** S. 78 Aba*[74])
Vorläufige Bezeichnung MPC 1275

1942 CK
Id mit 1952 DB, 1942 CL, 1942 DE, 1949 HK, BAB 4 203

1942 CL = 1942 CK

1942 DE = 1942 CK
Id mit 1952 DB, MPC 1094, NAZ 8 14

1942 EB$_1$ = 1930 XM

1942 FB = 1595 1930 ME

1942 FM
Id mit 1953 NH, 1951 EG, 1944 RE, BAB **4** 204

1942 GH = 1931 DQ

1942 KB, KC
42: Abastumani Bull. Nr. **17** S. 79 Aba*[74])
Vorläufige Bezeichnung MPC 1275

1943 DE = 1591 Baize

1943 EY = 1938 FC
Id mit 1950 OE, MPC 1112, NAZ 8 20
El Beograd Recueil **42** Nr. 1

1943 SD, SE
43: Abastumani Bull. Nr. **17** S. 80 Aba*[74])
Vorläufige Bezeichnung MPC 1275

1943 VJ = 1938 FB

1943 YA
43: Abastumani Bull. Nr. **17** S. 81 Aba*[74])
Vorläufige Bezeichnung MPC 1275

1943 YB
43: Abastumani Bull. Nr. **17** S. 81 Aba*[74])
Vorläufige Bezeichnung MPC 1275
Id mit 1943 YC (?), MPC 1276

1943 YC = 1943 YB (?), **YD**
43: Abastumani Bull. Nr. **17** S. 81 Aba*[74])
Vorläufige Bezeichnung MPC 1275

1944 CA, DO, DP
44: TAB (2) Nr. 69 S. 641 Tok

1944 RE = 1942 FM

1944 SD
44: MPC 159, RI 2569, Turku Informo Nr. 5 Tuk*[75]). MPC 1230 Tuk[75])

1945 VD = 1550 1937 WD, **VE** = 834 Burnhamia, **VF** = 995 Sternberga, **VG** = 785 Zwetana, **VH** = 380 Fiducia

1946 HB = 1929 XA

1946 OJ, OK
46: Abastumani Bull. Nr. **17** S. 81 Aba*[74])
Vorläufige Bezeichnung MPC 1275

1946 SA
46: MPC 1037 Niz
El MPC 1011

1947 FC = 1929 CD

1947 LB = 1455 Mitchella

1947 NL, OC
47: TAB (2) Nr. 69 S. 641 Tok

1947 WB
Id mit 1951 NL (?), MPC 1089

1947 XE, XF, XG, XH
47: Abastumani Bull. Nr. **17** S. 81, Astr Circ UdSSR Nr. 73 Aba[74])
Vorläufige Bezeichnung MPC 1275

1948 EA
48: LOB Nr. **522** MtH[76])
Eph (1954/55) MPC 1132
El MPC 1132

1948 EU = 1938 EW

1948 NE Vgl. 1924 SH
48: UC **5** 305 Joh[77])

1948 NF
Id mit 1951 AK, MPC 1089

1948 OC = 1930 QB

1948 PB = 1941 BP

[74]) Als unidentifiziert bezeichnet.
[75]) Irrtümlich 1290 Albertine zugeordnet, MPC 1230, Urania Barcelona **39** 204 = Madrid Publ. Nr. 27. Vorläufige Bezeichnung MPC 1275.
[76]) Berichtigung in MPC 1132.
[77]) Berichtigung in UC **6** 226.

1948 TV
48: TAB (2) Nr. 69 S. 641 Tok

1948 TB_1 = 1933 QD

1948 TG_2
48: BAB 4 Nr. 3, MPC 385 Ucc[78])

1948 WP
48: BAB 4 Nr. 4, MPC 388 Ucc[79])

1949 FJ = 1932 CK
Nicht id. mit 1949 HY, 1949 HA_1, MPC 1083, NAZ 8 7

1949 HK = 1942 CK

1949 HY, HA_1 Vgl. 1949 FJ

1949 HD_1
Id mit 1950 PE (?), MPC 1113

1949 KF = 1930 XM

1949 OZ
Id mit 1951 AL (?), 1952 OT (?), MPC 1113

1949 ON_1, OO_1
El MPC 1011

1949 PK, PM, PP, PU
49: NAZ 8 44 Hei

1949 PY, PZ
49: Abastumani Bull. Nr. 17 S. 81, Astr Circ UdSSR Nr. 92 Aba*[74])
Vorläufige Bezeichnung MPC 1275

1949 QH
Id mit 1951 AJ (?), 1952 ML (?), MPC 1113

1949 QL
49: NAZ 8 44 Hei

1949 QE_2 = 1572 Posnania
El MPC 1011

1949 SB = 1941 BP
Eph (1954) MPC 1022

1949 SF
49: MPC 1037 Hei
El MPC 1012

1949 TC, TD
49: MPC 1037 Hei

1949 TE
49: MPC 1037 Hei
El MPC 1012

1949 TF = 1578 Kirkwood

1949 WC = 1929 CD

1950 BA = 1933 QC
50: BAB 4 91, MPC 365 Ucc[80])
El MPC 1134, NAZ 8 32

1950 BH
Eph (1954) MPC 1057

1950 BJ
Eph (1954/55) MPC 1148
El MPC 1134, NAZ 8 32

1950 BK
53: MPC 1039 (?) Blo*[81]). MPC 1050, 1051, NAZ 8 10, 11 Hei*. MPC 1119 Hei
Eph (1954/55) MPC 1148
El MPC 1011

1950 BW Vgl. 1939 CC
52: MPC 823 (?) Blo*[82])
Eph (1954) MPC 1125
El MPC 1125, NAZ 8 41

1950 CD_2, CE_2, CF_2, CG_2, CH_2, CJ_2
50: MPC 506, 507, Ucc[83])

1950 DB
Eph (1953/54) MPC 1015

1950 DE
Eph (1954/55) MPC 1148

1950 DH
54: MPC 1095 (?), NAZ 8 24 Hei*
Eph (1953/54) MPC 1015

1950 DJ
53: MPC 1045, 1047 Blo*. MPC 1094, 1160, 1161 Blo

1950 DL = 1927 UH
54: MPC 1143, NAZ 8 43 Hei*
Eph (1954) MPC 1057

1950 DO
Eph (1953/54) MPC 1014
El MPC 1080, NAZ 8 3

1950 DP
54: MPC 1095, NAZ 8 24 Hei*
Eph (1953/54) MPC 1015

1950 EA = 1929 BB
52: MPC 1077 Alg. — 54: MPC 1040 Alg*. MPC 1077 Alg
Eph (1953/54) MPC 1015

1950 FC
Eph (1954) MPC 1114
El MPC 1114

1950 GE = 1935 UN

1950 HG
Id mit 1951 RQ, BAB 4 202, Beograd Recueil **42** Nr. 1

1950 JM
Id mit 1951 SB, BAB 4 204, Beograd Recueil **42** Nr. 1

1950 KB
50: NAZ 8 40 Hei

---

[78]) Irrtümlich 1455 Mitchella zugeordnet, MPC 1080, NAZ **8** 3. Vorläufige Bezeichnung MPC 1089.

[79]) Irrtümlich 1290 Albertine zugeordnet, MPC 1230, Urania Barcelona **39** 204 = Madrid Publ. Nr. 27. Vorläufige Bezeichnung MPC 1275.

[80]) Berichtigung in MPC 1135, NAZ **8** 33.

[81]) Irrtümlich zugeordnet, 1953 RJ_1 zugehörig, MPC 1123, 1124.

[82]) Irrtümlich zugeordnet, MPC 1125, 1147, NAZ **8** 41. Vorläufige Bezeichnung 1952 JL, MPC 1147.

[83]) Irrtümlich bezeichnet, 1950 TD_2 — TJ_2 zugehörig, MPC 1159.

1950 KC
50: NAZ 8 40 Hei
El NAZ 8 41

1950 LQ
50: MPC 1072 Blo

1950 MB
Eph (1954) EVA Circ. Nr. **13**, MPC 1017

1950 NA_1
53: Astr Circ UdSSR Nr. 153 (?) AlA*. — 54: MPC 1095, NAZ 8 24 Hei*
Eph (1953/54) MPC 1014

1950 OD
50: MPC 1072 Blo

1950 OE = 1943 EY
50: MPC 1072, NAZ 8 13 Blo
El MPC 1108, NAZ 8 13

1950 OO
El MPC 1012

1950 OP = 1330 1925 DB
El MPC 1012

1950 PA
50: MPC 1166 Joh
Id mit 1950 QO, MPC 1166

1950 PE = 1949 HD_1 (?)

1950 QO = 1950 PA

1950 RA
50: UC **6** 9 Joh[84]). — 54: MPC 1141 Blo*
Id mit 1950 RB, NAZ 8 14
Nicht id. mit 1950 RB, MPC 1111, NAZ 8 28
Eph (1954) EVA Circ. Nr. **13**, MPC 1017, 1096
El[84]) MPC 1108, NAZ 8 13

1950 RB Vgl. 1950 RA

1950 RH
53: AJ **59** 306 = LOB Nr. **529** MtH. — 54: MPC 1097 Alg*. MPC 1106 Blo*. MPC 1116 WiB
Eph (1954) MPC 1082
El NAZ 8 41

1950 RJ
Eph (1954) EVA Circ. Nr. **13**, MPC 1017

1950 RP = 919 Ilsebill

1950 SD
Eph (1954) MPC 1085
El Beograd Recueil **42** Nr. 1

1950 SJ
Eph (1955) MPC 1165

1950 SL
54: MPC 1122 (?) Blo*
Eph (1953) MPC 876[24])
Eph (1954) MPC 1083[24])
El Beograd Recueil **42** Nr. 1, MPC 876[24]), NAZ 7 2[85])

1950 SR
50: BAB **4** 90, MPC 483 Ucc[86])

1950 TD_2, TE_2, TF_2, TG_2, TH_2, TJ_2
50: MPC 506, 507 Ucc[87])

1950 VA
53: AJ **59** 306 = LOB Nr. **529** MtH
Eph (1954) MPC 1082

1950 VE
Vorläufige Bezeichnung MPC 789[12])

1951 AC = 1934 RO

1951 AJ = 1949 QH (?)
Eph (1955) MPC 1136

1951 AK = 1948 NF, **AL** = 1949 OZ (?)

1951 AY
51: MPC 553 (?), 637 Blo*[88]). MPC 718 (?) Blo[88])

1951 BD
51: Abastumani Bull. Nr. **17** S. 83 Aba*[74])
Vorläufige Bezeichnung MPC 1275

1951 CB, CE
51: MPC 1160 Blo

1951 CH
51: Abastumani Bull. Nr. **17** S. 83 Aba*[89])

1951 CO = 1405 1936 RE

1951 CP Vgl. 1405 1936 RE
51: BAB **4** 101, MPC 545 Ucc[90])

1951 CV
51: Abastumani Bull. Nr. **17** S. 83 Aba*[91])

1951 CK_1
51: Abastumani Bull. Nr. **17** S. 83 Aba*[74])
Vorläufige Bezeichnung MPC 1275

1951 DE = 1917 Σ 115
52: EVA Circ. Nr. **13**, MPC 1006 EVA
Eph (1954) MPC 1136

1951 EG = 1942 FM

1951 EK = 1934 CH

1951 MG
Eph (1954) MPC 1017

[84]) Irrtümlich 1950 RB zugeordnet, MPC 1096, NAZ **8** 28.
[85]) Berichtigung in NAZ **9** 21.
[86]) Irrtümlich 1557 1942 AD zugeordnet, MPC 1018, Urania Barcelona **39** 201 = Madrid Publ. Nr. 26. Vorläufige Bezeichnung MPC 1021.
[87]) Berichtigung in MPC 1159.
[88]) Irrtümlich 1420 Radcliffe zugeordnet, Urania Barcelona **39** 141 = Madrid Publ. Nr. 25. Vorläufige Bezeichnung MPC 1089.
[89]) Als unidentifiziert bezeichnet. 1951 CH zugehörig, MPC 1276.
[90]) Irrtümlich 1405 1936 RE zugeordnet, 1951 CP zugehörig, BAB **4** 181, MPC 1188, NAZ **8** 42 (Berichtigung in MPC 640).
[91]) Als unidentifiziert bezeichnet. 1951 CV zugehörig, MPC 1276.

1951 NF
Eph (1954) EVA Circ. Nr. 13

1951 NL = 1934 JB = 1947 WB (?)

1951 OA
52: MPC 1077 Alg
Eph (1953/54) MPC 1015

1951 PG
51: Abastumani Bull. Nr. 17 S. 84 Aba*

1951 QA
Eph (1954) MPC 1057

1951 QE = 1936 SC
Eph (1953/54) EVA Circ. Nr. 13, MPC 1017

1951 RA
Eph (1954/55) MPC 1131
El MPC 1131

1951 RJ
Eph (1954) MPC 1016

1951 RQ = 1950 HG
Eph (1954) MPC 1057

1951 RU
Eph (1954) MPC 1055

1951 RX
Eph (1954) MPC 1083

1951 RZ
54: MPC 1164 Joh[92])
Eph (1954) EVA Circ. Nr. 13, MPC 1017

1951 SB = 1950 JM
El BAB 4 205, Beograd Recueil 42 Nr. 1

1951 SC
54: MPC 1122 Blo*
Eph (1954) MPC 1082

1951 TE, UK
51: MPC 1160 Blo

1952 DA = 1931 DQ
Eph (1954) MPC 1096

1952 DB = 1942 CK = 1942 DE
53: MPC 1010 Alg*. MPC 1077 Alg. MPC 1038, 1039 Blo*. MPC 1072, 1160 Blo. UC 6 226 Joh
Eph (1954/55) MPC 1136

1952 EA (1952 A_1) = 1930 XM
Id mit Alma Ata A_1, MPC 1054
Eph (1955) MPC 1136
El MPC 1112

1952 FB = 1941 HH
53: MPC 1077 Alg. — 54: MPC 1166 FtD. MPC 1118, 1166 WiB
Eph (1954) MPC 1096

1952 GA
52: Abastumani Bull. Nr. 17 S. 84 Aba*

1952 HA = 1931 EA
54: MPC 1142 Blo*
Eph (1954) MPC 1115

1952 HV_1
52: EVA Circ. Nr. 13, MPC 1007 EVA

1952 HW_1 = 128 Nemesis

1952 JA, JB, JC, JD, JE, JF
52: EVA Circ. Nr. 13, MPC 1007 EVA

1952 JL
52: MPC 823 Blo*[93])

1952 KE, KF
52: EVA Circ. Nr. 13, MPC 1007 EVA

1952 KH = 1934 RZ

1952 ML = 1949 QH (?)

1952 MP, MQ, MR, MS, MT, NA
52: EVA Circ. Nr. 13, MPC 1007 EVA

1952 OH
52: EVA Circ. Nr. 13, MPC 1007 EVA. — 53: MPC 1116 Cap. AJ 59 306 = LOB Nr. 529, MPC 1116 MtH. MPC 1116 WiB. — 54: MPC 1086, 1090 Blo*
El MPC 1116

1952 OT = 1949 OZ (?)

1952 OZ = 1939 CF
52: MPC 1058 Blo
Eph (1955) MPC 1148
El MPC 1058, NAZ 8 13

1952 PH
52: Krim Mitt. 11 191 Sim. — 54: Krim Mitt. 11 189, 190 Sim*
El Astr Circ UdSSR Nr. 151

1952 PK
52: EVA Circ. Nr. 13, MPC 1007 EVA

1952 QA_1 = 1585 Union
52: Krim Mitt. 11 189, 190 Sim*. Krim Mitt. 11 191 Sim

1952 QE_1
52: MPC 1007 EVA

1952 QF_1
52: EVA Circ. Nr. 13, MPC 1007 EVA

1952 RH
52: Krim Mitt. 11 189, 190 Sim*. Krim Mitt. 11 191 Sim

1952 RK, RL, RM, RN
52: EVA Circ. Nr. 13, MPC 1007 EVA

1952 SA
54: MPC 1087 Blo*. MPC 1161 Blo

[92]) Berichtigung in MPC 1221.

[93]) Irrtümlich 1950 BW zugeordnet, MPC 1125, 1147, NAZ 8 41. Vorläufige Bezeichnung MPC 1147.

1952 SF_1, SG_1, SH_1, SJ_1, SK_1
52: Krim Mitt. **11** 189, 190 Sim*

1952 SO_1
52: EVA Circ. Nr. **13**, MPC 1008 EVA

1952 SP_1
52: EVA Circ. Nr. **13**, MPC 1008 EVA
Eph (1953/54) EVA Circ. Nr. **13**[74]), MPC 1017
El Astr Circ UdSSR Nr. 151, EVA Circ. Nr. **13**[74]), MPC 1016

1952 SQ_1
52: EVA Circ. Nr. **13**, MPC 1008 EVA[94])

1952 SR_1
52: Mem SA It (NS) **25** 211, MPC 1176 Tui[95])
Vorläufige Bezeichnung MPC 1176

1952 TG, TH, TJ, TK, US_1
52: EVA Circ. Nr. **13**, MPC 1008 EVA

1952 UU_1 (= σ 208)
52: Krim Mitt. **11** 190 Sim*[96])
Vorläufige Bezeichnung MPC 1147

1952 UV_1 = 1932 DC, **UW_1**[97])
El Beograd Recueil **42** Nr. 1

1952 VH
52: EVA Circ. Nr. **13**, MPC 1008 EVA

1953 AD, AE, AF, CB, CC, CD, CE, CM
53: MPC 1153 Niz

1953 CN
53: BAB **4** 142 Ucc[98])

1953 EA
53: AJ **59** 306 = LOB Nr. **529** MtH

1953 EF, EG
53: MPC 1153 Niz

1953 EH
53: MPC 1028, 1029 Tuk*
El MPC 1036

1953 EK
53: MPC 1153 Niz

1953 EL, EN
53: MPC 1028 (?), 1029 (?) Tuk*

1953 EL_1 (= A_{20})
53: Astr Circ UdSSR Nr. 148 AlA*
Vorläufige Bezeichnung MPC 1147

1953 FB (= σ 211), **FC** (= σ 212), **FD** (= σ 213), **FE** (= σ 214), **FF** (= σ 215), **FL_1** (= σ 210)
53: Krim Mitt. **12** 182 Sim*

1953 FN_1
53: Krim Mitt. **12** 182 Sim*[99])

1953 GA = 1931 KL, **GB**
53: UC **6** 224 Joh

1953 GE
53: NAZ 8 40 Hei
Eph (1954) MPC 1120
El MPC 1120, NAZ 8 41

1953 GF
53: NAZ 8 40 Hei
El NAZ 8 41

1953 GG
53: NAZ 8 40 Hei
Eph (1954) MPC 1125
El MPC 1125, NAZ 8 41

1953 GH
53: NAZ 8 40 Hei
Eph (1954) MPC 1129
El MPC 1129[14]), NAZ 8 41

1953 GJ = 1931 RN (?)
53: NAZ 8 40 Hei
Eph (1954) MPC 1130
El MPC 1130, NAZ 8 41

1953 GK, GL
53: NAZ 8 40 Hei

1953 GM, GN, GO
53: NAZ 8 40 Hei
El NAZ 8 41

1953 GP, GQ, GR
53: NAZ 8 40 Hei

1953 GM_1 (= A_{21})
53: Astr Circ UdSSR Nr. 148 AlA*[100]). Astr Circ UdSSR Nr. 148 AlA
Vorläufige Bezeichnung MPC 1147

1953 GN_1 (= A_{22})
53: Astr Circ UdSSR Nr. 148 AlA*. Astr Circ UdSSR Nr. 148 AlA
Vorläufige Bezeichnung MPC 1147[14])

1953 GO_1 (= A_{23}), **GP_1** (= A_{24})[101]), **GQ_1** (= A_{25}), **GR_1** (= A_{26})[101])
53: Astr Circ UdSSR Nr. 148 AlA*
Vorläufige Bezeichnung MPC 1147

1953 JA
53: UC **6** 224 Joh

1953 JM (= A_{27})
53: Astr Circ UdSSR Nr. 148 AlA*
Vorläufige Bezeichnung MPC 1147

[94]) Irrtümlich 1491 1938 EJ zugeordnet. Vorläufige Bezeichnung MPC 1036 (Berichtigung in MPC 1096).
[95]) Als neu ? bezeichnet.
[96]) Als σ 208 bezeichnet.
[97]) Irrtümlich als 1954 y bezeichnet.
[98]) Irrtümlich 1290 Albertine zugeordnet, MPC 1230, Urania Barcelona **39** 204 = Madrid Publ. Nr. 27. Vorläufige Bezeichnung MPC 1275.
[99]) Irrtümlich 844 Leontina zugeordnet. Vorläufige Bezeichnung MPC 1176.
[100]) Statt $\delta = -5^\circ 26' 49''$ lies $\delta = -4^\circ 26' 49''$.
[101]) Berichtigung in MPC 1227.

1953 LF = 132 Aethra

1953 LG
53: MPC 1054 Joh
El MPC 1100

1953 NA
53: MPC 1038, 1042 Blo*. MPC 1040 Blo. MPC 1010, UC **6** 224 Joh
Id mit 1953 OF, 1953 PN, MPC 1084
Eph (1954/55) MPC 1129
El MPC 1034

1953 NB
53: MPC 1010, UC **6** 224 Joh

1953 NC
53: MPC 1035 Niz*. MPC 1153 Niz

1953 ND, NE, NF
53: MPC 1027 Blo*

1953 NG
53: BAB 4 172, MPC 1031 Ucc

1953 NH = 1940 YL = 1942 FM
53: MPC 1054, 1079, UC **6** 229 Joh
El MPC 1079, 1100, UC **6** 230

1953 NJ = 1931 TU_2
53: MPC 1054, 1084, UC **6** 230 Joh
El MPC 1084, 1100, UC **6** 230

1953 OA
53: UC **6** 226 Joh

1953 OB
53: MPC 1153 Niz

1953 OD, OE, OF = 1953 NA, OG, OH
53: MPC 1027, 1028 Blo*

1953 OJ, OK, OL
53: BAB 4 172, MPC 1031 Ucc

1953 PA (= σ 216)
53: MPC 1042 Blo*[102]). MPC 1107, NAZ 8 13 MtH[103]). Krim Mitt. **12** 185 Sim*. BAB 4 172, 173, MPC 1032, 1033 Ucc
Eph (1954/55) MPC 1148
El MPC 1108, NAZ 8 13

1953 PE, PF
53: MPC 1153, 1154 Niz

1953 PG, PH, PJ
53: MPC 1028 Blo*

1953 PK (= σ 215a)
53: Krim Mitt. **12** 184, 186 Sim*

1953 PL
53: BAB 4 173, MPC 1032 Ucc

1953 PM
53: MPC 1035 Niz*. MPC 1154 Niz

1953 PN = 1953 NA
53: MPC 1037 Blo*

1953 PO
53: MPC 1037 Blo*
Id mit 1953 SC, MPC 1084

1953 PP
53: MPC 1037 Blo*

1953 PQ, PR, PS, PT, PU, PV, PW
53: MPC 1050, 1051, NAZ 8 10, 11 Hei*

1953 QA (= σ 217)
53: Krim Mitt. **12** 185, 186 Sim*

1953 QB, QC, QD, QE, QF, QG
53: MPC 1038, 1039 Blo*

1953 QH
53: MPC 1035 Niz*. MPC 1154 Niz

1953 QJ
53: MPC 1050, NAZ 8 10 Hei*

1953 QK
53: MPC 1050, NAZ 8 10 Hei*. NAZ 8 44 Hei
Id mit 1953 RB, MPC 1084, 1112

1953 QL, QM, QN, QO, QP, QQ, QR, QS
53: MPC 1050, 1051, NAZ 8 10 Hei*

1953 QT
53: MPC 1154 Niz

1953 RA
53: MPC 1062 Bel[104]). MPC 1038, 1042, 1043 Blo*. MPC 1072, 1123 Blo. MPC 1051, 1052, NAZ 8 11 Hei*. AJ **59** 306 = LOB Nr. **529**, MPC 1079, NAZ 8 3 MtH. MPC 1029, 1030 Tuk*. MPC 1079, NAZ 8 3 Tuk. BAB 4 173, MPC 1033, NAZ 8 3 Ucc. MPC 1027 WiB
Eph (1953/54) MPC 1010
Eph (1955) MPC 1165
El MPC 1080, 1165, NAZ 8 3

1953 RB = 1953 QK = 1929 CA
53: MPC 1042 Blo*. AJ **59** 306 = LOB Nr. **529**, MPC 1107, NAZ 8 13 MtH. BAB 4 173, MPC 1032, 1033 Ucc
Eph (1954) MPC 1115
El MPC 1108, NAZ 8 13

1953 RC (= σ 218)
53: Krim Mitt. **12** 186 Sim*

1953 RD
53: MPC 1035 Niz*. MPC 1154 Niz

---

[102]) Irrtümlich zugeordnet. Vorläufige Bezeichnung 1953 TC_3, MPC 1137.
[103]) Berichtigung in NAZ **8** 28.
[104]) Irrtümlich zugeordnet, MPC 1165, NAZ **9** 1. Vorläufige Bezeichnung 1953 TF_3, MPC 1176.

1953 RE, RF
53: MPC 1038 Blo*

1953 RG
53: MPC 1038 Blo*. MPC 1160 Blo
Id mit 1953 RM, MPC 1084

1953 RH, RJ, RK, RL
53: MPC 1038, 1039 Blo*

1953 RM = 1953 RG
53: MPC 1038, 1039 Blo*. MPC 1160 Blo

1953 RN, RO, RP, RQ, RR, RS, RT
53: MPC 1039 Blo*

1953 RU, RV, RW, RX, RY, RZ, RA_1, RB_1, RC_1, RD_1, RE_1, RF_1, RG_1, RH_1
53: MPC 1051, NAZ 8 10, 11 Hei*

1953 RJ_1
53: MPC 1039 Blo*[105]). MPC 1123 Blo

1953 RK_1 (= A_{28})
53: Astr Circ UdSSR Nr. 149 AlA*
Vorläufige Bezeichnung MPC 1147

1953 SA, SB
53: MPC 1029 Tuk*

1953 SC = 1953 PO
53: MPC 1039 Blo*

1953 SD, SE
53: MPC 1039 Blo*

1953 SF
53: MPC 1052, NAZ 8 11 Hei*

1953 SG
53: MPC 1039 Blo*

1953 SH (= A_{29})
53: Astr Circ UdSSR Nr. 149 AlA*
Vorläufige Bezeichnung MPC 1147

1953 TA
53: Astr Circ UdSSR Nr. 153 AlA*. MPC 1046, 1048 Blo*. MPC 1124, 1138 Blo. MPC 1074, 1075, 1101 Kyo*. MPC 1011, NAZ 8 3 Kyo
Eph (1953) MPC 1011
El MPC 1011, NAZ 8 3

1953 TB (= σ 219)
53: Krim Mitt. 12 186, 187 Sim*

1953 TC (= σ 220)
53: MPC 1043, 1044, 1045 Blo*[40]). MPC 1073 Blo. Krim Mitt. 12 187 Sim*
El MPC 1087

1953 TD = 515 Athalia (= σ 221)
53: MPC 1044, 1046 Blo*. MPC 1123, 1124 Blo. Krim Mitt. 12 187 Sim*
El MPC 1127

1953 TE
53: Madrid Bol. 4 Nr. 7, MPC 1018 Mad[106])

1953 TF, TG
53: MPC 1030 Tuk*

1953 TH
53: Astr Circ UdSSR Nr. 149 AlA*. MPC 1030 Tuk*

1953 TJ, TK, TL
53: MPC 1030 Tuk*

1953 TM
53: MPC 1035 Niz*

1953 TN
53: MPC 1035, 1036 (?) Niz*[107])

1953 TO
53: MPC 1035, 1036 Niz*[108])

1953 TP, TQ, TR, TS, TT, TU, TV, TW, TX, TY, TZ
53: MPC 1042 Blo*

1953 TA_1
53: MPC 1042, 1043, 1044, 1045 Blo*[40]). MPC 1072 Blo
El MPC 1087

1953 TB_1
53: MPC 1042, 1043 Blo*

1953 TC_1
53: MPC 1042, 1043, 1044 Blo*[40]). MPC 1072 Blo
El MPC 1087

1953 TD_1
53: MPC 1042, 1043, 1044 Blo*[40]). MPC 1072 Blo[109])
El MPC 1087

1953 TE_1 = 1475 Yalta, **TF_1, TG_1**
53: MPC 1042, 1043, 1044, 1045 Blo*[40]). MPC 1072, 1073 Blo
El MPC 1087

1953 TH_1, TJ_1, TK_1, TL_1, TM_1 = 1930 XM, **TN_1**
53: MPC 1042, 1043 Blo*

1953 TO_1
53: MPC 1042 Blo*
Id mit 1953 TY_2, MPC 1084

1953 TP_1
53: Astr Circ UdSSR Nr. 149 AlA*. MPC 1042, 1043, 1044 Blo*[40]). MPC 1073 Blo

1953 TQ_1
53: MPC 1042, 1043, 1044 Blo*[40]). MPC 1073 Blo
El MPC 1087

1953 TR_1, TS_1, TT_1, TU_1, TV_1, TW_1, TX_1, TY_1, TZ_1, TA_2, TB_2, TC_2, TD_2, TE_2, TF_2
53: MPC 1043, 1045, 1048 Blo*

[105]) Irrtümlich 1950 BK zugeordnet. Vorläufige Bezeichnung MPC 1123, 1124.
[106]) Berichtigung in Madrid Bol. 4 Nr. 8, MPC 1062.
[107]) Beob. Okt 29 irrtümlich zugeordnet, 1953 TO zugehörig, MPC 1083.
[108]) Beob. Okt 29 irrtümlich 1953 TN zugeordnet, MPC 1083.
[109]) Berichtigung in MPC 1089.

1953 TG$_2$
53: MPC 1043, 1044, 1045 Blo*[40]). MPC 1073 Blo
El MPC 1087

1953 TH$_2$
53: MPC 1043 Blo*

1953 TJ$_2$
53: MPC 1043, 1044 Blo*[40])

1953 TK$_2$ = 1526 1939 TF
53: MPC 1043 Blo*. MPC 1160 Blo

1953 TL$_2$
53: MPC 1043 Blo*

1953 TM$_2$
53: MPC 1044, 1045 Blo*

1953 TN$_2$
53: MPC 1044, 1045, 1047 Blo*
Id mit 1953 VJ, MPC 1084

1953 TO$_2$
53: MPC 1044, 1045, 1047 Blo*. MPC 1094, 1160, 1161 Blo. MPC 1149 Niz*

1953 TP$_2$
53: MPC 1044, 1045 Blo*. MPC 1161 Blo

1953 TQ$_2$
53: MPC 1044 Blo*

1953 TR$_2$
53: MPC 1044, 1046 Blo*. MPC 1161 Blo

1953 TS$_2$, TT$_2$ = 794 Irenaea
53: MPC 1044, 1046 Blo*. MPC 1123, 1124 Blo

1953 TU$_2$, TV$_2$
53: MPC 1044, 1046 Blo*

1953 TW$_2$, TX$_2$
53: MPC 1044, 1046 Blo*. MPC 1123, 1124 Blo
El MPC 1128

1953 TY$_2$ = 1953 TO$_1$, **TZ$_2$**
53: MPC 1044, 1045 Blo*[40])

1953 TA$_3$, TB$_3$
53: MPC 1044 Blo*

1953 TC$_3$
53: MPC 1042 Blo*[110]). MPC 1160 Blo

1953 TD$_3$
53: MPC 1042, 1044, 1045, 1048 Blo*[111]) [112]). MPC 1148 Blo[112])

1953 TF$_3$
53: MPC 1062 Bel[113a])

1953 TG$_3$
53: MPC 1035 Niz* [113b])

1953 UA, UB, UC
53: MPC 1036 Niz*

1953 UD
53: MPC 1045, 1046, 1047, 1049 Blo*. MPC 1161 Blo

1953 UE, UF, UG, UH, UJ, UK, UL, UM, UN, UO, UP, UQ, UR, US
53: MPC 1045, 1046, 1047 Blo*

1953 UT
53: MPC 1045, 1046, 1047 Blo*. MPC 1160, 1161 Blo

1953 UU
53: MPC 1045 Blo*
Id mit 1953 VQ, MPC 1084

1953 UV, UW, UX
53: MPC 1045, 1046 Blo*

1953 VA (= σ 222), **VB** (= σ 223), **VC** (= σ 224), **VD** (= σ 225), **VE** (= σ 226), **VF** (= σ 227), **VG** (= σ 228)[114]), **VH** (= σ 229)
53: Astr Circ UdSSR Nr. 147, Krim Mitt. **12** 187, 188, MPC 1003 Sim*
Vorläufige Bezeichnung MPC 1003, 1147

1953 VJ = 1953 TN$_2$
53: MPC 1030, 1031 Tuk*

1953 VK, VL
53: MPC 1030, 1031 Tuk*

1953 VM
53: MPC 1036 Niz*

1953 VN, VO, VP, VQ = 1953 UU, **VR, VS, VT**
53: MPC 1046, 1048 Blo*

1953 VU
53: MPC 1046 Blo*
Id mit 1953 VR$_1$, MPC 1084

1953 VV, VW, VX, VY, VZ, VA$_1$, VB$_1$, VC$_1$, VD$_1$, VE$_1$, VF$_1$, VG$_1$, VH$_1$, VJ$_1$, VK$_1$, VL$_1$, VM$_1$, VN$_1$, VO$_1$, VP$_1$, VQ$_1$, VR$_1$ = 1953 VU, **VS$_1$, VT$_1$, VU$_1$, VV$_1$**
53: MPC 1046, 1047, 1048, 1049 Blo*

1953 VW$_1$
53: MPC 1048 Blo*
Id mit 1953 XF, 1953 VP$_2$, MPC 1084

1953 VX$_1$, VY$_1$
53: MPC 1048 Blo*. MPC 1052, 1053, NAZ 8 12 Hei*

1953 VZ$_1$, VA$_2$, VB$_2$ = 1045 Michela, **VC$_2$, VD$_2$, VE$_2$**
53: MPC 1048 Blo*

[110]) Irrtümlich 1953 PA zugeordnet. Vorläufige Bezeichnung MPC 1137.
[111]) Berichtigung in MPC 1148.
[112]) Irrtümlich 1939 CD zugeordnet, MPC 1135, 1147, NAZ **8** 33. Vorläufige Bezeichnung MPC 1147.
[113a]) Irrtümlich 1953 RA zugeordnet, MPC 1165, NAZ **9** 1. Vorläufige Bezeichnung MPC 1176.
[113b]) Irrtümlich 650 Amalasuntha zugeordnet. Vorläufige Bezeichnung MPC 1324.
[114]) In Astr Circ UdSSR Nr. 147 irrtümlich 1953 VC bezeichnet.

1953 VF_2
53: MPC 1048 Blo*
Id mit 1953 XH, MPC 1084

1953 VG_2, VH_2, VJ_2, VK_2
53: MPC 1049 Blo*

1953 VL_2, VM_2, VN_2, VO_2, VP_2 = 1953 VW_1, VQ_2 VR_2, VS_2, VT_2, VU_2, VV_2, VW_2, VX_2, VY_2, VZ_2, VA_3
53: MPC 1052, 1053, NAZ 8 12, 13 Hei*

1953 VB_3
53: MPC 1046, 1047, 1049 Blo*[115]). MPC 1073 Blo[115])
Eph (1955) MPC 1166
El MPC 1134, NAZ 8 32[115])

1953 VC_3, VD_3, VE_3, VF_3
53: MPC 1149 Niz*

1953 XA = 1399 Teneriffa
53: BAB 4 173, MPC 1033 Ucc

1953 XB, XC, XD, XE, XF = 1953 VW_1, **XG, XH** = 1953 VF_2, **XJ**
53: MPC 1049 Blo*

1953 XK, XL, XM, XN, XO, XP, XQ
53: MPC 1052, NAZ 8 12 Hei*

1953 XR
53: MPC 1053, NAZ 8 12 Hei*

1953 XS, XT
53: Astr Circ UdSSR Nr. 153 AlA*. MPC 1053, NAZ 8 12 Hei*

1953 XU
53: MPC 1053, NAZ 8 12 Hei*

1953 XV
53: MPC 1053, NAZ 8 13 Hei*

1953 XW
53: MPC 1049 Blo*

1953 XX, XY, ZX, XA_1
53: MPC 1149 Niz*

1953 YA
53: MPC 1118 WiB. — 54: MPC 1118 WiB

1953 YB
53: MPC 1149 Niz*

1953 YC
53: MPC 1150 Niz*

1953 YD (= A_{30}), **YE** (= A_{31}), **YF** (= A_{32}), **YG** (= A_{33}), **YH** (= A_{34})
53: Astr Circ UdSSR Nr. 153 AlA*
Vorläufige Bezeichnung MPC 1275

1954 AA
54: MPC 1027 WiB

1954 AB
54: BAB 4 177, MPC 1070 Ucc

1954 AC
54: BAB 4 177, 180, MPC 1070, 1121 Ucc

1954 AD, AE
54: MPC 1150 Niz*

1954 AF
54: MPC 1150 Niz*. MPC 1154 Niz

1954 AG, AH, AJ
54: MPC 1150 Niz*

1954 AK (= A_{35}), **AL** (= A_{36})
54: Astr Circ UdSSR Nr. 153 AlA*
Vorläufige Bezeichnung MPC 1276

1954 BA
54: BAB 4 177, MPC 1070 Ucc

1954 BB Vgl. 878 Mildred

1954 BC, BD, BE
54: MPC 1095, NAZ 8 24 Hei*

1954 BF (= A_{37})
54: Astr Circ UdSSR Nr. 153 AlA*
Vorläufige Bezeichnung MPC 1276

1954 CA, CB, CC, CD, CE
54: MPC 1086 Blo*

1954 CF
54: MPC 1087 Blo*

1954 CG, CH
54: MPC 1095, NAZ 8 24 Hei*

1954 CJ
54: MPC 1103 FtD

1954 CK (= A_{38})
54: Astr Circ UdSSR Nr. 153 AlA*
Vorläufige Bezeichnung MPC 1276

1954 DA
54: MPC 1090 Blo*

1954 DB, DC, DD
54: MPC 1150 Niz*

1954 DE
54: MPC 1150, 1151 Niz*. MPC 1154 Niz

1954 DF, DG
54: MPC 1150 Niz*

1954 EA, EB, EC
54: BAB 4 177, MPC 1071 Ucc

1954 ED = 350 Ornamenta, **EE, EF, EG, EH, EJ, EK, EL, EM, EN, EO, EP, EQ**
54: MPC 1090, 1091 Blo*

---

[115]) Irrtümlich 1037 Davidweilla zugeordnet, MPC 1131, 1135, NAZ 8 33, 45 (Berichtigung in NAZ 9 2). Vorläufige Bezeichnung MPC 1131, 1135, NAZ 8 45.

1954 ER
54: MPC 1091 EVA
Eph (1954) MPC 1092
El MPC 1092

1954 ES
54: MPC 1149 Joh

1954 ET (= A_{39})
54: Astr Circ UdSSR Nr. 153 AlA*
Vorläufige Bezeichnung MPC 1276

1954 FA
54: MPC 1149 Joh[14])

1954 GA, GB, GC, GD, GE, GF, GG
54: MPC 1091 Blo*

1954 GH
54: BAB 4 177, MPC 1103 Ucc

1954 GJ
54: MPC 1149 Joh

1954 HA, HB
54: MPC 1095, NAZ 8 24 Hei*

1954 HC = 680 Genoveva = 1912 PX
54: MPC 1122 Blo*. MPC 1098 Joh
Eph (1954) MPC 1105
El MPC 1098

1954 HD, HE, HF, HG
54: MPC 1106 Blo*

1954 HH
54: MPC 1149 Joh[14])

1954 HJ
54: MPC 1149 Joh

1954 JA, JB, JC, JD, JE, JF, JG, JH, JJ, JK, JL, JM, JN
54: MPC 1106 Blo*

1954 JO
54: MPC 1149 Joh

1954 KA, KB
54: MPC 1107 Blo*

1954 KC, KD
54: MPC 1143, NAZ 8 43 Hei*

1954 KE, KF, KG, KH, KJ
54: MPC 1149 Joh

1954 LA
54: MPC 1107, 1121 Blo*

1954 LB, LC, LD, LE, LF
54: MPC 1107 Blo*

1954 LG, LH, MA, MB, MC
54: MPC 1121, 1122 Blo*

1954 MD
54: MPC 1143, NAZ 8 43 Hei*

1954 ME, MF, MG, MH
54: MPC 1149 Joh

1954 MJ, MK, ML, MM
54: MPC 1151 Niz*

1954 MN
54: MPC 1151, 1152 Niz*. MPC 1154 Niz

1954 MO, MP, MQ
54: MPC 1151 Niz*

1954 NA, NB, NC, ND, NE, NF, NG, NH
54: MPC 1122 Blo*

1954 NJ
54: MPC 1149 Joh

1954 NK, NL, NM, NN, NO, NP, OA, OB, OC, OD
54: MPC 1151, 1152 Niz*

1954 PA
54: MPC 1141 Blo*

1954 PB, PC, PD
54: MPC 1143, NAZ 8 43 Hei*

1954 PE
54: MPC 1157 Kyo*

1954 QA, QB, QC, QD
54: MPC 1141, 1142 Blo*

1954 QE, QF, QG, QH
54: MPC 1143, 1144, NAZ 8 43, 44 Hei*

1954 QJ
54: MPC 1158 Tuk*

1954 RA
54: MPC 1130 WiB

1954 RB, RC, RD, RE, RF, RG, RH, RJ, RK, RL, RM, RN
54: MPC 1142, 1143 Blo*

1954 SA
54: MPC 1155 WiB*

1954 XA (= Objekt Abell)
54: Astr. Nachr. Berlin-Treptow 6 79, Harv Card 1280, MPC 1155, NAZvM 240, UAI Circ 1483 MtP*
Vorläufige Bezeichnung MPC 1155

7541. Kleine Planeten. Verzeichnis der Beobachter und Berechner

W. Abalakin
G. O. Abell
J. Alanija
H. A. Alikoski
C. Altavista
S. Arend
G. Armellini Conti
J. Aroyo
R. M. L. Baker jr.
Balat
G. van Biesbroeck
K. Blackwell
J. Bobone
S. Böhme
A. I. Boshkowa
L. Boyer
R. Brehme
G. Bruns
J. A. Bruwer
A. J. Camponovo
R. Carrasco
C. Čepinac
E. Charadse
J. Churms
G. M. Clemence
Codina
M. L. Corn
M. W. Corn
J. Daube
E. Delporte
K. Demidow
M. Dīriķis
J. M. Drob
W. Dshapiaschwili
A. Dshintschwelejschwili
F. K. Edmondson
J. Ejnasto
L. Erizzo
J. Feinstein
R. Flamini
T. Fortini
A. Fresa
M. Fursenko
G. A. Gawrilow
T. Gehrels
C. E. Gondell
J. Gordon
I. Groeneveld
P. Herget
S. Herrick
Ch. G. Hilton
H. Hirose
W. P. Hirst
T. Hodgson
E. Høg
F. P. Huberman
K. Hurukawa
W. A. Iswekow
M. Itzigsohn
W. Jahn
H. M. Jeffers
F. Jeffries
E. L. Johnson
N. Kalandadse
S. W. Karjagina
W. M. Kasatschewskij
E. Kataja
H. Kataja
O. Kippes
E. K. Kochan
J. G. Koltschinskij
J. de Kort
H. Kosai
T. Kotschlaschwili
L. Kresák
G. Kwirkwelija
M. Laugier
R. Leaton
J. v. Lourens
H. v. Lüde
N. Magalaschwili
W. Malsch
Marozzi
W. S. Matjagin
G. L. Matlin
K. Mayrhofer
T. Megrelischwili
W. M. Merkiss
E. Millosevich
N. Missana
T. Mitani
R. Mitrinović
O. Møller
M. Mündler
Muñoz
P. Musen
P. Naur
H. Neckel
S. B. Nicholson
J. J. de Orús
L. Oterma
M. O. Pastor
A. Patry
J. S. Podrjadtschik
I. Pólit
B. Popović
B. Potter
M. P. Prêtre
M. B. Protitch
J. J. Putilin
E. Rabe
S. Rachman
H. Rantaseppä
C. K. Raudsaar
K. Reinmuth
F. Rigaux
R. Rigaux
I. A. Rivas
W. H. Robertson
R. F. Rodgers
E. Roemer
C. E. Rogati
D. A. Roshkowskij
Sargiotti
P. F. Schajn
E. Scheuer
H. Schiavo
V. Schiavo
M. J. Schmakowa
A. Schmitt
P. Sconzo
J. L. Sérsic
L. Siegrist
K. P. Sims
J. A. Skljarow
R. J. Swartzel
L. Symms
R. H. Stoy
W. Strobel
B. Takase
G. Tewsadse
A. D. Thackeray
K. Tomita
A. Torondshadse
J. M. Torroja
G. A. Tschebotarjow
J. T. Tschan
Y. Väisälä
S. Vasilevskis
A. M. Vergnano
H. A. Viola
M. Vozárová
M. Waschakidse
L. Werzan
P. W. Wjuschkow
H. Wood

§ 76

Jupiter

7601. Astrometrische Beobachtungen

Astr Circ UdSSR Nr. 154 S. 3—7 (russisch). Vgl. Ref. 7401.

Greenwich Astronomical Results 1940, A 19. Observed right ascensions, declinations and diameters.

Mem SA It (NS) 25 193—215. Vgl. Ref. 7401.

Rend. Accad. Sci. Fis. Mat. Soc. Nazionale Sci. Lettere Arti, Napoli (4) 21 79—82 = Oss. Astr. Capodimonte-Napoli Oss. 1 Nr. 2. Determinazione di ascensione retta del pianetino Vesta e dei pianeti Urano e Giove. R. Barbatelli.

TAB (2) Nr. 68 S. 625—629. Vgl. Ref. 7301.

7602. Physische Beobachtungen

Astr Circ UdSSR Nr. 152 S. 14—15 (russisch). Integralkolorimetrie des Jupiter im Jahre 1954. W. W. Scharonow.

BAA Circ Nr. 357. Jupiter.

Coelum 22 8—13, mit 1 Fig. La macchia rossa di Giove. G. Ruggieri. — Fortsetzung des Berichts in Coelum 21 (vgl. AJB 53 Ref. 7602).

JBAA 64 72—76, mit 2 Tafeln. Thirty-fifth report of the Jupiter Section. A. F. O'D. Alexander.

JBAA 64 88—90. Jupiter — short period variations of features. A. P. Lenham.

JBAA 64 120—122, mit 1 Fig. The north equatorial belts of Jupiter 1914 to 1942—3. A. P. Lenham.

JBAA 64 122—124, mit 1 Fig. Jupiter-variations in the colour of the principal belts 1914 to 1942—3. A. P. Lenham.

JBAA 64 281—296, mit 5 Fig. und 8 Tafeln. Thirty-ninth report of the Jupiter Section. Apparition of 1952—53. A. F. O'D. Alexander.

JBAA 64 379—392, mit 2 Fig. und Tafeln. Thirty-ninth report of the Jupiter Section (1952—53).

Orion Schaffhausen 4 222, 338. Jupiter.

Southern Stars 16 65—66. Darkening of the south temperate belt of Jupiter. P. A. Read.

Strolling Astronomer 8 6—9, 118—122, mit 9 Fig. Jupiter in 1953—54. Interim report. R. G. Brookes.

Strolling Astronomer 8 16—17, mit 1 Fig. Further notes on the long-enduring markings in the south temperate zone of Jupiter.

Strolling Astronomer 8 127—139, mit 7 Fig. Jupiter: The 1953—54 apparition. R. G. Brookes.

Strolling Astronomer 8 141—143, mit 6 Fig. Some observations of Jupiter in 1952—53 by K. Komoda. E. J. Reese.

Strolling Astronomer 8 143—144, mit 1 Fig. Comments concerning Cragg's observation of the red spot on November 27, 1954. E. J. Reese.

Urania Kraków 25 316—319, mit 1 Fig. und 1 Tafel. Niektóre wyniki obserwacji Jowisza w r. 1953/1954 w Ludowym Obserwatorium w Prościejowie (CSR). D. Kaláb, P. Sommer.

7603. G. Abetti, Lo studio delle superficie planetarie. Atti Fondazione G. Ronchi 8 178—184, mit 3 Fig. — Betrachtungen über die Beobachtungen von Jupiter und Mars am 200′-Reflektor von Mt. Palomar. Cester

7604. M. S. Eigenson, Über die sonnenbedingten Schwankungen der Rotationsperiode Jupiters. Circ. Astr. Obs. Lwow Nr. 28 S. 34—35 (russisch).

7605. **A. Kawerin,** Das Verweilen Jupiters hinter der Sonnenscheibe am 30. Juni und 1. Juli 1954. Astr Circ UdSSR Nr. 149 S. 18 (russisch). — Vorschau.

7606. **W. Löbering,** Der große rote Fleck auf Jupiter. AN **281** 265—266, mit 1 Abb. — Es wurde eine partielle Bedeckung des großen roten Flecks auf Jupiter beobachtet, woraus einige Schlüsse auf seine Konstitution gezogen werden. Verf.

7607. **W. Löbering,** Ansichten über den Wert visueller Beobachtungen des Planeten Jupiter. Sterne **30** 215—217, mit 2 Abb.

7608. **K. Rudnicki,** Jowisz. Urania Kraków **25** 229—235, mit 1 Tafel.

7609. **G. Ruggieri,** Osservazioni di Giove nella opposizione 1952—1953. Mem SA It (NS) **25** 149—184, mit 2 Fig. und 1 Tafel. — Die Beobachtungen wurden am 25 cm-Reflektor der Privatsternwarte in Mestre durchgeführt. Die einzelnen beobachteten Erscheinungen werden ausführlich beschrieben. Cester

7610. **O. Struve,** The atmospheres of Jupiter and Saturn. Sky and Telescope **13** 336—338, mit 5 Fig. — Allgemeinverständliche Darstellung der Arbeiten von Baum und Code (vgl. AJB **53** Ref. **7619**) und Heß (vgl. AJB **53** Ref. **7606**). Neckel

7611. The system of Jupiter. Irish AJ **3** 62.

7612. Sobre la estructura interna de Júpiter y Saturno. Rev. Astr. Nr. **131** S. 93.

7613. Jupiter and sunspots. Sky and Telescope **13** 112.

7614. Rotation of the nucleus of Jupiter. Sky and Telescope **13** 113.

7615. Jovian atmosphere. Sky and Telescope **13** 113, mit 1 Fig. — Ref. in Phys. Blätter **10** 173—174.

7616. Kinematograficzne obserwacje zakrycia gwiazdy σ Ari przez Jowisza w dniu 20 listopada 1952 r. Urania Kraków **25** 313—314. — Bericht über die kinematographische Beobachtung der Bedeckung von σ Ari durch Jupiter am 20. 11. 1952 am Mount Wilson. Loh.

Jupitermonde

7617. **D. P. Avigliano,** Jupiter's satellites 1953—54. Strolling Astronomer **8** 11—15, mit 1 Fig.

7618. **A. Dollfus,** Le diamètre des satellites de Jupiter, de Titan et de Neptune, déterminé par le micromètre biréfringent avec un grand pouvoir séparateur. CR **238** 1475—1477, mit 1 Fig. — Es werden die mit einem Doppelbildmikrometer bestimmten Durchmesser der Jupitertrabanten Io, Europa, Kallisto, Ganymed, sowie von Titan und Neptun mitgeteilt. Die Genauigkeit des Verfahrens sowie der Einfluß der Randverdunklung und der von randnahen Flecken auf der Planetenscheibe sind angegeben. Böh.

7619. **F. J. Kerr, F. L. Whipple,** On the secular accelerations of Phobos and Jupiter V. AJ **59** 124—127 = Harv Repr (2) Nr. **56**. — Es wird untersucht, ob die aus Beobachtungen abgeleiteten quadratischen Glieder in den mittleren Bewegungen von Jupiter V und den Satelliten des Mars durch ein widerstehendes Mittel oder durch Gezeitenwirkung erklärt werden können. Bei Jupiter V scheiden beide Möglichkeiten aus, und auch bei Phobos und Deimos führen sie auf Widersprüche mit bekannten Ergebnissen. Als Ergebnis bleibt übrig, daß die Dichte des beide Hauptplaneten umgebenden Mediums nicht höher als 10^{-16} g/cm^3 sein kann. Böh.

7620. **E. K. Rabe,** Escaping satellites of Jupiter. AJ **59** 190. — Ref. AAS.

* * **E. Rabe,** The Trojans as escaped satellites of Jupiter. Vgl. Ref. 7515.

7621. **P. Wellmann,** Jupitermonde und Statistik. Sterne **30** 42—46, mit 2 Abb. — Es wird gezeigt, wie man bereits mit einem kleinen Fernrohr durch Abzählung der Häufigkeit bestimmter Konstellationen zwischen zwei Jupitermonden mit Hilfe der Wahrscheinlichkeitsrechnung das Radienverhältnis beider Mondbahnen bestimmen kann. Ein Beispiel gibt einen Eindruck von der erreichbaren Genauigkeit. Gli.

7622. The satellites of Jupiter. J. Astr. Soc. Victoria **7** 81—82.

7623. Jupitermond VIII

Astr Circ UdSSR Nr. 154 S. 2. D. K. Kulikow. — Ephemeride 1954 Nov. 19—1955 März 19.

Harv Card 1277—1278. Ephemeride 1954/55 Nov. 24—Mai 3. P. Musen.

7624. Jupitermond IX

S. Herrick, C. G. Hilton, G. L. Matlin, 1954—55 ephemerides of Jupiter's ninth and twelfth satellites. Publ ASP **66** 336—337.

H. M. Jeffers, S. Vasilevskis, E. Roemer, Observations of comets and asteroids. AJ **59** 305—307 = LOB Nr. **529** S. 111—113. — Örter.

7625. Jupitermond X

Harv Card 1277—1278. Ephemeride 1954/55 Nov. 24—Mai 3. P. Musen.

7626. Jupitermond XI

Harv Card 1277—1278. Ephemeride 1954/55 Nov. 24—Mai 3. P. Musen.

7627. Jupitermond XII

S. Herrick, C. G. Hilton, G. L. Matlin, 1954—55 ephemerides of Jupiter's ninth and twelfth satellites. Publ ASP **66** 336—337.

Harv Card 1238 (Eph). C. G. Hilton, S. Herrick.

§ 77

Saturn

7701. Astrometrische Beobachtungen

Astr Circ UdSSR Nr. 154 S. 3—7 (russisch). Vgl. Ref. 7401.

Greenwich Astronomical Results 1940, A 19. Observed right ascensions, declinations and diameters.

Mem SA It (NS) **25** 193—215. Vgl. Ref. 7401.

Mem SA It (NS) **25** 247—255. Vgl. Ref. 7801.

TAB (2) Nr. **68** S. 625—629. Vgl. Ref. 7301.

7702. Physische Beobachtungen

Gaz astr **36** 94—95. Observations de Saturne en 1954. W. Sandner.

JBAA **65** 32—34. Saturn Section notes. M. B. B. Heath.

Mitt. Planetenbeobachter **7** Nr. 1 S. 4—6. Saturn 1953. G. D. Roth.

Strolling Astronomer **8** 29—33, mit 3 Fig. Saturn before opposition in 1954. T. Cragg.

Urania Barcelona **39** 156—158, mit 3 Fig. De astronomía planetaria (Relación núm. 2).

Vega Nr. **12/13** S. 45—46, mit 2 Fig. Observations on Saturn with the 12-inch Zeiss refractor of the Deutsche Museum at München in 1953. G. D. Roth.

Vega Nr. **18/20** S. 75—76, mit 1 Fig. An observation of the planet Saturn made at the Lowell Observatory. D. P. Avigliano.

7703. **R. M. Baum,** On the observations of the reported dusky ring outside the bright rings of the planet Saturn. JBAA **64** 192—196. — Ref. in Urania Kraków **26** 334. — Nach einer Zusammenstellung aller Beobachtungen eines äußeren nahezu dunklen Saturnrings (erstmals 1907 von M. G. Fournier gesehen) berichtet Verf. über seine eigenen Beobachtungen eines solchen Ringes 1952 und 1953. Gli.

7704. **M. S. Bobrow,** Über den Aufbau der Saturnringe. II. Berechnung der räumlichen Dichte des B-Ringes. AJ UdSSR **31** 41—50, mit 5 Abb. (russisch). — In diesem Teil der Arbeit werden Formeln für die Flächenhelligkeit b einer flachen Schicht makroskopischer Teilchen für zwei Werte des Phasenwinkels $\alpha = 0°$ und $\alpha_{Max} = 7°$ abgeleitet. Es wird gezeigt, daß für eine Schicht bestimmter optischer Dichte τ_0 das Verhältnis $b(\alpha_{Max}) : b(0)$ eine Funktion der räumlichen Dichte D (des Raumteils, der von den Teilchen innerhalb der Schicht eingenommen wird) ist. Aus dem beobachteten Verhältnis $b(\alpha_{Max})/b(0)$ im B-Ring des Saturn wird seine räumliche Dichte berechnet. Verf. (übersetzt)

7705. **T. A. Cragg,** A new ring around Saturn? Strolling Astronomer **8** 22.

7706. **T. A. Cragg,** The evidence for Saturn's ring D. Strolling Astronomer **8** 102—105, mit 2 Fig.

7707. **A. Dauvillier,** Sur la signification cosmogonique des satellites de Saturne. CR **239** 841—843. — Einige Eigenschaften der normalen Saturnmonde werden erörtert und auf Grund einer vom Verf. aufgestellten Theorie der Planetoiden (Arch. Sci. Phys. Nat. (Genève) **24** 5, 1942) in analoger Weise kosmogonisch interpretiert. Kdr.

7708. **A. P. FitzGerald,** Saturn: ringed wonder of the universe. Irish AJ **3** 14—25, mit 4 Fig. und 3 Tafeln. — Allgemeinverständliche Übersicht.

7709. **H. Jeffreys,** Second-order terms in the figure of Saturn. MN **114** 433—436. — Die Arbeiten des Verf. über die Massen der Saturnmonde und die Gestalt des Saturn (MN **113** 81—105, AJB **53** Ref. **4303, 7709**) werden verbessert, hauptsächlich durch Berücksichtigung von quadratischen Gliedern der Elliptizität. Die Ergebnisse sind: Vergrößerung des Struveschen Parameters l, reziproke Masse des Saturn ($\odot = 1$) $= 3494.8 \pm 2.0$, Massenkonzentration im Innern des Saturn ähnlich dem Modell S_2 von Miles und Ramsey (vgl. AJB **52** Ref. **5216**). O. G.

* * **G. D. Roth,** Saturn, Ergebnisse und Aufgaben seiner Beobachtung. Vgl. Ref. **2056**.

7710. **K. Rudnicki,** Saturn. Urania Kraków **25** 261—267.

* * **O. Struve,** The atmospheres of Jupiter and Saturn. Vgl. Ref. **7610**.

7711. **P. E. Zadunaisky,** A determination of new elements of the orbit of Phoebe, ninth satellite of Saturn. AJ **59** 1—6. — Da die Bahn von Ross (1905) B—R bis zu 1′ ergibt, wurde aus den 12 beobachteten Örtern 1907—1942 ein neues Elementensystem abgeleitet; die Darstellung der nicht benutzten Beobachtungen 1900—1906 und 1952 ist befriedigend. Für die Ephemeridenrechnung sind die Formeln und zwei Tafeln (eine für die Sonnenstörunggen und eine für die Mittelpunktsgleichung und den Radiusvektor) gegeben. T. L.

7712. The ninth satellite of Saturn. JBAA **64** 252—253. — Bahnelemente.

7713. Sobre la estructura interna de Júpiter y Saturno. Rev. Astr. Nr. **131** S. 93.

7714. Osobliwy księżyc Saturna. Urania Kraków **25** 275.

§ 78

Uranus, Neptun, Pluto, Transpluto

7801. **Uranus. Astrometrische Beobachtungen**

Astr Circ UdSSR Nr. 154 S. 3—7 (russisch). Vgl. Ref. **7401**.

Greenwich Astronomical Results 1940, A 19. Observed right ascensions, declinations.

Mem SA It (NS) **25** 193—215. Vgl. Ref. **7401**.

Mem SA It (NS) **25** 247—255 = Oss. Astr. Roma Monte Mario Contr. Sci. (NS) Nr. **202**. Posizioni di pianeti e pianetini ed occultazioni lunari osservate nel 1953. G. Armellini Conti.

Rend. Accad. Sci. Fis. Mat. Soc. Nazionale Sci. Lettere Arti, Napoli (4) **21** 79—82 = Oss. Astr. Capodimonte-Napoli Oss. **1** Nr. 2. Determinazione di ascensione retta del pianetino Vesta e dei pianeti Urano e Giove. R. Barbatelli.

TAB (2) Nr. **68** S. 625—629. Vgl. Ref. **7301**.

7802. **Uranus. Physische Beobachtungen**

Mitt. Planetenbeobachter **7** Nr. 1 S. 7. Helligkeits-Schätzungen von Uranus und Neptun. W. Sandner.

Sterne **30** 143. Die Oppositionshelligkeit des Uranus 1954. W. Malsch.

Strolling Astronomer **8** 39—45, 149, mit 1 Fig. Observations and comments.

* * **M. J. M. Bernal, H. S. W. Massey,** Metallic ammonium. Vgl. Ref. 203.

7803. **H. L. Giclas,** Photoelectric magnitudes and color of Uranus. AJ **59** 128—131. — Uranus wurde in drei Farben während der Oppositionen von 1950, 1951 und 1952 lichtelektrisch beobachtet. Die Helligkeitsschwankungen des Planeten übersteigen im ganzen Beobachtungszeitraum nicht $0^{m}.02$. Keine kurzperiodische Änderung wurde beobachtet, die der Rotation des Planeten zugeschrieben werden könnte. Mit den laufenden Werten für die Solarkonstante und der magnetischen Aktivität der Sonne wurden Vergleiche durchgeführt; eine Beziehung zwischen kleinen Schwankungen dieser Größen und den Uranusbeobachtungen wurde nicht gefunden. Loh.

7804. **A. P. Lenham,** The magnitude of Uranus. JBAA **64** 171—172.

7805. **K. Rudnicki,** Uran. Urania Kraków **25** 293—299, mit 5 Fig.

7806. Magnitudes of Uranus. JBAA **64** 324. — Bericht über neuere Messungen.

7807. **Neptun. Astrometrische Beobachtungen**

Greenwich Astronomical Results 1940, A 19. Observed right ascensions, declinations.

Mem SA It (NS) **25** 247—255. Vgl. Ref. **7801**.

TAB (2) Nr. **68** S. 625—629. Vgl. Ref. **7301**.

7808. **Neptun. Physische Beobachtungen**

Mitt. Planetenbeobachter **7** Nr. 1 S. 7. Helligkeits-Schätzungen von Uranus und Neptun. W. Sandner.
Strolling Astronomer **8** 73, mit 1 Fig. Observations and comments.
Vega Nr. **18/20** S. 82, mit 1 Fig. An observation of Neptune.

* * **M. J. M. Bernal, H. S. W. Massey,** Metallic ammonium. Vgl. Ref. 203.

* * **A. Dollfus,** Le diamètre des satellites de Jupiter, de Titan et de Neptune, déterminé par le micromètre biréfringent avec un grand pouvoir séparateur. Vgl. Ref. **7618**.

7809. **O. Günther,** Der Rotationslichtwechsel des Neptun. Mitt. AG 1953 S. 20. — Ref. AG.

7810. **K. Rudnicki,** Neptun. Urania Kraków **25** 325—331, mit 1 Tafel.

7811. **Pluto. Astrometrische Beobachtungen**

TAB (2) Nr. **69** S. 631. H. Kosai. — α, δ.

7812. **K. Rudnicki,** Pluton. Urania Kraków **25** 357—364, mit 1 Fig. und 2 Tafeln.

7813. Brightness of Pluto. Sky and Telescope **14** 20.

Transpluto

7814. **H. H. Kritzinger,** Transpluto, hypothetische Elemente. NAZ **8** 4.

7815. A transplutonian planet. Vega Nr. **18/20** S. 82—83.

Neunter Teil

Kometen. Meteore. Meteorite. Zodiakallicht

§ 80

Kometen im allgemeinen

8001. **M. Beyer,** Statistische Untersuchungen an Kometen. Phys. Verhandlungen **5** 140. — Ref. AG.

8002. **O. W. Dobrowolskij,** Elektrostatische Felder in den Kometenköpfen. AJ UdSSR **31** 167—170 (russisch). — Es wird die Berechnung des elektrostatischen Feldes in einem Kometenkopf durchgeführt. Als Hauptursache für die Entstehung des Feldes werden Photoionisation der Oberfläche des Kerns durch harte elektromagnetische Strahlung der Sonne und sekundäre Elektronenemission von der Oberfläche des Kerns unter Einwirkung der Korpuskularstrahlung der Sonne betrachtet. Gleichzeitig wird der Neutralisationsprozeß der Oberfläche berücksichtigt, der vom Elektronenstrom aus dem Gebiet der negativen, über der Oberfläche des Kerns entstehenden Raumladung hervorgerufen wird. Bei dem sich einstellenden Gleichgewicht übersteigt die Spannung des elektrostatischen Feldes an der Oberfläche des Kerns auch zur Zeit der stärksten Ausbrüche der Sonnenaktivität die Größenordnung 1 Volt/cm nicht. Ein solches Feld kann keine merkliche Wirkung auf die Bewegung der Staubteilchen und neutralen Moleküle in der Koma ausüben. Dadurch wird die elektrostatische Hypothese der Helligkeitsausbrüche der Kometen von Boss und Richter widerlegt. Verf. (übersetzt)

8003. **O. W. Dobrowolskij,** Über die Ursachen der Ionisation der Moleküle in den Kometen. AJ UdSSR **31** 324—326 (russisch). — Die Erscheinung der Umladung wird als möglicher Ionisationsmechanismus der Moleküle in den Kometenschweifen des ersten Typs erwogen. Angesichts der Nähe der Ionisationspotentiale von H, CO und N_2 nimmt der Prozeß des Einfangs eines Elektrons durch ein H-Ion von neutralen CO- oder N_2-Molekeln bei Annäherung (Umladung) Resonanzcharakter an. Dies führt zu einer großen Wahrscheinlichkeit des Auftretens von CO^+- und N_2^+-Ionen. Bei einem von der Sonne ausgehenden Protonenstrom der Größenordnung 2×10^{10} Teilchen/cm²sec ergibt sich die Lebensdauer der CO- oder N_2-Molekeln bis zur Umladung von der Größenordnung 5×10^4 sec. Es wird auch die Möglichkeit der Bildung von O_2^+-Ionen durch Umladung diskutiert. Verf. (übersetzt)

8004. **O. W. Dobrowolskij,** Über die Photometrie der Kometen. Bull. Astr. Obs. Stalinabad Nr. **9** S. 3—12, mit 4 Abb. (russisch). — Die Vorzüge der von Wolochow vorgeschlagenen und durch Beyer besonders bekannt gewordenen extrafokalen visuellen Photometrie schwacher Kometen werden besprochen. Eine spezielle Anwendung der Methode auf ein binokulares Fernrohr von 88 mm Objektivöffnung wird beschrieben, die im wesentlichen auf der Kalibrierung der Okular-Einstellskalen beruht. Beobachtungen des Kometen Mrkos 1952c vom 1. bis 4. Juli 1952 werden ausführlich mitgeteilt und zunächst nach dem Verfahren von Rijwes (Dorpat 1946) und dann auf Grund abgeleiteter mittlerer Flächenhelligkeiten diskutiert. Am 2. Juli scheint ein Auswurf von Materie aus dem Kern stattgefunden zu haben, der sich an den folgenden Tagen mit einer Geschwindigkeit von 0.5 km/sec durch die Koma ausgebreitet hat. Petri

8005. **O. W. Dobrowolskij,** Über die Natur der Beschleunigung in den Schweifen der Kometen ersten Typs. Bull. Astr. Obs. Stalinabad Nr. **10** S. 3—13, mit 1 Abb. (russisch). — Der von L. Biermann vorgeschlagene Mechanismus der Beschleunigung durch schnelle von der Sonne ausgehende Korpuskeln wird abgelehnt, da die angenommene Teilchendichte zu hoch sei, die Formel in Widerspruch zu russischen und anderen Arbeiten stehe, und die Wirkung örtlicher elektrostatischer Felder vernachlässigt sei. Statt dessen wird eine Theorie der «Resonanz-Umladung» entwickelt, wonach Plasmaprotonen aus neutralen Komamolekeln Elektronen einfangen und die hierdurch entstehenden elektrostatischen Kräfte die Beschleunigung verursachen. Dabei wächst die Beschleunigung umgekehrt proportional dem Quadrat der Relativgeschwindigkeit zwischen Plasma und Ionen. Es ergibt sich eine systematische Abnahme der Beschleunigung bei zunehmender Entfernung vom Kern des Kometen. Als Bestätigung hierfür wird auf Beobachtungen von M. Wolf am Kometen 1908c (Morehouse) verwiesen. Petri

8006. **O. W. Dobrowolskij,** Über den Zusammenhang zwischen dem Leuchten der Kometen und den Polarlichtern. Bull. Astr. Obs. Stalinabad Nr. **10** S. 20—24, mit 1 Abb. (russisch). — Ref. in Urania Kraków **26** 52. — Eine von 1722 bis 1878 reichende Statistik der Nordlichthäufigkeit in Skandinavien nach S. Tromholt (Kristiania 1902) wird, unterteilt in Häufigkeiten für ganz Skandinavien (N_1) und für eine «Zone IV» von +58° bis +63° 30′ geographischer Breite (N_2), aus der die meisten Beobachtungen vorliegen, mit der Phase des Sonnenfleckenzyklus (Φ) für die einzelnen Jahre korreliert. Ferner werden die summierten Häufigkeiten mit Φ korreliert. In einem Diagramm werden N_1 und N_2 mit der Häufigkeit des Auftretens mit bloßem Auge beobachteter Kometen (n) unter Angabe der jeweiligen Streuungen σ und in Abhängigkeit von Φ verglichen. Die Kurven der Nordlicht- und der Kometenhäufigkeiten haben je ein Haupt- und ein Nebenmaximum, die in der Phase zusammenfallen. Nur die Nordlichtkurven aus den nördlichsten Teilen Skandinaviens, für die nur wenige Beobachtungen vorliegen, weisen kein Nebenmaximum auf. Dies wird dadurch erklärt, daß dort nur besonders starke Nordlichter registriert wurden, die während der Zeiten des Nebenmaximums nicht häufig sein dürften. Petri

8007. **O. W. Dobrowolskij,** Zur Statistik der Kometen. Bull. Astr. Obs. Stalinabad Nr. **11** S. 3—6 (russisch). — Die Häufigkeit der von 1846 bis 1946 beobachteten Kometen bekannter absoluter Helligkeit wird — sowohl insgesamt als auch unterteilt nach Größenklassen — mit der Phase des Sonnenfleckenzyklus zur Zeit der Sichtbarkeit korreliert. Es ergeben sich zwei Häufigkeitsmaxima: bei den Phasen $\Phi = 0.30$ und 0.80, von denen das bei 0.30 stärker ist. Bei Kometen schwächer als $10^{M}_{.}0$ fehlt das Nebenmaximum. Vielleicht ist dies auf die unvollständige Erfassung absoluter schwacher Kometen zurückzuführen. Petri

8008. **O. W. Dobrowolskij,** Einige instationäre Prozesse in Kometen und die Sonnenaktivität. Leningrad, Astr. Hauptobs., 1954 (russisch). — Dissertationsreferat.

8009. **A. D. Dubjago,** Über die Bewegung der Kometen. Publ. Astr. Obs. Stalinabad **4** 5—7 (russisch). — An einen in Vergessenheit geratenen Gedanken Bessels aus dem Jahre 1836 anknüpfend, wonach jede Ejektion von Materie aus einem Kometen dessen Bahnelemente ändert, zeigt Verf., daß es sich hierbei um sprungartige Änderungen handelt, die einer Darstellung der Bahnelemente in Form einer Taylor-Reihe nach der Zeit den Boden entziehen. Loh.

* * **P. G. Duchnowskij,** Über die Bahnelemente in der Eruptionshypothese. Vgl. Ref. 5507.

8010. **H. Hardcastle,** Comets and meteors. Southern Stars **16** 19—25. — Allgemeinverständliche, kurze Darstellung des Wesens der Kometen und ihrer Beziehungen zu den Meteoren.

8011. **J. Hunaerts,** Interprétation du spectre d'émission de CH dans les comètes. Ann. Obs. Roy. Belgique (3) **6** 97—134, mit 15 Fig. — Quantitative Untersuchung der Fluoreszenz-Spektren von drei Systemen des CH-Moleküls. — System $A^2\Delta$ — $X^2\Pi$: Die Besetzung der Rotationszustände im unteren Elektronenniveau wird angegeben. Daraus lassen sich die Übergangswahrscheinlichkeiten der reinen Rotationslinien (Größenordnung 10^{-3} sec^{-1}) für den Sprung K′ (2) nach K′ (1) berechnen. — System $B^2\Sigma$—$X^2\Pi$: Ein Vergleich der Systeme $A^2\Delta$ — $X^2\Pi$ und $B^2\Sigma$ — $X^2\Pi$ in Kometenspektren liefert die relativen Oszillatorenstärken der letzteren, etwa ein Siebentel derjenigen des Systems $A^2\Sigma$—$X^2\Pi$. — System $C^2\Sigma$ — $X^2\Pi$: Wegen seiner geringen Oszillatorenstärken ist dieses System des CH nicht geeignet, die ultraviolette Kometenstrahlung bei 3144 Å zu erklären. Labs

8012. **C. de Jager,** De Neptunusfamilie — een correctie. Meteoor **10** 8.

8013. **M. Kamieński,** Anomalie w ruchu komet układu słonecznego. Urania Kraków **25** 367—371. — Bericht über die Verkürzung der Umlaufszeit kurzperiodischer Kometen, hauptsächlich des Enckeschen Kometen, und die daran geknüpften Hypothesen. Loh.

8014. **L. A. Katassjow,** Die Untersuchung von Kometen und Meteoren am Observatorium Stalinabad. Nachr. Abt. Naturwiss. Akad. Wiss. Tadshik. Sowjetrepublik Nr. **8** S. 27—31 (russisch). — Ref. in RJ Astr. Geod. UdSSR Nr. **6**, 1955; Ref. Nr. 2461.

8015. **W. P. Konoplewa,** Über die Änderung der absoluten Helligkeit der Kometen. Publ. Astr. Obs. Stalinabad **4** 33—41, mit 2 Abb. (russisch). — Verf. teilt für zahlreiche kurzperiodische Kometen die säkularen Helligkeitsabnahmen mit. Die kurzperiodischen Helligkeitsschwankungen stehen zum Teil in einer Beziehung zur Sonnenaktivität, in den meisten Fällen können jedoch keine weiteren Aussagen darüber gemacht werden. Loh.

8016. **E. N. Kramer,** Anwendung des Tisserandschen Kriteriums zur Prüfung des Zusammenhangs zwischen Meteorströmen und Kometen. Astr Circ UdSSR Nr. 153 S. 20—22 (russisch). — Das in eine entsprechende Form gebrachte Tisserandsche Kriterium wird auf den Zusammenhang von drei Meteorströmen (Perseiden, Tauriden, Leoniden) mit drei Kometen (1862 III, 1934 III, 1866 I) angewandt, wobei Jupiter als störender Planet angenommen wird. Im Fall Leoniden — 1866 I kann die Störung auch von Saturn herrühren. Der Zusammenhang Perseiden — 1862 III kommt am sichersten zum Ausdruck. Die Meteorkonstante hängt bei den Tauriden etwas von der Sonnenlänge ab, wofür man wahrscheinlich strom- und kometeninnere Prozesse verantwortlich machen kann. Loh.

8017. **E. N. Kramer,** Kometenradianten und der Zusammenhang zwischen Meteorströmen und Kometen. Kiew, Univ., 1954 (russisch). — Dissertationsreferat.

8018. **L. Kresák,** Kometen. Časop. Českosl. ústavů astr. **4** 13—22, mit 3 Fig. (slowakisch).

8019. **R. A. Lyttleton,** The Comets and their Origin. Vgl. AJB **53** Ref. 8019. — Weitere Besprechung in Geochim. Cosmochim. Acta **5** 243 (F. A. Paneth), J. Atmosph. Terr. Phys. **5** 115—116 (F. A. Paneth), Nature **173** 415—416 (W. M. H. Greaves).

8020. **G. Merton,** Comets (1953). MN **114** 362—369. — Fortschrittsbericht.

8021. **J. Pokrzywnicki,** Nowe hipotezy kometarne. Urania Kraków **25** 37—41, mit 1 Abb.

8022. **S. M. Poloskow,** Über die Möglichkeit der Entdeckung kontinuierlicher und monochromatischer Radiostrahlung der Kometen. Publ. Astr. Obs. Stalinabad **4** 13—23 (russisch). — Aus den physikalischen Parametern schätzt Verf. ab, daß die kontinuierliche Radiostrahlung der Kometen mit den heutigen Empfängern nicht, die monochromatische Radiostrahlung demgegenüber wahrscheinlich bei den hellsten Kometen unter günstigen Bedingungen gemessen werden kann. Loh.

8023. **J. G. Porter,** Comets and Meteor Streams. Vgl. AJB **52** Ref. 8012. — Weitere Besprechung in J. Optical Soc. America **45** 231—233 (L. La Paz).

8024. **N. B. Richter,** Statistik und Physik der Kometen. Leipzig, Verlag Johann Ambrosius Barth, 1954. 6 + 142 S. mit 58 Abb. Preis DM 13.40. — Besprechung in Obs **75** 87 (J. G. Porter), Orion Schaffhausen **4** 450, Phys. Blätter **11** 378 (W. Lohmann), Sky and Telescope **14** 243—244, Sterne **31** 30—31 (M. Beyer), VdS Nachrichtenblatt **4** 7—8 (E. Mädlow).

8025. **N. Richter,** Die Helligkeitsausbrüche des Kometen 1925 II und ihre Korrelation zu erdmagnetischen Ereignissen. Mitt. AG 1953 S. 16—17. — Ref. AG. — Besprechung in Naturwiss. Rundschau **6** 509 unter dem Titel: Kometen als Meßinstrumente für Vorgänge auf der Sonne.

8026. **W. G. Rijwes,** Über die photometrischen Beobachtungen von Kometen am Astronomischen Observatorium Tartu. Publ. Astr. Obs. Stalinabad **4** 8—12, mit 1 Abb. (russisch). — Bericht und Planung.

8027. **V. Vanýsek, F. Hřebík,** The dependence of the photometric constant n of comets on the heliocentric distance. BAC **5** 65—69, mit 2 Fig. (mit russischer Zusammenfassung). — Wird die Helligkeit eines Kometen als Funktion der Sonnenentfernung r nach der Formel $I = I_0 \times r^{-n}$ dargestellt, so zeigen die für verschiedene Kometen bestimmten n-Werte eine Abhängigkeit vom mittleren r, bei dem die Beobachtungen angestellt wurden. Es werden zwei Erklärungsversuche vorgeschlagen: die Koma setzt sich aus zwei Bestandteilen zusammen, für die verschiedene n gelten, oder es handelt sich um einen Auswahleffekt, indem die Distanz r, bei der ein Komet entdeckt wird, von n abhängt. Bo.

8028. **V. Vanýsek,** Kometen. Rozhledy **33** 33—37, mit 1 Fig. (tschechisch).

8029. **B. A. Woronzow-Weljaminow,** Die photometrische Struktur eines typischen Kometen (Komet 1942 g). Bull. Astrophys. Obs. Abastumani Nr. **17** S. 49—73, mit 17 Abb. (russisch mit georgischer Zusammenfassung). — Im Februar und März 1943 wurden in Abastumani mit einer Kamera von 1 m Brennweite f:5 zehn Aufnahmen des Kometen gewonnen, zumeist auf Ilford-Monarch-Platten. Die Auswertung mit einem Krüss-Photometer ergab relative Isophoten, die in zahlreichen Karten mitgeteilt werden. Danach war die Koma sphärisch symmetrisch. Ihre Masse innerhalb des photometrisch erfaßten Bereichs wird auf 6×10^{11} g geschätzt. Ein genauer Durchmesser läßt sich wegen des asymptotischen Helligkeitsverlaufs nicht angeben. Die räumliche Dichte nahm umgekehrt proportional zum Quadrat des Abstandes vom Kern ab und betrug an der Grenze der sichtbaren Koma etwa 10^{-22} g · cm^{-3}, an der Oberfläche des Kerns, bei einem Durchmesser desselben von 2 km, keinesfalls mehr als 10^{-11} g · cm^{-3}. Der Schweif vom Bredichin-Typ I konnte bis 2° Abstand vom Kern untersucht werden. Seine integrierte Helligkeit betrug etwa ein Drittel der Gesamthelligkeit des Kometen. An der schwächsten noch gemessenen Stelle betrug seine Dichte schätzungsweise 10^{-26} bis 10^{-25} g · cm^{-3}. Petri

8030. **S. K. Wsechswjatskij,** Natur und Herkunft der Kometen. Publ. Astr. Obs. Stalinabad **4** 24—32 (russisch). — Nach einigen statistischen Bemerkungen nimmt Verf. zu den gegen seine Auswurfhypothese vorgebrachten Bedenken Stellung. Loh.

8031. **K. Wurm,** Die Kometen. Berlin-Göttingen-Heidelberg, Springer-Verlag, 1954. Verständliche Wissenschaft **53.** Band. 5 + 160 S. mit 77 Abb. Preis DM 7.80. — Inhalt: I. Einführung. II. Die Kometen als Glieder des Sonnensystems. Das Sonnensystem. III. Die Bahnen einzelner interessanter Kometen. Die Jupitergruppe. IV. Physik und Chemie der Kometen. V. Der Ursprung der Kometen. — Besprechung in Coelum **23** 28, Mem SA It (NS) **26** 119—120 (G. Righini), ZfA **37** 214 (S. Temesváry).

* * Sur l'origine des comètes. Vgl. Ref. 5519.

8032. Como se encuentran los cometas. Urania Barcelona **39** 229—230.

§ 81

Einzelne Kometen

8101. **I. Groeneveld, G. van Biesbroeck,** Zwei nicht identifizierte Kometen. NAZ **8** 5, UAI Circ 1437. — Beobachtung in Fort Davis 1951 April 2 und 9.

8102. **C. J. van Houten, G. van Biesbroeck,** Ein nicht identifizierter Komet. NAZ **8** 9, UAI Circ 1445. — Beobachtung in Fort Davis 1951 Mai 28.

8103. **T. A. Kotschlaschwili, A. F. Torondshadse,** Photographische Beobachtungen Kleiner Planeten und Kometen. Bull. Astrophys. Obs. Abastumani Nr. 17 S. 75—87 (russisch). — Die Beobachtungen Kleiner Planeten sind in § 75 erfaßt. Tabelle 2 S. 85—87 enthält Beobachtungen von Kometen der Jahre 1940 bis 1952.

8104. **H. Krumpholz,** Beobachtungen von Kometen. Anzeiger Österreich. Akad. Wiss. Math.-naturw. Kl. **91** 118—122.

8105. **P. Stumpff,** Die Bewegung der Materie im Schweif des Kometen Morehouse. Mitt. AG 1953 S. 17—18. — Ref. AG.

8106. **T. W. Wodopjanowa,** Die absoluten Helligkeiten der Kometen von 1947—1948. Astr Circ UdSSR Nr. 145 S. 4—7 (russisch).

8107. **T. Wodopjanowa,** Absolute Größen von Kometen der Jahre 1949 —1950. Astr Circ UdSSR Nr. 147 S. 6—9 (russisch).

8108. **T. W. Wodopjanowa,** Die absoluten Größen der Kometen der Jahre 1951—1952. Astr Circ UdSSR Nr. 150 S. 2—6 (russisch). — Von 15 Kometen der genannten Jahre und den beiden Kometen 1950b und 1950e wurden die mittleren absoluten Größen aus zahlreichen Quellen, die im einzelnen nachgewiesen sind, ermittelt. Loh.

8109. Definitive Bezeichnung von Kometen. Astr Circ UdSSR Nr. 150 S. 6—7, NAZ 8 18, UAI Circ 1448.

8110. Comet catalogues. Sky and Telescope **13** 160.

8111. Meteor flares. Sky and Telescope **13** 339.

8112. Ilość komet periodycznych. Urania Kraków **25** 14.

Kometen. Gruppe (1)[1])

8113. Erster Borrellyscher Komet (1954b = 1932 IV)

Auffindung: E. Roemer, Mt. Hamilton, 1954 Febr. 8.

AJ **59** 305—307 (O, H) = LOB Nr. **529**. Astr Circ UdSSR Nr. 147 S. 1 (An). BAA Circ 349 (An, H). Harv Card 1239 (An, O, H), 1241 (O), 1242 (El, Eph), 1248 (Eph). NAZ 8 9 (An, O, H). UAI Circ 1439 (An, O, H), 1440 (Eph), 1442 (El, Eph).

M. Sumner übernimmt Bahnverbesserung des Kometen. UAI Circ 1472.

8114. Zweiter Brooksscher Komet (1953b = 1946 IV)

AJ **59** 305—307 (O, H) = LOB Nr. **529**. Harv Card 1237 (Eph). UAI Circ 1435 (Eph).

8115. Comas-Solàscher Komet (1951h = 1944 II)

AJ **59** 305—307 (O, H) = LOB Nr. **529**.

8116. Enckescher Komet (1953f = 1950e)

Abastumani Bull. Nr. 17 S. 86 (O). BAA Circ 352 (Not). JBAA **64** 412 (H). NAZ 8 18 (El, Eph). UAI Circ 1480 (O).

S. G. Makower, Über die Möglichkeit der Beobachtung des Kometen Encke-Backlund während der Sonnenfinsternis am 30. Juni 1954. Astr Circ UdSSR Nr. 145 S. 1—2.

S. K. Wsechswjatskij, Über die Änderung der Helligkeit des Kometen Encke-Backlund. AJ UdSSR **31** 281—293, mit 2 Abb. (russisch). — Die Bearbeitung des älteren photometrischen Materials (bis 1918) ergibt beträchtliche

[1]) Vgl. AJB **48** S. 210 Anmerkung.

Abweichungen von einem Stufengesetz, die auch durch Einfluß des Phasenwinkels nicht erklärt werden können. Für die Epochen 1820, 1872, 1908 und 1935 werden folgende mittlere scheinbare Helligkeiten abgeleitet: $H_0 = 9.15$, 9.84, 10.30 und $11^m.46$. Die reduzierten Helligkeiten werden durch eine schon früher vorgeschlagene Formel $H_\Delta = H_0 + z(r^n - 1)$ wiedergegeben, wobei r die Entfernung Sonne—Komet bedeutet und $n \approx 1$ ist. Der Parameter z kann vielleicht durch Desorption von Gasen aus den festen Klumpen des Kerns theoretisch gedeutet werden. Petri

Urania Kraków **25** 84. Powrót komety Enckego.

8117. Fayescher Komet (1954e = 1947 IX)

Auffindung: G. van Biesbroeck, Williams Bay, 1954 Juli 25.

Astr Circ UdSSR Nr. 152 S. 2 (An, O, Eph). BAA Circ 355 (An, H). Harv Card 1259 (An, O, H). NAZ **8** 31—32 (An, O, H, El). UAI Circ 1437 (Eph), 1462 (An, O, H).

8118. Finlayscher Komet (1953i = 1926 V)

AJ **59** 305—307 (O, H) = LOB Nr. **529**. Astr Circ UdSSR Nr. 146 S. 5 (An, Not). NAZ **8** 1 (An, O, H). UAI Circ 1436 (Eph), 1438 (O), 1440 (El, Eph), 1447 (Eph). UC **6** 228 (O).

8119. Forbesscher Komet (1948 VIII = 1942 III)

BAAH 1955 (Eph). UAI Circ 1484 (Eph).

8120. Grigg-Skjellerupscher Komet (1952 IV = 1947 II)

A. F. Jones, Comet P/Grigg-Skjellerup. Southern Stars **16** 28—30. — Bericht über physische Beobachtungen der letzten Jahre.

8121. Honda-Mrkos-Pajdusakovascher Komet (1954a = 1948 XII)

Auffindung: I. T. Mitani, Kyoto, 1954 Jan. 28. D. Jehoulet und G. van Biesbroeck, Fort Davis, 1954 Febr. 4.

Astr Circ UdSSR Nr. 147 S. 1 (An), S. 2 (Eph). BAA Circ 348 (Eph), 349 (An, Eph). Harv Card 1239 (An, O, H), 1240 (Eph). NAZ **8** 9 (An, O, H). NAZvM Nr. 211 (Eph). TAB (2) Nr. 69 S. 642 (O). UAI Circ 1437 (Eph), 1438 (An, O, H, Not), 1439 (O), 1441 (Eph), 1442 (El, Not), 1446 (O, H), 1447 (Eph), 1480 (O).

I. T. Mitani, The variation of the total brightness of periodic comet Honda-Mrkos-Pajdušáková (1948n = 1954a). Mem. Japan Astr. Study Ass. 1 37—44, mit 2 Fig. (japanisch mit englischer Zusammenfassung).

K. Tomita, Observations of comet Honda Mrkos-Pajdusakova 1948 XII = 1954a made with the Brashear astrograph. TAB (2) Nr. 69 S. 642.

8122. Kopffscher Komet (1951 VII = 1945 V)

UAI Circ 1484 (Not).

8123. Zweiter Neujminscher Komet (1927 I = 1916 II)

NAZ **8** 2 (El, Eph). UAI Circ 1465 (Eph).

8124. Olbersscher Komet (1887 V)

BAAH 1955 (El, Eph). UAI Circ 1475, 1484 (Eph).

8125. Otermascher Komet (1950 III = 1942 VII)

AJ **59** 305—307 (O, H) = LOB Nr. **529**[1]). Astr Circ UdSSR Nr. 149 S. 1 (O). Harv Card 1263, 1265 (Eph), 1268 (O, H). UAI Circ 1443 (Eph), 1469 (O, H).

[1]) Mit Komet Oterma 1943a bezeichnet.

8126. Pons-Brooksscher Komet (1953c = 1884 I)

AJ **59** 305—307 (O, H) = LOB Nr. **529**. Astr. Nachr. Berlin-Treptow **6** 23 (O, H), **6** 34 (H). Astr Circ UdSSR Nr. 147 S. 1 (O, H, Not), Nr. 149 S. 2 (H), Nr. 150 S. 1—2 (O, H), Nr. 155 S. 4 (O). BAA Circ 349 (H), 351 (H, Not), 352, 358 (Eph). Bol. Astr. Obs. Madrid **4** Nr. 7 S. 119 (O). DOB **7** Nr. 1 Fasc. 4 (Eph phys), Nr. 3 Fasc. 4 (O, H, Eph phys), Nr. 6 Fasc. 4 (Eph phys). Harv Card 1249 (El, Eph), 1250, 1279 (Eph). JBAA **64** Nr. 3 plate X (Au), **64** 411—412, **65** 54 (H). Kop Akt Medd 363, 365 (Eph). Mitt. Univ.-Sternw. Wien **7** 95—100, 108—112 (O, H). NAZ **8** 1 (H, El, Eph), **8** 5 (O, Eph), **8** 17 (VS, H), **8** 39 (O). UAI Circ 1438 (O), 1450 (Eph), 1461 (O), 1474, 1482 (Eph).

J. Hopmann, O. Franz, Photometrische Beobachtungen von Kometen. Anzeiger Österreich. Akad. Wiss. Math.-naturw. Kl. **91** 113—115.

H. Sawyer Hogg, Pons-Brooks comet. J RAS Canada **48** 74—77, mit 1 Fig.

8127. Zweiter Reinmuthscher Komet (1953d = 1947 VII)

Harv Card 1257 (O, H). UAI Circ 1443 (Eph, Not).

8128. Schaumassescher Komet (1952 III = 1943 V)

Abastumani Bull. Nr. **17** S. 87 (O). Astr Circ UdSSR Nr. 149 S. 1 (O). Mitt. Univ.-Sternw. Wien **7** 108—112 (O, H).

8129. Erster Schwassmann-Wachmannscher Komet (1941 VI = 1925 II)

AJ **59** 305—307 (O, H) = LOB Nr. **529**. BAAH 1955 (Eph). Harv Card 1264 (Eph). NAZ **8** 2 (Not).

N. Richter, Die Helligkeitsausbrüche des Kometen 1925 II und ihre Zusammenhänge mit der Sonnentätigkeit. AN **281** 241—254. — 244 Beobachtungen des Kometen 1925 II seit 1939 werden zusammenhängend untersucht. In diesem und älterem Material zeigen sich mindestens 32 abnorme Helligkeitsausbrüche, deren Spektren reflektiertes Sonnenlicht zeigen. Die Expansionsgeschwindigkeit der Leuchtprozesse liegt zwischen 100 und 500 km/sec. Für die zeitlich gut fixierten Ausbrüche (in Einzelfällen bis auf 24^h) ergibt sich eine strenge Korrelation mit erdmagnetischen Störungen und M-Regionen auf der Sonne. Die Ausbrüche werden daher auf gerichtete Korpuskularströme von der Sonne zurückgeführt und die Erklärungsmöglichkeiten kurz erörtert. Voigt

8130. Zweiter Schwassmann-Wachmannscher Komet (1954g = 1948 VII)

Auffindung: H. M. Jeffers, E. Roemer, Mt. Hamilton, 1954 Juli 28.

Astr Circ UdSSR Nr. 150 S. 2 (Eph), Nr. 152 S. 3 (An, O, H, Not). BAA Circ 355 (An, H). Harv Card 1260 (An, O, H). Kop Akt Medd 370 (An, Not). NAZ **8** 23 (El, Eph), **8** 31 (An, O, H). UAI Circ 1450 (Eph), 1463 (An, O, H).

8131. Tuttle-Giacobini-Kresakscher Komet (1951 IV = 1951f)

Abastumani Bull. Nr. **17** S. 87 (O). Astr Circ UdSSR Nr. 149 S. 1 (O). Publ. Astr. Obs. Kiew Nr. **6** S. 103 (O, H).

8132. Wirtanenscher Komet (1954j = 1947 XIII)

Auffindung: H. M. Jeffers, E. Roemer, Mt. Hamilton, 1954 Sept. 26. Von C. A. Wirtanen auf Platte von Sept. 8.5 später gefunden.

Astr Circ UdSSR Nr. 153 S. 1 (An, H, El). BAA Circ 358 (An, H, Not). Harv Card 1274 (An, O, H). NAZ **8** 39 (An, O, H, El). UAI Circ 1468 (El, Eph, Not), 1472 (El, Not), 1474 (An, O, H, El, Eph), 1479 (Eph).

8133. Wolf-Harringtonscher Komet (1952 II = 1924 IV)

AJ **59** 305—307 (O, H) = LOB Nr. **529**[1]).

---

[1]) Mit Komet Wolf-Harrington (1951 k) bezeichnet.

Kometen. Gruppe (2)[1]

8134. Komet 1916 I Taylor
W. A. Bronstein, Über den Kometen Taylor (1916 I). Astr Circ UdSSR Nr. 149 S. 2—3 (russisch). — Ref. in Urania Kraków 25 374.

8135. Komet 1930 IV (= 1930b) Beyer
M. A. Dīriķis, Bestimmung der ursprünglichen Bahn des Kometen 1930 IV (Beyer). AJ UdSSR 31 461—466 (russisch). — Auf Grund der Berechnungen der Störungen durch Jupiter, Saturn und Erde wird der elliptische Charakter der ursprünglichen Bahn des Kometen 1930 IV (Beyer) bestimmt. Außerdem sind eine Liste gut untersuchter ursprünglicher Kometenbahnen und eine geeignete Formel als Hilfmittel angegeben. Schrick

8136. Komet 1930 VI (= 1930d) Schwassmann-Wachmann 3 (P)
Astr Circ UdSSR Nr. 145 S. 2—4 (El). UAI Circ 1447 (El).

8137. Komet 1941 I (= 1940c) Cunningham
Abastumani Bull. Nr. 17 S. 85 (O).

8138. Komet 1941 II (= 1941a) Friend-Reese-Honda
Abastumani Bull. Nr. 17 S. 85 (O).

8139. Komet 1941 IV (= 1941c) de Kock-Paraskevopoulos
Abastumani Bull. Nr. 17 S. 85 (O).

8140. Komet 1941 VII (= 1941e) Du Toit-Neujmin-Delporte (P)
Abastumani Bull. Nr. 17 S. 85 (O).

8141. Komet 1941 VIII (= 1941d) van Gent-Howarth-Bernasconi
Abastumani Bull. Nr. 17 S. 85—86 (O).

8142. Komet 1945 II (= 1945c) Du Toit 2 (P)
NAZ 8 17—18 (El).

8143. Komet 1946 I (= 1946a) Timmers
Abastumani Bull. Nr. 17 S. 86 (O).

8144. Komet 1946 II (= 1946d) Pajdusakova-Rotbart-Weber
Abastumani Bull. Nr. 17 S. 86 (O).

8145. Komet 1947 XII (= 1947n) Southern Comet
Abastumani Bull. Nr. 17 S. 86 (O).
G. Guigay, Sur la dissociation du noyau de la comète 1947 XII. CR 238 450—452. — Aus den Koordinatenunterschieden der beiden Kerne, in die sich der Komet 1947 XII beim Periheldurchgang aufgelöst hat, wird versucht, die Ausstoßgeschwindigkeit des sekundären vom Hauptkern zu berechnen. Es ergibt sich für das Datum der Auflösung der 6. Dez. 1947 und für die Ejektionsgeschwindigkeit des abgelösten Kerns ein Wert von etwa 15 m sec^{-1}. Für die beiden Kerne sind außerdem elliptische Bahnelemente angegeben. Böh.

8146. Komet 1948 IV (= 1948g) Honda-Bernasconi
Abastumani Bull. Nr. 17 S. 86 (O).

---
[1]) Vgl. AJB 48 S. 210 Anmerkung.

8147. Komet 1948 V (= 1948 d) Pajdusakova-Mrkos
Abastumani Bull. Nr. **17** S. 86 (O).

8148. Komet 1948 X (= 1948 m) Bester
Abastumani Bull. Nr. **17** S. 86 (O).

8149. Komet 1948 XI (= 1948 l) Eclipse Comet
Abastumani Bull. Nr. **17** S. 86 (O).
W. P. Hirst, The definitive orbit of the eclipse comet 1948 l. MN ASSA **4** 31—40, mit 3 Fig.

8150. Komet 1949 VI (= 1949 e) Schajn-Schaldach (P)
Abastumani Bull. Nr. **17** S. 87 (O).

8151. Komet 1950 VII (= 1951 b) Arend-Rigaux (P)
Abastumani Bull. Nr. **17** S. 87 (O). Astr Circ UdSSR Nr. 149 S. 1 (O).

8152. Komet 1951 I (= 1950 b) Minkowski
Abastumani Bull. Nr. **17** S. 87 (O). Acta Astr. Sinica **2** 100 (O).

8153. Komet 1951 II (= 1951 a) Pajdusakova
Astr Circ UdSSR Nr. 149 S. 1 (O). Mem SA It (NS) **25** 212 (O). Publ. Astr. Obs. Kiew Nr. **6** S. 103 (O, H).

8154. Komet 1951 IX (= 1952 a) Harrington-Wilson (P)
Mem SA It (NS) **25** 212 (O). NAZ **8** 6 (El, Not).

8155. Komet 1952 I (= 1951 i) Wilson-Harrington
Mitt. Univ.-Sternw. Wien **7** 108—112 (O, H).
A. F. Jones, Comet 1951 i Wilson-Harrington. Southern Stars **16** 56—61, Berichtigung S. 106. — Beschreibung und photometrische Beobachtungen.

8156. Komet 1952 V (= 1952 c) Mrkos
Abastumani Bull. Nr. **17** S. 87 (O).
O. W. Dobrowolskij, Über die Photometrie des Kometen. Vgl. Ref. **8004**.

8157. Komet 1952 VI (= 1952 d) Peltier
Abastumani Bull. Nr. **17** S. 87 (O). AJ **59** 305—307 (O, H) = LOB Nr. **529**. Mitt. Univ.-Sternw. Wien **7** 108—112 (O, H).

8158. Komet 1952 e Harrington
Mitt. Univ.-Sternw. Wien **7** 108—112 (O, H). Southern Stars **16** 47—49 (H) = Carter Obs. Repr. Nr. **22**. UC **6** 227 (O).

8159. Komet 1952 f Mrkos
AJ **59** 305—307 (O, H) = LOB Nr. **529**. Southern Stars **16** 47—49 (H) = Carter Obs. Repr. Nr. **22**. UC **6** 227—228 (O).

8160. Komet 1953 a Mrkos-Honda
AJ **59** 305—307 (O, H) = LOB Nr. **529**. Bol. Astr. Obs. Madrid **4** Nr. 7 S. 119 (O). Mitt. Univ.-Sternw. Wien **7** 108—112 (O, H). NAZ **8** 2 (Sp).

8161. Komet 1953 e Harrington (P)
AJ **59** 305—307 (O, H) = LOB Nr. **529**.

8162. Komet 1953 g Abell

Acta Astr. Sinica **2** 197—198 (O, El). AJ **59** 305—307 (O, H) = LOB Nr. **529**. Armagh Obs. Leaflet Nr. **25** (Au). Astr Circ UdSSR Nr. 145 S. 1 (Eph), Nr. 147 S. 2 (O, H), Nr. 152 S. 3—4 (H), Nr. 155 S. 5[1]) (O). Astr. Nachr. Berlin-Treptow **6** 33 (O, H). BAA Circ 348 (Eph), 349 (H, Not), 350 (Eph), 351 (H), 353, 358 (Eph). BSAF **68** 211 (O, Au). Bull. Astr. Obs. Beograd **19** Nr. 1 S. 1 (O). DOB **7** Nr. 6 Fasc. 4 (Eph phys). Irish AJ **3** plate IX und X (Au). J. Astr. Soc. Victoria **7** 44 (H). JBAA **64** 174 (H), **64** 211—213 (H, Not, El, Eph), **64** 411—412, **65** 54 (H). Kop Akt Medd 364 (Eph). Mitt. Univ.-Sternw. Wien **7** 98—100, 108—112 (O, H). NAZvM Nr. 215 (O). NAZ **8** 17 (O, VS, H), **8** 23 (VS, H), **8** 39 (O). Nachr. Vereinigung Sternfreunde **3** 28 (H). Publ ASP **66** plate XIV (Au). UAI Circ 1444 (Eph, Not), 1446 (O, H), 1450 (Eph), 1455 (O), 1458 (O, Not), 1461 (O, H), 1465, 1469 (O), 1478 (El, Eph), 1480 (O).

G. O. Abell, A peculiar feature of comet 1953g. Publ ASP **66** 253—254, mit 1 Fig. und 1 Tafel. — Aufnahmen des Kometen aus der Zeit des späten Frühjahrs bis Anfang des Sommers 1954 zeigen einen schwachen zweiten Schweif, der gegen den Hauptschweif unter einem Winkel von 105° erscheint. Mit einer Skizze wird gezeigt, daß die beiden Schweife im Raum einen Winkel von mindestens 45° gebildet haben müssen. O. G.

J. Hopmann, O. Franz, Photometrische Beobachtungen von Kometen. Anzeiger Österreich. Akad. Wiss. Math.-naturw. Kl. **91** 115—118.

E. N. Kramer, Theoretischer Radiant des Kometen 1953g Abell. Astr Circ UdSSR Nr. 149 S. 21 (russisch).

E. Öpik, Comet Abell (1953g). Irish AJ **3** 115, mit 2 Aufnahmen = Armagh Obs. Leaflet Nr. **25**.

J. A. Skljarow, Die Integralhelligkeit des Kometen 1953g (Abell). Astr Circ UdSSR Nr. 152 S. 3—4 (russisch). — Mitteilung einiger Helligkeitsschätzungen und Beschreibung des Aussehens des Kometen.

8163. Komet 1953h Pajdusakova

AJ **59** 305—307 (O, H) = LOB Nr. **529**. Astr Circ UdSSR Nr. 146 S. 5 (An, El, Not). BAA Circ 348, 349 (H). Harv Card 1246 (Eph). NAZ **8** 1 (An, O, H, Not). Southern Stars **16** 47—49 (H) = Carter Obs. Repr. Nr. **22**. UAI Circ 1435 (O, H, El, Eph), 1436 (H und Berichtigung zu UAI Circ 1432), 1438 (O), 1448 (El, Eph). UC **6** 229 (O).

8164. Komet 1954 c Harrington

Entdeckung: R. G. Harrington, Mt. Palomar, 1954 Juni 24.

Astr Circ UdSSR Nr. 151 S. 1 (An, O, H). BAA Circ 354 (An, H), 356 (El, Not). Harv Card 1251 (An, O, H), 1261 (O, El, Eph), 1262 (Eph). Kop Akt Medd 366 (An). NAZ **8** 27 (An, O, H). UAI Circ 1456 (An, O, H), 1464 (O, H, El, Eph).

8165. Komet 1954 d Kresak-Peltier

Entdeckung: L. Kresák, Skalnaté Pleso, 1954 Juni 26. L. C. Peltier, Delphos (Ohio), 1954 Juni 29.

Astr Circ UdSSR Nr. 151 S. 1 (An, O, H), Nr. 152 S. 5—6 (El, Eph), Nr. 154 S. 1 (Eph). BAA Circ 353 (An, O, H), 354 (H, El, Eph), 355 (El, Eph), 358 (Eph). Harv Card 1252 (An, O, H), 1253 (O, H,) 1254 (El, Eph, mit Berichtigung in Harv Card 1260), 1255 (O, H, Not), 1258 (El, Eph), 1265 (O), 1267 (Eph). JBAA **64** 412 (H, Not), **65** 54 (H). Kop Akt Medd 366 (An, O, H), 367 (Eph). NAZ **8** 27 (An, O, H), **8** 32 (H). UAI Circ 1457 (An, O, H), 1458 (O, H), 1460 (El, Eph), 1461 (O, H), 1462 (El, Eph), 1465, 1478 (Eph), 1480 (O, Not), 1482 (O).

---

[1]) Irrtümlich mit 1953 d bezeichnet.

8166. Komet 1954 f Vozarova

Entdeckung: M. Vozarova, Skalnaté Pleso, 1954 Juli 28.

Astr Circ UdSSR Nr. 152 S. 2—3 (An, O, H, El, Eph), Nr. 152 S. 4—5 (H), Nr. 153 S. 2 (El), Nr. 153 S. 3 (O), Nr. 154 S. 1 (El), Nr. 155 S. 3—4 (O, H, Not). Astr. Nachr. Berlin-Treptow **6** 51 (O, H). BAA Circ 355 (An, O, H), 356 (H, El, Eph), 357 (H). Harv Card 1261 (An, O, H), 1262 (O, H), 1266[1]) (El, Eph), 1273 (O, El, Eph), 1274 (Eph). JBAA **64** 412—413 (H), **65** 54 (H, Not), **65** plate 7 (Au). Kop Akt Medd 368 (An, O, H), 369 (Eph). NAZ **8** 31 (An, O, H). UAI Circ 1463 (An, O, H), 1464 (O, H), 1465 (El, Eph), 1467 (O, H, Eph), 1469 (O, H, Not), 1474 (El, Eph), 1477 (O, El, Eph).

A. M. Bacharew, Die Helligkeit des Kometen 1954 f. Astr Circ UdSSR Nr. 152 S. 4—5 (russisch). — Mitteilung einiger Helligkeitsschätzungen und Beschreibung des Aussehens des Kometen.

8167. Komet 1954 h Baade

Entdeckung: W. Baade, Mt. Wilson/Palomar, 1954 Juli 31.

Astr Circ UdSSR Nr. 152 S. 3 (An, O, H), Nr. 153 S. 1 (El, Eph). BAA Circ 356 (An, O, H), 357 (Not). Harv Card 1266 (An, O, H), 1267 (O, H), 1269 (El, Eph), 1278 (Eph). JBAA **65** 54 (H). Kop Akt Medd 370 (An, H, Not). NAZ **8** 35 (An, O, H). UAI Circ 1466 (An, O, H), 1470 (El mit Berichtigung in Harv Card 1483, Eph), 1481 (Eph).

8168. Komet 1954 i Van Biesbroeck (P)

Entdeckung: G. van Biesbroeck, Williams Bay, 1954 Sept. 1.

Astr Circ UdSSR Nr. 153 S. 1 (An, O, H). BAA Circ 357 (An, H), 358 (El). Harv Card 1268 (An, O, H), 1272, 1275 (El, Eph), 1276 (Eph). Kop Akt Medd 370 (An, H). NAZ **8** 35 (An, O, H). UAI Circ 1469 (An, O, H), 1473, 1478 (El, Eph).

8169. Komet 1954 k Haro-Chavira

Entdeckung: G. Haro, E. Chavira, Tonantzintla, 1954 Dez. 18.

Harv Card 1281 (An, O, H). UAI Circ 1485 (An, O, H).

8170. Weitere Mitteilungen über Kometen

Acta Astr. Sinica 2 197—198 (chinesisch).

Astr Circ UdSSR Register zu Nr. 101—150, S. 39—40. Berichtigungen zu Nr. 80—150.

Astr. Nachr. Berlin-Treptow **6** 32—35, 41—42, 45, 48—49, 51—52, 66—68, 77, 82.

BAA Circ 358.

BSAF **68** 38—39, 58, 83, 129, 211, 246, 278, 353—354, 397, mit 1 Fig.

DOB **7** Nr. 1 Fasc. 4, 4 S., Nr. 2 Fasc. 4, 4 S., Nr. 3 Fasc. 4, 4 S., Nr. 4 Fasc. 4, 4 S., Nr. 6 Fasc. 4, 4 S., mit 6 Fig.

Coelum **22** 22, 56, 83, mit 1 Fig.

El Universo Nr. 28 S. 35. Novedades de la ciencia.

Gaz astr **35** 70—71, **36** 7—9, 23—25, 52—55. Les comètes de 1953, 1954. A. Dermul.

Hemel en Dampkring **52** 17, mit 1 Fig.

Japan Astr. Study Ass. Circ. Nr. 111—112, 117, 118, 120, 121, 122—123, 124, 125, 126, 127.

J. Astr. Soc. Victoria **7** 27, 37, 44, 56, 69. Comet notes.

JBAA **64** 99—100, 173—175, 211—212, 253—254, 411—413, **65** 54—55, mit 4 Fig. und 1 Tafel. Comet notes.

---

[1]) Irrtümlich mit Komet Kresak bezeichnet. Berichtigung in Harv Card 1271.

NAT **1954** 31—32, 111—112. Kometerne.
NAZvM Nr. 206, 208, 209, 210, 211, 212, 215, 217, 221, 222, 224, 226, 227, 228, 229, 230, 231, 232, 234, 235, 236, 238, 239, 241.
Obs **74** 43—44, 91—92, 139, 182—183, 224—225, 263. Comet notes.
Orion Schaffhausen **4** 255, 260.
PAT **35** 71—72, 158—159. Kometer.
Rev. Astr. Nr. **131** S. 91—92. Noticiario astronómico.
Sky and Telescope **13** 102, 116, **14** 14.
Southern Stars **16** 47—49 = Carter Obs. Repr. Nr. **22**. New Zealand comet observations. I. L. Thomsen.
Sterne **30** 66—69, 69—71.
Urania Kraków **25** 48, 114—115, 180—182, 309—310, 342, 373.
Vega Nr. **14/15** S. 60—61, **18/20** S. 78—79. Comet notes.

8171. Kometen. Verzeichnis der Beobachter und Berechner

G. O. Abell
G. Adamopoulos
I. Alanija
G. E. D. Alcock
W. Baade
A. M. Bacharew
M. Bateson
W. W. Beart
J. J. Bennett
M. Beyer
G. van Biesbroeck
H. J. Blasberg
J. Bobone
J. A. Bruwer
H. T. Burgers
M. P. Candy
C.-H. Chang
E. Charadse
E. Chavira
J. Churms
Codina
L. E. Cunningham
K. Demidow
C. Dinwoodie
J. H. Drake
W. Dshapiaschwili
A. Dshintschwelejschwili
A. D. Dubiago
J. Ejnasto
O. Franz
J. G. Freeman
G. A. Gawrilow
P. J. D. Gething
E. C. Gibbons
G. Haro
R. G. Harrington
B. J. Harris
I. Hasegawa
P. Herget
D. Herrmann
J. Hopmann
C. J. van Houten
C. Howell
K. Hurukawa
T. Isibasi
M. Itzigsohn
H. M. Jeffers
D. Jehoulet
A. Jones
A. F. Jones
N. Kalandadse
D. Kalnin
D. Kalnina
S. Kanda
H. Kobayasi
W. P. Konoplewa
T. Kotschlaschwili
L. Kresák
H. Krumpholz
G. Kwirkwelija
S. M. Laustsen
G. Libuda
R. Luss
E. Mädlow
N. Magalaschwili
D. J. Martynow
T. Megrelischwili
G. Merton
H. Mielke
N. Missana
I. T. Mitani
E. A. Mitrofanowa
A. G. Mowbray
P. Musen
H. Neckel
S. Ohgata
A. B. Onegina
L. C. Peltier
J. Pesch
A. Philpott
E. Pohl
J. Pólit
B. Protitch
E. K. Rabe
H. Q. Rasmusen
Rigamonti
R. Rigolett
E. Roemer
D. A. Roshkowskij
R. Rudolph
G. Saito
H. van Schewick
A. Schmitt
C. D. Shane
J. A. Skljarow
W. H. Steavenson
G. E. Stone
M. Sumner
G. Tewsadse
L. M. Theakstone
I. L. Thomsen
K. Tomita
A. Toroudshadse
J. M. Torroja
J. T. Tschan
L. N. Tulenkowa
F. K. Ustanowa
Urmantschewa
S. Vasilevskis
G. Vergara
J. Vetterlein
M. Vozarova
M. Waschakidse
R. L. Waterfield
R. Weber
C. A. Wirtanen
P. W. Wjuschkow

§ 82

Meteore

8201. **M. Alberts,** Meteorenfotografie. Meteoor **10** 9—11, mit 1 Tafel. — Beschreibung einer Sektorkamera für Meteoraufnahmen. Gü.

8202. **I. S. Astapowitsch,** Die heliozentrischen Geschwindigkeiten von Meteoren nach Beobachtungen in Aschchabad 1943—1944. Nachr. Akad. Wiss. Turkmen. Sowjetrepublik Nr. **3** S. 95—96 (russisch). — Ref. in RJ Astr. Geod. UdSSR Nr. **4**, 1955; Ref. Nr. 1590.

8203. **I. S. Astapowitsch,** Über die Höhen der Telemeteore nach Aschchabader Beobachtungen. Publ. Astr. Obs. Stalinabad **4** 68—77 (russisch). — Bericht über die Entwicklung und Durchführung der Meteorbeobachtungen in Aschchabad. Im einzelnen werden behandelt: der Auswahlfehler in bezug auf die Basislänge, die Höhenbestimmungen von Telemeteoren von 1930 bis 1948, die wahren Höhen der Telemeteore, die tägliche Variation der Parallaxen und allgemeine Schlußfolgerungen über die Höhen von Telemeteoren verschiedener Helligkeit. Loh.

8204. **I. S. Astapowitsch,** Über einige Gesetzmäßigkeiten in den Kleinkörpersystemen. Publ. Astr. Obs. Stalinabad **4** 78—105 (russisch). — Es wird über einige Ergebnisse der Untersuchung der Kleinkörper, insbesondere in Aschchabad, berichtet. Inhalt: 1. Terminologie, 2. Ergebnisse der Untersuchung von Telemeteoren, 3. Gewöhnliche und helle Meteore, 4. Untersuchung der Boliden, 5. Meteorite, 6. die meteorische Materie im Sonnensystem; 42 Literaturnachweise. Loh.

8205. **A. M. Bacharew,** Meteorhelligkeit und Sichtbarkeitsdauer ihrer Ionisationsspur. Astr Circ UdSSR Nr. 147 S. 17 (russisch). — Die Beziehung zwischen der scheinbaren Helligkeit m eines Meteors (in Größenklassen) und der Sichtbarkeitsdauer τ der Ionisationsspur (in Sekunden) ist nach den Beobachtungen von 35 Meteorspuren $\log m = -0.58 \log \tau + 2.01$. Loh.

8206. **A. M. Bacharew,** Der jährliche Gang der stündlichen Zahl der Telemeteore. Bull. Astr. Obs. Stalinabad Nr. **11** S. 10—11, mit 1 Abb. (russisch). — Im Jahre 1942 wurden mit einem sechszölligen Kometensucher von 150′ Gesichtsfeld während knapp 400 Stunden 760 Telemeteore beobachtet, davon 398 im nördlichen Polargebiet der UdSSR. Es zeigt sich ein deutlicher Jahresgang, der dem der Deklination des Apex der Erdbewegung gleichläuft. Die starke Konzentration der Telemeteore um den Apex wird bestätigt. Petri

8207. **A. M. Bacharew,** Die Höhen teleskopischer Meteore nach Beobachtungen am Stalinabader Astronomischen Observatorium der Akademie der Wissenschaften der Tadshikischen Sowjetrepublik. Publ. Astr. Obs. Stalinabad **4** 58—67, mit 5 Abb. (russisch). — Verf. berichtet über die Entwicklung der Meteorbeobachtungen in Stalinabad, insbesondere über die 1946 begonnenen Basisbeobachtungen. Die Höhen des Aufleuchtens bzw. Erlöschens liegen für 80% aller beobachteten Telemeteore zwischen 90 und 100 km bzw. 70 und 90 km. Abschließend werden Konsequenzen für die weitere Beobachtung gezogen. Loh.

8208. **Z. Baziková,** Sternschnuppen. Rozhledy **33** 179—182, mit 2 Abb. (tschechisch).

8209. **E. G. Bowen, W. C. Swinbank, D. F. Martyn, J. Neumann,** The influence of meteoric dust on rainfall; fluctuations of long-period accumulations of daily rainfall amounts. Australian J. Phys. **6** 490—497, **7** 354—358, 358—364, 522—526. — Ref. in Phys. Abstracts (A) **58** 80.

8210. **Z. Ceplecha,** Meteor photographs. V. Velocity outside the atmosphere. BAC **5** 60—63, mit 1 Fig. — Zur Berechnung der ursprünglichen Geschwindigkeit v_∞ (außerhalb der Atmosphäre) wird eine Methode angegeben, die für photographische Meteore mit glatten Lichtkurven verwandt werden kann. Die einzigen zur Berechnung von v_∞ notwendigen Werte sind die Geschwindigkeit v_m des Meteors im Maximum der Helligkeit und die Konstante K_m, die aus den Messungen direkt abgeleitet werden können. Den atmosphärischen Dichtegradienten braucht man zur Berechnung von v_∞ nicht zu kennen; er kann mit den Whippleschen Formeln aus den direkten Meßwerten berechnet werden. Verf. (übersetzt)

8211. **Z. Ceplecha,** Redukční methoda pro meteorické negativy. Časop. Českosl. ústavů astr. **4** 38.

8212. **A. F. Cook,** The physical theory of meteors. VI. The light-curve. ApJ **120** 572—577, mit 1 Fig. = Harv Repr Nr. **394**. — Die Lichtkurve eines zuverlässig beobachteten Meteors wird theoretisch interpretiert. Aus der zu großen Helligkeit des schwachen Anfangsteils der Meteorspur wird auf die Notwendigkeit einer Verbesserung der Theorie geschlossen. Eine befriedigende Darstellung der Lichtkurve gelingt auf Grund der Ansätze von Cook, Eyring und Thomas (vgl. AJB **51** Ref. **8214**), wenn noch der Energieverlust des Meteors durch thermische Strahlung in Rechnung gestellt wird. Kdr.

8213. **J. G. Davies,** A table for the calculation of meteor velocities. Astr. Contr. Univ. Manchester (1) Jodrell Bank Ann. **1** 58—67. — Zur bequemeren Auswertung der Formel für die Berechnung von Meteorgeschwindigkeiten aus den Abständen der Fresnelschen Interferenz-Maxima und -Minima wird ein Faktor tabuliert, dessen Größe vom Abstand der Meteorbahn und von den zur Berechnung benutzten Maxima bzw. Minima abhängt. Bo.

8214. **J. G. Davies,** Meteors. Occasional Notes **3** 45—49, mit 2 Fig. = Astr. Contr. Univ. Manchester (2) Jodrell Bank Repr. Nr. **100**. — Zusammenfassender Bericht über die Ergebnisse radioastronomischer Beobachtungen.

8215. **J. van Diggelen,** Een vuurbollenvlaag boven Nederland. Hemel en Dampkring **52** 109—126, mit 12 Fig. = Werkgroep Meteoren Med. Nr. **34**. — Nach einer Darstellung der Bahnbestimmung von Meteoren werden die Elemente mehrerer Feuerkugeln des Jahres 1953 berechnet. Loh.

8216. **J. van Diggelen,** De resultaten van de Nederlandse meteoorwaarnemingen I (Campagne Maart 1944). Meteoor **10** 11—13, mit 2 Fig. — Bericht über programmäßige Meteorbeobachtungen, Bestimmung der Bahn und des Radianten für drei Meteore. Gü.

8217. **S. Evans,** Scale heights and pressures in the upper atmosphere from radio-echo observations of meteors. MN **114** 63—73, mit 5 Fig. = Astr. Contr. Univ. Manchester (2) Jodrell Bank Repr. Nr. **89**. — Ref. in MN Geophys. Suppl. **6** 616. — Mittels Radarbeobachtungen in der Nähe von Manchester und von zwei Empfangsstationen aus wurde die Höhe der Bahnen von 381 Meteoren über der Erdoberfläche ermittelt. Der Luftdruck wurde mit einem von Kaiser (vgl. Ref. **8228**, **8273** a) angegebenen Verfahren berechnet. Nach Übergang zur Luftdichte werden die Ergebnisse des Verf. mit den bei Raketenaufstiegen und aus photographischen Meteorbeobachtungen in New Mexico und Massachusetts gefundenen Dichten verglichen. Die neuen Daten stimmen gut mit denen aus New Mexico überein. Die früher zur Erklärung der Unterschiede des Dichteverlaufs zwischen New Mexico und Massachusetts angenommene Breitenabhängigkeit kann daher nicht bestätigt werden. Micz.

8218. **W. W. Fedynskij,** Gegenüberstellung visueller und radarischer Bestimmungen der Drift von Meteorspuren. Astr Circ UdSSR Nr. 155

S. 17—22 (russisch). — Aus den (gleichzeitigen) Beobachtungen geht gute Übereinstimmung der gefundenen Driften hervor. Loh.

8219. **R. G. Giovanelli,** The attenuation of light by meteoric dust in the upper atmosphere. Australian J. Phys. 7 641—648. — Ref. in Phys. Abstracts (A) 58 303.

8220. **A. Golowkowa,** Der jährliche Gang der Schärfe der Meteorkonturen. Nachr. Akad. Wiss. Turkmen. Sowjetrepublik Nr. 4 S. 94—95 (russisch). — Ref. in RJ Astr. Geod. UdSSR Nr. 3, 1955; Ref. Nr. 1135.

8221. **J. S. Greenhow,** Systematic wind measurements at altitudes of 80—100 km using radio echoes from meteor trails. Phil. Mag. (7) 45 471—490, mit 12 Fig. und 2 Tafeln = Astr. Contr. Univ. Manchester (2) Jodrell Bank Repr. Nr. 95. — Die radiale Komponente der durch Wind verursachten Driftbewegung einer Meteorspur wird aus der Periode der Schwebungen bestimmt, die durch Überlagerung der von der ionisierten Luftsäule reflektierten und durch Doppler-Effekt in der Frequenz geänderten Impulse mit den direkten Impulsen vom Sender entstehen. Auch die Driftrichtung kann durch geeignete Versuchsanordnung bestimmt werden. Es gelingt auf diese Weise leicht, so viele Meteorspuren zu erfassen, daß man stündliche Mittelwerte der Windgeschwindigkeit bilden kann. Einer über einen oder mehrere Tage konstanten Windströmung überlagern sich Strömungen, die in Richtung und Amplitude ganz- und halbtägige Perioden aufweisen, wobei der Windvektor entgegengesetzt dem Uhrzeigersinn rotiert. Mit der Höhe nimmt die Geschwindigkeit zu. Bo.

* * **H. Hardcastle,** Comets and meteors. Vgl. Ref. 8010.

8222. **C. Hoffmeister,** Zur Deutung der neueren Bestimmungen von Meteorgeschwindigkeiten. Phys. Verhandlungen 5 140. — Ref. AG.

8223. **J. Hoppe,** Untersuchungen zur physikalischen Theorie der Sternschnuppen. Mitt. AG 1953 S. 18. — Ref. AG.

8224. **J. Hoppe,** Untersuchungen zur physikalischen Theorie der Sternschnuppen. Wiss. Z. Friedrich-Schiller-Univ. Jena Math.-naturwiss. Reihe 3 503—517, mit 10 Abb. = Mitt. Univ.-Sternw. Jena Nr. 15. — Bei dem Versuch einer Erweiterung der 1937 entwickelten physikalischen Theorie der Meteore werden die Wärmeübergangszahl λ und der Beiwert des Widerstandsgesetzes γ als Funktionen der Geschwindigkeit erhalten. Die Trennung des Meteorphänomens in das Feuerkugel- und das Sternschnuppenstadium wird physikalisch begründet. Im Sternschnuppenstadium lassen sich die beiden Größen λ und γ für Körper verschiedener geometrischer Gestalt berechnen. Hoppe

8225. **R. G. Huzarski,** Graphic investigation of a fireball trajectory. Meteoritics 1 142—149, mit 4 Fig. — Es wird ein einfaches graphisches Verfahren zur Bestimmung der Flugbahn eines Meteors für den Fall behandelt, daß zwei Punkte der Bahn von zwei Erdorten aus nach Azimut und Höhe festgelegt werden können. Bo.

8226. **C. de Jager,** Overzicht van de meteoren, waargenomen in 1953. Meteoor 10 14—15.

8227. **D. M. Jurchanowa,** Der jährliche Gang der mittleren Farbtönung von Meteoren (nach Beobachtungen in Aschchabad). Nachr. Akad. Wiss. Turkmen. Sowjetrepublik Nr. 4 S. 95 (russisch). — Ref. in RJ Astr. Geod. UdSSR Nr. 4, 1955; Ref. Nr. 1593.

8228. **T. R. Kaiser,** Theory of the meteor height distribution obtained from radio-echo observations. II. Sporadic meteors. MN 114 52—62, mit 4 Fig. = Astr. Contr. Univ. Manchester (2) Jodrell Bank Repr. Nr. 88. —

Die in Teil I am Beispiel eines Meteorschauers entwickelte Theorie der Höhenverteilung von Meteoren wird mit im wesentlichen denselben Ergebnissen für den Fall einer Gruppe sporadischer Meteore bestimmter Geschwindigkeit durchgeführt. Kdr.

8229. **D. Kaláb,** Powstawanie śladów meteorów. Urania Kraków **25** 349—351, mit 2 Fig.

* * **L. A. Katassjow,** Die Untersuchung von Kometen und Meteoren am Observatorium Stalinabad. Vgl. Ref. **8014**.

8230. **L. A. Katassjow, A. K. Sosnowa,** Ergebnisse der photographischen Untersuchung von Meteoren am Stalinabader Observatorium. Publ. Astr. Obs. Stalinabad **4** 42—50, mit 2 Abb. (russisch). — Bericht über die Durchführung des Beobachtungsprogramms seit 1939 und das Auswertungsverfahren, sowie Mitteilung der Elemente von 14 Meteoren und Diskussion der Fehler. Loh.

8231. **H. Kobayashi,** On the factor and accuracy of the meteor observations. Mem. Japan Astr. Study Ass. **1** 45—50, mit 2 Fig. (japanisch mit englischer Zusammenfassung).

8232. **L. Kresák,** O kritériu, platnom pre poruchové pôsobenie Zeme na meteorické roje. Časop. Českosl. ústavů astr. **4** 37. — Ref. in RJ Astr. Geod. UdSSR Nr. **7**, 1955; Ref. Nr. 2937.

8233. **W. Liller, F. L. Whipple,** High-altitude winds by meteor-train photography. Harv Repr (2) Nr. **62,** 17 S. mit 11 Fig. — Aus der Photographie von nachleuchtenden Meteorspuren wird auf Windgeschwindigkeiten in Höhen von 81 bis 113 km geschlossen. Ausführliche Beschreibung der verwendeten Instrumente und der Meßmethode. Die beobachteten Windgeschwindigkeiten liegen in der Größenordnung von 50 m/sec, zeigen aber große Schwankungen als Funktion der Höhe. Änderungen der Windgeschwindigkeit von 50 m/sec pro km Höhenunterschied werden gelegentlich beobachtet. Behr

8234. **F. Link,** Détermination des éléments géocentriques d'une orbite météorique. BAC **5** 56—60, mit 3 Fig. — Auf Grund der analytischen Geometrie des Raumes wird eine einfache Methode zur Bestimmung der geozentrischen Elemente einer Meteorbahn entwickelt. Ihr hauptsächlicher Vorteil besteht darin, daß trigonometrische Rechnungen nur am Anfang und am Ende in die Methode eingehen, während die große Mehrzahl der Rechnungen leichte algebraische Operationen sind, die auch mit weniger geübten Rechnern durchgeführt werden können. Verf. (übersetzt)

8235. **F. Link,** Meteorischer Staub in der Atmosphäre. Časop. Českosl. ústavů astr. **4** 9—10, 80—83, mit 2 Fig. (tschechisch). — Ref. in RJ Astr. Geod. UdSSR Nr. **2**, 1955; Ref. Nr. 724.

8236. **K. A. Ljubarskij,** Statistische Untersuchung der Boliden. Meteoritika Nr. 11 S. 153—164 (russisch). — Ref. in RJ Astr. Geod. UdSSR Nr. **7**, 1955; Ref. Nr. 2933.

8237. **K. A. Ljubarskij,** Die Meteorforschung an der Simferopoler Satejschtschikow-Meteorstation und die Perspektiven ihrer weiteren Entwicklung. Publ. Astr. Obs. Stalinabad **4** 151 (russisch).

8238. **A. C. B. Lovell,** Meteor Astronomy. New York, London, Oxford University Press, Clarendon Press, 1954. 16 + 463 S. mit 175 Fig. und 3 Tafeln. Preis $ 9.60 bzw. 60 s. — Besprechung in Coelum **23** 154—155, Endeavour **14** 159—160 (P. J. Treanor), Irish AJ **3** 144—152 (E. Öpik), JBAA **65** 251 (W. H. Julian), J. British Interplanetary Soc. **14** 289—290 (M. W. Ovenden), Obs **75** 181—182 (J. G. Porter), Phys. Abstracts (A) **58** 190, Proc. Phys. Soc. (B) **68** 322—323 (D. R. Bates), Publ ASP **67** 189 (S. B. Nicholson), Sky and Telescope **14** 244, 420 (P. M. Millman).

8239. **L. A. Manning, A. M. Peterson, O. G. Villard jr.,** Ionospheric wind analysis by meteoric echo techniques. J. Geophys. Res. **59** 47—62, mit 8 Fig. — Die Meteormethode zur Ableitung der Windgeschwindigkeiten in der E-Schicht wird erweitert.

8240. **D. W. R. McKinley,** Dependence of integrated duration of meteor echoes on wavelength and sensitivity. Canad. J. Phys. **32** 450—467. — Ref. in Phys. Abstracts (A) **57** 1115, Phys. Ber. **34** 1036.

8241. **P. M. Millman,** Meteor news. Photographic meteor spectra (appendix 2). J RAS Canada **48** 225.

8242. **P. M. Millman,** Radio observations of meteors. Science **120** 325—328, mit 3 Fig. = Contr. Dominion Obs. Ottawa **2** Nr. 17. — In einem zusammenfassenden Bericht über Meteorbeobachtungen mit radioastronomischen Methoden werden Angaben gemacht über die beobachtete und geschätzte Anzahl der Meteore, über die Höhen des Aufleuchtens und ihre Abhängigkeit von der Geschwindigkeit der Meteore, Verteilung der Geschwindigkeiten und mittlere Geschwindigkeit, Bahnelemente bekannter Meteorströme; dazu für die Ionosphäre: Windgeschwindigkeiten und Schichtungen. O. G.

* * **R. Naismith,** A subsidiary layer in the E region of the ionosphere. Vgl. Ref. 7291.

8243. **C. P. Olivier,** Radiants. Meteoritics **1** 260—263 = Flower Obs. Repr. Nr. **99**. — Verzeichnis.

8244. **S. W. Orlow,** Bestimmung der photographischen Grenzgröße der mit einer photographischen Kamera erfaßten Meteore auf statistische Weise. Astr Circ UdSSR Nr. 150 S. 8—9 (russisch).

8245. **M. Plavec,** Vztahy mezi meteorickými roji a planetkami. Časop. Českosl. ústavů astr. **4** 36.

8246. **M. Plavec,** Klasifikace meteorických rojů. Časop. Českosl. ústavů astr. **4** 37—38.

8247. **J. Pokrzywnicki,** Pochodzenie meteorów sporadycznych. Urania Kraków **25** 311—313. — Kurzer Bericht über die Entwicklung und den Stand der Frage nach der Herkunft der sporadischen Meteore. Loh.

8248. **K. C. Saidow,** Über den gekrümmten Weg eines photographischen Meteors. Publ. Astr. Obs. Stalinabad **4** 56—57 (russisch). — Von 19 Punkten des Weges eines Meteors vom 2. September 1951 wurden genaue Koordinaten (α, δ) und die Abweichungen von einem Großkreis bestimmt. Die mittlere Abweichung beträgt nur $\pm 4''$. Loh.

8249. **A. P. Sawruchin,** Vorläufige Daten der Auswertung von 11 Meteorbasis-Photographien im Jahre 1950. Nachr. Akad. Wiss. Turkmen. Sowjetrepublik Nr. 2 S. 99—100 (russisch). — Ref. in RJ Astr. Geod. UdSSR Nr. 4, 1955; Ref. Nr. 1594.

8250. **A. P. Sawruchin,** Untersuchung von Meteoren aus photographischen Daten. (Vorläufige Mitteilung). Publ. Astr. Obs. Stalinabad **4** 51—55 (russisch). — Bericht über die Arbeiten in Aschchabad und Mitteilung von Radianten und Höhen. Loh.

8251. **W. Schtepan,** Über die Beziehungen zwischen dem Ort des Helligkeitsmaximums von Telemeteoren und anderen physikalischen Merkmalen. Astr Circ UdSSR Nr. 153 S. 22—24 (russisch). — Die Zahl M, der Wegteil eines Meteors bis zum Helligkeitsmaximum, hängt nicht von Helligkeit, Farbe und Winkelgeschwindigkeit des Meteors ab. Loh.

8252. **W. Schtepan,** Über den Einfluß des Mitternachtseffekts auf das Erscheinen der Meteore. Astr Circ UdSSR Nr. 153 S. 24—25 (russisch).

8253. **W. E. Schtepan,** Über die Abhängigkeit der mittleren Bogenlänge der Telemeteore von ihrer Helligkeit. Nachr. Akad. Wiss. Turkmen. Sowjetrepublik Nr. **5** S. 95—96 (russisch). — Ref. in RJ Astr. Geod. UdSSR Nr. **11**, 1955; Ref. Nr. 4970.

8254. **P. K. Sen Gupta,** Periodic influx of interplanetary dust particles into the terrestrial atmosphere. Indian J. Meteorol. Geophys. **5** 272—276. — Ref. in Phys. Abstracts (A) **58** 307.

8255. **H. J. Smith,** The physical theory of meteors. V. The masses of meteor-flare fragments. ApJ **119** 438—442 = Harv Repr Nr. **384.** — Die Massen von Meteorfragmenten, die für das plötzliche unstetige Aufleuchten (flare) eines Meteors verantwortlich zu machen sind, werden aus den Differentialgleichungen für die Geschwindigkeits- und Massenänderung zu etwa 10^{-6} g abgeschätzt, während sich aus der bei solchen Helligkeitsausbrüchen ausgesandten Strahlung 10^3- bis 10^4mal größere Werte ergeben. Verf. schließt daraus, daß es sich bei dem Vorgang eher um das Absplittern zahlreicher mikroskopischer Partikel vom Meteor als um das Zerspringen des Meteors in wenige größere Teile handelt. Kdr.

8256. **A. K. Sosnowa, L. A. Katassjow,** Ergebnisse der photographischen Meteorbeobachtungen im Jahre 1952 am Observatorium Stalinabad. Bull. Astr. Obs. Stalinabad Nr. **11** S. 7—9 (russisch). — In den Monaten Juni bis September 1952 gelangen in 135 Stunden 38 Meteoraufnahmen auf panchromatischen Filmen. Davon waren 18 gut auswertbar. In einer Tabelle werden angegeben: Erscheinungszeit (W. Z.), Höhe des Spuranfangs, der größten Geschwindigkeit und des Spurendes, α und δ sowie Elongation des Radianten, beobachtete Relativgeschwindigkeit, Geschwindigkeit bei Eintritt in die Erdatmosphäre, geozentrische und heliozentrische Geschwindigkeiten, Bremsung und Bahnelemente. Eines der Meteore gehört den Perseiden an. Petri

8257. **T. L. Stisson,** Über die in den Jahren 1950—1952 beobachteten Boliden. Meteoritika Nr. **11** S. 177—179 (russisch). — Ref. in RJ Astr. Geod. UdSSR Nr. **5**, 1955; Ref. Nr. 2042.

* * **Z. Švestka,** The problem of a meteoritic dust layer in the earth atmosphere. Vgl. Ref. **7249.**

8258. **N. N. Sytinskaja,** Der Einfluß der Meteore auf die Natur der Planeten und der Monde des Sonnensystems. Publ. Astr. Obs. Stalinabad **4** 106—113 (russisch).

8259. **A. K. Terentjewa,** Beobachtungen von Telemeteoren in Aschchabad im Jahre 1954. Nachr. Akad. Wiss. Turkmen. Sowjetrepublik Nr. **6** S. 81—92 (russisch). — Ref. in RJ Astr. Geod. UdSSR Nr. **9**, 1955; Ref. Nr. 3957.

8260. **P. O. Tschetschik,** Weite Radioverbindung infolge der Reflexion an Meteorspuren. Priroda **43** Nr. 12 S. 92—93 (russisch). — Bericht über Versuche an der Stanford-Universität (USA), auch beim Fehlen ionosphärischer Reflexion im 15—20 m-Bereich über Entfernungen bis zu 1200 km einen Empfang zu haben, wenn einfallender Meteorstaub ersatzweise eine Ionisation in der Atmosphäre hervorruft. Loh.

8261. **M. E. van Valkenburg,** The two-helix method for polarization measurement of meteoric radio echoes. J. Geophys. Res. **59** 359—364, mit 5 Fig. — Eine zwei Schrauben-Richtantennen benutzende Methode zur Messung des Polarisationseffekts von Radioechos von Nichtschauermeteoren unbekannter Spurorientierung wird beschrieben. Die damit erhaltenen Ergebnisse stehen mit theoretischen Werten und Messungen über Schauermeteore nach einer Methode von Clegg und Closs in guter Übereinstimmung. Verf. (übersetzt)

8262. **F. L. Whipple,** Photographic meteor orbits and their distribution in space. AJ **59** 201—217, mit 4 Fig. = Harv Repr (2) Nr. **65.** — Das aus photographischen Doppelbeobachtungen von 144 Meteorbahnen gewonnene Material wird statistisch hinsichtlich Verteilung der Perihel- und Apheldistanzen, Geschwindigkeit, Bahnneigung und Zugehörigkeit zu Meteorströmen untersucht. Durch Einführung eines «kosmischen Gewichts» wird die Wahrscheinlichkeit, einen Meteoriten bestimmter Masse photographisch zu beobachten, berücksichtigt. Hyperbolische Geschwindigkeiten kommen nur in 10% der Fälle vor, dürften aber durch ungenaue Beobachtung vorgetäuscht sein. Die Häufigkeit von Strommeteoren und sporadischen Meteoren dürfte etwa gleich sein. Daß kurzperiodische Ströme asteroidischen Ursprungs sind, ist unwahrscheinlich. Unter den sporadischen Meteoren kommen vielleicht 10—20% asteroidischen Ursprungs vor; die meisten zeigen Bahnverhältnisse ähnlich denen der Kometen mit $P < 200^a$. Die Unterscheidung zwischen asteroidischem bzw. kometarischem Ursprung wird an Hand eines vom Verf. aufgestellten Kriteriums getroffen. Bo.

8263. **P. Wilker,** Die Erforschung der Sternschnuppen. Orion Schaffhausen **4** 227—234. — Allgemeinverständlicher Überblick.

8264. Meteoric dust in the atmosphere. Irish AJ **3** 33.

8265. Meteor trails and upper air winds. J RAS Canada **48** 123.

8266. Foto van een meteoorspoor. Meteoor **10** 20, mit 1 Fig. — Beschreibung des von P. M. Millman aufgenommenen Spektrums einer Meteorspur mit Mg-, Ca- und Fe-Linien. Gü.

8267. De reorganisatie van het meteorenonderzoek in Nederland en België. Meteoor **10** 26—29.

8268. Velocity distribution of sporadic meteors. Nature **173** 861—862. — Ref. der in AJB **53** Ref. **8201** zitierten Arbeit von M. Almond, J. G. Davies, A. C. B. Lovell.

8269. Automatyzacja radarowych obserwacyj meteorów. Urania Kraków **25** 53.

8270. Meteor trails and upper air winds. Vega Nr. **18/20** S. 79.

Meteorströme

8271. **K. Bullough,** Radio echo observations of the day- and night-time meteor streams 1951 October to 1953 December. Astr. Contr. Univ. Manchester (1) Jodrell Bank Ann. 1 68—97, mit 24 Fig. — Aus den Beobachtungen der stündlichen Meteorhäufigkeit bei sechs Meteorströmen während der Jahre 1950—1953 werden die Koordinaten der mittleren Radianten und deren mittlere tägliche Verlagerung während der Zeit der Aktivität abgeleitet sowie Schlüsse über die Konzentration der einzelnen Ströme gezogen. Zuvor werden theoretische Betrachtungen über den Einfluß verschiedener Faktoren auf die beobachtete Häufigkeit angestellt und eine Formel abgeleitet, um mit Hilfe der beobachteten Anzahl sporadischer Meteore die Zählungen der Strommeteore in den einzelnen Jahren aufeinander zu reduzieren. Bo.

8272. **A. Hruška,** The density of meteoric stream. BAC **5** 43—44 (mit russischer Zusammenfassung). — Es werden Formeln abgeleitet, mit denen man aus der in einem bestimmten Zeitraum beobachteten Anzahl von Meteoren eines Stromes dessen Dichte (Teilchenzahl pro Volumeneinheit) berechnen kann. Für die numerische Auswertung müssen Annahmen über die Höhe des Aufleuchtens, die Extinktion und das Verteilungsgesetz der Meteorhelligkeiten gemacht werden. Bo.

8273. **A. Hruška,** Nomograms for reduction of statistical observations of meteors. BAC **5** 87—90, mit 2 Fig. (mit russischer Zusammenfassung). — Nomogramme für die Berechnung der Frequenzen, des Sichtbarkeitskoeffizienten und der Dichte meteorischer Ströme. Die Benutzung der Nomogramme ist besonders vorteilhaft bei der Bearbeitung eines umfangreichen Beobachtungsmaterials. J. B.

8273a. **T. R. Kaiser,** Theory of the meteor height distribution obtained from radio-echo observations. I. Shower meteors. MN **114** 39—51, mit 8 Fig. = Astr. Contr. Univ. Manchester (2) Jodrell Bank Repr. Nr. **87**. — Für einen Meteorschauer homogener Geschwindigkeit mit einem gut definierten Radianten wird die aus Radio-Echo-Beobachtungen sich ergebende Verteilung der Meteorhöhen abgeleitet. Sie hängt in erster Linie von dem atmospärischen Höhenskalenwert und der Massenverteilung der Meteore ab. Daneben ist auch ein schwacher Einfluß der Richtungseigenschaften des benützten Antennensystems vorhanden. Von denselben Größen hängt auch die Streuung der Höhenverteilung ab. Für die mittlere Höhe bzw. für den ihr entsprechenden atmosphärischen Druck sind die Geschwindigkeit, die physikalischen Eigenschaften und die ionisierende Wirkung der Meteore maßgebend. Kdr.

* * **E. N. Kramer,** Anwendung des Tisserandschen Kriteriums zur Prüfung des Zusammenhangs zwischen Meteorströmen und Kometen. Vgl. Ref. **8016**.

8274. **L. Kresák,** On a criterion concerning the perturbing action of the earth on meteor streams. BAC **5** 45—49 (mit russischer Zusammenfassung). — Ref. in Nature **174** 826—827. — Das Kriterium von Tisserand, das über die Identität zweier Kometen entscheidet, wird umgeformt und dazu benutzt, den Anteil der Erde bei der Bildung von Meteorströmen zu untersuchen. Aus den photographisch und funkmeßtechnisch bestimmten geozentrischen Meteorgeschwindigkeiten zieht Verf. den Schluß, daß die Störungen der Erde nicht zur Bildung von Meteorströmen beigetragen haben können. Böh.

8275. **L. Kresák,** A nomogram for computing the zenithal hourly rates of meteor showers. BAC **5** 120—129, mit 1 Fig. (mit russischer Zusammenfassung). — Übersicht der Methoden für die Berechnung der Zenitfrequenzen, ein Nomogramm für die Bestimmung der Zenitfrequenzen und Hilfstafeln mit Ephemeriden von elf meteorischen Strömen. J. B.

8276. **D. W. R. McKinley,** Détermination à l'aide de radar des hauteurs et des radiants des météores d'essaim. CR **238** 2224—2225. — Ref. in Phys. Abstracts (A) **57** 1255.

8277. **P. M. Millman,** Meteor news. A provisional list of the major meteor showers. J RAS Canada **48** 193—195 = Sky and Telescope **14 96**.

8278. **P. M. Millman,** Meteor news. Meteor showers and rainfall. J RAS Canada **48** 226—227.

8279. **C. P. Olivier,** Table of A. M. S. radiants. **Meteoritics 1** 270—273 = Flower Obs. Repr. Nr. **99**.

8280. **A. Pacholczyk,** Nowy kometarny rój meteorów. Urania Kraków **25** 255—256. — Radiant: $\alpha = 22^h 5^m$, $\delta = +51°$. Wahrscheinlich besteht ein Zusammenhang mit dem Kometen 1941 II.

8281. **A. Pacholczyk,** Teleskopowy radiant w Pegazie. Urania Kraków **25** 384. — Aus den Bahnen von sechs teleskopischen Meteoren vom 24. 8. 1954 ergab sich ein Radiant bei $\alpha = 21^h 29^m$, $\delta = +25{,}^\circ 0$.

8282. **M. Plavec,** A classification of the meteor streams. BAC **5** 15—21 (mit russischer Zusammenfassung). — Es wird versucht, eine Einteilung der bekannten Meteorströme in sieben Klassen nach ihrem Entwicklungsstadium zu geben. Als Entstehungsursache eines Schwarmes wird Ausstoßung von Materie aus einem Kometenkopf angenommen. Die ausgestoßene Partikelwolke wird zunächst in ein schmales Band mit einer lokalen Verdichtung auseinander gezogen; diese Verdichtung wird mit der Zeit verschwinden, es bildet sich längs der Bahn ein Band mit zentraler Verdichtung, das allmählich in ein solches von großer Breite, ohne Struktur, übergeht. Auf Grund dieser Vorstellung lassen sich die verschiedenen Erscheinungsformen der Meteorströme verstehen. Die Häufigkeit der einzelnen Klassen wird diskutiert. Bo.

* * **M. Plavec,** On the relations between minor planets and meteor streams. Vgl. Ref. 7514.

8283. **M. Plavec,** Evolution of meteoric streams. RH **35** 3—6, 156—159 (tschechisch).

8284. **F. L. Whipple, F. W. Wright,** Meteor stream-widths and radiant deviations. MN **114** 229—231, mit 1 Fig. = Harv Repr Nr. **398.** — Aus einer Diskussion von acht Strömen photographischer Meteore geht hervor, daß die mittlere Abweichung der Einzelradianten von sich fortbewegenden mittleren Radianten des Stroms nahezu linear mit dem räumlichen Durchmesser des Stroms anwächst. Micz.

8285. **F. L. Whipple, F. W. Wright,** Meteor stream widths and radiant deviations. Obs **74** 112—113. — Ref. RAS.

8286. **C. E. Worley,** A brief meteor shower. Meteoritics 1 256—257 = Flower Obs. Repr. Nr. **99.** — Am 15. Sept. 1952 wurden visuell 15 Meteore beobachtet, die einem nicht sehr scharfen Radianten in $\alpha = 5°$, $\delta = +21°$ angehören. Sie waren alle schwächer als 3^m und langsam. In Hoffmeisters Katalog kommt dieser Radiant ebenfalls vor. Bo.

8287. Documents sur les courants météoriques. DOB **7** Nr. 1 Fasc. 1, 8 S., Nr. 2 Fasc. 1, 4 S., Nr. 3 Fasc. 1, 4 S., Nr. 4 Fasc. 1, 8 S., Nr. 7 Fasc. 1, 4 S., Nr. 8 Fasc. 1, 8 S., Nr. 12 Fasc. 1, 4 S., mit 18 Fig.

8288. **Aquariden**

D. W. R. McKinley, Radio determination of the velocity and radiant of the Delta Aquarid meteors. ApJ **119** 519—530, mit 8 Fig. — Fortlaufende Funkmeßbeobachtungen des Sternschnuppenschwarms der δ-Aquariden wurden 1949 Juli 26—29 unternommen. Nach Eliminierung aller Meteore, die sporadischer Natur waren oder zu Strömen mit benachbarten Radianten gehörten, wird eine mittlere Geschwindigkeit von 40.2 km/sec $\pm$ 0.1 km/sec abgeleitet. Der Radiant liegt bei AR 339° $\pm$ 2°, Dekl. −17° $\pm$ 2°. Ferner ergaben sich zwei benachbarte Radianten; der stärkere liegt bei AR 340° $\pm$ 5° und Dekl. 0° $\pm$ 5°, die mittlere Geschwindigkeit beträgt 41.0 $\pm$ 0.5 km/sec. Registrierungen wurden auch bereits 1949 Juli 18—20 ausgeführt. Radiant und Geschwindigkeit entsprechen denen des Hauptstroms Juli 26—29. Micz.

F. W. Wright, L. G. Jacchia, F. L. Whipple, Photographic δ-Aquarid meteors. AJ **59** 400—406, mit 3 Fig. = Harv Repr (2) Nr. **67.** — Ref. in Sterne

31 98. — Die Untersuchung aller von 1904 bis 1953 photographisch erfaßten Aquariden-Meteore ergibt für diesen Strom eine extrem kleine Periheldistanz von 0.061 A.E. und ein Aphel sehr nahe der Jupiterbahn. Ein kometarischer Ursprung wird vermutet. Wegen Störungen durch Jupiter und Erhitzung in Sonnennähe muß der Strom verhältnismäßig jung sein. Die mittlere Geschwindigkeit an der Grenze der Atmosphäre ergibt sich zu 43 km/sec. Voigt

Sky and Telescope **13** 150. Delta Aquarid Meteors. — Ref. AAS.

8289. Draconiden

A. Pacholczyk, Radiant teleskopowych meteorów roju teta Dra w 1953 r. Urania Kraków **25** 87—89, mit 1 Fig.

Urania Kraków **25** 221. Draconidy 1953. D. Kaláb, F. Stradal, T. Szufa.

8290. Geminiden

W. W. Radsijewskij, Über den Zerfall der Geminiden. AJ UdSSR **31** 433—435 (russisch). — Unter der Angabe verbesserter Daten über den Zerfall von Meteorzwillingen werden Methode und Ergebnisse von M. Plavec als unzulänglich bezeichnet. Schrick

J RAS Canada **48** 120. Fredericton observations of the Orionids and Geminids, 1953.

Urania Kraków **25** 222. Geminidy 1953. D. Kaláb, F. Stradal, T. Szufa.

8291. Giacobiniden

A. Leon, Obserwacje Giacobinid (Drakonid). Urania Kraków **25** 29.

J. P. M. Prentice, The Giacobinids, 1953. JBAA **64** 392—393.

F. Schmid, R. A. Naef, Zum Ausbleiben der Giacobiniden (1953). Orion Schaffhausen **4** 259.

8292. Lyriden

A. M. Bacharew, Die teleskopischen Meteore der Lyriden nach Beobachtungen im Jahre 1953. Astr Circ UdSSR Nr. 146 S. 15—18 (russisch). — Inhalt: Aktivität des Stromes, Helligkeit der Telemeteore, physikalische und geometrische Merkmale der Telemeteore, Radianten.

A. Terentjewa, Die Lyriden im Jahre 1954. Astr Circ UdSSR Nr. 149 S. 23—25 (russisch).

8293. Orioniden

A. P. Sawruchin, Beobachtungen der Orioniden im Oktober 1954. Astr Circ UdSSR Nr. 155 S. 22—23 (russisch).

J RAS Canada **48** 120. Fredericton observations of the Orionids and Geminids, 1953.

Urania Kraków **25** 221—222. Orionidy 1953. D. Kaláb, F. Stradal, T. Szufa.

8294. Pegasiden

A. Pacholczyk, Radiant teleskopowych meteorów roju jota Peg w 1953 r. Urania Kraków **25** 56—57, mit 1 Abb.

8295. Perseiden

M. Alberts, Vier meteoren gefotografeerd. Hemel en Dampkring **52** 40—41, mit 2 Fig. = Werkgroep Meteoren Med. Nr. **32**.

A. Hruška, Statistical observations of Perseids 1953. BAC **5** 13—15, mit 1 Fig. (mit russischer Zusammenfassung). — Die in acht Nächten im August 1953 beobachteten Perseiden werden statistisch in Bezug auf Häufigkeit, Helligkeit und Dauer bearbeitet. Bo.

A. Hruška, Statistické pozorování Perseid 1953. Časop. Českosl. ústavů astr. 4 38.

D. Kaláb, Godzinne częstości Perseid w latach 1947—1953. Urania Kraków 25 187—188, mit 1 Fig.

D. Kaláb, Przestrzenne rozmieszczenie materii meteorytowej w roju Perseid. Urania Kraków 25 382—383, mit 1 Fig.

A. P. Sawruchin, Die Aktivität der Perseiden 1954. Astr Circ UdSSR Nr. 154 S. 12—13 (russisch).

BSAF 68 474. — Beobachtung vom 12. Aug. 1954.

J RAS Canada 48 117—120, mit 1 Fig. Observations of the Perseid shower, 1953.

Sterne 30 65—66. Das typische Spektrum der Perseiden. — Besprechung des Berichts von P. M. Millman in Nature 172 853 (Vgl. AJB 53 Ref. 8261).

8296. Pisciden

J. van Diggelen, De vuurbollen van September—October 1953. Meteoor 10 4—5, mit 1 Fig.

8297. Quadrantiden

G. Schittenhelm, Beobachtungen an den Quadrantiden. Sterne 30 142—143.

RH 35 105—106 (tschechisch). About the Quadrantids. L. Sehnal.

8298. Skorpioniden

A. M. Bacharew, Der teleskopische Radiant der Skorpioniden. Astr Circ UdSSR Nr. 147 S. 17 (russisch).

8299. Tauriden

J. van Diggelen, C. de Jager, De terugkeer van de vuurbollenzwerm uit Taurus. Meteoor 10 33—34. — Verf. versuchen, einen Ende Oktober bis Anfang November 1954 in Holland beobachteten zu den Tauriden gehörenden Feuerkugelschwarm mit einer ähnlichen Erscheinung Anfang November 1951 zu identifizieren. Die zahlreichen dabei beobachteten Doppel- und Mehrfacherscheinungen weisen auf ein sehr geringes Alter des Schwarmes hin. Gü.

A. Terentjewa, Der Radiant der Tauriden nach teleskopischen Beobachtungen 1953. Astr Circ UdSSR Nr. 150 S. 15 (russisch).

Orion Schaffhausen 4 246—247. Die Tauriden.

Einzelne Meteore

82100. Beobachtungen von Feuerkugeln

1953	Juli 10	BSAF 68 21. J. L. Colas.
	Nov. 10, 13	Coelum 22 22. E. Gianni.
	Nov. 22	Urania Kraków 25 319. S. Doberski.
	Dez. 13	BSAF 68 120, mit Berichtigung S. 242. J. Blanchard.
1954	März 30	Coelum 22 124. L. Baldinelli.
	Apr. 7	BSAF 68 242. J. J. Peumery.
	Apr. 27	BSAF 68 242. W. Groubé.
	Juni 2	Coelum 22 124. L. Baldinelli.
	Juni 6/7	Meteoor 10 20—21. L. Peeters.
	Juni 11	Coelum 22 124. L. Baldinelli.
	Juni 12	Coelum 22 124. A. Romanin.
	Juni 28	Coelum 22 155.
	Juli 2	Coelum 22 155. L. Pancotto.

1954 Juli 25 Coelum **22** 155. P. Zamperoni.
Juli 29 BSAF **68** 474. W. Groubé. — Beobachtung zweier Sternschnuppen.
Aug. 5, 6 Coelum **22** 155. F. Pacini.
Aug. 14/15 BSAF **68** 354—355. C. Morel.
Sept. 6 Coelum **22** 186. F. Porcari.
Okt. 27 BSAF **68** 474. H. Barbier.

82101. Elemente von Feuerkugeln

1947 Juli 29 Meteoor **10** 24, 30—32, mit 3 Fig. Vuurbol 1947 — A. J. van Diggelen.
1950 Juni 23/24 Meteoritics **1** 275—279 = Flower Obs. Repr. Nr. **99**. The fireball of 1950 June 23/24: A.M.S. No. 2332. C. P. Olivier.
Sept. 19/20 Meteoritics **1** 247—250 = Flower Obs. Repr. Nr. **99**. The Kentucky meteorite of 1950 September 19/20: A.M.S. No. 2326. C. P. Olivier.
1952 Jan. 29 Meteoritics **1** 264—267 = Flower Obs. Repr. Nr. **99**. The Pennsylvania fireball of 1952 January 29: A.M.S. No. 2328. C. P. Olivier.
Mai 10/11 Meteoritics **1** 251—255 = Flower Obs. Repr. Nr. **99**. The great Seattle bolide of 1952 May 10/11: A.M.S. No 2329. C. P. Olivier.
1953 Aug. 15 Nachr. Akad. Wiss. Turkmen. Sowjetrepublik Nr. **5** S. 85—88 (russisch). Höhen und Radiant des Meteors 1953 August 15 nach photographischen Beobachtungen. A. N. Simonenko. — Ref. in RJ Astr. Geod. UdSSR Nr. **11**, 1955; Ref. Nr. 4972.
Sept. 28 Meteoritics **1** 273—275 = Flower Obs. Repr. Nr. **99**. The fireball of 1953 September 28: A.M.S. No. 2331. C. P. Olivier.
Okt. 4 Meteoritics **1** 267—270 = Flower Obs. Repr. Nr. **99**. The California bolide of 1953 October 4: A.M.S. No. 2330. C. P. Olivier.
Okt. 13 Sterne **30** 39—42, mit 3 Abb. = Mitt. Sternw. Sonneberg Nr. **45**. Bahn und Lichtkurve eines Meteors vom 13. Oktober 1953. H. Oleak.
1954 Jan. 5 Meteoor **10** 37—38, mit 2 Fig. De vuurbol van 6 Januari 1954. J. van Diggelen.
Mai 7 Meteoor **10** 41—46, mit 4 Fig. De vuurbollen van Mei 1954. J. van Diggelen.
Mai 9 Meteoor **10** 41—46, mit 4 Fig. De vuurbollen van Mei 1954. J. van Diggelen.

82102. Mitteilungen über Meteore

Coelum **22** 83. Bolide.
JBAA **64** 392—393. Report of the Meteor Section. J. P. M. Prentice.
Japan Astr. Study Ass. Circ. Nr. 128. Photographic observations of meteors.
Japan Astr. Study Ass. Circ. Nr. 128, 129. Real paths of meteors. S. Kanda.
J RAS Canada **48** 117—120, mit 1 Fig. Meteor news. P. M. Millman.
Meteoor **10** 20—21. De eerste meteoor in België gefotografeerd! L. Peeters.
Meteoor **10** 21. Meteorietenbui te Dieppe?
Nachr. Akad. Wiss. Turkmen. Sowjetrepublik Nr. **5** S. 95 (russisch). Visuelle Beobachtungen von Meteoren am 8. Dezember 1953. A. P. Sawruchin. — Ref. in RJ Astr. Geod. UdSSR Nr. **11**, 1955; Ref. Nr. 4973.
Urania Kraków **25** 319. Obserwacje meteorów. S. Doberski.

§ 83

Meteorite

8301. **E. Ahnert,** Vorläufige Mitteilung über Versuche zum Nachweis von meteoritischem Staub. Sterne **30** 36—38, mit 2 Abb. = Mitt. Sternw. Sonneberg Nr. **45.** — Nachdem vergleichsweise in Industrienähe unzweifelhaft terrestrischer Staub aufgefangen wurde, gewann man weiteres Material mit unterschiedlichen Auffangmethoden im Thüringer Wald, wo die Luft wenig verseucht ist. Endgültige Ergebnisse liegen noch nicht vor. Gli.

8302. **G. Boato,** The primeval cosmic abundance of deuterium. Phys. Rev. (2) **93** 640—641. — Meteorgestein, speziell kohlenstoffhaltige Chondrite, wurden auf Deuteriumgehalt untersucht und festgestellt, daß das D/H-Verhältnis dem in der Erdkruste entspricht. Fricke

8303. **D. A. Campbell,** Tektites. JBAA **64** 410—411.

8304. **J. C. Dalton, S. J. Thomson,** Recent studies on iron meteorites. V. Improved methods for the isolation of uranium and thorium from meteorites. Geochim. Cosmochim. Acta **5** 74—80, mit 1 Fig. — In Fortsetzung von früheren Untersuchungen (vgl. AJB **53** Ref. 8305) beschreiben Verf. verbesserte Methoden zur Isolierung von Thorium und Uran in Eisenmeteoriten. Die Resultate für verschiedene Meteorite zusammen mit dem Heliumgehalt und dem Alter der Meteorite werden später veröffentlicht. Henn

8305. **T. van Dijk, C. de Jager, J. de Metter,** The uranium content of a stone meteorite. Vgl. Ref. 1191, daselbst S. 495—505, mit 1 Fig. = Werkgroep Meteoren Med. Nr. **33** = Sterrewacht «Sonnenborgh» Utrecht Overdruk Nr. 12. — Die Untersuchung der Einzelspuren von α-Teilchen in einer 1000 μ dicken Emulsionsschicht, aufgebracht auf den durchteilten Meteoriten von Monze, ergibt eine sehr geringe Uranhäufigkeit von 3 bis 6×10^{-8} gr pro Gramm des Meteoriten. Ein Vergleich mit der Erdkruste und mit anderen Meteoriten zeigt die große Streuung der Einzelergebnisse. Weidemann

8306. **S. S. Fonton,** Über den Restmagnetismus von Meteoriten. Meteoritika Nr. 11 S. 121 (russisch). — Ref. in RJ Astr. Geod. UdSSR Nr. **5,** 1955; Ref. Nr. 2038.

8307. **E. K. Gerling, K. G. Rik,** Neue Bestimmungen des Alters von Steinmeteoriten nach der Argon-Methode. Meteoritika Nr. 11 S. 117—120 (russisch). — Ref. in RJ Astr. Geod. UdSSR Nr. **7,** 1955; Ref. Nr. 2944.

8308. **E. P. Henderson, S. H. Perry,** A discussion of the densities of iron meteorites. Geochim. Cosmochim. Acta **6** 221—240, mit 2 Fig. — In vorliegender Arbeit unterzieht Verf. die verschiedenen Dichtebestimmungen für Eisenmeteorite einer kritischen Untersuchung. Es zeigt sich, daß früher angegebene Werte zu niedrig sind, da die Dichte mit wachsendem Nickelgehalt zunehmen muß. Ergebnisse aus Analysen von Meteoriten können zur Errechnung der Dichte benutzt werden, es muß dabei nur beachtet werden, daß einige Meteorite so heterogen sind, daß ein kleines Stück nicht charakteristisch ist für den betreffenden Meteorit. Henn

8309. **J. Hoppe, H. Zimmermann,** Zum Nachweis kugelförmiger Partikeln im Staubniederschlag. Naturwissenschaften **41** 93, mit 4 Fig. — Vorläufige Mitteilung.

8310. **R. Knox jr.,** Alteration of the Widmannstätten structure of meteorites by heating. Meteoritics **1** 204—206, mit 2 Tafeln. — Versuche mit Bruchstücken meteoritischen Materials vom Arizona-Krater lassen erkennen, daß die für Oktahaedrite charakteristische Figur der Taenitbänder bei kurzem Erhitzen bis 1205° erhalten bleibt. Es wird aber vermutet, daß längeres Erhitzen (etwa in großer Sonnennähe) die Struktur verändert und die Widmannstättenfiguren zum Verschwinden bringt. Bo.

8311. **L. LaPaz,** Meteoroids, meteorites, and hyperbolic meteoritic velocities. Physics and Medicine of the Upper Atmosphere, Chapter XIX S. 352—393, mit 6 Tafeln. — Inhalt: Zusammenfassung der Ergebnisse, das Verzögerungsproblem der Meteoritik, die außeratmosphärische Geschwindigkeit des Meteoriten Nr. 660, die Geschwindigkeit der Meteorite von Prambachkirchen, Pultusk, Treysa und Kybunga, Klassifikation und ballistisches Potential des von der Erde eingefangenen kosmischen Materials, Untersuchung der Aufschlagwirkung und andere Aspekte der Wirkung von Meteoritenfällen, Bibliographie (67 Nummern). Loh.

8312. **F. C. Leonard,** The classification of the meteoritic minerals and its application to the simplified classification of meteorites. Meteoritics **1** 150—168. — Es wird ein neues, vereinfachtes System zur Klassifikation von Meteoriten nach ihrer Struktur und ihrem Gehalt an Mineralien beschrieben und in fünf Tabellen dargestellt und erläutert. Mit den hierbei benutzten Abkürzungen kann man jeden Meteoriten durch eine quantitative Symbolformel charakterisieren, sobald seine Zusammensetzung und Struktur bekannt sind. Zum Schluß wird die neue Klassifizierung in einer zweidimensionalen Sequenz dargestellt. Bo.

8313. **F. C. Leonard, B. J. Finnegan,** The classificational distribution by weight of the meteoritic falls of the world. Meteoritics **1** 169—181, mit 7 Fig. — Auf Grund eines Materials von 1495 Fällen werden die Häufigkeiten der verschiedenen Klassen und Unterklassen von Meteoriten in Form von Treppenkurven dargestellt: Zahl der Meteorfälle (Maximum bei Klasse C, Chondrite), Gewicht aller Fälle in Tonnen (Maximum bei Klasse O, Oktahaedrite) und mittleres Gewicht eines Falles in Kilogramm (Maximum bei Klasse D, Ataxite). Das Gesamtgewicht aller bisher bekannten Meteorite liegt zwischen 450 und 500 t. Bo.

8314. **F. C. Leonard,** Abbreviations of fundamental terms in meteoritics and conventions concerning the signs of coördinate numbers. Meteoritics **1** 230.

8315. **B. J. Lewin,** Die Meteorite und der Aufbau der Erde. Meteoritika Nr. 11 S. 47—62 (russisch). — Ref. in RJ Astr. Geod. UdSSR Nr. **5**, 1955; Ref. Nr. 2033.

* * **E. A. Ljubimowa, A. G. Starkowa,** Über die radioaktive Erwärmung der größeren Asteroiden und über die Struktur der Meteorite. Vgl. Ref. 7509.

8316. **E. D. McGarry,** Helium content indicates age of meteorites. Amer. J. Phys. **22** 425. — Ref. Am. Assoc. Phys. Teacher.

* * **H. L. Morrison, W. M. Whyburn,** Small-caliber projectile penetration into brittle porous media. Vgl. Ref. 252.

8317. **F. A. Paneth,** Das Alter von Eisenmeteoriten. Naturwissenschaften **41** 99—101. — Ref. in Phys. Ber. **33** 2500.

8318. **F. A. Paneth,** Die Heliummethode zur geologischen Altersbestimmung und das Alter der Eisenmeteorite. Z. Elektrochem. **58** 567—573. — Ref. in Phys. Ber. **34** 476.

8319. **G. T. Prior,** Catalogue of Meteorites with special reference to those represented in the collection of the British Museum (Natural History). London, British Museum, 1953. 2. Auflage, revidiert und erweitert von M. H. Hey. 28 + 432 S. Preis £ 3 10s. — Besprechung in Amer. J. Sci. **252** 314 (H. Winchell), Geochim. Cosmochim. Acta **6** 207—208 (F. A. Paneth), Meteoritics **1** 233—234 (B. J. Finnegan).

8320. **G. R. Rik, J. A. Schukoljukow,** Die isotope Zusammensetzung des Kaliums aus Meteoriten. DAN **94** 667—669, mit 1 Abb. (russisch). — Für drei Meteorite — ein Eukrit, zwei Chondrite — ergab sich übereinstimmend ein Häufigkeitsverhältnis $K^{39} : K^{41} = 14.4$, das auch mit dem einer terrestrischen Probe (Muskowit) sehr gut übereinstimmt. Loh.

8321. **K. G. Rik,** Bestimmung des Alters von Steinmeteoriten nach der Argon-Methode. Leningrad, Staatsuniv., 1954 (russisch). — Dissertationsreferat.

8322. **A. N. Sawarizkij,** Über die strukturellen Besonderheiten von Eisenmeteoriten. Meteoritika Nr. 11 S. 64—75 (russisch). — Ref. in RJ Astr. Geod. UdSSR Nr. 5, 1955; Ref. Nr. 2034.

8323. **K. Servos,** Meteorites in the Carl Bosch Collection of minerals Yale University. Geochim. Cosmochim. Acta **5** 299—300.

8324. **S. F. Singer,** Some remarks on the life-history of meteorites. ApJ **119** 291—293. — Verf. legt eine Methode zur Altersbestimmung von Meteoriten vor, die sich des pro Zeiteinheit durch die kosmische Strahlung produzierten Heliums bedient. Das Verfahren kann unter Umständen die physikalischen Vorgänge, denen größere Meteorite während ihrer Lebensdauer unterworfen waren, aufklären helfen. Micz.

8325. **K. P. Stanjukowitsch,** Über den Ursprung der Meteorite. (Referat eines auf der 4. Meteoritenkonferenz im Mai 1952 gehaltenen Vortrags.) Meteoritika Nr. 11 S. 63 (russisch). — Ref. in RJ Astr. Geod. UdSSR Nr. 5, 1955; Ref. Nr. 2048.

8326. **H. H. Uhlig,** Contribution of metallurgy to the origin of meteorites. I. Structure of metallic meteorites, their composition and the effect of pressure. Geochim. Cosmochim. Acta **6** 282—301, mit 3 Fig. und 4 Tafeln. — Verf. untersucht im vorliegenden ersten Teil Zusammensetzung und Struktur der metallischen Meteorite, die in der Hauptsache aus Nickeleisen bestehen mit Beimengungen von Spuren anderer Metalle. Der Gehalt an Nickel schwankt zwischen 5 % und 50 % und liegt im Durchschnitt bei 8.5 %. Aus Zusammensetzung und Struktur ergibt sich, daß die Meteorite im Verlauf einer langsamen Abkühlung unter beträchtlichen Drucken entstanden sein müssen. Mit Hilfe von Ergebnissen aus der Untersuchung von Nickel-Eisen-Legierungen bei verschiedenen Temperaturen gewinnt Verf. ungefähre Angaben über die Zeiten, die zur Bildung der Widmannstättenschen Struktur erforderlich waren. Die einzelnen Strukturverhältnisse werden untersucht. Eine Diskussion der bei der Entstehung und Entwicklung der Meteorite herrschenden Drucke schließt sich an. Die Arbeit wird fortgesetzt. Henn

8327. **H. C. Urey,** On the deficiencies of elements in meteorites. Vgl. Ref. 1191, daselbst S. 481—494. — Die Möglichkeiten des Verlustes der Nichtmetalle bei Meteoriten werden diskutiert, besonders am Beispiel von F, P, S, Cl, Br, I, Se und Te. Wegen der Unzuverlässigkeit meteoritischer und astronomischer Daten ist es nicht möglich, definitive Schlüsse zu ziehen. Weidemann

* * A Bibliography on Meteorites. Herausgegeben von H. Brown. Vgl. Ref. 713.

8328. Das Helium in Meteoriten. Orion Schaffhausen **4** 204.

8329. The origin and age of meteorites. Sky and Telescope **13** 179. — Bericht über ein Symposium in Boston (Dez. 1953) mit Referaten über Elementenhäufigkeit, über Chondrite, über die Altersbestimmung nach der Heliummethode bei Berücksichtigung der He-Bildung durch kosmische Strahlung, wodurch ein wesentlich kleineres Alter errechnet wird als früher, und über die Hypothese der Meteorentstehung durch Zusammenstoß zweier Planetoiden. Bo.

Einzelne Meteorite

8330. **G. Boato,** The isotopic composition of hydrogen and carbon in the carbonaceous chondrites. Geochim. Cosmochim. Acta **6** 209—220, mit 1 Fig. — Die kohlenstoffhaltigen Chondrite sind eine seltene Form der Steinmeteorite mit hohem Kohlenstoff- und Wassergehalt und wenig oder keinem metallischen Eisen. Verf. untersucht in vorliegender Arbeit die flüchtigen Elemente Wasserstoff und Kohlenstoff in diesen Meteoriten und bestimmt deren Isotopenzusammensetzung im Vergleich zu den gewöhnlichen Chondriten und den Verhältnissen in der Erdkruste. Die gewonnenen Ergebnisse werden im Hinblick auf die bestehenden Theorien über die Entstehung des Planetensystems und den Ursprung der Meteorite diskutiert. Henn

8331. **A. M. Bacharew,** Über den vermutlichen Niederfall eines Meteoriten im östlichen Pamir. Meteoritika Nr. 11 S. 183—191 (russisch). — Ref. in RJ Astr. Geod. UdSSR Nr. **5,** 1955; Ref. Nr. 2044.

8332. **C. Cailliatte,** Composition d'une météorite. JO **37** 11. — Betrifft einen in den Alpen gefundenen Meteoriten mit folgender chemischer Zusammensetzung (Massenprozente): O 50.6; Si 35.0; Al 9.0; Fe 2.8; Ti 1.2; Mg 1.0; Ca 0.4.

8333. **W. A. Cassidy,** The Wolf Creek, Western Australia, meteorite (CN = −1278, 192). Meteoritics **1** 197—199, mit 2 Tafeln.

8334. **T. van Dijk, J. de Metter,** De radioactiviteit van de meteoriet van Monze (I). Meteoor **10** 5—7, mit 3 Fig.

8335. **W. G. Fessenkow, L. N. Tulenkowa,** Über die ursprüngliche Bewegung des Sichoté-Aliner Meteoriten. Meteoritika Nr. 11 S. 138—152 (russisch). — Ref. in RJ Astr. Geod. UdSSR Nr. **7,** 1955; Ref. Nr. 2947.

8336. **S. S. Fonton,** Über den Niederfall des Steinmeteoriten Jelenowka. Meteoritika Nr. 11 S. 169—176 (russisch). — Ref. in RJ Astr. Geod. UdSSR Nr. **5,** 1955; Ref. Nr. 2041.

8337. **W. G. Gnilowskoj,** Über den Niederfall des Steinmeteoriten Manytsch. Meteoritika Nr. 11 S. 165—168 (russisch). — Ref. in RJ Astr. Geod. UdSSR Nr. **5,** 1955; Ref. Nr. 2040.

8338. **A. A. Jawnel,** Über die relative Homogenität der chemischen Zusammensetzung des Eisenmeteoriten Sichoté-Alin. Meteoritika Nr. 11 S. 107—116 (russisch). — Ref. in RJ Astr. Geod. UdSSR Nr. **7,** 1955; Ref. Nr. 2943.

8339. **I. A. Judin,** Mineralogisch-chemische Untersuchung des Steinmeteoriten Wengerowo. Meteoritika Nr. 11 S. 89—100 (russisch). — Ref. in RJ Astr. Geod. UdSSR Nr. **7,** 1955; Ref. Nr. 2941.

8340. **I. A. Judin,** Einige Strukturbesonderheiten der schwarzen Komponente des Steinmeteoriten Kunaschak. Meteoritika Nr. 11 S. 101—106 (russisch). — Ref. in RJ Astr. Geod. UdSSR Nr. **7,** 1955; Ref. Nr. 2942.

8341. **E. L. Krinow,** Über den Einfluß des Reliefs auf die Ausbreitung der Explosionswelle beim Niederfall des Tungusischen Meteoriten. Meteoritika Nr. 11 S. 137 (russisch). — Ref. in RJ Astr. Geod. UdSSR Nr. 5, 1955; Ref. Nr. 2039.

8342. **E. L. Krinow,** Der neue Meteorit «Nikolskoje». Bote Akad. Wiss. UdSSR Nr. 5 S. 58—59 (russisch). — Ref. in RJ Astr. Geod. UdSSR Nr. 4, 1955; Ref. Nr. 1600.

8343. **E. L. Krinow, S. S. Fonton,** Meteorstaub an der Stelle des Sichoté-Aliner Eisenmeteoritregenfalls. Meteoritika Nr. 11 S. 122—131 (russisch). — Ref. in RJ Astr. Geod. UdSSR Nr. 7, 1955; Ref. Nr. 2945.

8344. **L. G. Kwascha,** Über die mineralogische Zusammensetzung und die Struktur des Steinmeteoriten Jelenowka. Meteoritika Nr. 11 S. 76—78 (russisch). — Ref. in RJ Astr. Geod. UdSSR Nr. 5, 1955; Ref. Nr. 2035.

8345. **L. G. Kwascha,** Über die mineralogische Zusammensetzung und die Struktur des Steinmeteoriten Manytsch. Meteoritika Nr. 11 S. 79—80 (russisch). — Ref. in RJ Astr. Geod. UdSSR Nr. 5, 1955; Ref. Nr. 2036.

8346. **L. G. Kwascha,** Mikroskopische Untersuchung der zwei mongolischen Meteorite — Noen und Chobdo. Meteoritika Nr. 11 S. 81—88 (russisch). — Ref. in RJ Astr. Geod. UdSSR Nr. 5, 1955; Ref. Nr. 2037.

8347. **L. LaPaz,** Preliminary note on the Chico, New Mexico, aerolite (CN = 1042, 365). Meteoritics 1 182—184, mit 2 Tafeln.

8348. **L. LaPaz, J. LaPaz,** The Adrar (= Chinguetti), Mauritania, French West Africa, meteorite (CN = 0127, 202). Meteoritics 1 187—196, mit 1 Fig. und 2 Tafeln.

8349. **F. C. Leonard,** The Marlow, Oklahoma, aerolite (CN = 0981, 346). Meteoritics 1 185—186.

8350. **B. J. Lewin,** Über Geschwindigkeit und Bahn des Tungusischen Meteoriten. Meteoritika Nr. 11 S. 132—136 (russisch). — Ref. in RJ Astr. Geod. UdSSR Nr. 7, 1955; Ref. Nr. 2946.

8351. **K. A. Ljubarskij,** Über das Datum des Niederfalls des Steinmeteoriten Saratow. Meteoritika Nr. 11 S. 180—182 (russisch). — Ref. in RJ Astr. Geod. UdSSR Nr. 5, 1955; Ref. Nr. 2043.

8352. **G. W. Swindel jr., W. B. Jones,** The Sylacauga, Talladega County, Alabama, aerolite: A recent meteoritic fall that injured a human being (CN = 0863, 332). Meteoritics 1 125—132, mit 1 Fig. und 3 Tafeln.

8353. **K. I. Sztrókay, M. Földvári-Vogl,** A new stone meteorite from Hungary. Acta Geol. Acad. Sci. Hung. 2 313—326. — Ref. in RJ Astr. Geod. UdSSR Nr. 8, 1955; Ref. Nr. 3442.

8354. Om meteoritnedslaget i Östsibirien den 12 februari 1947. PAT 35 163.

8355. Kentucky meteorite fall. Sky and Telescope 13 112—113.

Meteoritenkrater

8356. **A. M. Bacharew,** Die zweite Expedition zur Erforschung des Murgabischen Meteoritenkraters im östlichen Pamir. Astr Circ UdSSR Nr. 145 S. 21—22 (russisch). — In dieser vorliegenden Mitteilung wird über Profilmessungen der beiden Krater und über magnetische Anomalien im Kratergebiet berichtet. Loh.

8357. **L. F. Brady,** The crater of Talemzane in Algeria. Sky and Telescope **13** 297—298, mit 3 Fig. — Ref. in Irish AJ **3** 119—120. — Beschreibung des 1.9 km (Durchmesser) großen Kraters südöstlich der Oase Laghouat. Ferner wird darauf hingewiesen, daß außer diesem auch noch weitere Krater vermutlich meteorischen Ursprungs in der Sahara vom Flugzeug aus gesehen und photographiert worden sind. Loh.

* * **J. van Diggelen,** Maankraters en meteoorkraters. Vgl. Ref. **7348**.

8358. **J. M. Harrison,** Ungava (Chubb) crater and glaciation. J RAS Canada **48** 16—20, mit 1 Fig. — Aus geologischen Untersuchungen und Luftaufnahmen des Ungava Kraters in Kanada wird geschlossen, daß der Krater durch einen Meteor vor der letzten Eiszeit in Ungava geschlagen wurde. Fricke

8359. **G. Knetsch,** Zwei neue Meteoritenkrater? Sterne **30** 66. — Entdeckungen in der Näge von Bagdad.

8360. **L. LaPaz,** Meteoritic material from the Wolf Creek, Western Australia, crater (CN = −1278, 192). Meteoritics **1** 200—203, mit 1 Fig. und 1 Tafel.

8361. **L. LaPaz, F. C. Leonard,** Notes on the Ungava crater of Quebec, Canada. Meteoritics **1** 228—229.

8362. **J. Pokrzywnicki,** Możliwość istnienia nieznanego krateru meteorytowego na Syberii. Urania Kraków **25** 287—289. — Verf. teilt mit, daß ein älteres, nicht genanntes Mitglied der Polnischen Gesellschaft für Liebhaber der Astronomie während seiner Tätigkeit in Sibirien in den Jahren 1907—08 im Gebiet des Witim-Flusses einen kreisrunden See von einigen hundert Metern Durchmesser gesehen hat, der wahrscheinlich meteorischen Ursprungs ist. Es wird dazu bemerkt, daß 1854 am Zusammenfluß von Niro und Witim ($\varphi = 54°$ $46'$, $\lambda = 113° \, 59'$ E) der unter dem Namen Wierchnie Udinski bekannt gewordene Meteorit gefunden wurde. Loh.

8363. **H. W. Straley III, W. Straley,** Depth to the anomaly source of Carolina Bays. Meteoritics **1** 207.

8364. Utah craters man-made. Sky and Telescope **13** 157.

8365. Ungava crater origin. Sky and Telescope **13** 220.

8366. Nowy krater kosmiczny. Urania Kraków **25** 341—342, mit 1 Tafel.

8367. Ungava crater and glaciation. Vega Nr. **16/17** S. 70. — Ref. über die Arbeit in J RAS Canada **48** 16—20 (vgl. Ref. 8358).

§ 84

Zodiakallicht, Gegenschein

8401. **R. Dafter,** The rift or dark patch in the zodiacal light. JBAA **64** 136—137.

8402. **N. B. Diwari,** Untersuchung des Zodiakallichts auf Grund photometrischer Beobachtungen des Nachthimmels. Moskau, Staatliches Astronomisches Sternberg-Institut, 1954 (russisch). — Dissertationsreferat.

8403. **H. Elsässer,** Die räumliche Verteilung der Zodiakallichtmaterie. ZfA **33** 274—285, mit 4 Abb. = Mitt. Astr. Inst. Univ. Tübingen Nr. **11**. — Aus den Messungen der Helligkeit und des Polarisationsgrades im Zodiakallicht von Behr und Siedentopf wird die Verteilung der Zodiakallichtmaterie außerhalb der Erdbahnebene berechnet. Die auftretenden Integralgleichungen können mit Hilfe eines graphisch-numerischen Verfahrens auf einfache Weise gelöst werden. Die Flächen konstanter Elektronendichte im interplanetaren Raum lassen sich durch Rotationsellipsoide einheitlicher Abplattung darstellen, deren Rotationsachse durch den Mittelpunkt der Sonne geht und senkrecht auf der Erdbahnebene steht. Für die Verteilung des Zodiakallichtstaubes mit wachsendem Abstand von der Erdbahnebene ergibt sich eine Glockenkurve. Verf.

8404. **F. E. Roach, H. B. Pettit, E. Tandberg-Hanssen, D. N. Davis,** Observations of the zodiacal light. ApJ **119** 253—273, mit 12 Fig. und 1 Tafel = Inst. Theoret. Astrophys. Blindern-Oslo Reprint Nr. 7. — Ref. in Urania Kraków **26** 172. — Verf. teilen die lichtelektrisch bei λ 5300 sowie den [OI]-Emissionen λ 5517, λ 6300 und der Na I-Emission λ 5893 in fünf Nächten zwischen November 1952 und April 1953 gemessene Helligkeitsverteilung über die Sphäre mit. Die Messungen wurden in Südkalifornien angestellt. Die Untersuchung hat zum Ziel, die Abhängigkeit zwischen der Intensität des Zodiakallichts in der Ekliptik und der Elongation von der Sonne sowie seine absolute Intensität in den drei Nachthimmellinien zu ermitteln. Die Messungen stützen die Hypothese, daß die äußere Korona und das innere Zodiakallicht gemeinsamen Ursprung haben. Es ist ferner anzunehmen, daß die Energieverteilung im Zodiakallicht derjenigen der Sonne entspricht und keine merkliche Verstärkung der genannten Emissionslinien zu beobachten ist. Micz.

8405. **F. E. Roach, G. van Biesbroeck,** The zodiacal light and the solar corona. Sky and Telescope **13** 144—146, mit 7 Fig. — Ref. in JBAA **64** 256. — Der Zusammenhang zwischen F-Korona und Zodiakallicht wird dargestellt. Ausführlich wird auf die günstige Möglichkeit in Nordamerika am 30. Juni 1954 hingewiesen, das innere Zodiakallicht zu beobachten, wenn nämlich die totale Verfinsterung der Sonne gerade eben unter dem Horizont stattfindet. (Vorschlag von Hulbert). U. Be.

8406. **A. P. Sawruchin,** Beobachtungen des Zodiakallichts im August 1954. Astr Circ UdSSR Nr. 153 S. 19—20 (russisch).

8407. **O. Struve,** Cosmic dust. Sky and Telescope **13** 415—418, mit 3 Fig. — Zusammenfassender Bericht über das Symposium in Lüttich (15.—17. Juli 1954) über «Feste Partikel in astronomischen Objekten». Voigt

8408. Maintenance of the zodiacal light. Sky and Telescope **13** 373. — Ref. AAS.

Zehnter Teil

Sterne

§ 90

Allgemeines

* * **P. Couderc,** Les étoiles proches. Vgl. Ref. **9301.**

9001. **A. A. Michajlow,** Bezeichnung der Sternbilder und ihre Abkürzungen. AJ UdSSR **31** 97—98 (russisch). — Verzeichnis der russischen Sternbildernamen mit ihren russischen, dreibuchstabigen Abkürzungen.

* * **P. P. Parenago,** Untersuchung der Sterne im Gebiet des Orion-Nebels. Vgl. Ref. **12221.**

§ 91

Positionen, Kataloge, Fundamentalsystem, Karten

9101. **I. Barney,** Revised catalogue of the positions and proper motions of 8703 stars. Contained in the Astronomische Gesellschaft Zone between declinations +20° and +25°, on the system of the FK 3, and reduced without applying proper motions to the equinox 1950.0. Trans. Astr. Obs. Yale Univ. **25**, 9 + 176 S.

9102. **I. Barney, A. J. J. van Woerkom,** Catalogue of the positions and proper motions of 1031 stars between declinations +85° and +90°, reduced without applying proper motions to the equinox 1950.0. Trans. Astr. Obs. Yale Univ. **26** Part 1, 9 + 44 S.

9103. **F. Becker,** Eine neue Ausgabe der Bonner Durchmusterung. Phys. Verhandlungen **5** 122. — Ref. AG.

9104. Neue Ausgabe der Bonner Durchmusterung. Astr. Nachr. Berlin-Treptow **6** 77.

9105. **S. Cederblad,** Meridian observations of miscellaneous stars. Observations of stars contained in Boss' General Catalogue, stars connected with galactic nebulae, and variable stars made with the Repsold meridian circle of the Lund Observatory during the years 1939—44, and reduced to the equinox of 1950. K. Svenska Vetenskapsakad. Handl. (4) **5** Nr. 2, 34 S. = Ann. Obs. Lund Nr. **13.**

9106. **P. Couderc,** Sur le Catalogue photographique du Ciel (C. P.). Zone de Paris. Ann. Univ. Paris **24** 421—422. — Dissertationsreferat. — Ref. in RJ Astr. Geod. UdSSR Nr. **10**, 1955; Ref. Nr. **4264.**

9107. **A. Dermul,** Catalogues d'étoiles. Gaz astr **36** 17—22, 37—52, 61—71, mit 1 Fig.

9108. **A. N. Deutsch,** Die photographische Astrometrie. Fortschritte Astr. Wiss. **6** 144—162 (russisch). — Vgl. Ref. **721.**

9109. **S. W. Drosdow,** Die Deklinationen von neun Sternen des Schoenbergschen Zenitprogramms. AJ UdSSR **31** 453—456 (russisch). — Bei der Bearbeitung der Beobachtungen von Schoenberg wird die Möglichkeit aufgezeigt, mit kleinen Instrumenten sehr genaue Deklinationen der Zenitsterne zu bestimmen. Schrick

9110. **L. C. Guérin, J. Bobone,** Catálogo «Córdoba D». Resultados Obs. Nacional Argentino **38** 127—369.

9111. **O. Heckmann,** The value of a third AG Catalogue. AJ **59** 31—34. — Die Neubeobachtung des AGK_2, die für die Zeit 1956—60 vorgeschlagen wird, würde ein homogenes System von Eigenbewegungen von 180000 Sternen liefern und außerdem zahlreiche ältere Kataloge, insbesondere das große Material der Carte du Ciel verwertbar machen. Die photographischen Beobachtungen sollen mit denselben, bei der Schaffung des AGK_2 verwandten Instrumenten gemacht und ihre Reduktion durch einen strengen differentiellen Vergleich mit den Aufnahmen und Messungen des AGK_2 durchgeführt werden. Böh.

9112. **O. Heckmann, W. Dieckvoss, H. Kox,** New plate constants in the system of the FK 3 for the declination zones +21°, +22°, +23°, +24° of the Astrographic Catalogue Paris. AJ **59** 143—156 = Mitt. Sternw. Hamburg-Bergedorf **9** Nr. 89. — Neue Plattenkonstanten werden für die Deklinationszonen +21°, 22°, 23° und 24° des Pariser Astrographischen Katalogs gegeben. Diese wurden durch Verwendung von Positionen von Anschlußsternen erhalten, die mittels der Positionen des AGK_2 (Zone Berlin B) und AGK_2 nach einem 1947—48 entwickelten und geprüften Verfahren abgeleitet worden waren. Verf. (übersetzt)

9113. **J. Jackson, R. H. Stoy,** Cape Photographic Catalogue for 1950.0. Zone −30° to −35°. Ann. Cape Obs. **17**, 40 + 273 S.

9114. **J. Jackson, R. H. Stoy,** Cape Photographic Catalogue for 1950.0. Zone −35° to −40°. Ann. Cape Obs. **18**, 41 + 260 S.

9115. **G. G. Jermolajew,** Untersuchung der Deklinationen der Sterne der Nikolajewer Äquatorialzone AG (+1°, −2°). Odessa, Staatsuniv., 1954 (russisch). — Dissertationsreferat.

* * **H. Spencer Jones,** Greenwich meridian observations. Vgl. Ref. 8110.

9116. **A. Kopff,** Remarks on the revision of FK 3 and its relation to N 30. MN **114** 478—489, mit 1 Fig. = Mitt. Astr. Rechen-Inst. Heidelberg (A) Nr. **1**. — Im ersten Teil der Arbeit werden die für die Revision des FK 3 zugrundegelegten Prinzipien erläutert. Insgesamt werden 57 neue Kataloge mit Epochen zwischen 1918 und 1950 herangezogen. Die Sternörter des FK 3 werden mit den Örtern dieser Kataloge nach einem von Boss im PGC beschriebenen Verfahren verbessert. Für die Verbesserung des Systems des FK 3 werden nur Kataloge benutzt, die in einem unabhängigen System beobachtet worden sind. Im zweiten Teil wird ein Vergleich der beiden Kataloge FK 3 und N 30 mitgeteilt. Unter Verwendung des GC als Vergleichsbasis ergibt sich, daß systematische Differenzen im N 30 zwischen Sternen, die im FK 3 enthalten und solchen, die darin nicht enthalten sind, bestehen. Ihre Ursache ist unbekannt. Micz.

9117. **A. Kopff,** 61 Cygni pr (FK 3 Nr. 793). Verbesserte Ephemeride für 1955. NAZ **8** 45.

9118. **A. Kopff,** Remarks on the revision of the FK 3 and its relation to N 30. Obs **74** 239—240. — Ref. RAS.

9119. **J. Lentz, R. Bennett,** Automatic measurement of star positions. Electronics **27** Nr. 6 S. 158—163, mit 13 Abb. — Ref. in RJ Astr. Geod. UdSSR Nr. **10**, 1955; Ref. Nr. 4265.

9120. **W. S. McClenahan, E. G. Woolsey, R. W. Tanner,** Results of observations made with the reversible meridian circle 1935—1950. Catalogue of 1525 stars. Corrections to G. C. and FK 3. Publ. Dominion Obs. Ottawa **15** 233—314. — Der Katalog enthält die 1935 bis 1950 beobachteten Örter, die ohne Eigenbewegungen auf das Äquinox 1950.0 reduziert sind. Die Örter sind außerdem mit den Eigenbewegungen aus dem FK 3 und aus dem GC auf 1950.0 reduziert und damit die Differenzen O — FK 3 und O — GC gebildet worden, um Korrektionen für die beiden Kataloge zur Epoche der Beobachtungen zu erhalten. O. G.

* * **W. S. McClenahan,** Position astronomy at Dominion Observatory, Ottawa, Canada. Vgl. Ref. **3115.**

9121. **E. Paloque,** Quatrième Catalogue de Toulouse. Positions et mouvements propres des étoiles de repère de la zone +4°, +12° pour l'époque et l'équinoxe 1900.0. Ann. Obs. Astr. Mét. Toulouse **22** 39—48.

* * **S. W. Romanskaja,** Ergebnisse der Beobachtungen am großen Pulkowoer Zenitteleskop von 1929 Januar 5 bis 1941 Juli 9. Vgl. Ref. **13237.**

* * **F. P. Scott,** The U. S. Naval Observatory transit circle programs. Vgl. Ref. **3117.**

9122. **S. J. Slaucitajs,** Catálogos estelares de posición y base del sistema esférico fundamental de astrometría. Publ. Obs. Astr. Univ. Nacional Eva Peron (Especial) Nr. **20.**

* * **R. H. Stoy,** Astrometric work at the Cape Observatory and the KSZ. Vgl. Ref. **3119.**

9123. **M. S. Swerew,** Fundamentalastrometrie. Fortschritte Astr. Wiss. **6** 3—143, mit 46 Abb. und 1 Tafel (russisch). — Vgl. Ref. **721.** — Der vorliegende Bericht ist eine Fortsetzung des in AJB **50** Ref. **9113** zitierten. Im 3. Teil (S. 3—33) wird das Problem der Verbesserung des Koordinatensystems behandelt, im 4. Teil (S. 33—102) über neue Meridianinstrumente und Methoden zur Registrierung der Beobachtungen berichtet und im 5. Teil (S. 103—140) die Untersuchung von Teilkreisen besprochen. Den Abschluß bilden zahlreiche Literaturhinweise. Loh.

9124. **M. S. Swerew, A. G. Obornewa, L. M. Chommik,** Aus Beobachtungen am Moskauer Meridiankreis 1940—1941 zusammengestellter Katalog von Sternen des Fundamentalkatalogs schwacher Sterne im System des FK 3. Mitt. Astr. Sternberg-Inst. Nr. **97—98** S. 3—46, mit 2 Abb. (russisch).

9125. **M. S. Swerew, A. G. Obornewa,** Katalog der Deklinationen von 180 zenitnahen Sternen des Observatoriums Poltawa. Mitt. Astr. Sternberg-Inst. Nr. **97—98** S. 47—55 (russisch).

9126. **M. S. Swerew,** Tafeln von sec δ und tg δ mit den jährlichen Änderungen für 645 Sterne des Fundamentalkatalogs schwacher Sterne nördlich von —30° Deklination (für die Epoche 1950.0). Mitt. Astr. Sternberg-Inst. Nr. **97—98** S. 56—72 (russisch).

9127. **K. Tuzi,** Meridian observation of right ascension of equatorial stars made with Repsold transit instrument. Preliminary result Nr. 5, 6, 7. TAB (2) Nr. 64 S. 571—600, Nr. 70 S. 643—670, Nr. 71 S. 671—695.

9128. Observations of transit of stars at the Observatory of Zi-Ka-Wei. Acta Astr. Sinica **2** 117—120, mit 2 Fig. (chinesisch).

9129. Observations of transit of stars at the Observatory of Zi-Ka-Wei. Acta Astr. Sinica **2** 279—283 (chinesisch).

9130. First series of Lick survey completed. Sky and Telescope **13** 335.

9131. Astrographic Catalogue 1900.0 Potsdam-Oxford Section. Dec. +31° to +34°. From photographs taken by F. A. Bellamy and H. G. Scott Barrett and measured at the University Observatory Oxford by the methods initiated by H. H. Turner. Vol. **2**. Measures of rectangular co-ordinates and diameters of 81937 stars images on 160 plates with centres in Dec. +33°. Published under the auspices of the International Astronomical Union with financial assistance from U.N.E.S.C.O. Paris, 1954. 15 + 247 S. Appendix: Standard co-ordinates of the stars in the Catalogue of the Astronomische Gesellschaft (Leiden), 1 + 35 S.

9132. Astrographic Catalogue 1900.0. Sydney Section. Dec. −51° to −65°. From photographs taken at the Sydney Observatory New South Wales, Australia. Vol. **35**. R.A. 12^h to 18^h Dec. −59° to −61°. Sydney, 1954. 3 + 70 S.

9133. Geschichte des Fixsternhimmels, enthaltend die Sternörter der Kataloge des 18. und 19. Jahrhunderts. Abteilung II. Der südliche Sternhimmel. Band **10**, Dritte Lieferung, $9^h 55^m$ — $10^h 4^m$ Rektaszension. Herausgegeben von J. Haas. Karlsruhe, Kommissionsverlag G. Braun, 1954. Preis DM 10. Desgl. Band **14**. 13^h Rektaszension. Preis DM 30.

9134. Supplement-Katalog des FK 3 (FK 3 Supp). Genaue Örter und EB für den Südhimmel. Sonderdruck aus dem Astronomisch-Geodätischen Jahrbuch 1956. Herausgegeben vom Astronomischen Rechen-Institut Heidelberg. Karlsruhe, Verlag G. Braun G. m. b. H., 1954. — Die Liste enthält als Fortsetzung der im Anhang des Astronomisch-Geodätischen Jahrbuchs 1954 gegebenen Sterne die mittleren Örter und EB für 845 Sterne des Südhimmels.

9135. Zweiter Katalog der Astronomischen Gesellschaft für das Äquinoktium 1950. Örter der Sterne bis zur neunten Größe zwischen dem Nordpol und 2° südlicher Deklination, abgeleitet aus photographischen Himmelsaufnahmen der Sternwarten Bergedorf und Bonn unter der Leitung von R. Schorr† und A. Kohlschütter. **10**. Band: Deklination +20° bis +25° Bergedorf-Bonn. Herausgegeben von der Hamburger Sternwarte. Hamburg-Bergedorf, Verlag der Sternwarte, 1954. Vorwort + 288 S.

Sternkarten

9136. **H. Arnold,** Sternkarte des nördlichen Himmels mit Planetentafel. Jena, Urania-Verlag. Preis DM 36. — Besprechung in Ciel et Terre **71** 351—352 (H. Michel), Deutsche Hydrographische Z. **7** 145 (O. Steppes), Sterne **30** 74 (C. Hoffmeister).

9137. **W. A. Calder,** A handy star box. Sky and Telescope **13** 400.

9138. **R. Changeux,** Nouvelle Carte du Ciel. Paris, Ed. Gauthier-Villars, 1954. Preis Fr. 1200. — Besprechung in Ciel et Terre **71** 38—39 (J. Dommanget).

9139. **G. B. Lacchini,** Atlante celeste. Faenza. Preis 700 Lire. — Besprechung in Coelum **23** 28.

9140. **R. Todorovich,** Cartes d'Identifications d'Etoiles pour Marins et Aviateurs. Marseille, Ferran, 1954. 16 Karten. — Besprechung in J. Inst. Navigation **8** 184 (W. A. Scott).

9141. **R. V. Willstrop,** Errors in Skalnaté Pleso Atlas of the Heavens. JBAA **64** 252.

9142. Bonner Durchmusterung. Atlas des nördlichen gestirnten Himmels für den Anfang des Jahres 1855. Unter Mitwirkung von E. Schönfeld und A. Krueger herausgegeben von F. W. Argelander. Bonn, Ferd. Dümmlers Verlag, 1954. Dritte, berichtigte Auflage. Herausgegeben von der Universitäts-Sternwarte Bonn. 40 Karten. Preis DM 98. — Besprechung in Coelum **23** 28, Mitt. AG **1954** 132 (C. Hoffmeister), Sterne **31** 31—32, ZfA **36** 98—100 (A. A. Wachmann).

9143. The National Geographic Society-Palomar Observatory Sky Atlas. Ann d'Astrophys **17** 94, ApJ **119** 470, J. British Interplanetary Soc. **14** 335—336, Obs **74** 138—139, Urania Kraków **26** 306.

9144. L'atlante celeste del M. Palomar. Coelum **22** 84—87.

9145. A new sky atlas. J RAS Canada **48** 198—199.

9146. Sky atlas on sale. Sky and Telescope **13** 299.

§ 92

Eigenbewegung, Radialgeschwindigkeit

9201. S. Arend, Annonce d'étoiles faibles à mouvement propre sensible. DOB **7** Nr. 5, Fasc. 4, 1 S. — Betrifft die Sterne $11^h\,10^m\,22^s\!.83$, $+13°\,11'\,13''\!.2$ und $12^h\,53^m\,56^s\!.02$, $+15°\,58'\,57''\!.6$ (1950.0).

9202. W. Dieckvoss, O. Heckmann, H. Kox, Bericht über Eigenbewegungsarbeiten im Perseus. Mitt. AG 1953 S. 21—22. — Ref. AG.

* * **A. A. Latypow,** Untersuchung des planetarischen Nebels und der Eigenbewegungen von Sternen im Sternbild Lyra. Vgl. Ref. **12252.**

9203. W. J. Luyten, A list of stars with proper motions exceeding $0''\!.5$ annually. AJ **59** 432.

9204. A. B. Onegina, Untersuchung der Eigenbewegungen von Sternen in der Umgebung von ε und ζ Ursae majoris. Astr Circ UdSSR Nr. 153 S. 11—13 (russisch). — Verf. bestimmt die Eigenbewegungen der Sterne bis zu $14^m\!.5$ im Umkreis von 40′ um ε und ζ UMa. In jedem Feld wurden zwei ältere, von Kostinskij stammende Aufnahmen mit zwei neueren verglichen. Die Epochendifferenzen betragen etwa 35 Jahre. Es wurde kein einziger Stern gefunden, dessen Eigenbewegung der der 11—14 Sterne des Stromkerns annähernd gleicht. Da die kinetische Energie des Kerns größer ist als die potentielle, muß er sich auflösen. Loh.

* * **A. B. Onegina,** Bestimmung der Eigenbewegung des Haufens NGC 6910. Vgl. Ref. **12117.**

9205. V. V. Osvalds, Neue Untersuchungen über Eigenbewegungen im Gebiet der Hyaden. AN **281** 193—220 = Mitt. Sternw. Hamburg-Bergedorf **9** Nr. 88. — Aus drei Plattenpaaren (Zeitraum 1926—1949) werden jährliche Eigenbewegungen von 1359 Sternen in einem Hyadenfeld (5° × 5°) um den Zentralstern BD + 15°637 abgeleitet und katalogisiert (m. F. in α: $\pm\,0''\!.011$, in δ: $\pm\,0''\!.009$). Auf Grund dieser und weiterer unveröffentlichter Eigenbewegungen von Larink wurden 20 teils sichere, teils wahrscheinliche neue Haufenmitglieder gefunden. Bisherige Mitglieder werden auf ihre Zugehörigkeit geprüft. Die stark verfärbten Sterne sind bis auf einen keine Haufenmitglieder. Einzelne Sonderfälle werden diskutiert. Voigt

* * **P. A. Sawizkij,** Untersuchung der Eigenbewegungen von Sternen im Gebiet des offenen galaktischen Sternhaufens NGC 7654 (M 52). Vgl. Ref. **12120.**

9206. **S. Vasilevskis,** Some aspects of the Lick proper motion program. AJ **59** 40—43. — Die Arbeit enthält Richtlinien für die zukünftige Gestaltung des am Lick Observatory durchzuführenden Programms der Bestimmung von Eigenbewegungen relativ zu außergalaktischen Nebeln und der Präzessionskonstanten, und zwar in Bezug auf die Auswahl der zu beobachtenden Objekte, das Intervall zwischen den Beobachtungsepochen und die Meß- und Reduktionsmethoden. Böh.

9207. **A. N. Vyssotsky,** On the accuracy attainable by statistical reduction to absolute proper motion. AJ **59** 52—54. — Der bei der statistischen Überführung relativer Eigenbewegungen in absolute eingeführte kosmische Fehler (Unsicherheit der Gruppenbewegung der Anhaltsterne) wird untersucht und in fünf Tabellen nach benutztem Instrument und verschiedenen Beobachtungsverhältnissen zusammengestellt. Böh.

9208. Movimientos proprios estelares. Inst. Obs. Marina San Fernando Sección Astr. (A) Nr. **1**, 14 + 134 S. mit Fig., 1950. — Aus Neuaufnahmen der Zone San Fernando des Astrographischen Katalogs (−3° bis −9°) werden nach der Kontaktmethode Eigenbewegungen von 8488 Sternen bestimmt. Aus dem Material werden Häufigkeitsverteilungen und daraus der Sonnenapex abgeleitet. Die EB werden mit denen der Kataloge von Bergedorf und Yale verglichen. T. L.

9209. Movimientos proprios estelares. Inst. Obs. Marina San Fernando Sección Astr. (A) Nr. **2**, 4 + 153 S. mit Fig. — Fortsetzung des in Ref. **9208** beschriebenen Eigenbewegungskatalogs für weitere 10075 Sterne. T. L.

9210. The Lick proper-motion programme. JBAA **64** 323—324.

9211. **Eigenbewegungen einzelner Sterne**

BD −0°2573 NAZ 8 21. J. Haas.
BD −8°2582 UAI Circ 1442. W. Benitez.

Radialgeschwindigkeiten

9212. **R. Bouigue, J.-L. Chapuis,** Vitesse radiale de B 6166. Ann. Obs. Astr. Mét. Toulouse **22** 5—9, mit 3 Fig. = Publ. Obs. Haute-Provence **2** Nr. 50.

9213. **E. R. Dyer jr.,** The radial velocities of 166 red dwarf stars. AJ **59** 218—221. — Die Sterne sind auf Grund spektraler Kriterien ausgesucht, nicht auf Grund großer Eigenbewegung, wie dies bisher meist der Fall war. Ein unerwünschter Auswahleffekt wird dadurch vermieden. Die angegebenen Radialgeschwindigkeiten beruhen meist auf einem Spektrum mit einer Dispersion von 110 Å/mm und einem wahrscheinlichen Fehler von ± 6 km/sec. Bo.

* * **D. S. Evans,** Low-dispersion wavelength standards for radial velocity determinations. Vgl. Ref. 222.

9214. **M. G. Kolchidaschwili,** Untersuchung der mittleren Radial- und Tangentialgeschwindigkeiten der Sterne und ein Versuch zur Abschätzung der Genauigkeit der katalogisierten Werte der Parallaxen. Moskau, Staatl. Astr. Sternberg-Inst., 1954 (russisch). — Dissertationsreferat.

9215. **G. Mannino,** Un tentativo di determinazione di velocità radiali su registrazioni microfotometriche. Mem SA It (NS) **25** 3—5 = Contr. Oss. Astrofis. Asiago Nr. **43**. — Verf. beschreibt einen Versuch zur Bestimmung von Radialgeschwindigkeiten durch Messung von Sternspektren am Mollschen Mikrophotometer der Sternwarte zu Asiago. Cester

* * **P. Naur,** Hurtigløberne. Vgl. Ref. **12348**.

* * **C. Schalén,** An attempt to determine objective prism radial velocities. Vgl. Ref. 2420.

9216. Nowa metoda wyznaczania prędkości radialnych gwiazd. Urania Kraków 25 53.

§ 93

Parallaxe

* * **J. Ashbrook,** Hypothetical parallaxes of double stars. Vgl. Ref. 10101.

9301. **P. Couderc,** Les étoiles proches. BSAF **68** 189—192. — Katalog von 61 Sternen mit Angaben über Größe, Spektraltyp, trigonometrische Parallaxe, absolute Größe, relative Leuchtkraft und allgemeineren Bemerkungen.

9302. **D. Harris III,** External probable errors of trigonometric parallaxes. AJ **59** 59—60, mit 1 Fig. — Es wird eine Vorschrift zur Bestimmung des äußeren wahrscheinlichen Fehlers trigonometrischer Parallaxen angegeben und auf die Kataloge von Yale und McCormick angewandt; sie gibt bei Vorhandensein einer Korrelation des wahrscheinlichen Fehlers der Gewichtseinheit mit der Plattenanzahl wahrscheinlich verläßlichere Werte als die Schlesingerschen Formeln. Böh.

9303. **J. Hopmann,** Die Parallaxe des Antares = ADS 10074. NAZ **8** 37.

9304. **P. van de Kamp,** The nearest stars. American Scientist **42** 573—588, mit 8 Fig. — Ref. in Sky and Telescope **14** 14.

9305. **T. S. Kirillowa,** Die Sterne näher als fünf Parsec. Priroda **43** Nr. 6 S. 89—91, mit 1 Abb. (russisch). — Die im vorliegenden Artikel enthaltene Liste gibt für die 41 bis jetzt bekannten Sterne innerhalb 5 pc Entfernung, Eigenbewegung, Radialgeschwindigkeit, visuelle Helligkeit und Leuchtkraft. Loh.

* * **M. G. Kolchidaschwili,** Untersuchung der mittleren Radial- und Tangentialgeschwindigkeiten der Sterne und ein Versuch zur Abschätzung der Genauigkeit der katalogisierten Werte der Parallaxen. Vgl. Ref. **9214.**

9306. **J. Schilt,** Parallax problems old and new. AJ **59** 55—58. — Die beim Vergleich der verschiedenen Parallaxenserien gewonnenen Ergebnisse werden zusammenfassend diskutiert; dabei ergibt sich, daß die im General Catalogue of Trigonometric Parallaxes (1952) benutzten systematischen Korrektionen für die verschiedenen Serien wahrscheinlich nicht angebracht werden sollten; außerdem folgt aus einem bis jetzt noch beschränkten Material eine Abhängigkeit der relativen Parallaxen von der mittleren Helligkeit der Vergleichssterne. Böh.

9307. **H. Werner,** Die Bestimmung der Parallaxe des Schnelläufers Groombridge 1830 aus dem quadratischen Zeitgliede seiner Eigenbewegung. AN **281** 221—232. — Die Untersuchung stellt eine Wiederholung des Ristenpartschen Versuches vom Jahre 1902 dar, welcher ein widerspruchsvolles und somit illusorisches Ergebnis erbracht hatte. Die für die Ermittlung des quadratischen Zeitgliedes der Eigenbewegung maßgebliche Zeitspanne hatte sich bereits bis zum Jahre 1933 so weit vergrößert, daß mit den bis dahin vorliegenden sicheren Positionsbestimmungen von Grb 1830 ein eindeutiges Resultat erzielt werden konnte. Die Hinzuziehung von zwei weiteren neueren Örtern, die auf photographischem Wege erlangt wurden, ergab im wesentlichen lediglich eine Bestätigung des Ergebnisses, daß das quadratische Zeitglied der Eigenbewegung von Grb 1830 rund +2″ pro $(100^a)^2$ mit einem mittleren Fehler von nur etwa 20 % und demzufolge die kinematische Parallaxe 0″27 beträgt. Ferner wurde festgestellt, daß Grb 1830 in 14250 Jahren seinen Nahpunkt in bezug auf die Sonne, entsprechend $\pi = 0''34$, erreicht. Verf.

9308. Stellar parallaxes determined photographically at the Cape Observatory (nineteenth list). MN **114** 610—616.

9309. Star distances and masses. J. Astr. Soc. Victoria **7** 34—35.

§ 94
Helligkeit, Farbe

9401. **T. Adolfsson,** A spectrophotometric investigation into bright and dark regions in Taurus. II. The catalogue. Ark Astr **1** 425—473, mit 16 Fig. = Uppsala Astr. Obs. Medd. Nr. **107**. — Ref. in PAT **35** 167—168, Vega **2** Nr. 28. — Die in einer vorangehenden Arbeit (AJB **50** Ref. 2401) beschriebene Methode wird zur Bestimmung von Helligkeiten, Farben und Spektralklassen von 1153 Sternen in einem Areal von etwa 100 Quadratgrad im Taurus verwandt. Die einzelnen Kapitel betrachten das Plattenmaterial, das System der photographischen Helligkeiten und die Farben, die Spektral- und Leuchtkraftklassifikation sowie die mittleren Fehler der gemessenen Größen. Der Katalog gibt die monochromatische photographische Helligkeit m_{4215} (B—F8) oder m_{4360} (G0—M), ein Farbenäquivalent, bei den frühen Typen die Intensität der Linien Hγ, Hδ und der K-Linie, bei den späten die Größen $g = m_{4260} - m_{4360}$ und $c = m_{4180} - m_{4260}$. Gli.

* * **T. Adolfsson,** A spectrophotometric investigation into bright and dark regions in Taurus. III. The distribution of obscuring material. Vgl. Ref. **12501**.

9402. **A. Beer, R. O. Redman, G. G. Yates,** Photographic and photovisual magnitudes of 7^m—10^m stars in the +15° Selected Areas. Mem. Roy. Astr. Soc. **67** Part 1, 50 S. — Ref. in MN **114** 271. — Für 1268 Sterne in 24 Selected Areas wurden nach der Cape-Methode die Helligkeiten durch photographischen Anschluß an Seares-Ross-Joyner-Sterne gewonnen. Nach photoelektrischem Anschluß der SRJ-Skala an die Nordpolarsequenz wurden die Helligkeiten auf diese reduziert. Dazu wurden für 135 polnahe Sterne die NPS-Helligkeiten und auch die SRJ-Helligkeiten in neun der Selected Areas gleichfalls nach dem photoelektrischen Impulszählverfahren bestimmt. Die Standardfehler der Kataloghelligkeiten liegen überall zwischen $\pm 0^m03$ und $\pm 0^m045$. Gü.

9403. **V. M. Blanco,** Photoelectric colors of early M-type stars. AJ **59** 396—399, mit 4 Fig. — Es werden Farben von M-Riesen und Überriesen in einem Gebiet untersucht, das h und χ Persei und Assoziationen von M-Überriesen mit O- und B-Sternen umfaßt. Die wahren Farbenindizes der Überriesen ergeben sich zu 0^m1 bis 0^m4 größer als die der Riesen. Die Streuung ist bei den Überriesen größer, was vermutlich auf Unsicherheiten bei der Berücksichtigung der interstellaren Absorption bei großen Entfernungen zurückzuführen ist. Voigt

9404. **J. Bouška,** Über die Messung der Sternhelligkeiten. Rozhledy **33** 1—7, mit 6 Fig. (tschechisch).

9405. **Z. Ceplecha,** Helligkeiten der Sterne. Rozhledy **33** 69—73 (tschechisch).

9406. **A. W. J. Cousins, R. H. Stoy,** Standard magnitudes. MN **114** 349—357. — Verf. geben einen Überblick über die gegenwärtig brauchbaren fundamentalen Helligkeitssysteme und stellen Forderungen für weitere Messungen von Standardhelligkeiten auf unter Ausnutzung der Möglichkeiten, die sich aus der Entwicklung der lichtelektrischen Photometrie ergeben. Sie betonen die Notwendigkeit umfassender, genauer und im Gebrauch bequemer Systeme von Standardhelligkeiten, die auch eindeutige Umrechnung auf andere Systeme erlauben. O. G.

9407. **J. Delhaye,** Les vingt étoiles les plus brillantes. BSAF **68** 237—240, mit 1 Fig. — Enthält nach einer Aufzählung der Sterne ihr Hertzsprung-Russell-Diagramm und einige statistische Bemerkungen.

9408. **E. R. Dyer, G. S. Mumford,** An unusually blue star in high latitude. AJ **59** 185. — Ref. AAS.

9409. **O. Eklöf,** Blue and red magnitudes in the Auriga region. II. The observations and the catalogue. Ark Astr **1** 315—391, mit 20 Fig. = Uppsala Astr. Obs. Medd. Nr. **106**. — Von etwa 1800 Sternen wurden Blau- und Rothelligkeiten bestimmt. Ihre statistische Auswertung, speziell eine Untersuchung der Dunkelnebel in Auriga, wird angekündigt. In der vorliegenden Arbeit wird die Reduktion der Platten beschrieben, die mittleren Fehler werden berechnet und diskutiert, Vergleiche mit anderen Beobachtungen angestellt und die Ergebnisse in einem Katalog zusammengestellt. Loh.

9410. **I. Epstein,** Colors of bright stars. AJ **59** 228—232, mit 3 Fig. — Für 369 Sterne aus dem «Bright Star Catalogue», die nicht den Spektralklassen G und F angehören, werden photoelektrisch bestimmte Farbenindizes gegeben sowie Vergleiche mit anderen Farbenindexsystemen durchgeführt. Bo.

9411. **H. L. Johnson,** The standard region near IC 4665. ApJ **119** 181—184, mit 1 Fig. — Farbenindizes und Helligkeiten von 39 Sternen eines Feldes in der Nähe des galaktischen Sternhaufens IC 4665 im System von Johnson und Morgan werden mitgeteilt. Die photoelektrisch gemessenen Daten dieser Sterne werden vom Verf. als Teil der Definition dieses Systems betrachtet. Das Feld ist infolge seiner geringen Deklination (+6°) sowohl von der nördlichen als auch von der südlichen Hemisphäre aus zugänglich. Micz.

9412. **H. L. Johnson, D. L. Harris III,** Three-color observations of 108 stars intended for use as photometric standards. ApJ **120** 196—199. — Es wird eine Liste von 108 zumeist hellen Sternen mitgeteilt, für die Helligkeiten und Farben im (U, B, V)-System bestimmt wurden und die als Standardsterne für dieses System gelten sollen. Micz.

9413. **J. de Kort,** On the use of the name «effective wave-length». Obs **74** 41—42.

9414. **L. Larmore,** A note on infrared stellar magnitudes. J. Optical Soc. America **44** 827. — Ref. Optical Soc. America.

9415. **E. M. Lindsay,** The colours of Wolf-Rayet stars. Irish AJ **3** 12 = Armagh Obs. Leaflet Nr. **24**.

9416. **W. J. Luyten, D. McLeish,** Preliminary color indices for 562 stars with large proper motion. AJ **59** 26—28. — Enthält Farbenindizes von 562 Sternen südlich von −50° Dekl. und mit Eigenbewegungen zwischen 0"3 und 0"5.

9417. **W. J. Luyten,** A search for faint blue stars. II. The Hyades and the south galactic polar region. AJ **59** 224—228. — In zwei Listen werden die Ergebnisse der Suche nach schwachen Sternen bis 19^m bzw. 18^m mit kleinem Farbenindex im Gebiet der Hyaden und des galaktischen Südpols mitgeteilt. Genaue Angaben über Zugehörigkeit zu den Hyaden oder Klassifizierung als weiße Zwerge sind wegen des Fehlens von Eigenbewegungen nicht möglich. Eine dritte Liste gibt Farbenindizes für weiße Sterne am nördlichen galaktischen Pol und in der Praesepe. Bo.

9418. **K. G. Malmquist, C. Schalén, B. Westerlund,** A spectrophotometric survey of stars along the milky way. I. Galactic longitudes 60°—80°. Nova Acta Regiae Soc. Sci. Upsaliensis (4) **15** Nr. 12, 49 S. mit 5 Fig. = Uppsala Astr. Obs. Ann. **4** Nr. 1. — Ref. in Vega **2** Nr. 28. — Im Rahmen einer geplanten spektralen Durchmusterung aller Sterne bis $m_{pg} = 10.0$ in einem Gürtel zwischen ±3° galaktischer Breite werden hier in einem Katalog für die Sterne zwischen 60° bis 80° gegeben: die monochromatische scheinbare Helligkeit m_{4400}, Spektraltyp und Leuchtkraftklasse im Uppsala-System, ein Farbenäquivalent und bei den frühen Typen die Tiefe von $H\gamma$, $H\delta$ und der K-Linie, bei den späten Typen G-Effekt und Cyanogen-Effekt. Im Text wird das Uppsala-System mit der Morganschen Klassifizierung und mit dem Harvard-System verglichen. Es wird kurz versucht, die Sternzahlen in Beziehung zur galaktischen Struktur zu betrachten. In einigen Regionen werden die Wolf-Kurven für verschiedene spektrale Unterteilungen hergeleitet. Ebenso wird kurz auf die Farbenverteilung in einzelnen Arealen hingewiesen. Gli.

9419. **W. W. Morgan, H. L. Johnson, N. G. Roman,** A very red star of early type in Cygnus. Publ ASP **66** 85—87, mit 1 Fig. — Ref. in Sterne **31** 99. — Der Stern steht in der Gegend des Haufens blauer Überriesen nordöstlich von γ Cyg. Die visuelle Helligkeit ist $11^{m}.4$, der Farbenindex $B-V = +3^{m}.0$ (System Johnson-Morgan), während das Spektrum auf einen Überriesen vom Typ früher als A0 schließen läßt. Dies sowie starke interstellare Linien deuten auf extrem starke Verfärbung hin. Die absolute Größe dürfte etwa -8^{m} betragen, seine scheinbare visuelle Größe wäre ohne interstellare Absorption etwa 2^{m}. Bo.

9420. **J. J. Nassau, V. M. Blanco, W. W. Morgan,** Reddened early M- and S-type stars near the galactic equator. ApJ **120** 478—483. — Es wird ein Katalog von 89 frühen M-Sternen mitgeteilt, die nach Objektivprismenaufnahmen ungewöhnlich hohe Rotverfärbung aufweisen. Bei einem großen Teil der Sterne dürfte es sich um weit entfernte Überriesen handeln. Eine zweite Liste enthält ein Verzeichnis von 31 bisher unbekannten S-Sternen, die auf Grund der LaO-Bandenabsorption in ihren Spektren erkannt wurden. Alle Objekte finden sich in einem 4° breiten Streifen entlang des galaktischen Äquators, soweit er in Cleveland erreichbar ist. Micz.

9421. **E. K. Nikonowa,** Lichtelektrische Helligkeiten von hellen Anhaltssternen zur Photometrie der Planeten. Mitt. Astrophys. Obs. Krim **11** 74—80, mit 1 Abb. (russisch). — Es werden lichtelektrisch bestimmte Helligkeiten von 59 hellen Sternen mitgeteilt und in das internationale photovisuelle System transformiert. Außerdem werden lichtelektrische Farbenäquivalente ermittelt. Loh.

9422. **P. P. Parenago,** Echelles et catalogues de magnitudes stellaires. Aus dem Russischen übersetzt von V. Kourganoff. Contr. Labor. Astr. Lille Nr. **1**, 34 S. — Betrifft die in AJB **48** Ref. **9406** zitierte Arbeit.

* * **U. Steinlin,** Absorption und Sterndichte im Gebiet Cepheus—Lacerta. Vgl. Ref. **12326**.

9423. **R. H. Stoy,** Photoelectric magnitudes and colours for 214 southern stars. MN ASSA **13** 101—104. — Am Cape Obs. werden alle Sterne des Yale Bright Star Catalogue zwischen −4° und −64° und schwächere Sterne mit großen Parallaxen oder Eigenbewegungen lichtelektrisch beobachtet. Aus diesem Programm werden Helligkeiten und Farbenindizes (im internationalen System) für 214 Sterne mitgeteilt. Korrektionen zur Umrechnung in das BV-System werden angegeben. Fricke

9424. **A. Velghe,** Détermination microphotométrique de longueurs d'onde effectives d'étoiles dans le voisinage du pôle et dans les aires de Kapteyn 40 et 41. Commun. Obs. Roy. Belgique Nr. **64**, 36 S. mit 9 Fig. — Die Ergebnisse der Abstandsmessung von Schwärzungsmaxima auf registrierten Gitterspektren nach Yerkes-Aufnahmen werden mitgeteilt. Die aus den effektiven Wellenlängen berechneten Farbenindizes werden mit den Ergebnissen anderer Autoren verglichen. Es werden 41 Sterne aus der Umgebung des Pols benutzt. Der Schlußkatalog enthält 145 bzw. 90 Sterne in den Kapteynschen Eichfeldern 40 und 41. Dv.

9425. **R. v. d. R. Woolley, S. C. B. Gascoigne, A. de Vaucouleurs,** Photographic observations of monochromatic magnitude at six wave-lengths. MN **114** 490—500, mit 4 Fig. — Relative monochromatische Helligkeiten von 85 hellen Sternen des Südhimmels wurden auf photographischem Wege für die Wellenlängen $\lambda\lambda$ 4050, 4250, 4550, 4945, 5980 und 6360 bestimmt. Die Messungen wurden auf Objektivprismen-Aufnahmen mit 290 Å/mm Dispersion bei Hα erhalten. Die relative Energieverteilung wird als Funktion des Spektraltyps diskutiert, und die Ergebnisse werden mit denen anderer Beobachter verglichen. Micz.

9426. **G. G. Yates,** Magnitudes and colours of 123 stars in the neighbourhood of the sun. MN **114** 218—228, mit 4 Fig. = Contr. Cambridge Obs. Nr. **15**. — Von 123 sonnennahen Sternen sind lichtelektrisch Farbenindizes und Helligkeiten gemessen worden. Die absoluten Helligkeiten wurden mit Hilfe der trigonometrischen Parallaxen aus dem Yale-Katalog (1952) abgeleitet. Die Hauptsequenz erscheint als ein ziemlich scharfes Band; jedoch ist die Unsicherheit der Parallaxen zu groß, um die Frage einer etwaigen Feinstruktur zu entscheiden. Eine Unterzwergsequenz, die etwa $1^m\!.5$ unterhalb der Hauptsequenz verläuft, wird vermutet. Micz.

9427. Documents sur les séquences photométriques. DOB **7** Nr. 4 Fasc. 5, 4 S., Nr. 5 Fasc. 1, 4 S., Nr. 6 Fasc. 5, 4 S., Nr. 7 Fasc. 3, 4 S., Nr. 10 Fasc. 3, 4 S., Nr. 11 Fasc. 3, 4 S., Nr. 12 Fasc. 3, 4 S., mit 14 Fig.

9428. Red star at the center of the galaxy. Sky and Telescope **13** 426. — Ref. AAS.

9429. Eine fundamentale Sternphotometrie. Sterne **30** 107—110, mit 4 Abb.

§ 95

Spektrum

* * **T. Adolfsson,** A spectrophotometric investigation into bright and dark regions in Taurus. II. The catalogue. Vgl. Ref. **9401**.

* * **T. Adolfsson,** A spectrophotometric investigation into bright and dark regions in Taurus. III. The distribution of obscuring material. Vgl. Ref. **12501**.

9501. **P. Ahnert,** Kohlenstoff in Sternatmosphären (N-Sterne und R Coronae Borealis-Sterne). Sterne **30** 9—12. — Ist im wesentlichen eine Übertragung des Struveschen Artikels «Flaming stars» aus Sky and Telescope **12** 261 (vgl. AJB **53** Ref. **9564**). Neckel

9502. **Y. Andrillat,** Etude du rayonnement continu des étoiles de Wolf-Rayet de la région du Cygne. Application à la détermination des distances et des températures de couleur. CR **239** 480—483. — Verf. bestimmt die Farbtemperaturen von fünf WN- und drei WC-Sternen in den beiden Spektralbereichen 3900—4900 Å und 5900—7900 Å. Die interstellare selektive Absorption wird berücksichtigt und die Entfernungen berechnet. Die Übereinstimmung der Ergebnisse, die im ersten Bereich zwischen 8000 und 14000°, im zweiten zwischen 8000 und 17000° liegen, mit den von Woronzow-Weljaminow abgeleiteten ist befriedigend. Loh.

9503. **H. W. Babcock,** Stellar wave lengths of Eu II as affected by hyperfine structure. ApJ **119** 463—464. — Bei Radialgeschwindigkeitsmessungen des Sternes HD 188041 stellte ich heraus, daß die Eu II-Linien eine systematisch andere Geschwindigkeit ergaben als die restlichen gemessenen Linien. Die Ursache ist in der Hyperfeinstruktur der Eu II-Linien zu suchen. Verf. teilt effektive Wellenlängen nach seinen Messungen mit. Micz.

9504. **D. Barbier,** Les spectres continus stellaires. Scientia **89** 80—84 = Contr. Inst. d'Astrophys. Paris (A) Nr. **141**. — Zusammenfassender Bericht über die bekannten Abweichungen der Sternstrahlung von schwarzer Strahlung und über Versuche der theoretischen Deutung. Behr

9505. **W. P. Bidelman,** Catalogue and bibliography of emission-line stars of types later than B. ApJ Suppl **1** 175—267. — Ref. in ApJ **120** 375, Sky and Telescope **14** 236. — Der Katalog ähnelt in der Anordnung dem bekannten Katalog von Merrill und Burwell für frühe Spektraltypen. Er enthält 1113 Sterne mittleren und späten Spektraltyps mit H-Emission und 426 Sterne mit Ca II-Emission. Soweit als möglich wurde eine Unterteilung des Materials nach physikalischen Gesichtspunkten durchgeführt. Behr

9506. **W. P. Bidelman,** Spectral classification of southern stars of high luminosity. Publ ASP **66** 249—251. — Eine Durchmusterung der in den Jahren 1903 bis 1926 aufgenommenen Sternspektrogramme der Chile-Station der Lick-Sternwarte ergab 30 Überriesen der Leuchtkraftklasse Ia bzw. Iab südlich von $\delta = -35°$. Die Spektraltypen liegen zwischen O 9.5 und G0. Hunger

9507. **W. P. Bidelman,** On the carbon and S-type stars. Vgl. Ref. 1191, daselbst S. 402—412, mit 1 Fig. — Es wird die Möglichkeit diskutiert, die Unterschiede zwischen den C (Kohlenstoff)-, S- und M-Sternen allein auf Unterschiede in den Häufigkeitsverhältnissen von Kohlenstoff zu Sauerstoff zurückzuführen. Es gibt Anzeichen dafür, daß mit abnehmendem Verhältnis C : O der Spektraltyp stetig von C über S zu M übergeht. Hunger

9508. **A. F. Bogorodskij, N. A. Chinkulowa,** Über die Konturen der von bewegten Sternatmosphären gebildeten Spektrallinien. Publ. Astr. Obs. Kiew Nr. **6** S. 3—13, mit 4 Abb. (russisch). — Die Untersuchung betrifft sphärische Sternatmosphären, in denen ein kontinuierliches Strömen der Materie in radialer Richtung mit konstanter Geschwindigkeit erfolgt. Die Dichte ist dem Quadrat der Entfernung vom Zentrum umgekehrt proportional. Auf die Diskussion des Lösungsverfahrens der Transportgleichung folgt die Berechnung der relativen Linienintensitäten mit einer Anwendung auf Hα. Die Untersuchung lehnt sich eng an Arbeiten von Kosyrew und Sobolew an und ist in ihrer Anwendung besonders für die Wolf-Rayet-Sterne, P Cygni-Sterne und Novae nach dem Helligkeitsmaximum gedacht. Loh.

9509. **R. Bouigue,** Contribution à l'étude des étoiles rouges corbonées. II. Spectrophotométrie et structure des étoiles de classe C. Ann d'Astrophys **17** 104—151, mit 18 Fig. — Die Spektren von 95 R- und N-Sternen werden zwischen 5400 und 6800 Å spektralphotometrisch vermessen, und die Intensitäten der Schwingungsbanden des C_2 und CN sowie der D-Linien des Na bestimmt. Die mit Hilfe der in I abgeleiteten Übergangswahrscheinlichkeiten aus den Bandenintensitäten berechneten Schwingungstemperaturen liegen zwischen 1900° und 4000°. Hohen Werten dieser Größe entsprechen geringe D-Intensitäten. Beide Parameter lassen eine Klassifizierung der untersuchten Sterne in eine einzige, dezimal unterteilte Spektralklasse C zu, die praktisch mit der von Keenan und Morgan übereinstimmt. Aus dem Verhalten einer Bande ungeklärter Herkunft bei 6260 Å, der Swan-Bande des C_2 und der atomaren Linien ergibt sich zwischen C_1 und C_6 die Existenz zweier deutlich getrennter Unterklassen, die mit den alten Typen R und N nicht identisch sind. Es wird versucht, diese empirischen Ergebnisse atmosphärentechnisch zu deuten. Danach scheinen die Atmosphären der C-Sterne sich nur wenig von denen der K- und M-Riesen zu unterscheiden. Der Kohlenstoffgehalt scheint geringer zu sein, als bisher angenommen wurde. Kdr.

9510. **R. Bouigue,** Contribution à l'étude des étoiles rouges carbonées. Ann. Univ. Paris **24** 138—139. — Dissertationsreferat. — Ref. in RJ Astr. Geod. UdSSR Nr. **10**, 1955; Ref. Nr. 4268.

9511. **E. M. Burbidge, G. R. Burbidge,** Spectrographic observations of emission-line stars. ApJ **119** 496—500, mit 1 Fig. = Contr. McDonald Obs. Nr. **232**. — Verf. beschreiben das Aussehen der Spektren einer Reihe von Sternen frühen Typs und mit Emissionslinien — zumeist Sterne mit Hüllen — nach Aufnahmen, die sie 1952 am Yerkes- sowie McDonald-Observatorium erhalten haben. Micz.

9512. **E. M. Burbidge, G. R. Burbidge,** A group of peculiar shell stars. ApJ **119** 501—507 = Contr. McDonald Obs. Nr. **234**. — Es werden Aussehen und Veränderungen der Spektren einer Reihe von Sternen frühen Typs beschrieben, die Hüllen besitzen und deren H- und Ca II-Linien in ähnlicher Weise veränderliche Struktur aufweisen; insbesondere sind die scharfen Absorptionskomponenten raschen Änderungen unterworfen. Unter anderem gehören AX Mon und 17 Lep zu dieser Gruppe. Einige Bemerkungen über den Mechanismus, der für die Veränderungen verantwortlich sein mag, werden angefügt. Micz.

9513. **E. M. Burbidge, G. R. Burbidge,** The composite spectrum of HD 50820. ApJ **119** 686—687 = Contr. McDonald Nr. **236**. — HD 50820 besitzt ein Spektrum, dessen Wasserstoff- und Heliumlinien Spektraltyp B3 nahelegen, während die Metallinien für F sprechen. Die Verf. zeigen auf Grund neuer Spektralaufnahmen und Radialgeschwindigkeitsmessungen, daß es sich um einen spektroskopischen Doppelstern handeln muß, dessen Bahnebene nahezu senkrecht zum Visionsradius verläuft. Die eine Komponente ist ein Be 3 V-Stern, dessen Rotationsachse nach der Schärfe seiner Spektrallinien in der Blickrichtung liegt, während der Begleiter ein F-Stern der Leuchtkraftklasse V sein dürfte. Micz.

9514. **G. R. Burbidge, E. M. Burbidge,** A spectrophotometric study of α^2 Canum Venaticorum. AJ **59** 318—319. — Ref. AAS.

* * **G. R. Burbidge, E. M. Burbidge,** The composition and spectra of white dwarfs. Vgl. Ref. 5104.

9515. **S. Burd,** The spectrum of Pleione, 1953—54. Publ ASP **66** 208—211, mit 3 Fig. — Dopplerverschiebung der Wasserstofflinien (H_β bis H_{24}) im Spektrum von Pleione. Labs

9516. **D. Chalonge,** Classifications stellaires. BSAF **68** 89—110, mit 12 Fig. — Bericht über die Entwicklung der Sternklassifikation von den Anfängen durch Secchi bis zu den gegenwärtigen Klassifikationsmethoden. Die folgenden wesentlichen Entwicklungsstufen werden beschrieben: Das Harvardschema, in dem die Temperatur der Sterne charakteristischer Parameter der Spektralklassen ist; die Entdeckung der Druckempfindlichkeit der Spektrallinien und damit die Klassifizierbarkeit von Zwergen, Riesen und Überriesen; das zweidimensionale MKK-Schema und seine Anwendung zur Lokalisierung von Sternassoziationen; die quantitative zweidimensionale Klassifikation des Verf. nach D und λ_1, der Größe und Wellenlänge des Balmersprungs und die Erweiterung des Schemas zu einem dreidimensionalen durch Hinzunahme des Gradienten φ_b. Fricke

9517. **D. Chalonge,** Die Klassifikation der Sterne. Priroda **43** Nr. 11 S. 42—54, mit 12 Abb. (russisch). — Übersetzung der vom Verf. überarbeiteten vorstehenden Untersuchung.

9518. **D. Chalonge,** Classifications stellaires. J. Phys. Radium **15** 43S—44S. — Ref. in Phys. Ber. **34** 202.

* * **L. Divan,** Recherches sur la loi d'absorption de la poussière interstellaire et sur le spectre continu des étoiles O et B. Vgl. Ref. 12510.

9519. **O. D. Dokutschajewa,** Untersuchung der Merkmale der B-Sterne mit Emissionslinien. Moskau, Staatl. Astr. Sternberg-Inst., 1954 (russisch). — Dissertationsreferat.

9520. **M. W. Feast, A. D. Thackeray,** Note on spectra of K-type dwarfs in the region of H and K. MN **114** 635—637, mit 1 Tafel. — Bei einem Vergleich von ε Ind und anderen dK5-Sternen mit α Tau (gK5) erweist sich Si 3905 bei den Zwergen als viel stärker als bei den Riesen, während nach Miss van Dijkes empirischer Regel die Linie bei ihrer 2.6 V unterschreitenden Anregungsspannung von 1.9 V sich gerade umgekehrt verhalten sollte. Diese Erscheinung ist vermutlich durch die Bildung eines Emissionskerns bei den Riesen zu erklären. Wie stark belichtete Spektren zeigen, erscheint ein solcher in den Ca II-Linien H und K bereits bei den späten Zwergen ab dK2 als Normalfall, wo er wahrscheinlich als Chromosphärenemission zu deuten ist. Gü.

9521. **M. W. Feast,** A new lithium star. Vgl. Ref. 1191, daselbst S. 413—416 = Radcliffe Obs. Repr. Nr. 2. — Von 59 untersuchten N-Sternen der Südhalbkugel (Deklination $\delta < -30°$) erwies sich ein Stern — T Arae — als typischer Lithiumstern. Die Äquivalentbreite der Li-Linie λ 6708 beträgt 3 Å. Diese abnorm große Intensität läßt sich nur durch die Annahme einer besonders großen Li-Häufigkeit erklären. Hunger

9522. **G. E. Gernet,** Sterne mit stark absorbierenden Hüllen. Leningrad, Astr. Hauptobs. Pulkowo, 1954 (russisch). — Dissertationsreferat.

9523. **G. Godoli,** Ricerche spettrofotometriche sulle stelle Be. IX. Studio della stella 9 (α) Camelopardalis. Mem SA It (NS) **25** 137—148, mit 1 Fig. = Contr. Oss. Astrofis. Asiago Nr. **45.** — Verf. untersucht Spektren des B0-Sterns 9 Cam, aufgenommen am 120 cm-Reflektor des Observatoriums Asiago bei einer Dispersion von 40 Å/mm bei Hγ. Unter der Annahme einer Temperatur von 27000° findet er für den Elektronendruck $\log P_e = 2.59$, die effektive Schwerebeschleunigung $\log g_{eff} = 4.14$ und für das Häufigkeitsverhältnis He : H Werte zwischen 0.3 und 1.1. Es wird ein Vergleich mit den Ergebnissen von A. Unsöld (1944) angestellt Oster

9524. **G. Godoli,** Ricerche spettrofotometriche sulle stelle Be. XI. Studio della stella $\varkappa$ Draconis. Mem SA It (NS) **25** 402—409, mit 1 Fig. = Contr. Oss. Astrofis. Asiago Nr. **47.** — Verf. wertet Spektren des B5e-Sterns $\varkappa$ Draconis aus, die er im Sommer 1953 am 120 cm-Reflektor des Observatoriums Asiago bei einer Dispersion von 40 Å/mm bei Hγ erhalten hat. Er findet für den Elektronendruck $\log P_e = 1.83$, die effektive Schwerebeschleunigung $\log g_{eff} = 2.43$ und für den Logarithmus des Häufigkeitsverhältnisses He : H Werte zwischen -1.86 und -1.18, wobei die Temperatur zu 15500° angenommen ist. Zum Vergleich werden die Ergebnisse von M. Hack (1954) angeführt. Oster

9525. **G. Godoli,** Ricerche spettrofotometriche sulle stelle Be. XII. Studio della stella λ Cygni. Mem SA It (NS) **25** 411—418, mit 1 Fig. = Contr. Oss. Astrofis. Asiago Nr. **49.** — Ergebnisse der Grobanalyse des B6e-Sterns λ Cygni nach Spektren, die Verf. im Sommer 1953 am 120 cm-Reflektor des Observatoriums Asiago mit einer Dispersion von 40 Å/mm bei Hγ aufgenommen hat. Unter der Annahme einer Temperatur von 14500° werden folgende

Größen bestimmt: Elektronendruck log $P_e = 2.27$, effektive Schwerebeschleunigung log $g_{eff} = 3.62$ und als Logarithmus des Häufigkeitsverhältnisses He : H -1.45 ± 0.25. Oster

9526. **G. Godoli,** Ricerche spettrofotometriche sulle stelle Be. XIII e XIV. Studio delle stelle υ Cygni ed HD 208682. Mem SA It (NS) **25** 467—479, mit 2 Fig. = Contr. Oss. Astrofis. Asiago Nr. **54**. — Es werden die Ergebnisse der Grobanalyse der beiden B3ne-Sterne υ Cygni und HD 208682 mitgeteilt. Die Aufnahmen wurden am Zweiprismenspektrographen und dem 120 cm-Reflektor des Observatoriums Asiago gemacht (Dispersion 40 Å/mm bei Hγ), als Temperatur 18500° angesetzt. Es ergeben sich für den Elektronendruck log $P_e = 3.08$ bzw. 2.64, die effektive Schwerebeschleunigung log $g_{eff} = 5.20$ bzw. 3.97 und für den Logarithmus des Häufigkeitsverhältnisses He : H -0.65 bzw. -1.00. Oster

9527. **Graciela González, Guillermina González,** Estrellas Be—Ae en Casiopea y Perseo. Bol. Obs. Tonantzintla y Tacubaya Nr. **9** S. 3—20, mit 9 Fig. (mit englischer Zusammenfassung). — In dem Feld l = 90° bis 103°, b = +4° bis −7° haben die Verf. 329 zum Teil neue Be- und Ae-Sterne bis $14^{m}.5$ Hα in Emission identifiziert. Die Verteilung zeigt zwei deutliche Konzentrationen: bei h und χ Per und bei NGC 663. Letztere stellt vermutlich eine neue, in der Liste von Ambarzumjan nicht enthaltene Assoziation dar. Eine Liste mit näheren Angaben von 192 dieser Objekte nebst Orientierungskarten ist beigefügt. Voigt

9528. **Guillermina González, Graciela González,** Gigantes azules en Casiopea y Perseo. Bol. Obs. Tonantzintla y Tacubaya Nr. **9** S. 21—28, mit 4 Fig. (mit englischer Zusammenfassung). — Liste von 76 mit Objektivprisma klassifizierten OB-Sternen (l = 90° bis 103°; b = +4° bis −7°) nebst Orientierungskarten für die nicht in der BD enthaltenen Sterne. Ein Diagramm zeigt die Verteilung aller 295 in dieser Gegend bekannten OB-Sterne. Voigt

9529. **Graciela González, Guillermina González,** Gigantes azules en las longitudes galacticas 270° a 330°. Bol. Obs. Tonantzintla y Tacubaya Nr. **11** S. 25—26, mit 1 Fig. (mit englischer Zusammenfassung). — Liste von 150 neuen OB-Sternen im Bereich b = +10° bis −10° und l = 270° bis 330° nebst Übersichtskarten der nicht in der CD enthaltenen Sterne. Voigt

9530. **W. G. Gorbazkij,** Über die Ursachen des Auftretens enger Absorptionslinien in den Spektren der Be-Sterne. AJ UdSSR **31** 413—424, mit 2 Abb. (russisch). — Es wird nachgewiesen, daß die um 1940 beobachteten sehr schmalen Absorptionslinien der Balmer-Serie und ionisierter Metalle in den Spektren von γ Cas und Pleione in einer ausgedehnten dünnen Hülle entstanden, die weit vom Stern entfernt war und durch Vergrößerung der kurzwelligen Strahlungsintensität des Sterns ionisiert wurde. Die Expansion der Hüllen bewirkte dann das Wiederverschwinden dieser Linien. Schrick

9531. **L. Gratton,** A spectrophotometric comparison between high and low velocity K giants. Vgl. Ref. **1191**, daselbst S. 419—445, mit 11 Fig. — Aus einer streng differentiellen Untersuchung der Äquivalentbreiten schwacher Metallinien bei sechs K-Riesen — zwei Schnelläufer und vier normal bewegte Sterne — lassen sich keine definitiven Schlüsse bezüglich unterschiedlicher H- und O-Häufigkeiten in den Sternen beider Gruppen ziehen. Sollten solche systematischen Häufigkeitsunterschiede zwischen Sternen der Population I und II bestehen, so dürften die Schnelläufer-Riesen nicht repräsentativ für Population II sein. Bezüglich der relativen Metallhäufigkeiten ergibt die Untersuchung bei allen Sternen ausgezeichnete Übereinstimmung. Weidemann

* * **J. L. Greenstein,** Some faint A-type subdwarfs. Vgl. Ref. **9707**.

9532. **J. L. Greenstein,** New features in the spectra of white dwarfs. AJ **59** 322—323. — Ref. AAS.

9533. **J. L. Greenstein, J. Cuffey,** A B-type star of population II. Publ ASP **66** 187—190, mit 1 Fig. — Angaben über spektroskopische und photometrische Daten des Sterns Nr. 25 in NGC 1647. Er wird als B5 V und zur Population II gehörig klassifiziert. Die absolute visuelle Helligkeit ist $M_V = 0^m\!.0$.
Labs

9534. **M. Hack,** Resultati ottenuti da analisi quantitative di stelle B, col metodo di Unsöld. Mem SA It (NS) **25** 17—43, mit 9 Fig. = Oss. e Mem. Oss. Astrofis. Arcetri Nr. **69.** — Verf. untersucht mit den Methoden der Grobanalyse 29 O6—B5-Sterne, für die E. G. Williams und andere Äquivalentbreiten von H und He veröffentlicht haben. Hieraus wird das Häufigkeitsverhältnis H : He und seine Abhängigkeit von der Leuchtkraft bestimmt. Für den Logarithmus ergibt sich 0.4 bei den Riesen- und 1.0 bei den Zwergsternen. Weiter werden Schwerebeschleunigung und Turbulenz sowie der Einfluß der angenommenen Temperaturwerte untersucht. Eine Abhängigkeit des Verhältnisses λ 4481 Mg II : λ 3965 He I von der Ausdehnung der Sternatmosphäre konnte bei den betrachteten Sternen nicht festgestellt werden. Oster

9535. **M. Hack,** Lo spettro di ζ Tauri. II. Mem SA It (NS) **25** 281—299, mit 4 Fig. und 1 Tafel = Oss. e Mem. Oss. Astrofis. Arcetri Nr. **69.** — Verf. wertete zwei Spektrogramme von ζ Tau aus, die mit dem spaltlosen Quarzspektrographen des Obs. Haute Provence aufgenommen worden waren. Dispersion 40 Å/mm (Hγ), Spektralbereich 3150—6000 Å. Die Ergebnisse werden mit anderweitig erhaltenen verglichen. Die Häufigkeit der in der Atmosphäre des Sterns einschließlich der Hülle vorhandenen H- und He-Atome wird bestimmt. Zur Zeit der Beobachtungen hatte Hβ Emissionsflügel mit V/R > 1 und die He-Linien 5016 und 3965 Å waren anwesend; erstere ist weit, letztere scharf. Die vom metastabilen Niveau $2\,^3S$ herrührende He-Linie 3188 ist sehr scharf. Loh.

9536. **M. Hack,** Lo spettro della supergigante A3 Ia 6 Cassiopeiae. Mem SA It (NS) **25** 481—517, mit 4 Fig. — Verf. wertet mit den Methoden der Grobanalyse drei Spektrogramme aus, die sie im September 1951 mit dem 120 cm-Reflektor des Observatoriums Asiago und einer Dispersion von 40 Å/mm bei H$_\gamma$ von dem A3-Überriesen 6 Cassiopeiae aufgenommen hat. Eine ausführliche Tabelle der identifizierten Linien mit Äquivalentbreiten und Zentraltiefen ist beigegeben. Die Elektronendichte ergibt sich zu $\log N_e = 12.24$, der Vergleich der beobachteten Profile von H$_\gamma$ und H$_\delta$ mit gerechneten nach Verweij führt auf $\log g = 1$ für die Schwerebeschleunigung und eine Temperatur von 12600°. Weiter werden unter Benutzung solarer f-Werte die Häufigkeiten einiger Elemente (bezogen auf die Sonne) sowie eine Turbulenzgeschwindigkeit von 16 km/sec bestimmt. Oster

9537. **K. G. Henize,** The Michigan-Mount Wilson southern Hα survey. AJ **59** 325. — Ref. AAS.

9538. **K. G. Henize,** Hα-emission stars associated with a dark lane in Lupus. ApJ **119** 459—460. — Verf. teilt die Auffindung einer Gruppe von Sternen mit, die Hα in Emission zeigen und in dem Dunkelfeld Barnard 228 liegen.

9539. **G. H. Herbig,** Emission-line stars associated with the nebulous cluster NGC 2264. ApJ **119** 483—495, mit 1 Fig. und 5 Tafeln = Contr. Lick Obs. (2) Nr. **52.** — Ref. in Sterne **31** 198. — Der offene Sternhaufen NGC 2264 enthält leuchtende Nebelmaterie und ist ferner mit einem ausgedehnten Dunkelnebel verbunden. Verf. hat mit Spektrographen sehr kleiner Dispersion 84 Sterne zwischen $14^m\!.0$ und $19^m\!.5$ in und um den Haufen gefunden, die Hα in Emission zeigen. Ihre absoluten Helligkeiten liegen zwischen $+4^m\!.5$ und $+10^m$; die Sterne sind wahrscheinlich ausnahmslos veränderlich. Nahezu alle Objekte sind von spätem Spektraltyp (T Tauri-Sterne). Die räumliche Dichte dieser Objekte beträgt in dem am dichtesten bevölkerten Gebiet etwa 1.1 Sterne pro Kubikparsec und 0.25 Sterne pro Kubikparsec für die gesamte Gruppe, wenn man nur Sterne mit Hα-Emission heller als $M = +8^m.5$ erfaßt. Diese Minimalwerte stellen bereits das 85- bzw. 20fache der Dichte aller Sterne in der Sonnenumgebung dar. Micz.

9540. **G. H. Herbig,** Bright-Hα stars in IC 348. Publ ASP **66** 19—22, mit 1 Tafel. — Katalog von 16 schwachen Sternen in und bei IC 348, die in Hα eine Emission zeigen. Ihr Zusammenhang mit der expandierenden Gruppe der O- und B-Sterne im Perseus wird diskutiert. U. Be.

9541. **R. Herman, L. Herman,** Origine du spectre d'absorption continu dans les étoiles carbonées de type N. CR **239** 395—398, mit 1 Fig. — In AM Cen und GP Ori beobachtet man im Ultravioletten ein kontinuierliches Absorptionsspektrum, das dem der N-Sterne entspricht und damit wahrscheinlich dem C_3 oder C_4 zugeschrieben werden sollte. Demgegenüber enthält GP Ori als S-Stern aber nur schwache C_2-Banden, so daß die obige Zuordnung fraglich erscheint. Versuche der Verf., das Entladungsspektrum einer Gasmischung aus Xe, CO und H_2 zur Erklärung der Diskrepanz heranzuziehen, blieben ergebnislos. Loh.

9542. **W. R. Hossack,** The application of an oscilloscopic microphotometer to the spectral classification of late-type stars. ApJ **119** 613—621, mit 3 Fig. = Commun. David Dunlap Obs. Nr. **35.** — Ein vom Verf. kürzlich beschriebenes Mikrophotometer (J RAS Canada **47** 195, vgl. AJB **53** Ref. **2221**) wird zur Bestimmung von Spektraltypen und Leuchtkraftklassen aus Intensitätsverhältnissen von Absorptionslinien benutzt. Das Photometer projiziert die Dichteverteilung zweier Spektralaufnahmen auf einen Oszillographenschirm. Ein Spektrum dient als Standardspektrum, mit dem das andere verglichen wird. Die Intensitätsverhältnisse können objektiv gemessen werden. Ein Versuch mit Spektralaufnahmen von 33 Å/mm Dispersion erbrachte einen wahrscheinlichen Fehler von 0.2 Unterklassen für die Spektralbestimmungen und 0.15 für die Leuchtkraftklassen. Die Meßgeschwindigkeit ist etwa dieselbe wie die visueller Klassifizierungen. Micz.

9543. **K. Hunger,** Die Atmosphäre des A0-Sterns α Lyrae. Phys. Verhandlungen **5** 125. — Ref. AG.

9544. **B. Iriarte, E. Chavira,** Lista de estrellas de alta luminosidad. Bol. Obs. Tonantzintla y Tacubaya Nr. **9** S. 41—45, mit 1 Fig. (mit englischer Zusammenfassung). — Liste von 88 mit Objektivprisma klassifizierten OB-Sternen ($l = 337°$ bis $308°$; $b = +5°$ bis $-8°$) nebst Übersichtskarten der nicht in der BD enthaltenen Sterne. Voigt

9545. **B. Iriarte, E. Chavira,** Nuevas gigantes azules entre longitudes galacticas $l = 345°$ a $l = 35°$. Bol. Obs. Tonantzintla y Tacubaya Nr. **11** S. 27—33, mit 4 Fig. (mit englischer Zusammenfassung). — Liste von 176 vorläufig als Supergiganten identifizierten Sternen in der Nähe des galaktischen Äquators zwischen $l = 345°$ und $l = 35°$ nebst Übersichtskarten der nicht in der BD oder im Henry-Draper-Katalog enthaltenen Sterne. Voigt

9546. **N. L. Iwanowa,** Spektralphotometrische Untersuchung des kontinuierlichen Spektrums von 59 Cygni. Mitt. Obs. Bjurakan Nr. **14** S. 26—32 (russisch mit armenischer Zusammenfassung). — Neun Spektrogramme, die 1952—53 mit dem 10 Zoll-Teleskop in Bjurakan auf Ilford-Zenit-Platten mit 10 bis 16 Minuten Expositionszeit erhalten wurden, dienten zur Bestimmung der spektroskopischen Gradienten beiderseits der Balmergrenze und der Größe des Balmersprungs. Vergleich mit den Beobachtungen von Chalonge, Barbier und Mirsojan zeigt, daß Farbtemperatur, Wasserstofflinienintensität und Balmersprung zur Zeit abnehmen. Die Änderungen sind im UV am größten. Vermutlich stößt der Stern zur Zeit Materie aus und bildet eine ausgedehnte Hülle. Die Dauer der Aktivitätsperiode von 25 Jahren scheint sich zu bestätigen. Petri

9547. **P. C. Keenan,** Classification of the S-type stars. ApJ **120** 484—505, mit 3 Fig. und 3 Tafeln = Contr. Perkins Obs. (1) Nr. **39**. — Es wird ein Katalog von 69 Sternen mitgeteilt, die den Spektraltyp S besitzen. Als einziges Kriterium der Zugehörigkeit zu diesem Typ wird das Auftreten der ZrO-Banden auf Spektren geringer Dispersion genommen. Bei weiteren 14 Sternen ist die ZrO-Absorption so gering, daß sie auf Objektivprismenaufnahmen nicht mehr nachweisbar sein dürfte. Die Sterne der ersten Liste werden nach dem Intensitätsverhältnis der ZrO- und TiO-Banden in einem zweidimensionalen Schema klassifiziert, in dem Temperatur und chemische Zusammensetzung der Atmosphäre die Parameter sind. Aus den Bewegungen und der galaktischen Verteilung der S-Sterne wird geschlossen, daß es sich um Riesen mit einer erheblichen Streuung der absoluten Helligkeit handelt. Micz.

9548. **E. M. Lindsay,** A new O-type star. Irish AJ **3** 11 = Armagh Obs. Leaflet Nr. **24** S. 2. — $\alpha = 12^h\,18^m\!.0$, $\delta = -61°\,58'\!.5$ (1900).

9549. **E. M. Lindsay,** On three Wolf-Rayet stars. Irish AJ **3** 11—12 = Armagh Obs. Leaflet Nr. **24** S. 2—3.

* * **K. G. Malmquist, C. Schalén, B. Westerlund,** A spectrophotometric survey of stars along the milky way. I. Galactic longitudes 60°—80°. Vgl. Ref. **9418**.

9550. **G. Mannino, S. Taffara,** Studio spettrofotometrico delle stelle Eta Orionis (B 1) e Kappa Orionis (B 0). Mem SA It (NS) **25** 7—16 = Contr. Oss. Astrofis. Asiago Nr. **44**. — Ergebnisse der Grobanalyse des B1-Sterns η Orionis und des B0-Sterns $\varkappa$ Orionis nach Aufnahmen vom Januar 1953 mit dem 120 cm-Reflektor des Observatoriums Asiago. Dispersion 40 Å/mm bei Hγ. Unter der Annahme einer Temperatur von 23000° bzw. 27000° findet sich für den Elektronendruck $\log P_e = 2.95$ bzw. 2.65, die effektive Schwerebeschleunigung $\log g_{eff} = 4.9$ bzw. 4.1 und für den Logarithmus des Häufigkeitsverhältnisses H : He 0.81 bzw. 0.30. Außerdem werden für eine Reihe von Metallinien Zentraltiefen und Äquivalentbreiten angegeben. Oster

9551. **A. McKellar,** Spectra of the cool carbon stars in the λ 9000—λ 11000 wave-length region. Publ ASP **66** 312—320, mit 2 Tafeln = Contr. Dominion Astrophys. Obs. Victoria Nr. **41**. — Es werden Infrarotspektren von sieben kühlen Kohlenstoffsternen (Victoria Dreiprismenspektrograph, Kodak IZ (2) Emulsion, λ 9000—11000 Å, ~ 150 Å/mm) beschrieben und abgebildet. Von 56 Absorptionserscheinungen zwischen 9670 Å und 11000 Å (tabuliert) konnten vier als Bandenköpfe der 0,0-Bande des roten CN-Systems sicher identifiziert werden. Traving

9552. **O. A. Melnikow,** Einige Ergebnisse der Spektralphotometrie von A-Sternen. AJ UdSSR **31** 249—258, mit 9 Abb. (russisch). — Für 66 nach absoluter Helligkeit in sieben Gruppen unterteilte A-Sterne werden atmosphärische Zustandsgrößen abgeleitet. Die auffallend niedrigen Werte der beobachteten Schwerebeschleunigung bei Überriesen sind nur durch Zuhilfenahme des Lichtdrucks verständlich. Durch den Einfluß starker Lα-Linien auf das angrenzende Kontinuum werden die photometrischen Gradienten bis in den photographischen Bereich hinein verfälscht. Es entsteht eine zusätzliche Rötung, die von der Wasserstofflinienintensität abhängt und von interstellaren Effekten unterschieden werden muß. Zwischen der über Hγ und Hδ gemittelten Äquivalentbreite W und der absoluten Helligkeit M besteht die empirische Beziehung: $\log W = 1.025 + 0.115\,M$. Petri

9553. **O. A. Melnikow,** Die Intensitätsmaxima der Wasserstofflinien und die Temperaturen der A-Sterne. AJ UdSSR **31** 259—263, mit 3 Abb. (russisch). — Die nachstehenden Ergebnisse resultieren aus Beobachtungen des Verf. mit einem auf der armenischen Bergstation aufgestellten spaltlosen

Spektrographen und aus Beobachtungen einer Reihe anderer Astronomen. Das Intensitätsmaximum der Wasserstofflinien tritt bei Hauptreihensternen bei A2, bei Überriesen etwa bei cA0 ein. Die effektive Temperatur der A2-Sterne beträgt rund 9000°, die der cA2-Sterne 8000°. Die absolute visuelle Helligkeit M der A-Sterne ist mit der Nummer der letzten sichtbaren Wasserstofflinie n_m durch die Beziehung $\lg n_m = 1.310—0.025\, M$ verbunden, die Elektronendichte N_e mit M durch $\lg N_e = 13.24 + 0.188\, M$. Loh.

9554. **P. W. Merrill, A. L. Lowen,** Strontium lines in late-type spectra. Publ ASP **66** 180—183, mit 2 Fig. — Es wird untersucht, in welchem Maße die zur Leuchtkraftklassifikation wichtigen Linien SrI 4607, SrII 4078 und SrII 4215 durch benachbarte Linien anderer Elemente gestört und in der Äquivalentbreite verfälscht werden. Tabellen und Eigenschaften solcher «Störlinien» werden gegeben. Labs

9555. **F. D. Miller,** Wolf-Rayet and other spectra of early type in the 1 μ region. ApJ **120** 265—270, mit 1 Fig. und 1 Tafel. — Objektivprismen- und Spaltspektrogramme des Wellenlängenbereichs $\lambda\lambda$ 9000—11000 wurden für einige Wolf-Rayet-, B- und A-Sterne mit kleiner Dispersion erhalten und beschrieben. Die Wolf-Rayet-Sterne zeigen deutlich die Trennung in die Kohlenstoff- und die Stickstoffgruppe. Die auffälligeren Emissionslinien gehören dem HeI, HeII und CIII an. Eine scharfe Emissionslinie bei λ 10830 im Spektrum der B-Sterne wird dem HeI zugeschrieben. Die Paschenserie ist nur in den A-Sternen erkennbar. Micz.

9556. **W. W. Morgan, A. B. Meinel, H. M. Johnson,** Spectral classification with exceedingly low dispersion. ApJ **120** 506—508, mit 1 Fig. und 4 Tafeln. — Ref. in Sterne **31** 188—189, mit 1 Abb. — Es wird ein Verfahren beschrieben, um verfärbte und unverfärbte O- und B-Sterne auf Objektivprismenaufnahmen äußerst geringer Dispersion bis zu geringen scheinbaren Helligkeiten zu erkennen. Verf. benutzen eine Schmidt-Kamera mit 8 inch Brennweite und 2 inch effektiver Öffnung. Das Objektivprisma besitzt 1° Brechwinkel und die Dispersion beträgt 30000 Å/mm. Die Spektraltypen können an der Form der Fokalbilder, die sich bei verfärbten und unverfärbten Sternen frühen Typs unterscheiden, erkannt werden. Die Länge der Spektren beträgt etwa 100 bis 200 μ. Micz.

9557. **L. Münch,** Estrellas de alta luminosidad entre Vela y Cruz. II. Bol. Obs. Tonantzintla y Tacubaya Nr. **11** S. 19—24, mit 2 Fig. (mit englischer Zusammenfassung). — Liste von 260 neuen, vorläufig als OB klassifizierten Sternen im Bereich $b = +2.5°$ bis $-2.5°$ und $l = 240°$ bis 270° nebst Übersichtskarten der nicht in der CD oder in den Henry-Draper-Extension-Karten enthaltenen Sterne. Voigt

9558. **E. R. Mustel, L. S. Galkin,** Untersuchung der A- und F-Sterne mit anomalen Intensitäten der Metallinien. Mitt. Astrophys. Obs. Krim **12** 148—161, mit 5 Abb. (russisch). — Teil I: Erforschung der Kontur der Hα-Linie in Sternspektren mit verstärkten Metallinien. — Die sogenannten «metallischen» A-Sterne werden nach der K-Linie in eine frühere Spektralklasse eingestuft als nach der Mehrzahl der Metallinien. Die schwache Intensität der K-Linie kann durch anomale chemische Zusammensetzung der Sternatmosphären oder, was nicht sehr wahrscheinlich ist, durch anomale Ionisationsbedingungen des Kalziums in diesen Atmosphären verursacht sein, wie sie Greenstein auch für andere Elemente als überschüssige Ionisation durch Protonen mittels des «Resonanzmechanismus mit Überladung» beschrieben hat. Eine weitere Möglichkeit kann, analog den Erscheinungen bei den Sonnenflecken, darin angedeutet sein, daß der Absorptionskoeffizient bei den Atomen CaII, ScII usw. sehr langsam mit der Frequenz fällt, und daher jeder Intensitätsüberschuß des entfernten UV zur anomalen Ionisation der betrachteten Ionen und damit eventuell zu einem «Defizit» an Atomen Ca, Sc usw. führen könnte. Letztere Hypothese ergibt sich als die wahrscheinlichere, da ein Vergleich der Konturen der Hα-Linie in neun «metallischen» Sternen mit entsprechenden Sternen der Hauptreihe keine überschüssigen Emissionen in den Zentralpartien der Linien ergibt, wie sie nach Greenstein durch die Vergrößerung der Rekombinationsprozesse auftreten müßten. Schrick

9559. **J. J. Nassau, V. M. Blanco,** Bright late M-type stars near the galactic equator. ApJ **120** 118—128. — Es wird ein Katalog von 384 Sternen mit Spektraltypen M5 und später in einem 4° breiten (galaktische Breite +2° bis −2°) Gürtel zwischen galaktischer Länge 333° bis 201° mitgeteilt. 67 Sterne davon sind vermutlich helligkeitsveränderlich. Alle Sterne wurden auf Objektivprismaaufnahmen des Spektralbereichs λ 6800 bis λ 8800 klassifiziert und sind im Infraroten heller als $8^m\!.2$. Micz.

9560. **J. J. Nassau, V. M. Blanco,** Carbon stars at the galactic equator in a zone 4° wide. ApJ **120** 129—138, mit 2 Fig. — Verf. teilen ein Verzeichnis von 271 Kohlenstoff-Sternen mit, die sie in einem 4° breiten Streifen (galaktische Breite +2° bis −2°) zwischen galaktischer Länge 333° bis 201° auf Objektivprismaaufnahmen des Spektralbereichs λ 6800 bis λ 8800 gefunden haben. Es wird ein Kriterium vorgeschlagen, um Sterne der Spektraltypen N und R zu trennen. Die Grenzhelligkeit des Katalogs ist etwa 11^m im Infraroten. Micz.

9561. **A. A. Nikitin,** Über die relativen Intensitäten der CaII-Linien in Sternspektren. DAN **99** 689—690 (russisch). — Zur theoretischen Interpretation der relativen Intensitäten der Ca II-Linien in Sternspektren berechnet Verf. das Besetzungsverhältnis n_4/n_3 der 4^2S- und 4^2P-Niveaus dieses Ions und gibt es für einige Fälle numerisch an. Loh.

9562. **P. Notni,** Beeinflussung des kontinuierlichen Spektrums der Sterne durch die Flügel von Lyman-α. Sterne **30** 244, mit 2 Abb.

9563. **J. B. Oke,** A study of the atmospheres of early O and Of stars. ApJ **120** 22—40, mit 4 Fig. — Äquivalentbreiten von allen meßbaren Absorptionslinien des Bereichs λ 3300 bis λ 4900 wurden von acht O- und Of-Sternen auf Spektralaufnahmen mit 10.2 Å/mm Dispersion gemessen. Aus der Analyse werden Elektronendichte, effektive Schwerebeschleunigung, Häufigkeit chemischer Elemente und ähnliche Daten abgeleitet. Ferner werden für Of-Sterne auch plausible Werte von Masse, Leuchtkraft und Radius ermittelt, die den wenigen direkt gemessenen Werten nahekommen. Einige Emissionslinien (N III λ 4634 und λ 4640, He II λ 4686) wurden ebenfalls photometriert, ihre Profile und Intensitäten scheinen bereits innerhalb weniger Stunden Änderungen zu unterliegen. Verf. führt Gründe an, die nahelegen, daß die Emissionslinien in oberen Atmosphärenschichten und nicht in ausgedehnten Hüllen gebildet werden. Micz.

9564. **D. M. Popper,** Red shift in the spectrum of 40 Eridani B. ApJ **120** 316—321. — Ref. in Irish AJ **3** 120 = Astr. Papers Univ. California **1** Nr. 15. — Von dem Weißen Zwerg im Vielfachsystem 40 Eri wurden 27 Spektren erhalten, die die Bestimmung der Radialgeschwindigkeit aus den Balmerlinien gestatteten. Nach Berücksichtigung der räumlichen Bewegung des Systems verblieb eine Rotverschiebung von $\Delta\lambda/\lambda = 7 \times 10^{-5}$, die 21 km/sec entspricht. Die der Masse und dem Radius des Sterns entsprechende relativistische Rotverschiebung beträgt 17 km/sec. Die Differenz zwischen beobachtetem und berechnetem Wert ist geringer als die Summe der anzunehmenden Unsicherheit beider. Micz.

9565. **W. Priester,** Gestörte Multipletts in Sternatmosphären. Phys. Verhandlungen **5** 125. — Ref. AG.

9566. **G. Righini, G. de Strobel, G. Godoli, G. Mannino, S. Taffara,** Studio spettrofotometrico di quindici stelle Be e di tre stelle B. Ric. Sci. **24** 1393—1421, mit 9 Fig. = Contr. Oss. Astrofis. Asiago Nr. **51.** — In der vorliegenden Arbeit werden die Versuchsergebnisse eines im Jahre 1951 in der astrophysikalischen Sternwarte von Asiago begonnenen Forschungsprogramms für das Studium der Atmosphäre der Be-Sterne besprochen. In der Folge werden die erzielten Daten mittels des schon von Unsöld für die Untersuchung von τ Sco angewandten homogen-isothermischen Modells gedeutet. Auf diese Weise wurden für die verschiedenen Sterne der Wasserstoff- und Heliumgehalt bestimmt, ferner die Elektronendichte und der Elektronendruck, das Verhältnis He/H und die wirksame Schwerebeschleunigung. Die Analyse dieser Ergebnisse zeigt, daß es, wenigstens für die untersuchten Parameter, keine Unterschiede zwischen den Be-Sternen und den typischen B-Sternen gibt; es ergibt sich ferner, daß das homogen-isothermische Modell für die Deutung der Versuchsdaten hinreichend ist. Verf.

9567. **H. Rojas, R. Herman,** Particularités du spectre de ϱ Léonis. CR **238** 2492—2494. — Das Spektrum von ϱ Leo ist schon mehrmals als veränderlich vermutet worden, ohne daß Genaueres über die Natur dieser Variationen gesagt werden konnte. Die vorliegende Untersuchung dürfte diese Variationen bestätigen und ihre Natur präzisieren. Es scheint, daß das Spektrum sehr schnell von B_1 I_b zu B_2 I_a wechselt. Es ist möglich, daß einige Linien gleichzeitig in Emission auftreten, jedoch nur über eine kurze Zeit hinweg. Verf. (übersetzt)

9568. **A.-M. Rozis,** Classification de quelques étoiles B dans Monoceros. CR **238** 1779—1781 = Contr. Inst. d'Astrophys. Paris (A) Nr. **166.** — Aus den Charakteristika des Balmersprungs werden die Spektraltypen von sechs B-Sternen in Monoceros bestimmt. Die durch interstellare Absorption verfälschten visuellen Helligkeiten werden korrigiert. Labs

9569. **G. A. Schajn, W. F. Hase,** The isotope C^{13} in stellar spectra. Vgl. Ref. 1191, daselbst S. 397—401. — Es wurden die mit dem 40 inch-Teleskop aufgenommenen Spektren von N-Sternen nach dem Häufigkeitsverhältnis der Kohlenstoffisotope $C^{13} : C^{12}$ untersucht. Dieses Verhältnis wurde zwischen 0.05 und 0.40 gefunden. Hunger

9570. **J. D. Schopp,** Determination of upper limits to the abundance of carbon 13 in normal red giant stars. AJ **59** 192—193. — Ref. AAS.

* * **J. D. Schopp,** A determination of lower limits to the abundance ratio of carbon 12 to carbon 13 in the atmospheres of G 8—K 5 giant stars. Vgl. Ref. **5130.**

9571. **U. Sinnerstad,** Preliminary report on an investigation of luminosity criteria for early type stars. Ark Astr **1** 561—565, mit 4 Fig. = Stockholms Obs. Medd. Nr. **82.** — In 85 Sternen früher als A 5 werden Äquivalentbreiten und Zentraltiefen der Wasserstofflinien gemessen (Dispersion 75 Å/mm bei Hγ). Ein Diagramm, in dem die mittleren Äquivalentbreiten von Hγ und Hδ gegen die mittleren Zentraltiefen derselben Linien aufgetragen sind, zeigt eine deutliche Trennung in Überriesen und in normale Riesen und Zwergsterne. Voigt

9572. **A. Slettebak,** The spectra and rotational velocities of the bright stars of Draper types B 8—A 2. ApJ **119** 146—167, mit 7 Fig. und 1 Tafel = Contr. Perkins Obs. (1) Nr. **37.** — Verf. hat von 179 Sternen mit Spektraltypen B 8—A 2 im Henry Drapersystem und heller als 5. Größe Spektraltypen und Leuchtkraftklassen im System des Yerkes-Atlas bestimmt. Aus den photometrisch gemessenen Profilen der Linie Mg II λ 4481 wurde die Komponente ihrer Rotationsgeschwindigkeit im Visionsradius mit Hilfe der graphischen Methode von Schajn und Struve bestimmt. Die gefundenen Werte lassen erkennen, daß die Überriesen, «metallischen» A-Sterne und A-Sterne mit der Charakteristik «peculiar» kleine Rotationsgeschwindigkeiten bevorzugen. Die Hauptreihensterne dieses Spektralbereichs haben im Mittel etwa 177 km/sec Rotationsgeschwindigkeit, während die Sterne, die der Helligkeit nach etwas oberhalb der Hauptreihe liegen, im Mittel mit 93 km/sec rotieren. Über das Spektrum einiger Emissionslinien-Sterne und spektroskopischer Doppelsterne werden beschreibende Bemerkungen gemacht. Einige Sterne des Programms scheinen auffällig schwache Absorptionslinien zu besitzen; es wird angenommen, daß es sich um Sterne etwas unterhalb der Hauptreihe handelt. Die Abhängigkeit der Gesamtabsorption von Mg II λ 4481 vom Spektraltyp wird mitgeteilt. Micz.

9573. **A. Slettebak,** Recent changes in the spectra of four Be stars. ApJ **119** 460—462 = Contr. Perkins Obs. (1) Nr. **38.** — Es wird über Veränderungen im Spektrum der Be-Sterne o Andromedae, 66 Ophiuchi, 48 Librae und Pleione während der letzten Jahre berichtet. Micz.

* * **E. v. P. Smith, H. J. Smith,** Distribution of M and carbon stars in the southern milky way. Vgl. Ref. **12325.**

9574. **S. N. Stone, O. Struve,** The spectrum and luminosity of Alpha Scorpii B. Publ ASP **66** 191—197, mit 3 Fig., 257 = Berkeley Repr. Nr. **69.** — Ref. in Sterne **31** 142. — Nach Mt. Wilson-Gitter-Coudé-Spektren (10 Å/mm) von O. Struve (1952) wird der Typ von α Sco B zu B 4 Ia bestimmt. Er reiht sich mit einer absoluten Helligkeit von −1.0 aus der Intensität von Hγ nach Petrie zwangslos in die Hauptreihe ein. Die Parallaxe ergibt sich ohne Berücksichtigung der interstellaren Absorption bei einer scheinbaren Helligkeit von $+7^m\!.0$ zu $0\overset{''}{.}0025$. Wahrscheinlich muß die absolute Helligkeit von Antares aber von −5.0 auf −6.8 korrigiert werden. Es besteht kein Grund anzunehmen, daß α Sco und sein Begleiter α Sco B kein physisches Doppelsternsystem bilden. Labs

9575. **B. Strömgren,** Spectral classification through photoelectric photometry in narrow wavelength regions. AJ **59** 193—194. — Ref. AAS.

9576. **O. Struve,** Quantitative spectral classifications. Sky and Telescope **13** 147—149, mit 3 Fig. — Ausführliche Besprechung der beiden Spektralklassifikationsschemen von Chalonge und Strömgren. Ausblick auf zukünftige Fragen, die sich aus diesen genauen Klassifikationen ergeben (Einfluß der Rotation auf die Absorption, Aufbau der Atmosphäre usw.). U. Be.

9577. **P. Swings,** Molécules polyatomiques dans les étoiles carbonées froides. J. Phys. Radium **15** 193. — Ref. in Phys. Abstracts (A) **57** 800.

9578. **S. Taffara,** Ricerche spettrofotometriche sulle stelle Be. X. Lo spettro della stella HD 175863. Mem SA It (NS) **25** 217—226, mit 7 Fig. = Contr. Oss. Astrofis. Asiago Nr. **46.** — Von diesem B4e-Stern wurden in Asiago zwölf Spektren mit einer Dispersion von 40 Å/mm bei Hγ aufgenommen. Von den Balmer-Linien Hα—H_{16}, He I-Linien und solchen weiterer Elemente wurden Äquivalentbreiten bestimmt und folgende Ergebnisse gefunden: $\log N_e = 14.50$; $\log P_e = 2.87$; $\log NH(H) = 21.82$; $\log NH(He) = 21.00$; $\log H/He = 1.36$; $\log g = 5.2$. Verf. (übersetzt)

9579. **A. D. Thackeray,** The helium star HD 168476. MN **114** 93—100, mit 2 Fig. = Commun. Radcliffe Obs. Nr. **27.** — HD 168476 ist ein Stern hoher Temperatur, in dessen Spektrum keine Wasserstofflinien nachweisbar sind. Verf. findet in seinem Katalog von 206 gemessenen Linien auch keine Sauerstofflinien. Dagegen treten Linien des He I, C II und Ne I auf, auch Ti II, dessen Ionisationspotential dem von H und O I entspricht. Aus der Stärke der Linien wird geschlossen, daß die Anzahl absorbierender Atome über der Photosphäre etwa zehnmal so groß ist wie in den Überriesen ähnlicher Temperatur. Der Mangel an Wasserstoff dürfte die erhöhte Durchsichtigkeit der Atmosphäre bewirken. Der Stern besitzt die hohe Radialgeschwindigkeit von −165 km/sec. Ähnlich wie

HD 160641, ein anderer Stern mit geringem atmosphärischem Wasserstoffgehalt, muß er als ein Schnelläufer betrachtet werden. Aus der Eigenbewegung und der Intensität der interstellaren Kalziumlinie wird die absolute Helligkeit auf mindestens -2^{m} geschätzt. Micz.

9580. **A. D. Thackeray,** Another symbiotic star. MN ASSA **13** 72. — Stern No. 129 in Harv Bull **920** 32 (1950: $19^{h} 37^{m}.4$, $-68° 15'$) wird auf Grund einer Aufnahme von 1954 Juli 18 mit dem Radcliffe Cassegrain Spektrographen als symbiotischer Stern klassifiziert; sein Spektrum wird kurz beschrieben. Gli.

9581. **A. D. Thackeray,** The helium star HD 168476. Obs **74** 99—100. — Ref. RAS.

9582. **A. B. Underhill,** The spectrum of the shell star 48 Librae. Publ. Dominion Astrophys. Obs. Victoria **9** 363—397, mit 11 Fig. — Der Stern wurde von 1950 bis 1953 spektralphotometrisch und bezüglich Radialgeschwindigkeit beobachtet. Der (Kern-) Stern, der als B3 klassifiziert wird, rotiert wenigstens genau so schnell wie der (Kern-) Stern von ζ Tau (350 km/sec). Das Hüllenspektrum ähnelt dem von α Cyg. Die aus den Wachstumskurven von FeI, FeII, TiII, VII, CrII und CrI abgeleiteten Anregungstemperaturen liegen in den vier Jahren zwischen 8200° und 9900°, die log P_e zwischen 1.6 und 2.7. Die Profile der Hα-Hδ-Linien unterlagen Veränderungen. Die Hüllengeschwindigkeit erreichte 1951 ein Maximum mit +20 km/sec und nahm bis 1953 auf −30 km/sec ab. Die Bewegungen in der Hülle sind vermutlich großräumig-chaotischer Natur. Loh.

9583. **A. B. Underhill,** On the strength of the helium lines in the O-type stars. Vgl. Ref. **1191**, daselbst S. 374—386, mit 2 Fig. = Contr. Dominion Astrophys. Obs. Victoria Nr. **35**. — Äquivalentbreiten von H-, HeI- und HeII-Linien von 39 O-Sternen werden mitgeteilt. Ausgehend von einem O9- sowie einem O5-Modell wird die Äquivalentbreite der HeII-Linie λ 4541 berechnet. Nimmt man für das Verhältnis He/H 4/96 an, so erhält man eine befriedigende Übereinstimmung mit der Beobachtung für das O9-Modell, hingegen verbleibt ein Unterschied von einem Faktor 4 bei dem O5-Modell. Hunger

9584. **E. Vandekerkhove,** Observations spectrophotométriques. BAB **4** 183—184, mit 3 Fig. — Mit dem Coudé-Schmidt in Uccle und einem Einprismenspektrographen wurden bei einer Dispersion von 19.5 Å/mm zwischen Hα und Hβ Gradienten bei λ 5000 Å von γ Cas, ζ Tau, δ Cep, α Ori relativ zu je einem Vergleichstern abgeleitet. Dv.

9585. **A. Wilkens,** Über die kontinuierliche Wasserstoff-Absorption und die Linientiefen des Wasserstoffs in Sternspektren in Beziehung zur absoluten Größe der Sterne. Sitzber. Bayer. Akad. Wiss., Math.-naturwiss. Kl. **1954** 1—15. — Von 62 Sternen heller als 6^{m} der Spektralklassen B0—F3 wurden am 82 cm-Reflektor der Sternwarte Eva Peron Spektren aufgenommen und daran das Verhalten der kontinuierlichen H-Absorption und der Linientiefen der Balmer-Linien H_β—H_Θ in Abhängigkeit von der absoluten Größe untersucht. Die Sterne wurden nach dem Spektraltyp in drei Gruppen eingeteilt: B0—B8, B9—A5, A6—F3. Innerhalb der Gruppen ergab sich kein Gang mit M. Die Gruppenmittel jedoch zeigen für die kontinuierliche H-Absorption eine schwache Abhängigkeit von M, eine stärkere für die Linientiefen, die in der zweiten Gruppe ein Maximum besitzen, von wo aus die Linienintensität nach beiden Seiten abfällt. Kdr.

9586. Spectroscopic notation. Obs **74** 260—261. — Es wird darauf hingewiesen, daß in einer Resolution der Kommission 34 der I. A. U. empfohlen wird, die römischen Ziffern zur Bezeichnung der Ionisationsstufe im allgemeinen nur zur näheren Angabe eines wirklich ausgesandten Spektrums, nicht aber für die Ionen zu verwenden. Eine Ausnahme kann für den interstellaren Wasserstoff (z. B. HII-Region für H^{+}-Ionen-Region) gemacht werden. O. G.

9587. Spektralklassifikation vid Simeis-Observatoriet. PAT **35** 76.

9588. Spektralfotometrisk genommönstring av stjärnor längs Vintergatan. PAT **35** 166.

9589. P Cygni-type stars. Sky and Telescope **14** 21.

9590. Die Verzweigung der späten Spektraltypen. Sterne **30** 61—63.

* * Absoluta ljusstyrkor för vita stjärnor. Vgl. Ref. 9722.

9591. **Spektren einzelner Sterne**

Außer dieser Liste sind die in diesem Paragraphen aufgeführten Referate und die Paragraphen **111** und **112** einzusehen.

α Aur	K. O. Wright. Vgl. Ref. 10207/08.
α Cyg	O. Struve, S.-S. Huang, The stationary calcium lines of Alpha Cygni. Publ ASP **66** 251—252.
HD 50820	A. B. Underhill, The composite spectrum of HD 50820. AJ **59** 332. — Ref. AAS.
HD 197406	A. N. Vyssotsky, A Wolf-Rayet star of tenth magnitude. Correction to HDC. ApJ **119** 300.
$19^h 37^m.4$, −68° 15′ (1950)	A. D. Thackeray, Another symbiotic star. Obs **74** 258—259.

§ 96

Temperatur, Strahlung

9601. **Z. Švestka,** Über die Bestimmung der Temperaturen der Sterne. Časop. Českosl. ústavů astr. **4** 48—56, mit 2 Fig. (tschechisch). — Ref. in RJ Astr. Geod. UdSSR Nr. **10, 1955**; Ref. Nr. 4176.

9602. **A. Wilkens,** Spektrographische Temperaturbestimmungen von Doppel- und einfachen Sternen des südlichen Himmels (II). Sitzber. Bayer. Akad. Wiss. Math.-naturwiss. Kl. **1954** 353—398. — Von 126 vorwiegend A- und B-Sternen des Südhimmels wurden am 82 cm-Reflektor der Sternwarte La Plata in Verbindung mit einem Hartmannschen Quarzspektrographen Spektren aufgenommen, aus denen durch Anschluß an das Mondspektrum in je fünf Wellenlängen spektrographische Temperaturen abgeleitet wurden. Das Beobachtungs- und Reduktionsverfahren wird ausführlich besprochen. Aus den so gewonnenen Temperaturen und den absoluten Helligkeiten wurden sodann die Radien der Sterne abgeleitet und daraus mit Hilfe der der Masse-Leuchtkraft-Beziehung entnommenen Massen die mittleren Dichten bestimmt. Kdr.

§ 97

Leuchtkraft, Durchmesser, Masse, Zustandsdiagramme

* * **W. P. Bidelman,** Spectral classification of southern stars of high luminosity. Vgl. Ref. 9506.

9701. **A. N. Demidowa,** Über die physikalischen Besonderheiten der Unterzwerge. Leningrad, Astr. Hauptobs., 1954 (russisch). — Dissertationsreferat.

9702. **J. E. Ejnasto,** Über die kinematische Struktur der Hauptreihe. Publ. Astr. Obs. Tartu **32** 371—462, mit 7 Abb. (russisch). — Die Tangentialgeschwindigkeiten von 1590 Hauptreihensternen werden eingehend analysiert unter Annahme einer zweifachen Schwarzschild-Verteilung. Die Dispersionen der beiden Gruppen, definiert als mittlere Streuung der Geschwindigkeiten um die kleine Achse des zweiachsigen Geschwindigkeitsellipsoids, ändern sich nur wenig im Laufe der Hauptreihe. Wohl aber ändert sich stark das Häufigkeitsverhältnis von Sternen mit kleinen (I) und großen (II) Geschwindigkeiten. Dies Verhältnis wird mit $\varkappa$, dem Anteil der Sterne der ersten Gruppe am Kollektiv, ausgedrückt. Nach Besprechung von Auswahleffekten und Fehlerquellen werden die einzelnen Spektralklassen behandelt. Das Gesamtergebnis ist in einer Tabelle zusammengefaßt. Es zeigt sich, daß die Inhomogenität der kinetischen Struktur der Hauptreihe stark vom Spektraltyp abhängt und für G-Zwerge am größten ist. Verf. schließt daraus, daß der erste Teil der Hauptreihe (im Sinne der von Parenago getroffenen Unterscheidung) bei G5 endet. Zum zweiten Teil der Hauptreihe gehören aber nicht nur alle K- und M-Zwerge, ohne Rücksicht auf ihr kinematisches Verhalten, sondern auch noch schnelle dF- und dG-Sterne. Sieht man diese beiden Teile der Hauptreihe als gesonderte genetische Linien an, so muß man vermuten, daß die Geschwindigkeit der Sterne des zweiten Teils im Laufe der Zeit zunimmt. Die getroffene kinematische Unterteilung der Hauptreihe stimmt mit Unterteilungen durch andere Autoren, die auf besonderen spektralen Kriterien beruhen, nicht überein. Petri

9703. **K. Ferrari d'Occhieppo,** On the frequency of different masses among the stars. Obs **74** 251—252. — Ter Haar hatte gezeigt, daß nach den kosmogonischen Annahmen von Weizsäckers die Zahl der Sterne mit den Massen $\mathfrak{M}$ proportional $\mathfrak{M}^{-1}$ zu erwarten ist (Obs **74** 128, Ref. **12003**). Verf. hatte durch Diskussion der gegenwärtig besten Beobachtungsdaten den Exponenten −4 gefunden. Er weist darauf hin, daß dieser Exponent mit den kosmogonischen Vorstellungen von Jordan verträglich ist. O. G.

9704. **K. Ferrari d'Occhieppo,** Leuchtkraftfunktion und Heß-Diagramm im Bereich der Weißen Zwerg-Sterne. Anzeiger Österreich. Akad. Wiss. Math.-naturw. Kl. **91** 174, Sitzber. Österreich. Akad. Wiss. Math.-naturwiss. Kl. Abteilung II **163** 267—283, mit 2 Abb. = Mitt. Univ.-Sternw. Wien **7** Nr. 15. — An Hand des von Luyten zusammengestellten Beobachtungsmaterials über Weiße Zwerge wird deren Leuchtkraftfunktion und relative Häufigkeit abgeleitet. Verf. findet, daß bis zur absoluten photographischen Helligkeit $15^m.5$ der Anteil der Weißen Zwerge an der Gesamtzahl der Sterne etwa 8% beträgt, ein Wert, der nach schwächeren Helligkeiten hin noch ansteigt. Ferner werden Abschätzungen der Temperaturen und Radien in Abhängigkeit von der absoluten Helligkeit durchgeführt. Kdr.

9705. **D. A. Frank-Kamenezkij,** Die Wasserstoffabsorption und die Masse-Leuchtkraft-Funktion. AJ UdSSR **31** 327—334, mit 1 Abb. (russisch). — Unter Berücksichtigung der Absorption und der Streuung ist eine allgemeine theoretische Formel für die Masse-Leuchtkraft-Funktion in Gestalt des Zusammenhangs zwischen den Parametern L/M^3 und $M^{2.5}/\sqrt{r}$ abgeleitet worden. Es wird gezeigt, daß die zentrale Temperatur bei Sternen mit hohem Wasserstoffgehalt so niedrig ist, daß man die Wasserstoffabsorption nicht vernachlässigen darf. Es wird der Grenzfall eines nur aus Wasserstoff bestehenden Sternes untersucht und für diesen Grenzfall die Leuchtkraft als Funktion der Masse berechnet. Die auf diese Weise entstehende Wasserstoffkurve fällt im Masse-Leuchtkraftdiagramm hinreichend nahe mit den Punkten zusammen, die den wirklichen Sternen des mittleren Teils der Hauptreihe (A—K) entsprechen. Die oberhalb der Wasserstoffkurve liegenden Punkte müssen den Sternen mit höherem Heliumgehalt entsprechen, die unterhalb der Wasserstoffkurve liegenden denen mit einem höheren Gehalt an schweren Elementen. Bei der Genauigkeit, mit der heute die

Werte der Strukturfaktoren bekannt sind, besteht kein Grund zur Annahme, daß die schweren Atome irgendeinen wesentlichen Einfluß auf die Opazität der Sternmaterie haben. Verf. (übersetzt)

9706. **W. Gliese,** Das Hertzsprung-Russell-Diagramm der Sterne innerhalb 20 Parsec. Phys. Verhandlungen **5** 122—123. — Ref. AG.

* * **Graciela González, Guillermina González,** Gigantes azules en las longitudes galacticas 270° a 330°. Vgl. Ref. **9529.**

9707. **J. L. Greenstein,** Some faint A-type subdwarfs. Publ ASP **66** 126—130. — Nach einigen allgemeinen Bemerkungen über absolute Helligkeit, Farbe und Spektrum von Unterzwergen und intermediären Weißen Zwergen charakterisiert Verf. die vier Unterzwerge LDS 1 A, BD +9° 2190, +44° 1910 und Ross 711 näher, hauptsächlich in spektroskopischer Hinsicht. Loh.

* * **B. Iriarte, E. Chavira,** Nuevas gigantes azules entre longitudes galacticas $l = 345°$ a $l = 35°$. Vgl. Ref. **9545.**

* * **P. van de Kamp,** Masses of visual binaries. Vgl. Ref. **10115.**

* * **M. Kitamura,** The effect of reflection upon the reduction of mass from the observed velocity-curves of close binary systems. I. II. Vgl. Ref. **11120/21.**

9708. **W. J. Luyten,** Possible white dwarfs. Harv Card 1256, NAZ **8** 36—37. — Betrifft die Sterne: L 970—30, 1046—18 B, 905—20, 907—37, 836—84, 624—65, 698—143, 700—133, 1068—14, 930—1, 935—50.

9709. **W. J. Luyten,** BD +6°398. Harv Card 1279. — Anzeige eines Weißen Zwerges.

9710. **W. J. Luyten,** New white dwarfs and degenerate stars. Harv Card 1280. — Betrifft die Sterne: L 665—68, 993—18, 922—82, 1498—127, 923—15, 1504—147, 1363—3, 1003—16, 1510—40, 791—40, 1440—18.

9711. **W. J. Luyten, J. L. Greenstein,** A new white dwarf, L 711—10. Publ ASP **66** 141—142, mit 1 Fig.

9712. **W. J. Luyten,** New white dwarfs in the southern hemisphere: fourth list. Proc. National Acad. Sci. USA **40** 137—138. — Betrifft 37 Sterne in der Zone −45° bis −50°.

9713. **S. W. McCuskey,** Variations in the stellar luminosity function. VI. A region in Monoceros. ApJ **120** 139—150, mit 3 Fig. — Von 2983 Sternen eines 16.4 Quadratgrad großen Feldes mit dem Zentrum bei AR 6^h51^m, Dekl. $-1^\circ\!.3$ (1950) wurden Spektraltypen, Rotindizes und photographische Helligkeiten bestimmt. Bis zu einer Entfernung von 500 pc ist keine interstellare Absorption nachweisbar, von dort bis zu 2500 pc wird sie durch einen Absorptionskoeffizienten von $1^m\!.1$/kpc gekennzeichnet. Verf. leitet den Verlauf der Sterndichte ab und ermittelt die Häufigkeitsfunktion der Leuchtkräfte für Entfernungen von 100, 200, 400 und 600 pc; sie ähnelt weitgehend der Standardfunktion von van Rhijn. Micz.

9714. **G. S. Mumford III,** A white dwarf near GC 3121. Publ ASP **66** 134—136, mit 1 Fig. — Betrifft den Stern AC +6° 20—62 mit der großen Eigenbewegung von $0''\!.3$. Das Spektrum scheint kontinuierlich zu sein, der Spektraltyp früher als G. Loh.

9715. **L. Münch,** Estrellas de alta luminosidad en Casiopea. Bol. Obs. Tonantzintla y Tacubaya Nr. **10** S. 28—40, mit 10 Fig. (mit engl. Zusammenfassung). — 178 neue Sterne frühen Typs ($12^m\!.5$ bis 13^m) in der Cassiopeia ($l = 82°$ bis 90°; $b = -5°$ bis +3°) werden versuchsweise als OB-Sterne klassifiziert. Zahlreiche Übersichtskarten gestatten eine eindeutige Identifikation. Voigt

* * **L. Münch,** Estrellas de alta luminosidad entre Vela y Cruz. II. Vgl. Ref. **9557.**

9716. K. Pilowski, Zur Feinstruktur der Hauptreihe. ZfA **33** 245—250, mit 1 Abb. — Das Masse-Radiusdiagramm der Bedeckungsveränderlichen mit vollständigen photometrischen und spektroskopischen Bestimmungsstücken bestätigt bis auf eine kleine Änderung die Realität der von Eggen angenommenen Feinstruktur der Hauptreihe im Bereich der frühen Typen. Verf.

9717. K. M. Schaifers, Über die Häufigkeitsverteilung der absoluten Helligkeiten der F-Sterne. ZfA **34** 40—49, mit 2 Abb. — Es wird die Realität der durch das Fehlen von Riesen der Spektralklasse F im Hertzsprung-Russell-Diagramm auftretenden Lücke untersucht. Eine Diskussion der Häufigkeitsverteilungen der Eigenbewegungskomponenten v und τ liefert zwei Maxima, die schon früher eine Aufspaltung in Riesen und Zwerge nahelegten. Es kann gezeigt werden, daß der so gefundene prozentuale Anteil von Riesen an der Gesamtheit der F-Sterne sicher zu hoch ist, da die Geschwindigkeitsverteilung dieser Sterne nicht genügend berücksichtigt wurde. Verf.

* * **U. Sinnerstad,** Preliminary report on an investigation of luminosity criteria for early type stars. Vgl. Ref. **9571.**

* * **S. N. Stone, O. Struve,** The spectrum and luminosity of Alpha Scorpii B. Vgl. Ref. **9574.**

* * **K. A. Strand, R. G. Hall,** Visual binaries for the mass-luminosity relation. Vgl. Ref. **10127.**

9718. O. Struve, N. Gould, The problem of the subgiants. Publ ASP **66** 28—31, mit 2 Tafeln = Berkeley Repr. Nr. **61.** — Die Verteilung einer Anzahl von Unterriesen, darunter eine Gruppe zweiter Komponenten von Algolsternen, in dreidimensionalen M-L-R-Diagrammen wird besprochen. Das Ergebnis von Parenago und Massewitsch, daß die Unterriesen angenähert auf einer Fläche liegen, die gegen die Hauptreihe nach größeren L und R verschoben ist, kann bestätigt werden. Es ist möglich, daß die Unterrieseneigenschaften der Zweitkomponenten von Bedeckungsveränderlichen und der anderen Unterriesen durch ganz verschiedene physikalische Ursachen bedingt sind. Kdr.

* * **O. Struve,** The problem of the subgiants. Vgl. Ref. **5247.**

9719. O. Struve, White dwarfs — II. Sky and Telescope **13** 82—84, mit 4 Fig.

* * **O. Struve,** Quantitative spectral classifications. Vgl. Ref. **9576.**

9720. H. H. Voigt, Das MK-System. Sterne **30** 23—24.

* * **A. Wilkens,** Über die kontinuierliche Wasserstoffabsorption und die Linientiefen des Wasserstoffs in Sternspektren in Beziehung zur absoluten Größe der Sterne. Vgl. Ref. **9585.**

9721. Posibles enanas blancas en Praesepe. El Universo Nr. **28** S. 36.

* * Star distances and masses. Vgl. Ref. **9309.**

9722. Absoluta ljusstyrkor för vita stjärnor. PAT **35** 165.

9723. La más pequeña enana blanca. Rev. Astr. Nr. **131** S. 92—93.

9724. O pewnych niezwykłych gwiazdach. Urania Kraków **25** 51—52.

§ 98

Rotation, Magnetfeld

9801. **H. W. Babcock,** The magnetic variable HD 188041. ApJ **120** 66—75, mit 6 Fig. — Der F-Stern HD 188041 hat ein veränderliches Magnetfeld. 75 Messungen des Verf. während der letzten sieben Jahre ergeben, daß das Feld von 600 bis 4800 Gauß mit 226ᵈ Periode ohne Wechsel dieser Polarität schwankt. Auch die Intensität einiger Spektrallinien ändert sich mit der Periode. Eu II-, Gd II- und Sr II-Linien sind verstärkt, wenn das Feld stark ist, jedoch weist die Kurve der Intensitätsänderungen der Linien individuelle Unterschiede der Form und Phase gegen die Magnetfeldkurve auf. Die Radialgeschwindigkeit unterliegt geringen und unregelmäßigen Änderungen. Micz.

9802. **G. R. Burbidge,** On the dynamical stability of magnetic stars. ApJ **120** 589—595. — Zur Auswertung der von Chandrasekhar und Fermi (ApJ **118** 116, AJB **53** Ref. **5002**) aufgestellten Bedingungen für die dynamische Stabilität magnetischer Sterne werden unter der Voraussetzung, daß es sich um abklingende Magnetfelder handelt, für zwei verschiedene Sternmodelle die magnetischen Energien und die kritischen Feldstärken berechnet, oberhalb derer Instabilität einsetzt. Für sonnenähnliche Sterne ergeben sich kritische Oberflächenfelder von der Größenordnung 10^8 Gauß, für Weiße Zwerge von 10^{11} Gauß. Kdr.

9803. **W. Buscombe,** Rotation of early-type stars. Obs **74** 36.

* * **S. Chandrasekhar, D. N. Limber,** On the pulsation of a star in which there is a prevalent magnetic field. Vgl. Ref. **5206**.

9804. **I. K. Csada,** On the theory of rotating magnetic stars. I. Mitt. Sternw. Ungar. Akad. Wiss. Budapest-Szabadsághegy Nr. **32**, 9 S. — In knapper Form werden die magneto-hydrodynamischen Gleichungen für den stationären Fall betrachtet, wobei Reibungsglieder und endliche Leitfähigkeit zum Teil berücksichtigt werden. In einem meridionalen Magnetfeld wird die Rotation unter Einfluß einer meridionalen Strömung untersucht und eine Lösung angegeben, bei der Winkelgeschwindigkeit und Vektorpotential der meridionalen Strömung und das Magnetfeld nur vom Abstand von der Achse abhängen. Die bisherige Lösung dürfte für einen Stern nicht anwendbar sein. R. Lüst

9805. **A. Dauvillier,** Le magnétisme des corps célestes. I. Magnétisme solaire et stellaire. Couronne solaire et lumière zodiacale. Paris, Hermann et Cie, 1954. 171 S. mit 44 Fig. und 9 Tafeln. Preis fr. 1600. — Besprechung in BSAF **69** 212, Ciel et Terre **71** 39—40 (M. Nicolet).

9806. **V. C. A. Ferraro,** On the equilibrium of magnetic stars. ApJ **119** 407—412. — Es wird gezeigt, daß ein Magnetfeld auf das Gleichgewicht flüssiger Sterne dieselbe Wirkung ausübt wie die Rotation, also eine polare Abplattung verursacht. Für angenähert sphärische Gleichgewichtsfiguren wird die Abhängigkeit der Abplattung von der magnetischen Polfeldstärke formelmäßig abgeleitet. Kdr.

* * **G. Gjellestad,** On equilibrium configurations of oblate fluid spheroids with a magnetic field. Vgl. Ref. **4304**.

9807. **S.-S. Huang, O. Struve,** Stellar rotation. Acta Astr. Sinica **2** 137—145, mit 6 Fig. (chinesisch).

9808. **S.-S. Huang, O. Struve,** Stellar rotation. Ann d'Astrophys **17** 85—93, mit 6 Fig. — Das vorliegende Material an stellaren Rotationsgeschwindigkeiten wird statistisch bearbeitet mit dem Ergebnis, daß keine Korrelation zwischen den beobachteten Rotationsgeschwindigkeiten und der galaktischen Breite besteht, daß verschiedene, physikalisch einheitliche Sterngruppen sehr unterschiedliche

Werte der mittleren Rotationsgeschwindigkeit besitzen, und daß im Falle der Scorpio-Centaurus-Assoziation von B-Sternen die relativ zum Haufen schnell bewegten Sterne auch schnell rotieren. Dieser Befund wird dahin interpretiert, daß der Ursprung der Rotation der Sterne in Zusammenstößen von Protosternen während der Anfangsstadien der Entwicklung zu suchen ist. Abschließend wird die Frage erörtert, ob bei Überriesen die Linienverbreiterung durch Rotation oder andere Massenbewegungen in den Atmosphären dieser Objekte bewirkt wird. Kdr.

* * **H. Spencer Jones,** Der Magnetismus von Erde, Sonne und Sternen. Vgl. Ref. **6124**.

9809. **K. O. Kiepenheuer,** Magnetfelder im Weltraum. Universitas **9** 1091—1095.

9810. **R. Kippenhahn,** Sterne mit veränderlichem Magnetfeld. Sterne **30** 1—8, mit 4 Abb. — Zusammenfassender Bericht über einige Sterne mit veränderlichem Magnetfeld, den Erklärungsversuchen und der daran geübten Kritik. Im einzelnen werden behandelt: 1. magnetische Schwingungen durch Verwandlung von kinetischer Energie der Materie in magnetische Energie des Feldes und umgekehrt; 2. horizontale Schwingungen benachbarter Oberflächenschichten gegeneinander bei Mitführung der Feldlinien; 3. die Rotationshypothese, wobei Rotations- und Symmetrieachse des Feldes nicht zusammenfallen. Neckel

9811. **J. B. Oke, J. L. Greenstein,** The rotational velocities of A-, F-, and G-type giant stars. ApJ **120** 384—390, mit 3 Fig. — Auf Spektrogrammen hoher Dispersion von 34 Riesen mit Spektraltypen A, F und G haben Verf. nach der Methode von Struve und Schajn Rotationsgeschwindigkeiten abgeleitet. Die gefundenen Werte, bzw. ihre Komponenten in der Sehrichtung, erreichen Beträge bis zu 170 km/sec. Überlegungen über die Stellung der betreffenden Sterne im Hertzsprung-Russell-Diagramm unter Heranziehung der Theorien von Sandage und Schwarzschild über die Sternentwicklung lassen es als möglich erscheinen, daß alle untersuchten Sterne ursprünglich Hauptreihensterne gewesen sind. Micz.

9812. **S.-W. Shen,** Magnetic field of stars. Acta Astr. Sinica **2** 51—62 (chinesisch).

* * **A. Slettebak,** The spectra and rotational velocities of the bright stars of Draper types B8—A2. Vgl. Ref. **9572**.

9813. **A. Slettebak,** Rotation of early-type stars. Obs **74** 165. — Erwiderung auf eine Bemerkung von Buscombe (vgl. Ref. **9803**) zur Untersuchung über die Rotation der B8 bis A2-Sterne (vgl. Ref. **9572**). U. Be.

9814. **H. Slouka,** Problems of cosmical magnetism. RH **35** 255—260 (tschechisch).

* * **P. A. Sweet,** Field reversal in magnetic variable stars. Vgl. Ref. **5249/50**.

9815. Rotating magnetic stars and cosmic rays. Sky and Telescope **13** 219. — Ref. AAS.

Elfter Teil

Doppelsterne

§ 100

Allgemeines

10001. **T. A. Agekjan,** Die Verteilung der wahren Konfigurationen der Dreifachsterne. AJ UdSSR **31** 544—549, mit 3 Abb. (russisch). — Die dynamischen Besonderheiten der Dreifachsterne und ihre Stabilität sind mit den wahren Konfigurationen dieser Systeme verbunden. Aber infolge der Zufälligkeiten der Projizierung werden scheinbare Konfigurationen beobachtet, die sich von den wahren unterscheiden. Es wird eine Doppelintegralgleichung abgeleitet, die die Funktion der wahren Verteilung mit derjenigen der scheinbaren Verteilung verbindet. Diese Gleichung wird numerisch für die aus dem Aitkenschen Katalog erhaltene Funktion der scheinbaren Verteilung gelöst und die Funktion der wahren Verteilung der Konfigurationen der Dreifachsterne bestimmt. Verf. (übersetzt)

10002. **W. A. Ambarzumjan,** Mehrfachsysteme vom Trapez-Typ. Mitt. Obs. Bjurakan Nr. **15**, 40 S. (russisch mit armenischer Zusammenfassung). — Ein Sternsystem vom Trapeztyp besteht aus wenigen, mindestens aber drei Sternen, deren Abstände voneinander sämtlich von der gleichen Größenordnung sind derart, daß das Verhältnis des größten zum kleinsten Abstand höchstens = 3 sein darf. Auf dieser Definitionsgrundlage werden theoretisch statistische Kriterien für echte und Pseudo-Trapeze gewonnen und auf die Beobachtungen angewandt. Demnach ist ein hoher Prozentsatz der «frühen» Trapezsysteme (Typ O und B) echt. Als Grenzfall offener Sternhaufen betrachtet, können die Trapezsysteme durchschnittlich nicht älter als 2×10^6 a werden, ohne zu zerfallen. Höchstwahrscheinlich ist ihre Gesamtenergie oft positiv. Ein Katalog von 108 Trapezsystemen, ohne Anspruch auf Vollständigkeit kompiliert nach Aitken, Markarjan und Sharpless, soll zu weiteren Beobachtungen anregen. Petri

* * **K. N. Dodd,** A possible mechanism for binary star formation. Vgl. Ref. 5406/07.

10003. **M. A. Giannuzzi,** Sul satellite oscuro nel sistema di ζ Aquarî. I. Rend. Accad. Nazionale Lincei, Cl. Sci. fis., mat., nat. (8) **16** 221—225. — Aus den Beobachtungen des Doppelsternsystems ζ Aqr 1781—1947 wird die Bahn des Begleiters abgeleitet; die verbleibenden Widersprüche in den Beobachtungen zeigen einen systematischen Verlauf von etwa 25 Jahren Periode und bestätigen die Behauptung von Strand, daß eine der Komponenten einen unsichtbaren Begleiter besitzt. Böh.

10004. **M. A. Giannuzzi,** Sul satellite oscuro del sistema ζ Aquarî. II. Rend. Accad. Nazionale Lincei, Cl. Sci. fis., mat., nat. (8) **16** 473—478. — Aus den Ergebnissen der obigen Arbeit bestimmt Verf. die Bahn des Schwerpunktes der schwächeren Komponente und ihres dunklen Begleiters um den Hauptstern und kann aus dem Vergleich der Widersprüche in den Beobachtungen die Existenz der unsichtbaren Komponente erneut bestätigen. Zum Schluß wird die Masse aller drei Körper bestimmt. Böh.

10005. **O. Günther,** Bahnen bewegter Gasmassen in Doppelsternsystemen. Phys. Verhandlungen **5** 124. — Ref. AG.

* * **H. L. Helfer,** Finlay-Freundlich red-shift hypothesis. Vgl. Ref. **4143.**

10006. **P. Maffei,** Compagni invisibili delle stelle. Coelum **22** 97—102. — Die Sterne, über die Verf. nach einigen allgemeineren Bemerkungen zum Problem berichtet, sind: Ross 614, o^2 Eri, Prox. Cen., Wolf 358, BD +20° 2465, Barnards Pfeilstern, Lalande 21185, BD +5° 1668, 61 Cyg und 70 Oph. Loh.

* * **S. Sharpless,** Multiple-star systems in emission nebulae. Vgl. Ref. **12238.**

10007. **K. A. Strand,** The present status of double star astronomy. AJ **59** 61—66. — Nach einer Übersicht über den Stand der Doppelsternastronomie in Bezug auf die Entdeckung neuer Paare, die relativen und absoluten Bewegungen, Helligkeiten und Radialgeschwindigkeiten bekannter Paare werden Vorschläge für zukünftige Doppelsternbeobachtungen gemacht. Böh.

* * **R. H. Wilson jr., W. L. Moore,** An eyepiece interferometer for double star measurement. Vgl. Ref. **2136.**

10008. Resolution of double stars. JBAA **64** 97.

§ 101

Visuelle Doppelsterne

10101. **J. Ashbrook,** Hypothetical parallaxes of double stars. Obs **74** 213. — Eine Ergänzung zu den in AJB **53** Ref. **10115** und AJB **54** Ref. **10113** zitierten Arbeiten. Es wird auf eine Untersuchung von Bessel aus dem Jahre 1812 hingewiesen. U. Be.

10102. **P. Baize,** Comment calculer une orbite d'étoile double. BSAF **68** 22—30, mit 3 Fig. — Ausführliche Beschreibung einer einfachen graphischen Methode zur Bestimmung einer Doppelsternbahn mit Beispiel. Böh.

10103. **A. W. Bespalow,** Ein graphisches Verfahren zur Bestimmung der Bahnelemente visueller Doppelsterne. Moskau, Astr. Sternberg-Inst., 1953 (russisch). — Dissertationsreferat.

10104. **W. H. van den Bos,** Double stars. MN **114** 360—361. — Fortschrittsbericht.

10105. **W. H. van den Bos,** Linear formulae for seven double stars. Union Circ **6** 237—239. — Betrifft ADS 3591, 9936, 14024, 14826, 15264, 16030, 16360.

10106. **B. Cester,** Sul calcolo degli elementi dinamici orbitali di una stella doppia visuale. Oss. Astr. Trieste Nr. **259,** 13 S. mit 1 Fig. — Nach einem Hinweis auf die verschiedenen Methoden zur Berechnung der dynamischen Elemente P und T eines Doppelsterns wird die Methode von McLeod erweitert. Wenn man zwei in bezug auf die Hauptachse der wahren Ellipse symmetrische Punkte betrachtet und die relativen Zeiten aus der scheinbaren Ellipse oder aus den Kurven p (t) oder d (t) abliest, dann wird die Periode P erhalten, indem man das Zeitintervall mit dem Verhältnis K zwischen der Ellipsenfläche und der des zugehörigen elliptischen Sektors multipliziert. Die Verhältnisse K wurden für neun solche Punktepaare und für $0 \leqq e \leqq 1$ berechnet. T wird als arithmetisches Mittel der oben erwähnten Zeitpaare erhalten. Cester

10107. **J. Dommanget,** Méthode de détermination rapide de la trajectoire apparente d'un couple stellaire visuel, à mouvement relatif rectiligne. Application à l'étoile double visuelle: ADS 5812 = BDS 3844 = OΣ 165. BAB **4** 196—202, mit 3 Fig. — Ist die scheinbare Bahn einer Komponente eines Doppelsterns relativ zum Hauptstern eine gleichförmig durchlaufene Gerade, dann gilt die Beziehung $\varrho^2 = \varrho_m^2 + v_a^2 (t - t_m)^2$ (ϱ = Distanz, ϱ_m = Minimaldistanz, t_m = die zur Minimaldistanz gehörige Epoche, v_a = konstante Relativgeschwindigkeit). Aus den Beobachtungen wird ϱ^2 nach einer Methode von Arend durch eine quadratische Interpolationsformel $\varrho^2 = a_{20} + a_{21} t + a_{22} t^2$ dargestellt, aus deren Koeffizienten sich die Größen v_a, t_m, ϱ_m leicht herleiten lassen; eine weitere einfache Rechnung ergibt schließlich Θ_m, den zur Minimaldistanz gehörigen Positionswinkel. Das Verfahren wird angewendet auf den Doppelstern ADS 5812, der sich hiernach als optisches System erweist. Böh.

10108. **D. Duke,** Photographic blending of close binaries. AJ **59** 184—185. — Ref. AAS.

10109. **U. Güntzel-Lingner,** Zur Frage der Katalogisierung von Doppelsternmessungen. Mitt. AG 1953 S. 22—24, mit 1 Abb. — Ref. AG.

10110. **J. Hopmann, O. Franz,** Zur Farben-Helligkeitsverteilung visueller Doppelsterne. Phys. Verhandlungen **5** 136. — Ref. AG.

10111. **J. Hopmann,** Photometrisch-kolorimetrische Beobachtungen von visuellen Doppelsternen. II. Beobachtungen mit dem Rotkeil-Kolorimeter. Sitzber. Österreich. Akad. Wiss. Math.-naturwiss. Kl. Abteilung II **163** 285—301 = Mitt. Univ.-Sternw. Wien **7** Nr. 13. — Fortsetzung der Arbeit in Mitt. Univ.-Sternw. Wien **6** Nr. 12 (vgl. AJB **53** Ref. **10110**). Es werden die Ergebnisse von kolorimetrischen Messungen mit einem Wilsingschen Rotkeil an 93 visuellen Doppelsternen mitgeteilt und diskutiert. Die Paare haben Distanzen bis herunter zu 1' und Helligkeiten bis $10^m.5$. Die aus den Messungen abgeleiteten c_2/T-Werte werden mit anderen Beobachtungsreihen verglichen. Sie haben einen mittleren Fehler von ±0.25, was einem mittleren Fehler von $\pm 0^m.10$ im Farbenindex entspricht. Bo.

10112. **J. Hopmann,** Photometrisch-kolorimetrische Beobachtungen von visuellen Doppelsternen. III. Beobachtungen mit dem Blau-Rot-Keil-Kolorimeter. Diskussion des Gesamtmaterials. Die Farbenhelligkeitsverteilung. Sitzber. Österreich. Akad. Wiss. Math. naturwiss. Kl. Abteilung II **163** 303—327 = Mitt. Univ.-Sternw. Wien **7** Nr. 14. — In dieser abschließenden Arbeit (Fortsetzung der vorstehend referierten) werden die Ergebnisse kolorimetrischer Messungen an weiteren 140 Doppelsternen, ausgeführt mit einem Graffschen Blau-Rot-Keilphotometer, mitgeteilt. Diese Messungen erweisen sich als sicherer als die früheren Rotkeil-Messungen und sind auch auf schwächere Sterne (bis $12^m.0$) anwendbar. An dem Gesamtmaterial von 253 Doppelsternen werden verschiedene Untersuchungen angestellt: über die Korrelation zwischen Spektraltyp und den c_2/T-Werten, Vergleiche mit den Strahlungstemperaturen von W. Becker, Vergleiche mit anderen Photometrien und früheren Farbschätzungen. Im Farbenhelligkeitsdiagramm zeigen Sterne mit strahlungsenergetischen Parallaxen die geringsten Streuungen und den größten Korrelationskoeffizienten zwischen c_2/T und absoluter Größe längs der Hauptreihe. Die Differenzen der Helligkeiten und der c_2/T-Werte zwischen den beiden Komponenten lassen den Schluß zu, daß die Komponenten von Doppelsternen sich wie normale Einzelsterne verhalten. Bo.

10113. **J. Jackson,** The measurement of double stars. Obs **74** 77. — Bemerkungen über das Messen von Doppelsternen im Anschluß an einen Hinweis zu einer Arbeit von Jonckheere (vgl. AJB **53** Ref. **10115**). U. Be.

10114. **R. Jonckheere,** Les étoiles doubles relevées dans les catalogues photographiques de la Carte du Ciel. JO **37** 31—34.

10115. **P. van de Kamp,** Masses of visual binaries. AJ **59** 447—454, mit 3 Fig. — Massenbestimmungen an visuellen Doppelsternen und die Beziehung zur Leuchtkraft führen zu folgendem Ergebnis: 1.) Für bolometrische Größendifferenzen von mehr als einer Größenklasse zwischen beiden Komponenten wird das Leuchtkraftverhältnis größer, als man nach der allgemeinen Masse-Leuchtkraftbeziehung erwarten sollte. 2.) Die Streuung in der Masse-Leuchtkraftbeziehung wird bestätigt, Beispiele für übergroße Leuchtkraft werden gegeben. 3.) Die Existenz von drei Masse-Leuchtkraftbeziehungen, $L = 0.28\ M^2$ für rote Zwerge, $L = 0.89\ M^4$ für mittlere und $L = 3.53\ M^4$ für frühe Spektraltypen ist wahrscheinlich. Behr

10116. **P. G. Kulikowskij,** Eine einfache Methode zur Bestimmung der Bahnelemente eines visuellen Doppelsterns. AJ UdSSR **31** 394—397, mit 1 Abb. (russisch). — Eine neue graphische Methode entnimmt ω aus einer Tabelle nach dem Argument r_1/r_2 für die Sehne, die mit der Knotenlinie zusammenfällt. Die große Halbachse a wird aus der wahren Anomalie v_1 und der Größe r_1 bestimmt. Schrick

10117. **F. C. Leonard,** The spectra of visual double stars. J RAS Canada **48** 25. — Aus einer kurzen Betrachtung über das Verhalten der Spektraltypen der Komponenten in visuellen Doppelsternsystemen in Abhängigkeit von den absoluten Helligkeiten wird festgestellt, daß allgemein die Spektraltypen der Komponenten in einem System bestimmter Leuchtkraft besser übereinstimmen als dies bei Einzelsternen derselben Leuchtkraft der Fall ist. Güntzel-Lingner

10118. **P. Muller,** Statistique des différences de magnitudes photométriques dans les étoiles doubles visuelles. BA **18** 59—67. — Für die Gesamtheit der mit unserem Doppelbildgerät gemessenen Doppelsterne ist die Wertverteilung der photometrischen Δm untersucht worden. Die Grenzen des Beobachtungsmaterials sind eng genug, um die Anwendung einer vereinfachten Theorie zu erlauben. Es wird festgestellt, daß die Verteilung der Δm so ist, als ob die Größen der Komponenten individuell demselben Verteilungsgesetz wie die gewöhnlichen Sterne unterworfen wären. Verf.

10119. **P. Muller,** Orbites nouvelles. Circ. Inf. Commission 26 UAI Nr. **1** S. 2—4, Nr. **2** S. 1—2, Nr. **3** S. 1—2, Nr. **4** S. 1—2.

10120. **P. Muller,** Etoiles doubles prioritaires. Circ. Inf. Commission 26 UAI Nr. **2** S. 2—4, Nr. **3** S. 2—3. Première Liste (10—18^h).

10121. **P. Muller,** Formules linéaires. Circ. Inf. Commission 26 UAI Nr. **3** S. 2.

10122. **P. Muller,** Couples prioritaires 0—5^h. Circ. Inf. Commission 26 UAI Nr. **4** S. 2—4.

10123. **P. Muller,** Sur l'apparence d'une relation période-excentricité dans les orbites des étoiles doubles visuelles. CR **239** 1771—1773. — Die verschiedentlich festgestellte Korrelation zwischen Periode und Exzentrizität kann leicht durch Auswahleffekte erklärt werden, muß also bis zum wirklichen Beweis als nicht reell betrachtet werden. Loh.

10124. **P. Muller,** Orbites de 14 étoiles doubles visuelles. JO **37** 61—72. — Die einzelnen Sterne sind in Ref. **10137** aufgeführt.

10125. **P. Muller,** Supplément au catalogue d'éphémérides d'étoiles doubles visuelles. JO **37** 153—172. — Als Ergänzung zum Ephemeriden-Katalog von 304 visuellen Doppelsternen (JO **36** 61—105, AJB **53** Ref. **10119**) werden von weiteren 105 neuen bzw. wiederholt berechneten Doppelsternbahnen Ephemeriden mitgeteilt. Güntzel-Lingner

10126. **J. Pensado,** Las estrellas dobles visuales. Anuario del Obs. Astr. Madrid **1955** S. 309—423, mit 10 Fig.

10127. **K. A. Strand, R. G. Hall,** Visual binaries for the mass-luminosity relation. ApJ **120** 322—324, mit 1 Fig. = Contr. Dearborn Obs. Nr. **6.** — Es wird ein Katalog von 23 visuellen Doppelsternsystemen zusammengestellt, für die genügend zuverlässige Daten verfügbar sind, um eine empirische Masse-Leuchtkraft-Beziehung aufzustellen. Es wird darauf hingewiesen, daß die helleren Komponenten der Doppelsterne vielleicht etwas heller sind als die schwächeren bei gleicher Masse. Micz.

10128. **K. A. Strand,** Dobbeltstjernernes betydning i astronomien. NAT **1954** 119—127, mit 3 Fig. — Verf. gibt eine Diskussion der Masse-Leuchtkraftfunktion und macht einige Bemerkungen über die Entstehung der Doppelsternsysteme. C. L. J.

10129. **O. Struve,** Spectra of visual double stars. Sky and Telescope **13** 256—257, 295—296, 299, mit 6 Fig. — Es werden 40 vom Verf. beobachtete visuelle Doppelsterne auf ihre Lage im Hertzsprung-Russell-Diagramm untersucht und im Hinblick auf die Sternentwicklung diskutiert. Neckel

10130. **E. Vidal Abascal,** Algunos problemas pendientes de resolución en el cálculo de órbitas de estrellas dobles. Las Ciencias **19** 829—833.

10131. **Å. Wallenquist,** A general catalogue of differences in magnitudes of double stars. With a survey of double star photometry. Nova Acta Regiae Soc. Sci. Upsaliensis (4) **15** Nr. 13, 79 S. = Uppsala Astr. Obs. Ann. **4** Nr. 2. — Ref. in Vega **2** Nr. 28. — Der Katalog gibt die Helligkeitsdifferenzen von annähernd 1400 Sternpaaren (Doppelsterne und Mehrfachsysteme). Dazu wurden außer eigenen visuellen und photoelektrischen Beobachtungen des Verf. 12 weitere Meßreihen anderer Beobachter verwendet. Alle wurden verglichen und auf ein einheitliches System reduziert, das mit dem System der photoelektrischen Messungen von H. L. Johnson übereinstimmt. Die einzelnen Meßreihen werden diskutiert: 1. Visuelle Methoden (G. Müller und P. Kempf, L. Detre, G. R. Miczaika; Harvardmessungen; J. Stebbins, J. Hopmann, P. Muller, Å. Wallenquist, G. P. Kuiper). 2. Photographische Methoden (E. Hertzsprung, C. J. Kooreman, K. A. Strand). 3. Photoelektrische Methoden (Å. Wallenquist, H. L. Johnson). Gli.

* * **A. Wilkens,** Spektrographische Temperaturbestimmungen von Doppel- und einfachen Sternen des südlichen Himmels (II). Vgl. Ref. **9602.**

10132. Die Anzahl der bekannten Doppelsterne. Orion Schaffhausen **4** 213.

10133. Magnituddifferenser i dubbelstjärnsystem. PAT **35** 165—166.

10134. A photometric catalogue of double stars. Sky and Telescope **13** 371.

10135. **Beobachtungen visueller Doppelsterne**

P. Baize, Mesures d'étoiles doubles faites à l'Observatoire de Paris. JO **37** 73—111.

G. van Biesbroeck, Measurements of double stars. Chicago, University of Chicago Press, 1954 = Publ. Yerkes Obs. **8** Part 6, 223 S. Preis $ 10.00. — Besprechung in BSAF **68** 255 (P. Baize), J RAS Canada **48** 115 (D. A. MacRae), Obs **74** 132—133 (R. Jonckheere), Sky and Telescope **13** 129, 197—198.

B. Cester, Osservazioni di stelle doppie. II. Oss. Astr. Trieste Nr. **261,** 6 S. — Beobachtungen von 43 ADS-Paaren am 26 cm-Refraktor von Triest und am 49 cm-Refraktor von Merate.

P. Couteau, Mesures d'étoiles doubles faites au réfracteur de 38 centimètres de l'Observatoire de Nice. JO **37** 37—48.

P. M. Djurković, Mesures micrométriques d'étoiles doubles faites au réfracteur de 0.65 m d'ouverture. Bull. Obs. Astr. Beograd **19** Nr. 1 S. 17—18, Nr. 2 S. 1—3.

W. S. Finsen, New double stars. Obs **74** 41.

W. S. Finsen, Interferometer measures of double stars. Union Circ **6** 240—249, mit 1 Tafel.

R. Jonckheere, Mesures d'étoiles doubles. Le grand télescope Foucault de Marseille. JO **37** 13—20.

P. Muller, Double star observations at Lick Observatory. AJ **59** 388—396 = Lick Obs. Bull. Nr. **530**.

P. Muller, Mesures d'étoiles doubles faites à Strasbourg en 1952—53. JO **37** 125—135.

P. Prêtre, Mesures micrométriques d'étoiles doubles. JO **37** 25—30.

W. Rabe, Mikrometermessungen von Doppelsternen in den Jahren 1932—1946. Astr. Abh. Erg. **12** Nr. 3. — Besprechung in Coelum **22** 24, Sterne **30** 31—32.

W. H. Robertson, Measures of double stars on Sydney astrographic plates, declinations −52° to −58°. J. Proc. Roy. Soc. New South Wales **87** 124—128 = Sydney Obs. Papers Nr. **20**.

K. A. Strand, Photographic measures of double stars. Ann. Dearborn Obs. **7** 1—30, mit 1 Tafel.

J. Voûte, Photographic measures of double stars. Ann. Bosscha-Sterrenwacht **6**, 3e Gedeelte C 1—C 36 (1947).

J. Voûte, Measures of double stars. 5 th series November 1932—May 1939. Ann. Bosscha-Sterrenwacht **6**, 4e Gedeelte D 1—D 131 (1947).

R. H. Wilson jr., Observations of double stars in 1952. AJ **59** 132—136 = Flower Obs. Repr. Nr. **93**. — Die Liste enthält etwa 180 mikrometrische oder interferometrische Messungen von rund 85 Doppelsternen, von denen etwa die Hälfte enger als $0''\!.3$ stehen. Eine vorläufige Beschreibung eines neu konstruierten Okularinterferometers wird gegeben. Loh.

R. H. Wilson jr., Double star observations in 1953. AJ **59** 256—260 = Flower Obs. Repr. Nr. **98**.

10136. Mitteilungen über einzelne visuelle Doppelsterne

ADS 4123	J. Dommanget, Quelques remarques concernant l'apparente immobilité relative des composantes du couple stellaire visuel: ADS 4123 = BDS 2783 = Σ 729. BAB **4** 190—196, mit 6 Fig.
ADS 10074	= α Sco.
α Sco	J. Hopmann, Der Doppelstern Antares. Anzeiger Österreich. Akad. Wiss. Math-.naturw. Kl. **91** 197—203 = Mitt. Univ.-Sternw. Wien **7** Nr. 10.
63 Gem	S. Henriksen, Note on 63 Geminorum. AJ **59** 325. — Ref. AAS.
ζ Her B	O. Struve, E. Ratcliffe, The spectrum of Zeta Herculis B. Publ ASP **66** 31—32 = Berkeley Repr. Nr. **62**. — Besprechung des Spektrums von ζ Her B. Spektraltyp: dK0; absolute Helligkeit: $5^{m}\!.67$. ζ Her B liegt demnach in der Hauptreihe. U. Be.
γ Per	Sky and Telescope **13** 320. Gamma Persei as a visual double star.
β 966	G. Alter, β 966. BAC **5** 130—132, mit 1 Fig. (mit russischer Zusammenfassung).
BDS 2783	= ADS 4123.
L 1046—18	W. J. Luyten, A new red-white dwarf binary. Publ ASP **66** 144—145. — Ort (1950): $\alpha = 12^{h}\ 14^{m}\!.3$, $\delta = +3°\ 14'$.
Σ 729	= ADS 4123.

10137. Elemente visueller Doppelsterne

Es sind nur diejenigen Bezeichnungsarten der Doppelsterne aufgeführt, welche die Autoren in ihren unten zitierten Arbeiten selbst angegeben haben.

ADS 102 W. D. Heintz. Vgl. ADS 17149.
J. Pensado, Orbita de la estrella doble Σ 2 (ADS 102. Coord. 1950: $0^h6^m.3$, +79°26′). Urania Barcelona **39** 87—95, mit 2 Fig. = Publ. Sem. Astr. Geod. Univ. Madrid Nr. **24**.

ADS 293 AB P. Muller. Vgl. Ref. **10124**.

ADS 363 P. Muller. Vgl. Ref. **10124**.

ADS 684 B. Cester, Elementi orbitali e fisici del sistema ADS 684 = β 232. Oss. Astr. Trieste Nr. **256**, 6 S. mit 1 Fig. — Neue Bahnelemente des visuellen Systems mittels der Methode Martin II. Ephemeride.

ADS 1097 P. Muller. Vgl. Ref. **10124**.

ADS 1709 W. D. Heintz. Vgl. ADS 17149.

ADS 1833 J. A. Zaera de Toledo, Orbita de la estrella doble A.D.S. 1833, β 1235, Σ 257. Urania Barcelona **39** 210—213, mit 2 Fig.

ADS 2034 J. Pensado, Orbita de la estrella doble OΣ 43. (ADS 2034. Pos. 1950: $2^h\,37^m.8$; +26°25′). Bol. Astr. Obs. Madrid **4** Nr. 7 S. 121—126, mit 2 Fig.

ADS 2416 J. Dommanget, Orbite de l'étoile double visuelle: ADS 2416 = BDS 1623 = Σ 367. BAB **4** 185—189, mit 2 Fig.

ADS 3041 P. Muller. Vgl. Ref. **10124**.

ADS 4971 R. H. Wilson jr., Ambiguous solutions for the orbit of the double star ADS 4971 (A 2667). JO **37** 21—24, mit 1 Fig. = Flower Obs. Repr. Nr. **96**.

ADS 7251 J. Hopmann, Die Systemkonstanten von ADS 7251. — Dynamische Bestimmung der Parabelbahn eines visuellen Doppelsternes. Anzeiger Österreich. Akad. Wiss. Math.-naturw. Kl. **91** 122—129 = Mitt. Univ.-Sternw. Wien **7** Nr. **6**.

ADS 8239 A. Abrami, La doppia visuale ADS 8239 = β 456 (1950.0 $\alpha = 11^h.5$ $\delta = -12°$ $d_{min} = 0''.29$ $m_1 \sim m_2 = 6.5$). (Elementi orbitali e fisici). Oss. Astr. Trieste Nr. **260**, 12 S. mit 2 Tafeln.

ADS 8949 A. Florsch, Orbite de l'étoile double ADS 8949 = BGC 6530 = Σ 1757. JO **37** 123—124.

ADS 8987 J. Churms, The orbit of β 612, ADS 8987. Union Circ **6** 232—235.

ADS 9185 AB B. Cester, Orbita della doppia visuale ADS 9185 AB = A 1101. Oss. Astr. Trieste Nr. **257**, 6 S. mit 1 Fig. — Bahnelemente mittels der Methode Martin II. Ephemeride.

ADS 9397 W. H. van den Bos, The orbit of A 2983, ADS 9397. Union Circ **6** 236.

ADS 9692 P. Muller. Vgl. Ref. **10124**.

ADS 11483 W. D. Heintz. Vgl. ADS 17149.

ADS 11632 J. Hopmann, Der Doppelstern ADS 11632. Anzeiger Österreich. Akad. Wiss. Math.-naturw. Kl. **91** 45, Sitzber. Österreich. Akad. Wiss. Math.-naturwiss. Kl. Abteilung II **163** 81—96 = Mitt. Univ.-Sternw. Wien **7** Nr. 3.

ADS 11791 R. H. Wilson jr., The orbit of ADS 11791 = Aitken 93. AJ **59** 411—412 = Flower Obs. Repr. Nr. **98**.

ADS 11842 P. Muller. Vgl. Ref. **10124**.

ADS 13728 P. Muller. Vgl. Ref. **10124**.

ADS 16046 P. Muller. Vgl. Ref. **10124**.

ADS 16157 P. Muller. Vgl. Ref. **10124**.

ADS 16278 P. Muller. Vgl. Ref. **10124**.

ADS 16314 P. Muller. Vgl. Ref. **10124**.

ADS 16345 AB P. Muller. Vgl. Ref. **10124**.

ADS 16836 — T. Widorn, Vorläufige Bahnbestimmung von ADS 16836. Anzeiger Österreich. Akad. Wiss. Math.-naturw. Kl. **91** 129—133, mit 1 Fig. = Mitt. Univ.-Sternw. Wien **7** Nr. **8**.

ADS 17149 — W.D. Heintz, Orbital elements of four visual binaries. MN **114** 600—605.

ζ Aqr — M. A. Giannuzzi, Sul satellite oscuro nel sistema di ζ Aquarî. I. II. Rend. Accad. Nazionale Lincei, Cl. Sci. fis., mat., nat. (8) **16** 221—225, 473—478 = Oss. Astr. Roma Monte Mario Contr. Sci. (NS) Nr. **204**. — Vgl. Ref. **10003/04**.

ζ Cnc — C. Gasteyer, The quadruple system ζ Cancri. AJ **59** 243—250, mit 3 Fig. = Contr. Dearborn Obs. Nr. **5**. — Unter Benutzung der visuellen Beobachtungen ab 1821 und der photographischen ab 1914 werden neue Bahnelemente für das System abgeleitet und zusammen mit einer neuen Parallaxe auch verbesserte Massenwerte. Die unsichtbare D-Komponente scheint ein weißer Zwerg zu sein. Bo.

72 Peg	= ADS 16836.	β 456	= ADS 8239.
β 4	= ADS 1097.	β 612	= ADS 8987.
β 232	= ADS 684.	β 1146	= ADS 16278.
β 382 AB	= ADS 16345 AB.	β 1235	= ADS 1833.

λ 179 — W. H. van den Bos, The orbit of λ 179. Union Circ **6** 235.

φ 19 — W. S. Finsen, The orbit of φ 19. Union Circ **6** 231.

φ 309 — W. S. Finsen, The orbit of φ 309. Union Circ **6** 232.

Σ 2	= ADS 102.	A 2099	= ADS 16157.
Σ 228	= ADS 1709.	A 2192	= ADS 11842.
Σ 257	= ADS 1833.	A 2667	= ADS 4971.
Σ 367	= ADS 2416.	A 2801	= ADS 3041.
Σ 1321	= ADS 7251.	A 2983	= ADS 9397.
Σ 1757	= ADS 8949.	B 720	= ADS 16836.
Σ 3050	= ADS 17149.	BD +53.1320/21	= ADS 7251.
OΣ 6 AB	= ADS 293 AB.	BDS 1623	= ADS 2416.
OΣ 43	= ADS 2034.	BDS 12432	= ADS 16836.
OΣ 358	= ADS 11483.	BGC 6530	= ADS 8949.
Aitken 93	= ADS 11791.	CPD −61° 3841	= I 365 AB.
A 431	= ADS 363.	Ho 482	= ADS 16314.
A 1101	= ADS 9185 AB.	Hu 577	= ADS 9692.
A 1427	= ADS 13728.	Hu 1320	= ADS 16046.

I 253 — W. H. van den Bos, The orbit of I 253. Union Circ **6** 236—237.

I 365 AB — A. Abrami, Studio del sistema binario I 365 AB = CPD −61° 3841. Oss. Astr. Trieste Nr. **258**, 14 S. mit 2 Tafeln. — Neue Bahnelemente mittels der Methode Martin II.

Kuiper 77 Cyg — P. Muller. Vgl. Ref. **10124**.

Kuiper +6° 4718 — P. Muller. Vgl. Ref. **10124**.

L 726—8 — W. J. Luyten, On the orbit and mass of L 726—8. Publ ASP **66** 337—338. — Ref. in Sterne **31** 143.

§ 102

Spektroskopische Doppelsterne

10201. **R. Bouigue,** Binaires spectroscopiques. Ann. Obs. Astr. Mét. Toulouse **22** 49—54. — Als Fortsetzung einer in Ann. Toulouse **21** 31 (vgl. AJB **52** Ref. 10202) erschienenen Liste von Bahnelementen wird eine Liste von 34 Paaren, für die seitdem neue Elemente bekannt wurden, gegeben; dazu Literaturangaben und Hinweise auf Besonderheiten der Systeme. Bo.

10202. **A. J. Deutsch,** Alpha Equulei: another Capella. Publ ASP **66** 58—64, mit 1 Fig. und 1 Tafel — Das Spektrum von α Equ zeigt die Überlagerung eines normalen G-Spektrums mit einem A-Spektrum mit breiten Linien, ähnlich wie bei Kapella. Auffällig ist, daß bei gemeinsamen Linien beider Sterne die Linien des G-Sterns durch die breiten Linien des A-Sterns geschwächt erscheinen, auch wenn diese durch Dopplereffekt verschoben sind. Bei sieben weiteren Sternen mit ähnlichen zusammengesetzten Spektren konnte dieser Effekt nicht festgestellt werden. Die Bahnbestimmung liefert ein Massenverhältnis $m_A/m_G = 3.89$. Bo.

10203. **M. Duflot,** Capella. BSAF **68** 143—147, mit 3 Fig. — Allgemeinverständliche Beschreibung des Capella-Systems, seine Bedeutung für die Masse-Leuchtkraft-Funktion und Hinweise auf noch zu lösende Probleme.

10204. **W. R. Hossack,** Spectral peculiarities in close, late-type spectroscopic binaries. J RAS Canada **48** 211—219, mit 2 Fig. = Commun. David Dunlap Obs. Nr. **36**. — Spektren von späten spektroskopischen Doppelsternen wurden mit einer Dispersion von 33 Å/mm bei Hγ gewonnen und die Stärke der Wasserstofflinien relativ zu den Metallinien untersucht. Ferner ist festgestellt worden, inwieweit die spektroskopischen Doppelsterne mit starken Ca II-Emissionen eine Beziehung zwischen Periode und Leuchtkraft zeigen. Fricke

10205. **I. A. Kurzemniece,** Die Massen der spektroskopischen Doppelsterne. AJ UdSSR **31** 36—40, mit 1 Abb. (russisch). — Auf Grund einer Untersuchung der Bahnbewegung von 476 spektroskopischen Doppelsternen werden die mittleren Massen einzelner, physikalisch mehr oder weniger homogener Gruppen spektroskopischer Doppelsterne bestimmt. Es wurden auch Sterne mit Linien nur einer Komponente im Spektrum benutzt. Aus dem ganzen Material ergaben sich mittlere Massen für zehn einzelne Gruppen. Die erhaltenen Ergebnisse stimmen gut mit den Ergebnissen anderer Autoren (Parenago, Massewitsch, Russell, Moore) überein. Das mittlere Massenverhältnis $\alpha = \mathfrak{M}_2/\mathfrak{M}_1$ hängt nicht von der Spektralklasse ab. Verf. (übersetzt)

10206. **O. Struve, D. H. McNamara, S. M. Kung, A. van Hoof, R. Deurinck,** The velocity-curve of Beta Canis Majoris. ApJ **119** 168—174, mit 3 Fig. = Berkeley Repr. Nr. 58. — Radialgeschwindigkeitsmessungen auf 201 Spektralaufnahmen hoher Dispersion zeigen, daß das früher gefundene System von Perioden (vgl. AJB **50** Ref. 10214) die Geschwindigkeitskurve und ihre Änderungen im Winter 1950/1951 noch darzustellen vermag, jedoch scheint sich die Amplitude der kleineren Oszillation geringfügig vergrößert zu haben. Die individuellen Geschwindigkeitskurven sind oft durch kleine und unregelmäßige sekundäre Variationen gestört. β CMa ähnelt in dieser Hinsicht durchaus den übrigen Sternen dieser Klasse. Micz.

10207. **K. O. Wright,** The secondary component in the spectrum of Capella. ApJ **119** 471—482, mit 4 Fig. und 3 Tafeln = Contr. Dominion Astrophys. Obs. Victoria Nr. **36**. — Eine photometrische Studie des Spektrums des Doppelsterns Capella auf Spektralaufnahmen hoher Dispersion, die in der Nähe der größten Elongationen und der Konjunktionen erhalten worden waren, ergab durch Vergleich mit dem Spektrum von β Dra (G 2 II) und η Dra (G 8 III), daß beide Komponenten des Systems normale Riesen sind. Die Hauptkomponente ist ein G5 III-Stern, der Begleiter ein G0 III-Stern. Auf den Photometerregistrierungen der Spektren wurden Radialgeschwindigkeitsdifferenzen beider Sterne gemessen, die in Verbindung mit den Bahnelementen von Struve und Kilby auf ein Massenverhältnis $m_1/m_2 = 1.05 \pm 0.02$ führen. Die Massen selbst werden zu $m_1 = 3.09 \odot$ und $m_2 = 2.95 \odot$ bestimmt. Unter Heranziehung der Helligkeitsdifferenz beider Sterne werden die absoluten Helligkeiten zu $M_1 = 0^m.12$ und $M_2 = 0^m.37$ ermittelt. Micz.

10208. **K. O. Wright,** The spectrum of Capella. Publ. Dominion Astrophys. Obs. Victoria **10** 1—37, mit 9 Fig. und 8 Tafeln. — Auf Grund von über 70 Aufnahmen mit großer Dispersion wird das Spektrum von Capella im Bereich $\lambda\lambda$ 3700—6700 eingehend untersucht. Vom Intensitätsverlauf des Doppellinienspektrums zur Elongationszeit wird der Intensitätsverlauf des vermuteten primären Spektrums (entweder das V_0-Spektrum oder das von β Draconis) subtrahiert, um so das sekundäre Spektrum zu erhalten. Dieses entspricht einem G0III-Stern, während das primäre Spektrum als G5III klassifiziert wird. Die Radialgeschwindigkeit der sekundären Komponente wird mit Hilfe des Intensitätsverlaufs bestimmt. Unter Zugrundelegung der Bahnelemente von Struve und Kilby ergibt sich das Massenverhältnis zu 1.04 ± 0.02; die Einzelmassen sind $m_1 = 3.03 \odot$ und $m_2 = 2.91 \odot$. Die visuellen absoluten Helligkeiten werden zu $M_1 = 0.12$ und $M_2 = 0.37$ gefunden. Gli.

10209. **Mitteilungen über einzelne spektroskopische Doppelsterne**

α Aur — K. O. Wright. Vgl. Ref. **10207**/08.

δ Sct — S. W. Nekrassowa, Lichtelektrische Beobachtungen von δ Scuti. Mitt. Astrophys. Obs. Krim **11** 91—101, mit 3 Abb. (russisch). — In der vorliegenden Arbeit wird versucht, die Existenz von Temperaturschwankungen festzustellen, die mit den unregelmäßigen Helligkeitsschwankungen von δ Sct verbunden sind. Verf. (übersetzt)

υ Sgr — D. B. McLaughlin, The hydrogen satellites in the spectrum of υ Sagittarii. AJ **59** 187—188. — Ref. AAS.
J RAS Canada **48** 159. Upsilon Sagittarii.
Sky and Telescope **13** 188—189, mit 2 Fig. Upsilon Sagittarii. — Ref. AAS.

HD 50820 — E. M. Burbidge, G. R. Burbidge. Vgl. Ref. **9513**.

10210. **Elemente spektroskopischer Doppelsterne**

30 τ CMa — O. Struve, R. P. Kraft, A new spectrographic orbit of 30 Tau Canis Majoris. ApJ **119** 299—300, mit 1 Fig. — 18 Radialgeschwindigkeitsmessungen des spektroskopischen Doppelsterns τ Canis majoris dienen zur Ableitung eines neuen Elementensystems. Micz.

π^4 Ori — R. Bouigue, A. Castanet, Sur l'orbite de la binaire spectroscopique π^4 Orion. JO **37** 1—6, mit 2 Fig.

δ Sct — G. F. Paddock, O. Struve, The radial velocity of Delta Scuti. ApJ **119** 346—351, mit 4 Fig. = Contr. Lick Obs. (2) Nr. **51**. — Die Radialgeschwindigkeit von δ Scuti ist mit $4^h 40^m$ Periode veränderlich; mit der gleichen Periode verlaufen geringfügige Helligkeitsänderungen. Verf. haben 246 Radialgeschwindigkeiten in 28 Nächten gemessen (1936/37 und 1953). Danach scheint die mittlere Geschwindigkeit des Sterns konstant zu sein, jedoch ändert sich die Amplitude zwischen 6.5 und

15.2 km/sec. Eine Schwebungsperiode von $0^{d}.838066$ scheint zu bestehen, die Fath bereits in photometrischen Messungen gefunden hatte. Die Amplitude der beiden Oszillationen beträgt $2\,K_1 = 10.5$ km/sec und $2\,K_2 = 2.5$ km/sec. Micz.

BD –1°1004 M. Barbier-Brossat, Orbite de l'étoile double spectroscopique BD –1°1004. JO **37** 119—122, mit 1 Fig.

HD 8634 K. O. Wright, R. E. Pugh, The orbits of two F-type spectroscopic binary stars. Publ. Dominion Astrophys. Obs. Victoria **9** 407—414, mit 2 Fig.

HD 9021 K. O. Wright, R. E. Pugh. Vgl. HD 8634.

HD 77464 M. W. Feast, The spectroscopic double-lined binary HD 77464. MN **114** 246—250, mit 1 Fig. = Commun. Radcliffe Obs. Nr. 28. — HD 77464 ist ein spektroskopischer Doppelstern, in dessen Spektrum beide Komponenten sichtbar sind. Sie sind beide Zwerge vom Spektraltyp B 2. Aus 34 Radialgeschwindigkeitsmessungen werden Bahnelemente und Massen (5.61 bzw. 5.11 $M_{\odot}$ abgeleitet. Micz.

HD 110533 A. McKellar, H. Reeves, Spectrographic orbital elements for the binary H. D. 110533. Publ. Dominion Astrophys. Obs. Victoria **9** 399—405, mit 1 Fig.

Zwölfter Teil

Veränderliche Sterne. Novae

§ 110

Ephemeriden, Allgemeines

11001. Z. Kopal, Report of Commission 42 of the International Astronomical Union (1948—1952). Photometric binary stars. Trans. IAU **8** 631—661, mit 3 Fig. = Astr. Contr. Univ. Manchester (3) Nr. 14.

11002. B. W. Kukarkin, P. P. Parenago, J. I. Jefremow, P. N. Cholopow, Sechster Nachtrag zur ersten Ausgabe des Generalkatalogs Veränderlicher Sterne. Moskau-Leningrad, Verlag Akad. Wiss. UdSSR, 1954. 71 S. (russisch). — Der Katalog enthält Angaben über 285 im Jahre 1954 benannte Veränderliche sowie verbesserte Angaben über 343 früher benannte Veränderliche. Eine Übersetzung des Textes ins Englische besorgte die IAU.

* * **B. W. Kukarkin,** Erforschung der Struktur und Entwicklung der Sternsysteme auf der Grundlage des Studiums veränderlicher Sterne. Vgl. Ref. 4403.

* * **A. A. Michajlow,** Bezeichnung der Sternbilder und ihre Abkürzungen. Vgl. Ref. 9001.

11003. K. Michovský, Reducing variable stars observations. RH **85** 277—280, mit 1 Fig. (tschechisch).

11004. C. Payne-Gaposchkin, Variable Stars and Galactic Structure. London, University of London, The Athlone Press, 1954. 12 + 116 S. mit 44 Fig. Preis 18s. bzw $ 3.50. — Besprechung in Ciel et Terre **71** 273—274

(J. Hunaerts), J RAS Canada **49** 207, Obs **75** 225—226 (E. M. Burbidge), PAT **36** 159, Phys. Abstracts (A) **58** 193 (R. A. Newing), Sky and Telescope **14** 244, ZfA **37** 215—216 (W. Becker). — Das aus Vorlesungen an der Universität London hervorgegangene Buch nimmt eine Mittelstellung zwischen einer wissenschaftlichen Monographie und einer populären Schrift ein. In sieben Kapiteln berichtet es über Galaxien, insbesondere über das Milchstraßensystem, pulsierende Veränderliche, explosive Veränderliche (Novae und verwandte Objekte), die Größenskala der Veränderlichen, ihre räumliche Verteilung und ihre Bewegungen. Das Schlußkapitel faßt die Bedeutung der Veränderlichen für das Studium des Aufbaus von Sternsystemen zusammen und gibt einige Anregungen für die künftige Veränderlichenforschung. Kdr.

11050. Rocznik Astronomiczny Obserwatorjum Krakowskiego 1954. Supplemento Internationale Nr. **25**. Kraków 1954. 9 + 96 S. — Enthält Ephemeriden 1954 für 566 Bedeckungsveränderliche.

§ 111

Veränderliche Sterne

* * Veränderliche in kugelförmigen Sternhaufen siehe § **121**, in außergalaktischen Nebeln § **124**.

Bedeckungsveränderliche

11101. **H. A. Abt,** V 367 Cygni: an eclipsing binary with a shell spectrum. Publ ASP **66** 171—179, mit 4 Fig. — Aus 21 Spektren (1952) werden die Eigenschaften des Bedeckungsveränderlichen V 367 Cygni diskutiert. Verf. kommt zu folgendem qualitativem Modell: Die Hauptkomponente bewegt sich mit einer Bahngeschwindigkeit von 51 km/sec durch eine Gashülle oder einen Gasring und schleppt dieses Gas mit 7 km/sec mit. Unmittelbar vor dem Stern staut sich das Gas und wird zum Teil mit einer größeren Geschwindigkeit (zwischen der des Sterns und der des Restgases) vorangeschoben. Im «Kielwasser» gibt es eine Zone mit geringerer Gasdichte. Labs

11102. **A. Beer, Z. Kopal,** The spectrum of the secondary component of the Algol system. Ann d'Astrophys **17** 443—455, mit 1 Tafel. — Ref. in Sterne **31** 143. — Infrarote Spektren von Algol im Gebiet $\lambda\lambda$ 6700—8900 Å zeigen ein Blend der Wasserstofflinie P 13 der Paschenserie (Hauptkomponente) und der Ca II-Linie λ 8662 Å (Nebenkomponente). Aus der Variation der Äquivalentbreite dieses Blend mit der Phase konnte die Breite der Ca II-Komponente ermittelt werden. Danach muß der dunklere Begleiter ein früher G-Stern sein. Dies ist in Übereinstimmung mit der beobachteten Oberflächenhelligkeit der Komponente. Behr

11103. **E. Böhm-Vitense,** The spectrum of Beta Lyrae. ApJ **120** 271—273, mit 2 Fig. und 1 Tafel = Berkeley Repr. Nr. **70**. — Kurze Mitteilung über einige schnell verlaufende Änderungen im Spektrum von β Lyrae und ihre Bedeutung für die Frage der Elliptizität der hellen Komponenten des Systems und der Helligkeit des Begleiters. Micz.

11104. **D. Chalonge, L. Divan, G. de Strobel,** Loi d'assombrissement entre le centre et le bord d'un disque stellaire et application à Algol. Classification d'Algol. CR **238** 1868—1870 = Contr. Inst. d'Astrophys. Paris (A) Nr. **167**. — Bei Kenntnis der Randverdunklung, die sich in erster Näherung aus der Oberflächentemperatur bestimmen läßt, kann man die Variation des Balmersprungs von Bedeckungsveränderlichen während der Verfinsterung berechnen. Die helle Komponente von Algol wird als B7V klassifiziert. Labs

11105. **G. Chiş,** Observaţii vizuale ale stelei variabile de eclipsă BR Cygni. Bul. ştiinţ. Acad. R. P. Române. Sec. mat. şi. fiz. **5** 453—460, 1953 (mit französischer und russischer Zusammenfassung). — Ref. in RJ Astr. Geod. UdSSR Nr. 8, 1955; Ref. Nr. 3248.

11106. **G. Chiş,** Observaţii de minime ale stelei variabile de eclipsă WW Cygni. Bul. ştiinţ. Acad. R. P. Române. Sec. mat. şi. fiz. **6** 623—630 (mit russischer und französischer Zusammenfassung). — Ref. in RJ Astr. Geod. UdSSR Nr. **9**, 1955; Ref. Nr. 3786.

11107. **G. G. Cillie,** The photometry of a few selected eclipsing variables. MN ASSA **13** 42—47. — Bericht über einen Vortrag, in dem folgendes behandelt wurde: die Typen der Bedeckungsveränderlichen, die Perioden der Bedeckungsveränderlichen, die Faktoren, welche auf den Lichtwechsel von Einfluß sind, die Dauer der Bedeckungen, die Spektren der Bedeckungsveränderlichen, die Dimensionen und Massen der Systeme und schließlich die Auswertung der Lichtkurven. Loh.

11108. **G. Courtès,** Le système d'Algol. BSAF **68** 477—479, mit 1 Fig. — Beschrieben wird die Entdeckungsgeschichte Algols als eines Systems, das aus drei Komponenten besteht. Fricke

11109. **A. N. Dadajew,** Untersuchung der heißen Überriesen in Systemen von Bedeckungsveränderlichen. Mitt. Astr. Hauptobs. Pulkowo **19** Nr. 5 (152) S. 31—86, mit 16 Abb. (russisch). — In der vorliegenden Arbeit führt Verf. eine Photometrie des kontinuierlichen Spektrums der beiden Bedeckungsveränderlichen A0 Cas und α Lyr durch, die Komponenten des obengenannten Typs besitzen. Im ersten Teil der Arbeit wird das zu den Beobachtungen verwandte Spiegel-Linsen-Teleskop nach Sljussarew beschrieben und auf seine Eignung untersucht, im zweiten Teil werden die Beobachtungen zusammen mit denen anderer Autoren ausführlich diskutiert. Abschließend wird die korpuskulare Instabilität derartiger Systeme behandelt. Loh.

11110. **L. Detre,** Über den Blažko-Effekt. Sterne **30** 214—215.

11111. **E. G. Ebbighausen,** The complex stellar system Algol. Amer. J. Phys. **22** 423. — Ref. Am. Assoc. Phys. Teacher.

11112. **M. G. Fracastoro,** Studio statistico sui sistemi binari ad eclisse e i loro parametri fisici. Mem SA It (NS) **25** 347—382, mit 14 Fig. — Die Untersuchung betrifft alle Bedeckungsveränderlichen im Katalog von Kukarkin und Parenago. Es werden die Zahl der verschiedenen Typen (E, EA, EB), die Spektraltypen, die Häufigkeit, die absoluten Helligkeiten und die Radien als Funktion von log P dargestellt und gedeutet. Cester

11113. **A. Fresa,** Curva di luce ed orbita fotoelettrica della variabile ad eclisse V 805 Aquilae. Mem SA It (NS) **25** 105—115, mit 1 Fig. = Oss. Astr. Capodimonte-Napoli Contr. Astr. (2) **4** Nr. 13. — Aus 666 photoelektrischen Beobachtungen dieses Algol-Veränderlichen werden Lichtkurve und Periode abgeleitet. Weitere Bahnelemente werden ebenfalls ermittelt. Cester

11114. **A. Fresa,** Curva di luce ed orbita fotoelettrica della variabile ad eclisse V 566 Ophiuchi. Mem SA It (NS) **25** 127—135, mit 1 Fig. = Oss. Astr. Capodimonte-Napoli Contr. Astr. (2) **4** Nr. 14. — Aus 302 photoelektrischen Beobachtungen wurden die Lichtkurve dieses W UMa-Veränderlichen abgeleitet und die Bahnelemente berechnet. Cester

11115. **S. Gaposchkin,** Epsilon Aurigae. Publ ASP **66** 112—119, mit 1 Fig. — Im Hinblick auf die nächste Bedeckung (1955 Juni 6) des Überriesen ε Aurigae wird das bisher vorliegende Material noch einmal gesichtet und diskutiert. Das recht unverständliche Verhalten läßt sich eventuell so erklären: Eine kleine, dunklere Komponente verfinstert eine große und «edgeless» F-Komponente. Der schwächere Stern hat dabei keinerlei außergewöhnliche Eigenschaften. Dieses Modell gibt den wesentlichen Verlauf der Lichtkurve wieder und paßt zu fast allen spektroskopischen Beobachtungstatsachen. Die auffallende Verbreiterung und Verdopplung der Linien läßt sich nur teilweise erklären. Labs

11116. **H.-G. Groth,** Die tieferen Atmosphärenschichten der K-Komponente im System ζ Aurigae. Phys. Verhandlungen **5** 142. — Ref. AG.

11117. **H. L. Johnson, B. Perkins, W. A. Hiltner,** Photometric investigation of the eclipsing binary UX Ursae Majoris. ApJ Suppl **1** 91—119, mit 9 Fig. — Ref. in ApJ **119** 690. — Lichtelektrische Beobachtungen von UX UMa in drei Farben zeigen, daß der Lichtwechsel dieses Bedeckungsveränderlichen mit der kürzesten bekannten Periode recht unregelmäßig ist. Im Ultraviolett werden Abweichungen bis zu $0^m.5$ von der durchschnittlichen Lichtkurve beobachtet. Die Unregelmäßigkeiten werden als Absorptionseffekte gedeutet. Behr

11118. **A. H. Joy,** Spectroscopic observations of AE Aquarii. ApJ **120** 377—383, mit 2 Fig. und 1 Tafel. — Ref. in Urania Kraków **26** 305—306, mit 1 Fig. — AE Aqr ist ein unregelmäßiger Veränderlicher, dessen Verhalten oft dem von U Gem ähnelt. Verf. hat von 1943 bis 1953 über 100 Spektrogramme des Sterns erhalten. Das Spektrum ist das eines K0-Zwerges mit überlagerten starken Emissionslinien des H, He und Ca II. Zeitweilig erscheint auch ein Kontinuum, das von einem Strahler hoher Temperatur stammt. Die Radialgeschwindigkeitsmessungen der Emissions- und Absorptionslinien zeigen, daß es sich bei AE Aqr um einen Doppelstern handelt, dessen beide Komponenten im Spektrum sichtbar sind. Die Periode des Bahnumlaufs beträgt $0^d.701024$. Die absolute Helligkeit der roten Komponente beträgt $6^m.0$, die der heißen ist etwas geringer. Die Radialgeschwindigkeitskurve ist deformiert und kann nicht durch eine einfache elliptische Bahnbewegung erklärt werden. Micz.

11118a. **A. H. Joy,** The binary system, AE Aquarii. AJ **59** 326. — Ref. AAS.

11119. **J. Kleczek,** Doppelstern Epsilon Aurigae. Vesmír **33** 48—49, mit 4 Fig. (tschechisch).

11120. **M. Kitamura,** The effect of reflection upon the reduction of mass from the observed velocity-curves of close binary systems. I. Publ. Astr. Soc. Japan **5** 114—127, mit 5 Fig. = Tokyo Astr. Obs. Repr. Nr. **110**. — Die Verschiebung des Lichtzentrums gegen das Massenzentrum der Komponenten enger Bedeckungsveränderlicher infolge des Reflexionseffekts wird in erster Näherung (sphärische Komponenten, cos-Gesetz der Reflexion) unter Berücksichtigung des endlichen Abstands, der endlichen Radien und der Randverdunklung der Komponenten berechnet und die dadurch bedingte Korrektur der Massenfunktion, der Massen und Dimensionen abgeleitet. Kdr.

11121. **M. Kitamura,** The effect of reflection upon the reduction of mass from the observed velocity-curves of close binary systems. II. Publ. Astr. Soc. Japan **6** 217—228, mit 3 Fig. = Tokyo Astr. Obs. Repr. Nr. **116**. — Teil I (vgl. Ref. **11120**) wird durch Tabulierung weiterer Funktionen ergänzt, vornehmlich für den Teil der reflektierenden Komponente eines engen Systems, der von der anderen Komponente nur partiell beleuchtet wird. Anwendung der Rechnung erfolgt auf μ^1 Sco, u Her und YY Eri. In diesen drei Fällen ergibt sich, daß die von den partiell beleuchteten Teilen reflektierte Strahlung nicht zu vernachlässigen ist, sondern einen Betrag erreicht, der mit dem von dem total beleuchteten Teil reflektierten vergleichbar ist. Kdr.

* * **Z. Kopal,** A study of the Roche model. Vgl. Ref. **4306**.

11122. **Z. Kopal,** Photometric effects of reflection in close binary systems. MN **114** 101—117, mit 2 Fig. = Astr. Contr. Univ. Manchester (3)

Nr. 20. — Der Reflexionseffekt in engen Doppelsternsystemen wird unter der Voraussetzung des Lambertschen Gesetzes für die Reflexion, endlicher Ausdehnung der beleuchteten Komponente und kugelförmiger Gestalt beider Komponenten einer Neudiskussion unterzogen. Kdr.

11123. **Z. Kopal,** The nature of the eclipses of Epsilon Aurigae. Obs 74 14—20 = Astr. Contr. Univ. Manchester (3) Nr. 16. — Ref. in Urania Kraków 26 19. — Zur Erklärung der Eigenarten des Bedeckungsveränderlichen ε Aur wird angenommen, daß die zweite Komponente einen halb durchscheinenden Ring besitzt. Die Ringebene soll gegen die Bahnebene geneigt sein. An Hand von Beobachtungen wird diese Hypothese geprüft, weiterhin werden Beobachtungsvorschläge für das kommende Minimum gemacht. U. Be.

11124. **Z. Kopal,** Rotational broadening of line profiles in the spectra of eclipsing variables. Obs 74 103—105. — Ref. RAS.

11125. **J. de Kort,** Upper and lower limits for the eccentricity and longitude of periastron of an eclipsing binary. Specola Astr. Vaticana Ric. Astr. 3 109—118, mit 2 Fig. — Im Anschluß an eine Untersuchung von Uitterdijk (vgl. AJB 34 Ref. 3441) zeigt Verf., wie aus den Amplituden und den Breiten der beiden Minima zunächst obere und untere Grenzen für $e \sin \omega$ sowie mittels einer von J. Stein angegebenen Gleichung aus ihren Epochen $e \cos \omega / \sqrt{1-e^2}$ bestimmt werden kann, woraus sich dann die Grenzwerte für die Exzentrizität e und die Periastronlänge ω ergeben. Gü.

11126. **J. de Kort,** The orbit and the motion of periastron of GN Normae. Specola Astr. Vaticana Ric. Astr. 3 119—128, mit 2 Fig. — Eine Untersuchung der aus Harvardplatten 1890—1937 und Leidener Aufnahmen 1928—1940 nach den Methoden von Uitterdijk und Merrill gewonnenen Lichtkurve ergibt bei nahezu gleichem Radius R der Komponenten eine Bahn mit $a = 4.8$ R, $e = 0.21$ und einer Apsidenperiode von ca. 500a = 31000 Bahnumläufen. Gü.

11127. **R. P. Kraft,** The atmosphere of the I component of Epsilon Aurigae. ApJ 120 391—400, mit 2 Fig. und 1 Tafel = Berkeley Repr. Nr. 78. — Die I-Komponente des langperiodischen Bedeckungsveränderlichen ε Aurigae ist von einer weit ausgedehnten Hülle umgeben. Verf. konstruiert mit Hilfe gemessener Äquivalentbreiten von 49 Linien eines Spektrums hoher Dispersion eine Wachstumskurve. Der Elektronendruck in der Hülle wird zu 10^{-4} bis 2.8×10^{-4} dyn/cm² je nach dem Grad der Abweichungen vom thermodynamischen Gleichgewicht geschätzt. Die zu erwartenden CrII-Linien sind sehr schwach oder nicht vorhanden. Verf. führt dies auf die Wirkung von Stoßanregungsprozessen zurück, die bei einer die Elektronentemperatur übersteigenden Strahlungstemperatur erheblich sein kann. Die Lichtabsorption in der Hülle während der Bedeckung der anderen Komponente des Systems ist mit der abgeleiteten Elektronendichte verträglich, wenn man negative Wasserstoffionen als Hauptursache der Opazität und ein Häufigkeitsverhältnis $N_H/N_e \approx 10^4$ annimmt. Micz.

11128. **M. I. Lawrow,** Statistische Gesetzmäßigkeiten bei den Bedeckungsveränderlichen und ihre physikalische Deutung. Kasan, Staatsuniv., 1954. — Dissertationsreferat.

11129. **G. Mannino,** Velocità radiali di TU Camelopardalis e nuovi elementi dell'orbita. Mem SA It (NS) 25 459—465, mit 1 Fig. = Contr. Oss. Astrofis. Asiago Nr. 53. — Zwischen Febr. 1951 und Jan. 1954 wurden am Reflektor von Asiago 36 Spektren des Veränderlichen aufgenommen und die Linien λ 4481, Hγ, Hδ, Hε sowie gelegentlich einige Metallinien ausgemessen. Aus diesen Beobachtungen und denen von Harper werden neue Bahnelemente abgeleitet. Cester

11130. **A. McKellar,** Probing the atmospheres of giant stars. JRAS Canada **48** 81—95, mit 6 Fig. — Der vorliegende allgemeinverständliche Bericht stellt die Grundlage von Vorträgen des Verf. bei verschiedenen Gelegenheiten dar. An mehreren Beispielen werden Vorgänge im Spektrum von Bedeckungsveränderlichen, von denen eine Komponente eine weit ausgedehnte Atmosphäre besitzt, beschrieben und Rückschlüsse auf die Beschaffenheit dieser Atmosphären gezogen. Hauptpunkte sind hierbei die Schichtung der Chromosphären und ihre Turbulenz. Loh.

11131. **R. I. Mitchell,** Rotation of the primary of Beta Lyrae. ApJ **120** 274—277, mit 4 Fig. = Berkeley Repr. Nr. **71.** — Verf. unternimmt eine Studie des Profils von Mg II λ 4481 im Spektrum von β Lyrae. Eine Rotationsgeschwindigkeit im Visionsradius von 40 km/sec wird gefunden, es ist jedoch keine Andeutung für Elliptizität der helleren B8-Komponente des Systems vorhanden. Micz.

11132. **D. J. K. O'Connell,** The period of the eclipsing binary RR Centauri. Pontificia Acad. Sci. Acta **16** 25—30, mit 1 Fig. = Riverview Coll. Obs. Repr. Nr. **6.** — Aus etwa 3000 Beobachtungen wird die Periode abgeleitet und ihr Anwachsen erklärt. Eine parabolische Formel zur Voraussage der Bedeckungszeiten wird gegeben. Cester

11133. **D. J. K. O'Connell,** The eclipsing variable SW Normae. Pontificia Acad. Sci. Acta **16** 33—35, mit 1 Fig. = Riverview Coll. Obs. Repr. Nr. **7.** — Aus eigenen, Kruytbosch- und Hoffmeister-Platten zeigt Verf., daß dieser Stern ein Bedeckungsveränderlicher mit einer dem Mondmonat ähnlichen Periode ist. Deswegen kann man jetzt die Minima nicht beobachten, weil sie bei Vollmond stattfinden. Cester

11134. **D. J. K. O'Connell,** Photographic light curve and orbit of the eclipsing binary V 495 Centauri. Specola Astr. Vaticana Ric. Astr. **3** 81—89, mit 2 Fig. — Verbesserung der Periode (33$^{d}_{.}$4871) und photographische Lichtkurve nach Riverview-Platten 1934—1952, vorläufige Untersuchung der Bahn (mit Randverdunklungskoeffizient 0.4) unter Berücksichtigung des Rotationslichtwechsels der ellipsoidischen Komponente und des Reflexionseffekts, Diskussion der Massen und Dichten. Gü.

11135. **D. J. K. O'Connell,** Photographic light curve and orbit of the eclipsing binary S Velorum. Specola Astr. Vaticana Ric. Astr. **3** 90—102, mit 2 Fig. — Neue photographische Lichtkurve nach Riverview-Platten 1934—1952. Periode (5$^{d}_{.}$933667) seit 1899 gewachsen. Berechnung der Figuren aus dem Rotationslichtwechsel, vorläufige Untersuchung der Bahn ohne und mit Randverdunklung (0.4), Diskussion der Massen und Dichten. Berichtigung zu R. E. Wilsons Katalog der Eigenbewegungen. Gü.

11136. **D. J. K. O'Connell,** The eclipsing binary AL Velorum. Specola Astr. Vaticana Ric. Astr. **3** 103—108, mit 1 Fig. — Neue Periode (96$^{d}_{.}$1083) und photographische Lichtkurve aus Riverview-Platten 1934—1952, Berechnung der Figuren aus dem Rotationslichtwechsel der Komponenten. Gü.

11137. **M. W. Ovenden,** Two-colour photoelectric photometry of GO Cygni. MN **114** 569—582, mit 5 Fig. = Contr. Cambridge Obs. Nr. **18.** — Neue lichtelektrisch beobachtete Lichtkurven in Gelb und Blau werden unter Berücksichtigung anderer Beobachtungsreihen eingehend diskutiert. Verf. macht wahrscheinlich, daß das Spektrum der schwächeren Komponente fast nur reflektiertes Licht der Hauptkomponente zeigt; er berücksichtigt das bei der Ableitung der Elemente. O. G.

11138. **H. M. Pillans,** Interstellar lines of CH^+ in the spectrum of Epsilon Aurigae. Publ ASP **66** 327—329, mit 1 Tafel. — Auf von O. Struve aufgenommenen Coudé-Spektrogrammen (Dispersion 2.8 Å/mm) konnten die

Linien λ 4232.54 und λ 3957.70 des CH^+ gemessen werden. Die erhaltene Radialgeschwindigkeit von +0.9 ± 1.0 km/sec ist wesentlich kleiner als die aus den Spektren von Nachbarsternen abgeleiteten Radialgeschwindigkeiten von interstellaren Wolken. Die Möglichkeit des Ursprungs der Linien in einer zirkumstellaren Wolke wird diskutiert. O. G.

11139. **E. Pohl,** Algol, ein noch ungelöstes Problem. Sterne **30** 241—242.

* * **E. Schatzman, J.-L. Rigal,** Contribution à l'étude des propriétés spatiales des étoiles du type W Ursae majoris. Vgl. Ref. 12323.

11140. **H. Schmidt, K. W. Schrick,** Lichtelektrische Untersuchungen an W Ursae Majoris Sternen. Phys. Verhandlungen **5** 124. — Ref. AG.

11141. **G. de Strobel,** Profondità centrali di righe della stella ζ Aurigae (fra λ 3710 e λ 5040) in occasione dell'eclisse del 1953. Mem SA It (NS) **25** 383—392, mit 2 Fig. = Contr. Oss. Astrofis. Asiago Nr. **50.** — Mit der III-Kamera des Spektrographen von Asiago wurden im Zeitraum von 40 bis 5 Tagen vor der Bedeckung 19 Spektren aufgenommen. Die Tiefen der Linien einiger Elemente wurden berechnet. Einige von ihnen zeigen eine Änderung kurz vor dem Eintritt der Bedeckung. Cester

11142. **A. D. Thackeray,** Spectra of the eclipsing variable AR Pavonis. MN ASSA **13** 70—72.

11143. **A. B. Underhill,** On the development of the FeI chromospheric lines during the 1951 eclipse of 31 Cygni. MN **114** 558—568, mit 3 Fig. = Contr. Dominion Astrophys. Obs. Victoria Nr. **37.** — Durch photometrische Auswertung von Spektrogrammen von 31 Cygni, die während der Eintrittsphasen der Bedeckung von 1951 erhalten wurden, ist die Entwicklung einiger ungestörter FeI-Linien aus der Chromosphäre der K-Komponente verfolgt worden. Das Licht des B-Sterns im kurzwelligen Gebiet wird schon einige Tage vor dem ersten Kontakt durch kontinuierliche und Linien-Absorption zunehmend geschwächt. Die Linien sind etwas durch Turbulenz (rund 20 km/sec) verbreitert. O. G.

11144. **A. B. Underhill,** On interpreting the spectrum of HD 198287,8 (V 367 Cygni). Publ ASP **66** 334—336, mit 1 Tafel — Das Hüllenspektrum des Bedeckungsveränderlichen HD 198287,8 (Periode 18 Tage) wird mit dem Spektrum von Pleione verglichen und gezeigt, daß ersterer als B8 bis B9 zu klassifizieren ist. Es wird vorgeschlagen, die Asymmetrie der Spektrallinien in HD 198287,8 (insbesondere MgII λ 4481) auf eine überlagerte Absorption in der bewegten Hülle zurückzuführen. Traving

11145. **M. F. Walker, G. H. Herbig,** Photoelectric and spectroscopic observations of UX Ursae Majoris. ApJ **120** 278—304, mit 9 Fig. und 2 Tafeln = Contr. Lick Obs. (2) Nr. **54.** — Etwa 1800 lichtelektrische Beobachtungen des Bedeckungsveränderlichen UX UMa wurden in drei Farben erhalten. Die Lichtkurve zeigt den schon früher bekannten Stillstand auf dem ansteigenden Ast des Hauptminimums sowie den Lichtzuwachs kurz vor Beginn der Bedeckung. Daneben treten auch unregelmäßige Änderungen von Umlauf zu Umlauf auf. Das Spektrum des Systems, dessen Periode weniger als 5^h beträgt, wurde mit kleiner Dispersion kontinuierlich aufgenommen. Der Hauptstern ist vom Typ O, die Linien sind sehr breit und flach. Die Absorptionslinien des Wasserstoffs ergeben nahezu konstante Radialgeschwindigkeit, während sich die Emissionslinien mit der Phase verschieben. Auch ihre Intensität unterliegt Änderungen, jedoch sind die zyklischen Änderungen des Spektrums nicht streng rekurrierend. Verf. entwickeln ein Modell des Systems, in dem Wolken und Gasströme angenommen werden, um die Beobachtungen zu erklären. Micz.

11146. **P. Wellmann,** Der Bedeckungsveränderliche UV Leonis. ZfA **34** 99—106, mit 2 Abb. = Mitt. Sternw. Hamburg-Bergedorf **22** Nr. 240. — 701 lichtelektrische Helligkeitsmessungen ergaben eine Lichtkurve, aus der neue Elemente des Systems abgeleitet wurden. Mit Hilfe der Gaposchkinschen spektroskopischen Elemente werden sie in absolutes Maß umgewandelt. Beide Komponenten sind nach den photometrischen Elementen einander fast gleich, obwohl ihre Spektren und Massen Unterschiede zeigen. Sie sind typische Hauptreihensterne. Verf.

11147. **O. C. Wilson, H. A. Abt,** Chromospheric structure of the K-type component of Zeta Aurigae. ApJ Suppl **1** 1—38, mit 12 Fig. — Ref. in ApJ **119** 301. — Spektren hoher Dispersion aus der Bedeckungsphase von ζ Aur 1947/48 wurden ausgemessen, die Resultate mit Spektren aus der Bedeckung 1939/40 verglichen. Zu Beginn der Bedeckung 1947 wurde eine deutliche Abweichung im Sinne eines flacheren Gradienten beobachtet. Die 1939/40 gefundene Zunahme von $\Delta\lambda_D$ konnte bestätigt und auf einen Unterschied in der Turbulenzgeschwindigkeit von Ionen und neutralen Atomen zurückgeführt werden. Die Anregungstemperatur nimmt mit der Höhe zu. Die Ionisation in der Chromosphäre wird unter Annahme der Strömgrenschen Theorie der Ionisierung der K-Atmosphäre durch die B-Komponente diskutiert. Die Beobachtungen zwingen zu der Annahme, daß die Materie in der Chromosphäre nicht gleichförmig, sondern in relativ kleinen Kondensationen hoher Dichte verteilt sein muß. Behr

11148. Determination of the variations of eclipsing variable stars. Nature **173** 110. — Ref. der in AJB **53** Ref. 11138 zitierten Arbeit von R. Szafraniec.

11149. Osobliwe gwiazdy zaćmieniowe. Urania Kraków **25** 54.

Cepheiden

11150. **H. A. Abt,** The luminosity of the Cepheid Y Ophiuchi. Publ ASP **66** 65—70, mit 1 Fig. — Ref. in Sterne **31** 141. — Bei diesem Stern mit einer Periode von 17^d sind die Amplituden der Helligkeits-, Farb- und Radialgeschwindigkeitsänderungen anomal klein. Dieses gegenüber normalen Cepheiden abweichende Verhalten wird durch neue Beobachtungen bestätigt. Deren Auswertung liefert zunächst einen Wert für den mittleren Sternradius und in Verbindung mit dem mittleren Spektraltyp die absolute Helligkeit, die um $1^m.0$ zu klein ist gegenüber Cepheiden derselben Periode. Der Stern scheint nicht der Population II anzugehören. Bo.

11151. **H. A. Abt,** An analysis of W Virginis. ApJ Suppl **1** 63—90, mit 9 Fig. — Ref. in ApJ **119** 469. — Aus der Analyse von Spektren hoher Dispersion und lichtelektrischen Helligkeits- und Farbmessungen wird ein Modell von W Vir, der als Cepheid der Population II gilt, entwickelt. Zwei getrennte Schichten, angedeutet durch Verdopplung der Absorptionslinien im Lichtmaximum, eine aufsteigende und eine absteigende, scheinen sich gegenseitig zu durchdringen. Die Gesamtverschiebung dieser Schichten beträgt 35×10^6 km, sie ist damit rund dreimal so groß wie bei klassischen Cepheiden. Es wird besonders darauf hingewiesen, daß ein solches gegenseitiges Durchdringen von Materieströmen mit Überschallgeschwindigkeit zu Temperaturen um 10^5 Grad führen müsse, wogegen nur Temperaturen um 8000° beobachtet werden. Behr

11152. **J. Balázs, L. Detre,** Untersuchungen über die Perioden- und Lichtkurvenänderungen von kurzperiodischen δ Cephei-Sternen. VIII. SW Andromedae. Mitt. Sternw. Ungar. Akad. Wiss. Budapest-Szabadsághegy Nr. **33**, 46 S. mit 21 Abb. — Aus photographischen und lichtelektrischen

Beobachtungen wird eine sekundäre Periode von $36^{d}.83$ gefunden, die sich auch in älteren Beobachtungsreihen nachweisen läßt. Die Hauptperiode nimmt gegenwärtig ab. Die Maximumshelligkeit schwankt im Gegensatz zur Zeit von Shapleys Beobachtungen jetzt nur geringfügig. Fricke

11153. **A. Blaauw, H. R. Morgan,** On the luminosities of the nearest Cepheids. BAN **12** 95—98. — Für 18 Cepheiden in Entfernungen bis 600 pc werden neue Werte der EB benutzt, um aus den v-Komponenten die mittlere säkulare Parallaxe der Gruppe zu bestimmen. Mit Hilfe der alten Perioden-Leuchtkraft-Funktion werden die Einzelwerte der v, unter Berücksichtigung der interstellaren Absorption, zunächst auf die mittlere Entfernung reduziert. In Verbindung mit der Sonnengeschwindigkeit von 21.0 km/sec ergibt sich ein neuer Wert für die mittlere säkulare und damit auch für die jährliche Parallaxe. Der Unterschied gegen den alten Mittelwert entspricht einer Nullpunktkorrektion der P.-L.-Kurve von $-1^{m}.4 \pm 0^{m}.3$, in Übereinstimmung mit dem von Baade abgeleiteten Wert. Die τ-Komponenten bestätigen diesen Wert. Ein Teil dieser Korrektion kann durch den Übergang vom System des GC zum System des N 30 oder FK3 erklärt werden. Bo.

* * **R. Canavaggia,** Sur la mesure du rougissement des céphéides. Vgl. Ref. **12506.**

11154. **R. Canavaggia, J.-C. Pecker,** Sur le rayonnement des Céphéides. Interdépendance des paramètres. CR **239** 225—227, mit 1 Fig. = Contr. Inst. d'Astrophys. Paris (A) Nr. **172.** — Es wird darauf hingewiesen, daß für die Interpretation der Strahlung der Cepheiden zwei Arten von Parametern wesentlich sind: Formparameter und Skalenparameter. Diejenigen einer Gruppe bedingen sich gegenseitig und sind von denen der anderen Gruppe unabhängig. Kdr.

11155. **P. N. Cholopow,** Das Farben-Helligkeitsdiagramm und der Nullpunkt der Periode-Helligkeitsbeziehung der Cepheiden. Astr Circ UdSSR Nr. 148 S. 5—8, mit 1 Abb. (russisch). — Vorläufige Mitteilung über die Notwendigkeit einer Heraufsetzung der absoluten Größe der RR Lyrae-Sterne von $0^{m}.0$ auf $+2^{m}.0$. Loh.

11156. **M. Egger, F. Egger,** Céphéides et distances extragalactiques. Orion Schaffhausen **4** 202—204.

11157. **A. J. Filin,** Über den Nullpunkt der Periode-Helligkeitsbeziehung der langperiodischen Cepheiden. Bull. Astr. Obs. Stalinabad Nr. **10** S. 14—19 (russisch). — Gestützt auf Zahlenwerte und Verfahren aus vorangegangenen Arbeiten von Parenago und Kukarkin, wird für 18 Cepheiden einer mittleren Periode $\log P = 0.709$ die mittlere absolute Helligkeit $M = -3.73 \pm 0.44$ abgeleitet. Das bedeutet gegenüber dem Wert, der sich aus einer Formel von Kukarkin ergibt, eine Korrektion des Nullpunktes um $-1^{M}.81$. Petri

11158. **D. A. Frank-Kamenezkij,** Analyse der Radialgeschwindigkeitskurven des Sterns δ Cephei. DAN **99** 221—223, mit 1 Abb. (russisch). — Wird angenommen, daß die Änderung des Sternradius der Änderung des Radius der zentralen, adiabatischen Zone proportional ist, dann ergibt sich unter Verwendung der Beziehung zwischen Zeit und deformierter Zeit z für die Radialgeschwindigkeitskurve $v = v_m \sqrt{1 - A^2} \cos z/(1 + A \sin z)$, in der A eine Konstante und v_m die maximale Radialgeschwindigkeit ist. Mit A = 0.50 wird die Radialgeschwindigkeitskurve von δ Cep sehr gut dargestellt. Loh.

11159. **J. Grandjean, P. Ledoux,** La répartition d'énergie dans le spectre de η Aquilae et son rayon. Ann d'Astrophys **17** 161—171, mit 4 Fig. = Inst. d'Astrophys. Univ. Liège Coll. 4° Nr. **53.** — Ref. in Irish AJ **3** 118—119. — Verf. geben eine theoretische Ableitung der relativen Energieverteilung im Spektrum von η Aql. Mit Ausnahmen im Ultravioletten stimmt das Ergebnis mit den Beobachtungen von Stebbins, Kron und Smith (vgl. AJB **52** Ref. **11172**) befriedigend überein, so daß die Verwendung der theoretischen Werte für den Strahlungsfluß zur Berechnung der Radiusveränderungen in Abhängigkeit von der Phase des Lichtwechsels gerechtfertigt erscheint. Es ergibt sich gegen die aus den Radialgeschwindigkeiten abgeleiteten Kurve der Radiusänderungen zunächst noch eine Phasenverschiebung, die aber mit einem etwas kleineren Wert für das Verhältnis He : H und einem größeren mittleren Radius beseitigt werden kann. Kdr.

11160. **R. Hardie,** A photometric study of RR Lyrae. AJ **59** 185. — Ref. AAS.

11161. **C. O. R. Jaschek,** Distribución espacial de las cefeidas clásicas. Publ. Obs. Astr. Eva Peron Circ. Nr. **14** S. 5—12, mit 5 Fig. — Die Hauptresultate der Arbeit lassen sich in folgender Form zusammenfassen: 1. Der Nullpunkt der Periode-Leuchtkraft-Beziehung ergibt sich auf Grund einer Statistik zu $-1^{m}.07$ für $P = 1^{d}$; 2. Die räumliche Verteilung in der galaktischen Ebene erbringt eine konstante Dichte in der Sonnenumgebung; 3. Die Verteilung der normalen und außergewöhnlichen Cepheiden nach Periode (Population I und II) ist graphisch dargestellt. Verf. (übersetzt)

11162. **D. Jehoulet,** Les raies d'émission dans RU Camelopardalis. Bull. Cl. Sci. Acad. roy. Belgique (5) **40** 377—381, mit 1 Fig. = Inst. d'Astrophys. Univ. Liège Mém. 8° Nr. **360**. — Spektren von RU Cam zeigen zu bestimmten Phasen der Periode die Wasserstoffserie in Emission, zu anderen Zeiten eine Emissionskomponente in H und K. Diese und andere Besonderheiten machen es wahrscheinlich, daß RU Cam zu den Cepheiden der Population II, den W Vir-Sternen, zu rechnen ist. Behr

11163. **B. W. Kukarkin,** Über die Vielfältigkeit der Nullpunkte der «Periode-Leuchtkraftbeziehung» der langperiodischen und kurzperiodischen Cepheiden. Astr Circ UdSSR Nr. 155 S. 12—13 (russisch). — Ref. in Urania Kraków **26** 369. — Für alle Cepheiden wird kein einheitlicher Nullpunkt in der Periode-Helligkeitsbeziehung existieren, da schon die verschiedenen Typen der langperiodischen Cepheiden bei gleicher Periode je nach dem System oder Untersystem, in dem sie vorkommen, unterschiedliche andere Merkmale besitzen. Loh.

11164. **R. Lüst-Kulka,** Temperatur und Elektronendruck in den Atmosphären von S Sagittae und T Vulpeculae. ZfA **33** 211—244, mit 4 Abb. = Veröff. Univ.-Sternw. Göttingen Nr. **108**. — Aus je 28 Spektren wurden Äquivalentbreiten von 51 Metallinien zur Herleitung der Wachstumskurve bestimmt. Damit konnten Dämpfung, Turbulenzgeschwindigkeit, Anregungstemperaturen (Fe I) und log NH-Werte für verschiedene Elemente sowie der Elektronendruck berechnet werden. Die Variation von Temperatur, Elektronendruck und Elementhäufigkeit zwischen Lichtmaximum und Lichtminimum zeigt in allen Fällen den gleichen Gang mit der Phase wie die analogen Werte von δ Cephei, jedoch kleinere Amplituden. Das läßt sich durch die Mittelung der Äquivalentbreiten über breitere Phasenbereiche erklären. Eine Variation des Dämpfungsparameters und der Turbulenzgeschwindigkeit konnte nicht gemessen werden. Die Mittelwerte der berechneten Größen zeigen gute Übereinstimmung mit den analogen Werten in den Atmosphären der beiden Überriesen α Persei und γ Cygni. Verf. (gekürzt)

11165. **G. Mannino,** La scoperta di righe di emissione del calcio negli spettri de alcune cefeidi classiche. Coelum **22** 38—40. — Chronologische Darstellung der Entdeckung der Emissionslinien H und K im Spektrum einiger Cepheiden, und zwar von Adams und Joy (1939: ζ Gem) bis zu Herbig (1952: S Sge). Cester

11166. **A. Masani, P. Broglia,** Risultati delle osservazioni fotometriche e problemi relativi alla variabile BP Pegasi. Mem SA It (NS) **25** 59—74, mit 6 Fig. = Contr. Oss. Astr. Milano-Merate (NS) Nr. **47.** — Der Veränderliche wurde im Gelben und Blauen photoelektrisch beobachtet. Er ist kein W UMa- sondern ein RR Lyrae-Stern. Die Periode wird verbessert. Zum Schluß folgen einige Betrachtungen über die Pulsationstheorie aus den erhaltenen Lichtkurven. Cester

11167. **A. Masani, P. Broglia,** Risultati delle osservazioni fotometriche e problemi relativi alla variabile DY Pegasi. Mem SA It (NS) **25** 431—456, mit 4 Fig. = Contr. Oss. Astr. Milano-Merate (NS) Nr. **53.** — Der Veränderliche wurde am Zeiss-Reflektor von Merate in zwei Farben photoelektrisch beobachtet und die Periode abgeleitet. Nach der Theorie der adiabatischen Pulsationen scheint die Radiusänderung mit der Lichtkurve in Phase zu sein. Cester

* * **E. A. Müller,** Die Verdoppelung der Dimensionen im Weltall. Vgl. Ref. **12428.**

* * **P. P. Parenago,** Die Materiedichte in der Sonnenumgebung und die dynamische Bestimmung der mittleren absoluten Helligkeit der kurzperiodischen Cepheiden. Vgl. Ref. **12317.**

11168. **E. D. Pawlowskaja,** Bestimmung der mittleren absoluten Größe und Untersuchung der Kinematik der kurzperiodischen Cepheiden. VS Bull **9** 349—370, mit 14 Abb. (russisch). — Aus einem Material von 69 Sternen, deren Geschwindigkeitskomponenten mit mittleren Fehlern < 60 km/sec bekannt sind, wird als mittlere absolute Größe $M = +0.5 \pm 0.18$ mit einer Streuung von $0\overset{m}{.}6$ abgeleitet. Es bleibt offen, ob dieser Wert reell oder durch einen Anteil besonders schwacher Veränderlicher zu erklären ist, deren Existenz durch den Fall SX Phe ($M = +4.3$) möglich erscheint. Etwa 15 % der Sterne haben eine Geschwindigkeit, die größer ist als die entsprechende Entweichgeschwindigkeit nach dem galaktischen Modell von Parenago. Die Verteilung der Geschwindigkeitskomponenten ist uneinheitlich. Sterne mit kurzen Perioden und symmetrischen Lichtkurven haben meist kleine Radialgeschwindigkeiten. Die Ordnung des Materials nach Periodenlänge P und Asymmetriemaß der Lichtkurve ε ergibt zwei Gruppen: I mit 34 Sternen (davon 21 mit bekannter EB) beschränkt sich auf $P < 0\overset{d}{.}40$ und $\varepsilon > 0\overset{P}{.}25$, während II mit 98 Sternen (davon 52 mit bekannter EB) eine ziemlich kompakte Anhäufung im (P, ε)-Diagramm bei längeren Perioden und ziemlich symmetrischen Lichtkurven bildet. Beide Gruppen gehören zu sphärischen Systemen im Sinne von Kukarkin. Sie sind räumlich nicht getrennt. Gruppe II zeichnet sich durch einige besonders hohe Radialgeschwindigkeiten und 25 % galaktisch rückläufige Sterne aus. Ihre Zusammensetzung ist recht inhomogen. Petri

11169. **C. Payne-Gaposchkin,** The Cepheid variables and RR Lyrae stars. Harv Ann **113** 153—186, mit 3 Fig. — Für 135 klassische Cepheiden, 9 Cepheiden der Population II und 51 RR Lyrae-Sterne bis 10^m werden die Ergebnisse aus Harvard-Aufnahmen der Miltonschen Felder zusammengefaßt. Für die klassischen Cepheiden werden die Lichtkurven gegeben und die Abhängigkeit ihrer Form, der Amplitude, des MKK-Spektraltyps und seiner Variation von der Periode erneut untersucht. Auch aus den noch sehr spärlichen Beobachtungen der Cepheiden der Population II werden Beziehungen zwischen Spektrum, Spektralvariation und Periode abgeleitet. Die RR Lyrae-Sterne werden nach Baileys Lichtkurvenklassen a, b, c klassifiziert, und auch hier wird die Abhängigkeit der Amplitude, Lichtkurve und Spektralvariation von der Periode studiert. Gü.

11170. **H. A. Pels-Kluyver,** Line intensities in the spectrum of RR Lyrae. BAN **12** 151—164, mit 4 Fig. — Auf 67 Spektrogrammen von RR Lyrae, aufgenommen von O. Struve am McDonald Observatorium, werden die Intensitäten von Metallinien untersucht, um Aussagen über die Bedingungen in der Sternatmosphäre zu erhalten. Die Linien sind nahe dem Lichtmaximum schwächer als in Minimumsnähe. Unter der Annahme gleicher relativer Häufigkeiten der Elemente wie in der Sonnenatmosphäre wurden Wachstumskurven gezeichnet, dann Anregungstemperaturen abgeleitet. Die Turbulenzgeschwindigkeit ergibt sich zu etwa 5.4 km/sec. Elektronendruck, Ionisationstemperatur und ihre Variation mit der Phase werden untersucht und schließlich wird die Dichte eines Massenelements in der Atmosphäre und die Gravitationsbeschleunigung bestimmt. Die Variationen dieser Größen in Stärke und Phase sind ähnlich denen, die man in δ Cephei-Veränderlichen beobachtet hat. Gli.

* * **E. Raimond,** The velocity of the sun with respect to the δ Cephei variables. Vgl. Ref. **12352.**

* * **S. A. Shewakin,** Zur Theorie der stellaren Veränderlichkeit. II. III. Vgl. Ref. **5244/45.**

11171. **S. A. Shewakin,** Über die Phasensprünge zwischen den Helligkeits- und Radialgeschwindigkeitsschwankungen bei den veränderlichen Sternen. DAN **99** 353—356, mit 3 Abb. (russisch).

11172. **H. Socher,** Zum Lichtwechsel von CY Aquarii. Anzeiger Österreich. Akad. Wiss. Math.-naturw. Kl. **91** 133 = Mitt. Univ.-Sternw. Wien **7** Nr. 9.

11173. **P. Tempesti,** La luminosità delle cefeidi e la nuova scala delle distanze extragalattiche. Scientia **89** 219—228, mit 2 Fig.

11174. **I. Torgård,** The location of cepheids with respect to the spiral arms in the anticenter region of the milky way. ApJ **120** 370—372, mit 1 Fig. — Mit Hilfe des verbesserten Nullpunktes der Periode-Leuchtkraft-Beziehung der Cepheiden und unter Berücksichtigung der interstellaren Absorption wird die räumliche Verteilung der Cepheiden im galaktischen Längenintervall 80°—175° bestimmt. Die Cepheiden treten innerhalb des aus anderen Beobachtungen anzunehmenden Verlaufs der Spiralarme der Milchstraße auf. Micz.

11175. **E. Vandekerkhove,** Une détermination de rayons de δ Cephei. Bull. Cl. Sci. Acad. roy. Belgique (5) **40** 722—730 = Commun. Obs. roy. Belgique Nr. **76.** — Werte für den größten und den kleinsten Radius werden aus Gradienten bei λ 5000 Å relativ zum Vergleichsstern β Cassiopeiae abgeleitet: 15.8 und 14.6 $R_\odot$. Dv.

11176. **Å. Wallenquist,** Note on the zero point correction of the period-luminosity relation. Ark Astr **1** 543—544 = Uppsala Astr. Obs. Medd. Nr. **111.** — Vier Sterne in den beiden Magellanschen Wolken fallen aus der Perioden-Leuchtkraft-Beziehung der δ Cephei-Veränderlichen heraus. Interpretiert man sie als W Virginis Sterne (d. h. δ Cephei-Veränderliche der Population II), so ergibt sich hieraus eine Korrektion des Nullpunktes der klassischen Periode-Leuchtkraftbeziehung von $-1^{m}\!.1$. Damit wird qualitativ die neue kosmische Entfernungsskala bestätigt. Voigt

* * **Å. Wallenquist,** Den kosmiska avståndsskalan. Vgl. Ref. **12454.**

* * **H. Weaver,** The distance to the galactic center and the zero point of the Cepheid period-luminosity relation. Vgl. Ref. **12360.**

11177. Spektralphotometrische Untersuchungen an δ Cephei-Sternen. Sterne **30** 63—64.

Sonstige Veränderliche

* * **P. Ahnert,** Kohlenstoff in Sternatmosphären (N-Sterne und R Coronae Borealis-Sterne). Vgl. Ref. 9501.

11178. **L. H. Aller,** Spectrographic studies of the combination variables Z Andromedae, BF Cygni, and CI Cygni. Publ. Dominion Astrophys. Obs. Victoria **9** 321—362, mit 7 Fig. und 1 Tafel. — Die Spektren dieser Veränderlichen mit Spättypcharakteristik enthalten außerdem noch Emissionslinien von H, He, [O], [Ne], [S] und [Fe] in verschiedenen Ionisationszuständen. Es wird vermutet, daß jeweils ein heißer Stern mit dem kühleren M-Stern assoziiert ist, obgleich es nicht ganz ausgeschlossen ist, daß es sich trotzdem nur um Einzelsterne handelt. Aus den H- und He (λ 4686)-Intensitäten wurden die Zanstra-Temperaturen der heißen Quellen und für die einbettenden Hüllen aus den Intensitäten λ 4363 und den grünen Nebellinien die Elektronentemperaturen berechnet. Loh.

11179. **W. A. Ambarzumjan,** Das Auftreten kontinuierlicher Emission und die Quellen der Sternenergie. Mitt. Obs. Bjurakan Nr. **13**, 35 S. (russisch mit armenischer Zusammenfassung). — Verf. sucht das plötzliche kurzzeitige Auftreten kontinuierlicher Emission in den Atmosphären unregelmäßig veränderlicher Sterne vom Typ UV Cet und T Tau, wahrscheinlich auch R CrB und XX Oph, sowie in mit solchen Sternen räumlich verbundenen «kometenförmigen» Nebeln durch nichtthermische Zerfallsprozesse zu deuten, bei denen extrastellare Energie aus praestellarer Materie befreit wird. Hierbei kommt es vielleicht zu Kernumwandlungen, die das Vorkommen von Elementen wie Technetium und Lithium in manchen Sternatmosphären verständlich machen würden. Möglicherweise spielen sich bei den chromosphärischen Eruptionen auf der Sonne die gleichen Vorgänge, wenn auch in bedeutend schwächerem Ausmaße, ab. Einzelheiten über den hypothetischen Zerfallsvorgang sind nicht bekannt. Eine «intermediäre» Energieform wird vermutet, von relativistischen Elektronen aber kein Gebrauch gemacht. Petri

11180. **R. Bajzar,** Die Spektrum-Periode-Amplitude-Beziehung bei den veränderlichen Sternen. BAC **5** 84 (russisch). — Das Verhältnis log (Amplitude/Periode) ist eine Funktion vom Spektraltyp sowohl im Maximum als auch im Minimum der RR Lyrae-Sterne, Cepheiden, RV Tauri-Sterne und Mira-Sterne. Loh.

11181. **W. P. Bidelman, A. E. Ratcliffe,** Reversal of the bright Hα line in the spectrum of T Centauri. Publ ASP **66** 255—256. — Ref. in Sterne **31** 143. — Das Spektrum des Mira-Veränderlichen T Cen ist während der Maximumhelligkeit nur wenig durch Bandenabsorption gestört. Ein zu dieser Zeit aufgenommenes Spektrum zeigte Hα in Emission mit zusätzlicher Absorption im Linienkern, die vermutlich auf Hα selbst zurückzuführen ist. Hunger

11182. **G. R. Burbidge, E. M. Burbidge,** The abnormal atmosphere of AG Pegasi. ApJ **120** 76—82 = Contr. McDonald Obs. Nr. **237**. — AG Pegasi ist ein B-Stern, dessen Gesamthelligkeit und Emissionslinien bemerkenswerten Änderungen unterliegen; er scheint auch ein veränderliches Magnetfeld zu besitzen. Verf. haben die Äquivalentbreiten zahlreicher Linien, zumeist in Emission, zwischen λ 3662 und λ 4924 gemessen. Aus den Intensitäten der Balmerlinien wird auf Ausdehnung der äußeren Atmosphäre von etwa 400 Sterndurchmessern geschlossen. Es wird vermutet, daß das beobachtete Magnetfeld in den äußeren Zonen der ausgedehnten Atmosphäre auftritt. Micz.

11183. **L. Fritzová, Z. Pěkný, Z. Švestka,** Secondary periods of long-periodic variables. BAC **5** 49—54, mit 4 Fig. (mit russischer Zusammenfassung). — Es wird festgestellt, daß einige langperiodische Veränderliche sekundäre Variationen in extremer Helligkeit und primärer Periode zeigen. Die Sterne R Aur, S Boo, V Boo, R Cam, T Cas, U Per, R Tri, S UMa, T UMa und R Vir werden im einzelnen untersucht. Verf. (übersetzt)

11184. **Y. Fujita,** On the spectrum of Chi Cygni near the time of light-maximum. ApJ **119** 141—145, mit 4 Fig. — Auf Spektren des langperiodischen Veränderlichen χ Cygni, die vor und nach dem Lichtmaximum 1950 aufgenommen worden sind, wurde die Zentralintensität einiger Absorptions- und Emissionslinien gemessen. Verf. berichtet ferner über Profiländerungen von Ca 4227 und der (0,0)-Bande des TiO bei λ 5167 sowie Intensitätsänderungen einiger Balmer-Linien. Micz.

11185. **O. Gingerich,** Stars that twinkle. Canad. Nature **16** 188—190. — Ref. in RJ Astr. Geod. UdSSR Nr. **5**, 1955; Ref. Nr. 1777.

11186. **I. M. Gordon,** Die physikalische Natur der Veränderlichkeit der Sterne und die Herkunft der kosmischen Strahlung. DAN **97** 621—624 (russisch). — Zu den Sternen, die für die Aussendung kosmischer Strahlung in Frage kommen, gehören nicht nur die Supernovae und die Sonne, sondern auch noch alle weiteren Sterne mit Eruptionstätigkeit: Flare-Sterne (dMe), langperiodisch und halbregelmäßig Veränderliche, Novae und Hüllensterne. Loh.

11187. **G. Grant, L. H. Aller,** The emission spectrum of the magnetic variable AG Pegasi. AJ **59** 321—322. — Ref. AAS.

* * **J. L. Greenstein,** The spectrum of MacRae +43°1, a possible old nova. Vgl. Ref. 11302.

11188. **G. Haro,** Las estrellas «Rafaga» y las nubes de material interestelar. Bol. Obs. Tonantzintla y Tacubaya Nr. **11** S. 11—18, mit 3 Fig. (mit englischer Zusammenfassung). — Auf Grund eingehender Untersuchungen der im Orion, Taurus und Monoceros beobachteten Flare-Sterne wird vermutet: 1. daß sie zur T-Tauri Familie gehören; 2. daß sie nur in interstellaren Wolken auftreten und mit diesen in Wechselwirkung stehen; 3. daß es sich um denselben Sterntyp handelt wie bei den in der Sonnenumgebung beobachteten Flare-Sternen. Daraus wird gefolgert, daß sich die Sonne samt ihrer Umgebung ebenfalls in einer dichten interstellaren Wolke befindet. Die Tatsache, daß alle in der Sonnenumgebung beobachteten Flare-Sterne von späterem Typ sind als dM 3, kann — falls es sich nicht um einen Auswahleffekt handelt — dadurch erklärt werden, daß die Dichte der lokalen interstellaren Wolke nicht hoch genug ist, um mit helleren Sternen in wesentliche Wechselwirkung zu treten. Voigt

11189. **G. Haro,** New «flare» stars. Harv Card 1243, NAZ 8 20—21. — Anzeige von sieben Flare-Sternen.

11190. **A. van Hoof, M. de Ridder, O. Struve,** Note on the spectrum of 16 Lacertae. ApJ **120** 179—181, mit 1 Fig. = Berkeley Repr. Nr. **64**. — Aus Messungen auf Coudé-Spektren des β Cephei-Sterns 16 Lacertae scheint hervorzugehen, daß die Radialgeschwindigkeitskurve der Balmer-Linien etwas gegen die der übrigen Linien verzögert ist. Die K-Linie des Ca II ist dreifach, zwei Komponenten sind interstellaren Ursprungs; die stellare Komponente unterliegt der Variation der Radialgeschwindigkeit, ist aber offenbar konstant in Intensität (0.053 Å). Radialgeschwindigkeit und Äquivalentbreite der interstellaren Komponenten wurden gemessen. Micz.

11191. **F. W. Jäger,** Neues über die Veränderlichen vom Typus β Canis Majoris. Sterne **30** 141—142.

11192. **A. H. Joy,** Spectroscopic observations of Mira Ceti, 1934—1952. ApJ Suppl **1** 39—61, mit 5 Fig. und 4 Tafeln. — Ref. in ApJ **119** 468. — Eine eingehende Studie von 88 Spektrogrammen von Mira Ceti, die zahlreiche bisher noch unbekannte Einzelheiten im Spektrum ergeben. Besonders untersucht werden Radialgeschwindigkeitsschwankungen und Änderungen der Intensität der Emissionslinien. Behr

11193. **A. H. Joy,** Variable stars of low luminosity. Publ ASP **66** 5—12, mit 1 Tafel. — Verf. gibt eine zusammenfassende Übersicht besonders des spektroskopischen Beobachtungsmaterials für T Tauri-, Flare- und SS Cygni-Sterne sowie einige andere Veränderliche niedriger Leuchtkraft. Bahner

11194. **I. M. Kopylow,** Über die Beziehung zwischen Amplitude und Wiederkehrzeit der novaähnlichen Sterne und der Wiederkehrnovae. Vgl. Ref. 11303.

11195. **I. M. Kopylow,** Das Spektrum von γ Cassiopeiae im Oktober 1953. Mitt. Astrophys. Obs. Krim **12** 162—168, mit 4 Abb. (russisch). — Eine Untersuchung verschiedener Absorptions- und Emissionslinien im Spektrum von γ Cas (Dispersion 23.4 Å/mm bei Hγ) ergab gegenüber den Resultaten des Jahres 1952 nur eine unwesentliche Abschwächung der Emissionslinien mit einer geringen Verstärkung der Absorptionslinien. Das Aussehen der Linienkonturen der Balmerserie, die einen deutlich ausgeprägten Kern im Zentrum haben, erklärt sich daraus, daß sich den breiten Emissionslinien, die durch eine rotierende innere Schicht hervorgerufen werden, schmale Absorptionslinien einer äußeren Hülle überlagern. Schrick

11196. **R. P. Kraft,** Changes in the spectrum of X Cygni. Publ ASP **66** 136—140, mit 1 Fig. und 1 Tafel = Berkeley Repr. Nr. **66.** — Im Spektrum dieses Cepheiden sind gewisse Linien in Intensität und bezüglich Radialgeschwindigkeit veränderlich. Die relativen Radialgeschwindigkeiten sind den Logarithmen der Linienstärken proportional, nur die Sr II-Linien weichen davon nach großen Radialgeschwindigkeiten hin ab. Loh.

11197. **B. W. Kukarkin,** Über die Verteilung der Mira-Veränderlichen im Raum im Zusammenhang mit ihren morphologischen Besonderheiten. Astr Circ UdSSR Nr. 152 S. 10—11 (russisch). — Für die einzelnen Unterklassen der Mira-Sterne nach der Ludendorffschen Lichtkurvenklassifikation ergeben sich unterschiedliche galaktische Dichtegradienten senkrecht zur galaktischen Hauptebene. Für den γ-Typ ist $\bar{z} = 110$ pc, für den β_2- und β_3-Typ $\bar{z} = 500$ pc. Die einzelnen Klassen gehören also zu verschiedenen Untersystemen zwischen dem flachen und dem kugelförmigen. Loh.

11198. **B. W. Kukarkin,** Variable stars. RH **35** 51—53, 83, 86—87, 106—110, 123—125, 160—162, 192—195, 225—229, 274—277 (tschechisch).

11199. **F. Lenouvel, J. Daguillon,** Observations photoélectriques de AE Aquarii. Ann d'Astrophys **17** 416—426, mit 12 Fig. — Ref. in Urania Kraków **26** 305—306, mit 1 Fig. — Nach lichtelektrischen Beobachtungen in verschiedenen Farben aus den Jahren 1952 und 1953 zeigt AE Aqr langsame unregelmäßige Helligkeitsschwankungen, überlagert von häufigen explosionsartigen Lichtausbrüchen, deren Dauer etwa 15^{min} beträgt, und die im Blauen Amplituden bis zu $1^{\mathrm{m}}\!.2$ erreichen können. Spektroskopische Beobachtungen lassen erkennen, daß bei den Explosionen die hellen Emissionslinien des Wasserstoffs eine wichtige Rolle spielen. Kdr.

111100. **E. R. Mustel, L. S. Galkin, I. M. Kopylow,** Spektralphotometrie von γ Cassiopeiae. Mitt. Astrophys. Obs. Krim **11** 59—73, mit 19 Abb. und 2 Tafeln (russisch). — Bericht über Messungen von Linienkonturen Ende 1952/Anfang 1953.

111101. **J. J. Nassau, D. M. Cameron,** Objective-prism spectra of long-period variables in the near infrared. ApJ **119** 175—180, mit 5 Tafeln. — Im Spektrum später M-Sterne treten bei λ 7400 und λ 7900 häufig Absorptionsbanden auf, die dem Vanadiumoxyd angehören. In sehr späten Sternen scheint das Kontinuum auf der langwelligen Seite von λ 7900 durch die Bandenabsorption oft völlig unterdrückt zu sein, während es auf der kurzwelligen kräftig ist. Verf. schlagen ein Klassifizierungsschema nach der Stärke dieser Bandenabsorption vor. Es wird ferner wahrscheinlich gemacht, daß alle M-Sterne mit VO-Banden veränderliche Helligkeit besitzen. Auf Objektivprismenaufnahmen wurden in einem Feld von 20 Quadratgrad mit Hilfe der VO-Banden 52 veränderliche M-Sterne aufgefunden, von denen 40 neu sind. Im Spektrum einiger später M-Sterne wurden auch TiO-Banden bei λ 8210 und λ 8280 gefunden. Micz.

* * **P. P. Parenago,** Untersuchung der Sterne im Gebiet des Orion-Nebels. Vgl. Ref. **12221.**

111102. **C. Payne-Gaposchkin,** The red variable stars. Harv Ann **113** 191—208. — Nach Harvard-Aufnahmen der Miltonschen Felder werden für 390 langperiodische rote Veränderliche Periode, Mindestbereich der scheinbaren Helligkeit, mittlere Maximalhelligkeit und Spektraltyp angegeben. Weiter werden für 314 halbregelmäßige rote Veränderliche Periode, scheinbarer Helligkeitsbereich, mittleres Helligkeitsmaximum und -minimum, Spektraltyp und zum Teil auch visuelle Absoluthelligkeit und Leuchtkraftklasse zusammengestellt. Damit wird für beide Arten der Zusammenhang zwischen Spektrum und Periode untersucht. Ferner werden die Perioden für 42 M-, 17 N-, 9 F- bis K- und 5 RR Lyrae-Sterne mit zwei Perioden zusammengestellt. Dabei zeigt sich, daß innerhalb dieser Gruppen das Periodenverhältnis nur wenig variiert. Seine Mittelwerte sind 9.4, 12.2, 19.4 und 97.5. Gü.

111103. **M. Petit,** Les étoiles variables du type UV Ceti. Ciel et Terre **70** 401—412, mit 2 Fig. — Verf. gibt eine Zusammenstellung der über die UV Ceti-Sterne (Flare-Sterne) bisher bekannten Beobachtungsdaten und eine Bibliographie der darüber vorhandenen Literatur. Elf Flare-Sterne sind gesichert und weitere sieben Sterne flareverdächtig. Fricke

111104. **R. M. Petrie,** A period-luminosity relation for the β Cephei variables. J RAS Canada **48** 185—188, mit 1 Fig. = Contr.Dominion Astrophys. Obs. Victoria Nr. **38.** — Ref. in Sterne **31** 140, mit 1 Abb. — Aus Messungen der Totalabsorption von Hγ wird die absolute Helligkeit von sieben β Cephei-Veränderlichen spektroskopisch bestimmt und damit eine Perioden-Leuchtkraftbeziehung dieser Sterne hergeleitet: $M = +0.4 - 18.1\ P$ (M = abs. Helligkeit, P = Periodenlänge in Tagen). Der wahrscheinliche Fehler des Koeffizienten von P beträgt ± 2.3. Die Beziehung wird mit der von Blaauw und Savedoff (vgl. AJB **53** Ref. **11174**) verglichen. Gli.

111105. **R. M. Petrie,** A spectrographic study of the β Cephei star H. D. 199140 (BW Vulpeculae). Publ. Dominion Astrophys. Obs. Victoria **10** 39—78, mit 28 Fig. und 1 Tafel. — Radialgeschwindigkeitskurven dieses Veränderlichen aus der Zeit 1924—1952 zeigen eine Halbamplitude von etwa 70 km/sec, die um 0.7 km/sec pro Jahr zunimmt. Die Periodenlänge wächst konstant um 3ˢ7 pro Jahrhundert. Die Profile der stärksten Linien wurden bestimmt; sie zeigen Änderungen mit der Geschwindigkeitsvariation. Der Spektraltyp variiert von B 0.5 bis B 1.5. Die visuelle absolute Helligkeit beträgt −3.5 auf Grund der interstellaren K-Linie und der Hγ-Absorption. Der Stern scheint auf der Hauptreihe zu liegen (Masse = 19.1 ⊙; Radius = 7.3 ⊙; mittlere Dichte = 0.05 ⊙). An Hand dieser Unterlagen wird ein Pulsationsmodell diskutiert. Gli.

* * **W. Priester,** Gestörte Multipletts in Sternatmosphären. Vgl. Ref. **9565.**

111106. **P. E. Roques,** A new flare star, BD +19°5116. Publ ASP **66** 256—257. — Verf. beschreibt kurz einen lichtelektrisch beobachteten Helligkeitsausbruch. Bemerkenswert sind zwei rasch aufeinanderfolgende Maxima. O. G.

111107. **M. Sauer,** Zur Statistik der Periodenänderungen der veränderlichen Sterne. Mitt. AG 1953 S. 25. — Ref. AG.

111108. **H. Shapley,** Note on the light variations of Proxima Centauri. AJ **59** 118—119, mit 2 Fig. = Harv Repr (2) Nr. **55.** — Ref. in Irish AJ **3** 122. — Aus 113 Aufnahmen mit der 8″ Bache-Kamera der Boyden-Station im Jahre 1952 ergaben sich unregelmäßige Helligkeitsschwankungen von einer halben Größenklasse oder etwas mehr. Wahrscheinlich ist dieses Verhalten auf ein multiples Flarevorkommen zurückzuführen. Loh.

111109. **J. Stebbins, G. E. Kron,** Six-color photometry of stars. VIII. The pulsating star β Cephei. ApJ **120** 189—195, mit 1 Fig. = Contr. Lick Obs. (2) Nr. **53.** — Photoelektrisch gemessene Lichtkurven des mit $4^h.6$ Periode Veränderlichen β Cephei ergeben ähnliche Phasenverschiebungen der Lichtkurven im Langwelligen wie bei den δ Cephei-Sternen. Die Lichtkurven sind in Phase, wenn Korrektionen für den von den Radiusänderungen herrührenden Anteil angebracht werden. Unter Heranziehung anderweitiger — allerdings nicht gleichzeitiger — spektroskopischer Beobachtungen des Sterns leiten Verf. einen Radius von 9.0 ☉ und eine absolute Helligkeit von $-4^m.2$ ab und schließen, daß die Veränderlichkeit des Sterns durch die Pulsationstheorie erklärt werden kann. Micz.

111110. **O. Struve,** Mira Ceti. Sky and Telescope **13** 368—370, mit 7 Fig. — Eine Übersetzung befindet sich in NAT **1954** 127—135, mit 5 Fig. — Zusammenstellung der wichtigsten zur Zeit vorliegenden Untersuchungen über Lichtwechsel, Atmosphäre und Begleiter von *o* Ceti. Neckel

111111. **O. Struve,** The problem of time resolution in stellar spectroscopy: BW Vulpeculae. Publ ASP **66** 329—334, mit 3 Fig. und 1 Tafel. — Serienaufnahmen von Spektren von BW Vul mit je 8 Min. Belichtungszeit ergaben an Stelle des steil abfallenden Astes der Radialgeschwindigkeitskurve eine Diskontinuität mit Aufspaltung der Linien. Vorherige Aufnahmen mit je 15—20 Min. Belichtungszeit waren ungenügend in der zeitlichen Auflösung. O. G.

111112. **Z. Švestka,** A note on the dwarf flare stars. BAC **5** 4—7, mit 1 Fig. (mit russischer Zusammenfassung). — Aus Beobachtungen an sechs bis jetzt bekannten Flare-Sternen wird geschlossen, daß die bei einem Ausbruch zusätzlich ausgestrahlte Lichtenergie nur genügt, um bei Sternen der absoluten visuellen Helligkeit schwächer als 10^m bemerkbar zu werden. In einer Liste werden die Daten für 50 Sterne der Klasse dMe, die dieser Bedingung genügen, gegeben. Bo.

111113. **M.-L. Tcheng, M. Bloch,** Les spectres de BF Cygni, AX Persei et CI Cygni en 1952. Ann d'Astrophys **17** 6—17, mit 2 Fig. — Bei den drei Sternen handelt es sich um M-Sterne, in deren Spektren einige kräftige Emissionen auftreten. Die Linienspektren werden nach Aufnahmen vom Okt. 1952 ausführlich beschrieben und die Intensitäten der wichtigsten Emissionslinien relativ zu H_β tabuliert. Gegen frühere Beobachtungen werden einige bemerkenswerte Unterschiede festgestellt. Aus der Intensität des Kontinuums ergibt sich die Farbtemperatur im Blauen bei BF Cyg zu 4200°, bei AX Per zu 4300° und bei CI Cyg zu 3700°, während aus den verbotenen Linien des [O III] für BF Cyg und AX Per eine Elektronentemperatur von 6500° bzw. 8200° folgt. Kdr.

111114. **A. D. Thackeray,** The excitation of emission lines in late-type variables. Obs **74** 212. — Es werden einige Argumente für die Identifikation der Linie λ 4372 von Mira Ceti als Ti 4372.38 gebracht, welche ebenso wie Ti 4400.58 von Mg II 2802 angeregt werden könnte. Der Vorschlag von Joy: [Fe II] 4372.43 wird trotz besserer Wellenlängenübereinstimmung wegen Diskrepanzen in der Intensität abgelehnt. Bru.

111115. **I. L. Thomsen,** Morshead's independent discovery of a variable star in 1932. Southern Stars **16** 7—9. — Betrifft RZ For.

111116. **A. A. Wachmann,** Das bisherige Verhalten von FU Orionis. ZfA **35** 74—89, mit 7 Abb. = Mitt. Sternw. Hamburg-Bergedorf **22** Nr. 242. — Ende 1936 stieg ein zentral im Barnardschen Dunkelnebel B 35 gelegener Stern 16^m pg innerhalb von 90^d auf 10^m an. Dieses Aufleuchten bewirkte, daß Teile des umgebenden Dunkelnebels durch Reflexion des Sternlichtes in Erscheinung traten. 687 photographische Beobachtungen, darunter 274 eigene, wurden zu einer Normallichtkurve vereinigt. Darnach ist FU Ori unter geringfügigen Schwankungen praktisch konstant 10^m bis 1948 geblieben. Von 1948 bis 1954 wird eine langsame Abnahme auf $10^m.5$ beobachtet, die weder in eigenen photoorangen noch in visuellen Beobachtungen von Beyer in Erscheinung tritt. Diese Farbenindexänderungen von ursprünglich $+1^m.2$ nach $+1^m.4$ und $+1^m.6$ stehen im Einklang mit beobachteten Spektraländerungen von cF 5 nach F 8 — G 0 Ia und G 3 Ia. Die Verfärbung von $+0^m.85$ gehört zu den stärksten bisher beobachteten und führt auf eine photographische Totalabsorption von $3^m.8$ und damit auf eine Entfernung von $\approx$ 1200 parsec. Da während des nun 17 Jahre dauernden Maximums keinerlei spektroskopische Besonderheiten auf einen Novaausbruch hindeuten, wird versucht, den Helligkeitsanstieg von 6^m durch Vorbeizug einer Verdichtung im Nebel nach Art einer Bokschen Globule zu erklären. Verf.

111117. **M. F. Walker,** Three-color photoelectric photometry of HD 199140. ApJ **119** 631—639, mit 6 Fig. — HD 199140 ist ein Stern der β Canis Majoris-Klasse. Seine Helligkeit ist mit etwa 5^h Periode geringfügig veränderlich. Verf. hat 1951 und 1952 lichtelektrische Beobachtungen des Sterns im Ultravioletten, Gelben und Infraroten erhalten, aus denen er auf eine Temperaturänderung des Sterns von etwa 2000° während eines Zyklus schließt. Die maximale Temperatur fällt mit der Zeit der größten Helligkeit zusammen. Unter Heranziehung von gleichzeitig ausgeführten Radialgeschwindigkeitsmessungen wird versucht, die Helligkeits- und Geschwindigkeitsänderungen durch Pulsationen zu erklären. Eine Entscheidung darüber läßt sich jedoch nicht treffen. Micz.

111118. **M. F. Walker,** A second photoelectric study of 16 Lacertae. ApJ **120** 58—65, mit 6 Fig. = Berkeley Repr. Nr. **65.** — Im Jahre 1952 ausgeführte photoelektrische Helligkeitsmessungen des β Cephei-Sterns 16 Lacertae ergeben von Nacht zu Nacht veränderliche Amplituden des Lichtwechsels, die der bekannten 17tägigen Amplitudenvariation überlagert sind. Verf. hat Messungen im infraroten, gelben und ultravioletten Spektralbereich ausgeführt; sie zeigen an, daß sich die Temperatur der Sternoberfläche um etwa 1000° K mit dem vierstündigen Lichtwechselzyklus ändert. Das Temperaturmaximum fällt mit dem Helligkeitsmaximum zusammen. Unter Heranziehung von Radialgeschwindigkeitsmessungen wird gezeigt, daß die Meßergebnisse mit der Pulsationstheorie nicht im Einklang stehen. Micz.

111119. **M. F. Walker,** The light-variations of MacRae +43° 1. Publ ASP **66** 71—78, mit 5 Fig. und 1 Tafel. — Der Stern zeigt in allen Beobachtungsnächten ununterbrochene Helligkeitsschwankungen mit Perioden von 1 bis 30 Minuten. Innerhalb von fünf Minuten kommen Amplituden bis zu $0^m.4$ vor. Außerdem kommen langperiodische Lichtschwankungen zwischen 11^m und 14^m vor. Messungen in drei Farbbereichen lassen starke UV-Strahlung erkennen. Die Annahme, daß es sich um eine Postnova handelt, wird durch die Tatsache gestützt, daß auch andere Postnovae, wie eigens hierzu angestellte Beobachtungen zeigen, ähnliche Schwankungen aufweisen. Bo.

111120. **A. D. Williams,** Light-variability of Gamma Pegasi. Publ ASP **66** 25—28, mit 2 Fig. = Berkeley Repr. Nr. **60.** — Für diesen bisher nur spektroskopisch beobachteten β CMa-Variablen wird eine photoelektrische Lichtkurve mitgeteilt. Im visuellen Bereich ergibt sich die Amplitude zu $0^m.015$. Wie bei anderen Sternen dieser Klasse existiert eine Phasenverschiebung von $\pi/2$ zwischen Licht- und Radialgeschwindigkeitskurve. Bahner

111121. Sulle variabili a guizzo del tipo UV Ceti. Coelum **22** 52—53.

111122. Snabba variabler i Orionnebulosan. PAT **35** 76.

111123. Las variables y sus períodos extremos. Rev. Astr. Nr. **131** S. 93.

111124. Pseudo cluster-type variables. Sky and Telescope **13** 152. — Ref. AAS.

111125. Possible flare star. Sky and Telescope **13** 156. — HD 234677 ist nach Popper auf Grund des Verhaltens der Wasserstoffemissionslinien wahrscheinlich ein Flare-Stern. Die absolute Helligkeit von +8.0 ist größer als die der anderen bekannten Sterne dieser Art. U. Be.

111126. Beta Canis Majoris stars. Sky and Telescope **13** 157.

111127. «Flare» stars in Orion. Sky and Telescope **13** 264.

111128. Flare stars. Sky and Telescope **13** 339.

§ 112

Listen veränderlicher Sterne, Einzelbeobachtungen

11201. **P. Ahnert,** Der Lichtwechsel von 46 hellen Mirasternen. Veröff. Sternwarte Sonneberg **2** 153—246, mit 4 Abb. und 18 Tafeln. — Ref. in Coelum **22** 185—186, Sterne **30** 249—250, Orion Schaffhausen **4** 451, Mitt. AG **1954** 130—131 (M. Beyer). — Betrifft die Sterne: R, W And; R, RT Aql; R Ari; R Aur; R, V Boo; V Cnc; R CVn; R, T, V Cas; T Cep; o Cet; S CrB; R, U, RT, RU, χ Cyg; R Del; R Dra; R Gem; S, T, U, RS Her; S Hya; R Leo; R Lyn; W Lyr; Z, RY Oph; U Ori; R Peg; Y Per; R Ser; R Tri; R, S, T UMa; U UMi; R, U Vir; R Vul.

11202. **I. F. Alanija,** Individuelle Maxima kurzperiodischer Cepheiden. Astr Circ UdSSR Nr. 146 S. 14 (russisch). — Betrifft die Sterne: Aqr SW, SX, TZ, BR, CY; Aql AA; Ari RV; Boo RS, TV, TW, UU; Cam RZ, TY; Cnc SS, TT; CVn W, RU, RZ, SS; Cep RZ; Cet RR, RZ; Com ST; CrB RV; Cyg UY, XX, DM; Del DX; Dra SW, WY; 4154 K.S.L.; Eri RX, BB, BK; Gem SZ; Her TW, VX, VZ, BD, DY; Hya FG; Leo RR, SS, ST, SU, TV, UZ, AA; LMi V; Lib TV, EH; Lyr Y, RZ; Oph ST; Peg VV, AV, DY; Per AR; Ser VY; AN; Sex T; Tri U; UMa RV, SX, TU; Vir UU, AT, BB; Vul BN.

11203. **F. M. Bateson,** Variable star section. Southern Stars **16** 34—36. — Bericht über die Beobachtungstätigkeit der Variable Star Section.

11204. **F. Bertiau,** Ephemerides of seventeen variable stars in the constellation Monoceros. Ann. Sterrewacht Leiden **20** 358—368, mit Fig.

11205. **D. P. Elias,** Variable star observations. National Obs. Athen Bull. Astr. Inst. Year: 1952 (2) S. 31—55. — Folgende Veränderliche wurden beobachtet: R, W, RX And; R, S, T, V, RT Aql; R, T, Z, AE Aqr; R, T, U Ari; R, X, SS, UU Aur; R, S, V, RX Boo; R, T, U, X, RS, ST Cam; RT Cap; R, T, V, α, γ, ϱ Cas; S, T, V, W, Y, RU, RW, RX, SS, ST, δ, μ Cep; R, S, T, W, RS, o Cet; R, S, V CMi; R, V Cnc; R Com; R, S, T, U, V, RR CrB; R Crv; R, Y CVn; R, T, U, W, RS, RT, RU, RV, SS, TT, UU, AF, χ Cyg; U Del; R, S, T, U, TX, WW Dra; R, U, SS, TV, TW, η Gem; S, T, X, RS, RU, SS, SX, TV,

α, g Her; R, T, U, V Hya; R Leo; R Lep; R, 16 LMi; R, W, XY, β Lyr; U, V, X Mon; R, U, X, Z Oph; T, U, W, BL, α Ori; β Peg; S, T, U, X, XX, β, ϱ Per; R, S Sct; R, U, d Ser; R Sge; R, S, T, RY Sgr; Y, SU Tau; R, W Tri; R, S, T, U, V, RS, ST, SY, δ UMa; R, S, T, U, V, Y UMi; R, S, RS Vir; S Vul; BD +30° 2613.

11206. **S. Gaposchkin,** The eclipsing variables. Harv Ann **113** 69—149, mit zahlreichen Fig., 1953. Vgl. AJB **53** Ref. **11106.** — Für 281 Veränderliche werden Elemente und Lichtkurven gegeben. Die Liste umfaßt folgende Sterne:

And	RT, TW, AB
Ant	S, Y
Aqr	BQ, CD, CZ
Aql	XZ, KO, KP, V 337, V 342, V 346, V 599, σ
Ara	R, RW, UW
Ari	RS
Aur	SX, TT, WW, AR, ε, ζ
Boo	SS, UW
Cam	SV
Cnc	S, RZ, TU
CVn	RS
CMa	SX, UW
Cap	RW, UW
Car	X, ST, SW, DO, DW, EM, EZ, FP, GG, GM
Cas	RX, RZ, SX, TV, TX, UU, XX, AQ, BM, CC
Cen	RR, RU, RZ, SS, ST, SU, SV, SW, SY, SZ, VZ, BF, LT, LZ, MN, MO, MP, MQ, NP, V 346, V 377, V 379, V 380, V 644
Cep	U, SU, VV, VW, WX, XX, XY, XZ, ZZ, AI, CQ
Cet	RW, SS
Cir	S, T
Col	U
CrA	RW, TZ, UU
CrB	U
Crt	V
Cru	W, ZZ, AB, AE
Cyg	Y, VW, WW, WZ, DL, GO, KR, MY, V 366, V 367, V 382, V 388, V 444
Del	W
Dor	S
Dra	RX, RZ
Equ	S
Eri	UX, WW, WX, AS, BM
Gem	RW, RX, RY, TX, WW, AL, AY
Gru	V, W, X
Her	Z, RX, SZ, TT, TX, UX, AD, AK, CC, CT, DI, u
Hya	RX, SX, TT, VY, VZ
Ind	RS
Lac	RT, CM, CS
Leo	Y, RT, UV
Lep	V, RS
Lib	RV, δ, 654.1935
Lyn	RR
Lyr	TT, UZ, FL, β
Mon	RW, TU, UX, UY, AO, AR, AU, BO
Mus	TU
Nor	Z, RR
Oph	U, RV, SW, UU, WZ, V 451
Ori	Z, DN, EQ, ER, EW, EY, FF, FO, FR
Peg	U, AQ, AT, AW, DF, DI, DK
Per	Z, RW, RY, ST, AB, AG, AY
Pic	X
Psc	Y, SZ
PsA	W
Pup	V, RR, SW, TY, UZ, XY, XZ, YY, ZZ, AU, AZ
Sgr	RS, SX, WX, WY, XZ, ZZ, BN, BQ, DV, EG, V 356, V 524, V 525, υ
Sco	AL, FV, V 393, V 453
Scl	RT
Sct	U, W, RY, RZ
Ser	V, W
Sex	Y
Tau	SV, AC
Tuc	V
UMa	W, RW, TX
UMi	W
Vel	S, RR, RV, RX, TT, ZZ, AC, AL, AO, AS
Vir	UW, UY, AG, BD
Vul	Z, RR, RS, AT, BE, BO

11207. **W. Götz,** Feld 33 Cygni. MVS Nr. 180—181. — Von den nachfolgenden Veränderlichen werden zumeist Ort, Typ, Elemente und Amplitude gegeben: Cep: DD, DE; Cyg: V 542, V 544, V 548—49, V 555—56, V 558—61, V 563—64, V 566, V 697, V 728; S: 3810—12, 3815—16, 3818—23, 3825—29, 3831—32, 3834—37, 3839—41, 4426—27, 4429—30, 4432—33, 4435—39; 720.1933, 988.1935.

11208. **W. Götz,** Feld φ Cassiopeiae. MVS Nr. 181. — Von den nachfolgenden Veränderlichen werden zumeist Ort, Typ, Elemente und Amplitude gegeben: Cas: KP, KT, KU, KV, LR; Per: HS; S: 3866—73, 3875—82, 3884, 3886—87, 3889—91.

11209. **W. Götz,** Feld $18^h 40^m +8\overset{\circ}{.}6$. MVS Nr. 182—183. — Von den nachfolgenden Veränderlichen werden zumeist Ort, Typ, Elemente und Amplitude gegeben: Aql: V 795—98, V 800; Her: QW, QX, QY, QZ, V 335; Oph: V 851, V 883—903; Ser: DE; S: 4297, 4301, 4305, 4308—10, 4312—13, 4315, 4317—21, 4323—25, 4327—28, 4330, 4333—34, 4337—39, 4341—42, 4346—50, 4352, 4354—55, 4357—58, 4360—62, 4364, 4366—67, 4369—70, 4373—75, 4377—80.

11210. **G. Haro, L. R. Terrazas,** Variables rapidas en la nebulosa de Orion. Bol. Obs. Tonantzintla y Tacubaya Nr. **10** S. 3—15, mit 10 Fig. (mit englischer Zusammenfassung). — Ref. in Urania Kraków **26** 307. — Im Gebiet des Orionnebels werden sieben neue schnellveränderliche Zwergsterne angegeben (Amplitude $0\overset{m}{.}7$ bis $2\overset{m}{.}0$; mittlere Zeit des Anstiegs vom normalen Minimum zum Maximum zwischen 15 und 40 Min.). Die außergewöhnliche Häufigkeit und die Verteilung deuten darauf hin, daß sie zur T Tauri-Familie des Orionnebels gehören, obwohl sie sich in ihrer Lichtkurve von den normalen T Tauri-Sternen unterscheiden. Voigt

11211. **W. Hassenstein,** Photometrische Beobachtungen von veränderlichen Sternen in den Jahren 1921—1940. Publ. Astrophys. Obs. Potsdam **29** Heft 5, 31 S. — Ref. in Astr. Nachr. Berlin-Treptow **7** 5, Coelum **23** 58, Gaz astr **36** 98, Sterne **31** 79. — Die Sterne sind in den Listen der Einzelbeobachtungen aufgeführt.

11212. **C. Hoffmeister, E. Ahnert-Rohlfs, P. Ahnert, H. Huth, W. Götz,** Die veränderlichen Sterne der nördlichen Milchstraße. Teil VII. Veröff. Sternw. Sonneberg **2** 43—150, mit 24 Abb. — Ref. in Astr. Nachr. Berlin-Treptow **6** 86, Sterne **30** 250—251. — Betrifft Untersuchungen in den Feldern ν Gem, e Gem, Pup, δ Aql I, II, $20^h 18^m +30°$.

11213. **G. E. Jerlexowa,** Bemerkungen über einige Sterne des KVVS und die Maxima von Mira-Sternen in 12^h—15^h. Astr Circ UdSSR Nr. 148 S. 15—16 (russisch).

11214. **S. Kanda, M. Hara,** Observed max. and min. of long period and irregular variables for 1951. Japan Astr. Study Ass. Circ. Nr. 111—112, 1952, 2 S. — Betrifft folgende Veränderliche: T, W And; R Aqr; S Aql; X, AG Aur; R, V Boo; Z Cam; R Cet; S, V CrB; R, W, RT, SS, χ Cyg; R, TX Dra; U Gem; T, W, AC Her; V Hya; W Lyr; U Mon; X Oph; U Ori; Y Per; R Sgr; R, RV Tau; R, S, T, Z UMa; R UMi; R, S, RS Vir.

11215. **S. Kanda, M. Hara, S. Sakuma,** Observed maxima and minima of long period and irregular variables in 1952. Japan Astr. Study Ass. Circ. Nr. 119, 1953, 2 S. — Betrifft folgende Veränderliche: R Aqr; X Aql; R Ari; R Aur; R, V Boo; R, W Cnc; T Cen; T, SS Cep; T Cet; R, S, V CrB; W, SS, AF Cyg; R, TX Dra; R Gem; SS, AC Her; T Hya; S Leo; W Lyr; U Mon; U Ori; R Per; L^2 Pup; R Sct; R, U Ser; S Tau; R Tri; R, T, Z, RS UMa; R UMi; R, S Vir.

11216. **S. Kanda, S. Sakuma,** Observed max. and min. of long period and irregular variables for 1953. Japan Astr. Study Ass. Circ. Nr. 122—123, 2 S. — Betrifft folgende Veränderliche: R, Z Aqr; T Cap; R, T, V, SS Cas; T Cen; T, SS Cep; T, W, *o* Cet; S CrB; R Crv; Z, RS, RT, RU, SS, AF, χ Cyg; TX Dra; W, X, AC Her; W Lyr; U Mon; R Oph; U Ori; R Per; L^2 Pup; R Sct; R Tri; S, T UMa; R UMi; W, RU Vul.

11217. **F. Lenouvel, J. Daguillon,** Observations photoélectriques d'étoiles variables. JO **37** 137—152, mit 7 Fig. — Enthält die Beobachtungen und Lichtkurven der Veränderlichen DY Her, RU Cam, RW Tau, χ Tri und RZ Cas.

11218. **E. M. Lindsay,** A new variable star in Perseus: a text-book variable. Irish AJ **3** 12 = Armagh Obs. Leaflet Nr. **24** S. 3.

11219. **M. W. Mayall,** Variable star notes. American Association of Variable Star Observers. J RAS Canada **48** 21—24, 70—73, 107—110, 150—154, 201—204, 221—224, mit 4 Fig. — Die im einzelnen beobachteten Sterne sind in Ref. 11234—11241 aufgeführt.

11220. **W. J. Miller,** VV 16—20, Variables in the Cygnus cloud. Specola Astr. Vaticana Ric. Astr. **3** 129—195, mit 13 Fig. — Nach einigen Hinweisen über das angewandte Auswertungsverfahren, die Plattenkartei des Riverview-Observatoriums und die Auswahl der Vergleichssterne werden die Beobachtungsergebnisse, die photographischen Lichtkurven und die Perioden für fünf schwache Veränderliche angegeben: die Algolsterne VV 16 ($4^d\!.64981$) und VV 18 ($0^d\!.844670$), den β Lyr-Stern VV 20 ($0^d\!.653826$), den RR Lyr-Stern VV 17 ($0^d\!.940$ var.) und VV 19 = NQ Cyg ($0^d\!.311592$, RR Lyr (c) oder W UMa). Gü.

11221. **P. T. Oosterhoff, J. A. Horikx,** Discussion of 25 variable stars in a region around CPD −31°5547. Ann. Sterrewacht Leiden **20** 345—357, mit Fig.

11222. **J. Ponsen,** Discussion of twenty-six short-period variable stars in Scorpius and Corona Australis. Ann. Sterrewacht Leiden **20** 369—382, mit Fig.

11223. **H. Shapley, L. B. Allen, N. Greenstein,** New variable stars in Centaurus. AJ **59** 270—271.

11224. **L.-C. Shen, T.-C. Hwo,** Visual observations of variable stars. Acta Astr. Sinica **2** 107—115 (chinesisch). — Betrifft folgende Sterne: R, T, U, V, W, Y, Z, RR, RU, RW, RX, UZ And; R, S, W, X, Z, RR, RS, RT, RU, RV, RW, SY, TY Aql; R, AE Aqr; R Ari; R, S, U, V, W, X, RU, SS Aur; R Boo; S, T, X, Z Cam; R, S, T, U, V, W, X, Z, RR, RV, IZ Cas; R Cap; T Cen; S, T, X, Y, Z, RR Cep; R, o Cet; S CMi; R, V Cnc; R Com; R, T, X, Z CrB; R Cru; R, S, U, V, Z, RT, SS, TU, TY, TZ, WX, $\varkappa$ Cyg; R, V Del; AB Dra; U, W Eri; R For; R, S, T, U, V, X, Z, RS Gem; R, S, T, RT, RU, SS, SV, SX Her; R Hor; V Hya; R, S Lac; R, S, V, W, X, AB Leo; S, V, W, RS, RU, RX, RY Lyr; R, V, X, Y, RR Mon; R, X, RS Oph; R, S, T, U, V, UW, AN Ori; R, S, W, RU Peg; S, U, W, Y, RR, RZ Per; R Psc; U Pup; S Pyx; R, S Sco; R, U Ser; R, S, T, Z, RW, RX, RY, TY Sgr; R, S, V, W, RR, RX, SU Tau; R, S, RS, SU UMa; S, T, V, Y, RS, SS, SU Vir.

11225. **A. Solowjow,** Über 18 nichtuntersuchte veränderliche Sterne. Astr Circ UdSSR Nr. 149 S. 20—21 (russisch). — Kurze, hauptsächlich die Helligkeit betreffende Bemerkungen über folgende Sterne: KVVS Nr. 34, 37, 54, 69, 105, 141, 159, 317, 324, 332, 352, 354, 359, 363, 365, 368, 389, 429.

11226. **A. W. Solowjow,** Über zwölf nichtuntersuchte veränderliche Sterne. Astr Circ UdSSR Nr. 151 S. 25—26 (russisch). — Kurze Bemerkungen über die Sterne: KVVS Nr. 108, 150, 168, 169, 382, 713, 718, 721, 737, 752, 758 und +18° 1119.

11227. **T. A. Uranowa,** Untersuchung von Sternen in der Umgebung von S Monocerotis. Moskau, Astr. Sternberg-Inst., 1954 (russisch). — Dissertationsreferat.

11228. **W. P. Zessewitsch,** Untersuchung von Bedeckungsveränderlichen. Teil 1: Andromeda—Cygnus, Teil 2: Delphin—Scutum, Teil 3: Serpens—Vulpecula. Mitt. Astr. Obs. Odessa 4 Nr. 1—3, 794 S. mit zahlreichen Abb. (russisch). — Von 266 Bedeckungsveränderlichen gibt Verf. zumeist Beobachtungen, Vergleichssterne, Karten, Lichtkurven und Lichtwechselelemente. Loh.

11229. Observations d'étoiles variables à longues périodes ou irrégulières, effectuées par les membres de l'Association Française d'Observateurs d'Etoiles Variables et reçues à l'Observatoire de Lyon durant les mois de février à décembre 1942 et les années 1943, 1944 et 1945. BAF 13, 63 S. — Betrifft die Sterne: R, W, X, RX, RV, SZ, TV And; R, S, V, RT Aql; T Aqr; R, T Ari; R, X, Z, SS, AE Aur; R, S, V, RX Boo; R, S, T, U, X, Z, RS, ST Cam; RT Cap; R, S, T, V Cas; S, T, X, Y, Z, RU Cep; o Cet; R, S CMi; R, V, X, RS Cnc; R Com; R, S, V CrB; R Crv; R, T CVn; R, U, V, W, Z, RS, RT, RU, RV, SS, UX, AB, AF, χ Cyg; R, S, T, W, X, Y, TX, UY Dra; R, S, T, U Gem; R, T, U, X, RS, RU, SX Her; R, S, U, V, Y, SS Hya; R Leo; S Lep; RS Lib; R LMi; R, S, Z Lyn; R, W Lyr; U, V Mon; R, V, X, Z Oph; U, W, BL, BQ Ori; R, S, W Peg; S, U, W, Y, RR, TX, XX Per; R Sct; R Ser; R, V Sge; R, T, RY Sgr; R, S, T, X, Y, RR, RV, SU Tau; R Tri; R, S, T, Z, RS, RX, RZ, ST UMa; R, S, T, U, V UMi; S, RS, SS Vir; T Vul.

11230. Documents pour l'étude des étoiles variables. DOB 7 Nr. 2 Fasc. 3, 4 S., Nr. 3 Fasc. 3, 4 S., Nr. 4 Fasc. 3, 4 S., Nr. 5 Fasc. 3, 4 S., Nr. 6 Fasc. 3, 4 S., Nr. 8 Fasc. 4, 4 S., Nr. 9 Fasc. 1, 4 S., Nr. 10 Fasc. 1, 4 S., mit 9 Fig.

11231. Nuevas estrellas «destello». El Universo Nr. 28 S. 35—36.

11232. Textbook variable. Sky and Telescope 13 427.

11233. Obserwacje gwiazd zaćmieniowych. Urania Kraków 25 16.

11234. **Nachweis der Beobachtungen und Bearbeitungen Veränderlicher**

Außer dieser Liste sind noch die vorhergehenden Tabellen von Beobachtungen und § 111 einzusehen.

Andromeda		
R	Urania Kraków 25 27	B, Lk
Z	J RAS Canada 48 221	Lk, Not
	Victoria Publ. 9 321	Vgl. Ref. 11178
RU	J RAS Canada 48 21	B
RX	J RAS Canada 48 21	B
RY	J RAS Canada 48 107	Not
RW	J RAS Canada 48 107	B
SW	VS Bull 10 60	Am, B, E, Ka, LK, Not, VS
TV	J RAS Canada 48 107	B
UU	AJ 59 454	B, E
WX	AJ 59 454	B, E
XZ	AJ 59 251 = Flower Obs. Repr. Nr. 81	B, E, Eb, Lk, P, Sp, VS
λ	VS Bull 10 1	B,Es,Not,Sp
Apus		
S	J RAS Canada 48 21	B
Aquarius		
R	Urania Kraków 25 253	B, Lk
T	Urania Kraków 25 253	B, Lk
AE	AJ 59 326	Vgl. Ref. 11118
	Ann d'Astrophys 17 416	Vgl. Ref. 11199

	ApJ **120** 377	Vgl. Ref. **11118**
	J RAS Canada **48** 21	B
CX	MVS Nr. 167	B, E, Lk
CY	AJ **59** 6	Am, B, E

Aquila

R	BAV-Rundbrief **3** 27	P
	BSVI **1** 34	B
S	J RAS Canada **48** 107	B
UU	J RAS Canada **48** 21	B
HK	Astr Circ UdSSR Nr. 154 S. 10	Not
MS	Desgl.	Not
QY	AJ **59** 454	B, E, Not
V 805	Mem SA It (NS) **25** 105	Vgl. Ref. **11113**
η	Ann d'Astrophys **17** 161	Vgl. Ref. **11159**
	ApJ **119** 297	Vgl. Ref. **12514**

Auriga

SS	BAA Circ 350, 352, 358	B
	J RAS Canada **48** 21	B
ZZ	MVS Nr. 173	B, E, Lk
AE	NAT **1954** 69	EB, Not, O
	NAT **1954** 112	Vgl. Ref. **12362**
	Sky and Telescope **13** 156	Not, Sp
BX	NAZ 8 20	Sp
ε	ApJ **120** 391	Vgl. Ref. **11127**
	Astr Circ UdSSR Nr. 146 S. 19	Not
	Coelum **22** 147	Not
	Obs **74** 14	Vgl. Ref. **11123**
	Publ ASP **66** 112	Vgl. Ref. **11115**
	Publ ASP **66** 327	Vgl. Ref. **11138**
	Urania Kraków **25** 86	Not
ζ	ApJ Suppl **1** 1	Vgl. Ref. **11147**

	Phys. Verhandlungen **5** 142	Vgl. Ref. **11116**

Bootes

R	BSVI **1** 34	B
S	Stalinabad Bull. Nr. **11** S. 12	P
	Urania Kraków **25** 253	B, Lk
V	BSVI **1** 34	B
	Coelum **22** 55	Am, E, O, Sp, Typ
	J RAS Canada **48** 107	B
Z	J RAS Canada **48** 107	B
ZZ	AJ **59** 196 = Harv Repr (2) Nr. **60**	aD, B, E, Lk, Sp

Camelopardalis

Y	Potsdam Publ. **29** Heft 5 S. 3	Am, B, O, P, Sp, Typ, VS
Z	JBAA **64** 196	Am, B, Not, Typ
	J RAS Canada **48** 21	B
	Potsdam Publ. **29** Heft 5 S. 3	Am, B, O, P, Sp ?, Typ, VS
RU	JO **37** 137	Vgl. Ref. **11217**
TU	Mem SA It (NS) **25** 459	Vgl. Ref. **11129**
TV	VS Bull **10** 63	B, E, Ka, Lk, VS
VZ	Potsdam Publ. **29** Heft 5 S. 8, 21	B, O, P, Sp, Typ, VS

Cancer

RY	AJ **59** 454	B, E, Not
TY	AJ **59** 454	B, E
VZ	UAI Circ 1442	Am, E, Not

Canes venatici

V	J RAS Canada **48** 107	B
	VS Bull **10** 52	B
Y	VS Bull **10** 52	B

Canis major

ξ_1	Publ ASP **66** 200 = Berkeley Repr. Nr. **68**	E, Lk, Not, O
30 τ	ApJ **119** 299	Vgl. Ref. 10210

Canis minor

U	J RAS Canada **48** 107	B
V	J RAS Canada **48** 107	B
YZ	BAC **5** 4	Vgl. Ref. 111112

Capricornus

U	Astr. Nachr. Berlin-Treptow **6** 17	Am, Ka, O, P
	J RAS Canada **48** 107	B
Y	J RAS Canada **48** 107	B
SS	Astr Circ UdSSR Nr. 155 S. 16	B
ST	Desgl.	B, E
TX	Desgl.	B

Carina

T	Publ. Eva Peron Circ. Nr. **14** S. 13	B, O, Sp, VS
RZ	J RAS Canada **48** 107	B

Cassiopeia

R	Urania Kraków **25** 253	B, Lk
S	Urania Kraków **25** 27	B, Lk
RU	Potsdam Publ. **29** Heft 5 S. 8	B, const ? O, Sp, VS
RY	NAT **1954** 114	E, Lk, Not
RZ	JO **37** 137	Vgl. Ref. 11217
SU	Potsdam Publ. **29** Heft 5 S. 8	B, O, P, Sp, Typ, VS
	VS Bull **10** 57	B, E, Lk, Not
YZ	Potsdam Publ. **29** Heft 5 S. 8	B, O, P, Sp, Typ, VS
AY	VS Bull **9** 417	B, E, Ka, Lk, VS
BI	VS Bull **9** 412	Desgl.
BV	VS Bull **9** 411	Desgl.
BY	AJ **59** 11	Am, B, E, Lk, VS
CZ	Acta Astr. Sinica **2** 43	B, E, Ka, Lk, VS
DL	AN **281** 267 = Münster Mitt. Nr. **4**	E, Lk, P, VS
HU	AJ **59** 6	Am, B, E, Lk
KR	Stalinabad Bull. Nr. **11** S. 17	B, E, Lk, VS
α	Potsdam Publ. **29** Heft 5 S. 8	B, const ?, O, Sp, VS
γ	Ann d'Astrophys **17** 153	B, Sp
	Krim Mitt. **11** 59, **12** 162	Vgl. Ref. 111100, 11195
ϱ	Potsdam Publ. **29** Heft 5 S. 8, 21	B, O, P, Sp, Typ, VS

Centaurus

T	Publ ASP **66** 255	Vgl. Ref. 11181
RR	Riverview Repr. Nr. **6**	Vgl. Ref. 11132
V 495	Specola Astr. Vaticana Ric. Astr. **3** 81	Vgl. Ref. 11134
α Prox	AJ **59** 118	Vgl. Ref. 111108
	BAC **5** 4	Vgl. Ref. 111112

Cepheus

S	Urania Kraków **25** 27	B, Lk
T	Urania Kraków **25** 188	B, Lk
Y	J RAS Canada **48** 107	B
Z	Desgl.	B
RU	Desgl.	B
SV	Potsdam Publ. **29** Heft 5 S. 3	B, O, Typ, VS
TX	Desgl.	B, O, P, Typ, VS
UZ	Desgl.	Desgl.

VV	Potsdam Publ. **29** Heft 5 S. 8	Am, B, O, P, Sp, Typ, VS
β	ApJ **120** 189	Vgl. Ref. **111109**
μ	AJ **59** 12	Am, E, Lk, Not, P, Sp
	Potsdam Publ. **29** Heft 5 S. 21	B, O, Sp, Typ, VS
	VS Bull **10** 52	B
51 H	Potsdam Publ. **29** Heft 5 S. 21	B, O, Sp, var ?, VS

Cetus

T	Coelum **22** 23	Ka, VS
	J RAS Canada **48** 107	B
UV	BAC **5** 4	Vgl. Ref. **111112**
	J RAS Canada **48** 21	B
o	ApJ Suppl **1** 39	Vgl. Ref. **11192**
	J RAS Canada **48** 107	B
	Sky and Telescope **13** 368	Vgl. Ref. **111110**
33	NAZ **8** 8	An, B, VS

Chamaeleon

R	J RAS Canada **48** 107	B

Corona borealis

R	BAA Circ 357	B
	BSVI **1** 34	B
	J RAS Canada **48** 21	B
S	BSVI **1** 34	B
	J RAS Canada **48** 107	B
U	Astr. Nachr. Berlin-Treptow **6** 17	Am, Ka, O, P
V	BSVI **1** 34	B

Cygnus

W	J RAS Canada **48** 107	B
	VS Bull **10** 52	B
X	Publ ASP **66** 136	Vgl. Ref. **11196**
Y	Astr. Nachr. Berlin-Treptow **6** 17	Am, Ka, O, P
SS	BAA Circ **348, 352, 355, 356, 358**	B
	J RAS Canada **48** 21	B
	J RAS Canada **48** 70	B, Lk, Sp
	NAT **1954** 34	Not
SW	VS Bull **10** 21	B, E, Eb, Ka, Lk, VS
SY	MVS Nr. 168	B, E, Lk
VV	MVS Nr. 172	B, E, Lk, Typ
VZ	Århus Medd. Nr. **24**	E, P
WW	MVS Nr. 169	B, E, Lk
AF	J RAS Canada **48** 107	B
BF	Ann d'Astrophys **17** 6	Vgl. Ref. **111113**
	Victoria Publ. **9** 321	Vgl. Ref. **11178**
CD	MVS Nr. 170	B, E, Lk
CH	J RAS Canada **48** 107	B
CI	Ann d'Astrophys **17** 6	Vgl. Ref. **111113**
	Victoria Publ. **9** 321	Vgl. Ref. **11178**
CN	NAT **1954** 72	Not, P
DO	VS Bull **9** 415	Am, B, E, Ka, Lk, VS
GM	MVS Nr. 171	B, P, Typ
GO	MN **114** 569	Vgl. Ref. **11137**
	Obs **74** 233	Not, Sp
IU	VS Bull **9** 409	Am, B, Ka, Lk, Not VS
QS	AJ **59** 454	B, E
V 367	Publ ASP **66** 171	Vgl. Ref. **11101**
	Publ ASP **66** 334	Vgl. Ref. **11144**
V 463	AJ **59** 454	B, E, Lk, Not
χ	ApJ **119** 141	Vgl. Ref. **11184**
31	MN **114** 558	Vgl. Ref. **11143**
32	AJ **59** 119 = Flower Obs. Repr. Nr. **92**	B, Not

Delphinus

R	J RAS Canada **48** 107	B
S	Urania Kraków **25** 27	B, Lk
U	VS Bull **10** 52	B
V	J RAS Canada **48** 107	B
W	AJ **59** 454	B, E
TX	Japan Astr. Study Ass. Circ. Nr. 129	B, E, VS
	Mem. Japan Astr. Study Ass. **1** 63	B, E, Lk, VS

Dorado

β	Obs **74** 80	RG

Draco

R	BSVI **1** 34	B
	Urania Kraków **25** 253	B, Lk
T	J RAS Canada **48** 107	B
Y	Desgl.	B
SW	Potsdam Publ. **29** Heft 5 S. 3	Am, B, O, P, Sp, Typ, VS
TW	Astr. Nachr. Berlin-Treptow **6** 17	Am, Ka, O, P
	VS Bull **10** 21	B, E, Ka, Lk, VS
UX	Potsdam Publ. **29** Heft 5 S. 8	B, O, Sp, Typ, VS
VV	Potsdam Publ. **29** Heft 5 S. 3	B, const ?, O, VS
AB	J RAS Canada **48** 21	B

Eridanus

YY	Publ. Astr. Soc. Japan **6** 217 = Tokyo Repr. Nr. **116**	Vgl. Ref. 11121

Gemini

U	BAA Circ 350	B
	J RAS Canada **48** 21	B
DY	DOB Circ Nr. 2	Not
η	Astr Circ UdSSR Nr. 146 S. 19	Not
	VS Bull **10** 52	B

Hercules

R	BSVI **1** 34	B
S	BSVI **1** 34	B
	Urania Kraków **25** 188	B, Lk
T	BSVI **1** 34	B
	Urania Kraków **25** 188	B, Lk
U	BSVI **1** 34	B
W	BSVI **1** 34	B
	Coelum **22** 55	Am, E, O, Sp, Typ
X	Coelum **22** 55	Desgl.
Z	Astr. Nachr. Berlin-Treptow **6** 17	Am, Ka, O, P
RR	Coelum **22** 55	Am, E, O, Sp, Typ
RS	BSVI **1** 34	B
	NAZ **8** 14	B
	Urania Kraków **25** 253	B, Lk
RU	BSVI **1** 34	B
RV	BSVI **1** 34	B
RY	Urania Kraków **25** 27	B, Lk
ST	Coelum **22** 55	Am, O, P, Sp, Typ
SV	BSVI **1** 34	B
SW	AJ **59** 6	Am, B, E, O, VS
UW	Coelum **22** 55	Am, E, O, Sp, Typ
AP	Astr Circ UdSSR Nr. 147 S. 16	B, E
DY	AJ **59** 6	B, E, Lk, VS
	JO **37** 137	Vgl. Ref. 11217
FS	NAZ **8** 15	Am, B, Typ
α	VS Bull **10** 52	B
g	Coelum **22** 55	Am, O, P, Sp, Typ
	VS Bull **10** 52	B
u	J RAS Canada **48** 221	Not
	Publ. Astr. Soc. Japan **6** 217 = Tokyo Repr. Nr. **116**	Vgl. Ref. 11121

Hydra

U	VS Bull **10** 52	B
V	Coelum **22** 84	Ka, Not, O
AL	AJ **59** 454	B, E, Not

Indus

S	J RAS Canada **48** 107	B

Lacerta

CO	JO **37** 35	Eb
16	ApJ **120** 58	Vgl. Ref. **111118**
	ApJ **120** 179	Vgl. Ref. **11190**

Leo

X	J RAS Canada **48** 21	B
Y	AJ **59** 454	B, E
UV	ZfA **34** 99 = Hamburg Mitt. **22** Nr. 240	Vgl. Ref. **11146**
AD	BAC **5** 4	Vgl. Ref. **111112**

Leo minor

T	AJ **59** 454	B, E

Libra

S	BSVI **1** 34	B
W	J RAS Canada **48** 107	B
X	J RAS Canada **48** 107	B
Y	BSVI **1** 34	B
	J RAS Canada **48** 107	B
RU	Desgl.	B

Lyra

R	VS Bull **10** 52	B
W	BSVI **1** 34	B
	Urania Kraków **25** 253	B, Lk
RR	AJ **59** 185	Vgl. Ref. **11160**
	BAN **12** 151	Vgl. Ref. **11170**
RV	AJ **59** 454	B, E, Lk, Not
AY	J RAS Canada **48** 21	B
β	ApJ **120** 271	Vgl. Ref. **11103**
	ApJ **120** 274	Vgl. Ref. **11131**
	Obs **74** 73	Sp

Monoceros

X	J RAS Canada **48** 107	B

Norma

SW	Riverview Repr. Nr. **7**	Vgl. Ref. **11133**
GN	Specola Astr. Vaticana Ric. Astr. **3** 119	Vgl. Ref. **11126**

Ophiuchus

R	BSVI **1** 34	B
S	J RAS Canada **48** 107	B
U	Astr. Nachr. Berlin-Treptow **6** 17	Am, Ka, O, P
V	BSVI **1** 34	B
W	BSVI **1** 34	B
X	BSVI **1** 34	B
Y	Publ ASP **66** 65	Vgl. Ref. **11150**
RR	BSVI **1** 34	B
RU	BSVI **1** 34	B
V 566	Mem SA It (NS) **25** 127	Vgl. Ref. **11114**

Orion

S	J RAS Canada **48** 201	B, Lk
W	Ciel et Terre **70** 392	Ka, VS
	J RAS Canada **48** 107	B
VV	VS Bull **9** 379	Eb, Esb, Sp
CN	J RAS Canada **48** 21	B
CZ	J RAS Canada **48** 21	B
FU	ZfA **35** 74 = Hamburg Mitt. **22** Nr. 242	Vgl. Ref. **111116**

Pavo

AR	MN ASSA **13** 70	Vgl. Ref. **11142**
	Obs **74** 257	Sp

Pegasus

S	Astr Circ UdSSR Nr. 155 S. 15	B
U	Astr. Nachr. Berlin-Treptow **6** 17	Am, Ka, O, P
V	Astr Circ UdSSR Nr. 155 S. 15	B
Z	Urania Kraków **25** 27	B, Lk
RU	J RAS Canada **48** 21	B
RV	J RAS Canada **48** 107	B
RW	Urania Kraków **25** 188	B, Lk
RY	Potsdam Publ. **29** Heft 5 S. 3	B, const ?, O, VS
RZ	Desgl.	Am, B, O, P, Sp, VS
SX	Astr Circ UdSSR Nr. 155 S. 15	B
TU	Desgl.	B
AG	AJ **59** 321	Vgl. Ref. 11187
	ApJ **120** 76	Vgl. Ref. 11182
AP	NAZ 8 15	Sp
BP	Mem SA It (NS) **25** 59 = Milano-Merate Contr. (NS) Nr. **47**	Vgl. Ref. 11166
DG	Astr Circ UdSSR Nr. 155 S. 15	B, E
DY	Mem SA It (NS) **25** 431	Vgl. Ref. 11167
γ	Publ ASP **66** 25	Vgl. Ref. 111120

Perseus

Y	Urania Kraków **25** 253	B, Lk
TZ	J RAS Canada **48** 21	B
UV	BAA Circ 348	B
	J RAS Canada **48** 21	B
UZ	VS Bull **9** 391	Am, B, Lk, VS
XX	VS Bull **9** 391	Am, B, VS
XY	VS Bull **9** 391	Am, B, VS
YZ	VS Bull **9** 391	Am, B, VS
SU	VS Bull **9** 391	B, Lk, VS
SV	VS Bull **9** 391	Am, B, VS
TT	VS Bull **9** 391	Am, B, Lk, VS
AB	VS Bull **9** 391	Am, B, E, Lk, VS
AX	Ann d'Astrophys **17** 6	Vgl. Ref. 111113
GK	J RAS Canada **48** 107	B
β	Ann d'Astrophys **17** 443	Vgl. Ref. 11102
	BSAF **68** 477	Vgl. Ref. 11108
	JO **37** 35	Eb
ρ	VS Bull **9** 391	Am, B, Lk, VS
	VS Bull **10** 52	B

Pictor

R	J RAS Canada **48** 107	B

Pisces

R	J RAS Canada **48** 107	B
Z	VS Bull **9** 391	Am, B, VS
53	Publ ASP **66** 88	P

Puppis

BB	Astr Circ UdSSR Nr. 148 S. 15	E

Sagitta

S	ZfA **33** 211 = Veröff. Göttingen Nr. **108**	Vgl. Ref. 11164
U	Astr. Nachr. Berlin-Treptow **6** 17	Am, Ka, O, P

Sagittarius

R	Astr Circ UdSSR Nr. 155 S. 16	B
U	Århus Medd. Nr. **24**	E, P
	VS Bull **10** 36	B, E, VS
RY	J RAS Canada **48** 21	B
SZ	VS Bull **10** 36	Am, B, VS
UW	VS Bull **10** 36	Am, B, VS
XX	VS Bull **10** 36	B, E, VS
AQ	VS Bull **10** 36	B, Lk, VS
AX	VS Bull **10** 36	Am, B, Lk, VS

Scorpius

Z	BSVI **1** 34	B
AL	Astr Circ UdSSR Nr. 148 S. 15	B, E
α	Obs **74** 38	Vgl. Ref. **7336**
μ^1	Publ Astr. Soc. Japan **6** 217 = Tokyo Repr. Nr. **116**	Vgl. Ref. **11121**

Sculptor

V	J RAS Canada **48** 107	B

Scutum

R	BSVI **1** 34	B
	VS Bull **10** 36	Am, B, E, Lk, VS
S	VS Bull **10** 36	Am, B, VS
Z	VS Bull **10** 36	B, VS
RU	VS Bull **10** 36	Am, B, E, VS
RW	VS Bull **10** 36	Desgl.
ER	Stalinabad Bull. Nr. **11** S. 20	B, E, Lk, VS
δ	ApJ **119** 346	Vgl. Ref. **10210**
	Krim Mitt. **11** 91	Vgl. Ref. **10209**

Serpens

R	BSVI **1** 34	B
W	VS Bull **10** 36	Am, B, VS
X	VS Bull **10** 36	B
Y	VS Bull **10** 36	Am, B, Lk, VS
RR	NAZ **8** 20	const
WW	NAZ **8** 20	E, Not, Sp

Taurus

RU	J RAS Canada **48** 107	B
RW	JO **37** 137	Vgl. Ref. **11217**
SU	J RAS Canada **48** 21, 107	B
SV	AJ **59** 454	B, E

Telescopium

RR	MN ASSA **13** 5	Not, Sp
	Obs **74** 90	Sp
BL	MN ASSA **13** 6	B, Not, P, Sp
	Obs **74** 88	B, P, Sp, Typ

Triangulum

X	JO **37** 137	Vgl. Ref. **11217**

Tucana

S	J RAS Canada **48** 107	B

Ursa maior

T	Urania Kraków **25** 253	B, Lk
V	NAT **1954** 71	Lk, Not
W	Astr. Nachr. Berlin-Treptow **6** 17	Am, Ka, O, P
Z	J RAS Canada **48** 21	B
	NAT **1954** 33	E, Lk
	NAT **1954** 149	B, Lk, Not
RS	Urania Kraków **25** 253	B, Lk
RY	VS Bull **10** 52	B
ST	VS Bull **10** 52	B
SU	J RAS Canada **48** 21	B
SW	J RAS Canada **48** 21	B
TV	VS Bull **10** 52	B
TX	JO **37** 35	Eb
UX	ApJ **120** 278	Vgl. Ref. **11145**
	ApJ Suppl **1** 91	Vgl. Ref. **11117**
VW	VS Bull **10** 52	B
VY	VS Bull **10** 52	B
WX	BAC **5** 4	Vgl. Ref. **111112**

Ursa minor

R	BSVI **1** 34	B
V	BSVI **1** 34	B
RR	VS Bull **10** 52	B

Vela

S	Specola Astr. Vaticana Ric. Astr. **3** 90	Vgl. Ref. **11135**
AL	Specola Astr. Vaticana Ric. Astr. **3** 103	Vgl. Ref. **11136**

Virgo

W	ApJ Suppl **1** 63	Vgl. Ref. **11151**
	Århus Medd. Nr. **24**	E, P
Z	J RAS Canada **48** 107	B

Vulpecula

R	Urania Kraków **25** 253	B, Lk
T	ZfA **33** 211 = Veröff. Göttingen Nr. 108	Vgl. Ref. 11164
U	Århus Medd. Nr. 24	E, P
Z	Astr. Nachr. Berlin-Treptow **6** 17	Am, Ka, O, P
RS	VS Bull **10** 9	Eb, Lk, P
BW	Publ ASP **66** 197	Lk, Not, O
	Publ ASP **66** 329	Vgl. Ref. 111111

11235. Veränderliche mit provisorischer Bezeichnung

59.1929 = KVVS 1041
2.1934 = KVVS 931
56.1934 = KVVS 1047
302.1934 = KVVS 877
303.1934 = KVVS 996
304.1934 = KVVS 1021

11236. Veränderliche BD-Sterne

BD		
+67°922	VS Bull **10** 55	B, Ka, Not, VS
60 2613	VS Bull **9** 407	Am, B, CI, Ka, Not, VS
52 2009	NAZ 8 34	B, Not, Typ ?
51 762	DOB Circ Nr. 2	Not
46 1878	NAZ 8 36	An, B, O
44 2126	BSAF **68** 153	B, Ka, Not, O
38 2501	BSAF **68** 476	Desgl.
38 955	DOB Circ. Nr. 2	Not
36 3883	Orion Schaffhausen **4** 209 = HD 191226	Am, An, O, Sp
29 1494	= KVVS 1002	
19 5116	Publ ASP **66** 256	Vgl. Ref. 111106
14 1350	= DY Gem	
+ 1 221	= 33 Cet	
− 8 1642	Japan Astr. Study Ass. Circ. Nr. 122—123	B
− 8 1913	= KVVS 1047	

11237. Veränderliche HD-Sterne

HD		
7014	= 33 Cet	
56215	= KVVS 1001	
191226	NAZ 8 8 = BD +36°3883	Am, EB, O, RG, Sp, Typ
199140	ApJ **119** 631	Vgl. Ref. 111117

11238. Veränderliche KVVS-Sterne *)

KVVS		
810	Astr Circ UdSSR Nr. 153 S. 16	Not
840	Desgl.	Not
861	Desgl.	Not
877	Desgl.	Not
898	Desgl.	Not
929	Desgl.	Not
931	Desgl.	Not
951	Astr Circ UdSSR Nr. 155 S. 16	Not
988	Desgl.	Not
996	Desgl.	Not
1000	Desgl.	Not
1001	Astr Circ UdSSR Nr. 155 S. 16	E, Not
1002	Desgl.	Am, C, Not

*) AJB **51** Ref. **110**03.

KVVS		
1021	Astr Circ UdSSR Nr. 155 S. 16	Am, Not
1026	Desgl.	Am, Not
1041	Desgl.	Am, B, Not
1047	Desgl.	Am, Not
5506	VS Bull **9** 414	Am, B, Ka, VS
5556	= SVS 986	
5570	Astr Circ UdSSR Nr. 155 S. 14	Not
KVVS		
5598	Astr Circ UdSSR Nr. 155 S. 14	Not
5651	Desgl.	Not
5652	Desgl.	B, Not
5658	Desgl.	Am, Not
5682	Desgl.	Not
5702	Desgl.	B, Not
3735	Desgl.	Not
5816	Desgl.	B, Not
5824	Desgl.	const, Not

11239. Sonneberger Veränderliche

S 3766 = KVVS 840
3994 = KVVS 861
3996 = KVVS 898
4032 = KVVS 1000
S 4047 = KVVS 951
4053 = KVVS 988
4734 = KVVS 810
4874 = KVVS 1001

11240. Veränderliche SVS-Sterne

SVS 784	= KVVS 1002	
919	VS Bull **9** 408	Am, B, Ka, VS
986	VS Bull **10** 65	B, Ka, VS
1025	= KVVS 929	
1139—1154	VS Bull **9** 402	Am, B, O, Typ, VS, teilweise Lk, E
1155	= BD +67°922	
1167	Astr Circ UdSSR Nr. 151 S. 26	An, B, Ka, Not
1168	Astr Circ UdSSR Nr. 154 S. 10	Am, An, O, P ?, Typ

11241. Sonstige Veränderliche

Äqu. 1900			
$4^h\ 44^m\ 7^s$	+43° 30!4	Ark Astr **1** 417 = Stockholms Medd. Nr. **79**	Am, An, B, Ka, P ?, Sp, VS
5 28.5	+ 1 52	AJ **59** 136	B, EB, Not, Sp
13 25 14	+41 35.6	NAZ **8** 36	An, B, Typ ?
17 34 39	+54 55.5	NAZ **8** 26	Am, An, Typ ?
17 57 16	+51 54.3	NAZ **8** 28	An, B, VS
18 14 34	+53 11.7	NAZ **8** 28	An, B, Not, VS

CoD −37° 3407	= KVVS 1001	
KP 100294	= BD +51°762	
Krüger 60 B	BAC **5** 4	Vgl. Ref. **111112**
	J RAS Canada **48** 201	B
Mac Rae +43° 1	Publ ASP **66** 71, 79	Vgl. Ref. **111119, 11302**
052801 — Orionis	J RAS Canada **48** 21	B
V 16—20	Specola Astr. Vat. Ric. Astr. **3** 129	Vgl. Ref. **11220**
Z 200	= BD +51°762	
Zi 626	= KVVS 1026	

11242. Veränderliche Sterne. Verzeichnis der Beobachter und Berechner

H. A. Abt
P. Ahnert
L. H. Aller
Ancarani
J. Ashbrook
V. Barocas
A. Beer
Bernasconi
W. P. Bidelman
W. Blitzstein
M. Bloch
E. Böhm-Vitense
R. D. Bolokadse
P. Broglia
E. M. Burbidge
G. R. Burbidge
C. Cailliatte
Y. C. Chang
P. N. Cholopow
M. I. Corvalan
G. Courtès
A. W. J. Cousins
J. Daguillon
L. Detre
R. L. Duncombe
M. W. Feast
W. P. Fjodorowitsch
A. Fresa
Y. Fujita
L. S. Galkin
S. Gaposchkin
E. Geyer
T. Gold
J. Grandjean
G. Grant
J. L. Greenstein
H.-G. Groth
O. Günther
R. Hardie
D. L. Harris III
W. Hassenstein
G. H. Herbig
W. A. Hiltner
D. Hoffleit
F. M. Holborn
A. van Hoof
C. Jagott
G. E. Jerlexowa
H. L. Johnson
A. H. Joy
J. T. Kapko
R. Kippenhahn
M. Kitamura
A. Koeckelenbergh
Z. Kopal
I. M. Kopylow
J. de Kort
M. Koshiro
R. P. Kraft
G. E. Kron
N. P. Kukarkina
N. E. Kurotschkin
G. B. Lacchini
G. Larsson-Leander
M. I. Lawrow
P. Ledoux
F. Lenouvel
E. M. Lewis
M. Lunel
R. Lüst-Kulka
C. R. Lynds
W. J. Luyten
G. Mannino
G. A. Manowa
D. J. Martynow
A. Masani
M. W. Mayall
H. Mielke
W. J. Miller
R. I. Mitchell
E. R. Mustel
S. W. Nekrassowa
A. V. Nielsen
D. J. K. O'Connell
M. W. Ovenden
H. A. Pels-Kluyver
B. Perkins
N. B. Perowa
H. M. Pillans
E. Pohl
A. E. Ratcliffe
M. de Ridder
G. Righini
P. E. Roques
G. P. Sacharow
N. M. Schachowskoj
A. S. Scharow
H. van Schewick
N. K. Semakin
H. Shapley
N. P. Slowochotowa
A. W. Solowjow
J. Stebbins
D. W. N. Stibbs
O. Struve
Z. Švestka
B. Szczepkowski
M.-L. Tcheng
A. D. Thackeray
A. B. Underhill
A. A. Wachmann
M. F. Walker
O. P. Wassiljanowskaja
R. Weber
P. Wellmann
B. S. Whitney
A. D. Williams
O. C. Wilson
A. J. J. van Woerkom
F. B. Wood
A. Wróblewski

§ 113

Novae, Supernovae

11301. **C. E. R. Bruce,** Associated absorption spectra in novae. Rep. Brit. Elect. Res. Ass. Ref. Z/T 85, 16 S., 1952. — Ref. in Phys. Abstracts (A) 58 1205.

* * **D. A. Frank-Kamenezkij,** Pulsationen in der Nähe der Sternoberflächen. Vgl. Ref. 5212.

11302. J. L. Greenstein, The spectrum of MacRae +43° 1, a possible old nova. Publ ASP **66** 79—82, mit 1 Fig. — Nach Aufnahmen am 200″ zeigt das Spektrum Ähnlichkeit mit den Spektren alter Novae. Es enthält einige breite Emissionslinien geringer Anregungsenergie von H und He, aber keine scharfen Absorptionslinien. Aus dem Fehlen der interstellaren K-Linie muß auf geringe absolute Leuchtkraft geschlossen werden. Bo.

11303. I. M. Kopylow, Über die Beziehung zwischen Amplitude und Wiederkehrzeit der novaähnlichen Sterne und der Wiederkehrnovae. DAN **99** 515—518, mit 1 Abb. (russisch). — Nach Aufzählung einer Reihe von Unterschieden der physikalischen Merkmale der novaähnlichen Veränderlichen (SS Cygni-Sterne) und der Wiederkehrnovae leitet Verf. für die letzteren folgende logarithmische Periode-Amplitude-Beziehung ab: $\log P = +2.83 + 0.14\,A$. Demgegenüber gilt für die Novaähnlichen nach Parenago und Kukarkin $\log P = -0.38 + 0.60\,A$. Würden die typischen Novae mit ihren Amplituden um $10^{m}.5$ die Kopylowsche Beziehung erfüllen, dann müßten sie auch Wiederkehrnovae sein. Das ist aber sehr unwahrscheinlich. Es sollten daher auch zwischen den Wiederkehr- und typischen Novae Unterschiede in den physikalischen Merkmalen bestehen. Das wird durch die Tatsache gestützt, daß die Abklingzeit der Wiederkehrnovae bei einem Jahr liegt, die der typischen Novae bei 20 Jahren. Ferner unterscheiden sich die galaktischen logarithmischen Dichtegradienten $\partial \log D/\partial z$ voneinander, sie betragen −0.9 (W) bzw. −2.4 (t. N). Die Wiederkehrnovae gehören also zum intermediären Untersystem, die typischen Novae mehr zum flachen Untersystem. Loh.

11304. G. Larsson-Leander, Novae and radio noise. Obs **74** 219—220. — Eine Abschätzung der bei der Durchdringung zweier Nebelhüllen der Nova DK Lacertae für radiofrequente Strahlung zur Verfügung stehenden Energie zeigt, daß diese Nova im Frühstadium leicht radioastronomisch beobachtbar gewesen sein müßte. Bru.

11305. E. Schatzman, Remarques sur le phénomène de Nova. VI. Ann d'Astrophys **17** 152 = Contr. Inst. d'Astrophys. Paris (B) Nr. **107**. — Die im Teil V (vgl. AJB **51** Ref. **11311**) gefundene Näherungsformel für die Zeit zwischen zwei aufeinanderfolgenden Novaausbrüchen wird durch eine etwas allgemeinere Beziehung ersetzt. Kdr.

* * **I. S. Schklowskij,** Identifizierung der ausgedehnten Radioquelle bei η Geminorum mit den Nebel-Überresten der Nova des Jahres 837. Vgl. Ref. **12649**.

11306. T.-T. Shyi, Identification of strong discrete sources of radioemission with novae and supernovae recorded in the chinese annals. Acta Astr. Sinica **2** 177—184 (chinesisch mit englischer Zusammenfassung).

11307. W. W. Sobolew, Zur Theorie des Leuchtens der Novae. AJ UdSSR **31** 15—26, mit 3 Abb. (russisch). — Es wird angenommen, daß bei Beginn eines Ausbruches eine Hülle vom Stern ausgeschleudert wird, deren optische Dicke anfänglich sehr groß ist, später aber im Maße der Ausbreitung der Hülle geringer wird. Zwei Leuchtmechanismen der Hülle werden betrachtet: die in der Hülle enthaltene Energie und die vom Stern abgestrahlte Energie. Eine Näherungslösung des Problems des Leuchtens einer expandierenden Novahülle wird vom Einsetzen des Helligkeitsausbruches bis zum Augenblick maximaler Helligkeit gegeben. Die theoretischen Schlußfolgerungen über die Helligkeits- und Temperaturänderung der Novae im Laufe der Zeit stehen in großen Zügen mit den Beobachtungsergebnissen im Einklang. Verf. (übersetzt)

11308. P. Wellmann, Die Ionisation in einer Novahülle. Phys. Verhandlungen **5** 126. — Ref. AG.

11309. **M.-C. Zuckermann,** Remarques sur le phénomène de Nova. VII. Ann d'Astrophys **17** 243—262, mit 5 Fig. = Contr. Inst. d'Astrophys. Paris (B) Nr. **112**. — Für das Aufleuchten von Novae ist nach Schatzman die Reaktion 2 $He^3 \rightarrow He^4 + 2 H^1$ wesentlich, und es sollte dann eine Beziehung zwischen dem Zeitintervall zwischen zwei aufeinander folgenden Ausbrüchen und der bei einem Ausbruch frei werdenden Energie bestehen. Diese Beziehung wird am Beobachtungsmaterial für Novae und U Gem-Sterne geprüft und, soweit die Genauigkeit des Materials einen Schluß zuläßt, bestätigt. Doch ist die Proportionalitätskonstante kleiner als maximal möglich, was auf einen beträchtlichen Anteil der p-p-Reaktion an der Energieerzeugung in neuen Sternen hindeutet. Kdr.

11310. A possible old nova. Sky and Telescope **13** 298. — Betrifft den Stern mit den Koordinaten $19^h 05^m 45^s$, $+43° 56' 12'$ (1950).

Beobachtungen einzelner Novae

11311. **Nova V 603 Aquilae (1918)**
Beobachtung: National Obs. Athen Bull. Astr. Inst. Year 1952 (2) S. **44** (H).

11312. **Nova V 476 Cygni (1920)**
Beobachtung: Acta Astr. Sinica **2** 107—115 (H).

11313. **Nova P Cygni (1600)**
Beobachtung: National Obs. Athen Bull. Astr. Inst. Year 1952 (2) S. **49** (H).

11314. **Nova DQ Herculis (1934)**
Beobachtung: Acta Astr. Sinica **2** 107—115 (H).

D. B. McLaughlin, The absorption spectra of Nova Herculis. A new interpretation. ApJ **119** 124—140, mit 3 Fig. — Verf. hat neue Radialgeschwindigkeitsmessungen von Absorptionslinien im Spektrum der Nova Herculis 1934, — zum Teil handelt es sich um früher publizierte und nun revidierte Werte — vorgenommen und stellt den Verlauf der Radialgeschwindigkeit verschiedener Systeme von Linien und ihrer Intensität von 1934 Dez. 14 bis 1935 April 3 dar. Das Verhalten der einzelnen Systeme wird mit der Entwicklung von Hüllen mit Wolkenstruktur und wechselnden Anregungsbedingungen in Verbindung gebracht. Micz.

M. F. Walker, Nova DQ Herculis (1934): an eclipsing binary with very short period. Publ ASP **66** 230—232, mit 1 Fig. — Ref. in Coelum **23** 147—148, Irish AJ **3** 163—164. — Durch lichtelektrische Beobachtungen wurde DQ Her als Bedeckungsveränderlicher mit einer Periode von nur $4^h 39^m$ erkannt. Die Amplituden sind: $0^m\!.9$ im Ultravioletten, $1^m\!.1$ im Blauen und $1^m\!.3$ im Gelben. Neben dem Bedeckungslichtwechsel treten kleinere physische Helligkeitsschwankungen auf. Verf. weist besonders auf Ähnlichkeiten mit UX UMa und auf verschiedene Fragen hin, die sich aus der Doppelsternnatur der Nova ergeben. O. G.

11315. **Nova DK Lacertae (1950)**
Beobachtung: Acta Astr. Sinica **2** 107—115 (H).

G. Larsson-Leander, The light curve of Nova DK Lacertae (1950) as determined from photoelectric standards. Stockholms Obs. Ann. **18** Nr. 3, 29 S. mit 7 Fig. — Ref. in PAT **36** 78—79. — Verf. leitet aus allen ihm zur Verfügung stehenden photographischen und photoelektrischen Helligkeitsmessungen der Nova DK Lacertae (1950) für 1950 eine detaillierte Lichtkurve her. Nach photoelektrischer Helligkeitsbestimmung der Vergleichssterne (Anschluß an die Standardsterne der NPS) werden die einzelnen Meßserien aufeinander reduziert.

Vom extrapolierten Maximum am 22. 1. 1950 ($5^m.0$) an zeigt die Lichtkurve schnelle Fluktuationen und Lichtausbrüche großer Amplitude. Es lassen sich anscheinend vier verschiedene Typen sekundärer Fluktuationen während der Beobachtungszeit unterscheiden. Die «Normalhelligkeit» der Nova hatte 19 Tage nach dem Maximum um 2^m und 29^d nach dem Maximum um 3^m abgenommen. Gli.

G. Larsson-Leander, The spectrum of Nova DK Lacertae (1950) in the later stages. Stockholms Obs. Ann. **18** Nr. 4, 108 S. mit 19 Fig. — Ref. in PAT **36** 78—79. — Während in einer vorangegangenen Arbeit (vgl. AJB **53** Ref. **11330**) das frühe «post maximum»-Spektrum der Nova behandelt wurde, bringt diese Veröffentlichung die Untersuchung der 1-Prismenspektrogramme während der weiteren Entwicklung der Nova bis Mai 1951. Im Abschnitt «Journal of Observations» wird jedes Spektrogramm einzeln in seinen raschen Veränderungen beschrieben, die in enger Korrelation zu den Helligkeitsschwankungen stehen. Es folgen detaillierte Betrachtungen der verschiedenen Absorptions- und Emissionsspektren, Diskussion der Veränderungen der geschätzten Linien- und Bandenintensitäten, spektrophotometrische Messungen verschiedener Absorptionslinien und Emissionsbanden und Veröffentlichung einiger Profile von H-Linien und Banden und der λ 4640 Bande. Ionisations- und Anregungstemperaturen der photosphärischen Schicht, nach verschiedenen Methoden berechnet, führen zu etwa 22000° im «Orion-Stadium» und zu 40000° im frühen Nebelstadium. Die Elektronentemperatur der Hülle war während des Nebelstadiums nahe 10000°. Dimensionsbetrachtungen führen in diesem Zeitraum auf Radiusschwankungen von 10$\odot$ (Orionstadium) bis 2$\odot$ (frühes Nebelstadium). Schließlich werden die Ergebnisse mit den Resultaten aus den Beobachtungen früherer Novae verglichen. Gli.

G. Larsson-Leander, A study of Nova DK Lacertae (1950) Stockholms Obs. Medd. Nr. **83**, 8 S. — Zusammenfassung der in drei Arbeiten in den Stockholms Annaler (vgl. AJB **53** Ref. **11330** und die beiden vorstehenden Ref.) niedergelegten Ergebnisse. Bru.

11316. Nova Monocerotis Nr. 2

Beobachtung: Ann. Sterrewacht Leiden **20** 358 (H, Lk).

11317. Nova KT Monocerotis (1942)

Beobachtung: AJ **59** 199, mit 1 Fig. = Harv Repr (2) Nr. **61** (CI, H, Lk, Not, O, Sp).

11318. Nova Ophiuchi (1952)

W. A. Hiltner, Spectrum of Nova Ophiuchus 1952. ApJ **120** 596, mit 1 Tafel. = Contr. McDonald Obs. Nr. **245**. — Kurze Beschreibung des Postmaximum-Spektrums der Nova Ophiuchi 1952 nach fünf Aufnahmen im August und September 1952 sowie Mitteilung von zwei Farb- und Helligkeitsmessungen. Micz.

11319. Nova V 908 Ophiuchi (1954)

Entdeckung: V. M. Blanco, Cleveland Ohio, 1954 Juli 2.
Beobachtung: Astr Circ UdSSR Nr. 152 S. 1 (An), Nr. 153 S. 2 (H). BAA Circ 355 (An, O, H, Sp). Harv Card 1257 (An, O, H, Sp), 1259, 1260 (Sp). NAZ **8** 33, NAZvM 225 (An, O, H, Sp). UAI Circ 1461 (An, O, H, Sp). Vega Nr. **18/20** S. 83 (An, Not).

11320. Nova GK Persei (1901)

Beobachtung: Acta Astr. Sinica **2** 107—115 (H). J RAS Canada **48** 107 (H).

11821. Nova CP Puppis (1942)
Beobachtung: Pontificia Acad. Sci. Acta **16** 49—54, mit 1 Tafel = Riverview Coll. Obs. Repr. Nr. 8 (CI, H, Lk). Publ ASP **66** 142—144, mit 1 Fig. und 1 Tafel (H, Ka, Lk, Not, O, VS).

11822. Nova V 787 Sagittarii (1937)
Beobachtung: Pontificia Acad. Sci. Acta **16** 49—54, mit 1 Tafel = Riverview Coll. Obs. Repr. Nr. 8 (H, VS).

11823. Nova V 1174 Sagittarii (1952)
Beobachtung: Rev. Astr. Nr. **131** S. 92 (An).

11824. Nova V 1175 Sagittarii (1952)
Beobachtung: Rev. Astr. Nr. **131** S. 92 (An).

11825. Nova V 1274 Sagittarii (1954)
Entdeckung: P. Wild, Mt. Wilson-Palomar, 1954 Aug. 30.
Beobachtung: Astr Circ UdSSR Nr. 152 S. 1 (An), 154 S. 1 (H), Nr. 155 S. 1—3 (H, VS). BAA Circ 357 (An, H, Not, O). BSAF **68** 354 (An, H, O), 397—398 (H). Gaz astr **36** 55 (An). Harv Card 1270 (An, H, O, Sp), 1271 (O, Sp). J. Astr. Soc. Victoria **7** 69 (H, O). NAZ **8** 36 (An, H, O, Sp). NAZvM 233 (An, H, O, Sp). Orion Schaffhausen **4** 335 (An, H). UAI Circ 1471 (An, H, O, Sp), 1474 (H), 1479 (H). Vega Nr. 18/20 S. 83 (An, Not).

11826. Nova V 1275 Sagittarii (1954)*)
Entdeckung: G. Haro, L. Herraro, Tonantzintla, 1954 Juli 4—5.
Beobachtung: Astr Circ UdSSR Nr. 152 S. 1 (An). BAA Circ 354 (An, O, H), 355 (H, Not). BSAF **68** 246 (An), 354 (H). Gaz astr **36** 55 (An). Harv Card 1253 (An, O, H), 1255 (Sp). J. Astr. Soc. Victoria **7** 58 (O, H). NAT **1954** 116 (An). NAZ **8** 28 (An, O, H, Not). NAZvM 223 (An, O, H). UAI Circ 1459 (An, O, H, Not), 1461 (H), 1467 (H, VS), 1469 (O, H). Urania Kraków **25** 310 (An, H, O). Vega Nr. 18/20 S. 83 (An, Not).

11827. Novaähnliches Objekt in Sagittarius
Entdeckung: P. Wild, Mt. Palomar, 1954 Aug. 30.
Beobachtung: Harv Card 1272 (An, H, O, Sp). NAZvM 237 (An, H, O, Sp). Orion Schaffhausen **4** 335 (An).

11828. Nova V 720 Scorpii (1950)
Beobachtung: Pontificia Acad. Sci. Acta **16** 49—54, mit 1 Tafel = Riverview Coll. Obs. Repr. Nr. 8 (H, VS).

11829. Nova V 722 Scorpii (1952)
Beobachtung: Rev. Astr. Nr. **131** S. 92 (An).

11830. Nova V 723 Scorpii (1952)
Beobachtung: Rev. Astr. Nr. **131** S. 92 (An).

11831. Nova FS Scuti (1952)
Beobachtung: Rev. Astr. Nr. **131** S. 92 (An).

---

*) Verschiedentlich mit Nova Scorpii bezeichnet.

11332. Nova CT Serpentis (1948)
Beobachtung: JBAA **64** 197 (H).

11333. Nova Tucanae (1952)
Beobachtung: AJ **59** 193 (Ref. AAS). Proc. National Acad. Sci. USA **40** 372—373 = Harv Repr Nr. **388** (H, Lk, Not, O, Sp). Sky and Telescope **13** 219—220 (H, Sp).

Supernovae

11334. R. Hanbury Brown, The remnants of supernovae as radio sources in the galaxy. Obs **74** 185—194, mit 2 Fig. = Astr. Contr. Univ. Manchester (2) Jodrell Bank Repr. Nr. **106**. — Es wird die Hpyothese aufgestellt, daß die Überreste aller Supernovae Radioquellen sind, deren Strahlung beim Zusammenstoß der sich ausdehnenden Gashülle mit dem interstellaren Gas erzeugt wird. Die theoretische Beziehung zwischen dem Winkeldurchmesser einer solchen Radioquelle und ihrer Intensität im Meterwellen-Bereich wird abgeleitet und unter plausiblen Annahmen gute Übereinstimmung mit einer Reihe von Radioquellen der Klasse I gefunden. Anwendung der gleichen Hypothese auf vier sehr helle Novae ergibt Intensitäten, welche nur in einem Fall sicher meßbare Werte erreichen. Dies ist die Nova Aquila (1918), welche tatsächlich bereits mit einer Radioquelle identifiziert wurde. Bru.

11335. I. M. Gordon, Die Ausbrüche der Supernovae und das Problem der Entstehung der Elektronenkomponente der kosmischen Strahlung. DAN **94** 413—416 (russisch). — Diskrepanzen zwischen beobachteter und berechneter Zeit bis zum Helligkeitsmaximum und die Frage nach der Herkunft (eines Teiles) der Elektronen der kosmischen Strahlung führen Verf. zu der Annahme, daß das Leuchten der Supernovae durch erbremste Strahlung relativistischer Elektronen im Magnetfeld der Supernovae zustande kommt. Die Feldstärken werden zu 100 Gauß abgeschätzt. In diesem Fall befindet sich das Strahlungsmaximum der Elektronen mit Energien $\approx 10^9$ eV im Visuellen. Die Zahl der beim Ausbruch ejizierten Elektronen mit dieser Energie beträgt etwa 10^{51}. Darüberhinaus muß noch ein allgemeines Abströmen von Materie stattfinden. Wenn das nachläßt, wird auch das Magnetfeld schwächer, und das Strahlungsmaximum verlagert sich ins Infrarote und Radiowellengebiet, wobei weitere Energieverluste durch relativistische Teilchen klein werden und sich über einen längeren Zeitraum halten. Die während des Ausbruches verlorenen relativistischen Elektronen ergänzen die elektronische Komponente der kosmischen Strahlung. Loh.

* * **J. J. Raimond jr.,** De Krabnevel eens een supernova thans een unicum. — K'o-hsing: gast-ster. Vgl. Ref. **12227**.

* * **I. S. Schklowskij,** Die Identifizierung der intensivsten diskreten galaktischen Radiostrahlungsquellen mit den Überresten der in den letzten 2000 Jahren aufgeleuchteten Supernovae. Vgl. Ref. **12648**.

11336. I. S. Schklowskij, Supernovae as a source of cosmic rays. Vgl. Ref. 1191, daselbst S. 515—523. — Die beobachtete Konzentration relativistischer Teilchen in der Galaxis kann auf Beschleunigungsmechanismen in den Hüllen der Supernovae und Novae zurückgeführt werden. Hieraus ergibt sich ein enger Zusammenhang zwischen der Herkunft der primären Komponente der kosmischen Strahlung und eines Teils der Radiostrahlung. Weidemann

* * Stellar associations and supernovae. Vgl. Ref. **12376**.

11337. Supernova in IC 4051
Beobachtung: Hemel en Dampkring **52** 14 (An, Not).

11338. Supernova in NGC 4214
Entdeckung: P. Wild, Mt. Wilson und Palomar, 1954 Mai 30.
Beobachtung: Astr Circ UdSSR Nr. 151 S. 1 (An), Nr. 152 S. 2 (H). BSAF **68** 252 (An). Coelum **22** 117 (An, Not). Harv Card 1250 (An, H). J RAS Canada **48** 199 (An). NAT **1954** 116—117 (An). NAZ 8 26 (An, H), 28 (Sp), 34 (H). NAZvM 218 (An, H). Orion Schaffhausen **4** 283 (An). Sky and Telescope **13** 333 (An, H, O). Sterne **30** 144 (H, O, Sp). UAI Circ 1453 (An, H), 1455 (H), 1464 (H). Urania Kraków **25** 342 (An, H).

11339. Supernova in NGC 5668
Entdeckung: P. Wild, Mt. Wilson und Palomar, 1954 Mai 3.
Beobachtung: Astr Circ UdSSR Nr. 150 S. 1 (An), Nr. 151 S. 1 (H). BSAF **68** 152 (An), 210 (An, Ka, Not, VS). Coelum **22** 117 (An, Not). El Universo Nr. **28** S. 36 (An, H). Harv Card 1245 (An, H, Sp). J RAS Canada **48** 199 (An, Sp). NAT **1954** 116 (An). NAZ 8 20 (An, H), 26 (O), 34 (H). NAZvM 216 (An, H). Orion Schaffhausen **4** 283 (An). Sky and Telescope **13** 299 (An, Not). UAI Circ 1449 (An, H, Sp), 1452 (O). Vega Nr. **16/17** S. 71 (An, H, O, Sp).

11340. Supernova in NGC 5879
Entdeckung: P. Wild, Mt. Wilson und Palomar, 1954 Sept. 27.
Beobachtung: Astr Circ UdSSR Nr. 154 S. 1 (An). BSAF **68** 397 (An). Gaz astr **36** 55 (An). Harv Card 1275 (An, H). NAT **1954** 117 (An). NAZ 8 42 (An, H). NAZvM 237 (An, H). Orion Schaffhausen **4** 335 (An, H). UAI Circ 1476 (An, H).

11341. Novae. Verzeichnis der Beobachter

M. Beyer
V. M. Blanco
D. P. Elias
S. Gaposchkin
G. Haro
L. Herraro
C. Hoffmeister
F. M. Holborn
G. Horn-d'Arturo
H. Huth
A. Jones
M. W. Mayall
I. Mitani
E. Pettit
S. Pietra
F. Rigaux
M. Schachowskoj
C. Seyfert
H. J. Smith
A. W. Solowjow
P. Wellmann
W. Wenzel
P. Wild
K. Yoss

Dreizehnter Teil

Sternsysteme. Nebel. Interstellarer Raum

§ 120

Allgemeines

* * **C. W. Allen,** Whole-sky statistics of celestial objects. Vgl. Ref. 101/02.

12001. **H. Degen,** Die Vermessung des Weltraumes. Naturwiss. Rundschau **7** 192—193.

12002. **J. L. E. Dreyer,** New General Catalogue of Nebulae and Clusters of Stars (1888). Index Catalogue (1895). Second Index Catalogue (1908). Vgl. AJB **53** Ref. **12002.** — Weitere Besprechung in Nature **174** 634—635.

* * **O. Gingerich,** Observing the Messier Cataloque. Vgl. Ref. **2009.**

12003. **D. ter Haar,** On the relative size of cosmic mass agglomerations. Obs **74** 128—129. — Auf Grund der vom Verf. erweiterten v. Weizsäckerschen kosmologischen Vorstellungen werden Spekulationen über die Größe von Turbulenzelementen angestellt, aus denen sich Galaxien, Sternhaufen u. s. w. bilden sollen. U. Be.

* * **P. P. Parenago,** Untersuchung der Sterne im Gebiet des Orion-Nebels. Vgl. Ref. **12221.**

12004. **L. Rosino,** Le populazioni stellari. Atti Convegno Soc. Astr. Italiana, Firenze-Pisa, settembre 1953, S. 35—48, mit 5 Fig. = Pubbl. Oss. Astr. Univ. Bologna **6** Nr. 4.

12005. **I. L. Thomsen,** The discovery of the universe. Southern Stars **16** 1—5.

12006. The depths of space. Southern Stars **16** 66—68.

§ 121

Offene und kugelförmige Sternhaufen

12101. **M. K. V. Bappu,** A photoelectric study of early-type supergiants around h and χ Persei. MN **114** 680—686, mit 4 Fig. — Photoelektrische Photometrie am Lick-12″-Refraktor mit vier Sternen der Harvard-Standardregion C 12 zum Anschluß an das (P, V)-System. Die von Pişmiş gefundene Zunahme der interstellaren Absorption von h nach χ Persei wird bestätigt. Außerdem wechselt diese in der Umgebung beträchtlich. Die B2 Ia- und b- und die B0 bis B2 III-Sterne ergeben übereinstimmend einen Entfernungsmodul von $11^{m}.7$ entsprechend einer Entfernung von 2.2 kpc unter Berücksichtigung der interstellaren Absorption. Damit werden für die beobachteten B5- bis A1-Überriesen absolute Helligkeiten abgeleitet. Gü.

12102. **W. Becker, J. Stock,** Drei-Farben-Photometrie von 11 offenen Sternhaufen, insbesondere solchen mit O- und frühen B-Sternen. ZfA **34** 1—39, mit 21 Abb. = Mitt. Sternw. Hamburg-Bergedorf **22** Nr. 239. — Ref. in Sky and Telescope **13** 371, Hemel en Dampkring **52** 235—236. — Die Beobachtungen wurden teils photographisch, teils photoelektrisch in drei Spektralbereichen gemacht. Es werden die statistischen Zusammenhänge zwischen Spektraltypus, Leuchtkraft und dem langwelligen (470/638 mμ) bzw. dem kurzwelligen (373/470 mμ) Farbenindex abgeleitet. Auf der Basis des langwelligen und des kurzwelligen Farben-Helligkeits-Diagramms (FHD) wird die kolorimetrische Methode der Bestimmung der interstellaren Verfärbung und des Entfernungsmoduls entwickelt. Die Methode arbeitet ohne Verwendung der geschätzten Spektraltypen, sondern nur mit gemessenen Größen. Es wird darauf hingewiesen, daß das kurzwellige FHD besonders geeignet ist zur Feststellung von Riesen und Überriesen früher Typen in offenen Sternhaufen. Die FHD der verschiedenen Sternhaufen werden einzeln besprochen. Bei einer Synthese aller FHD zu einem einzigen Diagramm zeigt sich, daß die Riesen und Überriesen der frühen Typen eine Tendenz zur Gruppenbildung im FHD erkennen lassen. Mit den hier abgeleiteten Entfernungen passen die Sternhaufen gut in das von Morgan, Sharpless und Osterbrock aufgestellte Modell der Milchstraße in der Nachbarschaft der Sonne hinein. Abschließend werden die Daten für die Sternhaufen in einer Tabelle zusammengestellt. Verf.

12103. **A. N. Cox,** A study of the galactic cluster NGC 2287. ApJ **119** 188—196, mit 2 Fig. und 1 Tafel. = Publ. Goethe Link Obs. Indiana Univ. Nr. **12**. — Die Helligkeiten und Farben von 106 Sternen im Feld des offenen Sternhaufens NGC 2287 (M41) wurden lichtelektrisch gemessen. Spektraltypen im System des Yerkes-Atlas und Radialgeschwindigkeiten wurden auf Spektren geringer Dispersion für 22 Sterne bestimmt. Um einige Feldsterne als Nichtmitglieder des Haufens auszuschließen, wurden Eigenbewegungen ermittelt. Das Farben-Helligkeits-Diagramm des Haufens scheint neben der Hauptreihe auch einige rote Riesen zu enthalten. Verf. ermittelt ferner die Radialgeschwindigkeit des Haufens relativ zur Sonne, seine interstellare Verfärbung und Entfernung (725 pc). Micz.

12104. **D. L. Harris, W. W. Morgan, N. G. Roman,** Photometric and spectroscopic observations of stars in IC 348. ApJ **119** 622—624, mit 1 Fig. und 1 Tafel = Contr. McDonald Obs. Nr. **235**. — Von 12 Sternen des Sternhaufens um *o* Persei sind im (U, B, V)-System lichtelektrisch Farben und Helligkeiten gemessen worden. Von acht Sternen konnten auch Spektraltypen ermittelt werden. Am stärksten verfärbt sind die Sterne, die in den hellsten Teilen der Nebelmaterie des Haufens eingebettet zu sein scheinen. Dies spricht für ein Dichtemaximum der diffusen Materie in dieser Gegend, wie es ähnlich in der Trapezgegend des Orionnebels angenommen wird. Die Entfernung des Haufens ist dieselbe wie die der ζ Persei-Assoziation. Blaauw vermutet, daß die Gruppe um *o* Persei tatsächlich ein Teil der ζ Persei-Assoziation ist. Micz.

12105. **G. H. Herbig,** Emission-line stars associated with the nebulous cluster NGC 2264. Vgl. Ref. **9539**.

12106. **W. A. Hiltner,** Polarization of the cluster M 29. ApJ **120** 367—368, mit 2 Fig. = Contr. McDonald Obs. Nr. **240**. — Von den neun hellsten Mitgliedern des galaktischen Sternhaufens M 92 wurden Polarisationsgrad und -richtung ihres Lichts gemessen. Beide sind über das Haufenfeld nicht konstant. Zwischen interstellarer Absorption und Polarisation besteht ein ausgeprägter Zusammenhang, jedoch bewirken $2^{\mathrm{m}}.6$ der Absorption in Richtung auf den Haufen keinen Beitrag zur Polarisation. Es wird angenommen, daß ein erheblicher Teil der Absorption innerhalb des Haufens bewirkt wird und die magnetischen Kraftlinien nicht parallel zueinander im Haufen verlaufen. Micz.

12107. **H. L. Johnson,** Magnitudes and colors in M 34. ApJ **119** 185—187, mit 1 Fig. = Contr. McDonald Obs. Nr. **230**. — Photoelektrisch wurden die Helligkeiten und Farben in drei Wellenlängenbereichen (U, B, V-System) von 57 Sternen im Bereich des offenen Sternhaufens M34 gemessen. Das Farben-Helligkeitsdiagramm des Haufens, von dem 42 Mitglieder gemessen worden sind, besteht nur aus der Hauptreihe. Die Haufensterne zeigen eine geringe Rötung infolge interstellarer Verfärbung. Die Haufenentfernung wird zu 525 pc bestimmt. Micz.

12108. **H. L. Johnson,** Galactic clusters and stellar evolution. ApJ **120** 325—331, mit 6 Fig. — Ref. in Irish AJ **3** 162. — Aus den Farben-Helligkeitsdiagrammen von sieben galaktischen Haufen läßt sich aus Sternen der Population I später als A0 ein Entwicklungsgang erschließen, der mit den theoretischen Ergebnissen von Sandage und Schwarzschild (vgl. AJB **52** Ref. **5224**) in Einklang steht. Die Übereinstimmung scheint bei den galaktischen Haufen sogar besser als bei den Kugelhaufen zu sein. Kdr.

12109. **H. Li,** Études photographiques de cinq amas galactiques N.G.C. 1750, 1817, 2286, 2548 et 7380. Acta Astr. Sinica **2** 23—42 (chinesisch mit französischer Zusammenfassung). — Verf. beschreibt die photographische Vermessung der obigen fünf Sternhaufen auf Platten, die 1912—1916 und 1930—1943 in Zô-Sè aufgenommen wurden. Die Messungen für 13737 Sterne sollen an anderer Stelle publiziert werden (Ann. Obs. Zô-Sè, Vol. **23**). Kdr.

12110. **P.-O. Lindblad,** On the proper motion of the cluster Messier 37. Stockholms Obs. Ann. **18** Nr. 1, 35 S. mit 5 Fig. — Hauptsächlich zum Zweck eines Testes von Instrument und Methode wurden die Eigenbewegungen im offenen galaktischen Sternhaufen M 37 (NGC 2099) auf Plattenpaaren gemessen, die mit dem 24 Zoll-Refraktor des Observatoriums Stockholm im Zeitintervall von 14 und 15 Jahren aufgenommen worden waren. Nach Korrektion wegen der Helligkeitsgleichung ergibt sich als jährliche EB des Haufens $\mu_\alpha = -0\overset{''}{.}0005 \pm 0\overset{''}{.}0012$ (m. F.) und $\mu_\delta = -0\overset{''}{.}0076 \pm 0\overset{''}{.}0005$. Ein Katalog gibt die vermessenen Sterne zugleich mit Hinweis auf die Haufenzugehörigkeit. Die Trennung der Haufen- von den Feldsternen geschah auf Grund eines Farben-Helligkeitsdiagramms. Die Ausmessung der Platten wurde Film an Film in einer Gaertnermaschine vorgenommen. Gli.

12111. **W. J. Luyten,** Possible white dwarfs in Praesepe. Harv Card 1244, NAZ 8 21. — Anzeige von fünf Weißen Zwergen.

12112. **W. J. Luyten, P. W. Merrill,** A very red star in the Hyades. Publ ASP **66** 207. — Photometrische Daten eines außergewöhnlich roten veränderlichen Sterns (Typ N) in Richtung der Hyaden. Labs

* * **W. J. Luyten,** A search for faint blue stars. II. The Hyades and the south galactic polar region. Vgl. Ref. **9417**.

12113. **G. A. Manowa,** Über einige neue galaktische Haufen. Astr Circ UdSSR Nr. 153 S. 9—10 (russisch). — Verf. macht an Hand von Aufnahmen am Moskauer 40 cm-Astrographen nähere beschreibende Angaben zu einigen von King 1949 (vgl. AJB **49** Ref. **12121**) entdeckten Haufen. Loh.

* * **B. E. Markarjan,** Über die Entwicklung der offenen Sternhaufen. Vgl. Ref. **5418**.

12114. **J. Meurers,** Die Eigenbewegung des M 11 und seiner Umgebung. Phys. Verhandlungen **5** 141—142. — Ref. AG.

12115. **J. Meurers, W. Richels,** Die Bewegungsverhältnisse des offenen Sternhaufens M 11 und seiner Umgebung. Veröff. Univ.-Sternw. Bonn Nr. **41**, 17 S. mit 4 Abb. — Zur Bestimmung der Eigenbewegungen des M 11 und seiner Umgebung in der Scutum-Wolke wurden Bonner Aufnahmen über ein Zeitintervall von etwa 50 Jahren in Absolut- und Relativanschlüssen vermessen. Die Resultate ermöglichen eine Trennung der Haufensterne von den Mitgliedern der Scutum-Wolke. Schrick

12116. **G. R. Miczaika,** Evolutionary trends in the H-R diagrams of galactic clusters. Vgl. Ref. **1191**, daselbst S. 275—282, mit 4 Fig. — Es werden Farben-Helligkeitsdiagramme verschiedener Sternhaufen verglichen. Dabei wird auf die von Trumpler entdeckte Korrelation hingewiesen, daß Sternhaufen mit Sternen sehr früher Spektraltypen keine Riesen enthalten. Außerdem wird betont, daß eine Korrelation zwischen dem frühesten Spektraltyp in einem Sternhaufen und der Neigung des oberen Teiles der Hauptreihe besteht. Es wird versucht, beide Korrelationen durch die Entwicklungsgeschichte der Sternhaufen zu erklären. Böhm-Vitense

12117. **A. B. Onegina,** Bestimmung der Eigenbewegung des Haufens NGC 6910. Astr Circ UdSSR Nr. 153 S. 13—16 (russisch). — Aus zwei älteren Platten (Kostinskij 1918/20) und zwei neueren (Verf. 1951) wurde bei einer Entfernung des Haufens von 850 kpc für seine Tangentialgeschwindigkeit 13 ± 4 km/sec gefunden. $\mu_l = +0\overset{''}{.}003$, $\mu_b = 0\overset{''}{.}001$. Loh.

* * **P. Pişmiş,** The Orion nebula cluster and its surroundings. Vgl. Ref. 12226.

12118. **D. M. Popper,** Spectral types of some of the brighter stars in the cluster M 67. AJ **59** 445—446, mit 1 Fig. = Astr. Papers Univ. California **2** Nr. 3. — Aus Spektren von 12 Sternen in M 67 wird ein Hertzsprung-Russell-Diagramm gezeichnet. Danach ist es wahrscheinlich, daß M 67, wie verschiedentlich vermutet, kein Kugelhaufen sondern ein galaktischer Haufen mit Sternen der Population I mit einem Entfernungsmodul von etwa $10\overset{m}{.}0$ ist. Behr

12119. **V. C. Reddish,** Colour-magnitude arrays in the clusters Tombaugh 5, NGC 7789, NGC 1528 and NGC 2682. MN **114** 583—592, mit 13 Fig. = Commun. Univ. London Obs. Nr. **20**. — Ref. in Coelum **23** 145. — Aus dem Vergleich von neu beobachteten Farben-Helligkeits-Diagrammen der vier Haufen mit entsprechenden Diagrammen für bekannte offene und Kugelsternhaufen wird eine Neuklassifizierung und Bestimmung der Entfernungen durchgeführt. Für NGC 2682 wird die Weite der Hertzsprung-Lücke als entscheidendes Kriterium verwendet. Verf. versucht, die verschiedenen Weiten der Hertzsprung-Lücke im FHD von Sternhaufen mit neueren Vorstellungen über die Sternentwicklung zu begründen. O. G.

* * **J. Ruprecht,** Über die Entwicklung der galaktischen Sternhaufen. Vgl. Ref. **5423**.

12120. **P. A. Sawizkij,** Untersuchung der Eigenbewegungen von Sternen im Gebiet des offenen galaktischen Sternhaufens NGC 7654 (M 52). Publ. Astr. Obs. Taschkent (2) **4** 3—52, mit 11 Abb. (russisch). — Aus drei Plattenpaaren, die mit dem Astrographen der Sternwarte Taschkent in Epochendifferenzen von 28, 49 und 54 Jahren aufgenommen waren, werden die Eigenbewegungen (EB) von 820 Sternen ermittelt, die in einem Katalog zusammengestellt sind. 97 Sterne werden als Haufenmitglieder erkannt. Eine Unsymmetrie in der Dichteverteilung des Haufens wird durch interstellare Absorption erklärt. Der Übergang von relativen zu absoluten EB erfolgt statistisch und erfordert besondere Korrektionen wegen des Einflusses der Sternhelligkeit. Polardiagramme der EB des Haufens und der Feldsterne werden für die vorliegende Untersuchung und für frühere Arbeiten anderer Autoren mitgeteilt. Systematische Unterschiede in den EB verschiedener Kataloge werden näher betrachtet. Für den Haufen ergeben sich folgende Integralwerte: Entfernung 1200 pc, Durchmesser 7 pc, Raumgeschwindigkeit tangential 24, radial −42 km/sec. Petri

* * **E. Schatzman,** Remarques sur l'évolution des étoiles. IV. Sur le trajet évolutif des étoiles d'amas. Vgl. Ref. **5425**.

* * **E. Schatzman,** Remarques sur l'évolution des étoiles. VI. Notes sur les Pleiades. Vgl. Ref. **5427**.

12121. **J. Stock,** A search for dispersed clusters in the milky way. AJ **59** 332. — Ref. AAS.

12122. **M. F. Walker,** The color-magnitude diagram of NGC 2264. AJ **59** 333. — Ref. AAS.

12123. Etudes photographiques de cinq amas galactiques (NGC 1750, 1817, 2286, 2548 et 7380) avec catalogues contenant 13736 étoiles. Ann. Obs. Astr. Zô-Sè Tome **23**, 372 S. Publié par Obs. Astr. du Mont Pourpre de l'Acad. Sinica, Nanking, Chine. — Die fünf offenen Sternhaufen NGC 1750, 1817, 2286 2548 und 7380 wurden zwischen 1912 und 1919 zum ersten Mal und 1930—1943 zum zweiten Mal am Observatorium Zô-Sè mit dem großen Refraktor (Öffnung 40 cm, f = 690 cm) aufgenommen, um die Eigenbewegungen und die Helligkeiten der Haufensterne zu bestimmen. Ausmessung der Platten, Reduktion der Örter und Helligkeiten werden für jeden der Haufen beschrieben. Der zweite Teil bringt eine vorläufige statistische Auswertung des Materials: Verteilung der Sterne in den Haufen, Dimensionen der Haufen, einzelne Farben-Helligkeitsdiagramme, Spektrum-Helligkeits-Diagramme, Abschätzung der Entfernungen und der linearen Dimensionen, Eigenbewegung als Funktion der mittleren Helligkeit, Leuchtkraftfunktionen. Der umfangreiche Katalog gibt Örter mit Präzession, Eigenbewegungen und Helligkeit für 2461 Sterne im Bereich des NGC 1750, 2139 Sterne in NGC 1867, 2242 Sterne in NGC 2286, 2451 Sterne in NGC 2548 und 4443 Sterne in NGC 7380. Gli.

12124. Öppna stjärnhopar i Vintergatans spiralarmar. PAT **35** 164.

12125. Star cluster NGC 2264. Sky and Telescope **13** 426, mit 1 Fig. — Ref. AAS.

Kugelförmige Sternhaufen

12126. **W. A. Baum,** The main sequence in the globular cluster M 13. AJ **59** 183. — Ref. AAS.

12127. **W. A. Baum,** Globular clusters II. The tentative identification of the main sequence of population II from photoelectric observations in M 13. AJ **59** 422—432, mit 7 Fig. — Aus lichtelektrischen Beobachtungen von Sternen in M 13 bis zur 23. Größe wird ein Farbenhelligkeitsdiagramm abgeleitet und mit dem FHD von M3, M92 und der Hauptreihe in Sonnenumgebung verglichen. Bei der Deutung taucht eine bemerkenswerte Schwierigkeit auf. Entweder bringt man die Hauptreihen zur Deckung, dann wird die absolute Größe der Haufenveränderlichen in M13 $M_V = -2$, oder man setzt in allen drei Haufen die absolute Größe der Veränderlichen $M_V = 0$, dann liegt die Hauptreihe in M13 um zwei Größenklassen tiefer und fällt damit in das Gebiet der Unterzwerge. Behr

12128. **W. Becker,** Bemerkung zum Farben-Helligkeits-Diagramm des Kugelhaufens M 71 = NGC 6838. ZfA **34** 107—109, mit 1 Abb. — Das Farbenhelligkeits-Diagramm des Kugelhaufens M 71 zeigt im Riesenast den gleichen Verlauf wie das von M3. Der «horizontale» Ast ist dagegen nur an der Stelle seiner Abspaltung vom Riesenast mit Sternen besetzt. Verf.

12129. **E. P. Belserene,** The period-amplitude relation in globular clusters. AJ **59** 406—409, mit 4 Fig. — Ref. in Sterne **31** 194, mit 1 Abb. —

Untersucht wird die Korrelation zwischen Amplituden und Perioden der a- und b-Typ-Variablen in den äußeren Regionen von M3 und ω Centauri. Sie zeigt eine Aufspaltung der Sterne in zwei Gruppen, die sich vermutlich auch in der Periode-Leuchtkraft-Beziehung und anderen Eigenschaften unterscheiden. Das Zahlenverhältnis beider Gruppen ist in den beiden Haufen sehr verschieden. Voigt

12130. **J.-E. Blamont, G. Courtès,** Polarisation des amas globulaires. Ann d'Astrophys **17** 312—313. — Verf. haben versucht, die interstellare Polarisation mit Hilfe von Kugelhaufen nachzuweisen. Mit Ausnahme einiger stark verfärbter Objekte zeigen die Haufen jedoch keine oder nur geringe Polarisation. Kdr.

12131. **G. L. Camm, R. v. d. R. Woolley,** A study of the equilibrium of globular clusters. Obs **74** 96—97. — Ref. RAS.

12132. **P. N. Cholopow,** Die räumliche Verteilung der RR Lyrae-Sterne in den kugelförmigen Sternhaufen M5 und NGC 3201. VS Bull **9** 371—378, mit 4 Abb. (russisch). — In M5 sind bisher 91 RR Lyrae-Sterne bekannt geworden, in NGC 3201 58, doch gehören vermutlich 17 weitere Veränderliche noch nicht genau fixierten Typs dazu. Verf. ermittelt von diesen 91 bzw. 75 Sternen die räumliche Verteilung. Im ersten Fall wird Kugelsymmetrie angenommen, im zweiten die beobachtete Elliptizität unter Annahme von $i = 90°$ berücksichtigt und die Verteilung entlang der großen Achse bestimmt. In M5 ist die Konzentration der Veränderlichen sehr stark, in NGC 3201 weniger. Loh.

12133. **M. Cimino,** Sulla distribuzione de equilibrio della materia gassosa negli ammassi globulari. Rend. Accad. Nazionale Lincei, Cl. Sci. fis., mat., nat. (8) **16** 215—221 = Oss. Astr. Roma Monte Mario Contr. Sci. (NS) Nr. **201.** — Es wird gezeigt, daß Reste von gasförmiger Materie, die eventuell noch in kugelförmigen Sternhaufen verblieben sind, schon bei sehr niedrigen Zentraltemperaturen von weniger als 150 Grad nicht mehr festgehalten werden können, sondern in den interstellaren Raum entweichen, so daß also die Kugelhaufen alle frei von gasförmiger Materie sind. Auf Galaxien ist die hier für Kugelhaufen entwickelte Theorie wegen der vereinfachenden Annahmen hingegen nicht ohne weiteres anwendbar. H. M.

12134. **G. Contopoulos,** Beitrag zur Dynamik der Kugelsternhaufen. ZfA **35** 67—73, mit 1 Fig. — Untersucht wird die Bewegung eines Sternes innerhalb eines kugelförmigen Sternsystems mit irgendeiner Dichtefunktion $\varrho(r)$. Die Schlußfolgerungen stellen Verallgemeinerungen des von E. Strömgren untersuchten Spezialfalles dar. Als Spezialfall werden die Kreisbewegungen in einer isothermen Dichteverteilung studiert. Verf.

12135. **J. Cuffey,** Distribution of globular clusters in high north and south galactic latitude. AJ **59** 319—320. — Ref. AAS.

12136. **J. Dufay, P. Berthier, B. Morignat,** Un nouvel amas globulaire dans la région du centre de la voie lactée. CR **239** 478—480, mit 2 Fig. — Der im Roten bei einer effektiven Wellenlänge von etwa 8100 Å mit dem 80 cm-Spiegel der Sternwarte Haute Provence entdeckte Kugelsternhaufen hat die galaktischen Koordinaten $l = 325^{\circ}.1$, $b = +0^{\circ}.7$ (1950). Im Blauen wird sein Licht durch eine Dunkelwolke absorbiert. Die Konzentrationsklasse wird mit IX angegeben. Loh.

* * **C. Gilbert,** The stability of a spherically symmetric cluster of stars describing circular orbits. Vgl. Ref. **4135.**

12137. **S. von Hoerner,** Die Bahnformen der Kugelhaufen. Phys. Verhandlungen **5** 132. — Ref. AG.

12138. **S.-S. Huang,** A note on globular clusters. AJ **59** 241—243, mit 1 Fig. = Berkeley Repr. Nr. **67.** — Aus den empirischen Daten über Durchmesser und Gesamthelligkeit von Kugelsternhaufen, für die man auf Grund gleicher Farbe auch gleiche Sternzusammensetzung annehmen kann, wird eine Beziehung zwischen Gesamtmasse und Durchmesser hergeleitet. Diese liefert mit Hilfe des Virialsatzes eine Beziehung zwischen der mittleren Sterngeschwindigkeit und dem Haufendurchmesser, wie sie zu erwarten ist, falls die Sterne aus Turbulenzelementen der interstellaren Materie mit einer Kolmogorow-Verteilung entstanden sind. Die Geschwindigkeitsverteilung ist also nicht thermisch. Bo.

* * **L. Perek,** A note on the galactic orbits of globular clusters. Vgl. Ref. **12349.**

* * **V. C. Reddish,** Colour-magnitude arrays in the clusters Tombaugh 5, NGC 7789, NGC 1528 and NGC 2682. Vgl. Ref. **12119.**

12139. M. Roberts, A. R. Sandage, Group characteristics of the RR Lyrae stars in M3. AJ **59** 190—191. — Ref. AAS.

* * **A. W. Rodgers, D. M. Myers,** Solutions of the negative Emden polytropes. Vgl. Ref. **4406.**

12140. L. Rosino, S. Pietra, Periodi e curve di luce di 24 stelle variabili nell'ammasso globulare NGC 4590 = M 68. II. Mem SA It (NS) **25** 227—245, mit 2 Tafeln = Pubbl. Oss. Astr. Univ. Bologna **6** Nr. 5. — Von 18 RR Lyrae-Sternen dieses Haufens werden Helligkeiten, Perioden und Lichtkurven gegeben. Drei neue Veränderliche wurden gefunden. Der Veränderliche Nr. 27 ist ein Feldstern mit etwa 320 Tagen Periode. Abschließend werden 24 der 31 Veränderlichen des Haufens studiert. Die restlichen sieben konnten wegen ihrer Nähe zum Haufenzentrum nicht beobachtet werden. Die mittlere Medianhelligkeit der c-Sterne ist $15^{m}.88$, der a-Sterne $15^{m}.57$. Das Gesamtmittel liefert als Entfernungsmodul $15^{m}.81$ und unter Berücksichtigung der interstellaren Absorption ($0^{m}.3$) für die Entfernung 12.6 kpc. Verf. (übersetzt)

12141. L. Rosino, Ricerche sugli ammassi globulari. XI. Su alcuni ammassi stellari di dubbia classificazione. Ric. Sci. **24** 1680—1686, mit 1 Fig. = Contr. Oss. Astrofis. Asiago Nr. **52.** — Es werden die ersten Ergebnisse der Untersuchung von vier Sternhaufen (M 67, M 71, NGC 2158 und NGC 6558) mitgeteilt, die früher als galaktische galten. Nahe der Mitte von NGC 6558, einem kleinen, kompakten Haufen in einer sternreichen Gegend der Milchstraße, wurden zwei sicher und einige vermutlich veränderliche Sterne entdeckt. M 71 und NGC 2158 sind auf Grund ihres Hertzsprung-Russell-Diagramms (Cuffey) ebenfalls wahrscheinlich Kugelhaufen. Sie sind reich an schwachen Sternen, haben mittlere Konzentration und wenig Veränderliche. In M 67, einem großen aufgelösten Haufen mit einem Hertzsprung-Russell-Diagramm, das dem eines Kugelhaufens ähnlich sieht, wurden trotz eifriger Suche keine Veränderlichen entdeckt. Verf.

12142. A. R. Sandage, The luminosity function for the globular cluster M 3. AJ **59** 162—168, mit 4 Fig. — Ref. in JBAA **65** 55—56. — Aus einer Durchmusterung von Aufnahmen am 200-Zöller wurde die Leuchtkraftfunktion von M 3 von $M_{\mathrm{pv}} = -3.0$ bis $+6.8$ abgeleitet. Für dieses Intervall ergab sich eine Gesamtzahl von 44500 Sternen innerhalb 8′ vom Haufenmittelpunkt. 90 % des Gesamtlichts von M 3 rührt von den Sternen heller als $+3^{m}.8$. Die Leuchtkraftfunktion wurde mittels der für die Sonnenumgebung gültigen van Rhijnschen extrapoliert und nach Umwandlung der Helligkeiten in Massen für den Haufen eine Gesamtmasse von $1.4 \times 10^{5}\mathfrak{M}_{\odot}$ gefunden. Loh.

12143. A. R. Sandage, Variable stars found by Edwin Hubble in the globular cluster NGC 7006. Publ ASP **66** 324—326, mit 1 Tafel. — Ref. in Sterne **31** 187. — Von den zum Milchstraßensystem gehörenden Kugelsternhaufen hat NGC 7006 die zweitgrößte Entfernung. Aus dem Nachlaß von Hubble wird eine Liste von 40 Veränderlichen mitgeteilt. Die von Hubble aus Anschlüssen an drei Eichfelder abgeleiteten Helligkeiten bedürfen einer Nullpunktskorrektion, weil die Helligkeiten der schwachen Sterne in den Eichfeldern durch Skalenfehler verfälscht sind. Der von Hubble erhaltene Entfernungsmodul ist also noch zu verbessern. Eine neue Kalibrierung wird durchgeführt. O. G.

12144. **A. R. Sandage,** A survey of present knowledge of globular clusters and its significance for stellar evolution. Vgl. Ref. **1191**, daselbst S. 254—274, mit 5 Fig. — Es werden die Farben-Helligkeitsdiagramme von M 3 und M 92 diskutiert und verglichen. Außerdem wird die Leuchtkraftfunktion für die Kugelsternhaufen bestimmt. Aus dem Vergleich mit der Leuchtkraftfunktion der Hauptreihe wird dann ein Entwicklungsdiagramm für die Sterne konstruiert, das für jeden Stern der Population II angibt, von welchem Punkt der Hauptsequenz er ursprünglich gestartet ist. Die Masse der RR Lyrae-Sterne sollte danach etwa 1.25 Sonnenmassen betragen. Die Abweichung von ξ Her A von der Masse-Leuchtkraft-Beziehung der Hauptreihe wird darauf zurückgeführt, daß dieser Stern bereits einen großen Teil seines Wasserstoffgehaltes verbrannt hat. Böhm-Vitense

12145. **M. P. Savedoff,** Color magnitude array of M 13. AJ **59** 192. — Ref. AAS.

12146. **R. J. Tayler,** The luminosity function for the globular cluster M 92. AJ **59** 413—422, mit 3 Fig. — Aus Sternzählungen wird die Leuchtkraftfunktion in M 92 bis zur absoluten Größe $M_V = +4.6$ bestimmt. Das Ergebnis steht für Sterne zwischen $M_V = +1$ und $M_V = +4$ in guter Übereinstimmung mit der von Sandage in M 3 gefundenen Leuchtkraftfunktion. Die Untersuchung der radialen Verteilung zeigt, daß Sterne heller als $M_V = +2.5$ gleiche, schwächere Sterne dagegen weniger starke Konzentration zeigen. Aus der beobachteten Leuchtkraftfunktion wird schließlich auf eine ursprüngliche Leuchtkraftfunktion im Zeitpunkt der Entstehung des Haufens geschlossen. Behr

12147. **O. C. Wilson, M. F. Coffeen,** The mass of the globular cluster M 92. ApJ **119** 197—199. — In der Absicht, die Geschwindigkeitsverteilung der Sterne in dem kugelförmigen Sternhaufen M 92 zu ermitteln, wurden Spektren von 15 roten Riesen mit dem Coudé-Spektrographen des Mount Palomar-Reflektors erhalten. Im Laufe der Arbeit stellte sich heraus, daß M 92 wenig dafür geeignet ist, weil sich die Metallinien seiner helleren Mitglieder durch ihre Schwäche auszeichnen. Das weitere Beobachtungsprogramm wurde daher eingestellt. Mit Hilfe eines von Kurth (vgl. AJB **51** Ref. **12122**) abgeleiteten Näherungsausdrucks kann die Masse des Haufens aus den inneren Bewegungen seiner Mitglieder abgeleitet werden. Die gemessenen Radialgeschwindigkeiten führen zu $M = 3.3 \times 10^5\ \mathfrak{M}_\odot$. Das Masse/Leuchtkraft-Verhältnis ergibt sich damit zu 2.0 in Sonneneinheiten. Micz.

12148. **R. v. d. R. Woolley,** A study of the equilibrium of globular clusters. MN **114** 191—209, mit 3 Fig. — Es wird die Dichteverteilung in Kugelhaufen bei vorgegebener Geschwindigkeitsverteilung der Sterne untersucht und zunächst das bekannte Ergebnis abgeleitet, daß bei Maxwellscher Verteilung und Massengleichheit aller Sterne die Dichteverteilung isotherm ist. Dann wird die allgemeine Beziehung zwischen Dichte und Potential, wenn eine beliebige isotrope Geschwindigkeitsverteilung vorliegt und die Sternmassen nicht gleich sind, angegeben und die resultierende Dichteverteilung für einige Spezialfälle diskutiert. Kdr.

12149. **F. Zagar,** Gli ammassi globulari di stelle con Catalogo Generale. Atti Convegno Soc. Astr. Italiana, Firenze-Pisa, settembre 1953, S. 13—34 = Contr. Oss. Astr. Milano-Merate (NS) Nr. **50**. — Der Artikel stellt eine allgemeine Übersicht über gelöste und ungelöste Probleme der Struktur der Kugelhaufen dar. Ein Katalog mit Angaben über Örter, Entfernungen und Radialgeschwindigkeiten der Haufen ist angeschlossen. Loh.

12150. **F. Zagar,** Sulla stabilità degli ammassi globulari di stelle. Mem SA It (NS) **25** 75—86, mit 1 Fig. = Contr. Oss. Astr. Milano-Merate (NS) Nr. **46**. — Verf. untersucht die Wirkung der Anziehung der Galaxis auf einen Kugelhaufen und beweist, daß — im Gegensatz zur allgemeinen Annahme — dadurch in erster Linie eine Konzentration des Haufens und in geringerem Maße Auflösungseffekte eintreten. Die Zeit zur Halbierung des Radius eines in der mittleren Entfernung von 10 kpc vom galaktischen Zentrum gelegenen Haufens beträgt größenordnungsmäßig 10^8 Jahre. Die offenen Haufen dürfen nicht als Reste von Kugelhaufen betrachtet werden, sie bleiben vielmehr auch innerhalb des galaktischen Systems stabil. Cester

12151. Globular clusters and stellar evolution. Irish AJ **3** 36.

12152. Undersökningar av de klotformiga stjärnhoparna M 3 och M 92. PAT **35** 76—78, mit 3 Fig.

12153. Variable stars in M 3. Sky and Telescope **13** 220. — Ref. AAS.

§ 122

Galaktische Nebel

12201. **J. E. Baldwin,** The distribution of radio brightness across the Crab nebula. Obs **74** 120—123, mit 3 Fig. — Die Intensitätsverteilung in der Taurusquelle wird mit einer veränderlichen Interferometeranordnung auf 1.4 m und mit dem neuen Cambridger Radioteleskop auf 3.7 m gemessen. Es wird gezeigt, daß die Quelle einfach ist und innerhalb $^1/_2{}'$ mit dem optischen Zentrum des Crabnebels zusammenfällt. Bru.

12202. **A. Boggess III,** Photometry of emission nebulae. AJ **59** 317—318. — Ref. AAS.

12203. **W. A. Dombrowskij,** Über die Natur der Strahlung des Crab-Nebels. DAN **94** 1021—1024, mit 2 Abb. (russisch). — In Bjurakan wurde mit Hilfe eines am 40 cm-Reflektor im Cassegrain-Fokus angebrachten photoelektrischen Polarimeters der Polarisationsgrad von fünf Stellen des Krabben-Nebels und des Hintergrundes gemessen. In beiden Fällen ergaben sich zu verschiedenen Beobachtungszeiten kleine Schwankungen. Der Polarisationsgrad des Nebels liegt in seinen verschiedenen Partien zwischen 9 und 15%; die Polarisationsrichtung bildet mit dem galaktischen Äquator einen Winkel von etwa 20°. Die Beobachtungen sprechen nach Ansicht des Verf. für die Existenz relativistischer Elektronen, die sich in einer die Blicklinie enthaltenden Ebene bewegen. Loh.

12204. **J. Dufay,** Nébuleuses galactiques et matière interstellaire. Paris, Albin Michel, 1954. 492 S. mit 51 Fig. und 24 Tafeln. Preis 1650 frs. — Besprechung in Ann d'Astrophys **17** 237—238 (C. Schalén), BSAF **68** 168, Ciel et Terre **70** 228—229 (A. Velghe), Coelum **22** 87, Endeavour **14** 49 (H. Spencer Jones), Gaz astr **36** 25—27, J. Astr. Soc. Victoria **7** 40—41, La Nature **82** 278, PAT **35** 167, Sky and Telescope **13** 309, **14** 155 (G. Münch), ZfA **36** 293—294 (K. Wurm).

12205. **J. Dufay,** La nébuleuse M 8, ses globules et son spectre. BSAF **68** 361—366, mit 1 Fig. = Publ. Obs. Lyon **3** Nr. 23. — Anhand von Blau- und Rotaufnahmen des galaktischen Nebels M 8, die mit dem 81 cm-Spiegel des Observatoriums Haute Provence gewonnen worden sind, wird die Struktur der leuchtenden und dunklen Materie beschrieben. 19 Globulen wurden gezählt, von denen 9 kreisrund sind. Bei einer Entfernung von 1260 pc sind die linearen Globulendurchmesser kleiner als 25000 AE. Aus Spektralaufnahmen sind etwa 20 Emissionslinien klassifiziert worden. Fricke

12206. **W. C. Fessenkow, D. A. Roshkowskij,** Über die Strahlung von Nebelfasern und über enge, mit ihnen verbundene Sternkettchen. AJ UdSSR **31** 3—14, mit 2 Abb. und 2 Tafeln (russisch). — Der Aufsatz ist ein Bericht über die Ergebnisse photometrischer Messungen an zwanzig Sternen in vier Sternkettchen (Sternwegen), die mit den Fasern der gas-staubförmigen Nebel im Cygnus verbunden sind, die sich zwischen NGC 6960 und 6992—5 hinziehen. Es wird gezeigt, daß diese Sterne ihrem Wesen nach Objekte eines Typs und annähernd einer Farbe sind, die den mittleren Teil der Hauptreihe einnehmen und die, wie man annehmen kann, zu den Unterriesen gehören. In drei Nebelfasern im Cygnus wurden 16 mehr oder weniger gleichartige Fasern ausgewählt und eine Bestimmung ihrer räumlichen Ausstrahlung durchgeführt. Es ergeben sich etwa 10^{-19} erg/cm^3 sec. Ähnliche Untersuchungen liegen den Abschätzungen der räumlichen Dichte ähnlicher Gebilde zugrunde.
Verf. (übersetzt)

12207. **W. G. Fessenkow, W. M. Kasatschewskij, L. N. Tulenkowa,** Über die Bewegung der Fasern der Nebel NGC 6960 und NGC 6992—5 im Schwan. AJ UdSSR **31** 224—230, mit 2 Abb. und 2 Tafeln (russisch). — Auf Grund eines Vergleichs von Aufnahmen dieser Nebel mit Epochendifferenzen von 22 und 50 Jahren konnten Verschiebungen einzelner Fasern festgestellt werden, die sich deutlich voneinander unterscheiden. Die Fasergeschwindigkeiten sind von der Größenordnung 10 bis 100 km/sec, und es besteht für die Nebel in ihrer Gesamtheit und in ihren Teilen eine Tendenz zur Ausdehnung. Loh.

12208. **W. G. Fessenkow,** Über die räumliche Orientierung der Fasern einiger gas-staubförmiger Nebel. DAN **94** 647—650, mit 2 Abb. (russisch). — Die Fasern von NGC 6992—5 liegen aller Wahrscheinlichkeit nach in der galaktischen Hauptebene und bilden mit dem galaktozentrischen Radiusvektor einen Winkel von etwa 75°. Loh.

12209. **W. G. Fessenkow,** Über die Sichtbarkeit enger, mit den Fasern gas-staubförmiger Nebel verbundener Sternkettchen. DAN **95** 237—239, mit 1 Tafel (russisch). — Verf. untersucht das Auftreten von Sternkettchen, die von vier und mehr etwa gleich hellen Sternen gebildet werden und die sich auf dem Fasergrund gas-staubförmiger Nebel abheben. Ihre Erkennbarkeit hängt von der Belichtungszeit ab, die weder zu groß noch zu klein sein darf. Im einzelnen werden NGC 6960 und 6992—5 durchmustert. Aufnahmen durch verschiedene Farbfilter bestätigen die Realität der Kettchen und des stellaren Charakters ihrer Glieder. Loh.

12210. **W. G. Fessenkow,** Über die Dichte der Fasern der gas-staubförmigen Nebel. DAN **96** 941—943 (russisch). — In Weiterführung seiner in Ref. **12206** zitierten Arbeit zeigt Verf. auf andere Weise, daß die Dichte in den Fasern und Kondensationen 10^{-19} gr/cm^3 beträgt. Loh.

12211. **F. T. Haddock, C. H. Mayer, R. M. Sloanaker,** Radio emission from the Orion nebula and other sources at λ 9.4 cm. ApJ **119** 456—459, mit 1 Fig. — Bei 9.4 cm Wellenlänge wurden elf Radioquellen, darunter der Orionnebel, gemessen. Zwei der Quellen waren bisher unbekannt. Antennen- und Helligkeitstemperaturen und anderes werden mitgeteilt. Ein Teil der Strahler konnte mit optisch nachweisbaren Gebilden identifiziert werden. Micz.

12212. **F. T. Haddock, C. H. Mayer, R. M. Sloanaker,** Radio observations of ionized hydrogen nebulae and other discrete sources at a wavelength of 9.4 cm. Nature **174** 176—177. — Fortführung der Arbeit ApJ **119** 456, vgl. Ref. **12211.**

* * **G. Haro, L. R. Terrazas,** Variables rapidas en la nebulosa de Orion. Vgl. Ref. **11210.**

12213. **W. F. Hase, G. A. Schajn,** Der Nebel IC 443 und die Radiostrahlungsquelle in den Zwillingen. AJ UdSSR **31** 409—412, mit 1 Abb. und 1 Tafel (russisch). — Der Nebel IC 443 zeigt Faserstruktur, weist verstärkte O II- und N II-Linien auf, enthält keine anregenden O- und B0-Sterne bis $11^m.6$ und wird mit einer Radioquelle in den Zwillingen identifiziert (möglicher Zusammenhang mit Nova 837). In diesem Nebel erfolgt wahrscheinlich eine bevorzugte Ausdehnung der Materie nach außen und eine Bewegung, die mit dem Einfluß eines Magnetfeldes zusammenhängt. Schrick

12214. **W. F. Hase, G. A. Schajn,** Viertes Verzeichnis diffuser Emissionsnebel. Mitt. Astrophys. Obs. Krim **11** 39—41, mit 1 Tafel (russisch). — Die vorliegende Arbeit enthält die Koordinaten von 23 neuen Nebeln.

12215. **W. F. Hase,** Photographien von fünf Nebeln mit interessanter Struktur. Mitt. Astrophys. Obs. Krim **11** 42—43, mit 2 Tafeln (russisch).

* * **W. F. Hase,** Untersuchung des Aufbaues der Galaxis aus den Emissionsnebeln. Vgl. Ref. **12307**.

* * **G. H. Herbig,** Bright-Hα stars in IC 348. Vgl. Ref. **9540**.

12216. **M.-T. Martel,** Photometry and polarization of some diffuse nebulae I. J. Phys. Radium **15** 81S—82S (französisch). — Eine Methode der photographischen Polarisationsmessung in Staubnebeln wird beschrieben. Einmal wird der Nebel durch eine doppelbrechende Kalkspatplatte, die durch ein System von äquidistanten Metallamellen bedeckt ist, photographiert. Die Platte enthält dann ein System von Streifen, auf denen jeweils nebeneinander ein ordentliches und außerordentliches Bild derselben Stelle des Nebels erscheint. Lichtstärker ist eine Anordnung, bei der eine in Streifen geschnittene $\lambda/2$-Platte unmittelbar vor der photographischen Platte liegt. Nachteilig wirkt sich hier aus, daß zwei zusammengehörige Bilder mit einer Differenz der Schwingungsrichtungen von 90° nicht der gleichen Stelle des Nebels entsprechen, wodurch eine schwierige Interpolation erforderlich wird. Einige Meßbeispiele werden gegeben. Behr

12217. **N. U. Mayall,** The radial velocity of the flaming-star nebula, IC 405. Publ ASP **66** 132—134, mit 1 Tafel. — Ref. in Sterne **31** 142—143. — Der mit AE Aur zusammenhängende, faserähnliche Nebel besitzt ein reines Emissionsspektrum. Die mittlere Radialgeschwindigkeit von +28 km/sec ist allerdings 31 km/sec kleiner als die von AE Aur. Loh.

12218. **R. Minkowski, L. H. Aller,** The structure of the Owl nebula. ApJ **120** 261—264, mit 3 Fig. und 2 Tafeln. — Ref. in Irish AJ **3** 162. — Von dem als «Eulennebel» bekannten planetarischen Nebel NGC 3587 mit dem 200 inch-Reflektor erhaltene direkte Aufnahmen im Licht der [O III]-Strahlung wurden mit einem Isophotenphotometer ausgewertet. Die Intensitätsverteilung weist keine ausgeprägten Filamente oder Kondensationen auf. Verf. beschreibt die Struktur im einzelnen. Die Elektronendichte wird zu $50/cm^3$ und die Masse zu $0.15\, \mathfrak{M}_\odot$ abgeschätzt. Micz.

12219. **A. A. Nikitin,** Berechnung der Masse des Orion-Nebels. Bote Univ. Leningrad Nr. **5** S. 97—102 (russisch). — Ref. in RJ Astr. Geod. UdSSR Nr. **3**, 1955; Ref. Nr. 1027.

12220. **P. Notni,** Neuere Untersuchungen über die Wechselbeziehungen zwischen Cirrusnebeln und Sternen. Sterne **30** 22—23.

12221. **P. P. Parenago,** Untersuchung der Sterne im Gebiet des Orion-Nebels. Publ. Astr. Sternberg-Inst. **25**, 548 S. mit 45 Abb. und 12 Karten (russisch). — Inhalt dieser umfangreichen Monographie: Einleitung, S. 3—10; Bestimmung der äquatorialen Koordinaten der Sterne, S. 11—28; Ableitung der Eigenbewegungen der Sterne, S. 29—47; Bestimmung der Sternhelligkeiten, S. 48—85; Die Spektraltypen, S. 86—88; Die Veränderlichen im Orion-Nebel und in seiner Umgebung, S. 89—233; Das Farben-Helligkeitsdiagramm, S. 234—262; Untersuchung der Bewegung der Sterne im Orion-Nebel und in seiner Umgebung, S. 263—278; Allgemeine Untersuchung der Sterne im Orion-Nebel und in seiner Umgebung in Zusammenhang mit dem Problem der Sternentwicklung, S. 279—294; Ergebnisse, S. 294—296; Nachtrag und Literatur, S. 296—302; Tabellen, S. 303—543; Inhaltsverzeichnis, S. 545—547; Druckfehler, nach S. 548. Loh.

12222. **S. B. Pikelner,** Spektralphotometrische Untersuchung des diffusen Nebels NGC 7000. Mitt. Astrophys. Obs. Krim **11** 8—17, mit 2 Abb. und 2 Tafeln (russisch). — Auf Aufnahmen mit dem Nebelspektrographen wurden die relativen Intensitäten der Linien Hα—Hδ, N_1, N_2, λ 3727 und λ 5577 bestimmt. Vermittels letzterer wurde der Übergang auf absolute Intensitäten vollzogen. Als anregender Stern kommt HD 199579 (O 7) in Frage. Aus absoluter Helligkeit und Ionisationszone ergibt sich übereinstimmend eine Dichte von 10 H-Atomen/cm^3. Die Nebelmasse beläuft sich auf mehrere hundert Sonnenmassen. Loh.

12223. **S. B. Pikelner, G. A. Schajn,** Helligkeitsfluktuationen im Orionnebel als mögliche Folge von Turbulenz. Mitt. Astrophys. Obs. Krim **11** 22—33, mit 1 Abb. und 1 Tafel (russisch). — Der Untersuchung liegen photographische Aufnahmen mit der F : 1.4-Kamera in den gefilterten Wellenlängen Hα, $N_1 + N_2$ [O III] und λ 3727 [O II] zu Grunde. Die Helligkeitsschwankungen werden mit theoretischen verglichen, die sich unter der Annahme einer im Nebel vorhandenen lokalen isotropen Turbulenz mit einer Mach-Zahl < 1 ergeben. Für die Dicke der strahlenden Schicht folgen etwa 0.12 pc. Die Absorption beträgt im zentralen, dichtesten Teil des Nebels rund 9^m. Staub- und Wasserstoffdichte sind im Mittel 0.7×10^{-22} bzw. 6×10^{-21} gr/cm^3. Unter Annahme der Gleichheit von magnetischer und turbulenter Energie folgt eine Feldstärke von 3×10^{-4} Gauß. Die Turbulenz würde in 20000 Jahren erlöschen, wenn keine Beeinflussung von außen erfolgen würde. Sie wird aber durch die extreme UV-Strahlung von θ' Ori aufrecht erhalten. Loh.

12224. **S. B. Pikelner,** Spektralphotometrische Untersuchung des Anregungsmechanismus der Fasernebel. Mitt. Astrophys. Obs. Krim **12** 93—117, mit 3 Abb. und 1 Tafel (russisch). — Mit einem Nebelspektrographen wurden Spektren der Fasernebel NGC 6960—6992 erhalten. Die Vorgänge, die durch eine Stoßwelle bei einer angenommenen Geschwindigkeit von 150 km/sec im interstellaren Gas entstehen, würden für eine Erklärung der Fasernebel nicht ausreichen. Die große Dichte ($n_H = 200—500\ cm^{-3}$) und die faserige Struktur der Nebel werden dadurch erklärt, daß sich infolge von nichtstationären Prozessen zwei Stoßwellen im interstellaren Gas schneiden, das danach an dieser Stelle eine Temperatur von 400000—450000° besitzt, entsprechend einer Geschwindigkeit von 100 km/sec. Das Schnittgebiet zweier Wellen muß Fadenform von der Dicke $\approx 1.5 \times 10^{16}$ cm haben. Wegen verschiedener Dichten des interstellaren Mediums können die Wellenfronten gekrümmt sein und durch Interferenzen die Entstehung einer Reihe leuchtender Fäden verursachen, die dann in der Projektion als Fasernebel erscheinen. Schrick

12225. **P. Pişmiş,** Estudio del cumulo de la nebulosa de Orion y de su vecindad. Bol. Obs. Tonantzintla y Tacubaya Nr. **10** S. 16—27, mit 10 Fig. (mit englischer Zusammenfassung). — Durch Sternzählungen im Orionnebel werden vier Sternhaufen festgestellt, die in einer Linie («Schwert des Orion») liegen ($\delta = -4°$ bis $-7°$). Zählungen am eigentlichen Orionnebel-Haufen ergeben, daß der Haufen offensichtlich aus einem konzentrierten Kern (Durchmesser 6—7′) heller Sterne frühen Typs mit einem ausgedehnten Halo (Durchmesser 30′) schwächerer Sterne späteren Typs besteht. Nach Trümplers Klassifikationsschema gehört er zum I_3r-Typ. Voigt

12226. P. Pişmiş, The Orion nebula cluster and its surroundings. Publ ASP **66** 90—93, mit 1 Fig. — Aus Sternzählungen auf Infrarot-Aufnahmen mit verschiedener Belichtungszeit wird die Sternverteilung in dem Haufen um θ Orionis untersucht. Der Haufendurchmesser wird zu 30′, die Zahl der Haufenmitglieder bis 16^m zu 467 bestimmt. Ohne die Absorption im Nebel würde sich diese Zahl sicher noch vergrößern. Bo.

12227. J. J. Raimond jr., De Krabnevel eens een supernova thans een unicum. — K'o-hsing: gast-ster. Hemel en Dampkring **52** 45—54, 69—79, mit 13 Fig. — Zwei Berichte nach einem Vortrag von J. H. Oort auf der Tagung der Nederlandse Vereniging voor Weer- en Steerenkunde in Leiden 1954 Feb. 27 über 1.) die spektroskopische Untersuchung des Crabnebels, die Erforschung seiner Expansion, 2.) die historischen Überlieferungen über die Supernova von 1054 und ihre Verbindung mit dem Crabnebel, ferner die Frage nach seinem Zentralstern, das Problem seiner Energiebilanz und endlich das Crabnebel-Programm der Leidener Sternwarte. Gü.

12228. D. A. Roshkowskij, Leuchtende Randbogen in diffusen Nebeln und ihre Beziehung zu Zentralsternen. AJ UdSSR **31** 318—323, mit 10 Abb. (russisch). — Sehr häufig werden Dunkelnebel durch helle Ränder gegen einen in ihrer Nähe befindlichen Stern abgegrenzt, wobei die Wölbung des leuchtenden Randbogens stets dem Stern zugewandt ist. Dafür werden folgende Erklärungsmöglichkeiten betrachtet: a) Die Dunkelmaterie bewegt sich tatsächlich immer auf den Stern zu. b) Die Teilchen, aus denen der Dunkelnebel besteht, beschreiben unter dem Einfluß der Sternstrahlung im Grenzgebiet hyperbolische Bahnen bei erhöhter räumlicher Dichte im Periastronbereich. c) Die leuchtenden Grenzbogen entstehen durch den Zusammenstoß auswärts gerichteter Ströme leuchtender Gasmassen mit der umgebenden interstellaren Materie. Petri

12229. D. A. Roshkowskij, Über die Polarisation des Lichts in den Nebeln M 20 und M 8. DAN **95** 37—39, mit 2 Abb. (russisch). — Ref. in Urania Kraków **25** 250. — Die Beobachtungen wurden photographisch unter Benutzung eines Polaroids mit dem Meniskusteleskop des Astrophys. Inst. in Alma-Ata durchgeführt. In M 20 wurden Polarisationsgrad und Lage der Schwingungsebene von 17 Punkten bestimmt. Die Schwingungsebene steht in allen Punkten fast senkrecht zur galaktischen Hauptebene, die Polarisation erweist sich dadurch als interstellar bedingt. Der Polarisationsgrad beträgt im Nebel 5 %. Für M 8 ergeben sich ähnliche Resultate. Loh.

12230. G. A. Schajn, W. F. Hase, Die diffusen Gasnebel. Acta Astr. Sinica **2** 63—74, mit 5 Fig. (chinesisch).

12231. G. A. Schajn, W. F. Hase, S. B. Pikelner, Einige Untersuchungsergebnisse über das Vorkommen von Staub und Gas in den diffusen Nebeln. AJ UdSSR **31** 105—111, mit 2 Abb. (russisch). — Von 3 planetarischen, 20 Emissions-, 15 Reflexions- und 3 gemischten Nebeln wurden visuelle und Hα-Flächenhelligkeiten (m_V bzw. m_α) gemessen. Unabhängig vom Typ ergab sich $m_V = m_\alpha + 2^m.79$ ($\pm$ 0.09), wobei allerdings die gemischten Nebel etwas herausfallen. Wahrscheinlich ist die staubförmige Komponente in den Emissionsnebeln kleiner als in einem gewöhnlichen Reflexionsnebel. Da diese andererseits auch Gas enthalten, ist eine klare Trennung zwischen beiden Typen zumindest schwierig. Loh.

12232. G. A. Schajn, Über die Gruppen der Emissionsnebel. AJ UdSSR **31** 217—223 (russisch). — Die Emissionsnebel zeigen eine Tendenz zur Gruppenbildung und eine enge Beziehung zu den O-Assoziationen, ohne mit diesen identisch zu sein. Ähnliches findet man auch in außergalaktischen Nebeln. Das Vorkommen ist in beiden Fällen auf die Spiralarme beschränkt. Eine Nebelgruppe kann man als System von untereinander genetisch verbundenen Nebeln betrachten. Die Gesamtenergie der Systeme ist wahrscheinlich positiv. Ausdehnung und Zerfall sind allem Anschein nach ihr Hauptmerkmal. Neubildungen von Nebelgruppen in Teilen der Spiralarme kommen wahrscheinlich auch heute noch vor. Abschließend werden noch einige Beobachtungshinweise gegeben. Loh.

12233. **G. A. Schajn, W. F. Hase,** Über die wahrscheinlichen Bewegungen in den Emissionsnebeln. AJ UdSSR **31** 305—311, mit 4 Tafeln (russisch). — Unter der wohlbegründeten Annahme, daß von NGC 1976 fast nur die Vorderseite bis zu einer Tiefe von 0.1 pc sichtbar ist, deutet die beobachtete Geschwindigkeitsdifferenz von 11.6 ± 2 km/sec gegenüber θ' Ori auf Expansion des Nebels hin. Diese Expansion wird als allgemein charakteristischer Zug angesehen. In den Randgebieten großer Nebel wird oft schwach leuchtende Materie festgestellt, die wohl aus den inneren Gebieten stammen könnte. Auch andere strukturelle Züge mancher Nebel (zum Beispiel radförmig: NGC 2244, IC 1805; oder langfaserig: IC 405) deuten auf starke, nach außen führende Bewegungen hin. Der einer materiellen Zerstreuung entgegenwirkende Einfluß magnetischer Felder im Nebelplasma wird — wenigstens für die betrachteten Fälle — als gering angesehen. Petri

12234. **G. A. Schajn, W. F. Hase,** Der Nebel IC 443 und die neue Radiostrahlungsquelle in den Zwillingen. DAN **96** 713—715, mit 1 Tafel (russisch). — Die bogenähnliche Form des Nebels IC 443 spricht für seine Expansion von einem Zentrum aus, das mit dem Ort der Nova des Jahres 837 nahe zusammenfällt. Der zur peripheren Klasse gehörende Nebel ist als Radiostrahler bekannt. Nach der Hypothese der Bremsung schneller kosmischer Elektronen in schwachen Magnetfeldern als Ursache der Radiostrahlung muß man mit dem Vorhandensein eines Magnetfeldes von 10^{-4} bis 10^{-5} Gauß rechnen. Loh.

12235. **G. A. Schajn, W. F. Hase,** Über die Bewegungen in den diffusen Emissionsnebeln. DAN **96** 945—948, mit 1 Tafel (russisch). — Die Bewegungen der Materie in den Emissionsnebeln können einmal aus den Radialgeschwindigkeiten und Eigenbewegungen einzelner Nebelteile und zum anderen, wenigstens ihrem Charakter nach, aus den Strukturbesonderheiten ermittelt werden. Im ersten Fall liegt bis heute nur in wenigen Fällen ein ausreichendes Beobachtungsmaterial vor. Im zweiten Fall kann man zwar mehr Nebel erfassen, jedoch nur Schlüsse mehr qualitativer Art ziehen. So kann man das Vorkommen bogenähnlich angeordneter Materie am Nebelrand durch Auswärtsbewegungen der Materie erklären. Die in einer bestimmten Richtung verzerrten Nebel lassen vermuten, daß es sich hier um die Einwirkung eines interstellaren Magnetfeldes handelt. Auch innerhalb des Nebels kommen (lokale) Gasströmungen vor, die ihre Entstehung der Einwirkung von Temperatur, Druck und Magnetfeld verdanken können. Die Ausdehnung der Nebel und die Zerstreuung der Nebelmaterie ist von Fall zu Fall mehr oder weniger verschieden. Beide sind wichtige Faktoren der Nebelentwicklung. Allerdings wird die Bildung von Sternen im Nebel dadurch ungünstig beeinflußt. Das bei Turbulenz eintretende Gleichgewicht zwischen der Dichte der kinetischen und der magnetischen Energie führt zu $H \approx 3 \times 10^{-4}$ Gauß im Orion-Nebel. Loh.

12236. **G. A. Schajn, W. F. Hase, S. B. Pikelner,** Über das Vorkommen von Staub und Gas in den diffusen Nebeln. Mitt. Astrophys. Obs. Krim **12** 64—87, mit 5 Abb. (russisch). — Von vier planetarischen, 20 Emissionsnebeln und drei Nebeln des gemischten Typs wurden nach photographischen Aufnahmen mit Rot- und Gelbfiltern Flächenhelligkeiten pro Quadratminute und die Größen m_α (für Hα) und m_V (ohne den Einfluß von Hα) abgeleitet sowie für 18 Reflexionsnebel die Helligkeiten m_V ermittelt. Zwischen m_α und m_V wurde bei den helleren planetarischen und diffusen Emissionsnebeln eine lineare Abhängigkeit gefunden, die auch für verschieden helle Gebiete innerhalb einzelner Nebel gilt und für die planetarischen Nebel die Größenordnung der kontinuierlichen Ausstrahlung im blauen Teil des Spektrums angibt. Bei schwächeren Emissionsnebeln ist eine Abweichung von dieser Linearität auf den Einfluß der staubförmigen Materie zurückzuführen. Die Gasdichte in den von B 2—B 5-Sternen beleuchteten Nebeln ist erheblich größer als in Emissionsnebeln der Sterne O—B0. Daher spricht das Fehlen einer Emissionscharakteristik in Reflexionsnebeln noch nicht gegen das Vorhandensein von Gas in ihnen. Schrick

12237. **M. J. Seaton,** Relative line intensities for [O II] and [S II] $^2D \rightarrow {}^4S$ in gaseous nebulae. Ann d'Astrophys **17** 74—77. — Für die in zahlreichen Gasnebeln beobachteten Dubletts des [O II] und [S II], die obigen Übergängen entsprechen, liegen Ableitungen des Intensitätsverhältnisses der Komponenten vor unter der Annahme, daß die angeregten Zustände im Verhältnis der statistischen Gewichte besetzt sind. Diese Annahme erfordert die Berücksichtigung des Einflusses der Stöße. Verf. führt eine dementsprechende Neuberechnung der Intensitätsverhältnisse durch und gelangt damit zu einer besseren Darstellung der Beobachtungen. Kdr.

12238. **S. Sharpless,** Multiple-star systems in emission nebulae. ApJ **119** 334—343, mit 4 Fig. und 1 Tafel. — Emissionsnebel enthalten neben O-Sternen auch häufig schwächere B-Sterne, die Vielfachsysteme bilden. Verf. hat von einer Reihe solcher kompakter Gruppen Aufnahmen im Newton-Fokus des 60″ der Mt. Wilson-Sternwarte erhalten und veröffentlicht Reproduktionen sowie kurze Beschreibungen. Zum Teil wurden die Spektraltypen der hellsten Komponenten der Systeme bestimmt, die sich zwischen O 5 und O 9 ergaben. Die Vielfachsysteme finden sich oft in sternhaufenartigen Gebilden und können nicht immer sicher von ihnen unterschieden werden. Bemerkungen über die Stabilität solcher Systeme beschließen die Arbeit. Micz.

12239. **M. W. Slonimskaja,** Spektralphotometrische Untersuchung des Orion-Nebels. Mitt. Astr. Sternberg-Inst. Nr. **96** S. 49—61, mit 2 Abb. (russisch). — Am Nebelspektrographen der Sternwarte auf der Krim erhaltene Aufnahmen des Nebels werden zur Ableitung einiger physikalischer Merkmale ausgewertet. Es handelt sich im einzelnen um die Bestimmung des Balmer-Dekrements, die Bestimmung der Flächenhelligkeit in den hauptsächlichen Emmissionslinien in absoluten Einheiten, der Elektronentemperatur, der Wasserstoffhäufigkeit in den angeregten Zuständen, der Elektronendichte und der Sauerstoffhäufigkeit. Loh.

12240. La nebulosa di Orione con un riflettore di 200 mm di diametro. Coelum **22** 180—181, mit 1 Fig.

12241. New emission regions. Sky and Telescope **13** 150—152, mit 2 Fig. und 1 Tafel. — Ref. AAS.

12242. Radio observations of diffuse nebulae. Sky and Telescope **13** 373. — Ref. AAS.

12243. Recession from Orion. Sky and Telescope **14** 14.

Planetarische Nebel

12244. **L. H. Aller, O. C. Wilson,** Spectrophotometry of the central stars of four planetary nebulae. ApJ **119** 243—252, mit 4 Fig. und 2 Tafeln. — Auf Coudé-Spektren der Zentralsterne der planetarischen Nebel IC 418, IC 2149, NGC 2392 und IC 4593 wurden Äquivalentbreiten und Profile einer Reihe von Absorptionslinien, insbesondere auch der Balmerserie, gemessen. Objekte, die möglichst keine Emissionslinien zeigen, wurden bevorzugt. Ihre Spektraltypen liegen zwischen O 6 und O 7 im System von R. M. Petrie. Die Balmerprofile werden mit denen des O 9-Sterns 10 Lacertae verglichen. Die Elektronendichten scheinen etwas geringer zu sein, als sich früher für ähnliche

Objekte ergab. Das Häufigkeitsverhältnis He/H ist möglicherweise größer als in normalen O-Sternen. Endgültige Aussagen erfordern detailliertere Analysen und Diskussion von Modellatmosphären. Micz.

12245. **L. H. Aller,** The composition of the planetary nebula NGC 7027. ApJ **120** 401—412. — Verf. diskutiert neue spektralphotometrisch gemessene Linienintensitäten des Spektrums des planetarischen Nebels NGC 7027, dessen Gase sich in einem hoch angeregten Zustand befinden. Mit Hilfe verbesserter Übergangswahrscheinlichkeiten und neuer von Seaton berechneter Wirkungsquerschnitte für Stoßanregung verbotener Übergänge wird die Häufigkeit der Ionen bestimmt. Die in den Filamenten des Nebels herrschende Dichte wird zu 7×10^4 Ionen/cm^3, die Elektronentemperatur zu 15000° geschätzt. Die gefundenen Häufigkeiten entsprechen fast denen, die sich bei Sternen ergeben, wie bereits früher bemerkt worden war; sie sind jedoch mit erheblicher Unsicherheit behaftet, da die Verteilung der Atome über die verschiedenen Ionisationsstufen nicht zuverlässig angegeben werden kann. Micz.

12246. **H. Andrillat,** Intensités relatives des raies et températures électroniques de 24 nébuleuses planétaires. CR **238** 1781—1782. — Verf. berechnet die Elektronentemperatur von 24 planetarischen Nebeln aus beobachteten Intensitäten der [O III]-Linien. Es ergeben sich Temperaturen zwischen 7000° und 20000°. Labs

12247. **Y. Andrillat,** Sur la présence de [N II] dans la nébuleuse NGC 6905. Publ. Obs. Haute-Provence **2** Nr. 47, 2 S. mit 1 Fig. — In einem Spaltspektrum des planetarischen Nebels NGC 6905 ist es gelungen, die verbotenen Linien von N II bei λ 6584 Å und λ 6548 Å in unmittelbarer Nachbarschaft von H_α nachzuweisen. Eine dritte Linie bei λ 5755 Å konnte wegen der Lichtschwäche des Nebels nicht mehr gefunden werden. Behr

12248. **D. Barbier, H. Andrillat,** Mesure de la répartition d'énergie dans le spectre continu de six nébuleuses planétaires. CR **238** 1099—1100. — Für sechs planetarische Nebel (NGC 6543, 6572, 6720, 6826, 7009, 7662) werden d log I/d (1/λ) vor und nach der Balmergrenze sowie der Balmersprung selbst gemessen. Nach der Spitzer-Greensteinschen Theorie werden daraus die Elektronentemperaturen berechnet. Labs

12249. **K. Eberlein,** Wasserstoff-Helium-Ionisationsschichtung in planetarischen Nebeln. Phys. Verhandlungen **5** 126. — Ref. AG.

12250. **K. Güssow,** Die Einwirkung der Absorption bzw. Selbstabsorption auf das Balmer-Dekrement planetarischer Nebel. Wiss. Z. Friedrich-Schiller-Univ. Jena Math.-naturwiss. Reihe **3** 439—451, mit 3 Abb. = Mitt. Univ.-Sternw. Jena Nr. **17**. — Bei der Erklärung des Leuchtens planetarischer Nebel mit stark angeregten Hauptnebellinien nach der Theorie des Balmerdekrements erhält man Intensitäten, die nicht so steil abfallen wie die beobachteten. Verf. führt diese Diskrepanz zwischen Theorie und Beobachtung auf eine Absorption der Balmerquanten in einer nicht leuchtenden Außenhülle des Nebels zurück. Die quantitative Übereinstimmung ist befriedigend. Außerdem ergibt sich eine Erklärung des Zusammenhangs zwischen Steilheit des Balmerdekrements und der Intensität der Hauptnebellinien. Hoppe

12251. **H. M. Johnson,** Physical and galactic characteristics of planetary nebulae. ApJ **120** 182—184, mit 1 Fig. — Ref. in Sterne **31** 99—100. — Verf. findet für 36 planetarische Nebel Korrelationen zwischen dem Intensitätsverhältnis von [O III] λ 4959/Hβ und der Temperatur des Zentralsterns sowie dem Abstand von der galaktischen Ebene. Micz.

12252. **A. A. Latypow,** Untersuchung des planetarischen Nebels und der Eigenbewegungen von Sternen im Sternbild Lyra. Leningrad, Astr. Hauptobs. Akad. Wiss. UdSSR, 1954 (russisch). — Dissertationsreferat.

12253. **W. Liller,** The photoelectric photometry of 18 planetary nebulae. AJ **59** 186—187. — Ref. AAS.

12254. **W. Liller, L. H. Aller,** Photoelectric spectro-photometry of planetary nebulae. AJ **59** 187. — Ref. AAS.

12255. **W. Liller, L. H. Aller,** Photoelectric spectrophotometry of planetary nebulae. ApJ **120** 48—57, mit 3 Fig. — Mit einem lichtelektrischen Photometer, einem 10°-Objektivprisma und einem Schmidt-Teleskop wurden die Intensitäten der Emissionslinien N_1, N_2 und Hβ im Spektrum von zwölf helleren planetarischen Nebeln gemessen. Die Messungen wurden sowohl auf Registrierungen des gesamten Nebelspektrums durch Laufenlassen des Objekts im Bildfeld als auch durch Photometrierung von Partien des Spektrums, die durch Diaphragmen ausgeblendet wurden, erhalten. Für N_1/N_2 ergibt sich im Mittel 3.03. Die Elektronendichten liegen zwischen 10^3 und 10^4 cm^{-3}. Die Elektronentemperaturen der Nebel ergeben sich zwischen 8000° und 20000°. Sie stehen in keiner ausgeprägten Beziehung zu der nach der Zanstraschen Methode gefundenen Temperatur des Zentralsterns. Micz.

12256. **D. A. MacRae, J. Stock,** Photoelectric spectrophotometry of planetary nebulae. Nature **173** 589—590. — Relative Linienintensitäten in Spektren planetarischer Nebel zur Bestimmung der Elektronentemperaturen sind photographisch in manchen •Fällen nur mit großen Schwierigkeiten zu messen. Verf. beschreiben eine lichtelektrische Methode zur Bestimmung des besonders großen Verhältnisses der [OIII]-Linien λ 5007 und λ 4959 relativ zu Hβ. Messungen an fünf Nebeln stehen in guter Übereinstimmung mit früheren photographischen Beobachtungen, haben aber wesentlich höhere Genauigkeit. Behr

12257. **G. A. Schajn, W. F. Hase,** Über das Vorkommen diffuser Materie in den planetarischen Nebeln außerhalb der H II-Zone. Mitt. Astrophys. Obs. Krim **11** 18—21, mit 2 Tafeln (russisch). — Photographien im Lichte von Hα mit längeren Belichtungszeiten führten in NGC 7293 zur Entdeckung eines Bogens in 14′ Abstand, der wahrscheinlich ein Überbleibsel einer älteren Hülle ist. In NGC 7635 wurde eine Verbindung des diffusen Nebels mit einem Zwischentyp-Nebel in Form einer dünnen Ellipse festgestellt. Verf. vermutet, daß die Dimensionen der planetarischen Nebel wesentlich größer sind, als es gewöhnlich zum Ausdruck kommt. Loh.

* * **I. S. Schklowskij,** Identifizierung diskreter Radiostrahlungsquellen mit dem diffusen Nebel IC 1396 und dem Fasernebel NGC 6357. Vgl. Ref. **12646.**

* * **I. S. Schklowskij,** Identifizierung der diskreten Radiostrahlungsquelle 17—2A mit dem diffusen Nebel NGC 6523. Vgl. Ref. **12647.**

12258. **M. J. Seaton,** Deactivation by collisions of the 2s metastable state of hydrogen in planetary nebulae. Ann d'Astrophys **17** 296—299 = Contr. Inst. d'Astrophys. Paris (B) Nr. **113.** — Zur Prüfung eines theoretisch zu erwartenden Einflusses der Stöße auf die Intensität des Zwei-Quanten-Kontinuums und auf die Größe des Balmersprungs in dichteren planetarischen Nebeln werden für sechs Nebel Theorie und Beobachtung miteinander verglichen. In den meisten Fällen kann befriedigende Übereinstimmung festgestellt werden. Kdr.

* * **M. J. Seaton,** Electron temperatures and electron densities in planetary nebulae. Vgl. Ref. **5326.**

12259. **J. Široký,** Planetarische Nebel. Vesmír **33** 279—280, mit 3 Abb. (tschechisch).

12260. **K. Wurm,** The He-H abundance in planetary nebulae. Vgl. Ref. 1191, daselbst S. 387—396, mit 2 Fig. — Nur aus planetarischen Nebeln mit genügend hoher mittlerer Ionisation lassen sich zuverlässige Werte des H : He-Verhältnisses ableiten. Beschränkt man sich auf solche Nebel, so ergeben die Daten von Aller und Menzel hierfür den Mittelwert 4 (an Stelle von 10 bei Mittelung über alle Nebel), in Übereinstimmung mit den Ergebnissen der Untersuchungen an NGC 4361 und NGC 2022 durch den Verf. Hunger

12261. **B. Yada,** The effect of two-photon emission on the radiation field of planetary nebulae. II. Publ. Astr. Soc. Japan **6** 76—86, mit 3 Fig. = Contr. Inst. Astrophys. Univ. Kyoto Nr. **44**. — Die in I (vgl. Ref. **5329**) für planetarische Nebel der optischen Dicke 1 für das Lyman-Kontinuum begonnene Untersuchung der Zwei-Photonen-Emission wird für den Fall größerer optischer Dicken (3 bis 10) fortgeführt. Kdr.

§ 123

Milchstraßensystem

Aufbau

* * Radioastronomische Untersuchungen zum Aufbau der Galaxis siehe § **126**.

12301. **W. Becker,** Die Milchstraße. Orion Schaffhausen **4** 273—278, mit 5 Abb. — Vortrag gehalten anläßlich der Generalversammlung 1954 der Schweizerischen Astronomischen Gesellschaft in Biel.

* * **W. Becker, J. Stock,** Drei-Farben-Photometrie von 11 offenen Sternhaufen, insbesondere solchen mit O- und frühen B-Sternen. Vgl. Ref. **12102**.

12302. **W. P. Bidelman,** The space distribution of supergiant stars of spectral types later than B. AJ **59** 315—316. — Ref. AAS.

12303. **B. J. Bok, J. K. Connolly,** Star counts for the section between galactic longitudes 160° and 173°. AJ **59** 384—387, mit 1 Fig. = Harv Repr (2) Nr. **66**. — Im Milchstraßengebiet 160—173° galaktischer Länge und −4° bis +8° galaktischer Breite werden Sternzählungen bis $m_{pg} = 17.0$ durchgeführt. Für jedes Teilgebiet (Gebiete etwa gleicher Sternzahl pro Quadratgrad) werden die Absorptionscharakteristiken diskutiert. Für den Wolfschen Dunkelnebel ergibt sich eine Entfernung von 320 pc und eine Gesamtabsorption von $2^{m}.5$. Voigt

12304. **E. Fermi,** Galactic magnetic fields and the origin of cosmic radiation. ApJ **119** 1—6. — Der vom Verf. vorgeschlagene Beschleunigungsmechanismus für Teilchen der kosmischen Strahlung (vgl. AJB **49** Ref. **12712**) wird etwas abgeändert, um den Einwänden Rechnung zu tragen, daß das galaktische Magnetfeld eine regelmäßigere Struktur zu besitzen scheint, als damals angenommen wurde, und daß das Energiespektrum der Protonen und der schwereren Teilchen verschieden sein müsse. Kdr.

12305. **R. H. Garstang,** The stellar corona of the galaxy. JBAA **64** 207—209. — Bericht über verschiedene Arbeiten über weit entfernte Sterne in hohen galaktischen Breiten.

12306. **W. F. Hase,** Untersuchung der Struktur der Galaxis mittels diffuser Nebel. DAN **95** 951—953, mit 1 Abb. (russisch). — Ref. in Urania Kraków **26** 119. — Nach der Bestimmung der Entfernung von etwa 150 Emissionsnebeln aus den spektroskopischen Entfernungen der sie zum Leuchten anregenden O- und B-Sterne zeigt eine graphische Darstellung, daß sich die Nebel in drei Spiralarmen anordnen. Der äußere zieht sich in 2—3 kpc Entfernung von l = 75° bis 120° hin. Die Sonne liegt am inneren Rande des mittleren Spiralarms, der die Richtung der galaktischen Sonnenbewegung unter einem Winkel von etwa 45° schneidet. Der innere Arm verläuft etwa von der Sonne 2.5 kpc in Richtung zum galaktischen Zentrum. Loh.

12307. **W. F. Hase,** Untersuchung des Aufbaues der Galaxis aus den Emissionsnebeln. Mitt. Astrophys. Obs. Krim **12** 88—92, mit 1 Abb. (russisch). — Nach Aufnahmen von etwa 400 diffusen Emissionsnebeln und Entfernungsbestimmungen der in ihnen vorhandenen O—B0-Sterne wurde die Lage von drei galaktischen Spiralarmen im Umkreis von 3000 pc bestimmt. Der hauptsächliche Unterschied gegenüber den Feststellungen von Morgan, Sharpless, Osterbrock und Morgan, Whitford, Code besteht in der Lage der Sonne, die nach der vorliegenden Arbeit nicht vom äußeren Spiralarm berührt wird. Schrick

* * **D. S. Heeschen, A. E. Lilley,** Interstellar hydrogen and the local system. Vgl. Ref. **12515.**

12308. **W. A. Hiltner,** Early-type stars in the direction of the galactic center. ApJ **120** 41—47, mit 4 Fig. und 1 Tafel = Contr. McDonald Obs. Nr. **233.** — Von 41 Sternen frühen Spektraltyps (O und B), die sich in einer Gruppe in Richtung auf das galaktische Zentrum befinden, hat Verf. Farben, Helligkeiten und Polarisationsgrad lichtelektrisch gemessen. Spektraltypen wurden von W. W. Morgan bestimmt. Die Entfernung der Gruppe wird zu 3.0 kpc ermittelt; sie steht wahrscheinlich mit einem Spiralarm in Verbindung. Die interstellare Polarisation des Lichts der Gruppenmitglieder wächst mit der interstellaren Rotverfärbung. Micz.

12309. **G. M. Idliss,** Kosmische Kraftfelder und einige Fragen der Struktur und Entwicklung der galaktischen Materie. Alma-Ata, Astrophys. Inst. Akad. Kasach. Sowjetrepublik, 1954 (russisch). — Dissertationsreferat.

* * **P. C. Keenan,** Classification of the S-type stars. Vgl. Ref. **9547.**

12310. **E. B. Kostjakowa,** Spektralphotometrie von sechs hellen Milchstraßenwolken. Mitt. Astrophys. Obs. Krim **12** 118—133, mit 3 Abb. (russisch). — Die spektralphotometrische Untersuchung von sechs Sternwolken ergab eine um so niedrigere Farbtemperatur, je näher diese Objekte in ihrer Länge zum galaktischen Zentrum liegen. Dieser Befund stimmt mit den Beobachtungen der infraroten Strahlung der Milchstraße und der Farbverteilung in den Spiralarmen überein. Auf selektive Absorption kann diese Rötung nicht zurückgeführt werden. Schrick

* * **K. G. Malmquist, C. Schalén, B. Westerlund,** A spectrophotometric survey of stars along the milky way. I. Galactic longitudes 60°—80°. Vgl. Ref. **9418.**

12311. **D. J. Martynow,** Die scheinbare Mikrostruktur der Sternwolken der Milchstraße. Astr Circ UdSSR Nr. 149 S. 14—16 (russisch). — Ref. in Contr. Labor. Astr. Lille Nr. **3** S. 3—4, Urania Kraków **26** 116. — Kurze vorläufige Mitteilung zu einer demnächst in den Abh. Staatsuniv. Kasan erscheinenden Arbeit zum Problem der Sternketten. Loh.

* * **S. W. McCuskey,** Variations in the stellar luminosity function. VI. A region in Monoceros. Vgl. Ref. **9713.**

12312. **L. Münch,** Dos concentraciones de estrellas OB. Bol. Obs. Tonantzintla y Tacubaya Nr. **9** S. 29—40, mit 10 Fig. (mit englischer Zusammenfassung). — Die Verteilung aller bekannten und in Tonantzintla neu entdeckten

OB-Sterne von der galaktischen Länge 180° bis 240° zeigt zwei, den Morganschen Aggregaten I Ori und I Mon ähnliche Konzentrationen: 1. I Pup, $l = 210\overset{\circ}{.}5$ bis $214\overset{\circ}{.}2$, $b = 2\overset{\circ}{.}5$ bis $-1\overset{\circ}{.}8$; 2. I Vel, $l = 233\overset{\circ}{.}0$ bis $237\overset{\circ}{.}0$, $b = -0\overset{\circ}{.}3$ bis $-2\overset{\circ}{.}5$. Im Aggregat I Vel wurden zwei Wolf-Rayet-Sterne entdeckt. Voigt

12313. **L. Münch,** Nota sobre estrellas «dB» en III Cep. Bol. Obs. Tonantzintla y Tacubaya Nr. **11** S. 34—35, mit 1 Tafel (mit englischer Zusammenfassung). — Liste von 25 dB-Sternen (Definition nach W. W. Morgan) in der Umgebung von III Cep nebst Übersichtskarten der nicht in der BD enthaltenen Sterne. Voigt

12314. **J. J. Nassau, V. M. Blanco,** A study of the distribution of relatively cool stars in the milky way. ApJ **120** 464—477, mit 5 Fig. — Diese Arbeit stellt eine Untersuchung der Verteilung von Sternen geringer Oberflächentemperatur in einem 4° breiten Gürtel entlang des galaktischen Äquators dar. Es wird ein Katalog von 89 frühen M-Sternen mitgeteilt, die nach Objektivprismenaufnahmen ungewöhnlich hohe Rotverfärbung aufweisen. Bei einem großen Teil der Sterne dürfte es sich um weit entfernte Überriesen handeln. Eine zweite Liste enthält ein Verzeichnis von 31 bisher unbekannten S-Sternen, die auf Grund der LaO-Bandenabsorption in ihren Spektren entdeckt wurden. Micz.

12315. **P. Naur,** Mælkevejssystemets spiralstruktur I. II. NAT **1954** 1—7, 41—48, mit 4 Fig. — Der vorliegende Bericht ist eine allgemeinverständliche, ausführliche Darstellung der Ergebnisse der neueren Untersuchungen der Milchstraße. Besonders wird auf die Spiralstruktur des Milchstraßensystems eingegangen, wobei sowohl stellarstatistische als auch radioastronomische Ergebnisse mitgeteilt werden. C. L. J.

12316. **J. H. Oort,** Moderne Untersuchungen über die Struktur der Milchstraße. Naturwissenschaften **41** 73—80, mit 13 Abb. — Am 6. Mai 1953 vor der Jungius-Gesellschaft in Hamburg gehaltener Vortrag.

12317. **P. P. Parenago,** Die Materiedichte in der Sonnenumgebung und die dynamische Bestimmung der mittleren absoluten Helligkeit der kurzperiodischen Cepheiden. AJ UdSSR **31** 425—428 (russisch). — Direkte Beobachtungen bestätigten mit $(6.0 \pm 0.5) \times 10^{-24}$ g/cm^3 den von Kusmin-Parenago berechneten Wert der mittleren Dichte in der Sonnenumgebung. Hieraus ergibt sich die mittlere absolute photographische Größe der kurzperiodischen Cepheiden zu $+0\overset{m}{.}53 \pm 0\overset{m}{.}38$. Schrick

* * **C. Payne-Gaposchkin,** Variable Stars and Galactic Structure. Vgl. Ref. **11004.**

12318. **L. Perek,** The potential and attractive force of the nonhomogeneous spheroid with Gaussian distribution of mass and its applicability to the galaxy. Contr. Astr. Inst. Brno **1** Nr. 13 S. 11—20 (mit russischer Zusammenfassung). — Potential und Anziehungskraft eines inhomogenen Sphäroids mit Gaußscher Massenverteilung wurden abgeleitet. In der Symmetrieebene dieses Sphäroids sind bei allen Abplattungen Kreisbahnen stabil. Das Modell erstreckt sich theoretisch bis ins Unendliche, praktisch jedoch befindet sich die gesamte Masse innerhalb einer Oberfläche gleicher Dichte mit Halbachsen gleich dem Vierfachen der entsprechenden Dispersionen. Die wirkliche Massenverteilung in der Galaxis kann durch eine Gauß-Kurve nur in den zentralen Partien dargestellt werden. Wenn die Spiralarme ihre Entstehung instabilen Bahnen verdanken, so kann die wirkliche Massenverteilung nicht durch eine einzige oder eine Summe von Gauß-Kurven repräsentiert werden. Verf. (übersetzt)

* * **P. Pişmiş,** El efecto del material absorbente sobre el numero observado de las estrellas que envuelve. I. Vgl. Ref. **12524.**

12319. **A. Ramakrishnan,** A stochastic model of a fluctuating density field. ApJ **119** 443—455. — Die von Chandrasekhar und Münch (ApJ **115** 103; vgl. AJB **52** Ref. **4403**) zur Behandlung der Helligkeitsverteilung in der Milchstraße vorgeschlagene wahrscheinlichkeitstheoretische Methode wird in mathematischer Hinsicht weiter ausgebaut. Kdr.

12320. **A. Ramakrishnan,** A stochastic model of a fluctuating density field. II. ApJ **119** 682—685. — Erweiterung der in Teil I (vgl. vorstehendes Ref.) für Systeme unendlicher Ausdehnung abgeleiteten Ergebnisse auf endliche Systeme. Kdr.

* * **A. Ramakrishnan, P. M. Mathews,** On the solution of an integral equation of Chandrasekhar and Münch. Vgl. Ref. **115**.

12321. **R. K. Schachbasjan,** Bestimmung der integralen Farbe der Galaxis in der Sonnenumgebung. DAN Armen. Sowjetrepublik **18** Nr. 3 S. 65—68 (russisch mit armenischer Zusammenfassung). — Ref. in RJ Astr. Geod. UdSSR Nr. **6**, 1955; Ref. Nr. 2358.

12322. **C. Schalén,** On the distribution of the stars in two regions of galactic latitudes +20° and +40°. Ark Astr **1** 483—494, mit 8 Fig. = Uppsala Astr. Obs. Medd. Nr. **108**. — Das Material an Spektraltypen, Helligkeiten und Farbenäquivalenten für zwei Regionen in 20° und in 40° galaktischer Breite (AJB **48** Ref. **12321** und AJB **49** Ref. **12336**) wird untersucht. Es wird die Anzahl der Sterne verschiedener Spektraltypen als Funktion der galaktischen Breite betrachtet, ferner die scheinbare räumliche Sterndichte (ohne Berücksichtigung der Absorption) in verschiedenen Entfernungen. Schließlich wird die Rotverfärbung in den einzelnen Zonen bei den B- und A-Sternen untersucht, ohne aber auf Grund dieses Materials entscheiden zu können, ob eine gleichmäßige absorbierende Schicht oder einzelne absorbierende Wolken diese Verfärbung hervorrufen. Gli.

12323. **E. Schatzman, J.-L. Rigal,** Contribution à l'étude des propriétés spatiales des étoiles du type W Ursae majoris. CR **238** 2392—2394, mit 1 Fig. = Contr. Inst. d'Astrophys. Paris (A) Nr. **170**. — Ref. in Urania Kraków **26** 118—119. — Die Untersuchung der Lage bekannter W UMa-Sterne läßt deutlich auf die Existenz von Gruppierungen dieser Sterne in Räumen von etwa 50 pc Durchmesser schließen, in denen bis zu neun Paaren enthalten sind. Verf. (übersetzt)

12324. **H. Shapley, A. B. Hearn,** The borders of the milky way. AJ **59** 169—170. — Ref. AAS.

12325. **E. v. P. Smith, H. J. Smith,** Distribution of M and carbon stars in the southern milky way. AJ **59** 193. — Ref. AAS.

12326. **U. Steinlin,** Absorption und Sterndichte im Gebiet Cepheus-Lacerta. Specola Astr. Vaticana Ric. Astr. **3** 228—256, mit 9 Abb. — Für 1853 bzw. 375 Sterne bis $13^{m}9$ (pg.) mit ausgewählten Spektralklassen von B 2 bis G 0 in zwei Teilen eines Feldes von 2.2 Quadratgrad um BD 52°3167 wurden aus Vatikanaufnahmen durch Anschluß an die Polsequenz mit den Nassauschen Rothelligkeiten die Farbenexzesse (430/630) bestimmt, wobei die Farbenindizes der unverfärbten Sterne aus denen von Johnson und Morgan (430/543) und von W. Becker und Stock (470/630) berechnet wurden. Unter Benutzung der Whitfordschen Verfärbungskurve wurden hieraus die Totalabsorptionen ermittelt. Der Zusammenhang zwischen dem hiermit korrigierten Entfernungsmodul und dem Farbenexzeß läßt absorbierende Wolken in etwa 200 und 500 pc Entfernung sowie eine bei 1000 pc einsetzende gleichmäßig verteilte Absorption erkennen — gut passend zu früheren Untersuchungen in Nachbarfeldern, besonders bei einer neuen Diskussion von Stickers Ergebnissen im Cepheus. Die unter Berücksichtigung dieser Absorption nach Schaléns Methode erneut berechnete Sterndichte zeigt eine bessere Übereinstimmung mit dem Milchstraßenmodell von Morgan, Sharpless und Osterbrock als die von Tibor ohne Absorption berechnete. Gü.

12327. **O. Struve,** Star chains. Sky and Telescope **13** 180—184, mit 5 Fig. und 1 Tafel. — Die Behauptung von Fessenkow, auf Grund von Aufnahmen mit dem Maxutow-Reflektor in Alma Ata im Cirrusnebel (veil nebula) eine Anzahl von Sternketten gefunden zu haben, wird durch Vergleich mit Aufnahmen vom 36' und 60' Lick-Reflektor kritisch diskutiert. Fessenkows Vermutungen werden nur in wenigen Fällen und auch dann nicht ganz zweifelsfrei bestätigt. Ebenso werden gegen seine Theorie der Sternentstehung aus Nebelfilamenten Einwände erhoben. Daneben werden noch die Arbeiten von Meurers über künstliche Sternfelder und Sternketten und die Theorie von Edgeworth über die Bildung von Nebelfilamenten besprochen. Bo.

12328. **A. Strzałkowski,** Pola magnetyczne w spiralnych ramionach galaktyki. Postępy Astr. **2** 106. — Die vorliegende Mitteilung ist ein Referat über die Theorie galaktischer Magnetfelder auf Grund der Polarisationsmessungen Hiltners (vgl. AJB **49** Ref. **9522**). Loh.

* * **I. Torgård,** The location of Cepheids with respect to the spiral arms in the anticenter region of the milky way. Vgl. Ref. **11174.**

* * **G. de Vaucouleurs,** The Magellanic Clouds and the galaxy. Vgl. Ref. **12449/50.**

12329. **W. H. Wehlau,** The ratio of early and late M stars in the galaxy. AJ **59** 333—334. — Ref. AAS.

12330. **B. A. Woronzow-Weljaminow, G. A. Manowa,** Karte der galaktischen Tiefen. AJ UdSSR **31** 27—30, mit 6 Tafeln (russisch). — Die veröffentlichte Karte zeigt die scheinbare und räumliche Verteilung der bekannten Überriesen in der Zone ±8° vom galaktischen Äquator. Die Größen der Bezeichnungen wachsen mit zunehmender Entfernung. Zusammen mit Photographien der Milchstraße gestattet die Karte, das Aufsuchen ferner Objekte und die Untersuchung der interstellaren Absorption des Lichts zu planen; sie kann auch für viele andere Zwecke dienlich sein. Verf. (gekürzt)

12331. Direct photographs of the galactic centre in infra-red, λ 8000 to 8900 Å. Irish AJ **3** 120—121. — Kurzer Bericht über die Beobachtungen von Dufay, Bigay und Berthier (AJB **52** Ref. **12304**); von Stebbins und Whitford (AJB **47** Ref. **9008**) und von Kalinjak, Krassowskij und Nikonow (AJB **51** Ref. **12313**). Gli.

12332. The galactic centre. JBAA **65** 55.

* * Öppna stjärnhopar i Vintergatans spiralarmar. Vgl. Ref. **12124.**

* * Red stars at the center of the galaxy. Vgl. Ref. **9428.**

12333. Nowy dowód spiralnej struktury galaktyki. Urania Kraków **25** 87.

12334. Przestrzenna mapa najbliższych okolic galaktyki. Urania Kraków **25** 216—217.

Kinematik und Dynamik

12335. **A. Blaauw, W. W. Morgan,** The space motions of AE Aurigae and μ Columbae with respect to the Orion nebula. ApJ **119** 625—630, mit 1 Fig. und 1 Tafel. — Ref. in Sterne **31** 71, mit 1 Abb. — Der B0 V-Stern μ Columbae bewegt sich nach den Rechnungen der Verf. mit 126 km/sec aus der Gegend des Orion-Nebels fort. Bereits früher (BAN **12** 76, vgl. AJB **53**

Ref. **11175**) hatten die Verf. gefunden, daß der O 9.5 V-Stern AE Aurigae sich mit 128 km/sec Raumgeschwindigkeit vom Orion-Nebel entfernt. Die Bewegungsrichtungen beider Sterne sind nahezu entgegengesetzt. Aus den Beobachtungsdaten kann geschlossen werden, daß beide Sterne vor etwa 2.6 Millionen Jahren in der Umgebung des Nebels entstanden sind. Micz.

12336. **J. Boulon,** Détermination des constantes de la rotation galactique à partir de 24 groupes de géantes bleues. CR **239** 862—864. — Aus den photoelektrischen Messungen von Morgan, Whitford und Code (AJB **53** Ref. **12308**) der Parallaxen von 27 Gruppen blauer Riesen werden für 24 Gruppen Radialgeschwindigkeiten berechnet und daraus die Konstanten der galaktischen Rotation abgeleitet. Kdr.

12337. **L. Courvoisier,** Über die «absoluten» Bewegungen der Milchstraße und der nächsten Spiralnebel. Experientia **10** 364—365. — Ref. in RJ Astr. Geod. UdSSR Nr. **6**, 1955; Ref. Nr. 2369.

12338. **R. M. Dsigwaschwili,** Untersuchung galaktischer Bahnen und einige Gesetzmäßigkeiten in den Sternbewegungen. Erewan, Univ., 1954 (russisch). — Dissertationsreferat.

12339. **E. R. Dyer jr.,** The influence of selection on the analysis of space motions of red dwarf stars. AJ **59** 221—224, mit 3 Fig. — Die Häufigkeitsverteilung der Radialgeschwindigkeiten von 140 roten Zwergen, die auf Grund großer Eigenbewegung zur Bestimmung der Radialgeschwindigkeit ausgesucht wurden, ist verschieden von derjenigen von 166 Sternen, die auf Grund spektraler Merkmale als rote Zwerge erkannt wurden. Es besteht eine positive Korrelation zwischen radialer und tangentialer Geschwindigkeit, deren Ursache vielleicht in einer Korrelation zwischen Exzentrizität und Neigung der galaktischen Bahnen zu suchen ist. Bo.

* * **J. E. Ejnasto,** Über die kinematische Struktur der Hauptreihe. Vgl. Ref. **9702**.

12340. **D. G. Ewart,** The constants of the star-streams and of the velocity ellipsoid from the Cape photographic proper motions of 19839 stars. MN **114** 467—477 = Glasgow Univ. Obs. Repr. Nr. **40**. — Die Eigenbewegungen des Cape Catalogue of 20554 Faint Stars (1939) werden sowohl mit der Zweistrom- als auch der Ellipsoidtheorie der Sternbewegungen analysiert. Verf. beschränkt sich auf 19839 Sterne mit Spektraltypen später als B 8. Die Ergebnisse decken sich mit denen, die bereits früher aus dem Cape Zone Catalogue (1900) erhalten wurden. Unter anderem ergibt sich, daß Rektaszension und Deklination des Sonnenapex mit fortschreitendem Spektraltyp der Referenzsterne abnehmen. Die äquatoriale Länge der großen Achse des Geschwindigkeitsellipsoids der hier untersuchten schwächeren Sterne ist geringer als für die helleren Sterne des Zonenkatalogs. Micz.

12341. **D. G. Ewart,** The constants of the star streams and of the velocity ellipsoid from the Cape photographic proper motions of 19,839 stars. Obs **74** 232—233. — Ref. RAS.

* * **L. Gratton,** A spectrophotometric comparison between high and low velocity K giants. Vgl. Ref. **9531**.

12342. **M. G. D. Khoi,** Sur quelques propriétés de la distribution des vitesses des étoiles A et F de haute latitude galactique. CR **238** 652—654. — Es wird die Geschwindigkeitsverteilung von A 0—F 8 Sternen $6^{m}_{.}0$ bis $7^{m}_{.}5$ in hohen galaktischen Breiten auf Grund der Eigenbewegungen von 717 nördlichen und 730 südlichen Sternen des General Catalogue untersucht. Beim Übergang von den A- zu den F-Sternen nimmt die galaktische Länge der Vertexrichtung ab. Die Geschwindigkeiten der nördlichen Sterne der Klassen

B 8—A 5 geben gegenüber den südlichen B 8—A 5-Sternen eine um fast 20° größere Vertexlänge. Verf. diskutiert, inwieweit Störungen in der inneren Struktur der Geschwindigkeitsverteilung auftreten und die Ursache für diese Abweichungen sein können, doch scheinen die Resultate noch nicht genügend gesichert zu sein. Gli.

* * **S. Kikuchi,** Space-mean-frequency of stellar velocities. Vgl. Ref. 4402.

12343. **J. Kovalevsky,** Mouvements des étoiles de distance inférieure à 10 parsecs. BA 18 233—249, mit 12 Fig. — Zuerst wurden durch verschiedene Methoden der Apex und der Vertex der Bewegungen naher Sterne bestimmt, sowie die verschiedenen Störungen des Geschwindigkeitsfeldes. Dann wurde versucht, die Differenzen zwischen den mit Hilfe verschiedener Methoden für den Apex gefundenen Werten durch die Eigenschaften der Sterne mit großen Geschwindigkeiten und die Lage der Störungsstellen zu erklären. Verf.

12344. **G. G. Kusmin,** Das Gravitationspotential der Galaxis und das dritte Integral der Sternbewegung. Nachr. Akad. Wiss. Estn. Sowjetrepublik 2 Nr. 3 S. 3—18, mit 4 Abb. (russisch).

12344a. **K. K. Kwee, C. A. Muller, G. Westerhout,** The rotation of the inner parts of the galactic system. BAN 12 211—222, mit 10 Fig. — Ref. in RJ Astr. Geod. UdSSR Nr. 6, 1955; Ref. Nr. 2378.

12345. **B. Lindblad, F. Nahon,** On the theory of star-streaming. Stockholms Obs. Ann. 18 Nr. 2, 22 S. mit 5 Fig. — Ref. in Math. Rev. 15 993—994. — In der Arbeit werden Bahnen um das galaktische Zentrum betrachtet, die nahezu kreisförmig sind und als eine Art epizyklischer Bahnen dargestellt werden können. Auf dieser Basis wird die Verteilungsfunktion der Geschwindigkeiten allgemein und für verschiedene Spezialfälle diskutiert. Ferner wird die Auflösung von Sternwolken, besonders von solchen aus jungen Sternen, infolge differentieller Rotation erörtert und schließlich eine Darstellung der Verhältnisse in der Sonnenumgebung gegeben, wofür sich eine stationäre ellipsoidische Verteilung, der sich störende oszillierende, ellipsoidische Komponenten überlagern, als gute Näherung erweist. Kdr.

12346. **G. R. Miczaika,** The color-luminosity diagram of the Ursa Major group. AJ 59 233—240, mit 8 Fig. = Lick Obs. Bull. Nr. 527. — Für die von Roman identifizierten wahrscheinlichen Mitglieder des Bewegungshaufens werden Farben-Helligkeitsdiagramme aufgestellt. Als Grundlagen dienen spektroskopische absolute Größen und scheinbare Helligkeiten sowie Stromparallaxen. Die photometrischen Beobachtungen wurden am 12-Zöller der Lick-Sternwarte lichtelektrisch durchgeführt, und die Helligkeiten in das B, V-System von Johnson und Morgan transformiert. In den Diagrammen — als Ordinate entweder spektroskopische oder Stromparallaxen — heben sich bei unterschiedlicher Streuung Hauptreihe und Riesenast deutlich ab. Außerdem kommen Überriesen, Unterriesen und eine Reihe unter der Hauptreihe liegende Zwerge vor. Die Streuung verringert sich, wenn man sich auf die sicher bekannten Strommitglieder beschränkt. Die Sterne des Stromkerns bilden eine ziemlich scharfe Hauptreihe. Loh.

12347. **G. R. Miczaika,** Moving star clusters. ASP Leaflet Nr. 300, 8 S. mit 1 Fig.

12348. **P. Naur,** Hurtigløberne. NAT 1954 143—149. — Nach einer Einleitung über die allgemeinen Bewegungsverhältnisse im Milchstraßensystem gibt Verf. eine Übersicht über die neueren Untersuchungen der Sterne mit Geschwindigkeiten über 70 km/sec. Es wird dabei auf die Zugehörigkeit der Schnelläufer zur Population II und die Entdeckung der Unterzwerge durch Kuiper hingewiesen. C. L. J.

12349. **L. Perek,** A note on the galactic orbits of globular clusters. Contr. Astr. Inst. Brno **1** Nr. 12 S. 1—10, mit 3 Fig. und russischer Zusammenfassung. — Die kinematischen Eigenschaften der kugelförmigen Sternhaufen und ihre räumliche Verteilung sprechen zugunsten exzentrischer Bahnen. Auch die morphologischen Eigenschaften sind damit verträglich. Hinzu kommt noch, daß auch die RR Lyrae-Sterne, die ebenfalls Vertreter des kugelförmigen Untersystems sind, zu 75 % Exzentrizitäten über 0.6 besitzen. Loh.

12350. **W. Petri,** Galaktozentrische Bahnelemente und Spektraltyp. Phys. Verhandlungen **5** 123. — Ref. AG.

12351. **W. Petri,** Katalog der galaktozentrischen Bahnelemente von 353 Sternen der Sonnenumgebung. Sitzber. Österreich. Akad. Wiss. Math.-naturwiss. Kl. Abteilung II **163** 55—80 = Mitt. Sternw. München **1** Nr. 8. — Der im Jahre 1952 von K. Schütte veröffentlichte Katalog galaktozentrischer Bahnelemente von über 1000 Fixsternen wird hier durch Bearbeitung von weiteren 353 Sternen mit trigonometrischen Parallaxen $\geq 0\overset{''}{.}030$ nach dem neuesten Stande ergänzt. Verf.

12352. **E. Raimond,** The velocity of the sun with respect to the δ Cephei variables. BAN **12** 99—101. — Die Nullpunktskorrektion der Perioden-Leuchtkraft-Funktion bedingt eine Vergrößerung der Entfernungen der Cepheiden um den Faktor 1.7 und damit andere Werte für den Einfluß der galaktischen Rotation auf die Radialgeschwindigkeiten. Eine Neubestimmung der Sonnenbewegung aus den Radialgeschwindigkeiten wurde daher als notwendig erachtet. Aus dem Material für 70 Cepheiden in Entfernungen bis 1700 pc ergibt sich $v_\odot = 21.9$ km/sec; $\alpha = 276°$, $\delta = +39°$, also keine große Änderung gegen frühere Bestimmungen. Bo.

12353. **N. G. Roman,** A group of high velocity F-type stars. AJ **59** 307—312, mit 4 Fig. — Ref. in JBAA **65** 317—318. — Aus der Gesamtheit schnellbewegter Sterne in der Sonnenumgebung konnte auf Grund spektraler Ähnlichkeiten eine ziemlich homogene Gruppe von 17 F-Unterzwergen ausgesondert werden. Diese Sterne besitzen sehr exzentrische galaktische Bahnen, ihre Rotationsgeschwindigkeit um das galaktische Zentrum ist klein und die Konzentration zur galaktischen Ebene nur schwach, ähnlich derjenigen der Kugelhaufen und RR Lyr-Sterne. Es dürfte sich bei diesen Objekten um die reinsten Vertreter der Population II handeln, die bisher in Sonnennähe festgestellt wurden. Kdr.

12354. **K. Schütte,** Ein zweiter Stern in rückläufiger Bahn in der Nähe der Sonne. Anzeiger Österreich. Akad. Wiss. Math.-naturw. Kl. **91** 50—52.

12355. **K. Schütte,** Galaktozentrische Bahnelemente von 1026 Fixsternen in der nächsten Umgebung der Sonne. Teil IV. Verteilung der Knoten und Bestimmung der Neigung der Sonnenbahnebene. Anzeiger Österreich. Akad. Wiss. Math.-naturw. Kl. **91** 11—12, Sitzber. Österreich. Akad. Wiss. Math.-naturwiss. Kl. Abteilung II **163** 1—8. — In Fortsetzung der Auswertung eines früher veröffentlichten Materials (AJB **52** Ref. 12370) findet Verf., daß sich die Sonne nahe dem aufsteigenden Knoten ihrer Bahnebene befindet. Für die Neigung der Sonnenbahnebene gegen die galaktische Ebene ergibt sich $180° - i = 1\overset{\circ}{.}5 \pm 0\overset{\circ}{.}28$. Die Statistik der Neigungen der galaktischen Sternbahnen wird dementsprechend korrigiert. Gli.

12356. **K. Schütte,** Galaktozentrische Bahnelemente von 1026 Fixsternen in der nächsten Umgebung der Sonne. Teil V. Beziehungen zwischen den Bahnelementen. Familienbildung. Der Bären- und Hyadenstrom nebst benachbarten Sternfamilien. Anzeiger Österreich. Akad. Wiss. Math.-naturw. Kl. **91** 64—66, Sitzber. Österreich. Akad. Wiss. Math.-naturwiss. Kl. Abteilung II **163** 9—40, mit 4 Abb. — Ref. in Orion Schaffhausen **4** 493. — Unter den sonnennahen 1026 Sternen, deren galaktozentrische Bahnelemente Verf. veröffentlicht hat (AJB **52** Ref. **12370**), zeigen sich Gruppen mit fast gleichen Bahnelementen. Verf. findet mehrere Bärenstromfamilien und mehrere Taurusfamilien, deren Mitglieder in Tabellen zusammengestellt werden. Die mittleren Elemente der einzelnen Familien werden angegeben. Gli.

12357. **T. R. Tannahill,** Star-streaming from the stars of spectral type B. MN **114** 460—466, mit 2 Fig. = Glasgow Univ. Obs. Repr. Nr. **39.** — Verf. wendet Eddingtons Methode zur Analyse der Zweistrombewegungen der Sterne des Milchstraßensystems auf die Eigenbewegungen von 1536 O- und B-Sternen des Generalkatalogs von Boss an. Die Strombewegung läßt sich in dem Material deutlich nachweisen. Der Vertex hat die galaktischen Koordinaten $l = 343^\circ.3$, $b = -1^\circ.6$, und die äquatorialen Koordinaten des Sonnenapex betragen $\alpha = 260^\circ.7$ und $\delta = +37^\circ.3$. Sterne, die der Scorpio-Centaurus-Assoziation angehören, zeigen abweichende Bewegungsverhältnisse. Micz.

12358. **T. R. Tannahill,** Star-streaming from the proper motions of the A-type stars of the Boss General Catalogue. MN **114** 593—599 = Glasgow Univ. Obs. Repr. Nr. **41.** — Die Eigenbewegungen von 8676 Sternen der Spektraltypen B8—A3 werden nach der Zweistromhypothese analysiert. Ein Vergleich der Ergebnisse mit den entsprechenden Werten für Sterne mit späteren Spektraltypen zeigt, daß die einfache Zweistromhypothese nicht genügt zur Darstellung der Sternbewegungen. Verf. meint, daß vielleicht andere Gruppierungen der Sterne zweckmäßiger wären. O. G.

12359. **T. R. Tannahill,** Star-streaming from the stars of spectral type B. Obs **74** 110—111. — Ref. RAS.

* * **H. H. Voigt,** Einfluß der interstellaren Wolken auf die Geschwindigkeit der Sterne. Vgl. Ref. **5328.**

12360. **H. Weaver,** The distance to the galactic center and the zero point of the Cepheid period-luminosity relation. AJ **59** 375—384, mit 11 Fig. = Berkeley Repr. Nr. **72.** — Ref. in Irish AJ **3** 163, Sterne **31** 144—145. — Es wird eine Methode abgeleitet, mit Hilfe des Radialgeschwindigkeitseffektes der galaktischen Rotation die Entfernung zum Zentrum der Milchstraße zu bestimmen. Die Anwendung auf 13 offene Sternhaufen ergibt 8.8 kpc (in guter Übereinstimmung mit Baades Wert), während 21 Cepheiden 3.8 kpc ergeben. Es wird gezeigt, daß dieser Unterschied auf einen Nullpunktsfehler der Perioden-Leuchtkraft-Beziehung der Cepheiden von $-1^m.56 \pm 0^m.2$ bis $0^m.3$ zurückzuführen ist. Voigt

12361. **B. A. Woronzow-Weljaminow,** Die Herkunft der in der Galaxis beobachteten Sterne mit rückläufiger Bewegung und mit einer die parabolische übersteigenden Geschwindigkeit. AJ UdSSR **31** 161—166 (russisch). — Ref. in Urania Kraków **25** 307—308. — Im vorliegenden Artikel wird auf die Möglichkeit hingewiesen, daß Sterne und kugelförmige Sternhaufen, die größere Geschwindigkeiten haben als die parabolischen oder sich entgegen der galaktischen Rotation bewegen, teilweise Eindringlinge aus anderen Galaxien, oft aber auch aus dem intergalaktischen Plasma sein müssen, in dem sie zu verschiedenen Zeiten entstehen. In diesem Fall würde sich eine Möglichkeit zur detaillierten Untersuchung dieser Sterne, den Vertretern des außergalaktischen Raumes, eröffnen. Die Galaxien muß man bis zu einem gewissen Grad mit dem umgebenden Medium als im Austausch befindlich ansehen. Es werden Wege zur weiteren Prüfung dieser Verhältnisse aufgezeigt. Anscheinend entstehen Galaxien in den Räumen des galaktischen Plasmas, wo geringe differentielle Bewegungen der diffusen Materie vorherrschen. Verf. (übersetzt)

12362. μ Columbae og AE Aurigae, tvillingstjerner med 67 graders distance. NAT **1954** 112—114, mit 1 Fig.

12363. Constants of the stellar velocity ellipsoid. Nature **174** 297. — Ref. der in AJB **53** Ref. **12330** zitierten Arbeit von D. G. Ewart.

12364. Den rörliga stjärnhopen i Ursa Major. PAT **35** 164.

12365. Ursa Major cluster. Sky and Telescope **13** 190, mit 1 Fig.

* * Recession from Orion. Vgl. Ref. **12243**.

Sternassoziationen

12366. N. M. Artjuchina, Die Eigenbewegungen von Sternen der Assoziation Cepheus II. AJ UdSSR **31** 264—266, mit 2 Abb. (russisch). — Unter Verwendung hauptsächlich des Zweiten Katalogs der Astronomischen Gesellschaft (1950.0) konnten die Eigenbewegungen von 17 Sternen der Assoziation abgeleitet werden. Das Fluchtbild der Assoziation deutet eine Ausdehnung an, doch ist nach Meinung der Verf. bei der Bestimmung der Ausbreitungsgeschwindigkeit Vorsicht geboten. Loh.

12367. M. K. V. Bappu, Magnitudes and colours of some members of the Perseus cluster. MN **114** 687—691, mit 3 Fig. — Zur weiteren Entscheidung der Frage, ob das B-Stern-Aggregat um α Persei einen Bewegungshaufen darstellt, wurden für 25 B3- bis A2-Sterne desselben am Lick-12″-Refraktor photoelektrische Helligkeiten und Farbenindizes bestimmt. Nach Korrektion wegen der merklich wechselnden interstellaren Absorption ergibt sich in der Tat ein Farbenhelligkeitsdiagramm entsprechend dem Anfangsteil der Hauptreihe. Der Entfernungsmodul wird jedoch im Mittel $6^m\!.83$ entsprechend einer Entfernung von 230 pc; diese ist also fast doppelt so groß wie sie von Miß Roman und Morgan aus den Eigenbewegungen abgeleitet wurde. Mit dem neuen Entfernungsmodul rückt die absolute visuelle Helligkeit von α Persei von $-1^m\!.3$ (mit der trigonometrischen Parallaxe $0''\!.029$) auf den wahrscheinlicheren Wert $+2^m\!.2$. Gü.

12368. A. Blaauw, Internal motions in associations. AJ **59** 317. — Ref. AAS.

12369. L. W. Frederick, An astrometric study of the nucleus of the ζ Persei association. AJ **59** 321. — Ref. AAS.

12370. H. L. Johnson, W. W. Morgan, A heavily obscured O-association in Cygnus. ApJ **119** 344—345, mit 1 Tafel. — Ref. in Sterne **30** 236. — Von dem Haufen blauer Riesen in der Nähe von γ Cygni werden Spektraltypen sowie lichtelektrisch gemessene Helligkeiten und Farben mitgeteilt. Mit einer Ausnahme scheinen die beobachteten 14 Sterne vom Typus O zu sein. Die visuelle interstellare Absorption beträgt 6 bis 7 Größenklassen in Richtung auf die Gruppe. Ohne die Absorption hätten die Mitglieder des Haufens etwa die scheinbare Helligkeit der Plejaden. Die Entfernung beträgt etwa 1500 pc, der Durchmesser 13 pc. Einer der Sterne ist ein interessanter Bedeckungsveränderlicher. Micz.

12371. I. M. Kopylow, Über die Assoziation im Skorpion. Mitt. Astrophys. Obs. Krim **11** 81—90, mit 4 Abb. (russisch). — Die auf verschiedene Weise bestimmte Entfernung der Assoziation um den galaktischen Haufen NGC 6231 im Skorpion beträgt 650 pc, die Absorption des Lichtes bis zu dieser Entfernung $A_{pg} = 2^m\!.4$. Der Durchmesser des Haufens beträgt 6 pc, der der Assoziation rund 25 pc. Die Assoziation enthält wenigstens 30 O—B2-Sterne. Der Unterschied mit den Ergebnissen Cholopows wird kurz erläutert. Tatsachen und Überlegungen werden vorgebracht, die zugunsten einer Ausdehnung der Assoziation und der möglichen Existenz eines in ihr existierenden zweiten Kerns sprechen. Die Gesamtenergie der Assoziation und ihres Kerns ist genau wie die einiger anderer Assoziationen wesentlich positiv, was auf ihre Instabilität hindeutet. Über den Charakter der Entwicklung der O-Assoziationen und ihrer Kerne werden einige Bemerkungen gemacht. Verf. (übersetzt)

12372. **W. W. Morgan,** Some astrometric problems of galactic structure. AJ **59** 86—87. — Es wird darauf hingewiesen, daß Eigenbewegungen höchster Genauigkeit von isolierten O-Sternen, die nicht O-Assoziationen angehören, deren Herkunft klären können. Böh.

12373. **J. H. Oort,** Outline of a theory on the origin and acceleration of interstellar clouds and O associations. BAN **12** 177—186, mit 1 Fig. — Beobachtungen deuten darauf hin, daß sich viele O-Sterne innerhalb ausgedehnter Gebiete interstellaren Gases bilden, die von der Strahlung der O-Sterne nicht völlig ionisiert werden können. Dann geben die ionisierten Regionen hohen Druckes in O-Stern-Nähe den äußeren kühlen Massen eine nach außen gerichtete Beschleunigung, die durch nun einsetzende weitere Ionisation der kühlen Materie raketenartig weiterhin verstärkt wird. Diese Beschleunigungen könnten ausreichen, die Verluste der Translationsenergie infolge von Kollisionen der Wolken auszugleichen. Beobachtungen interstellarer Absorptionslinien scheinen die Existenz großer expandierender Hüllen um O-Stern-Gruppen zu bestätigen. Auf Grund dieser Theorie lassen sich die expandierenden Assoziationen junger Sterne und die großen Geschwindigkeiten von O-Sternen (ξ Persei) erklären. Gli.

12374. **M. Rudkjøbing,** Orionassociationen. NAT **1954** 136—139, mit 4 Fig. — Allgemeinverständlicher Bericht über Sternassoziationen, speziell der Assoziation im Orion. Besondere Aufmerksamkeit wird dem Problem der Sternentstehung und der Expansion der Assoziationen gewidmet. C. L. J.

12375. **S. Sharpless,** A study of the Orion aggregate of early-type stars. II. ApJ **119** 200—205, mit 2 Fig. = Contr. McDonald Obs. Nr. **231**. — Ref. in Sterne **30** 236—237. — In Fortsetzung der bereits früher photoelektrisch gemessenen Helligkeiten und Farben (ApJ **116** 251, AJB **52** Ref. **12336**) von Sternen frühen Spektraltyps im Orion-Aggregat werden nun auch Messungen der Farbe im System von Johnson und Morgan für das UV mitgeteilt. Der Katalog umfaßt 184 Sterne, für die mit Hilfe eines von Johnson angegebenen Verfahrens auch die interstellare Verfärbung bestimmt wurde. Aus den «echten» Farben der Sterne wurden sodann Spektraltypen berechnet. Ein ausschließlich auf photoelektrischen Messungen beruhendes Farben-Helligkeitsdiagramm der Gruppe zeigt nur die Hauptreihe zwischen O—B0 und A0. Ihre untere Grenzlinie ist bemerkenswert scharf, während der obere Rand nur mäßig definiert ist. Micz.

12376. Stellar associations and supernovae. Sky and Telescope **13** 264.

§ 124

Außergalaktische Nebel

* * **R. d'E. Atkinson, H. S. Shelton,** The red shift in the spectra of distant galaxies. Vgl. Ref. **4103**.

12401. **W. Baade, R. Minkowski,** Abnormal galaxies as radio sources. Obs **74** 130—131, mit 1 Tafel. — Vier von Vaucouleurs (vgl. AJB **53** Ref. **12645**) mit Radioquellen identifizierte und als abnormal bezeichnete Galaxien werden als normale Spiralnebel nachgewiesen, welche mit den Radioquellen nicht genau genug koinzidieren, als daß eine Identifikation gerechtfertigt wäre. Bru.

12402. **J. E. Baldwin,** Radio emission from the Andromeda nebula. Nature **174** 320—321, mit 2 Fig. — Mit Hilfe eines variablen Interferometers wird die Verteilung der Radioemission des Andromedanebels bei $\lambda = 3.7$ m untersucht und diskutiert. Die Ergebnisse lassen sich durch folgende Annahme deuten: Ein Drittel der gesamten Radiostrahlung stammt von Quellen, deren Verteilung dem Westerhout-Oortschen Modell der Milchstraße entspricht, zwei Drittel zeigen eine sphärische Verteilung bis zu 10000 pc Entfernung. Eine ähnliche Verteilung der galaktischen Radioquellen könnte zum großen Teil die isotrope Komponente der galaktischen Strahlung erklären. Voigt

12403. **J. H. Bigay, R. Dumont,** Déterminations photoélectriques de magnitudes globales de nébuleuses extragalactiques. Ann d'Astrophys **17** 78—84, mit 2 Fig. — Nach einem früher (vgl. AJB **53** Ref. **12402**) beschriebenen Verfahren wurden photoelektrische Helligkeiten von 47 extragalaktischen Nebeln gemessen. Für rund die Hälfte von ihnen liegen auch photographische Helligkeiten nach der Methode von Fabry vor. Ein durchgeführter Vergleich zwischen beiden Verfahren ergibt keine systematischen Unterschiede und eine mittlere Differenz der beiden Werte eines Nebels von weniger als $0^{m}.1$. Kdr.

12404. **H. Bondi, T. Gold, D. W. Sciama,** A note on the reported color-index effect of distant galaxies. ApJ **120** 597—599, mit 2 Fig. = Harv Repr Nr. **393.** — Verf. erörtern kurz verschiedene Hypothesen zur Erklärung der von Stebbins und Whitford mit wachsender Entfernung bemerkten Rotverfärbung der elliptischen Sternsysteme und kommen zu dem Schluß, daß die bisher vorliegenden Beobachtungen für kosmologische Spekulationen unzureichend sind. Micz.

12405. **J. Bouška,** Entfernungen der extragalaktischen Nebel. Vesmír **33** 7—8, mit 5 Fig. (tschechisch).

12406. **P. ten Bruggencate,** Warum müssen die Entfernungen der Spiralnebel etwa doppelt so groß angesetzt werden wie bisher? Naturwissenschaften **41** 173—178, mit 4 Abb. — Ref. in Phys. Ber. **33** 3068.

12407. **W. Buscombe,** The Magellanic Clouds. ASP Leaflet Nr. **302,** 8 S. mit 2 Fig.

* * **L. Courvoisier,** Über die «absoluten» Bewegungen der Milchstraße und der nächsten Spiralnebel. Vgl. Ref. **12337.**

12408. **E. W. Dennison,** Isophotometry of extragalactic nebulae. AJ **59** 320. — Ref. AAS.

12409. **J. Dufay,** La nouvelle échelle de distance des galaxies et l'âge probable de l'univers. La Nature **82** 241—246, mit 7 Fig. — Verf. gibt einen Überblick über die Folgerungen, die sich aus Baades Entdeckung der Verdopplung der kosmischen Entfernungsskala ergeben. Henn

* * **M. Egger, F. Egger,** Céphéides et distances extragalactiques. Vgl. Ref. **11156.**

12410. **M. S. Eigenson,** Über die Realität photometrischer Abschätzungen der Entfernungen der Galaxien. Circ. Astr. Obs. Lwow Nr. **26** S. 12—18 (russisch). — Ref. in RJ Astr. Gecd. UdSSR Nr. 8, 1955; Ref. Nr. 3451.

12411. **M. S. Eigenson,** Einige Bemerkungen über die Galaxien. Circ. Astr. Obs. Lwow Nr. **26** S. 24—28 (russisch). — Kurze Bemerkungen des Verf. über die Entwicklungsrichtung der Galaxien, über Nebelhaufen und über die Klassifizierung der S0-Nebel. Loh.

12412. **M. S. Eigenson,** Über die natürlichen Einheiten der kosmischen Entfernungen. Circ. Astr. Obs. Lwow Nr. **26** S. 35—39 (russisch). — Ref. in RJ Astr. Geod. UdSSR Nr. 8, 1955; Ref. Nr. 3454.

12413. **W. Fricke,** Die Intensitäts- und Farbverteilung im Andromeda-Nebel. ZfA **34** 137—167, mit 17 Abb. = Mitt. Sternw. Hamburg-Bergedorf **22** Nr. 241. — Ref. in Irish AJ **3** 62. — Auf 40 Aufnahmen mit dem Original-Schmidtspiegel wurde die Intensitätsverteilung längs der großen und der kleinen Achse und in drei zur kleinen Achse parallelen Schnitten bei den effektiven Wellenlängen 379, 431 und 624 mμ gemessen. Die Skala beruht auf gleichzeitigen intrafokalen Sternaufnahmen mit Anschluß an die Plejaden und zum Teil auf ebenfalls gleichzeitig hergestellten Keilkopien. Zusammen mit Baades Ergebnissen über die Verteilung der interstellaren Materie im Nebel führt die Diskussion des Farbverlaufs zu dem Schluß, daß die NW-Seite uns zugewandt ist, und der Andromedanebel also im Hubbleschen Sinne rotiert. Bahner

12414. **R. H. Garstang,** The rotation of extra-galactic nebulae. JBAA **64** 182—186, mit 2 Fig. und 4 Tafeln. — Vortrag vor der British Astr. Association, in dem Verf. einen Überblick über die Beobachtungsunterlagen und deren Deutung gibt.

12415. **C. Hazard,** Radio waves of extra-galactic origin. Occasional Notes **3** 74—79 = Astr. Contr. Univ. Manchester (2) Jodrell Bank Repr. Nr. **100**. — Zusammenfassender Bericht.

12416. **K. G. Henize, D. Hoffleit, V. McKibben Nail,** Magellanic Clouds. XI. Survey of the novae. Proc. National Acad. Sci. USA **40** 365—372, mit 1 Fig. = Harv Repr Nr. **387**. — Von den neun Novae der Magellanschen Wolken und Nova Hydri (1935) werden Helligkeiten und, soweit möglich, Lichtkurven gegeben. Die absoluten Helligkeiten liegen zwischen $-6^{m}\!.0$ und $-8^{m}\!.5$, im Mittel bei $-7^{m}\!.6$. Die schnellen Novae sind etwa eine Größenklasse heller als die langsamen. Die Hauptmerkmale der Spektren werden, soweit vorhanden, zusammengestellt. Loh.

12417. **E. Holmberg,** On the masses of double galaxies. K. Fysiograf. Sällsk. Lund Förhandl. **24** Nr. 11, 20 S. mit 3 Fig. = Lund Medd. (1) Nr. **186**. — Unter den zwei idealisierten Voraussetzungen: die Komponenten eines Doppelsystems bewegen sich in einer geschlossenen Kreisbahn, und sie können wie Massenpunkte behandelt werden, wird eine theoretische Beziehung zwischen differentieller Radialgeschwindigkeit und relativer Bahnbewegung der Komponenten von Doppelsystemen hergeleitet. Man erhält eine Regressionskurve, die das mittlere Quadrat der differentiellen Radialgeschwindigkeit als Funktion des Abstandes der Komponenten und ihrer mittleren Masse liefert. Während die Anwendung auf 55 Doppelsternpaare keine sicheren Werte für die mittlere Masse gibt, liefert die Anwendung auf 26 Paare von Doppelgalaxien mittlere Werte für Masse und Massen-Leuchtkraftverhältnis, die mit bisher bekannten Resultaten befriedigend übereinstimmen. Gli.

12418. **C. J. van Houten, J. H. Oort, W. A. Hiltner,** Photoelectric measurements of extragalactic nebulae. ApJ **120** 439—453, mit 5 Fig. und 1 Tafel = Contr. McDonald Obs. Nr. **247**. — Mit einem lichtelektrischen Photometer und dem 82"-Reflektor des McDonald-Observatoriums wurde die Helligkeitsverteilung über neun außergalaktische Nebel bei den effektiven Wellenlängen 3650, 3900 und 5300 Å gemessen. Die Messungen bestehen aus kontinuierlichen Registrierungen der Helligkeit durch Bewegen der Meßblende über das Fokalbild des Objekts entlang der großen und kleinen Achse desselben. Sie werden sowohl numerisch als auch graphisch mitgeteilt. Micz.

12419. **M. L. Humason,** Red shifts in faint clusters of extragalactic nebulae. AJ **59** 185—186. — Ref. AAS. — Ref. in Irish AJ **3** 120.

12420. **R. Jonckheere,** The extension of the Andromeda nebula. Obs **74** 79—80. — Nach Beobachtungen mit einem Prismenfernglas gibt der Autor für die große Achse von M 31 310′ und für die kleine Achse 65′ an. U. Be.

12421. **F. J. Kerr, J. V. Hindman, B. J. Robinson,** Observations of the 21 cm line from the Magellanic Clouds. Australian J. Phys. **7** 297—314, mit 4 Fig. und 3 Tafeln = Commonwealth Sci. Industrial Res. Organization, Australia, Division Radiophys. — Die 21 cm-Strahlung des neutralen Wasserstoffs von den Magellanschen Wolken wurde mit einem als Durchgangsinstrument montierten 11 m-Parabolspiegel nachgewiesen. Der Empfänger hat mehrere schmale Kanäle, die parallel geschaltet sind und frequenzmäßig nebeneinander liegen, so daß das ganze Linienprofil gleichzeitig aufgenommen werden kann. Für die vorliegende Arbeit wurde allerdings meist nur ein schmalbandiger Kanal benutzt. Die Diskussion der Radioisophoten und des Verlaufs der mittleren Radialgeschwindigkeit ergab: Beide Wolken haben größere Durchmesser und geringere Konzentration als im optischen Bereich. Die Masse des neutralen Wasserstoffs ergibt sich (unter der Annahme optisch dünner Schicht) zu 6×10^8 und $4 \times 10^8 \mathfrak{M}_\odot$; der Wasserstoffgehalt wird auf je 20 % der Gesamtmasse geschätzt. Das Verhältnis Gas : Staub ist offenbar für die beiden Wolken sehr verschieden. Für etwa kugelförmige Gestalt der Wolken resultiert eine mittlere Gasdichte von 0.2 Atomen/cm^{-3}. Der Gang der Radialgeschwindigkeiten zeigt, daß beide Wolken um bevorzugte Achsen rotieren, die mit den für die optischen Isophoten abgeleiteten übereinstimmen. Bahner

12422. **D. N. Limber,** Analysis of counts of the extragalactic nebulae in terms of a fluctuating density field. II. ApJ **119** 655—681, mit 9 Fig. — Die von Shane und Wirtanen an der Lick-Sternwarte durchgeführten Nebelzählungen werden nach der vom Verf. (vgl. AJB **53** Ref. **4404**) entwickelten Theorie analysiert. Danach sind bei der Auswertung Schwankungen der Absorption im Milchstraßensystem zu vernachlässigen. Für die halbe optische Dicke der galaktischen Absorptionsschicht wird der Wert 0.76 gefunden. Beste Übereinstimmung zwischen Theorie und Beobachtung läßt sich erzielen, wenn für die Streuung der absoluten Nebelhelligkeiten 2^m, für den die Entfernungsskala charakterisierenden Parameter (r_0) 3×10^6 pc und für die mittlere Nebeldichte 6×10^{-19} Nebel pro pc^3 angenommen werden. Kdr.

12423. **E. M. Lindsay,** A nebulous arc in the Small Magellanic Cloud. Irish AJ **3** 10 = Armagh Obs. Leaflet Nr. **24** S. 1.

12424. **E. M. Lindsay,** Planetary nebulae in the Small Magellanic Cloud. Irish AJ **3** 10—11 = Armagh Obs. Leaflet Nr. **24** S. 1—2.

12425. **W. Lohmann,** Die Masse des Andromeda- und des Dreieck-Nebels. ZfA **35** 159—164, mit 2 Abb. — Ref. in Irish AJ **3** 162—163. — Aus den Radialgeschwindigkeiten von Emissionsgebilden im Andromeda-Nebel werden Kreisbahngeschwindigkeiten abgeleitet. Die im Dreieck-Nebel bereits bekannten werden zur Diskussion übernommen. Nachdem sich gezeigt hat, daß die Kreisbahngeschwindigkeiten in beiden Fällen gut durch Bottlingersche Geschwindigkeitsfelder dargestellt werden können, ist es möglich, auf Grund dieser Vorstellung die Massen der Nebel exakt zu berechnen, soweit es die Beobachtungsgenauigkeit zuläßt. Es ergeben sich 3.3×10^{11} bzw. $0.10 \times 10^{11} \mathfrak{M}_\odot$. Verf.

12426. **K. Lundmark,** Metagalactic distance indicators and spatial distribution of galaxies. Lund Medd. (1) Nr. **187,** 16 S. — Nach einem historischen Überblick über die verschiedenen Methoden der Entfernungsbestimmung — trigonometrische Parallaxen, spektroskopische Parallaxen, spektrographische Methode von Lindblad, dynamische Parallaxen, Parallaxen aus Spektrum und Eigenbewegung nach Lundmark und Luyten — werden die zwei Wege zur Bestimmung großer Entfernungen gewiesen: 1.) Entfernungsindikatoren (δ Cephei-Veränderliche, mittlere Helligkeit der hellsten Sterne eines Kugelhaufens oder der Nachbargalaxien, Novae, Supernovae, Gesamthelligkeit von Kugelhaufen in der Umgebung von Nachbarsystemen). Ihre Anwendung wird beim Andromedanebel diskutiert. 2.) Beim Übergang in den Raum der Metagalaxis wird die Fundamentalgleichung der Stellarstatistik angewandt, und in eine Gleichung für die Häufigkeitsverteilung der beobachteten scheinbaren Dimensionen der Galaxien übergeführt. Bisherige Lösungsversuche dürften durch den jetzt in Lund in Arbeit befindlichen Katalog von etwa 16000 Galaxien überholt sein. Gli.

12427. **B. Y. Mills,** Abnormal galaxies as radio sources. Obs **74** 248—249 = Commonwealth Sci. Industrial Res. Organization, Australia, Division Radiophys. — De Vaucouleurs hatte von einigen Galaxien vermutet, daß sie Radioquellen wären (Obs **73** 252, vgl. AJB **53** Ref. **12645**). Die Nachprüfung mit einem neuen Radioteleskop in Sydney ergab, daß die Identifizierung für NGC 1316 sehr wahrscheinlich richtig ist. Nahe bei NGC 1947 wurde eine Radioquelle gefunden, die aber wohl nicht mit NGC 1947 zu identifizieren ist. O. G.

12428. **E. A. Müller,** Die Verdoppelung der Dimensionen im Weltall. Orion Schaffhausen **4** 198—201.

* * **T. Neugebauer,** Lichtzerstreuung und Hubbleeffekt. Vgl. Ref. **4166.**

12429. **J. Neyman, E. L. Scott, C. D. Shane,** The index of clumpiness of the distribution of images of galaxies. ApJ Suppl **1** 269—293, mit 7 Fig. = Contr. Lick Obs. (2) Nr. **55.** — Ref. in ApJ **120** 606—607. — Es wird ein «index of clumpiness» $K = \sqrt{N_\omega / N}$ definiert, wobei N_ω die in einem Testfeld ω gefundene Zahl von Nebelbildern, N dagegen die bei statistischer Gleichverteilung zu erwartende Zahl bedeutet. Die Abhängigkeit des Wertes K von verschiedenen physikalischen Eigenschaften der Verteilung extragalaktischer Nebel wird untersucht. Behr

* * **J. Neyman, E. L. Scott,** Spatial distribution of galaxies - analysis of the theory of fluctuations. Vgl. Ref. **4404a.**

12430. **J. J. de Orús Navarro,** The shape and dimensions of extragalactic nebulae. Obs **74** 75. — Die Elliptizität eines Meridianschnittes einer Linie gleicher Sterndichte in einer Galaxis soll als charakterisierende Größe benutzt werden. Einige Folgerungen werden diskutiert. U. Be.

12431. **E. Pettit,** Magnitudes and color indices of extragalactic nebulae determined photoelectrically. ApJ **120** 413—438, mit 5 Fig. — Verf. hat photoelektrisch Helligkeiten und Farbenindizes von 564 außergalaktischen Nebeln gemessen, für die Bestimmungen der Radialgeschwindigkeiten vorliegen. Die Daten werden in der Internationalen Skala mitgeteilt. Als Nebenergebnisse werden Helligkeiten und Farben einiger Sterne der Polsequenz sowie der Zentralsterne der Selected Areas der +30°-Zone veröffentlicht. Der Einfluß von Vordergrundsternen auf die Messungen wurde nach Möglichkeit eliminiert. Die Systeme vom Typ E und S zeigen eine deutliche Rötung mit schwächer werdender scheinbarer Helligkeit, die bei den unregelmäßig geformten Systemen vom Typ SB nicht erkennbar ist. Micz.

12432. **W. Priester,** Zur Deutung der extragalaktischen Radiofrequenz-Strahlung. ZfA **34** 283—294, mit 1 Abb. = Sonderdruck Sternw. Kiel. — Es wird gezeigt, daß unter der Annahme plausibler Weltmodelle die beobachtete isotrope Komponente der Radiofrequenz-Strahlung nicht durch die Radiostrahlung der normalen Galaxien geliefert wird. Es erscheint aber möglich, sie durch die bei Nebel-Kollisionen auftretende außergewöhnlich intensive Radio-Emission zu erklären. Allerdings sind nur die Kollisionen in Nebelhaufen und Nebelgruppen zahlreich genug. Um die isotrope extragalaktische Radiostrahlung zu deuten, muß man auf Grund der Hubbleschen Angaben über die Zahl der Nebelhaufen für eine Nebel-Kollision im Mittel eine Radioemission $\bar{E} = 10^{25}$ Watt/ster Hz bei 100 MHz fordern. Das ist etwa 1/25 der Radioemission der Cygnus A-Quelle. Nach neueren Untersuchungen sind die Hubbleschen Zahlen wahrscheinlich zu klein. In diesem Fall kann die erforderliche mittlere Radioemission noch beträchtlich kleiner sein. Verf.

* * **A. W. Rodgers, D. M. Myers,** Solutions of the negative Emden polytropes. Vgl. Ref. 4406.

12433. **V. C. Rubin,** Fluctuations in the space distribution of the galaxies. Proc. National Acad. Sci. USA **40** 541—549, mit 6 Fig. = Georgetown Obs. Repr. Nr. **18.** — Verf. entwickelt ein Verfahren zur Ableitung der mittleren quadratischen Fluktuation für den Fall, daß Zählungen von Galaxien nur in Teilen des gesamten Himmels vorliegen. Durch einen Vergleich der unter gewissen Voraussetzungen abgeleiteten Fluktuation mit der empirischen aus einem lückenhaften Material ergibt sich eine obere Grenze für die Mikroskala der Turbulenz von der Größenordnung 10^7 pc, die also mit der Größenordnung der Nebelhaufendurchmesser vergleichbar ist. Durch die sich methodisch an die Theorie der Turbulenz anlehnenden Rechnungen wird die Ansicht gestützt, daß die Galaxien Kondensationsprodukte eines turbulenten gasförmigen Mediums sind. Loh.

12434. **H. N. Russell,** Magellanic Clouds. XIII. Comparison of Magellanic and galactic eclipsing variables. Proc. National Acad. Sci. USA **40** 549—550 = Harv Repr Nr. **389.** — Die bisher untersuchten 44 Bedeckungsveränderlichen der Wolken unterscheiden sich hinsichtlich Periode, absoluter Helligkeit und Amplitude nicht von den galaktischen Vertretern. Loh.

* * **A. R. Sandage,** The first four years of extragalactic research with the Hale 200-inch telescope. Vgl. Ref. **1236.**

12435. **G. A. Schajn, W. F. Hase,** Über die Emissionsnebel in den Milchstraßensystemen. DAN **96** 1129—1132, mit 2 Abb. (russisch). — Die große Zahl der in den Spiralarmen des Milchstraßensystems und der Spiralnebel aufgefundenen Gasnebel ist eine charakteristische Besonderheit dieser Weltinseln. Offensichtlich sind dabei die Sc-Spiralen am reichsten an Gasnebeln. Mehrere Gründe sprechen für ein Alter der Gasnebel von größenordnungsmäßig 10^7 Jahren. Da die Bildung von Gasnebeln wahrscheinlich mehr oder weniger laufend erfolgt ist, hat seit dem Bestehen der Galaxis eine große Menge Materie diesen Entwicklungsprozeß (Bildung — Zerfall) durchlaufen. Im Anschluß hieran erhebt sich die Frage, ob und in welchem Umfang der so angereicherte interstellare Wasserstoff wieder zur Sternbildung verbraucht wird. Loh.

12436. **G. A. Schajn,** Die diffusen Emissionsnebel in M 33. Mitt. Astrophys. Obs. Krim **11** 3—7, mit 1 Abb. und 2 Tafeln (russisch). — Ref. in Urania Kraków **26** 173. — Mittels Aufnahmen in den sehr engen Wellenlängenbereichen bei $H\alpha$, λ 3727 [O II] und einem weiten Bereich im Gelben gelang es, 82 diffuse Emissionsnebel und nicht weniger als 200 Objekte hoher Leuchtkraft zu entdecken. Der Reichtum an Sternen der Population I ist für M 33 charakteristisch. Die Emissionsnebel ordnen sich größtenteils auf Spiralarmen an. Loh.

12437. **I. S. Schklowskij,** Über die Natur der Radiostrahlung der Nebelhaufen. AJ UdSSR **31** 533—536 (russisch). — Ref. in Urania Kraków **26** 303—304. — Wenn man annimmt, daß die beobachtbare Radiostrahlung der Supergalaxien und Nebelhaufen von der Gesamtheit der sie bildenden Galaxien herstammt, dann tauchen beträchtliche Schwierigkeiten und Widersprüche mit den Beobachtungsergebnissen auf. Eine Hypothese über die kontinuierliche Verteilung der Radioquellen im Raum, der von einem Nebelhaufen eingenommen wird, wird vorgebracht und begründet. Der Strahlungsmechanismus kann erbremste Strahlung intergalaktischer relativistischer Elektronen in schwachen intergalaktischen Magnetfeldern sein. Die relativistischen Elektronen im intergalaktischen Raum können entweder durch die Dissipation der primären kosmischen Strahlung aus den Galaxien oder durch die Dissipation relativistischer Elektronen entstehen, die sich bei Zusammenstößen von Galaxien bilden. Eine quantitative Rechnung begründet die vorgeschlagene Hypothese. Die Konzentration der relativistischen intergalaktischen Elektronen mit Energien $E > 10^9$ eV muß etwa 10^{-13} cm^{-3} sein, die Feldstärke des intergalaktischen Magnetfeldes $H \approx 10^{-7}$ Gauß. Verf. (übersetzt)

12438. **T. Schmidt,** Remarques sur la détermination des masses des nébuleuses extragalactiques. I. Sur l'applicabilité du théorème du viriel à la détermination de la masse des amas de nébuleuses extragalactiques. Ann d'Astrophys **17** 275—286. — Es wird der Fehler abgeschätzt, der bei der Massenbestimmung eines Nebelhaufens auf Grund des Virialsatzes durch die Voraussetzung der Stationarität des Haufens entsteht. Der Fehler sollte im allgemeinen einige Prozent nicht übersteigen. Kdr.

12439. **M. Schwarzschild,** Mass distribution and mass-luminosity ratio in galaxies. AJ **59** 273—284, mit 5 Fig. — Ref. in Irish AJ **3** 162—163, JBAA **65** 256—257, Orion Schaffhausen **4** 446. — Das Beobachtungsmaterial über die Massen- und Leuchtkraft-Verteilung in Galaxien, und zwar in M 31, M 33, NGC 3115, M 32 und im Coma-Haufen, wird neu diskutiert. Das Ergebnis rechtfertigt die Annahme, daß Massen- und Leuchtkraft-Verteilung gleich sind. Für elliptische Nebel (Population II) resultiert ein großer Wert des Masse-Leuchtkraft-Verhältnisses, für die Sonnenumgebung, M 33, die Große Magellansche Wolke (Population I) ein kleiner Wert, während für den Andromeda-Nebel ein mittlerer Wert gefunden wird (Mischung von Population I und II). Kdr.

12440. **E. L. Scott, C. D. Shane, M. D. Swanson,** Comparison of the synthetic and actual distribution of galaxies on a photographic plate. ApJ **119** 91—112, mit 14 Fig. = Contr. Lick Obs. (2) Nr. **47**. — Ein künstliches, 6° × 6° großes Nebelfeld, dessen Herstellung ausführlich beschrieben wird, wird mit der Kopie einer Aufnahme eines reellen Nebelfeldes verglichen, auf der die Bilder der Sterne entfernt wurden. Das Aussehen beider Felder ist sehr ähnlich. Der Vergleich zeigt eine schwache Tendenz der Nebel zur Haufenbildung, die auf dem künstlichen Feld sogar noch etwas stärker ist als auf dem natürlichen Feld, obwohl das erstere ausschließlich durch Überlagerung von Nebelhaufen erhalten wurde. Falls dies nicht durch zufällige Schwankungen zu erklären ist, würde es bedeuten, daß das theoretische, in ApJ **116** 144 (vgl. AJB **52** Ref. **4411**) und ApJ **117** 92 (vgl. AJB **53** Ref. **4407**) vorgeschlagene Modell für die Verteilung der Galaxien im Raum, zu dessen Prüfung die Untersuchung durchgeführt wurde, noch zu modifizieren ist. Kdr.

12441. **C. D. Shane, C. A. Wirtanen,** The distribution of extragalactic nebulae. AJ **59** 285—304, mit 15 Fig. und 1 Karte = Lick Obs. Bull. Nr. **528**. — Die Arbeit berichtet über Zählungen extragalaktischer Nebel auf Platten, die mit dem 20'-Astrographen des Lick-Observatoriums aufgenommen wurden. Auf 1246 Platten, die sich zum Teil überdecken, wurde der gesamte Himmel nördlich von $\delta = -23°$ erfaßt. Davon werden hier die Ergebnisse für ein Gebiet mitgeteilt, das sich in AR von 12^h bis 18^h, in δ von $-20°$ bis $+20°$ erstreckt. Die Grenzgröße, die in dem gesamten Areal möglichst konstant gehalten wurde, betrug etwa $18^m\!.4$. Die Nebelzahlen pro Quadratgrad sind in Tabellenform wiedergegeben, wonach eine Karte gezeichnet wurde, die die Linien gleicher Nebeldichte zeigt. Auf dieser Karte treten die nebelfreie Zone mit sehr unregelmäßiger Begrenzung und einige Gebiete mit starker galaktischer Verdunklung klar hervor. In höheren galaktischen Breiten ist die Tendenz der Nebel zur Haufenbildung evident. In provisorischer Form wird dann die Dichteverteilung in einigen stark konzentrierten Haufen vom Coma-Typ untersucht und der Helligkeitsverteilung in elliptischen Nebeln ähnlich gefunden. Schließlich wird noch das Zusammentreten von Nebelhaufen zu größeren Einheiten (Wolken von Haufen) als ganz allgemeiner Zug der Verteilung festgestellt. Kdr.

12442. **H. Shapley, V. McKibben Nail,** Magellanic Clouds, X. An evaluation of the zero point correction. Proc. National Acad. Sci. USA **40** 1—5 =

Harv Repr Nr. 382. — Zur Bestimmung des Entfernungsmoduls m−M der Magellanschen Wolken werden die scheinbaren Helligkeiten der hellsten Sterne innerhalb der zu diesen Wolken gehörenden Kugelhaufen benutzt. Aus sieben zur Großen Wolke gehörenden Kugelhaufen ergibt sich m−M = 19.0 und für die Kleine Wolke der unsichere Wert 19.2, der nur innerhalb der Fehlergrenzen vom anderen abweicht. Das ergibt nach Korrektion um $0^{m}.4$ wegen der Absorption für die Große Wolke eine Entfernung von 170000 Lichtjahren. Gli.

12443. **H. Slouka,** On the rotation of galaxies. RH **35** 56—64, 80—82, mit 8 Abb. (tschechisch).

12444. **H. J. Smith,** Some emission stars in the Large Magellanic Cloud. AJ **59** 332. — Ref. AAS.

12445. **O. Struve,** The Clouds of Magellan. Sky and Telescope **14** 52—57, mit 9 Fig. — Zusammenstellung unserer Kenntnisse über die Magellanschen Wolken, besonders der neuen Ergebnisse über gegenseitige Gezeitenkräfte der Milchstraße und der beiden Wolken und die dadurch bewirkten Deformationen und «Filamente». Voigt

* * **P. Tempesti,** La luminosità delle Cefeidi e la nuova scala delle distanze extragalattiche. Vgl. Ref. **11173**.

12446. **A. D. Thackeray, A. J. Wesselink,** Distances of the Magellanic Clouds (II). MN ASSA **13** 99—100. — In der kurzen Note werden für die Entfernungen der Magellanschen Wolken neue Werte mitgeteilt, die auf revidierten scheinbaren Helligkeiten in Selected Areas 94 beruhen. Es ergeben sich etwas größere Werte als bei früheren Abschätzungen. Kdr.

12447. **G. de Vaucouleurs,** Recent studies of the Magellanic Clouds. J. Astr. Soc. Victoria **7** 17—20, mit 2 Fig.

12448. **G. de Vaucouleurs,** L'espace est-il un mythe? 2. La matière intergalactique. La Nature **82** 177—182, mit 7 Fig. — Nachdem sich Verf. im ersten Teil dieser Arbeit mit dem interplanetaren und interstellaren Raum befaßt hat, betrachtet er jetzt den intergalaktischen Raum. Er berichtet über Arbeiten der letzten 30 Jahre, aus denen sich die Existenz von intergalaktischer Materie ergibt. Henn

12449. **G. de Vaucouleurs,** The Magellanic Clouds and the galaxy. Obs **74** 23—31, mit 4 Fig. und 2 Tafeln. — Ref. in Irish AJ **3** 123, Postępy Astr. **3** 147, Urania Kraków **26** 115. — Die Untersuchung der Sternverteilungen ergibt, daß die beiden Magellanschen Wolken Spiralform besitzen und daß die große Wolke mit der Milchstraße durch ein Band intergalaktischer Materie verbunden ist. U. Be.

12450. **G. de Vaucouleurs,** The Magellanic Clouds and the galaxy. II. Obs **74** 158—164, mit 3 Fig. und 2 Tafeln. — Ergänzende und weitergehende Bemerkungen zur vorangehenden Arbeit (vgl. Ref. **12449**). Die Beobachtungen der 21 cm-Wasserstofflinie werden in diesem Zusammenhang diskutiert. U. Be.

12451. **G. de Vaucouleurs,** The super-galaxy. Sci Amer. **191** 30—35. — Ref. in RJ Astr. Geod. UdSSR Nr. **5**, 1955; Ref. Nr. 1779.

12452. **G. de Vaucouleurs,** Recent studies of the Magellanic Clouds. Southern Stars **16** 41—46, mit 2 Fig. — Es wird über neuere, vorwiegend in Australien durchgeführte Untersuchungen an den beiden Magellanschen Wolken berichtet, und zwar über ihre Entfernungen, Dimensionen und ihre Struktur. Aus Sternzählungen und aus der Intensitätsverteilung der unaufgelösten nebligen Gebiete ergaben sich Andeutungen für eine Spiralstruktur der Großen Wolke, woraus auf starke Abplattung zu schließen ist. Die Neigung der Äquatorebenen gegen den Visionsradius wurde aus der Elliptizität der Isophoten zu 35° für die

Kleine und 65° für die Große Wolke bestimmt. Radioastronomische Beobachtungen der 21 cm-Linie lieferten Intensitätsverteilung der Strahlung und Geschwindigkeitsverteilung. Aus der ersteren wurde der Anteil des gasförmigen Wasserstoffs an den Gesamtmassen der Wolken (1.5×10^9 bzw. $1 \times 10^9 \mathfrak{M}_\odot$) zu etwa 40 % abgeleitet. Schließlich wird noch die Frage der Existenz intergalaktischer Materie zwischen den Wolken und dem Milchstraßensystem besprochen, wofür einige Anzeichen vorliegen. Kdr.

12453. **G. de Vaucouleurs,** Lysfordelingen hos Galakser. Urania København **11** 21—26, mit 1 Fig. — Übersetzung der in AJB **53** Ref. **12435** zitierten Arbeit.

12454. **Å. Wallenquist,** Den kosmiska avståndsskalan. PAT **35** 144—155, mit 10 Fig.

12455. **M. A. Waschakidse,** Über den Polarisationsgrad des Lichtes naher außergalaktischer Nebel und des Crab-Nebels. Astr Circ UdSSR Nr. 147 S. 11—13, mit 1 Abb. (russisch). — Ref. in Urania Kraków **25** 376. — Auf photographischem Wege wurde in Abastumani der Polarisationsgrad des Lichtes von 11 außergalaktischen und dem Crab-Nebel bestimmt. Der Polarisationsgrad liegt zwischen 4 und 22 %, er steigt von E über Sa (SBa), Sb (SBb), Sc (SBc) zu Ir stetig an. Die Nebel mit stärkerer Polarisation zeichnen sich meist auch durch stärkere Radiostrahlung aus. Loh.

12456. **J. Wąsowski,** Nowy pogląd na odległości międzygałlaktyczne. Urania Kraków **25** 197—204, mit 4 Fig. — Bericht über die «neuen Ansichten über die intergalaktischen Entfernungen» nach dem Vortrag von Baade in Rom 1952. Loh.

12457. **A. E. Whitford,** Observational tests for intergalactic matter. AJ **59** 194—195. — Ref. AAS. — Ref. in Irish AJ **3** 120.

12458. **A. E. Whitford,** Observational status of the color-excess effect in distant galaxies. ApJ **120** 599—602, mit 1 Fig. — Verf. diskutiert die von ihm und Stebbins gefundene Beziehung zwischen Rotverfärbung und Entfernung elliptischer Sternsysteme, zum Teil unter Heranziehung neuer Beobachtungen. Die Notiz enthält vor allem kritische Betrachtungen über die anzunehmende spektrale Energieverteilung der Nebel und insbesondere auch über den anzunehmenden, aber unbekannten UV-Anteil, der infolge der Rotverschiebung bei den weiter entfernten Objekten wirksam wird. Micz.

* * **G. J. Whitrow,** On the interpretation of the extragalactic redshifts. Vgl. Ref. **4182/83.**

12459. **A. G. Wilson,** Dynamic parallaxes of extragalactic nebulae. AJ **59** 334. — Ref. AAS.

12460. **F. Zwicky,** Méthodes pour la détermination en valeur absolue de distances extragalactiques. CR **239** 610—611. — Verf. schlägt vor, die bei Ausbruch einer Supernova einsetzende und sich mit Lichtgeschwindigkeit fortpflanzende Beleuchtung eventuell vorhandener staubförmiger interstellarer Materie zur Entfernungsbestimmung zu verwenden. Das Verfahren will Verf. selbst auf einige Fälle anwenden. Loh.

12461. **F. Zwicky,** Rotverschiebung und Linienbreiten in den Spektren extragalaktischer Nebel. Helv. phys. Acta **27** 481—482. — Ref. in Phys. Abstracts (A) **58** 190, RJ Astr. Geod. UdSSR Nr. **10,** 1955; Ref. Nr. **4486.**

12462. Una nueva unidad para medir distancias intergalaxicas. El Universo Nr. **27** S. 15. — Forschungsbericht.

12463. A local supergalaxy. Irish AJ **3** 59—60.

12464. Gas in the Magellanic Clouds. Irish AJ **3** 60.

12465. Luminous and dark formations of intergalactic matter. Irish AJ **3** 60—62, 117.

12466. New distance to Messier 81. J RAS Canada **48** 78.

12467. Law of the red shifts and the distances of nebulae. Nature **174** 1046—1047. — Ref. der in AJB **53** Ref. **12411** zitierten Arbeit von E. Hubble.

12468. New extragalactic distance indicators. Sky and Telescope **13** 77.

12469. Two-color composite pictures of galaxies. Sky and Telescope **13** 112.

12470. Distances of galaxies. Sky and Telescope **13** 188. — Ref. AAS.

12471. Observational tests for intergalactic matter. Sky and Telescope **13** 188. — Ref. AAS.

12472. Red shifts in faint galaxies. Sky and Telescope **13** 189. — Ref. AAS.

12473. Visual size of the Andromeda nebula. Sky and Telescope **13** 397.

12474. Distances of galaxies. Sky and Telescope **13** 423. — Ref. AAS.

12475. Distribution of brightness in galaxies. Sky and Telescope **14** 21, mit 1 Fig.

12476. Neues aus der Metagalaxis. Sterne **30** 140—141.

12477. Statystyka mgławicowa. Urania Kraków **25** 276.

* * Theoretische Untersuchungen über Sternsysteme siehe § **44**.

§ 125

Interstellare Materie

* * Radiostrahlung der interstellaren Materie siehe § **126**.

* * **T. Adolfsson,** A spectrophotometric investigation into bright and dark regions in Taurus. II. The catalogue. Vgl. Ref. **9401**.

12501. **T. Adolfsson,** A spectrophotometric investigation into bright and dark regions in Taurus. III. The distribution of obscuring material. Ark Astr **1** 495—529, mit 16 Fig. = Uppsala Astr. Obs. Medd. Nr. **109**. — Ref. in PAT **35** 167—168, Vega **2** Nr. 28. — Die Helligkeiten, Farben und Spektralklassen von 1153 Sternen einer Taurusregion (zwischen 4^h—5^h in AR und 21°—33° in Dekl., vgl. Ref. **9401**) werden zur Bestimmung vorhandener Dunkelwolken verwendet. Dazu müssen «Normalfarben», d. h. die Farben der Sterne in unverdunkelten Regionen, hergeleitet werden. Die detaillierte Diskussion der Verteilung der Farbenexzesse und der Wolf-Diagramme zeigt mindestens drei Dunkelwolken: 1.) in 30—70 pc Entfernung mit $0^m.5$ Absorption, 2.) in etwa 175 pc Entfernung, mittlere Absorption 1^m, und 3.) etwa 600 pc entfernt, $1^m.5$ absorbierend. Die selektive Absorption beträgt 10—11 % der totalen. Es gibt in diesem Feld nur kleine Stellen ohne Absorption. Gli.

12502. **Y. Andrillat,** Etude de la bande interstellaire à 4430 Å dans quelques étoiles de Wolf-Rayet. CR **239** 1590—1592. — In fünf WN-Sternen wurden Äquivalentbreiten und Linientiefen der interstellaren Bande 4430 Å gemessen. In zwei WC-Sternen gelang das nur unvollständig, da die Bande dort von einer Emission des CIV 4442 Å gestört wird. Äquivalentbreiten und Linientiefen wachsen mit der Entfernung der Sterne. Loh.

12503. **G. S. Badaljan,** Bestimmung der selektiven Absorption des Lichts im Gebiet Scutum mit Hilfe der galaktischen Cepheiden. DAN Armen. Sowjetrepublik **19** Nr. 3 S. 73—78 (russisch). — Ref. in RJ Astr. Geod. UdSSR Nr. 8, 1955; Ref. Nr. 3270.

12504. **L. Biermann, A. Schlüter,** Zum Bewegungszustand der H II-Regionen des interstellaren Gases. Z. Naturforschung **9a** 463—469, mit 2 Abb. — Ein Überblick über die Temperatur- und Druckverhältnisse in dichten H I- und H II-Regionen und den dünnen H II-Zwischengebieten zeigt, daß die dichten H II-Regionen wohl in Expansion mit einer Geschwindigkeit von der Ordnung der Schallgeschwindigkeit begriffen sein müssen. Ausführlich betrachtet wird der mögliche Einfluß des Strahlungsdrucks in der Linie $L\alpha$. Es wird eine einfache Modellvorstellung entwickelt, welche gestattet, die Hin- und Herdiffussion der $L\alpha$-Quanten im Dopplerkern der Linie und den gelegentlichen Übergang in die Linienflügel zu überblicken. Es zeigt sich, daß die Speicherung der $L\alpha$-Quanten den Strahlungsdruck in dieser Linie wohl höchstens um einen Faktor $\approx 10^1$ erhöht. Damit bleibt er in dichten Regionen noch weit unter dem Gasdruck. Dünne H II-Regionen andererseits werden im allgemeinen auch im Lyman-Kontinuum eine geringe optische Dicke besitzen. Demnach sind die dynamischen Wirkungen des Strahlungsdruckes in $L\alpha$ wohl nur in Sonderfällen groß gegen die des Gasdrucks. Im Schlußabschnitt wird die Wirkung dieser Verhältnisse auf die Schichtung und den Bewegungszustand des interstellaren Gases betrachtet. Es scheint, daß die Expansion der H II-Regionen für das interstellare Gas die wirksamste Quelle kinetischer Energie darstellt. Verf. (gekürzt)

12505. **J. Borgman,** The dependence of interstellar absorption of light on the wavelength. BAN **12** 201—209, mit 5 Fig. — Für sieben verschiedene Wellenlängen von 3923 bis 6295 Å wurden die Helligkeitsdifferenzen zwischen einem verfärbten und einem unverfärbten Stern bei zehn O- und B-Sternpaaren in Fortsetzung einer Arbeit von van Rhijn (AJB **53** Ref. **12515**) gemessen. Die Resultate werden mit dem Absorptionsgesetz von Stebbins und Whitford (vgl. AJB **45** Ref. **7447**) verglichen. Die aus allen Messungen resultierende mittlere Absorptionskurve ist dargestellt. Differenzen zwischen den Absorptionskurven der Sterne im «Orionarm» und der Sterne im «Perseusarm» deuten sich an. Gli.

12506. **R. Canavaggia,** Sur la mesure du rougissement de céphéides. CR **238** 2390—2392, mit 1 Fig. — Methode zur Berechnung der interstellaren Rotverfärbung eines Cepheiden in Bezug auf einen anderen Cepheiden mit derselben ursprünglichen Rotverfärbung. Verf. (übersetzt)

12507. **D. S. Chawtassi,** Katalog von Dunkelnebeln und ihre statistische Untersuchung. Moskau, Astr. Sternberg-Inst., 1954 (russisch). — Dissertationsreferat.

12508. **G. Courtès,** Le doublet 6548—6584 Å de [N II] dans l'émission interstellaire. CR **238** 877—879. — Interferometrische Bestimmung des Verhältnisses [N II]/$H\alpha$ in interstellaren Emissionsgebieten. Das Verhältnis variiert sowohl von Nebel zu Nebel als auch von Punkt zu Punkt im Nebel selbst. U. Be.

12509. **G. Courtès,** Vitesses radiales des régions H II. CR **238** 1971—1973. — Verf. vergleicht die Radialgeschwindigkeiten von fünf der hellsten diffusen Nebel (NGC 1976, 3372, 6514, 6523, 6618) mit denen der anregenden Sterne. Die Differenzen sprechen für eine zufällige Begegnung von Stern und Nebel. Dann vergleicht er die Radialgeschwindigkeiten einiger H II-Regionen in den Nebeln NGC 1499, IC 405, IC 434 und NGC 7000 mit der der anregenden Sterne, wobei die Werte in jedem Falle um mindestens 20 km/sec differieren. Auch die Radialgeschwindigkeit des interstellaren Wasserstoffs weicht deutlich von der Radialgeschwindigkeit des betreffenden Sternes ab. Gli.

12510. **L. Divan,** Recherches sur la loi d'absorption de la poussière interstellaire et sur le spectre continu des étoiles O et B. Ann d'Astrophys **17** 456—540, mit 35 Fig. = Contr. Inst. d'Astrophys. Paris (B) Nr. **120**. — Umfangreiche spektralphotometrische Untersuchungen vor allem im Cygnus- und Oriongebiet zeigen, daß das Gesetz der interstellaren Verfärbung an allen Stellen das gleiche ist. Alle Widersprüche mit früheren Beobachtungen anderer Autoren können entweder durch Meßfehler oder ungenügende Berücksichtigung der wahren spektralen Energieverteilung der untersuchten Sterne entstanden sein. Behr

* * **J. Dufay,** Nébuleuses galactiques et matière interstellaire. Vgl. Ref. 12204.

* * **J. Dufay,** La nébuleuse M 8, ses globules et son spectre. Vgl. Ref. 12205.

12511. **M. W. Feast,** The strongly reddened B star HDE 316332. MN ASSA **13** 70. — Der Stern wird als B3I im MKK System klassifiziert. Aus dem Farbenexzeß wird eine photographische Absorption von $6^m.8$ erschlossen. Unter Berücksichtigung dieser Absorption ergibt sich eine Entfernung von 1300 pc für den Stern. Fricke

12512. **M. W. Feast,** The strongly reddened B star HDE 316332. Obs **74** 259. — Bok und van Wijk hatten für HDE 316332 lichtelektrisch einen Farbenexzeß von $+1^m.56$ (entsprechende photographische Gesamtabsorption $6^m.8$) gefunden. Nach neuen Spektrogrammen ist der Spektraltyp B3 I, die Entfernung etwa 1300 pc. Der Stern steht also hinter der Dunkelwolke im Ophiuchus. Die diffuse interstellare Absorption bei λ 4430 ist ungewöhnlich stark, die interstellaren H- und K-Linien sind dagegen normal. O. G.

12513. **W. G. Fessenkow,** Über einige Besonderheiten der Verteilung der staubförmigen Materie im interstellaren Raum. Meteoritika Nr. 11 S. 192—203 (russisch). — Ref. in RJ Astr. Geod. UdSSR Nr. **6**, 1955; Ref. Nr. 2339.

* * **G. Haro,** Las estrellas «Rafaga» y las nubes de material interestelar. Vgl. Ref. **11188**.

12514. **D. L. Harris III,** On the space reddening of Eta Aquilae. ApJ **119** 297—298. — Mit Hilfe der Sechsfarbenphotometrie des Cepheiden η Aquilae von Stebbins, Kron und Smith (vgl. AJB **52** Ref. **11172**) wird wahrscheinlich gemacht, daß dieser Stern interstellar verfärbt ist. Seine Temperatur ist daher höher anzunehmen, als es wiederholt geschah. Micz.

12515. **D. S. Heeschen, A. E. Lilley,** Interstellar hydrogen and the local system. Proc. National Acad. Sci. USA **40** 1095—1096, mit 1 Fig. = Harv Repr Nr. **396**. — Beobachtungen der Intensität der 21 cm-Linie des Wasserstoffs in Richtung zum galaktischen Zentrum und Antizentrum in Abhängigkeit von der galaktischen Breite zeigen außer einem Hauptmaximum bei $\beta = 0°$ ein Nebenmaximum bei $\beta = +20°$ in Richtung zum Zentrum und bei $\beta = -20°$ in Richtung zum Antizentrum. Diese Nebenmaxima fallen ungefähr mit dem Gouldschen Gürtel der helleren Sterne zusammen, ein Umstand, der als Hinweis für die Existenz eines lokalen Systems gedeutet wird. Kdr.

* * **K. G. Henize,** The Michigan-Mount Wilson southern Hα survey. Vgl. Ref. 9537.

* * **F. D. Kahn,** The acceleration of interstellar clouds. Vgl. Ref. **5308**.

12516. **T. A. Kotschlaschwili, A. F. Torondshadse,** Eine Methode zur Bestimmung der Symmetrieebene der absorbierenden Materie und die Frage nach der Abhängigkeit des β von z in der Absorptionsformel. AJ UdSSR **31** 387—393 (russisch). — Beim Gebrauch der Absorptionsformel von Parenago $A = \frac{a_0 \cdot \beta}{\sin b}\left(1 - e^{-\frac{r \sin b}{\beta}}\right)$ zur Bestimmung der Symmetrieebene der absorbierenden Materie sollen a_0 und β für jede Richtung einzeln bestimmt werden, im Gegensatz zur Anwendung, bei der $\beta = 100$ pc für alle Richtungen gesetzt wird. Nach der beobachteten Abhängigkeit β von z genügt die einfache barometrische Formel $D = D_0 C^{-z/\beta}$ nicht zur Darstellung der Dichteverteilung der absorbierenden Materie in der z-Koordinate. Schrick

12517. **E. A. Kreiken,** The brightness of scattered star light in different galactic latitudes and longitudes. Commun. Faculté Sci. Univ. Ankara (A) **6** 32—50, mit 4 Fig. = Commun. Department Astr. Ankara Univ. Nr. 1. — In der Abhandlung wird die Flächenhelligkeit in der Milchstraße erstens durch die Verteilung der Sterne an der Sphäre, zweitens durch die räumliche Verteilung der Sterne ausgedrückt. Ein Vergleich beider Darstellungen, von denen die erste nur Beobachtungsgrößen enthält, gestattet es, Rückschlüsse auf die räumliche Sternverteilung und die interstellare Absorption in verschiedenen galaktischen Richtungen zu ziehen. Wegen der beschränkten Genauigkeit des Beobachtungsmaterials sind jedoch die abgeleiteten Resultate nur als provisorisch zu betrachten. Kdr.

12518. **H. Lambrecht, H. Zimmermann,** Neuberechnung des interstellaren Strahlungsfeldes. I. Wiss. Z. Friedrich-Schiller-Univ. Jena Math.-naturwiss. Reihe **4** 263—274, mit 7 Abb. = Mitt. Univ.-Sternw. Jena Nr. 13. — Im vorliegenden Teil I ist unter der Voraussetzung, daß sich die Sterne wie Plancksche Strahler verhalten, das im Jahre 1939 von Dunham hergeleitete interstellare Strahlungsfeld neu berechnet worden. Eine wesentliche Erweiterung bedeutet die Berücksichtigung der Anisotropie des Strahlungsfeldes. Die Werte der Strahlungsdichte, aufgegliedert in die einzelnen Spektralklassen der Hauptreihe und des Riesenastes für acht Wellenlängenbereiche, getrennt nach niederen, mittleren und hohen galaktischen Breiten, sind für Untersuchungen von Fragen der Dynamik der interstellaren Materie sehr übersichtlich und zweckmäßig angeordnet. Hoppe

12519. **H. Li, L. Spitzer, I. Epstein,** Equivalent width of interstellar hydrogen. Acta Astr. Sinica **2** 147—162, mit 4 Fig. (chinesisch).

12520. **M. Lunel,** Bandes interstellaires dans deux étoiles très rougies. Ann d'Astrophys **17** 234—236, mit 4 Fig. — Es wird auf zwei Sterne aufmerksam gemacht (HD 168625 und HD 183143), die stark rot verfärbt sind, und in deren Spektren die interstellaren Absorptionsbanden λ 4430, λ 5780 und λ 6284 sehr kräftig sind. Die Äquivalentbreiten und Zentralintensitäten der Banden wurden gemessen. Obwohl zwei der Banden in den Spektren der beiden Sterne etwa die gleiche Tiefe haben, unterscheiden sich ihre Äquivalentbreiten um ungefähr das Dreifache. Micz.

12521. **L. W. Mirsojan,** Über die kosmische Absorption des Lichts. Nachr. Akad. Wiss. Armen. Sowjetrepublik (Phys.-math., Naturwiss., Techn.) **7** Nr. 3 S. 45—52 (russisch). — Ref. in RJ Astr. Geod. UdSSR Nr. 8, 1955; Ref. Nr. 3271.

12522. **W. W. Morgan, B. Strömgren, H. M. Johnson,** New features of some emission regions in the milky way. AJ **59** 188. — Ref. AAS.

12523. **W. B. Nikonow,** Über die Anwendung der Vielfarben-Elektrokolorimetrie zur Untersuchung der selektiven Absorption des interstellaren Mediums. Mitt. Astrophys. Obs. Krim **12** 134—147, mit 5 Abb. (russisch). — Bei der Untersuchung von B0—A0-Sternen mit Hilfe der lichtelektrischen Vielfarbenphotometrie wird neben der Erwähnung einer Vierfarbenphotometrie, die mit einem Farbbereich gerade das Wellenlängengebiet des Balmersprungs erfaßt, hauptsächlich eine Dreifarbenphotometrie behandelt, deren Farbbereiche U, B, V etwa den drei von Stebbins und Whitford angegebenen kurzwelligen Bereichen entsprechen. Mit Hilfe von Zweifarbenindexdiagrammen läßt sich außer den echten Farben und den Farbenexzessen auch die Wellenlängenabhängigkeit der selektiven Absorption in verschiedenen Gebieten der Galaxis bestimmen. Davon wurde jedoch kein weiterer Gebrauch gemacht. Schrick

* * **J. H. Oort,** Outline of a theory on the origin and acceleration of interstellar clouds and O associations. Vgl. Ref. **12373.**

* * **H. M. Pillans,** Interstellar lines of CH^+ in the spectrum of Epsilon Aurigae. Vgl. Ref. **11138.**

12524. P. Pişmiş, El efecto del material absorbente sobre el numero observado de las estrellas que envuelve. I. Bol. Obs. Tonantzintla y Tacubaya Nr. **11** S. 3—10 (mit englischer Zusammenfassung). — Um den Einfluß absorbierender interstellarer Materie auf Sternzählungen zu untersuchen, werden Rechnungen unter schematischen Voraussetzungen (zwei endliche Sterngruppen mit identischer Gaußverteilung der absoluten Helligkeiten und gleicher Tiefenerstreckung, eine eingebettet in gleichförmig verteilte interstellare Materie, die andere im durchsichtigen Gebiet) durchgeführt. Ergebnis: Das Verhältnis der Sternzahl eines Helligkeitsintervalls zu der des vorhergehenden Intervalls (hellere Sterne) ist im verdunkelten Gebiet stets größer als im klaren, das heißt, das verdunkelte Gebiet liefert ein schnelleres Anwachsen der Sternzahlen. Gemessen als Bruchteil aller Sterne sind die Zahlen im verdunkelten Gebiet zunächst kleiner, solange die Gaußverteilung ansteigt, und größer nach Überschreiten des Maximums, also für schwache Sterne. Befindet sich eine konstant absorbierende Wolke vor der Sterngruppe, werden die Effekte noch verstärkt. Voigt

12525. D. A. Roshkowskij, Über die räumliche Verteilung der auf dem Untergrund von Nebeln beobachteten Globulen. DAN **98** 553—555, mit 2 Abb. (russisch). — 21 Nebel wurden nach Globulen durchmustert, wobei Verf. teils eigene Aufnahmen und teils Abbildungen in Sky and Telescope benutzte. Zwischen der Globulenzahl pro Nebel und dem Volumen des Kegels vom Beobachter zum Nebel besteht keine Korrelation, insbesondere keine positive. Die Globulen sind also nicht ungefähr gleichförmig im Raum verteilt, sondern physisch mit den Nebeln verbunden. Die meisten Globulen (15—20) wurden in den Nebeln NGC 2237—9, 3372, 6523 und 6611 gefunden. Loh.

12526. C. Schalén, Några nyare rön om det interstellära stoftet. PAT **35** 43—49, mit 6 Fig. — Nach einer kurzen historischen Einleitung bespricht Verf. ausführlich die Güttlerschen Arbeiten über die Natur der interstellaren Materie (vgl. AJB **52** Ref. **5305** und Ref. **12512**). C. L. J.

12527. E. Schatzman, Nature et évolution de la matière interstellaire. (Le colloque de Liège, juillet 1954). BSAF **68** 445—468, mit 11 Fig. = Contr. Inst. d'Astrophys. Paris (A) Nr. **187.** — Bericht über das Kolloquium vom 15.—17. Juli 1954 in Lüttich. Der Bericht gliedert sich in folgende Abschnitte: Sternassoziationen, Eigenschaften der interstellaren Materie, interstellare Polarisation, Ursprung der kosmischen Strahlung, Absorption und Diffusion des Lichtes, Bewegung der interstellaren Materie, Zusammensetzung der Staubpartikeln, interstellarer Graphit, Entstehung und Entwicklung von Sternen. Der Bericht gibt eine kurz gefaßte Gesamtübersicht. Fricke

12528. T. Schmidt, Interstellare Materie und Spiralstruktur der Galaxis. Ann d'Astrophys **17** 154—158, mit 4 Abb. — Die räumliche Verteilung der interstellaren Materie in der galaktischen Ebene wird diskutiert. Nach dem heute vorliegenden Beobachtungsmaterial scheint sowohl die gasförmige als auch die staubförmige Komponente der interstellaren Materie in den Spiralarmen konzentriert zu sein. Der Staub ist fast gänzlich auf die Arme beschränkt und tritt bevorzugt an deren Innenseite auf. Gas findet man auch zwischen den Armen vor, jedoch ist dort die Dichte etwa eine Zehnerpotenz niedriger als in den Armen. Kdr.

12529. **E. Schoenberg,** Über die Typen der Dunkelwolken. Forschungsber. Obs. Wendelstein Nr. **11**, 19 S. mit 14 Abb. — Ref. in Sitzber. Bayer. Akad. Wiss. Math.-naturwiss. Kl. **1954** 12*—13*. — In dieser kleinen Arbeit soll nur ein Überblick über einige auffallende Typen von Dunkelwolken gegeben werden, die sich auf unseren, auf dem Wendelsteinobservatorium erhaltenen Aufnahmen und in den Atlanten der Milchstraße bei einer genauen Durchmusterung gezeigt haben. Dabei sind nur die durch ihre Regelmäßigkeit auffallenden Formen hier wiedergegeben, bei denen eine Hoffnung besteht, sie dynamisch zu erklären. Verf.

12530. **K.-W. Schrick,** Neue Untersuchungen über die räumliche Verteilung der interstellaren Materie in der Milchstraße. Sterne **30** 217—221, mit 4 Abb.

12531. **L. Spitzer jr.,** Behavior of matter in space. ApJ **120** 1—17, mit 4 Fig. und 1 Tafel. — In der siebten Henry Norris Russell Lecture wird über den gegenwärtigen Stand der Kenntnisse über das Verhalten interstellarer Materie berichtet. Ein großer Teil des Vortrages ist den Untersuchungen über die Temperatur der interstellaren Materie einschließlich der HI- und HII-Regionen sowie den die Temperatur bestimmenden Heiz- und Kühlprozessen gewidmet. Der zweite Teil beschäftigt sich mit den Bewegungen des interstellaren Gases, wobei Prozesse, die Druckgleichgewicht herzustellen suchen, thermische Kräfte, die Bewegungen verursachen (interstellare «Winde», Rückstoßphänomene bei Neubildung von heißen Sternen) und Instabilitäten des Rayleigh-Taylor-Typus betrachtet werden. Ein abschließendes Kapitel behandelt die einschlägigen Theorien über magnetische Felder im interstellaren Raum und ihre Rolle bei der Bildung von Spiralarmen. Micz.

* * **O. Struve,** Cosmic dust. Vgl. Ref. 8407.

12532. **G. de Vaucouleurs,** L'espace est-il un mythe? 1. La matière interstellaire. La Nature **82** 124—129, mit 9 Fig. — Verf. gibt einen Bericht über die verschiedenen Arbeiten zur Erforschung der interstellaren Materie. Henn

12533. **A. Weigert,** Der Ionisationszustand des interstellaren Gases. Phys. Verhandlungen **5** 126. — Ref. AG.

12534. **A. Weigert,** Der Ionisationszustand des interstellaren Gases. Wiss. Z. Friedrich-Schiller-Univ. Jena Math.-naturwiss. Reihe **4** 435—440, mit 3 Abb. = Mitt. Univ.-Sternw. Jena Nr. **16**. — Unter Verwendung der neuberechneten Werte des interstellaren Strahlungsfeldes nach Lambrecht-Zimmermann wird die Ionisationsfunktion $(N''/N') \cdot N_e$ der am häufigsten im interstellaren Raume beobachteten Atome und Ionen mitgeteilt. Auf Grund dieser Berechnung wird ein Ca-Na-Verhältnis erhalten, das dem zu erwartenden Wert besser entspricht als früher abgeleitete Werte. Infolge der Depression der Strahlungsdichten für das kurzwellige UV ($\lambda < 912$ Å), sind die bisher errechneten Dimensionen der HII-Gebiete um den Faktor 0.35 bis 0.55 zu verkleinern. Hoppe

12535. **H. Wilkens,** Sobre algunas fórmulas de la absorción interestelar general. Publ. Obs. Astr. Eva Peron Circ. Nr. **14** S. 15—20, mit 1 Diagramm (mit englischer und deutscher Zusammenfassung). — In diesem Artikel werden die beiden Absorptionsformeln verglichen, welche von Parenago (bzw. van Rhijn) und von H. Wilkens stammen. Auf Grund der von Stebbins und Whitford in 42 O- und B-Sternen in sechs Farben beobachteten Farbenexzesse empfiehlt sich eher die Formel von Wilkens. Auf Grund dieser Beobachtungen und ihrer Auslegung durch die Formel von Wilkens muß darauf aufmerksam gemacht werden, daß der Faktor zur Verwandlung eines Farbenexzesses in einen absoluten Absorptionsbetrag im allgemeinen nicht nur von den verschiedenen effektiven Wellenlängen abhängt, sondern außerdem noch stark mit dem Abstande über der galaktischen Mittelebene veränderlich ist. Verf.

12536. **H. Zimmermann,** Neuere Ergebnisse über das interstellare Strahlungsfeld. Phys. Verhandlungen **5** 123. — Ref. AG.

12537. Chemistry of cosmic dust. Chemistry **27** Nr. 7 S. 7—10. — Ref. in RJ Astr. Geod. UdSSR Nr. **11**, 1954; Ref. Nr. 5491 (russisch).

12538. The influx to interstellar space of matter shed by stars. Irish AJ **3** 122.

12539. Investigations of interstellar hydrogen by radio telescopes. J RAS Canada **48** 26—27.

12540. The behavior of matter in space. Sky and Telescope **13** 218—219, mit 1 Fig. — Ref. AAS.

12541. Die näheren H II-Gebiete. Sterne **30** 23.

12542. L'hydrogène interstellaire. Union Radio Sci. Internationale (Bruxelles), Rapport Spécial Nr. **5**, 27 S. mit 6 Fig. — Der Bericht behandelt die 21 cm-Linie des Wasserstoffs und die aus den Beobachtungen dieser Linie abzuleitenden Ergebnisse besonders hinsichtlich der Verteilung des interstellaren Gases im Milchstraßensystem. Kdr.

* * New emission regions. Vgl. Ref. **12241**.

Polarisation

12543. **A. Behr, W. Tripp,** Polarisation des Sternlichtes durch interstellare Wolken filamentartiger Struktur. Phys. Verhandlungen **5** 123—124. — Ref. AG.

12544. **R. Cayrel, E. Schatzman,** Sur la polarisation interstellaire par des particules de graphite. Ann d'Astrophys **17** 555—574, mit 3 Fig. = Contr. Inst. d'Astrophys. Paris (B) Nr. **122**. — Verf. entwickeln eine Theorie zur Deutung der interstellaren Polarisation. Optisch stark anisotrope Graphitkristalle bewirken wesentlich stärkere Polarisation als längliche isotrope Teilchen. Als Ausrichtungsmechanismus in einem Magnetfeld wird ähnlich wie bei der Theorie von Davis und Greenstein paramagnetische Relaxation (durch Verunreinigungen im Graphit bedingt) oder auch diamagnetische Relaxation der freien Elektronen angenommen. Behr

* * **E. Fick,** Die Polarisation des Lichtes durch asphärische, ferromagnetische Teilchen in einem homogenen Magnetfeld. I. Experimentelle Untersuchungen an γ-Fe_2O_3-Rauch. Vgl. Ref. **223**.

12545. **W. A. Hiltner,** Polarization of a heavily obscured clustering of OB stars in Cygnus. ApJ **120** 178—179, mit 1 Fig. = Contr. McDonald Obs. Nr. **238**. — Eine Gruppe von OB-Sternen in einer Gegend starker interstellarer Absorption im Cygnus wurde auf interstellare Polarisation untersucht. Betrag und Richtung der Polarisation sind nicht mit der Stärke der Absorption korreliert. Verf. nimmt an, daß die Polarisationsunterschiede der Mitglieder dieser O-Assoziation nicht eine Folge von Polarisation und Depolarisation innerhalb einer Reihe von Materiewolken sondern eher von Ungleichförmigkeiten der Orientierung der polarisierenden Partikeln sind. Micz.

* * **W. A. Hiltner,** Polarization of the cluster M 29. Vgl. Ref. 12106.

12546. **W. A. Hiltner,** Interstellar polarization of 405 stars. ApJ **120** 454—463 = Contr. McDonald Obs. Nr. **241**. — In Ergänzung früherer Listen von Sternen, von denen Verf. lichtelektrisch Polarisationsgrad und Positionswinkel der Schwingungsebene bestimmt hat, werden Ergebnisse für 405 weitere Sterne mitgeteilt, die meist Objekte frühen Spektraltyps und daher hoher absoluter Leuchtkraft sind. Sterne bis zur 12. scheinbaren Größe wurden gemessen. Micz.

12547. **G. Stranahan,** The dispersion in orientation of interstellar polarizers. ApJ **119** 465—467. — Verf. bestimmt für vier Gruppen von Sternen, die interstellare Polarisation zeigen, die Streuung der Richtung der Polarisationsebene zu $\alpha \approx 0.1$ rad im Gegensatz zu Chandrasekhar und Fermi, die hierfür einen etwa doppelt so großen Wert annehmen. $\alpha = 0.1$ rad würde ein interstellares Magnetfeld von 1.4×10^{-5} Gauß entsprechen. Kdr.

§ 126

Radiostrahlung

* * Radiostrahlung der Sonne siehe § **65**.

Allgemeines

12601. **I. Atanasijević,** Kosmičko radiofrekventno zračenje. Bošković Almanah 1955 S. 133—167, mit 8 Abb.

* * **E.-J. Blum, J.-F. Denisse, J.-L. Steinberg,** Influence de l'ionosphère sur la réception du rayonnement galactique de fréquence 29.5 Mc/s. Vgl. Ref. 7277.

12602. **R. N. Bracewell,** Using cosmic radio waves to study solar flares. Obs **74** 155—157, mit 2 Fig. = Commonwealth Sci. Industrial Res. Organization, Australia, Division Radiophys. — Chromosphärische Eruptionen bewirken indirekt über ionosphärische Effekte eine Schwächung der kosmischen radiofrequenten Strahlung. Dies kann, etwa auf 18 MHz, zur Eruptionsüberwachung und Registrierung der SID benützt werden. Bru.

12603. **R. Hanbury Brown,** Radio waves from the galaxy. Occasional Notes **3** 57—61, mit 3 Fig. und 2 Tafeln = Astr. Contr. Univ. Manchester (2) Jodrell Bank Repr. Nr. **100**. — Zusammenfassender Bericht.

12604. **M. Dufay,** Les émissions radioélectriques d'origine galactique ou extragalactique. J. Phys. Radium **15** 50—57, mit 6 Fig. = Publ. Obs. Lyon (1) **5** Nr. 24. — Zusammenfassender Bericht von neueren Arbeiten über die galaktische und extragalaktische Radiostrahlung. Kdr.

12605. **C. S. Higgins, C. A. Shain,** Observations of cosmic noise at 9.15 Mc/s. Australian J. Phys. **7** 460—470, mit 7 Fig. = Commonwealth Sci. Industrial Res. Organization, Australia, Division Radiophys. — Ref. in Phys. Abstracts (A) **58** 2—3. — Mit einer Antenne, deren Keule eine Halbwertsbreite von 29° besitzt, wurde die Verteilung der allgemeinen Radiofrequenzstrahlung von 33 m Wellenlänge bei der Deklination −32° als Funktion der Rektaszension beobachtet. Die Antennentemperaturen liegen bei 10^6 Grad. Die erhaltene Kurve wurde mit Beobachtungen bei 18.3 und 100 MHz verglichen. Der Einfluß der unterschiedlichen Antennenkeulen wurde berücksichtigt. Es zeigt sich, daß die Strahlungstemperatur der Sphäre rapid mit abnehmender Frequenz ansteigt.

Für die Richtung zum galaktischen Südpol gilt z. B. $T \sim \nu^{-2.8}$. Das Verhältnis von maximaler zu minimaler Temperatur an der Sphäre nimmt jedoch mit der Frequenz ab. Dieser Befund läßt sich möglicherweise mit einer stärkeren Absorption erklären, die die aus der Richtung des galaktischen Zentrums kommende Strahlung im interstellaren Gas erfährt. Die Herkunft der Strahlung wird diskreten Quellen zugeschrieben. Priester

12606. **W. L. Hinsburg,** Radioastronomie. Priroda **43** Nr. 5 S. 12—21, mit 6 Abb. (russisch). — Nach einigen allgemeinen Bemerkungen über die Entdeckung und Bedeutung der Radiostrahlung von Gestirnen und der Verwendung des Radars in der Meteorforschung gibt Verf. einen allgemeinverständlichen Bericht über die technischen und wissenschaftlichen Errungenschaften der Radioastronomie. Instrumente, Sonne, kosmische Radiostrahlung, diskrete Radioquellen und Herkunft der Radio- sowie kosmischen Strahlung werden beschrieben und diskutiert. Loh.

12607. **R. W. Larenz,** Ladungstrennung bei Strömungen in ionisierten Gasen und kosmische Radiofrequenzstrahlung. Naturwissenschaften **41** 470—471. — Ref. in Phys. Ber. **34** 983.

12608. **B. Lovell, J. A. Clegg,** Radio Astronomy. Vgl. AJB **52** Ref. **12618**. — Weitere Besprechung in ZfMG **49** 288.

12609. **A. C. B. Lovell,** Radio astronomy. Occasional Notes **3** 29—79, mit 23 Fig. und 7 Tafeln. — Ref. in Phys. Abstracts (A) **57** 1360, Proc. Phys. Soc. (B) **68** 118 (M. Ryle), Southern Stars **16** 105—106 (K. D. Adams). — Die einzelnen Beiträge dieses zusammenfassenden Berichts sind getrennt aufgeführt.

12610. **A. Maxwell,** The scintillation of the radio stars. Occasional Notes **3** 65—70, mit 3 Fig. = Astr. Contr. Univ. Manchester (2) Jodrell Bank Repr. Nr. **100**. — Zusammenfassender Bericht.

12611. **R. X. McGee, J. G. Bolton,** Probable observation of the galactic nucleus at 400 Mc./s. Nature **173** 985—987, mit 2 Fig. = Commonwealth Sci. Industrial Res. Organization, Australia, Division Radiophys. — Ref. in Irish AJ **3** 121, Sterne **31** 190—191, mit 1 Abb., Urania Kraków **26** 148. — Mit einem Radiospiegel (Durchmesser 80 Fuß, Brennweite 40 Fuß, Frequenz 400 MHz, Halbwertsbreite der Keule 2°) wurde eine Durchmusterung der Sphäre im Bereich: Deklination −17° bis −49°, Rektaszension 15^h bis 20^h durchgeführt. Der Intervallabstand betrug 0°5 in der näheren Umgebung des galaktischen Zentrums, außerhalb 1°0. Die Radioisophoten wurden in galaktischen Koordinaten (Ohlsson 1900.0) wiedergegeben. Sie gruppieren sich um ein auffälliges Maximum bei l = 327°9 und b = 1°0. Verf. vermuten, daß es sich hierbei um die Radiostrahlung vom galaktischen Kern handelt. Seine Ausdehnung ist etwa mit dem von Baade gefundenen Kern im Andromedanebel vergleichbar. Priester

12612. **J. H. Piddington, F. Hoyle,** Generation of radio noise by cosmic sources. Nature **173** 482—484 = Commonwealth Sci. Industrial Res. Organization, Australia, Division Radiophys. — Piddington weist auf Auslassung eines numerischen Faktors in Hoyles Theorie der Entstehung der galaktischen Radiostrahlung durch interstellare thermische Prozesse (Beschleunigung von Elektronen durch lokale Raumladungskonzentrationen) hin, die diese Theorie mit der Beobachtung unvereinbar werden lassen. Hoyle selbst zeigt weitere Schwierigkeiten und schlägt stattdessen einen nicht-thermischen Prozeß vor: eine synchrotronähnliche Emission durch relativistische Elektronen (fast-particle-theory), deren Ursprung eventuell in den starken Radioquellen liegt. Quantitative Abschätzungen zeigen, daß die Theorie ein befriedigend mit der Beobachtung übereinstimmendes Frequenzspektrum liefert. Voigt

* * **W. Priester,** Zur Deutung der extragalaktischen Radiofrequenz-Strahlung. Vgl. Ref. **12432**.

12613. **J. A. Roberts,** Radio astronomy. Research **7** 388—399, mit 11 Fig. = Commonwealth Sci. Industrial Res. Organization, Australia, Division Radiophys. — Es wird ein Überblick über die Radioastronomie gegeben: Solare Radiostrahlung; Empfangsapparaturen und ihr Auflösungsvermögen; kosmische Strahlung; Radiosterne; Identifikation der Quellen; die 21 cm-Strahlung; Strahlung aus den Magellanschen Wolken; Ursprung der Radiostrahlung. Gli.

* * **I. S. Schklowskij,** Über die Natur der Radiostrahlung der Nebelhaufen. Vgl. Ref. **12437.**

12614. **C. A. Shain,** A comparison of the intensities of cosmic noise observed at 18.3 Mc/s and at 100 Mc/s. Australian J. Phys. **7** 150—164, mit 7 Fig. = Commonwealth Sci. Industrial Res. Organization, Australia, Division Radiophys. — Das Verhältnis der Strahlungstemperatur bei 18.3 MHz zu der bei 100 MHz ist überall nahezu konstant gleich 120, ausgenommen in der Nähe des galaktischen Äquators, wo kleinere Werte für dieses Verhältnis beobachtet werden. Das Minimum liegt in der Gegend des galaktischen Zentrums. In den diskreten Radioquellen streut dieses Verhältnis innerhalb weiter Grenzen. Diese Tatsachen werden als Folge der starken interstellaren Absorption bei niedrigen Frequenzen gedeutet. Böhm

12615. **J. R. Shakeshaft,** The isotropic component of cosmic radiofrequency radiation. Phil. Mag. (7) **45** 1136—1144. — Ref. in Phys. Abstracts (A) **58** 86, Phys. Ber. **34** 407, RJ Astr. Geod. UdSSR Nr. **5**, 1955; Ref. Nr. 1937.

12616. **H. Siedentopf,** Kosmische Radiostrahler. Naturwiss. Rundschau **7** 408—413, mit 8 Abb.

12617. **H. Siedentopf,** Methoden und Ergebnisse der Radioastronomie. I. Z. angewandte Phys. **6** 376—384, mit 11 Abb. = Mitt. Astr. Inst. Univ. Tübingen Nr. **16a.** — Zusammenfassender Bericht über die Beobachtungsmethoden, die ruhige und variable Radioemission der Sonne und über isolierte Radioquellen. Priester

12618. **H. Siedentopf,** Methoden und Ergebnisse der Radioastronomie. II. Z. angewandte Phys. **6** 422—430, mit 10 Abb. = Mitt. Astr. Inst. Univ. Tübingen Nr. **16b.** — Zusammenfassender Bericht (Fortsetzung) über die galaktische und außergalaktische Radiostrahlung, die Linienemission des interstellaren Wasserstoffs bei 21 cm Wellenlänge und die Probleme der Radarastronomie und Ionosphärenforschung. Priester

* * **J.-L. Steinberg,** Astronomie optique et radio-astronomie. Vgl. Ref. **2028.**

12619. **F. J. M. Stratton,** Radio astronomy. Pakistan J. Sci. **6** 137—141. — Ref. in RJ Astr. Geod. UdSSR Nr. **11**, 1955; Ref. Nr. 4711.

12620. **M. Waldmeier,** Radiowellen aus dem Weltraum. Zürich, Neujahrsblatt der Naturforschenden Gesellschaft Zürich auf das Jahr 1954. 80 S. mit 45 Abb. Preis Fr. 6.— Besprechung in Gaz astr **36** 1—5 (G. D. Roth), Obs **74** 176 (H. v. Klüber), Orion Schaffhausen **4** 217, Vega Nr. **14/15** S. 63 (G. D. Roth).

12621. **Å. Wallenquist,** En översikt av radioastronomins utveckling. PAT **35** 5—24, mit 15 Fig. — Der vorliegende Artikel ist eine allgemeinverständliche Übersicht über die Entwicklung der Radioastronomie seit der Entdeckung von Jansky im Jahre 1931. Verf. erläutert die Strahlungsgesetze und beschreibt die radioastronomischen Instrumente. Von den Forschungsergebnissen werden genauer behandelt: 1.) Untersuchung über die Mondtemperatur; 2.) das Radiospektrum der ungestörten Sonne; 3.) die Radiostrahlung der gestörten Sonne; 4.) das galaktische Rauschen; 5.) diskrete Radioquellen; 6.) die Resultate über die Erforschung der Struktur der Milchstraße. C. L. J.

12622. **H. W. Wells**, F-scatter at Huancayo, Peru, and relation to radio star scintillations. J. Geophys. Res. **59** 273—277, mit 10 Fig. — Ref. in Phys. Abstracts (A) **57** 1352. — Die Häufigkeit von F-Scattering in Huancayo im Lauf des Tages und des Jahres wird für den Zeitraum 1938—1945 untersucht. F-Scattering tritt nur nachts, vier Stunden vor bis vier Stunden nach Mitternacht auf, am häufigsten in den Monaten mit Zenitstand der Sonne, am seltensten im Mai bis August (lokaler Winter). Ein Häufigkeitsminimum ergab sich im Jahre 1941 mit nachfolgender rascher Häufigkeitszunahme. Im Tagesgang zeigt sich eine gewisse Parallelität mit den Szintillationen der Radiosterne. Bru.

12623. **W. Zonn**, O astronomii radiowej. Fiz. i chem. **7** 144—155. — Ref. in RJ Astr. Geod. UdSSR Nr. **5**, 1955; Ref. Nr. 1785.

12624. International Scientific Radio Union: Special Report Nr. 3 on discrete sources of extra-terrestrial radio noise. Brüssel, General Secretariat of U.R.S.I., 1954. 56 S. — Besprechung in J. Geophys. Res. **59** 433 (F. G. Smith).

12625. A Textbook of Radar, by the Staff of the Radiophysics Laboratory, Council for Scientific and Industrial Research. Herausgegeben von E. G. Bowen. Cambridge University Press, 1954. 13 + 617 S. und 41 Tafeln. Preis 45 s. — Besprechung in J. Atmosph. Terr. Phys. **5** 350—351 (R. L. Smith-Rose).

12626. Radiaciones procedentes del espacio en ondas de radio. El Universo Nr. **27** S. 13—15. — Forschungsbericht.

12627. Washington conference on radio astronomy — 1954. J. Geophys. Res. **59** 149—201. — Enthält die Berichte über folgende Vorträge:

B. Y. Mills, (a) CSIRO results on shapes, sizes, and spectra of radio sources; and (b) The galactic noise background. S. 149—150.

R. Hanbury Brown, (a) The survey with the 218' paraboloid; (b) Measures of the angular diameters of sources; and (c) Extra-galactic radiation. S. 150—152.

C. G. Little, The Jodrell Banks program on meteors, aurorae and ionosphere; and (b) The effects of the ionosphere on extra-terrestrial radio sources. S. 152—155.

F. G. Smith, (a) Radio star scintillations; and (b) The Cambridge program on discrete sources and solar activity. S. 155.

F. T. Haddock, C. H. Mayer, R. M. Sloanaker, Radiation at 10 cm from discrete sources and the Orion Nebula. S. 155—158, mit 7 Fig.

G. Reber, Interferometric work in Hawaii. S. 158.

J. D. Kraus, Some results of the Ohio State University radio astronomy project. S. 158.

J. Hagen, Some results of solar research with radio astronomy techniques. S. 158—163, mit 7 Fig.

E. G. Bowen, Some recent results in the study of radio emission from the sun — (a) Solar research at CSIRO; and (b) A new phenomenon in solar radio noise. S. 163.

A. E. Covington, Solar noise at 10 cm. S. 163—166, mit 4 Fig.

C. R. Burrows, W. E. Gordon, Some results of the Cornell radio astronomy project. S. 166—172, mit 7 Fig.

H. W. Dodson, Solar flares and associated radiation at 200 Mc/sec and 2,800 Mc/sec. S. 172—173.

H. C. van de Hulst, Fast recordings of solar radiation at 200 Mc/sec. S. 173.

W. O. Roberts, Radio emission from active regions of the corona. S. 173—174.

F. T. Haddock, Eclipse measurements at centimeter wavelength and their interpretation. S. 174—177, mit 5 Fig.

R. Minkowski, Progress report on astronomical observations of radio sources. S. 177—179.

J. L. Greenstein, Thermal emission from gases; and energy considerations in non-thermal sources. S. 179—180.
F. Hoyle, A mechanism for radio noise generation. S. 180—182.
F. G. Smith, The nature of the problems of radio astronomy. S. 182.
H. K. Sen, Noise generation by oscillating plasmas, and non-linear plasma theory. S. 182—183.
J. D. Kraus, The O.S.U. antenna. S. 183.
B. Y. Mills, The pencil beam antenna. S. 183.
R. Hanbury Brown, The Manchester paraboloid. S. 183.
J. P. Hagen, The 50-foot antenna — design, construction, and use. S. 183—184, mit 1 Fig.
E. G. Bowen, A new radio telescope design; the big antenna versus the interferometer array. S. 184—187, mit 1 Fig.
H. I. Ewen, 21-cm equipment at Harvard. S. 187.
C. G. Little, 21-cm receiver at Jodrell Bank. S. 187—188.
H. E. Tatel, 21-cm equipment at the Carnegie Institution of Washington. S. 188.
N. T. Lavoo, Tube noise and circuit problems at high frequency. S. 188.
C. H. Mayer, Improved noise power measurements through the use of ferrites. S. 188—191, mit 6 Fig.
H. C. van de Hulst, Structure of the galaxy from 21-cm line observations. S. 191.
B. Y. Mills, Observations of the Magellanic Clouds. S. 191.
R. H. Dicke, E. M. Purcell, J. Wittke, Excitation of the 21-cm line. S. 191.
C. H. Townes, Microwave spectra of astrophysical interest. S. 191.
B. J. Bok, Astronomical problems connected with the 21-cm line. S. 192—198, mit 7 Fig. = Harv Repr Nr. 383.

12628. Radio map of the milky way. Sky and Telescope **14** 22—23, mit 3 Fig.

* * Sympozjon radio-astronomiczny. Vgl. Ref. 11117.

Radioquellen

12629. **W. Baade, R. Minkowski,** Identification of the radio sources in Cassiopeia, Cygnus A, and Puppis A. ApJ **119** 206—214, mit 12 Tafeln. — Ref. in Sky and Telescope **13** 298, Coelum **22** 113—117. — Verf. beschreiben die von ihnen unternommene Identifizierung einiger Radioquellen mit optisch sichtbaren Objekten. Die direkten Aufnahmen wurden mit dem 200″-Reflektor und dem 48″-Schmidt-Teleskop auf dem Mt. Palomar erhalten. Die Quelle in Cas ist mit einem galaktischen Nebelgebilde verbunden, das ganz ungewöhnliche spektrale Eigenschaften besitzt. Am auffälligsten sind die verbotenen Linien des OI und OIII; Hα fehlt in einigen Filamenten. Die Radialgeschwindigkeiten der Filamente liegen zwischen −1000 und +3000 km/sec. Direkte Aufnahmen mit etwa zwei Jahren Intervall zeigen bereits Eigenbewegungen und Intensitätsänderungen einiger Nebelteile. Die Radioquelle in Pup steht ebenfalls mit einem galaktischen Nebel in Beziehung. Bisher wurden nur Hα und Linien des [NII] beobachtet, jedoch befindet sich das Objekt beobachtungsgemäß in einer ungünstigen Position für Südkalifornien. Die gemessenen inneren Bewegungen sind kleiner als bei der Cas-Quelle. Die Quelle in Cyg liegt in einem Milchstraßenfenster, das auf 200″-Aufnahmen eine große Anzahl extragalaktischer Nebel enthält. Sie fällt mit einem ungewöhnlich aussehenden Objekt zusammen, das offenbar aus zwei sich durchdringenden Sternsystemen besteht. Mindestens 50 % des Gesamtlichts dieses Gebildes findet sich in den Emissionslinien. Aus photometrischen Daten wird auf ein Gebilde von mehr als 10000 pc Durchmesser geschlossen. Eine Abschätzung der im Radiogebiet emittierten Energie führt auf etwa 8×10^{42} erg/sec und im optischen auf 5.6×10^{42} erg/sec. Die kinetische Energie des Zusammenstoßes dürfte bei 10^{59} erg liegen. Micz.

12630. **W. Baade, R. Minkowski,** On the identification of radio sources. ApJ **119** 215—231, mit 1 Fig. und 14 Tafeln. — Ref. in Sky and Telescope **13** 298, Coelum **22** 113—117. — Als diskrete Radiostrahler kommen folgende Objekte in Betracht: 1.) Überreste von Supernovae, 2.) galaktische Nebelgebilde einer seit kurzem bekannten Art, 3.) gewisse seltene extragalaktische Sternsysteme, 4.) normale extragalaktische Sternsysteme. Als Strahler der ersten Gruppe wurden bisher der Crab-Nebel (Supernova von 1054) und Tycho Brahes Supernova aus dem Jahre 1572, noch nicht dagegen Keplers Supernova 1604, erkannt. Von der Gruppe 2 sind bisher drei Objekte als Strahler bekannt. Zu den Quellen der Gruppe 3 gehören unter anderen NGC 4486, NGC 1275 und NGC 5128, bei denen es sich jeweils um zwei kollidierende Sternsysteme handelt. Die bisher als Strahler erkannten gewöhnlichen Sternsysteme gehören alle dem Typ Sb und Sc an (Andromedanebel, Milchstraße). Wieweit ein Zusammenhang zwischen optischer Helligkeit und Radiointensität besteht, ist ungewiß. Der Beitrag aller diskreten Quellen zur Gesamtstrahlung dürfte gering sein. Vergleiche des Verlaufs der Strahlungsintensität über die Sphäre mit der Sternverteilung in der Milchstraße legen nahe, daß der größte Teil der Strahlung von Objekten stammt, die zu Baades Population II gehören. Micz.

* * **W. Baade, R. Minkowski,** Abnormal galaxies as radio sources. Vgl. Ref. 12401.

12631. **J. E. Baldwin, D. W. Dewhirst,** Position and identification of a bright extended radio source in Gemini. Nature **173** 164—165, mit 3 Fig. — Durch Interferometeraufnahmen bei $\lambda = 3.7$ und 7.9 m mit verschiedenen Aperturen wird eine schon seit 1950 bekannte (M. Ryle u. a. MN **110** 508, vgl. AJB **50** Ref. 12615), starke Radioquelle in den Zwillingen genau lokalisiert ($\alpha = 6^h\,13^m\,37^s \pm 4^s$; $\delta = 22°\,38' \pm 5'$) und die radiale Verteilung der Helligkeit bestimmt. Die Quelle fällt bezüglich Ort und Durchmesser (etwa 50′) genau mit dem Nebel IC 443 zusammen, der deutliche Filamentstruktur zeigt. Voigt

* * **J. E. Baldwin,** Radio emission from the Andromeda nebula. Vgl. Ref. 12402.

12632. **J. E. Baldwin, B. Elsmore,** Radio emission from the Perseus cluster. Nature **173** 818, mit 1 Fig. — Ref. in Phys. Ber. **33** 3068.

12633. **J. G. Bolton, K. C. Westfold, G. J. Stanley, O. B. Slee,** Galactic radiation at radio frequencies. VII. Discrete sources with large angular widths. Australian J. Phys. **7** 96—109, mit 8 Fig. = Commonwealth Sci. Industrial Res. Organization, Australia, Division Radiophys. — Zum Nachweis von Quellen mit Winkeldurchmessern $> 1°$ wurden drei Anordnungen verwendet: Ein 22 m-Parabolspiegel (150 MHz), ein See-Interferometer (110 MHz) und ein Azimut-Interferometer, ebenfalls mit Benutzung von Horizont und Meeresoberfläche (100 MHz). Aus den meist sehr komplexen Registrierungen konnten elf Quellen isoliert werden. Von diesen haben vier ihre Längserstreckung parallel zum galaktischen Äquator (wahrscheinlich Feinstruktur der Radiomilchstraße); eine mit steilem Anstieg zu großer Leuchtdichte fällt mit dem galaktischen Zentrum zusammen. Eine Quelle (Puppis A) wurde mit einem System von Gasfilamenten identifiziert, eine weitere überlagert die viel kleinere Quelle Centaurus A = NGC 5128. Bahner

12634. **J. G. Bolton, G. J. Stanley, O. B. Slee,** Galactic radiation at radio frequencies. VIII. Discrete sources at 100 Mc/s between declinations +50° and −50°. Australian J. Phys. **7** 110—129, mit 5 Fig. = Commonwealth Sci. Industrial Res. Organization, Australia, Division Radiophys. — Eine Durchmusterung der Zone zwischen $\delta = +50°$ und $\delta = -50°$ bei 100 MHz mit einem See-Interferometer (Halbwertsbreite der Keule $8° \times 12°$) führte zur Entdeckung von 104 diskreten Quellen. Verf. schätzen, daß mindestens 70% davon reale Objekte sind. Der Vergleich mit ähnlichen Durchmusterungen ergibt bis zu 60 % gemeinsame Quellen in den Überlappungsgebieten. Für sieben Quellen werden Identifizierungen mit extragalaktischen Nebeln vorgeschlagen, für drei weitere solche mit galaktischen Objekten (Nova Aquilae 1918 und zwei planetarische Nebel). Die Untersuchung der Verteilung an der Sphäre ergibt für helle Objekte eine Konzentrierung zum galaktischen Äquator und zum galaktischen Zentrum hin. Die schwächeren Quellen häufen sich in hohen südlichen galaktischen Breiten Bahner

12635. **R. Hanbury Brown, H. P. Palmer, A. R. Thompson,** Galactic radio sources of large angular diameter. Nature **173** 945—946, mit 2 Fig. = Astr. Contr. Univ. Manchester (2) Jodrell Bank Repr. Nr. **102.** — Mit einem variablen Interferometer (feststehendes 218 ft-Paraboloid und bewegliche Antennen von 35 m^2 Fläche in verschiedenen Abständen) werden die Durchmesser von fünf hellen Radioquellen in der Milchstraßenebene bestimmt. Sie liegen zwischen 1°5 und 3°. Eine Quelle konnte versuchsweise mit einem schwachen Nebel (Minkowski, 48″-Schmidtteleskop) identifiziert werden. Insgesamt sind damit neun Radioquellen mit Durchmessern von etwa 1° bekannt, von denen drei mit filamentartigen Nebeln zusammenfallen. Voigt

* * **R. Hanbury Brown,** The remnants of supernovae as radio sources in the galaxy. Vgl. Ref. **11334.**

* * **F. T. Haddock, C. H. Mayer, R. M. Sloanaker,** Radio emission from the Orion nebula and other sources at λ 9.4 cm. Vgl. Ref. **12211.**

* * **F. T. Haddock, C. H. Mayer, R. M. Sloanaker,** Radio observations of ionized hydrogen nebulae and other discrete sources at a wavelength of 9.4 cm. Vgl. Ref. **12212.**

* * **W. F. Hase, G. A. Schajn,** Der Nebel IC 443 und die Radiostrahlungsquelle in den Zwillingen. Vgl. Ref. **12213.**

12636. **J. S. Hey, V. A. Hughes,** Intensities of discrete radio sources in Cygnus and Cassiopeia at 22.6 Mc./s. Nature **173** 819—820, mit 1 Fig. — Ref. in Phys. Ber. **33** 3068.

12637. **R. C. Jennison,** The identification of the radio stars. Occasional Notes **3** 62—65 = Astr. Contr. Univ. Manchester (2) Jodrell Bank Repr. Nr. **100.** — Zusammenfassender Bericht.

12638. **J. D. Kraus,** Radiation from the galaxy and supergalaxy at 250 megacycles per second. AJ **59** 113—116, mit 4 Fig. — Ref. in Irish AJ **3** 121. — Eine Überwachung der Radiostrahlung der Centaurus-Virgo-Coma Berenices-Ursa Major-Region bei 250 MHz führt zur Entdeckung einer ausgedehnten Radioquelle geringer Helligkeit, die ihrer Lage nach näherungsweise der Äquatorebene der Supergalaxis entspricht. Es werden graphische Darstellungen vorgelegt, in denen die Position der Radioquelle mit den Umrissen verglichen wird, die auf der Verteilung der Shapley-Ames-Galaxien beruhen. Verf. (übersetzt)

12639. **J. D. Kraus, H. C. Ko, S. Matt,** Galactic and localized source observations at 250 megacycles per second. AJ **59** 439—443, mit 2 Fig. — Beschreibung einer Radiodurchmusterung mit dem Ohio State Univ. Radioteleskop bei 250 MHz. Eine Karte der Isophoten der Hintergrundstrahlung und eine Liste mit 207 diskreten Radioquellen werden gegeben, von denen rund $^1/_4$ mit früher lokalisierten Quellen übereinstimmen. Eine Übersicht gibt den Zusammenhang zwischen den beiden gebräuchlichsten Bezeichnungsweisen (nach Äquatorialkoordinaten und nach Konstellationen, z. B. 23 + 5 = Cas A). Voigt

* * **G. Larsson-Leander,** Novae and radio noise. Vgl. Ref. **11304.**

12640. **F. Link, L. Neužil,** Occultations des radiosources par la lune en 1955—1957. BAC **5** 112—115, mit 2 Fig. (mit russischer Zusammenfassung). — In den Jahren 1955 bis 1957 finden mehrere Bedeckungen der Radiostrahlungsquellen 05.01 Tau und 06.01 Gem durch den Mond statt. Es werden Besselsche Elemente zur genäherten Berechnung der Bedeckungsverhältnisse gegeben und auf die Bedeutung der Bedeckungen hingewiesen. Behr

12641. **F. Link,** Ephémérides des éclipses coronales des radiosources en 1954. UAI Circ 1450. — Betrifft Bedeckung von Tau $5^h\,31^m\,50^s$ +21° 59′ (1954) und Gem $6^h\,13^m\,58^s$ +22° 30′ (1954).

* * **B. Y. Mills,** Abnormal galaxies as radio sources. Vgl. Ref. **12427.**

12642. **R. Minkowski, L. H. Aller,** The spectrum of the radio source in Cassiopeia. ApJ **119** 232—237. — Im Spektrum des Emissionsnebels am Ort der Radioquelle in der Cassiopeia fallen ungewöhnlich große Doppler-Verschiebungen infolge innerer Bewegungen auf. Ferner sind die verbotenen Linien des [O I] und [O III] sehr stark und von etwa gleicher Intensität, die die von Hα und λ 3727 des [O II] mindestens um das Fünffache übertrifft. Ein für die Anregung des Nebels verantwortlicher Zentralstern fehlt. Die spektralen Besonderheiten, in denen das Objekt stark von normalen Gasnebeln abweicht, lassen sich erklären, wenn die Elektronendichte zwischen 10^3 und 10^4 cm^{-3} und die Elektronentemperatur $< 15000°$ angenommen werden. Die Energie wird durch Dissipation mechanischer Energie von den inneren Bewegungen geliefert. Der Nebel kann sich nicht im Gleichgewicht befinden, so daß merkliche Änderungen des Spektrums in relativ kurzer Zeit zu erwarten sind. Kdr.

12643. **R. Minkowski, J. L. Greenstein,** The power radiated by some discrete sources of radio noise. ApJ **119** 238—242. — Verf. berechnen die Gesamtemissionen einiger bekannter diskreter Radiostrahler; sie liegen zwischen 10^{33} und 10^{43} erg/sec. Abschätzungen ergeben, daß bei Kollisionen von Sternsystemen genügend Energie für die Radiostrahlung zur Verfügung steht, und daß solche Kollisionen möglicherweise auch noch außerhalb der Reichweite optischer Teleskope nachweisbar sein dürften. Micz.

12644. **W. Priester,** Über die Anzahl der Radio-Sterne in der Milchstraße. ZfA **34** 295—301. — Aus der Gesamtemission der Milchstraße im Radiofrequenzbereich, der relativen Verteilung der gewöhnlichen Radioquellen, die hier kurz Radiosterne genannt werden, und der Anzahl und scheinbaren Radiohelligkeit der beobachteten Radioquellen wird die Gesamtzahl der Radiosterne in der Milchstraße zu etwa 2×10^{11} abgeschätzt. Die große Häufigkeit dieser Objekte läßt vermuten, daß es sich um reguläre Sterne handelt, die im optischen Bereich äußerst lichtschwach sind. Ihre Radioemission ergibt sich zu 10^9 Watt/ster Hz, ihre Anzahl im pc^3 der Sonnenumgebung zu etwa 7×10^{-2}. Alle angegebenen Werte sind jedoch noch um etwa eine Zehnerpotenz unsicher. Die im Radiofrequenzbereich (10 bis 3000 MHz) ausgestrahlte Energie beträgt etwa 1/8000 der bolometrischen Energieausstrahlung. Verf.

12645. **I. S. Schklowskij,** Bemerkung zu den Arbeiten von Baade und Minkowski über die Identifizierung diskreter Radiostrahlungsquellen. AJ UdSSR **31** 483—486 (russisch). Übersetzt in Contr. Labor. Astr. Lille Nr. **3** S. 5—11. — Verf. setzt sich mit drei gegen ihn gerichteten Bemerkungen von Baade und Minkowski auseinander und sagt: 1.) Die Radioquelle in Cas kann nach wie vor als Rest der Supernova von 369 n. Chr. gedeutet werden, für die aus chinesischen Archivstudien genauere Positionsangaben zu erhoffen sind. Das abweichende Aussehen der Nebelstücke läßt sich durch unterschiedlichen Entwicklungszustand erklären. 2.) Die Identifizierung von Fornax A mit NGC 1316 ist wegen der großen Winkeldurchmesser des Nebels nach wie vor nicht unwahrscheinlich. 3.) Die Versuche zur Trennung von Gas- und stellarer Komponente der galaktischen Radiostrahlung stützten sich beim Verf. auf das gleiche Beobachtungsmaterial, das Hanbury Brown und Hazard (Phil. Mag. (7) 44 939; vgl. AJB 53 Ref. 12610) benutzt haben, ohne den Widerspruch von Baade und Minkowski zu erregen. Die Verwertung von Messungen bei verschiedenen Frequenzen ist selbstverständlich und dürfte nicht den Vorwurf inhomogenen Materials veranlassen. Eine Arbeit des Verf. über die Radiostrahlung des Crab-Nebels ist in späteren gleichartigen Arbeiten von Greenstein und Minkowski leider nicht zitiert worden. Petri

12646. **I. S. Schklowskij,** Identifizierung diskreter Radiostrahlungsquellen mit dem diffusen Nebel IC 1396 und dem Fasernebel NGC 6357. AJ UdSSR **31** 529—532 (russisch). — Der diffuse Nebel IC 1396 wird mit einer am großen Radioteleskop von Manchester beobachteten Radioquelle identifiziert. Der berechnete Radiostrahlungsstrom dieses Nebels gleicht dem beobachteten. Die Koordinaten von Nebel und Quelle fallen sehr gut zusammen. Der ziemlich helle, hufeisenförmige Nebel dünnfasriger Struktur NGC 6357 (in Sco) wird mit der diskreten Radioquelle 17—3 des bekannten Millsschen Katalogs identifiziert. Darüberhinaus folgt die Existenz einer diskreten Radioquelle am Ort von NGC 6357 aus der Analyse der kürzlich von McGee und Bolton bei $\lambda = 75$ cm bestimmten Isophoten der allgemeinen Radiostrahlung der Galaxis im Gebiet des Zentrums. Offensichtlich ist die Radiostrahlung von NGC 6357 keine Wärmestrahlung. Wenn dem so ist, dann kann der Nebel der Rest einer Supernova sein. Verf. (übersetzt)

12647. **I. S. Schklowskij,** Identifizierung der diskreten Radiostrahlungsquelle 17—2 A mit dem diffusen Nebel NGC 6523. Astr Circ UdSSR Nr. 148 S. 3—4 (russisch). — Beide liegen knapp 2° auseinander.

12648. **I. S. Schklowskij,** Die Identifizierung der intensivsten diskreten galaktischen Radiostrahlungsquellen mit den Überresten der in den letzten 2000 Jahren aufgeleuchteten Supernovae. DAN **94** 417—420 (russisch). — Unter Verwendung der Kataloge von Mills und Lundmark über diskrete Radioquellen bzw. historische Novae und Supernovae identifizierte Verf. sechs Radioquellen mit Supernovae. Wenn die Ausbreitungsgeschwindigkeit der Supernova des Jahres 827 der des Crab-Nebels gleicht, ergeben sich für die Entfernung der ersteren 100—300 pc. Loh.

12649. **I. S. Schklowskij,** Identifizierung der ausgedehnten Radioquelle bei η Geminorum mit den Nebel-Überresten der Nova des Jahres 837. DAN **97** 53—55 (russisch). — Der ringförmige und feinfasrige Nebel IC 443 ist als Radioquelle bekannt geworden. Sein Ort fällt nahe mit dem der Nova des Jahres 837 zusammen. Wegen den nur kleinen Bewegungen der Nebelfasern ($< 0\rlap{.}''2$/a), die auf starke Bremsung hinweisen, und der kurzen Dauer des Novaausbruchs wird gefolgert, daß es sich hierbei nicht um eine Supernova gehandelt hat. Die Nova ist etwa 100—150 pc entfernt und wird jedes Jahr am 25. Juni streifend von der Sonnenkorona bedeckt. Loh.

12650. **I. S. Schklowskij,** Über die Natur der diskreten Quellen der kosmischen Radiostrahlung. DAN **98** 353—356, mit 1 Abb. (russisch). — Während die Radioquelle Cas A als Überrest der in einer Wolke des interstellaren Gases explodierten Supernova des Jahres 369 erklärt werden kann, handelt es sich bei Cyg A um zwei kollidierende Galaxien. Eigenartig ist dabei aber die Tatsache, daß die Radiostrahlung von zwei abseits des optischen Bildes der Galaxien liegenden Quellen ausgeht. Zur Erklärung dieses Befundes nimmt Verf. an, daß die beiden Galaxien vor dem Zusammenstoß von je einer Korona interstellaren Gases umgeben waren, die beim Zusammenstoß durch eine entstehende Stoßwelle von den (optischen) Galaxien losgelöst und in Richtung ihrer ursprünglichen Bewegungsrichtung vorausgetrieben wurden. Dabei ging ein bedeutender Teil der kinetischen Energie in Energie relativistischer Teilchen und dann in Radiostrahlung über. Loh.

12651. **C. A. Shain, C. S. Higgins,** Observations of the general background and discrete sources of 18.3 Mc/s cosmic noise. Australian J. Phys. **7** 130—149, mit 11 Fig. = Commonwealth Sci. Industrial Res. Organization, Australia, Division Radiophys. — Eine Durchmusterung des Himmels zwischen −12° und −52° Deklination wird beschrieben. Die benutzte Antenne besteht aus 30 horizontal aufgestellten $\lambda/2$-Dipolen und hat eine (ganze) Halbwertsbreite von 17°. Die Verteilung der allgemeinen Hintergrundstrahlung bei 18.3 MHz ist der bei höheren Frequenzen beobachteten ähnlich. 37 diskrete Quellen werden angegeben. Es wird keine Korrelation zwischen der beobachteten Szintillation der Radioquellen und den publizierten Daten über den jeweiligen Zustand der Ionosphäre gefunden. Böhm

12652. **A. Strzałkowski,** Średnice «radiogwiazd». Postępy Astr. **2** 32—34. — Die vorliegende Notiz ist ein kurzer und zusammenfassender Bericht über die Messung der Durchmesser von Radiosternen an der Jodrell Bank Station, in Sydney und Cambridge im Jahre 1952. Loh.

12653. **R. Q. Twiss,** On the nature of the discrete radio sources. Phil. Mag. (7) **45** 249—258. — Die von verschiedenen Autoren vorgeschlagene Hypothese, daß die galaktische Radiofrequenzstrahlung durch Elektronen kosmischen Ursprungs in einem lokalen Magnetfeld erzeugt wird, prüft Verf. für die von Baade und Minkowski (vgl. Ref. **12629**) identifizierte Radioquelle in der Cassiopeia. Es wird gezeigt, daß das mittlere Magnetfeld von der Größenordnung 0.01 Gauß sein muß. Henn

12654. **H. H. Voigt,** Identifikation von Radioquellen. Sterne **30** 193—205, mit 2 Abb. — 1. Überreste alter Supernovae. 2. Spezielle galaktische Nebel. 3. Spezielle außergalaktische Nebel. 4. Die allgemeine galaktische Strahlung. 5. Normale außergalaktische Nebel.

12655. **H. H. Voigt,** Die Radioquelle in der Cassiopeia. Sterne **30** 239—240.

12656. **D. R. W. Williams, R. D. Davies,** A method for the measurement of the distance of radio stars. Nature **173** 1182—1183, mit 2 Fig. = Astr. Contr. Univ. Manchester (2) Jodrell Bank Repr. Nr. **104**. — Ref. in Urania Kraków **26** 116—117. — Es wird vorgeschlagen, analog zur Entfernungsbestimmung mit Hilfe der interstellaren Ca-Linien, die Entfernungen starker Radioquellen aus der Stärke der Absorption durch interstellaren Wasserstoff (21 cm-Linie) zu bestimmen. Angewandt wird diese Methode — nach Eichung auf Grund des Oortschen Modells — auf die Cyg A-Quelle: Entfernung größer als 9500 pc, und auf die Cas A-Quelle: Entfernung zwischen 500 und 2500 pc. Beides ist mit den Identifikationen als Milchstraßen-Kollision bzw. galaktischer Filamentnebel verträglich. Voigt

12657. Se encontro una nueva radio-estrella. El Universo Nr. **27** S. 15—16. — Forschungsbericht.

12658. Two radio «nebulae» discovered. J. Franklin Inst. **257** 274. — Ref. in RJ Astr. Geod. UdSSR Nr. **1**, 1955; Ref. Nr. 226.

12659. Distances of radio stars. J RAS Canada **48** 230.

12660. Radio-star distances. Sky and Telescope **14** 51.

21 cm-Strahlung

12661. **B. J. Bok, H. I. Ewen,** Research of the 21 cm radiation at Agassiz Station. AJ **59** 318. — Ref. AAS.

12662. **B. J. Bok,** Radio studies of interstellar hydrogen. Sky and Telescope **13** 408—412, mit 8 Fig. = Harv Repr Nr. **391**. — Überblick über die

Untersuchungen der 21 cm-Linie des interstellaren Wasserstoffs und die wichtigsten Ergebnisse (galaktische Struktur, Beobachtung der Magellanschen Wolken usw.). Voigt

12663. **J. P. Hagen, E. F. McClain, N. Hepburn,** Radio discrete sources and galactic absorption at 21 cm wave length. AJ **59** 323. — Ref. AAS.

12664. **J. P. Hagen, E. F. McClain,** Galactic absorption and radio waves. ApJ **120** 368—370, mit 1 Fig. — Verf. führen eine Reihe von Beispielen vor, in denen eine Radioquelle oder ihre nähere Umgebung Absorption der 21 cm-Strahlung des Hintergrunds bewirkt. Micz.

12665. **D. S. Heeschen,** Investigations of the 21 cm line in the section of the galactic center. AJ **59** 324—325. — Ref. AAS.

* * **D. S. Heeschen, A. E. Lilley,** Interstellar hydrogen and the local system. Vgl. Ref. **12515**.

12666. **H. C. van de Hulst, C. A. Muller, J. H. Oort,** The spiral structure of the outer part of the galactic system derived from the hydrogen emission at 21 cm wave length. BAN **12** 117—149, mit 16 Fig. — Nach einer Beschreibung des Instrumentariums und der Meßprinzipien geben Verf. graphische Darstellungen der Linienprofile zwischen 322° und 220° galaktischer Länge. Für die Entfernung des galaktischen Zentrums ergeben sich 8.26 kpc, für die Kreisbahngeschwindigkeit am Sonnenort 216 km/sec. Unter Heranziehung eines früher (ApJ **116** 233, vgl. AJB **52** Ref. **12325**) publizierten galaktischen Modells werden die Kreisbahngeschwindigkeiten zwischen 3 und 14 kpc berechnet. Das Maximum liegt bei 7 kpc. Aus den Maxima und Minima der Intensitätsverteilungen der 21 cm-Linie wird die Lage der Emissionsgebiete außerhalb der Sonnenkreisbahn ermittelt. Eine Spiralstruktur zeichnet sich ab. Die mittlere Temperatur des interstellaren H I beträgt 110° K. Abschließend wird die Wasserstoffdichte in den Außengebieten näher untersucht, wobei sich lokal merkliche Schwankungen herausstellen. Die mittlere Dichte des Ringes zwischen 8.2 und 11.2 kpc und 50° bis 220° galaktischer Länge beträgt 0.70 H/cm^3. Loh.

* * **F. J. Kerr, J. V. Hindman, B. J. Robinson,** Observations of the 21 cm line from the Magellanic Clouds. Vgl. Ref. **12421**.

* * **K. K. Kwee, C. A. Muller, G. Westerhout,** The rotation of the inner parts of the galactic system. Vgl. Ref. **12344a**.

12667. **A. E. Lilley,** Analysis of the Taurus dark nebulae complex in 21 cm radiation. AJ **59** 327—328. — Ref. AAS. — Ref. in Irish AJ **3** 164.

12668. **C. G. Little,** Radio waves from the interstellar hydrogen. Occasional Notes **3** 70—74, mit 1 Fig. = Astr. Contr. Univ. Manchester (2) Jodrell Bank Repr. Nr. **100**. — Zusammenfassender Bericht.

12669. **W. Lohmann,** Drei Spiralarme des Milchstraßensystems? ZfA **35** 90—94, mit 2 Abb. — Das aus dem Bottlingerschen Kraftansatz ableitbare galaktische Strömungsfeld wird zur Bestimmung der Lage der 21 cm-Emissionsgebiete benutzt. Es hat den Anschein, als ob sich aus den Radialgeschwindigkeiten der Maxima der Intensitätsverteilungen der 21 cm-Linie ein Hinweis auf die Existenz von drei galaktischen Spiralarmen ergibt. Verf.

12670. **O. Obůrka,** Radioastronomical investigation of the structure of our galaxy. RH **35** 186—189 (tschechisch).

12671. Die Spiralstruktur der Milchstraße. Sterne **30** 59—61, mit 2 Abb. — Besprechung des Berichts von v.d. Hulst in Observatory **73** 129, 1953 (vgl. AJB **53** Ref. **12619**).

* * L'hydrogène interstellaire. Vgl. Ref. **12542**.

§ 127

Kosmische Strahlung

* * Kosmische Strahlung der Sonne siehe § **65**.

12701. **H. Alfvén,** The astrophysical aspect of cosmic radiation. Nuovo Cimento **11** Nr. 2, Suppl., S. 381—387. — Ref. in Phys. Abstracts (A) **57** 1364, RJ Astr. Geod. UdSSR Nr. **11**, 1955; Ref. Nr. 4841.

* * **H. Alfvén,** Magnetic storm effect on cosmic radiation. Vgl. Ref. 6803.

12702. **H. Alfvén,** On the origin of cosmic radiation. Tellus **6** 232—253. — Ref. in Phys. Abstracts (A) **58** 306.

12703. **P. Barrett, G. Cocconi, Y. Eisenberg, K. Greisen,** Diurnal variations of the intensity of cosmic rays far underground. Phys. Rev. (2) **95** 1571—1572, mit 1 Fig. — Messungen der Intensität der kosmischen Strahlung (μ-Mesonen) in einer Tiefe von 1600 m Wasseräquivalent zeigten keinen tageszeitlichen und siderischen Gang. Die gemessenen Mesonen sind Sekundärstrahlung, die aus einer Primärstrahlung von 4×10^{13} eV entsteht. Fricke

12704. **P. M. S. Blackett,** Time variations of cosmic rays. Rend. Seminario Mat. Fis. Milano **24** 34—40. — Indem bestätigt wird, daß die Sonne nur für 1—2 % des normalen Flusses der kosmischen Strahlen verantwortlich ist, scheint es möglich, daß sie eine bedeutende Rolle in den Intensitätsänderungen derselben spielt. Die Ursachen werden erörtert, die die Intensitätserhöhung mit den Sonneneruptionen und die Verminderung mit den magnetischen Stürmen verbinden. Es wird auf die Möglichkeit einer Korrelation zwischen Sonnenzyklus und säkularer Änderung der Nord-Süd-Differenz in der täglichen Änderung hingewiesen, die eine gleiche Periode für die zwei Phänomene zeigt. Cester

12705. **T. E. Cranshaw, W. Galbraith,** Time variations of extensive air showers and the origin of cosmic rays. Phil. Mag. (7) **45** 1109—1118, mit 4 Fig. — In einem mit 16 Geigerzählern durchgeführten Experiment wurden Schauer mit Energien zwischen 10^{16} und 10^{17} eV gezählt. Es zeigte sich, daß auch in diesem Energiebereich noch ein hoher Isotropiegrad in der Primärstrahlung herrscht und daß das Potenzgesetz für das Energiespektrum $R(> E) \sim E^{-1.7}$ gilt. Die Analyse ergab keinen zwingenden Nachweis eines Tagesganges nach Sonnen- oder Sternzeit; höchstens bei 2×10^{16} und 5×10^{16} eV zeigt sich eine merkliche Variation während eines Sterntages. Zum Schluß werden die Folgerungen aus diesem Versuch für die verschiedenen Theorien diskutiert. T. L.

12706. **R. E. Danielson, P. S. Freier, J. S. Naugle, E. P. Ney,** Flux and azimuthal asymmetry of primary cosmic-ray nuclei at the equator. Phys. Rev. (2) **96** 829. — Ref. Am. Phys. Soc.

12707. **A. Dauvillier,** Les rayons cosmiques dans leurs rapports avec l'électricité atmosphérique, la météorologie, le géomagnétisme et l'astronomie. Paris, Dunod, 1954. 2 Bände, 565 S. — Besprechung in Ann d'Astrophys **18** 234 (M. Nicolet), Ciel et Terre **71** 192 (J.-F. Brouet).

12708. **L. Davis jr.,** Comments on Fermi's theory of the origin of cosmic rays. Phys. Rev. (2) **93** 947—948. — Ref. Am. Phys. Soc.

12709. **L. Davis jr.,** Anisotropy of high-energy cosmic rays. Phys. Rev. (2) **96** 743—751, mit 3 Fig. — Das galaktische Magnetfeld erstreckt sich längs der Spiralarme. Die Anisotropie der kosmischen Strahlung hoher Energie kann erklärt werden durch 1. Fermis Beschleunigungsmechanismus, entweder durch longitudinale Stöße oder Betatron-Effekte, 2. Diffusion entlang der Feldlinien nach außen, 3. Inhomogenitäten in der Dichte der Kosmischen Strahlung normal zu den Feldlinien. Fricke

12710. **M. Demeur, A. Gribaumont, P. Janssens,** Contribution à l'étude de la radioactivité induite par le rayonnement cosmique. Vgl. Ref. 1191, daselbst S. 538—543, mit 1 Fig. — Bei Kernverdampfungen durch Höhenstrahlen entstehen durch den Einfang von Neutronen radioaktive Isotope mit zum Teil großer Lebensdauer. Die Anreicherung und Energieverteilung der Neutronen als Funktion der Tiefe wird untersucht. Weidemann

12711. **Y. Eisenberg,** Interaction of heavy primary cosmic rays in lead. Phys. Rev. (2) **96** 1378—1382, mit 6 Fig. — Ein Stapel photographischer Platten mit Kernemulsionen und zwischengelegten Bleiplatten wurde für zehn Stunden in 30 km Höhe exponiert und auf Spuren schwerer Teilchen der kosmischen Strahlung untersucht. Das differentielle Energiespektrum ergab sich zu $(1+E)^{-2.3}$ (E in GeV/Nucleon) oberhalb 1.5 GeV/Nucleon, der geomagnetischen Abschneideenergie. Es wurden etwa doppelt soviel Teilchen der Kernladung 12—17 gefunden, als solche mit Kernladungen 18—28. L. Biermann

12712. **L. C. Ejduss,** Die kosmische Strahlung. Priroda **43** Nr. 7 S. 10—20, mit 8 Abb. (russisch). — Allgemeinverständlicher Bericht über Ergebnisse der Erforschung der kosmischen Strahlung und die dabei verwandten Methoden. Loh.

12713. **R. A. Ellis jr., M. B. Gottlieb, J. A. van Allen,** The low-momentum end of the spectrum of heavy primary cosmic rays. Phys. Rev. (2) **95** 304. — Ref. Am. Phys. Soc.

12714. **A. Engler, U. Haber-Schaim,** Primary cosmic ray spectrum deduced from an analysis of jets. Phys. Rev. (2) **95** 1700—1701, mit 1 Fig. — Aus den Öffnungswinkeln energiereicher Schauer, die in Kernplatten gefunden wurden, die in etwa 30 km Höhe exponiert waren, wird unter Annahme von Vielfach- (und nicht Mehrfach-)Erzeugung der Schauerteilchen ein Energiespektrum abgeleitet. Es folgt aus 25 Erzeugnissen $N(>E) \sim E^{-s}$ für $E > 100\ Mc^2$ mit $s = 1.50$ oder $s = 1.45$, je nach den Annahmen im einzelnen. A. Schlüter

* * **F. J. M. Farley, J. R. Storey,** Sideral correlation of high-energy cosmic rays. Vgl. Ref. **6513**.

* * **F. J. M. Farley, J. R. Storey,** The sidereal correlation of extensive air showers. Vgl. Ref. **6514**.

* * **E. Fermi,** Galactic magnetic fields and the origin of cosmic radiation. Vgl. Ref. **12304**.

* * **J. Firor, F. Jory, S. B. Treiman,** Solar magnetic moment and diurnal variation in cosmic-ray intensity. Vgl. Ref. **6123**.

12715. **J. Firor,** Cosmic radiation intensity-time variations and their origin. IV. Increases associated with solar flares. Phys. Rev. (2) **94** 1017—1028, mit 10 Fig. — Nach Elimination der terrestrischen Einflüsse auf die Intensitätsschwankungen der kosmischen Strahlung bleiben immer noch bedeutende Schwankungen bestehen, die extraterrestrischen Ursprungs sein müssen. In vorliegender Arbeit untersucht Verf. den Zusammenhang von plötzlichen Intensitätsanstiegen und großen solaren Eruptionen (Flares). Aus den Beobachtungen der vier gemessenen, großen Intensitätsanstiege schließt Verf., daß diese hauptsächlich durch positive Teilchen, die sich der Erde aus der Richtung der Sonne nähern, hervorgerufen sind. Weiter zeigt sich bei Auswertung von Beobachtungen, die Verf. in Climax angestellt hat, daß die schwachen Flares die gleichen Effekte hervorbringen nur mit geringerem Intensitätsanstieg. Henn

12716. **J. W. Firor, W. H. Fonger, J. A. Simpson,** Cosmic radiation intensity-time variations and their origin. V. The daily variation

of intensity. Phys. Rev. (2) **94** 1031—1036, mit 10 Fig. — Für die geomagnetischen Breiten 0° und 48° untersuchen Verf. die täglichen Intensitätsschwankungen der kosmischen Strahlung, die bisher für energiereiche Primärstrahlen gemessen wurden, nun auch für energieärmere Teilchen. Die Tagesgänge werden für die einzelnen Tage sowie für Mittelwerte aus größeren Zeiträumen untersucht. Die Beobachtungen zeigen, daß die Tagesschwankung mit der Breite zunimmt und von der Energie der Primärstrahlen abhängt. Das Maximum liegt kurz nach Mittag Ortszeit. Verf. geben Argumente an, die meteorologische Einflüsse, Schwankungen des magnetischen Erdfeldes oder Beschleunigung durch ein geoelektrisches Feld als Ursache der Intensitätsschwankungen ausschließen. Es besteht die Möglichkeit, daß bei diesem Tagesgang zwei Vorgänge zusammenwirken, von denen der eine den Zyklus der Tagesschwankungen erzeugt, während der zweite eine Modulation der Amplituden hervorruft.
Henn

12717. **P. J. D. Gething,** On the relative abundances of primary cosmic-ray particles. Vgl. Ref. **1191**, daselbst S. 524—537. — Fermis Mechanismus zur Erzeugung der primären Komponente der Höhenstrahlung kann eine Modifikation der relativen Häufigkeiten zwischen Entstehungs- und Beobachtungsort bewirken. Die Größe des Effektes hängt vom Exponenten der Energieverteilung ab. Die Beobachtungen lassen zur Zeit noch keine Entscheidung über die Wirksamkeit dieses Mechanismus zu. Weidemann

* * **I. M. Gordon,** Die Ausbrüche der Supernovae und das Problem der Entstehung der Elektronenkomponente der kosmischen Strahlung. Vgl. Ref. **11335**.

12718. **G. G. Hetmanzew,** Über die räumliche Verteilung der Quellen der primären kosmischen Strahlung. Abh. Univ. Gorkij **27** 23—31 (russisch). — Ref. in RJ Astr. Geod. UdSSR Nr. **9**, 1955; Ref. Nr. 3823.

12719. **W. L. Hinsburg,** Über die Herkunft der kosmischen Strahlung. DAN **99** 703—706 (russisch). — Verf. weist auf Schwierigkeiten in den Arbeiten von Fermi (ApJ **119** 1, vgl. Ref. **12304**) und Morrison, Olbert und Rossi (Phys. Rev. (2) **94** 440, vgl. Ref. **12733**) hin. Die von ihm und Schklowskij vertretenen Hypothesen über die Entstehung der kosmischen Strahlung bei Explosionen von Supernovae, Novae und eruptiven Sternen kann also nicht entkräftet werden. Loh.

12720. **T. F. Hoang, L. Jauneau, J. Jouvin, C. Mabboux,** Statistical estimation of the exponent of the energy spectrum of primary cosmic radiation. Nuovo Cimento **12** 869—874 (französisch). — Ref. in Phys. Abstracts (A) 58 254.

12721. **R. F. Hoard, J. R. Fleming, J. J. Lord,** The flux of primary cosmic-ray heavy nuclei at the equator. Phys. Rev. (2) **95** 647. — Ref. Am. Phys. Soc.

12722. **R. F. Hoard, J. R. Fleming, J. J. Lord,** Identification of primary cosmic-ray heavy nuclei. Phys. Rev. (2) **96** 854. — Ref. Am. Phys. Soc.

12723. **M. F. Kaplon, G. W. Racette, D. M. Ritson,** The light elements of the primary cosmic radiation-interpretation. Phys. Rev. (2) **93** 914. — Ref. Am. Phys. Soc.

12724. **M. F. Kaplon, J. H. Noon, G. W. Racette,** Abundance of lithium, beryllium, and boron in the primary cosmic radiation. Phys. Rev. (2) **96** 1408—1416, mit 6 Fig. — Durch Exposition photographischer Kernplatten bei Ballonflügen in 41° N und 55° N geomagnetischer Breite wurde die Häufigkeit primärer «leichter» ($3 \leq Z \leq 5$) und «mittelschwerer» ($6 \leq Z \leq 10$)

Kerne gemessen und auf den Gipfel der Atmosphäre extrapoliert. Unter den «mittelschweren» Kernen sind C und N etwa gleichhäufig, O wenig, F und Ne viel schwächer vertreten. Der Fluß der «leichten» ergibt zu dem der «mittelschweren» das Verhältnis 0.46 ± 0.15 am Gipfel der Atmosphäre, das nicht energieabhängig zu sein scheint. Es wird auf die Bedeutung der «leichten» Kerne für die Theorie der interstellaren Ausbreitung der Höhenstrahlung hingewiesen, da angenommen werden darf, daß sie bei der primären Beschleunigung der Höhenstrahlung entsprechend ihrer geringen kosmischen Häufigkeit sehr selten sind.
A. Schlüter

12725. **S. A. Korff,** Effects of the cosmic radiation on terrestrial isotope distribution. Trans. Amer. Geophys. Union **35** 103—106. — Ref. in Phys. Abstracts (A) **57** 1208.

12726. **L. Leprince-Ringuet,** I raggi cosmici. Turin, Edizioni scientifiche Einaudi, 1954. 16 + 428 S. mit 131 Fig. Preis L. 3500. — Besprechung dieses von M. Cini aus dem Französischen übersetzten Buches in Mem SA It (NS) **25** 519 (G. Abetti).

12727. **J. Linsley,** A Čerenkov counter-cloud chamber measurement of multiply-charged primary cosmic rays. Phys. Rev. (2) **93** 899—900, mit 1 Fig. — Mitgeteilt werden die Ergebnisse von Messungen schneller Partikeln mit Z ≥ 2 mittels Čerenkov-Zähler-Nebelkammer bei Ballonaufstiegen.
Fricke

12728. **J. Linsley,** The flux of primary cosmic-ray alpha particles. Phys. Rev. (2) **94** 796. — Ref. Am. Phys. Soc.

* * **K. Maeda,** Geomagnetic effect upon the cosmic ray soft component. Vgl. Ref. 6832.

12729. **L. H. Martin,** Cosmic rays. J. Astr. Soc. Victoria **7** 77—78.

12730. **G. W. McClure,** Distribution of specific ionization of primary cosmic rays at $\lambda = 10°$ N. Phys. Rev. (2) **94** 796—797. — Ref. Am. Phys. Soc.

12731. **G. W. McClure,** Composition of the primary cosmic radiation at $\lambda = 10°$ N. Phys. Rev. (2) **96** 1391—1400, mit 8 Fig. — Die spezifische Ionisation von Teilchen der primären Höhenstrahlung wurde in einer Ionisationskammer gemessen, die in Koinzidenz mit einem Zählrohrteleskop geschaltet war. Hierdurch wurde eine gewisse Unterscheidung der verschiedenen Teilchensorten — insbesondere Protonen und α-Teilchen — möglich. Das gemessene Energiespektrum ist in Übereinstimmung mit der üblichen Form, aber es scheint, daß der Fluß primärer Protonen am Äquator etwa nur halb so groß ist wie der früher aus der Breitenabhängigkeit gemessene. A. Schlüter

12732. **P. Meyer, J. A. Simpson,** Changes in amplitude of the cosmic-ray 27-day intensity variation with solar activity. Phys. Rev. (2) **96** 1085—1088, mit 2 Fig. — Es wird der weltweite Anteil an der Amplitude der 27-Tage Wiederkehr-Tendenz in der Intensität der kosmischen Strahlung aus Messungen an weit getrennten Stationen bestimmt. Für die Jahre 1936 bis 1946 werden Resultate von Ionisationskammern der Carnegie-Institution und von 1951 bis 1953 Resultate von Neutronenzählungen durch die Verf. benutzt, die mit einem Korrektionsfaktor aneinander angepaßt werden. Es folgt eine enge Korrelation zwischen den Jahresmitteln dieser Amplitudenwerte und den Zürcher Sonnenfleckenzahlen im überdeckten Zeitraum. A. Schlüter

12733. **P. Morrison, S. Olbert, B. Rossi,** The origin of cosmic rays. Phys. Rev. (2) **94** 440—453, mit 3 Fig. — Durch eine Modifikation der von Fermi vorgeschlagenen Theorie (vgl. AJB **49** Ref. **12712**) über die Herkunft und Beschleunigung der kosmischen Strahlung im interstellaren Raum versuchen Verf. der Tatsache Rechnung zu tragen, daß die Energiespektren der verschiedenen Komponenten der Primärstrahlung übereinstimmen. Es wird angenommen, daß die mittlere Lebensdauer eines Primärteilchens in der Milchstraße lang ist gegenüber der Zeit, die das Teilchen benötigt, um aus der Milchstraße zu entweichen, andererseits aber kurz ist im Vergleich zur mittleren Zeit zwischen zwei Kernstößen gegen interstellaren Wasserstoff. Auf Grund von diesen Annahmen entwickeln Verf. ein Diffusionsmodell, indem sie die Bewegung der kosmischen Strahlung durch die Milchstraße als zufällige Bewegung zwischen sich bewegenden, magnetischen Wolken beschreiben. Die Ergebnisse werden mit experimentellen Tatsachen verglichen und die astrophysikalischen Folgerungen erörtert. Henn

* * **J. Nishimura,** Solar magnetic moment and the local time dependence of the unusual increase in cosmic-ray intensity. Vgl. Ref. 6127.

12734. **J. H. Noon, M. F. Kaplon,** Fragmentation of heavy primary nuclei of the cosmic radiation into light elements. Phys. Rev. (2) **95** 647. — Ref. Am. Phys. Soc.

12735. **M. A. Pomerantz,** Primary alpha particles in the cosmic radiation near the geomagnetic equator. J. Franklin Inst. **258** 443—459. — Ref. in Phys. Abstracts (A) **58** 496.

12736. **M. A. Pomerantz,** Cosmic radiation of very high altitudes near the geomagnetic equator. Phys. Rev. (2) **95** 531—537, mit 8 Fig. — An zwei Orten in Indien ($\lambda = 3°$ N; $\lambda = 18°$ N) wurde bei Ballonaufstiegen in große Höhen die Intensität der kosmischen Strahlung mit Absorbern von 4.0, 7.5 und 17.7 cm Blei gemessen. Die unterschiedlichen Ergebnisse an beiden Orten zeigen einen Breiteneffekt, der größer ist, als er auf Grund der geomagnetischen Theorie zu erwarten ist. Fricke

12737. **M. A. Pomerantz,** Primary alpha particles in the cosmic radiation near the geomagnetic equator. Phys. Rev. (2) **95** 1691—1692, mit 1 Fig. — Mit Hilfe von Zählrohrteleskopen wurde bei Ballonflügen in Indien die Häufigkeit von primären α-Teilchen in einer Breite von $\lambda = 3°$ N und $\lambda = 18°$ N gemessen. In dem Energiebereich von $1.5 < E < 15$ GeV für Protonen und $0.3 < E < 7$ GeV pro Nukleon für α-Teilchen ist ein Spektrum der Form $N (> E) = k (1 + E)^{-1.2}$ (E in GeV) mit $k = 4000\ m^{-2}\ sec^{-1}\ sterad^{-1}$ für Protonen und $k = 450$ für α-Teilchen mit den Messungen verträglich. A. Schlüter

12738. **G. D. Rochester, J. G. Wilson,** Cloud Chamber Photographs of the Cosmic Radiation. London, Pergamon Press, 1952. 128 S. mit 123 Fig. Preis £ 3.10.0. — Besprechung in Naturwissenschaften **41** 290 (M. Deutschmann).

* * **I. S. Schklowskij,** Supernovae as a source of cosmic rays. Vgl. Ref. 11336.

12739. **J. A. Simpson,** Cosmic-radiation intensity-time variations and their origin. III. The origin of 27-day variations. Phys. Rev. (2) **94** 426—440, mit 12 Fig. — Die Intensitätsschwankungen der kosmischen Strahlung können durch sich ändernde Einflüsse der Erdatmosphäre, durch Änderungen im Erdmagnetfeld und durch zeitliche Schwankungen der Primärstrahlung außerhalb des Erdfeldes sowie durch Anisotropie oder Inhomogenität dieser Primärstrahlung hervorgerufen sein. In vorliegender Arbeit untersucht Verf. die Intensitätsschwankungen, die eine 27-Tage Wiederkehrtendenz zeigen, und weist nach, daß diese nicht durch Änderungen des geomagnetischen Feldes verursacht sind. Den gefundenen indirekten Zusammenhang zwischen den 27tägigen Variationen und den Störungen des Erdmagnetfeldes versucht Verf. durch auf beide einwirkende Änderungen in der Primärstrahlintensität zu erklären, deren Ursache in Vorgängen auf der Sonne liegen soll. Henn

12740. **S. F. Singer,** Lectures on the primary cosmic radiation. Nuovo Cimento **11** Nr. 2, Suppl., S. 369—376. — Ref. in Phys. Abstracts (A) **57** 1364, RJ Astr. Geod. UdSSR Nr. **11**, 1955; Ref. Nr. 4843.

12741. **T. H. Stix,** Primary heavy nuclei. Phys. Rev. (2) **95** 782—792, mit 8 Fig. — Schwere Primärteilchen wurden mit Hilfe einer ballongetragenen Ionisationskammer in großer Höhe beobachtet, und zwar in 0.8 Stunden: 3—5 Li, 1 Be, 0 B und 21 mit $Z \geq 6$, von denen ein ungewöhnlich großer Teil schwerer als Sauerstoff war. Extrapolation auf den Gipfel der Atmosphäre ergibt für das Verhältnis: (Primäres Li + Be + B) zu (Primäre mit $Z \geq 6$) den Wert 5(−5, +32) %. A. Schlüter

12742. **W. F. G. Swann,** On H. Alfvén's theory of the effect of magnetic storms on cosmic ray intensity. J. Franklin Inst. **257** 191—201. — Ref. in Phys. Abstracts (A) **57** 958.

12743. **W. F. G. Swann,** On H. Alfvén's theory of the effect of magnetic storms on cosmic-ray intensity. Phys. Rev. (2) **93** 905—906. — Nach Alfvén erleidet kosmische Strahlung, die das Magnetfeld aus der Sonne strömenden Gases kreuzt, eine Energieänderung, die je nach Stärke des Magnetfeldes und Strahlbreite beliebig groß sein kann. Verf. errechnet im Gegensatz hierzu eine obere Grenze für die Energieänderung von 1.4 %. Fricke

12744. **W. F. G. Swann,** Acquirement of cosmic-ray energies by betatron action. Phys. Rev. (2) **95** 646. — Ref. Am. Phys. Soc.

12745. **W. F. G. Swann,** Acquirement of cosmic-ray energies by electromagnetic induction in galaxies. Phys. Rev. (2) **96** 240—241. — Es wird gezeigt, wie in einem veränderlichen Magnetfeld in einem axialsymmetrischen System geladene Teilchen durch elektromagnetische Induktion Energie gewinnen. Fricke

12746. **W. F. G. Swann,** The acquirement of cosmic ray energies by electromagnetic induction in galaxies. J. Franklin Inst. **258** 383—393. — Ref. in Phys. Abstracts (A) **58** 495. — Vgl. auch vorstehendes Ref.

12747. **W. F. G. Swann,** The story of cosmic rays. Sky and Telescope **13** 108—111, 154—155, 185—187, 222—224, 258—259, 300—302, mit 28 Fig. — Ausführlicher und anschaulicher Bericht über die kosmische Strahlung, insbesondere die physikalischen Prozesse, die Beobachtungsmethoden, den Einfluß von Magnetfeldern und die Herkunft. Voigt

12748. **E. Teller,** Theory of origin of cosmic rays. Rep. Progr. Phys. **17** 154—172, mit 1 Fig. — Es wird gezeigt, daß der Ursprung der kosmischen Strahlung in Radiosternen (nach Unsöld) zu suchen ist und daß der Beschleunigungsmechanismus, wie von Fermi vorgeschlagen, alle wesentlichen Merkmale der kosmischen Strahlung beschreibt. Fricke

12749. **W. B. Thompson,** On the acceleration of cosmic ray particles. Phil. Mag. (7) **45** 1210—1211. — Es wird gezeigt, wie die Gültigkeit des Potenzgesetzes für das Energiespektrum der kosmischen Strahlung bis etwa 10^{18} eV herauf ausgedehnt werden kann, auch wenn das galaktische Magnetfeld die ihm von Chandrasekhar und Fermi zugeschriebene Regelmäßigkeit besitzt. T. L.

12750. **S. B. Treiman,** Cosmic radiation in the trapped orbits of a solar magnetic field. Phys. Rev. (2) **93** 544—551, mit 2 Fig. — Ein magnetisches Dipolfeld der Sonne bewirkt einen tageszeitlichen Gang der kosmischen Strahlungsintensität in mittleren Breiten auf der Erde. Das scheinbare Fehlen des tageszeitlichen Effektes führt auf eine obere Grenze für das Dipolmoment, das unter 6.5×10^{33} Gauß cm^3 liegen sollte. Fricke

12751. **S. B. Treiman, M. Blume,** Galactic r-f radiation and cosmic-ray electrons. Phys. Rev. (2) **95** 646. — Ref. Am. Phys. Soc.

12752. **C. J. Waddington,** The alpha-particle component of the cosmic radiation. Phil. Mag. (7) **45** 1312—1321, mit 2 Fig. — Mittels einer besonderen Kernemulsionstechnik wurde für die primäre α-Strahlung in +55° geomagnetischer Breite die freie Weglänge (in der Emulsion), Primärfluß und Energieverteilung bis zu 5 × 10^9 eV pro Kern untersucht. Die Ergebnisse werden mit denjenigen anderer Autoren verglichen. T. L.

12753. **B. Waldeskog,** Photo-electric determination of the charge of heavy primaries in the cosmic radiation. Ark. Fys. **7** 475—485, mit 9 Fig. — Ref. in Phys. Abstracts (A) **57** 737.

12754. **G. Wataghin,** Remark on the origin of the cosmic rays. Nuovo Cimento **11** Nr. 2, Suppl., S. 388—389. — Ref. in Phys. Abstracts (A) **57** 1364, RJ Astr. Geod. UdSSR Nr. **11**, 1955; Ref. Nr. 4842.

12755. Progress in cosmic ray physics. II. Herausgegeben von J. G. Wilson. Amsterdam, North-Holland Publishing Co. 11 + 322 S. — Besprechung in Brit. J. appl. Phys. **5** 301—302.

12756. Kosmische Strahlung. Herausgegeben von W. Heisenberg. Vgl. AJB **53** Ref. **12732**. — Weitere Besprechung in Ann d'Astrophys **16** 290, J. Atmosph. Terr. Phys. **5** 186—187 (P. M. S. Blackett), Naturwissenschaften **41** 408—409 (E. Amaldi).

* * Rotating magnetic stars and cosmic rays. Vgl. Ref. **9815**.

12757. **Beobachtungen der kosmischen Strahlung**

Veröff. Fraunhofer-Inst. Freiburg. Sonnen-Zirkular 1953 Okt.—1954 Sept. 148 S. mit Abb.

Vierzehnter Teil

Geodäsie. Nautik

§ 130

Berichte, Höhere Geodäsie, Kartographie, Allgemeines

13001. **L. Cadarso,** Proyecto de una nueva red geodésica fundamental española. Urania Barcelona **39** 182—184, mit 1 Tafel. — Beschreibung des Projektes einer neuen Triangulation von Spanien einschließlich Spanisch-Marokkos, Mallorcas und Menorcas unter Verringerung der Zahl der Punkte 1. Ordnung und Vergrößerung der Basislängen. Gü.

13002. **O. Eggert, F. Koll, G. Klietsch,** Geodätische Rechnungen mittels der Rechenmaschine. Stuttgart, Verlag Konrad Wittwer, 1954. 3. Auflage. 7 + 130 S. mit 85 Fig. und 3 Tafeln. — 1. Teil: Einrichtung und Gebrauch der Rechenmaschinen. 2. Teil: Geodätische Rechnungen. Anhang: Tabellen.

13003. **W. D. Forrester,** Where to draw the line. Using the stars to locate the northern boundary of Canada's western provinces. J RAS Canada **48** 129—133, mit 4 Fig.

13004. **G. van Herk, J. C. de Munck,** Observations of mires without refraction disturbances. Report presented at the tenth General Assembly of the International Association of Geodesy at Rome 1954. Publ. Netherlands Geod. Comm., 6 S. mit 6 Fig.

13005. **S. Holub,** Astronomie und Landkarte. Rozhledy **33** 73—78, mit 5 Fig. (tschechisch).

* * **K. Kozieł,** The inversion of a system of two power series in two variables and its application to higher geodesy. Vgl. Ref. **109.**

13006. **K. Ledersteger,** Die translative und die projektive Methode der astronomischen Geodäsie. Schweizer Z. Vermessung **52** 154—160, 175—184, 209—213. — Ref. in RJ Astr. Geod. UdSSR Nr. **3,** 1955; Ref. Nr. 1236.

13007. **L. J. Lukeš,** Základy geodetické astronomie. Prag, Techn. Verlag. 246 S. mit 110 Fig. Preis Kčs. 27.60. — Einführung in die geodätische Astronomie.

13008. **J. Magis,** Courbes d'échelle constante de la représentation conforme de la sphère dans un triangle équilatéral. Bull. Cl. Sci. Acad. roy. Belgique (5) **39** 983—986, mit 1 Fig., 1953 = Inst. Astr. Bruxelles (2) Nr. **91.**

13009. **K. Nygaard,** Calculation by nomograms of the astronomical correction to precise levelling. Geod. Inst. Kopenhagen Skrifter (3) **20,** 13 S. mit 11 Tafeln.

13010. **P. Tardi, G. Laclavere,** Traité de géodésie. Tome I, fasc. 2. Paris, Gauthiers-Villars, 1954. 2. Auflage. 325 S. mit 76 Fig. Preis fr. 3700. — Besprechung in Ciel et Terre **71** 114—115 (P. Melchior).

13011. Die Arbeiten der dritten Breitenkonferenz der Sowjetunion. Kiew, Verlag Akad. Wiss. Ukrain. Sowjetrepublik, 1954 (russisch). — Besprechung der einzelnen Beiträge in RJ Astr. Geod. UdSSR Nr. **3**, **6**, **7**, 1955.

§ 131

Erdfigur, Erdrotation, Schwerkraft, Massenverteilung

* * **S. D. Černyi,** Free nutation of the earth. Vgl. Ref. **3102**.

13101. **J. F. Cox, F. H. van den Dungen,** Comparaison des déplacements sur la sphère céleste et sur la sphère terrestre de l'axe instantané de rotation de la terre. Bull. Cl. Sci. Acad. roy. Belgique (5) **40** 766—776, mit 3 Fig. = Inst. Astr. Bruxelles (2) Nr. **99**. — Die Poinsotsche Theorie der Rotation eines festen Körpers verlangt für die Erde Gleichheit der (in Winkeln ausgedrückten) Verschiebungen der Rotationsachse an der Sphäre und gegenüber der Lithosphäre zu entsprechenden Zeiten. Der Versuch eines rechnerischen Vergleichs ergab einen erheblichen Schlußfehler. T. L.

13102. **F. H. van den Dungen, J. F. Cox, J. van Mieghem,** Sur les fluctuations saisonnières de la rotation de la terre. Bull. Cl. Sci. Acad. roy. Belgique (5) **40** 692—695 = Inst. Astr. Bruxelles (2) Nr. **98**. — Aus den täglichen Werten der Luftdruckverteilung über der Erde für 1949 und 1950 werden die monatlichen Luftmassenverschiebungen abgeleitet. Eine vorläufige Rechnung ergab hieraus für die Schwankung der Tageslänge $\pm 0^s\!.0003$ (beobachteter Wert: $< \pm 0^s\!.0005$). T. L.

13103. **M. Dupuy,** La détermination des dimensions de la terre pour les travaux géodésiques en U.R.S.S. Bull. géod. Nr. **31** S. 55—66. — Ref. in RJ Astr. Geod. UdSSR Nr. **2**, 1955; Ref. Nr. 789.

13104. **J. de Graaff-Hunter,** The use of Stokes's formula in geodesy. Bull. géod. Nr. **32** S. 147—153 (mit spanischer, französischer, deutscher und italienischer Zusammenfassung). — Ref. in RJ Astr. Geod. UdSSR Nr. **11**, 1955; Ref. Nr. 5078.

13105. **B. Gulotta,** Per una più precisa definizione delle deviazioni angolari locali del Geoide dall'Ellissoide. Rend. Accad. Nazionale Lincei, Cl. Sci. fis., mat., nat. (8) **17** 26—32.

13106. **R. A. Hirvonen,** The gravimetric method for determination of the form of the geoid. Tellus **6** 85—88. — Ref. in RJ Astr. Geod. UdSSR Nr. **3**, 1955; Ref. Nr. 1237.

13107. **H. Jeffreys,** The use of Stokes's formula in the adjustment of surveys. Bull. géod. Nr. **30** S. 331—338, 1953 (mit deutscher, spanischer, französischer und italienischer Zusammenfassung). — Ref. in RJ Astr. Geod. UdSSR Nr. **11**, 1955; Ref. Nr. 5077.

13108. **C. P. Keres,** Über die geometrische Methode der Bestimmung der Oberfläche des Geoids. Publ. Astr. Obs. Tartu **32** 463—478, mit 2 Abb. (russisch). — Die zuerst von Pomeranzew (1897) angewandte Methode beruht darauf, daß ein hinreichend enges Netz astronomischer Punkte mit bekannten astronomischen Lotrichtungen die Geoidfläche als Normalfläche der Lotrichtungen ergibt. Zunächst wird die strenge Differentialgleichung abgeleitet, die das Geoid mit dem mathematischen Referenzellipsoid verbindet. Dann wird diese Gleichung vereinfacht. Die Fehler, die durch diese Vereinfachung und Ungenauigkeiten der Ausgangswerte entstehen, werden erörtert. Schließlich wird ein Verfahren zur numerischen Integration der Differentialgleichung beschrieben, das auch für Interpolationen geeignet ist. Petri

* * **W. Markowitz,** Photographic determination of the moon's position, and applications to the measure of time, rotation of the earth, and geodesy. Vgl. Ref. **7308**.

13109. P. J. Melchior, Contribution à l'étude des mouvements de l'axe instantané de rotation par rapport au globe terrestre. Obs. Roy. Belgique Monographie Nr. **3**, 114 S. mit 19 Fig. — Der erste Teil befaßt sich mit den Beobachtungsgrundlagen der Polbewegung und der Geschichte und Organisation des Internationalen Breitendienstes. Auf die Bedeutung von Azimutbeobachtungen, wie sie in Uccle angestellt werden, für die Untersuchung des Schlußfehlers und des Kimura-Terms wird besonders hingewiesen. Im zweiten Teil der Monographie werden die verschiedenen Komponenten der Polbewegung (Säkularbewegung, jährliche und Chandlersche Periode) untersucht und mit der Theorie verglichen; dabei wird eine neue Methode für die Analyse eingeschlagen. Schließlich werden die möglichen Korrelationen der Polbewegung zu den Fluktuationen der Erdrotation sowie zu meteorologischen und geophysikalischen Erscheinungen geprüft. T. L.

13110. Y. Mintz, W. Munk, The effect of winds and bodily tides on the annual variation in the length of day. MN Geophys. Suppl. **6** 566—578, mit 4 Fig. — Ref. in MN **113** 789. — Aus den beobachteten Windbewegungen wird das Drehmoment der gesamten Erdatmosphäre und aus dessen saisonalen Abweichungen vom Jahresmittel die theoretisch dadurch hervorgerufenen Änderungen der Rotationsgeschwindigkeit der Erde berechnet. Ferner wird die Wirkung der Gezeiten betrachtet, welche bei der Erde während ihres Umlaufs um die Sonne auftreten. Die Kombination dieser beiden Effekte steht in gutem Einklang mit den astronomischen Beobachtungen der jährlichen Rotationsschwankungen. T. L.

13111. T. Nicolini, Rotazione terrestre, sismicità e polodia. Ann. Ist. Univ. Navale Napoli **20—23** = Oss. Astr. Capodimonte-Napoli Contr. geofis. (2) Nr. **13**. — Nach einigen Betrachtungen über die Unregelmäßigkeiten der Erdrotation wird auf die Polschwankung und die seismische Tätigkeit und auf eine vermutete Korrelation dieser Phänomene hingewiesen. Cester

13112. T. Nicolini, La figura della Terra. II. Scientia **89** 1—4 = Oss. Astr. Capodimonte-Napoli Collezione Miscellanea **1** Nr. 7. — Vgl. AJB **53** Ref. **13121**.

13113. E. Oehmichen, Appareillage pour l'étude et la démonstration des mouvements diurnes. Navigation Paris **2** 294—303.

13114. N. N. Parijskij, Über den Einfluß der atmosphärischen Zirkulation auf die Bewegung des Erdpols. Astr Circ UdSSR Nr. 152 S. 15—17 (russisch). — Es wird die Annahme Fjodorows und Youngs rechnerisch bestätigt, daß Änderungen der atmosphärischen Zirkulation offensichtlich die Bewegung des Erdpols beeinflussen können. Loh.

13115. K. Rudnicki, Zagadnienia grawitacyjne a astronomia. Urania Kraków **25** 7—13, mit 2 Abb.

13116. A. Stoyko, N. Stoyko, Les fluctuations de la rotation de la terre pendant les années 1940—1946. Bull. Cl. Sci. Acad. roy. Belgique (5) **40** 715—721, mit 4 Fig. — Verf. geben eine ausführliche Untersuchung der periodischen Schwankungen der Erdrotation für die Zeit 1940—46. Ein Vergleich der mittleren Amplituden für die Beobachtungszeiträume 1940/46 und

1947/52 zeigt, daß die Terme mit einer Periode von 6 bzw. 14 Monaten konstant sind, während die Terme mit jährlicher Periode sich für die beiden Zeiträume wie 2 : 1 verhalten. Henn

13117. **N. Stoyko,** Variations saisonnières de la rotation de la terre en 1953 d'après les horloges de 9 services. Bull hor (E) Nr. 11b S. 537—539. — Es werden die jahreszeitlichen Änderungen der Erdrotation für neun Zeitdienste und das daraus gewonnene gewogene Mittel gegeben. Die großen Abweichungen einzelner Institute vom Mittel sowohl in Phase wie Amplitude sind auffällig. v. d. Heide

13118. **G. Tiercy,** Un problème de mécanique astronomique plus actuel que jamais: «la forme du globe terrestre». Bull. Acad. Sci. Belles-Lettres Arts Clermont-Ferrand 1954, 13 S. mit 3 Fig. = Publ. Obs. Genève (A) **6** Fasc. 1. — Seit 1924 erhielt man nach den geodätischen Methoden (Meridiangrad- und Schweremessungen) für die Abplattung der Erde stets den Wert 1/297 in Übereinstimmung mit dem aus der Präzession abgeleiteten; dagegen ergibt sich aus den Mondstörungen der dynamische Wert 1/295 (Mittel aus den Resultaten von Brown und de Sitter). Nach einem Vorschlag des Verf. könnte diese Diskrepanz, deren Interpretation von Wavre er kritisiert, dadurch zum Verschwinden gebracht werden, daß man die Ableitung des dynamischen Wertes durch Benutzung der zweiten Näherung für das Erdellipsoid modifiziert. T. L.

13119. **W. Uhink,** Rotationsschwankungen der Erde 1951.5—1952.5. AN **281** 257—258, mit 1 Abb. — Im Anschluß an eine frühere Mitteilung (AJB **53** Ref. **13130**) werden die Ergebnisse für die Rotationsschwankungen der Erde im Zeitraum 1951.5—1952.5 mitgeteilt. Verf.

* * **J. Witkowski,** Problem czasu w mechanice nieba. Vgl. Ref. **4241**.

13120. **S.-H. Yeh,** The non-uniformity of the earth's rotation and the present state of its investigation. Acta Astr. Sinica **2** 75—82, mit 2 Abb. (chinesisch).

13121. Beitrag zum deutschen Schweregrundgesetz und zur Geoidbestimmung aus Schwere-Anomalien. Deutsche Geod. Kommission Bayer. Akad. Wiss. (B) Veröff. Nr. **19**, 67 S. mit 8 Abb. und 1 Karte.

13122. Cause of changes in length of day. J RAS Canada **48** 79.

13123. Le ralentissement de la Terre oblige à définir une nouvelle unité de temps. La Nature **82** 36.

13124. Glacial eustasy and the rotation of the earth. Nature **173** 19. — Ref. der in AJB **53** Ref. **13132** zitierten Arbeit von A. Young.

13125. Effect of movement of surface masses on the rotation of the earth. Nature **173** 617—618. — Ref. der in AJB **53** Ref. **13133** zitierten Arbeit von A. Young.

13126. Tidvattenseffekterna och jordrotationen. PAT **35** 72—73.

13127. Ruchy osi ziemskiej a budowa wnętrza ziemi. Urania Kraków **25** 17—18.

13128. Nowe wyznaczenie kształtu ziemi. Urania Kraków **25** 54—55.

13129. Cause of changes in the length of the day. Vega Nr. **16/17** S. 70.

§ 132

Geodätische Koordinaten, Polschwankung

13201. **A. Beloussow,** Die Genauigkeit der Höhen- und Azimutberechnung. See- und Binnenflotte Nr. 1 S. 13—17 (russisch). — Ref. in RJ Astr. Geod. UdSSR Nr. 4, 1954; Ref. Nr. 2984.

13202. **S. J. Belych,** Die Bestimmung geographischer Koordinaten aus Beobachtungen von Sternpaaren in den Vertikalen +45° und −45°. Moskau, 1954 (russisch). — Dissertationsreferat.

13203. **C. Bernasconi,** Moto di un vortice sulla Terra e sua influenza sulla polodia. Geofis. pura appl. **28** 190—198. — Unter der Annahme, daß die Erde von einem dünnen, inkompressiblen Fluidum umhüllt ist, untersucht Verf. einen zweifachen punktförmigen Wirbel, der eine Rotation des Fluidums verursacht. Diese Bewegung hat eine vernachlässigbare Wirkung auf die Polschwankung. Cester

13204. **G. Cecchini,** Polbewegung. NAZ 8 8, 15, 29; UAI Circ 1438, 1456. — 1953.20—1954.25.

13205. **G. Cecchini,** Polbewegung. NAZ 8 37; UAI Circ 1472. — 1952.00—1954.45.

13206. **A. Danjon, B. Guinot,** Sur une singularité du mouvement des pôles terrestres survenue en 1926. CR **238** 1081—1083, mit 1 Fig. — Eine einfache Analyse der Polhodie zeigt um das Jahr 1926 eine Unstetigkeit in der Chandlerschen Komponente. Ihre Amplitude wechselt dort gewissermaßen das Vorzeichen; ein Vergleich der vorhergehenden und nachfolgenden Minima ergibt einen Phasensprung von etwa einer halben Periodenlänge. Die Periode ist vorher und nachher verhältnismäßig stabil und beträgt 435 bzw. 428 Tage. Bei der beabsichtigten Neubearbeitung der Polbewegung muß diese kritische Periode zwischen 1924 und 1929 besonders beachtet werden. T. L.

13207. **W. F. Djakonow,** Vereinfachtes Verfahren zur Berechnung der örtlichen Stundenwinkel eines Gestirns bei der Breitenbestimmung eines Ortes aus einigen meridiannahen Höhen. Abh. Arkt. Seehochschule Nr. 5 S. 124—128 (russisch). — Ref. in RJ Astr. Geod. UdSSR Nr. 8, 1955; Ref. Nr. 3210.

13208. **A. E. Filippow,** Über das tägliche Glied in den Pulkowoer Beobachtungen von δ Cassiopeiae. Astr Circ UdSSR Nr. 148 S. 13—14 (russisch).

13209. **A. E. Filippow,** Anwendung des Kriteriums von A. J. Orlow auf die Abschätzung der Genauigkeit einiger Breitenbeobachtungsreihen. Astr Circ UdSSR Nr. 152 S. 19—20 (russisch).

13210. **E. P. Fjodorow,** Die mondtägige Welle in den Breitenschwankungen. Astr Circ UdSSR Nr. 148 S. 12 (russisch). — Verf. leitet aus den Beobachtungen an verschiedenen Stationen von 1900 bis 1951 folgenden Ausdruck ab: $\Delta\varphi = 0''.0090 \sin(2 ☾ - \alpha - 10°) + 0''.0025 \sin(2 ☾ + \alpha + 9°)$. Loh.

13211. **E. P. Fjodorow,** Beobachtungsergebnisse an zwei Zenitteleskopen in Poltawa von 1949.8 bis 1954.2. Astr Circ UdSSR Nr. 149 S. 7—8 (russisch).

13212. **E. P. Fjodorow, N. I. Pantschenko,** Die Polbewegung im Jahre 1952 nach den Daten des Internationalen und des Sowjetischen Breitendienstes. Astr Circ UdSSR Nr. 149 S. 8—10 (russisch).

13213. **E. Fjodorow, E. Jewtuschenko,** Die täglichen Breitenänderungen nach Beobachtungen an zwei Zenitteleskopen in Poltawa. Astr Circ UdSSR Nr. 152 S. 17—18 (russisch).

13214. **S. K. Ghosh,** Determination of azimuth and latitude from observations of an unknown star. Empire Survey Rev. **12** 382. — Ref. in RJ Astr. Geod. UdSSR Nr. **10,** 1955; Ref. Nr. 4250.

13215. **A. Gougenheim,** Détermination des positions géographiques. BSAF **68** 111—115, mit 4 Fig. — Beschreibung des Prinzips und der instrumentellen Durchführung der astronomischen Ortsbestimmung, die allerdings in der Praxis der Geodäsie und der Navigation immer mehr durch rein terrestrische Methoden ersetzt wird. T. L.

13216. **J. Hospers,** Rock magnetism and polar wandering. Nature **173** 1183—1184. — Ref. in Phys. Abstracts (A) **57** 1241.

13217. **O. E. Kádner,** The determination of geographical coordinates of an observatory. RH **35** 183—185 (tschechisch).

13218. **A. A. Kerrick,** Precise astronomic positions from projected star positions analytically processed. I. The empiric equation method for processing astrolabe data for precise astronomic positions. Internat. Hydrogr. Rev. **31** 105—113. — Ref. in RJ Astr. Geod. UdSSR Nr. **10,** 1955; Ref. Nr. 4252.

13219. **S. G. Kulagin, L. D. Kowbassjuk,** Beobachtungen von hellen Zenitsternen an der Gorkijer Breitenstation. Astr Circ UdSSR Nr. 149 S. 10—11 (russisch).

13220. **S. G. Kulagin,** Das Gewicht des Schlußfehlers als eines der Kriterien zur Bewertung von Breitenprogrammen. Astr Circ UdSSR Nr. 149 S. 11—13 (russisch). — Für einige Sternwarten und Stationen werden die Gewichte ermittelt.

13221. **G. A. Lange, D. I. Krawzow,** Die Breitenänderungen von Kitab in den Jahren 1948—1949. Publ. Astr. Obs. Taschkent (2) **4** 102—122, mit 1 Abb. (russisch). — In Fortsetzung früherer Arbeiten wurden 2916 am Bamberg-Zenitteleskop in Kitab während der Jahre 1948/49 von drei Beobachtern erhaltene Messungen von Breiten-Sternpaaren ausgewertet. Die mittleren quadratischen Fehler für jeden Beobachter und jedes Jahr und die Breitenänderung von Kitab wird für die Zeit von 1946 bis 1949 angegeben. Petri

13222. **K. Ledersteger,** Die Reduktion des astronomischen und ellipsoidischen Azimutes auf den geoidischen Zielpunkt. Östereichische Z. f. Vermessungswesen **42** 17.

13223. **J. Lemmens,** Détermination de latitude à l'aide d'un réfracteur zénithal visuel. Bull. Cl. Sci. Acad. roy. Belgique (5) **40** 557 = Inst. Astr. Bruxelles (2) Nr. **97.** — Ergänzung zu der in AJB **53** Ref. **13214** zitierten Arbeit.

13224. **M. J. Loodts,** Détermination de latitude, de longitude et d'un azimut astronomique, effectuée à l'Université de Bruxelles, en 1952. Bull. Cl. Sci. Acad. roy. Belgique (5) **40** 198—199 = Inst. Astr. Bruxelles (2) Nr. **95.**

13225. **W. Markowitz,** Variation of latitude at Washington, D.C. and Richmond, Florida, 1952. AJ **59** 132.

13226. **W. S. Matjagin, L. N. Tulenkowa,** Vorläufige Bestimmung der astronomischen Koordinaten des Bergobservatoriums des Astrophysikalischen Instituts der Akademie der Wissenschaften der Kasachischen Sowjetrepublik (Alma-Ata). Astr Circ UdSSR Nr. 145 S. 18 (russisch). — $\lambda = 5^h\,7^m\,49^s.84 \pm 0^s.04$; $\varphi = 43°\,11'\,16''.87 \pm 0''.62$.

13227. **M. Medina Peralta,** Sencillo procedimiento para obtener la latitud astronómica, empleando el teodolito universal Wild T—2. El Universo Nr. **29** S. 77—79.

13228. **N. K. Migal,** Bestimmung der Breite und des Azimuts aus zwei Beobachtungen ein und derselben Sterne. Abh. Polytech. Inst. Lwow Nr. 18 (Geod. Nr. 2) S. 71—74 (russisch). — Ref. in RJ Astr. Geod. UdSSR Nr. **10,** 1955; Ref. Nr. 4248.

13229. **D. L. G. Miller, R. W. Tanner,** The variation of latitude at Ottawa 1952—53. J RAS Canada **48** 169—175, mit 4 Fig. = Contr. Dominion Obs. Ottawa **2** Nr. 18.

13230. **E. Morera,** Determinacion astronomica de azimut, latitud y declinacion sin efemerides. Ingenieria **57** 341—345, 1953. — Ref. in RJ Astr. Geod. UdSSR Nr. **5,** 1955; Ref. Nr. 1838.

* * **T. Nicolini,** Rotazione terrestre, sismicità e polodia. Vgl. Ref. **13111.**

13231. **E. I. Obreskowa,** Über die bei der Bearbeitung der Beobachtungen des Internationalen Breitendienstes verwandten Parswerte der Mikrometerschrauben. Astr Circ UdSSR Nr. 148 S. 10—11 (russisch). — Bei der Bearbeitung der Beobachtungen von Mizusawa, Carloforte und Ukah aus den Jahren 1906 bis 1934 müssen vom Zentralbüro des Internationalen Breitendienstes meistenteils falsche Werte benutzt worden sein. Loh.

13232. **N. Pantschenko,** Über die elfjährige Nutationswelle in den Breitenschwankungen. Astr Circ UdSSR Nr. 148 S. 9—10 (russisch). — Kritische Bemerkung zu einer Arbeit von Kimura (vgl. AJB **45** Ref. **9709**).

13233. **Z. Petović, D. Šaletić, B. Ševarlić, R. Vojčić,** Observations à la lunette zénithale (de 110 mm) du Service de latitude de l'Observatoire, faites au cours des deux derniers trimestres de 1953. Bull. Obs. Astr. Beograd **19** Nr. 1 S. 3—15.

13234. **Z. Petović, D. Šaletić, B. Ševarlić, R. Vojčić,** Observations à la lunette zénithale (de 110 mm) du Service de latitude de l'Observatoire, faites au cours des deux premiers trimestres de 1954. Bull. Obs. Astr. Beograd **19** Nr. 2 S. 4—8.

13235. **N. A. Popow,** Die Breitenschwankungen von Poltawa nach Beobachtungen heller Zenitsterne von 1953.0 bis 1954.2. Astr Circ UdSSR Nr. 149 S. 6 (russisch).

13236. **S. W. Romanskaja, I. F. Korbut, W. I. Sacharow,** Die Breitenschwankungen von Pulkowo in der Periode 1952.5—1954.0. Astr Circ UdSSR Nr. 148 S. 14 (russisch).

13237. **S. W. Romanskaja,** Ergebnisse der Beobachtungen am großen Pulkowoer Zenitteleskop von 1929 Januar 5 bis 1941 Juli 9. Publ. Astr. Hauptobs. Pulkowo (2) **70,** 68 S. mit 1 Tafel (russisch). — Inhalt: Beobachtungsprogramm, S. 3; Instrument, S. 4; Deklinationssystem, S. 8; Beobachtungsergebnisse, S. 9; Meteorologische Daten, S. 10; Ausgleichung des Deklinationssystems, S. 10; Verbesserungen zu den Eigenbewegungen, S. 13; Verbesserung der Aberrationskonstanten, S. 14; Persönliche Gleichungen, S. 15; Beobachtungsgenauigkeit, S. 15; Kurve der Breitenschwankung, S. 16; Einzeldaten, S. 24—68. Loh.

13238. **B. M. Ševarlić, R. Vojčić,** Détermination de la latitude de l'Observatoire à l'aide d'un astrolabe à prisme. Bull. Obs. Astr. Beograd **19** Nr. 1 S. 56—58, mit 1 Fig. — An zehn Abenden wurde mit 222 FK 3-Sternen heller als $6^m\!.5$ mittels eines Instruments von 52 mm Öffnung die geographische Breite mit einem mittleren Fehler von $\pm 1''\!.02$ bestimmt. Dv.

13239. **N. Sekiguchi,** On a character about the secular motion of the mean pole of the earth. Publ. Astr. Soc. Japan **5** 109—113, mit 2 Fig. = Tokyo Astr. Obs. Repr. Nr. **109**. — Die Bestimmung der säkularen Polbewegung aus den Resultaten des Internationalen Breitendienstes wird bis 1947 fortgesetzt. Der Verlauf in den beiden Komponenten seit 1900 scheint aus einzelnen Geraden zusammengesetzt, analog den Fluktuationen der Erdrotation. Dies kann als Hinweis auf eine gemeinsame Ursache betrachtet werden; der größenordnungsmäßige Unterschied der $\Delta\omega/\omega$ läßt sich dabei theoretisch erklären. T. L.

13240. **A. K. Sosnowa, S. O. Issamutdinow,** Bestimmung der astronomischen Koordinaten des Astronomischen Observatoriums Stalinabad. Astr Circ UdSSR Nr. 154 S. 11—12 (russisch). — Für den mittleren Pfeiler der Meteorkuppel ergab sich $\lambda = -4^h\,35^m\,7^s\!.47 \pm 0^s\!.04$; $\varphi = +38°\,33'\,40''\!.0 \pm 0''\!.2$.

* * **A. Stoyko,** L'influence du déplacement du pôle sur la détermination de l'heure en 1954. Vgl. Ref. **2324**.

13241. Die Fehler des 5-zölligen astronomischen Universalinstruments bei der Bestimmung astronomischer Punkte nach dem auf dem Prinzip der Messung von Zenitdistanzen der Sterne beruhenden Verfahren und ihre Untersuchung. Moskau, Inst. Ing. Geod. Luftbildaufnahme Kartogr., 1954 (russisch). — Dissertationsreferat.

13242. Variation of latitude 1940. Greenwich Astronomical Results 1940 A 61—A 62.

13243. Sur le but et le programme d'observation du Service International de Latitude. Moskau, Verlag Akad. Wiss. UdSSR, 1954. 107 S. (russisch mit französischen Zusammenfassungen). — Inhalt: Vorwort, S. 5—7; B. A. Orlow, Alexander Jakowlewitsch Orlow, S. 8—12, 78—82; A. J. Orlow, Über die säkulare Polbewegung, S. 13—18, 83—88; E. P. Fjodorow, Über die in Poltawa zur Erprobung eines neuen Programms für den internationalen Breitendienst durchgeführten Beobachtungen, S. 19—55, 89—95; W. I. Sacharow, I. F. Korbut, Über die Überprüfung des Pulkowoer Zenitteleskop-Programms, S. 56—64, 96—102; A. J. Orlow, E. P. Fjodorow, K. A. Kulikow, M. S. Swerew, Vorschläge der Astronomen der UdSSR für Kommission Nr. 19 («Breitenschwankungen»), S. 65—72, 103—106. Loh.

* * Weitere geographische Koordinaten siehe § **12**.

§ 133

Navigation

13301. **R. C. Alabaster,** The nauticator. J. Inst. Navigation **7** 308—312, mit 5 Fig. — Beschreibung eines Geräts zur Lösung sphärischer Dreiecke.

13302. **J. Baranow,** Das astronomische Gerät «Wega» (Anwendung zur Lösung von Aufgaben der nautischen Astronomie). See- und Binnenflotte Nr. **7** S. 12—14 (russisch). — Ref. in RJ Astr. Geod. UdSSR Nr. **4**, 1955; Ref. Nr. 1413.

13303. **M. Bini,** Navigazione Astronomica. Livorno, Accademia Navale, 1954. 380 S. — Besprechung in J. Inst. Navigation 8 84—85 (D. H. Sadler).

13304. **Y. Canvel,** Détermination du point par observations verticales ou horizontales, alignements célestes et médianes célestes. Navigation Paris **2** 149—158.

13305. **G. Clerc-Rampal,** L'évolution des méthodes et des instruments de navigation. Navigation Paris **2** 63—72, 258—267.

13306. **P. Collinder,** A History of Marine Navigation. B. T. Batsford, 1954. 95 S. mit 50 Fig. Preis 21 s. — Besprechung in J. Inst. Navigation 8 187—189 (E. G. R. Taylor).

13307. **G. D. Danlap, P. V. H. Weems,** Radio astronomy for navigation. U. S. Naval Inst. Proc. **80** 1285—1287. — Ref. in RJ Astr. Geod. UdSSR Nr. **11**, 1955; Ref. Nr. 4773.

13308. **A. Day,** Man and machine in navigation. J. Inst. Navigation **7** 1—8, mit 1 Bild.

13309. **W. F. Djakonow,** Nautische Ortsbestimmung mit der Sonne nebst einer Untersuchung der Genauigkeit. Leningrad, Wassertransport-Verlag, 1954. Preis 9 R. 40 Kop. (russisch). — Besprechung in RJ Astr. Geod. UdSSR Nr. **7**, 1955; Ref. Nr. 2725.

13310. **W. F. Djakonow,** Einfluß der Fehler der Berechnungen zu berechnender Höhen auf den zu bestimmenden Ort eines Schiffes nach der Standlinienmethode. Abh. Arkt. Seehochschule Nr. **4** S. 47—67, 1953 (russisch). — Ref. in RJ Astr. Geod. UdSSR Nr. **10**, 1955; Ref. Nr. 4253.

13311. **F. Franklin,** Methods used in celestial navigation. Navigation Los Angeles **4** 9—21. — Historisch aufgebaute Gegenüberstellung aller Verfahren der astronomischen Navigation, besonders der Rechenverfahren und Tafelmethoden. Amerikanische Publikationen sind bevorzugt behandelt. Fr.

13312. **H. C. Freiesleben,** Neue Tafeln zur vereinfachten Berechnung von Höhenstandlinien. Deutsche Hydrographische Z. **7** 63—64, mit 2 Abb.

13313. **H. C. Freiesleben,** Nautisch-astronomische Höhentafeln. Mitt. AG 1953 S. 21. — Ref. AG.

13314. **H. C. Freiesleben,** The dip of the horizon. Navigation Los Angeles **4** 8—9.

13315. **G. A. Harding,** The accuracy of astronomical observations at sea. J. Inst. Navigation **7** 195—198, mit 1 Fig.

13316. **O. E. Kádner,** Astronomická navigace pro letce. Prag, Techn. Verlag, 1954. 320 S. mit 146 Fig. und 76 Tafeln. Preis Kčs. 36. — Einführung in die astronomische Navigation.

13317. **N. Klygin,** Über die Anwendung des Steuermannlineals zur Lösung astronomischer Aufgaben. Hochsee- und Binnenflotte Nr. **9** S. 5 (russisch). — Ref. in RJ Astr. Geod. UdSSR Nr. **5**, 1955; Ref. Nr. 1839.

13318. **S. M. Kotlarić,** New methods of ship's position finding from celestial observations. Recueil Travaux **42** Inst. Astr. Théor. Appl. Acad. Serbe Sci. Nr. **1** S. 63—77, mit 5 Fig. (serbisch mit englischer Zusammenfassung S. 171—175). — Verf. beschreibt mehrere Methoden, die eine Ortsbestimmung auf See aus astronomischen Beobachtungen in direkter Weise ermöglichen. Böh.

13319. **W. S. MacIlwaine, J. Mornement,** A Companion to Modern Navigation. George Philip & Son, 1954. 167 S. Preis 12 s. 6 d. — Besprechung in J. Inst. Navigation 8 192 (G. A. A. Grant).

13320. **P. Marchand,** Points d'étoiles. Navigation Paris 2 317—330. — Behandelt nautisch-astronomische Beobachtungen bei dunkler Nacht. Fr.

13321. **P. L. Nightingale,** Low-altitude astro sights. J. Inst. Navigation 7 84—88, mit 1 Fig. — Eine Übersicht gibt 127 Flugzeugbeobachtungen von Himmelskörpern in niederen Höhen (unter 9°) und die daraus abgeleiteten Standlinien mit ihren Fehlern. Es folgen kritische Bemerkungen von Sadler sowie von Porter und eine Erwiderung des Verf. T. L.

13322. **J. B. Parker, D. H. Sadler,** The Barcoo observations. J. Inst. Navigation 7 317—323, mit 1 Fig. — Untersuchung zur Genauigkeit astronomischer Beobachtungen auf See. Fr.

13323. **D. H. Sadler,** Continuous plotting of astronomical position lines using A. P. 3270. J. Inst. Navigation 7 111—119, mit 3 Fig. — Eine einfache Methode wird beschrieben, wie man mit den Sight Reduction Tables for Air Navigation fortlaufend Standlinien ohne zusätzliche Vorbereitung und besondere Hilfsapparate erhalten kann; mit gewissen Einschränkungen ist das Verfahren auch für andere als Mercator-Karten brauchbar. Ein ausführliches Beispiel ist angefügt. T. L.

13324. **H. H. Shufeldt,** Irradiation and refraction at low altitudes and the working navigator. Navigation Los Angeles 4 86—91.

13325. **R. Sullivan,** Precomputed celestial data for high speed aircraft. Navigation Los Angeles 4 21—23. — Ref. in RJ Astr. Geod. UdSSR Nr. 2, 1955; Ref. Nr. 543.

13326. **M. Vanni,** Osservazioni dei tempi dei passaggi di coppie di stelle attraverso verticali ignoti per determinare la posizione dell'osservatore a terra e in navigazione. Ann. Ist. Univ. Navale Napoli 20—23 181—187. — Mittels der Sternzeiten der Durchgänge eines Sternpaares durch einen unbekannten Vertikalkreis werden die geographischen Koordinaten des Ortes bestimmt. Es folgen zwei Beispiele mit Verwendung von vier Paaren durch vier Vertikalkreise für einen festen Ort und von drei Paaren durch drei Vertikalkreise für ein Schiff. Cester

13327. **M. Vanni,** Determinazione della latitudine dagli intervalli siderei fra i passaggi di stelle fisse per verticali ignoti, indipendentemente da eventuali piccole inesattezze non trascurabili nelle coordinate uranografiche delle stelle osservate. Ann. Ist. Univ. Navale Napoli 20—23 189—193. — Betrachtung der Möglichkeit der Ortsbestimmung mittels Sterndurchgängen durch unbekannte Vertikalkreise, wenn die Koordinaten der Sterne nicht genau bekannt sind. Cester

13328. **L. Worobjew,** Über die Vermessung des wahren Kurses mit dem Polarstern. Bote Luftflotte Nr. 12 S. 24—30, 1953 (russisch). — Ref. in RJ Astr. Geod. UdSSR Nr. 9, 1955; Ref. Nr. 3749.

13329. The Admiralty Manual of Navigation. London, H. M. Stationery Office, 1954. 287 S. mit 175 Fig. und 20 Tafeln. Preis 12 s. 6 d. — Besprechung in J. Inst. Navigation 8 180—182 (M. Bini).

13330. Hansen's Improved Ex-Meridian Tables. Revised by C. W. T. Layton. Glasgow, Brown, Son & Ferguson, 1954. 117 S. Preis 10 s. 6 d. — Besprechung in J. Inst. Navigation 7 315 (G. A. A. Grant).

13331. The size of navigation tables. J. Inst. Navigation 7 90—91.

13332. Methods of air and surface navigation. J. Inst. Navigation **7** 144—164, mit 8 Fig. — Die ersten beiden Abschnitte befassen sich allgemein mit der Navigation auf See und in der Luft, der vierte mit den Hilfsmitteln Funk und Radar. Der von D. H. Sadler verfaßte 3. Abschnitt behandelt die astronomische Navigation; dabei werden auch Genauigkeit und relativer Zeitaufwand für See- und Luftnavigation miteinander verglichen. Trotz der anderen modernen Hilfsmittel wird die astronomische Navigation auch für die Luftfahrt nicht überflüssig werden. T. L.

13333. Methods of training in navigation. J. Inst. Navigation **7** 371—383. — Vortrag von W. L. S. Harrison über die Ausbildung der Seeleute in der Navigation. Die anschließende ausführliche Diskussion befaßte sich vorwiegend mit pädagogischen Problemen, vor allem wurde betont, daß die Belange der Praxis stärker berücksichtigt werden sollten. T. L.

13334. International nautical mile adopted. Sky and Telescope **13** 427.

§ 134

Astronautik, Raketen

13401. R. L. F. Boyd, Rocket research in the upper atmosphere. Sci. Progr. **42** 435—448. — Ref. in Phys. Abstracts (A) **57** 1471.

13402. W. von Braun, The Mars Project. Vgl. AJB **53** Ref. **13404**. — Weitere Besprechung in La Nature **82** 278.

13403. J. Císař, Paradoxien beim interplanetaren Flug. Vesmír **33** 278 (tschechisch).

13404. A. C. Clarke, Vorstoß ins All. Vgl. AJB **53** Ref. **13406**. — Weitere Besprechung dieses aus dem Englischen übersetzten Buches in Astr. Nachr. Berlin-Treptow **7** 81—82.

13405. P. E. Cleator, Into Space. Vgl. AJB **53** Ref. **13407**. — Weitere Besprechung in Weltraumfahrt **1954** 31 (W. Schaub).

13406. A. V. Cleaver, A programme for achieving interplanetary flight. J. British Interplanetary Soc. **13** 1—27.

13407. W. M. Conn, A note on the utilization of radiant energy from the sun in rockets. Amer. J. Phys. **22** 341. — Ref. in RJ Astr. Geod. UdSSR Nr. **2**, 1955; Ref. Nr. 497.

*** * A. Corman, J. F. Bedinger,** Rocket-borne photometer measures sky light. Vgl. Ref. 2209.

13408. C. A. Cross, Orbits for an extra-terrestrial observatory. J. British Interplanetary Soc. **13** 204—207. — Verf. meint, es könnten weit größere Spiegel als bisher gebaut und verwendet werden, wenn sie der Schwerkraft der Erde entzogen würden; er schlägt als Station den zur Sonne und einem der großen Planeten gehörigen äußeren kollinearen Librationspunkt vor, in dem die Sonne durch den Planeten dauernd verfinstert wäre; am geeignetsten hierfür erweist sich der Mars. Böh.

13409. K. A. Ehricke, A new supply system for satellite orbits. I. Jet Propuls. **24** 302—309. — Ref. in RJ Astr. Geod. UdSSR Nr. 8, 1955; Ref. Nr. 3173.

13410. **K. A. Ehricke,** A new supply system for satellite orbits. II. Jet Propuls. **24** 369—373. — Ref. in RJ Astr. Geod. UdSSR Nr. 8, 1955; Ref. Nr. 3174.

13411. **K. A. Ehricke,** Satellite orbits for interplanetary flight. Jet Propuls. **24** 381—382. — Ref. in RJ Astr. Geod. UdSSR Nr. **9**, 1955; Ref. Nr. 3694.

13412. **K. W. Gatland, A. M. Kunesch,** Space Travel. Vgl. AJB **53** Ref. **13409**. — Weitere Besprechung in Astronautics **2** 134—135.

13413. **K. W. Gatland,** Progress towards astronautics. J. British Interplanetary Soc. **13** 142—166, mit 10 Fig.

13414. **W. P. Hirst,** Space travel. MN ASSA **13** 92—96, mit 2 Fig.

13415. **M. Hoyaux,** Les communications interplanétaires sont-elles pour demain? Anvers, «Mécanic». 48 S. Preis 35 fr. — Besprechung in Ciel et Terre **70** 70.

* * **F. S. Johnson, J. D. Purcell, R. Tousey,** An extension of the extreme ultraviolet solar spectrum. Vgl. Ref. **6415**.

13416. **H. B. Ketchum,** Navigational calculations in space flight (investigation of the effect of the precision of astronomical data). III. Satellite gravitational fields, orbital velocities, and elements of orbits. J. Space Flight **5** Nr. 10 S. 1—9, 1953. — Ref. in RJ Astr. Geod. UdSSR Nr. 8, 1955; Ref. Nr. 3172.

13417. **H. G. L. Krause,** Zum Problem: «Die Bahnbestimmung aus dem Vektor der Bahngeschwindigkeit und der Einfluß einer Änderung desselben auf die Bahnelemente». Weltraumfahrt **1954** 48—51. — Stellungnahme zu den Arbeiten von Schütte.

13418. **D. F. Lawden,** Entry into circular orbits — 2. J. British Interplanetary Soc. **13** 27—32, mit 2 Fig. — In Fortsetzung früherer Arbeiten des Verf. werden die notwendigen Manöver untersucht, um bei möglichst kleinem Brennstoffverbrauch die Bahn einer Rakete in eine Kreisbahn um einen weit entfernten Planeten überzuführen. Dabei sind vier Fälle zu unterscheiden, je nachdem ob die Anflugbahn bzw. der Radius des Kreises vorgegeben sind oder nicht. Schließlich werden die Wirkungen von Änderungen der Anflugbahn und des Kreisradius auf die Geschwindigkeit (und damit den Treibstoffverbrauch) berechnet und durch Zahlenbeispiele erläutert. Böh.

13419. **D. F. Lawden,** Fundamentals of space navigation. J. British Interplanetary Soc. **13** 87—101, mit 1 Fig. — Für den Flug eines Raumschiffs von einem Ausgangs- zu einem Zielpunkt unter geringerem Treibstoffverbrauch in einem allgemeinen Gravitationsfeld (der Einschluß atmosphärischer Widerstände ist einer späteren Veröff. vorbehalten) werden die Differentialgleichungen aufgestellt und die allgemeine Lösung hergeleitet. Als Beispiel werden die Formeln für den Übergang zwischen zwei koplanaren Ellipsen angegeben. Den Schluß bilden Vorschläge und Anweisungen für die numerische Integration zur Bestimmung der Minimalkurven und die Formeln für den Übergang aus einem Kreis als Ausgangsbahn. Böh.

13420. **D. F. Lawden,** Correction of interplanetary orbits. J. British Interplanetary Soc. **13** 215—223, mit 1 Fig. — Stellt ein Beobachter in einem Weltraumschiff, das ihn von einem Planeten zu einem anderen führen soll, fest, daß er sich nicht mehr auf der anfangs festgelegten Zubringerbahn befindet, so entsteht die Aufgabe, sie wieder zu erreichen. Die Aufgabe wird gelöst, indem auf differentiellem Wege aus dem gemessenen Orts- und Geschwindigkeitsvektor zur Beobachtungszeit und den bekannten Größen der festgelegten Zubringerbahn für einen bequem gewählten späteren Zeitpunkt Elemente einer Überführungsellipse zwischen diesen beiden Punkten und hieraus der zusätzliche Impuls berechnet werden, der das Raumschiff in die neue Überführungsellipse hineinsteuert. Böh.

13421. **J. N. Leonard,** Flight into Space. London, Sidgwick and Jackson Ltd., 1954. 245 S. — Besprechung in Weltraumfahrt **1954** 63 (H. Gartmann).

13422. **W. Ley,** Rockets, Missiles, and Space Travel. Vgl. AJB **51** Ref. **13414**. — Weitere Besprechung in Nature **173** 183 (R. A. Rankin).

13423. **W. Ley, C. Bonestell,** Die Eroberung des Weltalls. Vgl. AJB **52** Ref. **13418**. — Weitere Besprechung in Astr. Nachr. Berlin-Treptow **7** 82—83.

13424. **J. Logie,** Effect of tidal friction on a near satellite. J. British Interplanetary Soc. **13** 170—175, mit 2 Fig. — Mit unzureichenden Mitteln wird zu beweisen versucht, daß ein künstlicher Satellit der Erde unterhalb einer Höhe von 8000 km durch den Einfluß der Gezeiten in wenigen Monaten auf die Erde zurückfallen würde. In einer Bemerkung des Herausgebers wird das Ergebnis angezweifelt. Böh.

13425. **G. Ludwig,** Eintauchschwingungen von Raketen beim Wiedereintauchen in die Atmosphäre. Weltraumfahrt **1954** 43—48, mit 1 Abb.

13426. **H. E. Newell jr.,** High Altitude Rocket Research. Vgl. AJB **53** Ref. **13419**. — Weitere Besprechung in Nature **173** 697 (D. R. Bates), Rev. Sci. Instruments **25** 826—827 (W. L. Fite), Weltraumfahrt **1954** 92 (H. Gartmann).

13427. **H. E. Newell jr.,** Rockets and the upper atmosphere. J. British Interplanetary Soc. **13** 35—36. — Zusammenfassung eines Vortrages.

13428. **H. Oberth,** Menschen im Weltraum. Düsseldorf, Econ-Verlag, 1954. — Besprechung in Astronautics **2** 82 (H. Reismann).

13429. **F. I. Ordway,** Principles of the rocket engine. Sky and Telescope **14** 48—50, 58, mit 5 Fig. — Beschreibung des Prinzips und einiger technischer Einzelheiten verschiedener Raketentypen (fester und flüssiger Brennstoff usw.). Voigt

13430. **J. G. Porter,** Navigation without gravity. J. British Interplanetary Soc. **13** 68—74. — An einem Zahlenbeispiel für die Fahrt eines Raumschiffs nach dem Mars wird gezeigt, wie überaus groß die Umformung der Flugbahn bei kleinen Änderungen von Abschußgeschwindigkeit und -richtung wird, woraus sich die Notwendigkeit einer Navigation während des Fluges ergibt. Da man im gravitationsfreien Raum nicht mit Pendel oder Libelle zur Festlegung einer Bezugsebene arbeiten kann, wird vorgeschlagen, laufend die Sonne mit benachbarten Sternen zu photographieren oder Messungen der Strahlungsenergie der Sonne zu machen zum Zweck der Ortsbestimmung. Schließlich wird auf die großen Schwierigkeiten hingewiesen, nach der Ortsbestimmung mit Hilfe zusätzlicher Impulse die Bahn im geforderten Sinne abzuändern. Böh.

13431. **K. Schütte,** Die Bahnbestimmung aus dem Vektor der Bahngeschwindigkeit und der Einfluß einer Änderung desselben auf die Bahnelemente. Weltraumfahrt **1954** 13—20, mit 2 Abb. — Fortsetzung der in AJB **53** Ref. **13421** zitierten Arbeit.

13432. **H. S. Sicinski, N. W. Spencer, W. G. Dow,** Rocket measurements of upper atmosphere ambient temperature and pressure in the 30- to 75-kilometer region. J. Appl. Phys. **25** 161—168, mit 12 Fig. — Ref. in Phys. Abstracts (A) **57** 665.

13433. S. F. Singer, M. O. U. S. E. (Minimum Orbital Unmanned Satellite of the Earth). Ciel et Terre **70** 393—400, mit 2 Fig.

* * **N. W. Spencer, H. F. Schulte, H. S. Sicinski,** Rocket instrumentation for reliable upper-atmosphere temperature determination. Vgl. Ref. 2239.

13434. D. S. Stacey, G. A. Stith, R. A. Nidey, W. B. Pietenpol, Rocket-borne servo tracks the sun. Electronics **27** Nr. 1 S. 149—151, mit 2 Fig. — Ref. in Phys. Abstracts (A) **57** 670, Phys. Ber. **33** 2785.

13435. A. Sternfeld, Le vol dans l'espace cosmique. Aus dem Russischen übersetzt von P. Kolodkine. Paris, Les Editeurs Français Réunis, 1954. 197 S. mit Fig. Preis 320 fr. — Besprechung in Astronautics **2** 132.

13436. A. A. Sternfeld, Probleme des Weltraumflugs. Priroda **43** Nr. 12 S. 13—22, mit 6 Abb. (russisch). — Inhalt: Künstliche Satelliten, der Flug zum Mond und zu den Planeten, Start und Landung eines Raumschiffes. Loh.

13437. H. Thirring, Die Weltraumfahrt — ihre Probleme und Realitäten. Universitas **9** 1265—1270.

13438. L. H. Thomas, The vulnerability of satellite vehicles to countermeasures. J. Amer. Rocket Soc. **24** 321—322. — Ref. in Phys. Ber. **34** 1253.

13439. G. V. E. Thompson, A famous russian encyclopaedia of astronautics. I. II. J. British Interplanetary Soc. **13** 193—202, 301—313, mit einer Bemerkung von W. Ley S. 362—363.

13440. B. Thüring, Kompensation von Bahnstörungen durch kontinuierlichen Raketenschub. Weltraumfahrt **1954** 103—108, mit 3 Abb. — Der zur Zeit t zwecks Kompensation der Störungen notwendige Raketenantrieb ist nach Stärke und Richtung stets allein vom Ort des Raumschiffes zur Zeit t und von den gleichzeitigen Örtern der störenden Himmelskörper abhängig und hierdurch allein eindeutig bestimmt. Der Antrieb ist speziell unabhängig von der Geschwindigkeit des Raumschiffes und also auch unabhängig von der tatsächlichen oder gewünschten Bahnform. Es werden Richtung und Stärke eines kontinuierlichen Raketenschubs berechnet, welcher die Sonnen- und Mondstörungen auf ein Raumschiff während einer Mondfahrt kompensiert, sowie die Störungen durch die Erdabplattung auf eine Außenstation. Thüring

13441. N. G. Tscheryschew, Über den Flug ins Weltall. Leipzig, Urania-Verlag, 1954. 41 S. Preis DM 0.40. — Besprechung in Astr. Nachr. Berlin-Treptow **7** 83.

13442. E. Vassy, Résultats des recherches effectuées aux Etats-Unis à l'aide des engins autopropulsés. BSAF **68** 173—188, mit 20 Fig. — Enthält zusammenfassend die Ergebnisse von Untersuchungen der Atmosphäre, der Ionosphäre, des Erdmagnetismus, der kosmischen Strahlung und der Sonnenstrahlung. Loh.

* * **N. L. Wilson, R. Tousey, J. D. Purcell, F. S. Johnson, C. E. Moore,** A revised analysis of the solar spectrum from 2990 to 2635 Å. Vgl. Ref. **6448**.

13443. J. Zbornik, Asymptotische Entwicklungen für Fresnelsche Integrale und verwandte Funktionen und ihre Anwendungsmöglichkeiten bei der Berechnung spezieller Raketenbahnen. Z. angew. Math. Phys. **5** 345—351. — Ref. in Math. Rev. **16** 289, ZfMG **56** 120—121.

13444. Sonderfragen der Funkortung im Luftraum und im Weltall. Herausgegeben von L. Brandt, Dortmund, Verkehrs- und Wirtschafts-Verlag G. m. b. H., 1954. 72 S. mit 46 Abb. — Besprechung in Weltraumfahrt **1954** 63.

13445. Space-Flight Problems. Biel-Bienne, Laubscher & Cie., 1954. 224 S. mit Fig. Preis 28 sfr. — Besprechung in Astronautics **2** 133.

13446. Rocket Exploration of the Upper Atmosphere. Herausgegeben von R. L. F. Boyd, M. J. Seaton, H. S. W. Massey. London, Pergamon Press; New York, Interscience Publishers, Inc., 1954. 8 + 376 S. mit 180 Fig. und 50 Tafeln. Preis 3 £ 15 s. bzw. $ 11. — Besprechung in Ann. Géophys. **10** 382 (A. Vassy), Astronautics **2** 37, Ciel et Terre **71** 42—43 (M. Nicolet), J. British Interplanetary Soc. **14** 112—115 (A. E. Slater), J RAS Canada **48** 236—237, Mem SA It (NS) **26** 117—119 (G. Righini), Obs **75** 87 (G. A. Wilkins), Proc. Phys. Soc. (B) **68** 254—255 (B. J. Mason), Sky and Telescope **14** 110, 467—470 (F. E. Roach), Z. Naturforschung **10a** 422 (F. A. Paneth).

13447. Astronomy from the artificial satellite. J RAS Canada **48** 121—122.

* * New ultraviolet camera. Vgl. Ref. 2143.

13448. Where to land on the moon. Sky and Telescope **13** 264.

13449. The mouse. Sky and Telescope **14** 15, 17, mit 3 Fig.

13450. Vulnerability of artificial satellites. Sky and Telescope **14** 57.

Transskription des russischen Alphabets

(Vgl. AJB **50** Vorwort S. III)

Russisch	AJB	Math.Rev.	Astr.News Letter
а	a	a	a
б	b	b	b
в	w	v	v
г	g	g	g
д	d	d	d
е	e, je, jo	e	e
ж	sh	ž	zh, j
з	s	z	z
и	i	i	i
й	j	ĭ	i, ĭ
к	k	k	k
л	l	l	l
м	m	m	m
н	n	n	n
о	o	o	o
п	p	p	p
р	r	r	r
с	ss, s	s	ss, s
т	t	t	t
у	u	u	u
ф	f	f	f
х	ch	h	kh
ц	z	c	z, ts, tz
ч	tsch	č	ch
ш	sch	š	sh
щ	schtsch	šč	shch
ы	y	y	y, i
ь	—, j	'	—
э	e, é	è	e
ю	ju	yu	iu, yu
я	ja	ya	ia, ya

Beispiel: Зверев = Swerew (AJB) = Zverev (Math. Rev.)
= Zverev (Astr. News Letter)

Namen-Verzeichnis

Das Verzeichnis verweist unter Angabe der Seitenzahlen auf die Stellen, an denen Arbeiten und Beobachtungen der Autoren besprochen sind, hingegen nicht auf Stellen, an denen auf solche Arbeiten nur Bezug genommen oder ein Name in irgend einem Zusammenhange genannt wird.

Auch sind reine Personalnotizen nicht berücksichtigt, da sie schon in § 10 alphabetisch geordnet sind.

Nicht aufgenommen sind ferner die Namen der Beobachter und Berechner Kleiner Planeten in § 75, der Kometen in § 81 und der Veränderlichen Sterne in § 112. Für diese Autoren sind zusätzlich noch die folgenden Listen einzusehen:

S. 296 **Kleine Planeten. Verzeichnis der Beobachter und Berechner**

S. 314 **Kometen. Verzeichnis der Beobachter und Berechner**

S. 405 **Veränderliche Sterne. Verzeichnis der Beobachter und Berechner**

Berichtigung

AJB 52, 1952

S. 424. Lies: Bouigue anstatt Bouige.

Sach-Verzeichnis

Das Sach-Verzeichnis soll ein schnelles Aufsuchen nach einem Stichwort ermöglichen. Im allgemeinen ist bei mehreren aufeinanderfolgenden Referaten über den gleichen Gegenstand nur die erste Seite nachgewiesen. Der Benutzer hat daher auch die folgenden Seiten des betreffenden Paragraphen einzusehen.